北京市社会科学基金重大项目"北京饮食文化发展史"（编号：15ZDA37）结项成果

获河北大学燕赵文化高等研究院项目资助

万建中 著

北京饮食文化发展史

北京出版集团

北京人民出版社

图书在版编目（CIP）数据

北京饮食文化发展史 / 万建中著. — 北京：北京
人民出版社，2025.1
ISBN 978 - 7 - 5300 - 0551 - 4

Ⅰ. ①北… Ⅱ. ①万… Ⅲ. ①饮食—文化史—北京
Ⅳ. ①TS971.202.1

中国版本图书馆 CIP 数据核字（2022）第 086441 号

北京饮食文化发展史
BEIJING YINSHI WENHUA FAZHAN SHI
万建中 著

*

北 京 出 版 集 团 出版
北 京 人 民 出 版 社
（北京北三环中路 6 号）
邮政编码：100120

网　　址：www. bph. com. cn
北 京 出 版 集 团 总 发 行
新 华 书 店 经 销
北 京 华 联 印 刷 有 限 公 司 印 刷

*

787 毫米×1092 毫米　　16 开本　　52.25 印张　　745 千字
2025 年 1 月第 1 版　　2025 年 1 月第 1 次印刷
ISBN 978 - 7 - 5300 - 0551 - 4
定价：145.00 元
如有印装质量问题，由本社负责调换
质量监督电话：010 - 58572393
编辑部电话：010 - 58572798；发行部电话：010 - 58572371

前言：为什么书写和如何书写

完成"北京饮食文化发展史"课题，需要思考为什么书写和如何书写两个基本问题，为什么书写指饮食和（北京）饮食文化史的重要性，即饮食和饮食文化史在整个北京历史文化体系中的分量及言说的价值；如何书写指书写的立场与学术追求，即方法论、主要观点和学术创新。两者的依据是北京饮食文化的历史文献，只有在充分掌握和理解相关记录资料的基础上，才能真正解决为什么书写和如何书写的问题。

一、饮食与饮食文化史的重要性

饮食是最通常的事，又是极为重要的文化现象和行为；既是人类生存之必需，也是社会发展的物质基础。古人很早就有了"宝者，米粟是也，一日不食则饥，三日则疾，七日则死；有则百姓安，无则天下乱"① 的生存与粮食供求关系的客观认识。马克思说过："人们为了能够'创造历史'，必须能够生活。但是为了生活，首先就需要衣、食、住以及其他东西。因此第一个历史活动就是生产满足这些需要的资料，即生产物质生活本身。"② 物质是第一性的，意识是第二性的，历史唯物主义认为："人们首先必须吃、喝、住、穿，然后才能从事政治、科学、艺术、宗教等；所以，直接的物质的生活资料的生产，从而一个民族或一个时代的一定的经济发展阶段，便构成为基础，人们的国家设施、法的观点，艺术以至宗教观念，就是从这个基础上发展起来的。"③ 而在所有的物质生产和消费行为中，

---

① ［明］宋濂：《元史》卷170《列传第五十七》，北京：中华书局，1976 年标点本，第3985 页。

② 中共中央马克思恩格斯列宁斯大林著作局编译：《马克思恩格斯选集》第一卷，北京：人民出版社1972 年版，第32 页。

③ 恩格斯：《在马克思墓前的讲话》，载中共中央马克思恩格斯列宁斯大林著作局编译：《马克思恩格斯选集》第三卷，北京：人民出版社1972 年版，第574 页。

饮食是首要的。

我国古代史学家和政治家亦指出，立国之本，必须"待农而食之，虞而出之，工而成之，商而通之"，"此四者，民所衣食之原也。原大则饶，原小则鲜。上则富国，下则富家"①。所有要义归结为一点，就是饮食，饮食是强国、富国和富家的基础和根本。《尚书·洪范》曰："八政：一曰食，二曰货，三曰祀，四曰司空，五曰司徒，六曰司寇，七曰宾，八曰师。"② 这句话的意义指向非常明确，即在国家治理的体系中，饮食的重要性位居第一。要把国民的饮食置于关键地位。《汉书·食货志》解释《洪范》"八政"之"食""货"曰："食谓农殖嘉谷可食之物，货谓布帛可衣，及金、刀、龟、贝，所以分财布利通有无者也。"③ "货"在很大程度上也是基于食物的交换。

正是因为食、货乃立国、建国之第一要义，二十四史中的《史记》《汉书》《晋书》《魏书》《隋书》《旧唐书》《新唐书》《旧五代史》《宋史》《辽史》《金史》《元史》《明史》及《清史稿》都专列《食货志》④，饮食从一开始就上升至政治高度，得到历代统治者的高度重视。

正是基于这一共识，北京饮食文化经历朝历代的演绎变得多元而又丰富。其包含两大基本生产：一是饮食资源的生产，即农、牧、渔业生产；二是饮食器具的生产，诸如厨具、炉具和餐具等，而这两大生产又是以食品、餐饮为出发点的。这两大基本生产并不是孤立的，其触角自始至终都贯穿政治、经济、社会、艺术等诸多领域。一方面，北京饮食文化是建立在历代"北京人"饮食实践基础上的，是北京历史发展的重要组成部分，也是书写北京历史不可或缺的视域。从历史的维度审视北京饮食文化，竟然发现，饮食以一种意想不到的方式影响着北京历史的进程。另一方面，饮食也是书写北京发展史的最佳维度，"'老北京'除了在餐饮、风俗等方面较有影响力以外，在北京城的其他方面，其实并没有真正的影响力"⑤。可以说，在北京历史上所有的文化形态中，唯有饮食文化的延续没有中断并且还在延续，"老北京"文化遗存中比较完整的唯有饮食，唯有饮食文化能够将

---

① [汉] 司马迁：《史记》卷一百二十九，货殖列传第六十九，北京：中华书局1982年版，第3255页。
② 杨任之：《尚书今译今注》，北京：北京广播学院出版社1993年版，第180页。
③ [汉] 班固：《汉书》，北京：中华书局1962年版，第1217页。
④ [日] 松崎鹤雄编：《食货志汇编》（全二册），北京：国家图书馆出版社2008年版。
⑤ 耿波：《作为城市的首都北京：历史、城市性与其他问题》，载《江苏行政学院学报》2019年第6期。

北京的过去、现在和将来牢固地连在一起。

中国是一个多民族国家，民族交融是这一古老国度得以长治久安和可持续发展的根本保障。北京的历史是民族交融的过程，从饮食文化的视角去考察这个历史进程是十分有利的。尽管北京在居住、服饰和交通等物质生活方面也贯穿多民族的交流，但终不若饮食文化表现得明显。北京饮食文化在其滥觞期，多民族的特点就凸显了出来，这一状况一直延续至清朝。讨论民族交融问题首选的城市应该是北京，没有哪个城市的民族构成如此多元，而其最显耀的文化表征就是饮食。饽饽是北京饮食中一个具有标志性的称谓。饽饽是糕点的代称，故又称饽饽铺为糕点铺或点心铺。北京有汉、满、蒙、回4种民族类型的饽饽铺。满、蒙的饽饽铺主要经营奶油糕点；汉民的饽饽铺称为"大教饽饽铺"，有些专营南方风味糕点；回民饽饽铺多经营素油糕点，除供应回民外，还提供寺庙供品。饽饽铺是北京的一个大行业，其门店数量和从业人数均居各行业之首。① 同一款食品如此差异化，这在全国城市和地区是绝无仅有的。北京的民族交往历史与民族间的饮食文化不断相互抵触、渗透是同步的，每一时代饮食风味的转换都是新的民族入住北京的结果，而民族成分的异动又直接通过饮食表现出来。

在成为政治和文化中心之前，北京一直是军事重镇和交通中枢。北方各游牧民族把北京作为进入中原的桥头堡，相继入住北京，不断扩展着北京人的民族身份，同时汉民族的主体地位在民族融合过程中也得到持续强化。农耕民族和游牧民族的交会成就了北京饮食，饮食是这一过程中文化行为和表征的集中体现。北京饮食文化是民族交往、交流、交融的产物，呈现多民族的特性。故而从饮食文化出发，可以清晰地描绘出北京多民族融合的初始状况和演进图式，进而认识到民族交融并非偶然，而是历史的必然。

正如费孝通先生所言："所以我们要站得高一点，要看到整个中华民族的变化。中华民族是一个不可分割的整体。中华民族这个整体又是由许多相互不能分离的民族组成。组成部分之间的关系密切，有分有合，有分而未断，合而未化，情况复杂。这个变化过程正是我们要研究的民族历史。"② 北京饮食文化同样呈现为多元一体的格局，这种格局的逐步形成是基于北京特殊的地理位置和生存环境。

---

① 潘惠楼：《京华通览：北京的民俗》，北京：北京出版社2018年版，第93—94页。
② 费孝通：《在国家民委民族问题五种丛书工作会议上的讲话》，载《民族研究动态》1984年第2期。

北京是一个多民族区域，属于包含了多民族饮食文化的共同体，其中秉承了起源于各个民族的饮食文化传统，也包括了各民族在相互交往过程中产生的相融合的饮食文化。习近平总书记在中共十九大报告中提出"铸牢中华民族共同体意识"，北京饮食文化即属于这种共同体意识的一部分，对于凝聚北京各族人民的团结有着不可忽视的作用。

二、北京饮食文化史的文献状况

不过，饮食本身是一回事，对饮食文化的书写又是另一回事。受儒家"耻涉农商，羞务工伎"思想的影响，历史上一直存在鄙视饮食业和烹饪工作的现象。后来，尽管人们的饮食生活水平逐渐提升，但在一段时间内，仍将对饮食的书写与吃、喝、玩、乐画等号。

赵荣光先生在其《中国饮食文化史》中说："'饮食文化史'或'饮食史'可以作这样简捷与原则性把握：某一时空条件下人们食事活动过程的历史再现。"[1]书写北京饮食文化史有相当大的难度，主要是记载饮食文化的资料相对匮乏。诚如清人博明《西斋偶得》言："由古溯今，惟饮食、音乐二者，越数百年则全不可知。《周礼》、《齐民要术》、唐人食谱，全不知何味；《东京梦华录》所记汴城、杭城食料，大半不识其名。又见明人刻书内，有蒙古、女真、畏吾儿、回回食物单，思之亦不能入口。"[2] 这段话透露出两层意思：一是饮食方面的信息载录极少；二是即便有所载录，也语焉不详。史学家们热衷于战争、宫廷的改朝换代、后妃争宠，却不愿意在生存必需的事物上花功夫。关于这一点，西方一位著名的昆虫学家提出了严厉的批评：

在我们的菜园里，甘蓝种植得最早。它受古希腊罗马人重视的程度仅仅位居蚕豆和豌豆之后。但是，它更加源远流长。以后人们是怎样获得它的，大家已经记不清了。历史不关心这些细节。历史对屠杀我们人类的战争大肆颂扬，而对使我们得以生存的耕作田园却保持缄默。历史知道帝王的私生子，却不知道小麦的起源。人类的愚蠢就喜欢这样。[3]

---

① 赵荣光：《中国饮食文化史》，上海：上海人民出版社 2006 年版，第 3 页。
② ［清］博明：《西斋偶得》，清嘉庆六年刻本，第 16 页 a。
③ ［法］法布尔著，鲁京明译：《昆虫记》卷十附录二，广州：花城出版社 2001 年版，第 283—284 页。

　　而北京的情况又有所不同，作为全国的政治中心，史学家们的兴趣点集中于"何以成为政治中心"的探讨方面。美国学者戴维·斯特兰德（David Strand）一针见血地指出："民国时代的北京为各类研究这一时期的精英政治和国家政治提供了一个背景与舞台，但城市本身在这些研究中却并未被注意到。"① 这种学术状况何止民国时期？饮食作为"城市本身"的核心要素，基本溢出了民国及民国以前史学家的学术视野。

　　北京饮食文化形成初期的状况，基本上未有文字载述，只能通过地下考古成果略知大概。在相当长的一段时间里，北京地区族群具体吃什么和怎么吃都没有直接的依据。秦汉时期，记载饮食的文字多了起来，但北京饮食文献仍是难以寻觅。魏晋、隋唐，是北京饮食文化大发展的时期，但由于文人墨客秉承"君子远庖厨，凡有血气之类，弗身践也"② 的理念，认为烹调技艺是属于微不足道的下下之业，不屑于在这方面多费笔墨。北京地方志在时间上分布并不均匀，现在的地方志以清代、民国的为多，地方志对于元代以前北京饮食文化研究的价值不大。③ 北京历史文献可以上溯至春秋时期，此后历朝历代都有文献面世，但只有一些正史和野史笔记中对北京饮食有零星记载，既不成系统，也挂一漏万，浮泛粗陋。

　　辽、金时期，北京逐渐成为全国政治的中心，北京的政治文化被大书特书，饮食文化却依然备受文人冷落。只有到了元代，才出现了记录北京饮食文化的专著。元代回族饮膳太医忽思慧的《饮膳正要》写于大都，成书于天历三年（1330），记录了元朝统治者的饮食，是一部珍贵的蒙元宫廷饮食谱。忽思慧在元朝政府管理饮食的机构中担任饮膳太医，负责宫廷里的饮食调配工作，这段经历成就了他在饮膳方面的写作。全书共三卷，三万一千二百余字。内容大略可分为以下三部分：一是养生避忌，妊娠、乳母食忌，饮酒避忌，四时所宜，五味偏走及食物利害、相反、中毒等食疗基础理论；二是聚珍异馔、诸般汤煎的宫廷饮食谱153种与药膳方61种，以及所谓神仙服饵方法24则；三是食物本草，计米谷、兽、鱼、果、菜、料物等共230余种。该书为了解元大都宫廷饮食提供了不可多

---

① David Strand. *Rickshaw Beijing*：*City People and Politics in the 1920s*. Berkeley：University of California Press，1989：3.

② 杨天宇：《礼记译注·玉藻第十三》，上海：上海古籍出版社2004年版，第363页。

③ 张勃：《地方志与北京历史民俗研究》，载《民俗研究》2012年第4期。

得的材料。北京历史上现存最早的志书是元代的熊梦祥编著的《析津志》（又称《析津志典》）。然原书已佚，但在明永乐年间，《析津志》的大部分内容被收入《永乐大典》之中。从《永乐大典》中辑录的《析津志辑佚》由北京古籍出版社出版。其中，记述元代大都城一年四季的节日习俗最为细致，里面不乏节日饮食方面的描述。从这部书开始，文人和史学家重视起了饮食文化的记录，蔬菜被列为专志，与城池、坊巷、官署、庙宇、人物、风俗、学校等并列。为"菜"立志，这在以往的志书中是绝无仅有的。其诸菜叙云："无菜则曰馑，岁荒则曰饥。……'士大夫不可一日不知此味，而菜果可少软！'……今采其目见口尝者与闻而知者，并书于是，乃作菜志。"在"家园种莳之蔬"中列有白菜、菩荙等20多种。此外，还列了几十种野菜，每种均注明其性味或做法，有的还指出"端午前俱可食，午节后伤生"。"野蔬之品"多系药物，可渳聂作食，为其中的海藻注云："庚子年京都人凿冰而取之，煮以充饥，救人籹万计。"① 意识到饮食之于人之生存和生命的重要性，将其与城市发展和管理置于同等重要的地位，也就不难理解了。饮食本身的充足、繁荣与其得到充分的记录和表达是两回事，后者对于饮食文化史的书写才是重要的。从此以降，饮食文化史书写的资料越发丰富，"史"逐渐变得厚重起来。

《顺天府志》（万历），是现存最完整的一部明代北京地区的方志。在第一卷"地理志"中专门有"风俗"类，记载岁时节日、冠礼、婚礼、丧礼、祭礼等，但饮食方面的信息透露得并不多。另外，元代、明代、清代和民国时期均有府（市）志的编修，至于辖区内的通州、顺义、大兴、宛平、怀柔、昌平、良乡、房山、延庆、密云、平谷等均在不同时代修有地方志。这类志书为"一地之全史"，同样很少涉及饮食。《帝京岁时纪胜》《燕京岁时记》《京都风俗志》《燕京旧俗志》等属于专门记录北京风俗的志书，关于饮食方面的内容也不多。专志北京的方志，明代有《洪武北平图经志书》《北京图志》《北平府图志》，刘崧的《北平八府志》《北平事迹》，郭造卿的《燕史》等，这些志书同样极少关注饮食。笔记史料中，沈榜的《宛署杂记》，孙国敉的《燕都游览志》，刘侗、于奕正、周损的《帝京景物略》，刘若愚《酌中志》等都有关于明代北京饮食的表述，其中以《酌中志》最为翔实。太监刘若愚于崇祯十一年（1638）时将宫廷见闻写成一部《酌

---

① ［元］熊梦祥：《析津志辑佚》，北京：北京古籍出版社1983年版，第225—232页。

中志》，这部书在清初曾经流行，康熙皇帝读过此书。《酌中志》有一个章节叫"饮食好尚记略"，记载了明代宫廷一年四季 12 个月各节令的饮食和相关风俗活动。现流传较广的《明宫史》就是从《酌中志》中节选出来的。除《酌中志》的作者外，其他学者或朝廷命官对饮食的记录并不是那么专心。明清之际，有些外国使节把在北京的所见所闻记录下来，在某些方面弥补了史料之不足。譬如，来华的朝鲜使团有关人员著录的《燕行录》，既有丰富的"旅行食记"，也涵盖与饮食有关的边境贸易、商人市集、婚丧风俗等内容。明中叶以前，北京饮食文化委实难窥其详。然而到了清代，各种史料汇编及笔记中的饮食资料骤然多了起来，导致北京饮食文化发展史的书写难免头轻脚重。清代影响较大的方志有康熙、光绪两朝修的《顺天府志》，康熙《顺天府志》为张吉午等纂修，光绪《顺天府志》为周家楣、缪荃孙等编修。1886 年，光绪《顺天府志》完成，这 130 卷 350 余万字的鸿篇巨制是中国帝制时代最后一部专门记载京师首府的官修志书，又是留给20 世纪最早的一部研究北京历史的必备参考资料书。① 因为是官修，即便涉及饮食，所记录的自然也就是宫廷和官府饮食，民间饮食方面的信息难以寻觅。

　　进入民国时期，出版的相关书籍众多。瞿宣颖于 1925 年初编成《北京历史风土丛书》5 册（《京师偶记》《燕京杂记》《日下尊闻录》《藤阴杂记》《北京建置谈荟》)），再版时又增添了《天咫偶闻》《燕京岁时记》两册。研究北京历史的名家张次溪编有《燕京风土丛书》和《京津风土丛书》，1936 年印行有许道龄编《北平庙宇通检》，1937 年印行有李家瑞编《北平风俗类征》，1938—1939 年由史志学家吴廷燮、夏仁虎等编纂的《北京市志稿》，是一部比较全面及系统的北京志书，等等。一些与饮食生活有关的调研成果也相继面世，诸如孟天培和甘博的《二十五年来北京之物价工资及生活程度》②、李景汉的《北京人力车夫现状的调查》③ 及《北平郊外之乡村家庭》④、陶孟和的《北平生活费之分析》⑤ 等。当时，失去政治优势地位的北平急于从"文化中心"的身份中寻求发展契机，在市政当局发展旅游业以繁荣市面的方针政策下，关于北平的各种指南、掌故类书籍纷纷

---

① 曹子西：《北京史研究的回顾与前瞻》，载《北京社会科学》2000 年第 1 期。
② 国立北京大学出版部 1926 年版。
③ 《社会学杂志》1925 年第 2 卷第 4 期。
④ 商务印书馆 1929 年版。
⑤ 商务印书馆 1930 年版。

付梓,① 诸如金文华的《简明北平游览指南》、倪锡英的《北平》等。

还需要指出的是，即便有了较为完备的记录，在所记录的内容上也是不平等的。"一方面是食物的生产者，他们耕种土地，但必须把他们生产出来的大部分交给国家。另一方面是食物的消费者，他们从事的是统治而不是劳作，这给他们以闲暇和刺激，去雕琢一种精致的烹饪风。……正是这一事件——中国人按食物的界限而分裂——造成了从经济上对中国饮食文化的进一步分割。"② 在古代史学家眼里，这种"分割"的饮食事实并没有得到正视，反而认为是天经地义。以清朝为例，在普通百姓眼里，城墙中的北京指的是北城，即皇城和宫殿，属于禁地，是统治的核心地带，为政治中心。经济中心的重心似乎已经在宫殿南面的街道、市场和前门外稠密的人口地区形成。城市的东面，靠近大运河的地方，则更加商业化。城市的南北自然形成了两种不同的饮食格局，除了饮食水平的差异外，还有就是官府的饮食是配给制的，而南城的饮食则由市场主导。相对而言，南城的饮食文化显然更为丰富。由于其与乡村紧密相连，与食物的生产直接贯通，饮食文化表现为种植、买卖、食品制作加工、流通、餐饮、消费等，构成了完整的饮食文化链。而宫廷饮食则相对单调，难以呈现出立体性的特点。然而，历史是为统治者书写的，饮食文化史也是如此。上层统治者的饮食状况得到较为全面的记录，而民间饮食行为则为写史者所忽视。餐饮作为"五子行"③之一，大多为个体所经营，其发展过程没有档案记载，一些老字号仅有一些创业的传奇故事，或由继承人追述、旁人转述形成的文字。因此，在一定程度上，北京饮食文化史的书写也是在纠偏，应该努力还原每一朝代尤其是元、明、清三朝饮食文化的全貌。

三、书写的立场与学术追求

在北京饮食文化的滥觞期，多民族的特点就凸显了出来。这一状况一直延续至清朝。清朝的北京饮食，就是由汉族饮食、满族饮食、蒙古族饮食，还有朝鲜族饮食、回族饮食、藏族饮食、俄罗斯族饮食等构成的。满汉全席其实只是笼统的概称，并非排斥了其他民族饮食。不同风味的饮食相对独立，又互相融合，其演进的趋势是极其复杂的过程。统治阶层的民族更替在饮食生活中的表现应该是

① 陈娜娜：《百余年北京史研究述略》，载《保定学院学报》2017 年第 4 期。
② [美] 尤金·N. 安德森著，马孆、刘东译：《中国食物》，南京：江苏人民出版社 2003 年版，第 3 页。
③ 一般指的是戏园子、剃头房子、澡堂子、窑子、饭馆子。

极为鲜明的，但反映这种过程的饮食资料似乎并不充分。以相关考古发掘和饮食文献资料为依据，书写北京饮食文化史，实为一种无可奈何的简单化的处理方式。因为诸多更为复杂的饮食现象并没有载入史册，仅凭零散的不成系统的依据委实难以还原不同历史阶段北京饮食的原貌，尤其是多民族饮食之间相互影响的具体情形——这才是北京饮食的常态不能得到细致而全面的呈现的原因——成为构建这部饮食文化史的最大遗憾。

"在北京历史文化的研究中，人是必须放在第一位的，也就是说，生活在北京地区的人们的所作所为应该是我们研究的最主要内容。"[①] 就饮食文化而言，不能视饮食为纯客体而排斥其生产和消费的主体，饮食的生产与消费都是围绕着具体的人群展开的，民族、族群、北京人、山东人、山西人、餐饮行业中人、买卖人和经营者等都具有饮食的主体身份。落实到北京饮食文化史，"民族"是饮食文化的核心主体。一般而言，民族与饮食是一体的，即饮食是民族的，民族是饮食最突出的文化特征。但就二者而言，民族的历史脉络和互动关系是清晰的，而饮食则相对模糊。在史学家们笔下，历史是民族的，而不是饮食的。正如有的史学家所言："（北京）自古以来，民族关系的错综复杂，民族矛盾的时缓时剧，民族融汇的逐步凝聚，就是北京历史演变进程中的一个显著的特征。"[②] 故而本书以历史发展和民族融合为主线，统领北京饮食文化演进脉络的梳理，即围绕饮食文化，伸张历史和民族两个基本维度，这属于在已有的民族—历史框架基础上的重构。

《汉书·地理志下》载曰："凡民函五常之性，而其刚柔缓急，音声不同，系水土之风气，故谓之风；好恶取舍，动静亡常，随君上之情欲，故谓之俗。""风"基于风土自然环境；"俗"源自欲望追求的人文因素。饮食作为最为基本的风俗习惯，也不外乎这两种维度。影响饮食文化发展的因素，包括地理条件、经济水平、政治局势、民族和人口构成等多个方面。北京"右拥太行，左注沧海，抚中原，正南面，枕居庸，奠朔方"[③]，"内跨中原，外控朔漠"[④]，作为军事要地，北京成为北方民族南进的中枢，不同的民族都以占据北京作为夺取政权的先决步

---

① 王岗：《北京史研究四十年》，载《北京史学》2018 年第 2 期。
② 曹子西：《北京历史演变的轨迹和特征》，载《北京社会科学》1987 年第 4 期。
③ ［元］陶宗仪：《南村辍耕录》卷 21《宫阙制度》，北京：文化艺术出版社 1998 年版，第 287 页。
④ ［明］孙承泽：《天府广记》卷 1《形胜》，北京：北京古籍出版社，1982 年标点本，第 7 页。

骤。先秦时期，燕国①首都设在北京，秦至五代，改为北方军事重镇，辽、金时期，由军事重镇转为北方政治中心，元、明、清和民国前期都是全国政治中心。这种地位频繁地转换直接导致"北京人"民族身份的难以确定。北京饮食其实为北京民族饮食，统治民族的不断更迭使得北京饮食处于持续的急剧变化之中，而民族间的相互融合也令北京饮食具有多元一体的文化秉性。因而书写北京饮食文化不能局限于饮食本身的维度，饮食资料的不足并不意味着北京饮食文化失去了历时性书写的可能性。尽管北京饮食的文献史料并不丰富和完备，且引述可能多有遗漏，但同样可以书写出一部内容充实的北京饮食文化史，书写出北京饮食文化的厚重与深邃。

饮食文化史不同于一般的历史，延续的惯性较强。"食物史不是这样，三千年前的粟②与现在的小米没有什么不同，有的食物人们已经吃了几十万年了，也没有多大的变化。烹饪中的蒸煮炸烤，自发明以来，变化也不算太大。"③但北京饮食文化并非如此，由于进出北京地区民族的不断更新，呈现为一朝一代有序变化的演进态势。譬如，馒头是北京人最普通的主食。但馒头的形式各朝却又有所不同，元大都市面上的馒头④是有馅的，类似于包子，到了清代，馒头即演化成与现在相同的形式，实心无馅。同时，即便是同一朝代，其间的饮食状况也是有变化的。以明代为例，其饮食生活状况的变迁就大致经历了三个阶段：一是从洪武立国到天顺年间（1368—1464），通过休养生息的调整，农业生产处于上升阶段，人们的饮食生活质量从战乱中得以逐渐恢复及提高；二是从成化、弘治以后到万历十五年（1465—1587），经过明代初期近百年的恢复，饮食资源比较充足，百姓饮食生

---

① 在先秦时期"燕"一直被写作"匽"（yàn）或"郾"，直到秦汉时期才被改写作"燕"。甲骨文中又常见"匽来""妇匽"的卜辞，所谓"匽来"，指燕国人到殷商国都朝拜进贡，甲骨文记录对此类事进行多次占卜，说明古燕国与商朝之间来往频繁。所谓"妇匽"，指燕国的女子有嫁于商，证实燕国与商王朝能彼此通婚。

② 粟生长耐旱，品种繁多，俗称"粟有五彩"，有白、红、黄、黑、橙、紫各种颜色的小米，也有黏性小米。中国最早的酒也是用小米酿造的。粟适合在干旱而缺乏灌溉的地区生长。其茎、叶较坚硬，可以作饲料，一般只有牛能消化。粟在中国北方俗称谷子。

③ 王学泰：《中国饮食文化史》，桂林：广西师范大学出版社2006年版，"自序"第5页。

④ 《居家必用事类全集》是元代的一部日用百科全书型的类书，其中《庚集》对馒头的种类和用途介绍得颇为详细，如有"平作小馒头（生馅）、撮尖馒头（生馅）、卧馒头（生馅，春前供）、捻花馒头（熟馅）、寿带龟（熟馅，寿筵供）、龟莲馒头（熟馅，寿筵供）、春茧（熟馅，春前供）、荷花馒头（熟馅，夏供）、葵花馒头（喜筵，夏供）、毬漏馒头（卧馒头，后用脱子印）"。元代的馒头是一种包馅的主食，分生馅和熟馅两种，不但日常食用，而且用于四时祭享及寿筵。

活达到当时最高水平；三是从万历十五年，即张居正死后被清算完结直至明亡（1587—1644），战乱纷起，天灾不断，粮食短缺，饮食生活水平明显下降。再譬如民国时期，1928 年显然是北京饮食生活的一个重要分水岭。1928 年以前，北京的饮食消费资金主要依靠政府财政拨款和地方官僚来京开销的税收。一些旗人贵族家庭仍有足够的积蓄供其餐饮开支。1928 年中央政府迁离北京之后，北京人口中较为富裕的官僚及其家人也随之南迁。由于饮食消费水平下降，一些餐饮老字号纷纷倒闭。尽管对各朝代饮食文化的阐述不能完全展示这一嬗变，但应该认识到在各朝代之间及同一朝代的不同阶段，饮食文化都是处于动态的维度之中。

不过，在衣食住行等物质生活世界里，服饰、居住和交通的复古，无疑是倒退，有悖于人类文明的进程。于是，传统的服饰、居住和交通作为古都风情在现代化的生活层面正日益衰微。唯有饮食的怀旧是理所当然的、毋庸置疑的，饮食传统完全可以与现代科技共存，饮食遗产的传承与创新完全可以一并展开。饮食文化蕴含根深蒂固的传统，"在这里仅仅是指故都北京城特有的古典性文化传统在现代的遗存，属于现代中的古典"①。饮食的古典属于正统，在现代化的进程中一直被大张旗鼓地倡导。当然，饮食业也要步入现代化，但这种现代化并不排斥食品和菜肴的手工制作。人们丝毫不认为饮食业的手工艺（诸如烹饪技艺）是落后的、不合时宜的。随着现代化进程，传统的食品反而更加强烈地激发人们的口味记忆，进而产生眷恋之情。饮食特别容易引起怀旧感，这种怀旧并不令人伤感，因为伴随着完全可以满足的强烈的食欲。故而，饮食传统可以极大限度地得以延续。从这一点而言，饮食文化史不会有断层，能够被连贯地梳理，诸如北京烤鸭、京酱肉丝、豆汁儿、豌豆黄、萨其马、酸奶、涮羊肉等的演进轨辙都可以使之清晰起来，但北京饮食文化史毕竟不是个例或个案史，而是倾向于整体观照和审视，把握饮食文化的时代脉搏、演进主线和发展趋向是书写的主要目标。

时农时牧、半农半牧、农业与渔猎并存构成了这一区域的饮食文化生态，多种经济形式为饮食文化的兼容发展提供了得天独厚的条件。随着朝代的转换，不同民族的饮食文化在这里聚集，由分离到融合，最终形成北京饮食文化共同体。构建北京饮食文化史的中心任务在于厘清各民族饮食文化相互融合的轨辙，把握

---

① 王一川：《京味文学第三代：泛媒介场中的 20 世纪 90 年代北京文学》，北京：北京大学出版社 2006 年版，第 7 页。

民族各自饮食文化的独特性和差异性，将融合的复杂状况充分展示出来。

在很大程度上，北京的发展与农业生产休戚相关，农业状况关系着北京及北京饮食的兴衰。具体来说，就是饮食的环境和水平决定了北京繁荣的程度。在任何一个朝代，北京人温饱问题的解决取决于农业，而不是畜牧业。以农立国是历朝历代统治者实施的基本方略。"世祖定都于燕，合四方万国之众，仰食于燕。"[①]史家亦云："世祖即位之初，首诏天下，国以民为本，民以衣食为本，衣食以农桑为本"[②]，这是元世祖的治国思想。元定宗二年（1247）忽必烈召见张德辉，问："农家作劳，何衣食之不赡？"德辉对曰："农桑，天下之本，衣食之所从出者也，男耕女织，终岁勤苦，择其精者输之官，余粗恶者将以仰事俯育。"[③] 宪宗九年（1259）忽必烈南伐途中，向儒者杜瑛访问治道，杜瑛说："汉唐以还，人君所恃以为国者，法与兵、食三事而已。国无法不立，人无食不生，乱无兵不守。"[④] 北京的历史地位决定了其与法、兵、食三事息息相关，撇开"法"不言，兵和食在北京的发展过程中具有举足轻重的地位。

尽管历朝大多由北方少数民族主政，但"在绝大多数情况下，都不得不适应征服后存在的比较高的'经济情况'，他们为被征服者所同化"[⑤]。饮食生活的"汉化"就是这种同化的突出表征。故而肉食在北京的饮食结构中不可能成为主体。几千年来，自给自足的农业自然经济，主要依靠人力和畜力进行生产，人力资源在农业生产中的作用尤其突出。饮食取决于农牧业，农牧业取决于人口状况，就这一点而言，饮食限定了北京历朝历代的发展走向。北京饮食的发展史就是其整体史即通史的一个缩影。

中国是一个多民族国家，民族融合是这一古老国度得以长治久安和可持续发展的根本保障。北京的历史是民族融合的过程，对于这历史进程的考察最有利的视角莫过于饮食文化。尽管在居住、服饰和交通等物质生活方面也有多民族的交流，但终不若饮食文化表现得如此明显。在北京饮食文化的滥觞期，多民族的特点就凸显了出来。这一状况一直延续至清朝。讨论民族融合问题首选的城市应该

---

① ［元］危素：《元海运志》，上海：商务印书馆1936年版，第7页。
② ［明］宋濂：《元史》卷93《志第四十二》，北京：中华书局，1976年标点本，第2351页。
③ ［明］宋濂：《元史》卷163《列传第五十》，北京：中华书局，1976年标点本，第3823页。
④ ［明］宋濂：《元史》卷199《列传第八十六》，北京：中华书局，1976年标点本，第4474页。
⑤ 《马克思恩格斯选集》第三卷，北京：人民出版社1972年版，第222页。

是北京，没有哪个城市居民的民族构成是如此多元，而其最显耀的文化表征应该是饮食。北京饮食文化的历史与民族间不断相互渗透是同步的，每一时代饮食风味的转换都是新的民族入住北京的结果，而民族成分的异动又直接通过饮食表现了出来。

在衣食住行四个方面的物质生活中，唯有饮食是直接交流的政治，这一点，北京饮食尤为突出。如果说北京饮食的民族性是比较表面和直观的话，其所释放出来的政治意义就需要去发掘和具体论证了。食器的等级及宫廷饮食礼仪是政治秩序的直接表征，对本民族饮食传统的坚守更是最高的政治立场。作为食物的祭品和贡品都是政治交易的媒介，祭祀和上贡行为本身带有强烈的政治意味。而食物的"胡化"和"汉化"显然也是政治交流的过程，即构成了一种饮食层面的统治与被统治、支配与被支配的结构关系。北京饮食文化史始终围绕一个中心展开，这就是"融合"，民族之间的、地域之间的、南北之间的、风味之间的，几乎渗透到北京饮食文化的所有领域，但融合并不是平等的，存在着各种博弈和妥协，这就是北京饮食文化的政治属性，也是北京饮食文化得以发展的张力。

北京饮食文化史贯穿"明"和"暗"两条主线，前者表现为民族、地域的脉络，后者表现为政治权力的不断强化，以及饮食的政治化、礼仪化的共时状态。前者是纵向的，偏重于广度，后者是横向的，为深度的体现。尽管意识到这一点，但在书写过程中，有所为，有所不为，唯有集中梳理前者，后者只能蕴藏于具体的饮食行为和现象里面了。

需要说明的是，对北京饮食文化的书写不可能面面俱到，只能侧重于城区。由于政治中心所产生的人口集聚效应，北京城市人口在区域人口中占有很大比重，形成了人口在城市及近郊区高度集中的格局。因此，城市及近郊区的饮食文化处于主导地位。这从北京建城的初始便如此。战国时代，在以蓟城为都的时期里，蓟城人口可能达到 15 万的规模，而当时北京地区人口共约 45 万，蓟城人口所占比重高达 33%。[①] 北京辖区的范围一直在不断变化，但不论如何变化，郊区的面积都要远远大于城区，而人口则主要集中在城区。较之郊区甚至远郊，城区的饮食文化更具有活力，也更能代表北京饮食文化发展的方向。以城区饮食观照北京饮食文化史更具合理性。

---

① 高寿仙：《北京人口史》，北京：中国人民大学出版社 2014 年版，第 494 页。

　　书写北京饮食文化发展史旨在以历史唯物主义的立场，厘清北京各民族饮食文化融合的背景、过程和结果，展示北京各民族饮食文化的传统风貌，构建这一演进的完整图式和脉络，突出每一阶段饮食文化的时代特色和历史地位，此为时间的维度；在空间维度方面，揭示北京饮食与政治、经济、民族、人口等的内在关联性，不同阶层、人群之于饮食生活的诉求及其意义观照。在北京，饮食文化从一开始就超越了其本身的食用功能，与交通运输、战争、畜牧业生产、自然灾害、城市政治地位及人口民族成分的改变、朝代更替等构成了直接的互动关系，当然，每一朝代的侧重面有所不同。因而需要从更宏观的角度理解北京饮食文化发展的动因、推动力及其表现形态，探寻其数千年乃至数万年来演进的复杂性和必然性。

　　尽管北京饮食文化本身就是一个辉煌灿烂的演进和发展的历程，其独特的个性和魅力委实值得细细品味，值得认真去理解、书写和阐释，但正如本雅明在《历史哲学论纲》一文中曾经论及，过去的真实图景一去不复返，哪怕历史地描绘过去也并不意味着"按它本来的样子"去认识它。① 北京饮食文化发展史的书写与其说是历史还原，不如说是历史重构。本书章节的设置、框架的安排都显示出重构的学术意图。

---

① ［德］瓦尔特·本雅明著，汉娜·阿伦特编，张旭东、王斑译：《启迪：本雅明文选》，北京：生活·读书·新知三联书店 2008 年版，第 267 页。

目　录

第一章　北京饮食文化概述

北京市境位于北纬 39°56′，东经 116°20′，处于华北平原与太行山脉、燕山山脉的交接部位，雄踞于华北大平原的西北端，西部、北部、东北部，由太行山（西山）与军都山及燕山山脉所环抱，构成形似"海湾"之势，故自古就有"北京湾"之称。就政治和军事地位而言，"其位置，如从中国地域来看，虽偏居东北幽冀之间，但进可控制南方九州岛之野，退可守卫国家发祥之地。为有此种欲求之北方人，势必占据燕地，以为南北之要冲。明朝永乐帝之所以以此地为都，也不外乎出自以龙兴之地为重，同时考虑到便于统治北方之人"①。"北京地区的地貌包括山区、丘陵、平原、台地等多种类型。山区宜发展林业；平原宜发展农业；洼地可以发展水稻；高寒地区可以发展成熟期短的耐旱作物。这为北京地区农业发展的多样性创造了条件。"② 北京属北温带大陆性季风气候，一年四季分明，春秋季较短，夏冬季稍长；土地肥沃，物产丰富。优越的自然条件和地理环境为北京饮食文化的辉煌奠定了基础。

就文化地位而言，北京地区地处我国三大地理单元——东北大平原、华北大平原和蒙古高原的交接点上：向南沿太行山东麓连接华北平原；北出昌平南口，经关沟、居庸关（军都山）通往内蒙古高原；东北出密云古北口至承德，沿燕山南麓向东出山海关可进入东北平原。③ 诸多学者发表了类似的观点，陈述了同样的事实。"若中原封建王朝牢牢地掌控着幽州，则北方游牧民族不敢轻易南犯。相反，对于北方游牧民族的首领来说，欲入主中原，统治汉民，也不能不占据幽州。以幽州为基地，进可在华北大平原上长驱直入，退可出居庸关、古北口、松亭关、

---

① 张宗平、吕永和译：《清末北京志资料》，北京：北京燕山出版社 1994 年版，第 2 页。
② 于德源：《北京农业经济史》，北京：京华出版社 1998 年版，第 3 页。
③ 郭京宁：《从北京昌平张营遗址所含文化因素看大坨头文化与周邻文化的交流》，载《北京文博文丛》2015 年第 4 期。

榆关等天造地设的山间孔道，迅捷地回到山后老家。"①"东西贡道，来万国以朝宗"②，成为沟通三大地理单元的中间站，也是几千年来中原农耕文明与欧亚草原文明碰撞、融合的最前沿。多元形态并存，融合发展一直是北京饮食文化演进的主旋律，与这种文化区位优势密切相关。

在蓟建都，除了区位优势外，与能够获得充足的饮食资源直接相关。《畿辅通志》的作者认为："古者建国邑，必依于山川。盖以天地成而聚于高，归物于下。高者，山之聚。下者，川泽之归。材用于是乎出，衣食于是乎生。……自古帝王之都，必择形胜。而无若渤碣之间，为两戒山川所总会者。其山则太行东来，环神京之北，而恒山镇其西，二山连延，限河北道之东西，以为天下脊，信乎，其天作地成也。其川则卫、白二河为要，合卫之川滹沱为大，合白之川桑干为大，而漳、滏入于滹沱，滋、沙、滱、易、濡、涞、徐匽并入于桑干，滦河及宽、渝、恒、漆诸川，自入于海。其泽则在畿南者为广阿，即《禹贡》之大陆也，土人呼为泊。泊之南，群水入焉者十，泊之北，群水入焉者十有二。近海有东西二淀，或云即古笥沟，旧有九十九淀，支相灌输，今京畿州县皆古淀是也。……五种咸宜，六扰并硕，转漕便利，百货阜通，诚所谓原大则饶，气厚而聚多者欤。"③ 正是具有优越的地理环境，"五种咸宜"，北京才能被历朝历代所看中。至于军事重镇、交通要道、游牧与农耕文化的交汇之地，终不若"衣食于是乎生"更有说服力。

当然，地理环境的优劣是相对而言的，与中原和南方相比较，北京的地理、气候处于劣势；而就长城以外的游牧地区而言，又具有明显的优势。正如金朝兵部侍郎何卜年反驳礼部尚书萧玉时所言："燕京地广土坚，人物蕃息，乃礼义之所，郎主可迁都。上都黄沙之地，非帝都也。"④ 随着人口的增加，北京的粮食一直不能自给自足。"苦寒沙碛之地，莫甚于燕。"即便作为军事重镇，也是"以燕都僻处一隅，关塞之防，日不暇给；卒旅奔命，挽输悬远"⑤。故而当今有学者明确指出："仅就自然地理条件而言，北京并不是理想的建都之地。这座城市从汉唐

---

① 尹钧科：《北京城市发展史》，北京：北京出版社 2016 年版，第 79 页。
② ［元］脱脱等：《金史》卷 96《梁襄传》，北京：中华书局，1975 年标点本，第 2133 页。
③ ［清］黄彭年：《畿辅通志》卷 57《舆地略十二》，石家庄：河北人民出版社，1989 年标点本，第 35 页。
④ ［金］宇文懋昭：《大金国志校证》卷 13《纪年十三》，北京：中华书局，1986 年标点本，第 185 页。
⑤ ［清］顾祖禹：《读史方舆纪要》卷 10《北直一》，北京：中华书局，2006 年标点本，第 402 页。

时期的北方军事重镇发展到自辽代以后基本连续地作为陪都或首都，大体是由于北方少数民族政权的崛起和南进遏止了全国政治中心由关中转移到中原后可能继续南迁的趋势。"① 正如史念海先生所说："无论怎样优越的自然形势，都难免有罅漏之处，不易完全符合于建都要求。"② 同样，北京也不是饮食文化发展的理想之地，在相当长的时期，其饮食文化的繁荣并不取决于"物华天宝"，而是由于少数民族相继进入，外来的饮食文化得以源源不断输入的结果。而运河的开凿，南粮北运，在很大程度上弥补了饮食资源之不足。

讨论北京饮食文化发展史当然需要持历史主义的立场，除了饮食本身的演进之外，北京的发展态势秉承两个方面的维度：一个维度是由南北东西陆路交通枢纽③到军事重镇再到全国政治中心，这种身份、地位的阶段性变化给饮食文化造成直接影响。交通枢纽、军事重镇和政治中心都必然带来北京地区人口和族群的异动，人口、族群本身就是饮食的、口味的。梳理北京饮食文化的历史性脉络，这是一个基本维度。另一个维度是对辖区范围的认定，基本原则是以现今北京行政区域为参照。一方面辖区并非均质的整体，内部也存在差异。譬如，"秦汉时期幽燕风俗区划包括三个亚区，即涿蓟地区、上谷至辽东一带、玄菟与乐浪④所在区域。当然，这只是一个为了更好地认识这一大的文化区域的文化特征而进行的研究方式，在不同时期这样的亚区划分是有变化的，甚至是融合在一起"⑤。也有学者认为幽燕北部的上谷、渔阳、右北平郡，属于塞上东北风俗亚区；而南部的广阳国、涿郡则为黄河中下游风俗区之一亚区。也就是说，在饮食风俗方面，幽燕被分成南、北两个部分，⑥ 存在明显差异。《旧唐书·地理志二》云："幽州大都督府，隋为涿郡。武德元年，为幽州总管府，管幽、易、平、檀、燕、北燕、营、辽等八州……天宝，县十，户六万七千二百四十二，口十七万一千三百一十

①　孙冬虎：《定都北京的历史机缘》，载《三门峡职业技术学院学报》2017 年第 1 期。

②　史念海：《中国古都与文化》，北京：中华书局 1998 年版，第 8 页。

③　侯仁之先生说："自古以来，一直到唐朝末年，只要社会政治条件比较稳定，随着生产的发展，中原的汉族与东北游牧部族之间的来往贸易是相当频繁的，而联络这种交往关系的枢纽，正是蓟城。"（侯仁之、金涛：《北京史话》，上海：上海人民出版社 1980 年版，第 26 页。）

④　玄菟（tú）郡，前身为燕国真番障塞，西汉时期汉武帝灭卫氏朝鲜之后，在其地设立玄菟郡、乐浪郡、临屯郡和真番郡，合称"汉四郡"，设立时间 500 余年。

⑤　靳宝：《关于秦汉时期幽燕风俗区划的探讨》，载《太原理工大学学报》（社会科学版）2016 年第 6 期。

⑥　陈业新：《两汉时期幽燕地区社会风习探微》，载《中国史研究》2008 年第 4 期。

二。"①人口如此众多、疆域如此广阔的辖区，其间的饮食差异是可想而知的。但在具体论述中，由于可供利用的资料不足，只能无奈地无视这种内部差异。

另一方面，北京辖区范围在不断迁移，而北京饮食文化的演进是在其辖区内展开的，北京辖区范围的改易必然影响到饮食文化的生存状况。就辖区而言，北京的范围处于不断收拢的趋势当中，先秦时期，燕国的疆土扩充迅猛，从西周初期到战国中后期，几乎覆盖整个华北地区。汉唐时期的幽州，北京的辖区便远不及燕国。而此后历朝，北京的辖区范围越来越萎缩，从辽南京析津府到金中都大兴府、元大都路都总管府，再到明清时期的顺天府，莫不如是。然而，北京饮食文化的地位及其影响力却在不断提升，与其地域范围的不断缩小形成相反的走势。另外，北京饮食文化本身也存在明显的地域差异，处于城市中心地带的饮食与远离中心的乡村就迥然不同，不能一概而论。在北京没有成为全国的政治中心之前，北京饮食文化表现为市井和乡村两种类型。一旦拥有了首都的地位，宫廷饮食文化便凸显了出来，同时，士大夫饮食文化也成为重要类型。

第一节　北京简历

四五十万年前，在今北京房山区周口店龙骨山上就生活着迄今为止所发现的最古老的祖先"北京人"。从发掘出来的近十万件石器看，"北京人"能够使用简单的石器。十多万年之后，周口店龙骨山北京人遗址顶部，又生活着"山顶洞人"，他们的身体特征与现代人已没有明显区别。大约过了一万年，随着畜牧业和农业的兴起，北京远古居民告别了祖居的山间崖洞，挪移到平原上生活，出现了原始农业部落。此后又过了几千年，北京人终于从原始状态跨进了文明时代的门槛。

自三皇五帝，便有区划之说。"天下之立国宰物尚矣，其画野分疆之制，自五帝始焉。"② "昔黄帝始经土设井，以塞争端，立步制亩，以防不足。使八家为井，井开四道，而分八宅，凿井于中。……既牧之于邑，故井一为邻，邻三为朋，朋三为里，里五为邑，邑十为都，都十为师，师七为州。夫始分于井则地著，计之于州则数详。"③ 此建置之始也。在古史传说时代，北京地区已有幽都、幽陵和幽

---

① ［五代］刘昫等：《旧唐书》卷39《志第十九》，北京：中华书局，1975年标点本，第1518—1521页。
② ［唐］杜佑：《通典》卷171《州郡序》，北京：中华书局，2016年标点本，第4435页。
③ ［宋］马端临：《文献通考》卷12《职役考一》，北京：中华书局，2011年标点本，第325页。

州之称。①《尚书·尧典》云：尧"申命和叔，宅朔方，曰幽都"②。在春秋战国前，王者所居称为"宅"。《书·盘庚上》："我王来，既爱宅于兹。"孔传："言祖乙已居于此。"《尚书·尧典》："分命羲仲宅嵎夷。"《吕氏春秋·疑似》："周宅丰镐。"③ 由此可见，尧、舜、禹时期，幽州已筑聚落邑。之后，经历蓟、燕京、涿郡、幽州、辽南京、金中都、元大都、北平府等建置时期。

夏商时代出现了古燕国和古蓟国。在召公封燕之前，出现了北京最早的雏形——蓟城，在今北京地区的西南部。今北京地区有明确的历史记载始于公元前1000年以前，《史记·燕召公世家》载："周武王之灭纣，封召公于北燕。"是为西周燕国之始。类似的记载不绝于史书：《汉书·地理志》谓"蓟，故燕国，召公所封"；《水经注》谓蓟县故城为"武王封召公之故国"；《史记索隐》云："后武王封（召公）之北燕，在今幽州蓟县故城是也。"④ 宋王应麟《通鉴地理通释》卷四"历代都邑考"引《舆地广记》云："武王封帝尧之后于蓟，又封召公于北燕，其后燕国都蓟。"《诗补传》曰："蓟后改为燕。……或曰黄帝之后封于蓟者已绝，成王更封召公奭于蓟为燕。"⑤《册府元龟》卷二三五云："召公奭之后封蓟，为北燕伯。"⑥ 这些记载都指明召公奭⑦被周武王封于蓟城。召公是周武王的同族兄弟，也是辅佐周武王和他的儿子周成王的两朝重臣。《史记·燕召公世家》记载："其在成王时，召公为三公，自陕以西，召公主之；自陕以东，周公主之。"把这样一位能与周公分而主政的开国功臣封于燕地，足见"燕"是周王朝重要的诸侯国之一。有铭文记载，偃侯向召公奉献过美食。《周礼·地官·遗人》记载，西周时"凡国野之道，十里有庐，庐有饮食。三十里有宿，宿有路室，路室有委。五十里有市，市有候馆，候馆有积"。路室和候馆是不同规模的旅馆。委与积是存

---

① 见于《汉书·地理志》《史记·五帝本纪》《韩非子·十过篇》《尚书·舜典》《周礼·职方》《尔雅·释地》等早期著述。

② 孔传："北称幽，则南称明，从可知也。都，谓所聚也。"蔡沉集传："朔方，北荒之地……日行至是，则沦于地中，万象幽暗，故曰幽都。"

③ 汉语大字典编辑委员会编：《汉语大字典》，武汉：湖北辞书出版社、成都：四川辞书出版社1997年版，第383—384页。

④ ［西汉］司马迁：《史记》卷34《燕召公世家第四》，北京：中华书局，1982年标点本，第1549页。

⑤ 侯仁之：《历史地理学的理论与实践》，上海：上海人民出版社1979年版，第141页。

⑥ 陈平：《燕史纪事编年会按》，北京：北京大学出版社1995年版，第111页。

⑦ 召公奭，姬姓，是与周室同姓的贵族，因食采于召，称为召公。《史记·燕世家集解》引谯周曰："（召公）周之支族，食邑于召，谓之召公。"《索隐》云："召者，畿内菜（采）地。奭始食于召，故曰召公。"

放货物的库房或货棚。齐桓公救燕伐山戎后，燕强蓟弱。[①] 公元前 629 年至公元前 628 年，蓟国存国 400 多年后，终为燕灭。[②]

据考古发掘，蓟城呈长方形，东西长约 850 米、南北长约 600 米；城墙厚约 4 米，分主城墙、内附墙和护城坡三部分；城垣外有沟池环绕，颇具规模。蓟也就是燕国的都城。20 世纪 70 年代，考古工作者在北京房山县琉璃河镇东北的董家林村一带发现了规模巨大的商周文化遗址，包括居民住址、墓葬区和古城址。专家通过对墓葬及出土器物的考证以及对古城遗址的发掘，断定这里就是周初燕国始封地，而古城应是燕国的都城。长期以来，关于燕国始封地在何处一直悬而未决，这一考古发现提供了确证。出土的青铜礼器主要有鼎、卣、簋、甗、鬲、盉、樽、晷、罍、爵等，不少青铜礼器上铸有铭文，有些铭文中见有"匽（燕）侯"。这是曾经作为都城的有力证据。

徐才宗《国都城记》云："周武王封召公于燕，地在燕山之野，故国取名焉。"[③] 燕国因燕山而得名。《水经注》卷十二《圣水》云："圣水南流历（良乡）县，西转，又南经良乡县故城西，……有防水注之。……圣水又南与乐水合……又东径其县故城南，又东径圣聚南，盖藉水而怀称也。又东与侠河合。"[④] 圣水即今房山大石河，又名琉璃河。琉璃河董家林商周遗址，古称"圣聚"。之所以有如此称谓，同样在于琉璃河的滋养之功。《史记·货殖列传第六十九》记载说："夫燕亦勃、碣之间一都会也。南通齐、赵，东北边胡……有鱼盐枣栗之饶。北邻乌桓、夫余，东缩秽貉、朝鲜、真番之利。"燕（意指燕国古都）同时也是渤海与碣石山之间的一个都市，南方连通齐地和赵地，东北边则与胡人（北方少数民族）交界。一方面指出蓟城物产丰富，另一方面又说明地处中原农耕和北方游牧经济的交汇之地，和北边的乌桓、夫余，东面的秽貉、朝鲜、真番等经常进行经济和文化交流。

---

① 顾德融、朱顺龙：《春秋史》，北京：中华书局 2008 年版，第 80 页。
② 薛兰霞、杨玉生：《论燕国的五座都城》，载《河北大学学报》（哲学社会科学版）2011 年第 1 期。
③ ［西汉］司马迁：《史记》卷 4《周本纪第四》，北京：中华书局，1982 年标点本，第 128 页。
④ 郭仁、田敬东：《琉璃河商周遗址为周初燕都说》，载陈光汇编：《燕文化研究论文集》，北京：中国社会科学出版社 1995 年版，第 121 页。

北京的建城历史，据史学界比较一致的意见，是从周武王克商，分封燕①、蓟为标志。"从周初分封的诸侯国燕和蓟，到今天的中央直辖市北京市，……时间跨度长达三千余年，大小朝代改换二十多次，其间出现在北京地区的各级行政建置，经历了一个复杂的演变过程，或更换名号，或省置郡县，或升降级别，或迁徙治所，或改变隶属，或调整分界，共同构成了一部多层次的错综复杂的北京建置沿革史。"② 北京历史之复杂、曲折，其他城市难出其右。

夏商周断代工程专家组将武王伐纣克商之年选定为公元前 1046 年，③ 至今已有 3000 多年。侯仁之先生指出："可以认为蓟、燕两地的原始聚落，到了正式建立为诸侯国的时候，就完全具备了城市的功能，因此也就可以认为是建城的开始，在此以前，这两处地方随着南北交通的发展，其原始聚落也应该已经开始具有城市的功能，但是无法断定其开始的年代。有年代可考的，就是从武王伐纣建立封国时开始。"④ 燕京最初只是方国之都，后来成为州郡，属于地方性的行政中心。春秋、战国时为燕国。《韩非子·有度》称："燕襄王以河为境，以蓟为国。"战国后期，燕国强盛，置上谷、渔阳、右北平、辽西、辽东五郡⑤。从此，北京正式设郡，为往后的地方行政区划奠定了基础。秦朝燕国故地增加广阳郡，为六郡。广阳、上谷、渔阳三郡与北京区划相关联，秦始皇的驰道，曾由咸阳到达蓟城。蓟城为我国北方重镇。西汉时，北京地区设县或侯国较多。东汉时，行政建置变化较大，广阳郡一度撤销，并入上谷郡。东汉以后，幽州以蓟城为治所，西晋则改治所为涿。隋唐五代州郡互称，故《新唐书·地理志》有"幽州范阳郡""檀州密云郡""蓟州渔阳郡"等称谓。唐时的幽州城，不但是北方繁华的都市，而

---

① 《山海经·海内经》："北海之内，有山，名曰幽都之山，黑水出焉。其上有玄鸟、玄蛇、玄豹、玄虎、玄狐蓬尾。有大玄之山。有玄丘之民。有大幽之国。"其中"大玄之山""大幽之国"，可能指燕山、古燕国。北京之所以称幽、燕，也就有了依据。

② 尹钧科：《论北京历代建置沿革的特点》，载《北京社会科学》1987 年第 4 期。

③ 夏商周断代工程专家组编著：《夏商周断代工程 1996—2000 年阶段成果报告》（简本），北京：世界图书出版公司 2000 年版，第 49、84 页。

④ 侯仁之：《论北京建城之始》，载《北京社会科学》1990 年第 3 期。

⑤ 燕昭王时，将燕国的北部疆土拓展至辽东。其后，沿北部边界修筑长城，置上谷、渔阳（治今北京密云一带）、辽东（治今辽宁辽阳市）、辽西（治今辽宁义县西）、右北平（治今内蒙古宁城县）五郡，上谷郡是燕国北疆西部第一郡。

且是北方少数民族会集的地方，幽州城内有许多坊①，如铜马坊、肃慎坊、罽宾坊等，表明那时的蓟城是我国北方少数民族融合的大熔炉。幽州有奚、契丹、棘鞨等民族居住，有的住在幽州城内，有的分别聚居在良乡、通县、昌平、房山、涿县等地。五代至宋，建都中原开封，契丹人据此可以一马平川地驰向京畿，无论是辽国或灭辽的金人，都以该地为前进据点而最终灭了北宋。② 史学家们一致强调幽州作为北方少数民族南进的屏障地位，倘若失去了燕山山脉，北方游牧民族可以直入华北平原，开封地区等于向入侵者敞开了大门。"自蓟而南，直视千里，贼鼓而前，如菀纤上行"③，"菀纤"意即长满草的布帛。辽代北京成为陪都，称南京、燕京。其政治中心是在辽上京（后移至中京），但燕京成为名副其实的经济和文化中心。金初燕京仍为陪都，自海陵王贞元元年（1153）把政治中心从金上京（今黑龙江阿城）迁到燕京，改名中都以后，北京始成为一国之首都。自辽会同元年（938）升幽州为南京后，幽州之称谓便成为历史。这是北京地位的重大转变——从地方的行政中心上升为一国的政治中心。元世祖把地处漠北的都城迁到燕京，在攻灭南宋后，燕京成为全国的政治与文化中心。"元大都的建成和命名，标志着中国的政治中心已完全转移到幽燕之地了。这是中国历史上划时代的一件大事。"④ 明清两代，先后定都于此。明代于此定都，是明成祖朱棣曾在此经营，知道这里"形胜甲天下，峞山带海，有金汤之固"（《明舆地指掌图》）的重要意义。至于清代建都于此，也和满族兴起于北方有关。⑤ 历史上北京的政治地位，基本上是由北方民族决定的。

北京之所以能够获得至高无上的政治地位，一方面在于东晋以后，长江中下游一带的经济得到迅速发展，长安城的区位优势不复存在。另一方面，"正是汉族与游牧部族之间的矛盾，在东北边疆急剧发展的形势下，北京城在全国范围内的重要意义，才日益突显起来。结果，北京终于代替了长安，成为中国封建社会时

---

① "坊"是城市居住和商贸的基本单位。所谓"坊"和"里"，是被道路网分割出来的"街区"。自唐始，北京城的道路便朝着四四方方"棋格"的方向发展，这些道路切割出来的"街区"便成为一个个商业网点。（只是宋时，"坊墙"被拆除，商店沿街道而建。）于是，"里"或"坊"构成了城市分布的基本单位。

② 李勤德：《中国区域文化》，太原：山西高校联合出版社1995年版，第72页。

③ ［南宋］李焘：《续资治通鉴长编》卷174《起仁宗皇祐五年正月尽是年六月》，北京：中华书局，2004年标点本，第4195页。

④ 尹钧科主编：《北京建置沿革史》，北京：人民出版社2008年版，"概述"第5页。

⑤ 李勤德：《中国区域文化》，太原：山西高校联合出版社1995年版，第72页。

期后半段的全国政治中心"①。还有，在于北京地理位置具有无可替代的优越性。对于石敬瑭割燕云十六州②与契丹之事，宋人站在战略的高度评论道："然石郎之消息，乃中原之大祸。幽、燕诸州，盖天造地设以分番、汉之限，诚一夫当关，万夫莫前也。石晋轻以界之，则关内之地，彼扼其吭，是犹饱虎狼之吻，而欲其不搏且噬，难矣。遂乃控弦鸣镝，径入中原，斩馘华人，肆其穷黩。"③ 足见北京地区的军事地位是多么重要。明末清初的历史地理学家顾祖禹指出："辽起于临潢，南有燕云，常虑中原之复取之也，故举国以争之，置南京于燕、西京于大同，以为久假不归之计。女真自会宁而西，擅有中夏，仍辽之旧，建为都邑，内顾根本，外临河济，亦其所也。蒙古自和林而南，混一区宇，其创起之地，僻在西北，而仍都燕京者，盖以开平近在漠南，而幽燕与开平形援相属，居表里之间，为维系之势，由西北而临东南，燕京其都会矣。"④ 这段话明确指出了北京与契丹、女真和蒙古人等统治阶级利益之间的关系，北京的地理位置对于强化这些北方民族统治地位的意义是不容忽视的。燕地西北方向为南口（居庸关），可通蒙古草原；东北方向是古北口，直入燕山腹地；东边有喜峰口、山海关，与辽西辽东以及东北各地相连。

其实，一个地方能够成为国都，最基本的还是要能够解决吃饭问题，因为国都肯定是庞大的消费城市，尤其是粮食消费。南方粮食漕运关中，"要经过黄河的三门天险，甚至出现了'用斗钱运斗米'的情形，其漕运耗费之大可见一斑，这对长安逐渐失去国都地位有很大的关系"⑤。关于这一点，有历史学家给予了专门阐述：

为了减少或避免这样的困难，一些王朝或政权采取迁就富庶的粮食产地的办法，在选择都城时使它更接近于这样的地区。西汉都于长安，东汉继起，就把都

---

① 侯仁之、邓辉：《北京城的起源与变迁》，北京：中华书局 2001 年版，第 46 页。

② 所谓"燕云十六州"，即幽（今北京）、蓟（今天津蓟州）、瀛（今河北河间）、鄚（今河北任丘北）、涿（今河北涿州）、檀（今北京密云一带）、顺（今北京顺义）、妫（今河北怀来）、儒（今北京延庆）、新（今河北涿鹿）、武（今河北宣化）、云（今山西大同）、应（今山西应县）、朔（今山西朔州）、寰（今山西朔州东北）、蔚（今河北蔚县）诸州。

③ ［宋］叶隆礼：《契丹国志》卷三，上海：上海古籍出版社 1985 年版，第 39—40 页。

④ ［清］顾祖禹：《读史方舆纪要》"直隶方舆纪要序"，北京：中华书局 1955 年版，第 433 页。

⑤ 高福顺：《长安北京成为封建社会前后期都城的内在因素》，载《社会科学战线》2006 年第 4 期。

城改建洛阳。长安漕运的艰辛，尤其是砥柱的险阻，又无由得以克服，也未尝不是其中一个原因。洛阳距离当时富庶的产粮地区较近，又远在砥柱的下游，不用考虑黄河汹涌的波涛，这一点是优于长安的。后来五代石晋时，都城又向东迁徙，直到汴河岸上的开封，其实则是为了更接近富庶的粮食产区。①

西安、洛阳乃秦、汉、隋、唐各朝之首都，其实，自隋唐始，关中平原的粮食产量就难以承受巨大的人口压力，唐政府多次到洛阳就食。只要定都北方，由南方输入粮食势在必行。北宋之所以定都开封，主要原因是方便南方粮食的输入，运输里程减少竟达 1000 余里。北京的情况也是如此。倘若北京地区的饮食资源匮乏或者缺乏解决粮食匮乏的渠道，就不可能成为历朝历代的首都。《日下旧闻考》引《读书一得》言："幽州之地，左环沧海，右拥太行，北枕居庸，南襟河济，诚天府之国。"② 永乐十四年（1416）十一月，召群臣议营建北京，武臣们的奏疏说："北京河山巩固，水甘土厚，民俗淳朴，物产丰富，诚天府之国，帝王之都也。皇上营建北京，为子孙帝王万世之业。比年车驾巡狩，四海会同，人心协和，嘉瑞骈集，天运维新，实兆于此。矧河道疏通，漕运日广，商贾辐辏，财货充盈。"③ 北京建都理由与其他都城无异，"非常容易地能与黄河中下游、长江三角洲地带的'粮仓'通过京杭大运河有机地联系起来，漕运完全可以满足京师用粮、用物的需要"④。能够解决粮食供给是北京之所以建都的直接原因。

从历史发展的地位变化可以看出，北京经历了从交通要道到军事重镇再向全国政治中心转变的过程。辽代以前，幽州受到重视缘于可以为中原王朝经略东北并控制北方，属于军事要地，有"国之重镇惟幽都，东威九夷北制胡，五军精卒三十万"⑤ 之称。唐代，"范阳节度临制奚、契丹，治幽州，兵九万一千四百人"⑥。其中驻扎幽州城的有马步兵三万人，檀州城一万人。⑦ 至辽代，契丹统治

---

① 史念海：《中国古都形成的因素》，载中国古都学会主编：《中国古都研究》（第四辑），杭州：浙江人民出版社 1989 年版，第 16 页。

② ［清］于敏中等：《日下旧闻考》，北京：北京古籍出版社 1985 年版，第 75 页。

③ ［清］于敏中等：《日下旧闻考》卷 4《世纪》，北京：北京古籍出版社，1981 年标点本，第 51 页。

④ 高福顺：《长安北京成为封建社会前后期都城的内在因素》，载《社会科学战线》2006 年第 4 期。

⑤ 贾至：《燕歌行》，载［清］彭定求等编：《全唐诗》卷二百三十五，北京：中华书局 1960 年版，第 2594 页。

⑥ ［宋］王应麟：《玉海》第一册卷十八《地理》，《四库全书》"子部"。

⑦ ［五代］刘昫等：《旧唐书》卷 38《志第十八》，北京：中华书局，1975 年标点本，第 1383 页。

者在南京同样驻扎了大量军队，以"备御宋国"。地处燕山南部的幽州"雄踞华北、背倚东北，通连广袤的内蒙古草原的地理位置，无疑会使其成为不同生活习俗的族群反复争夺的焦点"①。辽金之后，北京作为全国政治中心的地位才显示出来，并逐渐取代其军事重镇的称号。

作为军事重镇，其饮食文化发展的空间受到极大局限——美食与生命的延续处于极端对立的状态。譬如，女真贵族大肆攻掠燕京地区，因而使"燕民破散，悉流移近地"，故宋朝"分遣诸州赡之，凡州县动数千口，至少犹不下五七百口……自并代河朔齐郓襄汉之间遍矣"②。在女真贵族的疯狂攻掠面前，燕京广大士民四向流离。③ 此般流离失所的惨状，何谈烹饪技艺、美味享受以及饮食文化和饮食文化的发展？唐代幽燕地区的状况也是如此。

元朝忽必烈在北京定都，名大都。1368 年明朝改大都为北平府。1267—1283年，元大都的修建，既为北京创造了城市生存和发展的基本条件（运河的延伸和高梁河上下游水域的整治），也为京师的形制和空间结构奠定了基础。这座城市的设计和建设，继承了此前历代都城的成功模式，实现了《周礼·考工记》描绘的儒家都城建设理念："匠人营国，方九里，旁三门。国中九经九纬，经涂九轨。左祖右社，面朝后市。"④ 元大都最终确立了北京的城市布局和作为全国政治中心的稳定地位。

于德源梳理了这样一个脉络：幽州城"从唐代城内'家家自有军人'的军事重镇，演变成作为辽南京的区域政治中心。辽南京城内众多的军、政、财赋衙署和专为皇室服务的各种职司的衙署，以及诸亲王、公主的府第，构成了城市建筑中与汉唐以来不同的中央统治枢纽的特点。辽南京'僧居佛宇冠于北方'又使其具有北方文化中心的特色。综观于此，今北京在辽代已初步具备了作为京师的政治、文化中心的功能。幽州城从军事重镇向政治、文化中心城市的演变过程，始于辽代，及金中都时期始具雏形，至元大都时期最后完成"⑤。辽金元时期，燕山至雁门关一线，仍是重要的农业生产界线。燕山以南是传统的农耕区，燕山以北

---

① 华玉冰、郑钧夫：《燕山南北文化区萌芽背景考察》，载《吉林师范大学学报》（人文社会科学版）2018 年第 1 期。

② ［南宋］徐梦莘：《三朝北盟会编》卷 16《政宣上帙十六》，上海：上海古籍出版社 1987 年版，第 112 页。

③ 据《北狩闻见录》尧山（唐山）亦有流离的燕人百余口。

④ 罗宗阳等编著：《十三经直解》（卷三·上），南昌：江西人民出版社 1993 年版，第 392 页。

⑤ 于德源：《辽南京（燕京）城坊、宫殿、苑囿考》，载《中国历史地理论丛》1990 年第 4 期。

则是半农半牧区。① 针对这一点，《辽史》的阐述颇为具体："长城以南，多雨多暑，其人耕稼以食，桑麻以衣，宫室以居，城郭以治。大漠之间，多寒多风，畜牧畋渔以食，皮毛以衣，转徙随时，车马为家。此天时地利所以限南北也。"② 辖区内的这种明显差异以多元的经济形态呈现出来，相应地，饮食的多向度发展态势也一并凸显。历朝历代不断有新的民族和族群入住，与燕地饮食的开放性价值取向密切相关。

在由契丹、女真、蒙古人相继建立的辽、金、元三朝，北京地区饮食文化状况呈现出一些共同特征。其一，北京地区在被纳入这些民族的统治版图之前，往往成为他们掳掠饮食资源的重灾区，饮食文化处于停滞甚至倒退的状态；而当纳入其统治版图之后，特别是将燕京升为陪都或首都前后，饮食资源又向这一地区聚集。其二，较大规模的人口迁移，无论是外徙还是内移，基本上都是强制性的。同时，直接改变了北京地区饮食文化自然演进的轨迹，导致饮食文化骤然发生波动。《金史·世宗纪下》卷八曰：大定二十二年（1182）六月，世宗称："燕人自古忠直者鲜，辽兵至则从辽，宋人至则从宋，本朝至则从本朝，其俗诡随，有自来矣。虽屡经迁变而未尝残破者，凡以此也。"北京地区的饮食顺应不同民族的统治，而不断发生嬗变，说明了对不同民族饮食文化的接纳和认同。其三，随着统治民族的更迭，北京地区的民族成分随之发生变化，除汉人始终占有人口的大多数外，统治民族则是汉人之外人数最多的民族。③ 饮食文化主要表现为汉族与统治民族之间的博弈与交融，直接导致其饮食文化未能向着一个方向稳定演进。不过，汉族饮食文化的主体地位一直难以撼动。

永乐元年（1403），明成祖朱棣将其封地北平府改为顺天府，也叫北京。④ 在永乐十九年（1421），明朝将都城迁往北京，"有天下者非都中原不能控制"⑤，这是根据历史经验得出的结论。再次说明了北京在促进中华多民族统一国家发展中

---

① 韩茂莉：《辽金农业地理》，北京：社会科学文献出版社 1999 年版，第 139—141、248—249 页。

② ［元］脱脱等：《辽史》卷 32《志第二》，北京：中华书局，2017 年标点本，第 423 页。

③ 高寿仙：《北京人口史》，北京：中国人民大学出版社 2014 年版，第 185 页。

④ 京，本义为高丘。《说文》："京，人所为绝高丘也。"亦指京城、国都。《诗经·大雅·文王》："裸将于京。"张衡《东京赋》："京邑翼翼，四方所视。"皆为此义。北京，即为地处北方的全国都城。"北京"得名更早。《金史·本纪第五·海陵》："改燕京为中都，府曰大兴，汴京为南京，中京为北京。"北京之名，始于此。其时，中京府治，在今吉林省和龙市土城。因位于汴京（今河南开封）之北，故名。

⑤ 《明太祖实录》，台北：台湾"中央研究院"历史语言研究所 1962 年版，第 168 页。

不可动摇的地位。公元 1644 年清军入关后，顺治帝迁都北京。清朝入主中原后，继承明制，以汉族儒家文化为立国之本。在民族文化融合中，加深了对中华传统文化的认同，中华多民族统一国家更加巩固。如今所继承的中国疆域版图，直接源于清代。民国初年和新中国成立后，北京也都是国家的首都。"纵观北京历史演变的轨迹，大体上就是沿着部落、方国、诸侯领地中心，进而至于华北地区的重要城镇，后来逐步发展，才上升到全国首都的显赫位置和世界著名大城市的行列。"①

考古发现证明，北京地区是中原仰韶文化与北方红山文化的结合地带。"中国统一多民族国家形成的一连串问题，似乎最集中地反映在这里，不仅秦以前如此，就是以后，从'五胡乱华'到辽、金、元、明、清，许多'重头戏'都是在这个舞台上演出的。"② 有史以来，北京一直处于北方游牧文化和中原麦作乃至南方稻作文化的交汇点上，万里长城可以抵御游牧民族的入侵，却挡不住胡汉两种不同文化体系的融合。"北京地区从先秦时起既存在民族差异，又出现民族之间相互吸收、交融的现象。建立在不同物质生活和生产方式基础上的农耕文化与游牧文化已经在幽蓟州地区交汇，先秦时期已产生了混合状态的文化现象。"③ 历史上北京的特殊政治地位，使聚居在北京的人复杂多样。汉、契丹、女真、蒙古、满等多个民族是北京历史文化的创造者。由于历史和地理的原因，北京是汉民族和北方渔猎、游牧民族交往融合的中心地之一。北京的历史文化清晰地打上"多民族共同创造"的印记。④ 这一人口结构反映在饮食方面，同样纷杂多样。各方人士的口味不同，形成各类饮食五花八门。有正宗的八大菜系，有地方风味小吃，也有满、蒙、回、朝鲜等民族的烧、烤、涮，还有外域传进来的洋快餐，等等。

进入近现代，北京饮食与同期的服饰相比，应该说变化相对缓慢。如大多数人仍是一日三餐，吃饭时仍采取共餐制，重要的传统节日食物仍在盛行，主食、副食和饮料的基本内容也无太大变化。唯一值得提及的重要变化是随着西方文化影响的加深，西方饮食在某些地区和阶层中逐渐流行。正如时人所指出：向日请

① 曹子西：《北京历史演变的轨迹和特征》，载《北京社会科学》1987 年第 4 期。
② 苏秉琦：《中国文明起源新探》，北京：生活·读书·新知三联书店 1999 年版，第 50—51 页。
③ 李淑兰：《北京历史上的民族杂居与民族融合》，载《中央民族大学学报》1995 年第 3 期。
④ 尹钧科：《认识古都北京历史文化特点必须把握的四个基本点》，载中国古都学会主编：《中国古都研究》（第十三辑），太原：山西人民出版社 1998 年版，第 204 页。

客，大都同丰堂、会贤堂，皆中式菜馆。今则必六国饭店、德昌饭店、长安饭店，皆西式大餐矣。① 北京以其开阔的胸襟接纳全国各地包括饮食在内的文化传统，致使北京饮食具有海纳百川的文化气魄和魅力。

第二节　饮食文化发展的历史图式

饮食文化不是孤立存在的，必然受到地缘政治和社会、经济发展的影响。其他城市和地区饮食文化的发展大多取决于当地特有的物产资源，而对于北京来说，本地的物产资源并不是左右饮食文化演进的关键因素。北京特有的时空环境铸就了饮食文化的辉煌。

1. 鲜明的饮食形象和品质

对北京饮食文化加以总结、概括，揭示其本质特征，似乎大都能说出一二，但要全面而又准确，却并非易事。因为角度和立场不同，得出的结论便相去甚远。基于饮食文化的视角，可以在宏观层面归纳出北京历史文化的七个基本的历时性态势。这七个方面是北京饮食文化可持续发展的基因，也构成了北京饮食文化发展的整体图式。

一是多元文化的饮食生态。北京地区不是主体文化凝聚、壮大的核心地带，而在多种文化形态中每一种形态都处于前沿，不同文化在这里短暂停留、碰撞，致使北京文化蕴含多种民族、地域文化的元素。在早期相当长的历史阶段，难以寻觅到处于稳固地位的土著文化，或者说区域文化的主脉长期隐含不可捕捉。这种状况在新石器时期就充分显示了出来。相传，"尧之治天下也，……水处者渔，山处者木，谷处者牧，陆处者农。地宜其事，事宜其械，械宜其用，用宜其人。泽皋织罔，陵阪耕田，得以所有易所无，以所工易所拙"②。因地制宜进行的物质生产，农工渔牧诸业相辅并进，自然生态决定了生产方式，靠山吃山，靠水吃水。在食物交换还不广泛的时代，饮食文化圈完全由地理环境所决定。有学者依据饮食器具典型类型总结出区域文化的板块：中国大概有这么几个大的文化谱系，从新石器时代看，第一个是黄河流域的以旱地农业为基础发展起来的文化谱系，这个文化谱系如果从考古学上找一个代表性的器物，最为突出的当然是"鬲"。早期

---

①　胡朴安：《中华全国风俗志》下编，北京：上海书店 1986 年影印本，第 2 页。
②　[西汉] 刘安：《淮南子》卷11《齐俗训》，北京：中华书局1954年版，第172页。

的鬲相对集中的地带，把它叫作鬲济基础。第二种代表器物是"鼎"，构成鼎文化分布区。第三个文化区大体上在东北，是以狩猎采集经济为主的，代表性器物是"筒形罐"，可称为罐文化区。第四个文化区形成得稍晚，即内蒙古及以西地区，主要是牧业经济。四块文化区，主要是鼎鬲文化合流，形成一股强大的饮食文化势力，向北扩张。同时，罐文化系统向南发展，北京地区就是这四种饮食经济遭遇的交叉地带。北方游牧、狩猎与南方农业相接触，北京也是重要基地之一，而且是前沿地区。①

二是全国政治中心的饮食地位。文化形态的边缘性却使得北京具有了地缘政治的优势。轮番的政权更迭铸就了北京文化秉承包容、开放的精神品格。在辽、金、元、明、清五代的近千年间，北京是几十位封建皇帝生活起居和处理国家军政要务的地方，也是这五个朝代的朝廷所在地。人口和生存资源从各地汇聚京城。"元明清三朝京师的存在'一切仰仗东南'，'漕运不至则京城大饥'。京师经济是建立在'聚敛贡京阙'的国策之上。"② 黄仲文甚至咏叹道："天生地产，鬼宝神爱，人造物化，山奇海怪，不求而自至，不集而自萃。"③ 政治中心使得北京饮食文化超越了地域局限，拥有吸纳和辐射全国乃至世界的"美食之都"的地位。

在秦汉时期即已开始实行"实京师"政策，就是大量内聚迁移人口于京城和京畿地区，"以分田里，以令贡赋，以造器用，以制禄食，以起田役，以作军旅"④。在北京尚未具有政治中心地位期间，北京人口被迫大量外迁，财富外流。而北京一旦成为首都包括陪都，更多的人口便有组织地内聚会集，以满足政治中心建设之需要。"实京师"政策的实施是全方位的，包括饮食资源在内。譬如，明代中期，北京"百货充溢，宝藏丰盈"，"四方之货，不产于燕，而毕聚于燕"⑤，"天下良工美才，皆聚部下"⑥。"京畿地方物产贫乏，满足中国皇帝奢侈的生活，江南各省每年都要向皇帝进贡他所需要和他所想要的一切东西，如水果、鱼、米

---

① 严文明：《闭幕式致辞》，载北京文物研究所编：《北京建城3040年暨燕文明国际学术研讨会会议专辑》，北京：北京燕山出版社1997年版，第40页。
② 方彪：《试论北京传统文化的特征》，载《北京联合大学学报》2002年第1期。
③ ［明］沈榜：《宛署杂记》，北京：北京古籍出版社1983年版，第189页。
④ 孙启治：《中论解诂》，北京：中华书局2014年版，第364页。
⑤ ［明］张瀚：《松窗梦语》，北京：中华书局1985年版，第76页。
⑥ "中央"研究院历史语言研究所校印：《明实录》卷39《世宗实录》，南京："中央"研究院历史语言研究所1963年版，第1327页。

和做袍子用的丝绸料子等贡品。"① 凡为贡品，都乃品质优异、他地绝无、供奉宫廷，将京城饮食文化提升到超越全国的至上地位。大凡北京政治中心确立的时期，饮食文化总体上比较繁荣，这在很大程度上得益于"实京师"政策为之提供了必要的物质基础。

北京作为军事重镇期间，北方游牧民族轮流进入，不断扩大居民的民族构成；拥有了政治中心地位以后，同样保持了移民城市的特质。"与那些主要是经济中心的城市相比较，北京吸引了各色人等，其中外地的科考士子和官员人数众多而且重要。寄居者是一个混合体，包括每几年朝觐返省的官员，参加科举的举子们停留六个月，商人或京官在北京度过他们生命中的大部分时间，每天来了又去的农民融入城市人口之中，也许因为它是京城。"② 从城市或区域、军事或政治地位考虑其对外来人口的吸引力，仅仅是一个方面，并且被认为是本质的层面。更为直接的因素在于北京的饮食文化是多元的，一方面汇集了东西南北迥异的风味，可以满足不同民族和地区口味的需求。③ 外地人甚至国际友人到了北京，不用担心饮食方面的水土不服。另一方面，在日常生活中，外地人口往往会对于某些土特风味或食物产生其特殊的需求，这种需求对于外地商人来说无疑是一种饮食市场开拓的契机。

三是多民族聚居区的饮食身份。1982 年第三次全国人口普查数据显示，北京少数民族成分达 54 个，人口 32.2 万。1985 年，又有了普米族，这样，国家认定

---

① 中国社会科学院历史研究所明史室编：《明史资料丛刊》（第二辑），南京：江苏人民出版社 1982 年版，第 167 页。

② ［美］韩书瑞著，孔祥文译：《北京：公共空间和城市生活（1400—1900）》（上册），北京：中国人民大学出版社 2019 年版，第 694 页。

③ 譬如，八大菜系在京城都有名馆，丰泽园饭店是山东风味饭庄中最享盛誉的，山东风味的著名饭庄还有萃华楼、同和居、致美斋、致美楼、同春楼、泰丰楼、正阳楼、东兴楼、孔膳堂、惠丰堂、新丰楼等；川菜名店有：四川饭店、峨眉酒家、颐宾楼饭庄、力力餐厅、四川豆花饭店、花竹餐厅、燕春饭庄、峨泰酒家等；苏菜即淮扬菜名店有：同春园饭庄、玉华台饭庄、森隆饭庄、五芳斋饭庄、松鹤楼菜馆、淮阳春饭庄等；粤菜名店有：大三元酒家、迎宾楼饭庄、广东餐厅、羊城酒楼等；浙菜名店有：知味观饭庄、北京奎元馆等；闽菜名店有：康乐餐馆、闽粤餐馆、闽南酒家等；湘菜名店有：曲园酒楼、马凯餐厅等；徽菜名店有淮南豆腐宴餐厅等。其他地方风味名店有：河南风味的厚福德、上海风味的老正兴饭庄和美味斋餐厅、山西风味晋阳饭庄、陕西风味的仿唐饭店、湖北风味的松鹤酒家、江西风味的滕王阁大酒家、云南风味的昆明餐厅、贵州风味的贵阳饭店、东北风味的松花江饭店、朝鲜风味的延吉餐厅、新疆风味的吐鲁番餐厅、蒙古族风味的成吉思汗酒家、藏族风味的珠穆朗玛酒家等。此外，眉州东坡、沸腾鱼乡（川、粤风味）、麻辣诱惑、海底捞、九头鸟等逐渐成为北京餐饮品牌。欧式、美式、日式、韩式等世界风味也汇集北京。

的民族成分北京都有，成为我国唯一的民族成分最齐全的地区。① 居住在北京的
55 个少数民族或多或少都秉承了本民族的饮食风味。

在北京历史上，大部分时间为北方少数民族所统治。"从先秦至魏晋北朝的山
戎、匈奴、乌桓、鲜卑，到隋唐五代时的突厥、奚族、靺鞨②，再到辽代的契丹、
金朝的女真以及后来的蒙古、满洲，都曾在这个地区往来奔突乃至建邦立国。"③
"正是这些少数族人的崛兴与不断南进，促进了中原政治中心的东移，更早地才有
了长安让位于北京的政治局面的出现。从女真人建立金朝甚至更早的时候开始，
北京就不是一个纯粹由汉族人居住的城市。"④ 汉、契丹、女真、蒙古、满等多个
民族是北京历史文化的创造者。"北京处于华北大平原的最北端，是中原的北方门
户。历史上，中原地区的汉族与北方少数民族之间的矛盾斗争，北京则是民族斗
争频繁的地区，以明长城为例，它呈东西走向穿过今日北京辖属的平谷、密云、
怀柔、延庆、昌平及门头沟等六个县区，绵延 1258 公里，成为北京地区古代民族
斗争的历史见证。汉族和少数民族经常在这一地区接触，久而久之形成民族杂居
的局面绝非偶然。"⑤ 由于历史和地理的原因，北京是汉民族和北方渔猎、游牧民
族交往融合的中心地之一。不过，融合伴随抗争、博弈，并非一帆风顺，民族间
政治权力的争夺难以有消停的时候。

当然，北京各民族不是杂乱而居，除少数散居外，绝大部分都是民族聚居。
如此，在北京这座城市自然形成了民族特色鲜明的诸多饮食文化圈，这种民族饮
食文化圈共存的现象在其他城市罕见。这还只是一个方面，毕竟多民族所处同一
个城市，民族饮食之间的相互影响实属必然，饮食的"胡化"与"汉化"交错展
开，几乎贯穿所有的朝代。不过，总体的趋势是少数民族在逐渐汉化，农耕饮食
越来越展示出主导的强势。

北京作为农耕和游牧两大经济形态的交汇之地，也是汉和胡两大饮食区域的
分界点。在北京历史上，无论是"华"王朝，如唐、宋，还是"夷"王朝如辽、

---

① 天然：《北京少数民族的渊源及目前的状况》，载《中国民族》1992 年第 1 期。
② 靺鞨，古称肃慎，北魏称勿吉。其地东至于海，西接突厥，南界高丽，北邻室韦。靺鞨主要分为粟
末、汩咄、安居骨、拂涅、号室、黑水、白山七部，以北方黑水部势力最强。
③ 孙冬虎、吴文涛、高福美：《古都北京人地关系变迁》，北京：中国社会科学出版社 2018 年版，第
39 页。
④ 刘小萌：《清代北京旗人社会》，北京：中国社会科学出版社 2008 年版，第 628 页。
⑤ 李淑兰：《北京历史上的民族杂居与民族融合》，载《中央民族大学学报》1995 年第 3 期。

金，两大饮食的交融一直没有中断，而且越来越紧密。北京饮食融合的进程之所以能够被还原、被考察，在于北京饮食从开始就贴上了民族身份的标签，北京尽管不是各民族萌生的场域，却是北方各民族展示自己力量、相互博弈的舞台。

四是融合南北风味的饮食品性。这方面最具代表性和说服力的莫过于"烤鸭"。北京的"焖炉烤鸭"技术乃传承于宋代"入炉羊罨""燂炕鹅鸭"等焖炉技术无疑。而"焖炉"烤制技艺从北宋的"入炉羊罨"到南宋的"燂炕鹅鸭"，再到明代北京的"焖炉烤鸭"，可以说是经历了由北到南，再由南到北这样一个历时性演进与交流。因此说，现在北京便宜坊的"焖炉烤鸭"是中华民族饮食文化渗透、南北融合的结晶。[①] 这种交流是双向的，但在北京饮食文化中并不属于常态。北京地处北方，南方饮食文化纷纷北上，与北方风味的京味相交汇，形成可持续的融合态势。

一方面，北京得到全国的经济和物质供给。北京是中国封建社会后期的首都，作为封建帝王和朝廷所在地，北京与全国各地构成了绝对服从的供求关系。在中央集权制的封建社会里，"溥天之下，莫非王土；率土之滨，莫非王臣"[②]，一套完整而严密的封建制度席卷大江南北，将各种生活资源源源不断地运抵都城。四海之内"庶土百珍，集于天都"，其南"千艘万舻，达于张湾之泸"；其西"千轮万毂，屯于张掖之郊"；其东"来于蓟门之碛"；其北"度于居庸之陉"[③]。具体而言，在确立了国都地位、城市人口急剧膨胀之后，京畿旱作农业不可能满足城市粮食和其他食品消费的大量需求，必然伴随有大量外地粮食和副食品的输入。这是由封建时代京畿农业发展和粮食生产低水平决定的，是解决北京城市饮食基本供需矛盾的必然选择。[④] 当然，输入的不仅是粮食，还有蕴含着各地风味的饮食文化，使北京饮食真正具有首都的品格。

从另一方面看，北京饮食文化南北融合并非主动所致，而是被动成就的。为了使积淀下来的历史文化保存，不至于外流，历代都构筑了厚实的围墙。"北京的城墙之多，恐怕在世界上也是首屈一指的。明初建的北京城有三重城墙，最里面

① 赵建民：《北京"焖炉烤鸭"与汉代"貊炙"之历史渊源》，载《扬州大学烹饪学报》2013 年第1 期。

② ［南宋］朱熹：《诗集传》卷13《北山》，南京：凤凰出版社，2007 年标点本，第175 页。

③ ［清］于敏中等：《日下旧闻考》卷7《形胜》，北京：北京古籍出版社，1981 年标点本，第102 页。

④ 韩光辉：《北京历史人口地理》，北京：北京大学出版社1996 年版，第178 页。

一层是宫城，叫紫禁城，第二重是皇城，第三重是周长 20 公里京城。"① 在对已有文化实施保守政策的同时，却不排斥外来文化。似乎城墙只限制从内到外，由外及里则是毫无阻碍的。这是一种值得玩味的文化交流现象。譬如，北京集中了各地的会馆，京都会馆却罕见走出北京。京菜在其他城市几乎没有生根落地的，枝繁叶茂的更是闻所未闻。

就饮食文化的角度而言，作为全国政治中心，饮食市场巨大，消费足以满足饮食经营的规模需求，无须开拓北京以外的市场；另外也是基于这样一个事实，即北京饮食业的商号几乎都由外地人开创，他们的经营行为本身就是异地创业，站稳脚跟、稳扎稳打是这些外地商人经营的共同理念。直至今日，北京汇聚了全国各地区各民族的饮食风味，而"京味儿"却难以向其他城市渗透。这主要是由"京味儿"本身的属性决定的。"京味儿"乃北方口味，至少南方人并不适宜。对此，周作人深有体会，他说："我初到北京的时候，随便到饽饽铺买点东西吃，觉得不大满意，曾经埋怨过这个古都市，积聚了千年以上的文化历史，怎么没有做出一些好的点心来"，"南方茶食中有些东西，是小时候熟悉的，在北京都没有，也就感觉不满足"。② 这并非是褒南贬北，而是指明了口味差异而已。这也从一个侧面解释了"京味儿"走不出去的缘由。北京饮食文化的输入与输出形成巨大反差，在全国范围内，这大概是独一无二的。这一点，与北京作为全国文化中心的地位又是不相匹配的。

五是二元对立的饮食结构。北京饮食是在一系列二元结构的框架中形成和发展的，北方与南方、游牧与农耕、游牧民族与农耕民族、汉族与少数民族、草原与耕地、崇山峻岭与辽阔平原、肉食与素食、面与米、都与城、宫廷与民间、上层社会与下层社会等，这些带有根本性的二元因素直接影响到北京饮食文化的生存状态和走向，使得北京饮食文化一直在错综复杂的关系中前行。在这些二元因素中，有的讨论得比较多，且颇为深入，诸如北方与南方、游牧与农耕、游牧民族与农耕民族等，有的则浅尝辄止，诸如宫廷与民间。刘易斯·芒福德（Lewis Mumford）在他的名著《城市发展史：起源、演变和前景》中专门涉及两重性特点，他说："城市从其形成开始便表现出一种两重性特点，这一特点它此后就从未

① 顾军：《北京文化特征小议》，载《北京联合大学学报》2001 年第 1 期。
② 周作人：《生活的况味》，天津：天津教育出版社 2007 年版，第 208 页。

完全消失过：……它提供了最广泛的自由和多样性，而同时又强制推行一种彻底的强迫和统治制度；……因此，城市本身既有专制的一面，又有极可爱的一面。"① 食物贡品、粮食漕运、满汉全席、粮食配给制等都是政治集权的产物，但饮食毕竟属于日常生活，不可能完全为统治者所掌控并成为统一的行为方式；靠山吃山，靠水吃水，餐饮老字号及饮食一条街的形成，乃至在更为抽象的层面——"吃什么和怎么吃"都具有民间的自主性。多元而丰富是民间社会饮食的特质，与制度化了的宫廷饮食或集权主导下的饮食形成鲜明对照。

饮食的上层社会与下层社会之别，在任何一个城市或地区都存在，但作为最高统治政权的所在地，这种差异在北京显得更为巨大。以明代立春日的迎春之仪为例。到了立春这一天，上层和下层社会皆举行打春仪式，明代刘侗、于奕正《帝京景物略》卷二"春场"："先春一日，大京兆迎春。旗帜前导，次田家乐，次勾芒神亭，次春牛台，次县正佐、耆老、学师儒，府上下衙皆骑，丞尹舆。官皆衣朱簪花迎春，自场入于府。是日，塑小春牛芒神，以京兆生舁入朝，进皇上春，进中宫春，进皇子春。毕，百官朝服贺。立春候，府县官吏具公服，礼勾芒，各以彩仗鞭牛者三，劝耕也。"这是在上层社会，而在下层社会，迎春之俗是以"咬春""讨春"的形式来加以体现的，清富察敦崇《燕京岁时记·打春》："是日，富家多食春饼，妇女等多买萝卜而食之，曰'咬春'"，清初陈维崧《陈检讨集》记都门岁时道：立春日啖春饼，谓之咬春；立春后出游，谓之讨春。② 官府的春祭超越了一家一室，自然是放眼整个辖区，祈求获得粮食丰收，而下层社会则是家家户户趁机饱享口福。

北京饮食文化的多元及复杂与上述二元结构息息相关。这里，有一突出的饮食文化现象——随着社会经济的发展，精致的饮食风气得到张扬，粗放的饮食风气也不会退出历史舞台。面对这种粗放，斯文的周作人颇有些不适应，他如此批评北京饮食："北京建都已有五百年之久，论理于衣食住方面应有多少精微的造

---

① ［美］刘易斯·芒福德著，宋俊岭、宋一然译：《城市发展史：起源、演变和前景》，北京：中国建筑工业出版社2005年版，第51页。

② ［清］陈维崧《湖海楼诗文词全集》卷三，《迎春乐·本意四首》其三："韭黄溲就牢丸巧。红酥滑、银匙搅。正内家、恰斗樱桃小。争觅取、金盘咬。从此春城春未了。有无数、春花春鸟。扑蝶与听莺，且次第、将春讨。"（原词句中加注）"且次第、将春讨"："立春日啖春饼，谓之咬春。立春后出游，为讨春。"

就，但实际似乎并不如此，即以茶食而论，就不曾知道什么特殊的有滋味的东西。"① 有些"吃相始终很爷们儿"，即便是烤肉，也分文武两种吃法："文吃"即比较斯文的吃法，肉由后厨师傅烤好，调好料后，送上餐桌，吃就是了；而"武吃"很特别，民国夏仁虎的《旧京琐记》卷一"俗尚"有详载："八九月间，正阳楼之烤羊肉，都人恒重视之。炽炭于盆，以铁丝罩覆之，切肉至薄，蘸醯酱而炙于火，其馨四溢。食肉亦有姿式，一足立地，一足踞小木几，持箸燎肉，傍列酒尊，且炙且啖且饮。"② 食客围站在一个底下燃着松柴的大铁炙子的四周烤肉，一只脚站在地上，另一只脚则踏在长板凳上。每人一只手托着佐料碗，另一只手拿着长竹筷，把肉片蘸饱调料后放炙子上翻烤。那架势霸气十足。③ 饮茶也是如此，既有斯文的盖碗茶，也有豪饮的大碗茶。一些老茶客喝盖碗茶时，还有一套礼仪，不可随意。茶沏好后，先端起茶盅遍让座中茶友，然后拿起碗盖，缓缓地拨开浮在茶汤上的茶叶及泡沫，饮时要用碗盖遮住嘴部，做到喝茶不露口，徐徐品饮。④ 大碗茶则多用大壶冲泡，大桶装茶，大碗畅饮，热气腾腾，提神解渴，好生自然。这种清茶一碗、随便饮喝、无须做作的喝茶方式，虽然比较粗犷，却颇有几分"野性"。在路边的茶摊或茶亭，一张桌子，几条木凳，若干只粗瓷大碗盛满茶水，顾客端起便喝，无须顾及规矩和礼节。这又多了一个二元对立：文与武。

北京饮食发展也是一个从武到文转变的过程。几乎所有的二元都可以相互转化，从民间可以转化为宫廷，从宫廷也可以进入民间。以著名小吃卤煮火烧为例，据说清乾隆年间，御膳房有一道御膳，名曰"苏造肉"。后传入民间，但老百姓吃不起，因为用五花肉煮制的苏造肉价格太过昂贵，所以人们就用猪头肉和猪下水代替，经过民间烹饪高手的烹制，成就了这道经典小吃。宫廷与民间的边界并非不可逾越。的确，二元并不总是对立的，在很多情况下可以互相转化，构成互动的关系。这种转化并不是绝对的，纵观北京饮食文化发展史，风味和品性在不断更新的同时，原有的风味和品性不仅没有失势，反而得到强化。这是北京饮食文化的独特之处。

六是饮食行业践行"知足"理念。在中国人的生活观念中，饮食历来反对暴

---

① 周作人：《生活的况味》，天津：天津教育出版社 2007 年版，第 178 页。
② 夏仁虎：《旧京琐记》卷 1《俗尚》，北京：北京古籍出版社，1986 年标点本，第 38 页。
③ 张杰客：《回味北京老食光》，北京：中信出版集团 2016 年版，第 75 页。
④ 倪群：《老北京的茶馆》，载《农业考古》2003 年第 2 期。

饮暴食，饱食终日、沉迷饮食者，被视为醉生梦死的酒囊饭袋。饮食的经营者也以适度为上，力戒贪得无厌。北京旧时的饮食行业中人，几乎都是中国式的资产阶级，他们不同于现代的上海、广东餐饮业的老板，以做大做强为商业目标，而是始终扮演着小商人的角色。

京城饮食并不热衷于扩张，餐饮业的老字号极少有在外地开分店的。尽管餐饮业有自己的行会，有助于商业交流和扩张，但其封闭性和排他性等封建属性也在某种程度上限制了饮食经济的连锁发展。早年的北京饮食业商号，规模都不是太大，即便是红极一时的稻香村，也就是几间铺面房，一两个分号。北京饮食业多数商号规模偏小，店里虽然雇着伙计，但都是跑堂的，店里的大事小情掌柜都要亲力亲为，既是投资人又是经营者。① 在规模上北京餐饮老字号却始终以家庭或家族小作坊自居，而晋商和徽商具有跨地区经营的气魄，通常有十几家、几十家分号，且分布于不同的地区。如明万历时北京有名的徽商李元祥、康葵、李廷禄、刘良佐、冯钟锡、查雍等人，"皆身拥雄赀，列四连衢"②。又明末的徽商汪箕，"家赀数百万，典肆数十处"③。即便是京城其他行业的老字号，诸如同仁堂、瑞蚨祥等，也是"资财万贯，日进斗金的主儿"。

北京饮食业老字号都是独此一家，别无分店，在同一产品内部难以形成竞争态势。大鱼吃小鱼，小鱼吃虾米的局面几乎没有出现过。一些老字号最终衰败，并非同行的竞争所致，而是由时局造成的。其实，北京历史上一直处于各种竞争的旋涡之中，民族之争、军事之争、政治之争、经济形态之争和文化之争等，而一旦时局消歇下来，便知来之不易，更加渴望平稳的局势得以延续，同时以身作则，放弃本行业的竞争行为。这在饮食行业表现得尤为突出。《清稗类钞》"农商类"记有清代北京酿酒商人为消弭竞争而采取的极端手段，场面委实令人胆寒。"烧锅者，北方之酒坊也。京郊有争烧锅者，相约曰：'请聚两家幼儿子一处，置巨石焉。甲家令儿卧于石，则乙砍之。乙家令儿卧于石，甲砍之。如是相循环，有先停手不敢令儿卧者为负。'皆如约，所杀凡五小儿，乙家乃不忍复令儿卧，甲

---

① 刘宝明、戴明超：《当代北京商号史话》，北京：当代中国出版社 2012 年版，第 21 页。

② "中央"研究院历史语言研究所校印：《明实录》卷 59《神宗实录》，南京："中央"研究院历史语言研究所 1963 年版，第 6619 页。

③ ［清］计六奇撰，魏得良、任道斌点校：《明季北略》（上），卷二十三《补遗·李自成入京城·富户汪箕》，北京：中华书局 1984 年版，第 672 页。

遂得直。"① 显然所记并非事实，或者说不属于酒坊之间处理竞争的行为习惯；反而用血淋淋的悲剧告诫饮食业同行：同行竞争需要付出多么惨痛的代价。

当然，北京旧时饮食业的安于现状，并非完全是恐惧竞争，而是把诚信和仁义放在第一位，把谋利放在次要位置。"人而无信，不知其可也。"② 敦厚善良似乎是传统的知名餐饮业管理者共同的品格特征，老舍《茶馆》中茶馆老板王利发可视为他们的代表。"作为旧式生意人，他几乎是太完美了。他浑身上下没有一处不合于礼仪规范，不合于这种社会对于一个商人的道德与行为要求。"③ 王利发就是北京饮食业传统的人格化，他是旧时饮食业经营理念、方式和状况的现身说法。

七是借助水运输入的饮食格局。金、元、明、清四代王朝，都依赖漕粮供应京师。漕粮关系到官俸、军饷、民食大计，甚至与京师的安危和朝廷的存亡休戚相关。故此，京师就必须有数年粮储，才可使六军、百姓不必待新漕举炊；才可在歉收年份，不致影响京师米价；才可备急时有所供。④ 京杭大运河和漕运委实是北京的生命线。

为了解决运输上的困难，金朝和元朝政府都开凿过从都城通往通州的运河（元代称通惠河）。当金代和元代的运河通畅之时，城里的粮食价格就比较平稳，而一旦这条运河的运输功能出现障碍，都城的粮食价格就会暴涨，直接给居民的饮食生活带来不利影响。⑤ （金大定）二十一年，以八月京城储积不广，诏沿河恩、献等六州粟百万余石运至通州，辇入京师。⑥ 元代，养济京师百姓，食用粮数甚多，以至于内外官府、大小吏士至于佃民，无不仰给于海运。⑦ 明代，"京师百司庶府，卫士编氓，仰哺于漕粮"⑧。清代，同样是"国家不可一日无漕"，谓"岁有定额，兵民生计攸关"⑨。通过运河和漕运，南方尤其是苏杭一带的饮食风味沿着水系汇集到北京。从漕运的开凿和实施可以看出，首都的政治地位足以让

① 徐珂：《清稗类钞》第5册《农商类》，北京：中华书局，1984年标点本，第2301页。
② 杨伯峻译注：《论语译注》，北京：中华书局1958年版，第23页。
③ 赵园：《京味小说中的北京商业文化和建筑文化》，载《中国文学研究》1988年第4期。
④ 陈乃文：《通州仓廒》，载北京市政协文史资料委员会编：《北京文史资料精选·通州卷》，北京：北京出版社2006年版，第26页。
⑤ 张艳丽主编：《北京城市生活史》，北京：人民出版社2016年版，"概述"第11页。
⑥ ［元］脱脱等撰，《金史》（第三册）卷二十七《志第八·漕渠》，北京：中华书局2020年版，第730页。
⑦ ［元］苏天爵：《元文类》卷40《杂著》，合肥：安徽大学出版社，2020年标点本，第763页。
⑧ ［清］孙承泽：《天府广记》卷14《仓场》，北京：北京古籍出版社，1982年标点本，第169页。
⑨ 赵尔巽等：《清史稿》卷122《食货三》，北京：中华书局，1977年标点本，第3565页。

北京从饮食困境中摆脱出来，不仅如此，还一直延续了对美食品位的追求。

然而，过分依赖水运，也必将酿成国祸。水运一旦受阻，便造成粮食短缺，民不聊生。尽管政府采取各种补救措施，也无济于事。以元朝为例，至正十二年（1352），"海运不通"①，每年300余万石的海运京米基本上断绝了。造成了"京师大饥，加以疫疠，民有父子相食者"②。再到"至正十八年（1358），京师大饥疫，……至二十年（1360）四月，前后瘗者二十万"③。总之，"元京军国之资，久倚海运，及失苏州，江浙运不通，失湖广，江西运不通，元京饥穷、人相食，遂不能师"④，而"国已不国矣"⑤。在一定程度上，运用水运输入粮食左右了北京地区的饮食状况，进而直接影响到国运。正如《道德经》第五十八章所言："祸兮，福之所倚；福兮，祸之所伏。"

2. 独特的自然与人文饮食环境

以上的生态、地位、身份、品性、结构、理念和格局七个方面组成了北京饮食文化的完整图式，也是北京饮食文化的显著特征及与其他城市、地区的不同之处。造就北京饮食文化如此局面取决于其自然和历史人文环境。这种饮食环境和条件直接影响到北京饮食文化的走向态势。具体展开分析，北京饮食是在以下生存环境和境遇中发展起来的。

第一，农牧渔猎兼具的生产环境。任何一个区域的饮食资源都不可能完全依赖输入，立足于本土物产是饮食文化发展的基本态势。北京饮食受制于自然环境的影响极大，尤其在先秦时期。西北一带崇山峻岭环抱，东南一带众水横流，土地宜牧宜稼，与河北、山西等地区大致相同。史载京津"东枕辽海，沃野数千里。关山以外，直抵盛京。气势庞厚，文武之丰镐不是过也。天津襟带河海，运道咽喉，转东南之粟以实天庾。……畿南皆平野沃壤桑麻榆柳，百昌繁殖"⑥。燕山前，地势一马平川，坦坦荡荡，直通中原；以汉族为主，属农耕经济，呈现汉民族农业文化生态。而燕山后，地处高原、山岭或荒漠，草原绵延，风吹草低见牛羊；茂密的森林滋养了狩猎民族；历史上先后有多个不同的少数民族在这里兴衰

① [明]宋濂：《元史》卷42《本纪第四十二》，北京：中华书局，1976年标点本，第885页。
② [明]宋濂：《元史》卷42《本纪第四十二》，北京：中华书局，1976年标点本，第885页。
③ [明]宋濂：《元史》卷204《列传第九十一》，北京：中华书局，1976年标点本，第4549页。
④ [元]叶子奇：《草木子》卷3上，北京：中华书局，1983年标点本，第40页。
⑤ [元]叶子奇：《草木子》卷3上，北京：中华书局，1983年标点本，第40页。
⑥ [清]于敏中等编纂：《日下旧闻考》卷五，北京：北京古籍出版社2000年版，第87页。

存亡，游牧或打猎是他们的生存方式，从而创造了北方少数民族共同的牧猎文化。《周礼·夏官·职方氏》载："东北曰幽州：其山镇曰医无闾，其泽薮曰貕养，其川河、泲，其浸菑、时；其利鱼、盐。"可以说，北京地处中原汉民族及其传统的农耕经济和农业文化，与北方各少数民族及其传统的畜牧经济和牧猎文化的接合部。① 因此，北京饮食文化从初始阶段就带有农耕与游牧结合的特质，这一特质在以后的演进过程中又不断得到强化和丰富。正如后人所言："都人食品，以麦为主，杂粮次之。葱蒜辛膻，流俗所嗜；肴馔豪奢，矜尚珍异。应时之物，品类繁多。挽近南北风味，东西饤膳，纷然杂陈。其视辽食貔狸，金嗜犬血，固判若霄壤，即元之舌羹，明之棋炒，亦渺成陈迹。"② 平原、河流、山区、丘陵、草甸、丛林，应有尽有，多种生产方式并存及饮食资源驳杂实属必然。北京位于多种经济形态的交汇地带，兼容并蓄的饮食文化传统由此生发并得以延续。

第二，富有差异性的经济生态。地方经济形态决定了当地的饮食结构和风味取向。辽、金、元及清朝确立了以农为本的国策，并采取相应措施推动农业生产。自密云盆地东北端点至拒马河出山口之间的山前平原地区形成了农业经济带，历辽、金、元、明、清至民国时期基本未发生变化。同时，在山区与半山区的河谷阶地上种植农作物，但更多的是在山地与丘陵开辟了林区和牧区，但收成相对微薄。③ 南北郊区饮食资源的供给存在明显差异，表现为南耕北牧的基本经济样态，配以果业和狩猎。这种差异是由生产环境决定的，具有相对的稳定性。这是指经济生态类型之差异。另外，城乡经济生态也极不平衡，郊区的饮食生态大多自给自足，其饮食结构和水平延续的惯性比较强烈，不易发生结构性颠覆。朝代的更迭对郊区尤其是远郊区饮食的影响并不明显，就地取材的饮食模式一直起到主导作用。而城里人的饮食来源并不主要依赖于郊区，郊区与城里的饮食大相径庭。因而书写北京饮食发展史的着眼点在北京城里，北京城里的饮食风貌伴随主政民族的不同而发生相应的变化，也构成了北京饮食文化演进的主要脉络。

第三，饮食消费者的不断累积。任何朝代的建立，都有新的身份的消费者落户北京，随着时代的演进，土著人种越来越难以纯正。相应地，饮食消费者的口味也就越来越不那么单一，而呈现为不断差异化的过程。这种累积的脉络可以展

① 尹钧科：《北京郊区村落发展史》，北京：北京大学出版社 2001 年版，第 32—33 页。
② 吴廷燮等：《北京市志稿》（礼俗志），北京：北京燕山出版社 1998 年版，第 188 页。
③ 韩光辉：《北京历史人口地理》，北京：北京大学出版社 1996 年版，第 346 页。

开粗线条地梳理。

汉代以前，北京就是一座军事重镇，用其"以蕃王室"。这种生存环境和城市定位形成了粗粮粗食、大块吃肉、大碗喝酒的豪放大气的饮食风格。在作为辽朝陪都南京城时，与北宋政权的军事对抗的状态没有结束，南京城（又称燕京城）仍保持军事重镇的地位，饮食格局没有发生根本性的变化。当然，军事行动的最终目的也是为了饮食。关于山戎、匈奴等少数民族侵扰燕地的原因，"除了气候原因外，饮食的需要是另一重要原因。'逐水草而居'的游牧民族的饮食结构是食肉饮酪，需要谷物蔬菜来改善饮食结构，在饮食需要的驱动下，游牧民族经常会通过武力掠夺来获得所需食物。这就是自商周到明代，北方少数民族与中原政权战争的重要原因之一"①。另外，通过战争，获取更多的人口劳动力资源，因为这些人口既是饮食的消费者，更是饮食的生产者。"唐末与五代至辽初，契丹与幽州地区的关系，左右着区域人口的增减。在以农业为主要经济支柱的传统社会，人口尤其是成年丁壮，是推动经济发展的最关键的生产力因素。在后晋割让幽蓟十六州之前，契丹入塞侵扰的目的之一就是掳掠汉地人口，押送到本国境内从事农业、手工业生产。"② 饮食是族民生存下去的基本资源，当饮食不能满足人口不断扩大的需求时，战争便成为最有效最快捷的掠夺手段。只不过这种状态下的饮食已顾不上美味的追求，只是为了保证身体所需的基本营养而已。

金代开始，北京城的政治功能凸显了出来，军事地位减弱。"自汉唐以后，在北京地区生活的民众开始出现较大的迁移活动，或是迁入，或是移出，对风俗习惯的发展变化产生了越来越大的影响，使得自然环境的影响随之而逐渐减弱。"③就饮食文化而言，人文因素所产生的作用越来越明显，南北风味融合化程度和品位的要求越来越高。人口流动是促使北京饮食文化演进、发展的重要因素，辽金元时期，契丹、女真、蒙古等少数民族纷纷定居北京，据学者研究，辽代内迁于南京地区的契丹等民族人口，大约2万户，共计10万余口。金代内迁于中都地区的女真等族人口，累计约4万户30万口。元代仅从世祖至元元年至十八年（1264—1281），迁入大都的各类人口，即达16万户左右。这些民族在政治上占据

---

① 万建中、李明晨：《中国饮食文化史·京津地区卷》，北京：中国轻工业出版社2013年版，第219页。

② 孙冬虎、吴文涛、高福美：《古都北京人地关系变迁》，北京：中国社会科学出版社2018年版，第19页。

③ 李宝臣主编：《北京风俗史》，北京：人民出版社2008年版，第5页。

了统治地位，于是，西北饮食风味随之涌入北京，饮食胡风愈演愈烈。明代的北京由汉人掌控，全国各地尤其是江南的汉人不断迁徙而至，江南饮食文化大量北移，开启了北京饮食文化全方位南北交融的新局面。清代满族入主中原，八旗子弟云集北京，满族饮食风味成为时尚。"鸦片战争"的爆发，改变了以往闭关锁国的状况，伴随西方列强的进入，西方文化包括西方饮食登陆北京，吃西餐成为有身份和地位的象征。纵观北京饮食文化的历史进程，"融合"是一条发展的主线，而作为饮食文化主体的不同族群的相继迁入，动摇了原有饮食文化的一时稳定，成就了北京饮食文化变化的趋势。

第四，少数民族不断进入与汉民族的不断壮大。在辽、金、元、明、清和民国时期，北京人口在政治主导下的变化以内聚和离散迁移为主要形态，大大超越了自然增减的程度。"辽代宫卫户及渤海人的迁入，使南京城市和周围地区出现了一批契丹人、奚人、室韦人和渤海人等。金代将猛安谋克户①迁入中都地区，使中都城市和京畿地区出现了占有一定比重的女真人，并增加了一部分契丹人、渤海人、奚人等。元代，蒙古人及回族人、阿速人、色目人、唐奴人、维吾尔人等则较多地迁入了大都地区。明代汉族政权统治下的北京，其他少数民族人口则相对大大减少了。除汉人外有蒙古人、回族人、朝鲜人等。清代除满族、蒙古族、汉族户口外，还包括新满洲（鄂温克及达斡尔）人、俄罗斯人、藏族人、回族人、越南人等。民国时期来自全国各地的人口族属更为复杂。"②北方各兄弟民族源源不断地成批落户北京，成为北京永久性居民。就职业而言，军人、工匠、官员、商人、僧道方士、艺人、流民等进入北京居多。有学者简要总结了自先秦以来迁入民众的情况："第一次，是燕都的召公奭后裔迁入蓟城，并定都于此。第二次，是唐代中央政府把东北地区的大量少数民族的民众迁徙到幽州来定居。第三次，是辽朝在得到燕京之后派出一批契丹民众到这里定居。第四次，是金海陵王迁都之后，把大量金上京的女真族民众迁徙到金中都定居。第五次，是元世祖营建大都城前后，有大批蒙古及色目等少数民族民众移居到这里来。第六次，是明成祖定都北京前后，将各地一大批富庶民众迁居到这里来。第七次，则是清军入关，

---

① 金代兼领女真兵士家口与民户的军事编制单位，初期以三百户为一"谋克"、十"谋克"为一"猛安"，后来减少到二十五人为一"谋克"、四"谋克"为一"猛安"。
② 韩光辉：《北京历史人口地理》，北京：北京大学出版社1996年版，第290—291页。

定都北京，使八旗子弟占住内城。"① 这七次还是集中大量迁入的时间，其他时间仍陆陆续续有"胡人"进入。然而，胡族大批进入并没有强化胡族，而是在新的胡族入住的同时，以前的胡族大概已实现了汉化，汉族反而就这样壮大起来了。但落实到具体朝代，情况可能又有所不同。

这种急剧变动的人口状况直接左右了北京饮食文化的生存和发展取向。一方面导致北京饮食结构具有极大的不确定性，其稳定性受到严重挑战。因为食品和饮食习惯的输入都带有强制和不可抗拒性。而文献所记录和关注的恰恰是饮食文化比较具有确定性的部分，或者说是发挥了主体作用的那些饮食文化现象。另一方面改变了北京饮食自然演化的轨辙，使得北京饮食在相当程度上偏离了自行发展的道路。可以说，北京饮食文化的变迁是主要依靠外力来推动的，这与其具有军事重镇和政治中心的地位形成直接的互动。譬如，北京地区原本以农业生产为主，畜牧业生产的规模并不大。元王朝建立后，众多蒙古贵族进入中原，带来了大批的马、驼等牲畜，皆放牧于大都地区。元朝政府曾颁布法令，命都城四周的百姓，分别负担饲养之责，② 甚至放弃农耕生产方式。这种强行改变经济形态的做法必然动摇传统的饮食结构，肉食的比重骤然增加。因此，北京饮食文化发展史与战争、朝代更迭和人口迁移唇齿相依，饮食文化并不拥有自身完全独立的自主的发展空间。

当然，饮食与具体环境关联的情形并非应该全面呈现出来，但对此应该有清醒的认识，即每一朝代占主体性的饮食文化现象背后都存在前期、中期及末期的明显差异，并非是一成不变的。这正是北京饮食文化发展史的显著特点，只不过这一特点被饮食文化的书写体例本身消弭了而已。

第五，普天之下莫非王土。政治中心地位使北京饮食能够具有兼容四面八方而融会贯通的发展优势，多民族聚居促使北京饮食文化呈现出多元复杂的风味特色。由于地处与华北平原、东北平原和内蒙古高原三大地区相通的特殊地理区位，在历史上，北京一直扮演着中原农耕民族与北方游牧狩猎民族饮食文化交流融合的重要枢纽角色。而中央集权又为北京饮食文化的繁荣提供了得天独厚的条件，各地贡品极大地开拓了北京饮食的资源。北京饮食文化属于北方饮食文化圈，保

---

① 张艳丽主编：《北京城市生活史》，北京：人民出版社 2016 年版，"概述"第 9 页。
② ［元］苏天爵：《滋溪文稿》卷 17《碑志十一》，北京：中华书局，1997 年标点本，第 277 页。

持了北方饮食的基本特色，而运河则将南方的饮食文化源源不断输入北京，使得北京饮食文化在粗犷、大气的基础上又增添了细腻和精致的一面。一方面，北京在被确定为都城以后的历史阶段，其饮食的地域性便遭遇挑战，发生急剧的分化；另一方面，都城作为王朝的一个辖区，自身的饮食地域惯性是不会消亡的，在大量移民的后裔成为土著以后，他们的饮食习俗就完全融于本地的习惯，入境随俗的同时也在改变着本地的饮食习俗建构，因此，都城饮食的地域惯性本身也具有兼容变化的特点。总之，北京作为首善之区，为其饮食文化的发展注入了其他都市无可比拟的优越性，在充分吸纳各种风味的基础上，北京饮食形成了自己风格多样、内外结合、品位高端、底蕴丰厚、气象万千的显著特征。

第三节　北京饮食的地域特色

上文的内容亦可理解为地域特色，只不过那是侧重于宏观层面，下面的阐述相对具体一些。或者说前面是外部的，下面试图进入北京饮食文化的内部。这是前后两部分言说的差异所在。

1. 以汉族为主体的多民族饮食风味

一方水土养一方人，一方水土成一方口味。早在商周之际，饮食就成为民族身份构成的主要标识，正是有了饮食的地域差异，才成就了"五方之民"的划分。"中国戎狄，五方之民，皆有其性也，不可推移。东方曰夷，被发文身，有不火食者矣。南方曰蛮，雕题交趾，有不火食者矣。西方曰戎，被发衣皮，有不粒食者矣。北方曰狄，衣羽毛穴居，有不粒食者矣。中国、夷、蛮、戎、狄，皆有安居、和味、宜服、利用、备器。"[1] 每个民族都有自己独特的饮食习惯，饮食成为民族之间显性、可感的文化边界。

一般而言，饮食受制于当地的自然环境，生存环境决定了一个地方的饮食向度。故而饮食文化与居住文化一样，具有相对的稳定性。北京自古以来就呈现出以农业为主，兼有畜牧渔猎多种生产的混合经济形态，这决定了北京人饮食结构的基本特点，就是以农作物为主，以畜牧渔猎物为辅。主食以面食为主，米食为辅；副食中肉类所占比重较南方为重，尤以羊肉为甚。[2] 但北京饮食文化的发展走

---

① 胡平生、陈美兰译注：《礼记》，北京：中华书局2007年版，第90页。
② 刘宁波：《历史上北京人的饮食文化》，载《北京社会科学》1999年第2期。

向则不主要取决于生存环境或者说自身的生产方式，而是外来民族对饮食文化的强劲介入。与其他都城相比，北京饮食文化所表现出来的独特魅力，在于少数民族饮食与中原汉民族饮食的融合，这种融合不是一蹴而就的，而是几乎伴随着所有的朝代，融合与嬗变相辅相成、形影不离，这在全国所有城市的饮食格局中是独一无二的。

山戎即带有游牧文化的特色，春秋早期山戎屡次相逼。据《史记·燕召公世家》记载，燕庄公二十七年（周惠王十三年，前664）冬，"山戎来侵我。齐桓公救燕，遂北伐山戎而还"。这是春秋时期燕国受到少数民族威胁，齐桓公为保护华夏族诸侯而救燕伐戎的第一次明确记载。汉唐迎来了匈奴、乌桓、鲜卑、突厥、奚族等外来族群。鲜卑拓跋什翼犍曾向苻坚介绍他的部民说："漠北人能捕六畜，善驰走，逐水草而已。"① 这些民族即使迁徙到燕山以南地区，也继续发展畜牧业。他们的饮食文化势力扩展到北京地区，使北京饮食文化从一开始就呈现为独特的格调，并与相邻的其他区域的饮食风味形成鲜明对照。关于风土人情，秦汉史官有过这样的比较："初，太子丹宾养勇士，不爱后宫美女，民化以为俗，至今犹然。宾客相过，以妇侍宿，嫁取之夕，男女无别，反以为荣。……其俗愚悍少虑，轻薄无威，亦有所长，敢于急人，燕丹遗风也。"②《论语》也为之佐证："凡含血气者，教之所以异化也……楚、越之人，处庄、岳之间，经历岁月，变为舒缓，风俗移也。故曰：'齐舒缓，秦慢易，楚促急，燕戆投。'以庄、岳言之，四国之民，更相出入，久居单处，性必变易。""戆投"何以？"'戆投'即'戆豉'。《广雅》：'逗''悍''敢'同训'勇'。'戆投'亦犹愚悍矣。"④ 愚悍乃文化建设较为原始的同义语，尽管不涉及饮食，也是站在官方正统立场的言论，能够透露其时的饮食风味，即粗犷而又野性。

燕地之民的行为方式亦颇为愚悍，司马迁指出燕"民雕捍少虑"⑤，朱赣说燕民"愚悍少虑，轻薄无威"⑥，南宋学者称"燕人少思虑，多轻薄"⑦。学者们皆言

① ［唐］房玄龄：《晋书》卷114《载记第十三》，北京：中华书局，1974年标点本，第2883页。

② ［东汉］班固：《汉书》卷28《地理志八下》，北京：中华书局，1962年标点本，第1609页。

③ 黄晖：《论衡校释》卷二《率性篇》，北京：中华书局1996年版，第78—79页。

④ 同上，第79页。

⑤ ［西汉］司马迁：《史记》卷129《货殖列传第六十九》，北京：中华书局，1982年标点本，第3253页。

⑥ ［东汉］班固：《汉书》卷28《地理志八下》，北京：中华书局，1962年标点本，第1657页。

⑦ ［南宋］王与之：《周礼订义》卷27，清康熙十九年通志堂经解本，第9页a。

幽燕族群文明程度不高，甚至是低下，这种共识说明"愚悍"已深入燕地之民的骨髓里面了，成为当地人普遍存在的性格特征。这当然是相对于中原和文化建设比较发达的地区而言。可以想见，幽燕地区饮食文明肯定也是落后的，饮食行为同样是"愚悍"的，其饮食亦难以达至精致。《礼记·礼运》："未有火化，食草木之食，鸟兽之肉，饮其血，茹其毛，未有麻丝，衣其羽皮。"尽管幽燕地区饮食早已脱离了茹毛饮血的阶段，但还处于崇尚"原汁原味"的状态，离对烹饪技艺讲究相去甚远。

两汉幽燕儒士罕见，则是其文化落后的集中表现。以后的魏晋时期，幽燕文化发展滞后的状况仍无大的改观，依然属文化不发达地区，其士人及其著述等项在全国均为最少。① 在这种文化氛围之中，何谈对饮食文化的经营。之所以形成如此文化性质，根本原因有二：一是地处边陲，远离中原。汉代刘熙《释名》："幽州在北，幽昧之地也…… 燕，宛也。北方沙漠平广，此地在涿鹿山南；宛，宛然以为国都也。"②宋人魏了翁《尚书要义》亦云："幽州者，在州境之北边也。"③ 饮食文明程度不高乃理所当然。二是"尚武"精神弥漫。东汉蔡邕上灵帝《幽冀刺史久阙疏》："幽州奕骑，冀州强弩，为天下精兵，国家赡使。四方有事，军师奋攻，未尝不办于二州也。"④ 幽州"外迫蛮貊"⑤，且"燕、代无北边郡"⑥。《汉书》记载匈奴是"畜牧为业，弧弓射猎"⑦；乌桓也是"俗善骑射，弋猎禽兽为事"⑧；鲜卑"以角为弓，俗谓之角端弓者"⑨。由于幽州与匈奴、乌桓、鲜卑等游牧部落接壤，胡风尽染，尚武演绎为社会风气实属必然。"在元代定都之前，生活在这里的人们，其观念中的一个重要的主题就是战争。在辽代之前，是中原王朝与北方游牧民族的长期军事对抗；在辽金时期，则是辽、宋与金、宋之间的长期军事对抗。甚至到了元代初年，仍然存在了很长一段时间的宋、元之间的军事对

① 陈业新：《两汉时期幽燕地区社会风习探微》，载《中国史研究》2008 年第4期。
② ［东汉］刘熙：《释名》，北京：中华书局 2021 年版，第 82 页。
③ 杜泽逊主编：《尚书注疏汇校》，北京：中华书局 2018 年版，第 269 页。
④ ［东汉］蔡邕：《蔡中郎集》，台北：台湾中华书局 1971 年版，第 64 页。
⑤ ［西汉］司马迁：《史记》卷46《田敬仲完世家第十六》，北京：中华书局，1982 年标点本，第 1889 页。
⑥ ［西汉］司马迁：《史记》卷18《高祖功臣侯者年表第六》，北京：中华书局，1982 年标点本，第 969 页。
⑦ ［东汉］班固：《汉书》卷 52《窦田灌韩传第二十二》，北京：中华书局，1962 年标点本，第 2400 页。
⑧ ［南朝宋］范晔：《后汉书》卷 90《乌桓鲜卑列传第八十》，北京：中华书局，1965 年标点本，第 2979 页。
⑨ ［南朝宋］范晔：《后汉书》卷 90《乌桓鲜卑列传第八十》，北京：中华书局，1965 年标点本，第 2985 页。

抗。生活在这种社会背景下的民众如果没有'尚武'的精神，是不可想象的。"①
《房山县志》表达了同样的观点，只不过史学意味更为浓郁："燕自召公建国，化
行俗美，下逮汉唐，远在边境，渐染强悍之风。自金亮迁都，元明清因之未改，
号首善者又已六百余年矣。房山地隶幽燕，民之习尚由来已久。欲知其俗，必先
考其风所自来。"② 而北京地区饮食文化也必然蕴含"尚武"的内核，只是在饮食
文化的体系中，这种内核的显现比较隐晦而已。自辽代以降，契丹、女真、蒙古、
满族等兄弟民族入主中原，与汉民族一道成为主体民族，相应地，其饮食文化不
断地改变原有的饮食结构，形成了稳中有变、变中求稳的演进模式，丰富了北京
人的日常饮食生活世界。

　　元王朝统一天下之后，北京作为军事重镇的地位已不复存在，相应地，农耕
民族与游牧民族之间长期军事对抗的态势也随之消失，长城也不再具有双方军事
分界线的作用。渐渐地，在北京地区的文化精神中，"尚武"不再是处于核心地
位，饮食文化中"崇文"的成分在不断加强。但饮食文化传承的惯性致使北京饮
食一直保留了游牧民族的鲜明秉性，并与农耕民族饮食融为一体。

　　各民族饮食文化的融合是不以人的意志为转移的，即这种饮食现象不是刻意
为之的，而是历史的必然。各民族饮食文化的融合不是单独展开的，而是民族之
间相互渗透、相互融合的有机组成部分。当然，这种融合又是在具备了充分条件
的基础上完成的。"把游牧民族看成可以单独靠牧业生存的观点是不全面的。牧民
并不是单纯以乳肉为食，以毛皮为衣。由于他们在游牧经济中不能定居，他们所
需的粮食、纺织品、金属工具和茶及酒等饮料，除了他们在大小绿洲里建立一些
农业基地和手工业据点外，主要是取给于农区。"③ 正是这一饮食资源的局限，游
牧民族改善自身饮食条件的必由途径便是进入农耕经济区。农耕和游牧交汇之地
的区域优势，为北京饮食文化的融合提供了天然的条件。譬如，隋文帝开皇年间
（581—600），在幽州、马邑、太原和榆林等地开设榷场。中原以稻、麦、缯帛、
瓷器等与突厥交换马、牛、羊及皮毛。这种以饮食为主导的交易，导致突厥启民

　　① 王岗：《元明时期北京风俗变迁考》，载袁懋栓主编：《北京历史文化研究》，北京：北京燕山出版
社 2007 年版，第 23 页。
　　② 马庆澜等修，高书官纂：《房山县志》（民国十七年）卷五。转引自张勃：《地方志与北京历史民俗
研究》，《民俗研究》2012 年第 2 期。
　　③ 费孝通等：《中华民族多元一体格局》，北京：中央民族学院出版社 1989 年版，第 11 页。

可汗上书隋廷，表示赤心归附。而且，这种饮食关系的建立，并由此深化为以民族融合为表现形式的政治、文化上的深刻交汇，成为炀帝北巡出塞和突厥启民可汗要求内迁、变服的最深层动机。[①] 在很多情况下，交融与其说是为了政治联盟，不如说是出于饮食生存的必需；或者说，政治联盟根源在于饮食。

北京饮食文化伊始，便逐渐积累融合的基因。但必须清醒地认识到，各民族饮食文化的最终融合都经历了曲折的过程，也就是说各民族饮食文化原本就有互相排斥和冲突的内在性，排斥和冲突委实是北京饮食文化融合的前提。而融合又绝非消弭各自的特点，保持民族特点的兼容并蓄是北京饮食文化的基本形态。对于臣服于自己的其他民族，历朝历代普遍采取"一国两制"乃至"一国多制"的办法，也就是"因其俗而治"，允许他们保留自身的饮食文化。不仅是饮食文化，实际上也包括与饮食相关的政治、经济制度，如果没有特殊必要，都尽量保留各自的饮食传统。[②] 这是北京饮食文化史的一种主脉，演进不是对以前的颠覆和瓦解，而是不断地累积和丰富。

具体而言，北京饮食文化的融合沿着两个维度展开：一是"汉化"，二是"胡化"。前者指少数民族接受了汉民族的饮食习惯，后者指汉民族的饮食受到了西北游牧民族的影响。这两种现象不是矛盾的，往往同步展开，汉化中有胡化，胡化中也有汉化。但由于主要是游牧民族进入农耕民族地区，饮食汉化的现象相对明显和突出；不过，饮食的"胡化"也较普遍，只不过远未动摇农耕饮食形态的根基。相对而言，汉民族的烹饪技艺和饮食文明程度要高于游牧民族，汉民族饮食从根本上胡化是难以实现的。北京饮食的嬗变直接对应于政权的更迭，但饮食的嬗变毕竟不直接与政权或政治形成共振。当汉民族占据统治地位，在统治者歧视兄弟民族的情况下，游牧民族的饮食文化并未遭到抵制的境遇；同样，当少数民族获得了统治权，采用压榨汉民族族民的政策，但汉民族的饮食文化仍能够源源不断地进入宫廷。

需要说明的是，"自古以来中国与周边蛮夷交往中，中国已确认这种事实：中国优势地位并非仅是因为物力超群，更在于其文化的先进性。中国在道德、文学、艺术、生活方式方面所达到的成就，使所有的蛮夷无法长久抵御其诱惑力。在与

---

① 向燕生：《北京通史》第二卷，北京：中国书店 1994 年版，第 24 页。
② 萧武：《"站在草原望北京"：征服王朝的草原本位与汉化》，载《东方学刊》2019 年第 2 期。

中国交往中，蛮夷逐渐倾慕和认可中国的优越而成为中国人"①。北京正是这种汉族与北方少数民族关系的一个缩影。"不论哪一个时代，北京城市都是以汉人占绝对多数。因此，实际上辽、金、元、明、清代北京始终以汉人为主要人口成分，这一点并未发生根本变化。"② 北京饮食的更迭始终是围绕汉民族的演进过程展开的。先秦时期，西戎、南蛮、东夷等进入中原，与北京土著相处一处，渐渐地都变成了"汉人"，成为北京地区汉族民众最初的组成部分。三国两晋南北朝时期，北方游牧民族更是大量拥入中原地区，匈奴、乌桓、鲜卑、羯、氐、羌等民族与汉人生活在一起，当适应了农耕环境之后，也都变身为北京地区具有汉族身份的常住居民。故此，汉族饮食文化本身也是民族融合的结果，融合不仅在民族和民族之间进行，也存在于一个民族的内部。

2. 三种饮食风味的构成

北京城是帝王之都，饮食文化有着与生俱来的优越感和京派的帝王之气。北京饮食有着悠久的历史，到了明清时期逐渐演化定型，成为由山东、民族和宫廷三种风味组合而成的综合性菜系。其定型的时间并不久远，但在全国乃至世界各地，均有广泛的影响，并享有盛誉。

北京菜发源于北京，宫廷风味、民族风味和山东风味最富代表性。早在新石器时代早期，门头沟区东胡林人遗址、房山区镇江营遗址、上宅文化遗址出土的文物，都具有明显的中原文化特征，但受北方少数民族文化的影响也相当深远。此后，北京一直是汉、匈奴、鲜卑、高车、契丹、女真、畏兀儿、回回等中华各族杂居相处的地方，使北京饮食烹饪具有鲜明的民族特色。

清代满族成为最高统治者，满族的饮食烹饪占据了重要的位置。譬如，北京人所喜好的火锅，就是源于满族。满族入关后，将这种习俗带到了北京地区。满族八旗营中士兵就常食火锅："涮羊肉也是他们喜爱的食物，但当时把涮羊肉叫作'锅子'，因为在'火锅'里涮。'火锅'一词当时也不这样叫，只叫'锅子'。"③满族的最高统治者也常涮火锅，"王府冬至上午要吃馄饨，晚上照例吃火锅，不仅冬至这天要吃火锅，凡是数九的头一天，即一九、二九，直到九九，都要吃火锅，

① John K. Fairbank（费正清）. *Tributary trade and China's relations with the West. Far Eastern Quarterly*, vol. 1（1942），p. 130.

② 侯仁之主编：《北京城市历史地理》，北京：北京燕山出版社 2000 年版，第 315 页。

③ 金启孮：《北京郊区的满族》，呼和浩特：内蒙古大学出版社 1989 年版，第 19 页。

甚至到九九完了的末一天也要吃火锅，就是说，九九当中要吃十次火锅，十种火锅十种不同的内容。头一次吃火锅照例是涮羊肉。……从一九过后，以后的八个'九'吃的火锅各不相同。有山鸡锅、白肉锅、银鱼、紫蜊蝗火锅，狍、鹿、黄羊、野味锅等等，九九末一天，吃的是'一品锅'。此锅为纯锡所制，大而扁，因盖上刻有'当朝一品'字样故名。它以鸽蛋、燕菜、鱼翅①、海参为主，五颜六色，实际上是一大杂烩菜"②。《旧都百话》一书云："锅子之类甚多，有菊花锅子……，羊肉锅子为岁寒时最普通之美味，须于羊肉馆食之。此等吃法，乃北方游牧遗风。"③ 具体而言，是满族先人的遗风。这一事例足以说明，民族饮食对北京饮食影响之大。可以说，京菜是以满汉全席为最高峰，而满汉全席并非局限于两个民族，蒙古族食品、回族菜点和藏族水果等皆囊括其中，成为五族共庆宴。民族菜构成了北京风味中一个具有代表性的风味。

山东风味是构成北京菜的不可或缺的部分。清代初叶，山东风味的菜馆在京都占据了主导地位。不仅大饭店，就连一般菜馆，甚至是街头的小饭铺，也是山东人经营的鲁菜居多。据不完全统计，清代山东移民在北京开设各种铺号112家，数量最多的是碓房、碾坊和米铺22家，再就是饭馆和饺子、馒头、烧饼之类的饮食店20家，牛羊猪肉店、汤锅铺和白肉铺14家，茶馆9家、酒铺5家。④ "在辛亥革命前后近一百年间，北京的饭庄及一大部分饭馆多为旗人出资为东方，山东人（绝大部分是黄县人）出力为西方；旗人只当空名的东家，而掌柜的、掌灶的，以及打杂的徒工，都是山东人。"既然如此，山东风味也就风行了起来。同治、光绪年间是山东饭馆的蓬勃发展期，当时"各地士大夫来京专吃山东馆，而且只能吃山东馆，因为其他地方味儿皆尚未进京"⑤。可以这样说，北京菜具有山东风味，北京人逐渐适应并嗜好山东口味，完全是由于山东人掌握了北京饮食味道的决定权。

① 《本草纲目》云："（鲨鱼）古曰蛟，今曰沙，是一类而有数种也，东南近海诸郡皆有之。形并似鱼，青目赤颊，背上有鬣，腹下有翅，味并肥美，南人珍之。"（明李时珍：《本草纲目》卷四十四《麟之三鲛鱼》，文渊阁四库全书本。）明中叶以后，我国东南沿海一带已食用鱼翅，后逐渐传至北方。
② 金寄水、周沙尘：《王府生活实录》，北京：中国青年出版社1988年版，第47—49页。
③ 李家瑞：《北平风俗类征》，北京：北京出版社2010年版，第289页。
④ 郭松义：《清代北京的山东移民》，载《中国史研究》2010年第2期。
⑤ 爱新觉罗·瀛生、于润琦：《京城旧俗》，北京：北京燕山出版社1998年版，第80页。

有人说："有清二百数十年间，山东人在北京经营肉铺已成了根深蒂固之势。老北京脑子里似乎将'老山东儿'和肉铺融为一体，形成一个概念。"① 山东人经营肉铺分为猪肉和羊肉两种。羊肉铺也叫羊肉床。之所以有此称呼，"因为切肉的羊肉案子既长又宽，像个'床'，故将羊肉铺叫作'羊肉床子'"②。18 世纪中叶，北京餐饮业的发展达到了高潮，其中以"楼"字号饭庄的兴起为标志之一。清末时的"八大楼"分别是东兴楼、泰丰楼、新丰楼、正阳楼、庆云楼、万德楼、悦宾楼、会元楼。"楼"与清朝晚期王公贵族、八旗子弟逐渐衰落，以士绅、商人为主体的中产阶级悄然兴起的趋势有关，过去一直是公卿巨贾、八旗子弟铺排显摆、觥筹交错、呼朋引类的大"堂"、大"居"失去了往日的繁华、热闹；取而代之的是更具商业色彩，以"特色菜馔"和"风味"更胜一筹的"楼"字号餐馆。③ 直到解放初期，在北京，各大有名的"堂、楼、居、春"，从掌柜的到伙计，十之七八是山东人；厨房里的大师傅，更是一片胶东口音。这可以追溯到两三百年前，清代初叶到中叶的 100 多年间，朝廷大官山东人占了半壁江山，著名的刘罗锅祖孙三代就是其中代表。

相当多的餐馆由山东人掌管，表面上是经营之道，在深层次上则是口味的导向问题。口味形成于经营的优势，优势演绎成习惯，山东餐馆在潜移默化地改变着北京人的口味，也说明山东风味适合北京人的口味习惯。

北京作为全国政治中心，其饮食必然带有宫廷风味。元、明、清三代，以今北京为首都历时 600 多年，大一统的中国，稀世珍宝都须进贡皇上。某种东西只要成为贡品，就身价倍增，得到褒扬。当然，也正是这种大一统的集权力量，才能把天南海北最佳最美的特产荟萃到帝王的餐桌上来，否则虽各有各的特色，却难以互相交融、掺和，构成如此丰富多彩的宴席。北京菜的形成，主要得益于这种一统性的政治环境。北京作为全国政治、经济、文化的中心，历时数百年，充分吸收了国内外饮食文化的营养。同时为了满足历代统治阶级奢侈的饮食欲望，集中了全国烹饪技术的精华，代表了那个历史时代饮食烹饪的最高水平。其时，"京师为首善之区，五方杂处，百货云集"④，菜源丰富。在这样的历史背景下，

① 爱新觉罗·瀛生、于润琦：《京城旧俗》，北京：北京燕山出版社 1998 年版，第 116 页。
② 王永赋：《北京的关厢乡镇和老字号》，北京：东方出版社 2003 年版，第 29 页。
③ 北京市地方志编纂委员会编：《北京志·商业卷·饮食服务志》，北京：北京出版社 2008 年版，第 23 页。
④ ［清］祁隽藻：《祁隽藻奏稿》咸丰二年（1852）。

北京饮食文化高度发达，烹饪技艺源远流长。

清朝宫廷御膳达到了中国传统饮食的顶峰。清政府垮台后，原来宫中每日为皇帝烹制山珍海味的一些御厨也走出紫禁城，流落到了民间自谋生路。譬如，原来在御膳房菜库当差的赵仁斋，带着儿子赵炳南，邀了孙绍然、王玉山等五六位原来御膳房厨师，于1925年在北海公园开设餐馆，以"仿膳"为字号，继续弘扬御膳饮食。"这家馆子的后面有九龙壁，旁边有五龙亭，白塔隔水相对，为游人必到之处，再加以老板是逊清的御厨，'四美具，二难并'，较之其他馆子真是别开生面。这儿顶有名的肉馅烧饼，小窝头，据说都是慈禧太后日常最爱吃的。"① 同和居也是"因老板结识一位清宫御厨，学得'三不沾'等宫廷名菜手艺，在同和居亲自烹制，食者赞不绝口。从此，名噪京师，位居'八大居'之首"②。仿照清宫御膳房的制作方式和程序，将各种原汁原味的宫廷糕点、小吃及风味菜肴推向了市场。仿膳和同和居使北京饮食具有精致的向度，溢出些许贵族气息。

统治阶级在饮食上十分讲究，也有条件追求佳味和释放饮食方面的创造力、想象力。天南地北的山珍海味，水产如燕窝、鱼翅、鲍鱼、干贝、海参、蛤蜊；陆产如鸡、银耳、竹荪；飞禽有鹌鹑、斑鸠、雉鸡、野鸭；走兽有野兔等，以及时鲜果品，源源不断上贡皇宫。各地身怀绝技的名厨云集北京，四方菜肴精品召之即来，使宫中的菜肴形成了独特的格局风味，也就是人们常说的带有传奇色彩的宫廷菜。另外，辽金以降，随着都城地位的确立，大量文人名士在此聚集，频繁而有深度的饮食文化活动迅速提升了北京饮食文化的层次。

北京上层饮食文化的发展具有得天独厚的条件，这是当时其他城市不可比拟的。上层饮食文化的辉煌对北京整个饮食文化起到积极的带动作用，从而使北京饮食文化在诸多方面处于全国领先地位。

辛亥革命后，随着封建王朝的土崩瓦解，宫中的饮食风味也流向北京的饮食市场，成为北京菜的第三方面的内容。宫廷风味特色大大提升了北京饮食文化的档次和品位，凸显了北京饮食文化的精品意识，与相对平民化的饮食风味形成鲜明对照。清乾隆年间逐渐流行的满汉全席菜式，以满洲烧烤和南菜中的鱼翅、燕窝、海参、鲍鱼等为主菜；以淮扬、江浙羹汤为佐菜；以满族传统糕点饽饽穿插

① 味橄：《北平夜话》，石家庄：河北教育出版社1994年版，第38页。
② 陈文良：《北京传统文化便览》，北京：北京燕山出版社1992年版，第816页。

其间，集不同地域饮食之大成。因此，北京菜系如同北京在中国的地位一样，是万流归宗之处，有兼收并蓄之怀。

3. 什么是"京味儿"

"京味儿"是一个常谈常新的话题。讨论主要集中于其形成的原因和文化特征两个方面，不外乎民族融合、南北交汇、区位优势以及全国政治中心和文化中心等视角，所得出的结论往往大同小异。

对城市和地域文化特征的讨论近几十年来成为学术热点，尤以京味文化和海派文化更为突出。就京味文化而言，京味文学曾一度引发广泛关注。"京味儿"的本体应为饮食，这是毋庸置疑的。从饮食文化史的角度理解"京味儿"，大概包含这样三个层次的寓意：一是"京味儿"由漫长的历史积淀而成，承载着北京史的厚重与深远，且并非一成不变，随着社会发展，其内涵和外延都会产生相应的变化。二是对北京饮食文化的高度概括和凝练，以及最为贴切、温馨的表达，涵盖了北京饮食文化的所有维度，或者说由北京饮食文化的所有领域汇聚而成，诸如饮食源流、饮食环境、烹饪技艺、名点佳肴、行业经营以及相关的礼仪习俗等。三是指饮食语言与饮食形象表象之外所深蕴着的一种记忆，所流溢出的一种神韵，所内在化了的一种品格，所引发出的一种情趣。

"京味儿"的产生首先在于北京所处的自然环境和地理位置。"北京地区纬度较高，气候条件比较恶劣，所以北京饮食文化处于北方饮食文化圈内，具有北方饮食文化的一般特点，比如主食以面食为主，米食为辅；副食中肉类所占比重较南方为重，尤以羊肉为甚。这是为适应北方严酷的自然环境而形成的独特的饮食结构。"① 这一饮食结构奠定了北京饮食文化发展的基本基调和风格。当然，这只是外在因素，北京有句老话，叫"一口京腔，两句二黄，三餐佳馔，四季衣裳……"北京人好吃、会吃、能吃、舍得吃，这才是"京味儿"得以形成的内在因素。

具体而论，北京饮食遭遇山东、淮扬和江浙等风味的强烈渗透，但北京菜在吸收异地风味的同时，也将这些异地风味本土化，使之成为北京饮食的一个有机组成部分。北京菜不是山东菜，也不是淮扬菜和江浙菜，北京菜就是北京菜。"一些人把北京菜称作山东菜，这是不准确的。因为北京菜和传统的山东菜无论是在

---

① 刘宁波：《历史上北京人的饮食文化》，载《北京社会科学》1999 年第 2 期。

菜肴品种，还是在调制口味上都有很大区别。""南菜北上，其风味也发生了变化，如淮扬、江浙重甜味、淡味，而北方重咸味、厚味。南方菜要想在北京立足，就得入乡随俗，对调味略加变化，创制出南北合璧的菜肴来。"① 北京菜尽管吸纳了不同的地方风味，但不是大杂烩，而是有别于任何其他菜帮的自成一体的菜系。

北京人的食谱四季分明，具有北京地方风味特色的大致有：正月食春饼、元宵、青韭卤馅包子、油煎肉、炸三角儿等。二月食风帐（在菜畦旁边用苇子、高粱秆等编成的屏障，用来挡风，保护秧苗）下过冬的小菠菜，叫作火焰赤根菜，以及供佛用的太阳糕。三月食龙须菜、香椿芽拌面筋、小葱炒面鱼儿、嫩柳叶拌豆腐等。四月食黄瓜、曲麻菜、樱桃、桑葚、榆钱蒸糕等。五月食江米粽子、扁桃、蒜苗、玉米、八达杏等。六月，北京夏季瓜果齐全，各式冷饮都上市，最引人注目的是信远斋的酸梅汤。七月，秋蟹正肥，北京入秋，正是"带霜烹紫蟹，煮酒烧红叶"的好时光。还有西瓜、甜瓜、扒糕、凉粉、茉莉花、冰块、江米糖糕、老玉米。八月食月饼、南炉鸭、挂炉肉、韭菜烧卖、酸甜豆汁、大活螃蟹、郎家园的枣、甜葡萄、臭豆腐、酱豆腐等。九月食玫瑰枣、雪里蕻、芥菜、松子、榛子、韭菜花、黄米红枣做的煎糕等。十月食羊肉汤、猪皮冻等下酒佳肴及羊头肉、炸丸子、炸豆腐、萝卜、硬面饽饽。十一月，食烤白薯、冻海棠。北京农业已闲，只靠外地物产进京，当时称"贡物"，只有京师才有此特权。十二月，食豆芽菜、关东糖、瓜子、年糕。腊月百物云集，筹备过年。每月都有应时美味，按自然节律饱享口福，体现了天人合一的饮食观念。

北京菜的烹饪技艺擅长烤、爆、熘、烧，大致可以概括为四句：爆炒烧燎煮，炸熘烩烤涮，蒸扒熬煨焖，煎糟卤拌氽。② 这二十个字是传统的、普遍的通常烹饪手法，也是历朝历代经验的总结，北京饮食中几乎所有的名点佳肴都是这些烹调手法的结晶。在操作上，各个字均有其微妙之处，且每一字都不是只代表一种操作烹调方式。即便是"爆"，就有油爆、芫爆、酱爆、汤爆、水爆、锅爆等。以猪肉为原料的菜肴，采用白煮、烧、燎的烹调方法，更是独创一格。口味以脆、酥、香、鲜为特点，一般要求浓厚烂熟，这是带有传统性的。就风味而言，满菜多烧煮，汉菜多羹汤，两者结合，取长补短，水乳交融，铸就了京菜的极致。

① 王学泰：《中国饮食文化史》，桂林：广西师范大学出版社 2006 年版，第 148 页。
② 林永匡、王熹：《清代饮食文化研究》，哈尔滨：黑龙江教育出版社 1990 年版，第 162 页。

北京菜的佳肴名点及具有代表性的菜品独树一帜，丰富多彩。由于地理环境和历史因素，在北京菜系里，实际还融入了山东菜、山西菜、宫廷菜、官府菜和清真菜等，不但滋味各别，而且有许多独具一格的进食方式，使京菜更加丰富多彩。近代以来，由于南菜的引进和西菜烹调技术的渗透，使北京菜"清、鲜、脆、嫩"的特点更为突出。代表性的菜品有挂炉烤鸭、油爆双脆、涮羊肉、烤肉、潘鱼、酱爆鸡丁、醋椒鱼、贵妃鸡、三不沾、糊肘、葱爆羊肉、菜包鸡、手抓羊肉、琥珀鸽蛋、蛤蟆鲍鱼、黄焖鱼翅、桃花泛、干煸牛肉丝、油爆肚仁、糟熘鱼片、炸佛手卷、砂锅羊肉以及满汉全席、全猪席、全羊席、全鸭席、全蟹席等。

北京饮食文化的关键词应该是"京味儿"，但什么是地道的"京味儿"呢？由于兼容并蓄、海纳百川是北京饮食文化发展的主要态势，占据北京饮食文化主导地位的恰恰是外来的饮食风味，诸如同和居和萃华楼的鲁味儿、四川饭店的川味儿、厚德福的豫味儿、玉华台的淮扬味儿、东来顺的清真味儿、砂锅居的东北味儿等，即便是清宫廷御膳，也主要是辽东汉族风味。所以"京味儿"在演进的过程中早已不是"纯味"，而是地地道道的"合味"了。

当然，"京味儿"是整个北京市井文化的有机组成部分，与北京人安于悠闲和享受的生活情趣息息相关。"一口京腔，两句二黄，三餐佳馔，四季衣裳"，这句话透露出北京人基本的生活图式。北京人的规矩也多，论起婚丧嫁娶，请客吃饭，有个规矩叫"三天为请，两天为叫，当天为提溜"。来客接待您得想着"酒满敬人，茶满送客"，或者就是"茶七饭八酒要满"；斟酒倒茶您得来个"金鸡三点头"。北京人"穷讲究"，规矩就是讲究的有机组成部分，饮食处处设立了"标准"，只不过与"穷"无关罢了。

"京味儿"的意蕴指向内在于老北京人身体里面的一种生活观念、生活品格和悠然自得的生活情趣。这当然不限于饮食生活，却在饮食生活世界演绎得最为淋漓尽致。北京人追求闲雅生活品质表现在饮食行为的各个方面。譬如，北京人好喝茶、爱喝酒，大大小小的茶馆、酒馆遍布京城。而且品茶的名目繁多，有中山公园的来今雨轩的纳凉品茶，北海五龙亭的划船品茶和漪澜堂的溜冰品茶，中南海的中元节放河灯品茶，太庙的观鹤舞品茶，颐和园的消夏品茶，西郊的驰马品茶，金鱼池的赏鱼品茶，什刹海的赏荷品茶，等等。[①] 北京人讲究吃喝，在有限的

---

① 陈鸿年：《故都风物》，北京：北京出版社 2017 年版，第 11 页。

物质条件下希望获得尽可能多的口腹之娱，即使是一碗小小的炸酱面，也要整九小碟：豆芽菜、芹菜、青豆嘴儿、黄瓜丝儿、心里美萝卜、青蒜、大蒜等，一应俱全，丰富得令人咂舌；酱料非常香美，肉丁肥瘦按照四六比，酱的火候恰到好处；面条当然是用上好面粉手工擀制的，煮得不糟不烂，还有些韧劲儿，口感也是恰到好处。还要讲究面的软硬适度、酱是哪家字号的、肉丁要怎么切，每个环节都要做到一丝不苟，在吃喝中体现了不俗的文化讲究。[①] 这种讲究一方面是八旗子弟有闲阶层生活态度和方式的遗留，另一方面是皇城根生存环境优越感在饮食生活中的体现，还有就是在消费主义驱动下对饮食极品生活的追求。

北京小吃似乎最能体现"京味儿"的风味特点，因为不管是北京人还是外地人，一提及北京风味，自然就会列举一连串北京小吃的名称。其实，北京小吃大多也是外来的产物。譬如，糕点是北京小吃中的大宗，久负盛名。早在辽金时期就已初具规模，明朝从南京迁都北京后，带来了南味糕点，称为"南果铺"。清军入主北京，又带来了满族糕点。这么多种的糕点，大体上形成了南北两种不同的风格，俗称"南北两案"。"南案"一般都是江浙一带风味，以稻香村、桂香村为代表，当数蜜饯、果脯和自制糕点最为有名。"北案"糕点有两种风味：一种是满汉糕点，以正明斋糕点铺为代表；另一种是清真糕点，最有名的是祥聚公、大顺斋。"北案"糕点的品种有：芙蓉糕、萨其马、核桃酥、杏仁干粮、鸡油饼、大小八件、蜜供及各种月饼。在饮食文化中，"小吃"是最可显现地方特色的，也最可保持地方特色，小吃尚且趋向融合，更不用说"大吃"了。总体而言，南味糕点更有市场，尤其是稻香村的字号极富感召力。

因此，"京味儿"实际上就是外来饮食文化北京化的结果。这就十分值得玩味了，为什么"北京化"具有无可抗拒的趋势和力量？为何"北京化"有如此巨大的吸引力？北京饮食的包容性所显示出来的能量是无比巨大的。前面已反复论及：北京饮食是民族的，民族融合的文化表征以饮食最为凸显。可以说，北京的古代历史是少数民族源源不断"北京化"的过程，这种"北京化"的强烈惯性延伸至饮食领域，乃理所当然。在"北京化"的范式中，民族与饮食相辅相成，同步展开。撇开"京味儿"不胜枚举的文化表现，"北京化"才是其中的精髓所在。

为何"北京化"成为诸多外地饮食名点佳馔的最终归属呢？因为一旦进入

---

① 王茹芹：《京商论》，北京：中国经济出版社 2008 年版，第 70 页。

"北京化"之途，皆摆脱了"偏安一隅"的局限和"小家子气"的束缚，跃升至中国最为广阔的饮食展示、发展平台，而且被裹上京城才有的一种文化气势和自信。有位作家这样说："不论京剧也好，北京烤鸭也好，还是来自广东的谭家菜，来自江南的园林艺术，来自西藏的佛教建筑群，一旦成为首都大文化的组成部分，就透露出一种大气派，有人说是皇家气派，我以为这也是京味的一种神韵。"① 异地饮食完成了"北京化"的过程，便脱胎换骨，成为悠悠北京饮食文化史的有机部分，变得厚重、博大起来。

具体而言，北京饮食文化渊源有四。一是清朝皇室御膳中的一种，它带有宫廷菜肴的特色，是中华菜系文化的瑰宝，堪称北京饮食乃至中国饮食文化之最，代表者是"满汉全席"。二是王府菜。王府饭菜与宫廷膳食的最大区别在于，宫廷膳食是依照标准的规范制作，不会根据皇帝个人好恶改变菜谱或制作方式。王府饭菜更具个性和想象力，调节幅度更加自由，而且王府饭房和茶房的厨子长期揣摩王爷的嗜好，形成了"满汉合璧"的富有特色的王府风味。由于后文不再专门涉及王府菜，这里即以"火锅"的吃法为例，说明王府膳食之境界。"凡是数九的头一天，即一九、二九，直到九九，都要吃火锅，甚至九九完了的末一天也要吃火锅。就是说，九九当中要吃十次火锅，十次火锅十种不同的内容。头一次吃火锅照例是涮羊肉，但与东来顺的涮羊肉不同。它的汤很讲究，作汤的原料包括烤鸭、生鸡片、蘑菇、虾米、干贝等。此外，还有两种与北京市民所用的一样，一是丸子，二是炉肉。这两种普通食物，价廉物美，各有特色，可惜今天见不到了。这许多原料熬出来的汤涮羊肉，其味无穷。除了羊肉之外，还要有羊肚。羊肚主要吃肚脸，去了两层皮的肚仁。除了这些之外，还要有腰子和肝。这是不能少的，这样才叫'全涮羊肉'。但要说清楚，王府涮羊肉所用的调料不像东来顺所用的这么多、这么全。当时，只有白酱油（好酱油）、酱豆腐、韭菜末（不是韭菜花）和糖蒜。像什么芝麻酱、虾油、料酒、炸辣椒等佐料一概没有，同时也不涮白菜，而只涮酸菜、粉丝。从一九过后，以后的八个'九'吃的火锅各不相同。有山鸡锅，白肉锅，银鱼、紫蟹蝲蝗火锅，狍、鹿、黄羊野味锅等等，九九末一天，吃的是'一品锅'。此锅为纯锡所制，大而扁，因盖上刻有'当朝一品'字

---

① 赵大年：《京味小说 北京人 北京话》，载《前线》1996 年第 4 期。

样故名。它以鸽蛋、燕菜、鱼翅、海参为主，五颜六色，实际上是一大杂烩菜。"① 这种吃法头头是道，似乎时序的既定安排就是为了吃火锅。整个王府生活的水平和质量通过吃火锅反映了出来。三是官府菜。清末民初，在社会变动的影响下，逐步形成了一种博采众多地方风味菜系之长的综合菜系——官府菜，代表者是谭家菜。当时，京城流传着两句话，一是"戏界无腔不学'谭'"，二是"食界无口不夸'谭'"。前一个"谭"，是指"伶界大王"谭鑫培；后一个"谭"，是指谭家菜掌门人谭瑑青。在谭家菜名肴佳馔中，以海味菜最为有名，其中尤以干货发制的燕窝和鱼翅菜肴最为擅长，以"清汤燕窝"和"黄焖鱼翅"最为著名。鱼翅的烹制方法即有十几种之多，如"三丝鱼翅""蟹黄鱼翅""砂锅鱼翅""清炖鱼翅""浓汤鱼翅""海烩鱼翅"等。谭家菜自成菜系，有菜品近 300 种；其他名菜还有"蚝油鲍鱼""柴把鸭子""罗汉大虾""扒大乌参"等。四是在北京饮食文化中，最丰富多彩，影响至深至大的要数北京的市井饮食，代表者是豆汁儿。皇宫、官府、王府和市民都创制出自己的饮食风味，尽管"出身"不同，在北京饮食文化的整体框架中，却无高下之分。因为都属于"京味儿"，都是"京味儿"不可分割的有机组成部分。

"满汉全席""满汉合璧"是宫廷盛宴，虽然离老百姓甚远，但也是值得津津乐道的"京味儿"，使"京味儿"洋溢着至上品位和令人遐想的魅力。不过，最能体现京味饮食文化雅俗兼备的特点的莫过于谭家的官府菜与老北京的豆汁儿。前者是贵族到底，一派大家风范，大雅集成。后者虽出身贫寒，但平俗惠通，深受下层市井百姓的喜爱，是市井生活的一个缩影。但两者都有一个共同点，就是都出自四合院，都秉承着远古以来的饮食文化传统，有着浓郁的地方色彩和乡土记忆。只有在这种大背景下，两种饮食的代表才应运而生，流传至今，并受北京人的喜爱。只有在饮食层面，官和民才有了相通的文化情结，这也是京味饮食文化的特点：贵贱咸宜，雅俗兼备。

北京饮食文化具有草原文化的粗犷豪放、宫廷文化的典雅华贵、官府文化的规矩细腻、市井文化的潇洒大气等品质，饮食品质的多样性直接关联到北京人的多重性格，而且不论什么阶层都不能出乎其外。"食"如其人，有学者这样概括

① 金寄水、周沙尘：《王府生活实录》，北京：中国青年出版社 1988 年版。转引自王梓：《王府》，北京：北京出版社 2005 年版，第 163—164 页。

"京味儿"："老北京人，由于过了几百年'皇城子民'的特殊日子，养成了有别于其他地方人士的特殊品性。在北京人身上，既可以感受到北方民族的粗犷，又能体会出宫廷文化的细腻，既蕴含了宅门儿里的闲散，又渗透着官府式的规矩。而这些，无不生动地体现在每天都离不开的'吃'上。"① "京味儿"的本义或核心还是一个"吃"字，吃出来的"京味儿"才是本源的和根本性的。

　　"京味儿"更透视出"皇城子民"乐观、进取的饮食态度和生活情趣。再穷，老北京人也要把那些蔬菜、野菜等做出花样儿、做出"味儿"来。老北京的平民百姓适应能力强，具体到饮食上，那最穷的人家，哪怕是吃玉米面儿窝头，用盐腌一大碗儿白菜帮子，也照样吃得香甜，照样吃出品位。那茄子，可以做小有名气的菜烧茄子，可以做拌茄泥、炒茄子、茄子打卤、炸茄盒儿等，也是变着花样儿做，变着花样儿吃，吃出"花样儿"。依照老舍小说《离婚》中张大哥的观点，"迎时吃穿是生活的一种趣味"，"肚子里有油水，生命才有意义"②。吃就是生活的意义，或者说是，生活的意义是吃出来的。由北京人的吃喝"透视出京味文化重'礼性'，讲'秩序'，讲体面，求'排场'，以及追求闲适生活方式的多重特征"③。从满汉全席到谭家菜再到家常饭，都充溢着两个字——讲究，认认真真地吃，踏踏实实地享受饮食生活，这才是真正的"京味儿"。

　　正如赵园所言："北京市民不仅以饮食维系生存，而且追求美味；所追求的又不止于味，还有鉴赏'味'之为'美'的那一种修养、能力。食物在有教养的北京市民，有时是类似他们手中的鸟笼子那样精致的玩意儿。其趣味绝不只在吃本身，'味'更常在'吃'外。'吃'在这种文化中，就不止于生理满足，不出于简单粗鄙的嗜欲，而体现着审美的人生态度，是艺术化的生活的一部分。"④ 与其说"京味儿"是北京独特的饮食风味，不如说是北京人的饮食立场、饮食追求和饮食美学。

---

① 崔岱远：《京味儿》，北京：生活·读书·新知三联书店2009年版，第1页。
② 《老舍文集》第二卷，北京：人民文学出版社1982年版，第156—159页。
③ 陈黎明、胡艳玲：《京味文化的一面镜子—— 对老舍〈茶馆〉的一种文化解读》，载《洛阳大学学报》2002年第1期。
④ 赵园：《京味小说与北京人"生活的艺术"》，载《文艺研究》1988年第5期。

第四节　北京饮食的语言魅力

北京饮食文化的魅力不仅在于食物本身，还表现为其具有无穷的文化和精神辐射力。利玛窦在他晚年写的《中国札记》一书的第一卷第七章中感叹道：他们的礼仪那么多，实在浪费了他们的大部分时间。这种把吃推及几乎所有的人际关系领域，饮食文化的功能被发挥到极致，正是一直以来为世人所感叹的中国文化的一大特质。

对于北京人而言，饮食不仅是品味的，也是一种表达和交流。独特的饮食话语为北京饮食塑造出生动、亲切、温暖而美好的文化形象。说话（言语）和吃（饮食）都诉诸口腔运动，表现为口腔的狂欢，说明饮食与言语之间原本就存在内在的关联性。近代以来，北京的饮食和方言都是在闲适悠然的生活语境中造就的，在餐馆、茶馆里神聊、海侃竟然成为北京人日常生活中典型的场景。"好处就在这无目的非功利上，由此使聊天近乎艺术行为，当事者也有近于艺术创造的心境。"① 如今的北京人对传统味道和听觉迷恋的程度是一样的，都在努力强化对这两者的记忆，最为典型的莫过于兜售各种小吃的吆喝声。

中国菜要趁热吃，方言同样是有温度的。北京的饮食和北京话常常随意就能共同构成一个颇为温馨的场景。《菜市口》一文这样描述：菜市口的店铺，自然同故都一般的商家一样，只要你进去，无论是只买一两个铜子的茶叶，总也好好地招待，临走时还说声"回见"。②一句"回见"，饮食经营者和消费者的亲密关系便跃然纸上。这种言语是这样的温雅聪明，世故得令人不觉其世故，精明到了天真淳厚。③ 黄宗江笔下描述的北京餐饮经营者具有平和、稳重、知礼的品格："你若和那卖馄饨的攀谈，他必有几车子的学问，你若不想和他说话，他也决不打扰你。"④ 卖馄饨的"说"与"不说"，其形象都是高大的。

1. **京派饮食话语**

北京话，俗称"京片子"，是一种主要分布在北京的汉语方言，属于官话中的北京官话。"酒糟鼻子赤红脸儿，光着膀子大裤衩儿。脚下一双趿拉板儿，茉莉花

---

① 赵园：《京味小说与北京方言文化》，载《北京社会科学》1989 年第 1 期。
② 姜德明编：《北京乎》，北京：生活·读书·新知三联书店 1992 年版，第 474 页。
③ 赵园：《京味小说与北京方言文化》，载《北京社会科学》1989 年第 1 期。
④ 姜德明编：《北京乎》，北京：生活·读书·新知三联书店 1992 年版，第 702 页。

茶来一碗儿。灯下残局还有缓儿，动动脑筋不偷懒儿。黑白对弈真出彩儿，赢了半盒儿小烟卷儿。你问神仙都住哪儿，胡同儿里边儿四合院儿。虽然只剩铺盖卷儿，不愿费心钻钱眼儿。南腔北调几个胆儿，几个老外几个色儿。北京方言北京范儿，不卷舌头不露脸儿。"① 这是一个北京哥儿们编的顺口溜，从中不难看出北京话的特点。在北京，与饮食有关的社会和文化现象充斥人们所能触及的所有方面，寻常百姓也把"吃"运用到日常语言中，很多口头语中都有"吃"字。有句话说"渴不死东城，饿不死西城"，说的是北京打招呼的方式。东城人见面儿第一句话是"喝了吗您呢"（北京人有早上喝茶的习惯）；西城人则会说"吃了吗您呢"。

北京话中"吃、餐、啃/kěn/、开、捋/lǚ/、点补/diǎn bu/"六个词，意思都是指"吃"。北京人不仅好吃、会吃，还时常把"吃"挂在嘴边，而且将这方面的指称语义进行直接转化。譬如，"菜包子"，不光是指素馅的包子，还可以形容人，是指没用、废物之人。例句："不好好上学，整天琢磨有的没的，活该是个菜包子。""尿蛋包"，听起来跟"荷包蛋"很像，其实是形容一个人特别窝囊、不硬气。例句："别当个尿蛋包，谁再骂你你就还回去。""拌蒜"，是用来形容走路费劲，俩脚互相绊，身体不平衡。例句："隔壁的大花打出生就腿脚不好，老拌蒜。""老油条"，形容一个人很世故，圆滑。例句："这人是个老油条了，从他嘴里套不出话来。"贪吃者常被说成"饕餮"，而老北京人却说"带爪儿的不吃土鳖，带腿儿的不吃板凳"。大肚儿汉进食少量饭菜不足以充饥，遂曰"茉莉花儿喂骆驼"。已然酒足饭饱而仍不撂下筷子，则曰"眼饿肚饱"。已经吃得"顶了嗓子眼儿"而继续硬塞，则谓之"搬山"。

北京人有说俏皮话的传统，一张嘴，这俏皮话可就跟着来了，而这些俏皮话有相当一部分与饮食有关。两口子吵架，这进来劝架的先来一句："呦，这怎么话说的，您这可真是饭馆的菜，老炒（吵）着呀！"就这一句，吵架的两位就都能逗乐了。北京城的老爷们儿闹脾气吵架的时候，常挂在嘴边儿的一句话叫作："谁也不是吃素的！"这句话的潜台词儿就是在说："爷们儿我可是吃肉的，所以，爷们儿我可不是好欺负的！""豆汁儿"类似豆浆的酸腐稀汤，是一种老北京著名小吃。"老太太好喝豆汁儿——好稀"。"好稀"是一句老北京的日常方言俗语，表

---

① 曹然：《论北京方言的形成、特点及保护》，载《泰州职业技术学院学报》2018 年第 2 期。

示"我很喜欢,我愿意"的意思。回应亲朋好友关心的时候,以"好稀"回答是多么幽默哦。"不用喝了,连汤儿扒拉吧","扒"音爬,"扒拉",用筷子很快地将饭菜拨到嘴里,有时含有狼吞虎咽的意思。也作"爬拉",《红楼梦》第四十九回:"宝玉泡了一碗饭,就着野鸡爪子忙忙的爬拉完了。""不用喝了,连汤儿扒拉吧"意思是别光喝汤儿了,连干的带稀的,一块儿扒拉(吃进去)吧。当对方因为不满意,说出语气词"喝"时,说话者回应的一句俏皮话儿。① 几乎所有的日常饮食都有隐喻,凸显北京饮食文化的独特性和言说的个性。

以下括号里的词语都属隐喻。猪肉(利润子、天堂地)、猪肚(大挂子)、猪肺(叶子)、猪肝(胆生)、猪头(顶子)、蛋(滚盘)、鹅(高头)、鸡(高叫、凤凰)、盐(沙粒)、辣椒(麻头)、辣油(红油)、糖(甜头)、猪耳朵(顺风)、猪舌头(口条、千口)、猪肠(带子)、猪油(滑子)、熟全鸭(扁口)、生姜(虎爪)、米(八木)、面(白头)、醋(哮老)、酱(沙油)、酱油(黑水)、食油(滑儿)、香油(滑老)、水饺(对合)、馄饨(皮子、月照子)、烧饼(满口)、大烧饼(大满)、煎饼(炙罗)、馒头(气块)、肉包子(球子)、饭(稀汉)、小米饭(桃花散)、白水羊头(白作)、蒸饺(贴笼)、大饼(皮笼)、白米粥或曰粳米粥(白老腻口)、粽子(稀尖)、油条(油杆儿)、烧卖(开花)、包子(气罗)、米饭(如旨散)、米粉肉(荷包)、喝茶(压淋)、伙计或干活的厨师(行菜)、酒(三酉儿、浆头、山、山香、山老、浪同、海老、三六子、酽绿、喧老)、酒壶(亭子)、酒杯(浆斗)、水(津子)。② 明清两代,北京饮食方面的隐语颇为流行,如饮食方面:馨(用饭),海(酒),讪老(茶),咬翅(鸡),河戏(鱼),碾(吃食),咬人(吃饭),干希(饭),人俨希(吃粥),德钊(鸡肉),菜(生鹅),山(酒),水上儿(活鱼),咬刘(吃肉),刘官纱帽(猪头),高头钊(鹅肉),矮婆子(生鸡),低钊(鸭肉),哮老(醋),逆子(姜),鲍老(面),中军(酱),捻作(吃),木老(果),等等。③ 这样的饮食隐语还有不少。在日常对话中都会遇到饮食隐语。如一个酒店卖酒往酒里兑水,老板、伙计、顾客的问话、答话和顾客(内行)的反应都不说"水"。老板问:"金木火土事如何?"伙计答:"扬子江中已掺和。"顾客说:"有钱不买拖泥带!"老板回应:"别

① 吴菲、冯燕:《老北京话里的俏皮话儿》,载《汉字文化》2018年第4期。
② 何长华:《旧时饮食业隐语》,载《商业文化》1995年第6期。
③ 曲彦斌:《中国隐语》,沈阳:辽宁古籍出版社1994年版,第260页。

处青山绿更多。"其实，老板是问伙计："酒里掺好水了吗?"（金木火土——缺水）伙计回答："水已掺和好了。"（扬子江中有水）顾客怒道："有钱怎能买水?"（拖泥带水），伙计忙招呼："别的酒家掺水更多。"（青山绿水）

北京土语中，关于饮食方面的歇后语比比皆是。"冻豆腐——没法办（拌）"，这句歇后语形容做事遇到了困难，很难完成任务。北京有一道家常菜叫"小葱拌豆腐"，这豆腐讲究鲜嫩，而豆腐经过冰冻以后，就做不了小葱拌豆腐了，所以说没法拌。其他还有"六必居的抹布——甜酸苦辣全尝过""砂锅居的买卖——过午不候""王致和的臭豆腐——闻着臭吃着香""吹糖人的出身——好大的口气""挑水的回头——过景（井）了""端午节的黄花鱼——正在盛市上""茶壶里煮饺子——有货倒不出来""窝头翻了——现（显）了大眼""光屁股推碾子——转圈现眼""艾窝窝打钱眼——蔫有准儿""马尾儿穿豆腐——提不起来""小铺的蒜——零揪儿""七月十五吃月饼——赶先儿""八月的石榴——笑咧了嘴"等。

"炒肝儿"即用猪大肠做成的浓汤，是北京著名小吃。由于汤内只有大肠一种原料而缺心少肺，所以当有人做事不用心思索、考虑不周的时候，常遭到责备"你这个人真是炒肝儿——没心没肺"。"奶茶铺的炕——窄长"，北京话讽刺某物过于窄长而极缺宽度时，常说："嗬! 这倒好! 奶茶铺的炕啊!"过去老北京街上奶茶铺店堂非常狭窄，只可顺窗搭一窄长的炕，宽度只容一人坐，长度则很长，老北京人印象极为深刻，于是就有这句歇后语。"别净顾了吃元宵——瞧灯"意指做事兼顾各个方面，不可偏废。京俗，从正月十三日至十七日为灯节，正月十五日上元节为灯节正日子。灯节期间家家悬挂花灯，儿童手执提灯，各处皆灯。这一天灯节得吃元宵。因此看灯和吃元宵构成灯节两件大事，由此产生了一句歇后语"别净顾了吃元宵"，意思是说还有看灯一事，不可只吃元宵不顾看灯。老北京提醒别人注意火烛时，也常冒出这一句歇后语。

2. 日常生活中的饮食表达

老北京人时常把"吃"挂在嘴边，"吃"充斥了日常生活的方方面面。有一笑话颇能说明问题：一大早，俩（liǎ）人在厕所门口碰上了，一进一出的还忘不了打招呼见礼，一个说："哥哥（gei 读四声，轻声），来了您哪，吃了吗"，"没哪，得（děi）会儿哪"。不论在什么场合，都是以"吃"为交流的话题。即便是租房，也与"吃"有关。《旧都文物略》记云："都人买房取租以为食者，曰吃瓦片。"在房屋租金方面，久有"两份""三份"的惯例。租赁双方在房租议妥后，房客要付给房主"两份"或者"三份"租金，名为"一房一茶一打扫"。"一房"是房租；"一茶"是预交一个月的押金，如房客欠租房主可收房，房客有一个月的住房期限，可停付房租一个月，谓之"住茶钱"；"一打扫"是租房经中间人介绍出租的，作为中间人撮合租赁的手续费。

北京人的语言中透露出智慧，许多精彩的京腔妙语都与饮食有关，譬如：镚子儿没有看你还能鼓捣出什么花花肠子来。就欠让你成天价吃棒子面糊糊儿，顶多白饶你一碗凉白开溜溜缝儿。还甭跟我耍哩格儿楞。敢情你也有脚底下拌蒜，掰不开镊子的时候儿，平时那大嘴叉子一张不挺能白话的吗？麻利儿着呀，怎么变没嘴儿葫芦儿了？费了半天的吐沫，我也不跟你嚼舌头了，借光儿，我找个豁亮的地儿闷得儿蜜去了。管问好叫吃了吗您，麦芽糖叫糖瓜儿，管反感叫腻味，低三下四叫低喝矮儿，口渴叫叫水，不消化叫存食，西葫芦鸡蛋摊饼叫糊塌子，油腻叫腻了姑拽，完了叫死菜了，错误地受到牵连叫吃挂落儿，不花钱的享受叫蹭饭、蹭吃蹭喝，吃些零碎食品叫点补，多心叫吃心。老舍《骆驼祥子》中有："我说，为这点事不必那么吃心。""吃"的文化符号得到极为广泛的运用，成为最为盛行的话语形式。

一些小吃名点嵌入语言当中，就成为家喻户晓的饮食俗语。有谚语道："翰林院文章，太医院药方，光禄寺茶汤，武库司刀枪。"据传茶汤始于明宫御膳，而光禄寺①是掌管典礼筵席和饮食的署衙。歇后语"马蹄烧饼——两层皮"则道出了这一名点的脆酥的特点。"吹糖人儿的儿子——口气大"，一语双关，既说明吹糖人时需要张大嘴，又暗喻年轻人说话爱吹牛。"卖羊头肉的回家——不过细盐（言）"，只有切好的羊头肉才加盐，而加的盐是碾成粉末的细盐，引申为两者之间话不投机。②

北京人对饮食的表达最富滋味的莫过于将其推向文学和艺术的殿堂，饮食生活文学化、艺术化的表达成为京城美食最为吸引人的向度之一。可以这样说，京城饮食之所以吸引人，除了饮食本身的独特品味外，还在于其进入了传统的诗词和说唱艺术之中，得到歌唱，得到表演，得到艺术表达。北京小曲、子弟书、清代鼓词、京韵大鼓、连珠快书、梅花大鼓和竹枝词等都曾以京城佳肴名吃为歌咏

---

① 光禄寺执掌膳馐最早可追溯至周代。"若今光禄寺在周官，为膳夫之职。"（明柴奇：《南京光禄寺题名记》，《黼庵遗稿》卷七，《四库全书存目丛书》集部第67册，济南：齐鲁书社1997年版，第93页。）

② 曲小月主编：《老北京　民风习俗》，北京：北京燕山出版社2008年版，第140页。

对象。"岔曲"① 是这样歌唱京城日常饮食的。《小吃名》："古海居的锅贴好，煤市街的褡裢火烧。致美斋的馄饨，宾升楼的杂样包，百景楼鸡丝面，多搭一扣不要葛条。[过板]" "西域楼馅儿饼，他可截教，鼎和居炒面片真 [卧牛] 真叫高。脂油饼他得现烙，独一处三角炸了一个焦。"《饽饽名》："年糕得病，气鼓常疼，都只为麻花媳妇和薄脆私通。气得那，二五眼昏花糖耳朵聋。[过板]"② 一旦这些小吃、名点由耳熟能详的京腔吟唱了出来，便超越了表达与被表达的关系。子弟书有一篇《为票嗷夫》，其中唱道："新添的放上饭不吃凉一个冰冷，手拿着筷子抡圆把桌面子敲。满嘴里嘟哝连帮带唱，也不知把菜回了几次勺。好容易扒拉了一口放下碗，你还说分不清四鼓与什么过桥。"③ 饮食过程伴随戏曲表演，戏曲表演在饮食当中完成，对饮食的忘却反衬对戏曲的痴迷，吃与痴相辅相成。在这里，饮食与文学艺术融为一体，上升至沁人心脾的精神境界，便足以陶冶性情，感悟人生。

北京人赋予某些干鲜果品以吉祥意义，用于岁时年节和婚嫁寿庆，以为礼品，谓之"喜果"。奉送"喜果"时说些吉祥话，如柿子、柿饼，因"柿"与"事"谐音，即说是"事事如意"；橘子，因"橘"与"吉"音近，与柿子同送可说"百事大吉"。谐音也导致一些禁忌语的流行：正月初一，忌做蒸、炒、烙等炊事[因"蒸"与"争"谐音；"炒"与"吵"谐音；"烙"与"落"谐音，均属不吉]。一律吃年前做好的年菜。还有些禁忌语与宗教信仰有关。回民社区，在牛羊肉铺里不说"大"，因为"大肉"就是猪肉，所以如果要形容这块肉很大，只能说"这块肉可不小呀"！

久居皇城根的北京人，秉承大富大贵的心理情结，时时刻刻不忘"讨口彩"，饮食吉祥语是最流行的一种。送石榴，就说"多子多孙"；送莲蓬，就说"并蒂同心"；将百合说成"和合百年"；将枣儿、栗子说成"早立子"；花生被说成"既生男，也生女，花着生"；桂圆被说成"圆圆满满"。④ 在老北京的讲究中，将"元宵"说成是龙眼；将"面条"比作龙须；将"褡裢火烧"称为龙舌；"饺子"

① 岔曲是中国清代八角鼓、单弦的主要曲调，用作曲牌联套体的曲头和曲尾，同时也可以单独演唱。

② 伊增埙：《古调今谭——北京八角鼓岔曲集》，北京：知识产权出版社2004年版，第302—303页。

③ 北京市民族古籍整理出版规划小组辑校：《清蒙古车王府藏子弟书》（上册），北京：国际文化出版公司1994年版，第17—18页。

④ 刘宁波、常人春：《古都北京的民俗与旅游》，北京：旅游教育出版社1996年版，第136页。

则是龙耳；"薄饼"是龙皮；"米饭"是龙子；"馒头"是龙蛋；甚至将鸡爪叫作龙爪。此外借了芥菜谐音，取"借彩"之意，有一道家常菜"芥菜缨炒黄豆嘴儿"；老腌儿鸡蛋切开流油儿，称"财源滚滚来"；用豆腐做的菜肴叫作"兜福"；将白菜头叶剥开洗净，用来把桌上的菜、饭包起来捧着吃，这叫"包财"。① 北京人对食物寓意的选择是以"情"和吉祥如意为主导的，趋向于价值选择而非真假的判断，着重于人们的心理、情感和行为的协调和融合。因为人们有着共同的饮食需求——感受一种期望美好未来的心情。

饮食方面的隐语也颇有京味儿。旧时的饭馆里，顾客说："来一碗面二两酒。"跑堂的伙计就会用另一番特有的腔调向灶上喊道："来碗牛头马！""打上二两六七八！"前者隐去了一个"面"字，以"牛头马"代替；后者藏起来一个"酒"（九）字，以"六七八"代替，这叫"借词点尾"，是饭馆隐语中的一个特色。在北京的饭馆里，用鸡蛋做的菜，避讳发"蛋"音，用其他别名代替如"煎鸡蛋"称"摊黄菜"；"炒鸡蛋"称"熘黄菜"；"炒鸡蛋黄"称"三不沾"；"鸡蛋汤"称"木樨汤"，等等。② "木须肉"之称谓也是忌讳"蛋"，清人梁恭辰在其《北东园笔录·三编》中记载："北方店中以鸡子炒肉，名木樨肉，盖取其有碎黄色也。"炒熟的鸡蛋色如木樨，木樨肉后来谐音成"木须肉"了。

一些京味俚语来自少数民族语言融汇和改造，尤其是从满语演变而来的，最典型的是童谣当中的满语，如"阿哥，阿哥，你上哪儿？我到南边采梅花，采罢梅花到我家，达子饽饽就奶茶，烫你狗儿的小包牙"。其中，阿哥的"阿"读第四声；"达子"一词来自元朝以来的"鞑子"一词，是当时中原人对周围少数民族的一种带有歧视性的称呼，历经明清两代逐渐演变为"达子"，"达子饽饽"指满族、蒙古族的糕点；"狗儿"并非谩骂，对晚辈是爱称，对平辈是戏称，表示亲近。③

1908 年北京的满族报人松友梅，曾以评书形式写过七万字的《小额》，有一段吃喝家常这样描写道："少奶奶这当儿先给老者倒了碗茶，说：'阿玛您歇歇儿吃饭哪。'老者端着碗茶说：'我不饿哪。'说：'善金哪，你哥哥还没回来哪？'

---

① 柯小卫：《当代北京餐饮史话》，北京：当代中国出版社 2009 年版，第 11 页。
② 柯小卫：《当代北京餐饮史话》，北京：当代中国出版社 2009 年版，第 14—15 页。
③ 刘宁波、常人春：《古都北京的民俗与旅游》"京味儿语言"，北京：旅游教育出版社 1996 年版，第 136 页。

善金说：'他不是见天四下儿钟下馆吗？横竖也快哪，您饿了一早晨啦，嫂子您打点去吧，我还找补几个哪。'少奶奶说：'包得了的煮饽饽，快当。'善金又问伊老者，说：'您喝酒哇，我给您打去。'老者说：'那们你打他二百钱的去，给我带点盒子菜来。'"① 这段人物对话中，夹杂了些许满语，如称父亲为"阿玛"。通过关于"吃"的通常的言语交流，烘托出普通满人家庭相互关爱的温馨气氛。"京腔"就是"北京味"。北京人的语言魅力在日常饮食生活中展现得淋漓尽致。

---

① 张菊玲：《满族和北京话——论三百年来满汉文化交融》，载《文艺争鸣》1994 年第 1 期。

第二章 北京饮食文化的发生

饮食是出于人类天然的生存本能，人类饮食经历了采集时代的生食阶段、狩猎时代的熟食（烤食）阶段和农耕定居之后的煮食为主兼具烤食的熟食阶段。

原始社会时期北京地区的饮食状况，可以从考古成果知其大概。北京地区旧石器时代早期文化，以周口店北京直立人文化遗存为代表①。旧石器时代中期文化以新洞人文化为代表，②旧石器时代晚期文化以山顶洞人文化为代表。③"北京人""新洞人""山顶洞人"是史前中华人类发展进化的突出代表。同时，他们的饮食遗迹为我们考察北京乃至华北地区旧石器时代早期和晚期的饮食文化提供了极为宝贵的依据。一般认为，北京文明诞生是中原地区先进文明不断输入的结果。④但就滥觞期的饮食文明而言，则并非如此，北京地区的饮食文明是自主生成的，有着完全独立的形成和发展轨辙。

在原始社会时期，北京饮食文化史与整个北京史是同步的，又是极其漫长的，延续了数十万年。从"北京人"时期到新石器时代，北京饮食有着一条清晰的演进路线。从洞穴到平原，从采集到种植，从生食到熟食，从石器到陶器，北京地区的原始先祖讲述了人类饮食文化史上最为生动而又完整的故事。考古学上的"北京人"与通常的北京人的称谓性质完全不同，然而，北京饮食文化史由"北京人"拉开序幕则是需要玩味的现象。这并非历史的巧合，而是表明在中国乃至世界饮食文化史上，北京人的饮食延伸至历史的顶端，与人类的诞生史重合。尽管难以寻求到北京地区以地点命名的原始人群之间的关联性，但按照出现的先后

---

① 贾兰坡：《周口店——北京人之家》，北京：人民出版社 1975 年版；吴汝康等：《北京猿人遗址综合研究》，北京：科学出版社 1985 年版；张森水：《周口店地区旧石器时代遗址的发现与研究》，载《中国考古学研究的世纪回顾》（旧石器时代考古卷），北京：科学出版社 2004 年版。

② 顾玉珉：《周口店新洞人及其生活环境》，载中国科学院古脊椎动物与古人类研究所编：《古人类论文集》，北京：科学出版社 1978 年版，第 158 页。

③ 贾兰坡：《山顶洞人》，上海：龙门联合书局 1951 年版，第 1 页。

④ 李维明、李海荣：《环境与北京文明的诞生》，载《中国历史文物》2002 年第 2 期。

顺序，这些不同阶段的原始祖先饮食文化的发展脉络仍呈现出明确的递进关系。下文主要凭借考古发掘资料，试图将这一发展脉络构拟出来。

第一节　"北京人"的饮食

1926 年夏，奥地利古生物学家师丹斯基（Ouo Zdansky）最终把前后发现的两颗牙齿鉴定为"真人"。1926 年 9 月底 10 月初，周口店发现人牙的消息已经由瑞典传到北京，而这一消息的公布则是在 10 月 22 日，也正是瑞典皇太子访问北京的时候。当天下午，中国地质调查所、北京自然历史学会、北京协和医学院等学术团体联合举行瑞典皇太子欢迎会，会上瑞典科学家安特生（Johan Gunnar Andersson）在代表维曼（Carl Wiman）教授介绍乌普萨拉大学（Uppsala University）关于中国古生物研究最新成果时，发布了北京周口店发掘到两颗人牙的消息。[①] 从此，"北京人"开始浮出水面。最早人类考古的发现，实际上源于咀嚼食物的牙齿，也就是说，人类历史的编纂是从饮食开始的，人类历史之所以能够被书写，正是因为这两颗原始初人的牙齿；也可以这样理解，北京饮食文化史是世界上最悠久的，因为与全人类史同时开启。与饮食直接相关的器官留下考古的遗迹，是一种人类进化的必然。如果说石器的出现是为了获取食物，那么牙齿就是为了消化食物。在牙齿化石上的"食品印记"表明了早期人类吃了什么来生存，同时，也确切解答了"我们是谁""我们从哪里来"的哲学问题。

"北京人"的饮食是如今北京辖区祖先的最早饮食，反映了北京各民族祖先基本的饮食状况。采集和狩猎等简单的生产方式使他们能够有肉食的和素食的食物。由于猎杀野兽的能力有限，果实和野草是主要的食源。能够用火是"北京人"饮食最值得大书特书的成就，在中国饮食文化史上具有划时代的意义。

1. "北京人"饮食状况

"北京人"，正式名称为"中国猿人北京种"，现在科学上常称之为"北京直立人"，拉丁学名为 Homo erectus pekinensis。遗址处于北京房山周口店镇龙骨山[②]北部，是世界上材料最丰富、最系统、最有价值的旧石器时代早期的人类遗址，距今 70 万年至 30 万年。"北京人"是迄今为止所发现的最早生活在北京地区的原始人类。

---

① 北京市政协文史与学习委员会、北京市房山区政协编：《首都文史精粹·房山卷》，北京：北京出版社 2015 年版，第 6 页。

② 龙骨山原名鸡骨山。当地人经常在山上发现碎骨，认为是鸡骨，故取名鸡骨山。

自 1921 年以来，尤其是经过近几十年的发掘，共发现不同时期的古人类化石和文化遗物地点 43 处，其中，平谷区 12 处，密云区 3 处，怀柔区 10 处，延庆区 8 处，门头沟区 8 处，东城区和西城区各 1 处。[①] 发掘出土了代表 40 多个个体的人类化石遗骸，10 多万件石器，大量的用火遗迹及上百种动物化石等，这些原始实物为研究人类发展史和了解当时饮食提供了弥足珍贵、富有说服力的依据。北京猿人文化的晚期已经达到了旧石器时代初期相当发展的程度。这时不仅能使用火，而且能控制火，火可以照明、取暖、熟食、防止野兽的侵袭，在人类早期发展史上，是具有标志性意义的事件。

"北京人"在猿人洞内居住的时间，至少从距今约 50 万年开始（第 10 层），直到距今 23 万年，连续居住几乎达 30 万年之久。"北京人"生活期间，总的说来，这里的气候比现在略为温暖，其间虽经历短暂的干凉期，但温暖时大致相当于现在的淮河流域，[②] 这对于"北京人"能够在山洞里一直生存下来起到了关键性的作用。由于猿人洞依山傍水，靠近周口河，取水方便，同时，因猿人洞是一个垂直洞穴，除在洞口外，还向上（向洞顶）开口，与洞外连通，故洞内空气流通，阳光可以射入，不过于阴暗，适合古人类居住。[③]

文化遗存主要有石器和用火遗迹，大都与饮食文化有直接关联。石器包括砍砸器、尖状器、刮削器等。砍砸器和刮削器可以用以制造狩猎的木棍，尖状器则可用来割剥兽皮和挖取野菜，还可作为将动物肉砍成小块的工具。这些石器表明，北京猿人已拥有捕获动物的器械，已将动物作为主要的食物来源之一。另外，北京猿人生活的地区有山有水，龙骨山海拔只有 110 多米，山势比较低矮，适宜动物活动和围猎。北京猿人洞附近有多条河流，水流比较平缓，为北京人捕鱼提供了良好的环境和条件。遗址中还发现有淡水腹足类、陆生腹足类和两栖类化石，表明捕捞也是北京人较为经常的经济活动。"朴树的肉果，味甘可食，是'北京人'喜欢采集的一种植物果实。在漫山遍野的森林里，栖息了许多动物，如剑齿虎、豹、狼、熊、野猪、鬣狗等。平原上和山前有茂密的草原，生活着肿骨鹿、

①　李超容：《北京地区旧石器时代考古的新发现》，载吕遵谔主编：《中古考古学研究的世纪回顾》（旧石器时代考古卷），北京：科学出版社 2004 年版，第 72—83 页。

②　谢又予、邢嘉明等：《周口店北京猿人生活时期的环境》，载吴汝康等编：《北京猿人遗址综合研究》，北京：科学出版社 1985 年版，第 201—206 页。

③　任美锷、刘泽纯、金瑾乐等：《北京周口店洞穴发育及其与古人类生活的关系》，载《中国科学》1981 年第 3 期。

斑鹿、德氏水牛和三门马等哺乳动物。在这样比较优越的自然环境条件下,'北京人'的食物来源有了比较充分的保证。他们依靠采集植物的种子和果实,狩猎草食的哺乳动物来维持生活。有时候也到附近的周口河中捕鱼、摸虾、捉蛙、捡螺,以补充食物。"① 这是北京地区最初的饮食状况,采集、狩猎、捕鱼成为北京原始人类获取食物的主要方式。北京猿人在这片土地上繁衍生息了几十万年,创造了辉煌的猿人饮食文化。

"北京人遗址,在厚达 40 多米的堆积里,发现有 100 多种脊椎动物化石。从巨大的象类和犀牛直到细小的蝙蝠和鼠类都有发现。大型的兽类如鹿、猪和鬣狗虽然有成千上万的标本,但绝大部分的骨骼都是破碎的。"② 史前考古学家、古生物学家裴文中认为有的是为了"敲骨吸髓"打破的,有的是被"食肉类,特别是鬣狗"咬碎的,并不是骨器。③ 食物由只吃植物转变为同时也吃肉,这是由猿变成人的重要步骤,长期吃肉获得的营养,对人类的进化,尤其是脑部的发育,有着决定性的作用。对于吃肉于人类体质的进化作用,恩格斯有过十分精辟的论述:"从只吃植物转变到同时也吃肉,而这又是转变到人的重要的一步。肉类食物几乎是现成地包含着为身体新陈代谢所必需的最重要的材料;它缩短了消化过程以及身体内其他植物性的即与植物生活相适应的过程的时间,因此赢得了更多的时间、更多的材料和更多的精力来过真正动物的生活。这种在形成中的人离植物界愈远,他超出于动物界也就愈高。正如既吃肉也吃植物的习惯,使野猫和野狗变成了人的奴仆一样,既吃植物也吃肉的习惯,大大地促进了正在形成中的人的体力和独立性。但是最重要的还是肉类食物对于脑髓的影响;脑髓因此得到了比过去多得多的为本身的营养和发展所必需的材料,因此它就能够一代一代更迅速更完善地发展起来。"④ 一块肉的热量,是同样重量的一块植物根茎或者果实的数倍,还有其他更宝贵的维生素和矿物质,以及长链不饱和脂肪酸,这些对大脑神经元的发展都至关重要。

北京猿人遗址出土的动物化石种类包括猕猴、熊、鹿、鬣狗及啮齿类、食虫类、鸟类,说明当时捕获的对象是一些相对比较温驯的动物。"鹿类是北京人的主

① 侯仁之、邓辉:《北京城的起源与变迁》,北京:中国书店 2001 年版,第 8 页。
② 贾兰坡:《北京人生活中的几个问题》,载《史前研究》1983 年第 2 期。
③ 裴文中:《关于中国猿人骨器问题的说明和意见》,载《考古学报》1960 年第 2 期。
④ 恩格斯:《自然辩证法》,北京:人民出版社 1971 年版,第 154—156 页。

要狩猎对象，猎斑鹿的季节是在夏末秋初，猎肿骨大角鹿是在秋末冬初，所获肿骨大角鹿总计不下5万头。猎获物中还有李氏野猪、德式水牛和三门马等，北京人的目标显然主要不是猛兽和巨兽，而是食草类和杂食类动物，优先猎取其中的老幼及病残者。遗址中还发现有淡水腹足类、陆生腹足类和两栖类化石，表明渔捞也是北京人较为经常的经济活动。"[1] 除了猎杀一些比较弱小的动物外，北京猿人"还能依靠集体的力量猎获某些凶猛的动物，如剑齿虎、梅氏犀牛、豹子。此时还有食人的风气"[2]。在这些猎物中，鹿的数量是最多的，这反映了北京猿人饮食的一个特点。"也许是北京人独有的嗜好决定鹿类为主要狩猎目标，也许是当时附近生活的鹿类太多的缘故，也许是捕猎鹿类较为便利。"[3] 自1927年以来，历年发现的鸟化石计9目19科48属62种。这62种鸟类，有鸵鸟、鹰、石鸡、鹌鹑、雨燕、啄木鸟、云雀、百灵、家燕、灰喜鹊、寒鸦、麻雀等。而且其中大量的是烧过的鸟骨，从这些烧过的鸟骨可以推断，当时鸟类在北京人的"食谱"中也应是较为重要的一类。总体来说，北京猿人初期食物，以植物果实及根茎为主，中期除采集植物以外，又捕捉鱼类、贝类和其他小型动物。随着力量和技能的提高，猿人通过集体合作，可以捕猎大型动物，动物性食物随之增加，人类的体质不断增强。能吃到越多的肉，大脑容量就越大，人类就越聪明，越能在狩猎中占上风，从而能吃上更多的肉。从此，"北京人"就走上了这么一条成功的进化之路。

至于食人之风，是几位考古学家和古人类学家提出的观点。1939年，德国古人类学家魏敦瑞在对北京猿人头盖骨进行的研究中，做出了北京猿人是最早的食人族的论证。1943年他在《中国猿人头盖骨》一书中写道：猿人猎食自己的亲族，正像他猎食其他动物一样。因为古猿人意识到后脑较其他部位更易置人于死地，于是就用锋利的石器敲打头部，然后吸干脑髓，再慢慢割下其他部位的肉吃。[4] 后来，古生物学家、考古学家贾兰坡也提出了类似的看法。主要依据就是北京猿人的洞穴里多见头骨而少见身体其他部位的骨骼，且这些头盖骨上多有伤痕。这些伤痕可能是吃食者用石刀砍斫所致。[5] 50万年前，周口店遭遇了一个罕见的

① 王仁湘主编：《中国史前饮食史》，青岛：青岛出版社1997年版，第50页。
② 王学泰：《中国饮食文化史》，桂林：广西师范大学出版社2006年版，第6页。
③ 王仁湘：《珍馐玉馔：古代饮食文化》，南京：江苏古籍出版社2002年版，第5页。
④ 魏敦瑞：《中国人是否残食同类》，载中国地质学会编：《中国地质学会志》，中国地质学会1939年印行，第49—63页。
⑤ 贾兰坡：《远古的食人之风》，载《化石》1979年第1期。

冬天，干旱，严寒，使这里连鸟类都近乎绝迹，而生活在密林中的猿人群体也到了崩溃的边缘。饥饿使他们陷入了疯狂的相互残杀，同类的肉体和脑髓成为他们最后攫取的食物。后来一些古生物学家否定了北京猿人食人的观点，认为这一观点依据不足。他们依据考古发掘出来的砍砸器、尖状器、刮削器、雕刻器、石锤和石砧等的形制，确定其用途，证明北京猿人已经进入采集狩猎的阶段。

由于植物容易腐烂，难以作为遗迹保存下来。但采集肯定是北京猿人主要的食物来源。相对于狩猎而言，植物提供了更为稳定的食源。山上的树果、根茎、嫩叶，河中的水草等都曾经是北京猿人的果腹对象。在北京猿人之家周口店附近，有辽阔的平原和起伏的山岭，附近松柏参天，还有高大的桦树、栎树和朴树。朴树会结出一种小球似的果实，闻起来有香味，大概是北京猿人的一种美味。北京猿人考古遗存就有火烧过的朴树籽，可以推断朴树籽也应是北京猿人常吃的一种食物。北京猿人在果实累累的秋天，常常成群结队到山间采集，到了冬季他们就用石器挖开冻土，寻觅植物的块根。毕竟他们会使用石器和其他坚硬器具，在获取食物方面与动物有着天壤之别。

"北京人"饮食的源头又在哪里呢？可以追溯到永定河上游桑干河畔的马圈沟旧石器初期遗址。在发掘区域内，与饮食直接相关的是象的骨骼和石器。骨骼是吃剩的遗留，石器显然是古人类进食的"餐具"。外围又发现三件石锤，而石锤是古人类制造"餐具"的工具。许多动物遗骨上有清晰的砍砸和刮削的痕迹，其中一件燧石刮削器恰巧放置在一根肋骨上，还原了当时的生食状况。这些文化遗物的分布状态，揭示了原始人类、石制品和动物遗骨之间的内在联系，再现出远古人类群体进食的宏大场面。这种完整展示原始人类饮食生活场景的文化遗迹在世界旧石器考古发掘中绝无仅有。经有关考古学家确认，马圈沟旧石器文化遗址的年代达到 200 万年前，因而在考古界有"东方人类第一餐"的称誉。①

2. 人类熟食的诞生

传说中，燧人氏是我国人工取火的发明者。远古人类茹毛饮血，他钻木取火，教人熟食，描绘了我国原始社会发明用火和进步到熟食的情况。但是究竟在什么时代，无从查考。北京猿人饮食最值得称道的是开始了熟食，他们开启了人类熟

---

① 北京市政协文史与学习委员会编：《北京水史》（上册），北京：中国水利水电出版社 2013 年版，第 68 页。

食文化的新篇章，从此人类饮食进入了一个新时代。文明的诞生标志着人类社会脱离野蛮阶段，发展到一个更为高级的阶段。从距今 70 万年的旧石器时代到 1 万年左右的新石器时代早期，大致属于古文化阶段，文明起源与形成过程约始于这一历史阶段末期。① 距今大约 170 万年前的元谋人是迄今为止所知的世界上最早使用火的猿人，其次就是北京猿人。北京地区的饮食文明较之其他文明形态起步要早得多。② 在这一层面也证明，北京地区的文明史滥觞于饮食文化。

自 1918 年北京猿人被发现以来，考古工作仅关注动物化石或人类化石的搜寻。直到 1929 年，裴文中等考古工作者经常能从猿人洞内挖出一些似乎被烧过和炭化的兽骨化石。发掘人员理所当然地猜想：这会不会是北京猿人用火遗留下来的证据？但是当时由于学识和经验不足，不敢肯定。那时法国是旧石器考古学最先进的国家，于是把一部分黑色的骨片送到巴黎鉴定。化验的结果证实了这是人类用火活动的遗留。北京猿人用火的观点，得到了中外学术界的广泛认同。如果说北京人之前的元谋人遗址、蓝田人遗址以及其他比北京人更早的遗址中发现的灰烬还不足以证明当时的人已使用了火，或对当时的人是否会用火熟食还存在争议的话，火进入了北京猿人的饮食生活之中则是毫无疑义的。"在北京人居住的山洞里发现了火烧过的灰烬、石块和兽骨。这些灰烬有时成层，有时成堆。灰烬里有一块块颜色不一的火烧兽骨和石块，一粒粒烧过的朴树籽及烧过的紫荆树木炭块。这些迹象，表明他们已经掌握和使用天然火了。"③ 贾兰坡认为："从宏观方面的材料得知，北京人烧的柴有紫荆和朴树。朴树当时在附近一定很多，因为在所有的灰烬层中都发现有它的种子。有的地方非常密集。看来北京人还可能吃这种子的仁（Kernels），因为绝大多数种子的外壳都是破碎的。完整的反而很少。"④ 英国考古学家也指出："从 1927 年起，在中国北部北京附近周口店山洞所做的发现，……提供了北京猿人广泛使用火的无可争辩的证据。""火的使用标志着征服了一个极其强大的自然力。"⑤ 所以恩格斯论断：火的使用，是人类社会"有决定

---

① 李维明、李海荣：《环境与北京文明的诞生》，载《中国历史文物》2002 年第 2 期。
② 北京地区目前所发现最早的文字是西周早期的甲骨文和金文。迄今在北京地区发现的青铜器使用时代最早可追溯至商代，主要为青铜礼兵器（其中有一件铁刃铜戟）。
③ 郭沫若：《中国史稿》第一卷，北京：人民出版社 1976 年版，第 11 页。
④ 贾兰坡：《北京人生活中的几个问题》，载《史前研究》1983 年第 2 期。
⑤ ［苏联］阿列克谢耶夫等著，贺园安等译：《世界原始社会史》，昆明：云南人民出版社 1987 年版，第 77—78 页。

意义的进步"，这一进步，"直接成为人的新的解放手段"①。北京人遗址的发现揭开了北京地区饮食文化史的序幕。

在北京猿人洞穴遗址从上到下还发现有 4 层深达 6 米的灰烬层，而且还埋有经火烧过的石块和骨头。灰烬的底层，多为黑色物质，经化验是草木炭灰。遗物遗迹确凿地证明了北京猿人已经能控制和利用火了。用火取暖，烧熟食物，把火控制到一起，保持长久不熄。从北京猿人的用火水平来看，已经发展到固定用火的高级阶段，即能理想地管理火种。"在北京猿人以后，有些猿人遗址里也发现有用火的遗存，但都没有像北京猿人遗址那样厚的灰烬层出现，这应当是当时人们掌握了人工取火技术的缘故。人工取火技术的掌握对于原始人类的熟食显然是有好处的。"② 熟食是烹饪的萌芽，证明这里就是中国烹饪发源地之一，烹饪诞生的伟大意义在于人类从此与动物划清界限，正在跨入文明的门槛。

北京猿人遗址中炭化的兽骨和朴树籽、板栗，说明当时的烹调方式可能是"燔烤"和"膨爆"，前者的对象是动物，后者的对象是植物。"膨爆"就是把植物种子放在炭火上，加以膨化，食之更香更脆。"由于北京猿人掌握了保存火种的办法，所以他们燔烤'野味'的熟食习俗已进入一个较稳定的阶段。《礼记·礼运》：'以炮以燔'，炮亦写作炰，意是将肉用泥巴包裹放入火中烧烤，熟后剥掉泥巴皮而吃；燔是直接放进火中烧烤至熟。鉴于北京猿人时期尚未出现陶容器，不可能有煮，包泥的炮可能还未发生，故熟肉方法主要是燔，从北京人开始至旧石器时代晚期，飞禽走兽，都是当时人狩猎和烤吃的'野味'。"③ 北京猿人时期，既没有托肉烧烤的架子，也没有能耐火的叉子，只能把撕开的兽肉直接扔进火中，肉肯定会被烧焦和烤煳，难以下咽。经过实践摸索，"炮"的方法便出现了，并一直延续了下来，如熊掌去毛，则常用涂泥烧烤法；"叫花鸡"也是远古的"炮"法在后世的沿用。

"从食素到食肉，是由于植物性食物短缺造成的，因而是被迫的；吃肉对古猿人来说是苦差事，因为他们没有食肉动物那样的消化系统，生肉难于咀嚼，不易消化，不能被人体充分吸收。但烧熟之后，不仅动物的厚皮和结缔组织已经软化，

---

① 恩格斯：《自然辩证法》，北京：人民出版社 1984 年版，第 155 页。
② 晁福林等：《中国民俗史·先秦卷》，北京：人民出版社 2008 年版，第 100 页。
③ 郑若葵：《中国远古暨三代习俗史》，北京：人民出版社 1994 年版，第 97—98 页。

而且富有香味的脂类，成为半消化的物质，从而易于被肠胃消化吸收。"① 鉴于北京猿人用火熟食这一历史事实，可以得出这样的结论：人类的烹饪是在距今约57.8万年前，由北京猿人创造的。中国考古学家通过对北京周口店地区北京猿人遗址的灰烬层中所发现的大量烧骨、烧石和烧过的朴树籽等遗存的分析研究，做出了"北京猿人"已能够很好地管理火，懂得利用火的热能，将生的食料制成熟的食品的推断。加热、制熟作为人类最原始、最基本的生产活动，烹饪的雏形由此诞生。原始烹饪产生的伟大意义在于，它使人类最终与动物划清了界限。② 人类与动物之别是由生还是熟来判定的，动物与人类、生食与熟食属于同一性质的二元结构，从动物到人类直接对应于从生食到熟食。整个人类的进化史肇始于熟食，具体说，肇始于北京猿人的熟食。

第二节 "新洞人"和"山顶洞人"的饮食

如果说"北京人"的饮食还带有明显的"动物性"的话，那么，从"新洞人"和"山顶洞人"则可以明确推断出人类对于美食的追求，基本摆脱了饮食的自然状态；如果说"北京人"的饮食还带有些许"猿"性的话，"新洞人"和"山顶洞人"就完全属于人类的了。熟食和烹饪开了北京饮食发展史的先河，成为北京饮食文化史真正的起点。

1. 熟食的文化遗留

新洞人遗址在周口店龙骨山东南角。此洞于1967年发现，1973年正式发掘，是一处有价值的古人类遗址。根据对"新洞人"遗址中动物化石种类及孢子花粉的分析，当时北京地区气候温暖，林木茂盛，有灌木草原。遗址中不仅发现了40余种哺乳动物化石，较厚的灰烬层，以及被火烧过的石块、石器、骨头和一颗朴树籽，还发现了一颗为左上第一白齿的人牙。牙为成年个体左上牙，因多食用熟食，比北京猿人牙小，但比山顶洞人牙大，牙根也长。③ 经科学测定，距今约10万年，介于北京猿人和山顶洞人之间，被称为"新洞人"。"新洞人"的个体仅遗留有一颗牙齿。可见"新洞人"的发现与"北京人"如出一辙，也直接来源于饮食，因为牙齿就是用来咀嚼食物的。

---

① 王学泰：《中国饮食文化史》，桂林：广西师范大学出版社2006年版，第3页。
② 刘晓芬：《中华饮食文化的地位特征》，载《山西财经大学学报》2004年第4期。
③ 许辉：《北京民族史》，北京：人民出版社2013年版，第2页。

"新洞人"的食物来源仍以采集和狩猎为主。与北京猿人类似，猎物主要也是一些小动物，大型的和凶猛的动物较少。值得注意的是，新洞中发现有一些大型哺乳动物的烧骨，如象等，或许是人类捕猎的对象，这表明"新洞人"不仅捕食中、幼年哺乳动物，而且也能猎获大型动物，其狩猎能力理应比北京猿人有所提高。[①] "新洞人不仅捕食小型啮齿动物，还捕食中、幼年哺乳动物，也经常猎获象、鹿、野猪、野牛等大型哺乳动物。基本上以狩猎经济为主，其狩猎水平显然已经在北京古猿人之上。"[②] 他们食用的动植物也比北京猿人时期更加丰富。"依据形体分析，已明显比北京人进步。在同一层位中，遗迹有较厚的灰烬，烧过的石头、石器、骨头和一颗朴树籽。烧骨中既有体形高大的象骨化石，又有体形细小的食草类骨骼，食草性动物遗骨明显多于食肉类动物遗骨，这些遗迹表明新洞人已经熟食。"[③] 从饮食遗存可知，相较北京猿人，"新洞人"肉食和熟食的比重大大增加了，说明经过几十万年的进化，北京地区的原始人类更加善于熟食，并具备了熟食的更好条件。

山顶洞人文化遗址是1930年发现的，1933年和1934年进行了发掘。生活在距今约1.8万年"北京人"活动过的地区，当时的气候由温暖向寒冷转变，气温可能比现代低5℃左右。他们的模样和现代人基本相同，其骨骼化石是在周口店龙骨山顶部的洞穴里发现的，因此考古学家把他们叫作"山顶洞人"。"山顶洞人"仍用打制石器，但已掌握磨光和钻孔技术。"山顶洞人"所处的自然环境和现在当地的情景相似。山上有茂密的森林，山下有广阔的草原。虎、洞熊、狼、似鬃猎豹、果子狸和野牛、野羊等生存于其间。"山顶洞人"以渔猎和采集为生，狩猎技术已有很大进步。在遗址中发现了大量的野兔和数百个北京斑鹿个体的骨骼，这应是他们狩猎的主要对象。在遗址里还发现鲩鱼、鲤科的大胸椎和尾椎化石，显示"山顶洞人"能捕捞水生动物，生产活动范围已扩大至水域。肉食的比重较之北京猿人和"新洞人"更大，尤其是鱼类进入食谱，大大丰富了山顶洞人的饮食结构。"山顶洞人能经常猎获鹿类、野猪、野牛、羚羊、狗獾、狐狸、刺猬、野

---

① 邵天伟：《浅谈北京地区史前居民的食物结构》，载张妙弟主编：《"地域文化与城市发展"：2009北京学国际学术研讨会论文集》，北京：同心出版社2010年版，第648页。

② 北京市政协文史与学习委员会编：《北京水史》（上册），北京：中国水利水电出版社2013年版，第75页。

③ 孙健主编：《北京古代经济史》，北京：北京燕山出版社1996年版，第9页。

兔、鼠类和鸵鸟等；他们能在水中捕获近 1 米长的青鱼；还常常捞取厚壳河蚌、捡蜗牛和鸵鸟蛋来吃。今天法国人嗜吃蜗牛，把蜗牛视为上菜，其实蜗牛曾经是我们祖先的家常菜肴。"① 食物从陆地向水域延伸，这标志着人类认识和利用自然界能力的提高。"在山顶洞人的遗物中还发现了产自渤海沿岸的蚶子壳，黄淮流域以南所产的巨厚蚌壳，以及产于宣化一带的赤铁矿遗物，表明山顶洞人已有原始的交换关系。"② "山顶洞人"不仅能享用居住区周边的食物，也可以通过交换品尝到其他地方的美味。

"山顶洞人"的熟食应该更为普遍，因为他们能够钻木取火。山顶洞人磨制技术之精巧，证明运用摩擦制造工具已经相当熟练。此外，在山顶洞遗址还发现了多种磨光器物，如磨光鹿角、磨光鹿下颚骨以及磨光而又钻孔的砾石、石珠和穿孔的牙齿等，这证明他们已经比较普遍地掌握和运用磨和钻的技术。这些，都可以间接推断他们在不断摩擦和钻孔的基础上，也同时能够人工取火。而在山顶洞遗址中发现的赤铁矿碎块和灰烬、炭块以及因燃烧而变黑的兽骨片，也从另一方面验证了"山顶洞人"可能已经发明了人工取火的方法。③ 由于能够钻木取火，火的使用更加频繁，一些石块便常处于灼热状态。同时，使用火不必固定在一个位置，有利于扩大他们的饮食生活范围。"山顶洞人"烤肉时，小块原料偶然落在石头上面，肉很快成熟，又不会烤煳，于是先民利用石块烹制食物，从而诞生了石烹的熟食方式。这属于热导技术的运用，为此后北京地区陶质烹饪器具的出现奠定了基础。

2. 中国饮食文化的真正开端

饮食首先是出于人类的天然本能。人类饮食生活的发展过程，大致经历了两个阶段，其一是自然饮食状态，其二是调制饮食状态。

所谓自然饮食状态，是指早期的人类和其他猿类一样去寻觅动物、植物等可食的东西，来满足自己与其他动物相似的饮食需要。我国古书记载，人类最原始的生活是"茹毛饮血""食肉寝皮"，这大概是渔猎时代的状况。那时烹调还不存在。在这一阶段，人类饮食以生食为主。生食，往往对人的健康不利。正如《韩非子·五蠹》篇中说："上古之世，人民少而禽兽众，人民不胜禽兽虫蛇……民食

① 林乃燊：《中国古代饮食文化》，北京：中共中央党校出版社 1991 年版，第 17 页。
② 孙健主编：《北京古代经济史》，北京：北京燕山出版社 1996 年版，第 9 页。
③ 刘宁波：《历史上北京人的饮食文化》，载《北京社会科学》1999 年第 2 期。

果蓏蚌蛤，腥臊恶臭，而伤害腹胃，民多疾病。有圣人作，钻燧取火，以化腥臊，而民悦之，使王天下，号之曰燧人氏。"这时的饮食习俗并没有形成，因为它仍然没有进入原始文化阶段。只有当人类进入调制饮食状态的新阶段，饮食文化才产生了，而火的使用是饮食文化起源的关键。

烹调，烹在先，调在后，"烹"即熟食法，起始于火的利用。古代人所住的森林，常常因遭受雷电的袭击而引起火灾。当火熄灭后，人们偶然吃到被火烧烤的野兽，感觉这种烧熟的兽肉，比生的兽肉好吃得多，而且滋味鲜美。经过无数次的反复，人们逐渐懂得食物是可以用火烧熟了吃的，于是便开始保留火种。后来，人们又在劳动实践中，发明了钻木取火和击石取火的方法，这时就正式吃熟食了。传说发明用火的是燧人氏。《周礼·含文嘉》云："燧人始钻木取火，炮火为熟，令人无腹疾，有异于禽兽。"就饮食文化而言，北京猿人、"新洞人"和"山顶洞人"应该就是最早的燧人氏。火的发现与运用，使人类进化发生了划时代的变化，从此结束了茹毛饮血的蒙昧时代，进入了人类文明的新时期。"北京人懂得用火并不是中国饮食史上独特的成就，但是火的使用让直立猿人可以熟食肉类食物，熟食的结果让直立人的牙齿和上下颚变小，脸型也跟着改变，相对的脑容量增加，人也变得比较聪明，所以可以说火的发明对于中国饮食史是一项重大突破。火的利用加速使直立人进化成现代人。"① 北京猿人、"新洞人"、"山顶洞人"在使用火的饮食环节上，是一脉相承的，衍生为一条不断进化的轨辙。而"山顶洞人"不仅使用火，而且知道如何使用，摸索出石烹的熟食方式，开了烹饪的先河。

火化熟食，使人类扩大了食物来源，减少了疾病，有利于营养的汲取，从而增强了体质。所以恩格斯正确指出："火的使用，第一次使人支配了一种自然力，从而最终把人同动物分开。"② 这就是"烹"的起源。"烹"是饮食文化的真正肇端，是人类进入原始文化阶段的主要标志。《吕氏春秋·本味》篇从另一方面将热食、熟食的意义和作用表述得清清楚楚："夫三群之虫，水居者腥，肉獾者臊，草食者膻。臭恶犹美，皆有所以。凡味之本，水最为始。五味三材，九沸九变，火为之纪。时疾时徐，灭腥去臊除膻，必以其胜，无失其理。"③ 其意思是说，在烹饪中，水和火的作用很大。锅内的多次变化主要是靠火来调节控制的，水的"九

---

① 张光直：《中国饮食史上的几次突破》，载《民俗研究》2000 年第 2 期。
② 《马克思恩格斯选集》第三卷，北京：人民出版社1972 年版，第 153—154 页。
③ ［战国］吕不韦等：《吕氏春秋》，上海：上海古籍出版社，1996 年标点本，第 210 页。

沸九变"是通过火候的大小来实现的。掌握火的规律，通过时而文火时而武火、区别情况调节火候的手段，贵在恰当；只有恰当，才能祛除腥臊，清理其臭，即可以消解水居、食肉、食草三种动物肉中的腥臊膻味，使食物的味道佳美起来。有效使用火，才能真正使食物变成美味佳肴。这大概是古人最初萌发的烹饪美学思想。

尽管在150万年前的元谋人遗址的地层里，炭屑分布的厚度，约有3米，但在这些炭灰中并没有发现饮食遗存。而北京人遗址里却有炭化的朴树籽，经专家对沉积物进行孢子分析，当时还有核桃、榛子、松子等坚果存在。"这时不仅能使用火，而且能控制火，火的使用可以照明、取暖、熟食，防止野兽的侵袭，在人类早期发展史上，是一件很重大的事。"[1] 北京地区的旧石器早、中、晚期遗址中均只发现动物化石，其中食草类动物和鸟类应当是古人类狩猎的主要对象。可以说在中国饮食文化史上，北京猿人乃至后来的"新洞人"和"山顶洞人"用火熟餐具有划时代的意义：中国饮食文化的真正开端始于北京猿人、"新洞人"和"山顶洞人"。

第三节 "王府井人"、"东胡林人"和"北埝头人"的熟食生活

"王府井人"、"东胡林人"和"北埝头人"的熟食生活进入一个重要的过渡阶段，即旧石器向新石器迈进的时期。在这一阶段，熟食更加普及。火在熟食方面的作用，绝不限于熟化食物，对扩大食物种类和来源也有重要作用，而且经过火加工的食物还便于保存。相对于北京猿人、"新洞人"和"山顶洞人"的饮食，"王府井人"和"东胡林人"资源更为多样，并开始有了对滋味的追求。更重要的意义在于，"王府井人"和"东胡林人"开启了平原地区的饮食生活，为饮食资源的农业化奠定了基础。

1. "王府井人"的熟食遗存

1996年12月，在王府井大街南口，发现了古人类文化遗址，被称为"王府井人"遗址。该遗址包括上、下两个文化层，上、下文化层分别为距今1.9万～1.5万年和2.6万～2.2万年旧石器时代晚期的人类遗存，是古人类生活、狩猎的

---

① 李增高：《北京地区历史上稻作的演变及其诗歌饮食文化》，载农村社会事业发展中心编：《农耕文化与现代农业论坛论文集》，北京：中国农业出版社2009年版，第375页。

地方。北京王府井东方广场旧石器时代晚期人类活动遗址，是在北京平原的首次发现。"依据已有的材料分析研究，遗址的地质年代为晚更新世，考古学年代为旧石器时代晚期，它应是一处旧石器时代人类临时活动的营地。"① 这表明北京从五六十万年前的北京猿人到 2 万年前的"王府井人"，在熟食生活上可能是一脉相承的。

"王府井人"在永定河古河道——三海大河旁"一边制作石器，一边屠宰和肢解猎物，围着火堆进行烧烤，品尝着胜利果实"②。遗址保存了丰富的动物化石，有牛、鹿、鸵鸟、兔和鱼等。遗址表明当时北京山区的古人类已经逐渐走出山洞，进入了平原生活。旧石器时代晚期，由于环境冷干，在中国北方的广大地区，食物资源匮乏，仅靠洞穴周围的动植物不足以维持人类生存的需要，势必促使人类在温暖的季节离开居住地，到更远的地方获取食物，王府井旧石器时代遗址可能就是北京附近的古人类为获取食物的临时营地。③ 但"在北京地区发现的旧石器早、中、晚期遗址中均只发现动物化石，其中食草类动物和鸟类当是古人类狩猎的对象。另外还有一些简单的打击石器，可分砍砸器和刮削器两大类。这充分说明北京地区旧石器时代的古人类处于依靠狩猎、采集为生的生活状态，原始农业还没有产生"④。王府井东方广场旧石器遗址中发现的脊椎动物化石有蒙古草兔、原始牛、斑鹿、安氏鸵鸟、雉和鱼。另外还出土了树叶、树根和树籽等。当时人类狩猎的动物是食草类的牛、鹿和兔。古人类通过渔猎、抓捕鸟类、采集树上的野果和植物的根茎获取食物。

出土的石器、骨器遗物以及大量的动物骨骼化石表明，王府井古人类不仅能够制作石器与骨器用来宰杀与肢解猎物，而且善于用火。东方广场遗址还发现有丰富用火遗迹，诸如烧石、烧骨、木炭和灰烬等。用火遗迹的分布有一定的规律，上文化层有两处，上文化层的烧石和烧骨各自还可以拼合在一起。在下文化层的四堆用火遗迹中都出土了烧骨、木炭和灰烬。有的烧石是烧烤食物时因温度高而裂开的。根据含有切痕和砍砸痕的动物骨头、拼合起来的骨制品及烧骨的分布推

① 李超荣、郁金城、冯兴无：《北京市王府井东方广场旧石器时代遗址发掘简报》，载《考古》2000年第9期。

② 同上。

③ 靳桂云、郭正堂：《北京王府井东方广场旧石器文化遗址——沉积物的土壤微形态学研究》，载《东方考古》2011年第8期。

④ 于德源：《北京地区农业起源初探》，载《农业考古》1993年第3期。

测，当时人类一边制作石器一边屠宰和肢解猎物，然后围着火堆进行烧烤，品尝着胜利果实。①

在北京王府井古人类文化遗址博物馆内，围绕遗址，四周陈设了大量的展品和图片，包括石砧、石锤、骨铲、骨片等 2000 多件骨制品和石制品，以及原始牛、蒙古草兔、斑鹿、安氏鸵鸟等动物骨骼化石。东西两面墙上是大型壁画，真实再现了 2.5 万年前古人类狩猎、制作工具、烧烤食物的生活场景。

2. "东胡林人"的平原饮食生活

"东胡林人"遗址最早是 1966 年 4 月初在门头沟东胡林村发现的，处于山区河谷台地。经过对出土遗物的碳-14 测定，这片遗址的存在年代被确定在全新世，即距今 1 万年前的新石器时代早期。② 在距今 1 万年以前，北京地区植被成为森林、草原混合类型，也就是东胡林遗址中反映出来的针、阔叶混交林植被，同时也存在草甸植被的混合情况。③ 对应于"新仙女木"事件④结束之后的升温期，当时气候环境发生了明显的改善，出现了温和较干的温带草原与较为温暖湿润的温带草甸草原交替的植被环境。文化遗迹的分布区域表明，"东胡林人"主要活动在河漫滩平原上，地势平坦、水热条件较好、植被比较茂盛的河漫滩平原适宜于史前人类生活。⑤ 这时北京先民活动区域主要沿着大清河、永定河、北运河、潮白河、蓟运河五大水系，分布于北部和西部郊区。

北京地区的人类活动离开山洞，移居到平原台地上生活，这在人类进化史上是一个重大的转折，"东胡林人"就生活在这个转变时期。"东胡林人的遗骸和遗物不是发现在山洞中，而是在平原的黄土台地上，这可能意味着当时北京地区的居民，已离开自然的山洞，而移到平原上居住。"⑥ 东胡林遗址的新发现填补了自"山顶洞人"以来华北地区人类发展的一段空白，对人类尤其是"北京人"从山顶洞居住向平原居住演进提供了重大科研依据。

---

① 李超荣：《北京城区中心的古人类活动遗址》，载《科学中国人》1999 年第 12 期。

② 北京大学考古文博学院、北京大学考古学研究中心、北京市文物研究所：《北京市门头沟区东胡林史前遗址》，载《考古》2006 年第 7 期，第 3—8 页。

③ 孔昭宸等：《根据孢粉资料讨论周口店地区北京猿人生活难时期及其前后自然环境的演变》，载吴汝康等编：《北京猿人遗址综合研究》，北京：科学出版社 1985 年版，第 119 页。

④ "新仙女木"事件是末次冰消期持续升温过程中的一次突然降温的典型非轨道事件。

⑤ 夏正楷、张俊娜、刘静：《10000a BP 前后北京斋堂东胡林人的生态环境分析》，载《科学通报》2011 年第 34 期。

⑥ 齐心：《东胡林人与雪山文化遗址》，载《学习与研究》1982 年第 1 期。

在北京地区，人类的经济方式由完全以采集、狩猎为主转变为开始经营农业并饲养家畜，生活方式也开始发生重要变化。从发掘出土的大量兽骨看，“东胡林人”的狩猎对象主要是鹿科动物，也有食肉类动物及杂食动物猪。在墓葬发掘中找到了猪的肩胛骨和牙齿，表明“东胡林人”当时的“食谱”也包括猪在内，至于它到底是野生的还是驯养的，还有待考证。在新石器时代早期，东胡林地区蜗牛生长十分繁盛，并成为“东胡林人”的重要食物之一。这也应该被认为是促进煮食方式发展的原因之一。[①] 在东胡林遗址中发掘出的文化遗存有分布密集的烧火（火塘）、墓葬、灰坑、石器加工地点等遗迹，也发现有数量较多的石器、陶器、骨器、蚌器及大量的兽骨与植物遗存。将其地层堆积自上而下分为7层。第7层的灰黑色土，厚20～60厘米，距地表深95～120厘米。此层属新石器时代早期（距今9000年前）文化堆积，发现了火塘以及石器、陶片、动物骨骼、炭屑、螺壳等文化遗存。[②]

在尸骨的边上放着一套两件石器、一件石磨棒和一件石磨盘，还有石臼，可以把谷类物放在石磨上用石棒搓磨，目的是去掉谷皮。对石磨盘与石磨棒，一般认为是谷物、坚果的加工工具。[③] 东胡林遗址石磨盘及磨棒的淀粉粒分析表明，处理对象以禾本科种子为主，包括粟、黍在内的2000余粒植物种子，也有坚果类。[④] 石磨盘、磨棒、石臼是伴随着标志原始农业文明的夹砂粗陶一同出土的，这无疑证明当时已经进入了原始农业社会。[⑤] 山区丛林中的果实、茎块、野兽是“东胡林人”赖以生存的食物对象。原始居民正是在山地丛林中长期采集、狩猎的经济活动过程中，逐步掌握栽培技术的。

在东胡林遗址发现了大量植物的种子，但是其中是否包含有谷物，仍存在争议。《国语·鲁语》中说：“昔烈山氏之有天下也，其子曰柱，能殖百谷百蔬。”《汉书·食货志上》言：“辟土殖谷曰农。”农业的起源问题是国际考古界一直关注的重大课题，所以一旦发现谷物，东胡林遗址的饮食文化史意义将更加凸显：

---

① 于德源：《北京农业史》，北京：人民出版社2014年版，第30—31页。

② 北京大学考古文博学院、北京大学考古学研究中心、北京市文物研究所：《北京市门头沟区东胡林史前遗址》，载《考古》2006年第7期。

③ 北京大学考古文博学院、北京大学考古学研究中心、北京市文物研究所：《北京市门头沟区东胡林史前遗址》，载《考古》2006年第7期。

④ 华玉冰、郑钧夫：《燕山南北文化区萌芽背景考察》，载《吉林师范大学学报》2018年第1期。

⑤ 于德源：《浅议北京东胡林遗址的新发现》，载《农业考古》2006年第4期。

北京地区古人类群体逐渐脱离原始形态，从专营采集、狩猎发展至渔牧、养殖业和种植业，极大地丰富了饮食生活。从遗址浮选出土的炭化粟粒形态上已经具备了栽培粟的基本特征，可能属于由狗尾草向栽培粟进化过程中的过渡类型。[①] 说明早在新石器时代，当地居民就已经开始了原始的农耕生活。[②] 在尸骨的周围，分布着8个"火塘"的遗迹。圆形的"火塘"由大小石块砌成，直径不足1米，中间的四周有明显的灰迹。"火塘"中发现了大量沉积物，其中包括烧焦的兽骨和木炭。"东胡林的深灶坑结构复杂，内部堆积了大小不一的石块，底部石块经过细致排列。"[③] 中心区域有大量的黑色灰烬，包含物中数量较多的是有烧烤痕迹的砾石块、有打制疤痕的石核和动物骨骼等，火塘底部较平，其下为马兰黄土。说明"东胡林人"已熟练地掌握了用火技能，饮食对象和烹饪方式都发生了重大改变。正如有学者指出的："这些火塘发现的意义并不在于知道当时人类已经用火，因为早在旧石器时期古人类就已经掌握了用火技术，这并不需要在新石器遗址中去证明。我们需要注意的是，这些烧火遗址都是圆坑状、底部和四壁都衬以石块的灶膛，从而便于在上面放置煮食食物的石制或陶制的容器。这说明东胡林人已经不单纯烧烤食物，而是更多地吃煮食食物。由此也可以判断，东胡林人的食物已经不再单纯是兽肉，更多的是必须放在容器中煮食的植物果实颗粒。否则，东胡林人没有必要把火的使用方法从简单的火堆改造成相对来说比较复杂的灶膛。"[④] 在"东胡林人"的饮食生活中，"烹"开始成为最重要的熟食手段，熟食的范围兼顾荤素，向着多样化的趋势迈进。

转年遗址是1992年开始发掘的，位于北京北部怀柔区宝山寺乡转年村，可以判定为目前燕山南麓地区最早的新石器时代遗址，经碳-14测定的两个样品分别为9200±100年和9800年，树轮校正后距今1万年左右。考古学者在该遗址共发现文化遗物1800余件。打制石器有石核、石片、刮削器、尖状器。细石器有石核、石叶、刮削器、雕刻器。磨制石器有石斧、石磨棒、石磨盘和石容器残片。石容器是一件大口罐类器残件，选用硬度较低的石料制成。陶器以夹砂褐陶为主，质地疏松，硬度较低，火候不匀，器类单一，流行平底器，主要器形有筒形罐和

① 赵志军：《中国农业起源概述》，载《遗产与保护研究》2019年第1期。
② 于德源：《北京古代农业的考古发现》，载《农业考古》1990年第1期。
③ 华玉冰、郑钧夫：《燕山南北文化区萌芽背景考察》，载《吉林师范大学学报》2018年第1期。
④ 于德源：《浅议北京东胡林遗址的新发现》，载《农业考古》2006年第4期。

平底直壁、带凸纽盂。陶器均手制，从陶片断面观察，可看出片状贴筑痕迹。

距今 8000 年前后是稻作农业起源的关键时期，常年定居村落、农耕生产工具、栽培稻和养家猪，这些考古证据都说明稻作农耕生产已经成为农业经济中的组成部分之一。"转年人""用石磨盘和石磨棒将谷物种子加工成食物，一场划时代的农业革命已悄然兴起。考古证实，永定河、清水河流域的东胡林村、白河流域的转年村、拒马河流域的南庄头、泃河流域的上宅，是中国北方原始农业的最初起源地"[①]。这些遗址构成了北京农业发生的序列，漫长的采集饮食生活开始向着"播种"转化。

制陶业与原始农业的关系非常密切。有学者认为："实际的情况是在出现陶器以前古人类已经能够制造石容器煮食物品。在原始农业产生以后，这些石容器又和部分狩猎、采集加工工具如石斧、石磨棒、磨盘一样，转变为最初煮食农产品的炊具。"[②] 陶制容器的发明是适应炊煮谷物性食物的需要而逐渐发展起来的。转年石容器的发掘表明炊煮为食在当时人们生活中占有比较重要的位置。炊煮与烧烤的方式相比，能使小粒植物果实得到真正有意义的利用，它标志着"北京人"的祖先对饮食自然资源的利用深度和广度都有了进一步的扩展。[③] 炊煮食物的陶、石容器的出现，表明那时的"北京人"已经猎取没有攻击性动物来饱享口福了。

3. "北埝头人"的灶膛

历史跃进到新石器时代中期。1984 年，北京市进行文物普查时发现了北埝头新石器时代遗址。同年 5 月，北京市文物工作队与平谷县文物管理所对遗址进行了钻探发掘。在北京地区最有代表性的遗址是北埝头，在那里出现的 10 座半地穴式房址，距今 6500～6000 年，是目前在北京地区发现的最早的典型原始聚落。与西安半坡聚落遗址同属于新石器时代中期，比半坡聚落稍晚。[④]

从饮食文化史的角度来看，"北埝头人"除了会使用火熟食之外，已有了专用于做饭的灶膛。"北埝头遗址在平谷县城西北 7.5 公里的北埝头村西台地上。这里的主要遗存是 10 座房址。它们布局较密集，属于半地穴式建筑，平面基本上呈椭

---

① 北京市政协文史与学习委员会编：《北京水史》（上册），北京：中国水利水电出版社 2013 年版，第 85 页。

② 于德源：《北京转年遗址的农业考古意义》，载《农业考古》2003 年第 3 期。

③ 郁金城：《从北京转年遗址的发现看我国华北地区新石器时代早期文化的特征》，载《北京文物与考古》2002 年第 5 辑。

④ 韩光辉：《蓟聚落起源与蓟城兴起》，载《中国历史地理论丛》1998 年第 1 期。

圆形，长径一般 4 米以上，室内没有明显的门道痕迹。每座房址地面中部附近，都埋有一个或两个较大的深腹罐，其内存有灰烬和木炭等，应当是作为烧煮食物和保存火种的灶膛。"① 这大概是中国饮食文化史上出现最早的厨房，标志着烹饪已有了专门的空间，从此，烹饪开始有了自己的技艺，并为其发展提供了各种可能性。出土陶器 13 件，有红陶钵、灰陶钵、圈足碗、陶磨盘、鸟头羽身器等，均为刮条或"之"字纹，都是灶膛的配套饮食器具，还有打制石器、盘状器、石刀、石斧、石磨盘等，这些一并构成了厨房完整的最初的炊具系列。证明那时的"北京人"已经脱离直接在火上烧烤食物的历史，开始烹煮食物。从灶膛所处位置来看，"北埝头人"还可能存在灶膛崇拜。

如果说北京猿人、"新洞人"、"山顶洞人"乃至"王府井人"的饮食只是注重"吃什么"的话，那么，"东胡林人"、"转年人"和"北埝头人"则开始探究"怎么吃"了。"吃什么"纯粹是为了填饱肚子，而"怎么吃"则是烹饪的肇始，标志着北京原始饮食进入对美味追求的阶段了。按饮食文化史的划分，大约 1 万年以前的北京原始饮食属于"吃什么"，而 1 万年以后的饮食就是着重"怎么吃"了。前者为"旧"，后者为"新"，有别于新石器时代和旧石器时代的分割。就这一点而言，新、旧石器时代的划分，也是以"吃"为标志的。一旦步入"怎么吃"的阶段，饮食文化即变得丰富起来，烹饪方式成为其中重要的部分，当然，对"吃什么"的寻觅并没有停止，而且同"怎么吃"一道，伴随整个北京饮食文化发展的进程。

第四节　新石器时代的北京饮食文化

北京地区发现的新石器时代文化遗存主要有门头沟东胡林、怀柔转年、平谷上宅、平谷北埝头、房山镇江营、密云燕落寨、昌平雪山等遗址。进入距今 1 万年之后，北京地区文明因素积累速度加快，出现了原始农业、制陶手工业、定居村落，这些都是饮食文化稳定性的确立和定型的必要因素。

此时，北京处于文献记载的传说阶段，进入这里的部落不断更替。颛顼属于皇帝氏族，为五帝之一。其辖区范围"北至于幽陵，南至于交址，西至于流沙，

---

① 齐心编：《图说北京史》，北京：北京燕山出版社 1999 年版，第 16 页。

东至于蟠木"①。尧时更"分命羲仲，居郁夷，曰旸谷……申命羲叔，居南交……申命和仲，居西土，曰昧谷……申命和叔，居北方，曰幽都"②。到了舜时，舜"流共工于幽州，放驩兜于崇山，窜三苗于三危，殛鲧于羽山，四罪而天下咸服"③。《史记·五帝本纪》亦载，舜"流共工于幽州以变北狄，放驩兜于崇山以变南蛮，迁三苗于三危以变西戎，殛鲧于羽山以变东夷"。可见，在尧舜时代，北京就远离中心，属于边陲和放逐之地。

幽州地区也是多部落杂居之地，归为"华夏"的成员，应该为黄帝族的后裔。"大概蓟这个地方也有黄帝后人居住……我国后来的一些北方民族，如春秋战国时的鲜虞，两汉魏晋时的鲜卑的某些部分，也自称为黄帝之后。这种称法，也不是偶然的，或者有一部分黄帝后裔融合于他们之中，或者他们的先民与黄帝族有着密切的交往关系。"④ 由此可见，滥觞期的北京饮食文化，就属于华夏民族饮食的有机组成部分。

1. "上宅文化"饮食遗迹

洵河流域的一种独具特色的考古学文化已经形成，被命名为"上宅文化"。上宅文化遗址，是北京地区迄今发现最早的原始农业萌芽状态的新石器时代文化，距今 7000~6000 年，主要分布于北京地区东部洵河流域，北靠燕山。根据对各文化层的木炭、孢粉、器物进行的测定和分析，第一期（第 8 层）年代距今约 7400 年，气候偏凉湿。第二期（第 7 层至第 4 层）年代距今 7000~6500 年，气候转为温和湿润。第三期（第 3 层）年代距今 6000 年左右，气候凉干。正是在气候温和湿润的第二期内的第 5 层上部出现禾本科植物的花粉，说明至迟在 6000 多年以前北京地区已存在原始农业。⑤ 这一结论得到学界的广泛认同。

（1）农业生产步入萌芽阶段。

农业生产发生可以从陶器的使用来证明。"约在新石器时代中期或更晚些，在北京地区已出现了农业的萌芽。在上宅遗址中，发现有与农业生产有关的工具，同时在地层中发现了禾谷类花粉。北埝头的房址应与农业相关联，有了农业，就

① 《史记》卷一《五帝本纪》。又见《大戴礼记·五帝德》，王聘珍：《大戴礼记解诂》，北京：中华书局 1983 年版，第 20 页。
② ［西汉］司马迁：《史记》卷 1《五帝本纪第一》，北京：中华书局，1982 年标点本，第 16 页。
③ 杜泽逊主编：《尚书注疏汇校》，北京：中华书局 2018 年版，第 269 页。
④ 田继周：《先秦民族史》，成都：四川民族出版社 1988 年版，第 95 页。
⑤ 于德源：《北京地区农业起源初探》，载《农业考古》1993 年第 3 期。

需要定居，导致房屋的出现。为了贮藏粮食和加工食物，陶器应运而生。在北京其他地方也发现有与农业有关的遗物，如怀柔的大榛峪发现了石磨盘和石磨棒；密云的溪翁庄发现磨制石斧；怀柔水库夹心山发现石镰；密云南城发现石锄和石铲；甚至远在深山区的怀柔喇叭沟门也有石锄。"① 在出土石容器表面残留物上提取出淀粉粒，经鉴定是粟、黍和豆科植物的淀粉粒。可见在新石器时代的北京地区已种植粟、黍、豆类作物。之后在房山区丁家洼遗址（属春秋时期）出土有粟、黍、大豆、荞麦、麻等农作物。其中炭化的粟粒占出土作物籽粒总数的 86%。② 北京地区原始农业萌芽时期大概可以追溯到新石器早期末段或中期早段，即距今8000 年以前，而其最初出现，在距今 10000～8000 年前的气候剧变期间。此期间"气候转寒，比现在略为低湿。我们认为，可能正是环境的这一变化使得野生动、植物减少，从而产生了古人类由狩猎、采集向种植的转变"③。北京各地农业生产的遗迹相当明显，确证在新石器时代中晚期，北京各地先民已过着农业生产的定居生活。食物主要来自种植，而采集及狩猎的比重在逐步减小。

　　上宅、北埝头出土的大量石器、陶器、房屋基址，说明在 7000 年前，平谷的先民已从事农业生产，过着定居生活。从上宅文化开始，"北京人"进入以农业生产为主的社会发展阶段，食物也以农作物果实为主。对此，历史和地理学家们都持一致的观点。侯仁之先生认为："古植物学家们还在文化层沉积中发现了禾谷作物的孢粉和炭化果核，另外再结合陶质工艺品中出现的猪头、羊头等形象。可以初步判别出，上宅文化时期的人们，是过着以农业为主，兼营饲养、采集、渔猎的定居生活。"④ 较之采集、渔猎，农业生产的食物来源更加稳定。《世本》所谓"神农耕而作陶"⑤，也是农业在先，制陶业在后。粮食成为农业部落的温饱资源；而作为颗粒状淀粉植物，粮食并不耐火，不宜在火上直接烧烤，只能煮食，煮食离不开炊具。"这种对一种新的、耐火的炊具的强烈要求，是发明陶器的主要原因。"⑥ 上宅人的社会经济生活中，采集逐渐被原始农业所取代。尤为重要的是，在这一层的上部发现了禾本科植物花粉和炭化或枯朽了的种子，证明这时候原始

①　侯仁之主编：《北京城市历史地理》，北京：北京燕山出版社 2000 年版，第 12 页。
②　张一帆、赵永志主编：《北京农业的历史性演化》，北京：中国农业出版社 2016 年版，第 16 页。
③　于德源：《北京农业经济史》，北京：京华出版社 1998 年版，第 38—39 页。
④　侯仁之、邓辉：《北京城的起源与变迁》，北京：中国书店 2001 年版，第 14 页。
⑤　［北宋］李昉等：《太平御览》卷 833《资产部一三》，北京：中华书局 1960 年版，第 3716 页。
⑥　宋兆麟、黎家芳、杜耀西：《中国原始社会史》，北京：文物出版社 1983 年版，第 171 页。

农业播种确已出现。

"同时，从该层出土的陶羊头、石羊头、陶猪头等饰物来看，似乎原始农业生产与原始家畜饲养之间，一开始就有着密切的关系。"① 上宅遗址出土的石器中石斧、石凿、石磨盘、石磨棒、斧状器、柳叶形细石器、盘式石磨、石球等，陶猪头、陶羊头、小石龟、石制蝉身猴面像等陶、石雕塑品种的打制、琢制、磨制技术十分高超。从上宅遗址出土的石羊头、陶羊头饰件来看，当时羊与人类的生活有密切关系。陶蚕的出现，似乎可以说明当时人类已知养蚕。陶猪的造型，两耳较小，拱嘴较长，两侧有獠牙，显示出野猪的特征。这应当是当时人类狩猎的对象，而不是家畜。② 学术界一般认为古人类由狩猎、采集生活方式过渡到定居的农业生活方式是始于新石器时代。考古发掘有力地证明了这一点，"正是在这个过渡时期，石器磨制技术得到应用并逐步推广，发明了陶器，产生了原始农业与家畜饲养业。在一些地区，人类的经济方式由完全以采集、狩猎为主转变为开始经营农业并饲养家畜，生活方式也发生了重大变化"③。另外，还有诸多饰"之"字形纹、篦点纹等多种纹饰的罐、盘、碗、杯等陶器，也是农业生产和生活方式的有力佐证。

尽管这时期的先民仍然没有摆脱渔猎的生产方式，但是原始采集农业甚至是栽培农业的出现很大程度上改变了人类的饮食结构和饮食习惯。上宅遗址由于透露出鲜明的农业生产的萌芽，使之在北京乃至中国饮食文化史上都具有划时代的意义。"农业也可视为一项重大的革命，中国境内产生农业以后才可以说有中国史。"④ 只有过着定居生活，先祖们才开始有精力和条件创制出更为精美的食品。可以说，此前食物的获取是被动的，一旦从事农业生产，饮食便成为一种主动的文化行为。

北京的自然生存环境不利于游牧生产的广泛开展，种植经济一旦确立，居住地便随即固定了下来。北京的原始初民便开始一心一意地经营饮食，种植是对食物的选择，优胜劣汰，"吃什么"也就逐渐明朗起来，种植物的一些名称慢慢进入

---

① 尹钧科：《北京郊区村落发展史》，北京：北京大学出版社2001年版，第47页。
② 于德源：《北京地区农业起源初探》，载《农业考古》1993年第3期。
③ 北京大学考古文博学院、北京大学考古学研究中心、北京市文物研究所：《北京市门头沟区东胡林史前遗址》，载《考古》2006年第7期。
④ 张光直：《中国饮食史上的几次突破》，载《民俗研究》2000年第2期。

历史文献当中，有的保存了下来，有的则昙花一现，而相应的加工和熟食方式也不断涌现，"怎么吃"与"吃什么"始终处于相辅相成的互动之中。在漫长的时间维度中，北京饮食文化史的帷幕就这样徐徐展开。

（2）出现琢制、磨制的食物加工。

"上宅文化"中属于生产工具类的器物绝大多数为石质，主要是打制、琢制、磨制、压削的大型石器和一些细石器，共 2000 余件。有石斧、石凿、石锛、盘状磨石、石磨盘、石磨棒以及单面起脊斧状器、砧石和石球。"这些石器被用于加工的各种需要碾磨和脱粒的植物果实或者块茎。同时磨盘磨棒上的植物组合也反映了 7000 年前，北京平原上人类社会的经济方式以采集与农业并重。日常饮食包括了粟、黍、橡子以及一些块茎类和杂草类植物的种子和果实。当时的气候条件较今温暖湿润。"① 研究发现，磨盘磨棒上的淀粉主要来自橡子、谷子、糜子和一些豆类、块茎类。将石器和地层联系起来看，第二期早段打制、琢制所占比例大，磨制数量少。晚段磨制、琢制数量显著增加，打制数量减少。② 这也表明植物果实的加工向着更精细化的磨制发展，植物的果实包括谷子等去壳的效果更好也更为便捷，食物的口感更佳。

对当时人们日常饮食结构的分析，反映出当时北京平原上经济方式以采集和农业并重，并未形成真正的农业社会。从陶器、石器等生产生活用具中可以看出，种植物在人类生活中占有越来越重要的地位，而渔猎采集经济比重越来越下降，这也是全国范围内同时期文化发展的一个趋势。从出土的石羊头、陶羊头可以获知，当时，羊不论成为北京先祖们的家畜还是他们狩猎的对象，已经成为经常食用的对象是毫无疑问的。出土文物中还有陶猪，同样，不论是家猪还是野猪，当时"上宅人"已把猪肉当作美味了。"各种动物雕塑、石质捕鱼工具及大量的砧石、炭化榛子、山核桃与果核、种子的发现，表明当时人们还有狩猎、捕鱼、家畜饲养和采集等辅助手段，这也构成当时北京人食物的一个重要部分。"③ 这证明在 6000 年以前北京地区存在原始农业，而社会经济则是农业和渔猎的混合形态。"从出土器物的形制、纹饰和制作方法上看，上宅文化是处于中原与北方两大原始

---

① 杨晓燕等：《北京平谷上宅遗址磨盘磨棒功能分析：来自植物淀粉粒的证据》，载《中国科学》（D辑：地球科学）2009 年第 39 卷第 9 期。

② 北京市文物研究所编：《北京考古四十年》，北京：北京燕山出版社 1990 年版，第 14—16 页。

③ 刘宁波：《历史上北京人的饮食文化》，载《北京社会科学》1999 年第 2 期。

文化间接接触地带上的一种地方类型文化。它的发现，表明在距今七千年左右，北京小平原就已显出地理位置的重要性，开始了不同文化的融合。"① 当然，这种融合也包括饮食在内，或者说北京饮食文化不断融合的发展态势始于平谷上宅饮食。只不过后世的这种融合主要以民族融合的方式呈现了出来。

较之上宅文化遗址，雪山文化层中陶器种类明显增加，这些器物的形态与组合关系，是与当时的食品构成、烹饪方式及饮食习俗密切相关的。"雪山村一期和二期文化为代表的北京地区新石器晚期遗址中，陶器种类明显增加，器物的形态与组合反映了当时的食品构成、烹饪方式及饮食习俗，即开始烹煮和蒸制食物。"② 特别是"甗"的出现，显示出原始农业的进一步发展。③ 甗是一种烹饪食器，上部用以盛放食物，称为甑，甑底是一有穿孔的箅，以利于蒸汽通过；下部是鬲，用以煮水，高足间可烧火加热。北京地区的原始人类是最早使用甗进行烹饪的人群之一。

（3）食器的审美意识。

上宅出现了一些新的饮食器具，食器更加丰富了。上宅二、三期发展形成了以夹砂红褐陶为主，深腹罐、圈足钵、深腹钵、碗、盂、鸟首形镂孔器等为主要器类，抹压条纹、刮条纹、纵向横排压印"之"字纹或由其组成的双股"〰"形纹为主要纹饰的食器。"上宅二段陶器仍以筒形罐为多，新增碗、钵等器类，其中尤以遍施抹压纹的筒形罐与一段差异较大，碗、钵上所饰"之"字纹组成的绞索纹等也是新因素。"④ 较之筒形罐，碗显然更适合饮和食。既方便了饮食，也要求饮食器具有一定的装饰，也更为美观，是新石器中晚期新的美食观念的体现。不仅如此，上宅三期还出现了盛水的杯和舀水的勺，饮食器具的分类更为明确和精细。"上宅三段增加了杯、勺等器类，泥质陶出现并逐渐增多，有褐色、灰色、红色等，有的带有'红顶'。"⑤ "美食不如美器"应该是从"上宅文化"开始的。在房山区北拒马河西岸与河北涞水县接壤的镇江营的考古发掘，也可以佐证北京

---

① 罗哲文主编：《北京历史文化》，北京：北京大学出版社 2004 年版，第 8 页。

② 张艳丽主编：《北京城市生活史》，北京：人民出版社 2016 年版，第 14 页。

③ 于德源：《北京农业经济史》，北京：京华出版社 1998 年版，第 32 页。

④ 赵雅楠、袁广阔：《新石器时代中晚期北京北部文化谱系及其相关问题》，载《华夏考古》2018 年第 3 期。

⑤ 赵雅楠、袁广阔：《新石器时代中晚期北京北部文化谱系及其相关问题》，载《华夏考古》2018 年第 3 期。

地区新石器饮食器具表现出的审美取向。出土陶器餐具色彩多样，造型也有明确的美感追求，说明当时北京先人已将审美意识诉诸饮食领域了。

在北京地区新石器晚期遗址中，以 1961 年发现的昌平县雪山村一期和二期文化最为丰富。这里位于山前冲积平原古河道以西的山坡上，土地肥沃。雪山一期文化相当于中原地区的仰韶文化，距今 6000 多年。雪山二期文化距今 4000 多年，相当于中原地区的龙山文化，已进入原始社会末期。"雪山人"已掌握了制陶技术，一期和二期遗存出土了大量陶器，一期以红陶为主，二期以褐陶为主，也有黑陶和红陶、灰陶，种类有罐、鬲、甗、盆、碗、豆、鼎、杯、环等。在红山文化一期发现有红陶尊。尊是一种鼓腹侈口高圈足的酒器，尊的出土表明，可能在新石器时代中期，北京地区就已经出现了酿酒业。① 随着生产力的提升，北京的饮食文化逐渐多样化起来。

饮食领域审美的早期集中于食器，北京地区也不例外，因为那时还无暇顾及食物本身的色泽和造型。而在食器的色泽与造型之间，上宅饮食更偏重于前者。相对而言，色泽倾向于审美，而造型则主要以实用为重点。这些色彩斑斓的陶器显然超越了实用的层次，属于美感价值在食器上的体现。从这一点来说，北京饮食文化的美感追求以上宅和雪山为起点，或者说上宅和雪山开了北京饮食美学史的先河。

2. 陶器与煮法的出现

陶器直接来源于原始人类的饮食行为。在这漫长的烧烤食物过程中，有时烧焦了不好吃，聪明的祖先们偶尔想出了用泥土和水揉成一定的形状，把食物放在上面搁到火上焙烤，经火烤烧后，这些泥土变得坚固不漏水，并且可以长久使用。在长期的实践中，人们从中得到启发，后来根据生活的需要，烧制成多种式样的器具，用于烹饪食物、保藏食品和饮食。由此，陶器也就产生了。②《周易·系辞下》曾记载："黄帝……断木为杵，掘地为臼，臼、杵之利，万民以济。""掘地为臼，以火坚之"，便是烧制陶器的原始工艺。

在东胡林遗址中发现了大量夹砂陶器和火塘。陶器无疑是烹煮食物的炊具，"陶器发明之后，马上就被用作炊具和餐具了。这一重要的发明标志着烹饪技术的

---

① 鲁琪等：《北京市出土文物巡礼》，载《文物》1987 年第 4 期。
② 朱乃诚：《中国陶器的起源》，载《考古》2004 年第 6 期。

第一次飞跃"①。三国时期谯周所著的《古史考》记载了"黄帝作釜甑""黄帝始蒸谷为饭，烹谷为粥"。火塘则具有烧烤和灶具两重功能。夹砂陶器烹煮的很有可能是谷物，即去皮壳的小米，也可以烹煮河蚌等软体动物，这类软体动物如果不经过烹煮很难去掉腥味。② 人们学会烧制陶器以后，运用陶土首先烧制出来的就是具有炊和食双重作用的陶罐，然后才逐步由陶罐分化演变出专门的炊具和各种餐具。

烧、烤之后出现了煮法，烹饪法的进步同烹饪器具的发展关系非常密切。陶器时代的新烹饪法主要是烹煮和蒸制。由于当时对谷物粮食只能进行脱粒、碾碎等简单的加工，因此，食品加工不外乎蒸、煮两种方法，即将碾碎的粮糁放入鼎、鬲等炊具中和水而煮，或将粮糁揉成饭团面饼置入甑、甗中顺汽而蒸，粥羹类软食与饼团状干食就构成了北京地区新石器时代的主要成品食物。《周易·鼎卦第五十·象》："鼎，象也，以木巽火，亨（烹）饪也。"这里"烹饪"虽然连用，但还没有形成一个双音词，其中"烹"，是煮的意思，表示制作过程；"饪"，是熟的意思，表示制作的结果。"烹""饪"连用，构成了食物原料由生到熟的一个完整的加工过程，反映了古代由烤炙的熟食法发展到烹煮的熟食法，再到讲究食物生熟度的进程。煮法有二，一是把烧热的石块放到水里去煮，晚些时候才有第二种，用火烧石器或后来的陶器、铜器煮其中的肉类或粟类。就在这种煮法兴起之后，第一次创制的饭菜混合食物便出现了，人们把粟类或研碎的粮食粉与肉类、菜类混煮，新的饮食结构随即诞生。这时，运用火又创造了原始的烘干贮存方式，这是比自然饮食阶段的晾干、冷冻的贮存更为进步的方式。

陶鼎是一种煮餐具，是在釜的基础上发展起来的，是釜灶合一的炊具。有三或四条腿，以取代固定釜的灶口或支架。使用时，在腹下架柴。把鼎足改造成中空的锥状的"款足"，增大了鼎的容量和同时受热的面积，这便是"鬲"。《通鉴前编·外纪》载："黄帝作甑，而民始饭。"陶甑体如罐，底部有孔，孔上垫竹箅③，竹箅上放米，置甑于有水釜上蒸成饭。也有称甑为甗的，上体为甑，下体为鬲，是甑、鬲的结合体，是蒸煮合用的新炊具。甑与甗的出现，标志着蒸汽加热

---

① 王学泰：《中国饮食文化史》，桂林：广西师范大学出版社 2006 年版，第 10 页。
② 侯毅：《从东胡林遗址发现看京晋冀地区农业文明的起源》，载《首都师范大学学报》2007 年第 1 期。
③ 盛食物的圆竹器。

烹饪的开始。从此，北京地区的人们就开始有了极富中国饮食特色的"蒸"法。有了甑蒸作为烹饪方式之后，人们至少可以享用超出煮食一倍的馔品。其产生年代，不迟于公元前5000~前4000年。到目前为止，世界上还没有别的国家发现用鬲、甑早于中国。有了"鬲""甑"等锅类炊具，才有了用它去煮蒸食物的可能，使人类熟食的方法，由此产生了新的变革。

由"炰生为熟"到能够煮蒸食物，这是人类饮食史上又一划时代的进步。一切烹调技术，也只有在炊具的诞生和使用之后，才能获得发展；各种烧、炒、焖、炸、烩、煎等的烹饪方法，才由之产生，使人类饮食状况获得了最根本的改变。"'釜''鼎''鬲''甑'，是最早出现的陶制炊具。前三种都是煮食用的锅子，区别是釜底部无足，鼎有三个实心足，鬲有三个空心足。鼎主要用以煮肉食，负载大，故用实心足，以免'鼎折覆𫗧'。鬲主要用来煮粥饭，负载小，空心足可加大受热面。甑像底部有许多小孔的陶盆，其作用相当现在用以蒸饭的笼屉，可置于釜上或鬲上配合使用。这一套原始炊具的出现，开始了人类真正的熟食生活。"① 在饮食器具方面，北京饮食紧跟中原步伐，从一开始就拥有无可替代的地位。

从"北京人""新洞人""山顶洞人"到"转年人""东胡林人"，再到"上宅人""北埝头人"，最后是"雪山人"，可以大致勾勒出北京地区原始社会时期人类由山区（山洞）向山前丘陵地带和山前平原台地，并进一步向平原地带移动的轨迹。这正是北京地区的先人从旧石器时代向新石器时代过渡的饮食演进阶段。人们猎取动物虽然是为了获取肉食解决食物来源，然而对那些猎获过剩的较温驯动物，如羊、牛、猪等，以及可以成为人类狩猎助手的狗，会将它们驯养起来，于是促成了对它们的驯化和饲养。② 与北京祖先这种一步步脱离山区、半山区而向平原地带发展相对应的，就是他们逐渐脱离狩猎、采集生活方式而向农业生产方式的转变。因为在北京祖先最初懂得栽培之后，只有平原地区才能为他们提供更多的便于开垦的肥沃土地。在生产水平十分低下、生产工具十分简陋的情况下，不断寻找便于耕作的土地，才是促使北京古人类不自觉地由山区、半山区向平原地区迁徙的真正原因。③ 而由河流形成的一片片冲积平原，为这一迁徙提供了优越

① 王学泰：《中国饮食文化史》，桂林：广西师范大学出版社2006年版，第11页。
② 刘景芝：《华北旧石器时代向新石器时代过渡时期文化初探》，载《北方文物》1994年第4期。
③ 于德源：《北京农业经济史》，北京：京华出版社1998年版，第35页。

的环境。

北京地区原始人类居住环境的变化，完全是基于饮食的需求。他们从最初的"食肉寝皮"到焐生为熟，再到烹煮和蒸制，烹饪法的进步促使食物来源更加多样和稳定，于是养殖和种植开始兴起。显然，平原地区更适宜养殖和种植。北京地区烹调技术的起源，已有几千年的历史。在距今 5000 多年的新石器时代晚期，由于发明了陶器，出现了烹煮法和汽蒸法。加上北京地区人们的定居，家畜家禽的普遍饲养，垦殖事业的发展，烹调原料和工具多种多样，各种烹调的方法也就逐渐发展起来。"北京地区距今约一万年～四五千年的时期里，稀疏的居民聚落逐步形成发展，人们使用石斧、石铲等工具，种植庄稼，从事原始农业，作各式各样的陶器以供生活之用。这些，标志着北京历史的真正开端。"[①]

---

① 齐心：《东胡林人与雪山文化遗址》，载《学习与研究》1982 年第 1 期。

第三章　先秦时期北京饮食文化

像全国其他地区一样，在夏商和西周时期，北京也进入了奴隶社会，人们开始了安居乐业的饮食生活。历史上，北京地区的水资源极其丰沛，适宜发展农业。《诗经·小雅·甫田》和《大田》对"稷、黍"的记载，《诗经·小雅·白华》中的"浸彼稻田"，《豳风·七月》对黍、稷、粱、菽、麦、稻的记载，等等，都说明黍、稷、稻、菽、粢等是西周时期的主要粮食作物。除农业之外，当时的人们还从事畜牧业生产，狩猎活动仍在持续，肉类在当时的饮食结构中依旧占主要比重。

在传说中的夏代中期，商族的祖先王亥就率领族人在今天北京以南的易水河畔放牧并进行交易活动。丁山主张商先起源于今永定河与易水之间，亦燕地之中心地带，他肯定，"燕亳者，近于幽燕之亳也。由其相关地名考之，宜在易水流域"[①]。为争夺饮食资源，各部落之间相互征战。"有易部落杀死了亥，夺取亥的牛车和牛羊。后来亥的兄弟恒和恒的儿子上甲微为亥报仇，打败了有易部落。这个故事在许多古书里都有记载。这些商族祖先的名字，也见于商代的甲骨卜辞中。"[②] 由此可知，夏商之际，北京及周边地区已是部落之间争夺之地。

关于这一历史时期的饮食文化状况，保留下来的文字极少，因此，考古资料仍是书写这段饮食文化史的主要依据。

第一节　夏、商、西周饮食文化

夏代晚期至春秋时期为青铜时代，战国以后为早期铁器时代，其绝对年代为公元前 1800—前 221 年。目前考古学材料显示，北京地区夏、商时期考古学文化

---

① 丁山：《商周史料考证》，上海：龙门联合书局 1960 年版，第 16 页。
② 北京大学历史系《北京史》编写组编写：《北京史》，北京：北京出版社 1985 年版，第 12 页。

主要是雪山二期文化、夏家店下层文化①和张家园上层类型文化。在北京房山区境内形成了一个西周文化遗址群（如琉璃河一带的董家林、刘李店以及其南边的镇江营和塔照等遗址），其中以琉璃河畔的董家林古城址为中心。西周晚期至春秋早期北京地区主要分布着燕文化和西拨子类遗存，前者以琉璃河西周晚期和镇江营商周第四期遗存为代表，后者以延庆西拨子铜器窖藏为代表。绝对年代在公元前850—前650年。② 北京"昌平县曾出土一件3000多年的青铜四羊尊酒器。作为畜牧业代表的羊与农业产品的酒能结合在一起，绝不是偶然的。可以说这是两种经济交流结合的产物，也说明远在3000年前，北京人的饮食即兼有中原与北方游牧民族的特点"③。北京饮食文化最为显著的特点应该就是游牧和农耕两种不同经济生产方式的融合，这是北京饮食文化发展的一条主线，从3000多年前一直延续了下来。

张光直先生认为："在中国早期的历史上，夏、商、周三代显然具有关键性的一段：中国文字记载的信史是在这一段时间开始的，中国这个国家是在这一阶段里形成的，整个中国历史时代的许多文物制度的基础是在这个时期里奠定的。"④对于北京地区的饮食文化而言，也是如此。尽管文字记载的信史寥寥无几，但考古成果足以支撑这一段饮食文化史的书写。

1. 饮食器具的样式

夏商和西周时期北京地区的饮食文化的考古发现，以夏家店下层文化的平谷区刘家河村遗址⑤、张营遗址、房山塔照遗址、昌平区下苑、丰台区榆树庄、密云区燕落寨和房山琉璃河遗址等为代表。⑥ 夏家店下层文化上承新石器晚期文化，向下延伸到商周之际，有1000多年的发展过程。因最初发现于内蒙古自治区赤峰市夏家店遗址下层而得名。主要分布在燕山山地和辽西及内蒙古东南部地区，年代为公元前2000—前1500年。平谷区刘家河村东南的海子北干渠发现的一处"夏家店下层文化"灰坑中，还发现罐、盆、盘、碗、鬲、甗、爵、卣、罍等炊器、

---

① 夏家店，位于内蒙古自治区赤峰市境内。这个遗址内包含着上、下两层内涵特异的文化遗存，其下层文化早于上层文化。

② 韩建业：《试论北京地区夏商周时期的文化谱系》，载《华夏考古》2009年第4期。

③ 鲁克才主编：《中华民族饮食风俗大观》"北京卷"，北京：世界知识出版社1992年版，第1页。

④ 张光直：《中国青铜时代》，北京：生活·读书·新知三联书店1983年版，第27页。

⑤ 北京市文物研究所编：《北京考古四十年》，北京：北京燕山出版社1990年版，第311页。

⑥ 琉璃河考古工作队：《北京琉璃河夏家店下层文化墓葬》，载《考古》1976年第1期。

食器和酒器等物。从随葬陶物的数量和种类中，特别是作为蒸饭器的甑，可以看到原始农业经济已在当时社会经济生活中占有举足轻重的地位。① 除非天灾，稳定的农业生产能够满足基本的果腹需求。

燕国的制陶业已很发达。"陶制日用生活器皿的品种很多，一般归为三大类，即三足炊具、圈足食具、平底贮器（包括水器）。每一类器物，因用途稍有差异，制成外观有所区别的形体，如炊具中煮食物的鬲和鼎，蒸食物的鬲甑合体的甗。食器类器物较多，有簋、盂、豆、碗、勺等。贮器类的器形更多，有罐、瓮、壶、盆等。"② 改变了以前一器多用的状况，进入到一器一用、一器专用的阶段。延续到春秋战国时期，这里生产的陶器除了一般饮食生活用器如鬲、罐之外，主要是仿青铜礼器的陶鼎、豆、壶、盘、卣、簋等。③ 殷周时代，陶器还未上釉，由瓦器发展而为青铜器、瓦器和铜器并用。

镇江营遗址位于北京市房山区大石窝镇镇江营村北，发掘出的夏商陶器全为细砂红褐陶，胎质中掺少许云田粉，器形蔚为壮观，鬲的袋足均模制好，捏接在一起，裆外抹泥条加固，器表施交错绳纹，印痕深，纹饰细，阔口沿、裆部、鬲腰、罐腹均施一周泥片堆纹加固。器物组合为鬲、罐、盆、簋等。④ 西周时代，这里的陶器主要是以绳纹为装饰的灰、红陶鬲、簋、罐等。食器已全面超越了实用的层次，色彩和造型开始有了明确的审美追求。

在食器被注入美学意义的同时，也开启了政治化的进程。1977 年 8 月，在北京市平谷县刘家河村村东一处池塘边，发现商代中晚期至商代晚期前段墓葬一座，出土金、铜、玉、陶四类器物共计 40 余件，⑤ 其中青铜礼器 16 件，计云雷纹小方鼎 2 件，弦纹鼎、鬲、甗、斝各 1 件，弦纹短流提梁三锥足 1 件，饕餮纹分裆三袋足 1 件，饕餮纹鼎 2 件，饕餮纹爵、卣、瓿各 1 件，三羊罍 1 件，鸟首鱼尾纹盘、鸟柱龟鱼纹盘各 1 件。饕餮纹是商周最流行的纹样。《吕氏春秋·先识》篇内云："周鼎著饕餮，有首无身，食人未咽，害其及身。"传说这种怪兽没有身体，只有一个大头和一个大嘴，十分贪吃，见到什么吃什么，由于吃得太多，最后被

① 于德源：《北京农业经济史》，北京：京华出版社 1998 年版，第 41—42 页。
② 周自强主编：《中国经济通史·先秦经济卷》（中），北京：经济日报出版社 2000 年版，第 858 页。
③ 北京大学历史系《北京史》编写组编写：《北京史》（增订本），北京：北京出版社 2012 年版，第 30 页。
④ 陈光：《镇江营遗址》，载北京市政协文史资料委员会编：《北京市文史资料精选·房山卷》，北京：北京出版社 2006 年版，第 35 页。
⑤ 北京市文物管理处：《北京市平谷县发现商代墓葬》，载《文物》1977 年第 11 期。

撑死。羊、鸟、鱼都是鼎中之食，以其作为器皿纹饰，反映了当时人们的饮食观念和美食欲望。此外，礼器又是饮食政治化和礼仪化的表征。礼器可以分为食器、酒器、水器等。礼器常用于各种礼仪场合，比如祭祀和宴会，主要是用于体现奴隶主的权势和威望，并且区分他们之间等级的尊卑以便于维护统治秩序。考古发掘难以呈现食物本身的等级，而食器在这方面的表达则比较充分。《礼记·王制》曰："诸侯无故不杀牛，大夫无故不杀羊，士无故不杀犬豕，庶人无故不食珍。"食物与食器配伍，这种饮食配置的阶级差别，从先秦一直延续到清末。

2004 年，北京市文物研究所的工作人员在昌平南邵镇张营村张营遗址发现了北京迄今为止唯一的夏代墓葬，位于北拒马河西岸。第三层至第六层为夏商时期文化层，厚 1~2 米。出土文物有陶器、石器和铜器。多为夹砂褐陶，有鬲、甗、罐、盆等器物，器表一般施绳纹，以手制为主。石器主要为磨制的镰刀、铲、斧等生产工具。铜器主要是小件工具、兵器和装饰品，有凿、锥、鱼叉、镞、喇叭形耳环等。鹿角制成的工具是这时期的一大特色，有镐、铲。这时期的灰坑壁上也留下鹿角工具的痕迹。该遗址属夏家店下层文化范畴。第六层发现几件敞口鼓腹的器物，口沿与昌平雪山文化二期出土的器物基本相同。张营遗址的第三层至第五层的时代大致相当于商代早期或偏早期，第六层为夏代时期。[①] 在遗址的发掘过程中，考古工作者发现，有些陶罐的底部有石灰存在。这些盛放食物和水的容器中怎么会有石灰呢？古人在陶罐中放石灰可能与那个时期的水质有关，或是为了增加水中的矿物质成分，或是为了过滤消毒。

塔照遗址位于南尚乐乡塔照村南约 300 米、北拒马河东岸的台地上。经过1986 年、1987 年、1988 年三次小型试掘，发现一条南北向的沟，沟内堆积带有夏家店下层文化的特征。陶虽以细砂红褐陶为主，胎质中掺和云母粉末，以增强褐色的亮度，泥质灰陶胎质中则不掺云母粉。早期制作陶器崇尚红色，时代处于五帝时期。平底器的口、颈、肩、腹、底及三足器的足跟与袋足的结合部位可看出粉片粘接痕迹，然后在内壁或外表加一层薄泥片盖住缝隙。以三足器为主体，特别是袋足三足器，制造工艺复杂，是三足器中的先进形态。器物成形后，通身滚印绳纹，器表的薄混片再用缠绳的制陶工具拍实，罐肩部、盆腹部绳纹被抹平，

---

① 北京市文物研究所、昌平区文物管理所：《北京市昌平区张营遗址的发掘及其意义》，载《内蒙古文物考古》2006 年第 2 期。

加画弦纹。可辨器形的有筒形鬲、折肩尊、卷沿盆，显示出它与夏商周青铜器图案的密切关系。因为这里是夏家店下层文化分布区的南缘，塔照遗址的遗物带有夏家店下层文化特征，在北京西南区域中这类遗址也相当少见。① 仅此考古发掘即表明燕地饮食器具的多样性和差异性。

2. "鼎鬲文化"的建立

西周时期的燕国，都城遗址现已可确定，包括城址、墓葬区和其他遗迹在内，在今北京市房山区琉璃河镇董家林村。这里就是周武王灭商纣之后，"封召公于北燕"② 的建都之所，是西周早、中期燕国的政治、文化中心。

其实早在夏代，城郭已经出现。夏代生产力有所提高，剩余物产多了起来。奴隶主贵族为了保护他们私有财产的安全，在他们所聚居的地方，修建起城郭沟池，城中已有大型的宫殿建筑，这是在"重门击柝，以御暴客"的基础上产生的原始城市。如夏邑、安邑、纶邑、阳城、斟鄩、帝邱、斜灌等，就是从村落发展起来的、早期的城市。③《史记·周本纪》载："武王追思先圣王，乃褒封神农之后于焦，黄帝之后于祝，帝尧之后于蓟，帝舜之后于陈，大禹之后于杞。"褒封蓟国一事，说明在商末周初之时，今北京地区存在一个明显的当地势力，这股势力可能根基久远。并且有"先圣王"之后的名义，④ 秉承着农耕文明的文化血统。在西周初封燕国时，周王命召公奭元子克就封，建都于琉璃河即今董家林古城遗址。这就是北京历史上最早的城，我们常说北京建城已有 3000 多年，就是从这时算起的。

"燕国初封时，肯定会有一批周人随同移徙到燕都一带。此外，根据 1986 年出土于琉璃河西周大墓的铜罍和铜盉上的铭文，一些学者认为燕国初封时，曾获赐一些方国或部族，倘若这些方国或部族原先并未生活在燕地附近，就必然要举族迁徙至此。"⑤ 琉璃河的考古发现，与中原文化形态有着相同之处，但又有自身的特征，难以定位于某一文化类型。"琉璃河居址材料所显示的复杂性显然不能用周文化予以概括，其形成的社会原因很可能是由于当时确有三种部族的人在此居

---

① 北京市政协文史资料委员会编：《北京文史资料精选·房山卷》，北京：北京出版社 2006 年版，第 36—37 页。

② ［西汉］司马迁：《史记》卷 34《燕召公世家第四》，北京：中华书局，1982 年标点本，第 1549 页。

③ 吴慧：《中国古代商业史》第一册，北京：中国商业出版社 1983 年版，第 56 页。

④ 唐晓峰：《蓟、燕分封与北京地区早期城市地理问题》，载《中国历史地理论丛》1999 年第 1 期。

⑤ 高寿仙：《北京人口史》，北京：中国人民大学出版社 2014 年版，第 492 页。

住，即姬姓周人、殷遗民和土著燕人。"① 如果说北京饮食文化发展史就是各民族饮食的融合史，那么，燕国建都就是这一漫长融合过程的初始阶段。尽管不能还原当时各民族的饮食状况，但从考古发掘便可窥见饮食文化的繁荣程度。

该遗址是迄今西周考古中发现的唯一一处城址、宫殿区和诸侯墓地同时并存的遗址。其东南不远的黄土坡墓地，就是西周时期的侯国贵族墓地。死者应属与侯关系十分亲密的近臣或亲属，皆随葬鼎，加鬲、簋，再加碾、爵、觯、尊、卣、盘等成套礼器。"西周早期青铜器的种类、形制、花纹大体都继承商代晚期的风格，器物组合中的炊具、食器与酒器并重。炊食器类主要是鼎、鬲、甗和簋，酒器类中的饮具有爵、觚、角，盛器为壶、卣、尊、觯、罍、盉、方彝等。显然，酒器的种类大大超过炊食器类，当是沿袭殷贵族生活习俗所致。"② 青铜鼎因其形制庄重，饰纹精美而成为商周时期标志贵族身份和权力最重要的一种礼器，专供统治阶层在祭祀和宴会场合享用。"夫礼之初，始诸饮食"③，礼仪制度始于饮食活动。作为在食器中地位最为重要的青铜鼎便成为贵族祭祀先王、祖先等鬼神的最主要的礼器。"贵族统治阶级将其在宗庙祭祀时最常用而又特别重要、特别宝贵的礼器，视为祖宗和社稷的化身。鼎就是这样的礼器。"④ 饮食与政治的关系在"鼎"上表现得最为直接和突出。

琉璃河商周遗址发掘的古墓群，目前已用数字加以编排。253 号墓的堇鼎，体积为目前北京地区发现的商周青铜礼器之最（通高 62 厘米，口径 48 厘米，重415 千克）。其铭文曰："匽侯令堇饴太保于宗周。庚申，太保赏堇贝，用作太子癸宝尊彝。仲。"这显然是"太保"在位时的器物。"饴"此字本作"食"在"皿"中，在这里为古人养老养父母之美食，故于鼎铭当读为"颐"。"堇"乃古人养老之食，用于人名，当合古食医之职。此"太保"，即"召公奭"，是燕国国王的父亲，也是燕国的开创者，周初曾任"太保"之职。铭文4 行26 字，翻译为白话，是说燕侯派一名叫堇的官员到宗周（镐京，周王朝国都，今陕西西安西北），去向太保敬献燕国美食。太保很高兴，就赏了一笔钱给堇。官员堇没有用这笔钱置田制车购物消费，而是用来进行了一场政治贿赂，铸造了一尊象征权力的

---

① 刘绪、赵福生：《琉璃河遗址西周燕文化的新认识》，载《文物》1997 年第 4 期。
② 周自强主编：《中国经济通史·先秦经济卷》（中），北京：经济日报出版社 2000 年版，第 833 页。
③ 李学勤：《十三经注疏·礼记正义》，北京：北京大学出版社 1999 年版，第 666 页。
④ 马福贞：《浅论青铜礼器与中国青铜时代的政治文明》，载《开封大学学报》2007 年第 1 期。

鼎，敬献给燕国国王。在北京饮食文化史上，"堇"是第一个饮食政治化的实践者。同墓出土的圉卣、圉甗、圉方鼎等器，又记载着"圉"，去成周参加典礼而受到赏赐等事。① 可以看出，北京饮食从一开始就不是纯粹的果腹充饥，而是政治话语的通常表达。以饮食来表达政治，这是北京饮食发展史较之其他城市的迥异之处。

琉璃河 1193 号大墓出土了克盉和克罍。"克"是人名，盉与罍都是青铜酒器。在琉璃河附近出土了大量陶器，有鬲、簋、罐、壶、罘等器形，大多为夹砂灰陶，个别是夹砂红陶或者泥质灰陶，同时还出土了釉陶器，如罐、豆等。这些釉陶器，胎质硬，呈灰白色，施光亮的青色薄釉。② 从 1995 年出土的陶器种类看，早期陶器种类多，即使同类器物也存在多种形态。常见的器物有缘部上翻的袋足鬲、联裆鬲、高领鬲、簋、小口瓮、直领瓮、罐、盆、甑等，还有少量鼎、瓶、壶、豆等。晚期器物种类较早期单调，即使同类器形，其形制也没有早期复杂。常见的器物有口沿饰多道弦纹的袋足鬲、敞口和敛口簋，还有少量的瓮、盆、甑、豆。③ 1982 年，顺义县牛栏山乡金牛村农民因挖房地基，在距地表 1 米深处，发现西周初期铜器墓葬 1 座，出土青铜礼器 8 件，陶器 4 件。青铜礼器包括：鼎、卣、尊、觯各 1 件，觚、爵各 2 件。④

当时的经济生产，主要是农业和手工业。燕国农业生产和商代相比，没有什么突出变化，手工业的发展却很显著，门类也很多，除陶器、石器外，比较突出的有玉器、漆器、青铜。西周燕都遗址博物馆中，展示出土的一大批重要文物，其中包括北京地区出土的最大的一件青铜器——堇鼎，以及伯矩鬲、克盉等重要青铜器。还展示了全国西周早期唯一能复原完整的觚、豆等漆器，以及大量制作精美的陶、玉、石、玛瑙器等出土文物。琉璃河遗址新出土的漆罍和漆觚都是朱漆地、褐漆花纹。漆豆则是褐地朱彩。这三件漆器的外表都有嵌饰。豆盘上用蚌泡和蚌片镶嵌，与上下的朱色弦纹组成装饰纹带；豆柄则用蚌片嵌出眉、目、鼻

---

① 北京市文物局考古队：《建国以来北京市考古和文物保护工作》，载文物编辑委员会编：《文物考古工作三十年》，北京：文物出版社 1979 年版，第 3 页。

② 琉璃河考古工作队：《北京附近发现的西周奴隶殉葬墓》，载《考古》1974 年第 5 期。

③ 周海峰：《燕文化研究——以遗址、墓葬为中心的考古学考察》，吉林大学博士学位论文，2011 年，第 13 页。

④ 程长新：《北京顺义牛栏山出土一组周初带铭铜器》，载《文物》1983 年第 11 期。

等部位，与朱漆纹样组成饕餮图案。① 相传，我国在虞舜时代就已用漆器做食器。《韩非子·十过》篇云："尧禅天下，虞舜受之，作为食器，斩山而财之，削锯修之迹，流漆墨其上，输之于宫，以为食器。……舜禅天下，而传之于禹。禹作为祭器，墨染其外，朱画其内。"从琉璃河遗址出土的漆器食器的装饰可以看出，当时的水产品颇受人们青睐。我们从青铜器的用途来讲，可以分为食器与礼器两大类。礼器除用作明器外，再就是用在各种祭祀和礼仪活动之中，而这时的器具也主要是用来陈放祭品，祭品以食物为主。所以，从青铜器的用途而言，青铜文化在某种意义上就是饮食文化。

圉簋和圉卣的铭文曰："王蔑于成周，王易（赐）圉贝。"方鼎铭文曰："侯易（赐）圉贝。"251 号墓出土了伯矩鬲和伯矩盘等一套礼器，伯矩鬲铭文曰："才（在）戊辰，侯易（赐）伯矩贝。""伯矩鬲"② 是一种食器，它和鼎的外形相似，区别在足上，鼎足是实心的，鬲足为空心。伯矩是燕国的一位大臣，他因有功受到燕侯的赏赐，深感荣耀，于是铸了鬲来纪念这件事，因为器上有"堰（燕）侯易（赐）伯矩贝"的铭文，所以定名为"伯矩鬲"。"伯矩鬲"是所有燕国青铜器中最精美的一件，这样一件构思奇巧、造型别致、纹饰传神、铸造精美的器物，可谓是西周青铜器的典范。③ 据史料记载，那时的"鬲"一般为陶器，用于煮粥，最早出现在距今 4000 多年前的新石器时代晚期，是我国古代特有的炊器。鬲的发明，标志着我们祖先的食物正式从生食进化到熟食。最精美的青铜器是食器，极大地提升了北京饮食的历史文化品位。

"鼎鬲文化"为中国古代文明的重要组成部分，也是中国传统文化中最具特色的部分之一。其最初的物态形式很简单，就是日常生活中围绕着以炊具鼎（煮肉、盛肉）、鬲（煮饭、熬粥）为中心的，包括簋、盂、豆、尊、壶、罐等器类的一套饮食用具。绵延发展之后，又几经吸纳、重组和升华，形成宴飨宾客、享祭祖

① 殷玮璋：《记北京琉璃河遗址出土的西周漆器》，载《考古》1984 年第 5 期。
② "伯矩鬲"出土于琉璃河遗址西周墓地 251 号墓，高 33 厘米，口径 29.7 厘米，纹饰十分精美奇特。盖面是两个浮雕牛头，牛角上有凸起的鳞片状纹饰，还有 4 颗獠牙；盖上的纽由两个相背的立体牛头组成，牛角端翘起。颈部饰有 6 条扉棱间饰以夔纹的短扉棱。器身共饰有 7 个浮雕牛头，3 个袋足上均有一只浮雕牛首，朝向 3 个方向，牛角翘起凸出器身，鼻梁及牛口两侧都有夔纹作为装饰。
③ 陈康文：《琉璃河的北京第一城》，载《中国建材报》2014 年 9 月 6 日第 2 版。

先的洋洋大观的饮食文化。① 在周代，燕国文化发展的中心便建立了完善的"鼎鬲文化"。"鼎鬲文化"是远古饮食文化的代表，并延伸至以权力、国家为核心的政治领域。"伯矩鬲"的出现，是食器向礼器的转化，可视之为燕地饮食意义的第一次飞跃——饮食超越了其本身，上升到礼制的层面。按理，由此而后的燕地饮食应该堂而皇之地写入正统文献，获得比较翔实的记载，但燕地毕竟在相当长的时期不属于统治王朝的中心地带，饮食礼制化的表现并不充分。当然，"伯矩鬲"不仅表明燕国饮食器具之精湛，而且有力地证实了燕国饮食文化并没有偏离当时的主流意识形态，燕国乃"礼仪之邦"的有机组成部分。尽管"三代"时期燕国并不处于中华文化的中心地带，但其饮食文化却紧跟中华文明发展的步伐，处于前沿的地位。在中国饮食文化史的正式起步阶段，北京地区便取得了无可替代的辉煌成就，为此后北京地区历代饮食文化的发展奠定了坚实的基础。

3. 餐具发生变化的原因

食物可能难以留下比较全面的考古依据，但饮食器具却能够比较长久地保留下来，这为还原当时的饮食生活及其演变状况提供了实物参照。随着手工业生产的出现和发展，饮食器具在不断发生演进，其功用越来越明确。

夏晚期至早商时期陶器的主要种类有：鼓腹或弧腹鬲、筒腹鬲、折肩鬲、折沿鬲、翻缘甗、大口折肩罐、大口瓮、罍、高领罐、假腹豆、矮圈足簋、折腹盆、钵等。这些器类品种皆属于传统的陶器种类，到了商代中后期只是种类有些增减，器物形制有些变化而已，如在炊器中，以前常用的鼎，在商代则逐渐减少而代之以更为轻便的鬲，分有高领鬲、敛口鬲、筒腹鬲、折肩鬲、矮足鬲、联裆鬲等多种。其中以口外饰附加堆纹的大型高领鬲数量最多。并出现蒸食用的陶甗，贮器中除瓮、缸外，大口陶尊成为主要的陶器。食器中的豆逐渐减少而新出现圈足豆和陶簋。②

西周早中期常见陶器有鬲、折沿甗、深腹盆、浅腹盆、小口瓮、罍、小口罐、甑、鼎、簋、钵等，饮食器具以鬲、簋、罐为主。其中鬲是最主要的炊器，又分筒腹鬲、联裆鬲、袋足鬲，簋分矮圈足簋和细高圈足簋。③ 琉璃河遗址一期22号

① 徐基：《中国鼎鬲文化的形成与演进刍论——兼谈鼎鬲文化的齐鲁情结》，载《东方考古》（年刊），2012年。
② 周自强主编：《中国经济通史·先秦经济卷》（上），北京：经济日报出版社2000年版，第408页。
③ 韩建业：《试论北京地区夏商周时期的文化谱系》，载《华夏考古》2009年第4期。

墓出土的罐，按形制可分为折肩斜腹、圆肩鼓腹、圆肩斜腹、圆肩直腹、圈足、带耳和带盖等七种。其中折肩斜腹罐和圆肩鼓腹罐又各分为三式。① 最初的陶罐既可用于煮饭，也可用来煮肉；以后出现的陶鼎、陶鬲、陶盆、陶钵之类，也同样是既可盛饭，也能盛肉。甗主要是用于蒸饭。鼎主要是煮肉、羹和粥等食物，商周时期被视为王权和等级的象征：国君用九鼎，卿用七鼎，大夫用五鼎，士用一鼎或三鼎。豆也是如此，《礼记·礼运》载天子之豆三十有六，诸公十有六，诸侯十有二，上大夫八，下大夫六。它们都是新石器时期沿袭下来的重要的烹饪器具。当时还没有主、副食之分，餐具也并未出现明确的分工，餐具本身的文化内涵也不丰富。北京地区从商周时期的奴隶制时代开始，餐具便出现了新的变化。变化之因，无外乎以下五个方面。

第一，从西周初年开始，燕国的畜牧业已经很兴旺，当时畜养的牲畜有牛、羊、马、猪、狗等，牲畜除食用和役使外，还大量用于祭祀和殉葬。就连中小奴隶主的墓葬里，也动辄有成套的车马陪葬，有的几匹、十几匹，乃至数十匹，狗、牛、羊、鸡等牺牲殉祭，几乎每个奴隶主墓葬里都有，这也反映出燕国畜牧业生产的发展。② 不过，随着农业生产的发展，粮食产量不断提高，逐渐成为人们的主要食物。肉类则因耕地扩大，牧场缩小，来源渐少，而退居次要地位，变成了人们的副食。新兴的园艺栽培，又使蔬菜增添了副食品的种类。由于主、副食的划分，餐具也为适合其需要而相应做成各种不同的形式，出现了分工。例如，豆器专指肉食用具，后来多用于祭祀时向神祇供奉食品。盛放整羊的是俎，饭食之具称为卢，进食之具为箸，舀汤浆之器为勺，后来又出现了匙。盛汤浆之具称为盂，有时也用于盛一般食物。饮器则有杯、盅等，较小的杯称为盏。可谓分工明确，各司其职。

北京地区畜牧业的兴盛也得益于祭祀礼仪的推动。史载，昭王问观射夫"祀不可以已乎"，对曰："祀，所以昭孝息民，抚国家，定百姓也，不可以已"。③ 另外，在《礼记·祭统》载："治人之道，莫急于礼。礼有五经，莫重于祭。"祭祀成为帝王贵族们的一项重要的宗教活动，更是一项政治活动。祭祀就需要祭品。山顶洞人撒在尸体旁边的赤铁矿粉就反映了灵魂不灭观念下的最早的祭祀仪规。

---

① 陈平：《燕文化》，北京：文物出版社 2006 年版，第 35 页。
② 孙健主编：《北京古代经济史》，北京：北京燕山出版社 1996 年版，第 25 页。
③ ［春秋］左丘明：《国语》，北京：商务印书馆，1958 年标点本，第 205 页。

夏代出现了野蛮的人祭、人牲现象，如二里头文化中，人祭发现多种姿势。夏商周期间，北京地区是以农业为主农牧并重的农耕社会，畜牧业在社会经济中占有很大比重。《周礼·夏官·职方氏》中就记载了当时全国九州各地所出产的粮食作物和饲养的牲畜是各不相同的，其中幽州畜牧业"宜四扰"（饲养马、牛、羊、豕）。周代祭品也逐渐从人祭转向牲畜祭，如牛、羊、猪、狗、鸡、玉、帛、谷等，其中，牛、羊、猪为三牺牲，也称太牢。祭品与美味相类。为了满足各种祭祀活动的需求，必然要大力发展畜牧养殖业。

第二，食器的材质发生了明显变化，金属食器得到运用。随着手工业生产的发展，餐具已不再限于用陶土烧制，而出现了大量用金属做成的餐具。商周两代是中国铜制炊具鼎盛时期。晚商时期平谷刘家河墓葬随葬一批重要青铜器，容器有小方鼎、旋纹鼎、饕餮纹鼎、鬲、甗、爵、卣、斝、盉、三羊罍、饕餮纹瓿、盘等。1982年，在牛栏山公社金牛大队东北角山的阳坡上，出土了一批周初带铭青铜器，其中有鼎、卣、尊、觯各1件，瓿、爵各2件，计8件。琉璃河、牛栏山等西周早期墓葬主要出土青铜礼器以鼎、簋为核心。其次为甗、鬲、爵、盉、瓿、觯、尊、罍、卣、壶、盘、匕等，器腹内壁时见铭文。① 《史记·封禅书》云："黄帝采首山铜，铸鼎于荆山下。"《左传·宣公三年》则云："昔夏之方有德也，远方图物，贡金九牧，铸鼎象物，百物而为之备。"此说时间较可信，夏鼎久已失传，商鼎今仍可见。商后母戊鼎长方四足，高133厘米，重8753斤，为现存最大的铜鼎。铜鼎的出现，标志着中国油烹的开始。当时的鼎是贵族豪华的炊器并食器，以鼎烹制，亦以鼎供食。正如《孔子家语·致思》所云："累茵而坐，列鼎而食。"鼎也是重要的礼器，朝廷大典必用。礼器与礼在本质上是一致的，即用来区分和标志等级和阶层，器以藏礼，以器作为维护一种约定俗成的社会秩序的物质体现而存在。② 说明自商代开始，北京地区的饮食如同中原，步入了礼制化阶段，上层统治者的饮食受到礼仪的规范。后来铜鼎成为立国重宝，国家权力的象征。商周两汉还有以鼎烹杀活人的酷刑。再后，道家作为炼丹炉。后来再变成香炉，鼎的烹饪功能就全部消失了。

第三，商周时期，由于上层贵族阶级对饮食器具的奢华追求，还出现了玉石、

---

① 韩建业：《试论北京地区夏商周时期的文化谱系》，载《华夏考古》2009年第4期。
② 李玲玲：《先秦时期陶、玉、青铜三大礼器谫论》，载《中原文化研究》2014年第4期。

牙骨、漆木等各种质料做成的餐具。相传商纣王曾以象牙做箸，他的臣下箕子很是担心，认为象牙做箸，必然要以犀角杯、玉杯来相配。事实上，玉杯很快就出现了。有一部名为《海内十洲记》①的古书，托名西汉人东方朔所作，"凤麟洲"篇记载周穆王时，西方少数民族进献昆吾割玉刀和夜光常满杯，这种杯是"白玉之精，光明夜照"。唐朝诗人王翰的名句"葡萄美酒夜光杯，欲饮琵琶马上催"，说的就是这种玉杯。玉器之外，漆器也日渐进入饮食领域。1981—1983年琉璃河遗址出土的西周漆器具有代表性。"特别是那件漆罍，不仅造型优美，纹饰繁复精致，而且器盖和器身上还有形态生动的牛头、凤鸟形象的饰件。如今看到的漆垂虽然略有变形，但是无论器表彩绘和镶嵌的图案花纹，还是附加的鸟兽形饰件，其工艺之精、形态之美，都是很突出的。这是我国早期漆器中一件罕见的精品。"②遗址中出土的漆器代表了这一时期本地区最高工艺水平。该遗址出土的漆器，器形还有豆、瓢、壶、杯、盘、俎、彝、盾等，其中簋、瓢、罍是其他地区所少见的。器胎一般较厚重，器表皆有漆绘，有些还用蚌片、蚌泡等镶嵌起来，与彩绘共同组成装饰图案，制作十分精美。③由于漆这种物质具备粘固的性能，适宜用镶嵌的技术做漆器的装饰，所以在漆器上镶嵌饰物比在青铜等金属食器上镶嵌饰物出现的时间可能更早一些。故而色泽华丽的漆器更集中彰显了当时统治者对食器的审美意向。

第四，夏商时期的烹饪方法非常少，到了周代，烹饪方法已非常多样，主要有煮、蒸、烤、炙、炸、炒、炖、煨、烩、熬等以及腊、醢、菹脯等腌制菜肴之法。尤其是西周之前，通过碾盘、碾棒、杵臼等对谷物进行粗加工，难以提供大量去壳净米来满足饭食需要，只能连壳一起粒食，只有少数贵族才有权享受去壳谷物。到了周代，"硙"（wèi），即石磨的出现，是谷物初加工方法的一次飞跃。与谷物加工相比，周代的肉类加工更为考究，而且，作为对肉类初加工的选割，与后期烹制具有同样的重要性。贵族们主要用镬烹熟鱼肉，用铜鼎来盛放肉类和其他珍贵食品。如《周礼·天官·亨人》云："掌共鼎镬，以给水火之齐。"郑玄

---

① 《海内十洲记》，古代神话志怪小说集，又称《十洲记》。旧本题汉东方朔撰。记载汉武帝听西王母说大海中有祖洲、瀛洲、玄洲、炎洲、长洲、元洲、流洲、生洲、凤麟洲、聚窟洲十洲，便召见东方朔问十洲所有的异物，后附沧海岛、方丈洲、扶桑、蓬丘、昆仑五条，属仿《山海经》之作。

② 殷玮璋：《记北京琉璃河遗址出土的西周漆器》，载《考古》1984年第5期。

③ 曹子西主编：《北京通史》第一卷，北京：中国书店1994年版，第60页。

注："镬所以煮肉及鱼腊之器，既熟及盛于鼎。"周王室贵族在祭祀、宴会时所享用的各种肉类，其选割及烹制，由专设的官署"内饔"与"外饔"执掌。

第五，商代的燕地酿酒业就十分发达，考古发掘的陶器、青铜器多是酒器的组合。琉璃河遗址 2002 年考古发掘的铜礼器中主要为酒器，北京顺义金牛村一墓葬中共出土 8 件青铜礼器，其中 7 件为酒器，其所占比重是相当大的。到目前为止，西周燕国考古发掘出土的铅器，仅在琉璃河遗址中出土 3 件和昌平出土 1 件，其中就有 1 件酒器。漆器共出土过 4 次，就有 1 次伴有酒器出土，且有一半左右的器形为酒器。① 酒器可谓是饮食器具的代表，其精美程度远胜于一般食器。除铜鼎外，青铜爵也具有礼器的功用。《说文·鬯部》云："爵，礼器也，象爵之形，中有鬯酒。又，持之也，所以饮器象爵者，取其鸣节节足足也。"在燕地考古发现中，青铜爵多与斝、斚同出，关于这三种酒器的用途，斚为温酒器毫无争议，爵与斝的功能暂无定论。② 一般认为酒器与官位相连，"爵"的意义与官相类，然而"爵"的本义却是古代的一种酒器。酒器与礼器大多合一，备受统治者重视。

4. 农牧业生产

商代以后北京地区的遗址中，出土了大量容量大的瓮、罐、大口尊等大型陶器，它们最大的特点是以圆形器为主。而以陶器为主的生活器皿、器形圆而大，这样的用器是不宜迁徙的，因而是定居农业民族的用器。③ 一旦定居下来，燕地居民就需要储存食物，容积较大的食器便应运而生。

较之原始农业，夏、商、周三代的农业技术有了飞速发展。北京地区已出土的昌平"雪山文化遗址"第三期、昌平下苑、丰台榆树庄、房山琉璃河、密云燕落寨、平谷刘家河等文化遗址或墓葬中都有农业遗迹出土；出现了农田沟洫体系，以清除水患；出现了耦耕、垄作法，由点播变为条播，出现了中耕、除草、田间治虫或选种；休闲耕作制已逐渐替代了撂荒耕作制或"游耕制"，孕育着由掠夺式经营向精耕细作的经验农业转变。④ 在其他遗址亦发现有石刀、石镰，在镇江营还发现了用于挖土的鹿角镢等农业生产工具，说明当时农业生产已具有一定的技术

① 李爱玲：《西周燕国农业探研》，载《农业考古》2013 年第 4 期。
② 吴娇：《青铜爵为饮酒礼器探析》，载《沧桑》2013 年第 4 期。
③ 周自强主编：《中国经济通史·先秦经济卷》（上），北京：经济日报出版社 2000 年版，第 216 页。
④ 张一帆、赵永志主编：《北京农业的历史性演化》，北京：中国农业出版社 2016 年版，第 23 页。

含量。①

西周时期北京地区的农业考古，主要有房山区刘李店、董家林遗址，出土了石杵和石镰，石杵已残，但顶部非常光滑。石镰以青石磨制而成，已残缺。② 1956年在昌平区宝山遗址（今在北京十三陵水库库区）发现的石斧、石锛及其以东约0.25公里的龙母庄遗址发现的石斧、石锛、双孔石斧、石铲等物，年代最早都不超过西周。③ 1959年在房山区周口店蔡庄古城遗址也发现了属西周时代的青石制石镰残片。④ 此时北京地区已进入青铜器时代，出土的一些青铜生产器具，主要是礼器、兵器和车具等物，铜制工具只见铜刀、锛、斧、凿4种，不见锄、犁、镰等农业工具。⑤ 当时使用的农业生产工具依然是以石器为主，与商代没有什么变化。不过，制作技术有了明显的进步。1962年在房山区琉璃河董家林商、周遗址曾发现西周陶鬲、甑、筆和作为农业工具的锯齿蚌刀、石刀、石镰等物。石刀系以砂岩磨制，石镰系以青石磨制，均与河北、河南、陕西等地西周遗址出土物相同。⑥ 从出土的生产器具看，当时北京地区农业生产技术已基本赶上了中原地区。

"从西周初年开始，燕国人民已经在这里开垦了大面积土地，种植黍、稷、豆、麻等作物。"⑦ 黍、稷耐旱，适合在北京地区种植，也是我国北方商周时期主要的粮食作物。黍、稷在甲骨文和《诗经》中频繁出现，次数超过粟，据统计，商代甲骨文中出现次数最多的农作物是黍，但出土的实物较少。《大雅·生民》："诞降嘉种，维秬维秠。"稷，《尔雅》郭舍人注云："稷，粟也。"其实，稷和黍是同一作物的两个品种。稷，别称粢、穄、糜。秦代李斯《仓颉篇》："穄，大黍也，似黍而不黏，关西谓之糜。"黍分黏与不黏的两种，其不黏的一种叫糜，也称为穄。现今，河北北部犹呼糜为糜子，也称为穄，称穄子饭为穄米饭。大豆又名菽，《诗经》中就有"中原有菽，庶民采之"的诗句。《周礼·天官·疾医》郑玄注："麻黍稷麦豆"；战国时期的文献中，"菽粟"经常一并出现，说明在当时大豆的确是主要粮食作物之一。大麻有雌雄之异，雄株称苴，籽实可以食用，故而

---

① 曹子西主编：《北京通史》第一卷，北京：中国书店1994年版，第35页。

② 北京文物工作队：《北京房山县考古调查简报》，载《考古》1963年第3期。

③ 苏天钧：《十年来北京市所发现的重要古代墓葬和遗址》，载《考古》1959年第3期。

④ 王汉彦：《周口店蔡庄古城遗址》，载《文物》1959年第5期。

⑤ 于德源：《北京农业史》，北京：人民出版社2014年版，第49页。

⑥ 北京文物工作队：《北京房山县考古调查简报》，载《考古》1963年第3期。

⑦ 孙健主编：《北京古代经济史》，北京：北京燕山出版社1996年版，第25页。

也曾纳入"五谷"。《诗经》有"丘中有麻"（《国风》）、"东门之池，可以沤麻"（《陈风》）之说，为商周时期种植大麻以供食用提供了依据。周代水稻的地位上升为"五谷"① 之一，挤入了常食的行列。它质地细嫩、甘香可口，深为统治阶级所重视，《周礼》的"天官"系列中列有专门为周王室负责种植水稻的"稻人"。② 不过，燕地还没有当时水稻的考古发现。

畜牧养殖业的兴起，应该不晚于先秦时代。仅今通州辖区的宋庄镇菜园村南取沙坑处、六合村的砖窑处、潞城镇胡各庄村南修路垫基的取土坑处、大台村北原土台处、西集镇前寨府村东鱼塘处、何各庄村东鱼塘处、漷县镇马堤村西南取土坑处、漷县村西北砖窑处、永乐店镇德仁务村中晾鹰台处、半截河村东耕地处、于家务乡东垡村中土岗处、神仙村西南达摩顶处、马驹桥镇西田阳村北土垞处、神驹村北土岗处、张家湾镇里二泗村南循良三冢处、垞堤村西北大山子处、台湖镇北火垡村西岗子处、铺头村西土岗处、梨园镇小街村东砖瓦厂取土坑处、高楼金村北汉墓群、永顺镇原卢庄村东口土垞处、原皇木厂村东处等，许多战国、汉代墓葬群里，都出土了大量的马头、鹅头、鸭头形铜带钩和大批的灰红陶，包括狗、猪、鸡、鸭、鹅、马俑等。③ 这些禽畜在居住地圈养，游牧与圈养并举。出土分布如此密集，足见那个时期的游牧、养殖已经普及开来了。

5. 饮食文化的断裂

北京地区的饮食文化属于中原系统，却在不同的时期接受了不同风味或强或弱的影响，土著或者说固有的饮食的特征相当模糊，形成了饮食文化断裂的格局。这与北京地区的原住民处于不断更替的状态以及其版图不断变化直接相关。当然，燕地饮食属于华夏文化的一部分，但这一区域具体的主体民族难以明确，汉民族也容纳了其他民族，从一开始就不纯粹。"燕地就是华夏文化与戎、胡文化交流的枢纽，是中原与东北经济、文化汇合交融的地区。燕国统治者把姬周文化带到北方，逐渐与当地的土著文化相融合，并在与戎、胡部族的交往中，相互借鉴，相互影响。"④ 而当地的土著文化到底是什么委实难以明确。

---

① 对于"五谷"，汉人和汉以后人的解释主要有两种：一种说法是稻、黍、稷、麦、菽（大豆）；另一种说法是麻（大麻）、黍、稷、麦、菽。

② 王学泰：《中国饮食文化史》，桂林：广西师范大学出版社 2006 年版，第 31 页。

③ 通州区政协文史和学习委员会编：《通州民俗》上册，北京：团结出版社 2012 年版，第 7—8 页。

④ 北京大学历史系《北京史》编写组编写：《北京史》（增订本），北京：北京出版社 2012 年版，第 15—16 页。

邹衡先生考证，夏、商时期，在现北京地区生活着以"玄鸟"为图腾的"矢（燕）"族，其北和东北，分别有肃慎、孤竹、燕亳、山戎等族。据文献记载，肃慎是一个古老的民族，即后世的棘鞨、夫余。肃慎族的原居地即在今燕山长城附近，直至东周时期仍在今渤海湾附近的辽河流域，以后不断东迁，至西汉时已迁至今吉林、黑龙江境内。① 孤竹国在今河北上卢龙一带，山戎族则活跃于燕山南北，燕亳在北京及其周围地区。不同部族毗邻而居，导致燕域的主体民族不甚明确，同时也难以把握其饮食文化的主体性。

《管子·轻重戊》称王亥"立帛（皂）牢，服牛马，以为民利"。"皂"以养马，"牢"以养牛，"服"乃驯服、饲养之意。公元前 1046 年周灭商后，分封诸侯。有关蓟、燕分封的问题，《左传》昭公二十八年有这样的记载："昔武王克商，光有天下，其兄弟之国者十有五人，姬姓之国者四十人，皆举亲也。"这里面应包含了蓟、燕两国。司马迁《史记·周本纪》云："武王追思先圣王，……于是封功臣谋士，而师尚父为首封。封尚父于营丘，曰齐。封弟周公旦于曲阜，曰鲁。封召公奭于燕。封弟叔鲜于管，弟叔度于蔡。余各以次受封。"召公名奭，姬姓，是与周室同姓的贵族，因食邑于召，称为召公。《史记·燕召公世家》《集解》引谯周曰："周之友族，食邑于召，谓之召公。"其实，蓟、燕并不是同时受封，而是武王时封蓟，成王时封燕，两者一前一后，相隔大约不到 10 年。史学界将燕、蓟受封之时，作为北京境内有文字记载的建城的开始。

燕国是西周王朝北方边疆中的重要同姓诸侯国，《史记·燕召公世家》载："周武王之灭纣，封召公于北燕。"周人与幽燕地区的联系是西周初年武王灭商、分封诸国时建立起来的。公元前 311 年，燕昭王接受郭隗的建议，在燕下都东南建造黄金台召贤，能人贤士纷纷投奔燕国。中山人乐羊后裔乐毅被燕昭王任为亚卿。乐毅积极帮助燕昭王进行改革，燕国从此兴旺起来。公元前 284 年，乐毅率军伐齐，连下 70 余城，攻克了齐都临淄。《乐毅报燕王书》中记载："珠玉财宝，车甲珍器，尽收入燕。大吕陈于元英，故鼎反乎历室。"② 这是燕国历史上最鼎兴的时期。

周初燕文化极其复杂，是由周文化、商文化、张家园上层类型的土著文化共

---

① 邹衡：《夏商周考古论文集》，北京：文物出版社 1980 年版，第 253 页。

② ［西汉］刘向：《战国策》卷 29《燕一》，上海：上海古籍出版社 1998 年标点本，第 1039 页。

同建构起来的，具体而言，应由关中姬周文化，封给燕侯的西北氐羌与海岱东夷诸族文化，商末的燕亳、冀、孤竹等北土商文化，早徙的东夷偃族文化，北方戎狄土著文化等诸多因素合成。① 相应地，燕地饮食文化的形成却有些无所适从，早在周初封燕，其饮食文化就应该融入大中原文化体系中，依照封国的形式确定发展走向，使之成为周文化的一部分。然而事实并非如此，燕国的饮食文化并没有像鲁国那样归到周文化圈。原因在于燕国的饮食文化是由入住者的民族嗜好和习惯决定的。燕地的饮食文化土壤和生存环境也不允许其拥有那种保守稳定、温文尔雅的饮食品位。北部东胡、匈奴和楼烦的侵扰要求燕地的饮食是粗放的、野性的，与人们刚强的、豪放慷慨的文化特质相一致。所以，燕封国之后所展示的饮食风貌只能属于封国时期的燕文化。

在燕国极盛时期，燕国的疆土以北京地区为中心，包含今河北省的北部、内蒙古的南部、山西省的东北部、山东省的西北部及辽宁省的西部等广大地区。燕国主体疆域是暖温带与中温带结合地区，暖温带适合农耕，中温带适合放牧。燕国疆域的气候特征，一方面是由其所处的地理位置决定的，如纬度、海拔以及海陆空间关系等因素；另一方面也受到其内部地理环境各种类型展布状况以及由这种展布状况产生的地理环境如山地、平原、河流等因素的影响。② 燕地辖区既适宜种植又有放牧的天然牧场，临海还经营渔业。农耕、游牧和养殖的经济形态在这里交汇，三种不同的饮食风味处于同一疆域。燕山以北为游牧区，出产牲畜、皮毛；燕山以南为农耕区，盛产多种农作物；西南有高大的太行山脉，山地有矿产资源；东有宽广的渤海海域，沿海有渔盐之利。燕地距离内地遥远，"人民希，数被寇，大与赵、代俗相类"③。司马迁的分析说明，战国至秦汉，燕、赵之饮食风味已相融合，并已形成一个具有杂糅并呈的饮食文化区域。北京饮食文明被外界所认可，与燕国始封首都密切联系，历史地决定本地区具有首都地位，其饮食文化也被赋予了首都的形象。

据天津市考古学者 1983 年发表的关于蓟县围坊遗址的发掘报告，该遗址的文化遗存第一期第4层属新石器晚期的龙山文化时代，第二期则明显属于"夏家店

① 陈平：《"先燕文化"与"周初燕文化"刍议》，载《北京文博》1995 年第1期。
② 张樱烁：《西周时期邢、燕考古文化的比较研究》，天津师范大学硕士论文，2017 年，第10页。
③ ［西汉］司马迁：《史记》卷129《货殖列传第六十九》，北京：中华书局，1982 年标点本，第3253页。

下层文化"①，在北京地区，考古学者却发现"夏家店下层文化"与龙山文化共存。也就是说，"夏家店下层文化"和龙山文化可能是同时并存的两种文化。这说明商周时期，北京地区的文化并没有明确的指向和定位，各种文化形态交织在一起。相应地，饮食文化也是多元而驳杂的，难以归属及提炼出一条一以贯之的主线，即出现了断裂的情况。

"中国北方农牧交错地带是地理环境演变的敏感地带，亦是全球环境危机带的组成部分。在物质文化景观方面，呈现农业、牧业景观相交错，且时农时牧，使整个大农业生产系统处在波动不稳定状态。"② 距今5000多年前，燕地属于以原始农业为主导，以采集、渔猎等为辅的经济形态。距今3500～3000年，畜牧业取得了相对独立的地位，并强势地向东、向南及向西扩展范围，农耕区反而萎缩起来。此种过程一直持续到汉代，农牧两种生产方式的空间转换过程最终完成。农牧两种经济模式在燕地的竞争博弈直接导致其饮食文化发展的摇摆不定，饮食文化未能形成统一格局和连贯的演进态势。

北京地区进入新石器时代（距今1万年左右）至西周封燕（距今3050年左右）这一时期的饮食文化所表现出来的特征，概括起来，就是饮食文化的断裂。所谓饮食文化断裂指多种饮食文化曾经在此并存、交错和相继发展，然而饮食文化间的直接承继、延续的脉络并不清晰，即北京地区几乎没有固定不变的传统的土著饮食文化可言。

从饮食文化整体格局而言，西周晚期至春秋早期燕饮食文化整体形象初见端倪，分别形成了东以齐、西以秦、南以楚、北以燕赵为代表的四个饮食文化分支。而在燕地内部，不但作为核心地带的北京南部一带的土著饮食文化因素基本消失，周饮食文化和商饮食文化等融合发展更为突出。不仅如此，周边河北易水流域和天津、唐山平原地区的燕饮食文化的土著色彩也基本不见。这与北京处于各种文化交汇点有关。苏秉琦先生指出，"燕山南北地区是中华民族的一个大熔炉。夏商时期，这里和商人有着密切的文化联系，是商人的后方"。后来的"燕文化和周文

---

① 天津市文物管理处考古队：《天津蓟县围坊遗址发掘报告》，载《考古》1983年第10期。
② 田广金、史培军：《中国北方长城地带环境考古学的初步研究》，载《内蒙古文物考古》1997年第2期。

化区别很大，却和商文化有许多联系"①。燕蓟作为西周初年周人控制北方的据点，却不属于周文化系统，文化的杂糅可见一斑。周初燕文化，应由关中姬周文化，封给燕侯的西北氏羌与海岱东夷诸族文化，商末的燕亳、異、孤竹等北土商文化，早徙的东夷偃族文化，北方戎狄土著文化等诸多因素合成。② 诸多文化形态并存，却未能形成一种新型的文化体系，只能以"断裂"加以概括。

多重性是燕地文化包括饮食文化"断裂"的重要表征。清初《钦定日下旧闻考》编者按云："燕俗自古言者不一，或以为愚戆而贞，或以为勇义而悫，或以为轻薄无威，或以为沈鸷多材。"③ 社会风俗的驳杂肇始于其文化渊源的多元。"在文化面貌上，总的来看，北京地区是一个周边不同文化的汇聚地带。如上宅一期文化明显受到东北兴隆洼文化的影响，筒形罐是典型的兴隆洼文化中期陶器。上宅二期文化中同时具有南北两方的文化因素，一方面有来自中原磁山文化的影响，另一方面也有来自北方赵宝沟文化的影响。北京不但地处南北文化交流接触地带，而且从中国大的三级地势来看，恰处于第二级与第三级地势的过渡带上，在环境基础上也提供了不同文化交融的机会。"④ 过渡性的边缘地理位置使得北京地区偏离众多文化中心，成为诸文化边缘在此交汇的地区。一般而言，一个地方的经济基础是相对稳定的，但北京地区的文化包括饮食在内的走向并不由自身的经济基础所主导，而是受制于政治和军事的实施状况。这决定了这一时期北京地区，虽然饮食文化连绵不断，但各饮食文化间却少有直接承继关系，饮食文化的根源性不明确，这正是北京地区先秦时期几乎无土著饮食文化的重要原因。⑤ 这种状况与秦汉以后北京地区饮食文化逐渐处于中心地位的发展态势形成鲜明对照。

需要明确指出的是，恰恰是燕蓟土著饮食未能确立主体地位，方能给处于正统地位的华夏饮食文化的渗入腾出足够的生存空间。燕蓟族群显然也与黄帝族有着血缘关系。更何况，在商周之际就已经形成了普天之下，莫非王土的观念。《左传·昭公九年》引当时周大夫詹桓伯的话云："我自夏以后稷，魏、骀、芮、岐、毕，吾西土也，及武王克商，蒲姑、商奄，吾东土也，巴、濮、楚、邓，吾南土

① 华泉：《张家口地区新石器时代和青铜时代考古研究学术讨论会侧记》，载《史学集刊》1982年第4期。
② 陈平：《"先燕文化"与"周初燕文化"刍议》，载《北京文博》1995年第1期。
③ ［清］于敏中等：《日下旧闻考》卷146《风俗》，北京：北京古籍出版社，1981年标点本，第2328页。
④ 侯仁之主编：《北京城市历史地理》，北京：北京燕山出版社2000年版，第12页。
⑤ 李维明、李海荣：《环境与北京文明的诞生》，载《中国历史文物》2002年第2期。

也，肃慎、燕、亳吾北土也。"① 毫无疑问，燕地也属于华夏的版图。断裂是暂时的，燕蓟饮食文化主体性的最终形成势在必行。

第二节　春秋战国时期的饮食文化

公元前 770 年，以周平王迁都洛邑为标志，中国历史进入东周时期，至公元前 221 年止。东周又可分为春秋和战国两个时期。公元前 770 年至前 476 年为春秋时期，前 475 年至前 221 年为战国时期。春秋时期，《史记·匈奴列传》记载："燕北有东胡、山戎，各分散居溪谷，自有君长，往往而聚者百有余戎，然莫能相一。"山戎（战国时期称为东胡）实力强盛，史籍中"山戎越燕而伐齐""山戎病燕"等记载屡见不鲜。顺便指出，山戎为游牧民族，其进入燕地，显然大大增加了燕地饮食的游牧风味。20 世纪 80 年代后半期，连续在延庆盆地北部边缘地带、军都山南麓方圆 50 平方公里，发掘出十余处春秋山戎文化遗址。以动物殉葬的现象比较普遍，牛、羊、狗杀死以后，以头和腿作为祭品，祭祀亡灵。其中以殉狗最为普遍。② 由此可见，游牧饮食生活已深入燕地的部分地区，成为了燕地多元饮食文化的一部分。总体而言，燕国在各诸侯国中的势力相对较弱，发展也几乎处于停滞状态。燕王喜二十八年（前 227），燕军在易水以西大败于秦大将王翦，秦军占领了燕下都，第二年蓟城沦陷。自此，燕与齐、楚、韩、赵、魏一样，都受制于秦。

1. 族群之间的交往与更替

春秋后期，新兴的世卿势力逐渐强大起来，一系列改革措施得以实施。燕国的真正崛起是在战国时期的燕昭王执政期间。燕国强盛之后，在今辽河地区设置了右北平、辽西、辽东郡。《战国策·燕策·燕一》载，战国时期，燕国疆域"东有朝鲜、辽东，北有林胡、楼烦，西有云中、九原，南有滹沱、易水，地方二千余里"；燕人与"胡人"在很多地区错居杂处，其间的边界并不十分清晰，且处于不断变动之中。《史记·货殖列传》记载："夫燕，……南通齐赵，东北边胡。"极大地扩张了势力范围。战国时，山戎的威胁逐渐解除，而林胡、楼烦、东胡又强大起来，成为燕国北方的主要劲敌。东胡作为游牧民族，其饮食经济以畜

---

① ［春秋］左丘明：《左传》卷下《昭公九年》，北京：中华书局 2012 年版，第 1713 页。
② 靳枫毅：《东周山戎文化考古新收获》，载《北京文物报》1988 年试刊第 2 期。

牧业为主，汉族在与之交往过程中也以牛、羊肉为美食。《左传·昭公九年》周大夫詹桓伯云："及武王克商……肃慎、燕、亳吾北土也。"肃慎与春秋时期的山戎有关。匈奴族是北狄族支属，也从北面侵扰燕国。《史记索隐》引应劭《风俗通义》曰："殷时曰獯鬻，改曰匈奴。"又服虔云："尧时曰荤粥，周曰猃狁，秦曰匈奴。"韦昭曰："汉曰匈奴，荤粥其别名。"《诗经·采薇》毛传："俨狁，北狄也。"《笺》曰："北狄，匈奴也。"《孟子·梁惠王下》赵岐注曰："獯鬻，北狄强者，今匈奴也。"《吕氏春秋·审为》高诱注："狄人猃狁，今之匈奴。"诸上记载表明匈奴与商、西周时的獯鬻、鬼方、猃狁及春秋时的戎、狄有着族源上的血缘关系。

当时，燕国的都城在蓟（今北京地区西南部），除蓟以外，还有"中都"① 和"下都"，其中中都位于今房山区窦店以西。疆域的扩展也使得其经济和饮食文化的版图向四周延伸。

春秋中晚期北京地区为农业经济的燕文化和游牧经济的玉皇庙文化②南北并存的局面。前者明确者仅有相当于春秋中晚期的房山丁家洼居址遗存和春秋晚期的顺义龙湾屯墓葬。后者主要分布在北部山区，以延庆玉皇庙墓地遗存为代表，还包括延庆葫芦沟、西梁垬墓葬等。绝对年代在公元前650—前475年。战国时期的燕文化以怀柔城北墓葬和房山镇江营商周第五期遗存为代表，包括昌平松园战国墓葬和半截塔东周墓、房山琉璃河战国遗存、岩上"战国时期墓葬"、南正战国遗存，以及原通州中赵甫（今属河北三河）、丰台贾家花园等随葬青铜礼器的墓葬，还有房山区窦店、蔡庄古城和黑古台，宣武区广安门外（今属西城区），西城区白云观等遗址。③ 遗址比较分散，也从一个侧面表明燕人活动的范围比较广阔。

在内蒙古赤峰市夏家店遗址发现的夏家店上层文化，"分布范围北至西拉木伦河以北和大兴安岭山脉南段东麓，南至燕山，东至辽河，西至张家口一带，与夏家店下层文化分布大体相当，从地层关系看，它的遗址在北部西拉木伦河一带多单独存在，文化堆积不太丰富；在中部和南部，独立存在的遗址较少，多与夏家店下层文化和燕国燕文化相互叠压，燕国文化在上，夏家店下层文化在下，夏家

---

① ［北宋］乐史：《太平寰宇记》，北京：中华书局2007年版，第1395页。
② 玉皇庙文化是春秋战国时期分布于冀北地区的一种具有农牧文化特色的考古学文化。
③ 韩建业：《试论北京地区夏商周时期的文化谱系》，载《华夏考古》2009年第4期。

店上层文化居中"①。夏家店上层文化属于肃慎、山戎、东胡等游牧民族的文化,与燕国文化交集密切。燕地自立国始,就是北方各民族聚居之地,其饮食发展的走向也以北方游牧民族为主导。这一态势一直延续到北京成为全国政治中心之后。

周武王平殷,封召公奭于幽州故地,号燕。周灭商后建燕国管理殷商遗民及孤竹、箕等族,遂在燕山南北形成了以华夏燕族为主体的燕文化。《吕氏春秋·有始览第一》曰:"北方为幽州,燕也。"《尔雅·释地》亦曰:"燕曰幽州。"② 李巡注:"燕,其气深要,厥性剽疾,故曰幽。幽,要也。"③《史记·五帝本纪》云:帝颛顼时,"北至于幽陵"。《正义》云:"幽州也。"舜"请流共工于幽陵"④。《庄子·在宥》云:尧"流共工于幽都"。陆德明《音义》云:"幽都,李云即幽州也。"⑤ 幽州、幽都、幽陵等乃是北京地区最早的名称。在先秦时期,"幽州"泛指我国北方,地域范围比较模糊。西汉武帝时期设置十三刺史部作为监察机构,幽州是其中之一,到东汉时期才成为实质性的政区。此前北京饮食文化只是一个位置的概念,或指北京饮食的生活区域,而幽州则属于行政区划。自此以后,北京饮食文化便落实到了具体的行政辖区,或者说可以在一定的行政范围内讨论北京饮食文化演进的问题。

2. 蓟城的产生

西周早期,以董家林古城——燕都为中心,中原系统的燕文化的分布范围不超出 30 公里,至西周中晚期,中原系统的燕文化扩大到燕都周围 70~90 公里的范围,至春秋时期,已越过燕山山脉,基本上排挤、融合了张家园上层类型,战国时代,甚至一度推进到了今辽宁省和内蒙古自治区。⑥ 战国时期,燕昭王即位,"吊死问孤,与百姓同甘苦,二十八年,燕国殷富"⑦。燕国强盛起来,争霸中原,号称七雄之一。其时拥有的疆域,以今天的北京地区为中心,辖有河北省的北部,内蒙古自治区的南部,山西省的东北部,山东省的西北部及辽宁省的西部的广大

---

① 靳枫毅:《夏家店上层文化及其族属问题》,载《考古学报》1987 年第 2 期。

② 《尔雅·释地·九州》:"两河间曰冀州,河南曰豫州,河西曰雍州,汉南曰荆州,江南曰扬州,济河间曰兖州,济东曰徐州,燕曰幽州,齐曰营州。"此"九州"之"州"为地域概念,而非后世行政建置意义上的"州县"之"州"。

③ 李学勤主编:《尔雅注疏》,北京:北京大学出版社 1999 年版,第 188 页。

④ [西汉] 司马迁:《史记》卷 1《五帝本纪第一》,北京:中华书局,1982 年标点本,第 24 页。

⑤ 章启群:《庄子新注》,北京:中华书局 2018 年版,第 240 页。

⑥ 侯仁之主编:《北京城市历史地理》,北京:北京燕山出版社 2000 年版,第 25 页。

⑦ [北宋] 司马迁:《史记》卷 34《燕召公世家第四》,北京:中华书局,1982 年标点本,第 1549 页。

地区。

《史记·苏秦列传》记载，苏秦称赞燕国"南有碣石雁门之饶，北有枣栗之利，民虽不佃作而足于枣栗矣，此所谓天府也"，形象地描述了当时燕地农业生产和果木业发展的盛况。但相对于其他方国，燕国相对较弱。正如司马迁《史记·燕召公世家》所说："燕（北）[外]迫蛮貉，内措齐晋，崎岖强国之闲，最为弱小，几灭者数矣！"大概就是这一原因，当时史籍关于燕国的史事记载甚少，《左传》记载的燕国史事已迟至春秋之后。《左传》之外，《国语》中就没有燕语，《诗经》中也没有燕风，更遑论燕地的饮食文化了。然而，由于商王朝的灭亡和西周王朝的建立，以及西周封建制度和迁殷移民政策的推行，北京中南部及其附近平原地区都基本被并列到广义的周文化体系当中，标志着西周燕文化形成以及燕饮食文化的确立。

北京仍为燕国都城所在地，称为蓟城。所谓"以河为境，以蓟为国"① 是也。此"河"，指黄河；"蓟"指蓟城；此"国"乃指燕之国都。《礼记·乐记》载，孔子授徒曰："武王克殷，反商，未及下车，而封黄帝之后于蓟。"周武王灭商之后，封黄帝之后（或帝尧之后）于蓟。这是关于"蓟"的最早的文献记载。

蓟城一名的来源，可能与蓟草相关。燕都蓟城之所以名"蓟"，宋人沈括以为是由于当地盛产蓟草而得名。北宋时期出使契丹的著名科学家沈括，在《梦溪笔谈》卷二十五记载："余使虏，至古契丹界，大蓟茇如车盖，中国无此大者。其地名蓟，恐其因此也。如扬州宜杨、荆州宜荆之类。'荆'或为'楚'，'楚'亦荆木之别名也。"② 沈括出使契丹（辽国），来到了契丹界的蓟城，见到当地有一种大蓟，足有车篷那么大，中原内地从没有见过这样大的蓟草。恐怕就是因为有这样的大蓟，蓟城才得名，这就像扬州适宜杨树生长，故名扬州；荆州适宜荆木生长，故名荆州一样。按照古文字学的解释，"蓟"字的构成，从草从术从鱼从刀。从草从术，术即秫。秫，可训为糯。"'三月而种粳，四月而种秫。'皆谓之稻也。"③ 从鱼从刀，可训为渔猎之义，系一兼营农业与渔业的早期族称。两者与食材皆有直接关联。以所食植物作为都城名称，足见饮食影响之深远。或许正是"蓟"具有特殊的食用功效，才被用于指称行政区域。这又是一种蓟城得名的推

① 周勋初：《韩非子校注》，南京：凤凰出版社2009年版，第34页。
② ［北宋］沈括：《梦溪笔谈》卷25《杂志二》，北京：中华书局，2020年标点本，第210页。
③ 杨荫深：《细说万物由来》，北京：九州出版社2005年版，第420页。

测。此说与沈括的观点相同。

侯仁之先生认为，当蓟"到了正式建立为诸侯国的时候，就完全具备了城市的功能，因此也就可以认为是建城的开始"。① 这一看法得到广泛认同。《史记·刺客列传》中有"荆轲嗜酒，日与狗屠及高渐离饮于燕市"的叙述，说明蓟城有定期的集市。中原的商人大量涌入，东北的东胡、朝鲜等民族的商人，也是集市中的常客。饮食的交换在原始社会即已展开，"在野蛮时代的中级阶段，我们看到游牧民族已有牲畜作为财产，这种财产，到了成为相当数量的畜群的时候，就可以经常提供超出自身消费的若干剩余；同时，我们也看到了游牧民族和没有畜群的落后部落之间的分工，从而看到了两个并列的不同的生产阶段，从而也就看到了进行经常交换的条件"②。最初用于交换的主要是食物，由食物交换而成集市，集市演进而为城，蓟城的形成自然也是遵循了这样的发展轨迹。

集市的兴起，促进了蓟城饮食业的繁荣。《盐铁论·通有篇》说："燕之涿、蓟，赵之邯郸，魏之温、轵，韩之荥阳，齐之临淄，楚之宛、陈，郑之阳翟，二周之三川，富冠海内，皆为天下名都。"③ 这些"名都"，主要是战国时代兴起的。

北魏著名的地理学家郦道元在他所著的《水经注》（武英殿聚珍版卷十三）中有一段言："灅水又东，与洗马沟水合。水上承蓟城西之大湖。湖有二源，水俱出县西北平地导泉，流结西湖。湖东西二里，南北三里，盖燕之旧池也。绿水澄澹，川亭望远，亦为游瞩之胜所也。湖水东流为洗马沟，侧城南门东注，昔铫期奋战处也。其水又东入灅水。灅水又东迳燕王陵南。陵有伏道，西北出蓟城中。景明中，造浮图建刹，穷泉，掘得此道。王府所禁，莫有寻者。通城西北大陵而是二坟，基址磐固，犹自高壮，竟不知何王陵也。灅水又东南，高梁之水注焉，水出蓟城西北平地，泉流东注，迳燕王陵北，又东迳蓟城北，又东南流，《魏土地记》曰蓟东一十里，有高梁水者也，其水又东南入灅水。"灅水的中游就是今天的永定河，北魏时灅水又称清泉河，"蓟城西之大湖"为今莲花池。"永定河上的古渡口，成为南北交通枢纽，是北京城原始聚落蓟城形成的主要条件之一。……永定河水及其故道遗存所形成的莲花池水系、高梁河水系，是从蓟城到北京城的主

---

① 侯仁之：《奋蹄集》，北京：北京燕山出版社1995年版，第38—43页。

② 《马克思恩格斯全集》第二十一卷，北京：人民出版社1965年版，第188—189页。

③ 涿，今河北涿州市。蓟，今北京市西南。温，今河南温县西南。轵，今河南济源市东南。宛，今河南南阳市。陈，今河南淮阳县。阳翟，今河南禹县。三川，指洛阳和巩二城。

要水源。"①　永定河中、上游流域的茂密森林为熟食提供了必要的条件。"衣、食、住、行是人们生存最重要的形式和条件。人们的衣、食、住、行，严格地说，无不与林木有关系。特别是食、住、行，更离不开木材。食要熟食，这就需要燃料。古代人们常用的燃料，主要是木柴和干草（包括庄稼秸秆）。"②水乃生命之源，除了供饮用之外，还滋养着人类生存必需的树林和植物。水和都城构成了唇齿相依的关系。

周初武王灭商在今北京地区分封了两个性质不同的诸侯国蓟和燕。蓟封于前，燕实封于后，即武王时封蓟，成王时封燕。燕国是西周的宗亲，"燕与蓟不同，是'封建亲戚，以藩屏周'的方伯大国，其初都于今房山区琉璃河古城达三百年，后因山戎侵掠一度迁都于临易，不数十年又迁都于先已亡于山戎的蓟国都城蓟"③。《史记正义》中记载："蓟燕二国俱武王立，因燕山、蓟丘为名，其地足自立国，蓟微燕盛，乃并蓟居之，蓟名遂绝焉。"燕灭蓟后，兼并了蓟国，就没有蓟国的记载了。燕国以蓟为都城，当在灭蓟以后。周初的永定河，有一支主河道向南奔流，燕和蓟应是以河为界，永定河以南为燕，以北为蓟。蓟城和燕城为同时兴建的两个都城，它们都是历史上最早的北京城。故历史上第一座北京城，应是"南燕北蓟"的二元城市。不论是琉璃河还是永定河，都为蓟和燕两个诸侯国的发展提供了饮食保障。一是水源，二是食源，还有熟食的燃料，这些也是蓟城得以成为都城的根本所在。

古文献关于蓟城的起源，最早见于北魏郦道元《水经注·灅水》，其中记载："今城内西北隅有蓟丘，因丘以名邑也，犹鲁之曲阜，齐之营丘矣。"《管子·乘马》云："凡立国都，非于大山之下，必于广川之上。高毋近旱，而水用足；下毋近水，而沟防省。因天材，就地利。"也就是说，都邑的所在地，地点要适中，位置应重要，物产要丰富，水源要充沛等。"一个城市城址的确定，是在一定的历史条件下，由特定的空间关系所决定的。这种空间关系既包括自然地理方面的，也包括人文地理方面的。而区域内和区际间的交通关系，便是这种空间关系的具体体现。"④　侯仁之先生则具体阐述了蓟城城址确定的原因："这个古代大路分歧之

---

①　尹钧科、吴文秀：《历史上的永定河与北京》，北京：北京燕山出版社2005年版，第1页。

②　尹钧科、吴文秀：《历史上的永定河与北京》，北京：北京燕山出版社2005年版，第127—128页。

③　韩光辉：《蓟聚落起源与蓟城兴起》，载《中国历史地理论丛》1998年第1期。

④　朱祖希：《北京城——中国历史都城的最后结晶》，北京：北京联合出版公司2018年版，第8页。

处的居民点，便成为当时沟通南北交通的枢纽。当社会经济的发展具备了一个城市诞生的条件时，处在这个枢纽位置的居民点，就十分自然地迅速地发展起来，终于凌驾于附近其他居民点之上，成为当时一个小奴隶制国家的统治中心。"[1] 其实，具体而言，"因天材，就地利"就是有能够解决吃饭问题的饮食来源。蓟城因永定河而设，永定河的冲积平原有利于农业生产，所产粮食足以满足蓟城先民的需求。从这一点而言，饮食才是蓟城成为名都的直接原因。

最早记载蓟丘之名的是《战国策·燕策》中的《乐毅报燕王书》。燕昭王二十八年（前284），乐毅奉命联合五国大军攻齐，陷齐都临淄，掠取珍宝重器，"珠玉财宝，车甲珍器，尽收入燕，大吕陈于元英，故鼎反乎历室，齐器设于宁台。蓟丘之植，植于汶篁"[2]。丘上有蓟，故名。《山海经·大荒东经》："黄帝生禺，禺生禺京。禺京处北海。"[3] 禺京后裔建有郭国，为郭氏，公元前670年亡于齐。《战国策·燕策一》载：郭氏后裔郭隗仕燕，为燕昭王之师。[4]《畿辅通志·名臣》认为：郭隗于保定……仍为燕人。由此推知，最早族居此地立国者，北京及附近地区的早期居民，当为黄帝之子禺京之后裔，亦即兼营稻作及渔猎的京族，筑有京邑。作为蓟族长期生活中心的丘岗也就获得了"蓟丘"的名称。

有关专家考证，"蓟丘"位于今北京市西城区白云观附近。考古学家苏天钧说："白云观以西，以前有很大的土丘。但土丘已被破坏，附近地面上散落有很多战国时期的陶片。白云观以西的高地一向被人认为是蓟丘。蓟丘东南之地，则被认为是蓟城。"[5] 从永定路枣林村至今万寿路的核桃园旧址，有一段绵延数里的土城遗迹，土城于此两端戛然而止，形成陡崖，由此可判断枣林、核桃园二村应是汉蓟城北垣的两座城门所在。此崖壁夯土因需承载券门之城楼而高厚坚固故存世较久。[6] 20世纪五六十年代，在宣武门至和平门一带，考古工作者发现了150余座春秋战国时期和汉代的古陶井，陶井分布最密集的地区在今宣武门至和平门一带。"解放后历年出土的唐、辽墓志中，所记载有关蓟城的位置，大体也都是在这个方

---

① 侯仁之、金涛：《北京史话》，上海：上海人民出版社1980年版，第12—13页。

② [西汉] 刘向：《战国策》卷29《燕一》，上海：上海古籍出版社1998年标点本，第1039页。

③ 叶舟编：《山海经全书》，呼和浩特：内蒙古人民出版社2010年版，第282页。

④ [唐] 李泰：《括地志辑校》，贺次君校，北京：中华书局2010年版，第290—291页。

⑤ 北京市文物工作队（苏天钧执笔）：《北京西郊白云观遗址》，载《考古》1963年第3期。

⑥ 陈广斌：《北京汉蓟城新考》，载首都博物馆编：《首都博物馆论丛》，北京：北京燕山出版社2012年版，第36页。

向。这次在这里所出土的陶井，也能说明这个问题，尤其是白云观到宣武阴豁口一带，陶井最为密集，说明当时人口相当集中。"① 以后在北京上、下水道工程和南护城河加宽工程中，也发现了 65 座陶井，这些陶井分布在今陶然亭、广安门内大街北线阁、白云观南顺城街及海王村一带，最集中的仍是宣武门至和平门一线。②

有"井"就有"市"，也常称为"市井"。神农氏"日中为市"③；颛顼时"祝融修市"④，黄帝时"市不预贾"，市作为交易的场所，起源是很早的。"市井"一词原指商业贸易的地方，"处商必就市井"⑤。管子亦曰："野与市争民，家与府争货，金与粟争贵，乡与朝争治。故野不积草，农事先也。府不积货，藏于民也，市不成肆，家用足也，朝不合众，乡分治也"⑥，市就是商品交易的空间。西周商品买卖已成比较大的规模，故而对市场的管理有明确规定："圭璧金璋，不粥（鬻）于市；命服命车，不粥于市；宗庙之器，不粥于市；牺牲不粥于市；戎器不粥于市；用器不中度，不粥于市；兵车（指为出军赋的车乘）不中度，不粥于市；布帛精粗不中数、幅广狭不中量，不粥于市；奸色乱正色，不粥于市；锦文珠玉成器，不粥于市；衣服饮食，不粥于市；五谷不时，果实不熟，不粥于市；木不中伐，不粥于市；禽兽鱼鳖不中杀，不粥于市。"⑦ 这里的"粥"发"鬻"（yù）音，意为"售卖"。这大概是我国最早有关食品经营管理的记录。最早的市出现在什么地方？古人说："因井为市"，"交易而退，故称市井"⑧。为何市与井合在了一起？"古人未有市，若朝聚井汲水，便将货物于井边货卖，故言市井也。"⑨ 在没有独立的交易场所之前，交易最先出现在水井旁边。水井是每家每户都离不开的公共场域，也是用于运输的牲畜饮水之处，还有，《风俗通义》言：货物"于井上洗涤，令洁"，故而便在井边交易起来了。过去北京的日常生活离不开井水，人们每天去井边打水的时候，就顺便在这里交换货物，就是"市""市井"

---

① 北京市文物工作队：《北京西郊白云观遗址》，载《考古》1963 年第 3 期。

② 苏天钧：《试论北京古代都邑的形成与发展》，载中国古都学会编：《中国古都研究》（第 3 辑），杭州：浙江人民出版社 1987 年版，第 125 页。

③ 高亨：《周易大传今注》，济南：齐鲁书社 1979 年版，第 56 页。

④ 《世本·作篇》。《古史考》云："神农作市，高阳氏衰，市官不修，祝融修市。"

⑤ 黎翔凤撰、梁云华整理：《管子校注》"小匡"，北京：中华书局 2004 年版，第 400 页。

⑥ 同上，第 52 页。

⑦ 《礼记·王制》，袁祖社编：《四书五经》（四），北京：线装书局 2002 年版，第 1682 页。

⑧ 《初学记》引《风俗通》、《后汉书·循吏传》引《春秋·井田记》。又见高亨：《周易大传今注》，济南：齐鲁书社 1979 年版，第 56 页。

⑨ ［西汉］司马迁：《史记》卷30《平准书第八》，北京：中华书局，1982 年标点本，第 1417 页。

"市易"。① "古之为市也，以其所有，易其所无者。"② 另外，由密集的情况推测，这种井不仅有食用水井，还可能有一部分是灌溉农田用的。发掘出战国至汉代的陶井，成为蓟城位置确立的间接依据，同时，也是当时蓟城人饮食生活留下的遗址。

3. 饮食文化的地域交流

蓟城的西、北、东三面，处于游牧民族的包围之中，通过古北口和居庸关隘，与这些民族的经济交往密切。古代文献对其优越的交通地理位置多有表述，《汉书·地理志》提到蓟处勃、碣之间，燕之都。勃，渤海也。姚鼐云："碣石在燕东，海中之货，自此入河。雁门在西北，沙漠之货，自此入路，皆达燕，故有其饶也。"③ 《郡国志》等著述沿袭《汉书·地理志》之说："箕星散为幽州，分为燕国，其气躁急，通齐、赵、渤海之间，一都会也。"④ 处于这般四通八达的交通要道，其经济和政治地位便凸显了出来。有学者研究指出："燕国和这些国家（按指上面引文中的各国）不断进行贸易，获得了很多的利益，蓟城应该就是燕国进行对外贸易的中心。"⑤ 蓟城是我国北方名副其实的交通枢纽和贸易中心。

从秦汉以降，直到唐末，中原汉族与北方游牧民族经贸交往密切，而蓟城发挥了中枢的作用。燕都蓟城一跃而为"富冠海内"的名城，成为整个华北地区最繁荣的都市之一。"除了黄帝的后裔们在此居住之外，先后有西周召公奭的子孙、以游牧为主的山戎部落民众，以及后来的匈奴、乌桓、鲜卑、契丹、奚族、女真等大量少数民族民众都曾经定居在这里。"⑥ 《史记·货殖列传》记载，燕国所出产的"鱼盐枣栗"，素为东胡等东北少数民族所向往，而燕国的国都则是东胡与中原各地进行经济文化交流的枢纽地区。1973 年在辽宁省宁城县南山根村发掘的一座墓葬，出土了大量的猪、狗、牛、马、羊、鹿等动物骨骼，足见其畜牧业的发达。猪也是人类最早饲养的家畜之一。春秋时，猪的名称很多，猪又名"豕""彘"，一岁小猪叫"豵"，三岁大猪叫"豜"，母猪曰"豝"，公猪曰"豭"，肥

① 王红：《老字号》，北京：北京出版社 2006 年版，第 15 页。
② 杨伯峻：《孟子译注》，北京：中华书局 2016 年版，第 91 页。
③ 郭人民：《战国策校注系年》，郑州：中州古籍出版社 1998 年版，第 577 页。
④ [北宋] 李昉：《太平御览·周郡部·幽州》，北京：中华书局 1998 年版，第 787 页。
⑤ 史念海：《释〈史记·货殖列传〉所说的"陶为天下之中"兼论战国时代的经济都会》，载《人文杂志》1958 年第 2 期。
⑥ 张艳丽主编：《北京城市生活史》，北京：人民出版社 2016 年版，"概述"第 3 页。

猪曰"豜""豝",去势猪曰"豶"。猪多圈养,即所谓"执豕于牢"。至于饲料,由于当时酿酒及制酱、制醯(醋)已很普通,对微生物发酵技术已很熟悉,可能已有青粗饲料发酵喂养的方法。不同的民族有着相异的饮食习惯,说明北京成为"城"伊始就是多民族饮食的汇聚之地,没有哪个城市各民族饮食融合的程度表现为如此之高、如此之深。

　　总体而言,燕国虽然远离中原,与中原的经济联系却很密切,其饮食文化属于中原饮食文化的一部分,不过与中原饮食文化有着明显的差异。这种差异主要体现在其具有多元性。进入战国时期,地区间的交换也较过去扩大了。各地的土特产品更加丰富多彩,更加商品化了。如"洞庭之鲋,东海之鲕,醴水之鱼,……昆仑之苹,……阳华之芸,云梦之芹,具区之菁,……阳朴之姜,招摇之桂,越骆之菌,鱣鲔之醢,太夏之盐,……不周之粟,……南海之秬,……江浦之橘,云梦之柚"①,都是各地有名的食物土特产。各地之所以为外人所知,主要在于其物产与众不同。由于商业活跃,当时各地的市场,大到奴隶车船,小到瓜果蔬菜,无论是海中特产,还是地下珍异应有尽有,对此,司马迁曾描述曰:"通邑大都,酤一岁千酿,醯酱千瓨,浆千甔,屠牛羊彘千皮,贩谷粜千钟,薪千车,船长千丈,木千章,竹竿万个,其轺车百乘,牛车千辆,木器髤者千枚,铜器千钧,素木铁器若卮茜千石,马蹄躈千,牛千足,羊彘千双,僮手指千,筋角丹沙千斤,其帛絮细布千钧,文采千匹,榻布皮革千石,漆千斗,糵麹盐豉千荅,鲐鮆千斤,鲰千石,鲍千钧,枣栗千石者三之,狐貂裘千皮,羔羊裘千石,旃席千具,佗果菜千钟,子贷金钱千贯,节驵会,贪贾三之,廉贾五之,此亦比千乘之家,其大率也。"②当时经商风气的形成,与饮食生活的奢侈需要不断增长的情形有关。这为燕地与各地饮食文化的交流提供了各种可能性,也是保持其饮食文化多元不可或缺的外部因素。

　　燕国饮食文化的多元更在于其疆土之辽阔,本身就是多民族聚居之地。燕国东边有孤竹,东北有肃慎,北边有山戎。自西周到战国,先后活动于燕地附近的少数民族,有山戎、东胡、肃慎、孤竹、令支、屠何、鲜虞、秽貊、无终、林胡、

---

① 许维遹:《吕氏春秋集释》,北京:中华书局2017年版,第304页。
② [西汉]司马迁:《史记》卷129《货殖列传第六十九》,北京:中华书局,1982年标点本,第3274—3275页。

楼烦、匈奴等。① 相应地，燕人流行放牧，牛、羊和马是主要牲畜，还畜养狗和猪。随着疆域的向外拓展，移民相继产生，饮食文化的交流必然更加频繁和密切。

1985 年 8 月至 1987 年 12 月，北京市文物研究所山戎文化考古队在延庆盆地北部边沿地带、军都山南麓约 50 平方公里的范围内，发现春秋战国之际的山戎文化遗存十余处。已经发掘的墓葬，均为长方形竖穴土坑单人墓。墓内的殉牲现象很普遍，被杀殉的牲畜主要是牛、羊、狗，其中以殉狗最为普遍。② 说明山戎族群的饮食生活以游牧为基本特征。山戎墓葬中还出土了大批的陶器、石器、骨器、蚌器、玉器、金器、青铜器。青铜器有兵器、生活器皿、装饰品、车马具等。就礼器而言，按用途可分为蒸饪器、盛食器、酒器、水器等几大类。蒸饪器有鼎、鬲、甗等；盛食器有簋、簠、豆、敦等；酒器有罍、盉、壶、舟等；水器有盘、盆、鉴、匜等。鼎又有蒸饪的镬鼎、供席间陈设牲肉的升鼎、备加餐的羞鼎。③ 其中很多器物的器形带有明显的中原文化特色，说明当时的燕国是北方各民族集结与经济、文化交融的重要地区，而燕国都城蓟城是当时各民族经济文化交流的枢纽。燕之优越的地理位置，为之提供了饮食物品的多样性和丰富性。正如有的学者指出的："（蓟城）处于华北地区农耕区与游牧区的过渡地带和华北地区与东北地区的连接地带，利于发展农牧经济和北进蒙古高原、东拓东北疆域，对燕国以后拓展冀北和辽西、对燕文化的发展意义重大。"④

至战国中期，燕昭王于今河北省易县修筑武阳城，辟建"下都"，燕的政治中心从此南移，遂称"下都"之北的蓟城为"上都"，"其地在今北京旧外城的西北部。城里有定期的集市，除了本地和来自中原的商人以外，还有来自东北的东胡、朝鲜等族的商人。市面上的商品有粮食、麻、枣、栗、布帛、铁器、铜器、陶器、食盐、狐裘、毡子、马匹等。货币已广泛使用，主要的货币是燕国自铸的'明刀'，也有三晋地区的各种刀、布（货币）。蓟城已成为北方各民族共同的经济中心，成了战国时代的'天下名都'之一"⑤。正是从这个时候开始，北京地区逐渐有了首都的基因。

① 高寿仙：《北京人口史》，北京：中国人民大学出版社 2014 年版，第 65 页。
② 靳枫毅：《东周山戎文化考古新收获》，载《北京文物报》1988 年试刊第 2 期。
③ 高明：《中原地区东周时代青铜礼器研究》，载《考古与文物》1981 年第 2—4 期。
④ 王建伟主编：《北京文化史》，北京：人民出版社 2014 年版，第 21 页。
⑤ 北京大学历史系《北京史》编写组编：《北京史》，北京：北京出版社 1985 年版，第 30 页。

出土陶器以灰陶为主，但出土的以云母片为羼和料的粗红陶，则是燕国的特征性陶器。陶器常见鬲、釜、豆、盂、尊、罐、壶等。其上多文字戳记，内容主要有三种：一种为陶攻（工）某；一种为左宫某或右宫某；一种记某年某月、左（或右）陶尹、左（或右）陶某、左（或右）陶匋某、敀某①、左（或右）陶攻（工）某。这都是官办手工业制品的标记。② 手工业的兴起与市场经济的发展是同步的，也是集市交易的行业支柱。一旦手工业有了规模，行业便得以真正形成，有了丰富的行业制品，交易即步入正常的秩序当中。

在宣武门、和平门、广安门、法源寺、陶然亭等处经常发现战国时代的陶井井圈，大致标出了古代蓟城的范围。在广安门附近曾经发现战国和更早期的遗址遗物，包括饕餮纹半瓦当，说明这里是宫殿区的所在。至今仍存的外城西北部的蓟门遗址，大约就是古代蓟丘的所在。据《水经注》等文献记载，古蓟城有内外城两重，外城南北九里，东西七里，有十座城门。"城内有公宫、历室宫。有燕市，会聚南北各地的物产，荆轲嗜酒，曾与屠狗为业的高渐离在此酣饮。"③ 自此以后，燕文化愈益加速了同中原文化融合的步伐，燕文化中原有的粗犷、野性和古朴的内在特质愈益减少或消退，诸多器类已难与中原器物相区别，共性渐多而个性渐少，已是此期燕饮食文化发展的总趋势和总的规律特点。这一点，在北京地区仅有的几批为数不多的青铜器发现中，也有所反映。据唐山贾各庄墓地出土资料，战国时期燕文化青铜礼器的完整组合，应为食器、酒器和水器俱全的组合形式，即鼎、豆、簋、敦、壶、盘、匜的成套组合。这些饮食器具表明，蓟城的饮食文化正逐步向中原靠拢。

4. 铁制农具的广泛使用

据考证，燕域早在夏、商、西周三代时期便开始使用青铜农具了，但金属（铜、铁）农具迅速发展，铁制农具应用、推广及大量出现于农业生产中则是在春秋战国时期。冶铁业的发展及铁制农具使用的不断增多，是春秋战国时期燕国生产力进一步提高的主要标志。

战国之时，铁制农具大量涌现，《管子·轻重乙》记载，当时的粮食生产是

---

① 中国大百科全书总编辑委员会编：《中国大百科全书·考古学》，北京：中国大百科全书出版社2002年版，第594页。

② 河北省文化局文物工作队：《燕下都第22号遗址发掘报告》，载《考古》1965年第11期。

③ 张京华：《燕赵文化》，沈阳：辽宁教育出版社1995年版，第71页。

"一农之事，必有一耜、一铫、一镰、一耨、一椎、一铚，然后成为农"。战国七雄所在地区都出土了铁制农具。[1]《国语·齐语》记载有管仲向齐桓公提过用铁铸造农具的建议："美金以铸剑戟，试诸狗马；恶金以铸锄夷斤斸，试诸壤土。"[2]美金是指青铜，用来铸造剑戟等武器，恶金就是指铁。从战国时期开始，就出现了大量用铁制造的农具，有锄、镬、铲、镰、犁铧，也有铁锤、铁斧、铁凿、铁刮刀等手工工具，标志着我国进入了铁器时代。战国时燕国铁农具的设计、制造都比较先进，丝毫不低于同时代的中原内地的技术水平。而且不少铁农具的形制成为此后北方农具的基本形制，自战国沿用一两千年之久。[3]

从那时起，我国农业和手工业的生产效率得到大幅度提高。在顺义兰家营村发掘出战国时期的铁制农具，顺义英各庄战国时期墓葬中出土铁斧一把。清河古城遗址，出土的铁制农具有锄、铲、斧、耧犁，以及 2 件铁犁铧。铧身尖端稍反曲，两面都有菱形凸起的犁底槽。[4] 大葆台汉墓发掘出铁器 37 件，有铁箭铤、铁扒钉、铁环首、削、戟、臿和簪等，以铁斧最为珍贵。刃部锋利，斧面光洁呈暗红色，上有"渔"铭文，可能是渔阳郡铁官作坊的标记。[5] 汉武帝之后，曾在渔阳、涿郡、右北平等郡设铁官，由政府负责铁矿的开采、冶炼。其中的臿同锸，今称铁锹，为直插式挖土工具，是使用最为广泛的铁制农具。燕地汉代铁制农具显然是战国时期的延续。

迄今为止，在燕国境内的北京地区附近发现的最为著名的冶铁遗址有两处："一是河北省兴隆，一是易县东南的燕下都遗址。这两个地点出土的铁器，不仅反映了燕国铁器生产的水平，就是在全国范围讲，也是今天发现的战国时期具有代表性的冶铁产品和遗址。"[6] 燕国的铁农具一般均铸造而成，铸范除陶质外亦有铁质，不仅有单范、双合范，而且一范能铸多件器物，特别是出土的锄铸范一副三件，仅见于燕国，[7] 且样式较为流行。1953 年，在北京东北的河北兴隆县发现战国时期冶铁范铸工场，共出土 48 副 87 件铁范，使用白口铁铸造而成，是用来铸

---

① 黄展岳：《近年出土的战国两汉铁器》，载《考古学报》1957 年第 3 期。
② ［春秋］左丘明：《国语》之《齐语》，北京：中华书局，2007 年标点本，第 66 页。
③ 阎忠：《从考古资料看战国时期燕国经济的发展》，载《辽海文物学刊》1995 年第 2 期。
④ 于德源：《北京古代农业的考古发现》，载《农业考古》1990 年第 1 期。
⑤ 大葆台汉墓发掘组：《北京大葆台汉墓》，北京：北京文物出版社 1989 年版，第 38—46 页。
⑥ 曹子西主编：《北京通史》第一卷，北京：中华书局 1994 年版，第 92 页。
⑦ 雷从云：《战国铁农具的考古发现及其意义》，载《考古》1980 年第 3 期。

造其他器具的范模。其中包括锄、镰、斧、凿、车具等器的范模，范模有内范和外活靶子，可分双合范及单面范两种。这批铁范制造水平极高，至今在全世界还没有与此时代相同、超越此技术的发现。因此这批铁范被世界考古学界及其他学界称为"兴隆战国铁范"。铸范本身是铸铁浇铸的，用它来做模，一方面可使铸件形状稳定，另一方面可连续使用，不致像陶范那样用一次就要毁坏。铁范的使用极大地提高了铸造效率和铸件质量，亦说明燕国的铁器铸造处于领先地位。1930年以马衡为首的燕下都考古团对老姆台进行了发掘。中华人民共和国成立后，又多次进行调查。遗址中出土的战国铁器比其他地方为多。主要有犁铧、镰、五齿耙等铁农具和锛、斧、凿、刀削、锥、锤等铁工具。剑、戈、矛、镞等兵器主要是青铜的，但剑、戈、矛、戟、刀及至盔甲也有铁制的。燕下都铸铁工场遗址不见铁范具，说明仍采用陶范铸造铁器，陶范随铸随毁，故该处不见范具遗物。[①]

　　铁制农具坚固、锋利，远非木石、青铜工具可比。北京地区的考古资料，可以证明战国时期的燕国也步入了铁器时代。在兴隆县战国时期燕国冶铁范铸工场遗址的农具铸范中，镬和斧范数量最多，占总数的十分之九强，说明当时的农业生产中需要此种农具甚多，以供开垦土地之用。镰、镬、斧、凿等范具上皆铸有"右廪"铭文，证明这里是一处燕国官营冶铁范铸工场。[②] 恩格斯指出："铁使更大面积的农田耕作，开垦广阔的森林地区成为可能，它给手工业工人提供了一种其坚固和锐利非石头或当时所知道的其他金属所能抵挡的工具。"[③] 正是铁制工具的使用和普及，使得燕国饮食资源获取的能力得到空前提高。

　　北京及周边地区先进的冶铁技术，必然大大推动农业生产的发展。青铜器的发明对于农业生产的影响不大，青铜器在绝大部分青铜时代主要不被用作农业生产的直接工具。青铜器没有得到比铁器更为广泛的推广，主要是因为资源稀少、价格昂贵，而铁器的优势正好弥补了这些不足。再就是铁器坚硬、韧性高、锋利，胜过石器和青铜器。因为价格低廉，可以推广和普及到农业生产上。以蓟城为中心的燕国广大区域内，铁器逐渐普及。铁制农具种类大量增多，主要有镬、梯形锄、六角形锄、铲、锸、五齿锄、镰、斧、凿、耙、镬等。还有生产铁农具的铸范和冶铸工场。不仅使农耕技术提高，手工业兴盛，大量农田也得以开发，北京

---

①　于德源：《北京古代农业的考古发现》，载《农业考古》1990 年第 1 期。
②　于德源：《北京古代农业的考古发现》，载《农业考古》1990 年第 1 期。
③　《马克思恩格斯选集》第四卷，北京：人民出版社 1972 年版，第 159 页。

地区耕地和农业区域迅速扩张。"至战国时期，北京地区出现铁制农具，促使农业生产真正发展起来。我国开始使用铁器的年代，根据现在发现的材料，一般认为在春秋末年和战国初年之际。战国时期，以今北京为中心的燕国已普遍使用铁制农具，如在北京顺义县兰家营即发现战国时期铁镰和铁斧等物，标志着生产水平的极大提高。"① 特别是铁犁铧出现以后更促进了犁耕的推广。犁耕方式的运用说明耕地面积大幅度扩张了，必须减轻劳动强度。

而耕地又与灌溉紧密相连，因为犁耕适宜在水田里展开。先秦时期的人们已经对水与农业的关系有了深刻的认识，《管子·禁藏》就说："食之所生，水与土也。"《荀子·王制》更提出了通过水利工程趋利避害的主张，称："修堤梁，通沟浍（大沟），行水潦，安水藏，以时决塞，岁虽凶败水旱，使民有所耘艾。"燕地北京境内河流众多，如今之潮白河、永定河、拒马河等，为燕国兴修水利提供了优越的自然条件。

5. 农业生产发展迅速

燕以蓟为中心都会。一般而论，这个地区的东南部地势相对平坦，专事农业，手工业也较发达，"设智巧仰机利"，齐赵是并称的；在山区山货较多；"燕、代田畜而事蚕"，北部与少数民族相接，民风彪悍，"不事农商"，有较盛的畜牧业。

铁农具在燕国广泛推广，农业生产便能够深耕细作。《孟子·梁惠王上》载："深耕易耨。"《韩非子·外储说左上》亦载："耕者且深，耨者熟耘。"从侧面反映出，战国时"深耕易耨"已成为社会上普遍的耕作技术。耕作技术的改进，致使粮食产量大幅提升。燕下都郎井村西南13号作坊遗址出土的"带孔陶器"，现存的肩部和近底部有棱形孔，估计器身也都带孔，此器可能是酿酒的器具。② 酿酒需要大量粮食，说明当时粮食产量除满足日常食用外，应还有相当一部分剩余。

引水灌溉大大增加了播种面积，提高了粮食产量。郦道元《水经注》卷十二"圣水③、巨马水"云："地理书《上古圣贤冢地记》曰，督亢地在涿郡。今故安县（今固安县）南有督亢陌，幽州南界也。《风俗通》曰：沆，漭也。言乎淫淫漭漭，无崖际也。沆泽之无水，斥卤之谓也。其水自泽枝分，东径涿县故城南，又东径汉侍中卢植墓南，又东，散为泽渚，督亢泽也。北屈注于桃水。督亢水又

---

① 于德源：《北京古代农业的考古发现》，载《农业考古》1990 年第 1 期。
② 河北省文物研究所：《燕下都》，北京：文物出版社 1996 年版，第 120 页。
③ 圣水发源于上谷，上谷是旧时燕国的领土，秦始皇二十三年（前 224），在这里设置上谷郡。

南，谓之白沟水，南径广阳亭西，而南合枝沟，沟水西受巨马河，东出为枝沟，又东注白沟，白沟又南，入于巨马河。"数条河流，汇成一片，实乃北京平原最早的灌溉工程，即著名的督亢灌溉区。《史记》卷三十四索隐引《地理志》云："督亢之田在燕东，甚良沃。"可见督亢是燕国重要农作区。据史书记载，督亢灌区"岁收粮粟数十万石"。正像郑国渠、都江堰富秦一样，燕国之所以强盛，位在战国七雄之列，"督亢粮仓"应该起到了至关重要的作用。①

　　战国时期燕人挖掘水井比较普遍，在今北京陶然亭、清河、蔡公庄、宣武门、永定河河畔，发现了战国至西汉时的陶井多眼。陶井用多节陶圈套叠砌成，呈筒状。"由于井的上半部破坏，不知井口的原状，残留最多的一个井，有十六节，井圈的内外壁，印有绳纹、云纹、席纹等。"② 位于居住区的是饮水用井，位于田野的是灌溉用井。当时，北京农业发展到灌溉农业的历史阶段，农业产品剩余大幅度增加，相应地，饮食当中的主食和蔬菜品种更为丰富。

　　燕昭王时，著名阴阳家邹衍曾在燕国北部山区教民种谷。据《艺文类聚》卷九引刘向《别录》记载，燕国有一处谷地，其土地肥美，但是气温很低，所以不生长小米等农作物。邹衍曾居住在这个地方，他用吹律的办法来使寒谷变暖。《别录》曰："邹衍在燕，燕有谷地美而寒，不生五谷。邹子居之，吹律而温气至，而黍生，今名黍谷。"③ 黍谷山在北京北部密云、怀柔两区交界处。关于邹衍吹律之地也有不同的说法，据《钦定日下旧闻考》卷一百四〇《京畿》"密云县一"记载："据《大清一统志》（载录），黍谷山在密云县西南十五里；又《密云县志》（载录），谷中有庙，基址犹存，旧城东门外有邹衍吹律处碑。……原邹衍吹律能变寒谷生禾黍《独异志》（载录）。原黍谷亦谓之寒谷。"④ 邹衍吹律而生五谷，向来被认为是无稽之谈，其实不然。"律"在古代不仅是一种乐器，而且是一种测气仪器。邹衍吹律测出地的温度和湿度，进而确定无霜期和播种期，指导人们进行农业生产。到战国时，在辨土、审时、深耕、除草、通风、培本、治虫、施肥等

---

　　① 北京市政协文史与学习委员会编：《北京水史》（上册），北京：中国水利水电出版社 2013 年版，第 126 页。

　　② 苏天钧：《略谈北京出土的辽代以前的文物》，载《文物》1959 年第 9 期。

　　③ 东汉王充在《论衡·定贤篇》也云："燕有谷，气寒，不生五谷，邹衍吹律致气，既寒更为温热，以种黍，黍生丰熟，到今名之曰'黍谷'。"见张宗祥：《论衡校注》，上海：上海古籍出版社 2010 年版，第 532 页。

　　④ ［清］于敏中等：《日下旧闻考》卷 140《京畿密云一》，北京：北京古籍出版社，1981 年标点本，第 2250 页。

各个环节，特别是在人工灌溉保墒方面，都积累了丰富的经验。

先秦的农作物从夏至春秋战国递减，初《尚书·舜典》言"百谷"，后《周礼·天官·大宰》谓"九谷"，郑司农注云九谷为黍、稷、秫、稻、麻、大小豆、大小麦。《周礼·天官·膳夫》又谓"六谷"，郑司农注云六谷为稌、黍、稷、粱、麦、菰。《周礼·天官·疾医》则谓"五谷"，郑注云五谷为麻、黍、稷、麦、菽。先秦农作物称谓的变化，表明了弃粗取精的选择取向，反映了先秦农业的进步，也是先秦主粮优胜劣汰过程的演进之必然。《吕氏春秋·审时》中说道："得时之禾，长秱长穗，大本而茎杀，疏穖而穗大，其粟圆而薄糠，其米多沃而食之强。……得食之黍，芒茎而徼下，穗芒以长，抟米而薄糠，舂之易而食之不噮而香。……得时之麦，秱长而茎黑，二七以为行。而服薄稃而赤色，称之重，食之致香以息，使人肌泽且有力。"已经细微到分辨粮食的色香味并注意到它的营养价值和美容效果了。

有了农业技术的支撑，加上土地肥沃，燕地粮食生产便有了好收成。《明一统志》卷一《顺天府》载："黍谷山在怀柔县东四十里，跨密云县界，亦名燕谷山。"以黍谷作为山名，足见这里适宜种黍谷。"黍谷先春"为这里的著名景观之一，表明黍谷山的春天来得比周边其他地方早。《战国策·燕策》里有苏秦对燕文侯说的一段话：燕国北有枣栗之利，民虽不事田作，而枣栗之食足食于民矣，此所谓"天府"者也。[1] 就是说，当时北京地区的老百姓是以枣和栗这两种果实为主要粮食的，并且十分富足。《史记·货殖列传》载："燕秦千树栗，……此其人皆与千户侯等。"说明燕北地区盛产枣、栗，是当地居民重要的食物来源。燕国以后，原燕北地区仍以枣栗著称，如《密云县志》载："密云产枣，小者佳。"明末嘉兴人周筼的《析津日记》载："栗比南中差小，而味颇甘，以御栗名，正不以大为贵也。"三国时陆玑的《诗草木鸟兽虫鱼疏上·树之榛栗》亦云："五方皆有栗，……惟渔阳、范阳栗甜美味长，他方者悉不及也。"[2] 燕地东西南北地理环境差异比较大，不适宜种植水稻的燕北山区，却有着枣、栗生长的优质土壤，这也是自然选择的结果。

燕地还盛产蓟，为多年生草本植物。蓟有不同的品种，可以入药，传说食之

---

① ［西汉］刘向：《战国策》卷29《燕一》，上海：上海古籍出版社，1998年标点本，第1039页。

② ［清］于敏中等编纂：《日下旧闻考》，北京：北京古籍出版社1981年版，第2390页。

能延年益寿，当时人称为"仙药""山精"。蓟之嫩茎叶可食用或做饲料。在北京饮食文化中，"蓟"大概是最早的医食同源的例证。雯娄农曰："蓟以氏州，其山原皆蓟也。刺森森，践之则迷阳，触之则蜂虿。顾其嫩叶，沟食之甚美。"① 春时嫩茎叶可以食用。《尔雅·释草》载："术，山蓟。""杨，枹蓟。"郭璞注："《本草》云：'术，一名山蓟。'今术似蓟而生山中。""似蓟而肥大，今呼之马蓟。""马"意为大也。大蓟是菊科的一种多年生草本植物，茎高可达 1 米以上。可惜，如今北京平原上很难再见到大蓟的影子（山区仍偶有发现），更不用说"形如车盖"的大蓟了。平原田野只生长着一种小蓟，老百姓叫它"刺儿菜"，药性与大蓟略有区别，有凉血止血的作用。②

枣、栗、蓟而外，燕国还盛产杏、梅等果品。1977 年在北京丰台区贾家花园战国墓出土的铜钫中，尚存有杏或梅核残壳十数枚。③ 燕地产杏，后世文献也有明确记载。《钦定日下旧闻考》引清初黄百家《北游纪方》云："（房山）车营岭小冈叠阜，起伏连绵，居民以种杏为业，环十数里，峰头涧底，皆是杏林。又东一小岭，有杏约三百株。树尤奇古，高者三丈，低者丈余，状如垂柳，繁花缀之……"④ 桑蚕的种植和生产也是燕国农业的重要产品，《史记·货殖列传》说"燕、代田畜而事蚕"。所谓燕地"田畜而事蚕"，是将畜牧业的生产与桑蚕的种植生产并称，反映出桑蚕的种植生产非常普遍。《晏子春秋·内篇杂上》云："丝蚕于燕，牧马于鲁。"蚕丝在燕地也颇出名。

燕地主要粮食作物是粟，苏秦说到其时的燕国："地方二千余里，带甲数十万，车七百乘，骑六千匹，粟支十年。"⑤ 同书又说，苏秦说齐宣王曰："齐粟如邱山"；楚威王曰："楚粟支十年"；赵肃侯曰："赵粟支十年"。"粟支十年"尽管有夸大之嫌，但足以表明当时北京地区粮食之充足，几乎与齐、楚相当。粟对土壤要求也不高，因其根系发达，可充分吸收地下水分；还有粟的籽粒小，发芽时所需水分少，非常适应燕地降水量小与易干旱的生态环境。粟去壳后即为小米，

---

① 胡道静：《梦溪笔谈校证》（下），上海：上海古籍出版社 1987 年版，第 804 页。
② 北京市政协文史与学习委员会编：《北京水史》（上册），北京：中国水利水电出版社 2013 年版，第 118 页。
③ 《北京丰台区出土战国铜器》，载《文物》1978 年第 3 期。
④ ［清］于敏中等：《日下旧闻考》卷 130《京畿房山一》，北京：北京古籍出版社，1981 年标点本，第 2087 页。
⑤ ［西汉］刘向：《战国策》卷 29《燕一》，上海：上海古籍出版社，1998 年标点本，第 1041 页。

营养价值很高。尤其重要的是，粟的坚实外壳具有很强的防潮防蛀性，因而易于贮藏。除了粟适应黄河流域冬春干旱的气候及易于储存的特点外，还有一些人文因素的原因：①粟的生长期短，产量比黍高。在北方诸谷中，以粟的亩产量为最高，比麦、黍几乎多一倍。②"五谷之中，惟粟耐陈，可历远年。"（王祯《农书》）考古发现不少粟在几千年后依然籽粒完整。在灾情频繁的北方，耐贮藏是人们选择的一个重要条件。③品种多，能适应多方面的需求。粟可分为稷（狭义指"疏食"，即粗米）和粱两大类，分别适应社会上、下层主食的需要。

由于自然选择和人文选择的合力，粟即稷成为当时燕地栽培最早、分布最广、出土最多的主食作物。粟，泛称禾、谷，即现在中国北方所称的"谷子"，脱皮后俗称"小米"，是经常食用的一种谷物。粟、黍、稷都是中国北方的耐旱作物，实际上都是"小米"，也可统称为"粟"。由于粟耐旱，适应燕地的气候和土壤，种植广泛，种类也较多。可以猜想，原本"稷"字更为通用，后因稷与社结合了起来，"稷"与"社"一起组成国家的象征，古农官也以"稷"命名之。在饮食层面上，粟便取代稷流传了开来，被尊为"五谷之长"。

稷，本指先秦北方包括燕地最主要的粮食作物粟，对其象征意义的生成，古人给予了富有逻辑的详细说明，东汉时班固在《白虎通·社稷》云："王者所以有社稷何？为天下求福报功。人非土不立，非谷不食，土地广博不可遍敬也；五谷众多不可一一而祭也，故封土立社，示有土尊。稷，五谷之长，故封稷而祭之也。"社为土地神，稷为五谷神。《周礼·春官·大宗伯》云："以血祭祭社稷、五祀、五岳。"郑玄注云："社稷，土谷之神。"社稷仍作为农业神被崇拜。土、谷神是关系国计民生最重要的神祇，又逐渐异化成了象征国家的守护神，成了国家的代称。稷的语义学表明，自从有了"国家"之后，饮食与政治就有着内在的渊源关系。北京全国政治中心地位的形成和确立的过程与其饮食文化发展的轨辙是叠合在一起的，这与"稷"语义的延伸是一脉相承的。

不过，燕国当时用于充饥的并不只是粟。据《周礼·职方氏》所记，幽州"其谷宜三种"，郑玄注解"三种"是黍、稷、稻。幽州的中心是蓟城（今北京中部和北部，或天津蓟州区）。唐贾公彦疏，幽州"西与冀州相接，冀州皆黍、稷，幽州见宜稻，故知三种黍、稷、稻也"[1]。黍、稷指今天的何种作物，一直存在争

---

① ［清］阮元：《十三经注疏》，北京：中华书局1982年版，第863页。

论。黍，即黍子，脱皮即为黏黄米，颗粒较谷子略大而黄，通常称黄米或大黄米;[1] 稷，即为粟（谷子），脱皮为小米。黍、稷是中国古代北方的主要农作物，亦为北方居民主要的粮食品种；稻是喜水农作物，燕国有稻，种植于水利条件较好的地区。

6. 制盐业发达

战国中期以后，北京地区盐的生产已具相当规模，主要是海盐。《史记·货殖列传》曰："齐带山海，膏壤千里，宜桑麻，人民多文采、布帛、鱼盐。临淄亦海岱之间一都会也。"盐业是齐国国民经济的主要产业。战国时人托管仲语说："楚有妆、汉之黄金，而齐有渠展之盐，燕有辽东之煮，此阴王之国也。"又说："夫楚有妆、汉之金，齐有渠展之盐，燕有辽东之煮，此三者亦可以当武王之数。"[2] 可见燕国的海盐煮制业发达，堪与齐国并称。《周礼·职方氏》又云：幽州"其利鱼盐"。《盐铁论·本议》："燕齐之鱼盐旃裘。"早在西周时期，幽州就有鱼盐之利。春秋战国时期，燕国因有"鱼盐之饶"，成为"渤碣之间"一大商业都会。春秋时煮盐业已产生，齐相管仲设盐官专管煮盐业。《管子·轻重甲篇》载："今齐有渠展之盐，请君伐菹薪，煮沸水为盐，正（征）而积之。"关于沸水，清末学者于鬯在《香草续校书》中这样解释："沸盖谓盐之质。盐者，已煮之沸。沸者，未煮之盐。海水之可以煮为盐者，正以其水中有此沸耳，故曰煮沸为盐。""煮沸水为盐"，抄本《册府元龟》卷四九三引作"使国人煮水为盐"。意思是，准许"国人"煮海水制盐。从《管子》一书看，不但"齐有渠展（古地名）之盐"，而且"燕有辽东之煮"。

"调"起源于盐的利用。北京饮食烹调的真正肇始是战国时期。从这个时期起，盐广泛运用于烹饪之中。"夫盐，食肴之将"[3]，"恶食无盐则肿"[4]，盐的广泛采取和使用，非常有利于北京地区饮食的储藏、烹调，充足的盐料为燕地烹饪技艺的发展提供了基本保障。当然，在北京地区，盐进入烹饪，大概同样经历了一个摸索阶段。远古时代，北京居民开始吃熟食，只是把食物烧熟而已，还谈不上

① 齐思和：《中国史探研》，北京：中华书局1981年版，第5页。
② ［唐］房玄龄注，［明］刘绩补注，刘晓艺校点：《管子》卷第二十三《地数》，上海：上海古籍出版社2015年版，第444页。
③ ［东汉］班固：《汉书》卷24《食货志第四下》，北京：中华书局，1962年标点本，第1183页。
④ 赵守正：《管子注译》，南宁：广西人民出版社1987年版，第3130页。

调味。只烹不调，只能尝到食物的本味，饮食甚为单调。经过了若干年之后，有些生活在海滨的原始人，偶然把猎来的食物放在海滩上。海滩因被海水浸湿，经日光照射蒸发，地面上出现一层白色的晶体，这就是盐。食物放在海滩上，表面沾上了一些盐的晶粒，人们把沾了盐的食物烧熟了吃的时候，发现滋味香美。因此，人们就开始研究盐与食物之关系。经过长期实践，后来又发明了烧煮海水提取盐的方法，将盐作为烧食物时的调味品。据《淮南子·修务训》载：诸侯中有宿沙氏（凤沙氏），始煮海作盐。盐的发明，对于人类文明史确是一大贡献。有了盐，才有了所谓调味，而菜肴的基本味是咸味。西汉王莽说："盐者，百味之将"（袁枚《随园食单·饭粥单》），这是很有道理的。烹饪加上调味，使人类食物变得多样化。有了盐，食品的储藏加工更为方便；有了盐，促进胃液分泌，增强消化能力。盐用于烹饪时的调味，在烹饪中是继火的使用后的第二次重大突破。

早在西周时期，幽州就占鱼盐之利。春秋战国时期，燕国因有"鱼盐之饶"，成为"渤碣之间"一大商业都会。其时，北京已然成为"盐铁时代"的中心区域之一，引领食物的生产与制作。《汉书·食货志下》云："夫盐，食肴之将；铁，田农之本。非编户齐民所能家作，必仰于市，虽贵数倍，不得不买。"道出了盐、铁的重要性及小农经济对盐、铁的依赖性。在燕地，后世煮盐业甚至成为一项支柱产业。《日下旧闻考》卷一一三《宝坻县记略》云："（后唐）同光中，以赵德钧镇其地，遂因芦台卤地置盐场。又舟行运盐东去京国一百八十里，相其地高阜平阔，因置榷盐院，谓之新仓，以贮盐。复开渠运盐，贸于瀛莫间，上下资其利。清泰三年，晋祖以辽主有援立之劳，遂以山前后十六州遗辽，改为燕京，因置新仓镇。其后，居民渐聚成井肆，遂于武清北鄙孙村度地之宜，分武清、潞县、三河之民置香河县，仍以新仓镇隶焉。"《诗经·小雅·甫田》中有"曾孙之庾，如坻如京"句，是说曾孙家的谷仓堆积如山。用"如坻如京"来形容盐场堆积如山的盐坨，宝坻之名由此而来。因芦台的海盐产量甚大，赵德钧时期便置榷盐院，到了辽代，新仓发展为镇，后又因其繁荣，特建香河县以隶之。金朝又设"宝坻盐使司"。长官为盐使、副使（各1人），另设判官3人，"掌干盐利以佐国用"[①]。全国有七个盐司，宝坻盐司为其一。金代宝坻产盐量比较大，中都路居民供应食用盐主要由宝坻盐司供应。到金章宗时，王朝开支加大，统治者又用盐利敛钱，

---

① ［元］脱脱等：《金史》卷57《百官三》，北京：中华书局，1975年标点本，第1295页。

"承安三年（1198）十二月，尚书省奏：'盐利至大，今天下户口蕃息，食者倍于前，军储支引者亦甚多，况日用不可阙之物，岂以价之低昂而有多寡也，若不随时取利，恐徒失之'"①。宝坻所产的盐由每斤30文增至42文。盐价的暴增，加重了中都民众饮食生活的开支负担。

食盐作为饮食不可或缺的调味品已成为重要的经济资源。同时，食盐作为由官方参与掌控的生活资源，逐渐被赋予了政治权力的意义。桓宽所著《盐铁论·禁耕第五》记载："大夫曰：'家人有宝器，尚函甲而藏之，况人主之山海乎？夫权利之处，必在深山穷泽之中，非豪民不能通其利。异时盐铁未笼，布衣有朐邴，人君有吴王，皆盐铁初议也。……今放民于权利，罢盐铁以资暴强，遂其贪心，众邪群聚，私门成党，则强御日以不制而并兼之徒奸形成也。'"食盐不仅是财富，也是权力的象征，将盐铁称为"权力"是当时社会上人们的习惯用语。② 所以，北京地区制盐业的发达，不仅有益于饮食文化的发展，而且使北京的饮食文化与政治权力有着内在的关联性，提升了北京区位政治的地位，这为日后北京饮食文化中政治色彩的浓重奠定了基础。

7. 饮食格局的初步确立

春秋时期，北京饮食的基本格局已经确立，即以谷物为主，以肉类为辅。而在谷物中，又以粟最为重要，被誉为"五谷之长"③。在汉代还成为口粮的代称，如《盐铁论》卷六《散不足》第二十九云："十五斗粟，当丁男半月之食。"粟生长耐旱，品种繁多，俗称"粟有五彩"，有白、红、黄、黑、橙、紫各种颜色的小米，也有黏性小米。以黄色为常见又富有营养，故而也有食物黄金的说法。《汉书·食货志》曰："洪范八政，一曰食，二曰货。食谓农殖嘉谷。"一方面说明食之重要，另一方面指出了食之对象主要就是农产品。而这一饮食方向的确定，正是在春秋时期。

新石器时期中国原始农业可以划分为3个区域：长江中、下游稻作物农业区，晋南、豫西、山东粟、黍作物农业区，北部辽、燕粟作物农业区。④ 这是符合实际情况的，粟一直是燕地的主粮。但是，到了战国时期，饮食结构已经发生了根本

① ［元］脱脱等：《金史》卷49《食货四》，北京：中华书局，1975年标点本，第1093页。
② 李埏等：《〈史记·货殖列传〉研究》，昆明：云南大学出版社2002年版，第72～74页。
③ ［东汉］应劭：《风俗通义》卷8《祀典》，北京：中华书局，1981年标点本，第350页。
④ 李根蟠：《中国农业史上的多元交汇》，载《中国经济史研究》1993年第1期。

变化，已非只以粟为主粮，黍、稷、稻三种水、旱作物并呈，极大地丰富了这一地区的主食结构。在殷墟卜辞中，有 106 条属于卜黍之辞，黍出现的次数远高于其他粮食作物。① 在《诗经》中，黍的出现也是最多的。这些依据都说明黍与粟一样具有主粮的地位。

既然粟、黍、稷、稻成为燕地居民主要饮食资源，那么粮食的加工就成为推升饮食水平的关键。1977 年在北京顺义县临河村东汉墓出土绿釉磨和双人绿釉踏碓俑等明器。1959 年和 1960 年在北京平谷县西柏店、唐庄子东汉墓也出土了陶磨、陶碓等明器。陶磨系一磨肩架设在一有形台的十字穿孔架上，磨台下装有漏斗，用 4 柱支架。陶碓、陶磨等明器的发掘，在北京地区，东汉以前的墓中是没有过的。之所以磨迟迟没有出现，主要原因在于粟适合粒食，不必磨成粉。关于谷物的加工的缘起，元代王祯曾做一简要的说明："昔圣人教民杵臼，而粒食资焉，后乃增广制度，而为碓、为砻（即磨）、为砻、为辗等具，皆本于此。"② 陶碓、陶磨的出现，改变了过去单一粒食的状况。战国时期，舂捣法成了谷物去壳的主要方法。《周礼·地官》有"舂人"一职，其职责是："掌共米物。"疏云："谓舂谷成米而共之也。"《睡虎地秦墓竹简》中，"城旦、舂"，"舂、司寇"也屡见。东汉卫宏《汉旧仪》卷下云："城旦者，治城也；女为舂。舂者，治米也。"睡虎地秦简《秦律十八种·仓律》说："（禾黍一）石六斗大半斗，舂之为粝米一石；粝米一石为糳米九斗；九斗为毇米八斗。稻禾一石，为粟廿斗，舂为米十斗；十斗毇，粲米六斗大半斗。"③《说文解字》："粟重一石为十六斗大半斗，舂为米一斛曰粝。"加工一般的米称为糳，《说文解字》："粝米一斛舂为九斗曰糳。"舂捣法只能脱粒去壳，而不能磨制成面粉。磨，《说文解字》作"䃺"，又名"砻"，"古者，公输班作砻"。糗指米面食品，东汉刘熙《释名·释饮食》云："糗，齵也。饭而磨之，使齵碎也。"粒食改为粉食，可以蒸煮成各种各样的面食，既可口又易于消化，也为北京地区主食多样化的形成奠定了基础。

至于肉类，马、牛、羊、猪、犬、鸡是最重要的家养畜禽，形成了"六畜"饲养模式，马和牛是蓟城人主要的肉食来源。此外，鸭、鹅、鸽、兔、鹿等也不同程度地为时人所饲养，为肉类食物提供了补充性来源。《礼记·王制》作了如下

---

① 于省吾：《商代的谷类作物》，载《东北人民大学人文科学学报》1957 年第 1 期。
② 缪启愉、缪桂龙：《农书译注》，济南：齐鲁书社 2009 年版，第 559 页。
③ 睡虎地秦墓竹简整理小组：《睡虎地秦墓竹简》，北京：文物出版社 1990 年版，第 29—30 页。

规定："诸侯无故不杀牛，大夫无故不杀羊，士无故不杀犬、豕，庶人无故不食珍（指稀有珍贵之物）。""故"乃祭祀的同义语，这些牲畜只有在祭祀宴飨时才能享用。《易纂言外翼》云："马、牛、羊、豕、犬、鸡为六牲，祭礼所常用者，牛、羊、豕三牲也。"[①] "天子社稷皆太牢（三牲齐备），诸侯社稷皆少牢（只有牛羊）。"[②] 燕国作为诸侯国，饮食自然依循"王制"，祭祀或享宴时以少牢为最隆重之礼。犬、鸡、雉、兔、鸟、雁、鱼等则是一般节日所食肉类。

这一时期之所以能够确定燕地饮食的基本格局，取决于当时物质生产发展的程度和结构关系。在经济类型上，燕国既有农业区域经济，又有畜牧业区域经济，亦有渔业、盐业区域经济，当然，还存在多元经济共存的区域经济特征。[③] 多种经济形态并存，极大地丰富了饮食资源，为饮食文化的发展提供了广阔的空间和更多的可能性。

---

① ［元］吴澄：《易纂言外翼》，上海：上海古籍出版社1990年版，第31页。
② ［东汉］郑玄注，王锷点校：《礼记注》卷4《王制第五》，北京：中华书局，2021年标点本，第151页。
③ 靳宝：《燕国学术文化成就及原因分析》，载《北京文博文丛》2016年第2期。

第四章　秦汉至隋唐时期的饮食文化

秦汉时期，有关饮食文化的文献资料较为丰富，《史记》《汉书》《后汉书》《风俗通义》《淮南子》《论衡》《四民月令》等都有或多或少的饮食描述，但有关北京地区的几乎阙如。汉代人盛行厚葬，日常吃的食物及食器，都要埋入坟墓。所谓"厚资多藏，器用如生人"①。北京地区汉代墓葬出土器物以陶器为主。饮食类明器有壶、扁壶、杯、盘、魁、盆、三足炉与釜等。位于潮白河西的临河汉墓群，出土了汉代的陶仓、陶臼、陶舂等稻米加工工具。因此书写这一时期北京饮食文化仍然是借助于考古资料。

关于"幽州"②这个地名在汉代刘熙的《释名·释州国》云："幽州在北，幽昧之地也"，③盖"幽"为"隐"。④《艺文类聚》引《春秋元命苞》形容幽州为"箕星散为幽州，分为燕国。幽之为言窈也，言风出入窈冥"⑤。言北方太阴，故以幽冥为号。幽州得名正因于此。在西汉所有的城市中最大的有六个，即关中地区的长安，齐鲁地区的临淄，三河地区的洛阳，燕赵地区的邯郸，巴蜀地区的成都和南阳地区的宛。直到西汉之末，还是这六大城市齐名。幽州正是在这种城市发展的格局中逐渐拥有了自己独特的地位。

秦汉时期，燕国已经变成了统一的集权制国家郡县制下的郡国，唐代杜佑的《通典·州郡》即载："秦灭燕，以其地为渔阳、上谷、右北平、辽西、辽东五郡。"燕"尝略属真番、朝鲜，为置吏，筑鄣塞。秦灭燕，属辽东外徼。汉兴，为

---

① 王利器：《盐铁论校注》，北京：中华书局 1992 年版，第 348 页。

② "幽州"之名，约出现于战国时期，《周礼·职方氏》《吕氏春秋·有始览》《尚书·尧典》《尔雅》等都有记载。战国时出现幽州之名，与当时的"九州岛说"有关，幽州为九州岛之一。中国历史上，"幽州"作为一个正式的地名来使用，始于汉武帝时期。汉武帝元封五年（前 106）在全国设十三州部，幽州名列其中，这是幽州在北京地区作为正式地名的开始。

③ 王先谦：《释名疏证补》，北京：中华书局 2008 年版，第 36 页。

④ ［汉］许慎：《说文解字》，北京：中华书局 1963 年版，第 84 页。

⑤ ［唐］欧阳询：《艺文类聚》卷六《地部·州部·郡部》，上海：上海古籍出版社 1965 年版，第 115 页。

其远难守，复修辽东故塞，至浿水（按指鸭绿江）为界，属燕"①。据《史记·货殖列传》记载，燕地"北邻乌桓、夫余"。夫余是位于燕北的游牧民族。"夫余国，在玄菟北千里。南与高句骊，东与挹娄，西与鲜卑接，北有弱水。地方二千里，本濊地也。"② 后夫余降于高句丽。

东汉末，据《后汉书·郡国治》所载：顺帝永和五年（140），幽州刺史部统辖郡、国 11 个，县、邑、侯国 90 个。其中有 5 个郡的 14 个县在今北京境内。分别为：①广阳郡：治蓟，领 5 县。其中 4 县在今北京境内，为蓟、广阳、昌平、军都。②涿郡：治涿，领 7 县，其中良乡县在今北京境内。③上谷郡：治沮阳，领 8 县，其中居庸县在今北京境内。④渔阳郡：治渔阳，领 9 县。其中渔阳、狐奴、潞、平谷、安乐等 7 县在今北京境内。⑤右北平郡：治土垠，领 4 县，其中无终县西部在今北京境内。③"自春秋战国以来，历东汉、北魏，以至于隋唐，蓟城城址并无变化。其后辽朝虽以蓟之古城置为南京，但是并无迁移或改筑。只是到了金朝建了中都以后，才于东西南三面扩大了城址。元朝另选新址，改筑大都，遂为今日北京内城的前身。辽金以前，所知蓟城城址的沿革，大略如此。"④

清代姚鼐曰："碣石在燕东，海中之货，自此入河。雁门在西北，沙漠之货，自此入路，皆达燕，故有其饶也。"⑤《汉书·地理志》：燕蓟"北隙乌桓、夫余，东贾真番之利"。西汉扬雄《幽州箴》："东限秽貊，羡及东湖。"⑥ 在同乌桓、夫余、秽、貊等少数民族贸易和朝鲜、真番等地区贸易的过程中，燕蓟获得了丰厚的饮食资源，饮食行业兴旺起来，成为"富冠海内"的天下饮食名都。

一般从东汉建安元年（196）算起，至隋灭陈（589）止，约四个世纪，史学界称为魏晋南北朝时期。东汉末年，社会矛盾冲突剧烈。汉灵帝时，蔡邕上疏曰："幽、冀旧壤，铠马所出，比年兵饥，渐至空耗。今者百姓虚县，万里萧条。"⑦农业生产受到非常严重的破坏，主要表现在土地荒芜、粮食匮乏、粮价高涨和人

---

① ［西汉］司马迁：《史记》卷 115《朝鲜列传第五十五》，北京：中华书局，1982 年标点本，第 2985 页。
② ［南朝宋］范晔：《后汉书》卷 85《东夷列传第七十五》，北京：中华书局，1965 年标点本，第 2807 页。
③ 王茹芹：《京商论》，北京：中国经济出版社 2008 年版，第 15 页。
④ 侯仁之主编：《北京城市历史地理》，北京：北京燕山出版社 2000 年版，第 64 页。
⑤ 郭人民：《战国策校注系年》，郑州：中州古籍出版社 1988 年版，第 577 页。
⑥ ［唐］欧阳询：《艺文类聚》卷六《地部·州部·郡部》，上海：上海古籍出版社 1985 年版，第 115 页。
⑦ ［南朝宋］范晔：《后汉书》卷 60《蔡邕列传第五十下》，北京：中华书局，1965 年标点本，第 1979 页。

的饥馑死亡。曹魏初年，统治者实施"镇之以静"的休民政策，幽州百姓休养生息，屯田勤耕。当时，盘踞在东北边境的鲜卑乘机崛起，对幽州数次寇边，威胁幽州边境的安宁。为此，特派刘靖为镇北将军，驻守蓟城（今北京），都督河北诸军事。刘靖看到北地冬季严寒，粮草转运十分不便，为了解决军队的粮草问题，计划在蓟城外，推行屯垦戍边、寓兵于农的政策，大兴农田水利、屯田种稻。

公元581年，隋文帝结束了南北朝的分裂局面，建立了隋政权。隋代初年废燕郡存幽州，大业初年又改幽州为涿郡，治所在蓟城，所辖九县中的蓟、良乡、昌平、潞等县和怀戎县东部，均在今北京境内。[①] 此外，安乐郡的燕乐、密云两县在今密云区境内；渔阳郡无终县兼有沟河、洳河二水，亦含有今平谷区部分区域。公元618年隋亡，李渊建立唐朝。唐代的幽州的区域范围或分或并，多有变化。据《旧唐书·地理志二》载：唐武德元年（618）再改隋涿郡为幽州，只领蓟、良乡、涿、雍奴、次安、昌平六县。唐太宗贞观年间（627—649），扩大了幽州管辖范围，增加了范阳、渔阳、固安和归义四县，共十县。在唐高宗、武则天、唐中宗、唐玄宗时期，幽州辖区又几经变化。唐玄宗开元十八年（730）分割幽州东部的渔阳、玉田、三河三县另置蓟州（今天津市蓟州区）。此后"蓟"的名称便用来表示今天天津的蓟州区，原来的幽州蓟城大多称幽州城，而少称蓟。唐玄宗在天宝元年（742）二月，诏"天下诸州改为郡"[②]，幽州改称范阳郡。唐肃宗乾元元年（758）范阳郡恢复幽州旧称。唐代，北京境内除置幽州外，还包括了檀州（治今北京密云）和妫州妫川县（治今北京延庆）。

燕地行政区划和名称的频繁更替，给书写隋唐时期北京的饮食文化带来极大不便。更为棘手的是史书中关于这一时期燕地饮食和烹饪的记载几乎是空白，史学家们并不关心当时当地的饮食生活，他们关注的是经济、政治和战争。由于唐代政治中心在长安、洛阳，而经济中心在江淮，当时，长安、洛阳、扬州、杭州、益州、汴州等都是拥有数百万或数十万人口的大城市。为了满足不同人的口味，各种风味的酒楼、餐馆、茶肆及摊点，星罗棋布，促进了饮食业的繁荣。于是，史学家们对这些地方人们的饮食生活便大书特书。

这一时期，各少数民族分批大举南下，问鼎中原，幽蓟地区轮番被北方民族

---

① ［唐］魏征等：《隋书》卷30《志第二十五》，北京：中华书局，1973年标点本，第833页。
② ［五代］刘昫等：《旧唐书》卷9《本纪第九》，北京：中华书局，1975年标点本，第207页。

和中原政权所占领，胡汉多民族杂居成为常态。族群之间的聚合，进一步促使燕蓟地区的饮食文化具备了容纳农业文化和游牧文化的强大包容性，单一性的饮食形态几乎被完全颠覆。在游牧民族饮食文化的反复冲击下，汉民族饮食文化的根基反而越来越牢固。这种民族及其饮食文化之间的双重博弈，也为辽金以后这一地区在成为政治中心的基础上，作为民族饮食文化交流中心而闻名于世奠定了基础。

第一节　秦汉饮食文化

由于幽燕地区与匈奴、乌桓等游牧部落接壤，经常受到北方游牧部落少数民族的侵略与冲击，在饮食风俗和习惯上胡风尽染，因而民间游牧饮食之俗尤为突出。《史记·匈奴列传》载匈奴"儿能骑羊，引弓射鸟鼠；少长则射狐兔，用为食。士力能毌（guàn，通"弯"）弓，尽为甲骑。其俗，宽则随畜，因射猎禽兽为生业，急则人习战攻以侵伐，其天性也"。他们的生活是"射猎禽兽为生业"为主的游牧方式。而其生活中狩猎往往和骑射连在一起。唐代诗人刘商《琴曲歌辞·胡笳十八拍》中也唱道："羁胡少年能走马，弯弓射飞无远近。"[1]《汉书》记载匈奴是"畜牧为业，弧弓射猎"[2]。这种"少长则射狐兔，用为食"的彪悍饮食方式对幽燕的饮食必然产生重要影响。这两大势力集团在长城一带的民族融合过程，也是民族间饮食文化相互交流、渗透的过程。

在幽燕地区成为政治中心之前，这里一直存在着带有军事化的饮食状况。这一时期也不例外。两汉400多年，汉匈关系基本以和亲为主，战争只是短暂的、局部的。《史记·匈奴列传》载："孝景帝复与匈奴和亲，通关市，给遗匈奴，遣公主，如故约。终孝景时，时小入盗边，无大寇。今帝即位，明和亲约束，厚遇，通关市，饶给之。匈奴自单于以下皆亲汉，往来长城下。"尽管如此，但燕地军事重镇的地位凸显了出来。西汉文帝时，"匈奴数侵盗北边，屯戍者多，边粟不足给食当食者。于是募民能输及转粟于边者拜爵"[3]。同时，为满足军事战争之需，政府又常从内郡调集物资至边地，幽燕因此积聚了大量的谷物。配合驻军和军事活动，所需的饮食资源往往超出了当地的供给能力，极大地影响到正常

① ［清］彭定求等编：《全唐诗》，北京：中华书局1980年版，第301页。
② ［东汉］班固：《汉书》卷52《窦田灌韩传第二十二》，北京：中华书局，1962年标点本，第2401页。
③ ［西汉］司马迁：《史记》卷30《平准书第八》，北京：中华书局，1982年标点本，第1417页。

的饮食生活。由于驻军数量相对庞大，军事饮食成为饮食文化中不可忽视的现象。有学者认为，秦汉时的北方边区文化风格带有浓重的军事化特征，[①] 这也包括饮食文化在内。

1. 汉墓中的饮食考古

北京地区的汉代考古发现主要包括城址与墓葬两方面。城址中有汉代燕国或广阳国都城的蓟城遗址，还有曾经作为战国时代"燕中都"[②]、汉代良乡侯国首府的房山区"窦店古城"遗址，以及汉代的西乡县故城[③]、广阳县故城[④]等城址。

1975年4月，顺义县平各庄公社临河村大队平整土地时，发现一座东汉墓。墓中出土器物共计131件，有陶器、铜器和漆器等，其中陶器包括猪圈1件，长29厘米，长方形，四面环墙，右侧有斜坡走道，上置厕所，内有一猪。另有卧姿绿釉陶猪2只；绿釉陶鸭2只，高18厘米；绿釉陶母鸡4只，高8.6厘米；绿釉陶狗4只，立姿仰首，颈系带，高12厘米。[⑤] 说明当时北京地区牲畜饲养已比较普遍，猪圈就在居住房屋的旁边。北京汉代先人已过上了农耕生产的定居生活。

除顺义临河东汉墓外，北京还发现多处汉代墓葬，如大葆台西汉墓、汉幽州书佐秦君石阙等。大葆台西汉墓，位于北京城南丰台区花乡郭公庄南，于1974年至1975年进行发掘，共发现两座墓葬。大葆台汉墓和老山汉墓是这一地区规模最大、规格最高的汉代王陵。两座汉墓出土文物千余件，有铜器、铁器、玉器、漆器、玛瑙器、金箔、陶器及丝织品等。大葆台西汉墓提供了墓主汉宣帝时受封的广阳顷王刘建其人饮食的基本信息。在一号墓北面外回廊的大陶瓮里，发现有带壳的小米（粟），现已仅剩空壳；在内棺南端和西面内回廊中，都发现有栗子皮（果已无存），这种栗子为山毛榉科板栗属的板栗。由此可见，西汉时粟饭仍是北京地区的主食，即使贵族也不例外。这种状况大概与粟类作物耐旱、易于生长，粟米又适宜长期储存有关。西汉时，其他粮食种类还没有取代粟的地位。在《汉

① 王子今：《秦汉区域文化研究》，成都：四川人民出版社1998年版，第154页。
② ［北宋］乐史：《太平寰宇记》，北京：中华书局2007年版，第1395页。
③ 《汉书·地理志》载："西乡侯国，莽曰移风。"到了王莽新朝时期，即公元9—23年，将"涿郡"改为"垣翰"，"西乡"改为"移风"。至东汉废西乡县，并入涿县。
④ 《水经·圣水注》："圣水又东，广阳水注之，出小广阳西山，东迳广阳县故城北。"中国古代以山之南、水之北称阳，以示其朝向阳光照射之意；以山之北、水之南称阴，以示背阳之意，"广阴"即广阳水之南岸。燕国广阳旧地在今北京市西南郊一带，广阴亦应距之不远。
⑤ 北京市文物管理处：《北京顺义临河村东汉墓发掘简报》，载《考古》1977年第6期。

书·食货志·论贵粟疏》中，晁错就指出："粟者王者大用，政之本务，令民入粟受爵。"足见当时粟对于国政民生之重要。

此外，在大葆台一号墓北面外回廊大陶瓮、陶壶以及前室中，都发现了一些兽骨。经中国科学院古脊椎动物与古人类研究所鉴定，其中有猪、鸡、雉、兔、鸿雁和鲤鱼等；另外在北回廊陶鼎内和大缸中还发现了猫的骨骼，在北回廊中间大缸中出土了山羊骨骼和鸟的骨骼，其他还出土天鹅、白颈鸦、豹、牛等20余种生禽鸟兽和枣、栗、黍等遗物。《周礼·天官·食医》云，在饮食的种类上，王公贵族讲究"牛宜稌、羊宜黍、豕宜稷、犬宜粱、雁宜麦、鱼宜菰，凡君子之食恒放焉"。这是《周礼》所认为最适宜的饭菜搭配法，也是君王和贵族大夫用膳的共同准则。看来，随着食物越来越丰富，汉代社会上层的饮食结构沿袭了《周礼》，已相当合理，真正做到了"五谷为养、五果为助、五畜为益、五菜为充"[①]。主食和副食泾渭分明，且主食的种类和副食的种类已形成符合食品要求的结构布局。从另一方面而言，西汉饮食的贫富差异非常明显。可以想见，当时贫民仍过着"食不厌糟糠"的窘迫生活，而在上层社会，弥漫着饮食的奢侈之风。东汉王符《潜夫论·浮侈篇》曰："今民奢衣服，侈饮食，事口舌，而习调欺，以相诈绐，比肩是也。"当然，一号墓主将20余种生禽鸟兽作为口腹之物，也反映了中国饮食文化的一个根本目的——对美味的追求。

老山汉墓是北京市2000年的一项重大考古发掘，曾引起社会各界的广泛关注。老山汉墓题凑所用大量杂木中的板栗木，或系来自当地；枣、果等，可鲜食，亦可腌制成果脯。从老山汉墓出土的主要文物包括：两个大型漆器、一具女尸骨、几件残留的玉器、两千年前的粮食、一件贴金漆器、几件陶罐陶壶和一件保存较好的丝织品等。能够复原的器皿达90余件，包括彩绘陶壶24件，以及彩绘钫、罐、盒、耳杯、鼎等一批珍贵文物。这批彩绘陶器，数量多，器类全，色彩鲜艳，是北京地区迄今出土的数量最多、保存状况最完好的一批汉代彩绘陶器。如彩绘陶壶，多用红、白、黑三种色彩绘制图案，颈部多绘三角纹和兽面纹，腹部多绘变形云气纹和兽面纹，并有博山炉形盖。陶器质料有夹砂陶和泥质陶两种，颜色以红色为主，也有部分灰色陶。根据清理修复出陶器的器类组合、造型和花纹特征判断，老山汉墓的年代为西汉中晚期。说明当时进入了陶器、原始瓷器向瓷器

---

① 姚春鹏译：《黄帝内经》，北京：中华书局2012年版，第140页。

的过渡时期。汉代早期的原始瓷器，其质量较先秦有明显的提高。这时的餐具有鼎、壶、敦、盒、罐等。西汉晚期，鼎逐渐退出饮食领域，成为一种权力和权势的象征物，而壶、罐、盆、勺增多。东汉晚期，制瓷技术又有了提高，这时的餐具瓷胎较细，釉色光亮，釉胎结合较紧。顺义县东汉晚期墓冢中发掘出绿釉的碗、案、灶、鼎、狗、鸡、鸭、井、盆等。① 东汉时，北京人的饮食文化已步入了美器的时代，不仅实用，而且格外注重色彩和造型。

"东汉时期，许多陶器加施了绿釉，是陶器制作技术的一大进步。顺义临河村出土的大型绿釉陶楼，丰台区大葆台出土的黑漆衣博山盖陶壶和陶耳杯，都是这类陶器的代表作。"② 其实，此前的怀柔城北东周西汉墓葬群出土的大量陶器，彩绘相当普遍。如110号墓中出土的Ⅰ式陶鼎，腹中部的棱线纹饰及鼎足均绘有红、白色的图案。Ⅲ式陶壶，腹的上半部及颈、口分别用红、白、兰、黑等色绘成图案，出土时颜色尚绚丽。Ⅰ式陶盒和63号、34号墓出土的Ⅲ式陶盒的底上半部及盒盖表面也均有彩绘花纹。113号墓出土的Ⅲ式鼎，腹中部有一周白彩。61号墓出土的Ⅰ式陶豆，盖、腹表面用黑、红两色绘成花纹。③ 战国时期食器的美感主要以刻纹、画纹的形式表现出来，相对而言，彩绘的审美力度显然更为强劲。就上层贵族而言，饮食已超越了解决温饱的问题，饮食品位开始凸显了出来，说明贵族对饮食器具的美感追求进入了一个新的境界。

近20年来，不断有汉墓被发掘出来，2004年在延庆县发掘出一座东汉砖室墓。值得注意的是，此次出土的陶器十分有特色，大多刻画有纹饰。方形的陶井，陶塑的猪、狗、鸡、鸭等造型逼真，为延庆地区历年来罕见。2005年，考古人员在北京国家体育场等8处奥运场馆工地发现并发掘清理了450余处从西汉至明清时期的古墓，出土了大批珍贵文物，其中重要文物达2000余件。这批古墓葬，时间跨度较长。从西汉延续至辽、金时期，下讫明清。有木棺墓、砖室墓、竖穴土坑墓、瓮棺墓等，多为单棺葬，多棺葬、二次迁葬也占相当大的比例。出土遗物丰富，包括瓷器、陶器、金银器、玉器、铜器、铁器等大批文物。其中的铜镜、彩绘灰陶壶、青花瓷罐、青花鼻烟壶、粉彩瓷罐、玉饰件等，工艺精湛、造型优美，尤为珍贵。

---

① 北京市文物管理处：《北京顺义临河村东汉墓发掘简报》，载《考古》1966年第6期。
② 北京大学历史系《北京史》编写组编写：《北京史》，北京：北京出版社1985年版，第46页。
③ 北京市文物工作队：《北京怀柔城北东周两汉墓葬》，载《考古》1962年第5期。

在顺义区大孙各庄镇田各庄村，也发现了大型汉墓群，它们均为汉代砖室墓，内随葬有陶罐、壶、耳杯，以及楼、仓、灶、猪圈、厕所和猪、狗、马、鸡等陶制明器。专为随葬而做的明器，可分为模型和偶像两大类。秦和汉初首先出现的是模型类的仓和灶。从西汉中期以降，讫于东汉后期，除仓、灶以外，井、磨盘、猪圈、楼阁、碓房、农田、陂塘等模型及猪、羊、狗、鸡、鸭等动物俑相继出现，时代越晚，种类和数量越多。随葬陶器如盘、甑、猪圈等都是东汉时期墓葬常见器形，鸡、猪等动物俑在东汉晚期已很盛行。这些明器反映了当时北京地区农业经济和饮食生活状况。

《史记·殷本纪》载，商纣王"厚赋税，以实鹿台之钱，而盈巨桥之粟"①，《集解》引服虔云："巨桥，仓名。"这个"仓"是指地下窖穴还是地上的仓廪，不得而知。地面上的谷仓叫"囷""仓"；地面下的谷仓叫"窦""窖"。《礼记·月令·仲秋之月》："是月也，可以筑城郭，穿窦窖，修囷仓。"郑玄注："椭曰窦，方曰窖"，高诱注："圆曰囷，方曰仓"。《说文解字》："囷，廪之圆者，从禾在口中。圆谓之囷，方谓之京。"京，矜也。实物可矜惜者投之其中也。《周礼·考工记·匠人》："囷窌仓城。"郑玄注："囷，圆仓。""窌"（jiào），地窖。商代仓廪所建的地点，主要在王都之南，甲骨文中常有称为"南廪"的卜辞。有了粮仓，一方面说明粮食贮存和加工技术的提升，另一方面证实了当时粮食充足。这些都为饮食文化的发展奠定了必要的基础。

《管子·牧民·国颂》中说道："凡有地牧民者，务在四时，守在仓廪。……仓廪实则知礼节，衣食足则知荣辱。"饮食不仅是维持生存的需要，也与人们的精神修养和品格境界休戚相关。"仓廪"指的就是储备粮食的仓房。在北京地区已发现的汉代随葬明器中，仓是最能体现饮食生活水平的遗物。1959 年在怀柔城北发掘的东周两汉墓葬群中，东周、西汉各类墓葬中均不见陶仓，唯东汉墓中有陶仓 4 件随葬，而且均出自 1 号、31 号、47 号、48 号等东汉大型墓中，不见于单室墓。② 在东汉以前的墓葬中绝无此物，只是在东汉以至北朝时期的墓葬中才出现。北京昌平县半截塔村东汉墓出土陶仓 10 件，小口，平底，腹如筒状，有的肩部隆

---

①　［西汉］司马迁：《史记》卷 3《殷本纪第三》，北京：中华书局，1982 年标点本，第 91 页。
②　北京市文物工作队：《北京怀柔城北东周两汉墓葬》，载《考古》1962 年第 5 期。

起三道弦纹，[①] 似象征箍带。永定路东汉墓出土陶仓 3 件，形状与前相同。[②] 顺义县临河村东汉墓出土绿釉仓楼 1 件，楼有 3 层。[③]《吕氏春秋·仲秋》中有记载"修囷仓"，东汉高诱注"圆曰囷，方曰仓"[④]，意思是地上的圆形储粮设施称为囷，方形储粮设施称为仓。

2013 年 8—9 月，为配合基建施工，北京市文物研究所在北京市平谷区夏各庄村发掘清理了 29 座东汉、唐、明、清时期的墓葬。其中，东汉墓 M1 保存较好，出土器物较丰富。有陶灶一件，平面近三角形，前宽后窄，三壁竖直。前端开方形火门，火门三面有挡火檐，呈倒"U"形。灶面略下凹，开圆形灶眼 3 处，侧壁及灶面边缘均饰同心圆纹饰。顺义临河东汉墓也出土陶灶一件，方形，有三火孔，上置三釜，长 28.5 厘米、宽 21 厘米。可见，汉代幽燕地区明器的灶与现代农村的柴灶很相似，立体长方形，前有灶门后有烟囱，灶面有大灶眼一个，或者小灶眼 1～2 个。北京怀柔东汉墓葬中的灶面上浮雕有鱼、猪、羊等物。《汉书·五行志中之下》记载："燕王宫永巷中豕出圂，坏都灶，衔其鬴六七枚置殿前。"颜师古注："都灶，蒸炊之大灶也。"可见燕国宫室中使用大灶来蒸炊食物。灶有挡火墙，前方后圆式，灶面富于装饰性。灶的完善，大大推动了烹调技艺的发展，也使火候的把握成为可能。"在灶台未出现之前，人们用于炊煮之法是直接将器皿撑地烧火，在釜与甑出现后，为了使用过程中的更加方便，'灶台'这种独特的造物品类也就应运而生了。灶因其自身结构可以将肆意燃烧的火苗容纳于腔内而不易向外扩张，从而可以达到充分利用火力之目的。"[⑤]

除灶以外，还有炉。怀柔城北东汉墓出土了炉一件。腹作钵形，折唇，腹底有两条长方形漏灰孔，下附三个兽蹄形足，炉口有三个环形支钉。

生铁铸的鼎、釜、甑、炉等器具及铁锻的厨刀的出现，促进了新的烹调方法脱颖而出，铁制炊具良好的导热性促进烹饪技艺进一步发展，使原有的羹、脯、炙等烹饪方法、制作菜肴的花式品种有所增加，新的烹调方法如烩、炒、煎等也广泛地运用在汉代的烹调中。其中炒后来成为最基本的烹调技术，是应用范围最

---

① 北京市文物工作队：《北京昌平半截塔村东周和两汉墓》，载《考古》1963 年第 3 期。
② 北京市文物工作队：《北京永定路发现东汉墓》，载《考古》1963 年第 3 期。
③ 北京市文物管理处：《北京顺义县临河村东汉墓发掘简报》，载《考古》1977 年第 6 期。
④ ［战国］吕不韦等：《吕氏春秋》，北京：中华书局 1936 年版，第 2 页。
⑤ 宗椿理：《民以食为天，饮当器以用——秦代饮食器具的多元类别与特定社会功能解析》，载《美术与设计》2015 年第 4 期。

广的一种烹调方法。在火候上，根据不同的菜品原料对火候的要求，已经注意调节火力强弱，分别使用"微火""缓火""逼火""急火"，还开始针对不同的原料采用相应的烹饪时间。1969 年冬至 1970 年春，在怀柔城北部发现了大面积的战国至汉代遗址，其中出土了陶釜 6 件。圆底，腹与底之表面印有绳纹。底部有火烧痕迹，可能为实用器物。① 当时已掌握了用火的烹饪技巧，且烹饪的器具一应俱全。

新的饮食器具必然催生新的烹饪方式。2003 年，在蓟县东大井墓地出土了一件汉代陶质烧烤型火锅。它不仅具有火锅的功能，还可以用来烧烤，是一件实用性极强的家庭餐饮用具。其底部长 33.5 厘米，宽 19.5 厘米，深 5 厘米，整体为长方形四足槽形器，底部及四个倾斜壁均有圆形透气小孔。在长方形底部一侧有一个圆形支架，其直径为 14.5 厘米，上面置一陶钵，是一件集烤、涮为一身的实用性极强的单人炊具。《礼记·礼运》载："以炮以燔，以烹以炙"，正是对其形象而真实的记载。

倘若将这些同时代的墓葬饮食器具随葬品组合起来，便是一幅完整的厨房烹调画面。不仅如此，围绕饮食行为，还可以描绘出居住空间的结构分布图。1958 年秋，在平谷县西北 7.5 公里的西柏店村东，发现一座砖室汉墓葬。1 号与 103 号两墓随葬器物分布位置有一共同点，凡生活用具如杯、盘、徼、案、盒、炉之类均放在前室右端的器物台上，而井、灶、厕所、磨、碓、驹、俑等模型之具，则放在前室的左端。101 号墓前室布置着仓、壶、井圈等；后室棺木周围多属碗、盘、杯、俑之类。② 这完全是为了方便烹饪和饮食而精心设计的生活空间布局。

2. 汉代北京农牧业经济的地位

幽燕农牧兼营的经济特色，一直成为幽燕饮食文化主体性的建构模式。不过，幽燕饮食文化的模式化得益于粮食供给的富足，而汉代农业经济的发展主要在于农业生产技术的提高。

当时对农具有所改进，铁制农具得到推广。在老山汉墓出土的一件汉代工具，底部有残缺的汉代铲土工具部件"铁锸头"（相当于铁锹前端）。北京紫竹院公园曾出土 1 件年代在东汉至北朝时期的完整铁口木锸。全锸用整材木板加工而成，

① 北京市文物工作队：《北京怀柔城北东周两汉墓葬》，载《考古》1962 年第 5 期。
② 北京市文物工作队：《北京平谷县西柏店和唐庄子汉墓发掘简报》，载《考古》1962 年第 5 期。

北京饮食文化发展史

木质似为柞木，通长 96 厘米、柄长 70 厘米。柄之横断面呈椭圆形，最大径 4.5 厘米、最小径 2.5 厘米，上端稍细，下端连木叶处稍宽。铁刃上口宽 16.5 厘米，厚 0.25 厘米，系用条形熟铁板从中间折叠后，锻打成刃，经过淬火，然后纳入木叶，再用三枚铁钉穿透铆牢。说明生铁柔化技术日臻成熟。出土时，刃部仍很锋利。该木锸两肩宽窄不一，宽侧磨损较重，应为使用时经常受力所致。① 铁制农具翻土的效率迅速提升，在农业生产中的统治力得到大大强化。

其最重要的铁制农具是耧车，崔寔在《政论》中说："武帝以赵过为搜粟都尉，教民耕殖。其法，三犁共一牛，一人将之，下种挽耧，皆取备焉，日种一顷。至今三辅犹赖其利。"② 三犁就是三腿耧犁，它可一边开沟，一边下种，一次能播种三行，行距一致，下种均匀，大大提高了播种速度和质量。北京清河等地发现了西汉铁耧足。③ 西汉时期，铁耧足具在中原地区尚属新式播种工具。20 世纪 50 年代初期，在北京清河镇曾发现两件形制相同的汉代铁犁铧，铧身尖端稍反曲，两面都有菱形凸起的犁底槽（棱脊），竖长 8 厘米，宽 11 厘米，底槽口 6 厘米，推测使用这种犁铧的木犁应当很小，因此显然不是畜耕农具，而是人力耕地时使用的犁铧。④ 该处发现的铁耧足和铁犁铧说明当时幽燕的农业生产技术还是比较先进的，铁犁耕作在幽燕地区传统农具中的主导地位已经确立。

《盐铁论·通有第三》言"燕之涿、蓟，赵之邯郸，魏之温、轵，韩之荥阳，齐之临淄，楚之宛、陈，郑之阳翟，三川之二周，富冠海内，皆为天下名都"。经三代燕、蓟的发展，到了西汉初，已是"南通齐、赵，东北边胡，上谷至辽东，地踔远，人民希"的一个饮食文化"都会"。⑤《汉书·地理志》载：西汉末，平帝元始二年（2）今北京地区在幽州牧统监之下的地域分属 5 个郡、国，即广阳国和涿郡、上谷、渔阳、右北平四郡。汉代的北京之重要，在《史记·货殖列传》中有"有鱼盐枣栗之饶"等生动的描述。秦汉期间，通邑大都的饮食经济飞速发展，如《史记·货殖列传》记载："今有无秩禄之奉，爵邑之入，而乐与之比者，命曰'素封'。封者食租税，岁率户二百，千户之君则二十万，朝觐聘享出其中。

① 张先得：《北京西郊出土古代铁口木锸》，载《文物》1983 年第 7 期。
② 孙启治：《政论校注》，北京：中华书局 2012 年版，第 180 页。
③ 林甘泉主编：《中国经济史·秦汉经济卷》（下），北京：经济日报出版社 1999 年版，第 200 页。
④ 李文信：《古代的铁农具》，载《考古通讯》1954 年第 9 期。
⑤ ［西汉］司马迁：《史记》卷 129《货殖列传第六十九》，北京：中华书局，1982 年标点本，第 3253 页。

庶民农工商贾，率亦岁万息二千，百万之家则二十万，而更徭租赋出其中。衣食之欲，恣所好美矣。故曰陆地牧马二百蹄，牛蹄角千，千足羊，泽中千足彘，水居千石鱼陂，山居千章之材。安邑千树枣；燕、秦千树栗；蜀、汉、江陵千树橘；淮北、常山已南，河济之间千树萩；陈、夏千亩漆；齐、鲁千亩桑麻；渭川千亩竹；及名国万家之城，带郭千亩亩钟之田，若千亩卮茜，千畦姜韭：此其人皆与千户侯等。"此时，燕地饮食特产已然凸显，并为外界所认知。大规模的、专业化的饮食商品交流是秦汉饮食文化发达的一个特征，燕地也不例外。这主要得益于燕地的地方官吏对农业生产的重视。郭伋为渔阳太守"示以信赏，纠戮渠帅，盗贼销散，时匈奴数抄郡界，边境苦之，伋整勒士马，设攻守之略，匈奴畏惮远迹，不敢复入塞，民得安业。"在职五岁，户口倍增。① 一方面维持社会治安，一方面抗击入侵的匈奴，以保一方平安，为燕地饮食生活创造了安定的环境。

渔阳在西汉置有盐铁官，两汉之际，渔阳太守彭宠利用盐铁贸易，进而积兵反汉。幽州牧朱浮上疏云："今秋稼已熟，复为渔阳所掠。"诏书答称："今度此反虏，势无久全，……今军资未充，故须后麦耳。"② 秋稼与夏麦并举，秋稼当是指稻或粟。粟是两汉时北京地区的主要粮食作物，因此，禾、粟常被用作一般作物的总称，而原本作为粮食作物总称的"谷"，在汉代也开始成为粟的专名。先秦时，麦和稻在北方还是稀罕之物。据《齐民要术》引用了一首民歌，歌词道："高田种小麦，稑穄不成穗。男儿在他乡，那得不憔悴？"③ 北京地区多高地，显然不适宜种植小麦。有专家论证，小麦的传入和由此造成的中国北方旱作农业生产特点的转变过程，起始于距今 4000 年前后。④ 北京地区种植小麦的时间是远远滞后的。《论语·阳货》说："食夫稻，衣夫锦，于汝安乎？"北京地区历史上种水稻最准确的记载，是在东汉初年，建武十五年（39），张堪为渔阳太守，"于狐奴开稻田八千余顷，劝民耕种，以致殷富"⑤，开北京地区种水稻之先。狐奴，西

① ［南朝宋］范晔：《后汉书》卷31《郭杜孔张廉王苏羊贾陆列传第二十一》，北京：中华书局，1965 年标点本，第 1091 页。
② ［南朝宋］范晔：《后汉书》卷 33《朱冯虞郑周列传第二十三》，北京：中华书局，1965 年标点本，第 1137 页。
③ ［北魏］贾思勰：《齐民要术》卷 2《大小麦第十》，上海：上海古籍出版社 2009 年版，第 105 页。
④ 赵志军：《中华文明形成时期的农业经济发展特点》，载《国家博物馆馆刊》2011 年第 1 期。
⑤ ［南朝宋］范晔：《后汉书》卷 31《郭杜孔张廉王苏羊贾陆列传第二十一》，北京：中华书局，1965 年标点本，第 1100 页。

汉初年属渔阳郡。其故址在今顺义区北小营北府村前、狐奴山下。因稻香可口，名声大振，成为封建皇帝享用的"贡米"。张堪在渔阳视事八年（建武十五年至二十二年，39—46），粮食充足，人民富裕，边防充实，为吏民所信服，百姓作歌谣赞颂他，"桑无附枝，麦穗两岐，张君为政，乐不可支"①。大叶的桑条不长枝杈，而一棵小麦却长出两个穗。两岐，就是分杈。麦穗两岐，可见是优良品种。北京植物园所藏北京黄土岗的汉代稻谷遗存印证了文献记载的事实。我国著名报人邓拓在《燕山夜话》第十四章"两座庙的兴废"中说："现在顺义县狐奴山下，有若干村庄就是历来种稻的区域，你如果走到这里，处处可以看到小桥、流水、苇塘、穿插在一大片稻田之间，这才真的是北国江南，令人流连忘返。"邓拓高度评价张堪在北京推广种稻的首创事迹。东汉末年，刘虞为幽州牧，"劝督农植，开上谷胡市之利，通渔阳盐铁之饶，民悦年登，谷石三十"②。可见在东汉时期，这个地区农业已有相当程度的发展。顺义鲁各庄"文革"前曾有一座张堪庙，纪念的就是东汉初年的渔阳太守张堪，庙里壁画上描绘了水稻植播的全过程。

　　牧业在幽燕之地仍然是重要的产业。幽燕处于中原地区的北部及西部边缘地带，为半农半牧区，直到汉代，还是"龙门、碣石北多马、牛、羊、旃裘、筋角"。《史记·货殖列传》还云："天水、陇西、北地、上郡与关中同俗，然西有羌中之利，北有戎翟之畜，畜牧为天下饶"。羌本羊。《说文解字》："羌，西戎牧羊人，从人从羊。"特别是汉武帝对匈奴用兵的胜利，扩大了西部与北部的畜牧业基地，幽州成了畜牧业经济区，从而出现了"长城以南，滨塞之郡，马牛放纵，蓄积布野"的局面。③《周礼·夏官·职方氏》在谈到雍、幽、冀、并诸州家畜时，或是只列出牛、马、羊（雍州、冀州），或是将猪放在最后（幽州、并州）。北方的牧人称为"娠"，《方言》卷三云："燕齐之间养马谓之娠。"幽州作为半农半牧的过渡地带，农业和牧业相互补充和促进，形成了相对稳定的饲养经济。畜禽主要有马、牛、羊、猪、犬、鸡，这是自先秦以来即已形成的"六畜"。鸭、鹅、鸽、兔、鹿作为补充的肉类来源也为时人所饲养。

---

　　① ［南朝宋］范晔：《后汉书》卷31《郭杜孔张廉王苏羊贾陆列传第二十一》，北京：中华书局，1965年标点本，第1100页。

　　② ［南朝宋］范晔：《后汉书》卷73《刘虞公孙瓒陶谦列传第六十三》，北京：中华书局，1965年标点本，第2353页。

　　③ ［汉］桓宽：《盐铁论》（卷八·西域），上海：上海人民出版社1974年版，第96页。

幽州的骑兵在东汉即以劲旅著称。《周官·职方》记幽州"畜宜四扰（马牛羊豕)"。《魏书·太祖纪》称：所谓的"息众课农"也就是拓跋部落由游牧经济向农业经济转变的过程。燕地畜牧滋盛，物价低平，是本地最有名的马产地，遂使燕国拥有众多骑兵。《后汉书》卷十八《吴汉传》记南阳宛人吴汉"亡命至渔阳，资用乏，以贩马自业，往来燕蓟间"。他对渔阳太守彭宠说："渔阳、上谷突骑，天下所闻也。"汉灵帝时，蔡邕上疏称，"幽冀旧壤，铠马所出"①。说明当时幽州确以产马驰名。而马肉也是人们盘中之佳肴。否则，荆轲便难以知晓马肝之味美。

3. 饮食文化特点的凸显

从考古遗址和相关记载可以获知，秦汉期间北京的饮食水平比较高，这主要得益于当时比较发达的农业生产力，而先进的生产工具是其最为突出的表征。西汉初期在全国推行"轻徭薄赋"的政策，燕蓟地区广泛使用了铁农具，考古发掘出土了铁犁铧、镢头、锄、铲、镰刀、耧角等，这些铁器是当时重要的耕田、除草、播种工具。铁制农具的广泛使用，使北京地区的荒地得到大量开发。海淀、延庆、平谷等区发掘的西汉墓中出土了各种铁制农具。北京地区的冶铁技术一直处于全国领先地位，这为农具生产在技术革新上提供了可能性。北京清河镇朱房村西汉古城遗址中发现了铁制农具锄、铲、斧、耧犁、镰、耧足等，均为铸件。②其中铲呈凹形，经过柔化处理，为可锻性铸铁。③当时用于农业耕作新发明的铁足耧车播种技术的推广，使得汉代幽州地区的农业得到了突飞猛进的发展，特别是上述考古发掘的诸城址及其周围宜于农业耕作的地区，粮食的大量生产成为一种可能，这就为当时人口的增长提供了足够的生存条件。这些考古发现的农业技术信息和文献记载的情况与考古发现城址的地理分布特征是相符的。④

农业生产的发展对北京饮食文化的走向起到了举足轻重的轨范作用，为北京饮食文化特点的形成奠定了物质基础，即由原先以肉食为主导的饮食格局转化为肉食与谷物并重的饮食格局。农业生产可以提供足够丰富的并且相对稳定的主食

---

① ［南朝宋］范晔：《后汉书》卷74《袁绍刘表列传第六十四下》，北京：中华书局，1965年标点本，第2419页。
② 苏天钧：《十年来北京所发现的重要古代墓葬和遗址》，载《考古》1959年第3期。
③ 华觉明等：《战国两汉铁器的金相学考察初步报告》，载《考古学报》1960年第1期。
④ 马保春：《北京及附近地区考古所见战国秦汉古城遗址的历史地理考察》，北京市哲学社会科学"十一五"规划项目"燕国历史政治地理研究"的阶段成果。内部资料。

资源，而肉食渐渐退居至副食的地位。或许可以这样理解，先秦时期，主副食的边界相对比较模糊，肉食和谷物皆为主食，真正副食的概念并不明确。这等景况，说明人们的饮食生活水平还比较低下，因为要获得充足的肉食来源是相当困难的。一旦粮食成为固定的饮食资源，并均衡地供应每天的餐食，肉类便向副食靠拢，并且餐桌上肉类的多少成为衡量饮食生活水平的重要指标。

秦汉时期，北京饮食文化的区域特质已经大致凸显，是中国饮食体系的发展期。第一是肉食比重大大增加。西汉桓宽在《盐铁论·散不足》中详细比较了先秦与汉代的饮食状况："古者，燔黍食稗，而捭豚以相飨。其后，乡人饮酒，老者重豆，少者立食，一酱一肉，旅饮而已。及其后，宾婚相召，则豆羹白饭，綦脍熟肉。今民间酒食，殽旅重叠，燔炙满案，臑鳖脍鲤，麑卵鹑鷃橙枸，鲐鳢醢醢，众物杂味。"差别主要在肉的食用多少上，先秦时代人们食肉较少，而汉代与之相比，大大增加。同一篇中作者又说："古者，庶人粝食藜藿，非乡饮酒脤（lú）腊祭祀无酒肉。故诸侯无故不杀牛羊，士大夫无故不杀犬豕。今闾巷县伯，阡陌屠沽，无故烹杀，相聚野外；负粟而往，挈肉而归。"[1] 先秦只在年节祭祀场合餐桌上才有酒肉，汉代则平时也能吃到肉。肉食的增多，一方面得益于物质生活水平的提高，肉食资源供给大幅度增加；另一方面，肉食的对象和方式明显带有游牧风味，也说明北方游牧民族饮食已深入燕地和中原地区，饮食"胡化"蔚然成风。后一点，是汉代肉食增加的更为主要的原因，尽管汉代生产力有所提高，但也达不到平民平日也能食荤的水平。

第二是灶的出现，衍生出中国饮食文化中一些最常见的烹饪方式，而且烹饪擅长掌控火候。《东周列国志》第一百零六回记载燕太子丹为让荆轲刺杀秦王而不惜一切代价时写道："太子丹有马日行千里，轲偶言马肝味美，须臾，庖人进肝，即所杀千里马也。"烹制马肝，或煮或炒均须严格地掌握火候。按当时烹调方法，荆轲所食马肝应为卤煮而成，即入锅加水和五味。此道菜肴号称"龙肝"。当时即能制作此菜，可见，北京菜烹饪技术在当时就已具有一定的水平。

第三是主、副食区分分明。《汉书·食货志上》在谈到当时农业生产时说："种谷必杂五种，以备灾害"；"还庐树桑，菜茹有畦，瓜瓠果蓏殖于疆易，鸡豚

① 王利器：《盐铁论校注》，北京：中华书局2012年版，第351—352页。

狗彘毋失其时。"《急就篇》① 也说："园菜果蓏助米粮。"《尔雅·释天》称："谷不熟为饥，蔬不熟为馑，果不熟为荒。"② 可见蔬菜瓜果实际上起着粮食重要补充的作用。以种植谷物为主，兼种蔬菜瓜果，饲养家禽家畜，同时还栽种桑麻，以便养蚕纺织。秦汉的农业基本上保持了这种生产格局。稻、麦、粟、菽、黍、枣等成为饮食的主体部分，而牛羊等牲畜的肉制品仅是人们生活中的副食品，形成了谷物为主，辅以蔬菜，加上肉类的饮食结构，奠定了农耕民族以素食为主导的饮食发展趋势。

第四是粮食加工步入了新阶段，磨棒、磨盘、石杵被更为先进的踏碓、石磨所取代。"1959—1960 年在北京怀柔县城北的东汉墓中出土 1 件双人踏碓俑，可知当时虽然仍使用人力操作，但双人同踏，工作效率应该是比较高的。1977 年在北京顺义县临河村东汉墓出土绿釉磨和双人绿釉踏碓俑等明器。1959 年至 1960 年在北京平谷县西柏店、唐庄子东汉墓也出土了陶磨、陶碓等明器。陶磨系一磨肩架设在一方形台的十字穿孔架上，磨台下装有漏斗，用 4 柱支架。陶碓系单人操作具，底部后端（农夫操作处）的四角各有一支柱，估计支柱上还有一横扶手，便于农夫踏碓时保持身体平衡。"③ 这显然已不是依靠人力，而是用水作为动力的水碓和水磨。2003 年樟县村西北砖窑取土坑内发现汉砖墓群，出土汉代"五铢"铜币窖藏和一件小石磨，也属于水磨。可见，在汉代，燕地就已经用石磨磨碎粮食了。《三国志》中已见"使治屋宅，作水碓"的记载。④《后汉书·杜诗传》记载："建武七年（31），（杜诗）迁南阳太守，……造作水排，铸为农器，用力少，见功多，百姓便之。"杜诗创造了利用水力鼓风铸造的机械水排，这是古代冶炼最早的鼓风设备。动力原理与水碓相似。三国时期，受杜诗水排启发，创造了水碓，用于春米。北魏时，崔亮在雍州，"读《杜预传》，见其为八磨，嘉其有济时用，遂教人为碾。及为仆射，奏于张方桥东堰谷水，造硙磨数十区，其利十倍，国用便之"⑤。由此可知，至迟在魏、晋时，水磨、水碾、水碓等已广泛使用了。

第五是"饼"成为主食流行开来。经碓、磨的加工，面食流行开来。《释名》

---

① ［西汉］史游：《急就章》，原名《急就篇》，是西汉元帝时命令黄门令史游为儿童识字编的课本。
② 《墨子·七患》云："一谷不收谓之馑，……五谷不收谓之饥。"
③ 于德源：《北京农业史》，北京：人民日报出版社 2014 年版，第 66—67 页。
④ ［晋］陈寿：《三国志》卷 15《魏书十五》，北京：中华书局，1973 年标点本，第 471 页。
⑤ ［唐］李延寿：《北史》卷 44《列传第三十二》，北京：中华书局，1974 年标点本，第 1629 页。

卷四《释饮食》云："饼，并也，溲面使合并也。胡饼作之大漫沍也，亦言以胡麻著上也。蒸饼、汤饼、蝎饼、髓饼、金饼、索饼之属，皆随形而名之也。"《急就篇》颜师古注曰："溲面而蒸熟之，则为饼。"可见蒸饼是以面粉用水掺和，揉捏成形后，不经发酵就放入釜甑中蒸熟而成。放在火上烙的饼类叫炉饼。撒上芝麻的麻饼，古时叫"胡饼"。"胡饼"，最早出现在汉代。《太平御览》卷八六〇引《续汉书》："灵帝好胡饼，京师皆食胡饼。""胡饼"的制作记载最早见于汉代刘熙《释名·释饮食》。《释名》还提到"髓饼"，北魏贾思勰《齐民要术·饼法》之"髓饼"条云："以髓脂、蜜，合和面，厚四五分，广六七寸，便着胡饼炉中令熟，勿令反复，饼肥美，可经久。"当时的饼有蒸饼、胡饼和汤饼三种。煮制的面食为汤饼。索饼就是把饼切成细条，接近现在的切面。

第六是北京地区与北方游牧部落相连，为农业和牧业共存的地域，饮食文化中掺入了游牧民族的风味，以羊为美味和"以烹以炙"就是明证。对于汉匈饮食文化习俗的差异优劣，降于匈奴的宦者燕人中行说，与汉使之间有过激烈的辩论："汉使或言曰：'匈奴俗贱老。'中行说穷汉使曰：'而汉俗屯戍从军当发者，其老亲岂有不自脱温厚肥美以赍送饮食行戍乎？'汉使曰：'然。'中行说曰：'匈奴明以战攻为事，其老弱不能斗，故以其肥美饮食壮健者，盖以自为守卫，如此父子各得久相保，何以言匈奴轻老也？'汉使曰：'匈奴父子乃同穹庐而卧。父死，妻其后母；兄弟死，尽取其妻妻之。无冠带之饰，阙庭之礼。'中行说曰：'匈奴之俗，人食畜肉，饮其汁，衣其皮；畜食草饮水，随时转移。……且礼义之敝，上下交怨望，而室屋之极，生力必屈，夫力耕桑以求衣食，筑城郭以自备，故其民急则不习战功，缓则罢于作业……'"① 与农耕民族相比，匈奴饮食处于更高一级的食物链上。但从烹饪技艺而言，又停留于充满野性的低级阶段。南北饮食差异明显，这也为两种不同饮食文化的碰撞提供了条件。

第七是北京与周边地区贸易往来频繁。蓟是这一地区的饮食贸易中心。贸易交流的货物除本地的农产品、手工业产品以及土特产品外，还有中原地区的精致的手工技艺作品，以及乌桓、夫余、秽貉、朝鲜、真番等北方和东北方少数民族的畜牧业产品。《史记·货殖列传》云："枣栗千石者三之，双狐䝙裘千皮，羔羊裘千石，旃席千具……此亦比千乘之家。"可见西汉时的燕地，粮食及其他交易已

---

① ［西汉］司马迁：《史记》卷110《匈奴列传第五十》，北京：中华书局，1982年标点本，第2879页。

达到相当规模。

较之西汉，东汉以"互市"为形式的集市贸易更为旺盛。汉光武帝建武二十八年（52），"北匈奴见南单于来附，惧谋其国，故数乞和亲，又远驱牛马，与汉合市，重遣名王，多所贡献"①。游牧民族与汉族通过贸易往来，农产品与畜牧产品交易互换，满足了燕地不同民族的饮食需求。汉章帝元和元年（84），"北单于乃遣大且渠伊莫訾王等，驱牛马万余头来与汉贾客交易"。②"安帝永初中，鲜卑大人燕荔阳诣阙朝贺，邓太后赐燕荔阳王印绶，赤车参驾，令止乌桓校尉所居宁城下，通胡市，因筑南北两部质馆。"③"互市"只有在社会安定的情况下才能正常进行。关于这一方面，下一节专门述及。

第八是到了汉代，饮食文化演绎得更为体系化，除政治化外，与音乐、舞蹈、美术等融为一体，其外延和内涵表现得更为完备和丰富。《盐铁论·崇礼》记载："夫家人有客，尚有倡优奇变之乐，而况县官乎？"④ 指出一般家庭来了客人后都以乐舞百戏娱乐宾客。《盐铁论·散不足》又道："今富者，钟鼓五乐，歌儿数曹；中者鸣竽调瑟，郑舞赵讴……今俗，因人之丧以求酒肉，幸与小坐而责辨，歌舞俳优，连笑伎戏。"⑤ 马非百注："辨"同"办"，置备。责辨，要人家置备酒菜。这是饮食生活审美化的典型场景。从此，饮食突破了单一的叙述功能，成为表现力最为全面而深刻的日常生活世界。此为后世市井中的"以乐侑食"奠定了基础。

第九是漕运开始实施。东汉光武帝建武九年（33），上谷郡太守王霸"凡与匈奴、乌桓大小数十百战，颇识边事，数上书言宜与匈奴结和亲，又陈委输可从温水漕，以省陆路转输之劳，事皆施行"。⑥ 温水即温馀水，也就是现在的温榆河。唐李贤引《水经注》注云："温馀水出上谷居庸关东，又东过军都县南，又

① ［南朝宋］范晔：《后汉书》卷89《南匈奴列传第七十九》，北京：中华书局，1965年标点本，第2939页。

② ［南朝宋］范晔：《后汉书》卷89《南匈奴列传第七十九》，北京：中华书局，1965年标点本，第2942页。

③ ［南朝宋］范晔：《后汉书》卷90《乌桓鲜卑列传第八十》，北京：中华书局，1965年标点本，第2979页。

④ 王利器：《盐铁论校注》，北京：中华书局1992年版，第437页。

⑤ 王利器：《盐铁论校注》，北京：中华书局1992年版，第348页。

⑥ ［南朝宋］范晔：《后汉书》卷20《铫期王霸祭遵列传第十》，北京：中华书局，1965年标点本，第737页。

东过蓟县北。益通以运漕也。"① 也就是说，王霸所谓的"可从温水漕"，是指利用温馀水运输漕粮。这是目前见到的有关历史上北京地区水路运输粮食的最早记载，此后，漕运是改善和构建北京地区主食结构的重要方式。

正是上述客观的环境、生产条件和族群交流的状况，造就了北京饮食文化历史进程中的基本特质。说明在秦汉之际，已经奠定了北京饮食文化发展的理性基调。

4. 饮食文化的民族互动

从东汉末年开始，"先后进入或占有北京地区者，有羯族石氏、鲜卑段氏、鲜卑慕容氏之前燕、氐族苻氏之前秦、鲜卑慕容氏之后燕、鲜卑拓跋氏之北魏和东魏、鲜卑化汉族高氏之北齐、鲜卑化匈奴族宇文氏之北周"②。随着大一统局面的出现，华夏与西域诸国之间的经济、贸易交往日趋频繁，饮食文化互动也更为广泛和密切，中原王朝与周边民族之间饮食互动的第一次高潮出现。

北京地区汉代考古发现的这两方面的考古资料都证实，北京地区是当时汉王朝东北部规模最大的政治中心、文化中心、经济中心，也是该地区的交通中心、军事中心。东汉时地方政府"开上谷胡市之利，通渔阳盐铁之饶"③，北京是中原与塞北之间的交通枢纽，两地民间的商贸往来自古就有，民族间的边贸交往频繁。

蓟城位于华北平原北端通向西北、朔北和东北地区的要冲，也处于居庸、古北、山海三条通道关隘的交汇点。蓟城"通往四方之道至少有10条"，如卢龙道、傍海道、居庸关大道、古北口大道以及北边道等，以蓟城为中心"可抵全国各地"，蓟城成为"通往东北地区交通干线的中枢地"④。秦驰道的修通与秦长城的修筑，加强了蓟城作为秦朝北郡重镇的地位。西汉建立时，将京师（长安）、秦、魏、韩、楚等地置郡，边远地区燕、赵、齐等地将子弟封为诸侯王，诸侯封地称为王国，与郡并用，下亦设县，当时全国共分为54个郡，燕辖4郡1国领县76个，位居诸国之首。其时的北京地区分别划由渔阳、右北平、上谷、广阳四郡分

---

① ［南朝宋］范晔：《后汉书》卷20《铫期王霸祭遵列传第十》，北京：中华书局，1965年标点本，第731页。

② 高寿仙：《北京人口史》，北京：中国人民大学出版社2014年版，第496页。

③ ［南朝宋］范晔：《后汉书》卷73《刘虞公孙瓒陶谦列传第六十三》，北京：中华书局，1965年标点本，第2353页。

④ 陈业新：《"载纵载横"与无远弗近——秦汉时期燕蓟地区交通地理研究》，载《社会科学》2010年第8期。

管，蓟城属广阳郡，而且是其首府。上谷、渔阳、右北平诸郡，多山林、草场，燕国的畜牧业生产，集中分布在这一地区。北京处于经济发达地区的包围当中，这一位置优势为当时北京贸易繁荣提供了便利条件。

碣石至龙门连成一线，恰是古代中国北方农牧经济区划的分界线。按照史念海的说法，司马迁的农牧分界线就是从碣石开始，经北京和山西的吕梁山往西。①史载，"燕古为濒山多马之国，其土莽平，宜畜牧耕稼"②。两汉时期边贸在幽州地区也十分繁荣。史载，"是始复置校尉于上谷宁城，开营府"③。史念海认为，蓟城直到秦汉时期，它的发展依仗于对外贸易，因为它本身就是对乌桓、秽、貊等民族贸易的场所。④游牧民族贸易商品主要是马、牛、羊和其他畜产品。

边贸始终是汉王朝与匈奴、乌桓等北方游牧民族加强联系的手段之一。如西汉"孝景帝复与匈奴和亲，通关市，给遗匈奴……今帝（武帝）即位，明和亲约束，厚遇，通关市，饶给之。匈奴自单于以下皆亲汉，往来长城下"⑤；东汉初，光武帝接受班彪"复置乌桓校尉"建议，"复置校尉于上谷宁城，开营府，并领鲜卑，赏赐质子，岁时互市焉"⑥；东汉末，幽州牧刘虞"开上谷胡市之利"⑦。20世纪在内蒙古和林格尔东汉墓中，曾出土有"宁城图"，城内广场有四周护墙垣的"市"，并标识"宁市中"字样。考古工作者认为其画面所体现的就是文献中的"上谷胡市"。⑧上谷曾是燕国北部的第一郡，设市乃理所当然。

中原王朝对于周边民族，在互市交易时，对地点、时限都有明确的规定。这种定期市场多设在边关，以边境关门为范围，所以多称"关市"，也称"合市""和市""胡市"。这种合市贸易，在北方民族中以匈奴为主，乌桓、鲜卑次之。⑨匈奴人十分重视与汉人互通"关市"。西汉文帝时，大臣贾谊就曾说过：关市是匈

①　史念海：《河山集》，北京：人民出版社1988年版，第25页。
②　曾枣庄、刘琳主编：《全宋文》，上海：上海辞书出版社2006年版，第393页。
③　[南朝宋] 范晔：《后汉书》卷90《乌桓鲜卑列传第八十》，北京：中华书局，1965年标点本，第2982页。
④　史念海：《河山集》，北京：人民出版社1988年版，第120页。
⑤　[西汉] 司马迁：《史记》卷110《匈奴列传第五十》，北京：中华书局，1982年标点本，第2879页。
⑥　[南朝宋] 范晔：《后汉书》卷90《乌桓鲜卑列传第八十》，北京：中华书局，1965年标点本，第2979页。
⑦　[南朝宋] 范晔：《后汉书》卷73《刘虞公孙瓒陶谦列传第六十三》，北京：中华书局，1965年标点本，第2353页。
⑧　盖山林：《和林格尔汉墓壁画》，呼和浩特：内蒙古人民出版社1977年版，第29—34页。
⑨　林甘泉主编：《中国经济史·秦汉经济卷》（下），北京：经济日报出版社1999年版，第548页。

奴人所迫切需求的，如果派遣使者与他们和亲，允许他们通关市，那么匈奴人都愿聚集在长城之下。① 林幹在《匈奴史》一书中指出："由于匈奴人主要依靠畜牧业为生，农业尚未居于支配的地位，手工业虽已有了一定程度的发展，但还没有发展到在生产上和生活上都足以自给的程度。"② "关市"的兴盛也是周边民族出于自身生存的需要。

汉灵帝中平二年（185），应劭曰鲜卑"天性贪暴，不拘信义，故数犯障塞，且无宁岁。唯至互市，乃来靡服。苟欲中国珍货，非为畏威怀德"。③ 两汉之时，始终保持在北方开设关市，与匈奴等民族进行贸易。商品交换必然使大量外地食物涌入北京，从此，北京饮食便有了集全国各地风味于一身的显著特点。

《史记·货殖列传》有多处涉及幽燕地区饮食资源状况，诸如"夫山西饶材、竹、榖、纑、旄、玉石；山东多鱼、盐、漆、丝、声色；江南出楠、梓、姜、桂、金、锡、连、丹沙、犀、玳瑁、珠玑、齿革；龙门、碣石北多马、牛、羊、旃裘、筋角；铜、铁则千里往往山出棊置：此其大较也，皆中国人民所喜好，谣俗被服饮食奉生送死之具也。"《盐铁论·本议》载大夫曰："陇、蜀之丹漆旄羽，荆、扬之皮革骨象，江南之楠梓竹箭，燕、齐之鱼盐旃裘，兖、豫之漆丝𫄧纻，养生送死之具也。"据《盐铁论·散不足》，过去市上饮食品不过是卖酒、卖熟肉、卖鱼、卖盐而已；而到了西汉中期，店铺里熟食到处都是，菜肴陈列于闹市，饭店里摆着枸杞蒸猪肉、韭菜炒鸡蛋、细切的狗肉马肉、煎熟的鱼、切好的肝、咸羊肉、冷酱鸡、马奶酒、驴肉干、狗肉脯、羊羔肉和甜豆浆，还有小鸟肉、雁羔、咸脆鱼和甜瓠瓜、热米饭加炸肉。④ 这种现象的转变显然是食品流通促成的。

幽燕地区饮食资源如此之丰富，一方面是多民族杂居形成的，另一方面是地域和民族间相互交流的结果。当然，更为主要的还在于幽燕地区地域辽阔却处于不断变动之中。《汉书·地理志》："燕地，尾、箕分野也。武王定殷，封召公于燕，其后三十六世与六国俱称王。东有渔阳、右北平、辽西、辽东，西有上谷、代郡、雁门，南得涿郡之易、容城、范阳、北新城、故安、涿县、良乡、新昌，

---

① 阎振益、钟夏：《新书校注》卷4《匈奴》，北京：中华书局2000年版，第138页。
② 林幹：《匈奴史》（修订版），呼和浩特：内蒙古人民出版社2007年版，第132—133页。
③ ［南朝宋］范晔：《后汉书》卷48《杨李翟应霍爰徐列传第三十八》，北京：中华书局，1965年标点本，第1609页。
④ 吴慧：《中国古代商业史》第二册，北京：中国商业出版社1983年版，第24页。

及勃海之安次，皆燕分也。乐浪、玄菟，亦宜属焉……"从广义上看，燕国的封疆，大致相当于《地理志》之涿郡、渤海、上谷、渔阳、右北平、辽西、辽东、广阳国以及涿郡、渤海郡之数县之地，[①] 即西汉幽州刺史部的主要辖区，其政治经济重心，乃是以蓟城为主体的广阳地区。[②]

　　合市贸易促使边郡经济发展繁荣，保证了社会安定。东汉末年刘虞治理幽州取得的成功，颇能说明问题。《后汉书·刘虞传》称："旧幽部应接荒外，资费甚广……时处处断绝，委输不至，而虞务存宽政，劝督农植，开上谷胡市之利，通渔阳盐铁之饶，民悦年登，谷石三十。"汉王朝的统治阶层时常把经济、贸易作为对周遭民族的羁縻手段，而巧妙运用饮食文化则是其中最主要的方式之一。贾谊提出了如何通过"关市"来发挥饮食文化的羁縻作用："夫关市者，固匈奴所犯滑而深求也，愿上遣使厚与之和，以不得已，许之大市。使者反，因于要险之所，多为凿开，众而延之，关吏卒使足以自守。大每一关，屠沽者、卖饭食者、羹臛膹炙者，每物各一二百人，则胡人着于长城下矣。是王将强北之，必攻其王矣。以匈奴之饥，饭羹啖膹炙，嗶涾多饭酒[③]，此则亡竭可立待也。赐大而愈饥，财尽而愈困，汉者所希心而慕也。匈奴贵人，以其千人至者，显其二三；以其万人至者，显其十余人。夫显荣者，招民之机也，故远期五岁，近期三年之内，匈奴亡矣。此谓德胜。"[④] 以饮食的优势对匈奴实行软控制，说明汉王朝统治者在羁縻过程中充分发挥了汉民族饮食文化的优势和效能。

　　饮食文化的交流是取长补短、互通有无，而非替代和互相排斥。宦者燕人中行说曾言："匈奴人众不能当汉之一郡，然所以强者，以衣食异，无仰于汉也。今单于变俗好汉物，汉物不过什二，则匈奴尽归于汉矣。其得汉缯絮，以驰草棘中，衣袴皆裂敝，以示不如旃裘之完善也。得汉食物皆去之，以示不如湩酪之便美也。"[⑤] 这种说法未免失之偏颇，不同民族的饮食各具特色，且适口者珍，不能以"不如"二字进行判断。另外，说明匈奴人与汉人在饮食资源的需求和饮食习惯方

---

① 王国维：《汉郡考》，载傅杰校编：《王国维论学集》，北京：中国社会科学出版社1997年版，第94页。

② 王子今：《〈安世房中歌〉"纷乱东北"、"盖定燕国"解》，载雷依群、徐卫民主编：《秦汉研究》（第三辑），西安：陕西人民出版社2009年版，第11页。

③ ［汉］贾谊著，阎振益、钟夏校点：《新书校注》，北京：中华书局2000年版，第138页。

④ 阎振益、钟夏：《新书校注》卷4《匈奴》，北京：中华书局2000年版，第138页。

⑤ ［西汉］司马迁：《史记》卷30《匈奴列传第五十》，北京：中华书局，1982年标点本，第2885页。

面是互相排斥而不相通容的。或者说民族间饮食的融合仅仅为部分，不可能为全部。

5. 饮食对于抗拒匈奴的政治意义

燕国置上谷、渔阳、右北平、辽西、辽东五郡于边塞，以抵御匈奴。表面上看，两汉与匈奴的关系属于军事范畴，但从与匈奴交往的实际过程看，饮食起着举足轻重的作用。第一，民族之间的碰撞和融合带动了饮食的相互渗透。第二，"兵马未动，粮草先行"，填饱肚子才是取胜的先决条件。譬如，东汉光武帝诏封"乌桓渠帅为侯王君长者八十一人，使居塞内，布于缘边诸郡，令招来种人，给其衣食，遂为汉侦候，助击匈奴、鲜卑"①。汉文帝时，"匈奴数侵盗北边"，由于屯戍军队众多，"边粟不足给食当食者"，汉廷"于是募民能输及转粟于边者拜爵"②，将粮食从中原内地调配至边地。粮食是巩固边防的基础，两汉期间的燕地饮食充溢着硝烟的味道。第三，以美食作为一种武器，引诱、拉拢和分化匈奴，这是西汉在对待匈奴问题上所采取的政策，即上文提及的羁縻方略。

《史记》卷八十六《刺客列传》记载，燕臣鞠武针对秦将樊於期亡燕后如何处置而向太子提出"请西约三晋，南连齐、楚，北购于单于，其后乃可图也"的对策。有学者以此来证实燕国与匈奴之间的交通愈加密切，"降及公元前三世纪中叶以后，匈奴与燕赵秦三国的交通益加密切，故樊於期由秦国逃到燕国之后，鞠武怕秦国借口攻燕，故劝太子丹赶快把他送往匈奴，并结连匈奴以图秦国"③。既然交通往来频繁，那么，匈奴与燕地的饮食交流便理所当然。秦汉时期，匈奴、乌桓、鲜卑等民族不断南下，从相关文献记述来看，两汉时期匈奴侵扰幽燕地区达17次，其中武帝之前3次，武帝时期竟达10次，东汉时期仅4次。武帝时期，主要集中于元光六年（前129）至元狩四年（前119）这10年间，几乎每年一次，

---

① ［南朝宋］范晔：《后汉书》卷90《乌桓鲜卑列传第八十》，北京：中华书局，1965年标点本，第2982页。

② ［西汉］司马迁：《史记》卷30《平准书第八》，北京：中华书局，1982年标点本，第1417页。

③ 林幹：《匈奴史》，呼和浩特：内蒙古人民出版社2007年版，第42页。

甚至两次。① 燕、代②的确是"无北边郡"。③ 秦汉至五代的千余年间，先后有多个少数民族徙居北京地区，其军事重镇的地位始终未变。

在侵扰的同时，也加强了文化融合、经济交流，并逐渐形成了两大势力集团，即空前统一的多民族秦汉帝国和南接秦长城的统一的强大匈奴多民族政权。自秦末到东汉前期，北京地区的居民有被迫和主动迁往匈奴地区的，也有匈奴人来北京地区定居。尽管不能具体描述汉与匈奴饮食交融的情况，但可以想见，双方饮食的适应程度，甚至无须一个适应过程。还有，虽有多次侵扰，但多数情况下是和亲，汉匈之间在幽燕地区的互通是存在的，民族交往与融合是民族关系的主流与实质。④ 饮食的交融是建立在民族融合的基础上的。对北京地区而言，战争的结果就是民族融合。譬如，东汉初期，因无力抗拒匈奴，只好将一些边民撤回至北京市境。建武十五年（39）二月，大司马吴汉"率扬武将军马成、捕虏将军马武北击匈奴，徙雁门（治今山西省朔州市东南）、代郡（治今河北省蔚县东北）、上谷（治今河北省怀来县东南）吏人六万余口，置居庸（在今北京市昌平区西北）、常山关（即飞狐口，在今河北省唐县西北太行山东麓倒马关）以东"⑤。领土争夺直接导致一个民族难以长期过着安稳的定居生活，民族更替、交会成为常态。北京地区难以保持单一民族的居民形态，致使北京地区的饮食不能定位于某一民族风味。

史载，"秦、汉以来，匈奴久为边害……匈奴最逼于诸夏，胡骑南侵则三边受敌，是以屡遣卫、霍之将，深入北伐，穷追单于，夺其饶衍之地"⑥。蓟城以北的上谷、渔阳诸郡百姓屡遭匈奴劫掠。据《贾子》（亦名《新书》）卷四《匈奴》记载，贾谊向文帝提出了一系列对待匈奴的计策："匈奴不敬，辞言不顺，负其众庶，时为寇盗，挠边境，扰中国，数行不义，为我狡猾，为此奈何？"贾谊提议对

---

① 靳宝：《秦汉幽燕地区汉匈关系略论》，载北京市社会科学院历史研究所编：《北京史学论丛》（2013），北京：北京燕山出版社 2013 年版，第 27 页。

② "代"，大致相当于今山西、河北北部的桑干河流域地区，春秋战国时期这一带曾建立过名为"代"的小国。

③ ［西汉］司马迁：《史记》卷 17《汉兴以来诸侯王年表第五》，北京：中华书局，1982 年标点本，第 801 页。

④ 靳宝：《秦汉幽燕地区汉匈关系略论》，载北京市社会科学院历史研究所编：《北京史学论丛》（2013），北京：北京燕山出版社 2013 年版，第 30 页。

⑤ ［南朝宋］范晔：《后汉书》卷 18《吴盖陈臧列传第八》，北京：中华书局，1965 年标点本，第 675 页。

⑥ ［晋］陈寿：《三国志》卷 30《魏书三十》，北京：中华书局，1973 年标点本，第 831 页。

匈奴采取"建三表""明五饵"之策:"臣闻伯国战智,王者战义,帝者战德。故汤祝网而汉阴降,舜舞干羽而三苗服。今汉帝中国也,宜以厚德怀服四夷,举明义博示远方,则舟车之所至,人迹之所及,莫不为畜,又且孰敢忿然不承帝意?臣为陛下建三表,设五饵,以此与单于争其民,则下匈奴犹振槁也。夫无道之人,何宜敢捍此其久?""五饵"中其二曰:以美戴膬炙坏其口:"匈奴之使至者,若大人降者也,大众之所聚也,上必有所召赐食焉。饭物故四五盛,美戴膬炙,肉其醢醢,方数尺于前,令一人坐此,胡人欲观者固百数在旁。得赐者之喜也,且笑且饭,味皆所嗜而所未尝得也。令来者时时得此而飨之耳。一国闻之者、见之者,垂涎而相告,人悇憛其所自,以吾至亦将得此,将以此坏其口。"五种诱饵旨在满足匈奴民众的物质尤其是饮食欲望、五官享受,以达至精神慰藉:"牵其耳、牵其目、牵其口、牵其腹,四者已牵,又引其心,安得不来?"① 贾谊又提出设关市以制服匈奴人的具体方略,见前方所引。以关市美食分化匈奴不失为一种以柔克刚的方式,谓之羁縻手段。

《盐铁论·本议》记载了桑弘羊等大夫一方与贤良文学一方关于对待匈奴政策之争。在著名的盐铁会议上,桑弘羊等人云:"匈奴背叛不臣,数为寇暴于边鄙,备之则劳中国之士,不备则侵盗不止。先帝哀边人之久患,苦为虏所系获也,故修障塞。饬烽燧,屯戍以备之。边用度不足,故兴盐、铁,设酒榷,置均输,蓄货长财,以佐助边费。今议者欲罢之,内空府库之藏,外乏执备之用,使备塞乘城之士饥寒于边,将何以赡之?罢之,不便也。"② 盐铁官营、酒类专卖等成为抵抗匈奴的措施,盐铁官营是为抗击匈奴之所需。贤良文学一方坚持说:"古者,贵以德而贱用兵。孔子曰:'远人不服,则修文德以来之。既来之,则安之。'今废道德而任兵革,兴师而伐之,屯戍而备之,暴兵露师,以支久长,转输粮食无已,使边境之士饥寒于外,百姓劳苦于内。立盐、铁,始张利官以给之,非长策也。故以罢之为便也。"③ 贤良文学一方尽管坚持以仁义道德感化匈奴,使之归附,但也强调饮食的重要性。尽管贤良文学一方的主张不切实际,但西汉的粮食状况的确直接影响到对匈奴的和与战。正是饮食和农业生产水平明显高于匈奴,才使得汉王期在与匈奴的对抗中能够获得主动权。

---

① 钟夏:《新书校注》,北京:中华书局2000年版,第136—137页。
② 王利器:《盐铁论译注》,长春:吉林文史出版社1995年版,第3页。
③ 王利器:《盐铁论译注》,长春:吉林文史出版社1995年版,第4页。

食欲的满足竟然可以解决匈奴的威胁，这些记载足以表明美食在国与国、民族与民族之间交往中的重要作用。

第二节　魏晋南北朝时期的饮食文化

幽州曾经是统一的秦汉王朝的边城，是抵御北方和东北各族侵扰的重镇，到魏晋南北朝时期却成了北方封建割据势力的一个中心。幽冀诸州位居中原与东北通衢，又邻接并代与青齐。迄东汉末，历魏晋十六国及北朝，先后形成三次人口大变动的高峰，移民流动累计有五六百万人次。[①] 安居才能乐业，才能潜心经营饮食，而迁徙过程中饮食生活是难以得到保障的。《魏书·高允传》云："显祖平青、齐，徙其族望于代。时诸士人，流移远至，率皆饥寒。"作为战俘的一些上层人士，迁徙之初的饮食生活颇为艰难，贫者的饮食处境更是可想而知。

魏晋南北朝时期我国北方遭受了严重的战争创伤，如永嘉之乱时，北方各地的丧乱情形，"至于永嘉，丧乱弥甚。雍州以东，人多饥乏，更相鬻卖，奔迸流移，不可胜数。幽、并、司、冀、秦、雍六州大蝗，草木及牛马毛皆尽。又大疾疫，兼以饥馑。百姓又为寇贼所杀，流尸满河，白骨蔽野。刘曜之逼，朝廷议欲迁都仓垣。人多相食，饥疫总至，百官流亡者十八九"[②]。西晋永嘉四年（310），幽州等六郡发生蝗灾，"食草木、牛马毛，皆尽"。[③] 建兴元年（313），幽州发生大水，"人不粒食，浚积粟百万，不能赡恤，刑政苛酷，赋役殷烦，贼宪贤良，诛斥谏士，下不堪命，流叛略尽"。[④] 此等境况，何谈饮食文化的发展。不过，在任何艰难困苦的时期，饮食总是存在的。由于人口的经常流动和统治者的强制迁徙，致使幽州地区居民的民族成分不断发生变化，在魏晋十六国的400多年中，蓟城显示出它是一个民族饮食文化融合的大熔炉，最突出的表现在于稻作与游牧两种饮食形态并存。

1. 农业生产的恢复

东汉中平元年（184），黄巾起义爆发，黄巾军攻破冀州诸郡。此时"幽部应接荒外，资费甚广，岁常割青、冀赋调二亿有余以足之。时处处断绝，委输

---

① 牛润珍：《魏晋北朝幽冀诸州的移民与民族融合》，载《河北学刊》1988年第4期。

② ［唐］房玄龄：《晋书》卷26《志第十六》，北京：中华书局，1974年标点本，第779页。

③ ［唐］房玄龄：《晋书》卷5《帝纪第五》，北京：中华书局，1974年标点本，第115页。

④ ［唐］房玄龄：《晋书》卷104《载记第四》，北京：中华书局，1974年标点本，第2707页。

不至"①。朝廷任命东汉宗室东海恭王五世孙刘虞为甘陵国相,前去安抚灾荒后的百姓,于公元189年出任幽州牧。刘虞到部后"敝衣绳屦,食无兼肉,务存宽政,劝督农桑,开上谷胡市之利,通渔阳盐铁之饶,……流民皆忘其迁徙焉"②。比起混战的中原地区,蓟城相对安定一些,饮食文化也得到适度发展。四年后刘虞被公孙瓒攻杀,汉末的幽州又连年战乱,社会矛盾激化,百姓流离失所,导致农田大量抛荒。汉灵帝之世,蔡邕上疏曰:"伏见幽、冀旧壤,铠、马所出,比年兵饥,渐至空耗。"③ 其时幽州北部连年遭受鲜卑人的侵扰,土地和财物被侵占。面对一派荒凉的景象,曹魏初期,幽州地方官制定并实施了与民休息、"镇之以静"的治理政策,促进屯田户和自耕农人口的增加,为幽州农业生产的恢复创造条件。

曹魏在大兴屯田和州郡农业的同时,兴修水利,提高农业生产技术,精耕细作,单位面积产量迅速提高,北方的农业较快地恢复了。就水利建设言,曹魏时兴建修复了不少渠堰堤塘,以满足灌溉农田的需要。这些水利设施中,刘靖在蓟县附近修的戾陵堰④、车箱渠,是北京最早的大型水利工程。"戾陵遏实际上是一座拦水坝,建造在今天石景山西北麓永定河之上,拦截永定河水以入车箱渠。车箱渠则是一条人工引水架,它将由戾陵遏分出的永定河水,平地导流,经过现在八宝山迤北,东北注入蓟城北面的高粱河上源。然后再将引入高粱河中的永定河水,通过人工开凿的支渠系统灌溉农田。"⑤《水经注》卷十四《鲍丘水》道出了水利建设的因由:

> 鲍丘水入潞,通得潞河之称矣。高粱水注之,水首受㶟水于戾陵堰,水北有梁山,山有燕刺王旦之陵,故以戾陵名堰。水自堰枝分,东径梁山南,又东北径刘靖碑北。其词云:魏使持节都督河北道诸军事、征北将军、建城乡侯、沛国刘靖,字文恭,登梁山以观源流,相㶟水以度形势;嘉武安之通渠,羡秦民之殷富。乃使帐下丁鸿督军士千人,以嘉平二年,立遏于水,导高粱河,造戾陵遏,

---

① [北宋]司马光:《资治通鉴》卷59《汉纪五十一》,北京:中华书局,1976年标点本,第1887页。

② [北宋]司马光:《资治通鉴》卷59《汉纪五十一》,北京:中华书局,1976年标点本,第1887页。

③ [南朝宋]范晔:《后汉书》卷60《蔡邕列传第五十下》,北京:中华书局,1965年标点本,第1979页。

④ 这个拦河引水工程在汉武帝的儿子燕王刘旦的陵旁,刘旦却是在汉武帝死后因谋反而被赐死的,谥曰刺,其墓叫作戾陵,取暴戾无亲之意,故而谓之戾陵堰,又名戾陵遏。

⑤ 侯仁之、邓辉:《北京城的起源与变迁》,北京:中华书局2001年版,第35页。

开车箱渠。①

"嘉武安之通渠，羡秦民之殷富"是开渠的直接目的。侯仁之先生认为："汉武帝时，赵中大夫白公，继续兴修关中水利，得到了人民的歌颂。"②《汉书·沟洫志》的相关记载，"太始二年（前95），赵中大夫白公复奏穿渠。引泾水，首起谷口，尾入栎阳，注渭中，袤二百里，溉田四千五百余顷，因名曰白渠。民得其饶，歌之曰：'田于何所？池阳、谷口。郑国在前，白渠起后。举臿为云，决渠为雨。泾水一石，其泥数斗。且溉且粪，长我禾黍。衣食京师，亿万之口。'言此两渠饶也"③。说得更具体些，修戾陵堰、车箱渠是为了"衣食京师，亿万之口"，让亿万之口有饭吃。

刘靖作为一个镇守北面的将军，在蓟城进行屯田守边，如果不引水灌溉便无法完成军屯的任务，但是像戾陵遏、车箱渠这样大的水利工程没有胆识和技术是不可能实现的。此工程史称"水溉灌蓟城南北"，是北京历史上第一个大型水利工程。

关于戾陵遏与车箱渠这项工程的记载，散见于《三国志·魏书》《水经注》《晋书》《资治通鉴》等书。按《水经注》引刘靖碑文如下载：

……长岸峻固，直截中流，积石笼以为主遏，高一丈，东西长三十丈，南北广七十余步，依北岸立水门，门广四丈，立水十丈，山水暴发，则乘遏东下，平流守常，则自门北入，灌田岁二千顷④，凡所封地百余万亩，……水流乘车箱渠，自蓟西北迳昌平，东尽渔阳潞县，凡所润含，四五百里，所灌田万有余顷。高下孔齐，原隰底平，疏之斯溉，决之斯散，导渠口以为涛门，洒滮池以为甘泽，施加于当时，敷被于后世。晋元康四年，……遏立积三十六载，至五年夏六月，洪水暴出，毁损四分之三，剩北岸七十余丈，上渠车箱，所在漫溢。……⑤

① 陈桥驿：《水经注校证》卷14《鲍丘水》，北京：中华书局，2007年整理本，第339页。
② 侯仁之主编：《中国古代地理名著选读》，北京：科学出版社1959年版，第107页。
③ ［东汉］班固：《汉书》卷29《沟洫志第九》，北京：中华书局，1962年标点本，第1675页。
④ ［晋］陈寿：《三国志》卷15《魏书十五》，北京：中华书局，1973年标点本，第463页。
⑤ 陈桥驿：《水经注校证》卷14《鲍丘水》，北京：中华书局，2007年整理本，第340页。

因邻近梁山有汉武帝之子燕王刘旦的坟墓——戾陵，所以叫戾陵堰。堰高 1 丈，东西长 30 丈，南北宽 70 余步。戾陵堰工程从坝址的选择到渠线的布置，都相当合理。戾陵堰竣工后，从引水口分流河水进车箱渠向东注入高梁河，每年浇灌田地 2000 顷（20 多万亩）。到三国魏景元三年（262）朝廷派樊晨改造水门，扩大灌溉面积数千顷。漯水（永定河）水流沿着车箱渠从蓟城西北向东流经昌平，再向东流到渔阳郡潞县（今通州东）。河水滋润大地四五百里，灌溉田地有 1 万多顷，计 100 多万亩土地。《三国志》卷十五《魏书·刘馥传》附《刘靖传》中讲道：靖以为"经常之大法，莫善于守防，使民夷有别，遂开拓边守，屯据险要。又修广戾陵渠大堨"。"堨"与"堰"义同。张堪深知，匈奴人善骑射，匈奴骑兵纵横驰骋，势不可当，唯有泥泞水泊，或可使匈奴铁骑望而却步。《三国会要·食货》云"刘靖为镇北将军，修广戾陵渠大堨，水灌溉蓟南北，三更种稻，边民利之"。今北京石景山、丰台、海淀一带的水稻种植，大都是从这个时期开始的。农田有了充足的水源，旱田变为水田，粮食作物由旱地杂粮改为水稻，而且开始采用轮作制种稻。粮食产量大幅度提高，不但部分解决了军粮的供应问题，也使农民得到了实惠，促进了地区社会经济的进步。北齐天统元年（565），斛律羡为幽州刺史，"又导高梁水北合易京（今河北雄县西北），东会于潞，因以灌田，边储岁积，转漕用省，公私获利"①。这次对戾陵堰的修复，既对人民有利，又免去了北齐运输边食之劳。

西晋元康五年（295），洪水暴发，将戾陵遏、车箱渠这一历时 36 年的水利工程"毁损四分之三"②。当时使持节、监幽州诸军事、领护乌丸校尉、号宁朔将军的刘弘（刘靖之子）"追惟前立遏之勋，亲临山川，指授规略，命司马、关内侯逄恽内外将士二千人，起长岸，立石渠，修主遏，治水门，门广四丈，立水五尺，兴复载利，通塞之宜，准遵旧制，凡用功四万有余焉"③。戾陵堰和车箱渠旧貌换新颜。这些水利工程，在幽州地区农业发展中发挥了良好的作用。

又过了 200 多年，到北魏孝明帝神龟二年（519），幽州刺史裴延儁又重修戾陵堰。《魏书》记载："裴延儁，字平文，河东闻喜人。平北将军、幽州刺史。范阳郡有旧督亢渠，经五十里；渔阳、燕郡有故戾陵诸堰，广袤三十里。皆废毁多

---

① ［唐］李百药：《北齐书》卷十七《斛律羡传》，北京：中华书局 1997 年版，第 227 页。

② 陈桥驿：《水经注校证》卷 14《鲍丘水》，北京：中华书局，2007 年整理本，第 340 页。

③ 陈桥驿：《水经注校证》卷 14《鲍丘水》，北京：中华书局，2007 年整理本，第 340 页。

时，莫能修复。时水旱不调，民多饥馁，延儁谓疏通旧迹，势必可成，乃表求营造。遂躬自履行，相度水形，随力分督，未几而就，溉田百万余亩，为利十倍。百姓至今赖之。"① 令人惊奇的是督亢渠，经（长）50 里，已上千年了，修复之后，竟然还能发挥灌溉作用，甚至延续到唐代。

曹魏时期整 46 年，北京地区仍为幽州，农业生产得以复兴。西晋时，幽州地区贵族封邑有范阳国和燕国。西晋初期，西北和北方的匈奴、鲜卑、氐、羯、羌、乌丸等民族已大量进入黄河流域。时为太子洗马的江统在《徙戎论》中论及当时形势云："关中之人，百余万口，率其少多，戎狄居半"；汾河流域匈奴"五部之众，户至数万，人口之盛，过于西戎"；冯翊、北地、新平、安定各郡有羌人；扶风、始平、京兆等郡有氐人。② 公元 316 年，西晋灭亡。第二年，东晋建立。东晋期间，北方诸侯纷争，北京地区也不能幸免，多次改头换面，终归鲜卑拓跋氏的北魏所占领。饮食风味是由占人口多数的民族属性决定的。北方少数民族拓跋氏统治幽州，这一民族的族民便相继涌入，必然导致少数民族饮食风味在幽州的盛行。

北魏时幽州仍治蓟城，领燕、范阳和渔阳郡，共 18 县。北魏在幽州的数位刺史善于经营，潜心管理，使这一时期幽州的经济得以迅速发展，饮食文化水平得到了提高。如拓跋世遵，在世宗时拜为征虏将军、幽州刺史。史载："世遵性清和，推诚化导，百姓乐之。"③ 拓跋焘时期的幽州刺史尉诺，"在州，有惠政，民吏追思之。世祖时，蓟人张广达等二百余人诣阙请之，复除安东将军、幽州刺史，改邑辽西公。兄弟并为方伯，当世荣之。燕土乱久，民户凋散，诺在州前后十数年，还业者万余家"④。太宗时担任幽州刺史的张灵符，"时幽州年谷不登，州廪虚罄，民多菜色。昭谓民吏曰：'何我之不德而遇其时乎？'乃使富人通济贫乏，车马之家杂运外境，贫弱者劝以农桑。岁乃大熟。士女称颂之"⑤。世宗时担任幽州刺史的崔休，"聪明强济，雅善断决，幕府多事，辞讼盈几，剖判若流，殊无疑滞，加之公平清洁，甚得时谈。……休在幽青州五六年，皆清白爱民，甚着声绩，

---

① ［北魏］魏收：《魏书》卷 69《列传第五十七》，北京：中华书局，1974 年标点本，第 1528 页。
② ［唐］房玄龄：《晋书》卷 56《列传第二十六》，北京：中华书局，1974 年标点本，第 1529 页。
③ ［北魏］魏收：《魏书》卷 4《帝纪第四上》，北京：中华书局，1974 年标点本，第 69 页。
④ ［北魏］魏收：《魏书》卷 26《列传第十四》，北京：中华书局，1974 年标点本，第 655 页。
⑤ ［北魏］魏收：《魏书》卷 33《列传第二十一》，北京：中华书局，1974 年标点本，第 778 页。

二州怀其德泽，百姓追思之"①。这些北魏官吏都比较注重解决百姓的温饱问题。经过几代刺史的努力，幽州人的物质生活条件明显改善，饮食资源相对充足。

北魏的农业技术，到后期也有较大的进步。从北魏贾思勰所著的农学名著《齐民要术》中可以获悉，北魏在继承传统农业技术的同时，又有许多创新。如根据土地的墒情（土壤湿度）进行耕作的技术，水选、溲种（拌种）等种子处理技术，种子保纯防杂技术，水稻催芽技术以及绿肥的使用、轮种和复种，果树栽培和嫁接等，反映出北魏的农业技术已达到较高的水平。蔬菜、瓜果的种植比前朝大为发达，园圃技艺比较丰富，蔬菜种类已发展到 30 多种，其中包括叶菜类的葵、菘、芹、蓼、蜀芥、蔓菁、芸苔、莴苣、苜蓿等；瓜菜类的冬瓜、甜瓜、胡瓜、越瓜、茄子、瓠等；块根、块茎类的芋、芜菁、莱菔（萝卜）等；辛香调味的葱、姜、韭、蒜、蘘荷、胡荽、兰香等；还有水生的藕、芡、凫茈、藻等。

北魏末年，分离为东、西两个政权，东魏和西魏。稍后，北齐取代东魏，西魏转化为北周。北齐至其被北周所灭之后，幽州一直统辖燕、范阳和渔阳三郡。北齐期间，"开督亢旧陵，设置屯田"，稻作生产得到延续，直到现在房山区长沟一带与相邻的涿县"稻地八村"仍是一片老稻区。根据《齐民要术》，当时的水稻已有旱稻、香稻、糯稻等品种。正是有了水稻种植的传统，才有了后来康熙皇帝在中南海丰泽园发现一种优质早稻。这种稻子结实早熟，年年丰收。于是，颁发种子给避暑山庄、江浙等地广种此"御稻米"。《康熙几暇格物编·御稻米》记载："丰泽园中有水田数区，布玉田谷种，岁至九月始刈获登场，一日循行阡陌，时方六月下旬，谷穗方颖，忽见一科，高出众穗之上，实已坚好，因收藏其种，待来年验其成熟之早否。明岁六月时，此种果先熟，从此生生不已，岁收千百。"②达尔文在其名著《动物和植物在家养下的变异》的第 20 章"人工选择"中专门提到了这一水稻品种："皇帝的上谕，劝告人们选择显著大型的种子，甚至皇帝还自己亲手进行选择，因为据说'御米'……是往昔康熙皇帝在一块田地里注意到的，于是被保存了下来，并且在御花园中进行栽培。此后由于这是能够在长城以北生长的唯一种类，所以便成为有价值的了。"老北京的一首民谣"京西稻米香，炊味人知晌，平餐勿需菜，可口又清香"，大概也说的是这种"御稻米"。

---

① ［北魏］魏收：《魏书》卷69《列传第五十七》，北京：中华书局，1974 年标点本，第 1525 页。

② ［清］爱新觉罗·玄烨著，李迪译：《康熙几暇格物编译著》，上海：上海古籍出版社 1993 年版，第 153 页。

在北方，稻作生产受到如此重视，不仅是魏晋南北朝时期北京农业生产的一个特点，也应该是其饮食文化一个显著的亮点。因为有了充足的优质大米，必然会影响当时北京人对食品的制作和选择。

2. 多民族聚居区的形成

魏晋时期，幽蓟地区的政权具有以下特点：①当以中原政权为代表的中央政权力量强大时，幽蓟往往成为北方的经济、贸易中心和军事重镇。“悉万丹部、何大何部、伏弗郁部、羽陵部、日连部、匹洁部、黎部、吐六于部等，各以其名马文皮入献天府，遂求为常。皆得交市于和龙、密云之间，贡献不绝。”[①] 围绕幽蓟地区，契丹八部与中原有着密切的贡赐和互市贸易联系。②当以中原政权为代表的中央政权力量衰弱时，幽蓟往往成为军事割据势力的中心之一。③当中原政局混乱时，幽蓟又成为北方游牧民族南下中原的军事前哨基地。这一区位优势吸引了北方不同民族向这里会集。“从三国时代的汉族政权分立，到南北朝少数民族政权与汉族政权的对峙，充分显示了民族融合在中原地区开始占有越来越重要的位置。”[②] 同时，各民族饮食文化融合的特点亦越发突出。这种饮食文化的交流从横向看表现为民族间的胡汉交流，从纵向看表现为地域上的南北交流。这一时期的饮食文化正是在这种大规模人口流动中得到突破性的发展。

当时，幽州地区呈多民族杂居的状态，北方乌桓、鲜卑、丁零、突厥、羯、氐等族纷纷迁入。当慕容皝以蓟城为都时，曾把前燕文武官员、兵士以及鲜卑人迁到蓟城居住。丁零族一部分聚居在密云等地，蓟城附近的一条河流就是以丁零川为名的。[③] 蓟城地区居民的主体仍是汉族，但随着政治形势的变幻，民族构成也随之发生改变。北魏分裂后，最初依附于鲜卑的柔然兴盛起来，对东魏、北齐和北周构成威胁。柔然“无城郭，逐水草畜牧，以毡帐为居，随所迁徙。其土地深山则当夏积雪，平地则极望数千里，野无青草。地气寒凉，马牛龁枯啖雪，自然肥健”[④]。作为典型的游牧民族，柔然的饮食与汉民族形成鲜明对照。其实，这一时期的汉民族主要由鲜卑化的汉人组成。“在魏晋十六国北朝的将近四百年的长时期中，蓟城是一个民族融合的巨大熔炉。蓟城周围广阔的原野，是入塞各族人民

---

① ［北魏］魏收：《魏书》卷100《列传第八十八》，北京：中华书局，1974年标点本，第2223页。

② 许辉主编：《北京民族史》，北京：人民出版社2013年版，第48页。

③ 北京大学历史系《北京史》编写组编：《北京史》，北京：北京出版社1985年版，第49—50页。

④ ［南朝梁］沈约：《宋书》卷95《列传第五十五》，北京：中华书局，1974年标点本，第2321页。

从游牧生活过渡到定居农耕生活的良好场所。"① 蓟城宛如一个北方各民族会聚的集市，不断吸纳游牧民族前来定居，是入塞各族人民从游牧生活过渡到定居农耕生活的不二选择。

西晋时，太行山区已遍布杂胡，"群胡数万，周匝四山"②；由于民族融合，畜牧业的发展水平得到了一定的提高，当时幽州的马和筋角，驰名天下。筋角是制造弓弩的重要材料。不少文学作品都有对幽州筋角制成的弓弩称赞的章句，如魏代陈琳的《武库赋》、晋人江统的《弧矢铭》等。不仅如此，南方的人口也大量徙居幽州。《晋书》卷七《成帝纪》云："夔安等进围石城（今湖北省钟祥市），竟陵太守李阳距战，破之，斩首五千余级。安乃退，遂略汉东，拥七千余家迁于幽、冀。"而《晋书》卷一〇六《石季龙载记》则云"安于是掠七万户而还"。不论是七千户还是七万户，足以说明从荆、扬二州北部被迫迁徙幽、冀二州的人数之多。由此说明，幽州人口来源极其复杂，会集了南北诸多族群。相应地，幽州的饮食也是南北相杂，难以判定占主导地位的饮食风味。

不过，相对于游牧饮食生活，农耕生产具有稳定性，粮食供应也更有保障。譬如，北朝政权由游牧民族建立起来，对农业生产比较陌生，基于农业生产的优越性，有计划地迁入大量的谙熟农业生产的汉人。"天保八年（557），议徙冀、定、瀛无田之人，谓之乐迁，于幽州范阳宽乡以处之。百姓惊扰。属以频岁不熟，米籴踊贵矣。废帝干明中，尚书左丞苏珍芝，议修石鳖等屯，岁收数万石。自是淮南军防，粮廪充是。孝昭皇建中，平州刺史嵇晔建议，开幽州督亢旧陂，长城左右营屯，岁收稻粟数十万石，北境得以周赡。"③ 粮食之所以能够获得丰收，与有目的性的移民直接相关。正是由于有了充足的粮食资源，对幽州的统治才得以巩固下来。

相对而言，饮食文化的惰性比较强，其改变和融合是一个艰难的过程，并非一蹴而就。以鲜卑为例，东汉后期桓、灵帝时，仍"鲜卑众日多，田畜射猎，不足给食，后檀石槐乃案行乌侯秦水，广袤数百里，淳不流，中有鱼而不能得。闻汗人善捕鱼，于是檀石槐东击汗国，得千余家，徙置乌侯秦水上，使捕鱼以助

① 北京大学历史系《北京史》编写组编：《北京史》，北京：北京出版社1985年版，第49—50页。
② ［唐］房玄龄：《晋书》卷62《列传第三十二》，北京：中华书局，1974年标点本，第1679页。
③ ［唐］魏征等：《隋书》卷24《志第十九》，北京：中华书局，1973年标点本，第671页。

粮"①。为了强行让汉民族为其捕鱼，以增加他们的饮食资源，不惜动用武力。在曹魏时，仍以畜牧业为主。鲜卑经常以牛马与曹魏进行交易。魏晋时，鲜卑在进入汉人农耕居住区以后，一些部落才逐渐兼营农耕。相对乌桓等民族，鲜卑从游牧向农耕的转化过程显得更艰难些。

蓟城一带的乌桓、鲜卑人主动参加修复戾陵堰与车箱渠的水利工程，《水经注·鲍丘水》云："诸王侯不召而自至，襁负而事者盖数千人"。东晋政权偏安南方，北方出现了由匈奴、鲜卑、羯、氐、羌等少数民族统治者建立的政权，史称"五胡十六国"。前燕主慕容儁建都龙城（今辽宁朝阳），他于后赵永宁元年（350），率兵攻破蓟城。慕容儁于元玺元年（352）即皇帝位，以蓟城为国都，以龙城为陪都，但慕容儁于光寿元年（357）由蓟迁都邺，蓟城作为前燕国都，仅6年，是北京史上少数民族初次在北京建都。北魏初年"西北诸郡，尽为戎居。内及京兆、魏郡、弘农往往有之"②；北魏末期和东、西魏时，"自葱岭以西，至于大秦，百国千城，莫不欢附，商胡贩客，日奔塞下，所谓尽天地之区已。乐中国土风，因而宅者，不可胜数"③，北魏的中心洛阳甚至专设下四夷馆以接待四方附化之人。由此可见胡族向中原地区的迁移是持续不断的，分布的地区亦越来越广，魏晋南北朝时少数民族的内迁表现在东北的契丹、库莫奚，北部的鲜卑等民族由辽东经辽西、幽蓟、中山至襄国、邺城等地，北京同样也是胡人迁入区域。魏晋南北朝幽蓟境内民族杂居，其名号可考者有汉、匈奴、鲜卑段氏、宇文氏、慕容氏、拓跋氏诸部、羯、氐、羌、东胡、乌桓、丁零、库莫奚等20多个部族。这一地区成为汉族、突厥、契丹、奚、靺鞨、室韦、高丽、回纥、吐谷浑等各族人民生活和劳作的地方。

在少数民族不断进入北京的同时，中原居民也迁徙北京。刘虞时，中原流民进入幽州的多达百万余口。西晋末年，石勒起兵，河北人口四散流移，或避居青、齐，或过江南徙，或往依并州刘琨，或流落辽西段氏和辽东慕容廆。后来，流移并州的士众得不到刘琨的存抚，于是又流落幽州，归王浚，而王浚谋称尊，不理民事，这部分流民又往辽西、辽东，投奔段氏和慕容氏。慕容廆以冀州流民数万家侨置冀阳郡。后赵建武五年（339）九月，后赵将费安破晋石城，遂掠汉东，徙

---

① ［晋］陈寿：《三国志》卷30《魏书三十》，北京：中华书局，1973年标点本，第835页。
② ［北宋］司马光：《资治通鉴》卷81《晋纪三》，北京：中华书局，1976年标点本，第2561页。
③ ［北魏］杨衒之：《洛阳伽蓝记》卷3《城南》，北京：中华书局，2012年标点本，第191页。

7000 余户于幽冀二州。"遂掠汉东，拥七千余户迁于幽、冀"①。前燕建熙五年
（364），燕将李洪"拔许昌、汝南、陈郡，徙万余户于幽、冀二州"②。北魏景明
三年（502），破鲁阳蛮，"徙万余户于幽并诸州及六镇（按指沃野、怀朔、武川、
抚冥、柔玄、怀荒六镇）"③。中原民众的进驻，更加强化了北京人口的多民族和
多地域的特性。当然，主体态势还是汉民族外迁和少数民族内迁。

在魏晋十六国的 400 多年中，我国北方没有哪一个地区能像幽州这样成为民
族融合的密集之地，是入塞各族人民从游牧生活过渡到定居农耕生活的前沿地带。
各饮食文化在这里发酵，逐步完成了两种不同饮食形态的转换。其主流是汉化，
但也存在逆流，即汉人的鲜卑化。譬如，高欢为渤海蓚人，"既累世北边，故习其
俗，遂同鲜卑"。④ 十六国以来，幽州地区的人民在各族统治者的催使下，大力开
发了土地和资源。来自各地的戍守幽州的兵士，是这里的一支重要劳动力量。他
们被政府组成屯田兵，同本地人民一起辛勤耕垦。⑤ 大量农业耕地的开辟，为入塞
的游牧民族从事农耕生产提供了客观条件，进而也为饮食向农耕形态转向奠定了
基础。

3. 魏晋饮食文化发展的特点

魏晋南北朝时期，尽管世道动乱，人流不断，难以安居乐业，尤其是永嘉四
年（310），幽州地区遭蝗灾，"食草木，牛马毛，皆尽"⑥；建兴元年（313）幽州
"大水，人不粒食"⑦。但从总体而言，北京的饮食文化却有了长足发展，这从当
时随葬品可见一斑。海淀八里庄魏墓，与饮食有关的随葬品中有陶罐、盘、仓、
灶、井、猪圈、臼、果盒、鸡等。怀柔城北东汉墓 9 座，随葬器物中陶器有仓、
水斗、井、圆头灶、猪圈、狗、猪、盘、案、鼎、罐、壶、方盒、甑、碗、勺
等。⑧ 这些随葬品大部分都与饮食有关，说明人们十分注重饮食生活，享受饮食成
为人们追求的生活目标。

---

① ［北宋］司马光：《资治通鉴》卷96《晋纪十八》，北京：中华书局，1976 年标点本，第 3035 页。
② ［北宋］司马光：《资治通鉴》卷101《晋纪二十三》，北京：中华书局，1976 年标点本，第 3195 页。
③ ［北宋］司马光：《资治通鉴》卷145《梁纪一》，北京：中华书局，1976 年标点本，第 4521 页。
④ ［唐］李百药：《北齐书》卷1《帝纪第一》，北京：中华书局，1972 年标点本，第 1 页。
⑤ 许辉主编：《北京民族史》，北京：人民出版社 2013 年版，第 74 页。
⑥ ［唐］房玄龄：《晋书》卷5《帝纪第五》，北京：中华书局，1974 年标点本，第 115 页。
⑦ ［唐］房玄龄：《晋书》卷104《载记第四》，北京：中华书局，1974 年标点本，第 2707 页。
⑧ 北京文物工作队：《北京怀柔城北东周两汉墓葬》，载《考古》1962 年第 5 期。

"魏晋南北朝时期饮食文化取得了跨越式的发展，饮食学成为了一门学科被确定下来，这与当时的社会历史状况是分不开的，特别是与当时的人口流动是分不开的。"① 还有士族门阀地主阶层在魏晋南北朝时期迅速壮大了起来，他们不仅有充裕的经济条件来加工制作各种美味佳肴，而且他们在饮食上的精益求精和奢侈习性也是非常突出的。就幽州的情况而言，归纳起来，这一时期出现了如下一些影响深远的饮食文化事项。

第一，饮食方式发生了根本性的转变。先秦两汉，中国人席地而坐，分别据案进食。魏晋南北朝时期，少数民族的坐卧用具进入中原。胡床是一种坐具，类似今天的折叠椅。《晋书·五行志上》："泰始之后，中国相尚用胡床貊盘，及为羌煮貊炙，贵人富室，必畜其器，吉享嘉会，皆以为先。"说明胡床貊盘，已经进入富贵人家，而且成为时尚，这就极大地冲击了传统的跪坐饮食习惯。《梁书》卷五十六《侯景传》载："侯景常设胡床及筌蹄，着靴垂脚坐。"由于胡床必须两脚垂地，这就改变了以往的坐姿，大大增加了舒适程度，人们可以长时间饱享"羌煮貊炙"。随着胡床、椅子、高桌、凳等坐具相继问世，合食制（围桌而食）流行开来。随着桌椅的使用，人们围坐一桌进餐也就顺理成章了。同时，这一时期也是中国古代的两餐制和分餐制，逐渐向现代的三餐制和合餐制过渡的一个重要时期。

第二，面食全面进入北京人的饮食领域，较之汉代又有所进步。各类饼的出现，将幽州地区的主食提升到一个新的水平。主食真正开始有了花样和讲究，其制作方式开始上升到技艺的境界，饼的造型也使得主食具有了美感。

魏晋南北朝时，已流行发面之俗，在《齐民要术》卷九《饼法》第八十二中记载了《食经》中记述的做饼酵之方法："作饼酵法：酸浆一升，煎取七升；用粳米一升着浆，迟下火，如作粥。""六月时，溲一石面，着二升；冬时，着四升作。"据《齐民要术》卷九《饼法》第八十二，当时的蒸饼、面起饼、白饼、烧饼等均是发面食品。"最早有面食的记载是《齐民要术》这本书，记载着'饼''面条''面'的资料，《齐民要术》是南北朝晚期的著作，相当于公元三百年，由此可以推断面食是东汉时期以后由东亚经西域传入中国的。面食把米、麦的使用价值大大地提高了，中国古代主食的植物以黍、粟为主，因为有面食方式的输

---

① 王静：《魏晋南北朝的移民与饮食文化交流》，载《南宁职业技术学院学报》2008 年第 4 期。

入，才开始先吃'烙饼'，也就是'胡饼'。"①

饼是魏晋各种面制品及部分米粉制品的总称。除米外，北京人食麦较多。麦的一大吃法是用麦粉做饼，南北相同。当时饼的种类颇多，有胡饼、汤饼、水引饼、蒸饼、面起饼、乳饼、髓饼、白环饼、细环饼、截饼、豚皮饼等，此外，馒头、膏环、粲、牢丸等亦被归入饼类。胡饼、乳饼和髓饼均是烤制食品，胡饼原为北方少数民族的食物，在汉代传入燕地。胡饼的制法与今日烧饼的制法类似，是放在炉中烤制而成。十六国时石虎改胡饼为麻饼。乳饼是用牛奶或羊奶和面制成的，前文提及的髓饼则是以牛、羊等动物的骨髓加上蜜和面粉制成的。蒸饼又称"牢丸"。西晋文学家束皙《饼赋》曰："其可以通冬达夏，终岁常施，四时从用，无所不宜，唯牢丸乎。"② 这种四时皆宜的食品在唐代仍颇为流行，段成式《酉阳杂俎》曰："笼中牢丸、汤中牢丸。"③ 宋代以后，已不知牢丸为何物，大概是改称"牢九"之故。《饼赋》云："弱如春绵，白如秋练。气勃郁以扬布，香飞散而远遍。行人失涎于下风，童仆空嚼而斜眄。"④ 可见，那时的蒸饼已是上层生活美味主食了。蒸饼，也作笼饼，用笼蒸炊而食，开始是不发酵的，发酵的蒸饼，相当于今天的馒头。关于馒头的来历还有一段传说："昔诸葛武侯之征孟获也，人曰：'蛮地多邪术，须祷于神，假阴兵一以助之。然蛮俗必杀人，以其首祭之，神则飨之，为出兵也。'武侯不从，因杂用羊豕肉，而包之以面，像人头以祠，神亦飨焉，而为出兵。后人由此为馒头。"⑤ 这一传说不仅解释了馒头的来历，而且透示了饮食与战争、祭祀的内在关联性。煎饼，北京人在人日（正月初七）做煎饼于庭中，名为熏天，以油煎或火烤而成。春饼是魏晋人在立春日吃的。

汤饼与现今的面片汤类似，做时要用一只手托着和好的面，另一只手往锅里撕片。由于片撕得很薄，"弱如春绵，白如秋练"，煮开时"气勃郁以扬布，香飞散而远遍"。汤饼和水引饼，顾名思义当属水煮食品，汤饼亦称馎饦，其制法与今日的面片相似。首先将面粉用细绢筛过，"挼如大指许，二寸一断，着水盆中浸，

---

① 张光直：《中国饮食史上的几次突破》，载《民俗研究》2000 年第 2 期。
② ［唐］徐坚等：《初学记》卷 26《器物部》，北京：中华书局，1962 年标点本，第 642 页。
③ 许逸民：《酉阳杂俎校笺》前集卷 7《酒食》，北京：中华书局，2015 年标点本，第 563 页。
④ ［唐］徐坚等：《初学记》卷 26《器物部》，北京：中华书局，1962 年标点本，第 642 页。
⑤ ［宋］高承：《事物纪原》卷 9《酒醴饮食部》，北京：中华书局，1989 年标点本，第 470 页。

宜以手向盆旁挼使极薄，皆急火逐沸熟煮。非直光白可爱，亦自滑美殊常"①。煮成后，用肉汁加以调拌。当时吃汤饼大多是冬季，"玄冬猛寒，清晨之会，涕冻鼻中，霜成口外，充虚解战，汤饼为最"②。水引饼类似于今天的面条，其做法是"挼如箸大，一尺一断，盘中盛水浸，宜以手临铛上，挼令薄如韭叶，逐沸煮"③。然后拌以肉汁或鸡汁。

　　第三，此前，食品制作有煎、煮、燔、炙、腌、腊等种种方法，在魏晋南北朝相关文献中还没有烹饪方法"炒"的记载，但据一些古史专家考证，"炒"的确是魏晋南北朝饮食创新的一件大事。《齐民要术》卷六《养鸡》第五十九记有这样两道菜，一是炒鸡子法：打破，着铜铛中，搅令黄白相杂。细切葱白，下盐米，浑豉。麻油炒之，甚香美。二是鸭煎法：用新成仔鸭极肥者，其大如雉，去头，烂治（按：烂疑为切之误），却腥翠五藏（同脏），又净洗，细创如笼肉。细切葱白，下盐、豉汁。炒令极熟，下椒姜末，食之。这两道菜为典型的炒菜。张光直先生依此下了这样的结论："和面食同一时期的饮食变化则是出现在烹饪方式中的炒。在中国古代没有炒菜，一直到南北朝时期的书才提到有'炒面''炒胡麻'，《齐民要术》则有提到'炒蛋'，先将蛋打破、加入葱白放盐搅匀后放入锅中用麻油炒，和今天的炒蛋的道理完全一样。"④《齐民要术·醋酪》治釜不渝法云："常于谙信处，买取最初铸者，铁精不渝，轻利易燃。其渝黑难燃者，皆是铁滓钝浊所致。"质量好的铁釜既轻传热又快，无疑会促进炒的烹饪技艺的出现并普及开来。魏晋时期铁器水平比汉代有了提高，刀具更加锋利适用，可以用铁制的菜刀把食材加工成丝、丁、泥、块、段等形状，为"炒"提供了可能性。"炒"是所有烹饪技法中最为精妙之所在，最能代表中国烹调之特点。炒的方法乃中国人之独创，而至今外国厨师尚不会或不善于使用炒法。

　　第四，饮食的游牧民族风味更加凸显。北方多以牛羊肉为食。中国古代有"六畜"之说：马羊牛鸡犬豕。除马以外，余五畜加鱼，构成我国传统肉食的主要品种。北方游牧民族大量入居幽州，推动了畜牧业的迅速发展。羊居六畜之首，成为时人最主要的肉食品种。北魏时，西北少数民族拓跋氏入主幽州后，将胡食

①　［北魏］贾思勰：《齐民要术》卷9《饼法第八十二》，上海：上海古籍出版社2009年版，第549页。
②　［北宋］李昉等：《太平御览》卷860《饮食部一八》，北京：中华书局1960年版，第3881页。
③　［北魏］贾思勰：《齐民要术》卷2《饼法第八十二》，上海：上海古籍出版社2009年版，第549页。
④　张光直：《中国饮食史上的几次突破》，载《民俗研究》2000年第2期。

及西北地区饮食的风味特色传入内地，幽州地区饮食出现了胡汉交融的特点。这个时期，少数民族的食物制作方法也不断影响中原饮食习惯。羌煮貊炙，就是最典型的。羌煮就是西北诸羌的涮羊肉，貊炙则是东胡族的烤全羊。《释名》卷四《释饮食》："貊炙，全体炙之，各自以刀割，出于胡貊之为也。"肉类不易久贮，于是将之加工为干肉，即脯。陆机《洛阳记》载，洛阳以北三十里有干脯山，即因"于上暴肉"而得名。

  除肉类外，奶制品也构成了幽州饮食游牧风味的一大特色，并得以代代延续。《齐民要术》卷六《养羊》第五十七记载了"作酪法"。特转录农史学家石声汉先生的译文："作酪法，牛奶、羊奶都可以做，分开来或混合着做，任随人意。把奶倒入锅里，用慢火熬。火急，就会焦煳。最好在正月或二月，预先收集干燥的牛羊屎，用来熬奶第一好。如若烧草，草灰飞起，会落在奶里；烧柴，容易焦底。而干牛羊粪作燃料，火力软弱，能避免这两种毛病。熬奶时，常用杓子搅动奶。四五沸后，停止熬奶，稍微晾一晾。用树枝弯一个圈，撑着生绢作袋子，让热奶通过袋子滤到瓦罐中卧奶。用'甜酪'作酵，一升热奶，用小半勺'酵'，倒进奶中，搅化匀合。卧奶，靠温度调节，暖暖的，稍微比人体温度高一些最合适。太热，酪会变酸；太冷，酪作不成。可用毡子包着瓦罐使它保持温暖，过一会儿再用单布盖上。明早，酪就做成了。用'酸酪'作酵，做成的酪也酸；用'甜酪'作酵，如果放得太多，做成的酪也是酸的。"作干酪法，"七八月做，太阳下烤酪，酪上成奶皮后，浮面揭起；再烤，再揭；直到油尽没有皮出来才停止。得一升多酪，在锅里炒一会儿，倒出来，搁在浅盘里让太阳晒。到半干不湿时，捏成梨子大小的团，再晒干就成了干酪，可以几年不坏，供远行时用"。作漉酪法，"取好的浓酪子，用口袋盛着，挂起就会有水渗出来，滴滴掉下。水滴尽了，在锅里稍微炒一下，盛入盘子让太阳晒。半干不湿时，捏成梨子大小的团，就成了。也可以几年不坏，味道比干酪还要好"[①]。奶酪制作工艺比较复杂，但从"以干牛羊粪作燃料"来看，纯属普通家庭或作坊所为，说明此时奶酪已在幽州民间广泛食用。后世进入到元、明、清三朝宫廷，曾是皇家御膳之珍品。

  第五，外来人口尤其是中原人在幽州定居，为幽州饮食输入了大量的异地风

---

① ［北魏］贾思勰原著，石声汉校释：《齐民要术今译》第一分册，北京：科学出版社1957年版，第551页。

味。较之前代，这一时期的饮食风味更为多样，品类更为丰富。诸如下面具有北京特色风味的食品都来自兄弟民族和其他地区。"面筋"，据古代笔记中说，从小麦麸皮和面粉中提取面筋，就始于梁武帝。当初称麸，后来叫面筋，是寺院素食的"四大金刚"（豆腐、笋、蕈、麸）之一。据三国魏人张揖著的《广雅》记载，那时已有形如月牙称为"馄饨"的食品，和现在的饺子形状基本类似。到南北朝时，馄饨"形如偃月，天下通食"。据推测，那时的饺子煮熟以后，不是捞出来单独吃，而是和汤一起盛在碗里混着吃，所以当时的人们把饺子叫"馄饨"。《齐民要术》中称之为"浑屯"，《字苑》作"馄饨"。馄饨至今最少也有1500年的历史了。根据《齐民要术》的记载，人们还会做出各种各样的菜羹和肉羹。同时，在调味品方面，有甜酱、酱油、醋等。

第六，当时，人们已经比较喜欢饮茶，最先记载于正史中的，当属于《三国志·吴书·韦曜传》。开始的时候，茶被称作荼，郭璞在注释《齐民要术》论茶时，称："今呼早采者为茶，晚取者为茗。"顾炎武的《日知录》称荼字到了唐代才变作茶。根据《广志》的记载，此时人们喝茶的方法是把茶叶碾碎，加上油膏，团成茶团，饮用的时候，把茶团捣碎，再加上葱姜之类，煎熬。另外，专门化的茶具从食器中逐渐分化出来，首先出现了带托盘的青釉茶盏。中国饮茶历史悠久，之所以成为这一期间饮食文化的一个亮点，不仅是饮茶风气大盛，更主要的是茶作为一种精神文化现象开始萌芽。茶不仅作为一种饮品而被人们接受，而且作为一种茶道精神而得到传播。幽州作为中原地区北方的一个重镇，上层社会也开始享受品茶的情趣。

第七，饮食的贫富差异更加明显。由于战乱，下层民众忍饥挨饿。"无论是自耕农民还是依附农民，他们都在饥饿线上挣扎着。……例如王浚积粮达五十万斛，而幽州人民却求食无路，不得不四散流亡。"[1]《晋书·皇甫谧传》记载，他的姑家表兄弟梁柳仕途升迁以后，有人劝说皇甫谧以酒肉送行，皇甫谧回答："过去的时候，梁柳来我家，我送迎不出门，招待也不过是盐菜。贫穷的人家不一定非要有酒肉才作为有礼……"从皇甫谧的这段话里可以看出，贫民招待客人也不过是盐菜而已。相反，在这一非常时期，上层统治者奉行及时行乐的生活哲学，对美味的追求极为狂热。1965年，北京八宝山以西一里发现了西晋时期的蓟城长官幽

---

① 北京大学历史系《北京史》编写组：《北京史》，北京：北京出版社1985年版，第55页。

州刺史王浚之妻华芳的墓葬。该墓虽被盗过，但仍出土了一批精美的随葬品，包括骨尺、料盘、漆盘、铜熏炉、银铃等，足见当年王浚生活之一斑。《战国策·中山·中山君飨都士》中有"……吾以一杯羊羹亡国"的记载。说的是，当时的中山国①与赵国的矛盾很大。一天，中山君命庖夫做羊羹一菜，召宴群臣，因其菜味香浓厚，早被众臣所垂涎。中山君手下的司马子期因没有吃上此菜，愤怒至极，一气之下投奔了赵国，并劝说赵王征讨中山。中山君因不让司马子期吃羊羹，招致了亡国。由此可见，羊羹一菜，在当时是难得的美味。《晋书·何曾传》中"然性奢豪，务在华侈。帷帐车服，穷极绮丽，厨膳滋味，过于王者。每燕见，不食太官所设，帝辄命取其食。蒸饼上不坼作十字不食。食日万钱，犹曰无下箸处"。"食日万钱""无下箸处"后成为两个成语，用以形容上层统治者对饮食的讲究到了登峰造极的地步。

第八，魏晋期间，幽州区域的果品仍保留枣、栗、桃、李、杏、梨等种类，但在前代基础上品种有所增多、产地扩大，名品闻名遐迩。北方地域枣树种植甚为普遍，晋傅玄《枣赋》称：当时枣子散布，"北阴塞门，南临三江，或布燕赵，或广河东"，其枣，"离离朱实，脆若离雪，甘如含蜜；脆者宜新，当夏之珍，坚者宜干，荐羞天人。……"②成为百姓普遍嗜好的美果佳啖。栗也是当时北京的重要果品，《史记·货殖列传》称"燕、秦千树栗"，其经营者富可比千户侯。至这一时期，栗子生产又有所发展，《齐民要术》卷四设有《种栗》专篇，《四时纂要》也多处讨论栗子的生产与加工。大体上说，魏晋时期北方的栗子，仍以燕赵地区和关中一带出产最多，是两个最大的产区，所出栗子品质也最好。对燕赵地区的栗子，郭璞甚为推崇，其《毛诗疏义》云："五方皆有栗，周秦吴杨（按：杨当作扬）特饶，唯渔阳、范阳栗甜美长味"③；卢毓《冀州论》也称："中山好栗，地产不为无珍"。④唐时，栗作为主要贡品而闻名遐迩。⑤

第九，魏晋南北朝时的幽州处于士族政治时期，和其他地方一样，名门豪族

---

① 中山国包括今河北石家庄地区，是嵌在燕赵之内的一个小国，经历了戎狄、鲜虞和中山三个发展阶段。

② ［唐］徐坚等：《初学记》卷28《果木部》，北京：中华书局，1962年标点本，第676页。

③ 栾保群点校：《毛诗草木鸟兽虫鱼疏广要》卷上之下《树之榛栗》，北京：中华书局，2023年标点本，第119页。

④ ［北宋］李昉等：《太平御览》卷964《果部一》，北京：中华书局1960年版，第4277页。

⑤ ［北宋］欧阳修、宋祁：《新唐书》卷39《志第二十九》，北京：中华书局，1975年标点本，第999页。

众多。"北魏时,幽州的世家大族主要有范阳(治今河北涿州市)卢氏、祖氏,上谷(治今河北怀来大古城)侯氏、寇氏,燕国(治今北京)刘氏,北平无终(治今天津蓟州区)阳氏。"① 其他还有北魏时久居蓟城的梁祚,深研经籍的蓟人平恒,密云丁零人鲜于灵馥,魏涿郡人卢毓,晋涿郡人卢钦,等等。豪族"累世同居",提供了厨房经验家族传承的条件,形成了北京最初的家族菜,并成为饮食文化传统。这是日后北京烹饪发达的又一极重要原因。俗话所谓"三辈学穿,五辈学吃"② 说出了这一道理。例如今存最早的菜谱,虞悰的《食珍录》③ 就是家族秘传的记录。据《南齐书·虞悰传》,悰家善为滋味,武帝尝求诸饮食方,悰秘不出,后来皇帝因醉酒而患病,他才献出"醒酒鲭鲊"一方。谢讽所著《食经》④,记述南北朝、隋代北方贵族饮馔,载食品名目约 50 种。其中有脍、羹、饼、糕、卷、炙、面,包括以动物原料为主制成的菜肴,如"飞孪脍""剔缕鸡""剪云研鱼羹"等。从有的菜在名前冠以人名来看,如"北齐武成王生羊脍""越国公碎金饭""虞公断醒""永加王烙羊""成美公藏""含春侯新治月华饭"等,可知所记都是王侯贵族的饮馔。尽管《食经》所记并非仅限北京饮馔,但也从一个侧面说明了北京贵族饮食文化的兴起。

第三节 隋唐时期的饮食文化

幽州即隋朝时的涿郡(今河北省涿州市),为物资集中地和参战军兵的大本营。唐武德元年(618)改涿郡为幽州。唐幽州刺史辖境、属县前后期屡有变化,大致范围包括今京、津大部分地区及河北部分地区。《大唐六典》曰,河北道"其幽、营、安东,各管羁縻州。东并于海,南迫于河,西距太行、恒山,北通渝关、蓟门"。小注曰:"渝关在平州东,蓟门在幽州北。"⑤ 其名山有"碣石之山",小注曰:"碣石在营州东。"⑥ 河北道"远夷则控契丹、奚、靺羯、室韦之贡献

---

① 于德源:《北京农业经济史》,北京:京华出版社 1998 年版,第 112 页。
② 《魏志》:文帝诏曰:"三世长者知被服,五世长者知饮食。"
③ 《食珍录》是我国古代烹饪专著之一,写于南北朝时期,记载有六朝帝王和名门之家的珍贵食谱。作者虞悰是南朝宋时余姚人,美食家。
④ 现存的谢讽《食经》收录在《说郛》宛垔山堂本中。
⑤ [唐]李隆基:《大唐六典》卷 3《尚书户部》,西安:三秦出版社 1991 年版,第 51 页。
⑥ [唐]李隆基:《大唐六典》卷 3《尚书户部》,西安:三秦出版社 1991 年版,第 51 页。

焉"①。"唐开元年间分幽州辖县渔阳、三河、玉田置蓟州,大历四年置涿州,割幽州之范阳、归义、固安隶之,属幽州都督管辖。因此,幽、蓟、涿仍是三位一体。"② 幽州属于冀朝鼎先生所划定的"基本经济区"的范围。显然地理范围上的幽州要大于幽州城。幽都是幽州中心。《尚书·尧典》:"申命和叔,宅朔方曰幽都。"古无幽都建置,作为行政区名的幽都县始于唐建中二年(781),分蓟县治。古幽都大体与唐时幽都县治地相当。

自有史以来,中国的东北方,从未遭遇过隋唐时如此连续不断的进攻力量,而幽州所在,作为华北平原北方的门户,也正是游牧部族入侵所首先要占领的地方。实际上正是汉族与游牧部族之间的矛盾,在东北边防急剧发展的形势下,幽州在全国范围内的重要意义,才日益增加起来。③ "幽州的地理位置有三大特征:首先,它处于中国农业文化与游牧文化交接、过渡、转换区,使得这一地区的社会经济、文化、民族构成呈现多元化的特点,经济形态和民族构成、文化取向的转换频率高;其次,以幽州为中心形成多点次中心和向四外辐射的交通线,是东北亚大区域的主要交通干线,是东北亚贸易往来的中心枢纽,幽州的社会环境和统治集团所属群体意识直接关系到这一贸易枢纽的兴衰与位置;其三,幽州地区是北方民族南下大通道的东缘,是东北民族南下的主要通道,也是中亚民族沿草原边缘两侧向河北、东北地区流徙,进而南下的主要聚居区。"④ 当时,中原和东北游牧部族之间的贸易往来相当频繁。幽州的市场除了出售本地所产的农产品和手工业产品之外,还有来自中原各地的布帛、漆器和来自乌桓、夫余、秽貉、朝鲜、真番的皮毛、牲畜及其他产品。蓟城的金属制品、粮、布、盐等,也由此转销到东北地区。⑤ 这一时期,延续了秦汉幽州在地理位置方面的优势,依旧成为北方商品包括饮食资源交易的重镇。

幽州的地理位置使之成为民族融合、人口流动和文化交流的中心,引发了民族饮食文化在这里的重组和再塑。这种重组和再塑贯穿整个唐代,故而唐代的饮食文

① [唐]李隆基:《大唐六典》卷3《尚书户部》,西安:三秦出版社1991年版,第51页。

② 宁欣、李凤先:《试析唐代以幽州为中心地区人口流动》,载《河南师范大学学报》(哲学社会科学版)2003年第3期。

③ 侯仁之主编:《北京城市历史地理》,北京:北京燕山出版社2000年版,第76页。

④ 宁欣、李凤先:《试析唐代以幽州为中心地区人口流动》,载《河南师范大学学报》(哲学社会科学版)2003年第3期。

⑤ 朱希祖:《北京城:中国历代都城的最后结晶》,北京:北京联合出版公司2018年版,第35页。

化不如其他文化形态那样辉煌，反而处于一个过渡阶段。陈寅恪先生就曾指出："李唐一族之所以崛兴，盖取塞外野蛮精悍之血，注入中原文化颓废之躯，旧染既除，新机重启，扩大恢张，遂能别创空前之世局。"① 唐代饮食文化也极为繁荣，产生了中国历史上第一部饮食文化专著《食谱》（韦巨源撰），又名《烧尾宴·食单》。

唐前期，突厥、契丹、奚、靺鞨、高丽、室韦、铁勒等各族人民入住幽州城及附近地区。唐王朝先后建立了 19 个羁縻州县，并施行"全其部落，顺其土俗"② 等怀柔政策，来安置外来族群的生产与生活。至玄宗天宝年间，幽州各族人口增长到 40 万以上。由于政治清明，民族和睦，经济繁荣，社会相对安定，人民的生活水平也有较大幅度的提高，这样就带动了饮食业的高度发达。少数民族农业生产水平的提高是饮食生活改善的根源。当时，对于内迁的少数民族，"分其种落，散居州县，教之耕织，可以化胡虏为农民"③。这种政策的推行收到了明显的效果。贞观十二年（638），朝廷在对突厥首领李思摩的诏书中就说："今岁以积，年谷屡登，种众增多，畜牧蕃息。缯絮无乏，咸弃其毡裘；菽粟有余，靡资于狡兔。"④ 武则天时，突厥"又请粟田种十万斛，农器三千具，铁数万斤"⑤。当时幽州属于农业比较发达的地区。游牧民族的安居乐业，不仅改变了原有的生产方式，在饮食观念、品位上也必然进入了一个新的阶段。不过，幽州饮食文化似乎被业已崛兴的其他文化现象所掩盖，并非值得特别张扬。

1. 坊市制度与"行"的建立

魏晋南北朝时大批少数民族的涌入，使唐代的幽州地区成为汉、奚、突厥、契丹、靺鞨、室韦、高丽、新罗、回纥、吐谷浑等各族人民共同生活、交流的地方。这一时期，幽州的各民族继续得到融合，突厥、契丹、奚、靺鞨、高丽、室韦、铁勒等各族先后入住幽州城和附近地区，形成了民族杂居、和睦相处的难得的平稳局面。唐朝后期，奚、契丹等"每岁朝贺，常各遣数百人至幽州，则选其

① 陈寅恪：《金明馆丛稿二编》，北京：生活·读书·新知三联书店 2001 年版，第 335 页。
② ［北宋］司马光：《资治通鉴》卷 193《唐纪九》，北京：中华书局，1976 年标点本，第 6076 页。
③ ［北宋］欧阳修、宋祁：《新唐书》卷 42《志第三十二》，北京：中华书局，1975 年标点本，第 1079 页。
④ ［北宋］宋敏求编：《唐大诏令集》卷 128《蕃夷》，北京：中华书局 2008 年标点本，第 691 页。
⑤ ［北宋］欧阳修、宋祁：《新唐书》卷 215《列传第一百四十上》，北京：中华书局，1975 年标点本，第 6023 页。

酋渠三五十人赴阙，……余皆驻而馆之，率为常也"①。这说明有大量使者留在幽州待命，成为幽州的常规性流动人口，每年当有数百。

唐代城市的基本居民单位是坊、里。北京出土的唐、辽墓志和石经题记中，记录下很多唐幽州城及辽燕京城的坊名，为考稽唐幽城坊提供了珍贵资料。鲁琪先生《唐幽州城考》据唐、辽墓志有列举，再参照《房山石经题记汇编》，列举如下：罽宾坊、卢龙坊、肃慎坊、花严坊、辽西坊、铜马坊、蓟北坊、燕都坊、军都坊、招圣里、归仁里、东通阛里、劝利坊、时和坊、遵化里、平朔里、归化里、隗台坊、永平坊、北罗坊、齐礼坊、显忠坊、棠阴坊、归厚坊、玉田坊。② 其中"肃慎坊"，《范阳丰山章庆禅院实录碑》载："又东北走驿路，抵良乡、如京师，入南肃慎里之高氏所营讲宇，则下院也。"③ 则肃慎又有南北二里之分。北宋出使辽朝的使者路振的《乘轺录》描述幽州的情况，说："城中凡二十六坊，坊有门楼，大署其额，有罽宾、肃慎、卢龙等坊，并唐时旧坊名也。"④ 坊里治安、巡逻、宵禁等都有严格的制度规定，坊门晨启夜闭，与城门开关时间一致。只有正月十五开放宵禁，许人观灯。可见，坊市实行的是军事化的管理，买卖和经商受到极大限制。

从"罽宾""肃慎"这些坊名可以推断：唐幽州城某些坊可能有外来胡人集中居住。"唐前期东北番族和突厥势力的发展以及唐王朝所采取的羁縻政策，对幽州产生了深远的影响。受唐初番族的归附和唐玄宗时期边防政策的影响，大量的少数民族势力加入幽州。内迁的胡族从第二代起，已经成为唐朝的编户齐民了，其待遇与当地汉民一致。这些少数民族在安史之乱后，逐渐本土化，使幽州的民族融合进一步深入。"⑤ 唐王朝在推进安居乐业政策的同时，有目的性地将居无定所的游牧民族转化成农民身份，逐步改变了游牧民族的饮食资源的生产方式。幽州地区在唐代就以稻米作为主食之一。

坊是居民住宅区，即由街道分割成的一块块的封闭结构的居民区，其名定于

---

① ［五代］刘昫等：《旧唐书》卷199《列传第一百四十九下》，北京：中华书局，1975年标点本，第5354页。

② 鲁琪：《唐幽州城考》，载北京史研究会编《北京史论文集》（第2辑），内部出版1982年，第108页。

③ 陈述辑校：《全辽文》卷10《范阳丰山章庆禅院实录》，北京：中华书局，1982年标点本，第270页。

④ 贾敬颜：《五代宋金元人边疆行记十三种疏证稿》，北京：中华书局，2004年标点本，第48页。

⑤ 许辉主编：《北京民族史》，北京：人民出版社2013年版，第100页。

隋；市是商业区，两者本是严格分开的。在商业繁华的都会一般都设有市，大都会有两个或三个以上的市。《房山石经题记汇编》中的《般若波罗蜜多心经》收有唐大中年间（847—860）"幽州蓟县界蓟北坊檀州街西店"题记，说明唐后期幽州城蓟北坊内已有商铺。随着商品经济的发展，唐初建立的坊市制度遭到破坏，原来的定点、定时集市制度，无法照旧实行了。店肆的设置超出了原来规定的范围，在坊里出现了不少店铺。这样买卖的时间和空间按市场规律设定，都相对固定化，营商人员和所经营的饮食品种也一一对应了起来，各有专攻，于是，饮食经营之"行"便随之产生。

房山石经中的唐天宝年间《般若波罗蜜多心经》的题刻中多有白米行、粳米行、肉行、油行、果子行、屠行、椒笋行等语，其中白米行一词出现 13 次，粳米行、米行等语各 1 次。[1] 说明生产方式的转变已成效显著。上述与饮食有关之行的商业活动，都集中在"市"中进行。唐幽州城的"市"，位置在城北，是北方著名的市场，又称幽州市、三市、互市。《辽史·食货志》载："太宗得燕，置南京（938），城北有市，百物山偫，命有司治其征。"[2] 其时辽国得幽州不久，所谓城北的"市"亦即唐、五代时的幽州市。

在唐代，已经出现了称作"行"和"团行"的民间饮食业作坊。宋耐得翁所著《都城纪胜·诸行》载："市肆谓之行者，因官府科索而得此名，不以其物小大，但合充用者，皆置为行，虽医卜亦有职。医克择之差，占则与市肆当行同也。内亦有不当行而借名之者，如酒行、食饭行是也。又有名为'团'者，如城南之花团，泥路之青果团，江下之鲞团，后市街之柑子团是也。其他工技之人，或名为'作'，如篦刀作、腰带作、金银镀作、钑作是也。又有异名者，……如官巷之花行，所聚花朵、冠梳、钗环、领抹，极其工巧，古所无也。"[3] 与日常生活关系密切的经营种类都建立了行会，并登记在册，饮食也历历在目。行会既维护食品经营者的合法权利，又对食品质量问题进行监督和检查。

2. 饮食文化发展相对滞后

总体而言，隋唐是中国饮食文化发展的繁荣时期，文化包括饮食文化交流极盛。交流波及广州、扬州、洛阳等主要都会，以国都长安为中心，它是东西文化

---

① 北京图书馆金石组编：《房山石经题记汇编》，北京：书目文献出版社，1987 年标点本，第 199 页。

② ［元］脱脱等：《辽史》卷 60《志第二十九》，北京：中华书局，2017 年标点本，第 1031 页。

③ ［南宋］耐得翁：《都城纪行》，北京：中国商业出版社 1982 年版，第 4 页。

的交汇点。长安是当时最大的国际开放城市，来往都城的有各国使臣，包括远在欧洲的东罗马外交官。"在中国王朝时代的前半期，长安城毫无疑问是全国最大的政治中心，其余如洛阳、金陵（南京）虽然也号称名都，却很难与长安相比拟。远自周初，文王作丰，武王治镐，都在泾渭盆地，到了秦始皇统一天下，经营咸阳直到渭南，从地理上来看，这都可以认为是长安城的先驱。汉唐长安，虽然不在一地，也只能看作是前后城址的转移。长安城的兴起，一如其他城市一样，首先决定于社会经济的发展。"① 关键在于有充沛的食物及其他生活资源。关于这一点，司马迁在历述了关中地区的地理条件、历史发展、地方资源和贸易情况之后，总结写道："故关中之地，于天下三分之一，而人众不过什三；然量其富，什居其六。"② 相对而言，幽州城的区位优势还未显示出来，其饮食文化发展所表现出来的特征不如这些城市鲜明。

当然，幽州饮食文化也处于平稳过渡期间。由于这一时期幽州在全国的政治、经济地位并没有发生重大变化，导致幽州饮食文化并没有很特别之处，也没有出现新的饮食文化现象，处于一个可以忽略不计的阶段。这一点似乎古人也意识到了，关于这方面的记录少之又少。较之前代，饮食文化的变化并不明显。"前代称冀幽之士钝如椎，盖取此焉。俗重气侠，好结朋党，其相赴死生，亦出于仁义，故《班志》述其土风，悲歌慷慨，椎剽掘冢，亦自古之所患焉。……离石、雁门、马邑、定襄、娄烦、涿郡（大致相当于唐代幽州）、上谷、渔阳、北平、安乐、辽西皆连接边郡，习尚与太原同俗（'人性劲悍，习于戎马'），故自古言勇侠者，皆推幽、并③云。然涿郡、太原自前代以来，皆多文雅之士，虽俱曰边郡，然风教不为比也。"④ 这段话着眼于燕地的整体社会风俗，但这种"气侠"之风的饮食文明与仁义之教的饮食文明存在明显差异。这种"气侠"饮食文化的形成，与北方少数民族崇尚勇武的传统有关。北京城处于农耕与游牧交界的军事要地，军事地位凸显，故而其饮食文化秉承了大碗喝酒、大块吃肉的豪爽之气。

李白有诗《出自蓟北门行》⑤，其中描写的"画角悲海月，征衣卷天霜。挥刃

---

① 侯仁之主编：《北京城市历史地理》，北京：北京燕山出版社2000年版，第75页。
② ［南宋］司马迁：《史记》卷129《货殖列传第六十九》，北京：中华书局，1982年标点本，第3253页。
③ 并，并州，治所在今山西太原市。
④ ［唐］魏征等：《隋书》卷30《志第二十五》，北京：中华书局，1973年标点本，第860页。
⑤ ［唐］李白：《李太白全集》，王琦注，北京：中华书局1977年版，第314—315页。

斩楼兰，弯弓射贤王"反映的是盛唐时期幽州的文化气象，说明幽州地区沾染胡化之风，担负防御塞外族群的重任。杜甫《送高三十五书记十五韵》："……高生跨鞍马，有似幽并儿。脱身簿尉中，始与捶楚辞。……十年出幕府，自可持旌麾。……边城有余力，早寄从军诗。"① 幽州重升为军事重镇，作为边境要塞战争频繁。"中国得之，足以蔽障外裔；外裔得之，足以摇动中国。"② 自秦汉以来，蓟城成为中原王朝的北方边城和军事重镇，长期屯驻大量军队。粟多则兵强，兵强则可制胜。"地之守在城，城之守在兵，兵之守在人，人之守在粟。"③ 粟（饮食）是军事重镇优先重视的问题。但战争和迁徙与美食文化毕竟格格不入，相互抵牾，尽管任何一个地区都存在饮食文化，但并非都具有时代的代表性和典型性。幽州藩镇由于割据的环境，强调武力的作用，对饮食文化经营的忽略为不争的事实。然而，以幽州历来的饮食文化传统，即使缺少如长安、洛阳两都的饮食文化交流与传播，却仍然保存了一定的饮食文化地域特色。④ 只不过这一时期，燕地的饮食文化完全不能代表饮食文化发展的趋势，且区域特点比较模糊。当然，幽州地区饮食文化相对滞后而又没有得到应有记录的原因是多方面的，其中粗放的饮食品位是一个重要因素。

从行政区划而言，隋代废幽州为涿郡，唐代又改为幽州，还曾一度改名为范阳郡，以蓟城（或称幽州城）为幽州地区的中心，先后为郡、州治所。较之前代，幽州的政治地位并没有得到提升。政治地位的不显著直接削弱了其饮食文化的影响力，因为在通常情况下，政治地位与饮食文化的发展构成了互动的关系。因为一个地区政治地位的提升必然以对美味的嗜好为文化表征，也与彪悍好战的族群性格不相容。

唐代时期，裴行方为幽州都督，"引卢沟水（今永定河）广开稻田数千顷，百姓赖以丰给"。幽州处于农业文化与游牧文化交界的特殊地理区位，当地人便秉承着一种粗犷、豪爽和耿烈的性格。这一性格在隋唐这一战争多发的时期似乎更加得到人们的关注。由幽州等地汉族组成的军队在战场上表现得如游牧民族，强

---

① 杜甫：《杜工部集》卷九，长沙：岳麓书社 1989 年版，第 150 页。
② 《宋文选》卷二〇《李邦直文》，台北：台湾商务印书馆 1986 年影印本，第 303 页。
③ 黎翔凤：《管子校注》，北京：中华书局 2004 年版，第 47 页。
④ 许辉：《唐代幽州地域文化略论》，载北京市社会科学院历史研究所编：《北京史学论丛》（2016），北京：中国社会科学出版社 2017 年版，第 191 页。

悍非常，经常令内地汉族惊叹不已，如刘昫就在《旧唐书》中评价："彼幽州者，列九围之一，地方千里而遥，其民刚强，厥田沃壤。远则慕田光、荆卿之义，近则染禄山、思明之风。"[1]"禄山、思明之风"为"胡风"的同义语。风高气寒的生存环境铸就了燕地人们彪悍的秉性。在饮食方面，这一性格和处世方式绝对不适宜"脍不厌细，食不厌精"，与烹饪技艺的精湛追求背道而驰。不仅如此，后世宋太宗雍熙北伐之前的一道诏书称："岂可使幽燕奥壤犹为被发之乡，冠带遗民尚杂茹毛之俗"[2]，他们这种原始、古朴和野性的饮食境况，与美味的境界及当时美食家们所倡导的应该是大相径庭的。

燕地处于华北中北部，是农耕方式与北方草原游牧方式的过渡地带。这里是两种生产方式碰撞最为激烈的前沿地区，而战争直接加剧了这一碰撞的激烈程度。在两种不同生产方式的碰撞中，燕地往往是为维护农耕经济区域的安全做出牺牲的战场。原本两种经济模式的融合是饮食文化繁荣的基础，大可演绎为多元的饮食文化结构，但战争的硝烟弥漫整个饮食生活世界，令美味无从生发。

隋唐期间，蓟城在我国北方的军事地位显得十分突出。隋的涿郡和唐的幽州都以蓟城为治所，因此蓟城又被简称为涿郡或幽州。唐代实行坊市制度，是将城市中各类建筑划分成封闭的地理空间，将城市居民分区居住并保持相对独立的一种封闭式管理机制，坊为居民住宅区，市为商业区。之所以将生活空间封闭起来，与当地人生性好斗有一定的关联性。如此生活空间显然限制了饮食行为的自由。唐后期社会变革，地方城市兴起，城市商品经济的发展，突破了阻碍城市发展的封闭的坊市制。《资治通鉴考异》卷十六引《蓟门纪乱》称："自暮春至夏中，两月间，城中相攻杀凡四五，死者数千，战斗皆在坊市闾巷间。但两敌相向，不入人家剽窃一物，盖家家自有军人之故。"彪悍善战成就了封闭的坊市制，坊市制也被这一性格所毁。尽管如此，饮食行业仍受到极大的限制，失去了自主发展的可能性。

隋炀帝和唐太宗在全国统一之后，都曾利用蓟城作为基地，向东北进行征讨。汉族中原王朝在势力强大的时候，往往把蓟城作为进攻的据点。这一方面由地理位置所决定，另一方面也得益于当地人的英勇无畏。隋大业七年（611），隋炀帝

---

[1] ［五代］刘昫等：《旧唐书》卷180《列传第一百三十》，北京：中华书局，1975年标点本，第4681页。
[2] ［清］徐松：《宋会要辑稿》，上海：上海古籍出版社2014年版，第8755页。

亲自到涿郡的临朔宫，组织精兵强将，发动进攻高丽的战争。史书载云："（隋炀帝）发江、淮以南民夫及船运黎阳及洛口诸仓米至涿郡，舳舻相次千余里。"① 连绵千余里的粮草从河南运至蓟城。接着又征调全国各地的军队集结于涿郡："四方兵皆集涿郡……凡一百一十三万三千八百人，号二百万，其馈运者倍之。宜社于南桑干水上，类上帝于临朔宫南，祭马祖于蓟城北。"② 《隋书》亦载，隋炀帝用兵辽东时，遣将于蓟城南桑乾河上筑社稷二坛，设方遗，行宜社礼，又于蓟城北设坛，祭马祖于其上。③ 这种祭祀带有强烈的政治色彩，显然是出于战争的目的。隋炀帝发动过三次大规模征服高丽的战争，蓟城都是兵马粮饷的集结之地，蓟城军事地位的重要性，由此可见一斑。南运而至的粮食只是用于充饥，以满足好战秉性之宣泄。

3. 战争阻碍了饮食文化的发展

幽州地处东北边疆地区，也担负着"匈奴断臂，山戎抛喉"④ 的重任。正如宋人所言："天下视燕为北门，失幽、蓟则天下常不安。幽、蓟视五关为喉襟，无五关，则幽、蓟不可守。"⑤ 幽州所处的地理位置使之成为兵家关注的焦点。"安史之乱"前，李唐政权构建了三层边疆防御系统，由外及内：第一层是名义上臣服大唐帝国，并作为其藩属的外族势力，如奚、契丹等；第二层是以羁縻州府形式存在的外族部落降户，如营州境内诸族；第三层是唐朝政府直接管理并派有驻军的正式州、府、县，如幽州及其下辖各地。⑥ 幽州属于第三层防御系统，位处李唐政府直接管辖的前沿地带。"经过中宗、睿宗、玄宗三朝对幽州地区防御力量的不断加强，加之所辖编户的增加，至天宝年间，幽州作为东北边防体系军事中心的地位得以确立。"⑦ "每当中原的汉族统治者内部争斗剧烈，游牧民族就常常乘机内侵，于是蓟城又成为汉族统治者军事防守的重镇，而一旦防守失效，东北地

---

① ［北宋］司马光：《资治通鉴》卷181《隋纪五》，北京：中华书局，1976年标点本，第5654页。

② ［北宋］司马光：《资治通鉴》卷181《隋纪五》，北京：中华书局，1976年标点本，第5660页。

③ ［唐］魏征等：《隋书》卷8《志第三》，北京：中华书局，1973年标点本，第160页。

④ ［清］董浩、阮元等编：《全唐文》卷二八四张九龄《敕幽州节度使张守珪书》，北京：中华书局1983年版，第2886页。

⑤ ［南宋］叶隆礼：《契丹国志》卷18，上海：上海古籍出版社，1985年标点本，第173页。

⑥ ［德］傅海波、［英］崔瑞德：《剑桥中国辽西夏金元史》，史卫民译，北京：中国社会科学出版社1998年版，第10页。

⑦ 苏利国：《胡风东渐与文化认同——文化共同体视野下的"安史之乱"成因探析》，载《社会科学论坛》2019年第5期。

区游牧部族长驱直入之后，蓟城因为地处华北大平原的门户，遂成为双方统治者的必争之地，甚至还会成为入侵者进一步南下的据点。"① 故而幽州由汉王朝掌管，少数民族和汉族却时常在此呈拉锯状态。即便在战事较少的唐末五代，幽州也多次遭受契丹侵掠。据统计，自后梁乾化元年（911）到后唐同光三年（925）的 15 年间，契丹大的南侵行动就有 8 次之多。② 其中后梁贞明三年（辽神册二年，917）的一次，契丹围攻幽州城几近半年，幽州的经济遭到严重破坏。"燕赵黎氓，略无宁岁"③，此等景况，基本温饱都难以为继，何谈饮食文化和美味的享受？战争可以产生英雄和催化诗性，但却不能造就美食和美食家。

幽州胡马客，绿眼虎皮冠。笑拂两只箭，万人不可干。弯弓若转月，白雁落云端。双双掉鞘行，游猎向楼兰。出门不顾后，报国死何难。天骄五单于，狼戾好凶残。……翻飞射鸟兽，花月醉雕鞍。旄头四光芒，争战若蜂攒。白刃洒赤血，流沙为之丹。名将古谁是，疲兵良可叹。何时天狼灭，父子得闲安。④

李白在幽州时写了这首《幽州胡马客歌》，燕地侠士的豪迈形象跃然纸上。边塞诗风的兴起是建立在幽州劲悍刚勇的社会习尚基础上的。《资治通鉴》卷二二二考异引《蓟门纪乱》道："自暮春至夏中，两月间，城中相攻杀凡四五，死者数千，战斗皆在坊市间巷间，但两敌相向，不入人家剽窃一物，盖家家自有军人之故，又百姓至于妇人小童，皆闲习弓矢，以此无虞。"儒雅之风衰微，一派尚武习气，以儒学为核心的农耕文化也停止了发展的步伐。

"三国、魏晋、南北朝及隋代，战争频仍，幽燕地区更是悲苦雄阔的大战场，不管是否到过幽燕，边地、征人、游子、侠者、剑客、思妇等文学形象均已成为对幽燕地区文学想象和文化憧憬的重点。"⑤ 这些边塞的典型形象频频出现于唐代诗句当中，演绎为富有边塞文风的悲壮图式，而幽燕地区的饮食却不能诉之于文学性的表达，难以转化为诗歌语言。尽管"胡食"入诗了，但诗人的本意是借

① 朱希祖：《北京城：中国历代都城的最后结晶》，北京：北京联合出版公司 2018 年版，第 33 页。
② 高寿仙：《北京人口史》，北京：中国人民大学出版社 2014 年版，第 115 页。
③ 熊飞：《张九龄集校注》，北京：中华书局 2008 年版，第 507 页。
④ ［清］彭定求：《全唐诗》卷十八《李白卷》，北京：中华书局 1979 年版，第 200 页。
⑤ 万安伦：《论幽州城的文化地位》，载《北京联合大学学报》（人文社会科学版）2015 年第 1 期。

"胡食"抒发忧思之情，而非对"胡食"的宣扬和礼赞。

"唐代边塞诗的两个最重要的指向地，一个是西北边塞，一个是东北边塞。在西北边塞，只有安西都护府、北庭都护府、玉门关、阳关这样的军事要塞和关口，往来人员多为军事人员；而东北边塞，却有幽州城这样的集政治、军事、文化、商贸为一体的中心城市，幽州城鼎盛时人口达到30多万，是一个相当规模的城市了。"① 原本如此规模、居民民族身份又如此多元的城市，为饮食文化的兴旺发达提供了得天独厚的条件，遗憾的是战争成为一切的中心。蓟城之所以成为军事重镇，这与北方民族矛盾的激化有直接关系。隋唐时期，幽州之北有契丹、奚、霫、高句丽、靺鞨、突厥等牧猎民族。这些少数民族中，有的与隋唐王朝和好，有的则与隋唐王朝结怨。② 和好者相安无事，结怨者则遭征伐。战争成就了边塞诗，却是造成幽燕地区饮食文化裹足不前的重要因素。

胡食是书写隋唐饮食文化的史学家们共同强调的。但是，当史学家们在阐述隋唐饮食胡化这一特点时，便一概将饮食胡化最为典型的幽州撇开了。相反，唐代诗人则热衷于幽州边塞胡食形象的塑造，"胡化"现象备受诗人关注，诸如，李白的"牛马散北海，割鲜若虎餐"（《幽州胡马客歌》），张说的"正有高堂宴，能忘迟暮心？军中宜剑舞，塞上重笳音"（《幽州夜饮》），皆为经典诗句。张说诗句中筵席间的舞剑和吹奏胡笳，正是胡食富有代表性的场面。在对待幽州胡食的态度上，历史与文学并没有交集，而是出现了历史学家的失语与诗人深切感悟的明显反差。当然，在这里饮食和诗只是一种偶遇，或者说胡食不过是边塞诗的一种点缀，毕竟其属于闯入的身份，两种文化形态并没有构成对等的关系。

就幽州而言，饮食文化的兴旺和繁荣最终应取决于农耕而不是游牧，农业生产惨遭破坏，直接导致饮食资源的匮乏。而胡食的强行介入，不仅未能拯救幽州饮食文化，反而使之偏离了正常的轨道。相反，诗性却溢出了生产方式和儒雅的边界，摆脱了礼教的羁绊，显得更加自由奔放，汪洋恣肆。

隋唐五代时期，中原王朝许多重要的军事活动都发生在幽州地区。隋唐征伐高丽主要以幽州为后方供给和军队休整基地；幽州也在中原王朝抗拒北方突厥、契丹等少数民族入侵中发挥了桥头堡的作用。隋初，一些著名的武将担任幽州主

① 万安伦：《论幽州城的文化地位》，载《北京联合大学学报》（人文社会科学版）2015年第1期。
② 尹钧科：《北京城市发展史》，北京：北京出版社2016年版，第59页。

官，如阴寿、李崇、周摇等。这些武将在饮食方面与"食不厌精、脍不厌细"不可同日而语。北京许多方志评论"幽燕自古多豪侠之士"，"愚悍少虑"，多武而少文。只是到隋唐之后，方"多文雅之士"。但这些文人，大多是军阀的幕僚、宾客，① 他们在舞文弄墨的同时，在饮食方面则缺少更高境界的追求。

据《旧唐书·地理志》载，"范阳节度使，临制奚、契丹，统经略、威武、清夷、静塞、恒阳、北平、高阳、唐兴、横海等九军"②。小注曰："经略军，在幽州城内，管军三万人，马五千四百匹。威武军，在檀州城内，管兵万人，马三百匹。清夷军，在妫州城内，管兵万人，马三百匹。静塞军，在蓟州城内，管兵万六千人，马五百匹。恒阳军，在恒州城东，管兵三千五百人。北平军，在定州城西，管兵六千人。高阳军，在易州城内，管兵六千人。唐兴军，在莫州城内，管兵六千人。横海军，在沧州城内，管兵六千人。"③ 后梁贞明三年（917）契丹攻幽州。"是时，言契丹者，或云五十万，或云百万，渔阳以北，山谷之间，毡车毳幕，羊马弥漫。卢文进招诱幽州亡命之人，教契丹为攻城之具，飞梯、冲车之类，毕陈于城下。凿地道，起土山，四面攻城，半月之间，机变百端。城中随机以应之，仅得保全，军民困弊，上下恐惧。"④ 军旗飘扬、呐喊动地，此情此景，身体的满足（包括食欲）已微不足道，空气中所弥漫的是豪情和斗志，所激荡的是燕赵悲歌。在这一历史时期，发生在幽州地区的战争和军事活动极其频繁，当人的基本生存都无法保障时，便遑论食欲的满足了。

即便食欲旺盛，也不可能有满足的可能性。大片耕地抛荒，饮食失去了基本的来源保障。故而才有张说屡次上表朝廷，奏请屯田开漕。《请置屯田表》曰："臣说言，臣闻求人安者，莫过于足食；求国富者，莫先于疾耕。臣再任河北，备知川泽。窃见漳水可以灌巨野，淇水可以溉汤阴。若开屯田，不减万顷；化萑苇为秔稻，变斥卤为膏腴，用力非多，为利甚博。谚云：'岁在申酉，乞浆得酒'。来岁甫迩，春事方兴，愿陛下不失天时，急趋地利，上可以丰国，下可以廪边，河漕通流，易于转运，此百代之利也。……今昧死上愚见，乞与大臣等谋，速下

---

① 曹子西主编：《北京通史》第三卷，北京：中国书店1994年版，第147页。
② ［五代］刘昫等：《旧唐书》卷38《志第十八》，北京：中华书局，1975年标点本，第1388页。
③ ［五代］刘昫等：《旧唐书》卷38《志第十八》，北京：中华书局，1975年标点本，第1388页。
④ ［北宋］薛居正：《旧五代史》卷28《庄宗二》，北京：中华书局，1976年标点本，第389—390页。

河北支度及沟渠使，检料施功，不后农节。……奉表以闻，谨言。"① 尽管燕地具备了优越的耕作条件，但战争令张说的理想状况难以变成现实。战争对饮食生活的影响深远，处于炮火中的幽州不可能顾及美食，饮食文化的创新与发展在硝烟弥漫中消失殆尽。

另外，饮食和诗处于文化形态的两端，在饮食等物质文化形态不宜张扬的境况下，便转向对精神世界的经营。唐代的幽州城属于其东北边塞，对唐代文学、文化，特别是唐代边塞诗的形成与发展，留下了不可磨灭的印迹。民族之间的战争必然激发出深刻的民族情结，这一根性的民族情愫倾注于笔端，边塞诗篇油然而生。相反，就饮食文化而言，文人和学者则无暇在这方面着墨，相对于崇高的精神境界，饮食行为自然被视为是低级的。故而饮食的边塞风味终究未能释放出来。

唐代节度使安禄山、史思明于公元755年在范阳（治所幽州，今北京）起兵发动叛乱，持续八年（755—763）之久，史称"安史之乱"。唐中叶"安史之乱"起于幽州，乱后，河北藩镇割据，经历五代，一直陷入战乱，农耕区的经济文化遭到很大破坏。安史之乱肇始于幽州，幽州城在安史之乱中遭受重创，"幽州蓟城在这场变乱之后，其影响和职能受到削弱，城市本身亦随之衰落了"②。战乱不仅阻碍了饮食文化的发展，也使整个城市遭到破坏。从战争的维度审视幽州的饮食文化，便可理解幽州饮食文化远离盛唐的缘由了。

"安史之乱"后一个半世纪之内，幽州诸族之间的关系更为错综复杂，而民族的融合与凝聚也更迅速，可以说，是在叛乱、平叛，以及军变更迭的战火中演进的。③ 北方由于长年战乱，包括河北、河东直到北宋都城汴京周围地区的经济状况明显衰落，人口流失，土地荒废，天灾流行，出现了严重的经济逆转。④ 宋太宗至道年间（995—997）陈靖上书述说当时的情况是："今京畿周环二十三州，幅员数千里，地之垦者才十二三，税之入者十无五六。"⑤ 由于农业生产不能提供用于烹饪的食物，饮食文化的发展就失去了根本条件和应有的资源。同时，战争的硝

① ［清］董浩、阮元等编：《全唐文》卷二二四"张说卷"北京：中华书局1983年版，第2254页。

② 韩光辉：《从幽燕都会到中华国都——北京城市嬗变》，北京：商务印书馆2011年版，第77页。

③ 曹子西：《北京历史演变的轨迹和特征》，载《北京社会科学》1987年第4期。

④ 张京华：《燕赵文化》，沈阳：辽宁教育出版社1995年版，第71页。

⑤ ［元］脱脱等：《宋史》卷173《食货上一》，北京：中华书局，1977年标点本，第4155页。

烟也让当时的燕人失去了品味佳肴的安逸环境。因为战争状态的人们以保命为第一要义，饱享口福成为不切实际的奢想。

安史之乱"给北方人民带来了空前的灾难。叛军所到之处'焚人室庐，掠人玉帛，壮者死刀锋，弱者填沟壑'，社会经济遭到空前浩劫，蓟城同样也遭到一场灭顶之灾"①。处于战争中和前线的城市经济发展必然滞后，是不宜居的地方。盛唐以前的城市，与均田制等国有、农本的社会管理体制相适应，主要为政治中心地，随着社会的逐步发展，城市的文化功能不断加强，在均田制度瓦解之后，经济型的城市蓬勃发展。② 诸如洛阳这类城市。安史之乱对唐王朝产生了深刻的影响，这种影响是多方面的，仅就人口流动的走向而言，以安史之乱为契机，引起了北方人口的大规模南迁，作为安史之乱的肇始地幽州更是如此。与安史之乱前的流入相比，这8年期间本地人口（包括此前迁入的各少数民族）大量外流，而北方后起民族继续迁进幽州，北方民族南下的态势在唐后期愈演愈烈。大规模人口的流出与流入，直接改变了幽州的人口构成，餐饮业、饮食风味都失去了稳定的发展环境。幽州与中央及其他地区的饮食交流关系都有不同程度的改变，这些都使得幽州饮食的正宗体系难以形成。若再将视线拉长一些，唐代幽州地区的人口流动与其前的世家大族的南迁、开元天宝时期东北民族的南下以及唐末五代以后幽州当地人口的逐步南移，共同构成了一个相对完整的序列，促进了全国政治重心南移这一过程的实现。③ 幽州的士族豪绅举家南迁，也带走了本来属于幽州的饮食文化。

通常情况下，随着人口的流动，幽州的饮食文化可以得到重组再塑，但由于不具备天时、地利和人和的条件，饮食文化发展的稳定性不能得到确立，人们的饮食行为一直处于波动之中，难以被把握和认定。饮食主体风味的形成需要长时间段和平稳的生活空间，不同民族和族群频繁地进进出出，相异的饮食文化一时难以实现融合。战争的破坏力波及社会生活的方方面面，除了饮食资源匮乏之外，居民民族成分的快速更替使得幽州饮食一直处于变动不居的状态，未能倾向附着于某一民族，并亮出民族饮食的标签。

---

① 安作章主编：《中国运河文化史》（上册），济南：山东教育出版社2001年版，第448页。
② 韩升：《南北朝隋唐士族向城市的迁徙与社会变迁》，载《历史研究》2003年第4期。
③ 宁欣、李凤先：《试析唐代以幽州为中心地区人口流动》，载《河南师范大学学报》（哲学社会科学版）2003年第3期。

4. 运河输入饮食资源

隋朝开凿大运河也是出于军事目的。隋文帝开皇十八年（598）二月，高丽王率部突袭隋朝的辽西部，被隋军击退，文帝接到急奏后大怒，亲身挑选水陆精师30 万人在六月份进攻高丽，但由于军粮补给不能及时到位，隋文帝这次东征便以惨败告终。为了一洗文帝东征失败的耻辱，隋炀帝于大业四年（608）短短一年时间内就凿成了永济渠。《隋书·炀帝纪》道：大业四年正月，"诏发河北诸郡男女百余万开永济渠，引沁水南达于河，北通涿郡"①。涿郡治所蓟城，位于今北京辖区。据《隋书·阎毗传》载：炀帝"将兴辽东之役，自洛口开渠，达于涿郡，以通运漕。毗督其役"②。炀帝发动了三次对辽东地区的用兵，在涿郡筑临朔宫作为行宫，都以涿郡为基地，集结兵马、军器、粮储，蓟城成为军粮等物资的集结之地和进攻辽东的大本营。大业八年（612），隋炀帝率水陆大军 113.38 万人，分别以江都、涿郡为策源地，从海上陆上进军平壤。隋唐期间，南方的军粮由运河源源不绝地运到涿郡。

唐太宗贞观十八年（644）开始东征，并准备于次年亲征，为此先要从南方粮食丰产区调运大批军粮到蓟城港粮库。《资治通鉴》载："上（指唐太宗）将征高丽，秋，七月辛卯，敕将作大监（官名）阎立德等诣洪、饶、江三州，造船四百艘以载军粮。下诏遣营州（今辽宁省西部）都督张俭等，帅幽、营二都督兵及契丹、奚、靺鞨（此时这三个民族首领已内附唐朝，听唐朝的调度），先击辽东以观其势。"③ 关于这次征辽东漕运军粮，史书记载颇为翔实。《旧唐书》记载："十九年（645），将有事于辽东，择人运粮，周又奏挺才堪粗使，太宗从之。挺以父在隋为营州总管，有经略高丽遗文，因此奏之。太宗甚悦，谓挺曰：'幽州以北，辽水二千余里无州县，军行资粮无所取给，卿宜为此使。但得军用不乏，功不细矣。'以人部侍郎崔仁师为副使，任自择文武官四品十人为子使，以幽、易、平三州骁勇二百人，官马巧匹为从。诏河北诸州皆取挺节度，许以便宜行事。太宗亲解绍裘及中厩马二匹赐之。挺至幽州，令燕州司马王安德巡渠通塞。先出幽州库物，市木造船，运米而进。自桑干河下至卢思台，去幽州八百里。逢安德还曰：'自此之外，漕渠壅塞。'挺以北方寒雪，不可更进，遂下米于台侧权贮之，待开

①　[唐] 魏征等：《隋书》卷 3《帝纪第三》，北京：中华书局，1973 年标点本，第 59 页。
②　[唐] 魏征等：《隋书》卷 68《列传第三十三》，北京：中华书局，1973 年标点本，第 1594 页。
③　[北宋] 司马光：《资治通鉴》卷 197《唐纪十三》，北京：中华书局，1976 年标点本，第 6193 页。

岁发春，方事转运，度大兵至，军粮必足，仍驰以闻。太宗不悦，诏挺曰：'兵尚拙速，不贵工迟。朕欲十九年春大举，今言二十年漕运，甚无谓也。'乃遣繁時令韦怀质往挺所支度军粮，检覆渠水。怀质还奏曰：'挺不先视漕渠，辄集工匠造船，运米即下。至卢思台，方知渠闭，欲进不得，还复水涸，乃便贮之无通平夷之区。又挺在幽州，日致饮会，实乖至公。陛下明年出师，以臣度之，恐未符圣策。'太宗大怒，令将少监李道裕代之，仍令治书侍御史唐临驰传械挺赴洛阳，依仪除名，仍令白衣散从。"① 韦挺主要的工作地点在幽州。由此可知，幽州不仅是军事重镇，也是军粮运输的出发点。当唐王朝与地处辽东及朝鲜半岛北部的高丽政权处于敌对状态时，幽州重要的战略地位便凸显了出来。幽州还是通往东北的陆路交通枢纽。作为军事前沿，幽州承担了无可替代的防务重任，又是征伐高丽的桥头堡。

武则天以后，契丹、奚与唐王朝之间摩擦不断，战争时常发生，幽州的军粮也只能从江南调运。公元 696 年陈子昂在《上军国机要事》中说："即日江南、淮南诸州租船数千艘已至巩、洛，计有百余万斛。所司便勒往幽州，纳充军粮。"② 唐代的粮食贩运已经打破了先前千里不贩籴的局面，粮食成为普通和大宗的商品，特别是长途流通贩运具有很大的规模。③ 在上述军事背景下，唐代前期的幽州市场上流通着大量的外地米，杜甫《昔游》诗："幽燕盛用武，供给亦劳哉。吴门转粟帛，泛海陵蓬莱。"④《后出塞》诗也云："渔阳豪侠地，击鼓吹笙竽。云帆转辽海，粳稻来东吴"⑤，都明确说明江南的稻米、布帛，经过海上运输来到了北方幽燕地区，是幽州地区重要的米源地。这些米也当属于长途贩运的大宗商品，杜甫眼中幽州市场上的粳稻尽是东吴货就在一定程度上表明幽州市场上东吴米数量之大。⑥ 米市的繁荣并没有带来饮食文化的发达，因为这些外来的粮食主要用于军事，而非营造烹饪文化。

---

① [五代] 刘昫等：《旧唐书》卷 77《列传第二十七》，北京：中华书局，1975 年标点本，第 2669 页。

② [唐] 陈子昂：《陈子昂集》卷 8《上军国机要事》，上海：上海古籍出版社，2013 年整理本，第 201 页。

③ 刘玉峰：《唐代商品性农业的发展和农产品的商品化》，载《思想战线》2004 年第 2 期。

④ [清] 彭定求等编：《全唐诗》，北京：中华书局 1960 年版，第 2358 页。

⑤ [清] 于敏中：《日下旧闻考》卷 117《京畿蓟州四》，北京：北京古籍出版社，1981 年标点本，第 1927 页。

⑥ 顾乃武：《唐代后期藩镇的经济行为对地方商业的影响——对幽州地区米行与纺织品行的个案考察》，载《中国社会经济史研究》2007 年第 4 期，第 8 页。

永济渠沿岸兴起的两个经济都会，一个在永济渠的南端，相当于现在河北台甫县的魏州；一个在永济渠的北口，就是隋时的涿郡唐时的幽州。幽州主要和塞外进行贸易往来，是中原与东北少数民族的商贸中心。商贸交易促使各种商业行会和集市的建立。列宁指出："当农业同农作物的技术加工（如磨粉、榨油、制马铃薯淀粉、酿酒等等）结合在一起……在这种场合下，农业将是商业性的，而不是自然的。"① 据记载，幽州市内已有店铺1000多家。唐代饮茶之风日盛，茶叶的销量可观，幽州茶均是由商人从南方贩运，从茶叶贸易可见当时幽州与南方已具有密切的商贸联系。《房山石经题记汇编》收集的《般若波罗蜜多心经》题刻记载，"幽州蓟县界市东门外两店"，这表明当时的商铺已扩至幽州市门外。随着民间手工业的发展，幽州城里形成各种手工业"行"。从《房山石经题记汇编》的记载看，唐代"幽州市"不仅饮食行业众多，各行之间分工也很细。每一行均由经营同一种类商品的店铺组成。业主称为铺人，有的铺人拥有伙计和学徒，有的是由铺人自己和家人共同从事劳动的小商人和小手工业者。"行"既是一种同业组织，又受到官府的管理和控制。手工业包括与餐饮相关的行会的出现，表明幽州地区的手工业进入了一个新的阶段。

幽州作为当时北方的军事重镇、交通中心和商业都会，商业繁荣，称为"幽州市"。安史之乱前幽州范阳郡有白米行、大米行、粳米行、麸行、屠行、油行、五熟行、果子行、炭行、生铁行、磨行、丝帛行等。行是当时经营同类行业的组织，可见当时幽州商业和手工业之盛。② "行"的出现，一方面说明到了隋唐时期，幽州饮食行业已真正步入了市场化，并且达到了相当规模，另一方面也是统治阶层加强对饮食行业控制和盘剥的重要举措。这些行业经营着食物、金属用具、日用品、纺织品、燃料品的交易，几乎囊括居民生活的各个方面。

此外，这里还设立了"胡市"，大批的"胡商"在这里与各族民众平等交易。天宝年间，安禄山曾"分遣商胡诣诸道贩鬻，岁输珍货数百万"③。唐代幽州的商业交通比以前更加发达，从幽州至都城长安，有经从今天的京广线南下洛阳西行和进娘子关、经太原到达长安两条路线，这两条路线沿途都设有店肆，备有酒饭

① 列宁：《俄国资本主义的发展》，北京：人民出版社1976年版，第119—120页。
② 曾毅公：《北京石刻中所保存的重要史料》，载《文物》1959年第9期。
③ ［北宋］司马光：《资治通鉴》卷216《唐纪三十二》，北京：中华书局，1976年标点本，第6887页。

和驿驴，以便商旅往来。① 南方大量的稻米、茶叶、布帛也通过陆路、运河、海运源源不断地运到幽州，唐代用武幽燕，其大批军饷，亦由江南海运供给。杜甫曾把粮运盛况写进诗里。前面所引《昔游》诗中，吴门指江苏一带，蓬莱指山东一带。幽州城不愧为唐代北方的最为重要的商贸中心。

任何商品都有其特定的供应地。隋大业四年（608），隋炀帝调发军民百余万人开凿了永济渠，引沁水，南达于河，北通涿郡，全长 2000 余里。这些水利的兴建增加了永济渠的水量，便利了交通运输，同时也有利于农田灌溉和土壤改造，二者都极大地促进了农业的发展。唐代河北地区有三个主要的水稻产区，即以邺县为中心的漳水流域（河北南部）、以定州为中心的河北中部及以幽、涿为中心的河北北部。② 唐朝时充分利用魏晋兴修的水利工程，大量开垦土地，在卢沟河附近栽培水稻，扩大水田面积，并设常平仓储积粮食，用于荒年赈济和储备种子。"唐代幽、妫、檀三州地区农作物种类，主要是粟、小麦、水稻、胡麻、豌豆、大麦、穬麦、荞麦等。"③ 唐朝后期，妫州（今官厅水库北岸、延庆一带）及北边七镇（今北京平谷、密云一带）成为主要产粮区。涿州（今河北涿州）盛产上好的贡品板栗。城内有果子行，专门出售干鲜果品。蓟城附近与密云一带还产土贡人参和麝香。隋开凿的大运河，此时发挥了沟通南北的作用，为满足驻军之需，仍通过漕运从江南运军粮。

幽州一向有"鱼盐之饶"之誉，政府在此设盐屯，农民也从事煮盐活动。唐代杜佑的《通典》卷十《食货十》载："幽州盐屯，每屯配丁五十人，一年收率满两千八百石以上，准营田第二等；两千四百石以上，准第三等；两千石以上，准第四等。"盐乃"国之大宝"，也是饮食生活之必需，在唐代，还是一项重要的战略资源。

幽州的粮食加工技术也有发展。据《辽史》记载，辽南京（今北京）已有水碾。我国水碾最早出现在南方，大约始于晋代，其出现在北京地区或始于唐代。《元和郡县志》卷十四"蔚州"条载，唐元和中，曾在飞狐县利用拒马河水力销铜铸钱。可以推测，河北和北京地区利用水力加工粮食或即始于此之前后。④ 按

① 孙健主编：《北京古代经济史》，北京：北京燕山出版社 1996 年版，第 47 页。
② 宁志新：《汉唐时期河北地区的水稻生产》，载《中国经济史研究》2002 年第 4 期。
③ 曹子西主编：《北京通史》第二卷，北京：中国书店 1994 年版，第 256 页。
④ 于德源：《北京古代农业的考古发现（续）》，载《农业考古》1990 年第 2 期。

理，繁荣的工商业和有所改进、提高的农作物生产，往来人口的密集，都会大大促进饮食文化的发展。尤其是运河将饮食文化发达的江淮地区与幽州连接起来，两种不同风格的饮食文化从此有了交合的机遇和条件。一向为北方风味的北京饮食肯定被注入了江淮地区的饮食元素，在一定程度上变得更加丰富多彩。

然而，史籍却没有透露这方面的信息。根本原因就是，当时幽州地区的饮食文化的地位已变得无足轻重，史学家们不屑于在这方面浪费笔墨。唐代是中国古代诗歌创作的一个高峰期，幽州也有一批著名诗人。他们创作的诗篇主题或咏边塞风情，或颂沙场将士，或忧慨国事，丝毫没有触及饮食方面，这与同时期的其他地区诗人创作形成了鲜明对照。

5. 饮食胡化现象突出

战争一方面阻碍了饮食文化的发展，另一方面导致大量胡族南迁幽州，改变了当地居民的民族结构，使得饮食的胡化现象凸显了出来。胡化同样背离了幽州饮食长远的发展目标，胡化并非幽州地区饮食文化的主要发展方向，反而改变了其原本的演进轨辙。从宏观层面而言，滞后与胡化是互为关联的，胡化饮食和饮食胡化尽管特色鲜明，但这一过程并不注重烹饪技艺，都不利于将饮食水平提升至更高的境界。

"胡化"并非始自隋唐，只不过在隋唐"胡化"演绎得更加成熟。正如史书所言："彼幽州者……其民刚强，厥田沃壤。远则慕田光、荆卿之义，近则染禄山、思明之风。二百余年，自相崇树，虽朝廷有时命帅，而土人多务逐君。习苦忘非，尾大不掉，非一朝一夕之故也。"[①] 西晋末，匈奴、鲜卑等少数民族大量内迁，对幽州地区生活习俗包括饮食习俗产生了深远影响，到了隋唐，"胡化"已进入全方位时期。从东汉灵帝好胡服、胡饭、胡笛、胡舞到唐太子李承乾好胡声、胡髻、胡舞、胡食，作可汗诈死，[②] 从隋文帝称"圣人可汗"，到唐太宗称"天可汗"，上行下效，胡汉融合经历了一个不断深化的过程。

幽州是魏晋南北朝至隋唐以来经受少数民族文化冲突、博弈最为剧烈的地区之一，而饮食的不稳定性也较之以往任何一个时期更为强烈。在此期间，突厥、奚、契丹、室韦、新罗等数个民族，不是以征服者的身份进驻，而是自愿接受汉

---

① ［五代］刘昫等：《旧唐书》卷180《列传第一百三十》，北京：中华书局，1975 年标点本，第4681 页。
② ［北宋］欧阳修、宋祁：《新唐书》卷8《本纪第八》，北京：中华书局，1975 年标点本，第221 页。

民族的熏陶。以契丹为例，"开皇四年，率诸莫贺弗来谒。五年，悉其众款塞，高祖纳之，听居其故地。六年，其诸部相攻击，久不止，又与突厥相侵，高祖使使责让之。其国遣使诣阙，顿颡谢罪。其后契丹别部出伏等背高丽，率众内附。高祖纳之，安置于渴奚那颉之北。开皇末，其别部四千余家背突厥来降。上方与突厥和好，重失远人之心，悉令给粮还本，敕突厥抚纳之。固辞不去。……突厥沙钵略可汗遣吐屯潘垤统之。"① 政治上的归附并不意味着文化传承的放弃，文化包括饮食在内的传播是不以人的意志为转移的。契丹"部落渐众，遂北徙逐水草，当辽西正北二百里，依托纥臣水而居。东西亘五百里，南北三百里，分为十部。兵多者三千，少者千余，逐寒暑，随水草畜牧"②。草原帝国的本性难移，并且具有强劲的文化浸染力量。具有深厚历史底蕴的契丹等这样的游牧民族涌入幽州，燕地居民原本就不牢固的民族结构瞬间出现动摇，进而导致饮食风味的骤然"胡化"。

"胡化"主要得益于各种安抚政策的落实。"自燕州以下十九州，皆东北蕃降胡散处幽州、营州界内，以州名羁縻之"③。自唐太宗至唐高宗先后向辽东用兵，至总章元年（668）十二月"置安东都护府于平壤以统之。擢其酋帅有功者为都督、刺史、县令，与华人参理。以右威卫大将军薛仁贵检校安东都护，总兵二万人以镇抚之"④。幽州采取有效政策吸引突厥、契丹、奚、靺鞨、高丽、室韦、铁勒等各族进入，成效显著。饮食的属性是民族，伴随新的游牧民族在燕地落户，一种新的游牧民族饮食便流传开来，饮食胡化也相继展开。当然，具体情形要复杂得多。

幽州地区在安史之乱前就有大量胡人居住。唐天宝十四年（755）十一月，安禄山反于范阳，"以同罗、契丹、室韦曳落河，兼范阳、平卢、河东、幽蓟之众，号为父子军，马步相兼十万，皷行而西"⑤。唐玄宗时，安禄山任范阳节度使，为准备叛乱，先后网罗同罗、契丹、回纥、吐谷浑等数以万计的少数民族将士。安禄山在幽州城北建筑雄武城，拥有骁勇善战的八千曳落河。《安禄山事迹》

① ［唐］魏征等：《隋书》卷84《列传第四十九》，北京：中华书局，1973 年标点本，第1881 页。
② ［唐］魏征等：《隋书》卷84《列传第四十九》，北京：中华书局，1973 年标点本，第1881 页。
③ ［北宋］乐史：《太平寰宇记》，北京：中华书局 2007 年版，第1427 页。
④ ［北宋］司马光：《资治通鉴》卷201《唐纪十七》，北京：中华书局，1976 年标点本，第6331 页。
⑤ ［唐］姚汝能撰，曾贻芬点校：《安禄山事迹》卷中，北京：中华书局 2006 年版，第90 页。

曰：天宝十载（751），"（禄山）日增骄恣。尝以曩时不拜肃宗之嫌，虑玄宗年高，国中事变，遂包藏祸心，将生逆节。乃于范阳筑雄武城，外示御寇，内贮兵器，养同罗及降奚、契丹曳落河，蕃人谓健儿为曳落河。八千余人为假子，及家童教弓矢者百余人，以推恩信，厚其所给，皆感恩竭诚，一以当百。又畜单于、护真大马习战斗者数万匹，牛羊五万余头"①。政治上的依附反而助长了他们对本民族文化的坚守和张扬，导致北方游牧文化大规模南下。弓矢、骏马和牛羊这些典型的游牧民族文化标志大规模进入幽州，强化了幽州区域文化的游牧特征。伴随曳落河成批入住，汉民族饮食的胡化就成为一种极具标志性的文化现象。

饮食的胡化首先在于汉族人群的"胡化"，唯其如此，才能变化饮食之口味和习俗。随着隋王朝政权的建立与巩固，东北的少数民族源源不断地迁徙到幽州，"开皇三年，除幽州总管。突厥犯塞，（李）崇辄破之。奚、霫、契丹等慑其威略，争来内附"②。唐代入幽州的少数民族人口更多了。唐初东突厥瓦解后，唐朝便将其残部安置在了长城以内地区，"于朔方之地，自幽州至灵州置顺、祐、化、长四州都督府，又分颉利之地六州，左置定襄都督府，右置云中都督府，以统其部众"③。唐太宗征辽时，唐军"攻陷辽东城，其中抗拒王师，应没为奴婢者一万四千人，并遣先集幽州，将分赏将士。太宗愍其父母妻子一朝分散，令有司准其直，以布帛赎之，赦为百姓"④。高丽人口在幽州急剧增加。对突厥降众安置在"东自幽州，西至灵州"⑤ 的朔方之地，太宗在击败东突厥之后将其十万降户落户于幽州（今北京）至灵州（今宁夏灵武西南）的北方沿边，突厥的原有部落几乎全部保存下来了。幽州遂成为聚合内迁各民族的一个重要的据点，幽州城成为民族杂居融合的城市。⑥ 以番州形式安置少数民族族民，幽州是侨置番州最为集中的州，容纳了突厥、奚、契丹、靺鞨、室韦、新罗等数个民族，构成顺、瑞、燕、夷宾、黎、归义、鲜、崇等二十多个侨置番州，约占幽州汉番总户的三分之一，

① ［唐］姚汝能撰，曾贻芬点校：《安禄山事迹》卷上，北京：中华书局 2006 年版，第 73 页。

② ［唐］魏征等：《隋书》卷 37《列传第二》，北京：中华书局，1973 年标点本，第 1122 页。

③ ［五代］刘昫等：《旧唐书》卷 194《列传第一百四十四上》，北京：中华书局，1975 年标点本，第 5153 页。

④ ［五代］刘昫等：《旧唐书》卷 199《列传第一百四十九上》，北京：中华书局，1975 年标点本，第 5325—5327 页。

⑤ ［北宋］司马光：《资治通鉴》卷 193《唐纪九》，北京：中华书局，1976 年标点本，第 6056 页。

⑥ 劳允兴、常润华：《唐贞观时期幽州城的发展》，载《北京社会科学》1986 年创刊号，第 115—116 页。

再加上往来于此地的北方族民，胡族几乎占据了半壁江山，他们对幽州饮食风尚的影响可想而知。

唐朝廷在安置内迁胡族时，采取分而治之的管理方式，往往将其分割为若干个小聚落，与汉族混合杂居。唐陈鸿祖《东城老父传》云："今北胡与京师杂处，娶妻生子，长安中少年有胡心矣。"① 有胡人子胤又从而萌发胡心，足见胡化程度之深。此一点，幽州之地作为胡化之前沿，较之人物荟萃的长安，应有过之而无不及。唐代以非汉族人士任幽州主官，李多祚是第一个，他是靺鞨族人。这个事实说明，胡化不仅表现在饮食生活世界，而且更深入到政治领域。以胡人作为幽州的最高长官，饮食生活的胡化自然畅通无阻，或者说饮食的胡化有了政治上的保障。

唐代高适写下过"幽州多骑射，结发重横行"的诗句。"天下指河朔②若夷狄然"③，河朔浸染胡风。陈寅恪称燕赵之地是"胡化深而汉化浅"。"直到隋唐，幽州城都是各族人口杂居，这一点决定了城市风俗习惯与中原有所差异，居民的性格、意识观念与中原也有所不同。"④ 胡族人口的骤增，必然引发包括饮食在内的胡族生活方式的流行。在当时幽州地区饮食水平及农业生产力并不高的情况下，以牛羊肉为饮食时尚是可理解的。

这些民族给幽州带来了大量的牲畜，带来了先进的饲养技术，极大地促进了幽州牲畜品种的改良，提高了这一地区牛马羊等牲畜的生产水平，使得幽州人的餐桌上肉类的比重大大增加。那时，幽州人可不是以吃素为主的。可以想见，当时燕地的饮食已经是相当胡化，可以说胡化程度较之其他都市为甚。唐朝上流社会出现了一股胡化风潮，王公贵族争相穿胡服、学胡语、吃胡食，并以此为荣。《安禄山事迹》卷上载："每商（胡商）至，则禄山胡服坐重床，烧香列珍宝，令百胡侍左右。群胡罗拜于下，邀福于天。禄山盛陈牲牢，诸巫击鼓歌舞，至暮而散。"⑤ 幽州城市饮食生活深受少数民族浸染。上行下效，并迅速渗透民间。慧琳《一切经音义》卷三十七说："胡食者，即馎饦、烧饼、胡饼、搭纳等是。"有关

---

① 周晨：《唐人传奇选译》，成都：巴蜀书社 1990 年版版，第 184 页。
② "河朔三镇"是指唐朝中后期的幽州镇、魏博镇和成德镇。
③ ［五代］欧阳修、宋祁：《新唐书》卷 148《列传第七十三》，北京：中华书局，1975 年标点本，第 4765 页。
④ 吴建雍等：《北京城市生活史》，北京：开明出版社 1997 年版，第 8 页。
⑤ ［唐］姚汝能：《安禄山事迹》，北京：中华书局 2006 年版，第 119 页。

饆锣的讨论很多，常见两种说法。一说是抓饭之属。"饆锣"乃波斯语的音译，是一种用稻米拌以酥油，加上肉或者鱼虾、蔬果及其他配料，荤素合理配置的饭食，用手指捻而食之。另一说是馅饼之类。源自中亚毕国，《酉阳杂俎》载："毕罗亦以斤计，唯其中置蒜。"① 此所谓"饆锣"为非饭食类，而是一种以面粉做皮，包有馅心，经蒸或烤制而成的食品，属于饼类的一种。若为前者，并没有被汉族所接受；后者则演变成一种流传广泛的小吃。高昌"白盐如玉，多蒲陶酒"。康国"多蒲陶酒"②。这些地方特产是西域诸国向隋朝贡献的"方物"，弥补了当时隋朝同类物品的匮乏。在唐代引进的最重要的胡食，细究起来应当是蔗糖，胡化成就了熬糖工艺，其意义不亚于葡萄酒酿法的输入。

开元年间，胡化风潮达到极点。《新唐书·舆服志》记："开元来，贵人御馔，尽供胡食。"故五代人刘昫说："开元来，妇人例着线鞋，取轻妙便于事，侍儿乃着履。臧获贱伍者皆服襴衫。太常乐尚胡曲，贵人御馔，尽供胡食，士女皆竞衣胡服，故有范阳羯胡之乱，兆于好尚远矣。"③ 少数民族对幽州饮食文化的改变可能不是局部的，而是全方位的，胡食成为时人普遍接受的风味。安史之乱后，由于幽州在社会风尚包括饮食习俗上的巨变，被视为夷狄之地。史学家们在论及隋唐饮食文化的时代性时，无一例外都要提及胡食，胡食的流行也是唐朝社会的一个显著特点，胡食是书写隋唐饮食文化的史学家们共同强调的。但是，当史学家们阐述隋唐饮食胡化这一特点时，便一概将饮食胡化最为典型的幽州撇开了。

饮食生活的胡化也渗入节日活动中。以端午射柳为例，唐天宝年间，"宫中每到端午节，造粉团、角黍，贮于金盘中，以小角造弓子，纤妙可爱，架箭，射盘中粉团，中者得食。盖粉团滑腻而难射也。都中盛于此戏"④。宋代延续这一节日习俗："宫中每端午节，造粉，角射之。以粉团、角黍，并堆盘中，用小箭射之，中者方得食，为戏。"⑤ 这一节日饮食方式也是胡化的结果。射柳始于古代匈奴、鲜卑等北方少数民族的祭天活动，《史记正义》引颜师古注云："蹛者⑥，绕林木而祭也。鲜卑之俗，自古相传，秋祭无林木者，尚竖柳枝，众骑驰绕三周乃止，

---

① 许逸民：《酉阳杂俎校笺》续集卷1《支诺皋上》，北京：中华书局，2015年标点本，第1469页。

② ［唐］魏征等：《隋书》卷83《列传第四十八》，北京：中华书局，1973年标点本，第1848页。

③ ［五代］刘昫等：《旧唐书》卷45《志第二十五》，北京：中华书局，1975年标点本，第1929页。

④ ［五代］王仁裕：《开元天宝遗事》，北京：中华书局2006年版，第29页。

⑤ ［南宋］朱胜非：《绀珠集》，明天顺刻本，第7页b。

⑥ 匈奴每年秋天祭祀之场所。匈奴风俗，秋季祭祀时绕林木而会祭，故称蹛林。

此其遗法也。"本来为一种祭祀方式的射柳，传到内地包括幽州地区，便向饮食文化靠拢，凸显了饮食文化在游戏中的地位。

需要指出，"胡化"与"汉化"是一并发生的，只不过"胡化"更引人关注而已。隋唐幽州饮食在史书上之所以没有得到应有的记录，与土著饮食被胡化现象所掩盖密切相关。其实，"汉化"现象同样明显，更多情况下还是有意为之。阿保机"谓诸部曰：'吾立九年，所得汉人多矣，吾欲自为一部以治汉城，可乎?'诸部许之。汉城在炭山东南滦河上，有盐铁之利，乃后魏滑盐县也。其地可植五谷，阿保机率汉人耕种，为治城郭邑屋廛市，如幽州制度，汉人安之，不复思归"[①]。"汉化"最有代表性的是牧民转化为农民。"分其种落，散居州县，教之耕织，可以化胡虏为农民"[②]。这种生产方式的转化较之饮食生活的"胡化"更具有本质的意义。饮食胡化是属于幽州的，而汉化则贯彻北京饮食发展进程的始终。

6. "烧尾宴"与饮食的开放

唐封演《封氏闻见记》卷五"烧尾"条载："士子初登荣进及迁除，朋僚慰贺，必盛置酒馔音乐以展欢宴，谓之'烧尾'……贞观中，太宗尝问朱子奢烧尾事，子奢以烧羊事对。中宗时，兵部尚书韦嗣立新入三品，户部侍郎赵彦昭假金紫，吏部侍郎崔湜复旧官，上命'烧尾'，令于兴庆池设食。至时，敕卫尉陈设，尚书省诸司，各具采舟游胜，飞栖结舰，光夺霞日。上与侍臣亲贵临焉。"道出了举办"烧尾宴"的因由。

幽州真正开启了消费主义城市的先河，饮食消费的标志性表征是"烧尾宴"。这一宴席汇聚了胡汉、南北风味，也体现了饮食文明融合的态势，集中了当时主要的饮食资源和高超的烹调技艺，代表了唐朝前期饮食文化开放、发展的最高水平。

据宋陶谷《清异录》[③] 卷下"馔羞门·单笼金乳酥"条载（后来元末明初人陶宗仪在他所编撰的《说郛》中又转录了这份食谱），景龙三年（709），韦巨源[④]官拜尚书令左仆射，依例向中宗进献烧尾宴，食账所列菜品并不完整，也有 58 种

---

① ［北宋］欧阳修：《新五代史》卷 72《四夷附录第一》，北京：中华书局，1974 年标点本，第 885 页。

② ［北宋］欧阳修、宋祁：《新唐书》卷 43《志第三十三下》，北京：中华书局，1975 年标点本，第 1119 页。

③ ［北宋］陶谷：《清异录》（饮食部分），北京：中国商业出版社 1985 年版，第 5 页。

④ 韦巨源（631—710），京兆万年（今陕西西安）人，出身于贵族，"有吏干"。

之多，其中菜肴类 35 种，糕点类 23 种，兹抄录于下：

光明虾炙（用鲜活虾油煎或烤制）、通花软牛肠（用羊油烹制的牛肉肠）、同心生结脯（打成结的干肉脯）、冷蟾儿羹（用蛤蜊肉制成的羹）、金银夹花平截（蟹肉包入卷筒）、白龙臛（将鳜鱼肉制成少汁的羹）、金粟平䭔（烹鱼子）、凤凰胎（杂治鱼白，类似现今烩鱼肚）、羊皮花丝（切尺长，炒成羊皮花丝）、逡巡酱（羊鱼合成之酱）、乳酿鱼（奶汤烩鱼）、丁子香淋脍（五香鱼脍）、葱醋鸡（用葱醋等调料入鸡腹后上笼蒸）、吴兴连带鲊（浙江吴兴腌制的咸鱼）、西江料（蒸猪肩屑）、红羊枝杖（烹羊蹄）、升平炙（烤羊舌鹿舌拌成）、八仙盘（出骨鹅八副）、雪婴儿（白烧田鸡）、仙人脔（奶汁炖鸡）、小天酥（鹿鸡参半煮）、分装蒸腊熊（腌熊掌蒸食）、卯羹（兔肉羹）、青凉臛碎（狸肉夹脂油）、箸头春（活炙鹌鹑）、暖寒花酿驴蒸（烂蒸驴肉）、水炼犊（清炖小牛肉）、五生盘（用猪、牛、羊、鹿、熊生肉片拼碟）、格食（羊肉、羊肠和豆英煎制）、过门香（各种薄肉片相配入沸油锅炸熟）、缠花云梦肉（取猪肘缠成卷状，酱制冷食）、红罗钉（烧血）、遍地锦装鳖（鸭蛋羊油炖甲鱼）、蕃体间缕宝相肝（花色冷肝拼盘）和汤浴绣丸（氽汤肉圆子）。

单笼金乳酥（用独隔通笼蒸制酥饼）、曼陀样夹饼（炉烤饼）、巨胜奴（用黑芝麻蜜制成馓子）、贵妃红（色红酥饼）、婆罗门轻高面（笼蒸面）、御黄王母饭（类似脂油黄米盖浇饭）、七返膏（糕）（捏成七层圆花的蒸糕）、金铃炙（类似金铃印模之烘饼）、生进二十四气馄饨（做成 24 种不同馅子、不同花形的馄饨）、生进鸭花汤饼（鸭块汤面）、见风消（油炸酥饼）、唐安餤（数料合成的花饼）、火焰盏口䭔（火焰盏形花色蒸糕）、双拌方破饼（用两种料合拌制成的双色饼）、玉露圆（雕花酥饼）、水晶龙凤糕（枣馅、脂油蒸制的米糕）、汉宫棋（印花棋子面片）、长生粥（进料）、天花饆饠（用多种调料做的夹心面点）、赐绯含香粽子（蜜淋粽子）、甜雪（蜜汁甜饼）、八方寒食饼（木模制成）和素蒸音声部（用面蒸成的人形点心）。

这些食品均为名点，大多有据可查。诸如"巨胜奴"：酥蜜寒具。据北魏贾思勰的《齐民要术》卷九《饼法》记载："环饼一名'寒具'。""须以蜜调水溲面；若无蜜，煮枣取汁；牛羊脂膏亦得；用牛羊乳亦好，令饼美脆。"生进鸭花汤饼：汤饼是指汤面条或汤面片，有许多种做法。北魏贾思勰《齐民要术》卷九《饼法》中记载："水引馎饦法：细绢筛面，以成调肉臛汁，待冷溲之。……接如箸

大，一尺一断，盘中盛水浸。宜以手临铛上，搦令薄如韭叶，逐沸煮。"天花饼
锣：用天花菜作馅并配有高级香料"九炼香"的一种面点。饼锣是一种地道的胡
食。"饼锣又作毕罗，是一种带馅的饼。樱桃饼锣即以樱桃作馅，蒸或烤制成后，
颜色不变，可见火候掌握的准确。"① 这些名点大多后世得到传承，影响深远。如
果没有"烧尾宴"，就不会出现后来的"满汉全席"。②

"烧尾宴"充分显示了唐代前期饮食的开放特征：首先是吸收了许多少数民族
的制作工艺和方法，胡族饮食风味浓郁。《旧唐书》卷四十五《舆服志》云：开
元以来，"贵人御馔，尽供胡食"。汉魏以来，胡食即已行于中国，至唐而转盛。
向达先生认为这是因为："贞观五年突厥平，从温彦博③议，移其族类数千家入长
安之此辈，因而心生欣羡，为所化耳。"④ 这是主动"胡化"的文化行为，是文化
自信的移民举措。因为"胡化"只能在汉化的大框架下展开，对于饮食文化而言，
也是如此。当时在贵族中已流行胡饼、葡萄酒等西域饮食。像烧尾宴中的主食面
点如"巨胜奴""玉露圆""见风消""单笼金乳酥""火焰盏口䭔"等都吸收了
少数民族的制作工艺和方法。其次是南北各地菜系兼容并蓄。主食中的"长生粥"
"赐绯含香粽子""水晶龙凤糕""七返膏（糕）"等即是典型的南味食品。最后
是中外饮食文化交流的结晶。"婆罗门轻高面""曼陀样夹饼"等的制法，显然属
于南亚印度一带的食品制作工艺。

---

① 瞿林东等：《中华文明史》第五卷（隋唐五代），石家庄：河北教育出版社1992年版，第820页。
② 陈诏：《美食寻趣——中国饮食文化》"唐代的烧尾宴"，上海：上海古籍出版社1991年版，第
28—33页。
③ 温彦博（574—637），名大临，并州祁县（今山西省晋中市祁县）人。唐太宗即位，出任中书令。
主张将战败后的突厥胡人转化为朝廷的臣民，唐太宗采纳了他的建议，将突厥归降的民众安置在塞下，东自
幽州，西至灵州。
④ 向达：《唐代长安与西域文明》，石家庄：河北教育出版社2007年版，第52页。

第五章　辽金饮食文化

五代时，契丹族的势力不断强大，先后以武力征服了突厥、吐谷浑和党项等部落。916 年，耶律阿保机称帝，辽国正式建立。契丹统治者占据燕云十六州，与北宋划地为界，定幽州城为南京，又称燕京，因"燕都地处雄要，北倚山险，南压区夏，若坐堂隍，俯视庭宇"①。"幽州城在辽代成为五京之一，且时间长达近 200 年，城市的性质逐渐发生了变化，从唐代城内'家家自有军人'的军事重镇，演变成作为辽南京的区域政治中心。辽南京城内众多的军、政、财赋衙署和专为皇室服务的各种职司的衙署，以及诸亲王、公主的府第，构成了城市建筑中与汉唐以来不同的中央统治枢纽的特点。辽南京'僧居佛宇冠于北方'又使其具有北方文化中心的特色。综观于此，今北京在辽代已初步具备了作为京师的政治、文化中心的功能。幽州城从军事重镇向政治、文化中心城市的演变过程，始于辽代，及金中都时期始具雏形，至元大都时期最后完成。"② 辽金是奠定北京政治地位的起始朝代，在北京历史发展的进程中具有十分重要的地位。

从公元 938 年契丹正式建立南京，到公元 1122 年金人入燕，辽朝统治燕京长达 180 多年。在这段时间内，辽朝的首府虽然仍在草原上的上京临潢府（今内蒙古巴林左旗），但实际上燕京是辽朝五京中经济、文化最发达的城市，也是唯一能与北宋都城开封相媲美的城市。③ 契丹统治者接收燕云十六州后，升幽州为辽朝的陪都，府名幽都，开泰元年（1012）改称析津府。这个时期可算是北京都邑向都城发展的过渡阶段。燕京的建立对辽国的存在与发展十分重要。从此，"幽州"这一北京城的古老称谓就被"南京"或"燕京"所取代了，辽南京的确立，也标志了蓟城和幽州城漫长发展阶段的结束。

金朝贞元元年（1153），海陵王迁都燕京，"二月庚申，上自中京如燕京。三月

---

① ［元］脱脱等：《金史》卷 96《梁襄传》，北京：中华书局，1975 年标点本，第 2134 页。
② 于德源：《辽南京（燕京）城坊、宫殿、苑囿考》，载《中国历史地理论丛》1990 年第 4 期。
③ 王玲：《北京通史》第三卷，北京：中国书店 1994 年版，第 2 页。

— 191 —

辛亥，上至燕京，初备法驾，甲寅，亲选良家子百三十余人充后宫。乙卯，以迁都诏中外，改元贞元。改燕京为中都，府曰大兴"①。自此，"都城"的地位真正得以确立。

无论是唐时之幽州还是辽南京，都因地处国之边陲，只能成为一个军事重镇，而金中都的地位较之以往发生了根本性的改变。如果说，辽南京揭开了北京首都地位的序幕的话，那么，金中都则是北京首都地位发展的真正开端。辽南京燕国当时还只是一个封国，不能称其为全国性政权，而辽的陪都有很多，北京只是其中的一个，只有到了金，北京才开始真正成为一个政治中心。"正是在这样特定的历史背景下，北京城在全国的地位发生了根本性的变化。金中都既是在北京原始聚落的旧址上发展起来的最后一座大城，又是向全国政治中心过渡的关键；同时对北京城的发展来说还起了承上启下的作用，因此是值得特别注意的。"② 在北京城市发展史上，辽、金两代是北京由交通要道、贸易中心及军事重镇向"帝王之都"过渡的重要时期。辽代在这里建立陪都，继之统治整个北中国的金朝又在此建立了政权中心。尽管金中都仅存在了 60 余年，却成为北京建都史上的一个里程碑。

从饮食文化的角度认识金中都在北京发展史上的意义，还在于开辟了政治中心与经济中心分离的先河，使得北京的饮食文化超越了地域的局限，而具有多元一体的全国范围的政治视域。金代以前，各朝的都城不断向黄河中下游和长江流域靠拢，围绕都城自身形成了经济区。相形之下，金中都并不处于经济带的核心位置，而是坐落在漕粮运道的终端之上。《金史·河渠志》："金都于燕，东去潞水五十里，为闸以节高良（梁）河，白莲潭诸水，以通山东、河北之粟"③，光绪《通州志·漕运》言：通州成为运往中都的物资的集散地，金代在通州置有丰备仓、通积仓、太仓。④ 通州由县升为州也是在这个时候。⑤ 此后各朝都沿袭了金代的都城选址，而经济中心反而不断南移，这种政治中心与经济中心在都城建设上分离的状况便一直延续了下来。立足于首都而面向全国，这既是政治地位的显现，也是金中都以降饮食文化发展的基本态势。如果说辽、金以前各朝代的北京地区的饮食发于民族饮食的话，那么，此后北京地区的饮食便朝着"中国饮食"的方

---

① ［元］脱脱等：《金史》卷5《本纪第五》，北京：中华书局，1975 年标点本，第 91 页。
② 侯仁之主编：《北京城市历史地理》，北京：北京燕山出版社 2000 年版，第 83 页。
③ ［元］脱脱等：《金史》卷27《志第八》，北京：中华书局，1975 年标点本，第 682 页。
④ 高建勋等：《通州志》，清光绪九年刻本，第 420 页 a。
⑤ 高建勋等：《通州志》，清光绪九年刻本，第 420 页 b。

向发展，由多元多体逐渐迈向多元一体。

两汉、隋、唐、辽、金的北京饮食的根本属性是民族饮食，"胡化"和"汉化"皆为民族饮食之间相互转化过程，无论民族饮食融合到何种程度，"华""夷"二分架构依旧存在。当然，辽金饮食的"中国化"的确为元明清的饮食文化冠以"中国"头衔做了铺垫。

凡疆土内的饮食都属于中国饮食，这是就自然形态的饮食现象而言，或者说是一种饮食地理观。但饮食毕竟是一种文化创造，"中国饮食"形象是历史塑造出来的。"中国饮食"是一个整体物质文化概念，这一概念频频出现却似乎无须论证，罕见学者就这一宏大命题展开论述。其实，"中国饮食"并非现成的，其最终被接受和认定有一个演进的过程，即"中国化"。"中国饮食"是饮食"中国化"的结果，与中国历史的近代化转型同步。转型的标志有二：其一，多民族的饮食向着一体化趋势迈进，多元多体的饮食样态呈现为多元一体，古代饮食基本完成了漫长的融合过程；其二，饮食文化进入"民族—国家"话语体系，由统一的中央集权所支配。这两个标志的实现，"中国饮食"方得以真正确立。北京从一个地域到北方政治中心再到全国首都，这一发展轨辙与"中国饮食"的转型几乎重合，在某种程度上，首都饮食是"中国饮食"的缩影，甚至是同义语。

正是辽金时代确立了燕京都城的崇高地位，燕京的饮食文化才开始真正得到史学家们的关注和书写，在中国饮食文化史上取得了应有的位置。当然，更主要的是，燕京饮食文化开始真正步入都市化、一体化发展阶段，可以和其他都市相提并论了。辽金是推动北京地区进入从单纯的地域饮食文化向多元并存、趋于一体的都城饮食文化转变的关键时期。

第一节　走向城市化的饮食现象

北京拥有3000多年的建城史和800多年的建都史。北京城起源于西周的蓟国，初建于隋唐，兴盛于辽金元，大兴于明清，民国变得衰微。不过从饮食文化而言，真正开始具有城市气象的还是在辽金时期。"幽州的历史尽管古老，但一直只是个较大的军镇，所以历代对幽州城市具体情况记述不详。辽代把幽州变为陪都使它的政治地位骤然提高。"① 一个城市只有在政治上的身份和地位被确立以

---

① 曹子西主编：《北京通史》第三卷，北京：中华书局1994年版，第58页。

后，城市建设的规模才能进一步扩大，才能提供足够的饮食经营的空间，才能获得饮食资源供应的保证，烹饪技艺才能迈向更高的境界，饮食的等级差异才能充分体现出来。

1. 辽南京：军事重镇向政治中心转化

公元 907 年，唐王朝灭亡，同年，辽太祖耶律阿保机即位，成为契丹民族历史上的第一位皇帝，首府在临潢（今内蒙古巴林左旗）。随后，契丹获得以现今北京、大同为双中心的燕云十六州，并于公元 947 年改国号为辽，设幽州为陪都。以檀、顺、涿、易等六州十一县为析津府，所辖行政区域，"总京五，府六，州、军、城百五十有六，县二百有九"①。因为幽州地处辽所辖疆域的南部，所以被称为南京析津府，又称燕京。

我国都城发展的历史，有一个由西向东、南北分立和最后向北转移的过程。秦汉时期以长安为中心，后来渐向开封、洛阳发展，唐代遂以长安、洛阳为东、西两京。此后，由于经济中心向江南转移，都城进一步东迁，这才出现了宋代的汴京（开封）。但当开封这个都城刚刚出现时，北方的燕京已与之对抗。② 至辽统和二十二年（1004），辽宋缔结澶渊之盟，两国关系正常化，出现了两国"欢好岁久"的局面，"几二百年，兵不识刃，农不加役，虽汉唐和戎未有"③。由此，"燕民乐业，南北相通"，"天下无事，户口蕃息"④。随着安定的政治环境的形成及经济地位的提升，燕京终于进入休养生息的平稳发展时期，其饮食生活也开启了一个新征程。

《辽史·地理志四》"南京道"云：南京析津府，本古冀州之地。高阳氏谓之幽陵，陶唐曰幽都，有虞析为幽州。商并幽于冀。周分并为幽。据《辽史·地理志四》又载：南京城方三十六里，崇三丈，衡广一丈五尺。敌楼、战橹具。八门：东曰安东、迎春，南曰开阳、丹凤，西曰显西、清晋，北曰通天、拱辰。大内在西南隅。皇城内有景宗、圣宗御容殿二，东曰宣和，南曰大内。内门曰宣教，改

---

① 《辽史》卷三十七《地理志一》"上京道"。辽代实行五京制度，五京为：上京临潢府，在今内蒙古巴林左旗；中京大定府，在今内蒙古宁城县；东京辽阳府，在今辽宁辽阳市；南京析津府，在今北京市；西京大同府，在今山西大同市。五京之中，显然上京居首，谓之"皇都"，也就是说，辽王朝的皇帝起居、理政及朝廷主要在上京，其余四京皆属次要。

② 曹子西主编：《北京通史》第三卷，北京：中国书店 1994 年版，第 145 页。

③ ［南宋］徐梦莘：《三朝北盟会编》卷 1《政宣上帙一》，上海：上海古籍出版社 1987 年版，第 7 页。

④ ［元］脱脱等：《辽史》卷 87《列传第十七》，北京：中华书局，2017 年标点本，第 1465 页。

元和；外三门曰南端、左掖、右掖。左掖改万春，右掖改千秋。门有楼阁，球场在其南，东为永平馆。皇城西门曰显西，设而不开；北曰子北。西城巅有凉殿，东北隅有燕角楼。坊市、廨舍、寺观，盖不胜书。其外，有居庸、松亭、榆林之关，古北之口，桑干河、高梁河、石子河（应为圣水大石河）、大安山、燕山……中有瑶屿。府曰幽都，军号卢龙。辽南京城的布局显然接受了中原都城的影响，其管理沿用了幽州时的里坊制度。《乘轺录》载："（幽州）城中凡二十六坊，[①] 坊有门楼，大署其额……"[②] 里坊制度为民众生活和商业活动包括饮食经营提供了专门的空间。辽南京乃真正的城市规模的形成，不仅如此，且作为国家地理位置经营的中心得到了确认。

《辽史·百官志》谓："辽有五京。上京为皇都，凡朝官、京官皆有之；余四京随宜设官，为制不一。大抵西京多边防官，南京、中京多财赋官。"[③] 在辽朝四个陪都中，南京堪称辽王朝的"经济之都"。南京经济最为发达，其手工业代表了辽的最高水平，并为辽朝创造了大量的税赋收入。商贸也最为繁盛，借地利之便，南京成为辽政府沟联四方、最大的商贸周转和集散之地。《契丹国志》卷二十二《四京本末·南京太宗建》载："膏腴蔬蓏、果实、稻粱之类，靡不毕出，而桑、柘、麻、麦、羊、豕、雉、兔，不问可知。水甘土厚，人多技艺。"由于辽南京人才荟萃，经济贸易水平远高于契丹本部，便使之自然成为辽在华北的政治中心。在北京的发展史上，辽代的南京是一个重要阶段。正是从这时期开始，北京从一个北方军事重镇向政治、文化城市转变，并开始向全国政治中心过渡。"辽国以今北京为南京析津府，金国以之为燕京，说明当时的政治重心已从唐后期的河朔三镇、灵武、五代时的太原，重新转移至北京以及北京以北一带。"[④] 南京是辽朝人口最多的地区，计有 24.7 万户，人口 100 多万。南京城郊人口约 30 万。从其民族成分来看，有汉、契丹、奚、渤海、室韦、女真等，但仍以汉族为主，契丹人次之。

宋《契丹国志》卷二十二《四京本末·南京太宗建》描写了当时燕京欣荣繁盛的景象："南京，（辽）太宗建。""建为南京，又为燕京析津府，户口三十万。

① 二十六坊的名称：蓟宾坊、卢龙坊、肃慎坊、归化里、隗台坊、蓟北坊、燕都坊、军都坊、铜马坊、花严坊、劝利坊、时和坊、平朔里、招圣里、归仁里、棠阴坊、辽西坊、东通阛里、遵化里、显忠坊、永平坊、北罗坊、齐礼坊、归厚坊、玉田坊、骏马坊。

② 贾敬颜：《五代宋金元人边疆行记十三种疏证稿》，北京：中华书局，2004 年标点本，第 39 页。

③ ［元］脱脱等：《辽史》卷 48《志第十七下》，北京：中华书局，2017 年标点本，第 895 页。

④ 张京华：《燕赵文化》，沈阳：辽宁教育出版社 1995 年版，第 75 页。

大内壮丽，城北有市。陆海百货，聚于其中；僧居佛寺，冠于北方；锦绣组绮，精绝天下……秀者学读书，次者习骑射，耐劳苦。石晋未割弃之前，其中番、汉杂斗，胜负不相当。既筑城后，远望数十里间，宛然如带，回环缭绕，形势雄杰，真用武之国也！"辽南京的自然环境和人文环境都极为优越，是建都的不二之选。此段文字盛赞辽南京盛世气象，不足为奇。倒是提到燕京被石敬瑭割让给契丹之前，汉族与游牧民族争斗不断，处于战争的旋涡之中，动荡不安。而自辽立南京之后，却是"回环缭绕，形势雄杰"。如果说此前的幽州只是军事重镇的话，从此以后便向着全国政治中心的地位迈进。相应地，其饮食文化也由军事重镇的性质转化为政治中心的性质。

2. 金中都：首都形象的塑造

金贞元元年（1153），海陵王完颜亮下诏将金朝国都自会宁府迁至燕京，初名圣都，不久改析津府为中都大兴府。"以燕乃列国之名，不当为京师号，遂改名中都。"① 中都在燕京旧城的基础之上，向东、南、西三面加以拓展，构筑新城。四城"周长凡五千三百二十八丈"，计三十五里有余（一说三十七里有余），成为一座宏伟的大城。《金史·地理志上》卷二十四又记载："天德三年（1151），始图上燕城宫室制度，三月，命张浩等增广燕城。城门十三，东曰施仁，曰宣曜，曰阳春；南曰景风，曰丰宜，曰端礼；西曰丽泽，曰颢华，曰彰义；北曰会城，曰通玄，曰崇智，曰光泰。"贞元元年三月二十六日，即 1153 年 4 月 21 日正式迁都燕京，这也是北京正式成为首都的日子。以前的蓟、幽州、燕京都不是国家的政治中心，而金中都、元大都、明清北京城都是国家的首都。

史料记载，"其宫阙壮丽，延亘阡陌，上切霄汉，虽秦阿房、汉建章不过如是"。② 中都城仍沿袭城坊制，坊的数量和规模较之辽南京有了大幅度增加，据《元一统志》记载，共设有六七十个坊。③ 海陵王以一万四千人的仪仗队，浩浩荡

① ［元］脱脱等：《金史》卷24《志第五》，北京：中华书局，1975 年标点本，第 572 页。
② ［清］于敏中等：《日下旧闻考》卷29《宫室》，北京：北京古籍出版社，1981 年标点本，第 404 页。
③ 在西南、西北隅的有：西开阳坊、南开远坊、北开远坊、清平坊、美俗坊、广源坊、广乐坊、西曲河坊、宜中坊、南永平坊、北永平坊、北揖楼坊、南揖楼坊、西县西坊、棠阴坊、厕宾坊、永乐坊、西甘泉坊、东甘泉坊、衣锦坊、延庆坊、广阳坊、显忠坊、归厚坊、常宁坊、常清坊、西孝慈坊、东孝慈坊、玉田坊、定功坊、辛寺坊、会仙坊、时和坊、奉先坊、富义坊、来远坊、通乐坊、亲仁坊、招商坊、余庆坊、郁邻坊、通和坊，共 42 坊。在东南、东北隅的有：东曲和坊、东开阳坊、咸宁坊、东县西坊、石幢前坊、铜马坊、南蓟宁坊、北蓟宁坊、啄木坊、康乐坊、齐礼坊、为美坊、南卢龙坊、北卢龙坊、安仁坊、铁牛坊、敬客坊、南春台坊、北春台坊、仙露坊，共 20 坊。

荡地进入中都，俨然汉家天子，表明他进一步接受了汉文化。完颜亮迁都后，确立了五京名号，即中都大兴府（今北京）、东京辽阳府（今辽宁辽阳）、南京开封府（今河南开封）、西京大同府（今山西大同）、北京大定府（今内蒙古宁城西）。大兴府所辖十县、一镇。[①]"中都"之名即取五京当中之意，也即金王朝的政治中心。金世宗时，监察御史梁襄说："燕都地处雄要，北倚山险，南压区夏……亡辽虽小，止以得燕故能控制南北，坐致宋币。燕盖京都之首选也。"[②] 这说明了金人对燕都形胜的认识。

金主完颜亮颁发的《议迁都燕京诏》中陈述了迁都的理由："京师粤在一隅，而方疆广于万里，以北则民清而事简，以南则地远而事繁。深虑府州申陈，或至半年而往复；闾阎疾苦，何由期月而周知。"[③] 燕京乃居"天地之中"，极大地缩短了与南方的距离。况且，南迁都城可以解决"供馈困于转输，使命苦于骤顿"的问题，以"保宗世于万年"，使"四海一家，安黎元于九府"[④]。迁都一为统治管理之必要，二为便于粮食等生活必需品的运输。海陵王为何要迁都燕京，从另一侧面可以看出与饮食有直接关联。天德二年（1150）七月的一天，宫中宴会上，席间，海陵王问内侍梁汉臣："朕栽莲二百本而俱死，何也?"汉臣对曰："自古江南为橘，江北为枳，非种者不能生，盖地势然也。上都地寒，惟燕京地暖，可以栽莲。"海陵王曰："依卿所请，择日而迁。"萧玉谏曰："不可! 上都之地，我国旺气，况是根本，何可弃之?"兵部侍郎何卜年亦请曰："燕京地广土坚，人物蕃息，乃礼仪之所，郎主可以迁都。上都，黄沙之地，非帝居也。"[⑤] 这一记载表明，迁都是在餐桌上决定的。之所以迁都，一是因为燕京适宜种植，可以获取更为充足的饮食资源。顺便指出，燕京失去都城的地位也与饮食有关，粮食短缺便是直接原因。贞祐二年（1214）三月，蒙古军"复围燕京。京师乏粮，军民饿死者十四五……京城白金三斤不能易米三升，死者不可胜计"。[⑥] 中都被毁至如此惨状，金朝不得不迁都汴京，中都城随即在贞祐三年（1215）陷落。二是以中都为中心构成了运输粮食的陆路交通网，主要有太行山东麓大道、居庸关大道、古北

---

① 十县：大兴、宛平、安次、漷阴、水清、宝坻、香河、昌平、武清、良乡。一镇：广阳。
② ［元］脱脱等：《金史》卷96《梁襄传》，北京：中华书局，1975年标点本，第2134页。
③ ［宋］李心传：《建炎以来系年要录》第四册，卷一六二，北京：中华书局1988年版，第2650页。
④ ［金］宇文懋昭：《大金国志校证》卷12《纪年十二》，北京：中华书局，1986年标点本，第173页。
⑤ ［金］宇文懋昭：《大金国志校证》卷13《纪年十三》，北京：中华书局，1986年标点本，第185页。
⑥ ［金］宇文懋昭：《大金国志校证》卷24《纪年二十四》，北京：中华书局，1986年标点本，第323页。

口大道、榆关（山海关）。

女真族的经济形态与契丹不同，《金史·后妃列传》："景祖昭肃皇后……农月，亲课耕耘刈获，远则乘马，近则策杖，勤于事者勉之，晏出早休者训励之。"① 渔猎农耕是女真族主要的经济生产方式。女真族"不像契丹族的游牧，并无保持多种制度和社会经济方式的需要，因此在征服辽与北宋后迅速向封建制农业社会转化，一方面将本部之猛安谋克移入原辽境内的农业地区以及中原地区，另一方面将政权改造为符合这种社会经济基础的汉化的中央集权形式"②。如果说，契丹政权的巩固是建立在游牧和农耕两种经济形态并存的基础上的，那么，女真族则放弃了游牧经济形态，在政治制度上肯定了农耕经济的主体地位。尽管游牧民族占了统治地位，但从女真民族入主中原开始，农耕经济便处于支配地位，相应地，农耕饮食文化就不仅为汉民族所拥有，也不可抗拒地在少数民族中流传开来。这为饮食的多元一体提供了经济基础的支撑。

经济的开发与繁荣，极大地提升了燕京的政治地位。当时，北宋人意识到："天下视燕为北门，失幽、蓟则天下常不安。"③ 而金人从一方面认为："北朝（按指辽朝）所以雄盛过古者，缘得燕地汉人也。"④ 燕京地区的易主，成为朝代更替的标志。首领完颜阿骨打统一各部建大金国，定都会宁（今黑龙江哈尔滨市阿城区）。1120 年，北宋与金签订《海上盟约》，共同伐辽，宋军失利。1123 年金夺取燕京后，向北宋索取"燕京代租金"100 万贯，后将燕京移交给北宋。北宋改燕京为燕山府。北宋宣和七年（1125），金灭辽。同年十二月（1126 年 1 月），金军南下攻宋，占领了燕山府。第二年，北宋亡。至金章宗末年（1208），"南北和好四十余载，民不知兵"，"治平日久，宇内小康"⑤。

海陵王迁都中都促进了中都人口的增加、经济的发展和民族的融合。就在金朝迁都不久，金代两朝首相张浩向海陵王提出了一个重要建议："请凡四方之民欲居中都者，给复十年，以实京师。"⑥ 即采取优惠措施，鼓励全国各地人民迁入首都地区。对异民族，金朝统治者采取了宽容的政策。收国二年（1116）正月，金

① ［元］脱脱等：《金史》卷63《列传第一》，北京：中华书局，1975 年标点本，第 1500 页。
② 诸葛净：《辽金元时期北京城市研究》，南京：东南大学出版社 2016 年版，第 31 页。
③ ［南宋］叶隆礼：《契丹国志》卷18，上海：上海古籍出版社，1985 年标点本，第 176 页。
④ ［南宋］徐梦莘：《三朝北盟会编》卷4《政宣上帙四》，上海：上海古籍出版社 1987 年，第 24 页。
⑤ ［元］脱脱等：《金史》卷12《本纪第十二》，北京：中华书局，1975 年标点本，第 267 页。
⑥ ［元］脱脱等：《金史》卷83《列传第二十一》，北京：中华书局，1975 年标点本，第 1862 页。

太祖下诏曰："自破辽兵，四方来降者众，宜加优恤。自今契丹、奚、汉、渤海、系辽籍女直、室韦、达鲁古、兀惹、铁骊诸部官民，已降或为军所俘获，逃遁而还者，勿以为罪。其酋长仍官之，且使从宜居处。"① 迁都伊始，就为多民族聚居提供了良好的环境，也为各民族饮食文化的融合给予了政策保障。

除了契丹、奚、渤海、室韦、女真等外，居住在西域和河西走廊一带的回鹘人也纷纷进入燕京地区。据洪皓记载，北宋时期，回鹘人"有人居秦川为熟户者，女真破陕，悉徙之燕山"；此外，居住在甘、凉、瓜、沙四郡之外的回鹘人，"多为商贾于燕"。回鹘人在燕京"久居业成"，"辛酉岁，金国肆眚，皆许西归，多留不反"②。没有哪个大都市有如此多民族入住，金中都俨然成为民族成分复杂的地区。汉、契丹、奚统均被视为汉人，女真、渤海、诸乣人（乣，金北方诸部落的统称）等成为少数民族。"在自金太宗到世宗时期迁入中都地区的 8 猛安又二族中间，迁都之后迁入中都的有 6 猛安又二族，占了 75.60%，达 18100 户，约 15 万口。加以官吏及四方民户，金人迁都中都迁入中都地区的人口累计约 4 万户，30 万人。"③ 结果使中都地区的人口迅速增加，几年之后"殆逾于百万"，④ 成为一座人口超过百万的古代城市。据《金史·地理志》记载，金泰和七年（1207），中都户口总数达到了 478051 户。⑤ 有学者据此推断中都城市人口已达到 6.2 万户 40 万人左右，⑥ 是金朝统辖内最大的城市。如此众多的人口，需要耗费大量的粮食。

据《金史·食货志》载，在金章宗明昌元年（1190），"是岁，奏天下户六百九十三万九千，口四千五百四十四万七千九百，而粟止五千二百二十六万一千余石。除官兵二年之费，余验口计之，口月食五斗，可为四十四日之食"。稳定社会，发展经济，为饮食水平的提高和饮食消费的增长提供了必要条件。尤其是随着大量少数民族人群的迁入，他们与长期居住于本地的汉族民众相互碰撞、交流和融合。

在金中都的建设过程中，与饮食直接相关的还有漕运。为解决金中都的粮食

---

① ［元］脱脱等：《金史》卷 2《本纪第二》，北京：中华书局，1975 年标点本，第 19 页。
② 赵永春辑注：《奉使辽金行程录》，北京：商务印书馆 2017 年版，第 326 页。
③ 韩光辉：《北京历史人口地理》，北京：北京大学出版社 1996 年版，第 242 页。
④ ［元］脱脱等：《金史》卷 96《梁襄传》，北京：中华书局，1975 年标点本，第 2136 页。
⑤ ［元］脱脱等：《金史》卷 24《志第五》，北京：中华书局，1975 年标点本，第 573—578 页。
⑥ 韩光辉：《北京历史人口地理》，北京：北京大学出版社 1996 年版，第 67 页。

问题，必须开凿漕运。由于古代运输工具的限制，水运一直以其运输量大、成本低廉为首选。于是金试图打通中都周边的水系，以漕运解决问题。《金史·河渠志》记载："金都于燕（指中都），东去潞水（今北运河）五十里，故为闸以节高良河（高梁河）、白莲潭（今积水潭）诸水，以通山东、河北之粟。……由通州入闸，十余日而后至于京师（指金中都）。"[1] 宝坻县地处中都城郊东南，成为中都连接内地乃至海外的漕运枢纽。"于时居人市易，井肆连络，……加之河渠运漕，通于海峤；篙师舟子，鼓楫扬帆，懋迁有无，可虽数百千里之远，徼之便风，亦不浃旬日而可至。……稻梁黍稷，鲥鱼虾鲊不可胜食，……而材木也不可胜用也。其富商大贾，货置丛繁……其人烟风物富庶与夫衣食之源，其易如此，而势均州郡。"[2] 漕运为解决金中都的粮食问题发挥了重要作用，也为后世元、明、清粮食运输的生命线——通惠河的贯通奠定了基础。

游牧民族主政恰如其"迁徙"的生产、生活方式一样，总是不能固定、长久，在蒙古骑兵大举南下迫使金政府迁都南京，中都失去了政治中心地位之后，大量人口离散南迁。自成吉思汗六年（金大安三年，1211）二月，至十年（金贞祐三年，1215）五月蒙古骑兵三番攻掠中都，其中，成吉思汗九年（金贞祐二年，1214）冬至次年四月围攻中都的时间最长，长达六个月之久。[3] 成吉思汗分兵攻河北、河东、山东，郡县多残破，燕京遭到围攻，"燕乏粮，人多饿死"。蒙古贵族在中都地区袭群牧、驱马匹[4]、籍帑藏[5]，甚至屠城杀掠[6]，"元兵乃尽驱山东、两河少壮数十万而去"[7]，造成"户口亡匿，田畴荒芜，民失稼穑"[8]。到蒙古人占领燕京时，这一地区的人口已损失大半。相应地，中都饮食文化遭到极大破坏，原本确立起来的北方饮食文化的中心地位被严重动摇，显示出政治中心对促进饮食文化的繁荣何其重要。

3. 饮食市场繁荣

辽南京城墙高 3 丈，宽 1 丈 5 尺，周长 36 里，是五京中最大也是饮食资源最

① ［元］脱脱等：《金史》卷27《志第八》，北京：中华书局，1975 年标点本，第 682 页。
② ［清］张金吾：《金文最》卷六十九《创建宝坻县碑》，北京：中华书局 1990 年版，第 1002—1003 页。
③ ［明］宋濂：《元史》卷1《本纪第一》，北京：中华书局，1976 年标点本，第 1 页。
④ ［明］宋濂：《元史》卷1《本纪第一》，北京：中华书局，1976 年标点本，第 1 页。
⑤ ［明］宋濂：《元史》卷1《本纪第一》，北京：中华书局，1976 年标点本，第 1 页。
⑥ ［金］宇文懋昭：《大金国志校证》卷23《纪年二十三》，北京：中华书局，1986 年标点本，第 309 页。
⑦ ［金］宇文懋昭：《大金国志校证》卷24《纪年二十四》，北京：中华书局，1986 年标点本，第 323 页。
⑧ ［元］脱脱等：《金史》卷58《志第三十九》，北京：中华书局，1975 年标点本，第 2356 页。

丰富的城市。① 庞大的皇室、贵族、文武官僚等寄生群体集聚在中都，他们对饮食资源的巨大消耗，刺激着中都地区及中都城市饮食商品经济的发展。他们日常生活消耗着大量的食品、粮食，这些物资供应中都，城市的饮食手工业及食品市场迅速地兴旺起来。②

燕云作为农业经济高度发达地区，其首府便是南京，也是辽代经济收入的大户。《辽史·食货志》言："南京岁纳三司盐铁钱折绢。"③ 尽管燕山以南的汉地及原渤海国的移民属于南京和东京的辖区，但相比之下，东京对国家经济支持的力度并不大，甚至略言加赋，便引起了动乱。《辽史·食货志》："先是，辽东新附地不榷酤，而盐曲之禁亦弛。冯延休、韩绍勋相继商利，欲与燕地平山例加绳约，其民病之，遂起大延琳之乱。连年诏复其租，民始安靖。"④ 而这种情况在南京是不可能发生的。

幽州设市由来已久，东汉时刘秀掠地蓟城，就曾命王霸"至市中募人"⑤。当时的市场不仅是商品交换场所，也是劳动力的市场。唐代的幽州有"北市"，这是个较大的贸易市场。⑥ 据《契丹国志》记载："城北有市，陆海百货，聚于其中……"⑦ 辽圣宗年间（982—1021），南京已是"居民棋布，街巷端直，列肆者百室"⑧ 的商业城。除北城大市场外，城内许多重要街道两旁，也有鳞次栉比的饮食店铺，诸如茶、酒、粮油、瓜果、菜蔬等都有专门的店铺经营。金大定二十一年（1181）二月，金世宗到兴德宫去致祭李元妃，"过市肆不闻乐声，谓宰臣曰：⑨'岂以妃故禁之耶！细民日作而食，若禁之是废其生计也，其勿禁。朕前将诣兴德宫，有司请由蓟门，朕恐妨市民生业，特从他道。顾见街衢门肆，或有毁撤，障以帘箔，何必尔也。自今勿复毁撤'"。这说明从宫城经蓟门到兴德宫的道路，是一条包括餐饮在内的商业大街。当时，南京城内最繁荣的饮食商业街是檀

① ［元］脱脱等：《辽史》卷37《志第七》，北京：中华书局，2017年标点本，第495页。
② 曹子西主编：《北京通史》第四卷，北京：中华书局1994年版，第57页。
③ ［元］脱脱等：《辽史》卷59《志第二十八》，北京：中华书局，2017年标点本，第926页。
④ ［元］脱脱等：《辽史》卷59《志第二十八》，北京：中华书局，2017年标点本，第926页。
⑤ ［南朝宋］范晔：《后汉书》卷20《铫期王霸祭遵列传第十》，北京：中华书局，1965年标点本，第734页。
⑥ 曹子西主编：《北京通史》第三卷，北京：中华书局1994年版，第68页。
⑦ ［南宋］叶隆礼：《契丹国志》卷22《州县载记》，上海：上海古籍出版社，1985年标点本，第208页。
⑧ ［宋］路振：《乘轺录》，见贾敬颜：《路振〈乘轺录〉疏证稿》，载中国地理学会历史地理专业委员会《历史地理》编辑委员会编《历史地理》第4辑，上海：上海人民出版社1986年版，第195页。
⑨ ［元］脱脱等：《金史》卷8《本纪第八》，北京：中华书局，1975年标点本，第179页。

州街。金建中都，将檀州街东西延伸，东边由辽之安东门（又称檀州门，在今菜市口迤西处）东延至施仁门（在今虎坊桥迤西处），此处设税官征商税，直到元初仍极繁华。[1] 在辽朝的五京之中，以燕京的饮食文化发展最为繁荣，并且对于周边的饮食文化具有示范和引领作用。

除了城内的大市场，各州县也有自己的买卖场域，诸如东部的蓟州和西南的涿州都有相当规模的集市。《全辽文》卷六有宝坻县《广济寺佛殿记》曾记述宝坻周围的商业活动情况说：这里"凤城西控，日迎碣馆之宾；鳌海东邻，时辑灵槎之客。而复枕榷酤之剧务，面交易之通衢；云屯四境之行商，雾集百城之常货"。宝坻利用水运优势，成为各种货物包括饮食资源的集散之地。宋人刘敞出使辽，路过檀州（今密云），适逢州县早市，于是诗兴大发，作了一首《檀州》诗，其中有"市声衙日散，海盖午时消"[2] 的句子，在州县衙门开衙的日子里，正逢集市，叫卖声声，可见饮食市场十分繁荣。这种饮食中心地位的确立取决于游牧饮食与农耕饮食结合的优势。农业的发展和饮食水平的大幅度提高为契丹的进一步扩张提供了必要条件。"辽国以畜牧、田渔为稼穑，财赋之官，初甚简易。自涅里教耕织，而后盐铁诸利日以滋殖，既得燕、代，益富饶矣。"[3] 这也大大刺激了耶律德光进一步南进的野心。

当时食物的南北交流主要得益于官方榷场的设置。据《续资治通鉴长编》载：宋太宗太平兴国二年（977）三月，"契丹在太祖朝，虽听沿边互市，而未有官司。是月，始令镇、易、雄、霸、沧州各置榷务，命常参官与内侍同掌……"[4] 契丹设置榷场和西北各族贸易，《文献通考·契丹下》："自阿保机相承二百余年，尽有契丹、奚、渤海及幽、燕、云、朔故地，四面与高丽、安定女真、黑水、灰国、屋惹国、破古鲁、阿里眉、铁离、鞑靼、党项、突厥、土浑、于厥、哲不古、室韦、越离喜等诸国相邻，高昌、龟兹、于阗、大小食、甘州人，时以物货至其国（契丹），交易而去。"[5] 自宋太平兴国二年（辽保宁九年，977）始，宋朝在镇（今河北正定）、易（今河北易县）、雄（今河北雄县）、霸（今河北

---

① 曹子西主编：《北京通史》第四卷，北京：中国书店1994年版，第241页。

② ［北宋］刘敞：《公是集》，上海：商务印书馆1935年版，第214页。

③ ［元］脱脱等：《辽史》卷48《志第十七下》，北京：中华书局，2017年标点本，第895页。

④ ［南宋］李焘：《续资治通鉴长编》卷18《起太宗太平兴国二年正月尽是年十二月》，北京：中华书局，2004年标点本，第402页。

⑤ ［南宋］马端临：《文献通考》卷346《四裔考二十三》，北京：中华书局，2011年标点本，第9602页。

霸州）、沧（今河北沧州）等五州设置榷场，与辽朝进行贸易。不过，在澶渊之盟前，辽宋边贸时断时续。1004 年，双方订立盟约，次年，辽朝首先主动在燕京以南的涿州、新城和云朔地区设置榷场。同时，宋朝也在雄州、霸州、安肃军（河北徐水）、广信军（河北徐水东）等地设置榷场。从此，双方互市不断。[1] 从宋朝输入辽朝的货物众多，以粮食和茶叶为大宗；由辽朝输入宋朝的毛织品、羊、马、驼等，以羊的数量最大。边贸直接促进了汉族与游牧民族饮食文化的交流。

辽金之际的燕京，"僧居佛寺冠于北方，锦绣组绮、精绝天下"[2]。许亢宗1125 年出使金朝所看到的燕京城市饮食生活，在"第四程"发出了一番感触："迁徙者寻皆归业，户口安堵，人物繁庶，大康广陌皆有条理。州宅用契丹旧内，壮丽复绝。城北有三市，陆海百华萃于其中。僧居佛宇，冠于北方。"[3] "具体来说，辽代北京是一多民族聚居地，不同民族主食有一定的差别。汉族主食以小麦和稻米为主，平底釜（类似现在的饼铛）的出土证明面食已成为当时北京人的主食；契丹人则以乳类和肉食为主，乳品有乳粥（动物之乳加茶、野菜或炒米煮成）、奶酪（用马奶、羊奶加工而成）、乳饼（用乳类和面食加工而成的点心），主食还有，即炒米、炒面之类。制作简单，携带方便，是当时北方民族的常见主食。"[4] 契丹统治者在得到燕云十六州之后，延续了辽代南京的饮食商业格局，并有所发展。在饮食商品的拓展方面，既输入了北方游牧民族饮食风味，又不排斥汉民族的饮食文化，凸显饮食文化的多元与差异。

几种文献对城北饮食市场的表述略有差异，《三朝北盟会编》作"城北有互市"[5]，《大金国志》称"城北有市"[6]，《契丹国志》亦称"城北有市"，并有"自晋割弃，建为南京，又为燕京析津府，户口三十万"等语。[7] 许亢宗的见闻，大体可以代表辽代后期南京城市的饮食面貌。金中都的"北市"范围又有拓展，

① 曹子西主编：《北京通史》第三卷，北京：中华书局1994 年版，第 255 页。
② ［金］宇文懋昭：《大金国志校证》卷40《纪年二十四》，北京：中华书局，1986 年标点本，第559 页。
③ 赵永春：《奉使辽金行程录》，长春：吉林文史出版社1997 年版，第 149 页。
④ 刘宁波：《历史上北京人的饮食文化》，载《北京社会科学》1999 年第 2 期。
⑤ ［宋］徐梦莘编：《三朝北盟会编》政宣上帙二十引《宣和乙巳奉使金国行程录》，台北：台北大化书局1979 年影印本，第186—187 页。
⑥ ［金］宇文懋昭：《大金国志校证》卷40《纪年二十四》，北京：中华书局，1986 年标点本，第560 页。
⑦ ［南宋］叶隆礼：《契丹国志》卷22《州县载记》，上海：上海古籍出版社，1985 年标点本，第217 页。

东起施仁门，沿檀州街向西，到金皇城北门外（今天宁寺一带），皆为闹市。中都的"南市"也颇具规模。"南市"处于中都城东部偏南，宣曜门内迤南的春台坊一带（今陶然亭附近）的位置。南北两市市场上充满各行业的商人，饮食商品品类丰富，有粮食、肉食、果品、菜蔬等，有来自官办市场的从南宋输入的茶、荔枝、砂糖、生姜、橘子等产品，还有从西夏输入的马奶、牛羊肉等。

燕京有大量驻军，自产的粮食远不能满足需求。粮食的输入主要依赖海运。《辽史·食货志》载："（太平）九年（1029），燕地饥，户部副使王嘉请造船，募习海漕者，移辽东粟饷燕……"当时宝坻和辽阳都有大型造船厂，所造之船主要用于向燕京输入粮食。

饮食习俗的变化与城市经济状况密不可分，只有商品经济发展的果实——城市的壮大，才使享厨爨以擿毛血成为现实。《乘轺录》记辽代的幽州城中就有饮食场所26场，"列肆者百室"。尽管金中都也沿袭了里坊制，但"中都的城市规划，处在从唐辽封闭式坊制向宋元开放式街巷制转变的历史时期，两种规划共同出现于一个城市建设之中，很有特色"①。金中都新建设的部分，已经"改变为大街两侧平行排列坊巷的形式"②，这是对汴京城建设制度的模仿，为饮食经营提供了更为广大的空间，更有利于饮食商业的开展。故而金代的燕京饮食市场更加宏丽，宋话本《杨思温燕山逢故人》描写的燕山市内的"秦楼"，其广大，"便似东京的樊楼一般，楼上有六十个阁儿，下面散铺七八十副桌凳"③。《析津志辑佚·古迹》载："崇义楼、县角楼、揽雾楼、遇仙楼，以上俱在南城，酒楼也。"此外还有"状元楼，前金人任提领建于燕京。原在蓟门北，街西"。"长生楼，在故京丰宜门北。""梳洗楼，在开阳坊。金所建，（元时废），有基址。""应天楼，在金正阳门，废。""披云楼，在故燕京之大悲阁东南，题额甚佳，莫考作者。楼下有远树影，风晴雨晦，人皆见之。""西楼，在燕市。明义楼，在燕市东。大安楼在西，仁风楼在南。以上三楼在燕市西，瓦楼三是也。"④中都失陷蒙古不久，有人返回中原，所写的凭吊诗曰："海日西沉燕市晚，寒鸿南度蓟门秋。"⑤平乐楼在金官

① 宋德金：《正统观与金代文化》，载《历史研究》1990年第1期。
② 杨宽：《中国古代都城制度史研究》，上海：上海古籍出版社1993年版，第452页。
③ ［明］冯梦龙：《喻世明言》，北京：中华书局2014年版，第382页。
④ ［元］熊梦祥：《析津志辑佚》，北京：北京古籍出版社1983年版，第107页。
⑤ ［金］杨弘道：《小亨集》卷4，清钦定四库全书本，第12页a。

方开设的酒楼中是最出名的,《金史》卷五十七《百官志》载,在"中都店宅务"之下,"别设左厢平乐楼花园子一名",酒楼内设花园。这等规模的酒楼,足以表明金代燕京饮食市场消费能量之大,它至少可以和北宋最负盛名的东京樊楼相媲美了。① 中都饮食经营已开始朝着规模化的方向发展。

4. 三个阶层的饮食差异

一个朝代的饮食状况与具体人群或阶层密不可分。"燕京境内的居民,大体有三个阶层。属于最上层的是皇帝、贵族、豪门和各种大官僚,中间是一般的文人、武士和官吏,最下层是广大劳动人民。其中,汉人多以手工、经商、技艺为业;少数民族大多是士兵。"② 在最上层,他们享受政府俸禄。例如正一品,"三师,钱粟三百贯石,曲米麦各五十称石"③;正二品"东宫三师、副元帅、左右丞,钱粟一百五十贯石";正三品"钱粟七十贯石,曲米麦各十六称石";正七品,"钱粟二十二贯,麦四石";省令史、译史,"钱粟一十贯石";侍卫亲军百户,十二贯石;等等。④ 还有马、牛、羊、猪等牲畜赏赐。

中间一层是一般的文人、武士和官吏。政令规定:绣女都管,钱粟五贯石;作头五贯石,工匠四贯石,军夫除钱粮外,日支米一升半等。同时,"诸孤老幼疾人,各月给米二斗"⑤。这一阶层亦过着富裕的饮食生活。如《续夷坚志一》"玉食之祸"条载"燕人刘伯鱼,以赀雄大定间。性资豪侈,非珍膳不下箸。闲舍数百人,悉召尚食诸人居之,且时有赒赡。问知肉食之品,或一二效之"。此等聚餐会饮的场面,甚是浩大,对食物亦异常讲究。

最下层的是广大劳动人民。⑥ 宋人洪皓在《松漠纪闻》中记载:"胡俗旧无仪法,君民同川而浴,……民虽杀鸡,亦召其君同食,炙股烹□(缺字,音蒲,膊肉也),以余肉和蓁菜,捣臼中糜烂而进,率以为常。吴乞买称帝,亦循故态,今主方革之。"⑦ 此材料意在宣扬金初君民同食的平等关系,也可看出民之饮食状况:食料简单,常伴以野菜,烹饪方式单一。据《金史·章宗纪》,中都城置有暖

---

① 伊永文:《辽金人吃什么》,载《深交所》2007年第10期。
② 曹子西主编:《北京通史》第三卷,北京:中华书局1994年版,第331页。
③ 〔元〕脱脱等:《金史》卷58《百官四》,北京:中华书局,1975年标点本,第1339页。
④ 〔元〕脱脱等:《金史》卷58《百官四》,北京:中华书局,1975年标点本,第1340页。
⑤ 〔元〕脱脱等:《金史》卷58《百官四》,北京:中华书局,1975年标点本,第1340页。
⑥ 曹子西主编:《北京通史》第三卷,北京:中国书店1994年版,第331页。
⑦ 李澍田编:《长白丛书》(初集),长春:吉林文史出版社1986年版,第33页。

汤院，"日给米五石，以赡贫者"；设普济院，赐米千石，煮粥以食贫民；还曾以十万石粮食减价粜给城市艰食百姓等。

就饮食文化而言，所表现出来的自然是最上层和中间一层，因为这两层才能代表辽金饮食。故时人有言"燕京城内地大半入宫禁，百姓绝少"①。的确，统治阶级的生活奢靡，客观上也导致了当时烹饪技艺水平的提高，促进了饮食文化的进一步发展。《墨子·辞过》就指出："古之民未知为饮食时，素食而分处。故圣人作诲，男耕稼树艺，以为民食。其为食也，足以增气充虚，强体适腹而已矣。故其用财节，其自养俭，民富国治。今则不然，厚作敛于百姓，以为美食刍豢，蒸炙鱼鳖，大国累百器，小国累十器，前方丈，目不能遍视，冬则冻冰，夏则饰饐。人君为饮食如此，故左右象之，是以富贵者奢侈，孤寡者冻馁，虽欲无乱，不可得也。"物产的丰富与多样及饮食文化的发达并没有惠及社会底层的民众，任何一个封建朝代概不例外。即便发生天灾的非常时期，底层民众也得不到应有的救助。譬如，《宋史·仁宗纪》载："四月丙寅，幽州大地震，坏城郭，覆压死者数万人。"《宋史·五行志》及《续资治通鉴长编》等亦有同样的记载。面对这样严重的自然灾害，少见《辽史》记载救济措施，仅"赦其境内"而已。诸如辽道宗咸雍四年（1068），"七月，南京霖雨、地震。十月辛亥，永清、武清、安次、固安、新城、归义、容城诸县水，免一岁租"②。辽末由于连年歉收，南京地区斗粟值数缣，民削榆皮食之，甚至人相食，③ 及"野有饿莩，交相枕藉"④ 的恐怖场面。

除天灾外，还有人祸。在中都被围困期间，贫民就陷入水深火热之中。金贞祐二年（1214）正月，大兴府尹胥鼎"以在京贫民阙食者众，宜立法赈救，乃奏曰：'京师官民有能赡给贫人者，宜计所赡迁官升职，以劝奖之。'遂定权宜鬻恩例格，……全活者众。"⑤ 尽管采取了奖励的办法，最终还是无济于事。是时的"米价踊贵，无所从籴，民粮止两月又夺之"⑥。两个月后，即贞祐二年三月时，

① ［清］于敏中等：《日下旧闻考》卷29《宫室》，北京：北京古籍出版社，1981年标点本，第404页。
② ［元］脱脱等：《辽史》卷22《本纪第二十二》，北京：中华书局，2017年标点本，第297页。
③ ［元］脱脱等：《辽史》卷28《本纪第二十八》，北京：中华书局，2017年标点本，第371页。
④ 陈述辑校：《全辽文》卷9《义冢幢记》，北京：中华书局，1982年标点本，第258页。
⑤ ［元］脱脱等：《金史》卷108《列传第四十六》，北京：中华书局，1975年标点本，第2773页。
⑥ ［元］脱脱等：《金史》卷107《列传第四十五》，北京：中华书局，1975年标点本，第2363页。

蒙军再度围困中都，"京师乏粮，军民饿死者十四五"①。输入粮食被阻断，众多平民饿死在所难免。在和平时期，平民勉强艰难维持，战争则让他们陷入水深火热之中。

第二节　饮食生产、贸易状况

辽太祖挫败诸弟谋反之后，立即制定了"弭兵轻赋，专意于农"的政策，此政策实施不久，便出现"人口滋繁"的景象。应历初年②（其元年为951年），南院大王耶律挞烈"均赋役，劝耕稼，……户口丰殖"③。到了圣宗时期，全面出现"户口蕃息"的盛况，④经济比较繁荣。契丹掌控了燕云十六州，深感汉民族生产力和生产关系之优越，却又不愿放弃自身的渔猎和游牧的生产方式。于是，在民族政治方面实施所谓"胡汉分治"的政策。这样，维系了幽燕地区原本的经济结构，商业水平也有所提高，居民的饮食生活也变得相对安定起来。

辽南京与金中都的建立是在游牧和农耕两种经济形态当中所做的选择，游牧民族逐水草而居，"其服非毳草则不可，食则以膻肉为常，粒米为珍，比岁除日，辄迁帐易地"⑤。都城及皇宫的建立应该是永久性的，不可能时常迁移，这与游牧民族的生产方式背道而驰，反而与一直过着定居生活的农耕民族相适应。明代邹缉说："京师者，天下之根本也。人民安则京师安，京师安则国本固而天下安矣。此自然之势也。"⑥治国必然安邦，长治久安才是国家、民族兴旺发达的根本。于是，游牧民族掌权之后，自然要放弃原本的游牧生活方式，进入农耕民族地域，开始安稳的定居生活。

辽金两朝奠定了燕京饮食文化发展的基本走向，一方面少数民族不断吸收汉族饮食文化因素，另一方面汉族民众亦不断了解并逐渐接受少数民族的饮食文化，由此形成了北京地区独具特色的文化特点，对其后的元明清的文化发展产生了深远影响。⑦但总体而言，游牧民族的饮食文化在不断向农耕民族饮食文化靠拢，融

---

① ［金］宇文懋昭：《大金国志校证》卷24《纪年二十四》，北京：中华书局，1986年标点本，第323页。
② ［元］脱脱等：《辽史》卷59《志第二十八》，北京：中华书局，2017年标点本，第1025页。
③ ［元］脱脱等：《辽史》卷77《列传第七》，北京：中华书局，2017年标点本，第1392页。
④ ［元］脱脱等：《辽史》卷33《志第三》，北京：中华书局，2017年标点本，第435页。
⑤ 杨亮、钟彦飞：《王恽全集汇校》，北京：中华书局2013年版，第3955页。
⑥ ［明］陈子龙辑：《明经世文编》卷21《邹庶子奏疏》，明崇祯云间平露堂刻本，第3页a。
⑦ 王建伟主编：《北京文化史》，北京：人民出版社2014年版，第70页。

合是双方的、多元的，但毕竟有主次之分（并非优劣之分）。从此以后，沿着这一主线，北京地区饮食文化得到比较迅速的发展。

1. 农业生产水平提高

契丹和女真为游牧民族，也有部分种植。东北地区的农作物主要有麦、稻、粟、稷、黍、粱、荞麦等，品种与入主北京地区后相差无几。1120 年，马扩出使金国时记载"自过咸州至混同江以北不种谷麦，所种止稗子"[①]。稗米饭是女真人的主要的主食。由于原居住地冬季寒冷而漫长，不太适宜种植，产量低且种类单一。如《松漠纪闻》中对桃、李的种植有详细的记载："至八月，则倒置地中，封土数尺，覆其枝干，季春出之，厚培其根，否则冻死。"[②] 果树尚且如此，何况庄稼。而燕地气候相对温和，加上两个民族吸收了先进的耕作技术和生产经验，农作物产量大大提高。

经过历朝历代的农业和水利经营，辽南京和金中都土地肥沃，水源充沛。"幽燕之分，列郡有四，蓟门为上，地方千里……红稻青秔，实鱼盐之沃壤。"[③] 南京附近地区，气候温和，雨量适中，是当时北方重要的粮食生产基地。《辽史》卷五十九《食货志上》首节概述了契丹国的经济发展历史。如实地记叙了契丹原始时期游牧经济的状态，"马逐水草，人仰湩酪，挽强射生，以给日用"。以及部落联盟时期，"其富以马，其强以兵，……糇粮刍荛，道在是矣"的状况。《辽史·地理志一》如此描述辽域疆土："东至于海，西至金山（今阿尔泰山），暨于流沙，北至胪朐河（今克鲁伦河），南至白沟，幅员万里"。即东至鸭绿江以东和邻国高丽接壤，东北越过黑龙江外兴安岭直到海上，北边包括了现在国境线迤北很大一部分地方，西经山西北部至陕西，和当时的西夏相邻，南以白沟（今河北省拒马河南支，向东沿塘泺从沧州以北至海）界河，恒山分脊与北宋接壤。在所有辽境内，地处太行山东麓的南京道应该是最适宜农耕生产的区域之一。辽人称赞云："燕都之有五郡，民最饶者，涿郡首焉。"[④]

史书中所记载的"蕃汉转户"是负责屯垦的屯田户，他们归于提辖司管辖，

① ［宋］徐梦莘：《三朝北盟会编》卷四，上海：上海古籍出版社 2008 年影印本，第 30 页。
② ［宋］洪皓：《松漠纪闻》，长春：吉林文史出版社 1986 年版，第 26 页。
③ 陈述辑校：《全辽文》卷 5《祐唐寺创建讲堂碑》，北京：中华书局，1982 年标点本，第 96 页。
④ 陈述辑校：《全辽文》卷 8《涿州白带山云居寺东峰续镌成四大部经记》，北京：中华书局，1982 年标点本，第 174 页。

且需承担一定的兵役。辽太祖正是凭借着屯垦所聚积起来的充裕粮食，战胜了反对他的契丹贵族，开启了变家为国的序幕。道宗清宁中（1055—1064），高勋以南京郊内空地比较多，请予开垦种稻。耶律昆驳斥说：高勋必有谋反之意。倘若按照他的建议种稻，引水为畦，一旦有人据南京反叛，官军被稻田阻挡，将无法进入。出于军事的考虑，曾一度禁南京种稻，其后由于辽南京军食困乏，海道运输受阻，在此情况下，于咸雍四年（1068）三月，辽道宗取消种稻的禁令。同年，苏颂奉命出使契丹，看到了"青山如壁地如盘，千里耕桑一望宽"的景象。[①] 北宋熙宁八年（1075），沈括出使时到达宋辽两国分界白沟北侧的驿馆，此地"面拒马河，负北塘，广三四里，陂泽绎属，略如三关。近岁，狄人稍为缭堤畜水，以仿塞南"。[②] 契丹运用拒马河水系，仿效北宋筑堤蓄水，用以灌溉水稻。辽南京东北的顺州（今北京顺义），"其地平斥，土厚宜稼。城北依涧水为险，水之荄数百步，地广多粟"；"自顺以南，皆平陆广饶，桑穀沃茂"[③]。幽燕地区犹如江南，水系发达，有利于农作物的生长。

金贞元元年（1153）海陵王将都城自上京（今黑龙江阿城市南）迁至燕京（今北京市），并伴随着大量人口入京。关于这次迁移，《金史》卷四十四《兵志》记载："贞元迁都，遂徙上京路太祖、辽王宗干、秦王宗翰之猛安，并为合扎猛安，及右谏议乌里补猛安，太师勖、宗正宗敏之族，处之中都。斡论、和尚、胡剌三国公，太保昂，詹事乌里野，辅国勃鲁骨，定远许烈，故杲国公勃迭八猛安处之山东。阿鲁之族处之北京。按达族属处之河间。正隆二年，命兵部尚书萧恭等，与旧军皆分隶诸总管府、节度使，授田牛使之耕食，以蕃卫京国。"随着迁都中都前后的大量人口流入，北京地区的土地开发，已达到当时生产力水平下的极致。张仅言"护作太宁宫（今北海公园附近），引宫左流泉溉田，岁获稻万斛"[④]。当时在辽地从事农业生产的主要劳动力还是汉人。北宋使臣苏颂使辽诗《牛山道中》记："农人耕凿遍奚疆，部落连山复枕冈。种粟一收饶地力，开门东向杂夷方，田畴高下如棋布，牛马纵横似谷量。" "居人处处营耕牧，尽室穹车往复

---

① 苏颂：《苏魏公文集》卷十三《前使辽诗》，北京：中华书局1988年版，第161页。

② ［宋］沈括：《熙宁使虏图抄》，《永乐大典》卷一〇八七七，北京：中华书局1986年影印本，第5册，第4480页。

③ 同上。

④ ［元］脱脱等：《金史》卷133《列传第七十一》，北京：中华书局，1975年标点本，第2845页。

还。"① 这是对半农半牧生产景象的生动描述。金章宗时期，金朝的社会经济继续保持繁荣发展的势头，并达到极盛。金人记载："中都、河北、河东、山东久被抚宁，人稠地窄，寸土悉垦，则物力多，税赋重，此古所谓狭乡也。"② 这说明中都地区人口稠密，耕地范围广、数量多的事实。此时中都到处呈现出繁荣景象，宝坻县"稻粱黍稷，不可胜食"③。安州"土壤衍沃，则得禾麻黍麦，亩收数种之利"④。

辽金各代统治者对农业很是重视，并且身体力行、言传身教。契丹农业在阿保机建国前200年左右，就已经成为统治者关心的大事，"始祖涅里（735年立阻午可汗）究心农工之事"，"自涅里教耕织，而后盐铁诸利日以滋殖"⑤。《辽史·食货志上》云："皇祖匀德实（阿保机祖父）为大迭烈府夷离堇，喜稼穑，善畜牧，相地利以教民耕。"⑥ 同书紧接着又叙述道："仲文述澜（阿保机叔父）为于越，饬国人树桑麻，习组织。太祖平诸弟之乱，弭兵轻赋，专意于农。尝以户口滋繁，纠辖疏远，分北大浓兀为二部，程以树艺，诸部效之。"⑦ 同书紧接着还云，太宗时"诏有司劝农桑，教纺织"，以多处善地为农田，安置各部落以事农耕。并严戒征兵作战，有害农务。契丹在与北宋发生战争时，通常注意保护幽州的农业植被和庄稼。《辽史·兵卫志上》称，契丹南伐时"并取居庸关、曹王峪、白马口、古北口、安达马口、松亭关、榆关等路。将至平州、幽州境，又遣使分道催发，不得久驻，恐践禾稼。出兵不过九月，还师不过十二月"⑧。战争让位于农业生产。其所以如此，是因为这里是契丹最重要的农业区。这些非常举措使辽境内农业生产蒸蒸日上，连年丰收。由于农业技术的发展，应历年间云州长出特大谷穗（嘉禾）。保宁七年（975）一次即赐粟二十万斛（一斛十斗）给后汉。燕云十六州的汉人地区是辽朝农业的基地。辽朝统治者多次下诏募民垦荒，开辟农田。995年，准许昌平、怀柔等县百姓开垦荒地。997年，募民耕种滦州荒地，免

① ［北宋］苏颂：《苏魏公文集》卷13《前使辽诗》，北京：中华书局1988年，第161页。
② 马振君整理：《赵秉文集》卷11《碑文》，哈尔滨：黑龙江大学出版社1982年版，第282页。
③ ［清］张金吾：《金文最》卷69《创建宝坻县志》，北京：中华书局1990年，第1001页。
④ ［清］张金吾：《金文最》卷25《云锦亭记》，北京：中华书局1990年，第342页。
⑤ ［元］脱脱等：《辽史》卷48《志第十七下》，北京：中华书局，2017年标点本，第895页。
⑥ ［元］脱脱等：《辽史》卷59《志第二十八》，北京：中华书局，2017年标点本，第1025页。
⑦ ［元］脱脱等：《辽史》卷59《志第二十八》，北京：中华书局，2017年标点本，第1025页。
⑧ ［元］脱脱等：《辽史》卷34《志第四》，北京：中华书局，2017年标点本，第451页。

租赋十年。这个事实说明山区也已大批开辟了山田。

辽代统治者甚至还将饮食纳入国家管理体系，建立了专门的机构——南京栗园司。这是南京特设的一个专门管理机构，负责南京地区的板栗生产、管理和税收工作。因南京地区栗园较多，所产板栗是辽王朝的一项重要的财赋来源。

金代初年，由于连年战争，农业生产陷入瘫痪状态。"市井萧条，草莽葱茂……田之荒者动至百余里，草莽弥望，狐兔出没。"[①] 到金代中期，中都及其周边地区出现了"国家承平日久，户口增息""地狭民众"的景象。又据《金史·食货志》记载，大定二十三年（1183）统计，猛安谋克户有"田一百六十九万三百八十顷有奇"，仅这个数目就已经超过了北宋时期金人统治区的总垦田数。[②] 耕地的扩大，使得粮食产量显著增加，金世宗时"一岁所收，可支三年"[③]，到章宗时则增加到"积粟……可备官兵五年之食，米……可备四年之用"[④]。开荒种植收到了显著成效。

中都饮食的主要资源来自农业，农业生产是北京饮食文化发展的根本保障。为促进农业生产，金朝政府采取了一系列措施，取得了明显成效。据《金史》记载，[⑤] 世宗至章宗时期所推行的农业发展措施包括：①招抚流移、观稼近郊、督劝农功，并专设捕蝗官吏。②开辟水田，发展水稻生产。③禁杀耕牛、禁军士蹂践禾稼、制止土地兼并。④扩大耕地、推行区种、改进工具。金章宗还"观稼于近郊，因阅区田"[⑥]。区种法起源于汉代，是一种比较先进的农耕方式。⑤免除土地租税以鼓励开垦荒地。开垦荒地以最下第五等减半定租，八年以后始征。对于已耕作的土地以第七等减半征税，七年后才开征，"自首冒佃比邻地者，输官租三分之二"[⑦]。承安四年（1199）金章宗谕，"自蒲河至长河（均在中都城南，相当今北京市南苑一带）及细河以东，朕常所经行，官为和买其地，令百姓耕之，仍免其租税"[⑧]。泰和四年（1204）又"弛围场远地禁，纵民耕、捕、樵采"[⑨]。开禁

① ［金］宇文懋昭：《大金国志校证》卷23《纪年二十四》，北京：中华书局，1986年标点本，第310页。
② 王育民：《中国历史地理概论》，北京：人民教育出版社1988年，第120页。
③ ［元］脱脱等：《金史》卷47《志第二十八》，北京：中华书局，1975年标点本，第1060页。
④ ［元］脱脱等：《金史》卷50《志第三十一》，北京：中华书局，1975年标点本，第1120页。
⑤ 韩光辉：《金元明清北京粮食供需与消费研究》，载《中国农史》1994年第4期。
⑥ ［元］脱脱等：《金史》卷10《本纪第十》，北京：中华书局，1975年标点本，第207页。
⑦ ［元］脱脱等：《金史》卷47《志第二十八》，北京：中华书局，1975年标点本，第1043页。
⑧ ［元］脱脱等：《金史》卷11《本纪第十一》，北京：中华书局，1975年标点本，第247页。
⑨ ［元］脱脱等：《金史》卷12《本纪第十二》，北京：中华书局，1975年标点本，第267页。

和免租的一些积极措施，效果明显，耕地面积较之以前大幅度增加。⑥储粮积谷、躬行俭约、休养民力。因此，金代中期，"群臣守职，上下相安，家给人足，仓廪有余"①。京郊的农民以种植稻麦桑麻为主，兼产瓜果蔬属。一些地方特产开始远近闻名，良乡产的金粟梨、天生子以及易州产的栗子，小而甜，是有名的果品。南宋使臣范成大在《良乡》诗中称赞曰："紫烂山梨红皱枣，总输易栗十分甜。"其诗注云："驿中供金粟梨、天生子，皆珍果，又有易州栗，甚小而甘。"②

中都粮食生产主要是水稻。在中都城西，所引卢沟河（今永定河）水在灌溉农田方面发挥了重要作用。大定二十七年（1187）三月，金廷宰臣奏称："孟家山金口闸下视都城，高一百四十余尺，止以射粮军守之，恐不足恃。傥遇暴涨，人或为奸，其害非细。若固塞之，则所灌稻田俱为陆地，种植禾麦亦非旷土。"③中都城西直至孟家山（今石景山一带），开辟了一大片稻田。充沛的水源是水稻生产的关键，连通高粱河和瓮山泊的长河成为灌溉的重要水系。"引宫（太宁宫）左流泉灌田，岁获稻万斛"④；金章宗承安二年（1197），"敕放白莲潭东闸水与百姓溉田"⑤。白莲潭旧实即元代之积水潭（包括今什刹海），可开放灌田。延至明代，积水潭尚有莲花池之名，大概源于池中常种植莲藕。三年（1198），"又命勿毁高粱河闸，从民灌溉"⑥。所指闸应为两岸引水灌溉斗门。"金朝首创了远引玉泉山泉水，在青龙桥建闸截流使其向南注入七里泊（元称瓮山泊，今昆明湖），同时引水南流，穿过五六里长的'海淀台地'通到高粱河，从而使高粱河水量大增"⑦，为金朝中都城郊的农业灌溉提供了水源保障。

金朝统治者历来重视农业生产，早在太祖、太宗时期，每占领一地，都安排女真人屯田戍守。金代"凡屯田之所，自燕山之南、淮陇之北，皆有之，多至六万人，皆筑垒于村落间"⑧。屯田的军民，"计其户授以官田，使其播种，春秋量

---

① ［元］脱脱等：《金史》卷 8《本纪第八》，北京：中华书局，1975 年标点本，第 179 页。

② ［南宋］范成大：《范石湖集》，上海：上海古籍出版社 1981 年版，第 157 页。

③ ［元］脱脱等：《金史》卷 27《志第八》，北京：中华书局，1975 年标点本，第 669 页。

④ ［元］脱脱等：《金史》卷 133《列传第七十一》，北京：中华书局，1975 年标点本，第 2843 页。

⑤ ［元］脱脱等：《金史》卷 50《志第三十一》，北京：中华书局，1975 年标点本，第 1122 页。

⑥ ［元］脱脱等：《金史》卷 50《志第三十一》，北京：中华书局，1975 年标点本，第 1124 页。

⑦ 吴文涛：《北京水利史》，北京：人民出版社 2013 年版，第 91 页。

⑧ ［宋］李心传：《建炎以来系年要录》卷一三八"绍兴十年十二月"条引《金房图经》，北京：中华书局 1956 年版，第 2225—2226 页。

给衣马，若遇出军，始给其钱米"①。为了恢复因战事而荒废的农业生产，金世宗规定："凡桑枣，民户以多植为勤，少者必植其地十之三，猛安谋克户少者必课种其地十之一，除枯补新，使之不缺。凡官地，猛安谋克及贫民请射者，宽乡一丁百亩，狭乡十亩，中男半之。请射荒地者，以最下第五等减半定租，八年始征之。作已业者以第七等减半为税，七年始征。自首冒佃比邻地者，输官租三分之二。佃黄河退滩者，次年纳租。"②"请射"是指荒田、弃田被经营者开垦为良田，到一定年限后，该经营者可以获得所开垦之地的地权。由于有了这些激励机制，金代的农业生产也得到发展。不过，长于骑射游牧的猛安谋克户并不习惯农业生产，朝廷关于种植桑枣的要求形同虚设。世宗大定五年（1165）十二月，"京畿两猛安民户不自耕垦及伐桑枣为薪鬻之"；二十一年（1181），"闻猛安谋克人惟酒是务，往往以田租人而预借三二年租课者，或种而不耘听其荒芜者"；二十二年（1182），则有"附都猛安户不自种，悉租于民，有一家百口垅无一苗者"③。表面上看，这种状况的出现是两种不同的生产方式造成的，背后的原因则是饮食习惯使然，女真人不喜食这些农产品，自然缺乏耕种的热忱和积极性。

京郊出土了大量金代农具。早在20世纪五六十年代，在北京郊区顺义、通县、怀柔、房山、昌平及城区内的先农坛、天坛和百万庄等地的金代遗址和金代墓葬中，多处发现大量的铁制农业生产工具，其中有铧、犁镜、耕锄、镐、锄、镰、铡刀、禾叉与长柄刀、手镰、垛叉、锹等，④种类很多，与现代所使用的农具相差无几。这表明金代农业生产分工已很细，生产力水平达到相当的高度。⑤

需要指出的是，尽管辽金之际农业生产得到适度发展，但辽南京和金中都的粮食供应远不能自给自足，尤其是在灾荒之年。辽代水灾频繁，据《辽史·食货志下》与《辽史·圣宗纪二》，统和初，因南京秋霖害稼，"民艰食，请弛居庸关税，以通山西籴易"。辽统和四年（986），又"以古北、松亭、榆关征税不法，致阻商旅，遣使鞫之"。开泰六年（1017），"南京路饥，鞚云、应、朔、弘等州

---

① ［金］宇文懋昭：《大金国志校证》卷12《纪年十二》，北京：中华书局，1986年标点本，第185页。

② ［元］脱脱等：《金史》卷47《志第二十八》，北京：中华书局，1975年标点本，第1043页。

③ ［元］脱脱等：《金史》卷47《志第二十八》，北京：中华书局，1975年标点本，第1047页。

④ 北京市文物工作队：《北京地区出土辽金时代铁器》，载《考古》1963年第3期。

⑤ 北京市文物研究所编：《北京考古四十年》，北京：北京燕山出版社1990年版，第157—159页。

粟赈之"。调集数州粟米赈灾，足见灾情严重。据《辽史·食货志》：太平九年（1029）①，"燕地饥，户部副使王嘉请造船，募习海漕者，移辽东粟饷燕……"，虽因"道险不便而寝"。辽统治者虽常宣称"赈南京贫民"，实际上只是形式上的辞令，南京城居民的灾难并未减轻，也于民生无补。如辽大安四年（1088）出现"南京饥，许良人自鬻"②。为了解决粮食短缺问题，辽统治者鼓励民间粮食交易，加强粮食调配。《宋会要辑稿》中有两则反映宋辽民间粮食贸易的资料，一则是北宋景德二年（1005）四月李允上奏朝廷，说明与契丹茶粮交易的情况："'契丹禁国中谷食不令出境。而彼民有冒禁赍至榷场求售者，转运司以茶供博易，所得至微，实恐非便。'……诏罢之"。③另一则是大中祥符三年（1010）六月"知雄州李允则言契丹界累岁灾歉阙食，多来近边市籴。诏本州出廪粟二万石，贱粜以赈之"④。两则资料反映了榷场互市中茶粮交易的情况。经雄州边市从宋境买入粮食以解决饥荒问题，维持市民基本的饮食生活。

另外，金章宗明昌年间（1190—1196）中都城"商贾之外，又有佛、老与他游食，浮费百倍"⑤，亦即中都城中从事"末业"（从事农业生产以外生计的人们）大量剧增，商人、手工业者、雇工、伶人等百倍地增加，而且城市"风俗竞相侈靡"⑥，饮食消费水平和消费成本大幅度增加。随着中都人口的飞速增长，即使正常年份，粮食需求也大大超过了近畿的生产能力。金世宗大定初年，金政府于山东广行和籴，得粟45万石；至大定二十一年（1181）漕至通州和京师的山东恩、献等州粟已达100余万石。⑦卫绍王大安初年，又"诏运大名粟，由御河抵通州"⑧。粟是粮食消费的主要品种，粟之外，漕粮还有麦豆等。官府漕运和商旅贩运的共同努力，方使京城市民的饮食生活得以满足。

① 太平九年（1029）当为开泰九年（1020），见田野：《〈辽史·食货志〉所载辽代海事证误》，载《古籍整理研究学刊》2013年第2期。
② ［元］脱脱等：《辽史》卷25《本纪第二十五》，北京：中华书局，2017年标点本，第333页。
③ ［清］徐松：《宋会要辑稿》卷一三四七七《食货三八·互市》，台北：台湾新文丰出版公司1976年版，第5466页。
④ ［南宋］李焘：《续资治通鉴长编》卷59《起真宗景德二年正月尽是年四月》，北京：中华书局，2004年标点本，第1307页。
⑤ ［元］脱脱等：《金史》卷46《志第二十七》，北京：中华书局，1975年标点本，第1031页。
⑥ ［元］脱脱等：《金史》卷97《列传第三十五》，北京：中华书局，1975年标点本，第2149页。
⑦ ［元］脱脱等：《金史》卷27《志第八》，北京：中华书局，1975年标点本，第669页。
⑧ ［元］脱脱等：《金史》卷104《列传第四十二》，北京：中华书局，1975年标点本，第2293页。

2. 饮食资源种类丰富

辽南京和金中都的经济结构都是以农业为主的混合经济结构。契丹在与北宋并峙时期，一方面为了维持本民族饮食文化传统，另一方面为了避免给本国骑兵造成往来奔突的障碍，在很长时期内禁止在宋辽边界的北方一侧种植水稻。辽景宗保宁年间（969—979），南院枢密使高勋"以南京郊内多隙地，请疏畦种稻"，遭到林牙耶律昆的反对："果令种稻，引水为畦，设以京叛，官军何自而入？"[①]在辽道宗清宁十年（1064）二月下诏"禁南京民决水种粳稻"[②]。当然，禁止种植的根本原因还在于作为游牧民族的统治者嗜肉，居民中相当一部分也是游牧民族，肉类的需求量骤增。在 26 坊中，厩宾坊、肃慎坊、归化里、蓟北坊、辽西坊、平朔里、骏马坊等以游牧民族为主。这从坊名可见一斑。这就是为什么在辽初的六七十年中，土地肥沃、水源充足的燕京地区，反而不如气候高寒、生产条件比燕京差的云、朔一带粮食产量高。太宗会同二年（939）五月，辽朝曾有"禁南京鬻牝羊出境"的指令，[③] 说明辽初试图在南京地区发展畜牧业。

相反，与此同时，"深、冀、沧、瀛间，惟大河、滹沱、漳水所淤，方为美田，淤淀不至处，悉是斥卤，不可种艺。异日惟是聚集游民，乱碱煮盐，颇干盐禁，时为寇盗。自为潴泺，奸盐遂少，而鱼蟹菰苇之利，人亦赖之"[④]。南方农业的成就必然对辽南京的统治者产生影响，加上城乡人口的增长，粮食已不能满足不断扩大的需求。故而在四年后的咸雍四年（北宋熙宁元年，1068）又下诏"南京除军行地，余皆得种稻"[⑤]。这显然是为了满足辽南京汉人的饮食需求所做出的政治上的妥协。就在这一年，苏颂奉命出使契丹，看到了"青山如壁地如盘，千里耕桑一望宽"的景象。[⑥] 今蓟县盘山脚下的千像寺遗址上保留有一块辽统和五年（987）的佑唐寺刱（音 chuàng）建讲堂碑，记载当时蓟州种稻情形说："（蓟州）地方千里，籍冠百城，红稻香耕，实鱼盐之沃壤。"用砻去掉稻壳的糙米呈红色，故名"红稻"。"香耕"疑为"香秔"之误，"香秔"即香粳米。燕京地区提倡种稻，是从景宗时开始的，至圣宗时，水稻面积已相当辽阔了。

---

① ［元］脱脱等：《辽史》卷85《列传第十五》，北京：中华书局，2017年标点本，第1317页。
② ［元］脱脱等：《辽史》卷22《本纪第二十二》，北京：中华书局，2017年标点本，第263页。
③ ［元］脱脱等：《辽史》卷4《本纪第四》，北京：中华书局，2017年标点本，第47页。
④ ［北宋］沈括：《梦溪笔谈》卷13《权智》，北京：中华书局，2020年标点本，第114页。
⑤ ［元］脱脱等：《辽史》卷22《本纪第二十二》，北京：中华书局，2017年标点本，第267页。
⑥ ［宋］苏颂：《苏魏公文集》卷十三《前使辽诗》，北京：中华书局1988年版，第161页。

契丹仿效北宋筑堤蓄水，利用拒马河的水源，建立灌溉农田的水渠网络。北宋熙宁八年（1075），沈括出使时到达宋辽两国分界白沟北侧的驿馆，此地"面拒马河，负北塘，广三四里，陂泽绎属，略如三关。近岁，狄人稍为缭堤畜水，以仿塞南"。① 据辽乾统七年（1107）的南拤《上方感化寺碑》碑文所述，该寺"先于蓟之属县三河北乡，自乾亨前有庄一所，辟土三十顷，间艺麦千亩，皆原湿沃壤，可谓上腴"。② 可见辽代幽州地区已大面积种植小麦了。小麦的收获有些程序和注意事项，先"晒大小麦，（用）今年（当年）收者，于六月（旧历）扫庭除，候地毒热，众手出麦，薄摊，取苍耳碎剉，拌晒之，至未时，及热收，可以二年不蛀。若有陈麦，亦须依此法更晒，须在立秋前。秋后则已有虫生，恐无益矣"。③ 这是长期生产经验的总结。还有，"五六月麦熟，带青收一半，合熟收一半，若过熟，则抛费。每日至晚，即便载麦上场堆积，用苫缴覆，以防雨作。苫须于以前农隙时备下，如搬载不及，即于地内苫积。天晴，乘夜载上场，即摊一二车，薄则易干。碾过一遍，翻过，又碾一遍。起秸下场，扬子收起。虽未净，直待所收麦都碾尽，然后将未净秸秆再碾。如此，可一日一场。比至麦收尽，已碾讫三之二。农家忙，并无似蚕麦。古语云：'收麦如救火'，若少迟慢，一值阴雨，即为灾伤，迁延过时，秋苗亦误锄治"④。麦子收割后，运载上场，碾、扬的环节也是比较繁复的。

辽代燕京地区还大规模种植稻谷。《金史》记载，世宗大定六年（1166），在筹建太宁宫时（相当于今北京景山地区）发现宫左侧（宫左侧是今天景山以东的东城、朝阳区地带）有泉水，用以农业生产，相关记载俯拾皆是，昭示了引水灌溉，种植水稻所取得的成效。

主食除了麦、稻谷之外，中都居民常食用的还有黄米，即黍。"黍有赤黍，黑黍，……黏者别名秫，……人谓秫为黄米，亦谓之黄糯。"⑤ 从辽金代始，麦和稻谷进入主粮的行列，而黄米、玉米、小米等一直是作为杂粮食用的。

中都地区也大面积种植蔬菜，且种类繁多。其中茄子、萝卜、蒜等是大众菜。

① ［宋］沈括：《熙宁使虏图抄》，载《永乐大典》卷一〇八七七，北京：中华书局1986年影印本，第5册，第4480页。

② 向南编：《辽代石刻文编》，石家庄：河北教育出版社1995年版，第564页。

③ 石声汉校注：《农桑辑要校注》，北京：农业出版社1982年版，第30页。

④ 石声汉校注：《农桑辑要校注》，北京：农业出版社1982年版，第34页。

⑤ 罗原：《尔雅翼》，合肥：黄山书社2013年版，第1页。

"茄初开花，斟酌窠数，削去枝叶，再长晚茄。"① 吃法比较简单，"（将）秋深老茄煮软②，水浸，去皮，以盐拌匀，冬月食用，旋添麻油为上"。煮熟后凉拌，淋上香油，味道极佳，适宜在冬天食用。萝卜，又称莱菔。种萝卜，也较普遍。"要种萝卜，宜沙软地。五月犁五六遍；六月六日种。锄不厌多。稠，即小，间拔，令稀。至十月，收窖之。"③ 六月初种萝卜，不能过密，生长过程中要经常松土，十月收成后可用地窖贮藏。蒜的种植，"作行，下粪，水浇之"④。还有，"蒜，畦栽，每窠先下麦糠少许，地宜虚。春暖则锄，拔苔时，频浇"⑤。当时人甚至认识到，蒜"人多食，解暑毒"⑥。八九月是收获的季节。八月，"收薏苡，收角蒿，收韭花，收胡桃，收枣，开蜜，下旬造油衣，收油麻秫江豆。备冬衣"。九月，"收豕（同十月），收皂角，贮麻子油，采菊花，收木瓜，备冬藏"⑦。所采摘的果实有些要储藏起来，以备过冬。

栗、枣、梨等是中都的特产，闻名遐迩。北宋沈括出使辽朝时，曾在辽中京看到这种情景："中京始有果蓏而所植不蕃。契丹之栗、果蓏皆资于燕，栗车转，果蓏以马送。"⑧ 白云观西南、宛平西44里、固安县境内，都有称为"栗园"的村落。⑨ 职官系统中设"南京栗园司"，其职责就是"典南京栗园"⑩，房山北正村出土的辽应历五年（955）《北郑院邑人起建陀罗尼幢记》经幢，上刻有提到"北衙栗园庄官"字样⑪，应是"北面官"系统中与"南京栗园司"分别管理栗园事务的官员。专设管理机构，说明板栗在辽南京的饮食生活中占据重要位置。统和二十八年（1010），萧韩家奴担任此职。辽兴宗"尝从容问曰：'卿居外有异闻乎？'韩家奴对曰：'臣惟知炒栗：小者熟，则大者必生；大者熟，则小者必焦。

---

① 石声汉校注：《农桑辑要校注》卷五，北京：农业出版社1982年版，第161页。
② 石声汉校注：《农桑辑要校注》卷五，北京：农业出版社1982年版，第162页。
③ 石声汉校注：《农桑辑要校注》卷五，北京：农业出版社1982年版，第163页。
④ 石声汉校注：《农桑辑要校注》卷五，北京：农业出版社1982年版，第166页。
⑤ 同上。
⑥ 同上。
⑦ 石声汉校注：《农桑辑要校注》卷七，北京：农业出版社1982年版，第253页。
⑧ ［宋］沈括：《熙宁使虏图钞》（辽海丛书本），载李勇先主编《宋元地理汇编》第一册，成都：四川大学出版社2007年版，第149页。
⑨ 顾祖禹：《读史方舆纪要》卷十一《直隶二·顺天府·固安县》"栗园"，北京：中华书局1955年版，第483页。
⑩ ［元］脱脱等：《辽史》卷48《志第十七下》，北京：中华书局，2017年标点本，第895页。
⑪ 陈述辑校：《全辽文》卷8《萧福延造经题记》，北京：中华书局，1982年标点本，第181页。

使大小均熟，始为尽美。不知其他。'盖尝掌栗园，故托栗以讽谏。帝大笑"①。以炒栗喻国事，足见当时种栗和炒栗相当普遍。

有金一代盛行种植枣树和栗树，政府规定"凡桑枣，民户以多植为勤，少者必植其地十之三，猛安谋克户少者必课种其地十之一，除枯补新，使之不阙"②。《金史·地理志》指出"蓟州，产栗"③。朱之才在《谢孙寺丞惠梅花》中写道："弥望多枣栗，碍眼皆荆榛。"④宋人范成大出使金朝，至良乡馆舍，见"驿中供金粟梨、天生子，皆珍果；又有易州栗，甚小而甘"⑤。他品尝后赞不绝口："紫烂山梨红皱枣，总输易栗十分甜。"⑥栗作为果品，在金代还用于主食。王哲在《无调名·与丹阳》中吟道："栗与芋，芋与栗，两般滋味休教失。"⑦在《悟南柯》中吟道："芋栗今番彻，贤愚两共餐。"⑧《务本新书》为农民指出种哪种粮食作物产量高、收获早、效益好。书中载："豌豆，二三月种。诸豆之中，豌豆最为耐陈，又收多、熟早。如近城郭，摘豆角卖，先可变物。旧时痊农，往往献送此豆，以为尝新。盖一岁之中，贵其先也。又熟时少有人马伤践。以此挍之，甚宜多种。"⑨豌豆古称为山戎。《本草纲目》记："胡豆，豌豆也，其苗柔弱宛宛，故得豌名。种出胡戎，嫩时青色，老则斑麻，故有胡、戎、青斑、麻累诸名。"⑩此外，还有戎菽、回鹘豆、毕豆、青小豆等称谓。南北方主副食品种在中都地区皆有种植，又以北方品种为多。

北京地区的饮食状况在一些辽代墓壁画中也有反映。在著名的赵德钧墓中，墓门西侧绘两仕女，前者稍高，面露微笑，双手藏于长袖之中，托果盘。盘内有石榴、鲜桃、西瓜等果品。后者稍矮，紧跟其后，亦托盘，上置高足碗。⑪西瓜是先由回鹘传入契丹内地，再由草原传至幽燕，然后才传入中原的。

除农业外，还经营畜牧和狩猎。宋朝使节出使辽国，就曾见到契丹牧民在燕

① [元] 脱脱等：《辽史》卷103《列传第三十三》，北京：中华书局，2017年标点本，第1593页。
② [元] 脱脱等：《金史》卷47《志第二十八》，北京：中华书局，1975年标点本，第1043页。
③ [元] 脱脱等：《金史》卷24《志第五》，北京：中华书局，1975年标点本，第574页。
④ [金] 元好问：《中州集》，上海：华东师范大学出版社2014年版，第75页。
⑤ [南宋] 范成大：《范石湖集》，上海：上海古籍出版社2006年版，第157页。
⑥ [南宋] 范成大：《范石湖集》，上海：上海古籍出版社2006年版，第157页。
⑦ 唐圭璋编：《全金元词》，北京：中华书局2018年版，第233页。
⑧ 唐圭璋编：《全金元词》，北京：中华书局2018年版，第233页。
⑨ 石声汉校注：《农桑辑要校注》，北京：农业出版社1982年版，第30页。
⑩ [明] 李时珍：《本草纲目》，北京：华夏出版社2011年版，第1021页。
⑪ 曹子西主编：《北京通史》第三卷，北京：中国书店1994年版，第323页。

山南部放牧的壮阔情景。契丹实行群牧制，每群不下千匹。如此庞大的牧群需要辽阔的草原，辽代契丹仍是随水草放牧，即所谓"马逐水草，人仰湩酪"（湩音dòng）。① 但为了战争的需要，辽初"常选南征马数万匹，牧于雄、霸、清、沧间，以备燕云缓急；复选数万，给四时游畋"②。这里的"四时游畋"指辽朝皇帝的"四时捺钵"。为此，自然开辟出专门的牧场。契丹人饮食则以乳类和牛羊肉为主。上层社会重野味，如熊、鹿、雁、兔、鹜、貉、鱼、鹅、貔狸（黄鼠）等。肉食做法有濡肉、腊肉、肉酱数种，濡肉是煮肉，腊肉易于保存，肉酱即肉馅。契丹人还有生吃兔肝的习惯，《燕北杂记》谈及辽俗重九节时就说："于地高处卓帐，饮菊花酒，出兔肝切生，以鹿舌酱拌食之。"③ 因为好食野味，狩猎是契丹人主要的生产方式之一。《辽史·营卫志》云："大漠之间，多寒多风，畜牧畋渔以食，皮毛以衣。转徙随时，车马为家。"④ 狩猎的生产生活方式一直延续到辽南京。皇帝与王公大臣狩猎时，"卫士皆衣墨绿，各持链锤、鹰食、刺鹅锥，列水次，相去五七步。上风击鼓，惊鹅稍离水面，国主亲放海东青鹘擒之。鹅坠，恐鹘力不胜，在列者以佩锥刺鹅，急取其脑饲鹘"⑤。辽圣宗时期狩猎活动最盛，神潜宫、华林庄、天柱庄都是辽南京区域内的主要猎场。

辽代契丹人以畜牧饲养为重要生计，所饲养的牲畜主要有马、牛、驴、驼、羊、猪、犬以及鸡、鹅等。北京畜牧业源远流长，早在六七千年前北京地区已出现原始畜牧业。历朝历代都设有级别较高的专门机构专司马匹饲养之职，马匹饲养占有很重要的地位。辽金时期，北方游牧民族所建政权，在北京地区的官养马匹与牧养的牛羊规模远超前代。"宋人使辽，看到燕山地区有不少契丹人的车帐和牛羊。"⑥ 苏颂曾于宋神宗熙宁元年（辽道宗咸雍四年，1068）、熙宁十年（辽道宗大康三年，1077）两次出使辽朝，都作有使辽诗。《契丹帐》诗："行营到处即为家，一卓穹庐数乘车。千里山川无土著，四时畋猎是生涯。酪浆膻肉夸希品，

①　[元]脱脱等：《辽史》卷59《志第二十八》，北京：中华书局，2017年标点本，第1025页。

②　[元]脱脱等：《辽史》卷60《志第二十九》，北京：中华书局，2017年标点本，第1031页。

③　北京市方志编纂委员会：《北京志·民俗方言卷·民俗志》，北京：北京出版社2012年版，第39页。

④　[元]脱脱等：《辽史》卷32《志第二》，北京：中华书局，2017年标点本，第423页。

⑤　[元]脱脱等：《辽史》卷40《志第十》，北京：中华书局，2017年标点本，第561页。

⑥　曹子西主编：《北京通史》第三卷，北京：中华书局1994年版，第225页。

貂锦羊裘擅物华。种类益繁人自足，天数安逸在幽遐。"①《契丹马》诗："边城养马逐莱蒿，栈皂都无出入劳。用力已过东野稷，相形不待九方皋。人知良御乡评贵，家有材驹事力豪。略问滋繁有何术，风寒霜雪任蹄毛。"② 题下自注云：契丹马群动以千数，每群牧者才三二人而已。纵其逐水草，不复羁縻。《北人牧羊》诗："牧羊山下动成群，啮草眠沙浅水滨。自免触藩羸角困，应无挟策读书人。毡裘冬猎千皮富，湩酪朝中百品珍。生计不赢衣食足，土风犹似茹毛纯。"③题下自注云：羊以千百为群，纵其自就水草，无复栏栅，而生息极繁。

　　女真人的畜牧业也很发达，牧畜有马、牛、羊、猪等。《唐书·契丹传》载：契丹"射猎，居处无常"。契丹建国后，仍旧长久保持狩猎生产。辽朝皇帝每年在四时捺钵（四季渔猎活动）的捕鹅、钩鱼、猎虎、射鹿等也反映了渔猎业仍是契丹诸部经济生活中不可缺少的部分，是畜牧业经济的必要补充。按照季节的不同，大体上是春季捕鹅、鸭，打雁，四五月打麋鹿，八九月打虎豹。契丹这一习俗也传到南京山区。女真的渔猎方式与契丹极为相似，狩猎也是有季节性的，民间的渔猎按四时进行，正月钓鱼海上，于水底钓大鱼；二三月放海东青打雁；四五月打麋鹿；六七月不出猎；八九月打虎豹之类，直至岁终。金人皇家一年围猎的次数在迁都燕京前后进行过调整：全国酷喜田猎。昔都会宁，四时皆猎，迁都燕京后，以都城外皆民田，三时无地可猎，候冬月则出，一出必逾月。④ 肉类食用方法早年较简单，"或燔或烹，或生脔以芥蒜汁渍沃"⑤，后来学会了制作肉酱、肉汁、肉干等。

　　辽代南京和金中都的农牧两种生产方式并不是绝然分隔的，其中也有一个相互借鉴、吸收和转化的过程。契丹是一个畜牧业占主导地位的民族，但到辽圣宗、兴宗时期，辽代的农业生产已超越畜牧业，成为社会经济的主要基础。就五京来说，南京（今北京市）和西京（今山西大同市）南部原本就是农业比较发达的地区，上京（今内蒙古巴林左旗）、中京（今内蒙古宁城县）、东京（今辽宁辽阳市）地区的各民族有众多人从事农业生产，农业区不断向畜牧、狩

①　[北宋] 苏颂：《苏魏公文集》卷13《契丹帐》，北京：中华书局1988年版，第171页。
②　[元] 脱脱等：《辽史》卷18《本纪第十八》，北京：中华书局，2017年标点本，第239页。
③　[北宋] 苏颂：《苏魏公文集》卷13《后使辽诗》，北京：中华书局1988年版，第168页。
④　[金] 宇文懋昭：《大金国志校证》卷36《田猎》，北京：中华书局，1986年标点本，第520页。
⑤　杨锡春：《满族的宫廷膳食》，载《满族文学》2007年第4期。

猎地延伸。通过政府行为，让居民迁徙到发达的农业地区从事农耕。辽统和六年（988），"又徙吉避寨居民三百户于檀（今北京市密云区）、顺（今北京市顺义区）、蓟（今天津市蓟州区）三州，择沃壤，给牛、种谷"①。统和十五年（997）二月，"诏品部旷地令民耕种"②。品部属于西北路招讨司，在此进行耕种，扩大了辽代的农业开发地区，并取得很大的成效。生产方式的融合、转变，为多民族饮食文化的融合和转变奠定了坚实的基础，因为一定的生产方式是与特定的饮食习惯相适应的。

辽朝，从公元907年至1125年，活跃在黄河流域的广大地区。契丹族本是鲜卑族的一支，他们以猎畜、猎禽、捕鱼和农业生产为生计。狍子、鹿、羊、牛、鱼、天鹅、大雁、黍稷和瓜豆等，是契丹人的主要食物。菜肴以"猪、羊、鸡、鹅、兔连骨"煮熟后，备"生葱、韭、蒜、醋各一碟"蘸而食之最为常见，这与今日蒙古族的"手把肉"和西北地区的手抓羊肉颇为相似。契丹人进入中原以后，宋辽之间往来频繁，在汉族先进的饮食文化影响下，契丹人的食品日益丰富和精美起来。汉族的岁时节令在契丹境内一如宋地，节令食品中的年糕、煎饼、粽子、花糕等也如宋式。"由于契丹族和汉族居民同居一城，年代久后，饮食上互相仿效，汉人有了吃肉的习惯，契丹人也学会了吃米（饭）、面。在辽代末年，南京城内的汉族、契丹族居民的主食都是粮、肉兼用。"③难怪到了元代，蒙古族统治者把契丹和华北的汉人统统叫作"汉人"。

西夏是祖国西北地区党项人建立的一个多民族的王国。西夏人的饮食，粮、肉、乳兼而有之。公元1044年与北宋签订和约后，在汉族饮食影响下，西夏人的饮食逐渐丰富多样化。其肉食品和乳制品，有肉、乳、乳渣、酪、脂、酥油茶；面食则为汤、花饼、干饼、肉饼等。其中花饼、干饼是从汉族地区传入的古老食品。

女真是我国古老的民族，当他们分布在黑水一带的时候，"夏则出随水草而居，冬则入处其中，迁徙不常"④。"喜耕种，好鱼猎"，猪、羊、鸭和奶酪是其喜爱的食物。金国建立以后，先后与辽和南宋有过经济文化往来。特别是女真进入中原和汉族交错杂居以后，他们的饮食生活发生了较大变化。女真上京会宁，"燕

---

① ［元］脱脱等：《辽史》卷59《志第二十八》，北京：中华书局，2017年标点本，第1025页。

② ［元］脱脱等：《辽史》卷13《本纪第十三》，北京：中华书局，2017年标点本，第151页。

③ 吴建雍：《北京城市生活史》，北京：开明出版社1997年版，第41页。

④ ［元］脱脱等：《金史》卷1《本纪一》，北京：中华书局，1975年标点本，第2页。

（宴）饮音乐，皆习汉风"①，中原地区的上元灯节等习俗，亦为女真所吸收。金国使者到达南宋，宋廷在皇宫集英殿以富有民族风味的爆肉双下角子、白肉胡饼、太平饆饠、髓饼、白胡饼和环饼等菜点进行款待。中都女真贵族一时崇尚汉食，为了满足饮宴之需，还召汉族厨师入府当厨。

由于生产形态多样，用于饮食烹调的产品物种比较齐全，主粮是黍、稻、菽、稗、麦、荞麦和穄等。果木以杏、桃、李、枣、梨、柿、海棠、樱桃、栗、榛、松等为主。畜牧业主要有马、牛、羊、鹿等。"辽朝在宴饮、款待宋使时，熊、鹅、雁、鹿、貂、兔、野鸡等腊肉和鲜肉，都是必不可少的美味佳肴。"② 另外还有稻、梁、瓜蓏、菜、花、禽、兽、水族等。以至于金世宗在大定十四年（1174）曾感叹道："日者品味太多，不可遍举。"③ 金代中期以后，南方饮茶风气渐渐北来，使得茶叶贸易日渐繁荣。《金史·食货志四》记载："比岁上下竞啜（茶），农民尤甚，市井茶肆相属，商旅（金人）多以丝绢易茶，岁费不下百万。""商旅（金人）多以丝绢易茶，岁费不下百万"④，中都城"市井茶肆相属"⑤，以致金朝廷不得不采取限制措施。茶叶的输入给中都城内的饮食增加了新的种类和方式，也有助于改善当地的饮食结构。农、畜业产品，可以满足辖区内需求，自给自足，在没有自然灾害的时候，甚至还有剩余产品外输。《辽史·食货志上》云："辽之农谷，至是为盛。"景宗乾亨五年（983），即便遇上自然灾害，辽统治者依然可以底气十足地宣称："五稼不登，开帑藏而代民税，螟蝗为灾，罢徭役以恤饥贫。"⑥ 女真人延续了辽南京饮食多样化的特点，食用的粮食有粟、麦、黍、稷、稻、梁、菽、糜和荞麦等。家畜、家禽和猎物有猪、鸡、羊、犬、马、牛、驴、鹿、兔、狼、熊、獐、狐狸、麃、狍、鹅、鸭、雁、鱼、虾蟆等。蔬菜有葱、韭、蒜、长瓜、芹、笋、蔓菁、葵、回鹘豆和野生植物芍药等。这一兼具农业和畜牧业，外加狩猎的生产方式，为烹饪风味的多样性提供了资源方面的根本保障，表明饮食文化的发展具备了十分优越的条件。

① ［元］脱脱等：《金史》卷7《本纪第七》，北京：中华书局，1975 年标点本，第 155 页。
② 李桂芝：《辽金简史》，福州：福建人民出版社 1996 年版，第 60 页。
③ ［元］脱脱等：《金史》卷7《本纪第七》，北京：中华书局，1975 年标点本，第 161 页。
④ ［元］脱脱等：《金史》卷49《志第三十》，北京：中华书局，1975 年标点本，第 1115 页。
⑤ ［元］脱脱等：《金史》卷49《志第三十》，北京：中华书局，1975 年标点本，第 1117 页。
⑥ ［元］脱脱等：《辽史》卷59《志第二十八》，北京：中华书局，2017 年标点本，第 1025 页。

第三节　皇家饮食礼仪

重要节日庆典宴饮及皇帝留宿宫外设宴、狩猎射获头鹅后荐庙宴饮等场合，都有一整套礼仪规范。以宴饮中的"国乐"为例，《辽史·乐志》"国乐"载："七月十三日，皇帝出行宫三十里卓帐。十四日设宴，应从诸军随各部落动乐。"又有"春飞放杏堝，皇帝射获头鹅，荐庙燕饮，乐工数十人执小乐器侑酒"①。可见，体现契丹族饮食传统的"国乐"在辽代统治阶级的饮食生活中占据着重要地位。金代宫廷宴饮时，大多要表演唐时的燕乐"十部乐"，演奏金代宫廷制定的传统宴乐以展现对于中原汉族宴乐固有传统的继承。

1. 捺钵制度中皇室饮食

在封建王朝统治的社会中，国家就是帝王的家天下。因此，帝王拥有最大的物质享受。他们可以在全国范围内役使天下名厨，集聚天下美味。作为统治集团，他们又常常受到等级制度和伦理观念的制约，有着一整套体现等级观念的饮食礼仪。捺钵饮食便是辽金期间宫廷社会礼仪化的突出表现。宫廷饮食是特定环境下畸形膨胀的一种饮食生活，代表了当时最高的饮食文化水平，也引领着饮食文化的发展方向。

"捺钵"为契丹语 nabo 音译，在汉译中还出现了"纳拨""纳钵""纳宝""纳巴""剌钵"等不同的写法。但表述的基本意思是一致的。捺钵即"行营"。《辽史》又载：秋冬春夏"四时各有行在之所，谓之捺钵"②。"行在"亦即捺钵。正如《辽史·营卫志中》云："长城以南，多雨多暑，其人耕稼以食，桑麻以衣，宫室以居，城郭以治。大漠之间，多寒多风，其人畜牧畋渔以食，皮毛以衣。……此天时地理所以限南北也。"春捺钵时间大体为冬末春初，正值北方天气寒冷、江河冻结的时候进行"凿冰钩鱼"活动。而秋捺钵选择在秋季入山射猎，即因为秋高气爽的时节，鸟兽膘肥肉厚，皮韧毛丰，猎物最具经济价值③。长城以外，辽河上游，主要为游牧民族，生产、生活方式以游牧渔为主，表现为渔畋游猎的捺钵文化。

在捺钵期间，契丹人主要从事的野外活动是渔猎。渔猎收获后，大都要举行

---

① ［元］脱脱等：《辽史》卷 54《志第二十三》，北京：中华书局，2017 年标点本，第 882 页。

② ［元］脱脱等：《辽史》卷 32《志第三》，北京：中华书局，2017 年标点本，第 374 页。

③ 郑毅：《论捺钵制度及其对辽代习俗文化的影响》，载《学理论》2013 年第 20 期。

大规模的宴饮活动。狂食豪饮成为捺钵的有机组成部分，也是辽代上层社会饮食的时代特点。契丹人的这种宴饮场面，在传世辽画及出土辽墓壁画中描绘得相当生动。譬如，契丹著名风俗画《卓歇图》的画面就非常典型。而皇帝渔猎归来后的宴饮规模更为宏大，仪式程序更为规范。捕鹅打雁是契丹贵族春捺钵的一项重要活动。《辽史·营卫志中》记载，每当江河融化的时候，正是捕获鹅雁的最好时节。辽代皇帝，每逢正月出发，两个月左右到达鸭子河，那里是鹅鸭成群、大雁翻飞的地区。皇帝在黑山拜陵、游猎，然后便到鸭子河同侍臣射猎，捕杀天鹅。每年的第一只天鹅被辽朝皇帝捕得之后，要举行盛大的"头鹅宴"。"皇帝得头鹅，荐庙，群臣各献酒果，举乐。更相酬酢，致贺语，皆插鹅毛于首以为乐。赐从人酒，遍散其毛。"① 以天鹅为主题，行祭拜礼，并宴享歌舞狂欢。辽皇边吃边赏，酒宴通宵达旦。这种野宴，不仅有头鹅，还有鹿肉、鸭肉以及东海上的野禽等。《契丹国志》载，在春捺钵期间辽朝皇帝猎捕天鹅："每初获，即拔毛插之，以鼓为坐，遂纵饮，最以此为乐。"即便在春捺钵期间捕获第一条牛头鱼，也要举行"头鱼宴"②。每年正月初一上岁时，钓鱼得头鱼，将此鱼令御厨制成美味，辽皇马上设酒宴，食用"头鱼"，在辽宫称为"头鱼宴"。每逢节日都如此。谁钓得头鱼进献皇上，便得重赏。《辽史·国语解》载：头鱼宴，"上岁时钓鱼，得头鱼，辄置酒张宴，与头鹅宴同。"③ 契丹民族宴饮活动的最大特点是"宴乐一体"，即"音乐"与"酒宴"联系在一起，宴中有乐，乐中有宴，宴乐并行是春捺钵宴会上的主要表现模式，形成了富有契丹民族特色的独特宴席风格。

另外，宴会上的客人往往也要即兴起舞，连皇帝本人有时也会即兴弹奏乐器舞蹈。徐梦莘《三朝北盟会编》卷十五引马扩《茆斋自叙》说："十一日，辞朝，阿骨打坐所得契丹纳跋。行帐，前列契丹旧教坊乐工，作花宴。"④ 辽朝皇帝利用

---

① ［元］脱脱等：《辽史》卷32《志第二》，北京：中华书局，2017年标点本，第423页。

② ［宋］程大昌《演繁露·契丹于达鲁河钓鱼》条有比较详细的记载："达鲁河钩牛鱼，北方盛礼，意慕中国赏花钓鱼，然非钓也，钩也，……达鲁河东与海接，岁正月方冻，至四月乃泮。其钓是鱼也，虏主（契丹皇帝）与其母皆设帐冰上，先使人于河上下十里间，以毛网截鱼，令不得散逸，又纵而驱之，使集虏帐，其床前预开冰窍四，名为冰眼，中眼透水，旁三眼环之不透，第斫减令薄而已，薄者所以候鱼，而透者将以施钩也。鱼虽水中之物，若久闭于冰，遇一出水之处，亦必伸首吐气，故透水一眼，必可以致鱼，而薄不适水者，将以伺视也。鱼之将至，伺者以告虏主，即遂于断透眼中甩绳钩掷之，无不中者。既中，遂纵绳令去，久，鱼倦，即曳绳出之，谓之得头鱼。头鱼既得，遂相一与出冰帐，于别帐作乐上寿。"见张国庆：《辽代契丹贵族渔猎活动考述》，载《辽史研究》1993年第3期。

③ ［元］脱脱等：《辽史》卷116《国语解第四十六》，北京：中华书局，2017年标点本，第1689页。

④ ［宋］徐梦莘：《三朝北盟会编》，上海：上海古籍出版社2008年版，第109页。

四时捺钵时的宴饮活动对地方臣僚和归顺诸部进行考察，维护统治秩序。由于春捺钵期间，辽朝皇帝召见女真各族首领，所以往往借此考察女真首领的忠诚，史载："天庆二年（1112）二月丁酉，（天祚皇帝）如春州，幸混同江钓鱼。界外生女直酋长，在千里内者，以故事皆来朝。适遇'头鱼宴'。酒半酣，上临轩，命诸酋次第起舞，独阿骨打辞以不能。"① 仅敬酒还不行，还必须向契丹皇帝献舞。此举遭到阿骨打的断然拒绝，由此挑起了女真灭辽战争。可见，捺钵宴会带有浓厚的政治意味。"契丹统治者在当时特殊的经济、政治背景条件下……形成的一种具有重大教化意义和现实政治意义的庄严隆重盛大热烈的典礼仪式，其作用和地位相当于中原帝王的亲耕大典。"②

北京都市宫廷饮食起始于辽代。辽代宫廷饮食带有强烈的女真民族的色彩，饮食活动多在重大仪式场合展开。以正旦朝贺仪为例，据《辽史·礼志六》卷五十三记载：仪式进入宣宴程序后，便是一进酒，两廊从人拜，称"万岁"，各就座。亲王进酒，如果太后手赐亲王酒，亲王要跪饮喝完。殿上三进酒，行饼、茶。教坊人员跪，并致语，揖大臣大使、副使、廊下从人立，呼喊口号结束，然后行茶，行肴膳。以后是大馔入，行粥碗，殿上七进酒乐曲终。使相、臣僚在座，揖廊下从人起，称"万岁"，从两门出。然后是揖臣僚、使副起称"万岁"，下殿。最后要舞蹈，五拜，出洞门，礼仪结束。尽管辽代宫廷饮食场面比较浩大，但由于契丹皇帝并不经常住在五京宫殿内，而是始终保持其游牧民族骑射、渔猎的习俗，过着四时捺钵的生活，这就大大影响了宫廷饮食的水平和质量。在捺钵地，契丹皇帝便居住在帐篷中，契丹皇帝四时捺钵的地点便是行宫之所在。入辽宋使有些时候便在捺钵行宫受到契丹皇帝的隆重接见。辽朝皇帝经常在春秋季节出外游猎，每到这个时候都会进驻南京城，但只在大内做短暂停留。太平五年（1025），辽圣宗驻跸南京，临幸内果园宴饮。当时正是千龄节，燕地居民因粮食丰收，在皇帝车驾临幸时，争相进献土产。皇帝礼事老人，施恩于鳏夫寡妇，赐给他们酒脯饮食。一个偶然的机会，皇帝在此过节，也是仅有的一件事情。③ 辽南京作为陪都，仅为辽五京之一，不具有独尊的皇城地位。由于南京宫廷地位不是至高无上的，且帝王又不是常住，南京宫廷饮食体系自然还没有完全建立起来，

---

① ［元］脱脱等：《辽史》卷 27《本纪第二十七》，北京：中华书局，1974 年标点本，第 326 页。
② 田广林：《契丹礼俗考论》，黑龙江：哈尔滨出版社 1995 年版，第 123—124 页。
③ 何海平：《浅谈辽升幽州（北京）为陪都的原因及影响》，载《首都博物馆论丛》2019 年年刊。

宫廷饮食的特点并不突出。

不过，南京毕竟是辽朝的经济中心，随皇帝的四时捺钵，大批贵族、臣僚、近卫军的尾随，捺钵地的万民欢庆，浩大的阵势和礼仪场面必然带动商品交易和商贩助兴。从契丹壁画中可看到，随军出行人员中，有头顶大圆筐箩，内放碗、碟、杯、壶和饼食者。可以想见，南京地区的少数民族头顶食筐随行沿街叫卖的习俗，由辽至元日渐增多，各色兜售食品的游商沿途叫卖成了辽南京城的商业景观之一。

四时捺钵不单是有辽一代契丹之制，而且在金元时期女真、蒙古族中也相沿不衰。据《大金集礼》卷三十二所载，元旦、上元（元夕）、中和、立春、春分、上巳、寒食、清明、立夏、四月八日（佛诞日）、端午、三伏、立秋、七夕、中元、中秋、重阳、下元、立冬、冬至、除夕等，都是金朝官方承认的节日。"金朝是以女真人为统治民族，以汉人为多数的政治实体，在长期的共同生活中，女真人所接受的汉族节日文化越来越多。"[1] 在皇宫里庆贺这些节日，宴饮是必不可少的。金中都皇宫在饮食方面，皇家设立了御膳房、御茶膳房、寿膳房、外膳房、内膳房、皇子饭房、侍卫饭房等机构，而这些机构中的工作人员就达千人左右。皇帝每餐要享用几十道精细的菜，为了伺候他一个人，要有上百人忙活。金帝常在庆和殿设宴，皇太子允恭长女郢国公主下嫁乌古论谊，"赐宴庆和殿"[2]；世宗第十四女下嫁纥石烈克宁之子诸神奴，"宴百官于庆和殿"[3]。皇太孙完颜璟之子洪裕生，世宗喜甚，"满三月，宴于庆和殿"[4]。由以上观之，庆和殿又是金朝皇室喜庆之日宴饮之所。

当然，捺钵与饮食关系的症结还是在制度方面，"在契丹国以游牧为主体的政治结构中，京城不可能成为中原都城意义上的政治中心，但却在对农业人口的管理中，在体制上提供了支撑"[5]。表面上，捺钵制度是与游牧民族及所处的地理位置相适应的，传统的捺钵地点与京城契合在一起，尤其是在冬季重要的议事季节。但契丹统治有力地保障了农业生产的稳定地位，提升了农耕区的经济地位。这对

---

① 柯大课：《中国宋辽金夏习俗史》，北京：人民出版社 1994 年版，第 185 页。
② ［元］脱脱等：《金史》卷 69《列传第七》，北京：中华书局，1975 年标点本，第 1604 页。
③ ［元］脱脱等：《金史》卷 87《列传第二十五》，北京：中华书局，1975 年标点本，第 1929 页。
④ ［元］脱脱等：《金史》卷 93《列传第三十一》，北京：中华书局，1975 年标点本，第 2058 页。
⑤ 诸葛净：《辽金元时期北京城市研究》，南京：东南大学出版社 2016 年版，第 24 页。

于以游牧经济为主体的契丹统治而言，是在政治层面接纳了农耕经济和饮食风味，无疑增添了饮食结构的丰富性和多元性。这对后世两大经济形态的饮食融合产生了积极的影响。

然而，金中都宫廷饮食文化依然存在局限性。一是捺钵制度的持续影响。金朝的捺钵，其重要性虽不及辽朝，但也是有金一代宫廷饮食方面一个不容忽视的问题，它表现了女真社会饮食方式和饮食追求的某些特质。金朝诸帝一年之中往往有半年以上的时间不住在都城里，金朝皇帝游历春水秋山，动辄历时数月，在此期间，国家权力机构便随同皇帝转移到行宫。故每当皇帝出行时，自左右丞相以下的朝廷百官大都要扈从前往。这一带有游牧性质的宫廷饮食显然不能得到充分展示。二是金朝女真人固有的饮食文化远远落后于宋朝的水平，其饮食无论就制作还是就享用来说，都谈不上精细和雅致。《大金国志》卷三十九具体描述了金人的饮食状况：饮食甚鄙陋，以豆为浆，又嗜半生米饭，渍以生狗血及蒜之属，和而食之。嗜酒，好杀。金朝饮酒之风非常盛行。史书记载，金景祖嗜酒好色，饮啖过人；金世祖曾经乘醉骑驴入室；金熙宗尝与近臣通宵达旦地饮酒，因酗酒还影响了朝政。豪饮大概是金中都宫廷饮食最大的特点。

2. 皇帝与臣子的宴饮活动

辽金以皇帝为中心的宴饮活动名目繁多。除了政治色彩较重的四时捺钵时的宴饮外，还有出于皇帝爱好和政治需要临时而设的赏赐军功或问政于臣的宴饮；也有专门宴请外国使者的宴饮活动，以及为了笼络皇室宗族的宴饮活动等。契丹族好酒善饮的习俗进入政治体系当中，变成了君臣联系的一个纽带。辽金皇帝通过赐宴的方式，笼络人心，促进了君臣之间的交流，加强了对臣子的控制，让臣子尽心尽力地为其服务。

（1）宴饮场合以歌舞助兴，狂欢通宵达旦。宴饮离不开酒，也离不开音乐，自古如此。《周礼·春官宗伯·大司乐/小师》云："乃分乐而序之，以祭、以享、以祀。乃奏黄钟，歌大吕，舞云门，以祀天神；乃奏大簇，歌应钟，舞咸池，以祭地示；乃奏姑洗，歌南吕，舞大磬，以祀四望；乃奏蕤宾，歌函钟，舞大夏，以祭山川；乃奏夷则，歌小吕，舞大濩，以享先妣；乃奏无射，歌夹钟，舞大武，以享先祖。"[1]几乎所有的祭祀场合都以宴享的形式表现出来，宴饮过程中伴随歌

---

① 罗宗阳等编注：《十三经直解》（第二卷上），南昌：江西人民出版社1993年版，第196页。

舞。辽金宴饮场合的歌舞气氛较之以往各朝，有过之而无不及。辽金所有的宴享活动，在载歌载舞的同时，都要饮酒。无酒不成宴，无宴不用乐。

辽道宗《题李俨黄菊赋》："昨日得卿黄菊赋，碎剪金英填作句。袖中犹觉有余香，冷落西风吹不去。"①诗中对借酒助兴的《黄菊赋》赞叹不已。圣宗时，"承平日久，群方无事，纵酒作乐，无有虚日，与番、汉臣下会饮，皆连昼夕"。他本人"或自歌舞，或命后妃以下弹琵琶送酒"。他"喜吟诗，出题诏宰相以下赋诗，诗成进御，一一读之。优者赐金带"。有时还临幸大臣私第集会。都是"尽欢而散"。②《辽史》卷十七《圣宗本纪》载："（太平五年）十一月庚子，幸内果园宴。京民聚观。求进士得七十二人，命赋诗，第其工拙，以张昱等一十四人为太子校书郎，韩栾等五十八人为崇文馆校书郎。……是岁，燕民以年谷丰熟，车驾临幸，争以土物来献。上礼高年，惠鳏寡，赐酺饮。至夕，六街灯火如昼，士庶嬉游，上亦微行观之。"辽圣宗此次临幸南京城，从太平五年九月，直至十二月，长达3个月之久。

《辽史》记载了宫廷礼仪宴会上的礼乐安排。"皇帝生辰乐次：酒一行，觱篥起，歌。酒二行歌，手伎入。酒三行琵琶独弹。饼、茶、致语。食入，杂剧进。酒四行阙。酒五行笙独吹，鼓笛进。酒六行筝独弹，筑球。酒七行歌曲破，角抵。""曲宴宋国使乐次：酒一行，觱篥起，歌。酒二行，歌。酒三行，歌，手伎入。酒四行，琵琶独弹。饼、茶、致语。食入，杂剧进。酒五行，缺（阙）。酒六行，笙独吹，合《法曲》。酒七行，筝独弹。酒八行，歌，击架乐。酒九行，歌，角抵。"③沈括《梦溪笔谈》记载，辽兴宗耶律宗真就曾在行宫欢送北宋使臣归国的宴会上弹奏过琵琶，"庆历中，王君贶使契丹，宴君贶于混融江，观钓鱼。临归，戎主置酒谓君贶曰：'南北修好岁久，恨不得亲见南朝皇帝兄。托卿为传一杯酒到南朝'。乃自起酌酒，容甚恭，亲授君贶举杯；又自鼓琵琶，上南朝皇帝千万岁寿"④。为助兴，契丹皇帝自己也即兴弹奏乐器或歌舞一番。《金史·乐志》也记载"金初得宋，始有金石之乐，然而未尽其美也。及乎大定、明昌之际，日修

① 阎凤梧、康金声：《全辽金诗》，太原：山西古籍出版社2003年版，第29页。
② ［宋］叶隆礼：《契丹国志》卷七《圣宗天辅皇帝》，上海：上海古籍出版社1985年版，第72页。
③ ［元］脱脱：《辽史》卷47《志第十七上》，北京：中华书局，2017年标点本，第891—893页。
④ ［宋］沈括：《梦溪笔谈》，刘尚荣点校，沈阳：辽宁教育出版社1997年版，第143页。

月茸，粲然大备。其隶太常者，即郊庙、祀享、大宴、大朝会宫县二舞是也"①，这种宴饮时配以歌舞音乐的场景在金代墓葬壁画中常得以体现。

（2）节日宴席的盛大场面。在节日期间，皇帝往往举办盛大的宴席，普天同庆，营建太平治世景象。受汉民族节日文化的影响，几乎每个节日都要举行宴饮活动。《辽史》卷五十三《礼志六》载："正旦国俗，以糯饭和白羊髓为饼，丸之若拳，每帐赐四十九枚，戊夜，各于帐内窗中掷丸于外，数偶、动乐、饮宴。数奇，令巫十有二人鸣铃，执箭，绕帐歌呼，帐内爆盐垆中，烧地拍鼠，谓之'惊鬼'，居七日乃出。"② 这种元旦惊鬼的习俗说明契丹人对神灵的崇拜。起源于唐朝的中和节，时间为二月一日。《契丹国志》卷二十七《岁时杂记》载："二月一日，大族姓萧者，并请耶律姓者，于本家筵席，此节为'瞎里叵'。""瞎里"的意思是"请"；"叵"即"时"。《辽史》卷五十三《礼志六》载："二月一日为中和节，国舅族萧氏设宴，以延国族耶律氏，岁以为常。"③ 两书均记载了中和节时萧氏宴请耶律氏的宴饮活动。《辽史》卷五十三《礼志六》记载："七月十三日……前期，备酒馔。翌日，诸军部落从者皆动蕃乐，饮宴至暮乃归行宫，谓之'迎节'。十五日中元，动汉乐，大宴。十六日昧爽，复往西方，随行诸军部落大噪三，谓之'送节'。"④ 辽朝皇帝除了像中原地区中元节时祭奠先人亡灵，还会举办"随军部落大噪三"的祭悼仪式来祭奠亡殁的将士，这是契丹族特有的内容。

（3）宴请使节也是帝王大臣宴集行乐的一项重要内容。"从景德元年（1004）到宣和三年（1121）的118年间，宋辽共互派使臣682次，平均每年6～7次，其中贺正旦，宋遣使至辽139次，辽遣使至宋140次；贺生辰，宋遣使至辽140次，辽遣使至宋135次；祭吊等，宋遣使至辽46次，辽遣使至宋43次；两朝因报聘、通和、议和、告伐他国、商议地界等事，宋遣使至辽19次，辽遣使至宋20次。"⑤ 为招待使者双方都会举行高级别的宴会，都会馈送对方丰厚的礼物。据《契丹国志》卷二十四载，余靖的《余尚书北语诗》是用契丹语和汉语所作，描述了辽朝

---

① ［元］脱脱等：《金史》卷39《志第二十》，北京：中华书局，1975年标点本，第881页。
② ［元］脱脱等：《辽史》卷53《志第二十二》，北京：中华书局，2017年标点本，第963页。
③ ［元］脱脱等：《辽史》卷53《志第二十二》，北京：中华书局，2017年标点本，第964页。
④ ［元］脱脱等：《辽史》卷53《志第二十二》，北京：中华书局，2017年标点本，第964页。
⑤ 聂崇岐：《宋辽交聘考》，载《燕京学报》1940年6月出版，总第27期。

为其举办的送行宴会的盛大场面："夜筵设罢（侈盛）臣拜洗（受赐），两朝厥荷（通好）情斡勒（厚重）。微臣稚鲁（拜舞）祝若统（福佑），圣寿铁摆（嵩高）俱可忒（无极）。"① 辽朝皇帝听了他的契丹语诗作后龙颜大悦，"举大杯，谓余曰：'能道此，余为卿饮。'复举之，国主大笑，遂为酬酢"②。《日下旧闻考》卷一五九引《渌水亭杂识》云："辽曲宴宋使，酒一行，箫篥起歌。酒三行，手伎入。酒四行，琵琶独弹。然后食入。杂剧进。继以吹笙弹筝歌击架乐角抵。……至范致能北使，有鹧鸪天词，亦云'休舞银貂小契丹，满堂宴客尽关山'。"又引《画墁录》云："辽待南使，乐列三百余人，舞者更无回旋，止于顿挫伸缩手足而已。"宋使辽过幽州，宴会上也常以歌舞待客。王安石在《出塞·涿州沙上饮盘桓》诗中写道："涿州沙上饮盘桓，看舞《春风小契丹》。"《宋史》卷二九七《孔道辅传》："契丹宴使者，优人以文宣王为戏。"宴饮、歌舞、观戏和赋诗是招待使臣的最常见的四种方式。

赵永春在《奉使辽金行程录》中整理《神宗皇帝即位使辽语录》中提到陈襄等过白沟以后"行次有易州荣城县尉董师义、涿州新城县尉赵琪、归义县尉王本立道旁参候……十二日，到涿州，知州、太师萧知善及通判、吏部郎中邓愿郊迎，并饮于南门之亭……十三日，知善等出钱酒五盏……十四日……燕京副留守、中书舍人韩近郊迎……十六日，近出钱酒五盏……十七日，到顺州，有怀柔县尉刘九思道旁参候，知州、太傅杨规正郊迎，置酒七盏…… 十八日，规正出钱酒五盏。过白絮河到檀州，有密云县尉李易简道旁参候，知州、常侍吕士林郊迎，置酒七盏……十九日，士林出钱酒五盏……六月一日，至中京，副留守大卿牛珑郊迎，置酒九盏……三日，珑出钱酒五盏……七月一日，至中京大定府，少尹大监李庸郊迎，置酒九盏……十二日，到檀州，知州、给事中李仲燕郊迎，置酒五盏。十三日，仲燕出钱酒五盏。将到顺州，知州、太傅杨规正郊迎，置酒五盏。十四日，规正出钱酒五盏。磋望京馆，至燕京析津府，少尹、少府、少监程冀郊迎，置酒五盏……十六日，冀出栈酒七盏……十七日，到涿州，知州、太师耶律德芳及通判、吏部郎中邓愿郊迎，置酒五盏……十八日，德芳等出钱酒九盏"③。由此可以看出，辽朝的官僚士大夫按照不同的级别、参照不同的仪式来宴请接待宋使。

---

① 赵永春编注：《奉使辽金行程录》，长春：吉林文史出版社 1995 年版，第 39 页。
② 赵永春编注：《奉使辽金行程录》，长春：吉林文史出版社 1995 年版，第 39 页。
③ 赵永春编注：《奉使辽金行程录》，长春：吉林文史出版社 1995 年版，第 60—67 页。

置酒盏数的多寡，场合不同规定也有所不同。

北宋大中祥符元年（1008）十二月，路振担任生辰使出使辽朝，其《乘轺录》详细记录了辽朝皇帝（辽圣宗）生辰酒宴中行酒礼的全过程，"呼汉使坐西南隅，将进房主酒，坐者皆拜……隆庆先进酒，酌以玉罐、玉盏……以罐、盏授二胡竖执之，以置罍侧，进酒者以虚台退，拜于阶下，讫，二胡竖复执罐盏以退，倾余酒于罍中，拜者复自阶下执玉台以上，取罐、盏而下，拜讫，复位……坐者皆饮，凡三爵而退。"① 可见，向辽帝进酒的仪式程序十分烦琐，进酒时，酒要用放置在玉台上的玉罐或玉盏斟满，然后按职位高低，依次跪拜进酒。在进酒之前全体官僚要高呼万岁向皇帝跪拜，然后按照官职的高低依次进酒。进酒时进者端酒给皇帝身旁的侍者，侍者将玉罐或玉盏放在罍的旁边，先等进酒者退下，侍者把酒倒入罍中，然后进酒者再从阶梯下上前取回侍者手中玉罐或玉盏，这样进酒仪式才完成。宴饮仪式显然旨在强化尊卑有序的政治内涵，凸显帝王至高无上的权威。

在招待外国使者的宴席中，以御厨宴、换衣灯宴和较射宴最为著名。许亢宗在《奉使辽金行程录》最后一程即第三十九程"自蒲挞寨五十里至馆"中有详述。② 设"朱漆银装镀金几案，果楪以玉，酒器以金，食器以玳瑁，匙箸以象齿"。足见食器之豪华程度。宴会当中，"数胡人抬舁十数鼎镬致前，杂手旋切割饲钉以进，名曰'御厨宴'。""酒五行，食毕，各赐袭衣袍带，使、副以金，余人以银，谢毕，归馆。"换衣灯宴的场面更是隆重热烈，游牧民族的豪放性格及能歌善舞更是烘托了现场的气氛。"朝辞如见时仪。酒食毕，就殿上请国书，捧下殿，赐使副袭衣、物帛、鞍马、三节，人杂物帛各有差。拜辞归馆，铺挂彩灯百十余，为芙蓉、鹅、雁之形，蜡炬十数，杂以弦管，为堂上乐。馆伴使、副过位，召国信使、副为惜别之会，名曰'换衣灯宴'。酒三行，各出衣服三数件，或币帛交遗。常相聚，惟劝酒食，不敢多言。至此夜，语笑甚款，酒不记巡，以醉为度，皆旧例也。"较射宴带有比赛的性质，将竞技、表演、娱乐和宴饮融为一体。"有贵臣就赐宴，兼伴射于馆内。庭下设垛，乐作，酒三行，伴射贵臣、馆伴使副、国信使副离席就射。三矢，弓弩从便用之。胜负各有差，就赐袭衣鞍马。"宴饮活

① 贾敬颜：《五代宋金元人边疆行记十三种疏证稿》，北京：中华书局2004年版，第62—63页。
② 赵永春辑注：《奉使辽金行程录》，北京：商务印书馆2017年版，第210页。

动的过程中，主人和宾客都可以表演歌舞，弹琵琶助兴，甚至比武射箭，尽情释放，气氛欢乐祥和，体现出辽朝洒脱豪放的宴饮风格。

（4）在辽金的政治生活中，饮食占有十分重要的位置，具有不可替代的作用。以"赐酺"为例，这是一种聚饮方式。封建帝王为表示欢庆，赐大酺，特许民间举行大聚饮三天。后用以表示大规模庆贺。《新唐书卷三·高宗纪》："永淳元年二月癸未，以孙重照生满月，大赦，改元，赐酺三日。"秦汉之际规定，三人以上不得聚饮，朝廷有庆典之事，特许臣民聚会欢饮，此谓"赐酺"。后世王朝遂为一种宴饮庆祝活动。辽代统治者沿袭了这一政治化了的饮食传统，以此笼络人心。神册元年（916）三月丙辰，"以迭烈部夷离堇曷鲁为阿庐朵里于越、百僚进秩、颁赉有差，赐酺三日"①。辽圣宗时期，巡幸燕地，"燕民以年谷丰熟……争以土物来献"。辽圣宗入乡随俗，按中原汉族礼节"礼高年，惠鳏寡，赐酺饮"②，以此施恩于燕地汉民，巩固辽朝南疆统治。

尤其在战争期间，皇帝利用宴饮论功行赏，奖惩分明。辽太宗在征战天下时用宴赏激励将士，"三月辛卯，皇太弟讨党项胜还，宴劳之"③。"夏四月甲申，还次南京。杖战不力者各数百。庚寅，宴将士于元和殿。"④ 辽景宗时也宴赏过耶律休哥及有功将校。"十一月戊寅，宴赏休哥及有功将校。"⑤ 在辽宋岐沟关战役后，辽圣宗亲自在元和殿设大宴款待出征将领，还封耶律休哥为宋国王，赏赐了蒲领、筹宁、蒲奴宁等有功将领。"五月庚午，辽师与曹彬、米信战于岐沟关，大败之。……丙戌，御元和殿，大宴从军将校。封休哥为宋国王，加蒲领、筹宁、蒲奴宁及诸有功将校爵赏有差。"⑥ 皇帝亲自参与宴饮活动以封官、恩赏。《辽史·穆宗纪下》载："应历十七年春，正月庚寅朔林牙萧斡、郎君耶律贤适讨乌古还，帝执其手，⑦ 赐卮酒，授贤适右皮室详稳。雅里斯、楚思、霞里三人赐醨酒以辱之。"穆宗赐卮酒给耶律贤适，以表达敬重与赞赏，而用轻薄无味的下品醨酒来羞

---

① ［元］脱脱等：《辽史》卷1《本纪第一》，北京：中华书局，1974年标点本，第10页。
② ［元］脱脱等：《辽史》卷17《本纪第十七》，北京：中华书局，1974年标点本，第198页。
③ ［元］脱脱等：《辽史》卷3《本纪第三》，北京：中华书局，1974年标点本，第34页。
④ ［元］脱脱等：《辽史》卷3《本纪第三》，北京：中华书局，1974年标点本，第56页。
⑤ ［元］脱脱等：《辽史》卷9《本纪第九》，北京：中华书局，1974年标点本，第102页。
⑥ ［元］脱脱等：《辽史》卷11《本纪第十一》，北京：中华书局，1974年标点本，第122页。
⑦ 皇帝亲自"执手"，为一种授励礼仪。《辽史·国语解》"执手礼"条云："将帅有克敌功，上（皇帝）亲执手慰劳；若将在军则遣人代行执手礼。优遇之意。"

辱那些不称职的大臣，赐酒成为奖罚有度的标志。

宴饮是皇帝笼络人心的常用手段，但"鸿门宴"在契丹的政治生活中并非个例。如阿保机在创立契丹政权之际，利用"盐池宴"对内部反对势力采取的镇压策略。"汉城在炭山东南滦河上，有盐铁之利，乃后魏滑盐县也。其地可植五谷，阿保机率汉人耕种，为治城郭邑屋廛市，如幽州制度，汉人安之，不复思归。阿保机知其众可用，用其妻述律策，使人告诸部大人曰：'我有盐池，诸部所食。然诸部知食盐之利，而不知盐有主人，可乎？当来犒我。'诸部以为然，共以牛酒会盐池。阿保机伏兵其旁，酒酣伏发，尽杀诸部大人，遂立，不复代。"① 《辽史》也记载了这一事件："有司所鞫逆党三百余人，狱既具，上以人命至重，死不复生，赐宴一日，随其平生之好，使为之。酒酣，或歌或舞，或戏射、角抵，各极其意。明日，乃以轻重论刑。"② 这是统治者以宴饮的形式清除异己的典型案例。从辽金开始，饮食超越了食欲和审美的范畴，真正步入政治化和军事化的轨道。"食以载道"，饮食成为政治、军事较量中不可或缺的手段和方式。

（5）金代饮食与礼仪关系密切。最早对金代皇室饮食生活进行详细记载的是宋人马扩，金太祖天辅二年（1118），马扩使金遇完颜阿骨打与诸部落首领聚餐"共食则于炕上，用矮抬子或木盘相接，人置稗饭一碗，加匕其上。列以蒜韭、野蒜、长瓜，皆盐渍者。别以木楪盛猪、羊、鸡、鹿、兔、狼、獐、麂、狐狸、牛、驴、犬、马、鹅、雁、鱼、鸭、虾蟆等肉，或燔、或烹、或生脔，多芥蒜渍沃，陆续供列。各取配刀，脔切荐饭。食罢，方以薄酒传杯冷饮"，而"御宴者，亦如此"③。金代初期的皇室宴饮仍然沿袭辽室契丹的聚餐会饮的合餐制，几乎都是肉食，制作技艺粗糙，饮食器具多为木质且颇为简陋。

自金太宗亡辽破宋始，中原饮食文明逐步进入金代皇室饮食生活世界，儒家礼仪等级观念极大地改变了原有的宫廷饮食状况。天会三年（1125），宋使许亢宗使金参加了金朝皇室的"御厨宴"，对此有详细记载。主食"用粟，钞以匕，别置粥一盂，钞一小杓，与饭同下，好研芥子，和醋伴肉食，心血脏瀹羹，芼以韭菜"④，谷物类主食有"馒头、炊饼、白熟、胡饼之类"，且"最重油煮面食，以

① ［北宋］欧阳修：《新五代史》卷72《四夷附录第一》，北京：中华书局，1974年标点本，第885页。
② ［元］脱脱等：《辽史》卷1《本纪第一》，北京：中华书局，2017年标点本，第9页。
③ ［南宋］徐梦莘：《三朝北盟会编》卷4《政宣上帙四》，上海：上海古籍出版社1987年，第29页。
④ 贾敬颜：《五代宋金元人边疆行记十三种疏证稿》，北京：中华书局，2004年标点本，第229—230页。

蜜涂拌"①进行烹制。饮食方式为"遇食时，数胡人抬昪十数鼎镬致前，杂手旋切割饾饤以进"②。皇室宫廷宴饮过程中乐舞规模扩大，"人数多至二百人云，乃旧契丹教坊四部也。每乐作，必以十数人高歌以齐管也，声出众乐之表，此为异尔"；③所使用的乐器也越来越多，有"腰鼓、芦管、笛、琵琶、方响、筝、笙、箜篌、大鼓、拍板"等。④相对于金初，食品和餐具更为精致，种类更为多样，讲究烹饪技艺，且注重饮食环境的营造，所用于侑食音乐的乐器也完全汉化了，呈现向中原饮食文明靠拢的趋势。

进入世宗、章宗时期，社会稳定，物质相对充足，宫廷饮食礼仪演绎得更为成熟。由于食品种数大幅度增加，饮食程序也变得繁复起来。大定九年（1169），宋人楼钥使金获皇帝赐宴，对该时期皇室宫廷饮食状况做了详细记录。筵席礼仪程序依次为："初盏煠子粉，次肉油饼，次腰子羹，次茶食。以大桦贮四十楪，比平日又加工巧"，接着"别下松子、糖粥、糕糜、里蒸蜡黄、批羊饼子之类，不能悉计。次大茶饭，先下大枣豉二、大饼肉山，又下燔鱼、酰豉等五楪，继即数十品源源而来，仍以供顿之物杂之。两下饭与肚羹，三下钳子，五下鱼，不晓其意，盖其俗盛礼也。次饼餤三，次小杂椀，次羊头，次煿肉，次划子，次羊头假鳖，次双下灌浆馒头，次粟米水饭大簇钉，凡十三行"⑤。宴饮即将结束时，筝笙齐鸣，奏乐送客。礼仪井然有序，环节极其完备，为以后各朝代的宫廷饮食礼仪奠定了理性的基调。

社会各阶层的丧葬礼仪与饮食的关系更为密切，竟然以"烧饭"谓之。《三朝北盟会编》："贵者生焚所宠奴婢、所乘鞍马以殉之，所有祭祀饮食之物尽焚之，谓之烧饭。"⑥以"烧饭"称谓祭祀亡灵的史料颇多，如宋人文惟简在金地见"女真贵人初亡之时，其亲戚、部曲、奴婢设牲牢、酒馔以为祭奠，名曰烧饭"⑦，即用肉食和美酒在出殡的时候祭奠。"烧饭"沿袭的是辽代契丹族的习俗，《契丹国志》："既崩，则设大穹庐，铸金为像，塑，望，节辰忌日，并致祭，筑台高逾丈，

① 贾敬颜：《五代宋金元人边疆行记十三种疏证稿》，北京：中华书局，2004年标点本，第244页。
② 贾敬颜：《五代宋金元人边疆行记十三种疏证稿》，北京：中华书局，2004年标点本，第253页。
③ 贾敬颜：《五代宋金元人边疆行记十三种疏证稿》，北京：中华书局，2004年标点本，第253页。
④ 贾敬颜：《五代宋金元人边疆行记十三种疏证稿》，北京：中华书局，2004年标点本，第243页。
⑤ 上海师范大学古籍整理研究所编：《全宋笔记》第6编，郑州：大象出版社2013年版，第17页。
⑥ ［南宋］徐梦莘：《三朝北盟会编》卷3《政宣上帙三》，上海：上海古籍出版社1987年，第16页。
⑦ ［元］陶宗仪：《说郛》，上海：上海古籍出版社1990年版，第49页。

以盆焚酒食，谓之烧饭。"①《辽史·礼志一》记载："及帝崩，所置人户、府库、钱粟，穹庐中置小毡殿，帝及后妃皆铸金像纳焉。节辰、忌日、朔望，皆致祭于穹庐之前。又筑土为台，高丈余，置大盘于上，祭酒食撒于其中，焚之，国俗谓之爇节。""爇"为焚烧之意，"爇节"应为烧饭。"烧饭"的时间当在送葬时和每年的节辰、忌日、朔望。普兰·卡尔宾《蒙古游记》的记载更为翔实并道出了缘由："死者如果是贵族，与生前居住的帐幕一同埋入他认为合适的地方，埋葬时，让他坐在帐幕中央，前面放一条桌子，桌子上摆放装满肉的盘子和盛满马奶的碗，与死者一同埋葬，同时埋葬的还有一匹怀胎的骒马和备有全套马具的乘骑。另外，还杀掉一匹马，扒完皮后，皮桶子里装满麦秸，挂在两个或四个木桩上。这样死去的人，到了另外一个世界，还有帐幕住，有马奶喝，有马骑。为了让他的亡灵得到安宁，将杀死的马肉吃完，把骨头焚烧掉。"② 这是汉民族"事死如事生"丧葬观念的体现，却也颇具游牧民族的特色。

除了死者的忌日外，烧饭还常在死者的月祭或周年祭举办。例如，"明昌二年（1191）正月辛酉，孝懿皇后崩。……辛卯，始克行烧饭礼"③，一月忌日的祭奠；大定二十一年（1181）二月戊子，世宗元妃李氏"以疾薨。……丙戌，上如海王庄烧饭"④，二月忌日的祭奠；哀宗时期，正大元年（1224）二月"甲寅，宣宗小祥，烧饭于德陵"⑤，属于周年祭奠。《元史·祭祀三》云："其祖宗祭享之礼，割牲、奠马湩、以蒙古巫祝致辞，盖国俗也。"⑥《元史·祭祀六》亦云："每岁，九月内及十二月十六日以后，于烧饭院中，用马一，羊三，马湩，酒醴，红织金币及里绢各三匹，命达官一员，偕蒙古巫觋，掘地为坎以燎肉，仍以酒醴，马湩杂烧之。"⑦ 尽管是少数民族的祭礼，但因祭祖仪式所烧之物多为食品，仍以汉语中的"饭"命名，统称"烧饭"。这也说明饮食对于生者和死者同样重要。

① ［宋］叶隆礼：《契丹国志》卷二十三《建管制度》，上海：上海古籍出版社1985年版，第224页。
② ［意］普兰·卡尔宾著，葛日乐朝克图译：《蒙古游记》（蒙文），呼和浩特：内蒙古教育出版社1987年版，第66页。
③ ［元］脱脱等：《金史》卷85《列传第二十三》，北京：中华书局，1975年标点本，第1899页。
④ ［元］脱脱等：《金史》卷64《列传第二》，北京：中华书局，1975年标点本，第1523页。
⑤ ［元］脱脱等：《金史》卷17《本纪第十七》，北京：中华书局，1975年标点本，第375页。
⑥ ［明］宋濂：《元史》卷74《志第二十五》，北京：中华书局，1976年标点本，第1831页。
⑦ ［明］宋濂：《元史》卷78《志第二十八》，北京：中华书局，1976年标点本，第1924页。

3. 节日庆典饮食习俗

契丹和女真族原本没有自己的节日体系，宋人洪皓在《松漠纪闻》中记载："女真旧绝小，正朔所不及，其民皆不知纪年。问之，则曰：'我见草青几度矣。'盖以草一青为一岁也。"①《辽史·历象志上》云："大同元年（947）太宗皇帝自晋汴京收百司僚属伎术历象，迁于中京，辽始有历。"至此，契丹才建立起了具有本民族特色的岁时节日制度。女真族的情况亦如是。自女真对北宋"兴兵以后，浸染华风"②，受中原汉族节日影响日深，以至于"酋长生朝，皆自择佳辰。粘罕以正旦，悟室以元夕，乌拽马以上巳，其他如重午、七夕、重九、中秋、中下元、四月八日皆然，亦有用十一月旦者，谓之周正"③。从中可知，他们在接受汉民族历法制度的基础上，形成了一年四季的节日观念，并且在节日礼仪中展示出相互融合的节日饮食文化。随着与汉民族交流的深入，皇室节日饮食在不同历史阶段，其应节食品的种类、品质，经历了由简单粗陋至精致讲究的一个变迁过程。

辽政府将元日定为国俗，"四年春正月壬申朔，宴群臣及诸国使，观俳优角抵戏"④。元日这一天，金中都举行浩大的乐舞式宫廷宴饮。《金史·乐志》记载："元日、圣诞称贺，曲宴外国使，则教坊奏之。"⑤ 朝廷专门设立了《元日圣诞上寿仪》和《正旦、生日皇太子受贺仪》仪轨，在元日圣诞寿仪上，皇帝升御座，鸣鞭、报时完毕之后，舍人"引皇太子升殿褥位，搢笏，捧盏盘，进酒，皇帝受置于案"⑥，皇太子及臣僚祝贺、参拜之后，皇帝举杯与臣僚同庆。然后引荐宋、高丽、夏等使节参拜，皇帝并"有敕赐酒食"，接着"御果床入，进酒。皇帝饮，则坐宴侍立臣皆再拜……"⑦

辽金时期盛行过寒食节，并纳入大法定假日，以便官员们有时间祭拜祖先。"寒食给假五日，著于令。"⑧ 如金泰和三年（1203），章宗"诏诸亲王、公主每岁

① 上海师范大学古籍整理研究所编：《全宋笔记》第3编，郑州：大象出版社2013年版，第125页。
② 同上。
③ 同上。
④ ［元］脱脱等：《辽史》卷3《本纪第三》，北京：中华书局，1974年标点本，第30页。
⑤ ［元］脱脱等：《金史》卷39《志第二十》，北京：中华书局，1975年标点本，第888页。
⑥ ［元］脱脱等：《金史》卷36《志第十七》，北京：中华书局，1975年标点本，第839页。
⑦ ［元］脱脱等：《金史》卷36《志第十七》，北京：中华书局，1975年标点本，第840页。
⑧ ［元］脱脱等：《金史》卷9《本纪第九》，北京：中华书局，1975年标点本，第214页。

寒食、十月朔听朝谒兴、裕二陵"①。高庭玉《道出平州寒食忆家》一诗道出了当时寒食节期间的饮食状况："柳色方浓别玉京，程程又值石龟城。山重水复人千里，月苦风酸雁一声。上国春风桃叶渡，东阳寒食杏花饧。楚魂蜀魄偏相妒，两地悠悠寄此情。"②《邺中记·附录》云："寒食三日，作醴酪，又煮粳米及麦为酪，捣杏仁煮作粥。"制作甜饧（麦芽糖），佐食冷却了的杏仁粥，以便于下咽充饥。宋人朱弁滞留金国境内时，在《寒食感怀次韵吴英叔》诗中吟道："疾风甚雨老难禁，岭外无饧谁解吟。双鬓客尘谙世变，两眉乡思尽愁侵。榆钱何处迎新火，杏粥频年系此心。落日高城魂易断，天临牛斗五湖深。"③"杏花饧""杏粥"是寒食节的应节食物，与宋人的寒食节饮食生活相近。

《契丹国志》卷二十七《岁时杂记》对契丹皇室岁时饮食节俗进行了记载：

中和："二月一日，大族姓萧者，并请耶律姓者，于本家筵席。"《辽史》卷五十三《礼志六》也有同样的记载。

端午："五月五日午时，采艾叶与绵相和，絮衣七事，帝着之，蕃汉臣僚各赐艾衣三事。帝及臣僚饮宴，渤海厨子进艾糕，各点大黄汤下。"艾糕应用的是艾蒿的药用价值，作为一种保健食品而存在。大黄汤是中医常用的方子，主治腹痛、腹泻等症，而且"冷热俱有益"④。

关于端午，《辽史》有不同的表述："至日，臣僚昧爽赴御帐，皇帝系长寿彩缕升车坐，引北南臣僚合班，如丹墀之仪。所司各赐寿缕，揖，臣僚跪受，再拜。引退，从驾至膳所，酒三行。若赐宴，临时听敕。"⑤《金史》的记载也不一样："金因辽旧俗，以重五、中元、重九日行拜天之礼。重五于鞠场……重五日质明，陈设毕，百官班俟于球场乐亭南。皇帝靴袍乘辇，宣徽使前导，自球场南门入，至拜天台，降辇至褥位。皇太子以下百官皆诣褥位，宣徽赞：'拜。'皇帝再拜。上香，又再拜。排食抛盏毕，又再拜。饮福酒，跪饮毕，又再拜。百官陪拜，引皇太子以下先出，皆如前导引。皇帝回辇至幄次，更衣，行射柳、击球之戏，亦辽俗也，金因尚之。"⑥端午祭天，皇帝主祭，百官顺从。将美味的食物向上天祭

①　［元］脱脱等：《金史》卷11《本纪第十一》，北京：中华书局，1975 年标点本，第 262 页。

②　［金］元好问编：《中州集》卷五，北京：中华书局 1962 年版，第 317 页。

③　［金］元好问编：《中州集》癸集卷一〇，北京：中华书局 1962 年版，第 523 页。

④　［清］林侗：《来斋金石刻考略》，清钦定四库全书本，第 12 页 b。

⑤　［元］脱脱等：《辽史》卷 53《志第五十二》，北京：中华书局，1974 年标点本，第 877 页。

⑥　［元］脱脱等：《金史》卷 35《志第十六》，北京：中华书局，1975 年标点本，第 826 页。

拜，随后"排食抛盏"，进行"饮福酒"的宴饮活动。这种仪轨化的活动与宋人端午节所食"粽子、五色水团、茶酒供养，又钉艾人①于门上，士庶递相宴赏"②完全不同。

中元："七月十三日夜，帝离行宫，向西三十里，卓帐宿，先于彼处造酒食，至十四日，应随从诸军，并随部落动番乐，设宴。至暮，帝却归行宫，谓之迎节。十五日，动汉乐，大宴。十六日早，却往西方，令随行兵大喊三声，谓之送节。"《辽史》卷五十三《礼志六》的记载大致相同："七月十三日……前期，备酒馔。翌日，诸军部落从者皆动番乐，饮宴至暮乃归行宫，谓之'迎节'。十五日中元，动汉乐，大宴。十六日昧爽，复往西方，随行诸军部落大噪三，谓之'送节'。"③辽朝全盘接受了汉族七月十五迎送亡灵的习俗，也保留了原有的军队祭祀军魂的"随行诸军部落大噪三"环节，显示出与汉民族节俗的差异。

重九："九月九日，帝帅群臣部族射虎，少者输，重九一筵席，射罢，于地高处卓帐，与番汉臣登高，饮菊花酒，出兔肝，切生，以鹿舌酱拌，食之。国语呼此节为博罗呷乌楚哩。又以茱萸研酒，洒门户间，辟恶。亦有入盐少许而饮之者。又云男摘二九粒，女一九粒，以酒咽者，大能辟恶。"④契丹族在重阳节这一天将射猎与野外宴饮结合起来，吸收了汉族饮菊花酒的民俗，也保留了契丹族兔肝鹿舌的美味。

重阳节历来有赏菊、饮酒、登高、插茱萸等习俗，这些也是金代燕京的重九风俗。菊花，能疏风热，清头目，降火解毒。茱萸，具有温胃散寒疏肝降逆的作用。这两种酒对身体都有益处。宋代爱国诗人宇文虚中《又和九日》云："一持旌节出，五见菊花开。强忍玄猿泪，聊浮绿蚁杯。"⑤绿蚁乃酒的代称。朱弁《重九》云："九日今何地，寒深紫塞霜。敢嫌芦酒浊，且对菊花尝。"⑥表现了重阳赏菊、饮酒之俗。谭处端在《满路花》中写道："重阳佳节至，云水寄天涯，玄

---

① 以菖蒲、艾条插于门楣，悬于堂中，并用菖蒲、艾叶、榴花、蒜头、龙船花，制成人形或虎形，称为艾人或艾虎。

② ［宋］孟元老撰，伊永文注：《东京梦华录笺注》卷八《端午》，北京：中华书局2006年版，第754页。

③ ［元］脱脱等：《辽史》卷53《志第二十二》，北京：中华书局，1974年标点本，第878页。

④ ［元］脱脱等：《辽史》卷53《志第二十二》，北京：中华书局，1974年标点本，第878页。

⑤ ［金］元好问编：《中州集》甲集卷一，北京：中华书局1962年版，第9页。

⑥ ［金］元好问编：《中州集》癸集卷一〇，北京：中华书局1962年版，第522页。

朋邀共饮，赏黄花。特临雅会，南望翠烟霞。极目岚光里，隐约依稀，瑞云深处仙家。任陶陶、畅饮喧哗，觥泛笑擎夸。樽前唯对酒，喜何加。浮金激滟，默默采灵葩。饮罢还重劝，不醉无归，明月初上窗纱。"① 重阳节饮酒倒是体现了有金一代节日习俗的时代风貌。

中秋节除了赏月，还有饮酒等俗。宇文虚中《中秋觅酒》云："今夜家家月，临筵照绮楼。那知孤馆客，独抱故乡愁。"② 萧贡《中秋对月》云："去年中秋客神京，露坐举杯邀月明。今年还对去年月，北风黄草辽西城。"③ 在庭院中或阁楼上陈设酒肴、瓜果、饼饵等，边吃边赏月，辽金时期赏月习俗与后世无异了。

冬至也是契丹族一个重要的祭祀节日。《契丹国志》卷二十七云："冬至日，国人杀白羊、白马、白雁，各取其生血和酒，国主北望拜黑山，奠祭山神。言契丹死，魂为黑山神所管。"《辽史》卷五十三《礼志六》记载了"冬至朝贺仪"，进酒、行酒贯穿了整个过程。辽穆宗应历十四年（964）"十一月壬午，日南至，宴饮达旦。自是书寝夜饮"④。酒和饮酒是整个祭祀礼仪的核心要素及环节。

契丹族把每年腊月的第一个辰日称为腊辰日。《辽史》卷五十三《礼志六》记载："腊辰日，天子率北南臣僚并戎服，戊夜坐朝，作乐饮酒，等第赐甲仗、羊马。"辽俗的"腊辰日"的礼仪行为与出兵征战有关。腊月，农事和畜牧都告一段落，也是休兵息战的时节，君臣上下一律身着戎装，自五更天就开始饮酒作乐。这与汉族腊日的饮食民俗活动迥然有别。

辽金两朝都有祭天的习俗，谓之"郊祭"，乃国家重大典礼。其由来已久，"三代旧礼，一岁九祭天，再祭地，皆天子亲之，故所祀神祇，逐祭名异而一岁皆遍。"⑤ "郊者，所以祭天也。天子所祭，莫重于郊。"⑥ 辽金沿袭了汉制，以郊祭最为隆重。《金史·礼志一》："金之郊祀，本于其俗有拜天之礼。其后太宗即位，

① ［金］谭处端：《满路花》，载唐圭璋编：《全金元词》，北京：中华书局1979年版，第415页。
② ［金］元好问编：《中州集》甲集卷一，北京：中华书局1962年版，第9页。
③ ［金］元好问编：《中州集》戊集卷五，北京：中华书局1962年版，第238页。
④ ［元］脱脱等：《辽史》卷7《本纪第七》，北京：中华书局，1974年标点本，第82页。
⑤ ［北宋］苏辙：《龙川略志》卷8《天子亲祀天地当用合祭之礼》，北京：中华书局1982年，第51页。
⑥ 《春秋公羊传注疏》卷十二："鲁郊何以非礼？天子祭天，诸侯祭土。"何休注："郊者，所以祭天也。天子所祭，莫重于郊。"［清］阮元校刻《十三经注疏》本，北京：中华书局1980年版，第2263页。

乃告祀天地，盖设位而祭也。天德以后，始有南北郊之制，大定、明昌其礼浸备。"在祭祀过程中，皇家要举行进熟仪式。"进熟"就是给五方帝、大明、夜明、天皇大帝、神州地祇、北极等神灵进奉煮熟的食物，祭品中肉之多少、之部位、盛之器皿、摆放、顺序等都有严格的规范，对于"进熟"，《金史》中有详细记载："奠玉币讫，降还小次。有司先陈牛鼎①三、羊鼎三、豕鼎三、鱼鼎三，各在镬右。太官令丞帅进馔者诣厨，以匕升牛羊豕鱼，自镬各实于鼎。牛羊豕皆肩、臂、臑、肫、胳、正脊各一，长胁二、短胁二、代胁二，凡十一体。牛豕皆三十斤，羊十五斤，鱼十五头一十五斤，实讫，幂之。祝史二人以扃对举一鼎，牛鼎在前，羊豕次之，鱼又次之，有司执匕以从，各陈于每位馔幔位。从祀坛上第一等五方帝、大明、夜明、天皇大帝、神州地祇、北极，皆羊豕之体并同。光禄卿帅祝史、斋郎、太官令丞各以匕升牛羊豕鱼于俎，肩臂臑在上端，肫胳在下端，脊胁在中，鱼即横置，头在尊位，设去鼎幂。光禄卿丞同太官令丞实笾豆簠簋，笾实以粉糍，豆实以糁食，簠实稻，簋实粱。"②围绕饮食，构建了一套完备的礼仪程序。

第四节 多民族杂居的饮食文化

人口迁移和发展的态势，主导了辽南京和金大都饮食文化的变化状况。辽金两朝以军事手段强制人口迁移，形成了人口离散迁移与内聚迁移交错进行的复杂局面。总的来看，先以离散迁移为主，使区域人口迅速减少；后以内聚迁移为主，使区域人口得到补偿甚至增加，为南京地区和大都人口增长和复杂化注入了强劲的动力，③"辽朝人口民族构成的重要特点，当是以契丹人口为主体，汉族人口为多数，其他民族部族人口也是重要的组成部分。这是个多民族的国家"④。在南京地区和大都形成了汉、契丹、女真、奚、吐谷浑、沙陀、鞑靼、突厥、契苾、渤海、室韦、党项等众多民族杂居共处的局面，推动和促进了民族饮食融合的进程。在民族饮食互融方面，除了燕云地区人数较多的契丹、女真和汉族群体的饮食频

---

① 鼎名。其足饰形似牛首。[宋]吕大临《考古图·牛鼎》："深八寸六分，径尺有八寸，容一斛。按，今礼图所载牛羊豕鼎，各以其首饰其足，此鼎之足以牛首为饰，盖牛鼎也。"

② [元]脱脱等：《金史》卷28《志第九》，北京：中华书局，1975年标点本，第691页。

③ 孙冬虎、吴文涛、高福美：《古都北京人地关系变迁》，北京：中国社会科学出版社2018年版，第23—24页。

④ 孟古托力：《辽朝人口蠡测》，载《学习与探索》1997年第5期。

繁而多维的互动融合外，渤海、奚以及其他少数民族饮食也相互杂糅互动。燕云地区居民的饮食互动已经超出了简单的汉食契丹化、汉食女真化以及契丹和女真饮食的汉化，各种民族饮食已经难以明确地区分开来，达到了你中有我、我中有你的高度融合，可以认为是多民族饮食文化的涵化趋势。① 另外，辽南京又恰好位于北宋汴京与契丹上京之间，南北双方饮食资源的交换都要通过这个特殊地理位置上的中转站来实现。这里也是把不同民族、不同饮食文化联结在一起的纽带和桥梁，为多民族和不同地域间饮食文化的相互交流和渗透提供了得天独厚的环境及条件。

1. 民族风味的多样化

南京的繁华富庶为五京之首，"城北有市，陆海百货，聚于其中；僧居佛寺，冠于北方"②。南京道的儒、顺、营、蓟等州及潞县、范阳等，都是商业贸易的重要场所，如南京蓟州的新仓镇"复枕榷酤之剧务，面交易之通衢，云屯四境之行商，务集百城之常货"③。据文献记载，中都城有 62 坊，除了一部分继承辽代旧有的坊之外，有的是将一坊分成两坊。一些街、巷可在坊内通过，小巷也可直通大街，并出现以古迹命名的若干街道，相对封闭的里坊制被打破。当时，中都商业已相当繁荣，檀州街便是商业活动的中心，成为南方与东北进行食物果品贸易的市场。金中都时期除檀州街市场以外，又出现了城南东开阳坊新辟的市场。商业的繁荣促进商品交流，"物"种类齐全而又充足。在此基础上，对辽金饮食文化的时代特征起决定作用的就是常住居民了。

有辽一代，当时南京称为北方兄弟民族政权的管辖区域，与中原王朝脱离了政治和经济关系，长期生活在契丹统治之下的中原汉人，无疑是很清楚这里的情况的。因此说，其他民族要想跻身辽统治阶层，就必须设法接近以皇帝、皇后为首的"北面"统治阶层。要想在契丹社会立足，就得融入契丹社会。④ 相应地，饮食风习必然向着这些兄弟民族靠拢。尤其是幽州蓟城曾频繁为兄弟民族所占据，羯族石勒建立后赵，鲜卑族慕容氏建立前燕，氐族苻坚建立前秦，后来又为鲜卑

---

① 常乐：《辽金时期燕云地区社会生活研究——以出土碑志为中心》，载《郑州大学学报》（哲学社会科学版）2018 年第 5 期。

② ［南宋］叶隆礼：《契丹国志》卷 22《州县载记》，上海：上海古籍出版社，1985 年标点本，第 215 页。

③ 陈述辑校：《全辽文》卷 6《广济寺佛殿记》，北京：中华书局，1982 年标点本，第 134 页。

④ 王玉亭：《从辽代韩知古家族墓志看韩氏家族契丹化的问题》，载《北方文物》2008 年第 1 期。

慕容氏的后燕和鲜卑拓跋氏的北魏所统治，到了辽金时期，北京正处于多民族交融的过程当中，这一过程并非没有阻碍。辽太宗有一次对晋臣说："我在上国，以打围食肉为乐，自入中国，心常不快，若得复吾本土，死亦无恨。"① 早在天显十一年（936），辽太宗见石敬瑭云："我三千里赴义，事须必成。……欲徇蕃汉群议，册尔为天子。"② 说明辽朝初年契丹统治者秉承番汉有别的思想，"打围食肉为乐"仍是他们的美食追求，饮食的民族优越感十分强烈，这种思想必然影响到饮食文化的交流。

通婚是民族融合最直接和最有效的途径。辽朝的汉人和契丹人多依照传统习惯在本民族内通婚，但为了拉近汉人上层和自身的距离，辽朝统治阶层也经常推动契汉间的联姻。会同三年（940）十二月，太宗下诏："契丹人授汉官者从汉仪，听与汉人婚姻。"③ 在此前后契丹人和汉人上层之间的婚姻屡见不鲜，说明对此现象的认可。金朝建都北京以后，为了巩固统治，将大批女真猛安谋克户迁往中原及中都。金熙宗皇统初，创立屯田军制，"凡女真、奚、契丹之人，皆自本部徙居中州，与百姓杂处……凡屯田之所，自燕之南，淮陇之北，俱有之，多至五六万人，皆筑垒于村落间"④。在金朝，汉族妇女嫁女真人的有之，女真妇女嫁汉人的亦有之。不少生于中原的女真人，"父虽虏种（女真人），母实华人（汉人）……非复昔日女真"⑤。汉族与少数民族的血液在不断融合，燕京居民本身就是多民族结合的结晶。"北京人"这种高度综合的状况，从根源上确定了北京饮食文化的兼容并蓄的民族属性。

趋同存异，是多民族杂居的饮食文化表征。"从民族成分看，这个地区以汉族为主，但也有不少的少数民族，其中，主要是契丹人，此外还有奚人、渤海人、室韦人、女真人等。……流动人口多。其中，很大一部分是士兵。宋人路振在《乘轺录》中记载：南京有渤海兵营，'屯幽州者数千人，并隶元帅府'。至于契丹军队则更多。"⑥ 各民族居民分工不同，社会地位有所差异，按民族成分便构成了一个个相对稳定的职业群体，这些职业群体在饮食方面都承继了本民族的传统

---

① ［北宋］欧阳修：《新五代史》卷72《四夷附录第一》，北京：中华书局，1974年标点本，第885页。
② ［北宋］薛居正：《旧五代史》卷75《晋书一》，北京：中华书局，1976年标点本，第977页。
③ ［元］脱脱等：《辽史》卷3《本纪第三》，北京：中华书局，1974年标点本，第45页。
④ ［金］宇文懋昭：《大金国志校证》卷36《屯田》，北京：中华书局，1986年标点本，第520页。
⑤ ［明］黄淮、杨士奇编：《历代名臣奏议》卷234《征伐》，上海：上海古籍出版社2012年版，第3078页。
⑥ 曹子西主编：《北京通史》第三卷，北京：中华书局1994年版，第33页。

风味。

北京在金朝时成为首都后，开始不断有很多外来人口迁入。金天会五年（1127），金军攻克宋朝首都汴京，北宋灭亡。金军掳掠汴京及附近州县大量人口北迁，"路途之遥，饥饿之困，死者枕藉，骨肉遍野，壮者仅至燕山，各便生养，有力者营生铺肆，无力者喝货挟托，老者乞丐于市，南人以类各相嫁娶"①。被迫北迁生存下来的有一部分留居在燕京地区。迁都后，海陵王对宗室贵族颇存戒心，强令上京宗室贵族南徙，其中不少安置于中都。《金史·兵志》云："贞元迁都，遂徙上京路太祖、辽王宗干、秦王宗翰之猛安，并为合扎（意为亲军）猛安，及右谏议乌里补猛安，太师勖、宗正宗敏之族，处之中都。"此外，张浩还奏请"凡四方之民欲居中都者，给复十年，以实京城"②。金中都的人口最盛时超过一百万人，常住人口除了普通居民外，还有大量军队。城内居住着汉、女真、契丹、奚、渤海、回鹘、突厥、室韦等众多部族。金中都延续了辽南京多民族聚居的人口特点。人口密集及多民族聚合，必然带来饮食文化的繁荣。

经过辽金两个朝代的民族融合，形成了独特的人口和社会结构，为这个地区的饮食文化带来了不同于中原都城的特殊性。除肉食以外还有其他的主食，《三朝北盟会编》卷三详细记载了女真人的日常饮食状况："其饭食则以糜酿酒，以豆为酱，以半生米为饭，渍以生狗血，及葱韭之属和而食之，芼以芜荑。食器无瓠陶，无匕箸，皆以木为盆。春夏之间，止用木盆贮鲜粥，随人多寡盛之，以长柄小木杓子数柄回环共食。下粥肉味无多品，止以鱼生、獐生，间用烧肉。冬亦冷饮，却以木楪盛饭、木盌盛羹。下饭肉味与下粥一等。饮酒无算，只用一木杓子，自上而下，循环酌之。炙股烹脯，以余肉和菜捣臼中，糜烂而进，率以为常。"③ 女真族的传统食品进入京城人饮食结构当中，女真人偏爱的羊、鹿、兔、狼、麂、獐、狐狸、牛、驴、犬、马、鹅、雁、鱼、鸭、虾蟆等肉类以及助食食品面酱同样为京城汉族人所喜食。元朝"历事七朝"重臣许有壬在《至正集》卷三十二《如舟亭燕饮诗后序》中云："京师……风物繁富，北腊西酿，东腥西鲜，凡绝域异味，求无不获。"传说豆汁儿原属北方辽国的民间小吃，经数百年的演变成为特

① ［宋］徐梦莘：《三朝北盟会编》卷九十八引《燕云录》，上海：上海古籍出版社1987年版，第725页。

② ［元］脱脱等：《金史》卷83《列传第二十一》，北京：中华书局，1975年标点本，第1863页。

③ ［南宋］徐梦莘：《三朝北盟会编》卷3《政宣上帙三》，上海：上海古籍出版社1987年版，第18页。

色名饮。还有北京地区的果脯也是由契丹民族的小吃发展而来的。《契丹国志》卷二十一《契丹贺宋朝生日礼物》载"蜜渍山果十束梂","蜜渍"即是用蜜"浸渍",然后晒干制成果脯,是保存水果的好办法。京城食物之丰得益于这一多民族杂居、融合的人口格局,致使辽金时期乃至后来的北京饮食文化呈现出与其他大都市迥然有别的地方和民族特色。

需要特别指出的是,辽南京有不少契丹贵族府第。如王曾《上契丹事》云:南京"城南门内有于越王廨,为宴集之所"[①]。于越是契丹官号,其位相当于汉制的三公。南京城内的于越王廨即圣宗之世总南面军务的于越耶律休哥的衙署,耶律休哥后封宋国王,故又称于越王。这些府邸率先吸收汉族饮食,引领燕京饮食融合的发展走向。较之辽南京,金中都的皇室、贵族、文武官僚在对美食的追求方面,有过之而无不及。辽金之际,各民族的达官显贵云居燕京,他们饮食的奢华需求带动了饮食业的兴旺。中都城内的著名酒楼有崇义楼、县角楼、揽雾楼、遇仙楼、状元楼、长生楼、梳洗楼、应天楼、披云楼等。[②] 这些风味各异的酒楼满足了不同民族人群的口味。

2. 民族饮食文化的坚守

尽管燕京变成辽南京和金中都,由少数民族所统辖,但地理环境依旧,饮食习惯也不可能发生根本性的变化。在各民族饮食融合的过程中,保持本民族的饮食传统同样是一种显著的饮食文化现象。这表现为民族饮食追求上的文化自觉和自信。但是,就契丹对待汉文化的态度又可以看出,恰恰是唯恐被汉文化同化,才竭力保持本民族的文化传统,当然这也包括饮食文化传统在内。后晋开运二年(945)辽太宗侵入中原,"述律太后谓帝曰:'使汉人为胡主,可乎?'曰:'不可。'太后曰:'然则汝何故为汉帝?'曰:'石氏负恩,不可容。'后曰:'汝今虽得汉地,不能居也;万一蹉跌,悔所不及。'又谓群下曰:'汉儿何得一饷眠?自古但闻汉和番,不闻番和汉。汉儿果能回意,我亦何惜与和'"。[③] 在辽朝初年,述律太后深深地意识到中原文化的强势,对汉化的担忧溢于言表。

契丹对本民族饮食传统的坚守益于一些制度上的安排。契丹统治者依据从唐

---

① 青州古籍文献编辑校勘委员会:《青州古籍文献》,《王曾〈笔录〉及诗文资料》(隋同文点校,内部资料)2008 年 10 月,第 42 页。

② [元] 熊梦祥:《析津志辑佚》,北京:北京古籍出版社 1983 年版,第 103 页。

③ [南宋] 叶隆礼:《契丹国志》卷 3《太宗嗣皇帝下》,上海:上海古籍出版社,1985 年标点本,第 28 页。

朝和渤海国获取的经验，创造性地实行南北面官、因俗而治的国策。辽太宗完善番汉不同治的体制："太祖神册六年，诏正班爵。至于太宗，兼制中国，官分南北，以国制治契丹，以汉制待汉人。国制简朴，汉制则沿名之风固存也。辽国官制，分北、南院。北面治宫帐、部族、属国之政，南面治汉人州县、租赋、军马之事。"① 针对两个民族，设两套管理机制，"因俗而治，得其宜矣"②。北面官由契丹贵族担任，南面官职位给了汉人。各自按照本民族特点，依照原有制度进行管理。据北宋使者路振出使辽朝的笔记《乘轺录》记载，幽州城内"凡二十六坊，坊有门楼，大署其额……并唐时旧坊名也……居民棋布，巷端直，列肆百市，俗皆汉服，中有胡服者，盖杂契丹、渤海妇女耳"。城中的驻军也是汉军八营，"骁武兵，皆黥面给粮，如汉制"③。其城市格局也沿袭旧制，"虽然自唐中期以后，由于商业经济的发展，幽州城的封闭格局已有所改变，个别商铺已越出市门，甚至深入坊里，但在辽朝统治的 180 余年间，这座城市仍基本保持着坊里旧制形式"④。也就是唐幽州城的风貌，连风俗习惯也和过去没有太大变化，仍以汉习为主。汉人沿袭了唐朝时期的郡县制和农耕制，而契丹族则保存了逐水草而居的游牧民俗。直到兴宗、道宗之后，才渐渐有了华夷无别的思想。这种灵活的"二元"管理结构，有利于保存各自饮食文化的独特性。

汉族吸收了诸多北方兄弟民族的饮食习俗，而根本上还是延续了当地已有的饮食传统。在历史上，燕京地区盛产粮食，有黍、稷、稻、麦等，到辽代时，南京郊县都生产稻、麦，所以，南京城内的汉族以及早些时候定居城中的其他民族居民的主食，都是米、面。稻米可以制作成饭、粥。在汉族官僚家中，用米可制作比较讲究的饮食，史载，辽圣宗有一次到汉人宰相张俭家中"游幸"，张俭向他献上葵羹饭。葵就是莲子，这当是莲子饭，辽圣宗很喜欢食用。⑤ 在交通运输还不便利的情况下，食物主要是自产自销。当地物产有力地支撑着幽燕人的饮食秉性。尤其是那些适宜于气候和地理环境生长起来的农作物和土特果实，更是确立了辽南京饮食品种独特的地域性，奠定了幽燕地区饮食文化发展的基调。

---

① ［元］脱脱等：《辽史》卷45《志第十五》，北京：中华书局，2017 年标点本，第773 页。
② ［元］脱脱等：《辽史》卷45《志第十五》，北京：中华书局，2017 年标点本，第773 页。
③ 赵永春辑注：《奉使辽金行程录》，北京：商务印书馆2017 年版，第15 页。
④ 于德源：《辽南京（燕京）城坊、宫殿、苑囿考》，载《中国历史地理论丛》1990 年第4 期。
⑤ 吴建雍等：《北京城市生活史》，北京：开明出版社1997 年版，第40 页。

契丹人的饮食习惯和汉族不同，他们以肉类和乳制品为主，辅之以粮食、蔬菜、水果等，而辽南京的汉族人则保持着农耕民族的本性。辽南京的传统农产品比较丰富，宋使许亢宗出使金国，称赞该地所盛产的"膏腴蔬荻果实稻粱之类"及"桑柘麻麦羊豕雉兔"。① 唐代，包括北京平谷区在内的蓟州（治今天津蓟州区）和包括北京房山区南部在内的涿州（治今河北涿州市）属于粮食主产区。入辽之后，这种状况沿袭了下来。《全辽文》记载："幽燕之分，列郡有四，蓟门为上，地方千里……红稻青秔，实鱼盐之沃壤。"② "燕都之有五郡，民最饶者，涿郡首焉。"③ 幽燕地区素有枣、栗之饶，此期尤甚。范成大是第一个述及良乡市场上板栗的宋代文学家，其《石湖集》载："良乡，燕山属邑，驿中供金粟梨，天生子，皆珍果，又有易州栗，甚小而甘。"宋乾道六年（1170），时为资政大学士的范成大使金时途经良乡，有《良乡》诗云："新寒冻指似排签，村酒虽酸味可嫌。紫烂山梨红皱枣，总输易栗十分甜。"④ 据乾隆年间的《钦定日下旧闻考》卷九十五记载：辽于南京（今北京）置栗园司，"萧罕嘉努为右通造，典南京栗园，是也"。周篔在成书于清代初叶的《析津日记》中说："苏秦谓燕民虽不耕作而足以枣栗，唐时范阳为土贡，今燕京市肆及秋则以炀拌杂石子爆之，栗比南中差小，而味颇甘，以御栗名。"⑤ 这里所说的"以炀拌杂石子爆之"便是糖炒栗子的雏形。辽南京设置有"南京栗园司，典南京栗园"，栗园需要专门的部门进行管理，辽代石刻中出现了栗园职官，如"北衙栗园庄官王思晓……北衙栗园庄官许行福"等⑥。可见当时北京板栗生产的规模已经很大了。金文学家赵秉文写诗描述道："渔阳上谷晚风寒，秋入霜林栗玉乾。"⑦ 燕山的板栗、红枣，自辽代就已成为御用之品，以其个小、甘甜著名。这些地方物产源远流长，是幽燕地区饮食文化的典型代表。

辽朝以国制治契丹，以汉制待汉人，实施分化策略。他们固守本民族的饮食

---

① 赵永春辑注：《奉使辽金行程录》，北京：商务印书馆2017年版，第211页。

② 陈述辑校：《全辽文》卷5《祐唐寺创建讲堂碑》，北京：中华书局，1982年标点本，第96页。

③ 陈述辑校：《全辽文》卷8《涿州白带山云居寺东峰续镌成四大部经记》，北京：中华书局，1982年标点本，第174页。

④ ［南宋］范成大：《范石湖集》，上海：上海古籍出版社2006年版，第157页。

⑤ ［清］于敏中等：《日下旧闻考》卷95《郊埛西五》，北京：北京古籍出版社，1981年标点本，第1587页。

⑥ 向南编：《辽代石刻文编》，石家庄：河北教育出版社1995年版，第11页。

⑦ 马振君整理：《赵秉文集》卷11《碑文》，哈尔滨：黑龙江大学出版社1982年版，第195页。

文化，对于汉族的饮食文化也只是有限地吸收。元代诗人欧阳玄在分别描写大都十二个月民间生活习俗的《渔家傲》中写道："十月都人家旨蓄，……燔獐鹿，高昌①家赛羊头福。"② 说明居住南京的少数民族仍保持了本民族的饮食习惯。金代统治者则采取了不同的对待汉族的政策。海陵王指出："朕举兵灭宋，远不过二三年，然后讨平高丽、夏国。一统之后，论功迁秩，分赏将士。"③ 他的雄心就是要华夷一家，归于正统。金朝初年，太祖、太宗即屡令契丹和汉人迁居北方并金源④"内地"。与此同时，有意识地让女真人"散居汉地"，⑤"尽起本国之土人棋布星列，散居四方"⑥。熙宗废刘豫后，置屯田军，迁女真"徙居中土，与百姓杂处"⑦。海陵王贞元初，又起上京诸猛安于中都、山东等路安置。⑧ 这为女真汉化提供了保障。辽南京的设立乃为固守其南界，金朝为了政治中心的南移而建立了中都。中都建成后，迫使女真宗室贵族及其附属人口迁移到中都或其四围州县，全面进入汉族的领地。在汉化的过程中，饮食具有特殊性，因为口味的改变并非一朝一夕之事。故而契丹统治者并没有强迫其他民族改变原有的饮食习惯。辽代南京的汉民族仍以粮食和蔬菜为主，只是肉食比重较之中原地区更大些。反过来，契丹民族在吸收汉人饮食元素的同时，一直保持着本民族的饮食特点。

幽燕境内的多民族因为生产和生活方式的不同，各有自己独特的饮食习俗。辽京时期的少数民族仍过着牛马车帐的游牧生活，"契丹故俗，便于鞍马。随水草迁徙，则有毡车，任载有大车，妇人乘马，亦有小车，贵富者加之华饰"⑨。"虽然契丹人很早就注意发展农业，并以粮食充军食，中京和上京亦种植蔬菜，但对大多数契丹人来说乳品和肉食仍是主要食品，即使居住在汉族地区的契丹人也不例外。"⑩ 金代的情况亦如是，海陵王"以京城隙地赐朝官及卫士"⑪，允许女真人

---

① 高昌指畏兀儿人。

② ［元］欧阳玄：《圭斋文集》卷4，四部丛刊本，第20页b。

③ ［元］脱脱等：《金史》卷129《列传第六十七》，北京：中华书局，1975年标点本，第2783页。

④ 黑龙江地区阿什河流域是女真族金朝肇兴之地，在金初有"金源""内地"之称。

⑤ 关玉华、王兴文、胡冠峰：《金代女真民族文化整合原因探析》，载《蒲峪学刊》（哲学社会科学版）1997年第2期。

⑥ ［金］宇文懋昭：《大金国志校证》卷8《纪年八》，北京：中华书局，1986年标点本，第125页。

⑦ ［金］宇文懋昭：《大金国志校证》卷36《屯田》，北京：中华书局，1986年标点本，第520页。

⑧ ［元］脱脱等：《金史》卷83《列传第二十一》，北京：中华书局，1975年标点本，第1872页。

⑨ ［元］脱脱等：《辽史》卷25《仪卫志》，北京：中华书局，1974年标点本，第900页。

⑩ 曹子西主编：《北京通史》第三卷，北京：中华书局1994年版，第344页。

⑪ ［元］脱脱等：《金史》卷25《本纪第五》，北京：中华书局，1975年标点本，第100页。

开辟牧场。金世宗时期，适当放宽了农业用地的规定。他在大定十一年（1171）对侍臣说："往岁，清暑山西，傍路皆禾稼，殆无牧地。尝下令，使民五里外乃得耕垦。今闻其民以此去之他所，甚可矜悯。其令依旧耕种，毋致失业。"① 这则史料反而印证了耕地被牧场所侵占的事实，金世宗、金章宗曾经下令，将大路两侧五里之内的农田改为牧地。围拢行猎显然是对耕地的不合理使用，但放牧是延续女真人习以为常的生产方式，这一做法，目的也在于维系游牧民族的饮食传统。而民族饮食习惯的保持，成为民族文化政策实施的集中体现。

契丹人的食物以乳类和肉类为主，除家畜牛、羊外，野猪、狍、鹿、兔、鹅、雁、鱼等猎获物也是食物来源。肉食大致有濡肉、腊肉、肉酱三类。所谓"濡"即沾湿之意，当指煮肉之类。腊肉易于保存，待客时切作大方块，"杂置盘中以待使者"。肉酱，大约与现在肉馅相仿。《燕北杂记》说，九月九日，"出兔肝生切，以鹿舌酱拌食之"②。可知契丹人有生吃兔肝的习惯。《辽史》中记作"兔肝为臡"，可能就是指生兔肝。辽人食兔肉的习俗一直流传到明清时期。《日下旧闻考》卷一四八引《陈琮诗注》说："重阳前后设宴相邀，谓之迎霜宴。席间食兔谓之迎霜兔。"这正是契丹人生切兔肝的遗俗，不过改为熟食兔肉而已。在辽代，更有甚者，燕人张藏英父为人所杀，藏英尚幼，稍长，擒仇人，"生脔割以祭其父，然后食其心肝"，乡人谓之"报仇张孝子"，辽用为芦台军使。③ 又如，辽太宗也不满张彦泽纵兵大掠，遂将他斩之于市。晋人"割其心以祭死者"，"市人争破其脑取髓，脔其肉而食之"④。这种生食内脏的行为已不属于饮食文化了。

牛、羊乳和乳制品是他们的食物和饮料，即所谓"湩酪胡中百品珍"和"酪浆膻酒"。食肉的方法主要是炖食和烧烤两种。炖食是把分解了的连骨肉块放入锅中炖熟。将宰杀的牲畜或猎获的野兽放血、剥皮去掉内脏后，整个或砍成几大块，放入大铁锅内，加水烹煮。煮熟后，放大盘内，用刀切割成小薄片，再蘸以各种佐料，如蒜泥、葱丝、韭末及酱、盐、醋等食用。烧烤则是把肉块放在火炉的铁箅或铁条上烘烤，到肉烘烤熟后，诱人的香味便在空气中弥漫开来，使人馋涎欲滴。契丹宰杀牲畜或猎获野味后，为了长期食用，将其腌制以后用烟火熏干，制

---

① ［元］脱脱等：《金史》卷47《志第二十八》，北京：中华书局，1975 年标点本，第1044 页。

② ［南宋］叶隆礼：《契丹国志》卷27《岁时杂记》，上海：上海古籍出版社，1985 年标点本，第252 页。

③ ［北宋］司马光：《涑水记闻》卷2《报仇张孝子》，北京：中华书局1989 年版，第40 页。

④ ［北宋］司马光：《资治通鉴》卷286《后汉纪一》，北京：中华书局，1976 年标点本，第9327 页。

成腊肉，是契丹著名的风味小吃，成为送往迎来的必备佳品。契丹肉食还有濡肉、肉糜等，宋人路振奉使契丹，他在《乘轺录》中描述途经幽州受招待的情况时说契丹官员曾用熊、羊、雉、兔做濡肉招待他，"以驸马都尉萧宁侑宴，文木器盛虏食，先荐骆糜，用杓而啖焉。熊肪羊豚雉兔之肉为濡肉，牛鹿雁鹜熊貉之肉为腊肉，割之令方正，杂置大盘中。二胡雏衣鲜洁衣，持帨巾（手帕），执刀匕，遍割诸肉，以啖汉使"①。"骆糜"即乳粥，"濡肉"应为白水煮肉，"腊肉"就是风干肉。这些肉食风味和方式仅在幽燕地区的契丹和原本为游牧民族的人群中流行，并没有真正进入辽南京汉族家庭的餐桌。

金中都的少数民族在大量吸收汉族饮食风味的同时，也保留了本民族的饮食习惯和食物样式。《大金国志》卷三十九《初兴风土》载："金国初兴地在契丹东北隅地，饶山林，田宜麻谷，土产人参、蜜蜡、北珠、生金、细布、松实、白附子。禽有鹰鹘'海东青'之类，兽多牛、马、麋、鹿、野狗、白彘、青鼠、貂鼠"；"其人勇悍……善骑射，喜耕种，好渔猎"；"每见野兽之踪，蹑而求之，能得其潜伏之所。又以桦皮为角，吹呦呦（鹿鸣）之声，呼麋鹿而射之"。这就是女真人建国初社会生活环境和饮食生活的写真。对于中原民族而言，这般吃饭是相当"原生态"的了。

茶食、肉盘子、心血脏羹等是富有女真特色的风味饮食，蒜、葱等也是女真人非常喜欢的调味食品。女真人较为贵重、精致的饮食品种有：①软脂，据说"如中国寒具"。②茶食，是一种蜜糕，把松子仁、胡桃仁渍蜂蜜，与糯粉揉在一起，做成各种形状，用油炸熟，再涂上蜜。大定二十五年（1185）进士赵秉文曾有一首专咏《栗》诗："宾朋宴罢煨秋熟，儿女灯前爆夜阑。千树侯封等尘土，且随园芋劝加餐。"② 道出了栗子受金人喜爱之情。而栗糕当然以栗子为主要原料，其制法是："栗子不拘多少，阴干，去壳，捣为粉。三分之二加糯米粉拌匀，蜜水拌润，蒸熟食之。"赵秉文又有《松糕》诗："肤裁三韩扇，液制中山醪。皮毛剥落尽，流传到松糕。髯龙脱赤鳞，三日浴波涛。玉兔持玉杵，捣此玄霜膏。文章百杂碎，肪泽滋煎熬。殷勤小方饼，裁以鞍畔刀。味甘剖萍实，色殷煎樱桃。……巧谋一饱地，齑粉不我逃。腹中十八公，笑汝真老饕。……聊将酥蜜供，

① 赵永春编注：《奉使辽金行程录》，长春：吉林文史出版社1995年版，第15页。
② 马振君整理：《赵秉文集》卷11《碑文》，哈尔滨：黑龙江大学出版社1982年版，第195页。

调戏引儿曹。多生根尘习，焉求胜珍庖。"① 诗中描述，大体与《松漠纪闻》所载蜜糕相似，也许说的是同一种糕点。③肉盘子，是女真人举行盛大宴会的名菜，以极肥猪肉切成大片，装成一小盘，插上青葱数茎。④潜羊，是连皮做成的全羊，富贵人家用以招待贵客。在开国之初，遇有酒宴才会"尝烹羊豕"②。⑤酒，以糜酿造，度数不高，但多饮亦醉。女真人饮酒不以菜肴为佐，或先食毕而后饮，或先饮毕而后食。饮时也不是人手一杯，而是用一个木杓或杯子循环传递，每传饮一巡谓之"一行"，宴客或二行，或五行、九行，以至"饮酒无算"，然后进食肉饭。此外，其饮料尚有茶、奶茶之类。③ 北京出土的金皇统三年（1143）赵励墓中的"备茶图"形象地反映了这一文化习俗：桌子上绘制的茶具有陆羽《茶经》中所载的"十二君子"中专门用来储藏茶具的"都蓝"，还有"四之器"中用来敲茶饼的茶槌和量、舀茶末的茶则。画面右下方图像虽然残破不全，但是通过观察残存的人物动作和神态，参考同时期其他壁画"备茶图"的构图，缺损的部分应该是吹风炉烹茶的活动。④ 据洪皓《松漠纪闻》卷二所记，供应宋使有细酒、白面、细白米、羊肉、粉、醋、盐、油、面酱、果子饯等；行纳币礼有大软脂、小软脂、蜜糕等。而以芍药芽煮面，更为新奇。"凡待宾斋素则用，其味脆美，可以久留。"⑤ 朱弁也赋诗盛赞所食松皮之独特。《中州集》载，朱弁诗"伟哉十八公，兹道亦精进"，"食之不敢余，感激在方寸"。序称"北人以松皮为菜，予初不知味，虞侍郎分饷一小把，因饭素，授厨人与园蔬杂进，珍美可喜，因作一诗"⑥。松皮即松树皮。古时经制作，可为菜，亦可入药。李时珍《本草纲目·木一·松》："老松皮内自然聚脂为第一，胜于凿取及煮成者。"

在上述5种女真人的民族风味中，大概只有除"茶食"被燕京汉族人部分接纳之外，都仅在女真人内部传承。只在女真人内部流行的饮食活动于节日当中也有表现。据洪皓《松漠纪闻》正篇记载，金朝治盗甚严，但正月十六（或作正旦）却"纵偷一日"以为戏。这一天，盗窃别人的财物、车马以至妻女，均不加刑。家中遇见小偷，总是含笑将他们打发走，不过，小偷则总要拿点儿不值钱的

---

① 马振君整理：《赵秉文集》卷11《碑文》，哈尔滨：黑龙江大学出版社1982年，第44页。
② ［元］脱脱等：《金史》卷7《本纪第七》，北京：中华书局，1975年标点本，第155页。
③ 柯大课：《中国宋辽金夏习俗史》，北京：人民出版社1994年版，第194—195页。
④ 何京：《北京地区辽金墓葬壁画反映的社会生活》，载《北方民族考古》2015年第1辑。
⑤ 赵永春辑注：《奉使辽金行程录》，北京：商务印书馆2017年版，第312页。
⑥ ［金］元好问：《中州集》，上海：华东师范大学出版社2014年版，第648页。

250

东西。妇女到别家做客，主人不在可窃去金银器皿，主人此后可以茶食、酒浆、打糕换回。用食品可以换回被偷的所有东西，说明偷窃并非为财物，而是饮食，反映了金代独特的民族饮食的生活情趣。

饮食成为燕京各民族自我认同的文化标识，成为这一民族饮食文化的表征。相对以后各朝，辽金时代的燕京饮食文化的民族特性委实明显，各民族的差异性突出，表明各民族在努力坚守本民族的饮食习惯，同时也是由于燕京各民族的融合还处于初始阶段，还没有实现真正的融合。

3. 饮食的"胡化"与"汉化"

宋、辽、西夏、金，是继南北朝、五代之后的第三次民族大交融时期。民族交融最快捷和有效的途径是通婚。根据搜集到的燕云辽金墓志来看，有 11 方涉及族际通婚，包含契丹族、女真族、渤海族、奚族以及其他少数民族与汉族之间的通婚，其中以契丹、女真与汉族之间的通婚最多。[1] "据不完全统计，辽圣宗有皇后、嫔妃共计 13 人，其中汉族女 4 人，为马氏、白氏、李氏、艾氏等。"[2] 上行下效，可以推测，辽金汉族与少数民族的联姻在民间社会还是比较普遍的。《金史·兵志》载："及其得志中国，自顾其宗族国人尚少，乃割土地、崇位号以假汉人，使为之效力而守之。猛安谋克杂厕汉地，听与契丹、汉人昏因（婚姻）以相固结。"[3] 民族之间的联姻是比较普遍的现象。《析津志辑佚》载："万岁山土，乃是畏兀儿之天山，又名金山。山中有泉若乳，彼中名曰孙脑儿。金章宗与畏兀儿结姻，移北山并泉来燕，成此山；厌其王气也。"[4] "万岁山"即北海琼华岛白塔山。畏兀儿人与内地汉族通过联姻建立了密切关系，据考今北京的魏公村即"元代畏兀儿人聚居的主要村落"[5]。通婚说明在根本上洞穿了民族之间的壁垒，尤其是汉民族与少数民族的隔阂。汉族与少数民族组建家庭是"胡化"和"汉化"的必然趋势，在一个锅里吃饭，久而久之，不论口味有多大差异也会趋于一致的。

北宋与契丹族的辽国、党项羌族的西夏，南宋与女真族的金国，都有饮食文

---

① 常乐：《辽金时期燕云地区社会生活研究——以出土碑志为中心》，载《郑州大学学报》2018 年第 5 期。

② 张志勇、黄凤岐：《阜新契丹族史稿》，北京：高等教育出版社 2007 年版，第 47 页。

③ ［元］脱脱等：《金史》卷 44《志第二十五》，北京：中华书局，1975 年标点本，第 991 页。

④ ［元］熊梦祥：《析津志辑佚》，北京：北京古籍出版社 1983 年，第 95 页。

⑤ 石岩、文英：《魏公村——元代维吾尔族人在京郊的聚居点》，载《北京日报》1963 年 8 月 16 日，第 1 版。

化往来。自唐末到辽拥有燕云十六州以前，幽蓟地区大量居民被强迫或自愿迁徙到契丹"内地"（主要在西拉木伦河流域）。《新五代史》记载："是时，刘守光暴虐，幽、涿之人多亡入契丹。阿保机乘间入塞，攻陷城邑，俘其人民，依唐州县置城以居之。"① 五代末年，合阳县令胡峤被迁入契丹，居七年逃归，记其在上京（今内蒙古巴林左旗南）见闻云："宦者、翰林、伎术、角抵、秀才、僧尼、道士等，皆中国人，而并、汾、幽、蓟之人尤多。"② 这些"移民"无疑传播了燕地的饮食文化，为契丹民族接受汉民族饮食文化奠定了基础。待到燕云十六州归属契丹，契丹人和渤海人徙入。据洪皓《松漠纪闻》："渤海国，去燕京、女真所都皆千五百里……契丹阿保机灭其王大谞撰，徙其名帐千余户于燕，给以田畴，捐其赋入，往来贸易，关市皆不征，有战则用为前驱。"③ 尽管"徙其名帐千余户于燕"有些夸大其词，但大量异族人涌入是毋庸置疑的。这些移民的存在，对燕地饮食民俗产生了很大影响，促进了燕地饮食进一步朝多样性方向发展。

在保持各民族饮食特色的同时，饮食的深切融合则是必然的趋势。从文献记载来看，辽朝对汉人始终坚持"因俗而治"的政策，并未强迫他们改从胡俗。这从一些汉族旺族的处境可以窥见一斑。深得阿保机重用的汉族豪门韩延徽"教太祖建牙开府，筑城郭，立市里，以处汉人，使各有配偶，垦薮荒田。由是汉人各安生业，逃亡者益少。契丹威服诸国，延徽有助焉"④。"垦薮荒田"说明汉人仍保持了瓜果菜蔬的传统饮食习惯。

当然，长期处于契丹族统治之下的汉人，其饮食生活习俗不能不受到契丹人的影响，⑤ 而且这种影响应该是极其深刻的。白沟是宋辽两国的界河，随从宋使前往金国的楼钥一过白沟，就感受到与原北宋故地完全不同的生活气息。他在日记中写道："人物衣装，又非河北，比男子多露头，妇人多耆婆。把车人云：'只过白沟，都是北人，人便别也。'"⑥ 燕云地区的汉人打扮已不同于中原了。相对于饮食，服饰的差异更为直观，也更引人关注。周辉亦是南宋人，淳熙三年（1176）随宋使到过金中都，对燕云之地与中原文化差异的感受同样十分强烈："绝江、渡

---

① ［宋］欧阳修：《新五代史》卷七十二《四夷附录第一》，北京：中华书局1974年版，第885页。
② ［元］脱脱等：《辽史》卷37《地理志一》，北京：中华书局，1974年标点本，第495页。
③ ［南宋］叶隆礼：《契丹国志》卷26《诸藩国杂记》，上海：上海古籍出版社，1985年标点本，第247页。
④ ［南宋］叶隆礼：《契丹国志》卷16《韩延徽》，上海：上海古籍出版社，1985年标点本，第160页。
⑤ 许辉主编：《北京民族史》，北京：人民出版社2013年版，第123页。
⑥ 赵永春辑注：《奉使辽金行程录》，北京：商务印书馆2017年版，第377页。

淮、过河，越白沟，风声气俗顿异，寒暄亦不齐。"① 这种观感尽管表面，却十分真实。身处燕云地区汉人的饮食在不知不觉中"胡化"了，但他们不可能产生和楼钥、周辉同样的感受。

"辽朝境内汉人、渤海人的饮食，除保留其本身固有的习惯外，也受到契丹习俗的某些影响。奚人的食物中，粮食的比例多于契丹。同时，汉人、渤海人的食品也传入了契丹。辽朝皇帝过端午节时就有渤海厨师制作的艾糕。"② 汉族饮食受少数民族的影响十分明显。譬如，契丹人习惯用蜜腌渍各类水果，以防腐烂，此法后来竟成为北京特产——蜜饯果脯的制作方法。还有，当时汉人对于用以饮食瓷器的颜色的喜好，就来源于契丹民族的白色崇拜。北京地区出土的辽代瓷器主要是辽地瓷窑烧制。其中以白瓷居多，这可能与契丹人崇尚白色有关。仅以 1994年以前，在北京地区清理、发掘的 15 座辽墓和塔基中出土的瓷器为例，其中白瓷就有 101 件，占全部出土瓷器的 85% 以上。南宋周辉在出使金国时，见到燕中人多用定州瓷，俗有"定州花瓷瓯，颜色天下白"的美誉。③ 耀州窑瓷也是"白者为上"④。汉族在与契丹、女真等民族的杂居交往中，受少数民族饮食文化的影响，饮食习惯也慢慢发生了变化，即改变了原来比较单一的主食粮谷的习惯，也开始了"食肉饮酪"。喜爱肉食的契丹族因为饮食过于油腻，需要喝大量茶帮助消化。但因茶源缺失，就以解腻助消化、清热败火的豆汁儿作为替代品。由于民族交流日益加强，逐渐形成了你中有我、我中有你的燕京饮食文化。

契丹是一个十分善于吸收异族文化成果并加以创造的民族，冻梨即为其饮食文化中的代表。契丹种植果树本是辽时最先向汉人学习的，加以独特处理后，冻梨却成为既能长期保存，又别具风味的民族果品，至今在我国北方包括北京仍沿用不废。《辽史拾遗》引《文昌杂录》亦记载，宋人庞元英道："余奉使北辽，至松子岭，旧例互置酒行三，时方穷腊，坐上有北京压沙梨，冰冻不可食……取冷水浸良久，冰皆外结，已而敲去，梨已融释。"⑤ 整个过程称之为"缓冻梨"，"缓"乃融化之意。可见，辽代契丹人食冻梨已很普遍。经过吸收外来饮食文化之

---

① ［宋］周辉：《清波杂志》卷3《朔北气候》，上海：上海古籍出版社 2012 年，第68 页。
② 李桂芝：《辽金简史》，福州：福建人民出版社 1996 年版，第 118 页。
③ ［金］刘祁：《归潜志》卷8，北京：中华书局 1983 年，第 80 页。
④ ［宋］周辉：《清波杂志》卷5《定器》，上海：上海古籍出版社 2012 年，第 92 页。
⑤ ［宋］庞元英：《文昌杂录》卷1，北京：商务印书馆 1936 年，第 9 页。

后，契丹的果品有桃、杏、李、葡萄等，常用蜜渍成"果脯"。《契丹国志》卷二十一《契丹贺宋朝生日礼物》载"蜜渍山果十束楪"，"蜜渍"即是用蜜"浸渍"，然后晒干制成果脯，是保存水果的好办法。这种干制法也是效仿汉族的。《食经》所记"作干枣法"如是："新菰蒋，露于庭，以枣著上，厚三寸，复以新蒋覆之。凡三日三夜，撤覆露之，毕日曝，取干，内屋中。率一石，以酒一升，漱著器中，密泥之，经数年不败坏也。"① 这一记载说明汉族加工贮存方法已相当成熟了。

契丹的副食结构中，夏日有西瓜，冬天有风味果品冻梨，饮料有乳和酒等。许多食品都是饮食文化不断引入、交融的结晶。诸如西瓜本为西域的特产，五代时期由回鹘引进，在上京一带种植。宋使胡峤在《陷北记》中记载："遂入平川，多草木，始食西瓜，云契丹破回纥得此种，以牛粪覆棚而种，大如中国冬瓜而味甘。"② 内蒙古赤峰市敖汉旗羊山辽墓壁画绘一盘内盛装三个碧绿色长圆形西瓜。在北京市门头沟斋堂辽墓壁画中，绘有两位侍女，双手藏袖内托盘，盘内盛有西瓜、石榴和鲜桃。③ 西瓜后传入内地，在北京地区亦有种植。

女真人继承了契丹人的西瓜播种技术，据南宋使者洪皓在《松漠纪闻》所述：西瓜形如扁蒲而圆，色极清翠，经岁则变黄，其瓤类甜瓜，味干脆，中有汁，尤冷。南宋乾道六年（1170），范成大出使金国，在陈留至开封途中赋《西瓜园》诗，并对西瓜出自燕地做了说明："碧蔓凌霜卧软沙，年来处处食西瓜。形模濩落淡如水，未可蒲萄苜蓿夸。"诗人在这首诗的题下注曰："（西瓜）本燕北种，今河南皆种之。"④ 四五世纪时，由西域传入中国，故名"西瓜"。另外，葡萄亦从西域传入，石榴从中原地区输入。在契丹给宋皇帝赠的礼品中，有"蜜晒山果""蜜渍山果"等。⑤《契丹国志》卷三《太宗嗣圣皇帝下》记载，会同十年（947）二月，"述律太后遣使，以其国中酒馔脯果赐帝，贺平晋国"。节令饮食风俗，辽

---

① ［北魏］贾思勰：《齐民要术》卷4《种枣第三十三》，上海：上海古籍出版社2009年版，第222页。

② ［南宋］叶隆礼：《契丹国志》卷25《胡峤陷北记》，上海：上海古籍出版社，1985年标点本，第237页。

③ 《北京市斋堂辽壁画墓发掘简报》，载《文物》1980年第7期。

④ ［南宋］范成大：《范石湖集》，上海：上海古籍出版社1981年，第146页。

⑤ 马利清、张景明：《试析辽代社会经济发展在文献、实物中的体现》，载《内蒙古大学学报》（人文社科版）2000年第2期。

汉皆有，仍以契丹旧俗为主。例如元旦日，以糯米饭和白羊髓为饼。[①] 正月七日为人日，食煎饼，称为"熏天饼"。"人日，京都人食煎饼于庭中，俗云'熏天'。未知何所从出也。"[②] 此项风俗晋代已有，可能承自汉人或鲜卑。其他尚有中和、上巳、端午、夏至、中元、中秋、重九、冬至等，都是直接或间接从中原传入的，节日饮食风俗大体相同，只是饮食对象有所差异。金袭辽的节日制度，据《金史·礼志》卷三十五所载，"金因辽俗，以重午、中元、重九行拜天之礼"，同样以汉族节日为依据。据《大金集礼》卷三十二所载，元旦、上元（元夕）、中和、立春、春分、上巳、寒食、清明、立夏、佛诞日（四月八日）、端午、三伏、立秋、七夕、中元、中秋、重阳、下元、立冬、冬至、除夕等，都是金朝官方承认的节日，且节日饮食与辽南京基本相同。以上元节为例，及金朝统治者进入燕京，才知有张灯之俗，于是海陵王于贞元元年（1153）"正月元夕张灯，宴丞相以下于燕之新宫，赋诗纵饮，尽欢而罢"[③]。一边赏灯，一边饮酒赋诗，完全是吸纳了汉族元宵节的风习。自古以来，中原节日以饮食为主要活动行为，通过饮食表达心愿和实施节日程序，这一方式为契丹和女真所承继。就其饮食文化在传承上的轨迹而言，辽承唐制，包含了大量农耕文化的因素。及金灭辽之后，继承辽制，又在灭宋之后继承宋制，遂把中原地区的农耕饮食文化与契丹少数民族的游牧饮食文化融合在了一起。与此同时，金期统治者还把女真族少数民族饮食文化带到中原地区来，并且融入传统的农耕饮食文化之中。[④]

金朝人迁都燕京之举，远非契丹人建辽南京可比。他们认为"燕京乃天地之中"[⑤]，因此把金中都营建得"有宫阙井邑之繁丽，仓府武库之充实，百官家属皆处其内，非同曩日之陪京也"。[⑥] 正如有学者指出的："随着金朝权贵势力和政治中心的大举南移，文化交流与融合的平台也集中统一到金中都及其周边区域，而不再像辽时那样边界分明。金中都城内，有汉族、契丹、女真等各族居民，汇聚了多民族的文化要素和整个北方地区的文化精英，在北京文化发展的历程中前所

---

① [南宋] 叶隆礼：《契丹国志》卷27《岁时杂记》，上海：上海古籍出版社，1985年标点本，第250页。

② [南宋] 叶隆礼：《契丹国志》卷27《岁时杂记》，上海：上海古籍出版社，1985年标点本，第250页。

③ [金] 宇文懋昭：《大金国志校证》卷13《纪年十三》，北京：中华书局，1986年标点本，第185页。

④ 许辉主编：《北京民族史》，北京：人民出版社2013年版，第160页。

⑤ [金] 宇文懋昭：《大金国志校证》卷13《纪年十三》，北京：中华书局，1986年标点本，第186页。

⑥ [元] 脱脱等：《金史》卷96《列传第三十四》，北京：中华书局，1975年标点本，第2135页。

未有。"① 金中都各民族饮食文化的融合较之辽南京更为全面和深入。

东北地区深山老林众多，野兽藏匿其间，女真人原本四时狩猎，一年四季食肉。《金史》卷六《世宗纪上》云："亡辽日屠食羊三百"②。宋人马扩记载了阿骨打与诸部落聚餐时，食物有"猪、羊、鸡、鹿、兔、狼、麂、狐狸、牛、驴、犬、马、鹅、雁、鱼、鸭、虾蟆"等，③ 多为肉食。既有家禽家畜，也有野味，其中马肉是女真人喜爱的肉食。但后来由于受汉民族不吃马肉的影响，马肉逐渐在女真人的食谱中消失。金大定八年（1168），世宗诏曰："马者军旅所用，牛者农耕之资，杀牛有禁，马亦何殊，其令禁之。"④ 此后，女真人的主要肉食变为猪和羊等。

"金代女真人进入北京之初还保持着传统的以肉食为主的饮食习惯，但随着农业生产的发展，加上与燕京汉民日夕相处，不久即'忘旧风'，主食上与汉民无大区别，无非是粟、黍、稻、稗、麦、稷、菽、荞麦、糜等。面食常制成汤饼、馒头、烧饼、煎饼，米则做成饭或粥食用。"⑤ 难怪北宋重臣韩琦《论备御七事奏》感慨道："契丹宅大漠，跨辽东，据全燕数十郡之雄，……至于典章文物，饮食服玩之盛，尽习汉风，……自以为昔时元魏之不若也。"⑥ 居民常吃馒头、血羹、烫羊饼子、肉羹、大肉饼、灌肺、枣羹、面粥、油饼、松子糖粥、腰子羹、熏鱼、糕糜等。女真人有吃羊肉的习惯，日常、待客吃羊肉，许多食品也都有羊肉，如招待使节宴上的大食盘，即为一大肉山，以生葱、枣、栗装饰，中藏一个羊头。⑦ 这些日常食物都是汉、女真两民族饮食风味融合的结果。不同民族风味的饮食文化相互补充、相互吸收，这种融合极大地促进了燕京饮食文化的发展。

金代女真人农业主要种植粟、麦、黍等，主食就是由这些农作物加工成的米、面制品。女真人的副食主要是各种蔬菜、肉类和水产品，调味品也在女真人的烹饪中广泛使用，大量制作腌制、冰冻果蔬和肉制品是女真人饮食中的一大特点。

---

① 吴文涛：《历史为什么选择金中都——简论金中都的历史地位及作用》，载北京市社会科学院历史研究所编：《北京史学论丛》（2015），北京：群言出版社 2016 年版，第 28 页。

② ［宋］徐梦莘：《三朝北盟会编》卷三，上海：上海古籍出版社 2008 年影印本，第 30 页。

③ ［宋］徐梦莘：《三朝北盟会编》卷三，上海：上海古籍出版社 2008 年影印本，第 30 页。

④ ［元］脱脱等：《金史》卷 6《本纪第六》，北京：中华书局，1975 年标点本，第 141 页。

⑤ 刘宁波：《历史上北京人的饮食文化》，载《北京社会科学》1999 年第 2 期。

⑥ ［南宋］李焘：《续资治通鉴长编》卷 142《起仁宗庆历三年七月尽是年八月》，北京：中华书局，2004 年标点本，第 3395 页。

⑦ 吴建雍等：《北京城市生活史》，北京：开明出版社 1997 年版，第 41 页。

转变后的女真人饮食带有明显的汉族饮食的特质，甚至到了"浸忘旧风"的地步。① 金大定九年（1169），楼钥使金时所用的食物"糯粥、粟饭、麦仁饭，皆以枣栗布其上"②，开始注重饮食的造型和色泽的搭配了。女真人学会在粟饭、麦粥里加入干果、蔬菜、肉等食物，此法一举三得：营养搭配、口感更佳和色泽、造型富有美感。这恰恰是中原主食制作技艺之精妙所在。尽管不能对各民族饮食文化评判优劣，但汉民族先进的生产方式和技术乃至思想观念必然为少数民族所仿效，进而导致少数民族饮食文化的汉族化。女真早期，食品制作相当粗简，"或燔或烹，或生脔"③。随着女真同汉人接触的增多，大量吸收汉人的烹饪技艺，他们的食品制作也逐渐精细起来。无名氏编撰的《居家必用事类全集》为元人著述，专辟"女直食品"一栏，记录了"厮剌葵菜冷羹""蒸羊眉突""塔不剌鸭子""野鸡撒孙""柿糕""高丽栗糕"等等，虽谈不上洋洋大观，但食谱既有冷盘，又有热蒸，烹调技法，样样俱全。

独具特色的女真食品不仅为中华民族的饮食文化增添了新的内容，而且生动地反映了各民族饮食习惯的相互影响。其中的厮剌葵菜冷羹、蒸羊眉突、塔不剌鸭子（亦可用鸡、鹅）、野鸡撒孙（也可用鹌鹑）等，有的为冷荤，有的为烧烤，有的为炖煮肉食，风味独到。又有以糯米加柿、枣泥、松仁、胡桃仁蒸制，浇蜜食用的柿糕和用栗子粉加糯米面，以蜜和面蒸制的高丽栗糕。高丽栗糕，顾名思义，系女真人学自高丽，而女真葵羹的做法又与渤海葵羹同，或承自渤海也不无可能。④《居家必用事类全集》女真食品部分详细记载了"厮剌葵菜冷羹"这道凉拌菜的制作方法，先将"葵菜去皮，嫩心带稍叶长三四寸、煮七分熟，再下葵叶。候熟，凉水浸，拔拣茎叶另放，如簇春盘样。心、叶四面相对放。间装鸡肉、皮丝、姜丝、黄瓜丝、笋丝、莴笋丝、蘑菇丝、鸭饼丝，羊肉、舌、腰子、肚儿、头蹄、肉皮皆可为丝。用肉汁，淋蓼子汁，加五味，浇之"⑤。原料众多，荤素搭配，造型为葵菜的叶和茎，以"丝"呈现，入味爽口。让多种食材放在一起进行调和，这是中原烹饪技艺之精妙之处。"厮剌葵菜冷羹"的烹制，说明女真已深得

---

① ［元］脱脱等：《金史》卷7《本纪第七》，北京：中华书局，1975年标点本，第155页。

② 上海师范大学古籍整理研究所：《全宋笔记》第6编，郑州：大象出版社2012年版，第33页。

③ ［南宋］徐梦莘：《三朝北盟会编》卷4《政宣上帙四》，上海：上海古籍出版社1987年版，第24页。

④ 李桂芝：《辽金简史》，福州：福建人民出版社1996年版，第234页。

⑤ ［元］无名氏：《居家必用事类全集》庚集《女直食品》，北京：中国商业出版社1987年版，第113页。

中原饮食文化之真传。此等调和技艺表明金代后期女真人烹饪已达到了相当高的水平。

汉族和少数民族的饮食习俗又有许多融合的现象出现。由辽金两朝政府所推行的风俗政策，"首先是提倡和保持'国俗'，即契丹风俗"①。一些汉族士族的生活方式便向兄弟民族转化。汉族饮食融入契丹族最具有代表性的是韩氏家族。韩氏家族是辽代汉族人与少数民族融合的见证，也是契丹族人与汉族人文化相互包容的见证。② 大辽韩氏家族"创始人"为韩知古（898—930），本是蓟州玉田汉人，史称其为汉族契丹化的代表。

表现在饮食文化方面，兄弟民族的饮食深入一些士大夫家庭之中，同时，汉族一些传统饮食也为燕京的少数民族所接受。汉族接纳契丹、女真饮食文化，并非全盘照搬、完全"契丹化"和"女真化"，而是根据汉俗有所扬弃，使被吸纳之少数民族饮食文化发生了某些"流变"；同样，少数民族对汉民族饮食文化的输入也是如此。这是各民族饮食文化"中和"的必然结果。

可以说，没有少数民族之间、少数民族和汉民族之间的饮食文化交流、碰撞和保持各自相对的独立性，就不可能存在辽金饮食，再往后一直延伸，也不可能形成北京首都饮食文化。正是在辽代，少数民族的饮食文化被真正纳入北京饮食文化系统之中，成为北京饮食文化中的一个有机组成部分。北京饮食文化的辉煌正是建立在辽金饮食文化的基础上的，辽金饮食铸就了北京饮食文化的基本风格，两者之间一脉相承，可以说北京饮食文化是从辽金演化而成的。从此，北京饮食文化形态也越来越呈现出多元化的趋势并显示出"一体"的发展萌芽。体现在烹饪风味上，则是一种兼收八方、多元一体、气象万千的恢宏与博大。辽金燕京饮食已展露出首都饮食兼容并蓄的无穷魅力。

4. 汉民族饮食文化的主体地位

在辽朝与宋朝的书信往来中，彼此以兄弟相称："弟大契丹皇帝谨致书于兄大宋皇帝阙下：粤自世修欢契，时遣使轺，封圻殊两国之名，方册纪一家之美。"辽兴宗"一家之美"的言论确有现实的依据，在这里，饮食生活的民族趋同就是有

---

① 宋德金、史金波：《中国风俗史·辽金西夏卷》，上海：上海文艺出版社 2001 年版，"导言"第 5 页。

② ［元］脱脱等：《辽史》卷 74《列传第四》，北京：中华书局，2017 年标点本，第 1359 页。

力的支撑。"虽境分二国，克保于欢和，而义若一家，共思于悠永。"① 契丹人极力与历史上的汉人攀亲戚，自称炎黄子孙。这种政治态度表明契丹对于汉文化的全面认同，当然也包括饮食文化。而"在金代，特别是自海陵王迁都之后，金中都城就成为整个中国北方地区民族融合的中心。在这座城市里，主要的居民是广大的汉族民众，包括了从皇亲国戚、达官贵人，到平民百姓、工匠商贾的各个社会阶层"②。辽金两代饮食无疑是多民族的，在承认这一点的基础上，还应该强调汉民族饮食文化的主体地位。

尽管汉民族不处于统治地位，但汉民族一直主导着饮食文化的发展方向。在北京饮食的维度中，政治地位与文化地位存在明显反差。这也是北京饮食文化与其他城市的不同之处。

其实，早在隋唐期间，契丹、奚族等就进入幽州地区，他们到金朝占有燕京时为止，已经与这里的汉族民众共同生活了几百年，从语言、文字到服饰、饮食，都没有了明显的差异。因此，这批最早进入中原地区的契丹和奚族民众应该也是最早"汉化"的少数民族民众。③ 以至于元太宗时让已经完全"汉化"的契丹贵族后裔耶律楚材主持"汉化"具体工作，元朝统治者把契丹人和女真人都归入"汉人"的行列中是有一定道理的。元明之际的学者陶宗仪将元代的色目人和汉人统称为"汉人八种"。④"汉人八种"之中，并不是汉人，而是少数民族，却被蒙古统治者划入汉人的行列。之所以产生如此认识，当然是这些"汉人"的确基本上已经"汉化"了，与生活在西北地区的少数民族不可同日而语了。竹因歹、术里阔歹、竹温、竹赤歹这四个民族已很少出现在文献当中，完全融入汉民族当中，成为汉民族的有机组成部分。

清代学者对少数民族汉化的现象也有论述："元名臣文士，如移刺楚才，东丹王突欲孙也；廉希宪、贯云石，畏吾人也；赵世延、马祖常，雍古部人也；李术鲁翀，女直人也；乃贤，葛逻禄人也；萨都剌，色目人也；郝天挺，朵鲁别族也；余阙，唐兀氏也；颜宗道，哈剌鲁氏也；瞻思，大食国人也；辛文房，西域人也。

① 《续资治通鉴长编》卷一三五、卷一五一。又见《契丹国志》，上海：上海古籍出版社1985年版，第191、195页。

② 许辉主编：《北京民族史》，北京：人民出版社2013年版，第160页。

③ 许辉主编：《北京民族史》，北京：人民出版社2013年版，第160—161页。

④ ［元］陶宗仪：《南村辍耕录》卷1《氏族》，北京：文化艺术出版社1998年版，第12页。

事功、节义、文章，彬彬极盛，虽齐、鲁、吴、越衣冠士胄，何以过之?"① 文中所云"移剌楚才"就是已汉化的元太祖时的名臣耶律楚材。

汉民族在不断同化少数民族的同时，自身的人口基数在滚雪球式地扩大。汉民族始终处在占绝大多数的位置。"从秦汉蓟城、魏晋十六国北朝幽州蓟城直到隋唐幽州，汉族居民一直是本地区居民的主体。从辽代开始，南京城的居民，汉族也占主要地位，虽然这时汉族已不是占统治地位的民族。"② 这是较之少数民族，汉民族饮食文化具有优势地位的主要原因。到金世宗即位后，"汉化"已相当深入。大定十三年（1173）三月，"上谓宰臣曰:'会宁（今黑龙江阿城）乃国家兴王之地，自海陵迁都永安（今北京），女直人浸忘旧风。朕时尝见女直风俗，迄今不忘。今之燕饮音乐，皆习汉风，盖以备礼也，非朕心所好。东宫不知女直风俗，第以朕故，犹尚存之。恐异时一变此风，非长久之计。甚欲一至会宁，使子孙得见旧俗，庶几习效之'"③。同年四月，金世宗再次重申了他的担忧:"上御睿思殿，命歌者歌女直词。顾谓皇太子及诸王曰:'朕思先朝所行之事，未尝斯忘，故时听此词，亦欲令汝辈知之。汝辈自幼惟习汉人风俗，不知女直纯实之风，至于文字语言，或不通晓，是忘本也。汝辈当体朕意，至于子孙，亦当遵朕教诫也'。"④ 由此可知，女真底层民众和皇太子及诸王等女真贵族们都已经"汉化"了。金章宗在位时（1189—1208），推行汉礼汉俗汉语，提倡女真屯田户与汉人通婚，促进了民族间文化的相互渗透。

不过，世宗和章宗两朝都采取了阻止"汉化"的措施。明昌二年（1191）十一月，金章宗下令:"制诸女直人不得以姓氏译为汉字。"⑤ 到了泰和七年（1207）九月，金章宗又下令:"敕女直人不得改为汉姓及学南人装束。"⑥ "违者杖八十，编为永制。"⑦ 为了维护本民族的文化传统，金朝统治者明确规定了不得使用汉字和穿着汉人服饰。时人称:"金俗好衣白，栎发垂肩，与契丹异。垂金镮，留颅后发，系以色丝，富人用珠金饰。妇人辫发盘髻，亦无冠。自灭辽侵宋，渐有文饰，

---

① ［清］王士禛:《池北偶谈》卷7《谈献三》，北京:中华书局1982年版，第144页。
② 曹子西主编:《北京通史》第四卷，北京:中国书店1994年版，第124页。
③ ［元］脱脱等:《金史》卷7《本纪第七》，北京:中华书局，1975年标点本，第157页。
④ ［元］脱脱等:《金史》卷7《本纪第七》，北京:中华书局，1975年标点本，第158页。
⑤ ［元］脱脱等:《金史》卷9《本纪第九》，北京:中华书局，1975年标点本，第207页。
⑥ ［元］脱脱等:《金史》卷12《本纪第十二》，北京:中华书局，1975年标点本，第267页。
⑦ ［元］脱脱等:《金史》卷43《志第十六》，北京:中华书局，1975年标点本，第983页。

妇人或裹'逍遥'，或裹头巾，随其所好。至于衣服，尚如旧俗。"① 相对于服饰，饮食属于不知不觉的社会现象和行为，一般不会被视为民族文化的表征。服饰被视为一个民族外显的标志和符号，具有仪式性和象征意义，而饮食则主要在于满足食欲。故而辽金统治者没有高度关注饮食的汉化，在饮食领域则无这种禁令。相对而言，当朝饮食游离于政治，处于自由的生存状态。

就实际情况看，这些"禁令"并没有达到预期目的，"汉化"在辽金两代全方位展开。就饮食文化而言，金代女真人在其建国前饮食的主要来源是渔猎、农业和家畜饲养。当他们分布在黑水一带的时候，"夏则随水草而居，冬则入住其中"。"喜耕种，好渔猎"，猪、羊、鸭和奶酪是其喜爱的食物。定都北京后，金中都女真人的饮食发生了很大变化，先后与辽和南宋有过饮食文化往来。特别是女真进入中都和汉族交错杂居以后，他们的饮食生活发生了较大变化。女真上京会宁，"燕（宴）饮音乐，皆习汉风"，不断向汉民族饮食靠拢。金国使者到达南宋，宋廷在皇宫集英殿以富有民族风味的爆肉双下角子、白肉胡饼、太平饆饠、髓饼、白胡饼和环饼等菜点进行款待。女真贵族一时崇尚汉食，为了满足饮宴之需，还召汉族厨师入中都的府上当厨。

可以说，在中都已难以寻觅到纯正的少数民族饮食了。正是由于在中都已感受不到真正的女真文化，金世宗才于大定二十四年（1184）五月，带着随行大臣们回到金上京，随即便"宴于皇武殿。上谓宗戚曰：'朕思故乡，积有日矣，今既至此，可极欢饮，君臣同之。'赐诸王妃、主，宰执百官命妇各有差。宗戚皆沾醉起舞，竟日乃罢"②。说明世宗是多么眷恋故土和故土的宴饮场面。

金世宗在上京住了一年有余，仍不愿回到中都，经大臣们反复奏请，第二年四月才决定回中都城，他对群臣说："上京风物朕自乐之，每奏还都，辄用感怆。祖宗旧邦，不忍舍去，万岁之后，当置朕于太祖之侧，卿等无忘朕言。"③ 世宗之所以如此不舍上京，一方面是对女真文化传统的挚爱，甚至把传承本民族文化上升至政治高度；另一方面也表明中都少数民族文化已"汉化"到了相当的程度。可以这样说，中都的饮食成为带有少数民族风味的汉族饮食。

当然，女真民族的汉化肯定带有无可奈何的成分，因为汉民族的物质生产包

① ［金］宇文懋昭：《大金国志校证》卷39《男女冠服》，北京：中华书局，1986年标点本，第552页。
② ［元］脱脱等：《金史》卷8《本纪第八》，北京：中华书局，1975年标点本，第179页。
③ ［元］脱脱等：《金史》卷8《本纪第八》，北京：中华书局，1975年标点本，第179页。

括饮食技艺的水平要远远高于女真族。对于这种差异，广大汉族民众在心理上往往是加以蔑视的，贬之为"胡俗"或是"虏俗"。直到女真族统治者全面接受了汉文化，才逐渐得到了广大汉族民众的认同。如果没有这种文化认同，女真族统治者要控制住整个中原地区的政治局势是很困难的。[①]

5. 饮食器具的民族形态

当时的饮食器具也是多样化的，体现了不同民族的饮食使用和审美需求。辽代燕京地区制瓷业兴起，门头沟龙泉务窑、房山磁家务窑、密云小水峪窑等皆有较好的烧制条件。龙泉务窑三面环山，山势层峦叠嶂。村北灰峪、西南对子槐山产坩子土，村西曹家地和东北军庄村永定矿盛产煤。永定河由村东流过。这里资源丰富，运输便利，具备了烧制瓷器的良好自然条件。[②] 北京辽墓中发现的瓷器，在辽产瓷器中，既有北京区域内辽金时期窑场烧造的产品，如门头沟龙泉务窑、密云小水峪窑、房山磁家务窑，也有辽境内其他窑场的产品，其中以龙泉务窑的瓷器为大宗。在外地输入的瓷器之中，有定窑、越窑、耀州窑及景德镇诸窑的产品，其中以定窑延续的时间最长，器物的数量最多。[③] 就饮食陶器而言，富有契丹风格的数量较少，表明辽南京受契丹饮食文化的影响不甚深。

在辽统治者采取的南北分治政策下，汉民族传统的饮食器具得以大量保留。辽代北京出土的陶器，以炊器、饮食器居多，其中包括罐、三足鼎、执壶、碗、盆、三足盆、鏊子、甑、灶、鍪锅、釜、三足釜、碟、钵、盘、三足盘、瓶、小杯等。这些都是中原汉族常用的饮食用具。陶器的体量一般较小；陶质多是泥质陶，少数为夹砂陶；陶色以灰色为主，红陶、黑陶数量极少。制法多采用轮制，兼有模制或手制，部分陶器表面涂红彩或白彩。这表明其专为随葬的明器，并非实用器，但也直观地反映出生活当中饮食器具的使用状况。

辽代瓷器造型粗犷、质朴，既有中原汉族传统样式，如碗、盘、碟、罐、盒、盆等，也有契丹等少数民族样式的，但游牧民族饮食用品出土量所占比例较低，如辽地出土较多的长颈盘口瓶、大口长颈瓶仅分别见于安辛庄辽墓[④]和顺义辽净光

---

① 许辉主编：《北京民族史》，北京：人民出版社 2013 年版，第 165 页。
② 鲁琪：《北京门头沟区龙泉务发现辽代瓷窑》，载《文物》1978 年第 5 期。
③ 孙勐：《北京地区辽墓的初步研究》，吉林大学硕士学位论文，2012 年，第 22 页。
④ 北京市文物研究所、顺义县文物管理所：《北京顺义安辛庄辽墓发掘简报》，载《文物》1992 年第 6 期。

舍利塔基①鸡冠壶5件，顺义安辛庄辽墓②、宣武区海王村辽墓③各出土2件、西城区锦什坊街辽墓出土1件；大兴康庄辽墓④、西城区锦什坊街辽墓⑤各出土1件龙柄洗；鸡腿瓶在辽金墓葬中均有发现且数量相对较多，有些墓葬成对出土，如辽韩佚墓⑥出土的2件褐釉浑瓶、先农坛金墓⑦出土的2件灰绿釉鸡腿瓶均形制相似。⑧1975年的考古发掘显示，在今北京门头沟龙泉务官窑遗址附近，采集到的标本"瓷器以碗、盘为主，另外间有碟、净水瓶、罐、盂、盒、壶、瓶等；釉色以白瓷为主，还有少量褐、黑，青瓷。窑具有匣钵、支钉、印模"。北京地区墓葬、塔基出土的辽代白瓷、黑瓷，"大部分应属于龙泉务瓷窑所烧制"⑨。龙泉务官窑极大地提升了辽南京饮食器具的审美水平。

为适应逐水草而居的游牧生活，一些适应搬运和携带的契丹族饮食器具便应运而生，如鸡冠壶、穿带扁壶、盘口穿带瓶、海棠式长盘、龙柄洗、鸡腿瓶等；有些则直接脱胎于契丹传统陶器，如盘口束颈壶、长颈壶等。其中，鸡冠壶最有代表性。1970年4月，在宣武区海王村，发现两座辽代的土坑墓。每墓有仰身直肢的骨架一具，头前都放有辽代的典型器物绿釉鸡冠壶两个。这两座土坑墓所出的鸡冠壶，在形制上及其花纹上都很一致，胎红色，扁身平底，双孔有盖，壶身两面画卷草花纹，通高21厘米。⑩ 这是辽代特有的陶瓷器形，亦称"马镫壶""皮囊壶"，是模仿契丹族皮囊容器的样式而烧制的陶或瓷壶，用以装水或盛酒的器皿。此外还有一种具游牧民族特色的鸡腿瓶，因瓶的腹部修长如鸡腿而得名，是游牧民族携带水或酒的器皿。它还有另一个用途，在晚上放哨时用作地听。它正是契丹民族从游牧生活过渡到定居生活的一个反映。迄今为止，平谷区发现和发掘的比较重要的辽、金时期墓葬是巨构家族墓，随葬品中有鸡腿瓶。巨构是汉人，在其家族墓中随葬了鸡腿瓶，表明当时汉族与游牧民族饮食文化相互渗透已

---

① 北京市文物工作队：《顺义县辽净光舍利塔基清理简报》，载《文物》1964年第8期。
② 北京市文物研究所、顺义县文物管理所：《北东顺义安辛庄辽墓发掘简报》，载《文物》1992年第6期。
③ 北京市文物管理处：《近年来北京发现的几座辽墓》，载《考古》1972年第3期。
④ 北京市文物研究所：《北京大兴康庄辽墓》，载《文物春秋》2012年第5期。
⑤ 北京市文物管理处：《近年来北京发现的几座辽墓》，载《考古》1972年第3期。
⑥ 北京市文物工作队：《辽韩佚墓发掘报告》，载《考古学报》1984年第3期。
⑦ 马希桂：《北京先农坛金墓》，载《文物》1977年第11期。
⑧ 孙雅頔：《北京地区出土辽金瓷器研究》，南开大学硕士学位论文，2015年，第68—69页。
⑨ 鲁琪：《北京门头沟区龙泉务发现辽代瓷窑》，载《文物》1978年第5期。
⑩ 北京市文物管理处：《近年来北京发现的几座辽墓》，载《考古》1972年第3期。

经达到相当深入的程度。

墓主为契丹人的墓葬出土的瓷器中，除契丹典型瓷器外，亦有不少汉人的饮食日用器形。最具代表性的如顺义安辛庄辽墓，该墓随葬鸡冠壶、盘口瓶的同时，亦有宋人饮茶所用注壶、瓷盏，出土的瓷碗亦是汉人传统农业经济饮食结构所需要的饮食器具。在辽地一些墓葬壁画中亦有表现饮茶以及与汉人相同饮食习惯的画面，这正是契丹入主中原后，其经济结构、饮食生活习惯等各方面受汉人影响发生改变的物证。①

北京地区还出土了大量辽代铁制生活器具，反映出以农业为主的辽南京人民的日常生活。其中，以六鋬釜的式样最为突出。如通州东门外、怀柔上庄村，都出土有六鋬釜，最大的口径41.5厘米，这是当时北方最流行的农家炊具。② 如此规模的炊具为施展各种烹饪技艺提供了可能性。

至金代，北京地区更是成为中都腹地，表现在瓷器的使用和生产上，即为北京地区出土的金瓷器明显地以中原汉文化为主。金墓中"输入型"饮食瓷器在种类和数量等方面，均已远远超过了北京辽墓中的发现，这在一定程度上反映出海陵王迁都后，北京在北方政权中的中心地位进一步增强。③ 较之辽代，金朝饮食文化中的中原气息更为浓郁。

金代早期所使用盛饮器具多为木制，主要有木盆、木盘、木楪、木碗等。《三朝北盟会编》卷三载金初女真人"食器无瓬陶，无匕箸，皆以木为盘。春夏之间，止用木盆贮鲜粥，随人多寡盛之。以长柄木杓数柄，回还共食。却以木楪盛饭、木瓺盛羹……饮酒无算，只用一木杓子，自上而下，循环酌之"。盛食器具全部为木制，并且盛食器具种类简单，几乎全为木盘。而在金中都的饮食生活中，瓷器类饮食器基本取代了木制饮食器具。随着陶瓷器类饮食器具的增多，盛食器有碗、盆、盘等，进食器有匕、箸、匙等，储食器有罐、瓶，盛装饮品有执壶、注壶，直接饮器有盏、杯、盅等，端食器有各种盘。饮食生活按照器具的使用功能，划分越来越细，这是金代社会追求精致饮食和民族饮食融合的一个过程，④ 也是金代全面接受中原饮食文化的事实依据。

---

① 孙雅顿：《北京地区出土辽金瓷器研究》，南开大学硕士学位论文，2015年，第70页。
② 曹子西主编：《北京通史》第三卷，北京：中国书店1994年版，第237页。
③ 孙勐、吕砚：《北京金代墓葬中出土的瓷器》，载《收藏家》2013年第6期。
④ 黄甜：《金代饮食生活研究》，西北大学博士学位论文，2016年，第91页。

尤其是金朝统治阶层，追捧金、银、玉、玳瑁、象牙等材质的饮食器具，以凸显身份的尊贵。宋人许亢宗出使金国时亲眼见到了统治阶层的御厨宴，在宴饮中"前施朱漆银装镀金几案，果楪以玉，酒器以金，食器以玳瑁，匙箸以象齿"①。木制的饮食器具再怎么精美也难以达到如此奢华的境界。上层社会对金、银、玉、玛瑙等珍稀材质饮食器具的追捧均与周边政权的交流密不可分。宋、西夏常常通过聘使赠送金朝皇帝及官员一些珍贵材质的饮食器具，以增进交流。辽金饮食器具由木制到陶器再到对金、银、玉、玳瑁、象牙、玛瑙等珍稀材质的追捧过程，与多民族饮食文化的融合同步，是多民族饮食文化共同发展的具体表征。

第五节　饮酒与饮茶

契丹族和女真族都是好饮酒的民族，习惯大块吃肉，大碗饮酒。入主中原后，带动了辽南京和金中都的饮酒风气。而喝茶有助于消化肉食，饮茶同样是契丹族和女真族的饮食风尚。由于这两个民族不产茶，茶叶弥足珍贵，饮茶反而成为一种身份的象征。

1. 饮酒与酿酒

辽代契丹族的饮酒习俗很多，有礼仪饮酒、喜庆饮酒、祭祀饮酒、奖罚饮酒等，酒文化渗透到契丹人日常生活中的方方面面。

酒在祭祀祖先、祭拜天地仪式中起到"沟通"作用。在"燕节仪"中，契丹皇帝死后，"筑土为台，置大盘于上，祭酒食撒于其中"②。元旦，即正月初一，朝廷要在这一天举行盛大的朝贺仪，皇帝"赐宴群臣"。契丹族畏惧鬼魂，也有元旦惊鬼的习俗。《契丹国志》卷二十七《岁时杂仪》中记载："正旦正月初一，国主以糯米饭、白羊髓相和为团，如拳大，于逐帐内各散四十九个，候五更三点，国主等各于本帐内牕中掷米团在帐外，如得双数，当夜动蕃乐，饮宴；如得支数，更不作乐，便令师巫十二人，外边绕帐撼铃执箭唱叫。于帐内诸火炉内爆盐，并烧地拍鼠，谓之'惊鬼'，本帐人第七日乃方出。"③ 契丹人举行腊月辰日仪式，"腊，十二月辰日。前期一日，诏司猎官选猎地，其日，皇帝、皇后焚香拜日毕，设围；……敌烈麻都以酒二尊，盘飧奉进；……皇太子、亲王率众官进酒；……

① 贾敬颜：《五代宋金元人边疆行记十三种疏证稿》，北京：中华书局，2004 年标点本，第 253 页。
② [元] 脱脱等：《辽史》卷 53《志第二十二》，北京：中华书局，1974 年标点本，第 838 页。
③ [南宋] 叶隆礼：《契丹国志》卷 27《岁时杂记》，上海：上海古籍出版社，1985 年标点本，第 250 页。

皇帝始获兔，群辰进酒上寿，各赐以酒。至中食之次，亲王、大臣各进所获。及酒讫，赐群臣饮"①。可见在狩猎日这一天要实施多次进酒的程序。

皇后的迎娶仪式中，"择吉日。至日，后族众集。诘旦，皇帝遣使及媒者，以牲酒馔饩至门。少顷，拜，进酒于皇后，次及后之父母、宗族、兄弟。酒后，再拜。皇后升车，父母饮后酒，伯叔父母、兄弟饮后酒如初。将至宫门，赐皇后酒，皇族迎者、后族送者遇赐酒，终宴"②。酒贯穿迎娶仪式的每个环节。

在辽代，酒常常作为帝王的奖品出现在宴席上。辽代契丹皇帝常常开恩赐予臣民以酒或酒宴。辽太祖耶律阿保机曾"恩赐"被判处徒刑和死刑的叛乱分子刑前以酒宴。据《辽史·太祖纪上》记载：太祖八年（914）正月，"于骨里部人特离敏执逆党怖胡、亚里只等七十来献。……有司所鞫逆党三百余人，狱既具，上（太祖）以人命至重，死不复生，赐宴一日，随其平生之好，使为之。酒酣，或歌，或舞，或戏射、角抵，各极其意。明日，乃以轻重论刑"。这就是所谓的富有争议的"盐池宴"，即阿保机在创立契丹政权初期，以宴饮为诱饵，对内部反对势力实施镇压的策略。饮食在这里成为政治斗争的手段，散发出血腥味。穆宗曾赐酒于征战有功之臣。应历十七年（967）正月，"林牙萧干、郎君耶律贤适讨乌古还，帝执其手，赐卮酒，授贤适右皮室详稳"③。辽圣宗曾以酒赐守殿官员。《辽史·圣宗纪》载：统和元年（983）十二月，圣宗"谒凝神殿，遣使分祭诸陵，赐守殿官属酒"。辽兴宗曾赐酒于降附辽廷的外族首领。重熙十三年（1044）十月，辽征西夏，"（李）元昊伏罪。赐酒，许以自新，遣之"④，等等。

饮酒活动在女真民族饮食文化中具有丰富的内涵与鲜明特征。据《析津志辑佚》记载，金中都城内有酒楼30余处，如"崇义楼、县角楼、揽雾楼、遇仙楼。以上俱在南城，酒楼也"。"应天楼，在金正阳门，废。"⑤（按，金无正阳门，此处应为宣阳门。）当时宣阳门在今鸭子桥一带，"应天"之名，意谓此楼坐落于皇城之前。连皇城之前也建酒楼，可知中都饮食业之昌盛。还有"白云楼，馆名既醉"，"紫云楼，馆名黄鹤"，"披云楼，在大悲阁东南，题额甚佳，楼下有远树

---

① ［元］脱脱等：《辽史》卷51《志第二十》，北京：中华书局，1974年标点本，第845页。
② ［元］脱脱等：《辽史》卷53《志第二十二》，北京：中华书局，1974年标点本，第863页。
③ ［元］脱脱等：《辽史》卷7《本纪第七》，北京：中华书局，2017年标点本，第89页。
④ ［元］脱脱等：《辽史》卷19《本纪第十九》，北京：中华书局，2017年标点本，第257页。
⑤ ［元］熊梦祥：《析津志辑佚》，北京：北京古籍出版社1983年，第103页。

影，风晴雨晦"，"寿安楼，街南中和槽坊"等。这些酒楼，有官办的，也有私人经营的。官办的酒楼规模较大，其中最著名的是平乐楼。《金史·百官志》载，在"中都店宅务"之下，"别设左厢平乐楼花园子一名"①。可见平乐楼应在中都左厢，即中都城东一带。这座酒楼面积宽广，附带花园，有诗句咏道："脆管繁弦平乐楼"②，反映了当时酒楼盛行歌舞表演，一派热闹非凡的场景。

女真酿酒的历史非常悠久，在《隋书·靺鞨传》中就有勿吉人"嚼米为酒，饮之亦醉"的记录。③ 女真大约至迟于景祖乌古遒时已好饮酒。乌古遒"嗜酒好色，饮啖过人"④，世祖劾里钵曾乘醉骑驴入室中⑤，说明那时酗酒成风，不足为怪。自金代熙宗始，采取全面吸纳汉文化的政策，从此，生活观念和方式逐渐向汉民族转化，饮酒文化包括在其中，金人仿照汉人饮酒方式丰富自己的饮食文化。金世宗时期，"四时节序皆与中国（中原）""燕饮音乐，皆习汉风"。所以，金代的饮酒习俗带有中原酒文化的习气。

女真人在男女婚嫁、将士出征、节日庆典、皇帝恩赐、接待来使等场合都要饮酒助兴，与契丹人完全一致。结婚仪式上，夫婿和亲戚到女家，要携带酒菜，款待客人。酒用金、银、瓷容器盛之。⑥ 征战之前喝壮行酒。"凡用师征伐，上自大元帅，中自万户，下至百户，饮酒会食"，"军将大行，会而饮，使人献策，主帅听而择焉"⑦。凡节必饮。金贞元元年（1153）正月，元夕张灯，海陵王宴丞相以下于中都新宫，赋诗纵饮尽欢而罢。⑧ 世宗在一次讲到反对奢侈浪费时说，他只在岁元、上元、中秋和太子生日时宴饮。⑨ 哀宗正大九年（1232）四月，改元开兴，出金帛酒馔犒赏军士。⑩ 皇帝嘉奖、封赏更离不开豪饮。世宗于大定二十五年（1185）回上京，大宴宗室、故老，他说，"朕寻常不饮酒，今日甚欲成醉，此乐亦不易得也"。宗室妇女及群臣故老以次起舞，进酒。⑪《金史·章宗纪》云：承

① ［元］脱脱等：《金史》卷57《志第三十八》，北京：中华书局，1975年标点本，第1295页。
② ［元］杨弘道：《小亨集》卷4，清钦定四库全书本，第12页a。
③ ［唐］魏征等：《隋书》卷81《列传第四十六》，北京：中华书局，1973年标点本，第1821页。
④ ［元］脱脱等：《金史》卷1《本纪第一》，北京：中华书局，1975年标点本，第4页。
⑤ ［元］脱脱等：《金史》卷1《本纪第一》，北京：中华书局，1975年标点本，第6页。
⑥ 赵永春辑注：《奉使辽金行程录》，北京：商务印书馆2017年版，第321页。
⑦ ［金］宇文懋昭：《大金国志校证》卷36《兵制》，北京：中华书局，1986年标点本，第521页。
⑧ ［金］宇文懋昭：《大金国志校证》卷13《纪年十三》，北京：中华书局，1986年标点本，第185页。
⑨ ［元］脱脱等：《金史》卷6《本纪第六》，北京：中华书局，1975年标点本，第121页。
⑩ ［元］脱脱等：《金史》卷17《本纪第十七》，北京：中华书局，1975年标点本，第373页。
⑪ ［元］脱脱等：《金史》卷8《本纪第八》，北京：中华书局，1975年标点本，第179页。

安元年（1196）七月庚辰，章宗"御紫宸殿，受诸王、百官贺，赐诸王、宰执酒。敕有司，以酒万尊置通衢，赐民纵饮"。九月辛巳，章宗以右丞相襄为左丞相，监修国史，封常山郡王。壬午赐襄酒百尊。① 即便是心情愉悦之时，也要以酒宣泄。酒不仅与歌舞相伴，也与诗为邻，女真人更是如此。如章宗《命翰林待制朱澜侍夜饮》诗云："三杯淡醽醁，一曲冷琵琶。"② 完颜璹《思归》诗云："新诗淡似鹅黄酒，归思浓如鸭绿江。"③ 醽醁、鹅黄，均为酒名。

饮酒本为男性的专利，皇室女子竟然也不让须眉，有的酗酒不亚于男子。如海陵王之母大氏年事已高，"常日饮酒不过数杯"，而天德三年（1151）正月十六，海陵王生日时，"大氏欢甚，饮尽醉"。④ 海陵王昭妃"阿里虎嗜酒，海陵责让之，不听，由是宠衰"⑤。历史上因酗酒而失宠的王妃恐怕不多，阿里虎应是比较有代表性的。上行下效，一些贵族女子亦以好酒为尚。《松漠纪闻》记载："女真贵游子弟及富家儿月夕被酒，则相率携尊，驰马戏饮。其地妇女闻其至，多聚观之。闲令侍坐，与之酒则饮，亦有起舞歌讴以侑觞者，邂逅相契，调谑往反，即载以归。不为所顾者，至追逐马足，不远数里；其携去者，父母皆不同。留数岁有子，始具茶食酒数车归宁，谓之拜门，因执子婿之礼。"⑥ 无论男女皆喜好饮酒。女子在男女关系和饮酒方面皆甚随意，说明尚未深受儒家礼教的熏陶。

前文已提及，金初使用的酒器多为木制。《三朝北盟会编》卷三引《女真传》云："其饭食则以米酿酒……冬亦冷饮……饮酒无算，只用一木杓子，自上而下循环酌之。"饮酒时不分贵贱，采用共饮制，贵族虽用杯，但也是"传杯"而饮。建国后，女真贵族受汉文化影响熏陶，开始使用瓷、金、银等各种精美酒器。皇帝宴饮，在金廷酒器、食器的材质有朱漆、银装镀金、玉、金、玳瑁、象齿等⑦，还以玉壶贮酒，每上国主酒，以金托玳瑁碗贮⑧，可谓一派皇族气派。

《大金国志》卷三十九如此描述金人的酗酒状况："嗜酒，好杀。酿糜为酒，

---

① ［元］脱脱等：《金史》卷10《本纪第十》，北京：中华书局，1975年标点本，第227页。
② ［金］元好问：《中州集》，上海：华东师范大学出版社2014年版，第343页。
③ ［金］元好问：《中州集》，上海：华东师范大学出版社2014年版，第347页。
④ ［元］脱脱等：《金史》卷63《列传第一》，北京：中华书局，1975年标点本，第1499页。
⑤ ［元］脱脱等：《金史》卷63《列传第一》，北京：中华书局，1975年标点本，第1508页。
⑥ ［宋］宋敏求著：《春明退朝录（外四种）》，上海：上海古籍出版社2012版，第45页。
⑦ 赵永春辑注：《奉使辽金行程录》，长春：吉林文史出版社1995年版，第156页。
⑧ 赵永春辑注：《奉使辽金行程录》，长春：吉林文史出版社1995年版，第263页。

醉则缚之，俟其醒。不尔，杀人。"女真人这样好喝酒，喝醉了，必须捆起来，否则，醉汉大有拿刀杀人的可能性。熙宗在金代皇帝中以酗酒出名，"自去年荒于酒，与近臣饮，或继以夜。宰相入谏，辄饮以酒，曰：'知卿等意，今既饮矣，明日当戒。'因复饮"①。更为严重的是皇统七年（1147）四月戊午，熙宗在便殿中宴饮时，醉酒"杀户部尚书宗礼"②。因酗酒而影响了朝政的正常运行，并且也是对粮食的一种靡费。为此，朝廷对酒的酿造与销售实施了严格的管理制度，设置专门的机构与官员。如户部郎中之下，设置一人掌管酒曲；③宣徽院下设尚酝署，其职责为"掌进御酒醴"；④国子监下专设酒坊，"掌酝造御酒及支用诸色酒醴"⑤。朝廷三令五申限制朝官、猛安谋克饮酒，海陵王"禁朝官饮酒，犯者死"，后来又规定扈从人员亦不得"游赏饮酒，犯者罪皆死"⑥。大定十四年（1174）三月，世宗诏猛安谋克，当节辰及祭天日时，方可饮燕聚会。"并禁绝饮燕，亦不许赴会他所，恐防农功。虽闲月亦不许痛饮，犯者抵罪。"⑦为了控制饮酒，金王朝规定，酒和曲由国家专卖，不许私家酿造。女真人只有"遇祭祀，婚嫁、节辰，许自造酒"⑧。尽管禁酒令严苛，但直至金亡，酗酒之风并未得到有效遏制。禁酒令并没有打消契丹、女真人对酒的热情，饮酒仍在他们的生活中占据重要地位。

酒的大量消费和庞大的市场需求极大地刺激了中都酿酒业尤其是私营酿酒作坊的兴起。

"山花出雨相兼落，溪水溪云一样闲。野店无人问春事，酒旗风外鸟关关。"⑨"暖日园林可散愁，每逢花处尽迟留。青旗知是谁家酒，一片春风出树头。"⑩当时酒肆林立，燕京地区私营酿酒业极为发达，说明官府经营的酒业已远远满足不了燕京市民的饮酒欲望。

女真人自古好酒，入主燕京之后，汉族高超的酿酒技术更激发和满足了他们

①　[元] 脱脱等：《金史》卷4《本纪第四》，北京：中华书局，1975 年标点本，第 69 页。
②　[元] 脱脱等：《金史》卷4《本纪第四》，北京：中华书局，1975 年标点本，第 72 页。
③　[元] 脱脱等：《金史》卷55《志第三十六》，北京：中华书局，1975 年标点本，第 1244 页。
④　[元] 脱脱等：《金史》卷56《志第三十七》，北京：中华书局，1975 年标点本，第 1253 页。
⑤　[元] 脱脱等：《金史》卷56《志第三十七》，北京：中华书局，1975 年标点本，第 1255 页。
⑥　[元] 脱脱等：《金史》卷5《本纪第五》，北京：中华书局，1975 年标点本，第 91 页。
⑦　[元] 脱脱等：《金史》卷7《本纪第七》，北京：中华书局，1975 年标点本，第 155 页。
⑧　[元] 脱脱等：《金史》卷7《本纪第七》，北京：中华书局，1975 年标点本，第 158 页。
⑨　[金] 元好问：《中州集》，上海：华东师范大学出版社 2014 年版，第 208 页。
⑩　狄宝心：《元好问诗编年校注》，北京：中华书局 2011 年版，第 577 页。

的酒兴。女真先人靺鞨"嚼米为酒，饮之亦醉"，"以糜酿酒"，酿酒技艺比较简陋。进入中原以后，好饮酒的金人积极吸收汉人的酿酒经验，创制了诸多佳酿品种。中都的酿酒工艺比较发达，名酒辈出。

燕京一带的酒享有盛名，人称"燕酒名高四海传"①。后来周辉出使金国，所饮味道颇佳的名为"金澜"的酒，他在《北辕录》中记载："燕山酒颇佳，馆宴所饷，极醇厚，名金澜，盖用金澜水以酿之者。"② 金人有诗说："金澜酒，皓月委波光入牖，冰台避暑压琼艘，火炕敌寒挥玉斗。追欢长是秉烛游，日高未放传杯手。"③ 不论是在夏天避暑汎舟时还是冬天在火炕上取暖时，金澜酒都是人们的最爱。著名诗人学者范成大撰写了《桂海虞衡志》，书中也曾记述关于金澜酒的重要信息："使金至燕山，得其宫中酒号金澜者乃大佳。燕有金澜山，汲其泉以酿。"两位著名学者都见证了一个事实：当时在金国，在燕山地区，有一座山叫金澜山，山上有泉叫金澜泉，用金澜泉水造的酒是当时中国最好的酒。虽说是用金国境内的金澜水酿成，但不能不说这和汉民族输出的酒及酒匠有关，因为在金代相当长的一段历史上，只有过"多酿糜为酒"的记载。

金正隆四年（1159），宋人周麟之使金至中都大兴府时受到海陵王宴请，获赐御用金澜酒，为此作《金澜酒》诗一首："生平饮血狐兔场，酿糜为酒毡为裳。犹存故事设茶食，金刚大镯胡麻香。五辛盈柈雁粉黑，岂解玉食罗云浆。南使来时北风冽，冰山峨峨千里雪。休嗟虏酒不醉人，别有班觞下层阙。或言此酒名金澜，金数欲尽天意阑。醉魂未醒盏未覆，会看骨肉争相残。一双宝榼云龙蓊，明日辞朝倒壶去。旨留余沥酹亡胡，帝乡自有蔷薇露。"④ 金澜酒是利用金朝传入的蒸酒器，集合中原酒师的智慧，酿造的一种蒸馏酒。说明我国在金宋时期就掌握了蒸馏造酒的技术，而金中都正是这一造酒技术的发祥地之一。

2. 饮茶风习的传染

契丹族是一个逐草而生的游牧民族，其主食以肉类、乳类为主，蔬菜少吃或不吃。茶则能帮助解油腻、助消化，补充少吃蔬菜所缺乏的维生素等。饮茶被视

---

① ［金］元好问：《中州集》，上海：华东师范大学出版社2014年版，第503页。
② 赵永春辑注：《奉使辽金行程录》，长春：吉林文史出版社1995年版，第431页。
③ ［清］于敏中等：《日下旧闻考》卷149《物产》，北京：北京古籍出版社，1981年标点本，第2370页。
④ ［清］于敏中等：《日下旧闻考》卷29《物产》，北京：北京古籍出版社，1981年标点本，第2376页。

为汉化的儒雅嗜好，熙宗自幼受汉文化熏陶，"分茶焚香"，"徒失女真之本态"①。北方地区饮茶风俗始兴于唐代，② 到北宋有了新的发展，这一习尚影响到辽境尤其是燕云地区。五代时局动乱，但江南茶商的经营范围已扩展到幽燕地区。③ 女真人在 12 世纪 30 年代就开始饮用建茶④，与南宋划淮而治的金国本地不产茶叶，但国内对茶叶的需求数量却颇为巨大。通过与北宋榷场贸易及宋朝的"贡纳"，南方的茶叶传到辽金幽州，饮茶之风在上层社会流行开来。上行下效，饮茶之风迅速在辽金各阶层传播。

饮茶并非金代女真人的传统习惯，但是随着民族交流与融合的加深，逐渐形成饮茶的风气。在金代的一些遗址、墓葬和壁画中逐渐出现了许多与饮茶相关的器具，主要是茶盏、茶托、茶碾和备茶、煮茶、饮茶图。契丹族饮茶始于宫廷，皇帝、皇后的生辰接见宋朝使臣、大典祭祀活动等都与饮茶分不开。当时，茶叶之珍贵甚至要高于酒，所需茶叶主要来自"宋人岁贡"，或者"贸易于宋之榷场"⑤。燕京设有双陆局的"茶肆"，属于专门经营茶的场所。⑥ 辽南京的茶叶相当一部分来自贸易通道。1993 年在河北宣化下八里村发现的两座辽代墓葬中，有反映契丹成人与孩子饮茶的壁画，"表现了从选茶、碾茶、煮茶等一系列过程，绘出的工具和用具有 10 余种，主要有加工的碾子、煮茶的炉子、点茶的执壶、存茶的箱子和用茶的杯子等等。画中有男有女，也有小孩，从中也可想象出当时人们对茶的热衷程度和流行情况"⑦。而这里正是从辽南京通往西北高原的必经之路。

契丹国使每岁入宋境时，常常得到宋朝赏赐的茶叶。《契丹国志》卷二十一《宋朝劳契丹人使物件》云：契丹每岁国使入南宋境，宋自白沟驿赐设，至贝州

---

① ［南宋］徐梦莘：《三朝北盟会编》卷 66《炎兴下帙六十六》，上海：上海古籍出版社 1987 年版，第 1195 页。

② ［唐］封演《封氏闻见记》："茶，南人好饮之，北人初不多饮。开元中，泰山灵岩寺有降魔大师大兴禅教、学禅务于不寐，又不夕食，皆许饮茶。人自怀挟，到处煮饮。从此转相仿效，遂成风俗。"［宋］车若水《脚气集》卷上（丛书集成初编据宝颜堂秘笈本排印）："茗饮出近世自唐以来上下好之，细民亦日数碗。"

③ ［北宋］司马光：《资治通鉴》卷 266《后梁纪一》，北京：中华书局，1976 年标点本，第 8666 页。

④ 建茶因产于福建建溪流域而得名。历史上所属福建建州。其辖区以建茶、建盏、建本、建版、建木闻名于世。

⑤ ［元］脱脱等：《金史》卷 49《志第三十》，北京：中华书局，1975 年标点本，第 1107 页。

⑥ 赵永春辑注：《奉使辽金行程录》，北京：商务印书馆 2017 年版，第 326 页。

⑦ 张家口市宣化区文物保管所：《河北宣化辽代壁画墓》，载《文物》1995 年第 2 期。

（属河北）赐茶、药各一银盒。宋使入辽，也往往携茶前往。张舜民《画墁录》"杂事之属"云："熙宁中，苏子容使辽，姚麟为副，曰：'盍载些小团茶乎？'子容曰：'此乃供上之物，傅敢与北人？'未几，有贵公子使辽，广贮团茶，自尔北人非团茶不纳也，非小团不贵也。"契丹人对茶叶情有独钟。

在辽朝之嘉仪、辽帝的生辰宴乐之会、皇太后之生辰朝贺礼仪等活动中，赐茶、行茶都是其中的重要内容。[1]《辽史·礼志六·嘉仪下》载立春仪："臣僚依位坐，酒两行，春盘入。酒三行毕，行茶。"同卷藏閤仪："至日，北南臣僚常服入朝，皇帝御天祥殿，臣僚依位赐坐。……晚赐茶，三筹或五筹，罢教坊承应。"《辽史·礼志二》载宋使进遗留礼物仪："行酒肴、茶膳、馒头毕，从人出水饭毕，臣僚皆起。"水饭是将米用水煮熟，用笊篱捞到凉水里，也可能是做成干饭后泡水而食。《辽史·礼志四》载宋使见皇帝仪："殿上酒三行，行茶，行肴，行膳。"招待、曲宴北宋来使，行酒肴之外，茶亦是不可或缺的。

辽人饮茶之前，要先点汤。宋人朱彧《萍洲可谈》卷一写道："今世俗客，至则啜茶，去则啜汤，汤取药材甘香者屑之，或温或凉，未有不用甘草者，此俗遍天下。先公使辽，辽人相见，其俗先点汤，后点茶，至饮会亦先水饮，然后品味以进。"《辽史·礼志四》载宋使见辽皇太后仪："赞各就坐，行汤，行茶。"次序与朱彧所记相同。宋使在各种礼仪场合，"行茶"都是必要的环节。

金代初期，茶在女真人日常生活中并无地位。当时饮食"以豆为浆，又嗜半生米饭，渍以生狗血及蒜之属，和而食之"[2]。饮食过程中并不饮茶。随着女真人入主中原，向中原地区的迁移和统治区域内汉族人数的增多，受汉民族饮食文化的影响，茶开始进入女真人日常生活当中，礼尚往来、节辰祭奠、婚嫁礼仪等方面都离不开茶。至金章宗泰和五年（1205），政府颁布禁茶令前，茶的交易尤甚："比岁上下竞啜，农民尤甚，市井茶肆相属。商旅多以丝绢易茶，岁费不下百万，是以有用之物而易无用之物也。若不禁，恐耗财弥甚。"[3] 中都城里，茶肆林立，连京郊农民也好这一口。

金代皇帝及皇族常饮茶，尤其在餐后，熙宗完颜亶自幼学习茶艺，"分茶焚

① ［元］脱脱等：《辽史》卷54《志第二十三》，北京：中华书局，2017年标点本，第979页。
② ［金］宇文懋昭：《大金国志校证》卷39《饮食》，北京：中华书局，1986年标点本，第554页。
③ ［元］脱脱等：《金史》卷49《志第三十》，北京：中华书局，1975年标点本，第1108页。

香"。① 熙宗可能是在香炉旁品茶的第一位皇帝，说明他深谙中国茶文化之精髓。明代万历年间的名士徐火勃在《茗谭》中云："呂茶最是清事，若无好香在炉，遂乏一般幽趣；焚香雅有逸韵，若无名茶浮碗，终少一番胜缘。"海陵王完颜亮也常"学弈象戏、点茶"，② 金世宗完颜雍"每饭余茶罢，散策经行，辄置其下"③。皇族完颜踌"蔬饭共食，焚香煮茗"④。金代皇室在宫廷内接待对外使节时，也都离不开茶，例如在"新定夏使仪"宴请中按照先汤、次酒、后茶的礼仪，以茶作为宴饮的结束。⑤ 譬如，仪式的第七天行曲宴礼。《金史》对曲宴仪中用茶礼仪有专门的记载："果床入，进酒。皇帝举酒时，上下侍立官并再拜，接盏，毕，候进酒官到位，当坐者再拜，坐，即行臣使酒。传宣，立饮毕，再拜，坐。次从人再拜，坐。至四盏，饼茶入，致语。"⑥ 饮酒环节全部结束，再上茶。"新定夏使仪"共进行九天，饮茶是每一天仪式上的最后一项饮食行为。

金朝治域内不产茶，皇亲贵族所喝的茶大都来自淮河以南的江浙、福建、四川等地，同辽一样，属于宋朝官员和使者的馈赠品。金大定九年（1169）宋孝宗生日，金人高德基为特使祝贺，归返时"宋人礼物外附进腊茶三千胯，不亲封署"⑦。《大金吊伐录》中也详细记载了宋馈赠金茶的种类和数量，"茶五十斤：上等拣芽小龙团一十斤，小团一十斤，大团三十斤"，"兴国茶场拣芽小龙团一大角，建州壑源夸茶三十夸"，"小龙团茶一十斤，大龙团茶一十斤，夸子正焙茶一十斤"等。⑧ 茶也是金人待客必备之物，"茶迎三岛客，汤送五湖宾"⑨。金代进士赵秉文在《春雪》中写出了"急埽枝上玉，为我试新茶。不须待明月，汤好客更佳"⑩ 诗句，以新茶待友人宾客。

茶在金朝社会的交往过程中发挥了重要作用。前文已提及，每年的正月十六，为"纵偷一日"，是金人沿袭契丹人的一个特殊节日。不盗窃别的物品，只盗茶

---

① ［金］宇文懋昭：《大金国志校证》卷12《纪年十二》，北京：中华书局，1986年标点本，第173页。
② ［金］宇文懋昭：《大金国志校证》卷13《纪年十三》，北京：中华书局，1986年标点本，第185页。
③ 贾敬颜：《五代宋金元人边疆行记十三种疏证稿》，北京：中华书局2004年版，第175页。
④ ［元］脱脱等：《金史》卷85《列传第二十三》，北京：中华书局，1975年标点本，第1905页。
⑤ 黄甜：《金代饮食生活研究》，西北大学博士学位论文，2016年，第116页。
⑥ ［元］脱脱等：《金史》卷49《志第十九》，北京：中华书局，1975年标点本，第867页。
⑦ ［元］脱脱等：《金史》卷90《列传第二十八》，北京：中华书局，1975年标点本，第1996页。
⑧ 佚名编：《大金吊伐录校补》，金少英校补，北京：中华书局2001年版，第151、156、273页。
⑨ 钱南扬校注：《永乐大典戏文三种校注》，北京：中华书局1979年版，第242页。
⑩ ［金］赵秉文：《闲闲老人滏水文集》（丛书集成初编本），北京：中华书局1985年版，第59页。

壶、茶盏等饮器，① 说明茶器之贵重。而以"茶食以赎"，更显饮茶乃非平常之举。

金朝社会饮茶盛行，礼尚往来和待客皆以馈赠、饮用名茶为尚，以至于政府担心"费国用而资敌"。为防止财富外流，两次颁布禁茶令：章宗泰和五年（1205）十一月"遂命七品以上官，其家方许食，仍不得卖及馈献。不应留者，以斤两立罪"②。宣宗元光二年（1223）三月禁茶令规定"亲王、公主及见任五品以上官，素蓄者存之，禁不得卖、馈，余人并禁之。犯者徒五年，告者赏宝泉一万贯"③。禁茶令对于官僚阶层明确规定禁止馈献和买卖，但允许食用和保存，对于普通百姓则全面禁止。但是，即使在宋金交战之时，"犯者不少衰，而边民又窥利，越境私易"④。金朝虽然屡次以立法的方式限制茶叶消费，但饮茶之风愈演愈烈，法令几成一纸空文。

早期，金朝茶品不是自产，因来源有限，故属富者所享。洪皓在介绍金人婚俗时说，"宴罢，富者瀹建茗，留上客数人啜之，或以麤者煎奶酪"⑤。茶在女真人的生活中还非常珍贵，所以只有极少数"上客"才能享受品茗的礼遇。随着金朝南侵，加之与汉人接触日多，饮茶逐渐在各阶层社会生活中盛行，《松漠纪闻续卷》记载："燕京茶肆设双陆局，或五或六，多至十。博者蹴局，如南人茶肆中置棋具也。"茶馆被注入了娱乐、消闲功能。

关于普通百姓饮食过程中饮茶情形史料记载较少，金代考古发掘资料弥补了史料之不足。2002 年 3 月，北京石景山区五环路立交桥工地，发现了一座有皇统三年（1143）纪年的金代壁画墓，是一幅"点茶图"。壁画上共有六个人物。画面中心，围绕一张方桌有三人。桌的左后方，一个留两撇短须的男侍，头戴浅青色软巾，着青色短衫，腰间系白围裙，左手托一套带黑色盏托的白茶盏，右手握一把长颈长流的执壶，正倾着身体，瞪大眼睛，专注地向茶盏里注水。方桌右侧，一个髡发、着窄袖长衫的契丹男侍双手捧着同样一套茶盏，面向前者，似在等待他向盏中注水。画面偏后，髡发男侍右侧，一个与注水者同样装扮的男子，双手

---

① 朱易安：《全宋笔记》（第 3 编第 7 册），郑州：大象出版社 2008 年版，第 125 页。
② ［元］脱脱等：《金史》卷 49《志第三十》，北京：中华书局，1975 标点本，第 1108—1109 页。
③ ［元］脱脱等：《金史》卷 49《志第三十》，北京：中华书局，1975 标点本，第 1109 页。
④ ［元］脱脱等：《金史》卷 49《志第三十》，北京：中华书局，1975 标点本，第 1108—1109 页。
⑤ 赵永春辑注：《奉使辽金行程录》，北京：商务印书馆 2017 年版，第 326 页。

将一个大托盘托至左肩部，面朝右侧注视着注水者的动作；托盘中放着四五件盖盒、小瓶等小器物，整个托盘上罩着透明的纱罩。根据出土墓志，北京石景山金墓的墓主人名赵劢，祖居太原忻州，后迁至燕地。赵劢墓点茶图壁画右下角还有一个人物，似席地而坐，瞠目注视着面前地上的物体。根据宣化辽墓壁画备茶图的内容，蹲坐或跪在地上劳作的人，不是推茶碾就是在吹风炉烧水。[1] 这应该是普通百姓沏茶和饮茶的场面。

---

① 姚敏苏：《北京石景山金墓新出土点茶图壁画解析》，载《农业考古》2002 年第 2 期。

第六章　元代饮食文化

　　1215 年 5 月 31 日，成吉思汗的蒙古军队攻陷金中都故城，后来又将中都改名为燕京，设燕京路总管大兴府管理市政，作为蒙古贵族统治汉地的重要据点。忽必烈称帝后，元朝的统治中心已由漠北移到中原。成吉思汗于 1220 年兴建的蒙古帝国第一座都城是哈刺和林城，该城位于今蒙古国后杭爱省杭爱山南麓，额尔德尼召之北。随着元朝军事力量向南扩张，元世祖忽必烈确定地理条件优越，政治、经济基础较好的燕京为全国的政治中心。元初，蒙古人霸突鲁建议忽必烈建都燕京，谓"幽燕之地，龙蟠虎踞，形势雄伟，南控江淮，北连朔漠。且天子必居中，以受四方朝觐。大王果欲经营天下，驻跸之所，非燕不可"①。忽必烈深以为意。忽必烈即汗位以后，其谋臣郝经亦以"燕都东控辽碣，西连三晋，背负关岭，瞰临河朔，南面以莅天下"②为由，劝其定都燕京。1264 年 8 月，忽必烈下诏改燕京（今北京市）为中都，定为陪都。1267 年决定迁都位于中原的中都，原来的金中都相应地叫作"旧城"或"南城"。至元八年（1271）改国号为"元"，次年，将中都新城改名为大都，将上都（金代称金莲川或凉陉，筑有景明宫，是金朝皇帝避暑的地方）作为陪都。元大都，又称大都，③ 蒙古文称为"汗八里"（Khanbal-iq），意为"大汗之居处"。曾以鞑靼为通称的蒙古族，在整个 13 世纪，其军队的铁蹄踏遍了东起黄海西至多瑙河的广大地区，征服了许多国家，在中国灭金亡宋建立了元朝。

　　"尽管这位游牧民的后代忽必烈可能征服了中国，然而，他本人已经被中国文

---

① ［明］宋濂：《元史》卷 119《列传第六》，北京：中华书局，1976 年标点本，第 2929 页。
② ［金］郝经：《陵川集》卷 32《便宜新政》，太原：山西古籍出版社 2006 年版，第 1174 页。
③ 元大都城的建造，在中国几千年的历史发展过程中，具有十分重要的意义。在元朝建立以前，中国历代封建王朝的都城主要设在关中的长安、黄河中游的洛阳及长江下游的金陵等数处。而燕京始终是处于边镇方国的地位。从唐朝末年开始，……燕京地区，因地处边陲，且系战略要地，故先后被少数民族建立的强国辽、金二王朝所占据，辽时为陪都——南京，金时为首都——中都。这时燕京的地位，较唐五代以前，有很大提高，已经成为北部中国的统治中心（见曹子西主编：《北京通史》第五卷，第 111 页）。

明所征服。……中国化的明显标志是：'忽必烈从阿里不哥手中夺回和林后，从来没有到那儿去住过……1260 年他在北京建都。1267 年，他开始在原北京建筑群的东北营建新城，他称之为大都，即'伟大的都城'，也被称为'可汗之城'。"[①] 忽必烈在统一全国之前实行蒙汉政策，主要是意识到中原文化包括饮食文化的先进性。这种做法，提升了大都蒙古族饮食的整体水平。

忽必烈即位后"还定都于燕"[②]。忽必烈不在中都旧城上重建大都，一般认为是因中都的宫殿在金末被蒙古军队焚毁之故。其实，另一个重要原因与饮食有关，即南城的水资源环境比较恶劣。王恽《新井记》云："水之滋人至矣，予城居三十年，口众而无井，亦一苦也。盖饮食酒茗之用，日不下二十斛，率以仆奴远汲取足，诚可悯也。中统四年夏六月朔，召井工凿井于舍南隙地，告成于是月上旬之戊午。凡用钱布四千五百，役佣三十六，甓甃三千二百，其深四寻有一尺。既汲，果食冽而多泉，味之莫余井若也。"[③] 其实，王恽在中都旧城只住了 3 年，因井水偏咸苦涩，仆人每天要到很远的地方挑水。陆文圭的《中奉大夫广东道宣慰使都元帅墓志铭》亦云："世祖皇帝奇公才，亦欲试以事。会旧燕土泉疏恶，将营新都。"[④] 金中都和元大都地址的改变，实际上是从莲花池水系向高粱河水系的转换，这当然是出于饮用水之需要。换句话说，饮食决定了元大都新址的选址。

大都地区的地方最高政府机构，为大都路都总管府。大都路地区所辖州县，有院 2、县 6、州 9、州领 15 县。其中 2 院为左、右警巡院；6 县为大兴县、宛平县、良乡县、永清县（今河北永清）、宝坻县（今天津宝坻）、昌平县；9 州为涿州、霸州、通州、蓟州、济州、顺州、檀州、东安州和固安州；州所辖县中房山县、平谷县等在今北京境内。[⑤] 据有的学者统计，大都城居民有 10 万户左右，按通常一户有四五口人推算，大都人口应有四五十万人。到元朝后期，大都人烟百万。[⑥] 其中绝大部分属于非农业生产的居民："儒、释、道、医、巫、工、匠、弓

① ［法］勒内·格鲁赛：《草原帝国》，蓝琪译，北京：商务印书馆 1999 年版，第 366 页。

② ［明］宋濂：《元史》卷 119《列传第六》，北京：中华书局，1976 年标点本，第 2929 页。

③ ［元］王恽：《秋涧先生大全文集》卷三十六《新井记》，《四部丛刊初编》本，上海：商务印书馆 1919 年版，第 12 页 b—13 页 a。

④ ［元］陆文圭：《墙东类稿》卷十二《中奉大夫广东道宣慰使都元帅墓志铭》，《文津阁四库全书》，台北：台湾商务印书馆 1986 年影印本，第 1194 册，第 13 页 b。

⑤ 王茹芹：《京商论》，北京：中国经济出版社 2008 年版，第 18 页。

⑥ 陈高华：《元大都》，北京：北京出版社 1982 年版，第 43—44 页。

手、拽刺、祗候、走解、冗吏、冗员、冗衙门、优伶、一切坐贾行商，倡优、贫乞、军站、茶房、酒肆、店、卖药、卖卦、唱词货郎、阴阳二宅、善友五戒、急脚庙官杂类、盐局户、鹰房户、打捕户、一切造作夫役、淘金户、一切不农杂户、豪族巨姓主人奴仆……"① 这是大都人口基本的职业构成，也是饮食主要的消费群体。自大都以后，北京便成为真正意义上的消费城市。辖区如此广大，人口如此众多，首先要解决的是粮食问题。成为名副其实的全国政治中心之后，饮食可以纳入全国发展的总体规划之中。元朝的统治者，每年要从江南征收数以百万石计的粮食，运送到大都城，以供应皇室及其官僚机构的消费。为了能够让南方粮食顺利运抵京城，便举全国之力解决漕运问题。

富有相对包容性的政治制度将大都各民族、族群纳入大都杂居共处的统一管理模式里面。当时民族及族群的种类较之以往任何一个朝代都更为复杂、多样。元明之际的学者陶宗仪对于元代的色目②人和汉人有一段描述："色目三十一种：哈剌鲁、钦察、唐兀、阿速、秃八、康里、苦里鲁、剌乞歹、赤乞歹、畏吾兀、回回、乃蛮歹、阿儿浑、合鲁歹、火里剌、撒里哥、秃伯歹、雍古歹、蜜赤思、夯力、苦鲁丁、贵赤、匣剌鲁、秃鲁花、哈剌吉答歹、拙儿察歹、秃鲁八歹、火里剌、甘木鲁、彻儿哥、乞失迷儿。汉人八种：契丹、高丽、女直、竹因歹、术里阔歹、竹温、竹赤歹、渤海（女直间）。"③ 蒙古族推行"汉化"的力度较之以往任何一个朝代都更为彻底，他们甚至将契丹人和女真人一并纳入汉化之列，使得饮食的汉化程度较之以往任何一个朝代都更高，食品和食料的交流和营销较之以往任何一个朝代都更为频繁和便捷，极大地促进了元代饮食业的发达。需要特别指出的是，元代饮食"汉化"的同时，也在经历着"胡化"。通过联姻"汉族民众与少数民族民众开始共同生活在一个屋檐下，共同吃饭穿衣，共同体验甘苦，正是这种共同生活的经历，加速了民族融合的进程"。"汉化"与"胡化"交替进行，一并出现，才真正构成了最为广泛的民族饮食的大融合。④ 虽然元朝仅存在了

① 李修生：《全元文》，南京：江苏古籍出版社1999年版，第568页。

② 色目一词，始见于唐。《唐律疏议》卷十三《户婚·许嫁女辄悔》条《疏议》释"之类"二字云："以其色目非一，故云'之类'。"《唐会要》卷八十三《租税》建中元年颁两税法敕文："其比来征科色目，一切停罢。"可见"色目"具有"诸色名目和样种类非一"之义。

③ ［元］陶宗仪著，李梦生校点：《南村辍耕录》卷一《氏族》，上海：上海古籍出版社2012年版，第11页。

④ 许辉主编：《北京民族史》，北京：人民出版社2013年版，第200页。

1 个世纪的时间，但其独特的饮食文化却成为北京饮食文化发展历程中一个极为重要的阶段。

在中国饮食文化史上，元朝是从"民族饮食"向"中国饮食"转型的时期。少数民族之所以频繁出入北京地区，在于北京属于军事重镇。一旦元王朝统一天下之后，北京作为军事重镇的地位已不复存在，相应地，农耕民族与游牧民族之间长期军事对抗的态势也随之消失，长城也不再具有双方军事分界线的作用。但饮食文化传承的惯性致使北京饮食一直保留了游牧民族的鲜明秉性，并与农耕民族饮食融为一体。元时期以后转型的饮食文化在制度层面放弃了"华""夷"二分，呈现为多元一体的发展态势。古代饮食的近代转型，起点在元，经过明时期的延续、强化，至清朝得以最终完成。

蒙古朝廷的统治中心从草原转移到汉人农耕地带，实际上是把接受农耕区域饮食文明与国家利益结合在一起。"中国饮食"的基本结构为以粮为主食，肉类、蔬菜为副食。这一基本结构并非肇始于元代，却是在元代成为饮食的政治制度。这一饮食结构表明饮食"华""夷"二分有主有次，"一体化"的实现正是基于农耕饮食文明的主体地位，当然，"一体化"并非只是汉化。另一方面，倘若缺少了少数民族饮食，"一体化"也就失去了意义。只有在"中国"视域中，饮食文化才得以完成从民族（多元多体）到国家（多元一体）的转换。

元朝在多元的基础上，采取诸多措施，以实现饮食文化的"一体"。第一，"中国饮食"得以成立，需要步入饮食"中国化"的进程。"中国化"实乃政治语境，即中央集权化。第二，有意识地摒弃了饮食的民族身份。元代的社会群体等级制事实上属于区域或职业歧视而非民族歧视，色目人、汉人、南人并不完全是以民族为标准进行划分的。这种饮食的新阶层主义消弭了长期以来"华""夷"的二元架构，饮食生活之优劣不再以民族定位，而是由社会地位决定。各民族饮食便由"中国饮食"所统括，呈现为"一体"状态。第三，"维今之燕，天下大都"①，大都已然雄踞于全国的中心。从饮食文化的角度而言，较之以往各朝代，大都移民城市特性更加凸显。移民强势拥入的态势直接导致大都饮食一时间成为移民饮食。移民饮食是饮食文化发展的新鲜因素。民族、宗教信仰的多元和浓浓

---

① ［元］黄文仲著，李修生主编：《大都赋》，《全元文》第 46 册，南京：凤凰出版社 2004 年版，第 131—138 页。

乡情中透出的宽容及礼让，则必然使大都饮食商业文化具有海纳南北美食、融合不同风味的包容与开放的品格。

涵盖了各民族、各地区的饮食才可谓之"中国饮食"。尽管元统治者施行的民族制度、商贸政策、漕运方略等并非为了成就"中国饮食"，但却为"中国饮食"的形成奠定了必要的政治、经济基础。饮食归中央集权统辖，其与生俱来的民族身份让渡于国家体制，全国饮食资源汇聚于京城的大国饮食风范，是元朝"中国饮食"实践的3个基本维度，也是"中国饮食"核心意义的指向。

饮食是民族的，任何一个单一民族的饮食都不能指代中国，即便占统治地位的民族亦如是。大都所聚集的民族数量是任何其他城市和地区都无可比拟的，其首都饮食文化的属性超越了民族的认定，唯有冠之为"中国"方名正言顺，乃"一体"之归宗。这种状况一直延续至明清，"满汉全席"的出现正是传统"中国饮食"建构的最终成果。

顺便指出，1644年明亡后，反清复明兴起，此后经久不息。汉民族主义革命派抛出"满汉之争"，却缺乏应有的感召力。民族饮食都已然"一体化"了，在一定程度上，民族之争便失去了文化支撑。

第一节　饮食的社会环境与资源

较之以往各朝代，大都移民城市特性更加凸显。"据估计，至元三十年（1293），大都人口约为45万，已超过金中都最盛期的规模，就是由大量移民涌入造成的。其后大都人口规模不断扩大，成为拥有百万人口的国际大都市，也依赖于移民的不断流入，有些移民甚至来自遥远的中亚地区"[1]，以至于大都"衣食京师亿万口"[2]。移民强势拥入的态势直接导致大都饮食一时间成为移民饮食。移民饮食是饮食文化发展的新鲜因素，成为各民族饮食融合的强劲动力。

另外，这种移民也与元朝实行两都制有关。元朝实行两都制，每年春天，皇帝照例由大都巡幸上都（在今内蒙古锡林郭勒盟正蓝旗境内），后妃、大臣、侍卫亲军大多随行，至秋天返回大都。

随着皇帝北上，大都人口减少很多。[3] 故此《析津志辑佚·岁纪》描述道：

---

① 高寿仙：《北京人口史》，北京：中国人民大学出版社2014年版，第493页。
② 缪启愉、缪桂龙：《农书译注》，济南：齐鲁书社2009年版，第406页。
③ 高寿仙：《北京人口史》，北京：中国人民大学出版社2014年版，第176页。

"是已各行省宣使并差官起解一应钱粮。常典，至京又复驰驿上京飞报，住夏宰臣多取禀于滦都。两京使臣交驰不绝，声迹无间，直至八月中秋后，车驾还宫，人心始定。"①《析津志辑佚·岁纪》又言及，四月"大驾幸滦京"，大都繁华顿减，"自驾起后，都中止不过商贾势力，买卖而已"；《析津志辑佚·风俗》云：九月皇帝回到大都，"京都街坊市井买卖顿增。驾至大内下马，大茶饭者浃旬。储皇还宫之后或九日内不等，涓日令旨中书或左右丞参议参政之属，于国学开学……"②"……是日，都城添大小衙门、官人、娘子以至于随从、诸色人等，数十万众。牛、马、驴、骡、驼、象等畜，又称可谓天朝之盛。上位下马后，茶饭次第，一如国制，三宫亦同，各有投下。宰相数日后，涓吉日入省视朝政，设大茶饭，然后铨选。"③ 大都饮食繁荣的程度，依季节而有所变化，春季相对冷落，而秋季则随着皇帝的归来，饮食市场变得旺盛起来。

不同民族的饮食商贩聚集大都，他们之间和睦相处，秉承原有的乡土情结和互相帮衬的商俗。如售卖蔬菜、水果、各色小吃的摊贩，多用荆筐或实用的红漆四方盒盛装，没有红漆四方盒的，就用方盘盛满各种果品摆放案上，有官员、庶人、夫人、小女子过往，随意买卖，间或顺手送个人情也行。④ 宽松、自在、弥漫人情味和顺应四时的营商行规与讲究礼节的京都传统凝练出北京商业文化的内在精神，而民族、宗教信仰的多元和浓浓乡情中透出的宽容及礼让，则必然使大都饮食商业文化具有海纳南北美食、融合不同风味的包容与开放的品格。这种精神和品格是饮食生活环境的内在要素，也是大都特有的饮食文化发展动力。

1. 等级分明的饮食阶层

元代的社会群体等级制事实上属于区域或职业歧视而非民族歧视，色目人、汉人、南人并不完全是以民族为标准进行划分的。有学者指出："诸省及一班行政官署，皆以蒙古人或外国人为之长。回教、基督教、佛教等信徒皆有之，其隶帝室者居其泰半。有不少波斯、河中、突厥斯坦之回教徒，冀求富贵于窝阔台、蒙

① ［元］熊梦祥：《析津志辑佚》，北京：北京古籍出版社2001年版，第217—218页。
② ［元］熊梦祥：《析津志辑佚》，北京：北京古籍出版社2001年版，第205页。
③ ［元］熊梦祥：《析津志辑佚》，北京：北京古籍出版社2001年版，第222—223页。
④ 周小翔：《元大都商业文化探索》，载北京联合大学北京学研究基地编：《北京学研究文集2009》，北京：同心出版社2009年版，第144页。

哥之朝，相率而至，赖奥都剌合蛮、赛点赤、阿合马之援引，多跻高位。"① 元代将蒙古人、色目人、汉人、南人分为四个等级，并根据其所处等级，在政治、经济、文化和社会地位等方面做出了与之相应的政策或规定。最晚归附的"南人"②所获得的政治资源极少。不过，前朝存留下来的"汉人""南人"仍可归入"富民"。他们拥有着雄厚的经济实力，并且凭借经济方面的优势，在乡村社会中扮演着中间层、稳定层和动力层角色。在四等人制基础上，蒙古人亦实行职业等级制度，他们按职业高低把人分为十等：一官、二吏、三僧、四道、五医、六工、七猎、八民、九儒、十丐。贫富差距加剧了社会族群之间的分化，也使饮食呈现明显的社会群体差异。

元代大都饮食按阶层分为三等：蒙古帝王和侍从等一大批人，饮食以酒肉为主，居上等。中统四年（1263），"立御衣、尚食二局"，主管其衣食等事。统治阶层的饮食由专门的机构进行安排，确保每餐的饮食达到一定的规格和符合礼仪程序，说明饮食已明确政治化了，或者说是在政治的高度处理饮食问题。

元初人耶律铸曾述蒙古贵族的饮食状况，有"行帐八珍"之说。③ 到中后期，饮食更为奢靡，权臣燕铁木儿"一宴或宰十三马"④，可见饮食消费之巨大。他们在各种饮食场合都享有特权。元朝政府对于来往于京城与各地之间的使臣，是要提供食宿的，为此，在至元十五年（1278）十月中书省兵部下令："照得诸衙门寻常差委之人，站赤亦同朝省大官蒙古使臣，一例应付猪羊肉分例。或一名起铺马三匹，全支分例，复需酒馔常行马刍粟，又不于馆舍安宿。以此相度，除朝省大官、蒙古使臣及不食死肉官员，与随朝尚书等依例应付外，其不相干官府所差之人，验差札应付正人分例，食以猪肉，宿于馆驿。如无许给常行马刍粟文字，不得应付。行下合属，照验施行。"⑤ 在驿站的食品供给方面，蒙古权贵及"不食死肉官员"即信奉伊斯兰教的色目人官员享有特殊待遇。在元代，诸多色目人虽然也是少数民族，但蒙古统治者们对他们的饮食仍有诸多限制。如至元十六年（1279）十二月，"八里灰贡海青。回回等所过供食，羊非自杀者不食，百姓苦

---

① ［瑞典］多桑著，冯承钧译：《多桑蒙古史》第三卷第四章，上海：上海书店出版社 2005 年版，第169 页。

② 包括长江以南甚至西南地区的汉族和诸多少数民族。

③ "八珍"，见下文。

④ ［明］宋濂：《元史》卷138《列传第二十五》，北京：中华书局，1976 年标点本，第2326 页。

⑤ ［明］宋濂：《元史》卷10《本纪第十》，北京：中华书局，1976 年标点本，第197 页。

之。帝曰：'彼吾奴也，饮食敢不随我朝乎？' 诏禁之"①。在元世祖看来，他们自身的饮食仪轨，都是可以禁止的。

汉族的达官显贵们，饮食则沿袭了农耕传统，居中等。但马、牛、羊、驼等也是餐桌上常见的佳肴，且制作更为精细。在饮食上大肆挥霍，"青楼买笑土辉金，红粉供筵龙作鲊"②。黄文仲的《大都赋》③用文学笔法描述了当时餐桌上的奢侈。"如王如孔张筵设宴，招亲会朋，夸耀都人，而费几千万贯，其视钟鼎，岂不若土芥也哉。"④ 大都盛旺的餐饮业为他们的饕餮提供了条件。

尤其到元代后期，追求排场已成了一种社会风气。如元代朝鲜古汉语教科书《朴通事谚解》记述了大都官宦普通朋友聚会的场景：做一个赏花筵席，要买20只好肥羊、一只好肥牛、50斤猪肉；各种果子拖炉随食，蜜林檎烧酒一桶、长春酒一桶、苦酒一桶、豆酒一桶和十来瓶好酒。摆桌儿时，外手一遭儿16碟，菜蔬；第二遭儿16碟，榛子、松子、干葡萄、栗子、龙眼、核桃、荔子；第三遭儿16碟，柑子、石榴、香水梨、樱桃、杏子、苹果、玉黄子、虎刺宾，当中间里，放象生缠糖，或是狮仙糖，川炒猪肉，鸽子弹，蒸鲜鱼，烹牛肉，炮炒猪肚。席面上，宝妆高顶插花。两巡酒后，开始弹唱和杂耍。上汤桌儿时，第一道爊羊蒸卷，第二道金银豆腐汤，第三道鲜笋灯笼汤，第四道三鲜汤，第五道五软三下锅，第六道鸡脆芙蓉汤，都着些细料物，第七道粉汤馒头。⑤ 达官贵人的平时聚餐尚且如此铺张，节假日或庆典场合的宴饮便更是奢华异常了。

一般居民饮食生活居下等。这些"下层市民包有小商小贩、私人小手工业匠户、儒户、医户、驿站户、车站户、洒扫户和观星户等等，属于比较贫困的阶层"⑥。忽必烈时曾先后在中书省、御史台等处任职的王恽曾作诗形象地描述了饮食状况："饥寒常有几千人"，"薪如束桂米量珠"⑦。此后，在大都做官的赵孟頫送友人回乡，也作诗感叹大都粮食价格之高，令一般人家难以承受，"太仓粟陈未

---

① ［明］宋濂：《元史》卷10《本纪第十》，北京：中华书局，1976年标点本，第197页。

② ［元］张宪：《玉笥集》，北京：北京师范大学出版社2016年版，第214页。

③ 黄文仲认为大元之盛，两汉万万不及，而汉代班固的《两都赋》却在后世夸耀不朽。他希望能"谨摭其事撰《大都赋》上于翰林国史，请以备采择之万一"。

④ 李修生主编：《全元文》第46册，南京：凤凰出版社2004年版，第131—138页。

⑤ 中国元史研究会编：《元史论丛》第九辑，北京：中国广播电视出版社2004年版，第73页。

⑥ 周继中：《元大都人口考》，载中国蒙古史学会编：《中国蒙古史论文选集》（1981），呼和浩特：内蒙古人民出版社1986年版，第175页。

⑦ 杨亮、钟彦飞：《王恽全集汇校》，北京：中华书局2013年版，第1395页。

易籴，中都（大都）俸薄难裹缠"①。陈腐发霉的太仓粟米都买不起，更遑论其他时鲜食物了。

一般居民的粮食大多从商贩手中购置。"大都民食唯仰客籴。"元世祖至元二十五年（1288）三月，中书省契勘："大都居民所用粮料，全藉客兴贩供给。"至元二十八年（1291）七月，"大都饥。出米二十五万四千八百石赈之"，同年十二月"大都饥，下其价粜米二十万石赈之"。至元二十九年（1292），御史台又奏："大都里每年百姓食用的粮食，多一半是客人从迤南御河里搬将这里来卖有，来的多呵贱，来的少呵贵。"②成宗元贞二年（1296）十月，"发米十万石赈粜京师"。武宗至大四年（1311）正月，"大都饥，减价粜京仓米，日千石"，又"增置京城米肆十所，日平粜八百石，一以赈贫民"。英宗至治元年（1321）九月，"京师饥，发米十万石减价粜之"，二年五月，"京师饥，发米二十万石赈粜"。泰定帝泰定二年（1325）十一月，"京师饥，赈粜米四十万石"，三年十月，"发粟八十万石，减价粜之"；四年十一月，发米三十万石"赈京师饥"③。大都粮食大多转贩于江南，如江苏镇江：面"土人成造，精粗不一，货于他郡，多有达京师者"④。大都居民平时受到政府极为沉重的赋税、徭役剥削，但是，有时也能够得到一些政府的照顾，时称"赈济"。

每逢遇到旱涝灾荒，大都粮食价格亦随之上涨，许多贫苦百姓因此无钱购买粮食，饥寒交迫，无法度日。⑤对于广大市民而言，由于人口剧增，米价昂贵，贫困乏粮者大有人在。⑥如至元二十六年（1289），七月，大雨冲坏都城。八月，"大都路霖雨害稼"，"霸州大水"；十月，"营田提举司水害稼"；闰十月，"宝坻屯田大水害稼"；等等，灾情十分严重。故而"发米万四百石赈之"。丰闰署田户饥，亦给粮两月。⑦此外，还有一些临时性的赈济措施，如延祐六年（1319），仁宗曾下令，"敕上都、大都冬夏设食于路，以食饥者"⑧。从至正十八年（1358）

①　[元]赵孟頫：《松雪斋文集》卷3《送高仁卿还湖州》，四部丛刊本，第11页a。
②　方龄贵：《通制条格校注》卷27《杂令》，北京：中华书局2001年版，第639页。
③　周继中：《元大都人口考》，载中国蒙古史学会编：《中国蒙古史论文选集》（1981），呼和浩特：内蒙古人民出版社1986年版，第175—183页。
④　[元]俞希鲁：《至顺镇江志》卷4《土产》，南京：江苏古籍出版社1999年版，第113页。
⑤　吴建雍等：《北京城市生活史》，北京：开明出版社1997年版，第105页。
⑥　韩光辉：《元大都城市贫民购粮证》，载《北京文史》2011年第1期。
⑦　[明]宋濂：《元史》卷15《本纪第十五》，北京：中华书局，1976年标点本，第307页。
⑧　[明]宋濂：《元史》卷26《本纪第二十六》，北京：中华书局，1976年标点本，第577页。

到至正二十一年（1361）的4年间，灾荒更为严重，底层民众无以为食，竟然"民相食"。

一如金代，饮食发展的不平衡性依旧突出，上层社会与底层民众饮食差异明显。一般来说，大都皇家贵族和富豪之家的日常食品以肉食为主，普通百姓则以蔬菜及野菜为主，正所谓一面是"玉食罗膻荤""富馔有臭肉"①，一面却是"菜则生葱、韭、蒜、酱、干盐之属"②，形成鲜明对比。官方登记了两京贫乏户口，"置半印号簿文帖，各书其姓名口数，逐月对帖以给。大口三斗，小口半之。其价视赈粜之直，三分常减其一，与赈粜并行"。③ 尽管采取了赈粜平民的措施，但他们饥寒交迫的生活状况并没有得到改变。据《析津志辑佚·风俗》载，"都中经济匠人者，早晚多食水饭"。说明当时大都城内一半百姓早晚食粥较为普遍。喝粥尤其是晚餐，乃粮食不足而形成的不得已的饮食习惯。

食器的等级差异也相当明显。以蒙古人为首的皇室、贵族和高级官员偏好使用贵重、珍贵的材质（金、银、珍贵玉石、漆器等）来制作饮食器皿和其他用品，龙泉青瓷、青白瓷、枢府型瓷和青花瓷则作为其他珍贵饮食器皿的补充。而普通百姓家用食器多为木制。元末熊梦祥的《析津志辑佚·风俗》记载：大都"人家多用木匙，少使箸，仍以大乌盆木杓就地分坐而共食之"④。《析津志辑佚·物产》还说：大都木器，用"高丽榧子木刳成或旋成，大小不等，极为朴质。凡碗、碟、盂、盏、托，大概俱有"。食器的材质均为平常的树木，价格低廉。

元代末期，随着社会各种矛盾的日益加剧，人民难以承受过重的赋役负担，加上自然灾害频繁，大都地区人口离散逃移日众。以坝河漕户为例，《元史》卷一八三《列传第七十》记载：至元十六年（1279）开坝河，设坝夫户8377、车户5070、船户950，至至正初年（1341），"坝夫累岁逃亡，十损四五"，所余船、车、坝夫户共计5348户。随着人口的减少，已经构建起来的多元的饮食格局受到强烈冲击。饮食文化发展一时停滞不前，等待着另一繁荣的时代契机。

2. 食品交易旺盛

《元史·地理志》云："北逾阴山，西极流沙，东尽辽左，南越海表。……元

① ［元］胡助：《纯白斋类稿》卷2《京华杂兴诗》，清永康胡氏退补斋重刻民国间补刻金华丛书本，第105页a。

② ［元］熊梦祥：《析津志辑佚·风俗》，北京：北京古籍出版社1983年版，第207—208页。

③ ［明］宋濂：《元史》卷96《志第四十五上》，北京：中华书局，1976年标点本，第2470页。

④ ［元］熊梦祥：《析津志辑佚·风俗》，北京：北京古籍出版社1983年版，第207—208页。

东南所至，不下汉、唐，而西北则过之，有难以里数限者也。"①元朝统辖范围较之以前各朝都要辽阔。大都作为全国的都城，必须得到江南饮食资源的大力支持。大都城所处之地，东可自海上用海船运输长江下游沿海地区生产的大量粮食和其他饮食物资；南可自京杭大运河漕运长江中游及黄、淮流域广大地区的各种饮食物资，以供其用；北面，出居庸关、古北口等关隘，又可和漠北草原地区的游牧经济联系在一起，得到大量的肉类资源。②对大都与全国各地乃至邻近各国经济关系描述得最为全面而生动的莫过于李洧孙的《大都赋》："凿会通之河，而川陕豪商、吴楚大贾，飞帆一苇，径抵辇下。……榑桑腾景，皋门启枢，百廛悬旌，万货别区。匪但迩至，亦自远输。氍毹貂蕨之温，珠瑁香犀之奇，锦纻罗绮之美，椒桂砂芷之储；瑰绣耀于优坊，金璧饬于酒垆。……东隅浮巨海而贡筐，西旅越葱岭而献贽。南陬逾炎荒而奉珍，朔部历沙漠而勤事。孝武不能致之名琛大贝，登于内府；伯益不能纪之奇禽异兽，食于外籞。"③辇下即指都城，赋中所说的"径抵辇下"，正是通惠河开凿之后，南方商人往来大都经商的情景。除此之外，东西南北都有大都通往各地的商业通道，使大都成为继11世纪东京（今开封）以后又一个高度商业化、流通性的东方大都会。

疆域的广袤和国力的强盛导致了中外陆地、海上交通的开辟畅达，各民族的杂居融合及饮食资源交换之便利。另一方面，元朝的"前朝后市"规划思想，促成积水潭斜街等商业街的形成。商业街的宏观布局是大都饮食市场繁荣的显著表征，这使得不同的饮食资源和食物的买卖有了统一的计划，极大地方便了市民食品购置和消费。

天南海北的山珍海味都汇聚于大都的餐桌，"京师……风物繁富，……北腊西酿，东腥南鲜，凡绝域异味，求无不获"④。有一首竹枝词描述了物产交易所带来的饮食资源的丰富性："野薤堆盘见蕨芽，珍馐眩焉有天花。宛人自卖葡萄酒，夏客能烹枸杞茶。"⑤马祖常作诗感叹大都酒肆饭馆食物来源之广博，云："贾区紫贝粲，酒垆银瓮铄。泼剌鲙翻砧，郭索蟹就缚。"⑥即便在面向大众的餐馆，也能

① ［明］宋濂：《元史》卷58《志第十》，北京：中华书局，1976年标点本，第1345页。
② 曹子西主编：《北京通史》第五卷，北京：中国书店1994年版，第112页。
③ ［清］于敏中等：《日下旧闻考》卷6《形胜》，北京：北京古籍出版社，1981年标点本，第88页。
④ ［元］许有壬：《至正集》卷32《如舟亭燕饮诗后序》，清宣统三年石刻本，第17页a。
⑤ ［元］许有壬：《至正集》卷27《竹枝词十首和继学韵》，清宣统三年石刻本，第44页a。
⑥ ［元］马祖常：《石田集》，民国抄本，第10页b。

品尝到江南的鱼鲙、东海的螃蟹等名贵佳肴，足见大都是名副其实的全国饮食资源的集散地。这还不是主要的，北运的粮食才是大都的饮食生活得以正常运转的重要原因，元朝中期的京官袁桷曾云："厥今漕渠之粟，岁致千万石，数倍辽海。不害于民，而京师益以羡。"[1] 强劲的运输能力确保了大都饮食生活正常进行。

"大都是元朝最大的商业中心，据天历时的统计，大都宣课提举司所入商税每年一十万三千余锭，占全国商税总数的九分之一弱。"[2] 大都的饮食商市，种类齐全，分工精细。规模较大的贸易市场有：专门经营食品的米市、面市、蒸饼市、菜市、果市等。其中，菜市、果市等皆分为多处经营，以方便城市居民的购买。政府经营的米肆、盐肆亦有数十处之多，遍布于新、旧两城。专门经营牲畜的有羊市、马市、牛市、驴骡市、骆驼市及猪市等。专门经营禽鱼的有鹅鸭市、鹁鸽市、鱼市等。[3] 饮物种类划分合理，同一种类集中于一市，方便了市民的选购。除"市"外，餐饮店铺开始成为饮食经营的主体，出现了老字号的雏形。"稽征人翻开陈年老账，发现最老的一家商店，是东城灯市口一家点心铺，叫合芳楼，在元朝建都之初，他家就开张了。其次东四牌楼的万春堂药铺、西四牌楼的酒馆柳泉居也都是元朝至正年间（1341—1370）开的老买卖。"[4] 饮食业的家族传承机制逐步确立，"市"和"铺（店）"构成了饮食消费的主要场域。

大都的营商气氛极其浓厚，超过了以往任何一个时代。"天下熙熙，皆为利来；天下攘攘，皆为利往。""凡世界上最为稀奇珍贵的东西，都能在这座城市找到，特别是印度的商品，如宝石、珍珠、药材和香料。契丹各省和帝国其他各省，凡有贵重值钱的东西都运到这里，供应那些被这个国家吸引、而在朝廷附近居住的大批群众的需要。这里出售的商品数量，比其他任何地方都多。根据登记表明，用马车和驮马运生丝到京城的，每日不下一千辆车。"[5] 黄文仲的《大都赋》描述了大都商贸兴盛的世相："华区锦市，聚四海之珍异，歌棚舞榭，选九州之秾芬。招提拟乎宸居，廛肆至于宫门。酤户何晔晔哉，扁斗大之金字；富民何振振哉，服龙蟠之绣文。""屠千首以终朝，酿万石而一旬。复有降蛇搏虎之技，援禽藏马

① ［元］袁桷：《清容居士集》，杭州：浙江古籍出版社2015年版，第1147页。
② 北京大学历史系《北京史》编写组：《北京史》，北京：北京出版社1985年版，第114页。
③ 曹子西主编：《北京通史》第五卷，北京：中国书店1994年版，第200页。
④ 唐鲁孙：《大杂烩》，桂林：广西师范大学出版社2004年版，第160页。
⑤ 《马可·波罗游记》，福州：福建科学技术出版社1981年版，第111页。

之戏，驱鬼役神之术，谈天论地之艺，皆能以蛊人之心而荡人之魂。""天生地产，鬼宝神爱，人造物化，山奇海怪，不求而自至，不集而自萃。"① 这方面的记载还有诸多，再录一段。"京师负重山，面平陆，地饶黍谷驴马果蓏之利，然而四方财货骈集于五都之市。彼其车载肩负，列肆贸易者，匪仅田亩之获，布帛之需，其器具充栋与珍玩盈箱，贵极昆玉、琼珠、滇金、越翠，凡山海宝藏，非中国所有，而远方异域之人，不避间关险阻，而鳞次辐辏，以故畜聚为天下饶。"② 全国各地乃至国外的货物商品汇集到大都，这些货物商品中也包括食材和佐料。从外地输入的饮食资源有助于原有饮食格局的改变。

元代的航海技术、装备、运输及管理能力都较前代有所改善提高。这些皆有利于商品物资的对外交流。同时，元政府采取对外开放、发展贸易的政策。元朝以"官本船"制度，"官自具船，给本，选人入番，贸易诸货"，利润官府取七成，贸易人得其三；有时"官自发船贸易"③，这些政策促进了私营贸易的发展。但也有一些政策直接束缚了买卖的自由开展。至元十年（1273），据中书省的报告，"大都等路诸买卖人口、头匹、房屋、一切物货交易，其官私牙人侥幸图利，不令买主、卖主相见，先于物主处扑定价直，于买主处高物价，多有克落，深为未便"。鉴于此，又规定："今后凡买卖人口、头匹、房屋、一切物货，须要牙保人等与卖主、买主明白书写籍贯、住坐去处，仍召知识（认识）卖主人或正牙、保人等保管，画完押字，许令成交，然后赴务投税。"④ 这种只能通过牙保人进行买卖交易的状况，无疑有碍商业市场的经营。到了至元二十三年（1286），政府决定："先为盖里赤（蒙语'牙人'）扰害百姓，已行禁罢。况客旅买卖，依例纳税，若更设立诸色牙行，抽分牙钱，刮削市利，侵渔不便。除大都羊牙及随路买卖人口、头匹、庄宅，牙行依前存设，验价取要牙钱，每十两不过二钱，其余各色牙人，并行革去。"⑤ 没有了牙保人的从中作梗，商品包括饮食资源的交易就更为便利了。

元代统一以后，经商的风气席卷全国，下至平民百姓上到达官贵人都争相从

① 李修生主编：《全元文》第46册，南京：凤凰出版社2004年版，第131—138页。
② ［明］张瀚：《松窗梦语》，北京：中华书局1985年版，第80页。
③ ［明］宋濂：《元史》卷94《志第四十三》，北京：中华书局，1976年标点本，第2401页。
④ 方龄贵：《通制条格校注》卷18《关市》，北京：中华书局2001年，第524页。
⑤ 郭成伟点校：《大元通制条格》卷一十八《关市·牙行》，北京：法律出版社2000年版，第245—246页。

事商业活动，甚至皇室贵族也将钱物交由斡脱商人代理经营。色目商人中还有很多是斡脱商人。"斡脱"是突厥语的译音，原为同僚、同伴之意。元代时，在草原和内地间结帮贩运的色目人，自称"斡脱"。他们或以自有资本（少数），或借用官方资本（多数）营运生利，是元代名正言顺的高利贷商人。① 元世祖时色目人宰相阿合马也大做生意，不择手段横征暴敛，被人称为"相贾"。蒙古大贵族马札儿台在通州开酒坊，"糟房，日至万石。又使广贩长芦、淮南盐"②。还有一位叫姚仲实的官员，弃官不做，在大都城里做生意，"至元初在城东艾村，得沃壤千五百余亩，……药栏蔬畦，绮错棋布，嘉果珍木，区分井列"③，10年间累资巨万。大都聚集了大量的蒙古游牧贵族和色目上层，这是一个向来注重商品交换的群体，他们的重商观念在大都饮食文化中有着明显反映，食材和食物成为商品市场不可或缺的部分。

元朝是北京饮食文化飞速发展的时期，强大的蒙古王国将其游牧饮食文化带入大都，大大拓阔了北京饮食文化延展空间。《马可·波罗游记》中记载："汗八里（指元大都）城内外人户繁多，有若干城门即有若干附郭。……郭中所居者，有各地往来之外国人，或来入贡方物，或来售货宫中……外国巨价异物及百物之输入此城者，世界诸城无能与比。盖各人自各地携物而至，或以献君主，或以献宫廷，或以供此广大之城市，或以献众多之男爵骑尉，或以供屯驻附近之大军。百物输入之众，有如川流不息。仅丝一项，每日入城者计有千车。用此丝织作不少金锦绸绢及其他数种物品。……此汗八里大城之周围，约有城市二百，位置远近不等。每城皆有商人来此买卖货物。盖此城为商业繁盛之城也。"④ 消化这些日常用品包括各种外来的食品、粮食需要集市，在集市中进行买卖和商品交换。

元代前期，"大都居民所用粮斛，全藉客旅兴贩供给"⑤，每年通过大运河及海道北上的粮米达五百万石（编者注：一石约等于29.95kg）左右，最高时仅海运一项就达到三百三十四万石。朝廷、皇室、官府所需粮米均靠漕运由南方运抵大都，广大居民全仰商贾由南方往北贩运的粮米为生。"大都民食，唯仰客籴。顷

---

① 周小翔：《元大都商业文化探索》，载北京联合大学北京学研究基地编：《北京学研究文集2009》，同心出版社2009年版，第144页。

② ［明］权衡：《庚申外史》，清嘉庆十年虞山张氏照旷阁刻学津讨原本，第22页a。

③ ［元］程钜夫：《雪楼集》卷7《姚长者碑》，民国十二年湖北先正遗书本，第12页a。

④ 《马可·波罗游记》第九十四章，冯承钧译，上海：上海书店出版社2000年版，第235—236页。

⑤ 方龄贵：《通制条格校注》卷27《杂令》，北京：中华书局2001年版，第639页。

缘官括商船载递诸物，致贩鬻者少，米价翔踊。"① 这些粮米在大都的市场上广泛流通。并且，"来的多呵贱，来的少呵贵"，供需关系的变化直接导致商品交换中价格的起伏，呈现出按价值规律波动的迹象，大大地激发了市场的活力。

"在古代的城市中，居民基本上都是住在坊里中的，故而经商的商市也是被设置在专门的坊里中的。在北京城市的发展进程中，坊里制度的废除是在元代的大都城，也正是在这个时候，商市才从坊里中被解放出来，并出现在大街小巷等各个地方。"② 晚唐以前的坊里制度都是封闭式的，到北宋末年的东京，就出现如孟元老《东京梦华录》所记述和张择端《清明上河图》所描绘的那种情景，酒楼、茶坊及各种商店都沿街开设，并在巷中经营，甚至桥上都成为市场。卖艺的游艺场也都沿街设立。居民众多的小巷也不再相互隔离而是直通大街，居民区与商业区往往连成一片，而不再专设封闭式的"市"。"坊"也成为行政上地区的名称，不再是封闭式的居民住宅区域了。③ 大都沿袭了这种城市商业发展的开放态势，给集市的聚集腾出了足够的空间。"官大街上作朝南半披屋，或斜或正。于下卖四时生果、蔬菜、剃头、卜筭、碓房磨，俱在此下。"④ 在居民区内开展商业活动，"官大街"即指公共街道，与坊中的巷相对。大都外城周长为 57 里（编者注：1 里＝0.5km）有余，有 11 个城门，相对的城门之间都有宽广平直的大道。城内街道纵横竖直，互相交错，"天衢肆宽广，九轨可并驰"，街道皆有统一标准，大街阔 24 步，小街阔 12 步。"城市布局不仅便利了城市居民的生活，也为商品流通和交换创造了有利条件，并且导致了坊市制度进一步崩溃，有利于专门市场的形成。"⑤

3. 各种集市星罗棋布

大都既是元朝的政治中心，是具有世界影响的贸易中心，也是全国最大的饮食商业中心。至元四年（1267），刘秉忠受命设计营建的元大都，以《周礼·考工记》中"面朝后市，左祖右社"⑥ 的都城理想模式建造。大都坐北朝南，呈一个规则的长方形。"面朝"即在大都的南部建造皇城，在皇城的后面，即钟楼、鼓

---

① ［明］宋濂：《元史》卷 173《列传第六十》，北京：中华书局，1976 年标点本，第 4038 页。
② 张艳丽主编：《北京城市生活史》，北京：人民出版社 2016 年版，"概述"第 4 页。
③ 杨宽：《中国古代都城制度史研究》，上海：上海古籍出版社 1993 年版，第 184—200 页。
④ ［元］熊梦祥：《析津志辑佚·风俗》，北京：北京古籍出版社 2001 年版，第 206 页。
⑤ 汪兴和：《元代大都的商业经济》，载《江苏商论》2004 年第 2 期。
⑥ ［清］阮元校刻：《十三经注疏》上册，北京：中华书局 1980 年影印本，第 927 页。

楼一带，则设置了大量商市，即"后市"。然而，大都的商业繁华处并非限于"后市"，前门即"丽正门"，前门大街及其周边自元代以降就是著名的商业文化场域。黄文仲《大都赋》云："若乃城闉之外，则文明为舳舻之津，丽正为衣冠之海，顺城（承）为南商之薮，平则为西贾之派。"[1] 这是说丽正门（今天安门南）因为是百官上朝集中之地，所以"为衣冠之海"；文明门（今东单南，又称哈达门）外正是通惠河与闸河交接之处，南方来的船舶必须经过这里进入大都，故为"舳舻之津"；顺承门（今西单南的宣武门）又是南来客商会集之所；平则门（今阜成门）是西来客商云集之地。[2] 商业街区网点合理格局已经形成。

当时京城有众多以"井"为名的胡同。胡同一词，在蒙语里是"水井"的意思。胡同与水井，似乎是不分家的。因此以井为名的胡同比比皆是。比如以数字命名的，一眼井胡同、二眼井胡同、三眼井胡同、四眼井胡同、七眼井胡同等；排大论小的，大井胡同、小井胡同、双井胡同等；标明方位的，东井胡同、东小井胡同、西井胡同、南井胡同、南四井胡同、前井胡同、后井胡同等；与姓氏相关的，王府井、姚家井、郭家井、芦井、高井等；还有甜井、苦井、甘井、龙头井、琉璃井、大铜井、梆子井、红井、黄井等，不一而足。[3] 前文着重提到井与市的关系，有井就有市，上述的"井"胡同，很可能就是集市的所在地，可见当时的市已深入胡同里面，每条胡同都有井，井边为市，集市遍布大都每一生活区域。只不过市不在了，甚至后来井也无处可寻了，但地名依旧流传了下来。

"大都城里的酒楼、茶肆，一是多集中在游览胜地，如皇宫北面的海子（今什刹海、积水潭一带）沿岸地区，四时游人不绝，所以酒楼、茶肆格外兴隆。另外，在交通要道两旁，如大都西南角的顺承门内外，因系新旧两城的连接枢纽，又是从大都南下的陆路必经之地，所以酒楼、茶肆也特别集中。大都城里的商市，一是集中在皇城后面、全城中心地区的钟鼓楼四周，便于全城的百姓前来贸易，再就是集中在各城门内外。"[4] 据《日下旧闻考》卷三十八的《京城总记》记载，元

---

① ［明］沈榜：《宛署杂记》，北京：北京古籍出版社1983年版，第189页。

② 袁家方：《商街·拥簇繁华》，北京：北京美术摄影出版社2019年版，第93页。

③ 北京市政协文史与学习委员会编：《北京水史》上册，北京：中国水利水电出版社2013年版，第283—284页。

④ 曹子西主编：《北京通史》第五卷，北京：中国书店1994年版，第44页。

代北京饮食市场的布局，以"朝后市，三点加城门，南城依旧"为特点。① 朝后市，即市中心的钟鼓楼及积水潭北岸的斜街（今鼓楼西大街一带）；所谓三点，一是指顺承门里的羊角市（今西四一带），二是枢密院角市（今东四南灯市口大街一带），三是十市口（今东四），这 3 处均为市场密集区。

据《析津志辑佚·城池街市》记载，当时元大都城内的居民区被划分为 50 个坊（《元一统志》记载有 49 坊）。② 《析津志》载大都的街制为"自南以至于北谓之经，自东至西谓之纬。大街二十四步阔，小街十二步阔。三百八十四火巷，二十九街通"③。这些坊也只是一个地段，并无坊墙，各坊立有坊门，门上署有坊名，坊内有小巷及胡同，多东西向，形成东西长南北窄的狭长地带。④

大都处于交通枢纽的位置，"东至于海，西逾于昆仑，南极交广，北极穷发，舟车所通，货宝毕来"⑤。大都城内各种专门的集市有 30 多处，主要市场分布在 3 处：一处是城市中心的钟楼、鼓楼及积水潭北岸的斜街一带，称斜街市，属日中坊。⑥ 元人熊梦祥的《析津志》记载："钟楼之制，雄敞高明，与鼓楼相望。本朝富庶殷实，莫盛于此。……楼之东南转角街市，俱是针铺，西斜街临海子，率多歌台酒馆。有望湖亭，昔日皆贵官游赏之地。楼之左右，俱有果木、饼面、柴炭、器用之属。"⑦ 据《日下旧闻考》引元李洧孙《大都赋》云，自漕船从大运河直航到积水潭后，每天，积水潭中舳舻蔽水，往来船只如梭。因此，为鼓楼、钟楼成为最繁华的商业街提供了最优越的条件。其东南是转角街市，有瓜果摊、油盐米面铺；西街更是繁华，酒馆、唱戏、游艺等场地很多。游人如蚁，热闹非常。一

---

① ［清］于敏中等：《日下旧闻考》卷 38《京城总纪》，北京：北京古籍出版社，1981 年标点本，第 603—604 页。

② 1. 五云坊 2. 南熏坊 3. 澄清坊 4. 明时坊 5. 恩承坊 6. 皇华坊 7. 明照坊 8. 保人坊 9. 仁寿坊 10. 寅宾坊 11. 穆清坊 12. 居仁坊 13. 蓬莱坊 14. 昭回坊 15. 靖清坊 16. 金台坊 17. 居贤坊 18. 灵椿坊 19. 丹桂坊 20. 泰亨坊 21. 万宾坊 22. 时雍坊 23. 金城坊 24. 阜财坊 25. 咸宜坊 26. 安富坊 27. 鸣玉坊 28. 福田坊 29. 西成坊 30. 由义坊 31. 太平坊 32. 和宁坊 33. 发祥坊 34. 永锡坊 35. 日中坊 36. 里仁坊 37. 凤池坊 38. 析津坊 39. 招贤坊 40. 怀远坊 41. 干宁坊 42. 清远坊 43. 可封坊 44. 善俗坊 45. 平在坊 46. 永福坊 47. 请茶坊 48. 展亲坊 49. 惠文坊 50. 丰储坊

③ ［元］熊梦祥：《析津志辑佚》，北京：北京古籍出版社 1983 年版，第 4 页。

④ 沈平：《从＜马可·波罗行纪＞看元大都》，载中国古都学会编：《中国古都研究》（第 10 辑），天津：天津人民出版社 1997 年版，第 158 页。

⑤ ［元］程钜夫：《雪楼集》卷 7《姚长者碑》，民国十二年湖北先正遗书本，第 12 页 a。

⑥ ［清］于敏中等：《日下旧闻考》卷 54《城市》，北京：北京古籍出版社，1981 年标点本，第 860 页。

⑦ ［元］熊梦祥：《析津志辑佚·古迹》，北京图书馆善本组辑，北京：北京古籍出版社 2001 年版，第 108 页。

处是城市西南部顺承门内的羊角市（今西四一带），名羊角市，处西城交通冲要之地。羊角市有米市、面市、羊市、马市、牛市、骆驼市、驴骡市等。另一处是城市东南部的枢密院角市（今东四南灯市口大街一带）及十市口（今东四）。① 枢密院角市有杂货市、柴草市、车市等。这 3 处均为市场密集区。其中，以钟鼓楼的朝后市最为繁盛。因为大运河终点码头在此，水陆交通便利，中外商人云集，故号称"本朝富庶殷实，莫盛于此"。其他还有钟楼前十字街西南的米市、面市，丽正门外、哈达门（今崇文门）外、和义门（今西直门）外的菜市，文明门外的猪市、鱼市；钟楼附近的帽子市、缎子市、铁器市、珠宝市（旧作沙喇市，"沙喇"即珊瑚），和义门、顺承门、安贞门外的果子市。另在南城大悲阁后专门有一蒸饼市。由《析津志·风俗》可知，"都中经纪生活匠人等，每至晌午以蒸饼、烧饼、馇饼、软糁子饼为点心"②。南城③旧城中大部分为普通人家。另外各城门左近也多为商业热点。原金中都虽皇宫等建筑被毁，但整个城市大体还在，故原金中都的商业热点依旧。④

这 30 多处集市，又可以"一街、三市、九仓"加以概括。"一街"是指大都城中心的钟鼓楼及积水潭北岸斜街形成的商业街区。这一带买卖种类齐全、划分精细，既有"一巷旨卖金银珠宝"，也有米市、面市、缎子市、帽子市、鹅鸭市、柴炭市、铁器市和穷汉市（估衣市）。"三市"是指皇城外的东西二市和钟楼市场区。其中东西二市中的东市为枢密院角市、西市为羊角市。以 3 个较大的市场区为核心，周围出现若干小市场，如羊角市周边的米市、羊市、马市、牛市、骆驼市、骡马市，枢密院角市周边的柴草市、果子市、估衣市，文明门一带的猪市、鱼市、草市等。"九仓"是指漕运沿线出现的皇仓。在运河进入大都城的水道沿线出现了众多仓房，其中规模较大的有 9 处。皇仓也带动了周边饮食交易市场的建立。⑤ 大都的饮食集市布局，几乎是沿着漕运设置的，集市贸易大都集中在运河沿线。可以说，漕运引领着大都饮食贸易的布局走向。

大都少数民族云集，形成诸多民族聚居区，聚居区内生成富有民族风味的集

① ［清］于敏中等：《日下旧闻考》卷38《京城总纪》，北京：北京古籍出版社，1981 年标点本，第597 页。
② ［元］熊梦祥：《析津志辑佚》，北京：北京古籍出版社 1983 年版，第207 页。
③ 元大都包括两部分：一是大都新城，一是原金中都旧城，即南城。
④ ［元］熊梦祥：《析津志辑佚》，北京图书馆善本组辑，北京：北京古籍出版社 1983 年版，第5—7、107—108 页。
⑤ 王茹芹：《京商论》，北京：中国经济出版社 2008 年版，第99—100 页。

市。大都的各色商品交易频繁兴盛，形成买卖扎堆的街巷或专业市场。如"米市、面市，钟楼前十字街西南角；羊市、马市、牛市、骆驼市、驴骡市，以上七处市俱在羊角市一带，其杂货并在十市口。北有柴草市，此地若集市，近年俱于此街西为贸易所。段子市，在钟楼街西南；皮帽市，同上。菜市，丽正门三桥、哈达门丁字街。菜市，和义门外。帽子市，钟楼。穷汉市，一在钟楼后，为最；一在文明门外市桥；一在顺承门城南街边；一在丽正门西；一在顺承门里草塔儿。鹁鸽市，在喜云楼下。鹅鸭市，在钟楼西。珠子市，钟楼前街西第一巷。省东市，在检校司门前墙下。文籍市，在省前东街。纸札市，省前。靴市，在翰林院东，就卖底皮、西甸皮、诸靴材，都出在一处。车市，齐化门十字街东。拱木市，城西。猪市，文明门外一里。鱼市，文明门外桥南一里。草市，门门有之。舒噜（满语"珊瑚"）市，一巷皆卖金、银、珍珠宝贝，在钟楼前。柴炭市集市，一顺承门外，一钟楼，一千斯仓，一枢密院。人市，在羊角市，至今楼子尚存……煤市，修文坊前。南城市、穷汉市，在大悲阁东南巷内。蒸饼市，大悲阁后。胭粉市，披云楼南。果市，和义门外、顺承门外、安贞门外。铁器市，钟楼后"①。元大都的市肆分布以钟鼓楼与积水潭北岸、羊角市（今西四附近）、枢密院角市（今灯市口一带）为中心。主要的城门之外还有一些有名的市场，南面偏东的文明门外，是号称汇集南方百货的"舳舻之津"；正南的丽正门外是号称勋贵聚居的"衣冠之海"；南面偏西的顺承门外为"南商之薮"；西面偏南的平则门外为"西贾之派"。

除了相对固定的集市，大街小巷的叫卖声也此起彼伏。《析津志辑佚·岁纪》记载了大都城诸蒸饼者"五更早起，以铜锣敲击，时而为之。……如夕，市人又多以小扛车上街沿叫卖"。游走的散摊小贩强化了都市生活的气息和民间情趣，成为大都城独特的市井风貌，同时也极大地方便了市民生活，让京城百姓养成了"倚门买鱼菜"的习惯。据《蓟丘杂抄》载："燕地苦寒，……妇人安坐炕上，市贩者至，汤饼肴蔌传食于窗牖中，或竟日不作爨寮之炊也。"② 另有暖炕诗云：

---

① ［清］于敏中等：《日下旧闻考》卷三十八《京城总纪》引《析津志》，北京：北京古籍出版社1985 年版，第 603—604 页。

② ［清］于敏中等：《日下旧闻考》卷 146《风俗》，北京：北京古籍出版社，1981 年标点本，第 2338 页。

"市声穿枕来，闹坊卖浆粥。"① 可见大都城的饮食商贸发达，日常食品的提供遍布城市各个角落，其走街入户的程度远远超越了辽、金。

4. 农牧生产得以复兴

蒙金战争对燕京地区社会经济的破坏是空前的，战乱致使农业生产长期中断。据元人魏初《青崖集》卷三载，为避兵灾，燕南"民濒于沙河者，夜采鱼藕草粮以糊口，昼穴窖不敢出"②。元政府采用多种有效政策鼓励农业生产，诸如金朝降将王檝提出建议："田野久荒，而兵后无牛，宜差官卢沟桥，索军回所驱牛，十取其一，以给农民。"③ 蒙古统治者接受了这一建议，将掠来的数千头牛还京畿地区的农民，"民大悦，复业者众"④。蒙古是游牧民族，不事农业。元世祖即位之后，"首诏天下，国以民为本，民以衣食为本，衣食以农桑为本。于是颁《农桑辑要》之书于民，俾民崇本抑末"⑤。实施因地制宜的政策，鼓励农桑种植。《元史·食货志一》载："种植之制，每丁岁种桑枣二十株。土性不宜者，听种榆柳等，其数亦如之。种杂果者，每丁十株，皆以生成为数，愿多种者听。其无地及有疾者不与。所在官司申报不实者，罪之。仍令各社布种苜蓿，以防饥年。近水之家，又许凿池养鱼并鹅鸭之数，及种莳莲藕、鸡头、菱角、蒲苇等，以助衣食。"⑥ 采取因地制宜的土地分配政策，极大地调动了耕种者的积极性。

元初的统治者高度重视农业，《元史·食货志一》"农桑"条开宗明义："农桑，王政之本也。太祖起朔方，其俗不待蚕而衣，不待耕而食，初无所事焉。"点明了农业是元代的国家之本。忽必烈推行汉法的主要内容之一，就是实行劝农政策，恢复和发展农业生产，为此，他于至元七年（1270）在政府机构里设立了司农司，专门管理农桑水利，并派出官员巡视各地的农业情况。同年，又颁布农桑之制 14 条。《元史·食货志一·农桑》记载："县邑所属村疃，凡五十家立一社，择高年晓农事者一人为之长。增至百家者，别设长一员。不及五十家者，与近村合为一社。地远人稀，不能相合，各自为社者听，其合为社者，仍择数村之中，

① ［清］于敏中等编纂：《日下旧闻考》卷一四六"风俗"，北京：北京古籍出版社 2007 年版，第 2334—2335 页。
② 李修生主编：《全元文》第 8 册，南京：江苏古籍出版社 1998 年版，第 467—468 页。
③ ［明］宋濂：《元史》卷 153《列传第四十》，北京：中华书局，1976 年标点本，第 3611 页。
④ ［明］宋濂：《元史》卷 153《列传第四十》，北京：中华书局，1976 年标点本，第 3611 页。
⑤ ［明］宋濂：《元史》卷 93《志第四十二》，北京：中华书局，1976 年标点本，第 2354 页。
⑥ ［明］宋濂：《元史》卷 93《志第四十二》，北京：中华书局，1976 年标点本，第 2354 页。

立社长官司长以教督农民为事。""社"这一基层组织的设置，有利于统一管理农事，促进农业生产的发展。

《农桑辑要》是元初司农司编写的。全书共 7 卷，分典训、耕垦、播种、栽桑、养蚕、瓜菜、果实、竹木、药草、孳畜、禽鱼、岁用杂事等门类。《农桑辑要》就是为了推广当时的先进耕作技术而组织农业专家们编写的，成书于至元十年（1273）。元世祖时，"海内既一，于是内而各卫，外而行省，皆立屯田，以资军饷。……由是而天下无不可屯之兵，无不可耕之地矣"①。如今奥运村西的大屯正是元代屯田的地方，"大屯"地名的由来就与元代屯田有密切关系。

1260 年，忽必烈即位，采用中原纪年方式，标志着其采取"汉法"的开始。"中统元年，命各路宣抚司择通晓农事者，充随处劝农官。二年，立劝农司，以陈邃、崔斌等八人为使。至元七年，立司农司，以左丞张文谦为卿。司农司之设，专掌农桑水利。仍分布劝农官及知水利者，巡行郡邑，察举勤惰。"②元人起家朔漠，历来属于游牧民族，进入中原发达的农耕地区后，蒙古统治者审时度势，很快就采取以"农桑为急务"的农业政策，放弃原本习惯了的游牧生产方式及其经济基础。至元十二年（1275），元世祖给南宋降将的诏书中说："今欲保守新附城壁，使百姓安业力农，蒙古人未之知也，尔熟知其事，宜加勉旃。"③ 这可以作为元蒙正式采纳农耕方式的宣言，规定"不得以民田为牧田"。为保护农耕生产不受侵害，多次颁发禁令。大德元年（1297），"罢妨农之役"。十一年（1307），"申扰农之禁，力田者有赏，游惰者有罚，纵畜牧损禾稼、桑枣者，责其（赔）偿而后罪之"。至大二年（1309）二月二十一日，"钦奉诏书条画一款：围猎飞放、喂养马驼及各色过往屯驻军马出使人员，自有合得分例，父复欺凌官府，扰害百姓，多取饮食钱物，纵放头疋，践踏田禾，咽咬树木，事非一端，民受其害，前诏累尝戒饬，今闻仍袭前弊，罔有悛心，仰有司再行禁治，其不为申理者，一体断罪"④。皇庆二年（1313），"复申秋耕之令，惟大都等五路许耕其半。盖秋耕之利，掩阳气于地中，蝗蝻遗种皆为日所曝死，次年所种，必盛于常禾也"⑤。当时

---

① ［明］宋濂：《元史》卷 96《志第四十五上》，北京：中华书局，1976 年标点本，第 2558 页。
② ［明］宋濂：《元史》卷 93《志第四十二》，北京：中华书局，1976 年标点本，第 2354 页。
③ ［明］宋濂：《元史》卷 8《本纪第八》，北京：中华书局，1976 年标点本，第 147 页。
④ 方龄贵：《通制条格校注》卷 28《杂令》，北京：中华书局 2001 年版，第 657 页。
⑤ ［明］宋濂：《元史》卷 93《志第四十二》，北京：中华书局，1976 年标点本，第 2354 页。

为了维持游牧民族的饮食传统，满足食肉的饮食习惯，只许一半田地秋耕，其余用于牧场。大都统治者接受农耕文化和农业生产的恢复，直接影响到大都饮食文化的发展走向。一方面给予农耕食俗与游牧食俗融合的客观条件；另一方面促进了蒙古族的饮食文化向汉民族偏移。

开发水利灌溉田地是元代振兴农业的有力举措，所取得的成就远远大于前代。中央设都水监，外设河渠司，负责兴举水利。① 元世祖至元七年（1270）十一月，申明劝课农桑赏罚之法，颁布农桑之制 14 条。其中有"凡河渠之利，委本处正官一员，以时浚治。或民力不足者，提举河渠官相其轻重，官为导之。地高水不能上者，命造水车，贫不能造者，官具材木给之。……田无水者凿井，井深不能得水者，听种区田"②。至元二十八年（1291），都水监郭守敬奉诏兴举水利，引浑河（今永定河）之水以灌溉田地。由于水源充足，灌溉得当，粮食获得好收成。元顺帝至正十二年（1352）年底，中书省臣脱脱向顺帝建言："京畿近地水利，召募江南人耕种，岁可得粟麦百万余石，不烦海运而京师足食。"顺帝答曰："此事有利国家，其议行之。"③ 顾炎武所著《昌平山水记》卷下对此事记载颇详："县境内泉源不一，皆入于白河（今潮白河）。元至正十二年，丞相脱脱言：'京畿近地水利，召募江南人耕种，岁可得粟麦百万余石，不烦海运而京师足食。'（帝）从之。于是西自西山，南至保定、河间，北抵檀、顺，东至迁民镇，凡官地及元管各处屯田，悉从分司农司立法佃种，合用工价、牛具、农器、谷种给钞五百万锭，命悟良哈台乌古、孙良祯并为大司农卿。又于江南召募能种水田及修筑围堰之人各一千名为农师，降空名添设职事敕牒十二道，募农夫一百名者授正九品，二百名正八品，三百名从七品，就令管领所募之人，农夫人给钞十锭，岁乃大稔。此京东水田之利已行于元人者也。然近京之地参错不一，有京卫屯地，有陵卫屯地，有外卫屯地，有马房地，有良牧署地。而县西北板桥村有钞没太监曹吉祥地一十顷一十三亩，天顺八年十月奉旨拨为宫中庄田，皇庄之设自此始。先是洪武中诏北平、山东、河南荒闲地土听民开垦，永不起科。"④ 给招募来的农民授予"农师"的称号，给予职称认定，定期发给工资。这种土地租赁方式及"农

---

① ［明］宋濂：《元史》卷 64《志第十六》，北京：中华书局，1976 年标点本，第 1587 页。
② ［明］宋濂：《元史》卷 93《志第四十二》，北京：中华书局，1976 年标点本，第 2354 页。
③ ［明］宋濂：《元史》卷 42《本纪第四十二》，北京：中华书局，1976 年标点本，第 885 页。
④ ［明］宋濂：《元史》卷 43《志第四十二》，北京：中华书局，1976 年标点本，第 907 页。

师"身份的提出，在历史上皆为创举。此般创举显然有助于激发募农生产的积极性。

元文宗时，由赵世延、虞集等主修的政书《经世大典·屯田序》云："国家平中原，下江南，遇坚城大敌，旷日不能下，则困兵屯田，耕且战，为居久计，当时无文籍以志，制度之详，不可考。"① 明修《元史·兵志三·屯田序》全引《经世大典序录·政典·屯田》，又加结语："由是而天下无不可屯之兵，无不可耕之地矣。""且耕且战，为居久计"，粮食是安居乐业的根本，而军事是保家卫国的保障。正所谓"国家经费，粮食为急"。王恽说："窃见附京地寒，不可以麦，而岁用不啻数千万斛，止仰御河上下商贩，以资京畿。今范阳去都百里，而远土风宜麦与稻，比之秋田，宜令倍种，外据荒闲冒占，复许诸人开耕，验领亩，免地租三年，及减半力役，亦充实内地之道也。如关中，古无麦，今盛于天下者，盖自武帝始也。其种稻事，昔北齐皇建中平州刺史嵇晔建议开督亢旧陂，岁收稻数十万石，此境赖以周赡，此其验也。督亢，地在新野县界。"② 大都附近的农业得到发展，增加了大都的粮食供应。

大都的饮食业极为昌盛，这主要在于大都地区发展农业的自然条件很优越，"论其郊原……雨济土沃，平平绵绵，天接四野"，③ "水深土良厚，物产宜硕丰"④。据《析津志》记载，大都郊区出产的家园种时蔬菜品种达 28 种，非园圃所产者达 48 种，引种与菌属 8 种，果品 11 种，可食用野蔬 11 种。除农民种艺之外，士大夫家亦"耕田、灌园、沃蔬"，未尝荒废。⑤ 据此推断，元代大都的关厢等近郊的蔬菜生产已达到相当规模。黄文仲《大都赋》："治蔬千畦，可当万户之禄。"⑥ 胡助《京华杂兴诗》："瓜果饶夏实，枣梨绚秋红。"⑦ 是当时蔬菜种植田园风光的真实写照。即便山区农田垦殖，也是欣欣向荣。缙山县（今北京市延庆

---

① ［元］苏天爵辑：《国朝文类》卷 41《经世大典序录》，四部丛刊本，第 66 页 b。
② 杨亮、钟彦飞：《王恽全集汇校》，北京：中华书局 2013 年版，第 3532 页。
③ ［明］沈榜：《宛署杂记》，北京：北京古籍出版社 1983 年版，第 189 页。
④ ［元］胡助：《纯白斋类稿》卷 2《京华杂兴诗》，清永康胡氏退补斋刻民国间补刻金华丛书本，第 105 页 a。
⑤ ［元］熊梦祥：《析津志辑佚》，北京：北京古籍出版社 1983 年版，第 225 页。
⑥ 李修生主编：《全元文》第 46 册，南京：凤凰出版社 2004 年版，第 131—138 页。
⑦ ［元］胡助：《纯白斋类稿》卷 2《京华杂兴诗》，清永康胡氏退补斋刻民国间补刻金华丛书本，第 105 页 a。

区）呈"昔从时巡出缙山，翠畦绿树画图间"①，真是绿野成片，庄稼茂盛，故被称为塞上江南。

粮食作物谷、麦、黍、稻、豆的种植是大都农业的主要部分。谷类品种有"抗猛风烈日，宜种植于平川"的高苗青、诈张柳、撑破仓、乾镩青、鹅儿黄、红镯脑；适宜于高山地区种植的八棱、錾子、皮包、贾四、狗见愁、饿杀狗。此外，尚有各地均适宜种植的白糙、毛谷、临熟变、狗虫青、奈风斗、麻熟等品种。黍类作物品种有适宜于酿酒的糯黍，"粒大而谷壳厚"，宜食用的小黍和秫黍。豆类作物有黑豆、小豆、绿豆、白豆、赤豆、红小豆、豌豆、板豆、羊眼豆、十八豆等品种。② 麦类有小麦、大麦、荞麦等品种。③

元大都地区有专门生产稻米的"稻户"，至元二十七年（1290）七月，"蓟州、渔阳等处稻户饥，给三十日粮"。《朴通事》下册中有这样的记载："我家里一个汉子，城外种稻子来。"另一处也说："（老安）城外那刘村里，管着他官人家庄土种田来，到秋，他种来的稻子、蜀秫、黍子、大麦、小麦、荞麦、黄豆、小豆、绿豆、莞豆、黑豆、芝麻、苏子诸般的都纳与了租税，另除了种子，后头，三停里，官人上纳与二停外，除了一停儿，卖的卖了，落下些个养活他媳妇、孩儿。"所种的粮食种类还真不少。那时，大都的低洼多水处普遍种植水稻。

《天工开物》"乃粒第一·总名"云："凡谷无定名，百谷指成数言。五谷则麻、菽、麦、稷、黍，独遗稻者，以著书圣贤起自西北也。今天下育民人者，稻居什七，而麦、牟、黍、稷居什三。麻、菽二者，功用已全入蔬饵膏馔之中，而犹系之谷者。从其朔也。"这还是比较符合当时北京市民主食的结构比例的。

除了粮食生产显示出大都气象外，粮食加工也进入新阶段。在今宋庄镇大庞村、马驹桥镇张各庄村、张家湾镇陆辛庄村、于家务乡傅各庄村、潞城镇前疃村等多处村内都发现元以前的石臼。可知，在元代，北京地区已用石臼舂米。石臼的形状很特别，一大石块上凹进去个坑，有深有浅，大小不一，坑是圆形，底似锅底状，将稻谷或谷子放进去，然后将一根粗大的石杵插入石坑，双手拎着杵把上下捣击。捣击一阵后，须将坑里的谷物掏出来，用簸箕将谷皮除去，再放进石坑里捣。如此这般三四个来回后，石坑里就剩下白花花和黄乎乎的米了，与现在

---

① ［元］虞集：《道园学古录》卷29《七言律诗》，清钦定四库全书本，第5页a。
② 孙健主编：《北京古代经济史》，北京：北京燕山出版社1996年版，第87—88页。
③ ［清］于敏中等：《日下旧闻考》卷151《物产》，北京：北京古籍出版社，1981年标点本，第2412页。

的大米相差无几。

除了粮食作物，也有种蔬菜的。有位安世有，本是云中人氏，"壬辰（至元二十九年）后，徙家大燕（大都城），今居文明东里，有宅一区，轩楹外隙地宽闲，分畦种蔬，日以为乐。友人过而以蔬名轩，既以秘监新泉（杨武之）篆其匾，又求秋涧野老（王恽）明其心。因为之说曰：贫家蔬食当米粟之半，此正诗书为业、蔬淡自娱者也"。① 蔬菜、瓜果品种增多，常见的蔬菜有30余个品种，有白菜、莙荙、甜菜、蔓菁、茼蒿、葫芦、萝卜、葫芦蒲金、王瓜、天青葵、茄、赤根（菠菜）、青瓜、稍瓜、冬瓜、蒲、笋、葱、韭、蒜、苋、瓠、塔儿葱（层葱）、回回葱等。野生的蔬菜品种有壮菜、蕨菜、山韭、野蒜、豆芽、山葱、高丽菜、苦苗菜、蒡子、稗草子、金荞麦、紫苏子等。② 此外，还有菌类植物，如高丽菜、苦苗菜、爽头、蘑菇、香蕈、沙菌等，亦可作为蔬菜食用。

果林数量之多、品种之繁超过以往各朝代。枣、栗仍是这里著名的特产。栗园远远超过辽金时代，这些栗园每年所收的栗子，少则数十斛，多则数千斛。元代在城郊出现了十几处栗园，较著名的有西山栗园、斋堂栗园、道家栗园、寺院栗园、庆寿寺栗园等。《析津志辑佚·物产》云："紫荆关下有栗园，尤富，岁收栗数千斛。"桃、李、梨品种亦多。除此之外，当时种植的果树还有桃栗、枣、杏、葡萄、频婆等品种，仅桃类就有络丝桃、麦熟桃、大拳桃、山桃、鹦嘴桃、细桃、九月桃、冬桃等十余种。③

元代大都的畜牧业也很发达，饲养的牲畜主要是牛、马、羊、骡、驼、驴等，其中马的饲养量最大，大都一路养马近10万匹，平均2.3户就养马1匹，官营牧马场和马匹数也很惊人，如涿州站赤牧马地内，仅熟地有270顷又20亩。大都驿养马数量最多时达到1037匹，驴20头。④ 其实，农牧两大生产可以互补，牲畜的粪便用于肥田；麦秆和稻秆可以用作饲料。有些有权势的蒙古人强迫农民替他们喂养马和羊。元政府有个诏书说："分拨城子里的老奴婢每根，他每（们）的马匹依怯薛歹的例与了草料，和他每一处怯薛里行的伴当，也依例支与有，倚他每根分拨到底城子，么道，他每余剩梯己马匹并他每哥哥弟弟每的马匹，教喂养去

---

① 李修生主编：《全元文》第6册，南京：江苏古籍出版社1998年版，第124页。
② 孙健主编：《北京古代经济史》，北京：北京燕山出版社1996年版，第89页。
③ ［元］熊梦祥：《析津志辑佚》，北京：北京古籍出版社2001年版，第208页。
④ ［元］熊梦祥：《析津志辑佚》，北京：北京古籍出版社2001年版，第121页。

呵，百姓每生受有。"① 一时间，北京各地马、羊和骆驼随处可见。

相应地，由于畜牧业在大都地区的发达，各种牲畜市场增多，如羊市、马市、牛市、骆驼市、驴骡市等。于是，为之服务的兽医行业也应运而生，这些兽医的店铺，"门首地位上以大木刻作壶瓶状，长可一丈，以代赭石红之。通作十二柱，上搭芦以御群马。灌药之所，门之前画大马为记"②。这是关于"兽医之家"幌子的描述。《析津志辑佚·风俗》首段就介绍了"酒槽坊"的幌子："门首多画四公子，春申君、孟尝君、平原君、信陵君。"随着饮食行业的兴盛，各种幌子习俗也蔓延开来。全社会对饮食的追求和优越的饮食条件将北京饮食文化全面地推向了一个新的时代高度。

5. 漕运粮食输入京城

丘处机西行途中，"北度野狐岭，登高南望俯视，太行诸山晴岚可爱；北顾，但寒烟衰草中原之风，自此隔绝矣"③，所谓"中原之风"当是指以华北平原为地理基础的风物或以农耕为经济基础的风俗的统称，④ 而向上北行的风光是，"出得胜口，抵厄河岭下，……由岭而上，则东北行，始见毳幕毡车，逐水草畜牧而已，非复中原之风土也"⑤。大都处于两种不同经济形态的交汇处，也是连接南北交通的中心地带。

《元史·食货志》"海运"条云："元都于燕，去江南极远，而百司庶府之繁，卫士编民之众，无不仰给于江南。"蒙元时期，在陆路上建立了以大都为中心的四通八达的驿站。元代的驿站，既是通信传递公文的据点，又是为来往行人提供食宿和安全保障的重要处所。自从设置了驿站，"四方往来之时，止则有馆舍，顿则有贡帐，饥渴则有饮食"⑥。这为商人的远途粮食经商提供了生活上的保障。

在水路方面，实行漕运。之所以开凿漕运，当然是要解决粮食问题。从郭守敬向元世祖忽必烈面陈水利六事（中统三年，1262）到城市水系建成（1293），经历了整整 31 年。弃浑用清，济漕成功。江南、山东、河北各地漕船直抵积水

---

① 方龄贵：《通制条格校注》卷15《厩牧》，北京：中华书局 2001 年版，第 447 页。
② ［元］熊梦祥：《析津志辑佚》，北京：北京古籍出版社 1983 年版，第 202 页。
③ 尚衍斌、黄太勇：《长春真人西游记校注》，北京：中央民族大学出版社 2016 年版，第 67 页。
④ 丁超：《元代大都地区的农牧矛盾与两都巡幸制度》，载《清华大学学报（哲学社会科学版）》2011 年第 2 期。
⑤ 杨亮、钟彦飞：《王恽全集汇校》，北京：中华书局 2013 年版，第 3955 页。
⑥ ［明］宋濂：《元史》卷 101《志第四十九》，北京：中华书局，1976 年标点本，第 2383 页。

潭，通达大都城。每年漕运粟米由数十万石增加到百余万石。更重要的是大运河从大都到杭州全线通航。京杭大运河名副其实，这在历史上是第一次实现。[①]

漕粮从北、南两线运抵大都城中的仓场，这是"国家第一要紧政务，关系最为重大"[②]。杨文郁作为职掌记事的官员，在至元二十六年（1289）会通河完工后，撰写《开会通河功成之碑》："《书》以食货为八政之首。《易》称舟楫有济川之利，此古今不易之理，而京师所系为最重。故大舜命禹既平水土，定九州岛之贡赋，皆浮舟达河，以入冀都，功冠三代，为万世法。"[③] 据《元史》记载："至元十六年（1279），开坝河，设坝夫户八千三百七十有七，车户五千七十，出车三百九十辆，船户九百五十，出船一百九十艘，坝夫累岁逃亡，十损四五，而运粮之数，十增八九，船止六十八艘，户止七百六十有一，车之存者二百六十七辆，户之存者二千七百五十有五。昼夜奔驰，犹不能给，坝夫户之存者一千八百三十有二，一夫日运四百余石，肩背成疮，憔悴如鬼，甚可哀也。"[④] 这段文字披露的是坝伕漕运之苦，也说明粮食运量之大。到成宗大德六年（1302），"京畿漕运司言：岁漕米百万，全藉船坝夫力。自冰开发运至河冻时止，计二百四十日，日运粮四千六百余石"[⑤]。数量更是可观得惊人。

粮食是治国安邦的首要问题，只有这个问题解决了，才能"功冠三代，为万世法"。延祐时刘德智认为运河利于转输东南物资："东南去京师万里，粟米、丝枲、纤缟、贝锦、象犀、羽毛、金珠、琨篠之贡，视四方尤繁重。车挽陆运，民甚苦之。至元中穿会通河，引泗汶会漳，以达于幽。由是，天下利于转输。"[⑥] 东南地区的饮食资源通过黄河、海河两大水系到达京师。当然，有元一代，漕运以海上航路为主，海运的终点是天津的直沽口。《元史》也云："元都于燕，去江南极远，而百司庶府之繁，卫士编民之众，无不仰给于江南。自丞相伯颜献海运之言，而江南之粮分为春秋二运。"[⑦] 最多达 500 万石。掌管漕运的衙门，初立军储

① 北京市政协文史与学习委员会编：《北京水史》上册，北京：中国水利水电出版社 2013 年版，第 273 页。

② ［清］杨锡绂：《漕运则例纂》卷 19《京通粮储》，清乾隆三十五年刻本，第 35 页 b。

③ 姚汉源、谭徐明：《漕河图志》卷 5《碑记》，北京：水利水电出版社 1990 年版，第 220 页。

④ 柯绍忞：《新元史》卷 253《列传第一百五十》，上海：上海古籍出版社 2018 年版，第 4783 页。

⑤ ［明］宋濂：《元史》卷 64《志第十六》，北京：中华书局，1976 年标点本，第 1590 页。

⑥ 姚汉源、谭徐明：《漕河图志》卷 6《碑记》，北京：水利水电出版社 1990 年版，第 262 页。

⑦ ［明］宋濂：《元史》卷 93《志第四十二》，北京：中华书局，1976 年标点本，第 2363 页。

所，寻改漕运所；至元五年（1268），改漕运司；十二年（1275），又改都漕运司；十九年（1282），再改京畿都漕运使司（驻大都）；二十四年（1287），始有京畿都漕运司和济宁都漕运司分掌漕事。其海运，又有海道运粮万户府主管，该府于至元二十年（1283）置，掌每岁海道运粮供给大都。初运仅数万石，后不断增加，至泰定、天历年间，每年海运粮都在300万石以上。其河运，又有都漕运使司，总司在河西务，分司在临清，掌御河上下至直沽、河西务、李二寺、通州等处漕运及漕粮管理；新运粮提举司，掌坝河漕运；通惠河运粮千户所，掌通惠河漕运事。[1] 元朝政府从实际出发，为解决南粮北运的问题，开设和疏通北方大河的粮食水运。为使水运畅通，建立了比较完善的运行管理机制。漕运是元大都的经济命脉，吃饭问题是元大都得以发展的最大问题，粮食是一日不可缺少的大宗物资，如果没有足够的粮食，大都就难以履行其政治、经济、社会、军事、文化等领域的职能。如果不是为了运输粮食，而是别的货物，就不可能大张旗鼓地开辟漕运。

明代名臣王宗沐说：明京师与南方财赋区的交通，"主于河而协以海……故都燕之受海，犹凭左臂从胁下取物也。元人用之百余年矣，梁秦之所不得望也"[2]。海上交通条件的便利是元明都燕最大的优势，乃长安、开封这些内陆城市无法比拟的，元朝充分地利用了这种自然条件。[3]

至元十九年（1282）开始海运。《大元海运记》卷上载："惟我世祖皇帝至元十二年（1275），即平宋，始运江南粮。以河运弗便，至元十九年（1282）用丞相伯颜言，初通海道漕运抵直沽，以达京城。……初岁运四万余石，后累增及二百万石，今增至三百余万石。然春夏分二运，至舟行风信有时，自浙西不旬日而达于京师，内外官府、大小吏士，至于细民，无不仰给于此。于戏！世祖之德，淮安王之功，逮今五十余年，裕民之泽曷穷极焉。"[4] "元海运自朱清、张瑄始，岁运江淮米三百余万石以给元京。"[5] 据《大元海运记》《元史·食货志》统计，

① ［明］宋濂：《元史》卷85《志第三十五》，北京：中华书局，1976年标点本，第2130—2132页。

② "中央"研究院历史语言研究所校印：《明实录》卷50《穆宗实录》，北京："中央"研究院历史语言研究所1963年版，第1625页。

③ 王培华：《元明北京建都与粮食供应——略论元明人们的认识和实践》，北京：北京出版社2005年版，第289页。

④ ［元］赵世延、揭傒斯：《大元海运记》卷上，民国四年上虞罗氏铅印雪堂刻本，第1页a。

⑤ ［元］危素：《元海运志》，上海：商务印书馆1936年版，第3页。

海运运粮数量呈阶梯式蹿升，最多时一年可达 350 万石。途中粮食损耗也由最初的 25% 下降到 1%。郑元祐说："夫漕运之道取诸海，亘古所未闻，始世皇听海臣之言创法，岁每漕东南稻米，由海转馈，以达京畿。京畿，天下人所聚，岂皆裹粮以给朝暮？概仰食于海运明矣。"[1] "京畿之大，臣民之众，梯山航海，云涌雾合，辏聚辇毂之下者，开口待哺，以仰海运，于今六七十年矣。"[2] 海上漕运从此成为关乎元大都存亡的经济命脉。海运量是比较稳定的。当海运全部断绝了，元王朝也即走到了它的尽头。

元初的内河漕运仍然是依靠旧运河进行水陆转运，以河道为主，水陆联运。河道迂回，水陆转运中要装卸 3 次，十分不便。而且"逆黄河而上达中滦旱站"，又是逆水行船，费力很多，再次中滦至淇门 180 里，通州至大都 50 里，要靠人畜驮达。"陆运官粮，岁若千万，民不胜其悴。"对此，史籍多有载录。《元史纪事本末·运漕》记："初，朝廷粮运仰给江南者，或自浙西涉江入淮，由黄河逆流至中滦，陆运至淇门，入御河，以至京师。又或自利津河，或由胶莱河入海，劳费无成。"[3] 漕运辗转曲折，艰辛异常。《新元史·海运志》载："先是伯颜入临安，而淮东之地犹为朱守，乃命张瑄等，自崇明州募船，载亡宋库藏图籍，由海边运至直沽。又命造鼓儿船，运浙西粮，涉江入淮，达于黄河，逆水至中滦旱站，运至淇门，入御河接运，以达京师。"[4] 危素《元海运志》记："初……运粮，则自浙西，涉江入淮，由黄河逆水至中滦旱站，陆运至淇门，入御河，以达于京。"[5]《大元海运记》至元十九年（1282）条下云："中书省契勘……今大都漕运司止管淇门运至通州河西务。其中滦至淇门，通州河西务至大都陆运车站别设提举司，不隶漕运司管领。扬州漕运司止管江南运至瓜州，其瓜州至中滦水路，纲运副之。押运人员不隶漕运司管领。南北相去数千里，中间气力断绝，不相接济，所以粮道迟滞，官物亏陷……"[6] 元朝政府分置京畿、江淮二都漕运司，分别负责中滦至大都和江南至中滦的纲运。这条路线，曲折绕道，水陆并用，劳民伤财，极其不便。

---

① 徐永明校点：《郑元祐集》，杭州：浙江大学出版社 2010 年版，第 272 页。

② 徐永明校点：《郑元祐集》，杭州：浙江大学出版社 2010 年版，第 268 页。

③ ［明］陈邦瞻：《元史纪事本末》卷十二《运漕》，北京：中华书局 1979 年版，第 89 页。

④ 柯劭忞：《新元史》卷七十五《食货志八·海运》，北京：中国书店 1988 年版，第 356 页。

⑤ ［元］危素：《元海运志》，上海：商务印书馆 1936 年版，第 3 页。

⑥ ［元］赵世延、揭傒斯：《大元海运记》卷上，民国四年上虞罗氏铅印雪堂刻本，第 1 页 a。

为使漕运顺利到达京城，元政府先后凿通了通惠河、通州运粮河（从通州南入大沽河，西接御河）、御河（从直沽南至临清）、会通河（临清至东平，约长250公里）、济州河（由山东东平至济宁，接泗水入淮河），再与南方原有的运河相接，这样，海河、黄河、淮河、长江和钱塘江五大水系互相贯通，形成了南北经济联系的大动脉。[①] 通惠河东至通州（今北京通州），全长164里。经过重新疏凿，大运河基本改变了过去迂回曲折的航线，河道大多取直，航程大为缩短，运粮船可以驶入大都积水潭（今北京什刹海一带）停泊。从通州至大都虽然仅50里旱路，但陆路运粮，车小载微，颠沛困顿，耗费颇巨，百姓不堪其苦。至元二十八年（1291），都水监郭守敬奉诏兴举水利，因建言："疏凿通州至大都河，改引浑水溉田，于旧闸河踪迹导清水，上自昌平县白浮村引神山泉，西折南转，过双塔、榆河、一亩、玉泉诸水，至西水门入都城，南汇为积水潭，东南出文明门，东至通州高丽庄入白河。总长一百六十四里一百四步。塞清水口一十二处，共长三百一十步。坝闸一十处，共二十座，节水以通漕运，诚为便益。"[②] 对于郭守敬的高见良策，元世祖极为赞赏地说："当速行之。"《金史·河渠志》记载："金都于燕（指中都），东去潞水（今北运河）五十里，故为闸以节高良河（高梁河）、白莲潭（今积水潭）诸水，以通山东、河北之粟。……由通州入闸，十余日而后至于京师（指金中都）。"[③] 大大缩短了航运距离。

粮食水运至大都，需要仓储。《元史·百官志》载，大都城有22仓，即万斯北仓、万斯南仓、千斯仓、永平仓、永济仓、惟亿仓、既盈仓、大有仓、屡丰仓、积贮仓、丰穰仓、广济仓、广衍仓、大积仓、既积仓、盈衍仓、相因仓、顺济仓、通济仓、广贮仓、丰润仓、丰实仓。（今通州）有13仓，即有年仓、富有仓、广储仓、盈止仓、及秭仓、乃积仓、乐岁仓、庆丰仓、延丰仓、足食仓、富储仓、富衍仓、及衍仓。据《元史·地理志》载，通州又有丰备仓和通济仓。这是延祐六年（1319）增加的。元代河西务有14仓，即永备南仓、永备北仓、广盈南仓、广盈北仓、充溢仓、崇墉仓、大盈仓、大京仓、大稔仓、足用仓、丰储仓、丰积仓、恒足仓、既备仓。[④] 河西务是京畿运司总部的所在地，武清县河西务镇西北3

---

①　孙健主编：《北京古代经济史》，北京：北京燕山出版社1996年版，第141页。

②　［明］宋濂：《元史》卷64《志第十六》，北京：中华书局，1976年标点本，第1588页。

③　［元］脱脱等：《金史》卷27《志第八》，北京：中华书局，1975年标点本，第682页。

④　［明］宋濂：《元史》卷85《志第三十五》，北京：中华书局，1976年标点本，第2119页。

公里处东仓村和西仓村一带，是元大都外围最大的仓储基地。仓储是大都饮食生活正常开展的基本保障，也是城市饮食文化发展的主要支撑。

在明代成化年间，有明一代文臣之宗丘濬对大运河予以高度评价："运东南粟以实京师，在汉、唐、宋皆然。然汉、唐都关中，宋都汴梁，所漕之河，皆因天地自然之势，中间虽或少假人力，然非若会通一河，前代所未有，而元人始创为之，非有所因也。"① 通惠河通航后，从水路运输，每年仅节省雇车费一项即达 6 万缗，漕运粮食大为方便。闸河为金中都的漕运发挥了十几年作用，保证了大都居民饮食生活的正常进行，也为后世元、明通惠河的开凿做好了必要的前期准备，对推动京城饮食生活的发展具有深远的历史意义。

大都作为全国的经济中心，也是最大的饮食消费市场，所需粮食一半靠漕米（皇室、官吏、军士、工役等），另一半靠商人长途贩运或由邻近地区收籴粜卖。来自南方的稻米主要是香糯米和白粳米，还有部分稻谷运来加工。通常香糯米归皇家享用，粳米主要归民用。大都米铺发售的大米分白粳、白米、糙米 3 个等级，白粳与糙米价钱相差 1 倍以上。② 漕运优化了大都的饮食结构，"漕米"成为大都饮食最为突出的时代表征，是践行"民以食为天"生活准则的政府行为。

元朝大都每年要从江南方面调用大批食粮，只经海运的粮食数字，历年有所增多，从"至元二十年（1283），四万六千五十石，至者四万二千一百七十二石"③，一直增加到"天历二年（1329），三百五十二万二千一百六十三石，至者三百三十四万三百六石"④。在不到 50 年间，竟增加了 76 倍以上。这也正是："元都于燕，去江南极远，而百司庶府之繁，卫士编民之众，无不仰给于江南。"⑤ 海运仅仅是南粮北运中水运的一部分，水运中还有河漕运。另外，还有陆运。全部加起来，则南粮北运的数量更多。不过，漕运粮食数量远逊于唐宋。唐宋的政治组织机构庞大，官吏繁杂，为了便于统治，军队也多集于京师；元朝则不同，入主中原以后仍保持游牧民族的特点，制尚简朴，北方也无强大劲敌，可不用重兵防守。故而京城粮食的需求量不及唐宋。

---

① ［明］陈邦瞻：《元史纪事本末》卷十二《运漕》，北京：中华书局 1979 年版，第 91 页。

② 按通常的价钱，元大都白粳米每石中统钞 15 两、白米每石中统钞 12 两、糙米为 6 两 5 钱。见吴慧主编：《中国商业通史》第三卷第二章，北京：中国财政经济出版社 2005 年版。

③ ［明］宋濂：《元史》卷 93《志第四十二》，北京：中华书局，1976 年标点本，第 2363 页。

④ ［明］宋濂：《元史》卷 93《志第四十二》，北京：中华书局，1976 年标点本，第 2363 页。

⑤ ［明］宋濂：《元史》卷 93《志第四十二》，北京：中华书局，1976 年标点本，第 2363 页。

元代漕运规模达到前所未有的程度，城里居民的粮食主要来自漕运。尚书省、御史台屡次奏报："大都居民所用粮斛，全藉客旅兴贩供给。""大都里每年百姓食用的粮食，多一半是客人从迤南御河里搬将这里来卖有。来的多呵贱，来的少呵贵有。"为满足平民的基本饮食需求，至元二十二年（1285）"于京城南城设铺各三所，分遣官吏，发海运之粮，减其市直以赈粜焉"①，发粮由数万石到四五十万石不等，粮食救济有了制度上的保障。

水运和陆运为南方大米源源不断运抵大都提供了交通方面的保障，致使大都主粮结构中，米和面形成均衡发展的态势。北京的主食结构中，稻米占有重要位置。人们主要用于蒸饭和煮粥。除此之外，漕运还改善和繁荣了饮食环境，什刹海、鼓楼地区餐饮业的发达就是漕运带动城市发展的鲜明例证。在漕运的带动下，由通州到大都城，沿途也出现了许多人口聚集、饮食商业聚集之地。《析津志辑佚·古迹》记载："齐化门外有东岳行宫，此处昔日香烛酒纸最为利。盖江南直沽海道，来自通州者，多于城外居止，趋之者如归。又漕运岁储，多所交易，居民殷实。"②漕运极大地影响了沿途人们的饮食生活，也直接促进了当地饮食业的兴盛。

小麦也是贩运至京师的。因"附京地寒不可以麦，而岁用不啻数千万斛，止仰御河上下商贩以资京畿"。③除麦和稻米外，大都人常吃的有粟米、黍米、高粱和豆。除粒食外，这些杂粮还被加工成各种美味主食，其中一些文人对于豆粥的美味称赞有加，马致远《马丹阳三度任风子》云："雪瓮冰齑满箸黄，沙瓶豆粥隔篱香。此中滋味无人识，傲杀羊羔乳酪浆。"洪希文写过两首描写豆粥的诗，其中有"甘味加饴滑似瀡，香粳胜玉软如酥"④的描绘，以及"充饥软如酥，止渴甘如饴"⑤的赞美。这些杂粮也是贩运过来的。元朝政府只好一再申令，"以京师籴贵，禁有司拘顾商车"⑥，进而明确规定，"诸漕运官，辄拘括水陆舟车，阻滞

---

① ［明］宋濂：《元史》卷96《志第四十五上》，北京：中华书局，1976年标点本，第2470页。
② 于敏中等：《日下旧闻考》卷八十八《郊坰》引《析津志》，北京：北京古籍出版社1985年版，第1485页。
③ 杨亮、钟彦飞：《王恽全集汇校》，北京：中华书局2013年版，第3532页。
④ ［元］洪希文：《续轩渠集》，清钦定四库全书本，第16页a。
⑤ ［元］洪希文：《续轩渠集》，清钦定四库全书本，第16页a。
⑥ ［明］宋濂：《元史》卷15《本纪第十五》，北京：中华书局，1976年标点本，第307页。

商旅者，禁之"①。而宫中所用主食则是专门种植的并设特殊渠道进入。至元十七年（1280），"割建康民二万户种稻，岁输酿米三万石，官为运至京师"②。故当时有"辟田收粮，以供内府之用，不为不重"③ 之说。

除漕粮之外，还有白粮和禄米。万历十七年（1589）湖广道御史林道楠言："苏、松、常、嘉、湖五府解纳白粮，额派二十万石有奇。"④ 直到崇祯年间仍保持在 20 万石左右。宪、孝间王恕说："苏、松、常、嘉、湖五府税粮，除起运两京内官监、供用库、光禄寺衙门白熟粳米白熟糯米一十四万三千九百九十余石，每石连加耗脚价盘用……共享糙米四十余万石；苏、松、常三府，又起运两京各衙门并公侯驸马伯禄米二十八万石，连加耗脚价盘用，共享糙米五十余万石。约用运夫二万有余，自备衣粮盘费，又不可以数计。"⑤ 苏、松、常、嘉、湖 5 府，每年都要供应内府，并京师各官吏俸米，谓之白粮；供应两京各衙门并公侯驸马禄米，谓之禄米。

在一定程度上，北京之所以能够成为元大都，在于漕运尤其是海运解决了粮食问题。当然，漕运也挽救不了元朝衰微的趋势，越到后来，漕运越为艰难，运到大都的粮食，日渐减少。元顺帝至正年间（1341—1368），南方爆发了大规模农民起义，大部分粮源被切断，至正十九年（1359），运到大都的漕粮仅 11 万石。至正二十三年（1363），海运全部断绝，"元京饥穷。人相食。遂不能师矣。兼之中原连年旱蝗。野无遗育。人无食。捕蝗为粮"⑥。5 年之后，即至正二十八年（1368），元朝亡。

第二节　饮食的民族和地域特色

元代是统一的多民族国家，在"大都城及周边地区不仅居住着大量蒙古族人口，还有其他多个民族的人口，如藏族人、西夏（唐兀）人、畏兀儿人、吉利吉恩人、哈剌鲁人、康里人、钦察人、阿速人等，民族人口的多样性呈现出空前未

---

① ［明］宋濂：《元史》卷 103《志第五十一》，北京：中华书局，1976 年标点本，第 2625 页。
② ［明］宋濂：《元史》卷 11《本纪第十一》，北京：中华书局，1976 年标点本，第 221 页。
③ ［明］宋濂：《元史》卷 64《志第十六》，北京：中华书局，1976 年标点本，第 1587 页。
④ "中央"研究院历史语言研究所校印：《明实录》卷 56《神宗实录》，北京："中央"研究院历史语言研究所 1963 年版，第 3989 页。
⑤ ［明］陈子龙辑：《明经世文编》卷 39《王端毅公文集》，明崇祯云间平露堂刻本，第 10 页 a。
⑥ ［元］叶子奇：《草木子》卷三上，北京：中华书局，1983 年标点本，第 40 页。

有的局面"①。"若按移入户口的族属划分，则有汉人、蒙古人、色目人、女真人、回族人、阿速人等，这无疑造成了大都人口民族构成的多样性，形成了各民族的杂居共处，加深了各民族人民的交往和联系。"② 契丹、女真、渤海等民族与汉民本已混合而居，大批蒙古人进入后，也与原居民生活在同一城市。各民族的饮食习俗不一，呈现丰富多彩的局面，这是元代大都饮食最有特色的一面。同时，规模空前的少数民族大迁徙，不仅蒙古少数民族民众大量进入中原和江南地区，其他西北地区的少数民族（当时统称为"色目人"）民众也大量迁入，从而在最广泛的范围内展开了民族融合的壮阔进程。而这时的大都城，正是民族大融合的中心，③ 也是民族饮食大融合的中心。

1. 多元形态的民族饮食

蒙古人按照自己的嗜好，以沙漠和草原的特产为原料，制作着自己爱好的菜肴和饮料，他们的主要饮料是马乳，主要食物是羊肉。蒙古族原本的饮食结构比较单调，这从《蒙古秘史》（又称《元朝秘史》，1240 年），南宋赵珙的《蒙鞑备录》（1221），彭大雅、许霆合著的《黑鞑事略》（1232—1236）等书可窥见一斑。

蒙古民族入主中原，北方民族的一些食品，随之传入内地。岭北蒙古地区的风味饮食醍醐、麞沆（zhù hàng）、野驼蹄、鹿唇、驼乳糜、天鹅炙、紫玉浆、元玉浆传入内地后，在元代被誉为"行帐八珍"，又名"行厨八珍"④。醍醐就是牛奶中提炼出来的精华。提炼奶酪时，上层凝结的为酥，酥上带油的为醍醐，味道极其甘美。麞沆就是獐的幼羔。《饮膳正要·兽品》"獐肉"条云："（獐肉）温，主补益五脏。八月至腊月食之，胜羊肉。"獐肉属草原上的高级滋养食品，其幼羔的肉更为鲜美。野驼蹄在草原上非常易得，野驼的蹄子是与熊掌齐名的营养食品。鹿唇不仅指鹿的口唇，还包括犴的口唇，以及鹿尾等均是十分名贵的养生滋补食品。驼乳糜即骆驼奶。《饮膳正要·兽品》"驼乳"条云："（驼乳）性温，味甘。补中益气，壮筋骨，令人不饥。"不仅能补养身体，还可以治病。天鹅炙就是烤天鹅肉，据说烹调法就像后来的北京烤鸭。紫玉浆、元玉浆均为马奶酒或酸马奶的雅称。《饮膳正要·兽品》在论及马乳的治病作用时说："性冷、味甘、止渴、治

---

① 高寿仙：《北京人口史》，北京：中国人民大学出版社 2014 年版，第 497 页。
② 韩光辉：《北京历史人口地理》，北京：北京大学出版社 1996 年版，第 248—249 页。
③ 许辉主编：《北京民族史》，北京：人民出版社 2013 年版，第 174 页。
④ ［元］耶律铸：《双溪醉隐集》卷 6，清钦定四库全书本，第 4 页 b。

热。有三等，一名升坚，一名晃禾儿，一名窗兀。以升坚为上。"

汉族和蒙古族都在不断吸纳对方的特色食品。居于今吐鲁番地区畏兀儿人的茶饭"搠罗脱因"和"葡萄酒"，回回人的食品"秃秃麻食"（手撇面）和"舍儿别"（果子露）；居于阿尔泰山一带的瓦剌人的食品"脑瓦剌"；辽代遗传下来的契丹族食品"炒汤"，以及奶酪和干酪等均传入汉族地区。而汉族南北各地的烧鸭子（今烤鸭）、芙蓉鸡和饺子、包子、面条、馒头等食点，也为蒙古等兄弟民族所喜食。

经契丹、女真等民族入主燕京，致使燕京饮食文化具有浓厚的民族风味。蒙古族将燕京定为大都以后，这里饮食文化的民族特色更加鲜明而又斑斓。蒙古族作为典型的游牧民族，文化形态与农耕民族的冲突集中表现在饮食方面。为了保持本民族的饮食传统，蒙古族入主中原伊始，便采取了一系列限制农耕生产的措施。"汉人无补于国，可悉空其人，以为牧地。"① 初期蒙古族对农业并不重视，"以兵得天下，不籍粮馈，惟资羊马"②，这种畜牧为主的农业发展政策实行了近半个世纪。据《元史·兵志三》载，置立于世祖至元十五年（1278）的枢密院所辖后卫屯田："后以永清等处田亩低下，迁昌平县之太平庄。泰定三年五月，以太平庄乃世祖经行之地，营盘所在，春秋往来，牧放卫士头匹，不宜与汉军立屯，遂罢之，止于旧立屯所，耕作如故。"这是牧地与农地发生冲突，农地给牧地让路的例证之一。

有元一代，燕京民族之众多、居民结构之复杂，是历代王朝所不能比拟的。除蒙古军队南下、大批蒙古人南迁给北京地区带来草原文化外，色目人的大量涌入也极大地影响了大都文化。色目人是元代对西域各族人的统称，也包括当时陆续来到中国的中亚人、西亚人和欧洲人。其文化受伊斯兰教、基督教影响颇深，带有许多西方文化的色彩。由于蒙古军队西征到达欧洲腹地，大批西域人东进，来到漠南平原、中原甚至江南地带。如回回、唐兀、乃蛮、畏兀儿、钦察、哈剌鲁、吐蕃、阿儿浑等民族，都属于当时的色目人，他们的足迹遍布大江南北，元大都更是他们的聚居之地。蒙元时期，仍有一些契丹人、女真人、高丽人迁居今北京地区。至元二年（1265），曾选女直军、高丽军各3000人以补充侍卫亲军，③

---

① ［明］宋濂：《元史》卷146《列传第三十三》，北京：中华书局，1976年标点本，第2455页。
② ［清］毕沅：《续资治通鉴》卷187《世祖》，北京：中华书局，1957年标点本，第5049页。
③ ［明］宋濂：《元史》卷99《志第四十七》，北京：中华书局，1976年标点本，第2523页。

次年又选女直军 2000 人为侍卫军。① 这些宿卫军士分别由女直侍卫亲军万户府、高丽女直汉军万户府等机构管理。② 全国统一后，侍卫亲军的数量仍在增加，军队中开始滋生腐败之风，"酒令为军令，肉阵为军阵"③，饮食奢靡的习气弥漫开来。

　　蒙元"大一统"的形成，不仅促成了蒙古民族的发展壮大，也推进了中华民族形成的历史进程，曾经建立实现中国北部统一王朝的契丹、女真民族，除居住在故地的女真人外，基本和汉族等其他民族融合了，实现局部统一的党项人在经过元朝之后也消失在历史长河中。伴随着这些民族的消失，一些民族，诸如汉族得到了扩充，同时在民族融合中也诞生了一些新的民族，畏兀儿、回回即是在宋辽金元时期的民族大融合中形成的。④ 还有在中国南北方世代居住繁衍的其他少数民族，以及陆续从西域、中亚等地移居燕京的色目人。"到了元代，这里居民的成分构成变化最大，既有漠北草原的大批蒙古族民众南下，又有西域地区的大批色目人东移，还有江南地区的大批'南人'北上，皆汇集到了大都地区。与前者不同的是，在辽金时期，北京地区只是少数民族割据政权的陪都和首都，而到了元代，这里开始变成全国的政治和文化中心。在这个时期，北京地区的风俗有一个共同的特点，也就是少数民族的风俗影响极大，中原汉族民众往往贬称其为'胡俗'。"⑤

　　元代蒙古统治者推行民族歧视政策，许多汉族民众靠向蒙古习俗，甚至都使用了蒙古名字。有清代学者明确指出："元时汉人多有作蒙古名者。如贾塔尔珲（旧名贾塔剌浑）本冀州人。张巴图（旧名张拔都）本平昌人。刘哈喇布哈（旧名刘哈喇不花）本江西人。杨朵尔济（旧名杨朵儿只）及迈里古思，皆宁夏人。崔彧弘州人，而小字拜帖木儿。贾塔尔珲之孙又名六十一。高寅子名塔失不花。皆习蒙古俗也。"⑥ 一时间，蒙古习俗流行开来，"胡俗"风气较之以前各代更为强烈。

　　"胡食"也是"胡俗"的重要方面。每年秋天，皇帝从上都启程回大都那一天，留驻大都的官员们要先后在建德门、丽正门聚会，"设大茶饭，谓之巡城会"，宋末元初的文人陈元靓曾在《事林广记》卷十一《前集》"仪礼类"的《大茶饭

---

① ［明］宋濂：《元史》卷6《本纪第六》，北京：中华书局，1976 年标点本，第105 页。

② ［明］宋濂：《元史》卷99《志第四十七》，北京：中华书局，1976 年标点本，第2523 页。

③ ［元］叶子奇：《草木子》卷三上，北京：中华书局，1983 年标点本，第40 页。

④ 李大龙：《浅议元朝的"四等人"政策》，载《史学集刊》2010 年第2 期。

⑤ 李宝臣主编：《北京风俗史》，北京：人民出版社2008 年版，第276—277 页。

⑥ ［清］赵翼：《廿二史札记》，南京：凤凰出版社2008 年版，第471 页。

仪》中记录了这类官场大饭局的食品，留下了一份当时的食谱："凡大筵席茶饭，……若众官毕集，主人则进前把盏，……凡数十回方可献食。初巡用粉羹，各位一大满碗，主人以两手高捧至面前，安在桌上，再又把盏；次巡或鱼羹，或鸡鹅羊等羹，随主人意，复如前仪；三巡或灌浆馒头，或烧麦，用酸羹……"餐桌上所摆放的尽是"胡食"。

胡食中的肉食，滋味之美，首推"羌煮貊炙"。据《齐民要术》记载，羌煮就是煮鹿头肉，选上好的鹿头煮熟、洗净，将皮肉切成两指大小的块；然后将研碎的猪肉熬成浓汤，加一把葱白和适量姜、橘皮、花椒、盐、醋、豆豉等调好味，将鹿头肉蘸着这肉汤吃。早在汉代，貊炙就有很大的发展，成为当时燕地主要的烹饪方式之一。貊是西北部一个少数民族，所谓"貊炙"，就是将整只牛、羊、猪进行烤炙，众人围坐，各自以刀割食。按《释名·释饮食》，貊炙的记述是烤全羊和全猪之类，吃食各人用刀切割，原本是游牧民族惯常的吃法。《齐民要术》所述烤全猪的做法是，取尚在吃乳的小肥猪，宰杀煺毛洗净，在腹下开小口取出内脏，用茅塞满腹腔，并取柞木棍穿好，用慢火缓烤。一面烤一面转动猪体，使受热均匀，面面俱到。烤时还要反复涂上滤过的清酒，同时还要抹上鲜猪油和洁净麻油。[①] 这是典型的"胡"吃法，煮和烤是游牧民族肉类的两种主要烹饪方式。《后汉书·窦固传》注引《东观汉记》载："羌胡见客，炙肉未熟，人人长跪前割之，血流指间，进之于（窦）固，固辄为咯，不秽贱之，是以爱之如父母也。"这种半生不熟烤炙方式与汉族传统饮食大相径庭。据《太平御览》引《搜神记》卷七曰："羌煮貊炙，翟之食也。自太始以来，中国尚之。"后来羌、貊、翟这些民族逐渐内附，与汉族互相交往、渗透乃至融合，到汉武帝太始（公元前96年）以后，中原地区包括燕地也风行起"羌煮貊炙"的吃法了。

较之契丹和女真等民族，执政的蒙古族的游牧饮食经济特点更为明显。他们吃的是牛羊肉、奶制品，喝的是马、牛、羊乳等，所以南宋使臣彭大雅在他的《黑鞑事略》中写道：蒙古人食肉而不粒。猎而得者，曰兔、曰鹿、曰野彘、曰黄鼠、曰顽羊、曰黄羊、曰野马、曰河源之鱼，地冷可致。[②] 意大利主教加宾尼谈到

---

① 王仁湘：《往古的滋味——中国饮食的历史与文化》，济南：山东画报出版社2006年版，第234页。

② ［宋］彭大雅撰，［宋］许霆疏证：《黑鞑事略笺证》，《蒙古史料校注四种》，清华学校研究院刊本，第6页。又见《内蒙古史志资料选编》（第三辑），1985年，第28页。

蒙古人饮食时说：他们的食物包含一切能吃的东西。因为他们吃狗、狼、狐狸和马。① 元代各民族饮食习俗，同样都以熟食为主，但做法大不相同。蒙古牧民食物中，火燎者十之九，鼎烹者十二三。② 烹饪方式以"烤"为主，以"煮"为铺，有的肉食风干即食。来自中亚、西南亚地区的色目人在元朝的政治体系当中地位仅次于蒙古人而位列次席，他们的饮食文化不同于汉人和蒙古人，在民族饮食文化中占有一席之地。

《饮膳正要》卷一《聚珍异馔》中记录的色目人饮食品类有：秃秃麻食、马思吉汤、沙乞某儿汤、搠罗脱因（畏兀儿茶饭）、羊肉馅馒头、鸡头粉撅粉、炙羊腰、炙羊心等。举炙羊腰、炙羊心为例，做法是：在以玫瑰水浸咱夫兰（回回居住区所产红花，即藏红花，又作"泪夫兰"，古代蒙古族调料）的汁中"入盐少许"，将羊腰子或羊心"于火上炙，将咱夫兰汁徐徐涂之，汁尽为度"。这种以玫瑰水、咱夫兰为调料的食品制作方法显然是受波斯或阿拉伯的影响。还有西夏人的"河西米汤粥""河西肺"等。"回回食品"品种繁多，流行的小吃有"秃秃麻食"，一名"手撇面"等。这些富有特色的"胡食"与燕京汉族烹调食俗形成鲜明对照。

由于民族众多，不同民族的口味都需要得到满足，多元化饮食的格局便成为必然。以主食而言，元代大都地区以稻米为主食者也不少。宫廷中作为一般食品的有乞马粥、汤粥、粱米淡粥、河西米汤粥等。作为食疗的粥就更多了，宫廷内外都有，像猪肾粥、良姜粥、莲子粥、鸡头粥、桃仁粥、麻子粥、荜拨粥等。面食见于宫廷的有春盘面、皂羹面、山药面、挂面、经带面、羊皮面等。见于民间的面条主要有水滑面、托掌面、红丝面、翠缕面、山药面、勾面等。多样化的米和面食可以满足各民族的主食需求。

当时大都人普遍嗜食的"聚八仙"就是不同民族的食材原料综合而成的，是多元饮食文化汇集于一体的标志性菜品。元代佚名所著《居家必用事类全集》记述了"聚八仙"的制作方法："熟鸡为丝衬肠焯过剪为线。如无熟羊肚针丝。熟虾肉熟羊肚胘细切。熟羊舌片切。生菜油盐揉糟姜丝熟笋丝藕丝香菜芫荽蔌堞内。鲙醋浇。或芥辣或蒜酪皆可。"其中最复杂的要数调料中套调料，"鲙醋浇"很是

① 道森编：《出使蒙古记》，北京：中国社会科学出版社1983年版，第17页。
② ［宋］彭大雅撰，［宋］许霆疏证：《黑鞑事略笺证》，《蒙古史料校注四种》，清华学校研究院刊本，第6页。又见《内蒙古史志资料选编》（第三辑），1985年，第28页。

典型。鲙醋的原料："煨葱四茎。姜二两。榆仁酱半盏。椒末二钱。一处擂烂。入酸醋内加盐并糖。拌鲙用之。或减姜半两。加胡椒一钱。"[①] 鲙醋里还有一款"榆仁酱"。"聚八仙"作为一道凉菜，材料却不少，是用熟羊肚、熟羊舌片、熟鸡肉、熟虾肉等各种肉类，都切成细丝，再用油、盐、酒糟、姜丝、熟笋丝、藕丝、香菜等作料和素菜拌在一起用醋浇过，再撒上蒜末而成。"聚八仙"包含了游牧民族和农耕民族的食材，作为一道凉拌菜，本是蒙古族的菜肴，却运用汉族炒菜的诸多佐料，制作方法复杂而又细腻，显示出南方饮食的风味特色。多元形态的大都饮食在这款菜品中得到集中展示，也是当时大都饮食文化多元化的突出显现。

2. 蒙古族的羊肉食品

蒙古族作为游牧民族，他们吃肉喝奶，没有主、副食之分。在汉民族的意识中，最能代表"胡食"饮食文化的莫过于羊肉食品。《饮膳正要》主要记录宫廷饮食，《聚珍异馔》共载 95 方，其中 55 方突出了羊肉的用量，另有 21 方还用了羊的心、肝、肺、肚、肠、髓、脑、头、尾、肋、胫、蹄、皮、肉、血、乳、酪等，共计 76 方与羊品有关，占该类方的 80%。这就说明元代统治者进入中原地区之后，仍然保留着口味上的传统。受宫廷食风的影响，大都及其附近地区都把羊肉当作首选肉食，维持了有元一代。在北方一些地区，羊肉仍很普及，与猪肉平分秋色。《居家必用事类全集》汇总南北饮食，其中介绍肉食时，羊肉便与猪肉参半相列。

元代宫廷宴飨最为隆重的是整羊宴。烤全羊是蒙古族肉食食品之一。据《元史·祭祀志》记载，12 世纪时蒙古人"掘地为坎以燎肉"。到了元朝时期，蒙古人的肉食方法和饮膳都有了很大改进。《饮膳正要》对烤羊肉做了较详细的介绍："柳蒸羊，羊（一口，带毛），右件，于地作炉，三尺深，周回以石，烧令通赤，用铁芭盛羊上，用柳子盖覆，土封，以熟为度。"[②] 在地上挖坑做炉，3 尺深，周围用石块垒砌，在地炉中烧火使石块全都红了。用铁箅子盛羊，放入地炉之中，炉口上用柳条、柳叶盖覆，再用土密封严实。以将地炉中的羊焖烤成熟为限度。这说明不但制作复杂讲究，而且用专门的烤炉。这种做法虽说是蒸，但却不置水，实际上相当于今天的烘全羊。这属于暗火烤制法，即"地炉法"，以"烧令通赤"

---

① ［元］无名氏：《居家必用事类全集》庚集《饮食类》，北京：中国商业出版社 1987 年版，第 87 页。
② ［元］忽思慧：《饮膳正要》卷 1《柳蒸羊》，上海：上海古籍出版社 2014 年版，第 101 页。

的石块导热。地炉可使羊体受热均匀，减少羊肉水分的蒸发，以确保羊肉口感鲜嫩。烤全羊的做法，是把羊宰杀后，整理清洗干净，将整只羊入炉微火熏烤，出炉入炉，反复多次，烤熟后，将金黄熟透的整羊放在大漆盘里，围以彩绸，置一木架上，由二人抬着进入餐厅，向来宾献礼。然后再抬回灶间，厨师手脚利落，解成大块，端上宴席，蘸着椒盐食用。全羊席又称"全羊大筵"（蒙语为"布禾勒"）。"元代宫廷御厨对羊肉的烹饪方法很多，其中最久负盛名的是全羊席，这是元朝宫廷在喜庆宴会和招待尊贵客人时最丰富和最讲究的传统宴席，早已驰名中外。……全羊席是以羊头至羊尾取料制作的，因料的不同而采用不同的烹调方法制作，故形味各异，色香有别，独具一格。"①"全羊席"意味一统、大气和高贵，反映了蒙古族统治者在饮食文化领域的政治追求。

《饮膳正要》卷一《聚珍异馔》，以羊肉为主料和辅料的有 70 余种，约占总数的 80%。该书还提供了"食疗"方子 61 种，其中 12 种与羊肉有关。在《饮膳正要》中，以羊肉为主要原料的名品极多，有炙羊心、炙羊腰、攒羊头、熬羊胸子、带花羊头、羊蜜膏、羊头烩、羊骨粥、羊脊骨羹、白羊肾羹、羊肉羹、枸杞羊肾羹粥等。《饮膳正要》所列元宫 95 种奇珍异馔中，除鲤鱼汤、炒狼汤、攒鸡、炒鹌鹑、盘兔、攒雁、猪头姜豉、马肚盘等约 20 种以外，其他皆用羊肉或羊五脏制成。元代高丽编写的汉语教科书《朴通事》和《老乞大》记载了一些元代大都人们的饮食生活，其中关于肉类的记载多为羊肉，如举办宴会需要购"二十个好肥羊，休买母的，都要羯的"。即便是送生日礼物，也要"到羊市里""（用）五钱银子买一个羊腔子"②。"羊腔子"指的是经过加工去掉头和内脏之后的羊身子。由于羊肉需求量大，大都有专门买卖羊肉的"羊市"。富家子弟起床后，"先吃些醒酒汤，或是些点心，然后打饼熬羊肉，或著羊腰节子吃了时，吃着酪解粥"③。羊肉成为筵席和日常生活中必不可少的佳肴。在有元一代的大都城，不论是宫廷还是民间，用羊肉制成的肴馔的数量远远大于猪肉。这从一个侧面说明，输入燕京的一些蒙古族饮食文化已完全被汉民族所接受，有的还占据了主导地位。较之契丹和女真，蒙古族在饮食文化向南输出方面更加主动和强势，这种强势的重要

---

① 崔世珍:《朴通事谚解》，北京：人民出版社 2012 年版，第 6、121 页。

② 《朴通事谚解》卷上，《奎章阁丛书》本，第 6、121 页。

③ ［韩］郑光主编:《原本老乞大》，北京：外语教学与研究出版社 2002 年影印版，第 34 右—第 34 左。

表征就是开放性和兼容性。

3. 饮食的相互影响

蒙古族在入主中原之前，饮食品种较为简单，有关 13 世纪三四十年代蒙古人的饮食状况，前引南宋使臣彭大雅在《黑鞑事略》中有详述。肉类是当时蒙古人的主食，多出自草原和江河，家畜有牛（许霆补注云："霆住草地一月余，不曾见鞑人杀牛以食。"）、羊、马（不到盛大宴会日不会宰杀马），烹饪方法是以烤为主，以煮为辅，有的甚至直接风干食用。而这种单一的饮食结构在蒙古族入主中原，与汉民族及西域各民族广泛交融之后发生了巨大的变化，而宫廷皇室御膳的变化尤为显著。《饮膳正要》里记录着非常多的来自中原的汉民族农产品。在"米谷品"部分里，介绍了以米、面、豆、麻等为原料的 23 种食品。在"果品"部分里，介绍了 39 种水果食品。在"菜品"部分里，提到了 46 种青菜。在"料物性味"部分里，涉及 28 种佐料。其中除回回作物与河西作物如"回回豆子""回回葱""回回青""回回小油""河西米""马思答吉""咱夫兰""哈昔呢"，还有出自回回田地的"八担仁"和"必思答"等之外，绝大部分作物产自中原汉地。这些米谷品、果品、菜品和物料极大地丰富了蒙古人的饮食结构，与《黑鞑事略》所记"肉而不粒"不可同日而语。

蒙古族的这种肉食习惯进入燕京，必然导致燕京原有饮食文化的变化，即进一步在民族间碰撞的基础上相互影响和吸收。很有意思的一个饮食现象就是，有元一代的燕京，已很少有纯粹少数民族的食品或不受少数民族影响的汉族食品。民族间的相互渗透充斥了当时饮食领域的方方面面。《饮膳正要》所载录的食品，绝大多数都是多种民族风味的结合。譬如，鸡头粉馄饨的做法："羊肉一脚子，卸成事件，草果五个，回回豆子半升，捣碎去皮。右件，同熬成汤，滤净。用羊肉切作馅，下陈皮一钱，去白生姜一钱，细切五味和匀。次用鸡头粉二斤，豆粉一斤，作枕头馄饨，汤内下香粳米一升、回回豆子二合、生姜汁二合、木瓜汁一合，同炒，葱、盐调和匀。"① 这是一种汉族与其他民族食品原料混合而成的宫廷肴馔，因为回回豆子是当时"回回地面"种植的一种豆类。羊肉是回回等民族人民喜爱的食品原料。② 再譬如春盘面，这是汉族传统食品与元代少数民族食品结合而

---

① ［元］忽思慧：《饮膳正要》卷一《聚珍异馔》，北京：人民卫生出版社 1986 年版，第 25—26 页。
② 那木吉拉：《中国元代习俗史》，北京：人民出版社 1994 年版，第 79 页。

成的一种面食。面食中的羊肉、羊肚肺是北方一些游牧民族的重要食品原料，而白面、鸡子、生姜、韭黄、蘑菇等是内地汉族人民的主食、副食原料。并且春盘是古代汉族岁时节物，流行较广。每逢立春日，人们用生菜、水果或其他食品置于盘中为食或相赠。① 大部分食品都是民族风味的"大杂烩"，你中有我，我中有你。

来自西域或草原地区的"胡食"中的主食常常是加羊肉和其他配菜做成的。例如《饮膳正要》中提到一种被称为"搠罗脱因"的"畏兀儿茶饭"，其做法为将白面揉和，按成铜钱的样子，再以羊肉、羊舌、山药、蘑菇、胡萝卜、糟姜等作料，"用好酽肉汤同下炒，葱、醋调和"②。这相当于一种酸葱面片炒羊肉片。有一种回回饭名字叫"秃秃麻食（失）"，意为"手撇面"。据《朴通事》"注释"描述其做法"剂法如滑面；和圆小弹，剂冷水浸手掌，按作小饼儿，下锅蒸熟后，以盘盛。用酥油炒鲜肉，加盐，炒至焦，以酸甜汤拌和，滋味得所。别研蒜泥调酪，任便加减。使竹签签食之"③。这是一种面条类食品，即后来流行于北京的"猫耳朵"。

即便是神圣祭祀礼仪上的祭品，也呈现蒙汉合一的饮食状态。《元史》记述了太庙大祭祀时的"割奠"，这是"国礼"，是蒙古的祭礼。"凡大祭祀，尤贵马湩。将有事，敕太仆寺挏马官，奉尚饮者革囊盛送焉。其马牲既与三牲同登于俎，而割奠之馔，复与笾豆俱设。将奠牲盘酹马湩，则蒙古太祝升诣第一座，呼帝后神讳，以致祭年月日数、牲齐品物，致其祝语。以次诣列室，皆如之。礼毕，则以割奠之余，撒于南棂星门外，名曰抛撒茶饭。盖以国礼行事，尤其所重也。"④ 祭祀饮食蒙古风味浓郁，但这种祭祀活动又被称为"抛撒茶饭"，而非蒙古语称谓"亦捏鲁"（ineru）。此仪式还有一汉化名称，即"烧饭"，史称："每岁，九月内及十二月十六日以后，于烧饭院中，用马一，羊三，马湩，酒醴，红织金币及里

---

① 那木吉拉：《中国元代习俗史》，北京：人民出版社 1994 年版，第 77 页。

② ［元］忽思慧：《饮膳正要》卷一《聚珍异馔》，北京：人民卫生出版社 1986 年版，第 33 页。

③ 《居家必用事类全集》载：秃秃麻食"如水滑面，和小弹剂，冷水渍，手掌按作小薄饼儿，下锅煮熟，捞出过汁，煎炒酸肉，任意食之"（《居家必用事类全集》，邱庞同注释，北京：中国商业出版社 1986 年版）。《饮膳正要》亦载："秃秃麻食系手撇面，补中益气。白面六斤，羊肉一脚子，炒焦肉乞马。用好肉汤下，炒葱调和匀，下蒜酪，香菜末。"见［金］宇文懋昭撰，李西宁点校：《二十五别史·大金国志》，济南：齐鲁书社 2000 年版，第 32 页。

④ ［明］宋濂：《元史》卷 74《志第二十五》，北京：中华书局，1976 年标点本，第 1831 页。

绢各三匹，命蒙古达官一员，偕蒙古巫觋，掘地为坎以燎肉，仍以酒醴、马湩杂烧之。巫觋以国语呼累朝御名而祭焉。"① "烧饭"并非少数民族称谓，而是汉语的意译词汇，最早出自辽朝汉人之口。许多蒙古游牧贵族的传统制度被保存下来，尤其是宗教祭祀仪式。即便如此，具有礼仪规程的仪式仍渗入了汉文化的元素。

有元一代，汉族与少数民族饮食的交融较之以往各朝，都更为深入。之所以如此，一个重要原因在于双方饮食有一共同诉求，就是"医食同源"。《饮膳正要》中列举的"胡食"大都为药膳，并标明了其保健性能。忽思慧显然受到儒家"中和"观念和道教养生思想的影响。

"元代蒙古人的饮茶方式，既接受了汉族的传统方式，又受到藏族的影响，以酥油入茶。"②《饮膳正要》中既有汉族习惯饮用的"清茶"和"香茶"，也记录了以酥油为配方的"兰膏""酥签"，而后世蒙古人所饮之奶茶，与藏族的酥油茶明显有着某种内在的联系。

相对于其他少数民族入主中原的朝代，有元一代的少数民族显得更为强势。就经济方式而言，北方蒙古等游牧狩猎民族习俗影响了内地汉族农业经济。这些影响主要表现在北方游牧狩猎文化与内地农业文化之间的差异及对立上。早在蒙古人建国时期，有些蒙古贵族就欲将中原良田变为牧场，遭到耶律楚材及蒙古大汗的阻止。随着大量蒙古、色目人的移居，北方狩猎习俗也传至内地。从而内地不少地区出现了狩猎民，以及大规模围猎活动。③ 游牧生产方式向燕京农耕地区的渗透，改变了燕京原有的饮食结构，从根本上促成了两种完全不同饮食风格的交合。这种交合不是简单的食品数量的增加，而是不同风味之间的相互渗透。

4. 饮食的主要品种

作为京师大都所在地，与四方经济联系非常密切，农作物品种大有增加。谷类有高苗青、诈张柳、撑破仓、乾饓青、鹅儿黄、红镯脑、八棱、錾子、皮包、贾四、狗见愁、饿杀狗、白糙、毛谷、临熟变、狗虫青、奈风斗、麻熟等。黍类有糯黍、小黍、秫黍。豆类有黑豆、小豆、绿豆、白豆、赤豆、江小豆、豌豆、

---

① ［明］宋濂：《元史》卷77《志第二十七下》，北京：中华书局，1976 年标点本，第 1909 页。

② 陈高华：《元代饮茶习俗》，载《历史研究》1994 年第 1 期，第 102 页。

③ 那木吉拉：《中国元代习俗史》，北京：人民出版社 1994 年版，第 264 页。

板豆、羊眼豆、十八豆等。① 蔬菜有芦菔、猵菁、葱、薤诸种。② 涌现出许多原来中原未见的品种。

（1）集南北主食于一体

"食"分主次，主食最能体现饮食文化的特征。王祯《农书》云："大、小麦，北方所种极广"，"稻谷之美种，江、淮以南，直彻海外，皆宜此稼"③。但由于大量的南方稻米被输送到大都，大都人也把稻米当作不可缺少的主食。大体上，大都仍然保持着中原地区的饮食风味。其一，以粮食作物为主要食品，除米饭、馒头、面条等家常食品外，由饭馆出售者，尚有面糕、黄米枣糕、蒸饼、烧饼、馉饣饼、软酥子饼，以及烧卖等不同品种的食品。其二，大都饭馆中的各种烧炒菜肴，不论是鸡鸭鱼肉，还是各种菜蔬，都用中原地区特有的制作方法进行烹饪，中原风味明显。④

北京自元代成为全国的首都后，北京人的吃粮便和漕运结下了不解之缘。由于畿辅一带所产的粮食有限，历代统治者为了维持首都庞大的官僚机构和军队、市民的吃粮问题，便用"南粮北调"的办法，将江南的大米通过漕运源源不断地运到北京。⑤ 这一举措一直沿袭到明清时期。

主粮的大量输入，一方面说明京畿粮食生产能力不足，另一方面又突破了当地粮食生产的单一性，使得都城的主食品种具有了多样性特征。但从饮食文化的角度而言，这种主食的引入，恰恰是都城饮食文化的显著标志。大一统首都的政治地位延伸至饮食生活世界，饮食生活的优越性也凸显了出来。一般而言，北方面、南方米，主食南北的分界十分明显。自元朝以降，北京的主粮兼具南北，在饮食结构中均衡发展，体现了北京饮食融南北于一体的包容性和丰富性。这是其他城市的饮食文化所不可比拟的。

北京小吃闻名遐迩，是千年都城的一张文化名片和文化标识。"北京小吃可以追溯到公元 14 世纪。据考证，北京小吃中的肉饼、八宝莲子粥，就是从元代宫廷小吃'肉饼儿''莲子粥'逐渐演变而发展起来的。这可以从元朝饮膳太医忽思

① ［清］于敏中等：《日下旧闻考》卷149《物产》，北京：北京古籍出版社，1981年标点本，第2370页。
② ［元］苏天爵辑：《国朝文类》卷31《小圃记》，四部丛刊本，第2页a。
③ 缪启愉、缪桂龙：《农书译注》，济南：齐鲁书社2009年版，第170页。
④ 曹子西主编：《北京通史》第五卷，北京：中华书局1994年版，第398页。
⑤ 袁熹：《北京近百年生活变迁1840—1949》，北京：同心出版社2007年版，第211页。

慧为文宗皇帝提供御膳食谱的《饮膳正要·聚珍异馔》中寻找踪迹。"① 主要有：马思答吉汤、大麦汤、八儿不汤、沙乞某儿汤、苦豆汤、木瓜汤、鹿头汤、松黄汤、粆汤、大麦算子粉、大麦片粉、糯米粉撇粉、河豚羹、阿菜汤、鸡头粉雀舌䭶子、鸡头粉血粉、鸡头粉撇面、鸡头粉馄饨、鸡头粉挦粉、杂羹、荤素羹、珍珠粉、黄汤、三下锅、葵菜羹、瓠子汤、团鱼汤、盏蒸、台苗羹、围像、春盘面、皂羹面、山药面、挂面、经带面、羊皮面、秃秃麻食、细水滑、水龙䭶子、马乞、搠罗脱因、乞马粥、汤粥、粱米淡粥、河西米汤粥、撒速汤、炙羊心、炙羊腰、炒鹌鹑、盘兔、河西肺、姜黄腱子、鼓儿签子、带花羊头、鱼弹儿、派饼儿、盐肠、脑瓦剌、蒲黄瓜齑、攒羊头、细乞思哥、肝生、熬蹄儿、熬羊胸子、红丝、柳蒸羊、仓馒头、鹿奶肪馒头、茄子馒头、剪花馒头、荷莲兜子、黑子儿烧饼、牛奶子烧饼、颇儿必汤、米哈讷关列孙。这些小吃食谱，融合了蒙汉风味，又突显了游牧民族的传统饮食特色，其中羊肉所占的比重比较大。

元代的大节小节，一般都离不开蒸糕。通常在元旦吃黄米糕，俗称年糕，端午吃凉糕，重阳节吃枣糕。熊梦祥《析津志》记载：元大都"正月一日，……人家以黄米为糍糕，馈遗亲戚，岁如常。市利经纪之人，每于诸市角头，以芦苇编夹成屋，铺挂山水、翎毛等画，发卖糖糕、黄米枣糕之类及辣汤、小米团"②。"五月天都庆端午，……进上凉糕。"③ 日常饮食中，糕也被当作主食。在大都食品市场上可以见到各种各样的糕。

元代蒙古人的乳类饮食，是他们所饲养的牛、马、羊、骆驼等家畜的乳类加工的饮食物。元大都居民主食之一的"烧饼"，就是汉族的面食与蒙古族的乳类结合的产物。元代的烧饼跟南北朝的烧饼名称一样，所指的食品却不同了：南北朝时也有叫"烧饼"的面食，那时的烧饼相当于今天的馅饼；元代烧饼是烤、烙的面食。烤的方式有在炉里烤的，有在热灰里煨熟的；烙的方式是在一种圆形平底锅上做熟。炉内打烙的烧饼逐渐成为便捷食品，元人称之为"火烧"。《居家必用事类全集》"庚集·饮食类"介绍烧饼时说，每麦面1斤，加入半两油和1钱炒过的盐，用冷水和面，用木槌压碾，使面有劲。若放在鏊锅上烙熟，饼较硬；如果放入塘火内烤熟，则又脆又香。有元一代，芝麻烧饼不再叫胡饼，叫芝麻烧饼，

---

① 刘勇等：《北京历史文化十五讲》，北京：北京大学出版社 2009 年版，第 278 页。
② ［元］熊梦祥：《析津志辑佚·岁纪》，北京：北京古籍出版社 1983 年版，第 213 页。
③ ［元］熊梦祥：《析津志辑佚·岁纪》，北京：北京古籍出版社 1983 年版，第 219 页。

加黑芝麻的叫"黑芝麻烧饼"。元忽思慧《饮膳正要》中载录了两种烧饼，一曰黑子儿烧饼，一曰牛奶子烧饼。黑子儿烧饼，做法：白面，5斤；牛奶子，2升；酥油，1斤；黑子儿（制作烧饼的一种添加物），1两，微炒。放盐、碱少许同和面做烧饼。牛奶子烧饼做法与上同，只原料中无黑子儿，而以俩微炒茴香代之。①《老乞大》② 是元末明初以当时的北京话为标准音而编写的，专供朝鲜人学汉语的课本。此书上记载，高丽商人到大都经商，路上遇到"汉儿"商人同路，走到距离大都不远的夏店。店主问："客人吃些甚么茶饭？"高丽人回答："我四个人，炒着三十个钱的羊肉，将二十个钱的烧饼来。这汤淡，有盐酱拿些来，我自调和吃。这烧饼，一半儿冷，一半儿热。热的留下着，我吃；这冷的你拿去，炉里热着来。"③ 说明对于旅行者而言，烧饼还是随身带的食品。蒸饼，与烧饼一同，从西域传至中国，亦称"炊饼"。《饮膳正要》中记述了蒸饼的做法："饦饼，经卷儿一同：白面十斤，小油一斤，小椒一两，炒去汗，茴香一两炒。右件隔宿，用酵子盐减温水一同和面。次日入面接肥，再和成面。每斤做二个入笼内蒸。"④ 大都"诸蒸饼者五更早起，以铜锣敲击，时而为之"。"经纪生活匠人等，每至晌午，以蒸饼……为点心。"⑤ 由于蒸饼是一种比较普遍的食品，元杂剧中也多次提及。诸如一个小偷在蒸作铺门前过，拿了他一个蒸饼⑥。一对穷夫妻，想吃"水床上热热的蒸饼"⑦。当时蒸饼市在"大悲阁后"⑧ 可见蒸饼在当时十分流行，从宫廷普及大街小巷。"街市蒸作面糕。诸蒸饼者，五更早起，以铜锣敲击，时而为之。及有以黄米作枣糕者，多至二三升米作一团，徐而切破，秤斤两而卖之。若蒸造者，以长木竿用大木权撑住，于当街悬挂，花馒头为子。小经纪者，以蒲盒就其家市之，上顶于头上，敲木鱼而货之。"⑨ 蒸饼的经营者们用市声来招揽生意，强化了大都民间饮食生活的情趣，也为后世北京吃喝文化的兴盛奠定了基础。

① ［元］忽思慧：《饮膳正要》卷一《聚珍异馔》，北京：人民卫生出版社1986年版，第46页。
② 一般认为，"乞大"即契丹，老乞大即老契丹。这本书专门叙述了高丽商人与辽阳商人结伴到大都经商的经历。
③ 京城帝国大学法文学部：《老乞大谚解》，朝鲜印刷株式会社1944年版，第110页。
④ ［元］忽思慧：《饮膳正要》卷一《聚珍异馔》，北京：人民卫生出版社1986年版，第46页。
⑤ ［元］熊梦祥：《析津志辑佚·风俗》，北京：北京古籍出版社1983年版，第207页。
⑥ ［明］臧晋叔编：《元曲选》，北京：中华书局1958年版，第1130页。
⑦ ［明］臧晋叔编：《元曲选》，北京：中华书局1958年版，第1130页。
⑧ ［元］熊梦祥：《析津志辑佚·城池街市》，北京：北京古籍出版社1983年版，第6页。
⑨ ［元］熊梦祥：《析津志辑佚·风俗》，北京：北京古籍出版社1983年版，第207页。

《饮膳正要》还提供了另一种主食:仓馒头、鹿奶肪馒头、茄子馒头、剪花馒头等几种馒头。它们都是以蒙古族所嗜之羊肉为馅,以汉族的面为皮。这是蒙古族和汉族两种最主要主食融为一体的典范。仓馒头,切细羊肉、羊脂、葱、生姜、陈皮等原料与盐酱等调料拌和成馅;鹿奶肪馒头主要以鹿奶肪、羊尾子为原料,切细成馅;茄子馒头以羊肉、羊脂、羊尾子和嫩茄子为馅。上述 3 种馒头调馅法相同,皆亦白面做皮。剪花馒头做馅的原料为羊肉、羊脂、羊尾子、葱、陈皮,做馅法也同于上述。但把馒头包好后,用剪子把馒头剪雕成各种花样,并以胭脂染花,蒸熟食用。① 元人制作包馅面食之前,往往先调馅,馒头使用的馅多用羊肉和猪肉。肉馅缕切,调入葱、笋、姜、椒等调料,即成生馅;如果把馅炒熟,则成熟馅。当时流行的平坐小馒头、燃尖馒头、卧馒头、仓馒头、剪花馒头,都包生馅;而龟莲馒头、荷花馒头、葵花馒头则要包熟馅。

《饮膳正要》卷一《聚珍异馔》中还记载了天花包子、藤花包子等主食,其做馅原料与上述馒头无异。做法:把做馅原料细切之后,与盐、酱等调料拌和做馅,用白面做薄皮蒸熟而食。看来元时的馒头和包子的差别在于皮的厚薄和形状的不同。荷莲兜子,亦与天花包子相似的食品。其做馅原料:羊肉、羊尾子、鸡头仁、松黄、八檐仁、蘑菇、杏泥、胡桃仁、必思答仁、胭脂、栀子、小油、生姜、豆粉、山药、鸡子、羊肚肺、苦肠、葱、醋、芫荽叶。制法:馅与盐酱等五味调和拌匀,用豆粉皮包之,入小饭碗内蒸熟。熟后拿出,上浇松黄汁。荷莲兜子,形状像莲瓣包子,故名。上述几种馒头都以羊肉、羊脂为馅,以面粉或豆粉为皮,表现了北方游牧民族食物的风俗。

米粥一直为蒙古族所喜食,元人又称之水饭。元时蒙古人虽然很少吃干饭,但早餐须有稀粥。此等饮食习惯随着蒙古统治者进入元宫廷,并在大都民间流行。《析津志》说大都的一些工匠,早晚两顿吃水饭,中午才买饼充饥,这种一日三餐有两粥的主食模式,当时已十分普遍。尽管粥是最简易的米食方式,但元人仍百般创新,使花样粥品层出不穷,就是富贵之家也要烹煮粥食。《饮膳正要》一书中,很少见干饭、焖饭等文字,而载列了大量的粥谱,将其按功效分类,用作保健食品和食疗粥品。该书中有乞马粥、汤粥、粱米淡粥、河西米汤粥、生地黄粥、荜拨粥、良姜粥、鸡头粥、桃仁粥、萝卜粥、小麦粥、荆芥粥、麻子粥等近 20 种

① [元] 忽思慧:《饮膳正要》卷一《聚珍异馔》,北京:人民卫生出版社 1986 年版,第 42—44 页。

粥饭。乞马粥、河西米汤粥，系与当时回回等民族的饮食习俗有关，而汤粥、粱米淡粥是当时汉族民间粥类无疑，其原料单一，做法简单。羊骨粥之类十几种粥饭则是宫廷高级营养佳肴。其原料，除各种米之外，有羊骨、猪肾、羊肾及枸杞、山药、桃仁等天然补品。所以忽思慧把这些稀粥列于"食疗诸病"之属。① 元朝人把加入菜料的粥称为"糜"。元朝舒颋《贞素斋集》卷五《田家》诗有云："庞眉老翁抱孙嬉，人惊犬吠鸡过篱。曲屈枝悬树架豆，榾柮火熟瓶煮糜。"吟咏的正是用作保健食品和食疗的粥品。

至今还十分流行的一些小吃、名点都起源于元代，最为有名的应是烧卖，又作"烧麦""稍梅""烧梅"等。有关烧卖最早的史料记载，在 14 世纪高丽（今朝鲜）出版的汉语教科书《朴事通》上，指出元大都出售"素酸馅稍麦"。该书关于"稍麦"注说是以麦面做成薄片包肉蒸熟，与汤食之，方言谓之"稍麦"。"麦"亦作"卖"。又云："皮薄肉实切碎肉，当顶撮细似线稍系，故曰稍麦。""以面作皮，以肉为馅，当顶做花蕊，方言谓之烧卖。"② 如果把这里"稍麦"的制法和今天的烧卖做一番比较，可知两者是同一样东西。只不过现在的烧卖多为素馅，而元代的"以肉为馅"，说明当时的烧卖同样是两种不同饮食文化融合的产物。

主食状况代表了温饱的水平。尽管元朝粮食来源比较畅通，但并不表明大都一般平民也都过上了富庶的日子。元代学者熊梦祥晚年隐居在北京门头沟的斋堂，曾详细记载了当时大都平民的饮食状况，"都中经纪生活匠人等，每至晌午以蒸饼、烧饼、镟饼、软粃子饼之类为点心。早晚多便水饭。人家多用木匙，少使箸，仍以大乌盆木杓就地分坐而共食之。菜则生葱、韭蒜、酱、干盐之属。"③ 说明大都民间饮食仍是粗茶淡饭，而且早晚两餐皆食粥。面食是大都市民的日常食品，面粉制作成各种饼类，蒸、烧各种熟食方式都有。这些都为此后北京小吃的发展奠定了基础。

需要强调的是，饮食文化的书写总是倾向于富庶或发达的一面，而作为一座城市饮食文化的整体而言，那些饥寒交迫的饮食状态则往往被忽视。其实，每个封建王朝底层社会的饮食生活都存在程度不同的饥饿现象，元朝也不例外。至正

① 那木吉拉：《中国元代习俗史》，北京：人民出版社 1994 年版，第 86—87 页。
② 王仁兴：《中国饮食谈古》，北京：中国轻工业出版社 1985 年版，第 59 页。
③ ［元］熊梦祥：《析津志辑佚·风俗》，北京：北京古籍出版社 1983 年版，第 207 页。

十四年（1354），"京师大饥，加以疫疠，民有父子相食者"①；"至正十八年（1358），京师大饥疫，……至二十年（1360）四月，前后埋（葬死）者二十万"②。这是极端的饮食现象，尽管不能代表一个朝代的饮食文化，但也是当时饮食现象的另一方面。说明在任何一个时期，饮食文化发展不平衡的客观存在性，即便是对帝都饮食文化的认识也应持全面、公正的态度。

（2）汇集中外的副食结构

大都的副食来源，立足于当地，依靠中原，引入西亚和中亚的品种，形成了较为完善的副食结构。

《析津志辑佚·物产》记载了"右家园种莳之蔬"的品种，主要有：壮菜（升麻，味最苦最香，甜为上）、蕨菜（甘则味愈佳）、解葱（如玉簪叶，味香。一如葱，食之解诸毒）、山韭（与园韭同）、山薤（与家种同）、黄连芽（以水煮过）、木兰芽（汤渫过）、芍药芽、青虹芽、洒花芽、灰条（紫白叶圆者）、紫团参（味如山药，即鸡儿花）、槐、柳、椿、梨芽、山药（石缝中生者尤佳）、沙参（浅土生）、皮袴脚（叶皱而味甜）、马齿苋（治痔）、黄雀花、楠蒜（野蒜，甚广）、榆古路钱、刺榆仁、七击菜、段木芽、赤子儿、重奴儿、芃科、豆芽、带三、络英、唐菰英、山石榆、黄必苗（七月有）、养术苗、莺雀儿（黄花，生英作角儿）、人杏（如杏，叶长而大）、山蔓青、春不老（长十八也）、甘露（若地蚕也）、白皮（味如鼠耳草，香甘，作米食必用之，与粉相使）、苦马里（甜、苦二等，丰州虚内胜胜极多）、沙芥、地椒（朔北、上京、西京等处皆有之）、白菜③、山葱、戏马菜。④ 蒙古人原本不吃蔬菜，进入中原以后，也逐渐适应了菜食。有一部分属于不是种植的野草，甚至包括槐、柳、梨树的芽，可谓能吃者尽吃，并非尝鲜，纯粹是为了充饥。大都城内的皇亲国戚，副食仍以肉食为主，平民百姓以蔬菜为主，形成了鲜明对比。这种差异一方面是饮食习惯所致，另一方面也表现出上层与下层饮食水平的高低。从这些菜名可以看出，元大都的菜蔬种

---

① ［明］宋濂：《元史》卷43《本纪第四十三》，北京：中华书局，1976年标点本，第907页。

② ［明］宋濂：《元史》卷204《列传第九十一》，北京：中华书局，1976年标点本，第4549页。

③ ［明］李时珍曰：白菜，"燕赵、辽阳、扬州所种者，最肥大而厚，一本有重十余斤者。……燕京圃人又以马粪入窖壅培，不见风日，长出苗叶，皆嫩黄色，脆美无滓，谓之黄芽菜。豪贵以为嘉品。盖亦仿韭黄之法也……其菜作菹食尤良，不宜蒸晒"。（［明］李时珍：《本草纲目》菜部卷二十六《菘》，北京：人民卫生出版社1982年版，点校本下册，第1605页。）

④ ［元］熊梦祥：《析津志辑佚·物产》，北京：北京古籍出版社1983年版，第225—226页。

类繁多，汇集南北，也是多民族融合起来的。

瓜果菜蔬按季节上市，而以 6 月份上市的品种为多，极大地满足了市民尝"鲜"的口味要求。"六月进肴蔬果。京都六月内，月日不等，进桃、李、瓜、莲，俱用红油漆木架。蔬菜、茄、匏瓠、青瓜、西瓜、甜瓜、葡萄、核桃等，凡果菜新熟者，次第而进。"① 这些瓜果菜蔬都为大都境内种植，成为大都市民日常饮食的主体对象。

要了解大都饮食的全面状况，可以考察祭祀期间的祭品和饮食品种，其代表了当时最高也是最丰富的饮食文化水平和现象。以"太庙荐新"为例："每月一荐新；以家国礼。喝盏乐，作粉羹馒头、割肉散饭，荐时果、蔬韭、天鹅、驾鹅。初献，勋旧大臣怯薛完真。亚献，集贤大学士或祭酒。终献，太常院使。并用法服，宫闱令启后神龛。大案上果：菱米、核桃肉、鸡头肉、榛子仁、栗仁；菜：笋、蔓青、芹菹、韭黄、芦菔；神厨御饭不等。见下月，酥酪、鲔鱼。牺牲局养喂牛马以供祭祀，苑中取鹿。又西山猎户供祭祀野兽，后位下，牲羊和易于市。藉田署，取米以供粢盛，（贵山、晋山）取水光禄寺。柱把酒、霄州蒲萄酒、马妳子。"② 祭品不仅有荤的，也有素的，既有珍禽，也有菜蔬，汉族与少数民族的应有尽有。说明大都的饮食生活水平较之前代已大大提升了。

在元代，大量西亚与中亚人到我国各地定居，为汉地带来了许多新奇的食物、料物，丰富了我国本土食品种类。其中，从西亚传入中国的蔬菜有回回豆子、赤根、莙荙、胡萝卜、回回葱等菜，完善了大都的饮食结构。赤根也就是菠菜，《饮膳正要》中也称其为波薐，原本是波斯人在两千多年前栽培的，所以也被称作"波斯菜"。莙荙菜也就是甜菜，忽思慧记载其"味甘，寒，无毒。调中下气，去头风，利五脏"③。甜菜于唐时传入中国，元代被人们广泛食用。胡萝卜被忽思慧记载道："味甘，平，无毒。除面目黄，强志清神，利五脏。"④ 豌豆，又名麦豆、雪豆、毕豆、寒豆、国豆，原产于西亚、地中海地区，汉代时输入，但元初才开始有吃豌豆嫩荚（即食荚豌豆）的记载。《饮膳正要》卷三中共列出了 46 种菜品，其中外来菜品达 10 种之多。北京的传统菜蔬品种为数并不多，这些外来菜品

---

① ［元］熊梦祥：《析津志辑佚·风俗》，北京：北京古籍出版社 1983 年版，第 204 页。
② ［元］熊梦祥：《析津志辑佚·岁纪》，北京：北京古籍出版社 1983 年版，第 213—214 页。
③ ［元］忽思慧：《饮膳正要》卷三（四部丛刊续编），上海：上海书店影印版 1984 年版，第 50 页。
④ ［元］忽思慧：《饮膳正要》卷三（四部丛刊续编），上海：上海书店影印版 1984 年版，第 45 页。

的传入，极大地增加了大都人餐桌上的菜蔬分量，有利于与肉食的搭配。

元代以前，京城上层社会烹饪的佐料屈指可数，外来的佐料提升了大都烹饪的水平。在《饮膳正要》卷一《聚珍异馔》中位于食谱首位的是马思答吉汤，是用马思答吉、草果、官桂等物来煮羊肉，将其一同熬成汤，下入回回豆子、香粳米等入食馔用，具有祛腥、提香、顺气、补益之功效。马思答吉"味苦香，无毒。去邪恶气，温中利膈，顺气止痛，生津解渴，令人口香。生回回地面，云是极香种类"①。《本草纲目·菜部》"莳萝条"附马思答吉："元时饮膳用之，云极香料也，不知何状，故附之。"马思答吉是舶来品，它就是来自阿拉伯世界的香料，以前并不为众人所知，在大都上层的餐饮中颇为流行。

饮料也可视为副食之一种。西亚的饮料在中原地区也流行起来，其中最具有代表性的就是各种舍儿别。舍儿别又名舍里别、舍利别等，是波斯语，意为解渴水。舍儿别是以各种水果为原料，添加水或添加蜜进行熬煮，除去残渣之后冷却而成的一种饮料，类似于今天的果子露。在《饮膳正要》中，忽思慧记载了13种舍儿别，分别是木瓜煎、紫苏煎、小石榴煎、金橘煎、桃煎、香圆煎、株子煎、樱桃煎、石榴煎、地仙煎、金髓煎、黑牛髓煎、五味子舍儿别。这些阿拉伯地区传统的果汁饮料成为大都上层社会十分喜爱的饮品。

5. 节日饮食消费

节日期间的饮食商业活动更加旺盛，正月从初一到十五，大明门（现天安门广场南端）左右，每天有市，称朝前市。东华门外，每年灯节十天有市，称灯市。东华门内，每月三天有市，称内市。正阳桥昃市（黄昏市），称穷汉市。城隍庙每月初一、十五、二十五有市，称庙市。② 集市上，各种应节食品琳琅满目。大都城内车水马龙，茶坊、酒肆，各种食材交易好不热闹。"市利经纪之人，每于诸市角头，以芦苇编夹成屋，铺挂山水、翎毛等画，发卖糖糕、黄米枣糕之类及辣汤、小米团。又于草屋外悬挂琉璃蒲萄灯、奇巧纸灯、谐谑灯与烟火爆杖之属。"③

据《元史》和《析津志辑佚·风俗》等文献记载，元代每年按季节排序的节日和流行的饮食商业习俗有：

正月初一庆元节，即新年。这是汉、蒙都过的节日，只是汉人以红色为喜庆，

---

① ［元］忽思慧：《饮膳正要》卷三《四部丛刊续编》，上海：上海书店影印版1984年版，第58页。

② ［清］于敏中等：《日下旧闻考》卷146《风俗》，北京：北京古籍出版社，1981年标点本，第2338页。

③ ［元］熊梦祥：《析津志辑佚·岁纪》，北京：北京古籍出版社1983年版，第213页。

而蒙古人以白色为吉祥。除隆重的受朝仪式和盛大的宴会外，私人的拜年活动亦是重要民俗。京官们以各种庆贺岁礼，礼尚往来，互置酒宴。百姓们则多以黄米年糕作为家常礼品馈赠亲友。大都城内各种集市车水马龙，茶坊、酒肆，各种杂货交易好不热闹。

正月十五仁元节，届时，大都丽正门外有一棵被忽必烈封为独树将军的大树，树四周游人如织，城中商人也乘机而至，"发卖诸般米甜食、饼馈、枣面糕之属，酒肉茶汤无不精备"①。

《析津志辑佚》云："三月二十八日乃岳帝王生辰，自二月起，倾城士庶官员、诸色妇人，酬还、步拜与烧香者不绝，尤莫盛于是三日。道途买卖，诸般花果、饼食、酒饭、香纸填塞街道，亦盛会也。"② 庙会期间是饮食消费最为旺盛的时候，尤其是东岳庙位于通州入京的通道上，庙会聚集了饮食消费相对固定的庞大群体。"每岁自三月起，烧香者不绝，至三月烧香酬福者，日盛一日，比及廿日以后，道涂男人□□赛愿者填塞。廿八日，齐化门内外居民，咸以水流道以迎御香。香自东华门降，遣官函香迎入庙庭，道众乡老甚盛。是日，沿道有诸色妇人，服男子衣，酬步拜，多是年少艳妇。前有二妇人以手帕相牵阑道，以手捧窑炉或捧茶、酒、渴水之类，男子占煞。都城北，数日，诸般小买卖、花朵、小儿戏剧之物，比次填道。妇人女子牵挽孩童，以为赛愿之荣。道旁盲瞽老弱列坐，诸般揖丐不一。沿街又有摊地凳盘卖香纸者，不以数计。显官与怯薛官人，行香甚众，车马填街，最为盛都。"③ 齐化门即今朝阳门，是后来漕粮入京之门户，大多粮仓也集中在朝阳门。香火和饮食交易共同促进了这一带的繁盛。

6月正值盛夏，"剖甘瓜，点嫩茶"④，避暑和吃新鲜瓜果成为该月生活的主要内容。届时农家、小贩必送各种新鲜果菜进城，市民可以购买各种瓜果菜蔬。

中秋夜，"饮玉卮，满酌不须辞"⑤。大都城内，"市中设瓜果、香水梨、银丝枣、大小枣、栗、御黄子、苹果、奈子、红果子、松子、榛子诸般时果发卖"⑥。此时距圣驾回都日近，商家刻日计程迎驾，买卖日兴，喜色渐添。

① ［元］熊梦祥：《析津志辑佚》，北京：北京古籍出版社1983年版，第213页。

② ［元］熊梦祥：《析津志辑佚》，北京：北京古籍出版社2001年版，第117页。

③ ［元］熊梦祥：《析津志辑佚·祠庙仪祭》，北京：北京古籍出版社2001年版，第54—55页。

④ 徐征等编：《全元曲》第12卷，石家庄：河北教育出版社1998年版，第8850页。

⑤ 徐征等编：《全元曲》第12卷，石家庄：河北教育出版社1998年版，第8791页。

⑥ ［元］熊梦祥：《析津志辑佚·岁纪》，北京：北京古籍出版社2001年版，第218页。

九月九日重阳节，又称"菊节"，汉族流行登高赏菊、看红叶和饮菊酒、馈赠面糕等习俗。大都居民，在这一天往还燕礼，以面糕相互馈赠。商人或做席棚出售食品，或以小扛车沿街叫卖面糕等。

就节日饮食文化而言，皇宫与市井并无多大区别，形制基本依照汉制。由于官办的贡品都是精细的极品，而且量大，所以费用惊人。特别是蒙元统治者继承了奴隶主强烈的占有欲和奢靡习惯。仅以礼部筹办端午节之事就可略见一斑：节前3日开始置办御膳及凉糕、角黍等食品。还有典饮局需准备的光禄寺酒、凉糕、蜜枣糕、江米粽、金桃、御黄子、藕、凉瓜、西瓜等都是精挑细选，并年年如此。此节的各项进呈所费白银五千余锭。同时端午节时三公宰辅、省院台等处也都有宫扇、拂尘、彩索、凉糕等礼治。太庙中进献的祭品也很丰富，果类有桃、李、御黄子、甜瓜、西瓜、藕等，蔬菜类有茄、韭、葱、玉瓜、胎心菜、苦菜等。神位前还有凉糕、香枣糕、江米粽、扇子、拂尘、各种绦索等，亦如进贡的仪式。[①]

第三节　宫廷饮食文化

论及元代的宫廷饮食，不能不提到前文反复出现的《饮膳正要》，作者忽思慧（《四库全书》中称其为和斯辉）是元廷蒙古族饮膳太医，其成书并进呈朝廷是在元代天历三年（1330）。该书共3卷，主要是从养生、食疗、饮食禁忌等方面记述元宫廷饮食，具有鲜明的时代和民族特色。张元济曾为此书再度出版所写的跋语中说："其书详于育婴妊娠饮膳卫生食性宜忌诸端，虽未合于医学真理，然可考见元人之俗。"[②]

1. 宫廷饮食礼仪

较之前代，元代宫廷饮食文化得到飞速发展，宫廷饮食礼仪演进得更加完备，有关饮食生活的礼仪制度也日益繁复了。元人王恽说："国朝大事，曰征伐、曰搜狩、曰宴飨，三者而已。"[③] 三件大事中，用兵打仗终究会结束，围猎需要合适的环境和季节，唯有宴饮可以是常态的，并成为朝会后例行的头等大事。元朝制度，"国有朝会、庆典，宗王、大臣来朝，岁时行幸，皆有燕飨之礼"[④]。元初，宴会

① ［元］熊梦祥：《析津志辑佚·岁纪》，北京：北京古籍出版社2001年版，第218—219页。
② ［元］忽思慧：《饮膳正要》，上海：上海古籍出版社1990年版，第323页。
③ 杨亮、钟彦飞：《王恽全集汇校》，北京：中华书局2013年版，第1554页。
④ ［元］苏天爵辑：《国朝文类》卷41《礼典总序》，四部丛刊本，第2页b。

按蒙古族旧俗，游牧习气浓郁，并不遵守礼仪，可以随意行走，狂饮放歌，毫无禁忌，有人甚至酗酒斗殴。但后来，逐步制定了有关的仪式，分出尊卑等级，各就各位，并专有殿中侍御史负责维持秩序。但因为一来参加宴会的人特别多（一般都有数千人），二来宴会中有教坊司所掌管的舞人乐工助兴，三来宴会中酒、肉供应非常充足，再加上时有杂耍百戏及珍奇禽兽展览，故而气氛异常热烈。① "御膳必须精制，所职何人，所用何物。进酒之时必用沉香木、沙金、水晶等盏，斟酌适中。执事务合称职，每日所用，标注于历，以验后效。"② 宫廷宴饮礼节讲究、烦琐了起来。

"虽矢庙谟，定国论，亦在于樽俎餍饮之际。"③ 神御殿是元朝统治者祭祀祖先的场所，祭祀太庙及神御殿的祭品，有马、牛、羊、豕、时鲜果品，以及狩猎所获天鹅、野猎、麋鹿等禽兽，十分丰盛。④ 不论民族饮食发生多大的变化，祭品是最能体现传统习惯的，最为祖先所嗜好的；或者说在所有的饮食礼仪中，祭祀礼仪的饮食叙事应该是最有民族特色的，即最正统的。

元朝政府的目的是通过这种锡赉燕飨的方式达到"以睦宗戚，以亲大臣，以裸宾客，天下既定"⑤ 的效果。因此，举凡新帝登基、册立皇后、储君，以及新岁正旦、皇帝寿诞、祭祀、春蒐、秋狝、诸王朝会等活动，都要在宫殿里大摆筵席，招待宗室、贵戚、大臣、近侍人等，足见元代帝王对国宴之重视。"在元代的宫廷生活中，有三件大事，即大宴会、大狩猎和大祭祀。元朝统治者组织的大宴会，又称'诈马筵'，并不仅仅是为了吃肉喝酒，热闹一下，而是有许多重要的事情在这里办。"⑥ 美酒佳肴，痛饮狂欢，超越了单纯的饮食行为，成为仪式化国事场合。在大多数的情况下，统治者还对与会者赐以大量钱财。在大吃大喝之时，权贵们对一些军政要务发表看法，交换意见。许多重要的事情，就是在这种大宴会席上做出决定的。显然，这种大宴会，正是蒙古族古老的家族共同占有财产观念的表现形式之一，蒙古民族的政治和军事观念在豪爽的饮食习俗中宣泄

---

① 曹子西主编：《北京通史》第五卷，北京：中国书店 1994 年版，第 132 页。
② ［元］忽思慧：《饮膳正要》，上海：上海古籍出版社 2014 年版，第 2 页。
③ 杨亮、钟彦飞：《王恽全集汇校》，北京：中华书局 2013 年版，第 3532 页。
④ 曹子西主编：《北京通史》第五卷，北京：中国书店 1994 年版，第 51 页。
⑤ ［元］苏天爵辑：《国朝文类》卷 41《礼典总序》，四部丛刊本，第 2 页 b。
⑥ 王建伟主编：《北京文化史》，北京：人民出版社 2014 年版，第 70 页。

了出来。①

元代蒙古族举办宴会时常常伴以歌舞乐曲。宴会初始"酋首将入，凡虏家家长即寨毡帷纳之正中，藉毡而坐，家长以下无男女以次长跪进酒为寿（酒盛以瓢，刳木为之者）无贵贱皆传饮，至醉，或吹胡笳，或弹琵琶，或说彼中兴废，或顿足起舞，或亢音高歌以为乐。当其可喜也，则解颐抵掌，笑言喧嚣；当其可悲也，则涕洟流漫，百感凄恻。比之所谓，陈金石，布丝竹，钟鼓铿鏓，管弦晔煜，虽相悬绝，亦自乐也"②。歌舞侑食是蒙古筵席的一大特色。另外，皇帝出师时亦会举办盛大的礼乐宴会，凡"国王出师，亦以女乐随行，率十七八美女，极慧黠。多以十四弦等弹大官乐等曲，拍手为节甚低，其舞甚异。……我使人相辞之日，国王戒伴使曰：凡我好城子多住几日，有酒与吃，好茶饭与吃，好笛儿、鼓儿吹着、打着"。③ 在宴会上大家饮酒作乐，"边痛饮，边商讨国事"。④ 美乐、美食及国事在同一时空中进行。穷奢极侈的享乐是促进元宫宴飨的根本动力。原本蒙古族具有珍惜食物的美德，因为在草原上，食物来之不易。"对于他们来说，浪费饮料、食物是一大罪孽。所以，在吸尽骨头中的骨髓之前，他们绝不会把骨头抛给狗啃。"⑤ 建立元大都之后，他们一概抛弃了节俭的传统，在饮食方面日益奢侈腐化。另外，统治者以宴飨作为进行政治活动的场合，通过宴飨手段巩固其统治。

元代蒙古皇室"奄有四海"，各民族之间文化交流得到了很大的发展，各地的"珍味奇品咸萃于内府"。作为元朝古都，各地进贡的贡品丰富多彩。交通四通八达，各地物产源源不断进入北京，这些都为宫廷菜的形成和发展提供了丰富的物质基础。

《元史》云："元之有国，肇兴朔漠，朝会燕飨之礼，多从本俗。"⑥ "显然，元初宫廷乐舞以蒙古族音乐舞蹈为主体，沿袭着本民族的风俗及艺术传统。元代宴飨习俗，大体分为宫廷、贵族府邸、民间宴会三大类型。但无论哪一种宴会，

---

① 吴建雍等：《北京城市生活史》，北京：开明出版社 1997 年版，第 129 页。
② ［明］岷峨山人：《内蒙古史志资料选编（译语部分）》，内蒙古地方志编撰委员会总编室编印，1985 年版，第 101 页。
③ ［宋］孟珙：《蒙鞑备录》，北京：中华书局 1985 年版，第 7—8 页。
④ ［伊朗］志费尼著，何高济译：《世界征服者史》（上册），呼和浩特：内蒙古人民出版社 1980 年版，第 217 页。
⑤ 耿昇、何高济译：《柏朗嘉宾蒙古行纪》，北京：中华书局 2013 年版，第 35 页。
⑥ ［明］宋濂：《元史》卷 67《志第十八》，北京：中华书局，1976 年标点本，第 1664 页。

形式都发展得更加完美，规格更加宏大，艺术上更具综合性和娱乐性。"① 陶宗仪《辍耕录》记元代宫廷饮食云："天子凡宴飨，一人执酒觞，立于右阶，一人执柏板，立于左阶。执板者抑扬其声曰'翰脱'②，执觞者如其声和之曰'打弼'③。则执板者节一拍，从而王侯卿相合坐者坐，合立者立。于是，众乐皆作，然后进酒诣上前，上饮毕，授觞，众乐皆止，别奏曲以饮陪位之官，谓之'喝盏'。"④ "喝盏"乃金朝旧礼，元沿袭。"喝盏"是宫廷宴飨的重要礼节，此类"喝盏"仪式中，歌、舞、乐并举，但因资料匮乏，当时蒙古宫廷"喝盏"的具体表演形式今已不得而知了。另外，蒙古汗国宫廷宴飨活动中，还有一类宴饮者之间自发的自娱性歌舞。法国人鲁布鲁克曾将拔都宫廷中的宴饮活动情况记录了下来："当他们要为某人举行盛宴款待时，一人就拿着盛满的酒杯，另两个分别站在他的左右，这三人如此这般向那个被敬酒的人又唱又跳，他们都在他（拔都）面前歌舞。他边喝酒，他们边唱歌拍手和踏足。"⑤ 蒙古族能歌善舞，在酒桌上把这一特长发挥到极致。以歌舞助酒兴是宫廷宴饮的一大特点，也是蒙古族饮食风情。

由于生活的日益奢华，除了一天的正餐以外，饭前饭后又有点心。《老乞大集览》"点心"条云：陶宗仪《南村辍耕录》中有"今以早饭前及饭后，午后，哺前小食为点心"的记述。⑥ 即便是赏灯，也离不开美味点心的辅佐。正月十五这一天，宣徽院、资政院、中政院、詹事院等宫廷机构"常办进上灯烛、糕面、甜食之类，自有故典"⑦。大都丽正门外有一棵大树，忽必烈封它为"独树将军"，每年元正、上元时，树身上均悬挂诸色花灯，"树旁诸市人数，发卖诸般米甜食、饼庶、枣面糕之属，酒肉茶汤无不精备，游人至此忘返"⑧。不仅一日三餐，三餐之间还可补充小食，即点心。而点心的制作与经营也步入常态化的轨道，满足了宫廷内外日益增长的饮食需求。

"诈马宴"是规模最大，花费也是最多的宴飨，在《元史》中不少处也叫作

---

① 崔玲玲：《蒙古族古代宴飨习俗与宴歌发展轨迹》，载《中国音乐学》2002 年第 3 期。
② 翰脱（Ortog，源自突厥语 Ortaq）：一意为伙伴、商人，二意为蒙元时经营高利贷商业的官吏；现代蒙语意为价值、价格。
③ 打弼：元代蒙古人方言，是一种音乐的和声。
④ ［元］陶宗仪：《南村辍耕录》卷 21《喝盏》，北京：中华书局 1980 年版，第 262 页。
⑤ ［法］鲁布鲁克著，耿昇、何高济译：《鲁布鲁克东行纪》，北京：中华书局 1985 年版，第 212 页。
⑥ ［韩］郑光主编：《原本老乞大》，北京：外语教学与研究出版社 2002 年版，第 394 页。
⑦ ［元］熊梦祥：《析津志辑佚》，北京：北京古籍出版社 1983 年版，第 213 页。
⑧ ［元］熊梦祥：《析津志辑佚》，北京：北京古籍出版社 1983 年版，第 213 页。

质孙宴、只孙宴、诈马筵、奢马宴、济逊宴等。[①] 质孙（Jisun，只孙）是蒙古语"颜色"的音译，或更准确地说，指色调，或泛指色彩。出席这种宫廷大宴的人，都要穿戴可汗御赐的依据不同品级所设计的衣服，而卫士、乐工、歌工又穿着完全不同颜色的衣服，显得五彩缤纷。元朝皇帝每年在大都，凡遇节日庆典和大喜事件都要大摆筵席。出席这种内廷大宴的人，都需穿着皇帝赐予的贵重服装。宴会上，从皇帝到卫士、乐工，预宴者的服装都是同样的颜色。精粗之制，上下之别，虽不同，总谓之质孙云。[②] 故此这种宴会称为质孙宴。虞集《道园学古录》卷二十三《句容郡王世迹碑》："国家侍内宴者，每宴必各有衣冠，其制如一，谓之只孙。""只孙"突出了宴会上服装等级的变化与奢华。[③] 曾任元朝监察御史的周伯琦《诈马行》诗序有最为翔实的记录："国家之制，乘舆北幸上京，岁以六月吉日，命宿卫大臣及近侍，服所赐只孙珠翠金宝衣冠腰带，盛饰名马，清晨自城外各持采仗，列队驰入禁中，于是上盛服御殿临视，乃大张宴为乐。惟宗王、戚里、宿卫大臣前列行酒，余各以职叙坐合饮。诸坊奏大乐，陈百戏，如是者凡三日而罢。其佩服曰一易，太官用羊二千嗷（音窍），马三匹，他费称是，名之曰只孙宴。只孙，华言一色衣也。俗呼为'诈马宴'。"[④] "千官万骑到山椒，个个金鞍雉尾高。下马一齐催入宴，玉阑干外换宫袍。"下小注云："每年六月三日诈马筵席，所以喻其盛事也。千官以雉尾饰马入宴。"[⑤] "诈马宴"集宴饮、歌舞、各种杂技、竞技与游戏等于一体，把宴会的狂欢推向了高潮。同时，这也是蒙古民族文化集中展示的场合，或者说，蒙古民族文化只有通过饮食活动才能得到全方位展示。元至元十三年（1276）三月，宋降帝、后等被押至大都。忽必烈为庆贺平宋胜利，举行10次盛宴，款待南宋的太皇、太后和小皇帝。其中：第二宴"驼峰割罢行酥酪，又进雕盘嫩韭葱"；第三宴"割马烧羊熬解粥"；第四宴"并刀细割天鹅肉"；第五宴"金盘堆起胡羊肉"；第六宴"蒸麋烧麂荐杯行"；第七宴"杏浆新沃烧熊肉，更进鹌鹑野雉鸡"。这些筵席借用汉族诗人的诗句命名，显然也是汉族文人所为。除此以外，元代宫廷宴饮名目繁多，有的散发出浓厚的胭脂

① ［明］宋濂：《元史》卷78《志第二十八》，北京：中华书局，1976 年标点本，第 1938 页。
② ［明］宋濂：《元史》卷78《志第二十八》，北京：中华书局，1976 年标点本，第 1938 页。
③ 韩儒林：《穹庐集》，上海：上海人民出版社 1983 年版，第 247—253 页。
④ ［清］顾嗣立：《元诗选初集》，北京：中华书局 1997 年版，第 1858—1860 页。
⑤ ［清］顾嗣立：《元诗选初集》，北京：中华书局 1997 年版，第 1962 页。

气味。陶宗仪《元氏掖庭记》对此有载录："宫中饮宴不常，名色亦异。碧桃盛开，举杯相赏，名曰'爱娇之宴'。红梅初发，携尊对酌，名曰'浇红之宴'。海棠谓之'暖妆'，瑞香谓之'拨寒'。牡丹谓之'惜香'。至于落花之饮，名为'恋春'。催花之设，名曰'夺秀'。其或缯楼幔阁，清暑回阳，佩兰采莲，则随其所事而名之也。"① 此外，忽必烈还不时"别送天鹅与野麋"，"赐酒十银瓮，熊掌天鹅三玉盘"；太子也送天鹅。

关于元大都宫廷饮食记录最为翔实的莫过于意大利杰出的旅行家马可·波罗。1275 年他抵达元上都（开平），随后又抵达大都。马可的聪明一直非常讨忽必烈喜欢，封他做许多官，也派他到各地作为元朝皇帝的使者。他根据在大都的长达17 年生活的所见所闻，对元代宫廷大朝宴做了生动的描述：

当大汗陛下举行大朝宴之时，朝见的人座次如下：一张御案放在一个高台上，大汗坐在北方，面向南；皇后坐在他的左边，右边则为皇子、皇孙和其他亲属，座位较低，他们的头恰与皇帝的脚成一水平线；其他亲王和贵族的座位更低；妇女也适用同样的仪式，皇媳、皇孙媳和大汗的其他亲属都坐在左边，座位也同样逐渐降低；其次为贵族和武官夫人的座位。所有的人都按照自己的品级，坐在自己应该坐的指定地方。

殿中的座位布置得非常适宜，所以大汗在宝座上可以望见全殿的人。然而大家不要认为，凡朝见的人都有座位，其他绝大部分的官员，甚至贵族，都是坐在大殿中的地毯上进餐，大殿外还站着一大堆来自外国的使者，他们都带有许多稀世珍宝。

在大殿的中央，即大汗的御案之前，摆着一件宏大的器具。它的形状像一个方匣，每边各长三步，上面雕有各种动物的图案，极其精致，并且整个器具都是镀金的。匣子中间是空的，装着一个巨大的纯金容器，足可以装下许多加仑的液体。这个方匣的四边各摆着一个较小的容器，大约能盛五十二加仑半，其中一个容器盛着马乳，一个容器盛着骆驼乳，其余各个容器盛着其他各种饮料。这个匣子中还放着大汗的酒杯、酒瓶等物品。这些器具有些是由漂亮的镀金金属制成的，容积极大，如用来盛酒或其他汁液，每件容器都可供八人之用。

所有有座位的人，每两人的桌前放一瓶酒和一把金属制的勺子。勺子的形状好

---

① ［元］陶宗仪：《元氏掖庭记》，清顺治三年宛委山堂刻本，第 12 页 a。

像一个带柄的杯子。喝酒时，人们把瓶中的酒倒入勺中，并将它举过头顶。妇女和男子一样，都要遵守这个仪式。大汗的金属器具如此之多，简直让人难以相信。

每当宴会之时，大汗还另外派些专职官员在殿中巡视，用来防止宴会时刚来的外客不懂朝仪而有失检点，同时他们还必须引导这些人入席。这些官员在大殿中往来不停地巡视，询问宾客是否还有未准备的东西，或是否还需要酒、乳、肉和其他物品。一旦宾客要求，立即命令侍者送上。

大殿的入口处，有两名魁梧高大的侍卫站在两边。他们手持大棒，主要是为了防止人们的脚踏到门槛上，因为来宾必须跨过门槛，才算符合礼节。如果有人偶尔犯此过失，侍卫就可脱下他的衣服，让他拿钱来赎。如果此人不肯脱下衣服的话，侍卫便有权给他一顿棍棒。不过遇到有的宾客不知这个禁例，就必须派官员加以引导并提出警告。之所以订出这种措施是因为脚踏门槛被视为是一个不祥的预兆。当宾客离开大殿的时候，有些人因为吃醉了酒，而无意踏到了门槛，而此时禁令也就不那么严厉了。

在大汗身旁伺候和预备食品的侍者，都必须用美丽的面纱或绸巾将鼻子和嘴遮住。这主要是为了防止他们呼出的气息触及大汗的食物。当大汗饮酒时，侍者在奉上酒后，后退三步跪下，朝臣和所有在旁边的人都同样伏在地上，同时庞大的乐队的一切乐器都开始演奏，直到大汗喝完才停止。然后所有的人都从地上起来，恢复原来的姿态。只要大汗一饮酒，就有这样的礼仪。至于食品的丰富程度，更是可想而知的，也就用不着多说了。①

宴飨场面声势浩大，秩序井然，座次摆放的空间布局烘托出大汗的至高无上及威严的气势。尤其是大汗使用的金铸大酒匣，堪称宫廷中金饮器之最。同时也反映了不同于中原的特色。首先，"妇女也适用同样的仪式"，说明少数民族妇女具有较高社会地位；其次，"大口喝酒，大块吃肉"是蒙古人开怀畅饮的特有情景；再次，金属饮器是蒙古人宴饮场合高贵、庄严的象征；最后，畅饮时，载歌载舞也不同于中原的宴席场面。

在上述文字中，还透露了一个重要信息，侍者在送餐时，必须用面纱或绸巾

---

① 马可·波罗口述，鲁思悌谦笔录，曼纽尔·科姆罗夫英译，陈开俊等译：《马可·波罗游记》，福州：福建科技出版社 1981 年版，第 98—110 页。

将鼻子和嘴遮住。这是元朝宫廷出于饮食卫生的需要而做出的制度性规定。宫廷饮食的洁净要求，不仅表现在餐饮过程当中，在饮食原料加工时也是如此。据《南村辍耕录》卷五记载："尚食面磨尚食局进御面，其磨在楼上，于楼下设机轴以旋之，驴畜之蹂践，人役之往来，皆不能及，且无尘土臭秽所侵。"这也是为了保障宫廷食品不被污染。对饮食卫生的要求的确是元朝宫廷饮食的一大特点。

2. 宫廷主要食物饮品

元代宫廷饮食汇集八方贡品，但仍保持着游牧民族的饮食风味。

蒙古族把乳食和肉食习惯地称为白食（查干伊德）和红食（乌兰伊德）。蒙古族东部区的白食（乳食制品）又分奶油、奶皮子、奶酪、奶干等诸多制品。红食（肉食品）主要是牛、羊、猪、兔，其次是黄羊、麋鹿等，其中羊肉食谱繁多，烹调最为讲究。在当时帝王将相的心目中，通过狩猎而获得的珍禽野兽才是真正的美味佳肴，显示出蒙古族在饮食观念上独有的游牧气质和风格。前文提到蒙古族的"行厨八珍"（又名北八珍），就是大都宫廷饮食中珍品中的珍品。其中，驼乳糜，即驼峰。《本草纲目》卷五十《兽部》记载："野驼、家驼生塞北、河西。其脂在两峰内。"驼峰是西北最珍贵的食物，唐代时，就曾用来制作官司府和宫廷名菜。醍醐，酥酪上凝聚的油做酪时，上一重凝者为酥，酥上如油者为醍醐。鏖沆，蒙古人饮用的一种酒。《行帐八珍诗·鏖沆》云："鏖沆，马酮也。汉有'挏马'，注曰：以韦革为夹兜，盛马乳挏治之，味酢可饮，因以为官。"鹿唇（犴达罕唇）是名贵食品，指麋鹿唇，用以招待贵宾。麋鹿，俗称"四不象"，其唇肉香美，曾为蒙古汗赐给臣下的赏品。麈为麋的幼羔，麋是獐的别称。獐是内蒙古草原的高级食品，其幼羔尤为鲜美，实为一珍。天鹅炙即烤天鹅，紫玉浆是紫羊的奶汁和驼乳。天鹅炙和紫玉浆都是极难得的珍品，有大补之效。驼蹄与熊掌齐名。驼乳不仅是高级补品，而且是良药。[①] 八珍中，牛、羊、猪等一般家畜一概排除在珍品之外，所用皆为极其罕见的野生动物或这些动物的某些精华部位，并用特殊的方法精细烹制。"八珍"形成于周代，《礼记·内则》所列：淳熬（肉酱油浇饭）、淳母（肉酱油浇黄米饭）、炮豚（煨烤炸炖乳猪）、炮牂（煨烤炸炖羔羊）、捣珍（烧牛、羊、鹿里脊）、渍（酒糖牛羊肉）、为熬（烘制的肉脯）和肝膋（网油烤狗肝）8种食品（或者认为是8种烹调法）。以后各朝代都有不同风味

---

① ［元］耶律铸：《双溪醉隐集》卷6，清钦定四库全书本，第4页b。

的"八珍"出现。唯有元代宫廷的"八珍"尽显游牧民族的特色。

在各种奶类制品中，则以马奶制成的酒类最为重要，称为马湩。其中白马湩十分珍贵，史载："初，昔儿吉思之妻为皇子乳母，于是皇太后待以家人之礼，得同饮白马湩。时朝廷旧典，白马湩非宗戚贵胄不得饮也。"① 又如元世祖就特别喜欢饮用马湩，因为饮用过多而得病，"世祖过饮马湩，得足疾，（许）国祯进药味苦，却不服"②。马湩是元朝帝王举行祭祀活动时的重要祭品。据载："其祖宗祭享之礼，割牲、奠马湩，以蒙古巫祝致辞，盖国俗也。"③ 如元世祖在中统二年（1261）四月出征漠北的阿里不哥之前，"躬祀天于旧桓州之西北，洒马湩以为礼，皇族之外无得而与，皆如其初"④。元朝杨允孚《滦京杂咏》之六二："内宴重开马湩浇，严程有旨出丹霄。"原注："马湩，马妳子也，每年八月开马妳子宴。"马妳子，即马奶酒。马奶酒成为元代宫廷饮食不可或缺的饮品。

元代宫廷饮食有诸多发明创见。涮羊肉的起源已不可实证，但对于以羊肉为主要肉食的元代宫廷而言，产生类似于涮羊肉吃法的可能性还是有的。下面的传说流传甚广。⑤

七百多年前，元世祖忽必烈统率大军南下远征，经过多次战斗，人困马乏，饥肠辘辘。忽必烈猛地想起家乡的菜肴——清炖羊肉，于是吩咐部下杀羊烧火。

正当伙夫宰羊割肉时，探马突然气喘吁吁地飞奔进帐，禀告敌军大队人马追赶而来，离此仅有10里路。但饥饿难忍的忽必烈一心等着吃羊肉，他一面下令部队开拔，一面喊着："羊肉！羊肉！"清炖羊肉当然是等不及了，可生羊肉不能端上来让主帅吃，怎么办呢？这时只见主帅大步向火灶走来，厨师知道他性情暴躁，于是急中生智，飞快地切了十多片薄肉，放在沸水里搅拌了几下，待肉色一变，马上捞入碗中，撒上细盐、葱花和姜末，双手捧给刚来到灶旁的大帅。

忽必烈抓起肉片送进口中，接连几碗之后，他挥手掷碗，翻身上马，英勇地率军迎敌，结果旗开得胜，生擒敌将。

① ［明］宋濂：《元史》卷122《列传第九》，北京：中华书局，1976年标点本，第1938页。
② ［明］宋濂：《元史》卷168《列传第五十五》，北京：中华书局，1976年标点本，第3964页。
③ ［明］宋濂：《元史》卷74《志第二十五》，北京：中华书局，1976年标点本，第1805页。
④ ［明］宋濂：《元史》卷72《志第二十三》，北京：中华书局，1976年标点本，第1781页。
⑤ 苏曙：《涮羊肉的由来》，载《科技文萃》1994年第1期。

在筹办庆功酒宴时，忽必烈特别点了战前吃的那道羊肉片。这回厨师精选了优质绵羊腿部的"大三叉"和"上脑"嫩肉，切成均匀的薄片，再配上麻酱、腐乳、辣椒、韭菜花等多种佐料，涮后鲜嫩可口，将帅们吃后赞不绝口，忽必烈更是喜笑颜开。厨师忙上前说道："此菜尚无名称，请帅爷赐名。"忽必烈一边涮着羊肉片，一边笑着答道："我看就叫涮羊肉吧！众位将军以为如何？"从此，涮羊肉成了宫廷佳肴。

但直到光绪年间，涮羊肉才逐渐走向民间。

除了白食（查干伊德）和红食（乌兰伊德）之外，宫廷中还有各种面食。馉子、馎饦、拨鱼、扁食、馄饨等面制食品，都是在沸水中煮熟后食用，在当时统称为"湿面食品"。[①] 元代馉子是前代的继续。馉子应是一种面片，用切刀割成一定形状。[②] 原来形状似馉子，后来演变为多种形状，但仍以此为名。元代宫廷中有"水龙馉子"，是"用白面六斤，切作钱眼馉子"。其形状显然类似"钱眼"（方块）。[③] 据《饮膳正要》，经带面是以羊肉、蘑菇为原料制成的宫廷膳食。民间称其为"经带阔面"。备受元代宫廷嗜食的还有"皂羹面"和羊皮面等。"皂羹面"以白面、羊胃子、红面、胡椒、盐醋为原料，将白面6斤和好，细切面。煮熟洗净的羊胃子，切数块，放入调好的汤中熬煎而食。羊皮面的原料中有羊皮、羊舌和羊腰子。在面食中放羊肉或羊肚肺，不仅味美，而且极富营养。[④]

另一类面食，是蒸熟后食用的，在当时统称为"干面食品"。元代宫廷中有仓馒头、鹿奶肪馒头、茄子馒头、剪花馒头等。《饮膳正要》记载，仓馒头，细切羊肉、羊脂、葱、生姜、陈皮等原料与盐酱等调料拌和做馅；鹿奶肪馒头主要以鹿奶肪、羊尾子为馅；茄子馒头以羊肉、羊脂、羊尾子和嫩茄子为馅。上述两种馒头调馅法与仓馒头同，皆亦白面做皮。剪花馒头做馅，原料为羊肉、羊脂、羊尾子、葱、陈皮，做馅法也同于上述。只是把馒头包好后，用剪子把馒头剪雕成各种花样，并以胭脂染花，蒸熟食用。从这些说明中可知，元时馒头有馅。

有学者对《饮膳正要》所载食物做了统计："以《聚珍异馔》为例，共载95

---

① ［元］无名氏：《居家必用事类全集》庚集《湿面食品》，北京：中国商业出版社1987年，第113页。
② 邓广铭：《宋代面食考——馉子面》，载《中国烹饪》1986年第4期。
③ ［元］忽思慧：《饮膳正要》卷1《聚珍异馔》，上海：上海古籍出版社2014年版，第46页。
④ 钟敬文主编：《中国民俗史·宋辽金元卷》，北京：人民出版社2008年版，第452—453页。

方，其中55方突出了羊肉的用量，另有21方还用了羊的心、肝、肺、肚、肠、髓、脑、头、尾、肋、胫、蹄、皮、肉、血、乳、酪等，共计76方与羊品有关，占该类方的80%。"① 羊肉是蒙古族的传统主食，进入中原后，一方面接受了中原地区饮食文化的熏陶，另一方面，羊肉在饮食结构中仍占据了主体地位。

第四节　清真饮食文化

北京清真饮食②的起源，是与伊斯兰教传入北京同步的，已有上千年的历史。元代穆斯林主要来自花剌子模等中亚地区及波斯、阿拉伯地区。当时所售食品主要是阿拉伯民族的传统食品，比较流行的一种小吃是秃秃麻食（又称手撒面），其次是肉粥、肉火烧、炸卷馃等。

北京地区伊斯兰教的传入，学术界尚无统一的看法：一是北宋至道二年或辽统和十四年即公元996年说，一是所谓的元初说。元代，大量西域穆斯林进入并定居中国，北京最著名的回民居住的牛街，就是在那时候形成的。穆斯林在大都定居，当时回族地位很高，因穆斯林归顺早，又立有战功，受到重用，伊斯兰教信仰具有法定地位。牛街礼拜寺为元代伊斯兰教在大都活动的中心，也是北京目前规模最大、历史最久的清真寺。回教教士答失蛮、苦行者迭里威失，享受与僧道、也里可温③同样的免税待遇。回族是穆斯林与以汉族为主的各民族长期通婚而形成的，他们在血缘上和文化上都与汉族有密切的关系。北京城的规划，就有西域回族建筑师也黑迭尔的功劳。

1. 清真饮食兴盛的原因

作为饮食文化，北京清真餐饮可谓是一个丰富博大的体系。由于北京地处草原文化与农耕文化、游牧民族与中原汉族的交汇地带，千百年来，北京及其周边又一直是民族冲突、交流、融合的中心区。辽金以来，北京作为京城，云集了天下各方各族人士。"北京清真餐饮为适应各方人士各个阶层的不同口味需求，兼收并蓄，博采众长，形成了丰富博大的文化体系：烤肉、涮肉中飘溢出游牧民族的彪悍性格，清真烤鸭中的大葱甜酱浸透着率直真诚的齐鲁民风，八宝莲子粥中满

---

① 双金：《元代宫廷饮食文化探秘》，载《西北民族研究》2011年第1期。
② 清真饮食与伊斯兰教具有密切的关系。"清真"一词，实际就是我国清代穆斯林学者对伊斯兰教的译称，……清真饮食也可以说是"伊斯兰教饮食"或"穆斯林饮食"。
③ 蒙古语，是元朝人对基督教教徒和教士的通称。

含江南人的细腻情调，油炸馓子中带着西域风情的余韵；爆羊肉的火爆，酱牛肉的淳厚，面茶的供应快捷，豆腐脑的色味俱佳，可谓是各具特色……从富贵排场、调炒烹炸的全羊宴席到简单经济、百吃不腻的锅贴炒饼，乃至于杂碎汤牛舌饼、焦圈豆汁，包罗万象，应有尽有。"① 具体而言，公元 7 世纪（唐朝），回民开始从西域进入北京，13 世纪（元朝）大量回民移居北京，同时，清真饮食在饮食市场上开始出现。当时主要是临街设摊，或走街串巷，提篮沿街叫卖。明朝时，北京的回民急剧增多，居住区不断扩大。清代时，回民从内城逐渐聚集到了牛街、教子胡同、花儿市、羊市口，清代后期清真菜成为相对独立的菜系。

大都清真饮食文化之所以兴盛起来，原因大致有五：第一，据元监察御史王恽至元五年到八年间的记载，元代初期（中统四年，1263），大都有穆斯林 2953 户②。这还似乎仅包括富商大贾、达官贵人和各种工匠，而不包括原金中都附近军户中的穆斯林，如将其计入其中，则数量更多。③元中统四年，北京穆斯林人口达到 15000 人，约占大都人口的十分之一还多，穆斯林成为元大都居民的重要组成部分。当时元大都"已有回回人约三千户，多为富商大贾、势要兼并之家"④。由于人口众多，伊斯兰饮食文化便得以在大都地区扎根和发展。第二，伊斯兰食品自身独特的制作工艺和口感特色，使各族人民对伊斯兰饮食产生好奇和兴趣，这些则使伊斯兰饮食在大都产生更广的传播和更深的影响。比如前面提到的阿刺吉酒，到元代后期就已经普遍传播于民间，被称为"酒露"。第三，元朝对臣民宗教信仰持比较宽容的态度，这促进了各宗教对自身饮食文化的保持和发展传播。如元世祖忽必烈曾说："有人敬耶稣，有人拜佛，其他的人敬穆罕默德，我不晓得哪位最大，我便都敬他们，求他们庇护我。"⑤ 宗教政策的宽容也为清真饮食的发展提供了优越的生存环境，使之成为元代北京饮食文化中的一朵异域奇葩，具有当时的时代特殊性。顺便指出，元代也曾发生扼制穆斯林饮食文化的事件，最著名

① 马万昌：《北京清真饮食文化与北京的清真餐饮业》，载《北京联合大学学报（自然科学版）》2002 年第 1 期。

② ［元］王恽：《王恽全集汇校》卷八十八《乌台笔补·为在都回回户不纳差税事状》，北京：中华书局 2013 年版，第 3604 页。

③ 苏鲁格、宋长宏：《中国全史》卷十三《中国元代宗教史》，北京：人民出版社 1994 年版，第 86 页。

④ 韩儒林：《元朝史》，下册，北京：人民出版社 1986 年版，第 349 页。

⑤ 转引自佟洵：《天主教在蒙元帝国的传入以及消亡原因初探》，载《中国天主教》2004 年第 5 期。

的是元世祖忽必烈在一段时间内对穆斯林生活习俗尤其是饮食习俗的残酷打击，比如不允许他们用抹喉的方式宰杀牲畜，对继续这种方式的穆斯林给予"以同样方式把他杀死，并将其妻子、儿女、房屋和财产给予告密者"的残酷惩罚，[①] 不少穆斯林因此而断送了性命。好在这一时间段并不太长。第四，元朝的民族等级共有 4 个：蒙古人、色目人、汉人和南人。穆斯林包括在色目人这一等级内，有较高的社会地位。《大元通制条格》卷二十九《僧道》"词讼"条云："至大四年十月初四日，中书省。钦奉圣旨：哈的大师每，只教他每掌教念经者。回回人应有的刑名、户籍、词讼、大小公事，哈的每休问者，教有司官依体例问者。外头设立来的衙门并委付来的人每，革罢了者。么道，圣旨了也。钦此。"[②] 元代的"回回哈的司"，是中国历史上第一个专门管理穆斯林事务的官方机构，也是元代伊斯兰教在中土深入传播的标志。它的主要职责是管理伊斯兰宗教社团，具体来说就是通过政令对"回回大师""回回哈的"们的权利做出规定和督察。第五，穆斯林在大都从事各行各业，其中从事香药、珠宝生意的富商大贾在大都十分活跃，在政治和经济及社会生活中居于重要地位，这必然促使大都的伊斯兰饮食得到跨越宗教和民族界限的发展。

伊斯兰教在饮食方面有着一系列严格的教规，经典《古兰经》第 5 章第 3 节中严格规定信徒："禁止你们吃自死物、血液、猪肉以及诵非真主之名宰杀的、勒死的、捶死的、跌死的、触死的、野兽吃剩的，但宰后才死的仍可以吃。"并且要求信徒讲究饮食卫生，等等，这些都构成了元大都伊斯兰饮食习俗有别于其他族群和宗教的特点。

回族在中国形成和发展过程中，一直受阿拉伯、波斯等传统伊斯兰文化的强烈影响。譬如，回族在饮食生活习惯中喜欢吃甜食，继承了阿拉伯地区喜吃甜食的风俗。在阿拉伯地区小孩生下来时，用蜜汁或椰枣抹入婴儿的口中，然后才哺乳。而回族婴儿生下来时，也有用红糖开口之习俗。"甜"在波斯语中叫"哈鲁瓦"，而西北回族的甜食糕点统称为"哈鲁瓦"，有的地方叫"哈力瓦"。元代以来，形成西域人再次入附大都的高潮。当时人们把伊斯兰教直呼"回回教"，礼拜寺被称为"回回寺"，饮食称为"回回食品"。

---

① 参见［元］佚名：《元典章》卷五十七《刑部》十九《禁宰杀》，清光绪三十四年至民国十四年武进董氏刻诵芬室丛刊本，第 16 页 a。

② 方龄贵校注：《通制条格校注》，北京：中华书局 2001 年版，第 712 页。

大都清真饮食的广泛影响和渗透，在一定程度上改变和丰富了元代大都地区的饮食结构，也为明清两代清真餐饮文化进一步发展奠定了坚实的基础。有些清真食品以其顽强的生命力一直延续至当今社会。《饮膳正要》中的"派饼儿"，做法为："精羊肉十斤，去脂膜、筋，捶为泥；哈昔泥三钱；胡椒二两；荜拨一两；芫荽末一两。右件，用盐调和匀，捻饼，入小油炸。"① 与现今的"羊肉饼"如出一辙。"秃秃麻食"的原料组合是这样的："白面六斤，作秃秃麻食；羊肉一脚子炒焦肉乞马。右件，用好肉汤下炒，葱调和匀，下蒜酪、香菜末。"② 与现在流行的"麻食"为同一种食品。另有"杂羹"则和今天羊杂羔肉做法基本相同。足见元代大都清真饮食的影响多么深远，经数百年的发展变化依然如故。

2. 清真饮食的表现形态

虽然宗教信仰禁止穆斯林吃多种食物，但他们的食品种类并不因此而单调。穆斯林日常饮食品种丰富，有面食、汤食及各种副食、饮品、果品。面食里的秃秃麻食、水答饼，各种饼和馒头，汤食中的马思答吉汤、沙乞某儿汤、木瓜汤、鹿头汤、颇儿必汤，副食中的杂羹、荤素羹、鸡头粉等都极具民族特色。穆斯林的饮食给大都带来了西北风味。有元一代，清真饮食已在社会、家庭中大量流行。大都剧作家杨显之的《郑孔目风雪酷寒亭》（以下简称《酷寒亭》）中描述说，穆斯林人家"吃的是大蒜臭韭、水答饼、秃秃茶食"。《析津志辑佚·风俗》中也记载着大都地区"经纪生活匠人等"的日常饮食，"菜则生葱、韭、蒜、酱、干盐之属"。大都附近的"荨麻林"（今河北省张北）聚居着大批的穆斯林工匠，因此《析津志辑佚·风俗》中的整体描述也必然反映了当时穆斯林工匠的日常生活。③水答饼在元人中很流行。据《酷寒亭》，第三折，水答饼是元代回回人食品。同剧同折《菩萨梁州》白："我张保在那里等出家火。那尧婆教那两个孩儿烧着火。那婆娘和了面，可做那水答饼，煎一个，吃一个。那两个孩儿在灶前烧着火。看着那婆娘吃，孩儿便道：'妳妳，肚里饥了。'那婆娘将一把刀子去盘子上一划，把一个水答饼划做两块，一个孩儿与了半个。那孩儿欢喜。接在手里，番来番去，吊在地下。"④ 至于它的做法，不甚清楚，但据上述描写分析，与今煎饼相似。尽

① ［元］忽思慧：《饮膳正要》，北京：中国商业出版社1988年版，第37页。
② ［元］忽思慧：《饮膳正要》，北京：中国商业出版社1988年版，第31—32页。
③ ［元］熊梦祥：《析津志辑佚·风俗》，北京：北京古籍出版社1983年版，第207—208页。
④ ［明］臧晋叔编：《元曲选》第三册，北京：中华书局1958年版，第1008页。

管当时还没有煎饼之称谓，但"煎"的制作技艺已流行开来了。这是宋代所没有的。在朱有燉的元杂剧《豹子和尚自还俗》中，也有这样的唱词："小刘屠卖的肥羊肉，一贯钞一副整头蹄……马回回烧饼十分大，黄蛮子菜烂味精奇……"[①]《居家必用事类全集》专列"回回食品"一章，说明当时清真食品名目繁多，是市民日常饮食生活不可或缺的部分。元大都时期的北京，清真饮食已相当普遍。

随着大批臣民相继迁京，引入了中亚、西北、东北和中原地区的糕点制作技艺，丰富了北京糕饼、点心品种。尤其是中亚突厥人和西亚波斯人的迁入，使北京的传统糕点品种又增加了清真点心的成分。元代的糕点主要供居民日常食用，当时大都各种职业人口，午餐均以各种面点充饥，早晚在家里喝粥。这是比较贫困人家的饮食状况。

元代的清真饮食不仅形成了一定的规模，而且很多清真菜肴小吃还进入了宫廷。《饮膳正要》的作者忽思慧，本人是回民，又是当时的御医，那本《饮膳正要》里面写的大多是回民食谱，宫廷和民间均有涉及，大概是最早的清真小吃乃至饮食的小百科了。《饮膳正要》第一卷主要是菜肴和小吃部分，收录很多牛羊肉菜品，其中已考证出的清真食品近10种。前文着重推介的"秃秃麻食"是一款流传至今的著名古典清真名吃。在《朴通事》里，被写成"秃秃么思"。其制作方式及原料和我们今天所吃的麻食大致相同，只是其吃法类似于今天新疆的拌面。秃秃麻食又见于元代一些文艺作品。元杨显之《酷寒亭》，第三折，白："小人江西人。姓张名保。因为兵马嚷乱，遭驱被掳，来到回回马合麻沙宣差衙里，往常时在侍长行为奴作婢。他家里吃的是大蒜、臭韭、水答饼、秃秃茶食。我那里吃的、我江南吃的，都是海鲜。"说明北京的饮食与南方存在明显差异。秃秃茶食，即秃秃麻食。元无名氏杂剧《十探子大闹延安府》，第二折，白："〔回回官人云：〕兀那厨子，圣人言语，着俺这八府宰相在此饮酒，你安排的茶饭，都不好吃，……都是二菩萨、济哩必牙、吐吐麻食。"[②] 该戏文中罗列了不少回回食品名，吐吐（秃秃）麻食是其中之一。但厨师做得不够地道，被回回官人骂了一通。

《饮膳正要》还有很多肴馔，尽管未注明是回回食品，但从其工艺和用料看，和今天的一些清真食品有异曲同工之妙。例如"杂羹"[③]，和今天羊杂羔肉的做法

---

① 周贻白选注：《明人杂剧选》，北京：人民文学出版社1958年版，第141—236页。
② 隋树森著：《元曲选外编》第三册，北京：中华书局1958年版，第921页。
③ 〔元〕忽思慧：《饮膳正要》卷一《聚珍异馔》，北京：人民卫生出版社1986年版，第26页。

基本一样。其实，今天所谓"杂羔"，就是古代"杂羹"的音变。"羹"字从羔。古人的主要肉食是羊肉，所以用"羔""羹"会意，表示肉的味道鲜美。还有"河西肺"也很驰名，做法是："羊肺一个；韭六斤，取汁；面二斤，打糊；酥油半斤；胡椒二两；生姜二合。右件，用盐调和匀，灌肺煮熟。用汁浇食之。"① 河西，在元代指宁夏、甘肃一带，当时为回回聚集的地区。由此可见，河西肺是由河西的回回带到京城的。

《居家必用事类全集》在当时颇为流行，类似于现在的生活百科大全。全书共10集，内容丰富。其中己集、庚集均为"饮食类"。特别值得重视的是，书中专门列有"回回食品"一章，收录了"设克儿疋剌、卷煎饼、糕糜、酸汤、秃秃麻食、八耳塔、哈尔尾、古剌赤、海螺厮、即你疋牙、哈里撒、河西肺"等12个菜点品种。② 穆斯林的清真食品③大大丰富了北京饮食文化，并让大都的汉族人品尝到异域名点。北京人还在吃的炸糕之类的油炸品，汉人在大都以前是没有吃过的，那是从古波斯人时代就爱吃的传统清真小吃。如果不是牛街上的回民把它传给汉族人，也许，汉族人还只知年糕，而未尝炸糕味。

在多民族杂居的大都，饮食文化在趋于互相适应的同时，也时常发生冲突。元代回回人一些饮食规范与汉族和蒙古族均有较大差异，故而也曾经发生过对伊斯兰教的打击事件。因为蒙古人宰杀牲畜"必须缚其四肢，破胸，入手紧握其心脏"④。这就是人们常说的"开膛法"。一些回回人因不按"开膛法"杀牲而被处死。《元典章·禁宰杀》专设"禁回回抹杀羊做速纳"条，对回回人的饮食加以限制，并且禁止按伊斯兰教规宰羊。"速纳"意为"习惯""教律"。伊斯兰教规，宰杀牲畜下刀"在喉部与上胸锁骨之间，要断其气管、食管和两颈静脉管，不可以宰在喉结之上，并以断其三根管为合法"⑤。古文献谓之"断喉法"。对穆斯林而言，不按"断喉法"宰杀的牲畜，食之有罪。这体现了清真饮食文化中善待动物（即使是在宰杀它们的时候）的理念，说明了清真饮食文化中在处理人与自然的关系上的先进性，体现了清真饮食文化中敬畏生命、天人合一的观点。

---

① ［元］忽思慧：《饮膳正要》卷一《聚珍异馔》，北京：人民卫生出版社1986年版，第36页。

② ［元］佚名：《居家必用事类全集》庚集，《饮食类·回回食品》，北京图书馆古籍珍本丛刊本，第274—275页。

③ 清真食品是指符合伊斯兰教法要求的食品。

④ 《多桑蒙古史》上册，冯承钧汉译本，上海：上海古籍出版社2001年版，第158页。

⑤ 《伟嘎耶教法经解伊斯兰教法概论》，赛生发编译，银川：宁夏人民出版社1993年版，第231页。

朝廷安排的饭局，一些色目人（主要是东来的穆斯林）因其肉不符合伊斯兰教规而不食。元世祖忽必烈闻后勃然大怒，在一段时间内对穆斯林生活习俗尤其是饮食习俗实施严厉的限制，比如不允许他们用断喉的方式宰杀牲畜，对继续这种方式的穆斯林给予“以同样方式把他杀死，并将其妻子、儿女、房屋和财产给予告密者”的残酷惩罚①。这一时期很多穆斯林因此离开了大都。失去了回回商人，诸多所需货物进不了大都，关税收入减少，无奈之下，忽必烈只得废弃禁令。好在这种限制持续时间不长，否则，北京的清真饮食文化不可能如此灿烂。

第五节　饮茶风俗

蒙古族饮茶由来已久，在尚未进入中原之前，已有饮茶，茶用植物多达 20 余种。在宋朝的边防线上，茶马交易一直存在着。另外，宋人岁供，金帛、丝绢、食盐等榷场交换，造卖私茶等也是金朝境内茶叶的重要来源。即便规定只七品以上官员之家准许食茶，并“定食茶制”，也难以阻止寻常百姓的饮茶嗜好。宋金交战之时，同样出现“犯者不少衰，而边民又窥利，越境私易”的景况，②饮茶的风气反而越来越强劲。朝廷规定“亲王、公主及见任五品以上官，素蓄者存之，禁不得卖馈，余人并禁之。犯者徒五年，告者赏宝泉一万贯”③。元王朝建立以后，江南产茶之地进入元朝版图，饮茶之风蔚然大兴。茶文化经唐宋的发展，到元代已经大成。京师大都“茶楼酒馆照晨光，京邑舟车会万方”④。散曲作家李德载的“赠茶肆”小令，“其一”是：“茶烟一缕轻轻飏，搅动兰膏四座香。烹茶妙手赛维扬。非是谎，下马试来尝。”⑤ 大都茶肆的烹茶以赛维扬标榜，维扬即今扬州市。“兰膏”，这里指茶。《饮膳正要·诸般汤煎》“兰膏”云：“玉磨末茶三匙头，面、酥油同搅成膏，沸汤点之。”将沸水注入盛有茶末的茶盏，再搅动。结尾句就像茶肆主人在吆喝一样，尽显烹茶技艺之娴熟老练。这首小令还透露了一则信息，

① ［元］佚名：《元典章》卷五十七《刑部》十九《禁宰杀》，清光绪三十四年至民国十四年武进董氏刻诵芬室丛刊本，第 16 页 a。

② 《金史》卷四十九《食货志四》，北京：中华书局 1997 年缩印本，第 1108—1109 页。

③ 《金史》卷四十九《食货志四》，北京：中华书局 1997 年缩印本，第 1109 页。

④ ［元］马臻：《都下初春》，《霞外诗集》卷四，清乾隆文渊阁四库全书抄浙江鲍士恭家藏本，第 4 页 b。

⑤ ［元］杨朝英选、隋树森校订：《［中吕·阳春曲］赠茶肆（其一）》，见《太平乐府》卷四，北京：中华书局 1985 年版，第 143 页。

即泡饮的方式已流行开来，这是元朝之于中国茶文化的一大贡献。

1. 茶的品饮方法及制作

北京人喜欢饮茶，历史悠久。到辽代，饮茶已是当时人们日常饮食的一部分，因为茶有助于消化乳品和肉食，不饮茶则气滞，于是成为当时契丹人与中原王朝主要的贸易项目，称"茶马互市"。到金代，茶叶之珍贵甚至要高于酒，"上下竞啜，农民尤甚，市井茶肆相属"①。所需茶叶主要来自宋朝每年的供奉，或者从边境的榷场贸易而得。据《蒙古风俗鉴》记载："古代，蒙古地区的速敦茶和榛树茶是在每年七月采摘，以山梨树叶和榛树叶制造茶叶。"② 蒙古族先民把每年 7 月定为采茶月，采集当地产的山茶。元大都饮茶习俗是其饮食文化重要的组成部分。在元朝出版的《农书》和《农桑撮要》中，都把茶树栽培和茶叶制造作为重要内容来介绍了。这表明元朝统治者对茶业还是支持和倡导的。

大都人饮茶常加盐、姜、香药之类的作料，宫中香茶就是以龙脑等珍贵香料、药材和茶配制而成。民间有芍药茶、百花香茶等。其中百花香茶是将木樨、茉莉、菊花、素馨等花置于茶盒下窨成，这应该是清代以至当代北京人喜饮的"花茶"的最早起源。

元代的饮茶，大略有以下四类：第一种是文人清饮：采茶后杀青、碾压，但不压做成饼，而是直接储存，饮用方式为点茶法，与宋代点饮法区别不大。是谓"茗茶"。第二种为撮泡法，采摘茶叶嫩芽，去青气后拿来煮饮，近似于茶叶原始形态的食用功能。第三种是调配茶或加料茶，在晒青毛茶中加入胡桃、松实、芝麻、杏、栗等干果一起食用。这种饮茶的方法十分接近现今在闽、粤、赣等客家地区流传的"擂茶"茶俗。第四种是腊茶，亦即宋代的贡茶——团茶。"腊茶"是腊面茶的简称，就是团饼茶。"腊茶"在元代"惟充贡茶，民间罕之"。所以说，在元朝，至少在元朝中期以前，除贡茶仍采用紧压茶之外，我国大多数地区和大多数民族中，一般只采制和饮用叶茶或末茶。元代中期王祯的《农书》中，记载当时的茶叶有"茗茶"、"末茶"和"腊茶"三种："茶之用有三：曰茗茶、曰末茶、曰腊茶，凡茗煎者，择嫩芽，先以汤泡去熏气，以汤煎饮之。……然末子茶尤妙。先焙芽令燥，入磨细研碾，以供点试。凡点，汤多茶少则云脚散，汤

---

① ［元］脱脱等：《金史》卷四十九《货食志四·茶》，北京：中华书局 1975 年版，第 1108 页。

② 罗布桑却丹：《蒙古风俗鉴》（汉文版），沈阳：辽宁民族出版社 1988 年版，第 11 页。

少茶多则粥面聚。钞茶一钱七，先注汤调极匀，又添注入，回环击拂，视其色鲜白，着盏无水痕为度。其茶既甘而滑。"这三种茶中，腊茶最为名贵，多在朝廷饮用。"腊茶最贵，而制作亦不凡。择上等嫩芽，细碾入罗，杂脑子诸香膏油，调剂如法，即作饼子，制样任巧。候干，仍以香膏油润饰之。其制，有大小龙团、带胯之异。此品惟充贡献，民间罕见之。"① 大都所出现的茶有饼有散，重散略饼，处于饮茶史上的过渡阶段。腊茶的饮用方法也近似宋代的点茶法，将杂以龙脑、油膏的茶团、茶饼先用温水去膏油，后用不透气的纸包裹捶碎，以火微炙，再加以碾罗、点试（如末子茶）。这种方法在当时极为少见，仅权贵方偶尝绝品。末茶饮者较少；茗茶既散茶饮法最为流行，因泡饮简单，北京的上层社会和民间都在广泛饮用。《五杂俎》卷十一《物部三》："《文献通考》：'茗有片有散。片者即龙团旧法，散者则不蒸而干之，如今之茶也。'始知南渡之后，茶渐以不蒸者为贵矣。"这也说明散茶兴盛的转变趋势。

建立元王朝的蒙古人马上得天下，所以多有人以为元人不知茶。其实，元代不仅因茶艺、茶道世俗化而走向民间，即便文人中也有嗜茶者。耶律楚材晚号玉泉老人，生长居住在北京，随元太祖西征时，路经西域，向正在岭南的好友王君玉乞茶并赋咏茶诗。他在一首诗中曾说，"积年不啜建溪茶，心窍黄尘塞五车"②。若几天没有喝到饼茶，他心里就像堵了一样。可见，在大都上层，茶已经是不可缺少的饮品。

元代忽思慧《饮膳正要》卷二列举了 19 种茶具体的制作和饮用方法。其中，炒茶是"用铁锅烧赤，以马思哥油、牛奶子、茶芽同炒而成"。忽思慧说："马思哥油：取净牛奶子，不住手用阿赤（原注：系打油木器也）打，取浮凝者为马思哥油，今亦云酥油。"③ "马思哥油"就是从牛奶中提炼的奶油，茶中放奶油显然是蒙古族的口味。"兰膏"，前文已述。酥签的制作方式是这样的："金字末茶两匙头，入酥油同搅，沸汤点服。"④ 此茶宋时已有之。宋孟元老《东京梦华录》卷八"是月巷陌杂卖"条作"酥签"。说明元时大街小巷都在叫卖这种饮料。马致

---

① ［元］王桢：《农书》卷十《百谷谱集十·茶》，北京：中华书局 1956 年版，第 113 页。

② ［元］耶律楚材：《西域从王君玉乞茶因其韵七首》（其一）。《湛然居士文集》卷五，北京：中华书局 1986 年版。

③ ［元］忽思慧：《饮膳正要》卷二《诸般汤煎》，北京：人民卫生出版社 1986 年版，第 58 页。

④ ［元］忽思慧：《饮膳正要》卷二《诸般汤煎》，北京：人民卫生出版社 1986 年版，第 58 页。

远杂剧《吕洞宾三醉岳阳楼》，第二折，《贺新郎》白："〔郭云：〕师父要吃个甚茶。〔正末云：〕我吃个酥签。〔郭云：〕好紧唇也。我说道师父吃个甚茶？他说道吃个酥签。头一盏吃了个木瓜，第二盏吃了个酥签。这师父从来一口大，一口小。"① 无名氏（清代以后的选本确定为元初杂剧作家李寿卿所作。）杂剧《月明和尚度柳翠》，第二折，白："〔旦儿云：〕师父，长街市上不是说话去处，我和你茶房里说话去来。〔正末云：〕你也道的是。疾。兀的不是个茶房。茶博士，造个酥签来。②"不仅小贩叫卖酥签，一般的茶馆也经营酥签。炒茶、兰膏和酥签三者虽有区别，但制作时都加入酥油和牛奶子，属酥油茶系列，反映了游牧民族饮食风味的特征。

关于蒙古奶茶的起源，陈高华在《元代饮茶习俗》一文中认为："13世纪下半期，在蒙古和藏族的文化交流中，受到藏族的影响，以酥油入茶。奶茶大概是从藏族酥油茶演变而来的。"③ 清赵翼《檐曝杂记》卷一《蒙古石酪》："蒙古之俗，膻肉酪浆，然不能皆食肉也。余在木兰，中有蒙古兵能汉语者，询之，谓：'食肉惟王公台吉能之，我等穷夷，但逢节杀一羊而已。杀羊亦必数户迭为主，剖而分之，以是为一年食肉之候。寻常度日，但恃牛马乳。每清晨，男妇皆取乳，先熬茶熟，去其滓，倾乳而沸之，人各啜二碗。暮亦如此。'此蒙古人馔粥也。"记述了蒙古族奶茶的熬制和饮用情况。

《饮膳正要》还记载了西番茶，"出身本土，味苦涩，煎用酥油"④。《元史》卷九十四《食货志二》做西番大叶茶，元时的西番指的是今西藏和四川西部广大地区。元朝的西番茶即四川边茶，时清时期称乌茶，近现代改称"藏茶"。

2. 香茗贡品

北京作为大都，各地名茶和不同种类的香茗都会源源不断汇集于此。大都名茶来自全国各地，有福建的北苑茶和武夷茶、湖州的顾渚茶、常州的阳羡茶、绍兴的日铸茶、庆元慈溪的范殿帅茶等。忽思慧在《饮膳正要》里记载了探春、次春、紫笋、雀舌等茶，均属北苑茶。⑤ 蒙古地区有速敦茶（地榆茶），速敦茶产于

---

① 〔元〕臧晋叔编：《元曲选》第二册，北京：中华书局1958年版，第620页。
② 〔元〕臧晋叔编：《元曲选》第四册，北京：中华书局1958年版，第1342页。
③ 陈高华：《元代饮茶习俗》，载《历史研究》1994年第1期。
④ 〔元〕忽思慧：《饮膳正要》卷二《诸般汤煎》，北京：人民卫生出版社1986年版，第58页。
⑤ 〔元〕忽思慧：《饮膳正要》卷一《聚珍异馔》，北京：人民卫生出版社1986年版，第58页。

蒙古。红茶、花茶、砖茶等都产于南方地区。

前文耶律楚材诗中提到的建溪是北苑茶产地的水名。王祯说，茶的生产，"闽、浙、蜀、荆、江湖淮南皆有之，惟建溪北苑为胜"①。五代十国时期，南唐在建州设茶场，称为北苑。② 这是北苑茶得名的由来。宋代，建州改为建宁军，元代又改称建宁路，但"北苑"的名称一直保留了下来。元朝设"建宁北苑武夷茶场提领所。提领一员，受宣徽院札，掌岁贡茶芽。直隶宣徽"③。而元代宣徽院"掌供玉食"，亦即宫廷饮食。包括"凡稻粱牲牢酒醴蔬果庶品之物，燕享宗戚宾客之事，反诸王宿卫、怯怜口粮食"等。④ 可知北苑茶和前代一样，主要用来进贡，供宫廷消费和赏赐大臣、贵族之用。值得注意的是，建宁北苑武夷茶场提领所这一机构的名称，说明它管理的不仅是北苑茶场，而且还有武夷茶场。诗人胡助（号纯白道人）长期在京师大都（今北京）任职，有《茶屋》诗二首，首句云："武夷新采绿茸茸，满屋春香日正融。"⑤ 可见武夷茶在宫廷外亦已流行。武夷茶产于今崇安县，元时亦属建宁路。

《饮膳正要》卷二《诸般汤煎》中，记录了宫廷中饮用的各种名茶，其中并没有北苑茶和武夷茶的名称。但列有紫笋、雀舌茶"选新嫩芽蒸过，为紫笋。有先春、次春、探春，味皆不及紫笋、雀舌"。据明代的记载，洪武二十四年（1391）九月，"诏，建宁岁贡上供茶，听茶户采进，有司勿与。敕天下产茶去处，岁贡皆有定额。而建宁茶品为上，其所进者，必碾而揉之，压以银板大小龙团。上以重劳民力，罢造龙团，惟采茶芽以进。其品有四，曰：探春、先春、次春、紫笋。置茶户五百，免其徭役，俾专事采植。既而有司恐其后时，常遣人督之，茶户畏其逼迫，往往纳赂。上闻之，故有是命"⑥。探春、先春、次春、紫笋应该是建溪茶的不同品种。《饮膳正要》中记载的探春、次春、先春、紫笋、雀舌主要应是北苑茶，可能也包括武夷茶。

和北苑茶齐名的是湖州的顾渚茶，即紫笋茶。因色泽带紫，其形如笋，故名。

---

① 按，"江湖"疑有误，或系"两湖"。

② ［宋］沈括撰：《梦溪笔谈》卷二十五《杂志二·建茶》，上海：上海书店出版社 2009 年版，第 209 页。

③ 《元史》卷八十七，转引自巩志：《中国贡茶》，北京：中国摄影出版社 2003 年版，第 13 页。

④ 《元史》卷八十七《百官志三》，北京：中华书局 1976 年版，第 2220 页。

⑤ ［元］胡助撰：《纯白斋类稿》卷九，清乾隆文文渊阁四库全书抄浙江巡抚采进本，第 5 页 b。

⑥ ［明］雷礼撰：《明大政纪》卷四，明万历刻本。

顾渚是山名，元代属湖州路长兴州（今浙江长兴）。唐代起顾渚茶便是贡品。"唐中叶以来，顾渚茶岁造万八千斤，谓之贡焙。……其后每遇进茶，湖、常两郡守皆会顾渚，张宴赋诗，遂成故事。先朝重建茗，顾渚寥寂几三百载。"① "先朝"指宋朝。重视而又寥寂，乃因制茶的金沙泉枯竭。"金沙泉不常出，唐时用此水造紫笋茶进贡。有司具牲币祭之，始得水，事讫辄涸。宋末屡加浚治，泉迄不出。"入元后，"中书省遣官致祭，一夕水溢，可溉田千亩"。至元十五年（1278）正月，忽必烈赐金沙泉名为瑞应泉。② 金沙泉喷涌之后，顾渚茶的制作得以恢复，再次成为贡品。元代散曲作家冯子振（字海粟）有小令《鹦鹉曲》，咏"顾渚紫笋"："春风阳羡微暄住，顾渚问茗叟吴父。一枪旗紫笋灵芽，摘得和烟和雨。[么] 焙香时碾落云飞，纸上凤鸾衔去。玉皇前宝鼎亲尝，味恰到才情写处。""顾渚紫笋"也称湖州紫笋、长兴紫笋。"阳羡茶"产于常州（现江苏宜兴），亦为"紫笋茶"。"枪旗"也是名茶。枪，指茶枪，茶蕚尚未展开，形如枪；旗，指茶旗，茶蕚展开，状如旗。文人对顾渚茶的制作工艺及味道大加赞美，足见当时此贡茶的名望与地位。

3. 简约的饮茶风气

大都城市繁华，茶楼、茶馆一般多在游览胜地，如皇宫北面的（今什刹海、积水潭一带）沿岸地区，四时游人不绝，所以酒楼、茶肆格外兴隆。另外，在交通要道两旁，如大都西南角的顺承门内外，因系新旧两城的连接枢纽，又是从大都南下的陆路必经之地，所以酒楼、茶肆也特别集中。③ 如元代王祯《农书》所说："上而王公贵人之所尚，下而小夫贱隶之所不可阙，诚民生日用之所资，国家课利之一助也。"④ 既然茶业被视为如此高度，茶楼、茶坊的兴盛便势在必然。大都城内茶楼遍布，经营人员和服务人员一律称为"茶博士"。

在当时既有采用点茶法饮茶的，但更多是采用沸水直接冲泡散茶。在元代采用沸水直接冲泡散形条茶饮用的方法已较为普遍。因为不好精致繁复，所以元代虽然仍有团茶，但是散茶大为流行，《饮膳正要》卷二《诸般汤煎》说"清茶，

---

① ［元］牟巘：《吴信之茶提举序》，《陵阳集》卷十三《序》，清乾隆文渊阁四库全书抄浙江鲍士恭家藏本，第13页 b。
② 《元史》卷十《世祖纪七》，北京：中华书局1976年版，第197页。
③ 王岗：《北京通史》（第五卷），北京：中华书局1994年版，第44页。
④ ［元］王祯：《农书》卷十，清乾隆文渊阁四库全书抄永乐大典本，第17页 b。

先用水滚过，滤净，下茶芽，少时煎成"，元散曲也常说"煮茶芽""煮嫩芽"，说明清饮和"煎茶"正日益增多，"这种'烹茶芽'的'煎茶'方式可以说是后代点泡散条形茶的先声"①。这种用开水冲泡散茶叶的方便易行的饮用方式，对元大都简约的饮茶风气起到了推波助澜的作用。茶叶好，更要水好。元大都宫廷特别讲究泡茶之水。大都之西山"玉泉水，甘美味胜诸泉"。乃宫廷所有茶水之上乘。与玉泉水齐名的是井华水。这里有一段故事："武宗皇帝幸柳林飞放，请皇太后同往观焉。由是道经邹店，因渴思茶，遂命普阑奚国公金界奴、朵儿只煎造。公亲诣诸井选水，惟一井水味颇清甘，汲取煎茶以进。上称其茶味特异。内府常进之茶，味色两绝。乃命国公于井所建观音堂，盖亭井上以栏翼之。刻石纪其事。自后御用之水日必取焉。所造汤茶，此诸水殊胜。邻左有井，皆不及也。"② 元武宗时内府御用之水必取邹店井水，以今观之，其地井水水质佳良，很可能与某些微量元素的含量有关。至元十五年（1278）正月，忽必烈赐金沙泉名为瑞应泉，③而众所周知，金沙泉在唐代即是与紫笋茶一起上贡的名泉，当时进贡紫笋茶，必须与以银瓶盛装的金沙泉水一并送往长安，被誉为"大唐贡水"。忽必烈对金沙泉的关注显然也是出于品茗、品名茶的需要，这说明以忽必烈为首的元朝统治者已经有了比较精细的饮茶追求。

自元代开始，喝茶的习惯又发生了根本变化，用沸水冲泡散形条茶的方法逐渐被人们接受，这种喝茶方式简洁而便捷。因为没有了碾茶这道工序，直接冲泡也不需炙煮，自然就不需要那么多纷繁复杂的茶具。元代的瓷质茶具，造型深受宋代茶具的影响，但却以白瓷为尚，彰显北方游牧民族豪放粗犷的个性。如"野菜炊香饭，云腴涨雪瓯"④，"玉乳茶浮玉杯，金盘露滴金罍"⑤，"凤髓茶温白玉碗"⑥，"龙涎香喷紫铜炉，凤髓茶温白玉壶"⑦。曲词中提到的"雪瓯""玉杯"

① 陈高华、史卫民：《中国风俗通史·元代卷》，上海：上海文艺出版社2001年版，第50页。
② ［元］忽思慧：《饮膳正要》卷二《诸般汤煎》，北京：人民卫生出版社1986年版，第59—60页。
③ 《元史》卷十《世祖纪七》，北京：中华书局1976年版，第197页。
④ ［元］孙周卿：《山居自乐》"双调·水仙子"，见徐征等主编：《全元曲》第12卷，石家庄：河北教育出版社1998年版，第8457页。
⑤ ［元］汤舜民：《山中乐四阕赠友人》"双调·湘妃引"，见徐征等主编：《全元曲》第7卷，石家庄：河北教育出版社1998年版，第5067页。
⑥ ［元］汤舜民：《春日闺思》"双调·新水令"，见徐征等主编：《全元曲》第7卷，石家庄：河北教育出版社1998年版，第5133页。
⑦ ［元］汤舜民：《自述》"双调·湘妃引"，见徐征等主编：《全元曲》第7卷，石家庄：河北教育出版社1998年版，第5068页。

"白玉碗""白玉壶"当是当时名贵的白瓷。同饮茶方式一样，元代的茶具也处于一个过渡期。宋、金时期的名窑，如磁州窑、钧窑、景德镇窑仍在继续发展，定窑、耀州窑则走向衰落。钧瓷的影响超过前代，颜色多为月白色或蓝灰色。随着茶叶品种的增加，元代普遍饮用的是与现代炒青绿茶相似的芽茶。芽茶泡出的绿色茶汤，以白瓷盛之，显得更为赏心悦目。北京东、西、北环山，山泉众多，用山泉沸水泡茶，乃为上品。元大都饮茶之风兴盛，与此不无关联。

饮茶是元大都各民族、各阶层一种共同的嗜好，但总体而言，元大都饮茶之道趋向简约，这种简约与宋代宫廷奢靡烦琐饮茶之风形成强烈反差。"蒙古人主中原，粗犷的骑马民族不可能对品茶论艺、煮茗风雅有很大兴趣，对于繁文缛节也没有那么多讲究，加之元代，中原文化受到巨大冲击，文人，特别是南方文人地位低下，也不再有那么多闲情逸致去品茶较艺，所以，宋代茶艺的精致烦琐在元代走向简约自然。"① 饮茶有助于冷静和反思。当时北方民族虽嗜茶，但豪爽和不拘小节的性格使他们在接受汉人茶文化的同时，也对宋人烦琐的茶艺颇为排斥。因此，元大都的饮茶风俗与当时中原及南方一些繁华都市形成了鲜明对比。

元代统治中国不足百年，在茶文化发展史上，找不到一本茶事专著，但仍可以从诗词、书画中找到一些有关茶具的踪影。文人也无心以茶事表现自己的风流倜傥，而希望在茶事中表现自己的清节，磨炼自己的意志。追求清饮，不仅是汉族文人的特色，而且不少蒙族文人也相当热衷于此道，特别是耶律楚材，他有诗一首，十分明白地咏出了自己的饮茶审美观："碧玉瓯中思雪浪，黄金碾畔忆雷芽。卢仝七碗诗难得，谂老三瓯梦亦赊。敢乞君侯分数饼，暂教清兴绕烟霞。"② 在元代大都茶文化的发展中，涌动着两种思潮，一是茶艺简约化，二是精神与自然契合，以茶表现自己的苦节。元代诗人李谦亨有诗云："汲水煮青芽，清烟半如灭。"③ 这是煎煮散茶时，茶叶在沸水中上下翻滚的美妙画面。同时，也宣泄了诗人恬淡雅致的悠悠心境。文人雅士、隐士和"俗士"有精神上的共同追求，于低调的生活中寄情于天地百物。

---

① 王立霞：《元代茶文化：多元民族文化融合的具象表达》，《农业考古》2011 年第 5 期。
② ［元］耶律楚材：《西域从王君玉乞茶因其韵七首》（其一），《湛然居士集》卷五，清乾隆文渊阁四库全书抄兵部侍郎纪昀家藏本，第 13 页 a。
③ ［元］李谦亨：《土铏茶烟》，见徐海荣主编：《中国茶事大典》，北京：华夏出版社 2000 年版，第751 页。

第六节　饮酒风俗

不过，比起茶，奶、酒应该更早地成为蒙古民族的传统饮料。元代大都饮酒之风十分盛行，第一，得益于大都官营酒的生产能力能够满足市民饮酒需求。大德八年（1304），大都酒课提举司设有官槽房100所，大德九年减为30所，大德十年（1306），复增到33所，至大三年（1310），又复增加到54所。此外，累朝拨赐诸王公主寺庙为9所，槽房每所日可酿酒25石以上，[①] 如果按这个普通产量累计，100所则可酿酒2500石，月可酿酒75000石。按30所计，则大都官营酿酒作坊最低日产量750石，最高月产量可达22500石。据估计，大都酿酒，一年消耗粮食1200多万石。由此可见，当时官营酿酒业是很兴盛的。[②] 大都地区的私营酿酒业也十分盛行，民间酿酒作坊有数百个，"日酿多至三百石者，月已耗谷万石，百肆计之不可胜算"[③]。酿酒业消耗了大量粮食，至元十四年（1277）姚枢建议："糜谷之多，无若醪醴曲蘖。京师列肆百数，日酿有多至三百石者，月已耗谷万石。百肆计之，不可胜算与！祈神赛社，费亦不赀，宜悉禁绝。"[④] 第二，酒业的兴盛主要在于政府专卖政策的实施。入元以后，政府规定："命随路酒课依京师例，每石取一十两。"[⑤] 酿酒的课税成为大都财政收入的重要来源。因酒价昂贵，酒类专卖盛行。第三，酒业贸易和酒业经营日益发达，酒肆充斥了大街小巷。正隆二年进士、大兴人王启诗中有"燕京名酒四海传"之句。[⑥] 城内私人酒楼密布，"茶楼酒馆照晨光，京邑舟车会万方，驿路草生春报信，御河冰散客遥装"[⑦]。这是元人马臻在《都下初春》中对大都酒馆繁盛景象的描绘。第四，游牧民族豪饮品性使然。

大都城繁华的标志之一便是酒坊装饰的精美与大气。由此，酒业也成为官

---

① 《元史·食货志》卷二《酒醋课》，北京：中华书局1976年版，第2395页。

② 孙健：《北京古代经济史》，北京：北京燕山出版社1996年版，第116—117页。

③ ［元］姚燧：《牧庵集》卷十五《中书左丞姚文献公神道碑》，上海商务印书馆缩印：《四部丛刊初编 集部298》，北京：商务印书馆1919年版，第129页。

④ ［元］姚燧：《牧庵集》卷十五《中书左丞姚文献公神道碑》，四部丛刊初编本，上海：商务印书馆1919年版，第15页b—16页a。

⑤ 《元史·食货志》卷二《酒醋课》，北京：中华书局1976年版，第2395页。

⑥ 王启：《王右辖许送名酒，久而不到，以诗戏之》，载元好问编《中州集》卷八，北京：中华书局1959年版，第399页。

⑦ ［元］马臻：《都下初春》，《霞外诗集》卷四，清乾隆文渊阁四库全书抄浙江鲍士恭家藏本，第4页b。

府、贵族和富商谋取暴利的手段。除大都酒课提举司所属的糟房多达 100 所外，富豪户多酿酒沽卖，价高味薄，且课不时输。顺帝时的丞相脱脱之父马札儿台，在通州置榻坊，开酒馆、糟坊，日至万石。酒业的兴盛带动了大都商业文化的发展。

1. 宫廷豪饮之风

北京自元代开始定为首都。入京的蒙古人带来了草原民族的饮酒习惯，从都市到乡村，或多或少，或大或小，酒肆星罗棋布，可谓"处处人烟有酒旗"[①]。

尤其是元世祖忽必烈及其贵族大臣最喜豪饮，每逢宫内大宴宾客，都会在宫殿里准备巨型贮酒容器，后来索性制成了可贮酒 30 余石（120 市斤）的稀世珍宝"渎山大玉海"，安置在广寒殿里，作为酒瓮。"渎山大玉海"又名"大玉瓮""酒海"，由一整块黑质白章的巨型玉石雕刻而成。高 0.7 米，口径 1.35～1.82 米，最大周长 4.93 米，重约 3500 公斤，体略呈椭圆形，内空。马可·波罗曾描述道："殿中有一器，制作甚富丽，形似方柜，宽广各三步，刻饰金色动物甚丽。柜中空，置精金大瓮一具，盛酒满，量足一桶。柜之四角置四小瓮，一盛马乳，一盛驼乳，其它则盛种种饮料。柜中也置大汗之一切饮盏。有金质者甚丽，名曰杓，容量甚大，满盛酒浆，足供八人或十人之饮。列席者每二人前置一杓，满盛酒浆，并置一盏，形如金杯而有柄。"[②]"渎山大玉海"[③] 制成于公元 1265 年，相传是元世祖忽必烈为犒赏三军而制，其制作意图无外乎为了显示元代国势的强盛。

逢到宫内宴饮，众人便在大玉海边围坐一圈，拿海碗舀酒递相饮用，喝到酣畅淋漓之时，更是边舀边饮，盛况空前。元史称："酒人，凡六十人，主酒（国语曰答剌赤）二十人，主湩（国语曰部剌赤）二十人，主膳（国语曰博儿赤）二十人。冠唐帽，服同司香。酒海直漏南，酒人北面立酒海南。"[④] 饮酒场面奢华、浩大，达到登峰造极的地步。筵席间喝酒常行酒令取乐，有学者指出："酒令的根本作用是劝酒佐觞，所以有时尽管没有明确提示行令，但凡酒宴上唱曲，大都是行酒令，以完成'你唱曲我喝酒'的酒约，上引《浮沤记》《风光好》《黄花峪》诸例，均为应命佐

[①] ［元］张翥：《浮山道中》，《蜕庵集》卷三，清乾隆文渊阁四库全书抄浙江巡抚采进本，第 16 页 a。

[②] 《马可·波罗行纪》汉译本，冯承钧译，上海：上海书店出版社 1999 年版，第 349 页。

[③] "渎山大玉海"今存北京北海团城玉瓮亭，元代置于万寿山顶广寒殿中，"玉有白章，随其行刻为鱼兽出没于波涛之状"（《南村辍耕录》卷二十一《宫阙制度》），可贮酒 30 余石。

[④] 《元史》卷八十《舆服志·殿上执事》，北京：中华书局 1976 年版，第 1997 页。

觞而唱，因而都是行令。"他又判断：元代酒令曲牌有"阿忽令"（"可古令""阿孤令"）如《东堂老》第三折、元杂剧《拜月亭》《调凤月》第四折、《紫云亭》第三折"阿忽那"。此外特殊酒令规则，一是赢者赏酒，输者罚水，如《金线池》和《陈母教子》第三折；二是东家置酒客制令，如《黄鹤楼》第三折。①

元人尚饮风习之炽烈，首推宫廷最盛。元代皇帝如太宗、定宗、世祖、成宗、武宗、仁宗、顺帝等人多嗜酒成癖；元开国皇帝忽必烈好饮，曾因过饮马奶子酒，"得足疾"②，后屡次发作，遍请名医诊治，亦不复痊愈。元成宗铁穆耳登基之前也是位瘾君子，不管忽必烈怎样规劝和责备，依然故我。忽必烈甚至用棍子打过他3次，并派侍卫监视，他仍然偷着喝。武宗海山"惟曲糵是沉，姬嫔是好"③。继位的仁宗爱育黎拔力八达"饮酒常过度"④。元末帝顺帝早期"不嗜酒，善画，又善观天象"。顺帝倾心政治，颇有可能成为一代明君，"始虽留意政事"，但后来"终无卓越之志，自溺于倚纳，大喜乐事，耽嗜酒色，尽变前所为"⑤。"万羊肉如陵，万瓮酒如泽。"⑥ 元代皇帝大多寿命不长，与过度饮酒有直接关系。

元宫廷的宴飨、祭祀、庆典、赐酺、赏赉，用酒无算。元朝制度，"国有朝会、庆典，宗王、大臣来朝，岁时行幸，皆有燕飨之礼"⑦。元廷尤重祭祀，礼仪相当繁复，有大祀、中祀、小祀之分。"凡大祭祀，尤贵马湩。将有事，敕太仆寺挏马官，奉尚饮者革囊盛送焉。其马牲既与三牲同登于俎，而割奠之馔，复与笾豆俱设。"⑧ "虽欠庙谟，定国论，亦在于樽俎餍饫之际。"⑨ 饮酒礼仪隆重繁缛，名目冗多；饮酒器皿也是精致贵重，独具匠心；更兼宫中名酒荟萃，活色生香，蔚为大观。如果说元大都饮茶之道趋向简约，那么，其时的饮酒之道便走向反面，借助于酒精的刺激，将暴饮推向时代的顶端。

---

① 康保成：《酒令与元曲的传播》，载《文艺研究》2005 年第 8 期。

② 《元史》卷一六八《列传·许国祯传》，北京：中华书局 1976 年版，第 3963 页。

③ 《元史》卷一三六《列传·阿沙不花传》，北京：中华书局 1976 年版，第 3299 页。

④ 《元史》卷一四三《列传·马祖常传》，北京：中华书局 1976 年版，第 3411 页。

⑤ [明] 权衡：《庚申外史》，王云五主编：《丛书集成初编》，上海：商务印书馆 1936 年版，第 38 页。

⑥ [元] 周伯琦：《大口》，陈衍辑：《元诗纪事 第 4 册》卷二十，北京：商务印书馆 1925 年版，第 395 页。

⑦ 苏天爵编：《国朝文类 12》卷四十一《礼典总序·燕飨》，四部丛刊初编本，第 4—5 页。

⑧ 《元史》卷七十四《祭祀志三》，北京：中华书局 1976 年版，第 1841 页。

⑨ [元] 王恽：《王恽全集汇校》卷五十七《碑·大元故关西军储大使吕公神道碑铭》，北京：中华书局 2013 年版，第 2555 页。

元代宫廷中酒的消费量是相当惊人的，宪宗蒙哥汗即位时，"宴饮作乐整整举行了一星期。饮用库和厨房负责每天（供应）两千车酒和马湩，三百头牛马，以及三千只羊"①。泰定帝元年（1324）八月，亦曾"市牝马万匹取湩酒"②。元代诗人张昱（字光弼）发出如此感叹："饮到更深无厌时，并肩侍女与扶持。醉来不问腰肢小，照影灯前舞柘枝。"③ 有元一代，嗜酒成为影响朝政的重要因素，也是导致元朝灭亡的主要原因之一。

上行下效，帝王豪饮暴饮的嗜好传到宫外，大都民间也饮酒成风。酒成为大都市场上流通的重要商品。"京师列肆百数，日酿有多至三百石者，月已耗谷万石，百肆计之，不可胜算。"④ 为了满足市民饮酒需求，元大都酒肆、酒坊林立。熊梦祥描述当时酒坊的装饰状况："酒槽坊，门首多画四公子：春申君、孟尝君、平原君、信陵君。以红漆阑干护之，上仍盖巧细升斗，若宫室之状。两旁大壁，并画车马、驺从、伞仗俱全。又间画汉钟离、唐吕洞宾为门额。正门前起立金字牌，如山子样，三层，云黄公垆。夏月多载大块冰，入于大长石枧中，用此消冰之水酝酒，槽中水泥尺深。"⑤ 门首所画四公子属于酒槽坊的幌子，说明当时的酒坊、酒肆、酒楼已有了能够为广大市民共识的标志性符号，行业内部知识系统已建构得比较完善，这标志着酒业经营的文化运行已相当成熟。从豪华的门脸可以看出当时的酒坊是何等醒目，说明在饮食文化中，酒文化已占据了突出位置。

元大都饮酒的社会群体亦十分庞大，宫廷贵族饮，文人士大夫饮，平民百姓饮，僧侣道士也饮。文人墨客本是社会的精英表率，却也饮酒作乐，花天酒地。刘辰翁的《花朝请人启》：

亲朋落落，慨今雨之不来；节序匆匆，抚良辰而孤往。辄修小酌，敬屈大贤。固知治具之荒凉，所愿专车之焜耀。春光九十，又看二月之平分，人生几何，莫

---

① ［波斯］拉施特：《史集》第二卷《成吉思汗的儿子拖雷汗之子蒙哥合汗纪》，第 244 页。
② 《元史》卷二十九《泰定帝纪一》，北京：中华书局 1976 年版，第 650 页。
③ ［元］张昱：《宫中词》，《张光弼诗集》卷三，《四部丛刊》续编集部，第 102 页。
④ ［元］姚燧：《牧庵集》卷十五《中书左丞姚文献公神道碑》，上海商务印书馆缩印：《四部丛刊初编 集部298》，北京：商务印书馆 1919 年版，第 129 页。
⑤ ［元］熊梦祥：《析津志辑佚·风俗》，北京：北京古籍出版社 1983 年版，第 202 页。

惜千金之一笑。引领以俟，原心是祈。①

发起者写下请柬，被约人再做出答复："燕语春光，半老东风之景；蚁浮腊味，特开北海之尊。纪乐事于花前，置陈人于席上。相从痛饮，单惭口腹之累人；不醉无归，幸勿形骸而索我。"② 这些作品寄寓了宋代文人或入世或出世的理想，元代文人延续宋代的饮酒题材，依旧倾心于约酒的话题。王恽《秋涧集》中有对此项活动较为详尽的描述，"用是约二三知友，燕集林氏花圃，所有事宜，略具真率。旧例各人备酒一壶，花一握，楮币若干，细柳圈一，春服以色衣为上。其余所需，尽约圃主供具"③。活动内容亦十分丰富，饮酒赋诗，品茗赏乐，往往尽情而欢。"人生已如此，有酒且须醉。"④ 元人及时行乐的生活完全被浸泡在酒水里。"黄金酒海赢千石，龙杓梯声给大筵。殿上千官多取醉，君臣胥乐太平年。"⑤ 这类作品在描述沉醉生活的同时，也折射出对所处时代和自身境遇的反思，表现出不同于宋代文人的难以化解的矛盾心理。

2. 酒的种类

元代的酒，比起前代来要丰富得多。就其使用的原料来划分，大致分为奶酒（以马奶酒为代表）、果酒（以葡萄酒为代表）、粮食酒（包括黄酒与白酒）及各种配制酒。《饮膳正要》卷三"米谷品"："阿剌吉酒，味甘辣，大热有毒，主消冷坚积，去寒气，用好酒蒸熬取露成阿剌吉。"⑥ 阿剌吉（外来语——著者注），亦作阿里乞、哈剌吉、哈剌基。这段文字是中国关于烧酒——蒸馏白酒的最早文字记载，也应当是中国酿酒史上出现白酒的开端，对于研究中国古代酒文化的发展史具有重要参考价值。

李时珍在《本草纲目》中说，烧酒又名火酒，"非古法也，自元时始创其法，

① ［宋］刘辰翁：《花朝请人启》，胡思敬辑：《豫章丛书 须溪集》卷七，南昌：南昌古籍出版社1985年版，第577页。
② ［宋］刘辰翁：《答赴启》，胡思敬辑：《豫章丛书 须溪集》卷七，南昌：南昌古籍出版社1985年版，第577页。
③ ［元］王恽：《王恽全集汇校》卷七十《约·禊约》，北京：中华书局2013年版，第2988页。
④ ［元］戴良：《饮酒》，［清］顾嗣立编：《元诗选二集·辛集》，北京：中华书局1987年版，第1042页。
⑤ ［元］张昱：《辇下曲》，杨富有著：《元代上都诗歌选注》，北京：中国书籍出版社2018年版，第520页。
⑥ ［元］忽思慧：《饮膳正要》，北京：中国商业出版社1988年版，第122页。

用浓酒和糟入甑，蒸令气上，用器……和曲蒸取。其清如水，味极浓烈，盖酒露也"①。李时珍说烧酒自元代始创其法，但唐诗中已出现"烧酒"之名，白居易《荔枝楼对酒》诗云："荔枝新熟鸡冠色，烧酒初开琥珀香。"②此"烧酒"是温热了的家酿酒还是蒸馏酒，不得而知。不过，北京自元代已有烧酒则确认无疑。中国蒸馏酒大规模生产应发轫于元代，元代以前中国部分地区的少数人，尤其是"制药者可能已经掌握用蒸馏技术来制取蒸馏酒，但只是少量制备，不可能形成社会性的规模生产"③。

元代中期，由阿拉伯、中亚等地穆斯林传来的阿剌吉酒已经进入元代宫廷，许有壬《至正集》卷十六有《咏酒露次解恕斋韵·序》："世以水火鼎，炼酒取露，气烈而清。秋空沆瀣不过也，虽败酒亦可为。其法出西域，由尚方达贵家，今汗漫天下矣。译曰阿尔奇云。"该诗云："水气潜升火气豪，一沟围绕走银涛。"形象地描绘出烧酒蒸馏的情形。"不仅味佳，而且色清爽目。其味极浓，较他酒为易醉。"④阿剌吉酒的酿造方式是这样的：⑤"南番烧酒法（番名阿里乞）：右件不拘酸甜淡薄，一切味不正之酒，装八分一甏，上斜放一空甏，二口相对。先于空甏边穴一窍，安以竹管作嘴，下再安一空甏，其口盛住上竹嘴子。向二甏口边，以白瓷碗碟片，遮掩令密，或瓦片亦可，以纸筋捣石灰厚封四指。入新大缸内坐定，以纸灰实满，灰内埋烧熟。硬木炭火二三斤许下于甏边，令甏内酒沸，其汗腾上空甏中，就空甏中竹管内却溜下所盛空甏内。其色甚白，与清水无异。酸者味辛，甜淡者味甘。可得三分之一好酒。此法腊煮等酒皆可烧。"另外，朱德润所著《轧赖机酒赋·序》亦对元代蒸馏酒的制作过程进行过介绍。文中曰："法酒人之佳制，造重酿之良方。名曰轧赖机，而色如酊。贮以札索麻，而气微香。卑洞庭之黄柑，陋列肆之瓜姜。笑灰滓之采石，薄泥封之东阳。观其酿器，扃钥之机，酒候温凉之殊甑，一器而两圈铛，外环而中洼。中实以酒，仍械合之无余。

---

① ［明］李时珍著、马美著校点：《本草纲目》卷四十四《鳞部·河豚》，武汉：崇文书局2015年版，第112页。

② ［唐］白居易：《荔枝楼对酒》，载［清］彭定求等编：《全唐诗》卷四百四十一，北京：中华书局1960年版，第4925页。

③ 周嘉华：《中国蒸馏酒源起的史料辨析》，载《自然科学史研究》1995年第3期，第227—238页。

④ ［法］沙海昂注、冯承钧译：《马可·波罗行纪》第100章《契丹人所饮之酒》，上海：上海书店出版社2001年版，第254页。

⑤ ［元］无名氏编、邱庞同注释：《居家必用事类全集》己集《造曲法·南番烧酒法》，北京：中国商业出版社1986年版，第37页。

少焉，火炽既盛，鼎沸为汤。包混沌于郁蒸，鼓元气于中央。熏陶渐渍，凝结为
炀。潏渤若云蒸而雨滴，霏微如雾融而露瀼。中涵既竭于连爨，顶溜咸濡于四旁。
乃泻之以金盘，盛之以瑶樽，开醴筵而命友，醉山颓之玉人。但见酡颜炫耀，余
噱淋漓，乱我笾豆，屡舞僛僛。"最后，朱德润感叹道："噫！当今之盛礼，莫盛
于轧赖机。"① 朱德润这篇大作无论字数还是对酿酒工艺的展示，均为历代酒赋之
最。轧赖机或称阿刺吉，是一种以谷类为主酿造出来的烧酒。清代檀萃的《滇海
虞衡志·志酒》中说："盖烧酒名酒露，元初传入中国，中国人无处不饮乎烧
酒。"② 清代章穆在《调疾饮食辩》中说："烧酒又名火酒，《饮膳正要》曰'阿
刺吉'。番语也，盖此酒本非古法，元末暹罗及荷兰等处人始传其法于中土。"③
当时这种酒当只在上层贵族中流传，否则，朱德润也不会发出"当今之盛礼"的
感叹。

马奶酒又称羊羔酒，前文出现过的称谓还有"马乳""醴沆""马湩""湩
酒"等。公元1271年，忽必烈建立元朝，定都大都后，饮食起居一改草原遗风，
但马奶酒却保存下来，成为北京饮食文化独特的风味。意大利旅行家马可·波罗
曾经在《马可·波罗游记》中描述过忽必烈在皇宫宴会上将马奶酒盛在珍贵的金
碗里，犒赏有功之臣。宋元著名诗人、宫廷琴师汪元量应邀参加了皇室的内宴，
当时宴会上饮用的就是马奶酒。随后他写了一首《御宴蓬莱岛》诗云："晓入重
闱对冕旒，内家开宴拥歌讴。驼峰屡割分金盎，马妳时倾泛玉瓯。"④ "马妳"即
马奶酒，诗中描写了宫廷马奶酒宴的奢靡豪华。《饮膳正要》卷三《米谷品》"羊
羔酒"云："依法作酒，大补益人。"说明在元代，羊羔酒也属于法酒，即由宫廷
发布标准酿造的酒，是宫廷御酒。元杂剧常常出现羊羔酒，说明此酒深得当时人
喜爱。陈以仁的《雁门关存孝打虎》，第一折，白："［冲末李克用上，云：］……
番、番、番，地恶人欢。骑劣马，坐雕鞍，飞鹰走犬，野水秋山，渴饮羊羔酒，

① ［元］朱德润：《轧赖机酒赋》，《古今图书集成·食货典》，第698册，北京：中华书局1976年版，第1343页。
② ［清］檀萃辑，宋文熙、李东平校注：《滇海虞衡志校注》"志酒"，昆明：云南人民出版社1990年版，第86页。
③ ［清］章穆：《调疾饮食辩》卷二《谷类·烧酒》，北京：中医古籍出版社1999年版，第114页。
④ ［宋］汪元量撰、孔凡礼辑校：《御宴蓬莱岛》，《湖山类稿》卷三，北京：中华书局1984年版，第66页。

饥餐鹿脯干。"① 无名氏《须贾大夫谇范叔》，第一折，《金盏儿》："俺只见瑞雪舞鹅毛，美酒泛羊羔。"② 刘唐卿的《降桑椹蔡顺奉母》，第一折，《尾声》："［正末唱:］尽今生乐酶酶，饮香醪，满捧羊羔。"③ 元王举之小令《折桂令·羊羔酒》："杜康亡肘后遗方，自堕甘泉，紫府仙浆。味胜醍醐，酿欺琥珀，价重西凉。凝碎玉金杯泛香，点浮酥凤盏熔光。锦帐高张，党氏风流，低唱新腔。"④ 这支曲子将生活的情趣与羊羔酒联系在一起，羊羔酒成为文人诗化生活的必备媒介。在酿制马奶酒时，视马的毛色以区别贵贱。黑色马奶酒最为珍贵，视作精品。蒙古语称"黑忽迷思"，译为汉语即是"玄玉浆""元玉浆"。"玄"即黑也。关于黑色马奶酒，还有另外一种说法。《黑鞑事略》徐霆疏："初到金帐，鞑主饮以马奶，色清而味甜，与寻常色白而浊、味酸而膻者大不同，名曰黑马奶。盖清则似黑。问之则云：此实撞之七八日，撞多则愈清，清则气不膻。"因所费时日多些而成黑马奶。许有壬《上京十咏》中有"新醅撞重白，绝品挹清玄"⑤ 诗句，表明黑马奶酒是在短期发酵的马奶酒的基础上，继续加工的结果。饮黑色马奶酒的筵席规格最高，在蒙古汗帐中身份、地位显赫的人才有资格享用。

葡萄酒可以说是果实酒中最重要的一种。关于古代西域葡萄酒的记载，最早是《史记·大宛列传》，云："宛左右以蒲陶为酒，富人藏酒至万余石，久者数十岁不败。俗嗜酒，马嗜苜蓿。"苜蓿：草名，原产于伊朗，汉时传到我国。汉代的大宛在今乌兹别克斯坦与吉尔吉斯斯坦交界的费尔干纳盆地。魏晋以后，有关葡萄酒的文献记载增多，主要集中于新疆地区。元代是我国古代葡萄酒创始和极盛时期。蒙古人饮用葡萄酒，初见于《元朝秘史》第一八一节。忽必烈率大军入主中原，建都北京，就向京城内外的酒家索取葡萄酒。据《元典章》所载："大都酒使司于葡萄酒三十分取一，至元十年抽分酒户，白英十分取一。"⑥ 由此可知，元初北京酒坊就已经大量生产葡萄酒了。元人熊梦祥曾记述了当时葡萄酒的酿造

---

① 隋树森编：《元曲选外编》第二册，北京：中华书局1980年版，第554页。
② 隋树森编：《元曲选外编》第三册，北京：中华书局1980年版，第1203页。
③ 隋树森编：《元曲选外编》第二册，北京：中华书局1980年版，第426页。
④ 《全元散曲》下，北京：中华书局1964年版，第1320页。
⑤ 许有壬：《上京十咏 并序》，章荑荪选注：《辽金元诗选》，上海：古典文学出版社1958年版，第156页。
⑥ 《元典章》卷二十二，《户部》卷八"酒课"条，清光绪三十四年至民国十四年武进董氏刻诵芬室丛刊本，第65页a。

过程:"葡萄酒……酝之时,取葡萄带青者。其酝也,在三五间砖石甃砌干净地上,作甃瓮缺嵌入地中,欲其低凹以聚,其瓮可容数石者。然后取青葡萄,不以数计,堆积如山,铺开,用人以足揉践之使平,却以大木压之,覆以羊皮并毡毯之类,欲其重厚,别无曲药。压后出闭其门,十日半月后窥见原压低下,此其验也。方入室,众力捽下毡木,搬开而观,则酒已盈瓮矣。乃取清者入别瓮贮之,此谓头酒。复以足蹴平葡萄滓,仍如其法盖,复闭户而去。又数日,如前法取酒。窨之如此者有三次,故有头酒、二酒、三酒之类。直似其消尽,却以其滓逐旋澄之清为度。上等酒,一二杯可醉人数日。复有取此酒烧作哈剌吉,尤毒人。"① 文中提到制作的"哈剌吉"即为阿剌吉烧酒。

当时大都建有葡萄酒生产基地,且规模不断扩大,可以满足需要且允许民间经营。《元史》卷四《世祖纪》、卷一十六《世祖纪》、卷一十九《成宗纪》:"中统二年(1261)六月,敕平阳路安邑县,蒲萄酒自今毋贡。"说明此前一直进贡。至元二十八年(1291)五月,"宫城中建蒲萄酒室及女工室"。这是葡萄进入中国以来,历史文献中首条官方成批生产葡萄酒的记载。"元贞二年(1296)三月,罢太原、平阳路酿进蒲萄酒,其蒲萄园民恃为业者,皆还之。"② 平阳、安邑、太原均生产葡萄酒,并作为贡品上贡京城。但13世纪中期访问过蒙古族的加宾尼和法国方济各会传教士鲁不鲁乞都说,当时蒙古人的葡萄酒都是从遥远地区运送到他们那里的。大约在金、元之际,山西也开始生产葡萄酒。元好问在《蒲桃酒赋》的序言中写道:"刘邓州光甫为予言:吾安邑多蒲桃(葡萄),而人不知有酿酒法。"③ 贞祐年间(1213—1217),"一民家避寇自山中归,见竹器所贮蒲桃在空盎上者,枝蒂已干,而汁流盎中,熏然有酒气。饮之,良酒也。盖久而腐败,自然成酒耳。不传之秘,一朝而发之"④。此后,安邑便以产葡萄酒闻名于世。由于葡萄酒酿法曾一度失传,故误以为葡萄酒只产自域外。蒙古统治北方农业区后,安邑葡萄酒便成了贡品。《饮膳正要》卷三《米谷品》"葡萄酒":"益气调中,耐饥强志。酒有数等,有西番者,有哈剌火者,有平阳太原者,其味都不及哈剌火者,田地酒最佳。"哈剌火者,即哈剌火州,即今新疆吐鲁番地区。此地自古盛产葡

---

① [元]熊梦祥:《析津志辑佚》,北京:北京古籍出版社1983年版,第239页。
② 《元史》卷四、卷一十六、卷一十九,北京:中华书局1976年版,第70、71、347、402、403页。
③ [清]张金吾编纂:《金文最》卷二《赋·蒲桃酒赋》,北京:中华书局1990年版,第21页。
④ [清]张金吾编纂:《金文最》卷二《赋·蒲桃酒赋》,北京:中华书局1990年版,第21页。

萄，味美甜香，是葡萄酒极好原料。所以山西等地所产葡萄酒皆不及哈剌火者葡萄酒。至此，葡萄酒就不只是蒙古人喜爱的饮料，而且全国各地都普遍流行，并传至今天。

在元代，葡萄酒作为宫廷饮膳，被蒙古皇帝及贵族饮用，称为法酒。叶子奇《草木子》卷三下《杂制篇》"法酒"：每发于冀宁等路造葡萄酒。在元成宗大德年间（1298—1307），太原路改为冀宁路。在元代，葡萄酒常被元朝统治者用于宴请、赏赐王公大臣，还用于赏赐外国和外族使节。在蒙元宫廷宴饮中，葡萄酒与马奶酒各领风骚，成为宫廷宴饮中的独特景观，[1]"沉沉棕殿云五色，法曲初奏歌熏风。酾官庭前列千斛，万瓮蒲萄凝紫玉"[2]。相对于其他酒，葡萄酒更可凝练成华丽的诗句。南宋小皇帝赵㬎一行到北方，忽必烈上都连续10次设宴款待，"第四排筵在广寒，葡萄酒酽色如丹"[3]。元代的葡萄酒，还用于"祭祀"、"典礼"和"祝寿"。《元史》卷九、卷一〇《世祖纪》、卷七十五《祭祀志宗庙》：至元十三年（1296）九月，"享于太庙，常馔外，益野豕、鹿、羊、蒲萄酒"。十五年（1278）十月，享于"太庙，常设牢醴外，益以羊、鹿、豕、蒲萄酒"。"六曰晨裸：祀日丑前五刻，太常卿、光禄卿、太庙令率其属设烛于神位，遂同三献官、司徒、大礼使等每室一人，分设御香、酒醴，以金玉爵斝，酌马湩、蒲萄尚酝酒奠于神案。"[4]尚酝即大都尚酝局，"掌酝造诸王、百官酒醴"。

《马可·波罗游记》"哥萨城"（今河北涿州）一节中记载："过了这座桥（指北京的卢沟桥），西行四十八公里，经过一个地方，那里遍地的葡萄园，肥沃富饶的土地，壮丽的建筑物鳞次栉比。"葡萄园是规模化种植，说明元朝的葡萄酒业到了鼎盛时期。据《元典章》，元大都葡萄酒系官卖（系榷货），曾设"大都酒使司"，向大都酒户征收葡萄酒税。大都坊间的酿酒户，有起家巨万、酿葡萄酒多达百瓮者。可见当时葡萄酒酿造已达相当规模。由于葡萄种植业和葡萄酒酿造业的大发展，饮用葡萄酒不再是王公贵族的专利，平民百姓也饮用葡萄酒。这从一

① ［明］宋濂等：《元史》卷七十四，"三献之礼，实依古制。若割肉，奠葡萄酒、马湩，别撰乐章，是又成一献也。"北京：中华书局1976年版，第1842页。
② ［元］袁桷：《装马曲》，《清容居士集》卷十五，清乾隆文渊阁四库全书抄两淮马裕家藏本，第30页b。
③ ［宋］汪元量：《湖州歌九十八首·其七十三》，《增订湖山类稿》卷二，北京：中华书局1984年版，第52页。
④ 《元史》卷九、卷一〇、卷七十五，北京：中华书局1976年版，第185、205、1869页。

些平民百姓、山中隐士及女诗人的葡萄与葡萄酒诗中可以读到。《至正集》卷二十载许有壬《和明初蒲萄酒韵》诗云："汉家西域一朝开，万斛珠玑作酒材。真味不知辞曲糵，历年无败冠尊罍。殊方尤物宜充赋，何处春江更泼醅。"《畏斋集》卷二载程端礼《代诸生寿王岂岩》诗云："千瓢酒馨葡萄绿，万朵灯敷菡萏红。"萨都拉《伤思曲·哀燕将军》诗其二云："宫棉袍，毡帐高，将军夜酌凉葡萄。葡萄力重醉不醒，美人犹在珊瑚枕。"元代诗人对葡萄酒的感悟颇深，于是能够把元人品味葡萄酒的生活画面生动地描绘出来。在元代所有的酒类中，葡萄酒是最为博得艺术青睐的，不仅是诗，词曲、音乐、绘画都以葡萄为题材。元代著名画家温日观的葡萄画就颇为知名。

果酒中除葡萄酒外，还有枣酒和椹子酒，"枣酒，京南真定为之，仍用些少曲糵，烧作哈剌吉，微烟气甚甘，能饱人。椹子酒，微黑色。京南真定等处咸有之。大热有毒，饮之后能令人腹内饱满。若口、齿、唇、舌，久则皆黧。军中皆食之，以作糇粮，干者可致远"①。当时，燕京生产的酒颇负盛名，且名目繁多。粮食酒则是民间主要用酒。大都造酒，酒中还常常加入药材酿成保健酒，如虎骨酒、地黄酒、枸杞酒、羊羔酒、五加皮酒、小黄米酒等。果酒和粮食酒采用蒸馏方法，这是中国制酒史上的一次革命。宫廷和有闲阶层享用花露酒。花露酒兼得花香与酒香，美味而又风雅，如菊花酒"霞杯浅注黄花酒，留取余香晚节看"②，"擎杯莫负黄花酒，来看南塘万竹长"③；梅花酒"小春多酿梅花酒，我来与君酌大斗"④；椒花酒"今宵拼饮椒花酒，醉后烹茶自赏音"⑤。这些都是后世所谓的调制酒，饮只是一个方面，调的过程似乎更显示出生活情趣。

酒中有诗，诗中配酒，在调酒与赋诗交相映衬的审美过程中，酿制出元代诗歌与酒文化的独特境界。正如王恽在《醉歌行》中所言："醉里诗成似有神。"⑥

---

① ［元］熊梦祥：《析津志辑佚·物产》，北京：北京古籍出版社1983年版，第239页。

② ［元］陆文圭：《寿陆义斋》，《墙东类稿》卷十八，清乾隆文渊阁四库全书抄永乐大典本，第14页b。

③ ［元］胡天游：《忆孟兄季弟》，《傲轩吟稿》，清乾隆文渊阁四库全书抄浙江鲍士恭家藏本，第10页b。

④ ［元］谢应芳：《醉琴》，《龟巢稿》卷十六，清乾隆文渊阁四库全书抄编修汪如藻家藏本，第27页a。

⑤ ［元］杨公远：《十二月二十九夜大雪三首》之一，《野趣有声画》卷下，清乾隆文渊阁四库全书抄浙江鲍士恭家藏本，第27页a。

⑥ ［元］王恽：《醉歌行》，［清］顾嗣立编《元诗选》（初集），北京：中华书局1987年版，第460页。

第七章　明代饮食文化

公元 1368 年，朱元璋在应天府（今南京）称帝，国号大明，建立了明王朝。同年夏天，明朝将军徐达没受到任何阻击就占领了完整的大都。虽然元朝的统治阶层逃走了，但许多普通的百姓包括蒙古人和汉人，留了下来或不久又返回来。徐达总司令顺利接管这座城市不久，就改称之为北平。在经历了北方少数民族统治 432 年以后，燕京地区又重归汉族政权统治。

洪武三年（1370）四月，朱元璋封第四子朱棣为燕王。洪武十三年（1380）三月，燕王朱棣就藩北平。洪武三十一年（1398）朱元璋死，其孙朱允炆继位，是为建文帝。朱棣建文元年（1399）起兵北平，发动靖难之役，于建文四年（1402）攻下南京，夺取帝位。永乐元年（1403）正月辛卯（十三日），礼部尚书李至刚等言，"自昔帝王或起布衣，平定天下；或由外藩，入承大统。其于肇迹之地，皆有升崇。切见北平布政司，实皇上承运兴王之地，宜遵太祖高皇帝中都之制，立为京都。制曰：可。其以北平为北京"①。北京之名即由此始。明太祖朱元璋于洪武元年（1368）建都于应天府（今南京），"北京"之名仍无确指。直到明成祖永乐元年，"北京"作为国都第一次正式定名。二月，改北平府为顺天府。顺天府领昌平州、通州、蓟州、涿州、霸州 5 州 22 县，包括大兴县、宛平县、良乡县、固安县、永清县、东安县、香河县、三河县、武清县、漷县、宝坻县、顺义县、密云县、怀柔县、房山县、文安县、大城县、保定县、玉田县、丰润县、遵化县、平谷县。② 永乐四年（1406），朱棣下诏迁都北京。永乐十九年（1421）后称京师，是明朝的政治中心和军事重镇。

永乐五年（1407）开始营建北京宫殿、坛庙，永乐十八年（1420）完工，永乐十九年（1421）正月正式迁都北京，以北京为京师，南京为陪都。明王朝，从

---

① ［清］于敏中主编：《日下旧闻考》卷四《世纪》，北京：北京古籍出版社 1985 年版，第 64 页。
② ［明］李贤等撰：《大明统一志》卷一《顺天府》，西安：三秦出版社 1990 年版，第 3—4 页。

明太祖洪武（1368）到明思宗崇祯（1644），共历 16 帝 17 朝，先后长达 270 余年。它是汉族统治阶级建立的最后一个封建王朝。

"在元代大都的京师文化中，主体内涵是以农耕文化与游牧文化并列，而又并存其他各种文化（如伊斯兰教文化、基督宗教文化等）的多元共存状态。而在明代北京的京师文化中，主体内涵已经是农耕文化独尊、其他文化依附于农耕文化的一元为主的状态。由于这两个文化断层的出现，使得明北京文化与元大都文化相比，展示出截然不同的另一种风貌。"① 就饮食文化而言，"另一种风貌"就是多元性，表现为皇家宫廷饮食文化、士大夫饮食文化、民间饮食文化共存一处的特征。较之前代，经过较长时间的平稳发展，呈现更加繁荣的境况。明代北京饮食文化已上升到全国的领先地位。

之所以发展迅猛，有两个相互关联的内在原因：一是京师真正进入以消费为主导的经济轨道。在以往任何一个朝代，北京饮食都难以自给自足，自身的物质生产能力都是城市发展的短板。只不过以往的饮食消费水平不高，生产能力与消费的矛盾并不十分突出，当然，消费的主导地位也就没有凸显出来。明朝的消费水平较之以往具有更高的境界，追求奢华成为社会风气。京师人口包括移民大多为消费人口，当然也包括饮食消费。宫室、官员、僧道，不是生产人口自不待言，军士中虽有屯田之军，但京师军队主要是武装防御，很少是屯田的生产军队。至于商人、工匠、行铺人口，虽从事生产活动，但在京师主要是为宫室、贵族的奢靡消费造不急之物。所以，真正从事有关国计民生的生产者极少。② 正如万历时谢肇淛说："燕云只有四种人多，奄竖③多于缙绅，妇女多于男子，娼妓多于良家，乞丐多于商贾。"④ 在生产与消费这对关系当中，京师明显偏重消费，而在所消费的项目当中，饮食无疑占了极大的比重。饮食消费的增长必然促进饮食业的发展。二是商业体系的建立。北京是明朝皇族聚居、王府所在、官僚贵戚麇集的大都会，可称全国财货骈集之市。据万历时宛平县知县沈榜记载，万历十六年对铺户编审，顺天府的主要属县宛平、大兴两县分别有上中二则铺户 3787 户和 6383 户。据户部尚书张学颜题，宛、大两县，"原编（铺户）一百三十二行"，其中"除本多利

---

① 王建伟主编：《北京文化史》，北京：人民出版社 2014 年版，第 130 页。
② 曹子西主编：《北京通史》（第六卷），北京：中国书店 1994 年版，第 452 页。
③ 奄竖是汉语词语，是宦官的鄙称，指小宦官。
④ ［明］谢肇淛：《五杂俎》（上）卷三《地部》，上海：中央书店 1935 年版，第 87 页。

重如典当等项一百行"外，其他是针篦杂粮行、碾子行、炒锅行、卖笔行、柴草行等32行。① "市上的蔬菜、花木、水果、粮食、小手工业品以及马、牛、羊、猪等，主要来自郊区农民和城内手工业者。大米、丝绸、竹木、药材、漆腊、瓷器、茶叶等，还有各省的土特产品，主要由外地商人运到北京。"② 饮食业形成了完整的生态链，其运行机制已然完善起来。

北京是当时我国最大的商业都会。商业发达首先使得饮食业所需的各种食物在北京可以得到广泛的交流，人们吃到许多别的地方特产已不再是难事。其次是北京的繁华，商人足迹遍布大江南北，他们口味各异，不同的口味需求客观上刺激了饮食业的发展与繁荣。最后，商业文化的发展使得北京人的思想观念也发生了很大的转变，商人经商取得成功，占有了财富之后，欲在饮食上极力追求，成为人们效仿仰慕的对象。对饮食文化的追求成为北京人享受生活的一个重要方面。

总体而言，在传统饮食消费经济发展的环境下，大规模、长时段、远距离的饮食资源输入过程，在元明清时期体现得尤其充分。首都特色的饮食资源获取方式，进一步促进了北京饮食消费功能的强化及生产功能的不断弱化，导致对外饮食资源需求的日益增长。③

第一节　明代饮食文化的特点

较之前代，明朝各民族的融合更为全面，各民族的政治及文化地位几乎是平等的。嘉靖八年（1529），"京城迤南庞哥庄等处，民夷杂处，桴鼓数鸣。上从御史傅鹗言，以其地属之顺天兵备副使，凡官民达舍色目人等，悉听约束。仍令修补墩台，选兵厉马，积粟缮械，以备非常"④。有学者认为，此举标志着"明朝官员已接受蒙古等少数民族在京畿居住的事实，试图将他们纳入当地的治安体系之中"⑤。这也从一个侧面表明汉族与少数民族的社会地位没有实质性的区别。在这

---

① ［明］沈榜：《宛署杂记》卷一十三《铺行》，北京：北京古籍出版社1980年版，第108页。

② 曹子西主编：《北京通史》（第六卷），北京：中国书店1994年版，第98页。

③ 孙冬虎、吴文涛、高福美：《古都北京人地关系变迁》，北京：中国社会科学出版社2018年版，第200页。

④ 《明世宗实录》卷九十八，嘉靖八年二月丁丑。台北："中央研究院"历史语言研究所1962年版，第2803页。

⑤ 高寿仙：《明代北京及北畿的蒙古族居民》，南开大学历史系主编：《第十届明史国际学术讨论会论文集》，北京：人民日报出版社2005年版，第627—633页。

种大一统、大融合的政治环境中，饮食文化多元一体的特色便更为凸显，表现出真正的大国风范。

尊重生命，满足身体的欲望尤其食欲成为有明中后期的社会风气。饮食品位由俭而奢，挣脱礼制的束缚，讲究吃喝不再是俗事，也是风雅之举。以李贽为代表的思想家们反对"存天理，灭人欲"对人们言行也包括饮食行为的禁锢，认为道德、精神的意识形态普遍存在于物质生活当中，提出了"穿衣吃饭，即是人伦物理"① 的著名的生活观。吃的社会功能被放大，士大夫阶层对饮食文化的发展推波助澜，以酒会友，促进了文人结社的发展。"缙绅之家，或宴官长，一席之间，水陆珍馐，多至数十品。即士庶及中人之家，新亲严席，有多至二三十品者，若十余品则是寻常之会矣。"② 当然，有识之士在追求人和自然的和谐中满足口腹之欲，反对虐生，倡导素食，产生了朦胧的生态意识。"食、色性也"的生命伦理在明代得到充分的发挥。③

1. 饮食呈奢华态势

金、元两朝都是少数民族的统治，崇尚武风，饮食也呈现粗放之气；到了明代，政权重新回到汉族人手中，儒家文化崇尚德治的思想逐渐回归并占据主导地位。在宫廷饮食礼仪的带动下，士大夫饮食乃至市井饮食的仪轨逐渐凸显出来，从食品的制作到餐饮行为都步入规范的程序当中，有着一定的水准要求。另外，以豪侠、仗义闻名的幽燕之地，也转变了世风。"观京师之六街九衢市有劫夺，居者行者相视而不敢救，是则都城习染，易地皆然。"④ 这些变化自然会影响到饮食领域，导致京城饮食风俗总体上从粗放转为重精致和崇奢华。

明代步入了畸形消费的社会形态，奢靡之风盛行。"若闾里之间，百工杂作奔走衣食者尤众。以元勋国戚，世胄貂珰，极靡穷奢，非此无以遂其欲也。自古帝王都会易于侈靡，燕自胜国及我朝皆建都焉，沿习既深，渐染成俗，故今侈靡特甚。"⑤ 奢靡与铺张浪费相连，乃社会动荡的渊薮，这一社会风气却也大大推动了

---

① 张建业、张岱注：《李贽全集注·焚书注》（第一册）卷一，北京：社会科学文献出版社 2010 年版，第 8 页。

② ［清］叶梦珠撰、来新夏点校：《阅世编》卷九《宴会》，北京：中华书局 2007 年版，第 218 页。

③ 刘志琴：《明代饮食思想与文化思潮》，载《史学集刊》1999 年第 4 期。

④ ［清］于敏中等：《日下旧闻考》（第四册）卷一百四十六《风俗》，北京：北京古籍出版社 2000 年版，第 2339 页。

⑤ ［明］张瀚撰：《松窗梦语》卷四《百工纪》，上海：上海古籍出版社 1986 年版，第 68 页。

饮食行业的兴旺与繁荣。这种饮食消费思潮与当时突破理学禁锢，呼唤人性的启蒙和觉醒的思想意识有关。袁宏道在《殇政》中大力倡导的"真乐"，所谓"目极世间之色，耳极世间之声，身极世间之鲜，口极世间之谭"①。这种把追求美味和声色看作人生真正快乐的乐生说，迎合了当时市民对身体快感的追求欲望。

同其他发达城市一样，明代北京饮食也明显呈现从简朴到奢华的发展态势。开国皇帝朱元璋乃贫寒出身，有过贫穷生活的经历，也深知纵欲祸国的教训，称帝以后，制定了一系列防止生活包括饮食在内的铺张奢靡的规定。"明初的社会秩序受到这样的严格约束，世态民风也就相应地循礼蹈规、淳朴俭约。但是这样的民风不会持之久长。在国初励精图治时期，尚能维持，一旦社会生产复苏，商品经济发展，社会财富增加，人们的享受欲望不断膨胀，就要突破礼制的限定，由俭而奢，改变生活方式。"② 这大概也是各朝代的一条定律，只不过明代的这种前后变化更为明显而已。

"从明代饮食发展情况看，可以明代嘉靖朝为界，划分为前后两个发展阶段。嘉靖以前，明代社会各阶层成员的饮宴等日常生活的消费标准，均遵循封建王朝礼制的严格规定和限定，很少有违礼逾制的情况发生。"③ 明初，朝廷为阻止官庶宴会游乐，不时发布禁令。明代于慎行在他所著《谷山笔麈》卷三"恩泽"一节中曾记曰："今日禁宴会，明日禁游乐，使阙廷之下，萧然愁苦，无雍容之象。而官之怠于其职，固自若也。"明王朝的开国皇帝朱元璋起自贫寒，对于历代君主纵欲祸国的教训极其重视，称帝以后，"宫室器用，一从朴素，饮食衣服，皆有常供，惟恐过奢，伤财害民也"④。经常告诫臣下记取张士诚因为"口甘天下至味，犹未厌足"⑤ 而败亡的教训。明成祖也相当节俭，他曾经怒斥宦官用米喂鸡说："此辈坐享膏粱，不知生民艰难，而暴殄天物不恤，论其一日养牲之费，当饥民一家之食，朕已禁戢之矣，尔等识之，自今敢有复尔，必罪不宥。"⑥ 皇帝在饮食方面的廉洁态度对吏治的食欲起了很大的抑制作用。

---

① 黄卓越：《闲雅小品集观：明清文人小品五十家》（上），南昌：百花洲文艺出版社1996年版，第147页。

② 刘志琴：《明代饮食思想与文化思潮》，载《史学集刊》1999年第4期。

③ 王熹：《中国全史·中国明代习俗史》，北京：人民出版社1994年版，第23页。

④ 《明太祖宝训》卷四《戒奢侈》，台北："中央研究院"历史语言研究所1962年版，第277页。

⑤ 《明太祖实录》卷二十四，台北："中央研究院"历史语言研究所1962年版，第342页。

⑥ ［明］余继登：《典故纪闻》卷六，《元明史料笔记丛刊》，北京：中华书局1981年版，第105页。

当时北京人的饮食活动大多在礼制规范中进行，不敢越雷池一步。加上战争刚刚结束，饮食物资相对匮乏，也促成了明初饮食崇尚朴素风尚的形成。"但是到了嘉靖、隆庆以后，随着社会价值观的变化、各式商品的渐趋丰富并具诱惑力，从而启动了社会久遭禁锢的消费和享受欲望，冲破了原来使社会窒息的禁网，'敦厚俭朴'风尚向着它的反面'浮靡奢侈'转化；而且这股越礼违制的浪潮，来势汹涌，波及社会的各个阶层。"①

明代社会经过近百年的发展之后，进入明中叶，饮食资源日益丰富，人们对饮食的欲望和需求更加强烈。于是，原先对聚餐会饮的禁锢被逐渐冲破，少数贵族的饮食越礼逾制，花样翻新，饮食风气正在发生根本性转变。正如明代史料所言："近来婚丧、宴饮、服舍、器用，僭拟违礼，法制罔遵，上下无辨。"② 据明黄一正《事物绀珠》卷十四"食品制造名类"和"米麦类"条记载，明中叶后，御膳品种更加丰富，面食成为主食的重头戏，且肉食类与前代相比，出现了一些前所未有的食馔，而且烹饪方法也有很大突破。在烹饪技术上，明代与两宋相比也有了很大的进步，更加精妙，有烧、蒸、煮、煎、烤、卤、摊、炸、爆、炒、炙等，烹饪手法趋于齐全。国宴上的肉类菜肴就有：凤天鹅、烧鹅、白炸鹅、锦缠鹅、清蒸鹅、暴腌鹅、锦缠鸡、清蒸鸡、暴腌鸡、川炒鸡、白炸鸡、烧肉、白煮肉、清蒸肉、猪肉骨、暴腌肉、荔枝猪肉、臊子肉、麦饼鲊、菱角鲊、煮鲜肫肝、五丝肚丝、蒸羊等。山珍海味明显增多，荤食在餐桌上占主导地位。

到了明代后期，北京饮食在宫廷和贵族阶层的引导之下，极尽浮靡奢侈，大讲排场。京城的大饭馆大酒楼都是达官显贵、富商大贾经常光顾的地方，饮食消费场所除装潢华贵、环境宜人外，还都以追求食品贵族化、艺术化为时尚，讲究食品的色、香、味、形、器，精心制作各种珍馔美肴，以满足食客们的口福和虚荣心。

大厨们尽显其能，纷纷利用丰富的食品原料创制佳肴。如京城的一些酒家用蛤蜊、田鸡、鲍鱼、鱼翅等过去民间少有的新原料，制作出了炙蛤蜊、芙蓉蟹及仿照官膳的"三事菜"（即将海参、鲍鱼、鱼翅等共烩一处的一种菜肴），引来了

① 王熹：《中国全史·中国明代习俗史》，北京：人民出版社 1994 年版，第 23—24 页。
② 《明神宗实录》卷五十一，万历四年六月辛卯条。台北："中央研究院"历史语言研究所 1962 年版，第 1196 页。

众多食客。① 当时流行称为宴席第一、第二、第三的"三杂"名品，时人也称宴中"杂品"。所谓"杂品"，实指鸡、鸭、鱼等的内脏。当时号称杂品第一的是"鸭舌头"。其制作过程是将鸭舌头放在锅里煮熟至烂，取出鸭舌中的嫩骨，又将取出的嫩骨竖切为二，再和以笋芽、香菇等配料（切丝），一起入锅用麻油同炒；炒时放些甜白酒浆。这道菜吃时疑是素食中蘑菇之类，但其味却鲜美异常。杂品第二是"雄鸡冠"，雄鸡冠用绢包裹放在器具中过一夜，制作时亦用麻油、甜白酒浆、笋芽、香菇等切丝和在一起下锅炒熟即可。其特点：吃时脆嫩有异香，食者不辨何物。杂品第三是"鸡鸭肾"。其制作过程是这样的：鸡鸭肾拌以酒浆，用泉水（井水）煮成羹状，煮时放入鲜笋芽或鲜嫩香菇（松花菇也可），其味脆香，美不胜收。②

北京的富家和一些行业头领也趁官员在朝天宫、隆福寺等处习仪，摆设盛馔，托一二知己邀士大夫赴宴，席间有教坊司的子弟歌唱。有些放荡不检的官员，就"私以比顽童为乐"，行妾童之好。如郎中黄暐与同年顾谧等在北京西角头张通家饮酒，与顽童相狎，被缉事衙门访出拿问。③ 不过，京师官员的游宴吃酒，得到了明孝宗的支持。考虑到官员同僚宴会大多在夜间，骑马醉归，无处讨灯烛。于是明孝宗下令，各官饮酒回家，街上各个商家铺户都要用灯笼传送。明代田艺蘅《留青日札摘抄》卷二记载京师有一蒋揽头，请八人赴宴，"每席盘中进鸡首八枚，凡用鸡六十四只矣"。席间一御史喜食鸡首，蒋氏以目视仆，"少倾复进鸡首八盘，亦如其数，则凡一席之费，一百三十余鸡矣，况其他乎？"④ 从弘治年间（1488—1505）开始，由于朝政宽大，官员多事游宴，蔚成一时风气。

不仅食物越来越讲究，饮食器具也逐渐变得华贵起来。2005 年 7 月中央文献研究室在铺设供暖管道时，发掘出大型瓷器坑。此次出土的大量瓷器残片，绝大部分是民窑产品，仅有个别出自官窑。这批瓷器除少量为明代之前的遗物外，其余绝大部分属于明代早期。窑口较杂，有景德镇窑、龙泉窑、钧窑、德化窑等，其中以景德镇烧造的最多。所出器型有各类碗、盘、杯、罐、壶等，基本涵盖了

① 许敏：《明清饮食店铺文化略论——着重对明中叶至清中叶的考察》，龙西斌、余学群主编：《第八届明史国际学术讨论会论文集》，长沙：湖南人民出版社 2001 年版，第 425 页。

② 王俊奇：《明朝京城"食风"琐谈》，载《烹调知识》1999 年第 1 期。

③ ［明］陈洪谟、张瀚著，盛冬铃点校：《〈治世余闻〉〈继世纪闻〉〈松窗梦语〉》，北京：中华书局1985 年版，第 53—54 页。

④ ［明］田艺蘅：《留青日札》（一）卷二《悬鸡》，北京：中华书局 1985 年版，第 129 页。

日用瓷、陈设瓷、建筑用瓷等范畴；釉色以青花釉、白釉为主，还有青白釉、龙泉釉、蓝釉、琉璃等。此外还有较为珍贵的红彩、红绿彩、青花红绿彩；纹饰图案种类题材丰富、典雅秀丽、清新明快、极其写意、自然传神、意味隽永，极具艺术魅力。

明朝时北京菜品种繁多，形态各异，食器的形制也是百态千姿。可以说，在京都，有什么样的肴馔，就有什么样的食器相配。例如平底盘多盛爆炒菜，汤盘多盛熘汁菜，椭圆盘专盛整鱼菜；深斗池专盛整只鸡鸭菜，莲花瓣海碗是用来盛汤菜；等等，如果用盛汤菜的盘装爆炒菜，便收不到美食与美器搭配和谐的效果。

以戏曲表演来佐食成为有明一代饮食趋于奢华的又一表征。在酒馆食铺里说书、唱曲，这在宋元时即已有之，据记，当时就有江湖贸食者在茶肆讲说汉书之事。但在明清时期，为让顾客在饮食铺里得到生理和心理综合、全方位的文化享受，在饱享口福的同时，听觉和视觉同样获得美感体验，这种做法愈发盛行。小馆子里增添了演乐、唱大鼓等节目，大馆子甚至把戏台也搬到了餐桌前。① 在餐馆，不仅饱享口福，还要兼顾眼福和耳福，饮食文化逐渐步入综合艺术的殿堂，朝向多元形态发展。

2. 民族饮食的融合与冲突

来自不同民族、地区人们的口味差异性需求也是有明时期饮食多样性的重要原因。自辽、金、元以来，少数民族都在北京建都，北方各少数民族云集北京，其中以蒙古人居多。洪武十四年（1381）七月，"故元将校火里火真等四十一人及遗民一百七十七户自沙漠来归，……其遗民命居北平"②。永乐二十年（1422）后，直至宣德年间，蒙古人大批入住北京。正统元年（1436）十二月，据行在吏部主事李贤称"京师达人，不下万余，较之畿民三分之一"，③ 可见北京城内蒙古人之多。"当时来往北京的不仅有女真人、藏人、蒙人、回人和维吾尔人，还有西南各地的壮、苗、瑶、傣等各兄弟民族的代表。明朝政府在北京设有会同馆招待

---

① 许敏：《明清饮食店铺文化略论——着重对明中叶至清中叶的考察》，龙西斌、余学群主编《第八届明史国际学术讨论会论文集》，长沙：湖南人民出版社2001年版，第425页。

② 《明太祖实录》卷一三八，洪武十四年七月辛丑。台北："中央研究院"历史语言研究所1962年版，第2178页。

③ 《明英宗实录》卷二十五，正统元年十二月庚寅。台北："中央研究院"历史语言研究所1962年版，第510页。

他们，这样就加强了全国各民族之间的联系，促进了各民族的经济文化交流。"①

　　蒙古族掌权之时，"悉以胡俗变易中国之制"，导致京城风行蒙古等少数民族生活习气；朱元璋要消除元朝在语言、文字、服饰、饮食和生活习惯等生活方式上的深远影响，规定汉人不得仿效蒙古风俗，决定"复衣冠如唐制"②。有则史料透示了明官府严禁少数民族习俗的强硬规定，也从反面表明汉人"胡化"之严重。

　　弘治四年正月二十六日，刑部尚书何等题为禁治异服异言事。浙江清吏司案呈，奉本部送刑科抄出该本部题，窥见近年以来，京城内外军民男妇，每遇冬寒，男子率用貂狐之皮制尖顶捲檐帽，谓之"胡帽"。妇女率以貂皮作覆额披肩，谓之"昭君帽"。又去冬今春，童男童女在街嬉戏，聚谈骂詈，不作中华正音，学成一种鸟兽音声，含糊咿（唱）［喁］，莫（便）［辨］字义，谓之"打狗呌"。传闻北直隶各府及山东、山西、河南、陕西地方互相仿效，亦有此习。夫胡帽、昭君帽之制，皆胡服也。"打狗呌"之谣，是胡话也。以中国而异服异言，何其习俗之（缪）［谬］耶！盖（白）［自］胡元（人）［入主］中国，衣冠变为左衽，正音沦为侏离彝（伦）沦［攸庚，人］尽胡俗，仰惟太祖高皇帝用［夏］变夷，肇修人纪，扫胡元之陋俗，复华夏之淳风。去异服，而（权）［椎］髻不得以乱冠裳之制，禁异言，而胡语不得以杂华（下）［夏］之音。有余百年，国不异政，家不殊俗，斯世斯民复见唐、虞三代文明之盛，实我（烈）［列］祖之功也。查得历年滋久，民俗日偷，渐乐夷风，恬不为（惟）［怪］，此等异服异言，虽起于微贱之人小，实关乎华夷之大体。如蒙乞敕锦衣卫并巡城御史，督令五城兵马司严加巡缉。今后军民人等男妇童稚，敢有仍戴前帽及为"打狗呌"等项语音，拿送法司究问。妇人有犯，罪坐夫男。童稚有犯，罪坐家长。初犯并照常例发落，再犯枷号示众。仍究制帽匠作铺家，一体治罪。其直隶等处，亦行各该巡按监察御史禁治。如此，则法令严明，人心知警，而习俗淳正矣。缘系禁治异服异言事理，具题。奉圣旨：是。恁部里便将这奏词出榜禁约。钦此。③

---

　　①　北京大学历史系《北京史》编写组：《北京史》，北京：北京大学出版社1985年版，第148—149页。
　　②　《明太祖实录》卷三〇，元年二月壬子等。台北："中央研究院"历史语言研究所1962年版，第525页。
　　③　刘海年、杨一凡主编：《中国珍稀法律典籍集成·乙编》第四册，（明）戴金编次《皇次条法事类纂》卷二十二，北京：科学出版社1994年版，第988—989页。

　　禁令针对的是异服异言，可以想见，饮食同样也是异域风味盛行。之所以没有引起官方关注，主要原因在于饮食被视为生活现象和民间行为，而服饰、语言则与职位和身份相关，是个体社会等级的表征。正是饮食属于被忽略的领域，各民族饮食的融合，具体而言是汉族饮食的"胡化"则处于放任自流的状态，致使少数民族饮食风味在京城包括汉民族聚居区仍十分流行。

　　正统元年（1436），吏部主事李贤在奏疏中谈道："切见京师达人，不下万余，较之畿民，三分之一。"① 沙之沅等主编的《北京的少数民族》中谈道："到明朝末年，北京地区人口发展到 70 万人，而其中仅蒙古族和回族就占北京人口的1/3。"② 这样的人口结构使得北京人的饮食生活渗入了浓重的北方少数民族风味，契丹人、女真人、蒙古人的饮食风尚内化于明代北京的饮食生活之中。当时回回人在北京城内外都已形成聚居区。各聚居地相对分散，自成区域。而区域内部，回回人以清真寺为核心自成一体。在明代北京回回人中，官员是一个庞大的群体，多住在内城东、西牌楼一带，那里在明代均建有清真寺。③ 在回民聚居区，清真饮食得到完整的传承，与汉族饮食风味形成鲜明对照。还有，在京军伍中任职的官员有相当一部分是女真族，如南京锦衣卫镇抚司即有为数不少的女真达官，由于这些官员系世袭武官，他们长期在南北二京居住、生活，④ 为北京多民族饮食文化的构成奉献了独特的品位。

　　少数民族之所以能够保持本民族的饮食习惯，主要在于有着自己的聚居领地。以回族为例，主要有两处地方，一是外城宣武门外冈上（今牛街一带），二是内城东、西牌楼（今东四、西四一带）。哈志易卜拉欣抄补的《北京牛街冈上礼拜寺志》是一部记述牛街地区历史社会文化方面的志书。"易卜拉欣"是伊斯兰教徒刘仲泉的教名，凡曾朝觐过伊斯兰教圣地麦加的教徒，称为"哈志"。牛街时称为"冈上"。据《北京牛街志书——〈冈志〉》（以下简称《冈志》）记载："明，宣德门之西南，地势高耸，居教人数十家，称曰'冈儿上'。居民多屠贩之流；教之仕宦者，率皆寓城内东西牌楼，号曰'东西两边'。居两边者，视冈上为乡野。嘉

---

① ［明］陈子龙等辑：《明经世文编》卷三十六《达官支俸疏》，北京：中华书局 1962 年版，第 277 页。
② 沙之沅等主编：《北京的少数民族》，北京：北京燕山出版社 1988 年版，第 19 页。
③ 许辉主编：《北京民族史》，北京：人民出版社 2013 年版，第 219 页。
④ 参见《中国明朝档案总汇》（第 73 册）《南京五军都督府所属卫所·亲卫军·锦衣卫》，桂林：广西师范大学出版社 2001 年版，第 42—74 页。

靖年间，增筑外城，则冈上为城内地。明亡，大清兵入阙，驱民出城，居两边者失其所有，遂尽趋冈儿上。"同书又记"迩来，时移世易，年久贫富变迁，向之茅舍零星者，今且烟火万家矣"①。说明随着原来居住内城东、西牌楼的回族人的迁入，使这一回民聚居区的人口数量大幅度增加。

据记载："宣武门外多回夷聚居，以宰牛为业。巡按杨御史四知榜禁之，众皆鼓噪。时申文定公（时行）与同官出长安门，则夹道号呼陈诉者殆万人。问故，则曰：'诸夷以牛为命，禁杀牛，是绝其命也。'"② 回族人为了维护饮食传统竟然万民呼号抗议。"禁杀牛，是绝其命也"，将饮食习惯与生命联系在一起。居住环境乃至服饰都可以改变，但饮食传统是不可动摇的。足见饮食传统在一个民族历史文化系统中占有的分量。

保持一个民族的饮食传统，形成聚居区即聚族而居的共同口味，既要有共同的信仰、共同的饮食生活传统，还需要专门经营本民族饮食的工商业者。《冈志》也记述："明宣武门之西南，居教人（回民）数十家，称曰冈儿上。居民多屠贩之流，教之仕宦者，率皆寓城内东、西牌楼，号曰两边。居两边者，视冈儿上为乡野。嘉靖年间增筑外城，则冈儿上为城内地。"可知冈儿上所居回民大多从事牛羊屠宰业，而具有官僚身份的牛羊肉消费者多居住在内城东、西牌楼。牛街一带屠商之家负责供应牛羊肉，甚至形成了垄断。居民多屠贩之流，"西街每日午后宰牛羊数百，血流成渠，各色人等嘈杂喧阗，执刀者、缚者、吹者、剥者、扛者、执秤者；又有接血者、接皮者、买肉者、剐膜者、拣毛者、收杂碎者、剜胸胫者、划肚腌者、击骨炼油者、经济说合者，凡十余行，无虑数千家，莫不饱食暖衣，仰给于牛羊"③。康熙三十五年（1696）以后，外藩蒙古各处每年只许入贡一次，牛羊来源大减，"屠商之家大失所恃"，"而西街午后竟荒凉于往日矣"④。民族饮食消费的正常开展，是聚居区繁荣的根本保障，一旦牛羊等饮食资源短缺，聚居

---

① 参见北京市政协文史资料研究委员会、北京市民族古籍整理出版规划小组编：《北京牛街志书——〈冈志〉》，北京：北京出版社1990年版，第1页。关于回民的居住和生活情况，可参阅良警宇：《牛街：一个城市回族社区的变迁》，北京：中央民族大学出版社2006年版，第45—57页。

② ［明］张萱撰：《西园闻见录》（九）卷九十六《政术·立政·立法》，台北：明文书局1991年版，第144页。

③ 北京市政协文史资料研究委员会、北京市民族古籍整理出版规划小组编：《北京牛街志书——〈冈志〉》，北京：北京出版社1990年版，第35—36页。

④ 北京市政协文史资料研究委员会、北京市民族古籍整理出版规划小组编：《北京牛街志书——〈冈志〉》，北京：北京出版社1990年版，第36页。

区便"荒凉于往日"。

明朝时,我国食谱中的兄弟民族菜单增多。北京人喜食烧、烤、涮,显然这是接受了游牧民族的食俗。明代北京宫廷还保持着正月吃冷片羊尾、爆炒羊肚、带油腰子和羊霜肠的习俗,"凡遇雪,则暖室赏梅,吃炙羊肉、羊肉包、浑酒、牛乳、乳皮、乱窝鱠蒸用之"。此外,十月要"吃羊肉、爆炒羊肚……吃牛乳、乳饼、奶皮、奶窝、酥糕……",十一月要"吃炙羊肉"等。① 明代北京的节令食品中,正月的冷片羊肉、乳饼、奶皮、乳窝卷、炙羊肉、羊双肠、浑酒;四月的白煮猪肉、包儿饭、冰水酪;十月的酥糕、牛乳、奶窝;十二月的烩羊头、清蒸牛乳白等,均是一些兄弟民族的风味菜肴加以汉法烹制而成的。这些菜名面前,已没有标明民族属性的文字,说明已经成为各民族共同的食品。即便是特色鲜明的清真菜,也糅入了河北、山东清真菜和宫廷菜的风味,烹调方法较精细,对牛羊肉的烹调最具特色,种类丰富。在牛羊肉的基础上又增加了鸡、鸭、鱼、虾,具有山东风格。

有融合就有冲突,当然,融合是北京饮食文化发展的主要态势。所以在以往论及民族间饮食的关系时,更多关注的是融合一面。其实,各民族饮食文化的冲突同样也是北京饮食文化发展过程中不可忽视的现象。有些冲突是隐含的,有些冲突则完全表面化,甚至十分严重。

由于宗教信仰和饮食传统的原因,回民不食猪肉,而以羊肉和牛肉为佳肴。《唐会要》卷一百中叙述了穆斯林的饮食:"日五拜天神,不饮酒举乐,唯食驼马,不食豕肉。"而耕牛之于农业生产十分重要,《大明律》中对杀、盗牛马的罪责处罚重于驼、驴、骡等其他牲畜。有明一代多次重申禁宰耕牛的法令。如代宗景泰元年(1450)十月申明:"严私宰耕牛,禁犯者于常律外,仍罚钞五千贯。本管并邻里不首及买食者,各罚钞三千贯。"② 英宗天顺八年(1464)三月重申:"民以农为本,有司时加劝督……至于耕牛所赖尤重,不许军民宰杀、买卖。如有犯者,枷号半年,依律问罪。若有司纵容私宰,一体治罪不饶。"③ 但在京师,屠

① [明]刘若愚著、吕毖编、[清]高士奇著、[清]顾炎武著:《〈明宫史〉〈金鳌退食笔记〉〈昌平山水记〉〈京东考古录〉》,《明宫史》火集《饮食好尚》,北京:北京出版社2018年版,第84、89、90页。

② 《明英宗实录》卷一九七《废帝郕戾王附录第十五》,台北:"中央研究院"历史语言研究所1962年版,第4176页。

③ 《明英宗实录》卷三,天顺八年三月乙卯。台北:"中央研究院"历史语言研究所1962年版,第66页。

段落段

宰牛已成为一种行业，也颇有市场，故而屡禁不止。弘治五年（1492）十月，鸿胪寺序班郭理言五事，其中最后一事称："禁宰牛谓私宰耕牛，律例固有明禁。奈何京城杀牛觅利者无处无之，在外亦然。不为之禁，贩卖愈多，屠宰愈众。非止民缺耕载之用，抑亦有伤天地之和。乞在京令兵马司，在外听军卫有司，严加禁止。犯者照律例罪之。"①普遍存在的屠宰牛的行为上升到"伤天地之和"的意识高度。相对而言，这一禁令在京师还得到适度遵守。此有史料为证：弘治十二年（1501）九月，"光禄寺卿李燧言：京师私宰耕牛者有禁，而四方私宰如故，请敕在外诸司照例榜示。从之"②。回民族的饮食习惯给予宰牛业强有力的支撑。

这种民族饮食矛盾的状况一直延续至清代。牛街《冈志》载，康熙十五年（1676）前后，"西街每日午后宰牛羊数百，血流成渠，各色人等嘈杂喧阗，执刀者、缚者、吹者、剥者、扛者、执秤者；又有接血者、接皮者、买肉者……凡十余行，无虑数千家，莫不饱食暖衣，仰给于牛羊……"，而"屠商之家，皆雕墙峻宇，妻妾拥珠翠，僮仆衣绫锦，子弟皆入赀补官，娶妇嫁女必穷极华丽，生辰弥月开筵唱戏，宾客塞门，虽士大夫家不及也"，屠宰业享有非同寻常的经济和社会地位。但这一行业毕竟与汉族饮食习惯和农耕传统相背离，康熙三十五年（1696）时，"商户等互相攻讦，讼狱叠兴"，外藩蒙古四十八处"每岁只许入贡一次，……屠商之家大失所恃……"，屠宰数量的严格限定导致屠宰业的萧条，"而西街午后竟荒凉于往日矣"③。

随着清真饮食影响的深入，北京其他民族的居民也广泛地接受牛羊肉食，牛羊肉食的需求不断增大。牛羊肉食的流行可以视为民族饮食融合或北京汉人"胡化"的一个标志。进入民国期间，牛羊行业分为牛羊栈业、屠宰业、贩卖业。1938年成立了牛羊商业同业公会组织（含牛锅房业）。屠宰场有南场（天桥），主要是牛锅房业。1945年日本投降后建立了屠宰北场（马甸），北京解放初建立了东郊屠宰场（朝阳门外），牛羊屠宰商共139户。据1949年统计，3个场每年屠牛34697头，屠羊142567只。3个场共有屠宰工人（含赶运、剥工、运输）237

---

① 《明孝宗实录》卷六十八，弘治五年十月癸亥。台北："中央研究院"历史语言研究所1962年版，第1305—1306页。

② 《明孝宗实录》卷一五四，弘治十二年九月庚辰。台北："中央研究院"历史语言研究所1962年版，第2751页。

③ 《北京牛街志书——〈冈志〉》，北京：北京出版社1990年版，第36页。

人（其中汉族工人 30 人）。在 3 个场内专以倒肉、买卖牛羊下水、骨头、羊肠为业者 242 人。1948 年北京解放前夕，北郊屠宰场曾遭到国民党军队抢掠，损失惨重。①

北京历来是多民族杂居的核心区域，多民族及农耕与游牧两种饮食文化均在这里汇聚，形成了一条多元饮食文化深度融合的发展主线。但冲突伴随融合，融合在冲突中不断得以实现。

3. 南北饮食的交汇

"明王朝处于封建社会后期，从秦汉创立以来的封建专制主义体制，沿袭两千年，到明代，政治上的集权达到前所未有的强度。"② 这种高度集权为南北饮食的交汇给予了政治上的保障。各省饮食特色商品的转运为都城饮食提供了消费来源。长距离的饮食资源流通，使相关地区饮食文化的发展各具特色，北京地区作为全国食品消费中心的地位由此得到巩固，这也是明代中国饮食消费经济发展的重要特色。③

明代北京饮食除了由简朴到豪奢这一演进特征之外，还延续了以往朝代共有的一个发展趋势，就是兼容并蓄、融会贯通。这种饮食特征得益于全国政治中心的地位，各地的饮食原料源源不断地输入京城，为京城饮食文化走向多元提供了根本保障。根据《酌中志》的记载：熹宗天启以前，每年来京的货物，由政府直接征税，除宝石、金珠、铅、铜、砂汞、犀象、药材、布帛、绒货之外，还有"貂皮约一万余张，狐皮约六万余张，平机布约八十万匹，粗布约四十万匹，棉花约六千包，定油、河油约四万五千篓，荆油约三万五千篓，烧酒约四万篓（京师自烧的未计入），芝麻约三万石，草油约二千篓，烧酒约四万篓……南丝约五百驮，榆皮约二十驮（供各香铺做香所用），各省香馆分用也。北丝约三万斤，串布约十万筒，江米约三万五千石，夏布约二十万匹，瓜子约一万石，腌肉约二百车，绍兴茶约一万箱，松萝茶约二千驮"。大曲、中曲、面曲约一百四十万块，"四直河油约五十篓，四直大曲约一十万块，玉约五千斤，猪约五十万口，羊约三十万

---

① 彭年：《北京回族的经济生活变迁》，载《回族研究》1993 年第 3 期。
② 刘志琴：《明代饮食思想与文化思潮》，载《史学集刊》1999 年第 4 期。
③ 孙冬虎、吴文涛、高福美：《古都北京人地关系变迁》，北京：中国社会科学出版社 2018 年版，第 199 页。

只"①等等。又据载,初行河漕,每年运抵京师的淮、扬、徐、兖、江西、湖广、浙江粮米即达200万石;宣德中增至400万石,正统中更增至500万石,因而"国用以饶"②。表面上,漕运是为了弥补京城粮食之不足,却从根本上改变了京城的饮食结构,使之主食朝着米、面、杂粮的方向演进。不仅如此,京城食物制作技法和方式同样也展示出多样化的品质。

改朝换代的大明王朝,由汉民族统治,为了扩大北京城市的人口规模,明王朝有意识地吸引南方人入居北京。北京"帝都所在,万国梯航,鳞次毕集。然市肆贸迁,皆四远之货,奔走射利,皆五方之民"③,"京师铺户,多四方辏集之人"。④政治移民、流入人口和土著居民汇而构成了多元的都城社会,强化了南方饮食文化对北京饮食的影响。同时,南方的饮食文化在很大程度上要优于北方,尤其是在菜肴的制作技艺方面更为精湛。明朝后期,"京师筵席以苏州厨人包办者为尚"⑤。有的楼堂馆店纷纷打出"包办南席"的招牌,食客们也以一尝南肴为快。南方的糖果打入北京市场后,大讨太监衙役的欢喜,他们都到一家专售南方糖果,名号为"崔猫食店"的铺子去买,以至于这铺子的市利几乎与当时京城闻名一时的"刑部街田家温面"相匹。⑥而在牲畜肉类的烹制方面,北方制作技艺的底蕴较之南方更为深厚。京城的白煮肉,做工相当讲究,入口即化、肥而不腻,吸引了许多在京滞留的南方人去品尝。不久,这种名肴也在南方落户。

明代的北京号称四方辐辏,各地各民族聚集于此,形成"寄之为寓,客之为籍"的居住形态。⑦可见,除了寄寓之外,尚有"客籍"。北京的流寓之人相当之多,尤其是一些在京为官的子弟及其家属成员,或者家乡之人,大多依附京官,在北京暂住。除官员外,合法而人数众多的社会流动人员当推商人和士子。

北京会馆大概始于明代。明朝万历时人刘侗在《帝京景物略》中言:"尝考会馆之设于都中,古未有也,始嘉、隆间。盖都中流寓十土著,游闲厕士绅……

① [明]刘若愚:《酌中志》卷十六《内府衙门职掌》,北京:北京古籍出版社1994年版,第131页。
② 《明史》卷一五三《宋礼》,上海:上海古籍出版社1994年版,第438页。
③ [明]谢肇淛:《五杂俎》(上)卷三《地部一》,上海:中央书店1935年版,第87页。
④ [明]沈榜:《宛署杂记》卷十三《铺行》,北京:北京古籍出版社1980年版,第107页。
⑤ [明]史玄、(清)夏仁虎、(清)阙名:《〈旧京遗事〉〈旧京琐记〉〈燕京杂记〉》,[明]史玄《旧京遗事》,北京:北京古籍出版社1986年版,第26页。
⑥ [明]史玄、(清)夏仁虎、(清)阙名:《〈旧京遗事〉〈旧京琐记〉〈燕京杂记〉》,[明]史玄《旧京遗事》,北京:北京古籍出版社1986年版,第26页。
⑦ [明]沈榜:《宛署杂记》卷一《日字·宣谕》,北京:北京古籍出版社1980年版,第8页。

惟是四方日至，不可以户编而数凡之也。用建会馆，士绅是主。""内城馆者，绅是主，外城馆者，公车岁贡士是寓。其各申饬乡籍，以密五城之治。"① 即明朝嘉靖、隆庆年间始出现会馆。而清代、民国年间的一些志书中则将会馆兴建的时间上溯到明初的永乐年间。如乾隆《浮梁县志》载："北京正阳门外东河沿街，背南面北，其一在右，明永乐间邑人吏员金宗舜鼎建，曰浮梁会馆。"② 同治七年（1868）《重修广东旧义园记》言广东会馆："故明时会馆永乐间王大宗伯忠铭黎铨部岱与杨版曹庐山所倡建，颜其堂曰嘉会。"③ 学界大多认为，京城会馆最早出现于明永乐年间，普及当在明中叶以后。

明代有两种性质的会馆：一种为商业组织。"商业中人醵资建屋，以为岁时集合及议事之处，谓之公所，大小各业均有之。亦有不称公所而称会馆者。"④ 还有一种如安徽徽州茶商创建的歙县会馆等。一为士子来京应考而旅居之所，初名试馆，后亦改称会馆。所谓"京师之有会馆，犹传舍也。传舍之则，晨主暮客"⑤。商埠有以同乡为组织形式或以同业为基础的会馆，以及为进京赶考的考生住宿的同乡会馆。"京师五方所聚，其乡各有会馆，为初至居停，相沿甚便。"⑥ 北京的山西临汾会馆《重修临汾会馆碑记》载："北京为首善之区，商旅辐辏之地，会馆之设由来久矣。揆前人创造之初心，匪仅为祀神宴会之所，实以敦睦谊、联感情，本互相而谋福利，法良意美，至是多也。"⑦ 这段话从反面说明宴会之于会馆的重要性。会馆已成为饮食文化传播与会饮聚餐的场所。

明人于慎行也说："都城之中，京兆之民十得一二，营卫之兵十得四五，四方之民十得六七；就四方之中，会稽之民十得四五，非越民好游，其地无所容也。"⑧ 所谓"四方之民"指来自全国各地的流动人群，都城社会人口流动性远超于一般的省城、府城。从这一记载可知，晚明北京城中的居住人口，"老北京"仅

---

① （明）刘侗、于奕正：《帝京景物略》卷四"嵇山会馆唐大士像"，北京：北京古籍出版社1980年版，第180—181页。

② 乾隆《浮梁县志》卷七《建置志》。

③ 北京市档案馆编：《北京会馆档案史料》，北京：北京出版社1997年版，第1386页。

④ [清]徐珂：《清稗类钞》（第一册）《宫苑类·公所》，北京：中华书局1984年版，第185页。

⑤ 北京市档案馆编：《北京会馆档案史料》，北京：北京出版社1997年版，第1383页。

⑥ [明]沈德符：《万历野获编》（中）卷二十四《畿辅·会馆》，北京：中华书局1997年版，第608页。

⑦ 《重建临汾会馆碑记》（中华民国三十年），李华：《明清以来北京工商会馆碑刻选编》，北京：文物出版社1980年版，第109页。

⑧ [明]于慎行：《谷山笔麈》卷十二《形势》，北京：中华书局1984年版，第129—130页。

占十之一二，十分之六七是外地移民，或寄寓，或客籍。而在这些外地移民中，会稽之民又占了十分之四五，说明在明代江南人口大量北迁。"朝廷尊，而后成其为邦畿，可为民止。故曰：商邑翼翼，四方之极。会极会此，归极归此。此之谓首善，非他之通邑大都所得而比也。"①《明经世文编》卷一九一言："京师之民，皆四方所集，素无农业可务，专以懋迁为生。"② 京城饮食的南北交汇的直接原因还在于京城人口是南北交汇的。尽管到了京城，但移民的口味在短期内是改变不了的。京城饮食融合正是为了满足不同口味的需求。

有明一代，北京居民真正完成了民族交融、南北交汇。相应地，在饮食文化方面，也步入民族之间、地域之间高度融合的境界。饮食的南北交汇应主要以主食体现出来，主食才能主导饮食发展的走向。米和面是京师的主粮。既然主食南北融合的态势明显，副食在这一方面的表现必然更加丰富。譬如，"北京人以面食为主，菜肴加作料气味辛浓，南方人很不适应。南人北上后，带来一些南方的烹调技术，'水爆清蒸'的南菜在北京也很盛行"③。万历时，原产江南的"蛙、蟹、鳗、虾、螺、蚌之属"，已在北京"潴水生育，以至蕃盛"。到明末，"京师筵席以苏州厨人包办者为尚"④。京师馈赠，亦"必开南酒为贵重"⑤。北方山货也同样涌至京城，如关外塞边的鲸鲕、鹿脯、熊掌、驼峰、野猫、山雉……都可在市场买到，而这些过去大多是地方进贡给皇帝，只有在宫廷才能见到的稀罕之物。向来崇尚简朴、俭约的北方食俗，逐渐向江南食不厌精、趋新、趋奢的风尚合流。⑥

明代北京人口的一个特点是消费人口极多，生产人口很少。北京人中既有伴随着中央政府的迁入而生活于此的皇室、贵戚、功臣、一般官僚等权贵政要，也有富商巨贾、主要依靠劳动贩运为生的小工商业者，还有军人、奴仆、工匠、雇工、宦官、宫女，以及以相面、看病、看风水和各种卖艺、卖身活动为生的医卜相巫艺妓、三姑六婆、乞丐光棍、游方僧道等各种闲杂人员。可以说，在明末的

① ［清］孙承泽：《天府广记》（上）卷三，北京：北京古籍出版社1982年版，第32页。
② ［明］汪应轸：《汪青湖集·恤民隐均偏累以安根本重地疏》（京师铺行），（明）陈子龙等选辑《明经世文编》（第三册）卷一九一，北京：中华书局1962年版，第1979页。
③ 李淑兰：《京味文化史论》，北京：首都师范大学出版社2009年版，第108页。
④ ［明］史玄、［清］夏仁虎、［清］阙名：《〈旧京遗事〉〈旧京琐记〉〈燕京杂纪〉》，［明］史玄《旧京遗事》，北京：北京古籍出版社1986年版，第26页。
⑤ ［清］刘廷玑、张守谦点校：《在园杂志》卷四《诸酒》，北京：中华书局2005年版，第170页。
⑥ 周耀明：《汉族风俗史》（明代·清代前期汉族风俗）（第四卷），上海：学林出版社2004年版，第73页。

北京社会，形成了一个庞大的饮食消费群体。他们不同的口味需求大大促进了北京饮食的异质性，北京成为典型的"五方杂处，食俗不纯"之大都市。各大菜系都极欲在北京占得一席之地。当时，山东人纷纷到北京开餐馆，以至于明代北京的餐馆中，鲁菜的势力较为雄厚，使山东风味在有明一代充斥着北京餐饮市场。另外，这些消费群体中，大多文化层次都比较高，他们的饮食追求秉承了宫廷境界，导致北京饮食在原本所具有的游牧饮食风格的基础上，又多了一种儒雅的气质。豪爽、粗狂与绅士、典雅两种饮食形态在大明京都得到完美结合，这种结合，使得北京饮食拥有其他城市所缺的多元与包容的特性。

顺便指出，除了南北饮食交汇之外，社会上下层饮食也开始频繁流动起来，这也是明中后期京城饮食文化显著的时代特点。一方面民间饮食文化向上层社会移动，进入上层社会后，逐渐成为贵族菜谱中的有机组成部分；另一方面，上层精英饮食文化也下沉至民间，市民也能够享用以前专属统治阶层的饮食风味。明中后期饮食店铺打"仿内制作"旗号，曾风行一时。京城西直门贾集珍的内制山楂糕、柴云茶社的"仿内八宝元宵"，都为民间所深深钟爱。明朝学者陈继儒（号眉公）极善品味，其家制果饼闻名遐迩，后来有糕点铺学习其制作技法，成批制作销售，并称之为"眉公饼"，后改为"玫宫饼"，在社会广为流传，直至今日仍可听到其名。[①] 上下层饮食文化的攀升、下移，得益于众多饮食店铺的穿针引线，各具特色的店铺尤其是一些老字号为打通上下社会阶层的饮食壁垒发挥了重要作用。

第二节　饮食文化发展的条件与环境

有明一代，市井文化已演进得比较成熟，其标志之一便是社交礼仪进入日常生活世界。饮食的交际功能被充分释放了出来，崇尚饮食消费成为全社会的共识。在几乎所有的公共空间里，饮食都有一席之地，即便在神圣的寺庙里也是如此。陈洪谟《治世余闻》下篇卷之三："时朝政宽大，廷臣多事游宴。京师富家揽头诸色之人，亦伺节令习仪于朝天宫、隆福寺诸处，辄设盛馔，托一二知己转邀，

---

① 耿立萍：《中国古代糕点的制作工艺》，李士靖主编《中华食苑》（第9集），北京：中国社会科学出版社1996年版，第291页。

席间出教坊子弟歌唱。内不检者，私以比顽童为乐，富豪因以内交。"① 寺庙也成为京师富家饮食作乐的场所，足以证明当时饮食环境的开放和自由。饮食消费极大地促进了饮食生产，这是明代饮食文化发展最为显著的时代特征。

1. 人口增长及相关政策对饮食的影响

明代北京的民族饮食形态在迁都前后有很大的变化。迁都之前，作为北部防御前沿的北平地区，饮食带有鲜明的军事色彩，诸如军屯、移民等都是为了军事所需。明初"城市总人口约计9.5万人"②，"如此稀少的人口显然是不能适应形势的需要的"③，于是明朝开始了向北平地区大规模的移民，15世纪前半期以前的400年间，迁居到北京的各民族族人大部分从开始的外来者变为居民。城市的人口不断地被其他的寄居者所扩充。

明朝移民大都是来自内地的汉族社会底层，他们既引发了北平地区人口的快速增加，也改变了这一地区饮食的民族构成。然而这种改变不是在饮食消费主义语境中实现的，无以从整体上提升北平城市的饮食水平，但屯田的确增加了粮食总产量。北京近郊和远郊有许多移民组成的村落，村落的名字留下了村民祖籍的历史记忆。诸如顺义区赵全营镇红铜营，明初由山西洪洞县移民至此屯田成村，为惜故乡之情，村名洪洞营，后以谐音改今名；赵全营镇忻州营，明代由山西省忻州县（今忻州市）移民至此，成村后为忆故土之情，故村称忻州营；河津营的村民来自山西河津县；夏县营是由山西省夏县移民成村；西降州营、东降州营、稷山营是分别由山西省的降县和稷山县移民于此成村的。④ 这些村落所在地原本人烟稀少，土地荒芜，成村后集中开发耕作，解决了部分军粮问题。

永乐年间，迁都北京，成祖迁全国各地的"富民"于北京，"附顺天府籍"，据载："永乐元年，令选浙江、江西、湖广、福建、四川、广东、广西、陕西、河南及直隶苏、松、常、镇、扬州、淮安、庐州、太平、宁国、安庆、徽州等府，无田粮、并有田粮不及五石殷实大户，充北京富户，附顺天府籍。优免差役五

---

① ［明］陈洪谟：《治世余闻》（下篇）卷之三，明万历四十五年阳羡陈于庭纪录汇编本，北京：中华书局1985年版，第53页。

② 韩光辉：《北京历史人口地理》，北京：北京大学出版社1996年版，第105页。

③ 尹钧科：《北京郊区村落发展史》，北京：北京大学出版社2001年版，第178页。

④ 辛家纲：《地名初析》，北京市政协文史资料委员会编《北京文史资料精选·顺义卷》，北京：北京出版社2006年版，第21页。

年。"① 这既是生产群体，更是消费群体。迁都之后，作为帝都京师的北京，则会聚了各民族的达官显贵、政治名流、富商巨贾和文化名人等，这极大地提升了饮食的文化档次，饮食品位与政治中心的地位相适应。皇帝及其家族的皇亲国戚、宦官、官僚地主上层集团云集北京城，大批手工业者、服务行业的工作者及底层社会的农民均为统治集团提供服务，北京成为一座地地道道的巨大的饮食消费城市。

明代人口的迁移也是在行政指令下完成的，而人口的增长又与饮食直接相关。同时，饮食资源的调配与输入也是在政府主导下展开的。出于统治者管理的需要及其本性，广大民众尤其是农民在被迫供给饮食资源的同时，自己的基本饮食生活却得不到保障。这种状况存在于历朝历代，只是较之前代，明朝表现得更为突出，故而作为饮食文化的一个特点单独列出。

北京成为明朝都城后，"京师虽设顺天府两县，而地方分属五城……"，城内划分为33坊，嘉靖年间又筑外城，内城重新划分为29坊，外城划分为7坊，共计36坊。整个北京城采用五城制的管理方法，每城分为若干坊，每坊内又划分为若干牌和铺。五城是中城、东城、西城、北城、南城（全部外城）。② "每城设御史巡视；所辖有兵马指挥使司，设都指挥、副都指挥、知事。后改兵马指挥使，设指挥、副指挥，革知事，增吏目。"③ 并且"城内地方以坊为纲，惟西城全属宛平，其中、北、南三城，则与大兴分治"④。坊卜设铺，"每坊铺舍多寡，视廛居有差"⑤。依居户多少而定。"每铺立铺头火夫三五人，而统之以总甲；城外各村，随地方远近，分为若干保甲，每保设牌甲若干人，就中选精壮者为乡兵，兵器毕具，而统之以捕盗官一人、保正副各一人。"⑥ 郊区则有顺天府领州5，县22，另外辖京县2：宛平县和大兴县。⑦ 这种行政区划与军事管理制度较为完备，清制基本沿袭。

---

① ［明］申时行等修：《明会典》卷十九《户部·富户》，北京：中华书局1989年版，第120页。

② ［明］张爵、（清）朱一新著：《〈京师五城坊巷胡同集〉〈京师坊巷志稿〉》，北京：北京古籍出版社1982年版，第5—20页。

③ ［清］于敏中：《日下旧闻考》（第一册）卷三十八《京城总纪》，北京：北京古籍出版社2000年版，第611页。

④ ［明］沈榜：《宛署杂记》卷五《街道》，北京：北京古籍出版社1980年版，第34页。

⑤ 同上，第34页。

⑥ ［明］沈榜：《宛署杂记》卷五《街道》，北京：北京古籍出版社1980年版，第42页。

⑦ ［清］张廷玉：《明史》（第四册）卷四十《地理一》，北京：中华书局2003年版，第884—885页。

据韩光辉先生的研究，明初北平城市的赋役户口仅有 3300 户 11550 人；而大兴、宛平二县乡分别有 993 户和 1666 户，加上 6 个卫的驻军，"城市总人口约计 9.5 万人"①。这些人口以汉族军户和民户为主。洪武二年（1369），整个北平府（范围较之现今北京更大）大抵只有 14974 户 48973 人，② 而北平城中编有 13 坊，人口约 1.2 万。③ "如此稀少的人口显然是不能适应形势的需要的"④，于是明廷开始了向北平地区大规模的移民，明代中后期的北京城，"四方万国所归，人烟辏集"⑤，"京师天下根本，四方辐辏，皇仁涵育，生齿滋繁"⑥，各地迁入北京的热情不断高涨，直接导致"阡陌绮陈，比庐溢郭"⑦。而"关厢居民无虑百万"⑧，至嘉靖末京师内外城达 17.4 万户，总人口达到 84 万人，成为北京人口增长的一个重要时期。人口的繁盛必然带来饮食业的发达。明朝饮食消费水平之所以超越了前代，人口的因素起了决定性作用。同样的道理，在明末，由于战争和苛捐杂税等原因，顺天府所在京畿地区，"一望极目，田地荒凉，四顾郊原，社灶烟冷"⑨。饮食文化的发展由此也陷入低谷当中。

明代是我国历史上社会相对稳定的一个统一王朝，北京地区通过移民实施军屯和民屯，农业经济发展迅速。洪武时曾在北平进行两次大规模的移民屯田，一次是洪武四年（1371）从"沙漠遗民"在北平屯川，一次是洪武二十二年（1389）从山西泽潞二州往河北屯田。⑩ "北方近城地多不治，召民耕，人给十五亩，蔬地二亩，免租三年。"⑪ 徐达平定蒙古之后，"徙北平山后民三万五千八百

---

① 韩光辉：《北京历史人口地理》，北京：北京大学出版社 1996 年版，第 105 页。
② 王熹校：《（永乐）顺天府志》（二），北京：中国书店 2011 年版，第 74 页。
③ ［明］沈榜：《宛署杂记》卷五《街道》，北京：北京古籍出版社 1980 年版，第 34 页。
④ 尹钧科：《北京郊区村落发展史》，北京：北京大学出版社 2001 年版，第 178 页。
⑤ ［明］余子俊：《请严捕近京盗贼疏》，（清）清高宗（敕选）《明臣奏议》卷六，上海：商务印书馆 1935 年版，第 108 页。
⑥ ［清］孙承泽：《天府广记》（上）卷四《城池》，北京：北京古籍出版社 1982 年版，第 44 页。
⑦ 同上。
⑧ ［明］王忬：《王司马奏疏·条陈末议以赞修攘疏》，（明）陈子龙等选辑《明经世文编》（第四册）卷二八三，北京：中华书局 1962 年版，第 2984 页。
⑨ ［明］卫周胤：《痛陈民苦疏》，罗振玉辑、张小也等点校《皇清奏议》（第一册）卷一，南京：凤凰出版社 2018 年版，第 9 页。
⑩ ［清］张廷玉等撰：《明史》卷七十七《志第五十三·户口》，北京：中华书局 1974 年版，第 1879—1880 页。
⑪ ［韩］朴元熇主编、权仁溶等校注：《明史食货志校注》卷七十七志五十三《田制》，天津：天津古籍出版社 2014 年版，第 14 页。

余户，散处诸府卫，籍为军者给衣粮，民给田。又以沙漠遗民三万二千八百余户屯田北平……"。"凡置屯二百五十四，开田一千三百四十三顷。"① 饮食资源的生产统一规划，其规模前所未有，达到集约化水平。洪武五年（1372）七月，"革妫川、宜兴、兴、云四州，徙其民于北平附近州县屯田"②。永乐、洪熙时，"成祖核太原、平阳、泽、潞、辽、沁、汾丁多田少及无田之家，分其丁口以实北平"③。永乐二年（1404）九月，"徙山西民万户实北京"。永乐三年（1405）秋九月，"徙山西民万户实北京"④。永乐五年（1407）三月，"命户都徙山西平阳等府，山东青州等府民五千户隶上林苑监，牧养栽种"。⑤ 永乐十四年（1416）十一月，"徙山东、山西、湖广流民于保安州"⑥。屯田提供了京城一部分军官俸饷和农民自己的饮食资源，减轻了漕运的压力，因而出现了"仓庾充羡，间阎乐业，岁不能灾"⑦，"百姓充实，府藏衍溢"⑧ 的太平盛世景象。

明朝颁布了许多鼓励农事的政策。永乐年间户部议核，"宽北京迁谪军民赋役"，因为"谪徙北京为民及充军屯种之人，初至即责其赋役，必不能堪，其议宽之。至是户部议：自愿北京为民及免杖而徙者，五年勿事；免徒流而徙者，三年勿事；充军屯田者，一年后征其租"⑨。明制规定，每一军户给田 50 亩，共收租粮24 石。其中 12 石为"正粮"，供本军户自用，但先要上交卫所，由卫所统一支配，再按月发给军户。另外 12 石为"余粮"，运京充官俸及城守诸军的粮饷。⑩明朝政府把北京城郊的荒地分给贫民耕种，每人地 15 亩，菜园 2 亩，皆作为己

---

① ［清］张廷玉等撰：《明史》卷七十七《志第五十三·户口》，北京：中华书局 1974 年版，第 1879页。

② 《明太祖实录》卷七十五，台北："中央研究院"历史语言研究所 1962 年版，第 2 页。

③ ［清］张廷玉等撰：《明史》卷七十七《志第五十三·食货一》，北京：中华书局 1974 年版，第1880 页。

④ ［清］张廷玉等撰：《明史》卷六《成祖二》，北京：中华书局 1974 年版，第 81 页。

⑤ ［清］孙承泽：《天府广记》卷三十一，北京：北京古籍出版社 1982 年版，第 401 页。

⑥ ［清］张廷玉等撰：《明史》卷九《成祖》，北京：中华书局 1974 年版，第 96 页。

⑦ ［清］张廷玉等撰：《明史》卷九《宣宗》，北京：中华书局 1974 年版，第 125 页。

⑧ ［清］张廷玉等撰：《明史》卷七十七《志第五十三·食货一》，北京：中华书局 1974 年版，第1877 页。

⑨ 《明太宗实录》卷七十九，台北："中央研究院"历史语言研究所 1962 年版，第 2 页。

⑩ ［明］张萱撰：《西园闻见录》（八）卷九十一《工部五·屯田》，台北：明文书局 1991 年版，第517—579 页。

业，并免役 3 年。① 又规定"北平等处民间田土，听所在民尽力开垦，为永业，毋起科"。② 有些农民的土地不够种，劳动力又较强，除自有的小块土地外，顺便把这些荒地也垦辟出来，明朝政府看到这种情况，就屡次宣布在北京地区"额外垦荒者永不起科"，③ 从法令上肯定这些荒地属于农民的产业。明万历中期（1573—1620），招募南人开垦京西水田，瓮山（今颐和园万寿山）之南，"临西湖（今颐和园昆明湖），水田棋布，人人农，家家具农器，年年务农，一如东南，而衣食朴丰，因湖利也。使畿辅他水次，可田也，皆田之，其他陆壤，可陂塘也，田而水之，其他洼下，可堤苑也，水而田之，一一如东南"④。在城内也有南人耕种的稻田，"德胜门东，水田数百亩，沟洫浍川上，堤柳行植，与畦中秧稻，分露同烟"⑤，这些稻田为内官监地，由太监掌管，"南人于此艺水田，粳粳分塍，夏日桔槔声不减江南"⑥。这些由南人种植的稻田，"畦陇之方方"，颇为规整。

明代的饮食文化同样发展不平衡。除了阶层差异外，城乡的反差同样十分明显。由于赋税和劳役过重，导致北京周边村民饮食生活极其艰难。成化七年（1471），巡按直隶监察御史梁防言："涿州、良乡等县，密迩京师，其民迫于科差，困于饥寒，往往隐下税粮，虚卖田地，产业已尽，征科犹存，是以田野多流亡之民。"⑦ 弘治元年（1488），巡抚顺天等府奏称："畿内之民，徭役繁重，而大兴、宛平、昌平、漷县尤甚。"⑧ 景泰元年（1450），户部奏："顺天府房山、良乡、昌平、武清、漷、固安等县，近被达贼虏掠，人民惊窜，又兼荒旱无收，缺食艰难。宜免其科差，济以口粮。行移部，凡科派糠麸、煤炸、榛粟、麦穗、稻

① ［清］张廷玉等撰：《明史》（第七册）卷七十七《食货一·田制》，北京：中华书局1974年版，第1882页。
② ［明］徐光启著，陈焕良、罗文华校注：《农政全书》（上）卷三《国朝重农考》，长沙：岳麓书社2002年版，第41页。
③ ［清］张廷玉等撰：《明史》（第七册）卷七十七《食货一·田制》，北京：中华书局1974年版，第1882页。《古今图书集成》《食货典》"农桑"亦言："永乐二年，令各处官员家人愿耕屯田者，不拘顷亩，毋得起科。"
④ ［明］刘侗、于奕正：《帝京景物略》卷七《西山下·瓮山》，北京：北京古籍出版社2001年版，第308页。
⑤ ［明］刘侗、于奕正：《帝京景物略》卷一《城北内外·三圣庵》，北京：北京古籍出版社2001年版，第32页。
⑥ ［清］于敏中等编纂：《日下旧闻考》（第二册）卷五十四《城市》，北京：北京古籍出版社2000年版，第882页。
⑦ 《明宪宗实录》卷九十二，台北："中央研究院"历史语言研究所1962年版，第1778页。
⑧ 《明孝宗实录》卷十，台北："中央研究院"历史语言研究所1962年版，第203页。

皮、苘麻、芦苇、秫秸、蒲草、荆条、鹿食、黄豆秸、马连粮，沽兔、羊、鸡、挤乳牛，及各驿站递运所置买马、驴、牛、车，铺陈什物等件，砍柴、修坟、闸夫、防夫、馆夫、膳夫、天财库等项夫役，暂与停免。中间果有急用不可免者，亦须支给官钱买办，及别县金役，候民力稍舒，照旧派金。"① 从这些暂缓或减免的项目中，可以知晓村民所承受的负担有多重。在这种情况下，何谈饮食生活和美食享受？

移民除了来自山西、山东等北方诸地外，南方各省是向北京地区移民的另一重要来源。"成祖时，复选应天、浙江富民三千户，充北京宛、大二县厢长，附籍京师，仍应本籍徭役。"② 南方移民显然有助于提升北平地区的耕作水平，充实粮食供给，就饮食文化而言，这只是表面现象。由于北京地区不断处于少数民族掌控之下，相对而言，游牧民族风味较重，而南方各地移民大规模地迁入，必然大大增强南方饮食在北京味儿中的分量。

2. 农牧业自产自销

北京地区畜牧业、水稻和蔬菜种植业已比较发达，农业生产的理论化程度也比较高，徐光启的《农政全书》和宋应星的《天工开物》为其代表。此外还有朱橚的《救荒本草》、耿荫楼的《国脉民天》和佚名沈氏所撰《沈氏农书》等。《农政全书》全书共有 60 卷 50 多万字，分为农本、田制、农事、水利、农器、树艺、蚕桑、蚕桑广类、种植、牧养、制造、荒政等 12 个目。各目的内容由题目顾名思义可知，其中蚕桑广类是论述用来代替丝绸的纺织作物，如木棉、麻等。这些农牧业科学技术著作的刊行，标志着明朝农牧业生产水平发展进入一个新阶段。

明代中叶以前，北京地区粮食仍以江南"漕运"为主。明宪宗成化年间，礼部尚书丘濬提出在京郊广种水稻，以减轻对"漕运"的依赖，他指出："今国朝之都燕，盖极地之北。而财赋之入，皆自东南而来。会通一河，譬则人身之咽喉也，一日食不下咽，立有死亡之祸。"③ 其他宰辅大僚也有过相同的担忧，并提出了类似的建议。毕竟，开辟良田，扩大农牧业生产，才能真正保障不断增长的人口饮食需求。

---

① 《明英宗实录》（五十九）卷一九一，台北："中央研究院"历史语言研究所1962年版，第3974—3975页。
② ［清］张廷玉：《明史》（第七册）卷七十七《食货一》，北京：中华书局2003年版，第1880页。
③ ［明］丘濬编：《大学衍义补》（上）卷三十四《漕挽之宜（下）》，上海：上海书店出版社2012年版，第283页。

明政府规定北京地区田地一半为农田，应差征粮，一半为牧地，免租养马。根据万历《顺天府志》所载，大兴县养马 365 匹，昌平 651 匹，平谷 749 匹，宛平 916 匹，怀柔 1109 匹，密云 1710 匹，顺义 1923 匹，房山 1219 匹，良乡 1486 匹，通州 2538 匹。① 可见，顺天府按丁口饲养的马匹，数量还是很大的。除马之外，牛、羊、驴、骆驼、骡的数量也不少。政府主导下的畜牧业能够以大规模的牧场形式运作，极大地满足了时人对肉类的饮食需求。

就农牧业生产而言，牧业在不断退缩，而农耕区域在不断扩大。譬如，女真人本身厌恶农耕，不愿意致力经济形式的转变，即便如此，他们也认识到农耕经济较之畜牧业更有保障，渔猎经济必须向农耕经济转变，其社会才能发展。"上曰：前日议者云：'貂鼠皮不产于五镇，故以牛马农器，易诸野人，请移定于内地，以除此弊。'予下书问之。监司启云：'内地虽产此物，不合进上。故必贸于野人。而野人非牛马农器则不与之易，故不得不尔已。'"② "特进官李淑琦启曰：'永安道五镇贡貂鼠皮，贸于野人，以充其赋。所易之物，非农器釜鬵则必耕牛也。由是我之耕牛农器釜鬵，悉为彼有。虽国家禁之，莫得御也。'"③ 为了满足农耕生产的需求，耕牛与铁器都是女真商人必须购得的物品。

明代北京地区通过移民及实行军屯、民屯，农业生产逐渐恢复和发展，尤其是迁都北京后，城郊地区的农业经济得到进一步发展。在大兴、宛平、良乡、固安、通州、三河、武清、蓟州、昌平、顺义等县"置二百五十四屯，垦田一千三百余顷"④。洪武五年（1372）七月，"革妫川、宜兴、兴、云四州，徙其民于北平附近州县屯田"⑤。永乐、洪熙时，曾多次推广民屯，继续组织各地的人民赴京屯田。京城附近诸多的畜养场、牧养场、果园和菜地，分别属于上林苑监的蕃育、嘉蔬、良牧、林衡 4 署，专司畜养鸡鸭鹅的为畜养户，牧牛放马的为牧养户，种菜的叫菜户，培植果园的叫园户。"以时经理其养地、栽地，而畜植之，以供祭

① ［明］沈应文修：《顺天府志》卷三，万历刻本，第 419—444 页。
② ［日］末松保和纂：《李朝实录》卷 228 "成宗二十年二月庚戌" 条，转引自（日）河内良弘著：《明代女真史研究》，赵令志、史可非译，沈阳：辽宁民族出版社 2015 年版，第 599 页。
③ ［日］末松保和纂：《李朝实录》卷 228 "成宗二十年二月庚戌" 条，转引自（日）河内良弘著：《明代女真史研究》，赵令志、史可非译，沈阳：辽宁民族出版社 2015 年版，第 599 页。
④ ［清］张廷玉：《明史》（第十二册）卷一百二十五《徐达·常遇春》，北京：中华书局 2003 年版，第 3729 页。
⑤ 《明太祖实录》卷七十五，台北："中央研究院" 历史语言研究所 1962 年版，第 1385 页。

祀、宾客、宫府之膳羞。"① 万历《大明会典》记载，上林苑监 4 署原管养、栽户共计 7716 户,② 规模相当庞大。多次有计划的移民屯田，保证了有明一代在相当长的时间里能够进行规模化的农牧业生产。

"小麦是北京地区主要的农产品，此外还有大麦、荞麦、高粱、小米、橹豆、黑豆等杂粮。小麦的耕作技术已经胜过南方。"③ 明清时期稻的种类繁多，据《畿辅通志》记载："宛平县产稻有糯稻、粳稻、水稻、旱稻，昌平州产膳米，房山县产稻红、白二种，遵化州产东方稻、双芒稻、虎皮稻之类，皆食米糯稻。有旱糯、白糯、黄糯，皆可酿酒。满城县产稻有黄须者、有乌须者，有粳稻、早稻、糯稻。涞水县产水稻，邢台县产稻有三种，红口稻、芒稻、糯稻。"④ 北京西郊和南郊土地肥沃的地区都成为著名的产粮和蔬菜种植基地。

万历中期（1573—1620），招募南人开垦京西水田，瓮山（今颐和园万寿山）之南，"临西湖（今颐和园昆明湖），水田棋布，人人农，家家具农器，年年务农，一如东南，而衣食朴丰，因利湖也。使畿辅他水次，可田也，皆田之，其他陆壤，可陂塘也，田而水之，其他洼下，可堤苑也，水而田之，一一如东南"⑤。对此，左都御史邹文标感叹道："三十年前，都人不知稻草何物，今所在皆稻，种水田利也。"⑥ 在城内也有南人耕种的稻田，这些稻田为内官监地，由太监掌管，"三圣庵在德胜街左，巷后筑观稻亭，北为内官监地。南人于此艺水田，粳粳分畦，夏日桔槔声不减江南"⑦。德胜门附近的水稻区还有 "积水潭水从德胜桥东下，桥东编有公田若干顷，中贵以水为池，以灌禾黍"。来水量的减少使积水潭内淤浅面积不断扩大，有人在此辟田种植了水稻，积水潭一派田园风光。积水潭种稻成因有两个说法：一是明代建都北京后，驻重兵防戍，另有大批文武官员、皇亲国戚云集北京，北京城漕运粮食供给紧张，食用不足，故积水潭种稻便开始了；二是明朝大臣中江南人士居多，为满足他们的生活习性和思乡之情，故皇帝下令

---

① ［清］张廷玉：《明史》（第六册）卷七十四《职官三》，北京：中华书局 2003 年版，第 1814 页。

② ［明］申时行等修：《明会典》卷二二五《上林苑监》，北京：中华书局 1989 年版，第 1108—1109 页。

③ 孙健主编：《北京古代经济史》，北京：北京燕山出版社 1996 年版，第 155 页。

④ ［清］林则徐：《畿辅水利议》，载《中华山水志丛刊·水志卷》，北京：线装书局 2004 年版，第 499 页。

⑤ ［明］刘侗、于奕正：《帝京景物略》卷七《瓮山》，北京：北京古籍出版社 1980 年版，第 308 页。

⑥ ［明］张廷玉：《明史》（第二十一册）卷二四四《左光斗》，北京：中华书局 2003 年版，第 6329 页。

⑦ ［清］于敏中等纂：《日下旧闻考》（二）卷五十四《城市》，北京：北京古籍出版社 2000 年版，第 882 页。

在积水潭开辟稻田，北京城内再现江南景色。① 不论是出于什么原因，都足以说明当时积水潭这一大片水稻享誉京城。

草桥亦是水稻产区。"草桥众水所归，种水田者，资以为利。"② 海淀亦为一重要产区，"帝京西十五里为海淀，……丹棱沜。沜之大以百顷，十亩潴为湖，二十亩沈洒种稻，厥田上上"③。明朝万历年间徐昌祚撰《燕山丛录》中记载，房山县大石窝所产石窝稻，"色白粒椭，味极香美，以为饭虽盛暑经数日不馊"④。种水稻的区域还有京东的顺义、京西的房山和北京城南。近郊的青龙桥、郑公庄、大马房，京东的丰润、宝坻、蓟州、玉田、通县，京西的良乡、涿州在明朝中叶以后，水田皆发展起来，其中京东产米尤著。⑤《北京史》一书概述道："个别地区也种植了水稻。京城内的西苑、积水潭，近郊的海甸、西湖、青龙桥、草桥，京西的房山大石窝，京东的通县、蓟州、玉田、宝坻、丰润，甚至京西南的良乡、易州，都有连畦的水田。"⑥ 万历时御史田生金指出："迩年垦地成田熟者，十分有九，京米之不甚贵，皆由于此。"⑦ 说明京米除部分"供御用"外，大部分提供给市民消费。原来认为在北方不宜种水稻的风土论，自此也不攻自破了。这些水稻为优良品种，促进了明代北京主食业的发展。

水稻的广泛种植得益于水利的开发。万历三年（1575），徐贞明任工科给事中"议请于近京濒海沿边之地疏沟洫、建屯营。尝历真、保、蓟、永，某泉可引，某水可渠，言之凿凿有据"，⑧ 又着《潞水客谭》一书阐明自己的主张。为了满足北京的粮食需求，需要引入南方的种稻技术。水稻的种植关键在于灌溉，于是选用南方技术人员加以指导。"畿辅沿边之兵，恒苦食之难给。而一带空地多称沃壤，向因北人不谙水利，以致抛荒淤积无虑千万顷。……信能举行，不惟转输省而兵食可足，亦沟渠密而戎马可限。……许南来游食之民自备资本，任力开垦，永不

① 参见刘锡魁：《京城什刹海水系的变迁》，载《北京水利》2000年第2期。
② ［清］于敏中主编：《日下旧闻考》卷九十《郊坰》，北京：北京古籍出版社1985年版，第1531页。
③ ［清］孙承泽著，王剑英点校：《春明梦余录》（下）卷六十五《名迹二》，北京：北京古籍出版社1992年版，第1265页。
④ 色白粒粗，味极香美，以为饭虽盛暑经数宿不餲。［清］于敏中主编：《日下旧闻考》卷一百四十九《物产》，北京：北京古籍出版社1985年版，第2372页。
⑤ 许大龄：《明代北京的经济生活》，载《北京大学学报（哲学社会科学版）》1959年第4期。
⑥ 北京大学历史系《北京史》编写组编：《北京史》，北京：北京出版社1985年版，第151页。
⑦《明神宗实录》卷五一九，台北："中央研究院"历史语言研究所1962年版，第9791页。
⑧《明神宗实录》卷一五九，台北："中央研究院"历史语言研究所1962年版，第2924页。

起科。有司官员开垦数多，即行分别奖荐超擢，仍不得责以期限，差人骚扰。如有奸民指托势豪、转相隐匿及阻挠不法者，访拿究治，每年终核实具奏，以凭奖劝。"① 明万历年间蒋一葵《长安客话》称："环湖十余里，荷蒲菱芡，与夫沙禽水鸟，出没隐见于天光云影中，可称绝胜。……近为南人兴水田之利，尽决诸洼，筑堤列塍，为畜为畬，菱芡莲菰，靡不毕备，竹篱傍水，家鹜睡波，宛然江南风气，而长波茫白似少减矣。"② 由于有水灌田，水稻的生长一如江南，西湖一带的水洼呈现出一派绿油油的景象。

顺义的水利开发继承了东汉张堪的传统，同样也出现了为世人传颂的治水功臣——刘志。"雅好著述，博通典故，饬躬励行，丕振儒风。又开新渠以溉稻田。"③ 清康熙五年（1666）任顺义知县的王侯服所作的《大士阁记》，比较了两人的治水业绩："张公之呼奴、刘公之新渠，则又近在几席、指顾见矣。……张公堪者，历汉而来千有余年；刘公志者，亦不啻百年。虽两公之所设，使未必尽同，迄今父老子弟过呼奴之下者，兴麦岐之歌；酌新渠之源者，比苏公之堤，则山若渠之托两公者何如哉！……而如两公之惠政在人，垂千百年而犹为山川所托以不朽者，又未能以万一。"④ 还值得一提的是名宦胡思伸。万历四十二年（1614）他调任怀隆（含河北怀来、北京延庆）兵备道（道员带兵备衔者，辖府、州，是省和府、州之间的高级行政长官）。在延庆，他制定取信于民的政策，发动百姓兴修水利，广开水田，同时守防部队也有上万人参加修建水利工程，全部工程共计灌溉面积 3 万亩，每年收稻谷 10 万石，百姓称延、怀一带水利工程为"胡公渠"。他的《新垦水田碑记》详述了治水浇灌所取得的成就。

水稻产量的增加，也促使稻谷加工技艺的提升，碾和磨的使用已普及开来。《延庆州志》记载："妫川自双营南即湮塞流竭，旧道犹存。干河东南流数里，入于地，伏流十余里复出，至永宁界，有水碾、水磨四座。"⑤ 明代建村，因有 3 座

---

① 《明神宗实录》卷一五四，台北："中央研究院"历史语言研究所 1962 年版，第 2846—2847 页。

② ［明］蒋一葵：《长安客话》卷三《郊坰杂记》"西湖"，北京：北京古籍出版社 1982 年版，第 50—51 页。

③ ［清］黄成章：《顺义县志》卷三《仕宦》，顺义县署·顺义县 1915 年版，第 20 页。

④ ［清］黄成章：《顺义县志》卷四《艺文》，顺义县署·顺义县 1915 年版，第 41 页。

⑤ 光绪年间重修《延庆州志》卷一下"舆地志·山川·水利"有类似记载："妫川河……南归正流至永宁西，有水碾、水碾四座。"1938 年的《延庆县志》这样记述："在永宁西十里，水源深潭，下有水运碾碣四座，居人每见有黄马出游岸上，近则马入水中。"

用水作为动力的石磨，磨油、磨粮，最北一座为上水磨，故名上水磨，后简称上磨。上磨村村辖域面积 1.6 平方公里，地处山前坡谷地带。今延庆县东北 10 公里有永宁镇，永宁镇有一个上磨村，"村东有黄龙潭，上游原有三座水磨，最北一座称上磨。明代该地有村，故名上水磨，后简称上磨"①。有专家研究，在蔚县，有不少村庄称"碾"。如城东有马家碾、东李碾、东家碾、城墙碾、龙泉碾、史家碾、小枣碾、方碾、四碾，城南有李家碾、柳家碾等。这些村庄都坐落在泉源或河边。这些"碾"地名反映了这些村庄，碾是最突出的地物，成为命名的主要依据。如果这些村庄的碾，无非是在农村人推畜拉的石碾，那是不可能成为村庄命名的依据的，所以，这些村庄的碾必定是特殊的水碾②。以粮食加工的工具作为村落命名的依据，足见"碾"在当地人生活中举足轻重的地位。自产、自加工和自消费是明代郊区农村饮食生活的主要特点。

明朝有官方掌管的大面积蔬菜生产基地。明代张爵著《京师五城坊巷胡同集》"白纸坊"条下载：城外有"嘉蔬署"，建于永乐五年（1407）三月，隶属于上林苑监，统管菜户，是"岁办上用青菜瓜茄及光禄寺内阁蔬菜"的官署。"嘉蔬署"有菜地 118 顷 79 亩 9 分。其衙门就设在附近，可见南菜园是归"嘉蔬署"管辖的。今天菜市口胡同东南有一胡同名为"官菜园上街"，直接佐证了历史上这一带也曾有官菜园存在的事实。今天的官菜园上街和南菜园地名一样，有着共同的历史渊源。③

北京蔬菜品种有三四十种，有丝瓜、黄瓜、姜、豆芽、扁豆、韭菜、苔菜、芹菜、茄子、山药、菠菜、芥菜、白菜、土豆、芫荽、大蒜、葱、茴香、胡萝卜、水萝卜、银苗菜、羊肚菜，等等。④ 北京蔬菜品种的数量竟然多于南方。其中以萝卜（蔓菁）和白菜最多，萝卜有红、白、青、水、胡 5 种，箭杆白菜棵大、味美，都是市民最喜爱的品种。"菘菜（白菜），北方种之……其名箭杆者，不亚苏州所产。闻之老者云：永乐间，南方花木蔬菜，种之皆不发生，发生者亦不盛。近来南方蔬菜，无一不有，非复昔时矣。"⑤ 菘菜在我国南方包括苏州一带最为常见，北方种植起来，第一年一半长成芜菁，至第二年更是没有发芽。然自明代中期以

---

① 延庆县地名志编辑委员会：《北京市延庆县地名志》，北京：北京出版社 1993 年版，第 60 页。

② 尹钧科、吴文涛：《历史上的永定河与北京》，北京：北京燕山出版社 2005 年版，第 326 页。

③ 王清风：《从南菜园到大观园》，载北京市政协文史资料委员会编：《北京文史资料精选·宣武卷》，北京：北京出版社 2006 年版，第 140 页。

④ 于德源：《北京农业经济史》，北京：京华出版社 1998 年版，第 232 页。

⑤ ［明］陆容撰、佚之点校：《菽园杂记》卷六，北京：中华书局 1985 年版，第 77 页。

后，葑菜成为北京主要的蔬菜种类。每年秋末，北京百姓"比屋腌藏以御冬"，尤其是被称为"箭杆"的白菜，其产量和质量更是不亚于苏州所产。此外，由于地窖、火坑技术引入蔬菜种植领域，更使北京人在隆冬季节，尚可享用黄芽菜、韭黄一类的新鲜蔬菜。①

其种植施肥技术已超过南方，《农政全书》卷二十六"树艺"："按唐本草注云，葑菜不生北土……北人种菜大多用干粪壅之，故根大，南人用小类十不当一……"为了能让达官贵人四季都能吃上时鲜蔬菜，温室技术已得到广泛运用，"元旦进椿芽、黄瓜……一芽、一瓜几半千钱"。宛平、大兴两县负责为太庙提供"荐新"果蔬，每月的品种都不一样，价格也都有详细记录。如农历正月，宛平的供应是"荠菜四斤，价一两二钱；生菜二斤，价五钱；韭菜二斤，价五钱"。共合"银贰两贰钱"②。菜价的高低直接反映了菜蔬供应的情况。

与江南比较，当时"京师果茹诸物，其品多于南方，而枣、梨、杏、桃、苹婆诸果，尤以甘香脆美取胜于他品，所少于江南者，惟杨梅、柑橘"。"葡萄、石榴，皆人家篱落间物，但不能遍植山谷。其逊于江南者，有樱桃而酸涩也。"③北方水果在京城辖区大都有种植，即便是明代品质不佳的樱桃，后世也出现了甘美无比的品种。

3. 饮食资源输入畅通

有明一代也具备了饮食多元与包容的客观条件，基本做到了立足本地，广纳全国，兼顾海外。万历年间谢肇淛盛赞："帝都所在，万国梯航，鳞次毕集。"④城内商业贸易的兴盛状况，张瀚《松窗梦语》有更翔实的描述："京师负重山，面平陆，地饶黍、谷、驴、马、果、蓏之利。然而四方财货骈集于五都之市，彼其车载肩负，列肆贸易者，匪仅田亩之获，布帛之需。其器具充栋，与珍玩盈箱，贵极昆玉、琼珠、滇金、越翠，凡山海宝藏，非中国所有。而远方异域之人，不避间关险阻，而鳞次辐辏，以故畜聚为天下饶。"⑤ 各地饮食资源从陆路和水路源

① ［明］谢肇淛：《五杂俎》（下）卷十一《物部三》，上海：中央书店1935年版，第123页。
② ［明］沈榜：《宛署杂记》卷十四《经费上》"宗庙"，北京：北京古籍出版社1980年版，第122页。
③ ［明］史玄、（清）夏仁虎、（清）阙名：《〈旧京遗事〉〈旧京琐记〉〈燕京杂记〉》，（明）史玄《旧京遗事》，北京：北京古籍出版社1986年版，第22页。
④ ［明］谢肇淛：《五杂俎》（上）卷三《地部一》，上海：中央书店1935年版，第87页。
⑤ ［明］张瀚撰、萧国亮点校：《松窗梦语》卷四《商贾纪》，上海：上海古籍出版社1986年版，第72页。

源不断输往京城，但也有"不畅通"的时候。景泰四年（1453），署都督佥事雷通奏："居庸关数十余里，路道窄狭，崎岖摆堡，运粮客商、纳米车辆脚力往来挤塞，不能前进，以致粮米堆积在堡，有误边储。命锦衣卫指挥一员督令沿边所在官司修填。"① 足见粮食商贸是多么繁忙。

首先是南北粮食漕运至北京，为南北饮食的风味的形成奠定了基础。北粮来自河南、山东，南粮来自直隶、浙江、江西、湖广等省。明初运粮京师，"未有定额"。永乐六年（1408），"令遮海洋船运粮八十万石于京师，其会通河、卫河以浅船转运"②。十六年（1418），"令浙江、湖广、江西布政司，并直隶苏、松、常、镇等府税粮，坐派二百五十万石"。成化八年（1472）"始定四百万石，自后以为常。北粮七十五万五千六百石，南粮三百二十四万四千四百石"。自此，每年漕粮运京400万石成为定额，贯彻明代始终。嘉靖后期，梁材在一份奏章中指出："南北诸省起运之数，至京通二仓者，大约每年不过四百万石，内该正兑米三百三十万石，京仓七分，通仓三分；改兑米七十万石，京仓四分，通仓六分。二项总计，每年京仓二百五十九万石，通仓一百四十一万石。其各卫所官军人等，每月该实支米该二十三万石，除两个月折色外，京通二仓各支实米四个月，粟米一个月。此则每岁出入之数矣。"③ 详细叙述了400万石漕粮各仓所占的比例。《明史》云："凡各镇兵饷，有屯粮，有民运，有盐引，有京运，有主兵年例，有客兵年例。"④ 屯粮，即屯田子粒；屯粮不足，民运麦、米、豆、草、布、钞、花绒给戍卒。京运始自正统中期。后屯粮、盐粮多废，而京运日益。⑤ 军需粮食主要依靠漕运。

其次是各地饮食特产和风味从四面八方运抵京城。"燕、赵、秦、晋、齐、梁、江淮之货，日夜商贩而南，蛮海、闽广、豫章、楚、越、新安之货，日夜商

① 《明英宗实录》卷二百二十五，台北："中央研究院"历史语言研究所1962年版，第4900—4901页。
② ［明］席书编次、朱家相增修：《漕船志》卷六《法例》，台北："国立中央图书馆"1981年版，第201页。
③ ［明］梁材：《议茶马事宜疏·议处通惠河仓疏》，（明）陈子龙等选辑，《明经世文编》卷一〇六，北京：中华书局1962年版，第965页。
④ ［清］张廷玉：《明史》（第七册）卷八十二《食货六》，北京：中华书局2003年版，第2005页。
⑤ ［清］张廷玉：《明史》（第七册）卷八十二《食货六》，北京：中华书局2003年版，第2005页。

贩而北。"① 山南海北货物辐辏，各色饮食品种琳琅满目。据万历《明会典》三十五"户部"二十二"课程"四"商税"所载事例，列举干鲜海味如下：胡椒、川椒、蘑菇、香蕈、木耳、银杏、菱米、莲肉、软枣、干鹅、榛子、天鹅、荔枝、冬笋、圆眼、松子、蜂蜜、胶枣、鸡头、杏仁、螃蟹、蛤蜊、干兔、鸡、鸭、牙枣、海菜、桐油、核桃、鲜猪、羊肉、干梨皮、黑干笋、虾米、柿饼、鲜干鱼。水果菜蔬类有石榴、甘蔗、藕、葡萄、金橘、橄榄、杨梅、林檎、鲜菱、柑橘、蜜香橙、乌梅、鲜梨、鲜桃、李子、西瓜、荸荠、乌菱、生姜、干葱、胡萝卜、冬瓜、萝卜、菠菜、芥菜、芋头。《酌中志》所载"滇南之鸡枞，五台之天花羊肚菜、鸡腿银盘等麻菇，东海之石花海白菜、龙须、海带、鹿角、紫菜，江南乌笋、糟笋、香蕈，辽东之松子，蓟北之黄花、金针，都中之土药、土豆，南都之苔菜、糟笋，武当之鹰嘴笋、黄精、黑精，北山之榛、栗、梨、枣、核桃、黄连、芽木兰、芽蕨菜、蔓菁"②，也应是各地进贡的时蔬鲜品。当时每年由各地商贩运到北京的部分货物，与饮食有关的有定油、河油约四万五千篓，荆油约三万五千篓，烧酒约四万篓，芝麻约三万石，草油约二千篓，江米约三万五千石，腌肉约二百车，绍兴茶约一万箱，松萝茶约二千驮，杂皮约三万余张，大曲约五十万块，中曲约三十万块，面曲约六十万块，十直河油五十篓，四直大曲二十万块，猪约五十万口，羊约三十万只。③ 正德十六年（1521），巡按直隶御使奏："宣城县岁贡雪梨四十斤，……每岁以四千五百斤解礼部，转进内府，分赐各衙门食用。"④ 自此，各地通往京城纳贡的通道已完全打开，宫廷饮食文化真正具有了国家视域和大国气派。

万历中期原来只在江南沿海水乡才多的"蛙、蟹、鳗、虾、螺、蚌之属"，在京城也大量出现，有人惊叹"腥风满市廛矣"⑤。至万历末年，京城的"鱼、蟹反贱于江南"，而且一些珍稀水产如"蛤蜊、银鱼、蛏蚶、黄甲"，也"累累满

---

① 《李长卿集》卷一十九，转引自徐海荣主编：《中国饮食史（卷五）》，杭州：杭州出版社2014年版，第223页。

② ［明］刘若愚：《酌中志》卷二十《饮食好尚纪略》，北京：北京古籍出版社1994年版，第178—179页。

③ ［明］刘若愚：《酌中志》卷十六《内府衙门职掌》，北京：北京古籍出版社1994年版，第131页。

④ 《明世宗实录》卷九，台北："中央研究院"历史语言研究所1962年版，第324页。

⑤ ［明］沈德符：《万历野获编》卷一十二《户部·西北水田》，北京：中华书局1980年版，第320页。

市"①。王世贞《弘治宫词》写道："五月鲥鱼白似银，传餐颇及后宫人。蹰躇欲罢冰鲜递，太庙年年有荐新。"② 浙江海门每年进贡鲥鱼，岁贡 99 尾；明初江阴侯家向朝廷进贡鲚鱼。每年二月初二，宫中喜食鲜鱼，主要由湖广等地供纳，起初仅为 2500 斤，后增至 3 万斤。③

这是南货北上的情形，北方山货也同样涌至京城。如关外塞边的鲸鲟、鹿脯、熊掌、驼峰、野猫、山雉……都可在市场买到，而这些过去大多是地方进贡给皇帝，只有在宫廷才能见到的稀罕之物。各地方的食品原料市场也是南北货俱全、货源充足。原料的齐备，据《明宫史》载："天下繁华，咸萃于此。"④ 宫中"斯时所尚珍味，则冬笋、银鱼、鸽蛋、麻辣活兔，塞外之黄鼠，半翅鹖鸡，江南之密罗柑、凤尾橘、漳州橘、橄榄、小金橘、风菱、脆藕，西山之苹果、软子石榴之属，水下活虾之类，不可胜计。本地则烧鹅、鸡、鸭、猪肉，冷片羊尾、爆炒羊肚、猪灌肠、大小套肠、带油腰子、羊双肠、猪臂肉、黄颡管儿、脆团子、(烧笋鹅) 爆腌鹅、鸡鸭、炸鱼、柳蒸煎馓鱼、炸铁脚雀、卤煮鹌鹑、鸡醢汤、米烂汤、八宝攒汤、羊肉猪肉包、枣泥卷、糊油蒸饼、乳饼、奶皮。……素蔬则滇南之鸡㙡，五台之天花羊肚菜、鸡腿银盘等麻菇，东海之石花海白菜、龙须、海带、鹿角、紫菜，江南乌笋、糟笋、香蕈，辽东之松子，蓟北之黄花、金针，都中之土药、土豆，南都之苔菜糟笋，武当之鹰嘴笋、黄精、黑精，北山之榛、栗、梨、枣、核桃、黄连、芽木兰、芽蕨菜、蔓菁，不可胜数也。茶则六安松萝、天池，绍兴岕茶、径山茶 (径山茶)、虎邱茶也。凡遇雪，则暖室赏梅，吃炙羊肉、羊肉包、浑酒、牛乳"⑤。再以海鲜为例，北京离海不远，但距海不到 200 公里却足以使鲜海货成为珍品。北京的冬春季节，河鲜很少。清代富察敦崇在《燕京岁时记》中记载："京师三月有黄花鱼，即石首鱼。初次到京时，由崇文门监督照例呈进，否则为私货。虽有挟带而来者，不敢卖也。四月有大头鱼，即海鲫鱼，其味稍逊，

---

① ［明］谢肇淛：《五杂俎》（下）卷九《物部一》，上海：中央书店 1935 年版，第 41 页。
② ［明］王世贞：《弘治宫词》，载［明］朱权等编《明宫词》，北京：北京古籍出版社 1987 年版，第 11 页。
③ 陈宝良：《明代社会生活史》，北京：中国社会科学出版社 2004 年版，第 279 页。
④ ［明］刘若愚：《酌中志》卷二十《饮食好尚纪略》，北京：北京古籍出版社 1994 年版，第 178 页。
⑤ ［明］刘惹愚：《酌中志》卷二十《饮食好尚纪略》，北京：北京古籍出版社 1994 年版，第 178—179 页。

例不呈进。"① 新鲜的黄花鱼和大头鱼等海货首先要献给皇宫和官宦人家，如果拿到市场上去，往往被列为"私货"。

最后是当时许多海外的食物种类，尤其能增添饮食口味和改变饮食结构的食物，也源源不断地涌入京城，又为饮食的中外结合提供了可能性。马铃薯是北京人餐桌上的主要食物之一，其出现在人类的餐桌上可以称为一件划时代的大事。恩格斯把马铃薯的出现和能使用铁器并重，在《家庭、私有制和国家的起源》中说："把我们引向野蛮时代高级阶段，……铁已在为人类服务，它是在历史上起过革命作用的各种原料中最后的和最重要的一种原料。所谓最后的，是指直到马铃薯的出现为止。"② 马铃薯也称土芋、土豆。原产于南美洲，大约在万历年间（1573—1620）传入我国。传入的路线有两条，一是从东南亚传至我国东南沿海的闽、粤；另一条是从东南沿海直接传入我国的京津地区。③ 明朝，中国和亚洲各国之间，特别是与邻近的朝鲜、越南、日本、缅甸、柬埔寨、暹罗（泰国）、印度，以及南洋各国之间的饮食文化与政治接触比以前更加频繁了。明永乐三年（1405）至宣德八年（1433）之间，中国杰出的航海家郑和曾率领船队 7 次下西洋，前后到达了亚洲、非洲 30 多个国家，达 27 年之久。这是一件闻名中外的大事。这件事对于促进中外文化交流无疑是有很大益处的。明代，基督教进入中国，中国食品又引进了番食，如番瓜（南瓜）、番茄（西红柿）等。印度的笼蒸"婆罗门轻高面"，枣子和面做成的狮子形的"水密金毛面"等，也在元明传入。

明末清初，真正开了"洋荤"的是贵族阶层，舶来品中"巴斯第里的葡萄红露酒、葡萄黄露酒、白葡萄酒、红葡萄酒和玫瑰露、蔷薇露"等西洋名酒及其特产，当时只能在宫廷、王府和权贵之家的宴饮上才能见到。对中下层社会来说，舶来品只是他们私下聊天的新闻。《红楼梦》第六十回中透露的贾宝玉曾饮西洋红葡萄酒的情节就生动地说明了这一点。书中道："芳官拿了一个五寸来高的小玻璃瓶来，迎亮照看，里面小半瓶胭脂一般的汁子，还道是宝玉吃的西洋葡萄酒。"

需要指出的是，各地饮食资源之所以能够畅通无阻地输入北京并转运至北京

---

① ［清］潘荣陛、［清］富察敦崇：《〈帝京岁时纪胜〉〈燕京岁时记〉》，［清］富察敦崇《燕京岁时记》"黄花鱼、大鱼头"，北京：北京古籍出版社 1981 年版，第 61 页。

② 恩格斯：《家庭、私有制和国家的起源》第九章"野蛮时代和文明时代"，北京：人民出版社 1972 年版，第 160 页。

③ 翟乾祥：《明代马铃薯引入京津后的传播过程》，载《古今农业》2002 年第 4 期，第 54 页。

各地，得益于漕道的开浚。除大通河即通惠河外，还有昌平河、密云河、蓟州河等漕道。漕运保障了有明一代北京各地饮食生活的正常运行。隆庆六年（1572），蓟辽总督刘应节疏陈密云改河通漕给当地人尤其是驻军饮食生活带来的十大利益："密云环控潮、白二河，若天开以便漕者。向以二水分流，至牛栏山而上始合，故剥船自通州而上者，至牛栏山而止。若至隆庆仓则雇觅车骡，从陆输挽，军民艰辛之苦，水次露积之虞，难以悉状。前总督杨博题改河资运，直接密云，备陈四利，预防一害，已有成议，因循至今，两河之流已为一派。水益深则漕益便。所谓四利者已举，而一害已除矣。然又有十利焉。密云招商买米，每石常至一两，今漕粮足岁支之额，免厚价以招商，一利也。往昔主客之粮，岁买不下十万，客兵则尽赖召贾，今加复原额，即客兵悉有赖焉，二利也。发漕米一石于密云，则扣折色价一石于部，若只照七钱扣留存库，而以五钱折色放军，在密云每石商价已省三钱，在部扣则折色支放每石又余二钱，发一石之米存五钱之价，三利也。主客之兵欲折则折，欲米则米，随时应之，不为所窘，四利也。荒歉不能为之灾，烽警不能为之绌，五利也。军储所在，民用资之，耕农虽少，米价不腾，六利也。舟运抵城，直输入仓，则陆运脚价可省，每岁计之亦得万余，而民间车驴更免拘集，七利也。通仓粟米腐积，各军领每为蹙额，今移通仓应贮之粟以漕于密云，而以密云扣存之折色给通仓应领之军，则通给无浥腐之粟，京军有实受之惠，八利也。漕米既足，岁计已充，民间招商买米之苦可以苏息，九利也。漕艘鳞集，则商舶踵至，市廛日充，民生日阜，十利也。臣等亲自放舟，自镇城由牛栏山至顺义一带通行无碍，则四利兼得，一害不生，而十利亦渐次可举矣。"[1] 明代北京的米粮和一些瓜果菜蔬主要依赖江南供应，漕运的畅通是北京人饮食生活的基本保障。

4. 自然灾害中的饮食困境

明代饮食文化不仅有值得炫耀的繁荣，也有令人感到悲哀的方面。有一颇具说服力的现象，"京城多乞丐，五城坊习所辖，不啻万人"[2]。弘治六年（1493），顺天府尹黄杰奏称："畿内地方水旱相因，贫民流移来京城者以万计。"[3] 这些乞丐于"东安门外夹道中，日有颠连无告穷民，扶老携幼，跪拜呼唤乞钱。一城之

---

① ［清］于敏中等编纂：《日下旧闻考》（第四册）卷一四〇《京畿》，北京：北京古籍出版社2000年版，第2263页。

② ［明］谢肇淛：《五杂俎》卷五《人部一》，上海：中央书店1935年版，第200页。

③ 《明孝宗实录》卷八十二，台北："中央研究院"历史语言研究所1962年版，第1556页。

内，四关之中，无处无之"①。这些人终年过着饥寒交迫的日子，以充饥为目的的饮食都难以维持。尤其在遭遇自然灾害的时候，贫苦人则过着饥寒交迫的生活，维持生命的饮食都没有保障。这方面的文献记录不胜枚举。永乐十年（1412），"卢沟河水涨，坏桥及堤岸八千二十丈，及坏官民田庐，溺死人畜"②。十三年（1415），北京"水溢"，以致"田稼无收"③。明朝前期的宣德三年（1428），北京地区发生了特大水灾。浑河（永定河）下游霸县奏："今潦伤田稼，人民乏食。"总督香河等县屯种指挥同知李三等奏："今年五月以来，天雨连旬，河水泛涨，淹没屯地二百六十八顷，禾稼无收。"④ 年底，顺天府漷县奏："霖雨淹没禾稼，民困乏食。"⑤ 各州县告急的文书如雪片一样飞来，而朝廷的赈灾措施只是免除一年税赋，至于百姓是否饿死全然不顾。相关记录在其他皇帝的《实录》中也频频出现。

正统四年（1439），因"旱涝相仍"，饮食没有基本保障，"命山海至密云地方军民缺食者，听取采湖山榛、果、柴薪、鱼虾之类以自给"⑥。这一年的五六月连雨不止，泛滥成灾。至年底十二月，还是有很多贫民无家可归，兵部尚书杨士奇上奏："畿内被灾缺食，人民多趋京城内外乞丐，城市人家亦多艰难……加以连日寒冻，死者颇多。"明代旱灾发生的次数更多。成化八年（1472）发生特大旱灾，四月癸酉，"京畿自二月至于是月不雨，大风竟日，运河水涸"⑦。而后，"夏秋雨涝，公私庐舍多坏"。前旱后涝，庄稼一无所收，到了年底，饥荒暴发，"近京饥民比肩接踵，丐食街巷，昼夜啼号，冻饿而死者在在有之"⑧。世宗嘉靖三十二年（1553）通州淫雨大水，北运河决于张家湾，乃致使皇木厂大水漂流，农田

---

① 《明英宗实录》卷二七一，台北："中央研究院"历史语言研究所1962年版，第5742页。

② 卢沟水涨，坏桥及堤岸，溺死人畜。[清] 张廷玉等撰：《明史》卷二十八《志第四·水潦》，北京：中华书局1974年版，第446页。

③ 李国祥、杨昶主编：《明实录类纂 北京史料传》，武汉：武汉出版社1992年版，第624页。

④ 《明宣宗实录》（十七）卷四十六，台北："中央研究院"历史语言研究所1962年版，第1131页。

⑤ 《明宣宗实录》（十八）卷四十七，台北："中央研究院"历史语言研究所1962年版，第1149页。

⑥ 《明英宗实录》卷六十一，台北："中央研究院"历史语言研究所1962年版，第1159页。

⑦ 《明宪宗实录》卷一〇三，台北："中央研究院"历史语言研究所1962年版，第2009页。

⑧ 《明宪宗实录》卷一一一，台北："中央研究院"历史语言研究所1962年版，第2158页。

尽淹，颗粒无收，^① 而造成来年春荒，百姓剥树皮以食。^② 这次水灾遍及顺天、保定、河间等各府，造成"京师大饥，人相食"，米价昂贵，每石值银 2 两 2 钱。除了旱涝，蝗灾也是主要的自然灾害。明代北京地区发生蝗灾的年份有 49 个，其中崇祯十三年（1640）出现过一次大蝗灾，"大旱，蝗。至冬大饥，人相食，草木俱尽，道殣相望"^③。

明朝 276 年间，发生旱灾 140 次，平均每两年发生一次。其中一般灾害发生77 次，大旱灾发生 55 次，特大旱灾发生 8 次。据有关史料记载：仅从万历到崇祯的 70 多年中，灾年就有 63 年之多。自万历后，"无岁不灾"，而政府却"依科如故"，致使"冻骨无兼衣，饥肠不再食"，"流移日众，弃地夥多"^④。农民生活完全陷于绝境，甚至近在京畿的地区都出现了"人相食"的惨事。^⑤

这种饮食状况并不是可以忽视的，灾害期间的饮食给予京城平民的痛苦是极为刻骨铭心的。尽管不能代表明朝饮食文化发展的主流趋势，却属于明朝饮食文化不可分割的一部分，与宫廷和贵族饮食形成了鲜明的反差。

除了自然灾害，人为的灾难也十分突出。最需要指出的莫过于乱砍滥伐，直接导致水源匮乏。明朝是森林砍伐最严重的时代。明成祖迁都北京时，大修城池与皇陵，破坏了通惠河的水源。特别是永乐五年（1407）始修北京宫殿，工匠达23 万之众，有上百万的民众及大量的士兵投入此次建设^⑥。明正德九年（1514）十二月重建被烧毁的乾清宫时，征用的军校力士也达 10 万之众。^⑦ 虽然所使用的木材有的来自南方和山西等地，但由于交通不便，大量还是取自北京郊区和周边地区。明朱国祯言："昔成祖重修三殿，有巨木出于卢沟。"^⑧ 明朝大兴土木，有记载的竟然有 138 年（次）之多。据记载："自大红门以内，苍松翠柏无虑数十万

---

① ［清］周家楣、缪荃孙等编纂：《光绪顺天府志》（第四册）《故事志五：祥异》，北京：北京古籍出版社 1987 年版，第 2433 页。

② ［清］王宜亨修，王傲通、王兆陞纂：康熙《通州志》卷一《禨祥》，清康熙十三年刻本，第 14页。

③ 《崇祯实录》卷十三，台北："中央研究院"历史语言研究所 1962 年版，第 393 页。

④ ［明］吕坤：《陈天下安危疏》，［清］清高宗（敕选）《明臣奏议》（九），上海：中华书局 1935 年版，第 615 页。

⑤ 贺海：《燕京琐谈》，北京：人民日报出版社 1983 年版，第 65 页。

⑥ 《北京历史纪年》编写组编：《北京历史纪年》，北京：北京出版社 1984 年版，第 135 页。

⑦ 《北京历史纪年》编写组编：《北京历史纪年》，北京：北京出版社 1984 年版，第 155 页。

⑧ 罗哲文：《元代"运筏图"考》，载《文物》1962 年第 10 期。

株，今剪伐尽矣。"各陵所建宝城处"旧有树，今亡"①。乱砍滥伐的后果有二：一是水源紧缺一直是制约北京城市经济发展与饮食生活用水的主要障碍。清代和民国期间，一些平民只能饮用"苦水"，正是源于明朝大肆毁坏植被的人祸；二是水灾泛滥。万历年间，直隶巡按苏郡说："畿辅为患，之水莫如卢沟，滹沱二沟。"② 据统计，永定河明清以来泛决越来越频繁，明代还平均13年泛决一次，到清代则3年半泛决一次了。③ 泛决致使大量平民流离失所，朝不保夕。

大量饥民拥入京师，宫廷不得不采取一些赈恤措施。明太祖朱元璋草根出身，相对于其他历代帝王，更加关心民众疾苦。明太祖曾对中书省大臣说："天下一家，民犹一体，有不得其所者，当思所以安养之。昔吾在民间，目击其苦，鳏寡孤独饥寒困踣之徒，常自厌生，恨不即死。吾乱离遇此，心常恻然。故躬提师旅，誓清四海，以同吾一家之安。今代天理物已十余年，若天下之民有流离失所者，非惟昧朕之初志，于代天之工，亦不能尽。"④ 这种忧民的想法得以实施，便是建立赈恤常设机构，主要有养济院和饭堂等。《大明律》甚至有这样明确的规定："凡鳏、寡、孤、独及笃废之人，贫穷无亲依倚，不能自存，所在官司应收养。而不收养者，杖六十。若应给衣粮，而官吏克减者，以监守自盗论。"⑤ 以法律的形式保障救济行为的落实。

宣德元年（1426），宣宗谕顺天府尹王骥等曰："近闻京师颇有残疾饥寒无依之人行乞，尔为亲民之官，何得漫不加省？其悉收入养济院，毋令失所。"⑥ 不仅北平府，各郡县都置养济院。天顺元年（1457），英宗谕户部臣曰："比闻京城贫穷无依之人，行乞于市，诚可悯恤。其令顺天府于大兴、宛平二县各设养济院一所收之。即今暂于顺便寺观内，京仓米煮饭，日给二餐，器皿、柴薪、蔬菜之属，从府县设法措办。"⑦ 养济院可以提供住宿，饭堂则在幡竿、蜡烛⑧两寺院内。正

① ［清］顾炎武：《〈昌平山水记〉〈京东考古录〉》，《昌平山水记》卷上，北京：北京古籍出版社1980年版，第5、6页。

② ［清］张廷玉等撰：《明史》（第十九册）卷二二三《列传第一百十二》，北京：中华书局2003年版，第5884页。

③ 于希贤：《北京地区天然森林植被的破坏过程及其后果》，载《环境变迁研究》1984年第1辑。

④ ［明］余继登撰：《典故纪闻》，北京：中华书局1981年版，第51—52页。

⑤ ［清］薛允升编：《唐明律合编》卷十二《户律》，北京：中国书店2010年版，第122页。

⑥ 《明宣宗实录》卷二十二，台北："中央研究院"历史语言研究所1962年版，第595页。

⑦ 《明英宗实录》卷二七八，台北："中央研究院"历史语言研究所1962年版，第5943页。

⑧ 幡竿寺位于中城保大坊，蜡烛寺位于西城阜财坊，都人往往将二寺合称为东西舍饭寺。

统四年（1439），英宗"命行在户部于在京两处原设饭堂增米煮饭，以待饥者两月"①，说明京师饭堂共有两处。"养济院穷民各注籍，无籍者收养蜡烛、幡竿二寺。其恤民如此。"② 说明养济院和饭堂的区别在于，前者收养有籍贫民，后者则收养无籍贫民。祝允明《野记》记载："永乐初，上言客人贩磁器入京，取他粗碗三两筒与饭堂乞儿，有司循之至今。"③ 除此之外，每逢自然灾害，官府还主动平抑物价，发放粮米。但对于大多数饥民来说，这并不能解决根本问题，尤其是对于外来难民而言，基本上是"谕令还乡"④"俱令回原籍"⑤，导致死于饥寒者甚众。成化初，给事中陈鹤奏言，"京城内残废无告之徒，朝暮哀号，排门乞食，往往冻饿死于道路"⑥。嘉靖初，羽林前卫指挥使刘永昌奏称，"岁饥，京城内外，人当隆冬时，冻饿死者相望"⑦。主要原因有二：一是由于统治者不可能倾国家之力救济难民。世宗就发出感叹："若出粟予之，或有济，又恐无多积者，众灾难免矣。"⑧ 二是虚报冒领、肆意克扣救济粮款的现象十分普遍。成化十六年（1480）八月，户部在谈到京师养济院时就指出："近有司不能稽察，或任意侵欺，奸弊百出，使孤贫不蒙实惠及滥收冒支者亦多。…… 夫京师辇毂之下，弊尚如此，则四方可知。"⑨ 舞弊如此严重，救济社会效果可想而知。

毕竟是京师，外地难民以为"京师辐辏之地，可以乞食糊口"⑩，以致乞丐云集，成为街头巷尾的城市景观。这种社会现象，与权贵富人的穷奢极欲的饮食生活形成了鲜明的对照。

① 《明英宗实录》卷六十四，台北："中央研究院"历史语言研究所 1962 年版，第 1222 页。

② ［清］张廷玉等撰：《明史》卷七十八《食货二》，北京：中华书局 1974 年版，第 7 册，第 1908 页。

③ ［明］郑士龙辑，许大龄、王天有点校：《国朝典故》（上）卷三十二《野记二》，北京：北京大学出版社 1993 年版，第 535 页。

④ 赵其昌编：《明宝录北京史料》（第 2 册），成化六年（1470）十二月癸丑条，北京：北京古籍出版社 1995 年版，第 441 页。

⑤ 赵其昌编：《明宝录北京史料》（第 2 册），成化八年（1472）十二月癸酉条，北京：北京古籍出版社 1995 年版，第 463 页。

⑥ 《明宪宗实录》卷五十四，台北："中央研究院"历史语言研究所 1962 年版，第 1099—1100 页。

⑦ 《明世宗实录》卷四十六，台北："中央研究院"历史语言研究所 1962 年版，第 1184 页。

⑧ 《明世宗实录》卷五四二，台北："中央研究院"历史语言研究所 1962 年版，第 8768 页。

⑨ 《明宪宗实录》卷二〇六，台北："中央研究院"历史语言研究所 1962 年版，第 3595 页。

⑩ 《明武宗宝训》卷二，台北："中央研究院"历史语言研究所 1962 年版，第 154 页。

第三节 民间饮食生活现象

元末明初的战乱,使北京一带"田多荒芜,居民鲜少"①。明朝政府一方面执行十分优惠的垦荒屯田政策;另一方面多次从山西等地移民北京。元末以来淤塞的大运河又重新开浚,常年有运粮军丁 12 万、漕船万艘往来于运河之上。随着运河的沟通,北京因"帝都所在,万国梯航,鳞次毕集"②。各种有效政策的出台和实施,到弘治年间,北京城已是"生齿益繁,物货益满,坊市人迹,殆无所容"③。就明朝而言,食物的生产与经营是在消费主义观念的驱动下兴盛起来的。明朝人的饮食生活观念发生了根本性的改变,即生活除了原本所含有的劳作意义之外,逐渐向饮食享受这一层面转变,各种餐饮消费方式应运而生,进而使市民的饮食生活质量得以提升。

1. "市"与饮食市场的繁荣

明代初期,由于连年战乱,北京城人口骤减,当时"商贾未集,市廛尚疏"④,城外交通困难,城内到处都是大片的空地。为此,迁都北京后,为鼓励工商业的发展,明廷先后在全城重要地段的大明门、东安门、西安门、北安门这皇城四门外,内城钟鼓楼、东四牌楼、西四牌楼,以及朝阳门、安定门、西直门、阜成门、宣武门附近,兴修了几千间民房、店房,召民居住、召商居货,谓之"廊房"。成书于明万历二十一年(1593)的《宛署杂记》卷七"廊头"条云:"洪武初,北平兵火之后,人民甫定,至永乐,改建都城,犹称行在,商贾未集,市廛尚疏。奉旨,皇城四门、钟鼓楼等处,各盖铺房……召民居住……召商居货,总谓之廊房云。"⑤ 其中,宛平县在德胜门、西直门、阜成门、宣武门等城门内外及安定门均建有"廊房"。金幼孜说这里"间阎栉比,阛阓云簇。鳞鳞其瓦,盘盘其屋,马驰联辔,车行击毂,纷纭并驱,杂遝相逐。富商巨贾,道路相属;百货填委,丘积山蓄"⑥。如此生活空间布局,极大地促进了北京城的发展和工商业的

---

① 《明太祖实录》卷一九三,台北:"中央研究院"历史语言研究所 1962 年版,第 2895 页。

② 〔明〕谢肇淛:《五杂俎》(上)卷三《地部一》,上海:中央书店 1935 年版,第 87 页。

③ 〔明〕吴宽:《匏翁家藏集》(六)卷四十五《太子少保左都御史闵公七十寿诗序》,《四部丛刊》集部,第 8 页 a。

④ 〔明〕沈榜:《宛署杂记》卷七《廊头》,北京:北京古籍出版社 1980 年版,第 58 页。

⑤ 〔明〕沈榜:《宛署杂记》卷七《廊头》,北京:北京古籍出版社 1980 年版,第 58 页。

⑥ 〔清〕于敏中等编纂:《日下旧闻考》卷六《形胜》,北京:北京古籍出版社 2000 年版,第 94 页。

繁荣。饮食文化进入明代演进得非常成熟，还得益于当时的饮食环境已比较优越。

整个北京城采用五城制的管理方法，每城分为若干坊，每坊内又划分为若干牌和铺。五城是中城、东城、西城、北城、南城（全部外城），[①] 每城有坊。中城曰南薰坊、澄清坊、仁寿坊、明照坊、保泰坊、大时雍坊、小时雍坊、安福坊、积庆坊，东城曰明时坊、黄华坊、思成坊、居贤坊、朝阳坊，南城曰正东坊、正西坊、正南坊、宣南坊、宣北坊、崇南坊、崇北坊，西城曰阜财坊、金城坊、鸣玉坊、朝天坊、关外坊，北城曰崇教坊、昭回坊、清泰坊、灵椿坊、登祥坊、金台坊、教忠坊、日中坊、关外坊。[②] 在城市建制上，明北京突破了元代所遵循的"前朝后市"定制，使皇城大明门南、正阳门（俗称前门）周围及南至廊房胡同一带，形成了饮食大商业区。此处商贾荟萃，餐饮店林立，其中最繁华的是朝前市的棋盘街，其也是最热闹的商市。它是当时北京全城性的商业中心。[③]清初朝鲜学者金昌业云："城中市肆，北最盛；次则东牌楼街，西不及东。……城外市肆人家南最繁华，正阳门外为上，崇文门外次之，宣武门外又次之。东不及南，西不及东，北不及西焉。"[④] 其中正阳门、棋盘街外，是北京饮食商业最集中的地区，号称"国门第一街"。明万历年间刊印的《长安客话》中云："大明门前棋盘天街，乃向离之象也。府部对列街之左右。天下士民工贾各以牒至，云集于斯，肩摩毂击，竟日喧嚣，此亦见国门丰豫之景。"[⑤]《故都变迁记略》亦云："棋盘街在正阳门内，中华门之前。昔曰周回绕以石栏，四围列肆长廊，百货云集，名千步廊。"[⑥] 明中叶，鼓楼商业街区已经发展成为京师北隅的一个商业中心。正如《北京城市历史地理》中所说："地安门外至鼓楼下大街一带，在元代曾是全城最繁华的商业中心，明时其市场规模向南压缩，已不复昔日盛况，但仍是北城的商业集中区。据《宛署杂记》记载，在鼓楼周围的日中、金台、靖功三坊，有中等以上店铺 821户，这些店铺自然主要分布在鼓楼前大街一带。这里有米市、烟草市。街西濒临的

① ［明］张爵、［清］朱一新：《〈京师五城坊巷胡同集〉〈京师坊巷志稿〉》，北京：北京古籍出版社1982年版，第5—20页。

② ［清］孙承泽纂：《天府广记》（上）卷二《城坊》，北京：北京古籍出版社1982年版，第20—21页。

③ 曹子西主编：《北京通史》第六卷，北京：中国书店1994年版，第94页。

④ 《老稼斋燕行日记》。转引自韩大成：《明代北京经济述略》，载《北京社会科学》1991年第4期。

⑤ ［明］蒋一葵：《长安客话》卷一《棋盘街》，北京：北京古籍出版社1982年版，第11页。

⑥ 余荣昌：《故都变迁记略》，北京：北京燕山出版社2000年版，第45页。

什刹海为当时文人游赏胜地，颇多茶楼酒肆。"①

商业街悬挂的酒旗（望子、幌子）更增添了商业气氛。"京都第一几家标，不入吾门客待招。大字冲天名赫赫，长旌拖地意摇摇。"②用幌子招揽顾客在当时已相当时尚。因为时人已经意识到"客必待招而后来者"，故而店家"招之以实货，招之以虚名，招之以坐落、门面、字号，而总不若招牌之豁目也"③。一些招牌用语颇有几分市井味道，既俗又雅，诸如"高朋满座""四远驰名""闻香下马""知味停车"等④。明朝后期，"京师筵席以苏州厨人包办者为尚"⑤。一些酒楼都以"包办南席"的招牌招揽顾客。南方的糖果进入京城市场，得到太监衙役的青睐，他们纷纷到一家名号为"崔猫食店"的店铺购买糖果，以致这家糖果店的利润几乎可以与当时名噪一时的"刑部田家温面"相匹敌。⑥北京明代的饮食消费经济十分活跃，也引起了皇帝的极大兴趣。隆庆和崇祯皇帝竟然熟悉一些食品的市场行情。一次，隆庆东宫想购买糖果，隆庆听说后言："此在崇文街坊卖，银二三钱可买许多。"后太监果"以银三钱，即买两盒以入"⑦。皇帝都加入饮食消费的队伍当中，足见饮食消费之旺盛。明代京城饮食业引领整个商业市场，真正开启了以消费主义为主导的市场经济。

明代北京饮食市场环境营造得比较完善，饮食行业分工也更加细致。万历年间宛平知县沈榜所著《宛署杂记》中，集中保存了北京铺行的一些资料。该书卷十三《铺行》开篇云："铺行之起，不知所始。盖铺居之民，各行不同，因以名之。国初悉城内外居民，因其里巷多少，编为排甲，而以其所业所货注之籍。遇各衙门有大典礼，则按籍给值役使，而互易之，其名曰行户。或一排之中，一行之物，总以一人答应，岁终践更，其名曰当行。"当时饮食服务业行业众多，还有

---

① 侯仁之主编：《北京城市历史地理》，北京：北京燕山出版社 2000 年版，第 231—232 页。

② [清] 李光庭、[清] 王有光著、石继昌点校：《〈乡言解颐〉〈吴下谚联〉》，《乡言解颐》卷四《物部上·市肆十事》，北京：中华书局 1982 年版，第 68 页。

③ [清] 李光庭、[清] 王有光著、石继昌点校：《〈乡言解颐〉〈吴下谚联〉》，《乡言解颐》卷四《物部上·市肆十事》，北京：中华书局 1982 年版，第 68 页。

④ 参见《燕市商标录》，张次溪刊：《中国史迹风土丛书》，东莞张氏拜袁堂校印 1943 年版。

⑤ [清] 史玄、[清] 夏仁虎、[清] 阙名：《〈旧京遗事〉〈旧京琐记〉〈燕京杂记〉》，北京：北京古籍出版社 1986 年版，第 26 页。

⑥ [清] 史玄、[清] 夏仁虎、[清] 阙名：《〈旧京遗事〉〈旧京琐记〉〈燕京杂记〉》，北京：北京古籍出版社 1986 年版，第 26 页。

⑦ [明] 王锜、于慎行撰，张德信、吕景琳点校：《〈寓园杂纪〉〈谷山笔麈〉》，[明] 于慎行《谷山笔麈》卷二《纪述一》，北京：中华书局 1984 年版，第 14 页。

"卖饼、卖菜、肩挑、背负、贩易杂货等项"①，不属固定行户，也不许九门税关抽分的，数量亦不少。

明代京城是商业大都市。明成祖迁都北京，天下财货聚于京师，与饮食有关的寻常之市，如猪市、羊市、牛市、马市、果木市等各有定所，其按时开市者，则有灯市、庙市和内市等。②当时北京城市场的基本格局已经确立，③店铺主要分布在大时雍坊、南薰坊、正西坊、正东坊、安富坊、明时坊、鸣玉坊、澄清坊、靖恭坊、宣北坊等坊，正好是棋盘街与东西江米巷、前门外、西四、灯市、地安门外、东西单、菜市口与崇文门外等街市所在之地，说明当时这些地方的固定市场都已经存在，就是东四、新街口、北新桥、东安门、交道口等地，市场亦已形成。同时，在朝阳、安定、德胜、阜成诸门外关厢，也都有不少店铺，基本市场亦已形成。这样，以棋盘街—前门"朝前市"为中心，东有灯市，西有西市（西四），加上上述市场和以城隍庙会为代表的庙市及其他集市，构成了北京城的市场系统。④东四牌楼和西四牌楼仿唐代长安设有东市、西市的制度，称东四、西四，分别为东大市和西大市。西大市是在元大都城羊角市商业街区的基础上发展而成的。明代峰值时京城人口曾过百万，每年需大量粮食、牛、羊、猪肉和蔬菜。东大市以解决京城粮食供应为主，西大市主要供应猪、牛、羊等肉食品，即当时的"热货"。来自蒙古大草原的牛、羊从西北运进北京城后，集聚在西直门至阜城门外的廊房，就地屠宰后用骡马运进西大市。来自宛平、大兴两县的生猪，宰杀后同样用骡马大车送入西大市。⑤此后，西大市一直成为著名的饮食街区，到清末民

① ［明］沈榜：《宛署杂记》卷十三《铺行》，北京：北京古籍出版社1980年版，第103、108页。
② 李宝臣主编：《北京风俗史》，北京：人民出版社2008年版，第244页。
③ 据《京师五城坊巷胡同集》：中城：南薰坊，8铺；澄清坊，9铺；明照坊，6铺；保大坊，4铺；仁寿坊，8铺；大时雍坊，18铺；小时雍坊，5铺；安富坊，6铺；积庆坊，4铺，共9坊68铺。东城：明时坊，西四牌16铺，东四牌26铺；黄华坊，四牌21铺；思成坊，五牌21铺；南居贤坊，六牌36铺；北居贤坊，五牌38铺；朝阳东直关外，五牌37铺，共5坊195铺加1关外。西城：阜财坊，四牌20铺；咸宜坊，二牌10铺；鸣玉坊，三牌14铺；日中坊，四牌19铺；金城坊，五牌22铺；河漕西坊，三牌13铺；朝天宫西坊，三牌15铺；阜城西直关外，7铺，共7坊120铺加1关外。南城：正东坊，八牌40铺；正西坊，六牌24铺；正南坊，四牌20铺；崇北坊，七牌37铺；崇南坊，七牌33铺；宣北坊，七牌45铺；宣南坊，五牌27铺；白纸坊，五牌21铺，共8坊247铺。北城：教忠坊，10铺；崇教坊，14铺；昭回靖恭坊，14铺；灵春坊，8铺；金台坊，9铺；日中坊，22铺；发祥坊，7铺；安定、德胜关外，6铺，共7坊90铺加1关外。（明）张爵、（清）朱一新：《〈京师五城坊巷胡同集〉〈京师坊巷志稿〉》，北京：北京出版社2018年版，第5—19页。
④ 侯仁之主编：《北京城市历史地理》，北京：北京燕山出版社2000年版，第228—229页。
⑤ 王茹芹：《京商论》，北京：中国经济出版社2008年版，第104—105页。

初时，这一带聚集了丰源长、源兴成、仁永顺、永源等米面铺，西广丰油坊，万魁干果海味店，兴隆馆、新顺号、天德馆、万隆号、泰源楼、东顺局、广来号、东永利、马陈号、新泰号、东和泰、南永泰、四泰号、西兴隆、聚兴号等猪肉铺，同和居饭馆、砂锅白肉馆等饭馆，开泰号、隆泰号、广大欣、泰昌号等茶叶铺，东升和鲜果局等知名度较高的店铺。

在固定的商业区和手工业区，市场繁多，百物俱备，异常兴旺。凡是在商业繁华区，饮食的需求就特别旺盛。在商业街区，各种风味小吃总会得到集中展示。另外，一些专门经营食品的市场，为明代饮食的发展提供了基本保障。诸如东大市商业街区专业市场就有菜市（今菜厂胡同①）、干面市、白米市（今白米仓胡同）、酒市（今韶九胡同），猪市一在猪市胡同（今西城区西四北五条西口附近）、一在猪市口（今西城区珠市口附近），羊市在羊市口（今西城区广宁伯街北），果子市一在果子市街（今西城区鼓楼西大街）、一在果子市大街（今西城区赵登禹路南口附近），煤市一在煤市街（今西城区煤市街）、一在煤市口（今东城区上唐刀胡同附近），缸市在缸市口（今西城区大栅栏西街附近），米市有3处：一在今西城区米市胡同、一在今西城区西教场胡同附近、一在今东城区细米巷，柴炭市在菜市口（今西城区广安门内大街东段），蒜市在蒜市口（今东城区珠市口东大街东口），柴市在柴市口（今东城区南岗子附近）等。饮食市场的相对集中和分门别类，表明明代饮食消费市场之成熟，已步入规范化和规模经营的轨道。

明代京城作为饮食商业的大都市，除了营造餐饮的场域和集市空间以外，还应该善于公共空间的经营。然而，在中国传统的社会观念中，受重视的是国和家，而国和家之间的公共空间则一直被忽视。所以，在结束讨论"市"之前，需要特别指出"市"这一公共领域的卫生问题，因为这直接关联饮食的质量和品位。由于缺乏公共卫生环境的意识，当时京城卫生环境堪忧。对此，时人多有载录，屠隆言："燕市带面衣②，骑黄马，风起飞尘满衢陌。归来下马，两鼻孔黑如烟突。人马屎，和沙土，雨过淖泞没鞍膝。"③ 由于卫生条件差，不仅没有给饮食提供整洁、干净的环境，反而影响到人们的健康。谢肇淛就指出："京师……市上又多粪

---

① 明属南薰坊，称菜厂，是京城最大的蔬菜市场。

② 面衣：用以挡风尘的面罩。

③ ［明］屠隆：《在京与友人》，转引自夏咸淳、陈如江主编：《历代小品文观止》，西安：陕西人民教育出版社2019年版，第315页。

秽。五方之人，繁嚣杂处，又多蝇蚋，每至炎暑，几不聊生。……故疟痢瘟疫，相仍不绝。"① 餐饮业和公共空间的卫生问题直到清末民初才受到普遍重视。

"明代峰值时京城人口曾过百万，每年需大量粮食、牛、羊、猪肉和蔬菜。东大市以解决京城粮食供应为主，西大市主要供应猪、牛、羊等肉食品，即当时的'热货'。来自蒙古大草原的牛、羊从西北运进北京城后，集聚在西直门至阜城门外的廊房，就地屠宰后用骡马运进西大市。来自宛平、大兴两县的生猪，宰杀后同样用骡马大车送入西大市。"② 宣武门外的骡马市大街是当时比较大的牲畜交易市场，尤以驴、马为多。后搬迁到阜成门外，有专门的称谓，即驴市胡同。交易的是原本作为交通工具的驴、马，一些老驴或病残的当场被宰，生或熟肉相当便宜。故而前来采购者非常踊跃，供销两旺。老北京人喜好驴肉，有句俗语"天上有龙肉，地上有驴肉"，言中之意为驴肉是最好吃的。明皇宫流行一个习俗，每年的正月初一"以小盒盛驴肉食之，曰嚼鬼"。俗称驴为鬼也，大约是因为驴的毛是灰黑色的，与传说中鬼魂的颜色相同，吃驴肉便寓意驱鬼。

由于商品经济的刺激和城市商业活动的频繁，皇室、贵官也纷起开办皇店和官店。正德皇帝开的酒馆也挂有望子，望子上绣着广告语："本店发卖四时荷花高酒，犹南人言莲花白酒。"③除望子外，还有一对匾牌，"一云：天下第一酒馆，一云：四时应饥食店"④。可见皇帝开的酒店，也需要以幌子吸引顾客。据万历年间太监刘若愚《酌中志》记载，皇帝和宦官在戎政府街开有宝和、和远、顺宁、福德、福吉、宝延等6处皇店，"经管各处客商贩来杂货"，"每年贩来貂皮约一万余张，狐皮约六万余张，平机布约八十万匹，粗布约四十万匹，棉花约六千包，定油、河油约四万五千篓，烧酒四万篓（京师之自烧者，不在此数也），芝麻约三万石，草油约二千篓，南丝约五百驮，榆皮约二十驮，供各香铺做香所用也。北丝约三万斤，串布约十万筒，江米约三万五千石，夏布约二十万匹，瓜子约一万石，腌肉约二百车，绍兴茶约一万箱，松萝茶约二千驮，杂皮约三万张，大曲约五十万块……玉约五千斤，猪约五十万口，羊约三十万只，俱各有税，而马牛骡

---

① ［明］谢肇淛：《五杂俎》（上）卷二《天部》，上海：中央书店1935年版，第55页。

② 王茹芹：《京商论》，北京：中国经济出版社2008年版，第105页。

③ ［清］褚人获：《坚瓠补集》卷三《酒馆匾对》，杭州：浙江人民出版社1986年校印本，第9页。

④ 王士祯：《带经堂集》，转引自吴建雍等：《北京城市生活史》第4章《清前期北京城市生活》，北京：开明出版社1997年版，第252页。

驴不与也"①。这些商品大部分与饮食有关，尽管是供皇室消费，但从庞大的数字中可以看出饮食商品经济的繁荣。

据史料记载，北京地区的庙会活动在辽金时期已有，在明清时代逐渐走向高潮。明代庙市最为发达，内城有东四以北的隆福寺庙市、西四以北的护国寺庙市、阜城门内的白塔寺庙市、鹫峰寺庙市、东直门内的药王庙市；外城有宣武门内长椿街的报国寺庙市、下斜街的土地庙市、广安门内南横街的法源寺庙市、都城隍庙市、和平门外琉璃厂东街的火神庙市（厂甸）、左安门内的太阳宫庙市、花市大街的皂君庙市等。北京城周围还有南城外的白云观庙市、东城朝阳门外的东岳庙市、北城德胜门外的黄寺庙市、大钟寺庙市等规模都很大。② 每月逢三日宣武门外都有土地庙市，每月逢四、五日白塔寺，七、八两日西城护国寺，九、十日则在东城隆福寺，称为京城"四大庙市"③。

《天府广记·后市》云："宫阙之制，前朝后市……每月逢四则开市，听商贾易，谓之内市……每月逢三则土地庙市，谓之外市，系士大夫庶民之所用。若奇珍异宝进入尚方者，咸于内市萃之。至内造如宣德之铜器、成化之窑器、永乐果园厂之髹器、景泰御前作房之珐琅，精巧远迈前古，四方好事者亦于内市重价购之。"④ 明代北京庙会规模最大的要数城隍庙庙会。《帝京景物略》一书记载了当时北京的情况："城隍庙市，月朔望、念五日，东弼教坊，西逮庙墀庑，列肆三里。"⑤ 明代的《燕都游览志》亦云："庙市者，以市于城西之都城隍庙而名也。西至庙，东至刑部街，亘三里许，大略与灯市同，等每月以初一、十五、二十五开市，较多灯市一日耳。"⑥ 绵延三里尽管有些夸张，但也透视了当时商业街区的热闹景象。隆福寺市场和护国寺市场是当时两个最大的庙市。据《帝京景物略》，灯市在东华门东，长二里，"起初八，至十三而盛，迄十七乃罢也。灯市者，朝逮

① ［明］刘若愚：《酌中志》木集，北京：北京古籍出版社1994年版，第130页。
② 王红：《老字号》，北京：北京出版社2006年版，第24页。
③ ［明］史玄、［清］夏仁虎、［清］阙名：《〈旧京遗事〉〈旧京琐记〉〈燕京杂记〉》，北京：北京古籍出版社1986年版，第95页。
④ ［清］孙承泽纂：《天府广记》卷五《后市》，北京：北京古籍出版社1982年版，第56页。
⑤ ［明］刘侗、于奕正：《帝京景物略》卷四《城隍庙市》，北京：北京古籍出版社2001年版，第161页。
⑥ ［明］张爵、［清］朱一新：《〈京师五城坊巷胡同集〉〈京师坊巷志稿〉》，北京：北京古籍出版社1982年版，第135页。

夕市而夕逮朝灯也"①。每逢开市之日，热闹异常。"贵贱相眢，贫富相易贸，人物齐矣。"② 而这个原为灯节而设的灯市后来逐渐变为在每月初五、初十、二十定期交易百货的集市，并建起供人交易的市楼，"楼而檐齐，衢而肩踵接也。市楼价高，岁则丰，民乐。楼一楹，日一夕，赁至数百缗者"③。明朝北京饮食文化的繁荣，与庙会的兴起构成了直接互动的关联。在庙会期间，北京的本地小吃自不必说，艾窝窝、驴打滚、焦圈、灌肠、秃秃麻食、烧卖、肉丸子、疙瘩汤，样样齐全。还有四川小吃，像麻辣烫、粉面、龙抄手，也全有，北京及周边地区的各种小吃汇聚在一起，是不同饮食文化的大荟萃，既促进了各地不同饮食风味的交流，也让市民和游客大饱口福。一年一度的庙会提高了城镇的饮食生活水平，改善了饮食消费方式，扩大了人们饮食消费的眼界，刺激各种饮食生活享受的欲望喷薄而出，从而在一定程度上带动了北京饮食文化的发展。

商业经营空间的繁荣，必然带动饮食消费需求的增长。明代京城饮食商业网点星罗棋布，货物丰富，饮食消费的交易状况从一个侧面反映了当时饮食生活的水平。较之前代，明代北京饮食生活更趋于定型，对饮食的追求和欲望更为强烈，这主要是当时京都已经有了一个庞大的饮食消费和享乐群体，形成了崇尚美味和风味特色的饮食习惯。

2. 民间主要饮食物品

《居家必用事类全集》不仅为明清饮食书籍大量征引，连中国最大的类书《永乐大典》也吸收了其中的内容。在烹饪类，全书共收录了400多种食物和饮料的制法，在烹饪史上颇有影响。在日本更被奉为"食经"之一。全书以天干为序分为10集，"训幼端蒙之法、孝亲敬长之仪、冠婚丧祭之礼、农圃占候之术、饮食肴馔之制、官箴吏学之条、摄生疗病之方，莫不具备。信乎居家必用者也"④。其中，己集、庚集均为"饮食类"。己集"饮食类"分"蔬食""肉食"两部分。

---

① ［清］于敏中等编纂：《日下旧闻考》（第二册）卷四十五《城市》，北京：北京古籍出版社 2000 年版，第 708 页。

② ［明］刘侗、于奕正：《帝京景物略》卷二《城东内外·春场》，北京：北京古籍出版社 1980 年版，第 66 页。

③ ［明］刘侗、于奕正：《帝京景物略》卷二《城东内外·灯市》，北京：北京古籍出版社 1980 年版，第 58 页。

④ ［元］佚名：《居家必用事类全集》，明嘉靖本序，载邱庞同：《中国面点史》，青岛：青岛出版社 1995 年版，第 91 页。

庚集"饮食"中，分"烧肉品""煮肉品""肉下酒""肉灌肠红丝品""肉下饭品""肉羹食品""回回食品""女直（真）食品""温面食品""千面食品""素食""煎酥奶酪品""造诸粉品"等部分。几个部分加起来，共计有数百种菜点，内容相当丰富。关于饮料集中在己集，类目为：诸品茶、诸品汤、渴水、熟水类、浆水类、酒曲类。下面以《居家必用事类全集》为主要依据，看看有明一代京城民间主要饮食物品的制作方式和饮食的基本状况。

诸品茶，凡 10 种。顾名思义讲的是茶。首先引用北宋蔡襄《茶录》等历史资料，简略而全面地介绍制茶技术、煎茶方法。如"法煎香茶"："上春嫩茶芽，每五百钱重，以绿豆一升去壳蒸焙。山药十两，一处处细磨，别以脑、麝各半钱重，入盘同研，约二千杵。罐内密封窨三日后，可以烹点。愈久香味愈佳。"[①] 饮茶习俗之后，着重记载了调配茶，即除了茶叶以外还同时使用了其他原料的茶，其中最为今人所熟知的恐怕要数擂茶了。而其中的"百花香茶"使用了木樨、茉莉、橘花、素馨等花卉窨制，为新花茶的开发提供了借鉴。因为即便在茶叶总消费量呈下降趋势的英国，花果风味的红茶的消费量却在上升，其反映了欧洲的消费取向，也是茶的一种流行时尚。

诸品汤，凡 30 种。汤是将单方或复方药材细研为末，开水冲泡而成的饮料。其中相当一部分直接取自医书，有一定的药效，因此宋人在解释"先茶后汤"的饮料规则时说："汤取药材甘香者屑之，或凉或温，未有不用甘草者。"与茶同样加工成粉末并配套饮用反映了茶与药的特殊关系。如"天香汤"："白木樨盛开时，清晨带露用杖打下花，以布被盛之，拣去蒂萼，顿在净磁器内，候积聚多，然后用新砂盆擂烂如泥（一名山桂汤，亦名木樨汤，并同）。木樨（一斤），盐（炒四两），粉草（炙二两），右件拌匀，置磁瓶中密封，曝七日，每用沸汤点服。"[②]

渴水，凡 14 种。如"杨梅渴水"："杨梅不计多少，采摘取自然汁，滤至十分净，入砂石器内慢火熬浓，滴入水不散为度，若熬不到，则生白醭。贮以净器，用时每一斤梅汁入熟蜜三斤。脑、麝少许，冷热任用，如无蜜球糖四斤，入水熬过亦可。"[③] 渴水原料以水果为主，间用药材，多煎熬成膏，饮用时兑水，一般冷

---

① ［元］佚名：《居家必用事类全集》己集，北京：书目文献出版社（影印明刻本）1988 年版，第 222 页。

② ［元］佚名：《居家必用事类全集》己集，北京：书目文献出版社（影印明刻本）1988 年版，第 224 页。

③ ［元］佚名：《居家必用事类全集》己集，北京：书目文献出版社（影印明刻本）1988 年版，第 228 页。

暖皆宜。

熟水类。熟水多使用单方药材，开水浸泡后即可饮用。无论是原料还是加工方法都比较简单。

浆水类，凡5种。如"木瓜浆"："木瓜一个，切下盖，去穰盛蜜，却盖了，用签签之于甑上蒸软。去蜜不用，及削去。中别入熟蜜半盏，入生姜汁同研如泥，以熟水三大碗拌匀滤滓盛瓶内。井底沉之。"① 浆水是轻度发酵饮料，或使用曲，或使用谷物汤水，或直接使用谷物或水果。

酒曲类，造曲母法凡5种，酿酒品类凡13种。不言而喻，这部分讲的是酒和曲的加工酿制方法，其中既有白酒，也有黄酒，甚至外国酒，而药酒占了相当大的比例。"柳泉居"与"三合居"、"仙露居"号称北京"三居"，酿造的京味黄酒很出名，均系"前店后厂"。明代民间酿酒有两种：一种是自酿自饮，多为"煮酒"。再就是节令酒，诸如菖蒲酒、桂花酒、菊花酒等；一种是坊间酒糟房所酿各种名酒。以烧刀为大宗，"二锅头"是北京的传统白酒，即古称"烧刀"，由本地"烧酒"发展而成，昌平区的二锅头历史即可追溯至600年前明朝初期的烧酒。通州的竹叶青、良乡的黄酒、玫瑰烧、茵陈烧、梨花白也颇负盛名。此外还有黄米酒、薏苡酒、玉兰酒、腊白酒、南和刁酒等。明谢肇淛《五杂俎》云："京师有薏酒，用薏苡实酿之，淡而有风致，然不足快酒人之吸也。易州酒胜之，而淡愈甚。不知荆高辈所从游，果此物耶？襄陵甚冽，而潞酒奇苦。南和之刁氏，济上之露，东郡之桑落，浓淡不同，渐于甘矣，故众口虽调，声价不振。京师之烧刀，舆隶之纯绵也，然其性凶惨，不啻无刃之斧斤。大内之造酒，阉竖之菽粟也，而其品猥凡，仅当不膻之酥酪羊羔。以脂入酿，呷麻以口为手，几于夷矣，此又仪狄之罪人也。"② 外地进京的主要有绍酒、汾酒及国外洋酒等。

明代北京人的面食主要是馒头和饼，当时包子也称馒头。《居家必用事类全集》中，记有当时馒头的发酵方法："每十分，用白面二斤半。先以酵一盏许，于面内刨一小窠，倾入酵汁，就和一块软面，干面覆之，放温暖处。伺泛起，将四边干面加温汤和就，再覆之。又伺泛起，再添干面温水和。冬用热汤和就，不须多揉。再放片时，揉成剂则已。若揉搓，则不肥泛。其剂放软，擀作皮，包馅子。

① ［元］佚名：《居家必用事类全集》己集，北京：书目文献出版社（影印明刻本）1988年版，第230页。
② ［明］谢肇淛：《五杂俎》（下）卷十一《物部三》，上海：中央书店1935年版，第104—105页。

排在无风处，以袄盖。伺面性来，然后入笼床上，蒸熟为度。"①不管有馅无馅，馒头一直担负祭供之用。《居家必用事类全集》中，记有这样的多种馒头，并附用处："平坐小馒头（生馅）、捻尖馒头（生馅）、卧馒头（生馅，春前供）、捺花馒头（熟馅）、寿带龟（熟馅，寿筵供）、龟莲馒头（熟馅，寿筵供）、春䗩（熟馅，春前供）、荷花馒头（熟馅，夏供）、葵花馒头（喜筵，夏供）、毬漏馒头（卧馒头口用脱子印）。"② 当时面点的称谓没有现今精细，馒头作为统称，是主要的主食样式。

除馒头外，另一面食的统称就是饼，有时两者也难以区分。汤饼即今之面条，因在汤中煮熟，故称。包括切面、拉面、索面、挂面、汤面、水引面等。汉代已有，当时是一种高级食品，专门供奉皇帝食品的少府的属官中便有汤官。其别名又有馎饦、索饼等。明蒋一葵《长安客话·皇都杂记·饼》："水沦而食者皆为汤饼。今蝴蝶面、水滑面、托掌面、切面、挂面、馎饦、馄饨、合络、拨鱼、冷淘、温淘、秃秃麻失之类是也。水滑面、切面、挂面亦名索饼。"③ 索饼，面条细长。明谢肇淛也说："今京师有酥饼、馅饼二种，皆称珍品，而内用者，加以玫瑰胡桃诸品，尤胜民间所市。又内中所制，有琥珀糖，色如琥珀；有倭丝糖，其细如竹丝，而扭成团食之，有焦面气。然其法皆不传于外也。"④ 蒸饼、蒸卷、馒头、包子、兜子皆称为蒸饼。烧饼、薄脆、酥饼、髓鲜、火烧替称为炉饼。其中刑部街田家温面得名最久，每遇城隍庙市，"合食者不下千人"。前文也提及宫廷食饼。不论宫廷还是民间，都有食饼的习俗。只不过宫廷酥饼、馅饼用料之讲究，制作之精细，市民所食是不可比拟的。

明代北京作为繁华的都市，弥漫着一股奢华的消费风气，在饮食方面也讲究排场。但在社会的底层，广大民众的饮食生活则是贫乏的，食料和制作都极为"平常"。经过历朝历代各民族饮食文化的交融，明代北京民间饮食的特色已逐渐清晰起来，显示出浓郁的北京风味。"其一，最重视基础食品造作。如焙茶、酿酒、造醋、制酱。其二，最重视腌藏食物，备慢慢日用。如糟鱼、腊肉、风鸡、

---

① ［元］佚名：《居家必用事类全集》庚集"平坐大馒头"，北京：书目文献出版社（影印明刻本）1988 年版，第 278 页。

② ［元］佚名：《居家必用事类全集》庚集"平坐大馒头"，北京：书目文献出版社（影印明刻本）1988 年版，第 278 页。

③ ［明］蒋一葵：《长安客话》卷二《皇都杂记·饼》，北京：北京古籍出版社 1982 年版，第 38 页。

④ ［明］谢肇淛：《五杂俎》（下）卷十一《物部三》，上海：中央书店 1935 年版，第 115 页。

咸蛋、干酪、腐乳、菜干、酸笋、泡白菜、腌萝卜。其三，所有开列菜谱，绝无一样山珍海味，不但未有燕窝、雪蛤，亦并未有鱼翅、乌参、网鲍、鱿鱼。甚至昆布、紫菜、金钩、银鱼亦无所载。全部菜式，充分代表明清庶民普通饮食，家家户户，日用饱暖之品。民间饮食简陋，只能就一般水准而言。明清贫民生活，实有更匮乏、更简陋者。"① 通常的食料，家庭惯用的制作方式是尽量延长食物的储存时间，以备青黄不接季节之需，这便是民间饮食基本形态。

3. 餐饮老字号的涌现

北京饮食文化另一成熟的标志是餐饮老字号的出现。经过长期经营和自我形象的塑造，一些餐饮店形成了自己的特色和品质，所制作的食品闻名京城，成为富有号召力的品牌。"勾栏胡同何关门家布，前门桥陈内官家首饰，双塔寺李家冠帽，东江米巷党家鞋，大栅栏宋家靴，双塔寺赵家薏苡酒，顺承门大街刘家冷淘面，本司院刘崔家香，帝王庙前刁家丸药，……凡此皆著名一时，起家巨万。又抄手胡同华家，柴门小巷专煮猪头肉，日鬻千金，内而宫禁，外而勋戚，……。"② 明中叶以后，全国饮食商品经济发展较快，北京地区的饮食商品生产和商品经济也迈上了新台阶。

明代的皇城较之元大都，明显向东偏移，商业中心由钟鼓楼南移至东四、西四一带，形成了棋盘形状的商贸交易中心。恰逢嘉靖（1522—1566）、万历（1573—1620）年间经济平稳发展，人口增长迅速，为商业尤其是老字号的发展奠定了物质基础。刘侗、于奕正的《帝京景物略》云："朝前市者，大明门之左右，日日市，古居贾是也。"③ 在明代"朝前市"基础上发展起来的前门商业区，北起大清门前棋盘街左右，南达珠市口，东抵长巷二条，西至煤市街。正阳门（前门）外，"前后左右计二三里，皆殷商富贾列肆开廛，凡金绮珠玉以及食货如山积；酒榭歌楼，欢呼酣饮，恒日暮不休，京师之最繁华处也"④。因人来人往，带动了饮食业的兴旺，"凡天下各国，中华各省，金银珠宝、古玩玉器、绸缎估衣、钟表玩物、饭庄饭馆、烟馆戏园无不毕集其中。京师之精华，尽在于此；热闹繁华，亦

---

① 王尔敏：《明清时代庶民文化生活》，长沙：岳麓书社 2002 年版，第 43—44 页。

② ［清］阮葵生撰、李保民点校：《茶余客话》（下）卷十九《著名市肆》，上海：上海古籍出版社 2012 年版，第 436 页。

③ ［明］刘侗、于奕正：《帝京景物略》卷四《西城内·城隍庙市》，北京：北京古籍出版社 1980 年版，第 161 页。

④ ［清］俞蛟：《梦厂杂著》卷二《春明丛说卷下》，上海：上海古籍出版社 1988 年版，第 25 页。

莫过于此"①。作为门类齐全的商业街市，大栅栏拥有不同层次的餐饮店，六必居酱园、滋兰斋点心铺等则是闻名遐迩的老字号。

明代商业市场的结构布局也比较合理，内城的城隍庙市、灯市等商业区多有达官贵人光顾，而外城的商业市场主要向市井百姓开放，"市"成为买卖的主要场域，诸如猪市即后来的珠市、羊市、米市、菜市、闹市、骡马市、煤市等。当时有"东四、西四、鼓楼前"的说法，鼓楼、隆福寺、东安市场、王府井大街、东单、西单等连缀成相互衔接的线状商业区。这为餐饮老字号的兴起创建了优越的商业环境和氛围，餐饮老字号也成为商业街区的亮点和标识。

餐饮老字号多为异乡人创立，例如素为人称道的六必居酱园、都一处饭馆都是山西商人所经营创办的。外地人在京经营餐饮业都需要依托同乡会馆。餐饮业老字号与同乡会馆是一并出现的。同乡会馆给予老字号强有力的支撑，老字号使得会馆延续的资金有了保障。北京的同乡会馆，肇始于明中叶，即嘉靖、隆庆年间。据记载：稽山会馆，"设于都中，古未有也，始嘉、隆间"。但这一会馆，"士绅是主，凡入出都门者，藉有稽，游有业，困有归也"②。到万历年间，有人记载"京师五方所聚，其乡各有会馆"③。

北京城内开设了很多饮食小作坊，主要有酒坊、磨坊、油坊、酱坊、糖坊等；有些则称"房"，如"豆腐房""糖房"等。无论是"作""房"还是"坊"，都是作坊的意思。手工业生产多为家庭式，除一些大作坊雇用外姓学徒和工人外，许多行业都是父子、爷孙、儿女、兄弟和叔伯在一起劳作。"前店后坊"的生产和营销方式，使自家工艺不外传，保留自家技艺的秘密和传统。"坊"的数量以酿酒业为多，"京师之市酒者不减万家"④。有了同乡会馆的推波助澜，才有可能形成规模化经营。随着时间的推移，这些作坊中，有的演进为老字号。

老字号是餐饮规模经营的产物，而当时政府所实行的商业管理政策也有助于老字号的产生。据明万历《宛署杂记》，由于征派官府所需货物和征收商税的目的，北京将有关人户编为行户。万历初期的一份奏疏提到，大兴、宛平二县共编

---

① 中国科学院历史研究所第三所编辑：《庚子纪事》，北京：科学出版社 1959 年版，第 14 页。
② [明] 刘侗、于奕正：《帝京景物略》卷四《西城内·稽山会馆唐大士像》，北京：北京古籍出版社 1980 年版，第 180 页。
③ [明] 沈德符：《万历野获编》（中）卷二十四《会馆》，北京：中华书局 1997 年版，第 608 页。
④ [明] 吕坤著，欧阳灼校注：《呻吟语》卷六《广喻》，长沙：岳麓书社 2016 年版，第 308 页。

132 行，其中"本多利重"如典当等项共 100 行，其余 32 行，包括网边行、针篦杂粮行、碾子行、炒锅行、蒸作行、土牖行、豆粉行、杂菜行、豆腐行、抄报行、卖笔行、荆筐行、柴草行、烧煤行、等秤行、泥罐行、裁缝行、刊字行、图书行、打碑行、鼓吹行、抿刷行、骨簪箩圈行、毛绳行、淘洗行、箍桶行、泥塑行、媒人行、竹筛行、土工行，则都是本钱少、利润薄的小行。此外，卖饼、卖菜、肩挑、背负、贩易杂货等项，属于本小利微的流动商贩，不在铺户编审之列。① 其中有许多"行"与饮食有关。"铺行"管理模式尽管是为了"商税"，但改变了餐饮行业各自为政、小打小闹的零散局面，餐饮业开始有了自己的组织。

从记载看，早在明代，京城即已出现了一些以风味取胜的著名的饮食店。所谓"明末，京城市肆著名者，如勾栏胡同何关门家布，前门桥陈内官家首饰，双塔寺李家冠帽，东江米巷党家鞋，大栅栏宋家靴，双塔寺赵家薏苡酒，顺承门大街刘家冷淘面，本司院刘崔家香，帝王庙前刁家丸药，而董文敏亦书刘必通硬尖水笔。凡此皆名著一时，起家巨万。又抄手胡同华家，柴门小巷专煮猪头肉，日鬻千金，内而宫禁，外而勋戚，由王公逮优隶，白昼彻夜，购买不息。……富比王侯，皆此辈也"②。又有"查楼"，在明末时已是北京著名的酒楼，位于前门，崇祯皇帝曾微行到过这座酒楼。这些店铺一直延续下来的就成为了老字号。著名的绘于明万历年间的《皇都积胜图》可以让今人较直观地感受明代北京的商业繁华和市场风貌。北京饮食荟萃百家、兼收并蓄、格调高雅、风格独特，形成了自成体系的老字号。

有一问题，为什么有生命力的老字号大都出现在城里，而近郊尤其是远郊则罕见？城乡除了区位和购买力的差异外，主要是经营理念有所不同。城里的字号大多主攻的品牌明确且集中，而郊区的饮食商铺则比较杂。郊区饮食店铺在经营商品方面有两个特点：一是兼营，二是自制自售。以怀柔为例，"成兴北栈"经营杂货，同时加工米面、香油；"东瑞升"经营杂货，也自制糕点、酱油、醋、黄酱、酱菜等，同时经营副食品批发业务；"成兴号""同和兴""隆庆长"等店铺主要经营核桃、板栗、杏仁、花生等土特产，店里每年派人去产地收购（主要有沙峪的核桃、板栗；神山、康各庄的花生等），雇人加工成杏仁、花生米，运往天

---

① ［明］沈榜：《宛署杂记》卷十三《铺行》，北京：北京古籍出版社 1980 年版，第 108 页。

② ［清］阮葵生、李保民点校：《茶余客话》（下）卷十九《著名市肆》，上海：上海古籍出版社 2012年版，第 436 页。

津交易或出口。① 这些字号尽管在当地颇有影响，经营环节齐全，食品质量上乘，销售额也甚为可观，但由于兼顾种类比较多，不专一，疏于精益求精，即便有一定历史，品牌也难以凸显出来。

北京许多老字号餐馆、食品店的发家都有一些美丽的传说，甚至和皇家有着密切的关系，被赋予浓厚的神秘色彩。《旧都文物略》中有云："北平昔为皇都，豪华素著，一饮一食，莫不精细考究。市贾逢迎，不惜尽力研求，遂使旧京饮食得成经谱。故挟烹调技者，能甲于各地也。"② 譬如，小村饭馆，在西直门外北护城河边上。正德皇帝出游，带一太监，曾到此馆歇脚，喝酒时说："小村店三杯两盏无有东西。"店家听到随答曰："大明朝一统万方不分南北。"正德皇帝听后很赞赏。事后人们知道皇帝来此吃过酒，纷纷慕名而来，小店从此出了名。③

在北京老字号餐厅里，形成了老北京自成一体的风味及富有京城特色的烹饪技艺。各老字号均有自己的经营秘诀及拿手的招牌。一般而言，老字号千方百计地采取技术上的保密。"把他的手工业和他的行会特权，世袭地、几乎不可转让地继承下来，而且他们每一个人还会把他的顾客、他的销售市场以及他自幼在祖位职业方面学到的技术继承下来。"④ 并对外地和同行餐饮业内，绝对地秘而不宣。譬如，张家老铺为了维护"富川斋"山楂蜜糕的声誉，数百年来有一套不成文的规章制度。一个是在制作上严格保密，不传外人。制作技术传儿子、儿媳妇，不传闺女；另一个是在制作上还采取了一些保密措施。制作工具只准备一套：木棍、缸、盆、箩。轮到哪家就把工具带到哪家，不许另外置办。配制山楂蜜糕原料的那杆秤，没有秤星儿，只有自己能看清。在家里做山楂蜜糕时，即使没有别人也都把窗帘拉上。⑤ 几乎所有的老字号家族都是采取这样两种防御方式，以保证"绝技"秘而不宣。诸多老字号都是因为采取了如此严格的措施，才使家传秘方一直没被泄露。秘方、独特的制作技艺是家族能够兴旺发达的根本，在家族利益至

① 叶凤昌：《解放前怀柔城内店铺集贸情况概述》，载北京市政协文史资料委员会编：《北京文史资料精选·怀柔卷》，北京：北京出版社2006年版，第239页。
② 汤用彬等编、钟少华点校：《旧都文物略》十二《杂事略·生活状况》，北京：书目文献出版社1986年版，第273页。
③ 北京市地方志编纂委员会：《北京志·商业卷·饮食服务志》，北京：北京出版社2008年版，第11页。
④ 马克思、恩格斯：《马克思恩格斯全集》第二十五卷，北京：人民出版社1959年版，第1019页。
⑤ 张辅仁：《采育山楂蜜糕》，载北京市政协文史资料委员会编：《北京文史资料精选·大兴卷》，北京：北京出版社2006年版，第318页。

上的传统社会，这些保密措施一直被遵守并延续了下来。

北京烤鸭历史悠久，早在南北朝的《食珍录》中就有"炙鸭"的记载。地道的"北京烤鸭"，则始于明代。15 世纪初，明代迁都北京，烤鸭技术也带到了北京，并得到进一步发展，清同治三年（1864），北京又出现了"全聚德烤鸭店"，从此"北京烤填鸭"就驰名中外。此菜驰名全国，并流传到世界上许多国家，现已成为世界闻名的菜肴，被许多外宾誉为"天下第一美味"。北京烤鸭的原料为北京鸭，又名白鸭、白蒲鸭。北京鸭的起源，可追溯至明代。现如今有两种说法：一是明成祖迁都北京后为满足宫廷所需，挑选南方白色"湖鸭"，经京杭大运河引入京城，在运河一带繁殖而成；二是北京东郊潮白河畔农户饲养的"小眼白鸭"[①]。"后来为了宫廷贵族食用方便，养鸭人将鸭群迁移到西郊玉泉山一带，那里水源充沛，水草丰盛，夏季凉爽，适宜鸭群生长。经过养鸭人长期的精心饲养，逐渐培育成了北京鸭。北京鸭以生长快、体形大、肉质好、产蛋多、适应性强而著称，是我国传统的优良品种"[②]。

焖炉烤鸭是烤鸭子的正宗，它是明代由江南传入北京的。最早的便宜坊号称是"金陵烤鸭"。"'老便宜坊'为北京城里第一家烤鸭店，开业于明代嘉靖年间。""（京城）前门桥东陈内官家首饰，双塔寺李家冠帽，大栅栏宋家靴，顺成门大街刘家冷淘面，米市口便宜坊烤鸭，皆著名一时"，以此证明北京的"便宜坊"是在明代开业的。"便宜坊的招牌上冠有'金陵'二字，据说是从南京迁来的，经营'焖炉鸭'。"可见，北京的"焖炉"技术是在明代由南京迁都北京而随之传入的。[③] 其制作工艺独特，堪称北京烤鸭的"鼻祖"。最早的便宜坊创办于明朝永乐年间（1416），至今已有近 600 年的历史。地址在宣武门外菜市口米市胡同，幌子上有"金陵片皮烤鸭"字样。由姓王的南方人创办，牌匾为兵部员外郎杨椒山所书。当时只是一个小作坊，并无字号。他们买来活鸡活鸭，宰杀洗净，给其他饭馆、饭庄或有钱人家送去，做些服务性的初加工，也做焖炉烤鸭和童子鸡等食品。由于他们把生鸡鸭收拾得干干净净，烤鸭、童子鸡做得香酥可口，售价还便宜，很受顾客欢迎。天长日久，这些饭庄、饭馆和有钱大户，就称该作坊为便宜坊。这个"坊"字，带有南方特点，北京给饭庄起名，都叫楼、堂、居、

---

① 刘颖：《全聚德烤鸭漫谈》，载《北京纪事》2017 年第 9 期。
② 杨铭华、焦碧兰、孟庆如：《当代北京菜篮子史话》，北京：当代中国出版社 2008 年版，第 93 页。
③ 姚伟钧：《便宜坊老字号的历史传承与品牌建设》，载《饮食文化研究》2008 年第 2 期。

馆之类，在明清两代，叫坊的，除便宜坊没有第二家。这应该是北京现存历史最老的饭庄了。

焖炉烤鸭的特点是"鸭子不见明火"，鸭膛内灌汤，形成外烤内煮之势。所谓"焖炉"，其实是一种地炉，炉身用砖砌成，大小约 1 米见方。焖烤鸭子之前，需用秫秸等燃料放炉内，点燃后将炉膛烧至适当的温度，将其灭掉，然后将鸭坯放在炉中铁罩上，关上炉门，故"焖炉烤鸭"即是由炉内炭火和烧热的炉壁焖烤而成。① 因需用暗火，所以要求具有很高的技术，掌炉人必须掌握好炉内的温度，温度过高，鸭子会被烤煳，反之则不熟。"焖"出来的鸭子由于鸭胚在烤制中受热均匀使得油脂和水分消耗少，鸭子烤成后皮肉不脱离，色泽红亮；外皮酥，内层嫩，一咬流油，入口即化，而且烤出的鸭子体态丰满，出肉多。烤好的焖炉烤鸭成品呈枣红色，外皮油亮酥脆，肉质洁白、细嫩，口味鲜美。

"便宜坊"由一南方人在北京南城创办，是所有餐饮老字号中历史最长的一家。咸丰年间北京有七八家"便宜坊"，都是由山东人所开办的。在山东商人开办的"便宜坊"中，可分为两派：一派是福山县人开设，多做饭庄生意；另一派是荣成、威海人开的，多做烤鸭生意。北京的烤鸭，与"烤肉""涮羊肉"一起，素被称为北京的三大风味肉食。当时只是前铺后家的小作坊，没有字号，由于货好价廉，时间一长，买主称其为"便宜坊"。据清《五台照常膳底档》记载，乾隆皇帝非常爱吃便宜坊焖炉烤鸭，御膳房专门设立了为皇帝制作烤鸭的"巴哈房"。这"巴哈"是满语，系汉语"便宜"的音转，由此可知当时便宜坊焖炉烤鸭在宫中的影响很深。②

便宜坊之所以声名远扬，有这样一个故事。相传明嘉靖三十年（1551），时任兵部员外郎的抗倭名将杨继盛（字仲芳，号椒山），在朝堂之上严词弹劾奸相严嵩，反被严嵩诬陷。下得朝来，内心苦闷，饥肠辘辘，没有直接回家，而是遛弯儿来到了菜市口东南侧的米市胡同。忽闻香气四溢，颇为不得意的他走进小店，打算大吃一顿，忘却庙堂上的烦恼，便点了烤鸭等菜。也有认出他的，知是爱国名臣良将，便报予店主知道。店主亲为之端鸭斟酒，颇露钦佩之色，遂攀谈起来。菜品上来，杨继盛一尝，口味甚佳，遂询问小店字号，方知"便宜坊"。"此店真

---

① 石心：《鸭子不见明火——介绍北京便宜坊的挂炉烤鸭》，载《服务科技》1995 年第 6 期。
② 北京市地方志编纂委员会：《北京志·商业卷·饮食服务志》，北京：北京出版社 2008 年版，第 75 页。

乃方便宜人，物超所值。"一句夸奖后，他提笔写下了"便宜坊"3 个字。其后，杨继盛带着不少达官文人到此吃饭，也将"便宜坊"的名声传扬开去。杨继盛死后，严嵩听说他为便宜坊题写过店名，制成匾额，挂在便宜坊的门前，便派人命老板摘匾，老板被打却至死不从，从而保下这块宝贵的匾额。当然，这都是传说，但杨继盛为便宜坊题写店名，却是确有其事，这块匾额历经 500 多年的沧桑，一直保存到"文化大革命"，不幸被红卫兵砸烂。①

北京人有句很俏皮的老话叫"别拿豆包不当干粮"，意思是别小看任何一个不起眼的人。柳泉居的面和得软，馅滤得细腻。有无糖和枣泥的。柳泉居是北京著名的八大居之一，始建于明代隆庆年间，距今已有 400 多年的历史，是饮誉京城的中华老字号。柳泉居初建时，店址在护国寺西口路东，是北京有名的黄酒馆。"刘伶不比渴相如，豪饮惟求酒满壶。去去且寻谋一醉，城西道有柳泉居。"② 当年北京的黄酒馆分为绍兴黄酒、北京黄酒、山东黄酒、山西黄酒 4 种，柳泉居卖的正是北京黄酒。清柴桑的《燕京杂记》载："高粱酒谓之干酒，绍兴酒谓之黄酒，高粱酒饮少辄醉，黄酒不然，故京师尚之，宴客必需。"其时，柳泉居与"三合居"、"仙露居"号称北京"三居"，都是酿造京味黄酒的著名作坊，均系"前店后厂"③。据史料记载，当年这院内有一棵硕大的柳树，树下有一口泉眼井，井水清洌甘甜，店主正是用这清澈的泉水酿制黄酒，味道醇厚，酒香四溢，被食客们称为"玉泉佳酿"。另外还有虾米居，在阜成门外护城河岸上，以物美价廉的炝虾片、扒龙须菜、兔肉脯、川冰碗儿等名菜名吃誉满京华。

"六必居"酱菜已有 480 年历史。据史料记载，"六必居"始建于明朝嘉靖九年（1530）。六必居的掌柜姓郭，山西籍。明朝风靡一时的六必居，是以售卖粮米为主业的。当时六必居经营的粮米品种多、质量好、分量足，顾客来店里，伙计先送上一杯清茶，对于腿脚不便利的顾客实行送货上门。上乘的货品和周到的服务，使六必居成为远近闻名的商号，几乎垄断了京城的粮米业。④ 到了清代，由山西临汾人赵存仁、赵存义、赵存礼兄弟三人接手，开的杂货店，兼卖伏酒。作为

---

① 肖复兴：《便宜坊与全聚德》，载《解放日报》2017 年 5 月 4 日"朝花版"。

② 张笑我：《首都杂咏》，载雷梦水辑：《北京风俗杂咏续编》，北京：北京古籍出版社 1987 年版，第 209 页。

③ 侯式亨主编：《北京老字号》，北京：中国对外经济贸易出版社 1998 年版，第 89—91 页。

④ 刘宝明、戴明超：《当代北京商号史话》，北京：当代中国出版社 2012 年版，第 10 页。

一家酒店时，为保证酒味醇香甘美，这家作坊曾制定了 6 条操作规则：黍稻必齐、曲蘖必实、湛之必洁、陶瓷必良、火候必得、水泉必香。六必居由此得名。① 从字面上看这似乎与制酒有关，即在生产工艺上要做到：黄米、稻米用料必须备齐，酿制的曲必须备实，用水必须清澈，盛器必须优良，火候必须掌握适当，泉水必须纯香。莫非六必居最早是个酒坊？所谓"六必居"大概要让人们记住在酿酒过程中的 6 个"必"。②

六必居保留的旧房契，最早的是清朝康熙十九年（1680）的，在房契中并未提及六必居。在雍正六年（1728）八月十五日立的家具账中却有"源昇号"字样。首页是雍正六年十月初八日，各项家具都有标价。从账本的记载来看，六必居曾一度叫"源昇号"。现在，源昇号博物馆位于北京前门粮食店街 40 号。据说是在山西赵氏兄弟开办"源昇号酒坊"的遗址上建立起来的，这里是二锅头酿酒工艺的发源地。③ 乾隆六年（1741）的账本记载："乾隆六年十一月十三日记录六必居装修铺并盖酱厂房屋新添木料铜锡家伙并买牲口一应使账，共廿二项使银二十三两三钱九分五厘，钱四百六十二千九百三十七文，折合银二百七十七两七钱六分八厘。共作新家伙银七百零一两一一钱六分。"④ "六必居"的名字第一次在文献中出现，并透露出六必居正要装修铺面房、盖酱房的情况。或许，正是从这时开始，六必居进入了经营酱菜的阶段。可见，六必居经历了从粮店到酒坊再到酱园的发展过程。六必居最出名的是它的酱菜，有 12 种传统产品，即稀黄酱、铺淋酱油、甜酱萝卜、甜酱黄瓜、甜酱甘螺、甜酱黑菜、甜酱包瓜、甜酱姜芽、甜酱八宝菜、甜酱什香菜、甜酱瓜和白糖蒜。这些产品色泽鲜亮、酱味浓郁、脆嫩清香、咸甜适度。

六必居最初传为 6 个人所开办，起名"六心居"并请严嵩题匾。严嵩觉得六人不可能同心合作，便又在"心"字上添了一撇，成为"六必居"。这 3 个大字结构匀称，苍劲有力，但是没有任何落款印识。这块金字牌匾挂出后，让当时默默无闻的小店名气倍增，进而誉满京城。不过后来，为了不招致非议，六必居的主人只好将牌匾上"严嵩题"三字抠去。清代笔记《朝市丛谈》也写道六必居为

① 丁维峻：《北京的老字号》，北京：人民日报出版社 2009 年版，第 128—129 页。
② 王兰顺：《老字号六必居的前世今生》，载《北京档案》2014 年第 5 期。
③ 王兰顺：《说不尽的六必居》（一），载《中国档案报》2016 年 6 月 16 日，总第 2622 期，第 3 版。
④ 王兰顺：《老字号六必居的前世今生》，载《北京档案》2014 年第 5 期。

严嵩所写，但其他野史笔记均不见记载，是为孤证，不足为信。六必居创始初期，并不叫六必居，何来"严嵩题"这3个字？之所以传说严嵩题，纯粹是为了商业操作。

老字号饭庄初兴的最大因素即在其制作精湛，口味独特。明朝定都北京，四面八方来京做官、经商和谋生的外籍人，把山东"鲁菜"、江浙"淮扬菜"和广东"粤菜"等带进京城，以各自的特色立足北京，形成了京城饭庄"外邦菜"繁盛的局面。"北京老字号饭馆是积淀了深厚文化底蕴的品牌。它的开创和发展，蕴含了几代老字号主人的艰辛和传奇，散发着浓郁历史气息。它不但是一块块沉甸甸的'金字招牌'，更是中华民族经济发展史的有效见证。"①

4. 民间饮食礼仪

北京作为古都，宫廷饮食礼仪繁复而又严格，这也影响到民间饮食。较之前代，有明一代的饮食礼仪有所演变。以长幼、尊卑、亲疏、贵贱排座次，这是宴会礼仪中最重要的项目，也最费心机。然而，由于餐桌的样式在不断变化，对尊位的理解即有差异，座位秩序的排列也就不是一成不变的。

意大利耶稣会士利玛窦在明神宗万历年间来到中国，其遗著《利玛窦中国札记》一书记述了他在中国28年的传教生涯。利玛窦在北京落脚后，经常参加宴饮，正式的宴饮往往要提前给客人送请帖。"这种拜帖或小册子里有十几张白纸，约一个半手掌的长度，呈长方形，在封面的正中有一条两英寸宽的红纸。……客人的地位越高贵，访帖上的姓名也就写得越大。有时每个字都有一英寸大小，以致一个简单的签名按中国人从上到下的书写习惯就要占满小册子上的一张纸。"②在请帖封面的红纸上，"写着客人最为尊贵的名字，还顺序有他的各种头衔"。在请帖里面，"署有主人的姓名，还有一种简短的套语，很客气而又文雅地说明他已将银餐具擦拭干净，并在一个预定的日子和钟点准备下菲薄的便餐"，"请帖上还说主人很乐于听他的客人发表自己的想法，使参加宴会的人都能从中得到一些智慧的珠玑，并且要求他不可拒绝赏光"。请帖要送3次。发给客人的第一份请帖，"在预定日期的前一天或前几天"；第二份请帖，"在预定举行宴会的那天早上"。与第一份请帖相比，第二份请帖的格式简短一些，目的是"请他务必准时到来"。

---

① 张江珊：《北京老字号饭馆话旧》，载《北京档案》2009年第8期。
② ［意］利玛窦、（比）金尼阁著，何高济等译：《利玛窦中国札记》，北京：中华书局2010年版，第66页。

第三份请帖，"就在规定的宴会开始不久前"，目的是"为了在半路上迎接客人"①。迎接客人要作揖，"弯着腰低下头来"，"把两只手拢在一起，缩在他们常穿的飘飘然的袍服的宽大袖子里（除了扇扇子或做别的事，他们的手总是缩在袖子里），然后两人面对面，谦恭地把仍然缩在袖子里的手抬起来，再慢慢地放下来，同时压低声调重复地说'请，请'"。"然后客人被请到前厅就座喝茶，以后再进入餐厅。"② 品茶时，仆人事先摆好一张装饰华美的桌子，按客人的人数放好杯碟，"里面盛满我们已有机会提到过的叫做茶的那种饮料和一些小块的甜果。这算是一种点心，用一把银匙吃。仆人先给贵宾上茶，然后顺序给别人上茶，最后才是坐在末座的主人"③。

八仙桌出现较晚，大约是在明代。这种桌子以坐 8 个人为宜，上下座区分严格。其排座次的依据是古代天子祭祖时神主的位次（昭穆之制）：坐西南向正东的是首席，其位置方向与太祖的神主牌位相同；八仙桌的第二到第七座的位次和昭穆之制的第二代至第七代神主的位次也完全相同。八仙桌的末座和祭祖时天子面朝西跪拜的位置相同，其内涵也相似；天子祭列祖列宗时，其辈分最低；酒宴上的末座多由晚辈或身份卑下者所坐。八仙桌的座次排列，显然沿袭了周代以降的以东向为尊的传统。

清叶梦珠在《阅世编》卷九"宴会"中谈到明清之交的宴会礼仪，颇为翔实。他说："向来筵席，必以南北开卓（两人一桌的专席）为敬，即家宴亦然。其他宾客，即朝夕聚首者，每逢令节传贴邀请，必设开卓，若疏亲严友，东客西宾，更不待言……近来非新亲贵游严席，不用开卓，即用亦止于首席一人。送酒毕，即散为东西卓，或四面方坐，或斜向圆坐，而酬酢诸礼，总合三揖，便各就席上。"④ 后来，开卓不用了，多人一席。徐珂《清稗类钞·饮食类·宴会之筵席》说："若有多席，则以在左之席为首席，以次递推。以一席之坐次言之，则在左之最高一位为首座，相对者为二座，首座之下为三座，二座之下为四座。或两

---

① ［意］利玛窦、（比）金尼阁著，何高济等译：《利玛窦中国札记》，北京：中华书局 2010 年版，第 69 页。

② ［意］利玛窦、（比）金尼阁著，何高济等译：《利玛窦中国札记》，北京：中华书局 2010 年版，第 69—70 页。

③ ［意］利玛窦、（比）金尼阁著，何高济等译：《利玛窦中国札记》，北京：中华书局 2010 年版，第 68 页。

④ ［清］叶梦珠、来新夏点校：《阅世编》卷九"宴会"，北京：中华书局 2007 年版，第 219 页。

座相向陈设，则左席之东向者，一二位为首座二座，右席之西向，一二位为首座二座，主人例必坐于其下而向西。"① 如今的风俗，南向正中者为首座，其余就不太讲究了。如首座未经事先确定，则常常因互相谦让而耗费很多时间。

利玛窦也详述了在北京的宴饮经历及相关礼节。"主人为客人安排好在桌子前就座之后，就给他摆一把椅子，用袖子掸一掸土，走回到房间中间再次鞠躬行礼。他对每个客人都要重复一遍这个礼节，并把第二位安置在最重要的客人的右边，第三位在他左边。所有的椅子都放好之后，主客就从仆人的托盘里接受一个酒杯。这是给主人的；主客叫仆人斟满了酒，然后和所有的客人一起行通常的鞠躬礼，并把放着酒杯的托盘摆在主人的桌上。这张桌子放在房间的下首，因此主人背向房门和南方，面对着主客席位。这位荣誉的客人也替主人摆好椅子和筷子，和主人为客人安排时的方式一样。最后，所有的人都在左右就座，大家都摆好椅子和筷子之后，这位主客就站在主人旁边，很文雅地重复缩着手的动作，并推辞在首位入席的荣誉，同时在入席时还很文雅地表示感谢。"② 明代宴饮的这种座次安排与现代中国人宴客的座次是一致的，这说明如今流行的这种宴饮座次在明代时就已经形成了。

宴会上大家要先饮完第一杯酒，然后方可吃菜，"他们大家都同时饮酒，饮酒时，主人双手举起放酒杯的碟或盘，慢慢放下来并邀大家同饮。……第一杯酒一喝完，菜肴就一道一道地端上来"。利玛窦还敏锐地注意到，筷子发挥着协调就餐的独特作用。"开始就餐时还有一套用筷子的简短仪式，这时所有的人都跟着主人的榜样做。每人手上都拿着筷子，稍稍举起又慢慢放下，从而每个人都同时用筷子夹到菜肴。接着他们就挑选一箸菜，拿筷子夹进嘴里。吃的时候，他们很当心不把筷子放回桌上，要等到主客第一个这样做，主客这样做就是给仆人一个信号，叫他们重新给他和大家斟酒。"③ 为了调节酒宴气氛，"有时候，在宴会进行之中还要玩各种游戏，输了的人就要罚酒，别人则在一旁兴高采烈地鼓掌"。宴会快要

---

① ［清］徐珂：《清稗类钞》（第十三册）《饮食类·宴会》，北京：中华书局1984年版，第6263页。
② ［意］利玛窦、［比］金尼阁著，何高济等译：《利玛窦中国札记》，北京：中华书局2010年版，第70—71页。
③ ［意］利玛窦、［比］金尼阁著，何高济等译：《利玛窦中国札记》，北京：中华书局2010年版，第71页。

结束时，还要给客人换酒杯，"换杯只是一种友好的表示，请他继续喝下去"①。

宴会结束，还要履行一套送客礼仪。"访问结束或客人走到门口要离去的时候，他们重新鞠躬行礼，主人随他们到门口，也鞠躬答礼。然后他请他们准备上马或乘来时所乘的轿，但他们要答称一定等他在里面关上门后他们才好走。于是主人转身回到大门再鞠躬，他们也朝同一方重复作这个动作。最后，站在门槛上，他第三次鞠躬，告辞的客人们也鞠躬答礼。然后，他们进入门内使客人们看不见他了，好给他们上马或在轿内就坐的时间，他再重新出来向他们致候。这次他把手拢在袖子里，慢慢抬起和放下，不断说'请，请'，客人们一边走一边也这样做。过一会儿，他派一个仆人去追赶客人以他的名义向他们告别，而他们也通过他们自己的仆人向他的仆人答礼。"②

《金瓶梅词话》中提到西门庆家宴中的菜肴珍馐不下三四百种，大小酒宴名目甚多，是了解 16、17 世纪中国饮食生活世界的不可多得的史料。其中大量有关西门庆一家大小筵宴便餐的礼仪程序描写，成为我们研究明代饮食风貌的翔实依据。

富家盛宴照例先在卷棚（一种有别于大厅的建筑物专名，并非临时搭的席棚）摆茶，然后在正厅开筵。主人向来宾挨个敬酒。按尊贵等次礼让到座位上，叫递酒安席。此时乐伎弹唱相应的庆贺歌曲。宾主坐定，厨师捧献肴馔，艺人呈戏单听候点戏。这都是冲着首席尊客的。首席尊客事先已备有赏封。近世的宴会总是饭菜后上（所谓押桌菜、主菜）。明代正相反，总是先上"大嗄饭"（大菜、主菜），所谓"五割三汤"，就是交替着上五道盛馔三道羹汤。第一道大菜几乎总是鹅（烧鹅、水品鹅）。在第二十回西门庆的喜宴中，以"头一道割烧鹅大下饭"开场。③ 接着是烧花猪肉、烧鸭、炖烂跨蹄儿三类，隆重的官筵，还有烧鹿和锦缠羊。特别用个"割"字，可以想象到禽类必是整只，肉类必是大戴，捧上来气派大。随后，由厨役切割开以方便取食。待"三汤五割"毕，整个宴会也接近尾声，

---

① ［意］利玛窦、［比］金尼阁著，何高济等译：《利玛窦中国札记》，北京：中华书局 2010 年版，第 72 页。

② ［意］利玛窦、［比］金尼阁著，何高济等译：《利玛窦中国札记》，北京：中华书局 2010 年版，第 68 页。

③ ［明］兰陵笑笑生著，梅节校订，陈诏、黄霖注释：《金瓶梅词话重校本》（一），香港：梦梅馆 1993 年版，第 230 页。

这时，尊贵显要的来宾，可以退席。① 至于从容饮酒品味，则视宾主亲密程度，可以继续看核杂进，酒茶交替，看戏、听曲、下棋、卜昼卜夜地绵延下去。

一些饮食仪礼集中于节日期间，具有鲜明的北京特色。元旦自然最受重视。明陆容《菽园杂记》也载："京师元日后，上自朝官，下至庶人，往来交错道路者连日，谓之拜年。……在京仕者，有每旦朝退即结伴而往，至入更酣醉而还。三四日后，始暇拜其父母。"② 这是一年当中家庭与家庭之间、亲朋好友之间集体饮食狂欢的时间。"庆拜往还，举酒相祝"③，吉祥之语在餐桌上滚滚而出。其他节日也都以聊欢共饮的方式展开。正月二十五"填仓节"在我国广为流行。原本是祭仓神以祈求丰收，而在北京则成为地道的饮食行为，与其他地方的形式迥然不同。据《北京岁华记》记载："二十五日，人家市牛、羊、豕肉，恣饕竟日，客至苦留，必尽而去，名曰'填仓'。"④"填仓"成为填饱肚皮，填仓节俨然转变为促进肉类消费的时日。而"填仓"另有真正的原因，"惟是京师居民不事耕凿，素少盖藏，日用之需，恒出市易，当此新正节过，仓廪为虚，应复置而实之，故名其日曰填仓。今好古之家，于是籴米积薪，收贮煤炭，犹仿其遗意焉"⑤。

第四节　宫廷饮食文化

宫廷饮食代表了明朝的最高水平，其他各朝亦如此。这一方面得益于全国各地优质的饮食资源和制作技艺汇聚到宫廷，把宫廷饮食推向时代的最高层次。即便北京郊区的饮食特产也被纳贡。正统元年（1436），光禄寺卿郝郁等奏："顺天府昌平等县园户所植桃梨等果，例应进用者。今时成熟，宜从本寺差官二员督同各县委官采取。"⑥ 宫廷饮食之所以品味极其精妙，技艺极其高超，在于全面汲取了各地饮食文化的精华。譬如，昌平出产鲊饼，"以山中波罗叶为之，虽远不及京

① 陈诏：《美食寻趣：中国馔食文化》，上海：上海古籍出版社1991年版，第49—50页。
② ［明］陆容：《菽园杂记》卷五，北京：中华书局1997年版，第52页。
③ ［明］张瀚撰、萧国亮点校：《松窗梦语》卷七"时序纪"，上海：上海古籍出版社1986年版，第119页。
④ ［明］陆启浤：《北京岁华记》，载丁世良、赵放主编：《中国地方志民俗资料汇编》（华北卷），北京：北京图书馆出版社1989年版，第3页。
⑤ ［清］潘荣陛、［清］富察敦崇：《〈帝京岁时纪胜〉〈燕京岁时记〉》，［清］潘荣陛《帝京岁时纪胜》"填仓"，北京：北京古籍出版社1981年版，第12页。
⑥ 《明英宗实录》卷二十，台北："中央研究院"历史语言研究所1962年版，第395页。

鲊，而物之得名必自本州岛始也”，① 也就是说，京中鲊饼制作技艺和名称都兴起于昌平，当然，昌平的鲊饼远不及京中的制作精湛。

另一方面，宫中有庞大的机构和专职人员经营饮食。清康熙皇帝曾在四十八年（1709）十一月十二日对大学士们说：“明季宫女九千人，内监至十万人，饭食不能遍及，日有饿死者。今则宫中不过四五百人而已。”② 明代后期的宦官宫女如此之多，他们的饮食安排需要有专门的机构。以国家或朝廷的名义举办的各种祭祀、宴饮的饮食由光禄寺负责。其长官为光禄寺卿，光禄寺卿的职责为：“掌祭享、宴劳、酒醴、膳羞之事，率少卿、寺丞官属，辨其名数，会其出入，量其丰约，以听于礼部。凡祭祀，同太常省牲；天子亲祭，进饮福受胙；荐新，循月令献其品物；丧葬供奠馔。所用牲、果、菜物取之上林苑；不给，市诸民，视时估十加一，其市直季支天财库。四方贡献果鲜厨料，省纳惟谨。器皿移工部及募工兼作之，岁省其成败。凡筵宴酒食及外使、降人，俱差其等而供给焉。传奉宣索，籍记而覆奏之。”③ 与光禄寺有职责协作关系的机构有礼部的仪制、祠祭、主客、精膳四司，工部的虞衡司、太常寺、上林苑和天财库等。皇帝御膳的制作由十二监四司八局掌管。“按内府十二监：曰司礼，曰御用，曰内官，曰御马，曰司设，曰尚宝，曰神宫，曰尚膳，曰尚衣，曰印绶，曰直殿，曰都知。又四司：曰惜薪，曰宝钞，曰钟鼓，曰混堂。又八局：曰兵仗，曰巾帽，曰针工，曰内织染，曰酒醋面，曰司苑，曰浣衣，曰银作。以上总谓之曰二十四衙门也。”④ 其中，司礼监、尚膳监、惜薪司、酒醋面局皆与宫中饮膳有直接关系。需要如此之多的机构运作皇室饮食，才能应付皇家禁苑中数以万计的食者。

1. 膳食数量不胜枚举

明代初年，宫廷饮食相对简朴。明成祖就曾怒斥宦官用米喂鸡：“此辈坐享膏粱，不知生民艰难，而暴殄天物不恤，论其一日养牲之费，当饥民一家之食，朕

---

① ［明］崔学履纂修，中共北京市委党史研究室、北京市地方志编纂委员会办公室编：（隆庆）《昌平州志》卷四《土产》，北京：国家图书馆出版社 2021 年版，第 16 页 a。

② ［清］李逊之：《三朝野记》，北京：北京古籍出版社 2002 年版，第 182 页。

③ ［清］张廷玉等撰：《明史》（第六册）卷七十四《职官三·光禄寺》，北京：中华书局 2003 年版，第 1799 页。

④ ［明］刘若愚：《酌中志》卷十六《内府衙门职掌》，北京：北京古籍出版社 1994 年版，第 93 页。

已禁戢之矣，尔等识之，自今敢有复尔，必罚不宥。"① 明初的宫廷御膳食料多用豆腐和猪肉鸡鹅等家常畜禽，明代中后期则上升到山珍野味，如明熹宗"喜用炙蛤蜊、炒鲜虾、田鸡腿及笋鸡脯，又海参、鳆鱼、鲨鱼筋、肥鸡、猪蹄筋共烩一处，恒喜用焉"②。从尚俭到奢靡，是大多朝代宫廷饮食的常态，只不过明朝表现得更为突出而已。

考察明宫廷的膳食状况，除了御膳食谱外，还有祭品。先说后者。明朝皇家对河间、定兴二王的祭祀，秋祭在良乡，春祭在宛平县，安排了如下物品，其中主要是食物："合用祭品：猪二口，羊二只，祭帛二段，降香二炷，官香二束，牙香二包，大中红烛四对，缨络二对，省牲纸一分，金银方十副，金银锭十挂，阡张二块，金银山二座，祭帛匣二个，奠酒二瓶，看卓大高顶花一座，斗糖八个，狮子糖二个，五老糖五个，大锭胜十个，猪肉一肘，羊肉一肘，大鹅一只，大鸡二只，大鱼一尾，四头糖五盘，馓枝五盘，糖饻五盘，麻花五盘，荔枝、圆眼、核桃、红枣、胶枣共五盘，点心五盘，大馒头八个，盆花五盘"③ 等等。

皇家的膳食数量确乎不胜枚举，消费十分惊人。弘治六年（1493），光禄寺卿胡恭等奏："本寺供应琐屑，费出无经。乾明门猫十一只，日支猪肉四斤七两，肝一副；刺猬五个，日支猪肉十两；羊二百四十七只，日支绿豆二石四斗三升，黄豆三升二合。西华门狗五十三只，御马监狗二百一十二只，日共支猪肉并皮骨五十四斤。虎三只，日支羊肉十八斤。狐狸三只，日支羊肉六斤。虎豹一只，支羊肉三斤。豹房土豹七只，日支羊肉十四斤。西华门等处鸽子房，日支绿豆、粟谷等项料食十石。一日所用如此，若以一年计之，共用猪肉、羊肉并皮骨三万五千九百余斤，肝三百六十副，绿豆、粟谷等项四千四百八十余石。"④ 这主要还是牲畜的数量，大量的瓜果菜蔬还没有包括在内。

在明代宫廷，饮食已不仅是为了饱享口福，而是成为一种生活境界的追求。一些吃法已上升至艺术的殿堂。《明宫史》记载宫廷内的螃蟹宴说："凡宫眷内臣吃蟹，活洗净，用蒲包蒸熟，五六成群，攒坐共食，嬉嬉笑笑。自揭脐盖，细细

①　［明］余继登：《典故记闻》卷六，转引自徐海荣：《中国饮食史》（卷五），北京：华夏出版社1999年版，第258页。

②　［明］刘若愚：《酌中志》卷二十《饮食好尚纪略》，北京：北京古籍出版社1994年版，第179页。

③　［明］沈榜：《宛署杂记》卷十八《祀功》，北京：北京古籍出版社1980年版，第217页。

④　《明孝宗实录》卷七十六，台北："中央研究院"历史语言研究所1962年版，第1474页。

用指甲挑剔，蘸醋蒜以佐酒。或剔蟹胸骨，八路完整如蝴蝶式者，以示巧焉。"①明代陈悰《天启宫词一百首》其八咏叹道："海棠花气静菲菲，此夜筵前紫蟹肥。玉笋苏汤轻盥罢，笑看蝴蝶满盘飞。"寂寞的嫔妃宫女以剔蟹骨像蝴蝶形作为消遣，这就超出饮食本身，成为一种娱乐活动。也正是这种饮食境界的追求，出现了各种名目的筵席，不同的筵席由不同的菜系构成，显示出宫廷膳食谱精致而又丰富。

其实，宫廷食谱中值得特别推荐的也并不多。清代学者阮葵生写有笔记散文《茶余客话》，书中录下了一份明深宫漏传宫外的大内食单，名字取得十分古怪，叫"一了百当"。其制作过程也很奇特：猪、牛、羊各一斤剁烂成馅；虾米半斤捣成碎末；马芹、茴香、川椒、胡椒、杏仁、红豆各半两，捣成末；十两细丝生姜；腊糟一斤半；面酱一斤半；葱白一斤；盐一斤；芜拂细切二两。先用好香油一斤炼热后，将肉料一齐下锅炒熟，然后都下锅。放冷以后，装入磁器，封贮收藏，随时食用。吃时可以调以汤汁。② 这款菜品用料十余种，之多之广，令人咂舌。这也是饮膳数量不胜枚举的体现。

宫廷菜也并非尽是山珍海味，皇帝口味同样也是"适口者珍"。万历后期，谢肇淛就曾说："今大官进御饮食之属，皆无珍错殊味，不过鱼肉牲牢，以燔炙醴厚为胜耳。"③ 亦仅是烧烤等方面较为讲究罢了。有关宫中膳食口味偏重这一点，明末刘若愚亦曾指出："凡宫眷、内臣所用，皆炙煿煎爆厚味"，其"香油、甜酱、豆豉、酱油、醋，一应杂料，俱不惜重价自外置办入也"。然而，御膳的内容虽以肉类为主，但明朝各帝亦各有其喜尝之物。以明末为例，据《酌中志》云：明熹宗最喜欢吃的是炙蛤蜊、炒鲜虾、田鸡腿及笋鸡脯，而将海参、鳆鱼、鲨鱼筋、肥鸡、猪蹄筋共烩成一道，他尤其爱吃。另外，熹宗又喜喝鲜莲子汤，又喜吃鲜西瓜，微加盐焙。又据秦征兰《天启宫词》云："滇南鸡踪（枞）菜，价每斤数金。圣性酷嗜之，尝撤以赐客氏。"④ 据沈德符《万历野获编·补遗卷一》"穆宗仁俭"条记载，明穆宗隆庆皇帝喜欢吃果饼，没即皇帝位前，穆宗朱载垕生活在

---

① ［明］刘若愚、［清］高士奇：《〈明宫史〉〈金鳌退食笔记〉》，北京：北京古籍出版社1980年版，第88页。

② ［清］阮葵生撰，李保民点校：《茶余客话》（下），上海：上海古籍出版社2012年版，第484页。

③ ［明］谢肇淛：《五杂俎》（下）卷十一《物部》，上海：中央书店1935年版，第87页。

④ ［明］秦徵兰：《天启宫词一百首》，载［明］朱權等：《明宫词》，北京：北京古籍出版社1987年版，第33页。

藩邸，常派侍从到东长安街去买果饼，吃得很上瘾。做了皇帝以后，朱载垕仍念念不忘，总是想吃这种果饼。"询之近侍，俄顷尚膳监及甜食房，各开买办松榛粮饧等物，其值数千金以进，上笑曰：'此饼只需银五钱，便于东长安大街勾阑胡同买一大盒矣，何用多金？'内臣俱缩颈退。盖上在潜邸久，稔知其价也。"① 至于崇祯的喜好，据王誉昌《崇祯宫词》云：崇祯帝"嗜燕窝羹，膳夫煮就羹汤，先呈所司尝，递尝五六人，参酌咸淡方进御"②。皇帝间各自都有自己的饮食嗜好，明代又完全具备了满足他们不同饮食欲望的条件。他们的嗜好都有强大的感召力，这就使得宫廷饮食形成了不同的风味系列，大大强化了宫廷膳食的多样性。

宫廷饮食数量之多还得益于皇权统治，各地的美味食材源源不断运至皇宫。就水产而言，北京并不临海，海鲜需要从 200 公里以外的沿海引入，视为珍品。像黄花鱼，即石首鱼，每年三月初运抵北京，在崇文门设立专门通道，并有专人监管，否则视为私货。一些海鲜尽管可以上市，但价格昂贵，只有贵族方能享用。"与海滨所食者逊甚，且远致味亦差。然当时分尝一脔，固以为异味也。"③ 不仅是食材，各地名厨也被召至皇宫。明朝都城移到北京时，宫廷里的厨师大部分来自山东，因此山东风味便在宫中、民间普及开来。尤其是明朝期间胶东菜进入宫廷，大大丰富了宫廷餐桌上的佳肴风味。宫廷的至高无上可以极大限度地呈现饮食种类的多样与繁复。

宫中食物原料大致来源于 3 种途径：一是各地贡奉。如"顺天府岁供糯米十五石五斗，永平府岁供红枣一万五千五百七十斤"④；南直隶江阴县贡子鲚万斤。⑤宣德六年（1431）常州宜兴县贡茶二十万斤；⑥湖广成化十七年（1481）以后贡鱼鲊三万斤。⑦ 二是司苑局、上林苑、林衡署、蕃育署、嘉蔬署、良牧署等内廷机构生产。如上林苑在北京东安门外有菜厂一处，"是在京之外署也。职掌鹿、獐、

① ［明］沈德符撰：《万历野获编》（下）卷《补遗卷一·穆宗仁俭》，北京：中华书局 1959 年版，第 792 页。又见《全史宫词》卷二十《明》。

② ［清］史梦兰：《金史宫词》（下），北京：中国戏剧出版社 2002 年版，第 711 页。

③ 何刚德、沈太侔：《〈话梦集〉〈春明梦录〉〈东华琐录〉》，载何刚德：《话梦集》，北京：北京古籍出版社 1995 年版，第 11 页。

④ ［明］刘若愚：《酌中志》卷十六《内府衙门职掌》，北京：北京古籍出版社 1994 年版，第 106—107 页。

⑤ ［明］沈德符：《万历野获编》，上海：上海古籍出版社 2005 年版，第 2795 页。

⑥ ［明］沈德符：《万历野获编》，上海：上海古籍出版社 2005 年版，第 1921 页。

⑦ ［明］朱国祯：《涌幢小品》卷三十一，上海：上海古籍出版社 2005 年版，第 3853 页。

兔、菜、西瓜、果子"①。三是从市场上购买。明代的宦官与宫女多形成"对食"关系，宫女称所配者为"菜户"。宦官、宫女的饮食不需要御膳房提供，宫女们各自有小厨房，宦官则就食于有"对食"关系的宫女处。"凡宫眷所饮食，皆本人菜户置买，……凡煮饭之米，必拣簸整洁，而香油、甜酱、豆豉、酱油、醋，一应杂料，俱不惜重价自外置办入也。"②

宫廷与民间饮食历来泾渭分明，宫廷饮食的奢华与平民饮食的简朴形成鲜明对照。而一旦民间饮食注入了独特的制作技艺，提升了文化品格，便具有了宫廷饮食不可比拟的风味特色，甚至为统治者所青睐。明朝中叶后，大批饮食店铺的存在及其不断丰满盈厚的民间饮食文化对上流社会产生了潜移默化的影响，民间食品逐步进入宫廷王府。③宫廷诸多名点皆为民间食品的改造和升华。

2.《酌中志》中的宫廷节日饮食

太监刘若愚历经万历、泰昌、天启、崇祯四朝，在《明史》的《宦官列传》里有他的传记，他于崇祯十一年（1638）55 岁时将宫廷见闻写成一部《酌中志》，这部书在清初曾经流行，康熙皇帝读过此书。《酌中志》有一个章节叫《饮食好尚纪略》，④ 记载了明代宫廷一年四季 12 个月各节令的饮食和风俗活动。一般来说，明代宫膳所用的食品菜色，常因季节而有所不同。书中所记明代宫中各月的饮食好尚，从中可见内廷之梗概。

正月初一日正旦节。自年前腊月廿四日祭灶之后，宫眷内臣，⑤ 即穿葫芦景补子及蟒衣。⑥ 各家皆蒸点心储肉，将为一二十日之费。三十日，岁暮，即互相拜祝，名曰"辞旧岁"也。大饮大嚼，鼓乐喧阗，为庆贺焉。门旁植桃符板、将军炭，贴门神。室内悬挂福神、鬼判、钟馗等画。床上悬挂金银八宝、西番经轮，或编结黄钱如龙。檐楹插芝麻秸，院中焚柏枝柴，⑦ 名曰"熰岁"。正月初一五更

---

① ［明］刘若愚：《酌中志》卷十六《内府衙门职掌》，北京：北京古籍出版社 1994 年版，第 121 页。
② ［明］刘若愚：《酌中志》卷二十《饮食好尚纪略》，北京：北京古籍出版社 1994 年版，第 184 页。
③ 许敏：《明清饮食店铺文化略论——着重对明中叶至清中叶的考察》，《第八届明史国际学术讨论会论文集》，长沙：湖南人民出版社 2000 年版，第 427 页。
④ ［明］刘若愚：《酌中志》卷二十《饮食好尚纪略》，北京：北京古籍出版社 1994 年版，第 177—185 页。
⑤ 宫眷内臣：宫眷，内宫侍奉皇帝的嫔妃才女之类。内臣，在宫内侍奉皇帝及其家族的官员，又称宦官、中官、内侍等。
⑥ 补子及蟒衣：补子，旧时的官服，前胸及后背缀有用金线和彩丝绣成的"补子"，是品级的徽记。葫芦景补子，即前胸、后背绣上应时的吉祥葫芦的官服。蟒衣，也是古代官服，袍上绣蟒，亦称"蟒袍"。
⑦ 柏枝：即柏树枝。栢，"柏"的古字。

起，焚香放纸炮，将门闩或木杠于院地上抛掷三度，名曰"跌千金"。饮椒柏酒，吃水点心，即"扁食"也。或暗包银钱一二于内，得之者以卜一年之吉。是日亦互相拜祝，名曰"贺新年"也。所食之物，如曰"百事大吉盒儿"者，柿饼、荔枝、圆眼、栗子、熟枣共装盛之。立春之前一日，顺天府于东直门外"迎春"，凡勋戚、内臣、达官、武士，赴春场跑马，以较优劣。至次日立春之时，无贵贱，嚼萝卜，曰"咬春"。互相请宴，吃春饼和菜。以绵塞耳，取其聪也。自岁莫正旦，咸头戴闹蛾，乃乌金纸裁成，画颜色装就者，亦有用草虫蝴蝶者。或簪于首，以应节景。仍有真正小葫芦如豌豆大者，名曰"草里金"，二枚可值二三两不等，皆贵尚焉。初七曰"人日"，吃春饼和菜。自初九日之后，即有软灯市买灯。吃元宵，其制法用糯米细面，内用核桃仁、白糖为果馅，洒水滚成，如核桃大，即江南所称汤圆者。十五日曰"上元"，亦曰"元宵"，内臣宫眷皆穿灯景补子蟒衣。灯市至十六更盛，天下繁华，咸萃于此。勋戚内眷，登楼玩看，了不畏人。斯时所尚珍味，则冬笋、银鱼、鸽蛋、麻辣活兔，塞外之黄鼠、半翅鹖鸡，江南之密罗柑、凤尾橘、漳州橘、橄榄、小金橘、风菱、脆藕，西山之苹果、软籽石榴之属，水下活虾之类，不可胜计。本地则烧鹅鸡鸭、猪肉、冷片羊尾、爆炒羊肚、猪灌肠、大小套肠、带油腰子、羊双肠、猪臂肉、黄颡管儿、脆团子、烧笋鹅鸡、炸鱼、柳蒸煎燻鱼、卤煮鹌鹑、鸡醢汤、米烂汤、八宝攒汤、羊肉猪肉包、枣泥卷、糊油蒸饼、乳饼、奶皮。素蔬则滇南之鸡枞，五台之天花羊肚菜、鸡腿银盘等麻菇，东海之石花海白菜、龙须、海带、鹿角、紫菜，江南蒿笋、糟笋、香蕈，辽东之松子，苏北之黄花、金针，都中之土药、土豆，南都之苫菜，武当之鹰嘴笋、黄精、黑精，北山之榛、栗、梨、枣、核桃、黄连茶、木兰芽、蕨菜、蔓菁，不可胜数也。茶则六安松萝、天池，绍兴岕茶，径山虎邱茶也。凡遇雪，则暖室赏梅，吃炙羊肉、羊肉包、浑酒、牛乳。先帝最喜用炙蛤蜊、炒鲜虾、田鸡腿及笋鸡脯，又海参、鳆鱼、鲨鱼筋、肥鸡、猪蹄筋共烩一处，恒喜用焉。十九日，名"燕九"是也。都城之西南有白云观者，云是胜国时丘真人成道处，此日僧道辐辏，凡圣溷杂，勋戚内臣，凡好黄白之术者，咸游此访丹诀焉。自十七日至十九日，御前安设各样灯，尽撤之也。二十五日曰"填仓"，亦醉饱酒肉之期也。

二月初二日，各宫门撤出所安彩妆。各家用黍面枣糕，以油煎之，或曰面和稀摊为煎饼，名曰"熏虫"。北京臭虫多，人们在二月二这天熏床炕，故而将所吃食品叫成此名。有的将元旦祭祀后的饼留到这天食用。① 是月分菊花、牡丹。凡花木之窖藏者，开隙放风。清明之前，收藏貂鼠、帽套、风领、狐狸等皮衣。食河豚，饮芦芽汤，以解其热。各家煮过夏之酒。此时吃鲊，② 名曰"桃花鲊"也。

三月初四日，宫眷内臣换穿罗衣。清明，则"秋千节"也，戴杨枝于鬓。坤宁宫后及各宫，皆安秋千一架。凡各宫之沟渠，俱于此疏浚之。竹篾排棚大木桶及天沟水管，俱于此时油艌之。③ 并铜缸亦刷换，以新汲水。凡内臣院大者，即制席箔为凉棚，以绳收放，取阴也。

圣驾幸回龙观等处，赏海棠。窖中花树尽出，圆圃、台榭、药栏等项，咸此月修饰。富贵人家，咸赏牡丹花，修凉棚。二十八日，东岳庙进香，吃烧笋鹅，吃凉饼、糯米面蒸熟加糖碎芝麻，即"糍巴"也。吃雄鸭腰子，大者一对可值五六分，传云食之补虚损也。

四月初四日，宫眷内臣换穿纱衣。钦赐京官扇柄。牡丹盛后，即设席赏芍药花也。初八日，进"不落夹"，用苇叶方包糯米，长可三四寸，阔一寸，味与粽同也。是月也，尝樱桃，以为此岁诸果新味之始。吃笋鸡，吃白煮猪肉，以为"冬不白煮，夏不爀（或爉）"也。④ 又以各样精肥肉，姜、蒜剁如豆大，拌饭，以莴苣大叶裹食之，名曰"包儿饭"。造甜酱豆豉。初旬以至下旬，至西山、香山、碧云寺等，至西直门外之高梁桥、涿州娘娘、马驹桥娘娘、西顶娘娘进香。二十八日，药王庙进香。吃白酒、冰水酪，取新麦穗煮熟，剁去芒壳，磨成细条食之，名曰"稔转"，以尝此岁五谷新味之始也。司礼监有一种扇，以墨竹为骨，色浅笺纸面，两面楷书写《论语》内六字一句成语，极易脆裂，不知费多少工价，方成一把。似此损耗无益，宜裁省可也。

五月初一日起，至十三日止，宫眷内臣穿五毒艾虎补子蟒衣。门两旁安菖蒲、艾盆。门上悬挂吊屏，上画天师或仙子、仙女执剑降毒故事，如年节之门神焉，

① 参见（明）刘若愚：《酌中志》卷二十《饮食好尚纪略》，北京：北京古籍出版社 1994 年版，第179 页。

② 鲊：古代一种用鱼加工成的熟食品。《齐民要术》载"作酢法"，大致为，取鲤鱼，去鳞，切成长二寸、广一寸、厚五分的鱼块，治净；炊粳米饭为糁，加上朱萸、橘皮、好酒，于盆中和合之。然后上蒸笼，一层鱼、一层糁，要铺八层，蒸至白浆出，味酸，便成。

③ 用油涂抹封闭。

④ 爉：放在灰火里煨烤。

悬一月方撤也。初五日午时，饮朱砂、雄黄、菖蒲酒，[①] 吃粽子，吃加蒜过水面。赏石榴花，佩艾叶，合诸药，画治病符。圣驾幸西苑，斗龙舟，划船。或幸万岁山前插柳，看御马监男士跑马走解。夏至伏日，戴草麻子叶。吃"长命菜"，即马齿苋也。

六月初六日，皇史宬古今通集库晒晾。吃过水面，嚼"银苗菜"，即藕之新嫩秧也。初伏日造曲，唯以白面用绿豆黄加料和成晒之。立秋之日，戴楸叶，吃莲蓬、藕，晒伏姜，赏茉莉、栀子兰、芙蓉等花，先帝爱鲜莲子汤，又好用鲜西瓜种微加盐焙用之。

七月初七日"七夕节"，宫眷穿鹊桥补子。宫中设乞巧山子，兵仗局伺候乞巧针。十五日"中元"，甜食房进供佛波罗蜜；西苑做法事，放河灯，京都寺院咸做盂兰盆追荐道场，亦放河灯于临河去处也。是月也，吃鲥鱼为盛会，赏桂花。斗促织，善斗者一枚可值十余两不等，各有名色，以赌博求胜也。秉笔唐太监之征、郑太监之惠，最识促织，好蓄斗为乐。

八月宫中赏秋海棠、玉簪花。自初一日起，即有卖月饼者。加以西瓜、藕，互相馈送。西苑躧（xǐ）藕。[②] 至十五日，家家供月饼瓜果，候月上焚香后，即大肆饮啖，多竟夜始散席者。如有剩月饼，仍整收于干燥风凉之处，至岁暮合家分用之，曰"团圆饼"也。[③] 始造新酒，蟹始肥。凡宫眷内臣吃蟹，活洗净，蒸熟，五六成群，攒坐共食，嬉嬉笑笑。自揭脐盖，细将指甲挑剔，蘸醋蒜以佐酒。或剔蟹胸骨，八路完整如蝴蝶式者，以示巧焉。食毕，饮苏叶汤，用苏叶等件洗手，为盛会也。凡内臣多好花木，于院宇之中，摆设多盆。并养金鱼于缸，罗列小盆细草，以示侈富。有红白软子大石榴，是时各剪离枝。甘甜大玛瑙葡萄，亦于此月剪下。缸内着少许水，将葡萄枝悬封之，可留至正月尚鲜。

---

① 菖蒲酒是我国传统的时令饮料，从前代就一直流传了下来。而且历代帝王也将它列为御膳时令香醪，明代刘若愚在《酌中志》中记载："初五日午时，饮朱砂、雄黄、菖蒲酒，吃粽子。"（明）刘若愚：《酌中志》卷二十《饮食好尚纪略》，北京：北京古籍出版社1994年版，第180页。

② 躧藕：躧，同"屣"，靸着鞋走。这里指靸着鞋在西苑池塘中采藕。

③ 明代起有大量关于月饼的记载，这时的月饼已是圆形，而且只在中秋节吃，是明代起民间盛行的中秋节祭月时的主要供品。《帝京景物略》曰："八月十五日祭月，其祭果饼必圆。""家设月光位，于月所出方，向月供而拜，则焚月光纸，撤所供，散之家人必遍。月饼月果，戚属馈相报，饼有径二尺者。"［明］刘侗、于奕正：《帝京景物略》卷二《春场》，北京：北京古籍出版社1980年版，第69页。月饼寓意团圆，也应该是从明朝开始的。如果我们综合明朝有关月饼与中秋节民俗的资料来看，应该能够看出月饼取意团圆的历史轨迹：中秋节祭月后，全家人都围坐一起分吃月饼月果（祭月供品）。因为月圆饼也圆，又是合家分吃，所以逐渐形成了月饼代表家人团圆的寓意。

九月，御前进安菊花。自初一日起，吃花糕。宫眷内臣自初四日换穿罗重阳景菊花补子蟒衣。九日"重阳节"，驾幸万岁山或兔儿山、旋磨山登高。吃迎霜麻辣兔、饮菊花酒。是月也，糟瓜茄，糊房窗，制诸菜蔬，抖晒皮衣，制衣御寒。

十月初一日颁历。初四日，宫眷内臣换穿纻丝。吃羊肉、炮炒羊肚、麻辣兔、虎眼等各样细糖。凡平时所摆玩石榴等花树，俱连盆入窖。吃牛乳、乳饼、奶皮、奶窝、酥糕、鲍螺，直至春二月方止。是月也，始调鹰畋猎，斗鸡。内臣贪婪成俗，是以性好赌博。既赖鸡求胜，则必费重价购好健斗之鸡，雇善养者，昼则调驯，夜则加食，名曰"贴鸡"，须燃灯观看，以计所啄之数，有三四百口者更妙也。是时夜已渐长，内臣始烧地炕。饱食逸居，无所事事，多寝寐不甘。又须三五成朋，饮酒、掷骰、看纸牌、耍骨牌、下棋、打双陆，至三四更始散，方睡得着。又有独自吃酒肉不下者，亦如前约聚，轮流办东，封凑饮啖。所谈笑概俚鄙不堪，多有醉后纷争，小则骂打僮仆以迁怒，大则变脸挥拳，将祖宗父母互相唤骂，为求胜之资。然易得和解，磕过几个头，流下几眼泪，即欢畅如初也。凡攒坐饮食之际，其固获放饭流歠，共食求饱，咤食啮骨，或膝上以哺弄儿，或弃肉以饲猫犬，真可笑也。如有吃素之人，修善念佛，亦必罗列果品，饮茶久坐，或至求精争胜，多不以箪食瓢饮为美，[①] 亦可笑也。间有一二好看书习字者，乐圣贤之道，或杜门篝灯，草衣粗食，不苟且，不滥差，足愉快，奈寥寥不多见耳。大抵天启年间，内臣性更奢侈争胜，凡生前之桌椅、床柜、轿乘、马鞍，以至日用盘盒器具及身后之棺椁，皆不惮工费，务求美丽。甚至坟寺、庄园、宅第，更殚竭财力，以图宏壮。且叠立名目，科敛求衙门属僚，今日曰某老太太庆七十、八十，某太爷、太太祭吊；明日曰某宅上梁庆贺，某寿地兴工立碑。即攘夺府怨，总不恤糜费工本，心所甘习，以成风，亦可鄙可笑也。内臣又好吃牛驴不典之物，曰"挽口"者，则牝具也；曰"挽手"者，则牡具也；又羊白腰者，则外肾卵也。至于白牡马之卵，尤为珍奇，曰"龙卵"焉。

十一月，是月也，百官传带暖耳。冬至节，宫眷内臣皆穿阳生补子蟒衣。室中多画绵羊引子画贴。司礼监刷印"九九消寒"诗图，每九诗四句，自"一九初寒才是冬"起，至"日月星辰不住忙"止，皆瞽词俚语之类，非词臣应制所作，又非御

---

① 箪食瓢饮：箪，用竹子编的盛食器。《论语》："一箪食，一瓢饮，在陋巷，人不堪其忧，回也不改其乐。"后以"箪食瓢饮"代指贫俭的生活。

制，不知如何相传耳。久遵而不改。近年多易以新式诗句之图二三种，传尚未广。此月糟腌猪蹄尾、鹅脆掌、羊肉包、扁食、馄饨，以为阳生之义。冬笋到，则不惜重价买之。是月也，天已寒，每日清晨吃爐汤，吃生炒肉、浑酒以御寒。

十二月初一日起，便家家买猪腌肉。吃灌肠、吃油渣卤煮猪头、烩羊头、爆炒羊肚、炸铁脚小雀加鸡子、清蒸牛白、酒糟蚶、糟蟹、炸银鱼等鱼、醋熘鲜鲫鱼鲤鱼。钦赏腊八杂果粥米。是月也，进暖洞熏开牡丹等花。初八日，吃"腊八粥。"先期数日将红枣槌破泡汤，至初八早，加粳米、白米、核桃仁、菱米煮粥，供佛圣前、户牖园树、井灶之上，各分布之，举家皆吃，或亦互相馈送，夸精美也。① 廿四日"祭灶"，蒸点心办年，竞买时兴绸缎制衣，以示侈美豪富。② 三十日，岁暮"守岁"。乾清宫丹墀内，自廿四日起，至次年正月十七日止，每日昼间放花炮，遇大风暂止半日、一日。其安鳌山灯、扎烟火。圣驾升座，伺候花炮；圣驾回宫，亦放大花炮。前导皆内官监职掌。其前导摆对之滚灯，则御用监灯作所备者也。凡宫眷所饮食，皆本人所关赏赐置买，雇请贫穷官人，在内炊爨烹饪。其手段高者，每月工食可须数两，而零星赏赐不与焉。凡煮饭之米，必拣簸整洁，而香油、甜酱、豆豉、酱油、醋，一应杂料，俱不惜重价自外置办入也。凡宫眷内臣所用，皆炙煿煎炸厚味。但遇有病服药，多自己任意调治，不肯忌口。

节日期间的饮食活动最为活跃，餐桌上尽是美味佳肴。这段时间也是宫廷厨师大显身手的时候，可以尽情展示自己的烹调技艺。刘若愚最后总结说："总之，宫眷所重者，善烹调之内官；而各衙门内臣所最喜者，又手段高之厨役也。"皇亲国戚重用掌管御膳的内官，内官将全国各地的名厨招入宫内，使得明代宫廷饮食能够不断推陈出新，不断发展。

宫廷节日饮食除了丰盛与精美之外，还伴随节日特有的宫廷气氛，宫人们享受民间不可能有的饮食情趣。比如吃蟹就十分讲究："凡宫眷、内臣吃蟹，活洗净蒸熟，五六成群，攒坐共食，嬉嬉笑笑。自揭脐盖，细将指甲挑剔，蘸醋蒜以佐

---

① 腊八粥，又名七宝五味粥，是以桃仁、松子、栗子、柿子、红豆、糯米等做成。由于它原是佛教的施斋供品，又称佛粥。对此，明代史籍中记述甚多。如《帝京景物略》卷二载，明代北京民间，每逢此节时，民人每家均效仿庵寺，以"豆果杂米为粥，供而朝食，曰腊八粥。"［明］刘侗、于奕正：《帝京景物略》卷二《春场》，北京：北京古籍出版社1980年版，第70页。

② 明代，每逢灶神节时，民间要制作各种食品，祭奠灶神，并进行有关的饮食活动。如《帝京景物略》卷二说，腊月二十四日灶神节，民人要"以糖剂饼、黍糕、枣栗、胡桃、炒豆祀灶君，以糟草秣灶君马"。［明］刘侗、于奕正：《帝京景物略》卷二《春场》，北京：北京古籍出版社1980年版，第70—71页。

酒，或剔蟹胸骨八路完整如蝴蝶式者，以示巧焉。食毕，饮苏叶汤，用苏叶等件洗手，为盛会也。"① 同时，他们还彼此馈送节日食品，借以进行一定的社会联系，并在一定程度上显示自己的财富和能力。比如腊八粥"举家皆吃，或亦互相馈送，夸精美也"。

3. 宫廷膳食谱

万历《大明会典》卷一一四《礼部·筵宴》记载，明代皇宫的宴会有郊祀庆成、圣节（皇帝生辰）、正旦节（正月初一即元旦）、皇后令旦、东宫千秋（皇太子生日）、元宵节、四月八节（浴佛节）、端午节、重阳节、腊八节、祭太庙享胙、祭社稷享胙、驾幸太学筵宴、进士恩荣宴等。其中，正旦节，永乐间定制：上桌，茶食像生小花，果子五盘，烧炸五盘，凤鸡，双棒子骨，大银锭，大油饼、按酒（下酒菜）五盘，菜四色，汤三品，簇二大馒头，马牛羊胙肉饭，酒五盅。上中桌，茶食像生小花，果子五盘，按酒五盘，菜四色，汤三品，簇二大馒头，马牛羊胙肉饭，酒五盅。中桌，果子五盘，按酒四盘，菜四色，汤二品，簇二馒头，马猪牛羊胙肉饭，酒三盅。随驾将军，按酒，细粉汤，椒醋肉并头蹄，簇二馒头，猪肉饭，酒一盅。金枪甲士、象奴、校尉，双下馒头。教坊司乐人，按酒，熝牛肉，双下馒头，细粉汤，酒一盅。

郊祀庆成，永乐二年（1404）定制：上桌，按酒五盘，果子五盘，茶食五盘，烧炸五盘，汤三品，双下馒头，马肉饭，酒五盅。中桌，按酒四盘，果子四盘，汤三品，双下馒头，马猪羊肉饭，酒五盅。随驾将军，按酒一盘，粉汤，双下馒头，猪肉饭，酒一盅。金枪甲士、象奴、校尉，双下馒头。教坊司乐人，按酒一盘，粉汤，双下馒头，酒一盅。天顺元年（1457）改为：上桌宝妆茶食，向糖缠碗八个，棒子骨二块，大银锭油酥八个，花头二个。凤鸭一只，菜四色，按酒五盘，汤三品，小银锭笑靥二碟，鸳鸯饭二块，大馒头一分，果子五盘，黑白饼一碟，鲊一碟，每人酒五盅。上中桌宝妆茶食，向糖缠碗八个，棒子骨两块，大银锭油酥八个，花头二个，甘露饼四个，菜四色，按酒五盘，小银锭笑靥二碟，汤三品，鸳鸯饭两块，大馒头二分，果子五盘，每人酒五盅。中桌宝妆茶食，云子麻叶二碟，甘露饼四个，大银锭油酥八个，炸鱼二块，小银锭笑靥二碟，果子按酒各五盘，菜四色，花头二个，汤三品，鸳鸯饭二块，大馒头四分，每人酒五盅。

① ［明］刘若愚：《酌中志》卷二十《饮食好尚纪略》，北京：北京古籍出版社1994年版，第181页。

下桌宝妆茶食，大银锭油酥八个，炸鱼二块，果子四盘，按酒四盘，菜四色，汤三品，马肉饭二饭，大馒头二分，每人酒五盅。

圣节（皇帝生辰），永乐十三年（1415）定制：上桌按酒五盘，果子五盘，茶食，烧炸凤鸡，双棒子骨，大银锭，大油饼，汤三品，双下馒头，马肉饭，酒五盅。上中桌：按酒四盘，果子四盘，烧炸，银锭油饼，双棒子骨，汤三品，双下馒头，马肉饭，酒三盅。中桌：按酒四盘，果子四盘，烧炸、茶食，汤三品，双下馒头，羊肉饭，酒三盅，僧官等用素桌，按酒五盘，果子，茶食，烧炸，汤三品，双下馒头，蜂糖糕饭。将军，按酒一盘，寿面。双下馒头，马肉饭，酒一盅。金枪甲士、象奴、校尉，双下馒头，酒一盅。教坊司乐人，按酒一盘，粉汤，双下馒头，酒一盅。给俸内官内使，上桌按酒五盘，果子，汤二品，小馒头，酒三盅。中桌按酒四盘，果子，汤二品，小馒头。

元宵节（正月十五），永乐间定制：上桌按酒四盘，果子、茶食、小馒头，菜四色，粉汤，圆子一碗，酒三盅。中桌按酒四盘，果子、茶食、小馒头，菜四色，粉汤，圆子二碗，酒六盅。

除《酌中志》外，现存有关于明代宫中饮膳的记述已极少，万历年间张蕭的《宝日堂杂钞》抄录了一份万历三十九年（1611）正月的宫廷膳食用料，所记膳单应该是明代仅存最完整的一份，主要系罗列宫膳所用食品分量及其花费银两数字。此书并未付梓，故历来著录中均未见此书刻本。此书在中国国家图书馆有抄本，以此书为主要蓝本，可以大致复制当时宫廷的所饮所食。

御膳。猪肉一百廿六斤，驴肉十斤，鹅五只，鸡三十三只，鹌鹑六十个，鸽子十个，熏肉五斤，鸡子五十五个，奶子廿斤，面廿三斤，香油廿斤，白糖八斤，黑糖八两，豆粉八斤，芝麻三升，青绿豆三升，盐笋一斤，核桃十六斤，绿笋三斤八两，面筋廿个，豆腐六连，腐衣二斤，木耳四两，蘑菇八两，香蕈四两，豆菜十二斤，茴香四两，杏仁三两，砂仁一两五钱，花椒二两，胡椒二两，土碱三斤。

由这段文字，可知神宗所用膳食，畜品有猪肉、驴肉、熏肉、鹅、鸡、鹌鹑、鸽子、鸡子及奶子。饭菜用料则包含面、面筋、豆腐、腐衣、木耳、蘑菇、香菇、豆菜、绿笋、盐笋等。点心所用则有豆粉、芝麻、核桃、清绿豆、杏仁等。烹饪所用调味料有香油、白糖、黑糖、砂仁、茴香、花椒、胡椒、土碱之类。至于神宗生母慈圣皇太后的慈宁宫膳，其菜色则为：

慈宁宫膳。猪肉一百二斤八两，羊肉、羊肚、肝等共折猪肉四十九斤，鹅十二只，鸡十六只，鹌鹑二十个，鸽子十个，驴肉十斤，熏肉五斤，猪肚四个，鸡子廿个，面二百九十六斤，香油四十六斤，白糖三十八斤，黑糖六斤，奶子六十斤，面筋廿三个，豆腐十个，香蕈二斤八两，蘑菇二斤八两，木耳二斤，绿笋三斤，石花菜一斤，黄花菜一斤，大茴香四两，盐笋四斤，水笋十三斤，小茴香四两，花椒二两，胡椒六两五钱，核桃三十斤，红枣二十二斤，榛仁三斤八两，松仁十两，芝麻二斗六升，赤豆一斗二升，清绿豆一斗四升，土碱二十二斤，豆菜四斤，葡萄六斤，蜂蜜二斤，甜梅六两，柿饼六两，山黄米四升，醋二瓶。

李太后所用的膳食，品项较神宗为多，其中畜品有猪肉、羊肉、羊肚、驴肉、熏肉、猪肚、鹅、鸡、鹌鹑、鸽子、鸡子及奶子。饭菜用料则包含面、面筋、豆腐、香蕈、蘑菇、木耳、绿笋、盐笋、水笋、石花菜、黄花菜、豆菜等。点心所用则有核桃、红枣、榛仁、松仁、芝麻、赤豆、清绿豆、蜂蜜等。烹饪所用调味料有香油、白糖、黑糖、大茴香、小茴香、花椒、胡椒、土碱、山黄米、醋之类。果品有葡萄、甜梅、柿饼。不过，可能由于太后不喜吃羊肉、羊肚、羊肝，故膳单中改折成猪肉。这种情况，在皇后的坤宁宫膳及贵妃的翊坤宫、景阳宫膳中亦可见到。

神宗朝宫膳的用料，大致上已如御膳、慈宁宫膳所示，比较值得注意的是，在诸王、公主的膳食中，均有乳饼一项。有关于乳品，在明代的宫膳中，太后、皇帝、皇后、妃嫔等大人，是吃牛乳（妳子）；至于儿女，则吃乳饼。这种安排，呈现了相当明显的等级性。如果我们再看皇室成员之外的其他人役的膳食，更可以发现这样的情况。总之，明代宫膳的用料，与当事人的身份是相配合的。其中，牛乳由于是对人体极为滋补之物，故在明代宫中，皇帝、太后与后妃的膳食中均有此品。王世贞《弘治宫词》中，即有"雪乳冰糖巧簌新，坤宁尚食奉慈纶"之句。至于用牛乳制的乳饼，也只有诸王及公主，才能吃到。不过，在明初，太祖对于牛乳，并不轻用。据明末徐复祚《花当阁丛谈》记载：明初太祖时，"膳羞甚约，亲王、妃既日支羊肉一斤，牛肉即免，或免支牛乳，膳亦甚俭"。由此除了可见太祖的节俭之外，也可以看出牛乳可能得来不易。①

明代定鼎南京，宫廷原尚南味。成祖迁都燕京，南宫御厨有北上者，但原料多用燕都当地之产品，故宫食兼有南北两味。宫中饮食受元蒙之影响，蒙汉两宜，

---

① 邱仲麟：《〈宝日堂杂钞〉所载万历朝宫膳底帐考释》，载《明代研究》（原《明代研究通讯》）第六期，［台］中国明代研究学会，2003年12月，第10页。

但以汉食为主体。明宫廷饮食与之前的元代及之后的清代均有所不同，元代和清代为少数民族入主，其御膳主要保持本民族特色，而明代宫廷饮食显然与游牧民族迥然有别，食料中充斥着大量的菜蔬。而这些菜蔬也是平民可以食用到的。于是，明宫廷膳食便具有了一些家常菜的特点。

清初宋起凤在《稗说》卷四中述及崇祯皇帝的膳食，崇祯皇帝用膳时，膳房按例会摆设一些粗菜，因此"民间时令小菜、小食亦毕集"。其中，小菜有苦菜根、苦菜叶、蒲公英、芦根、蒲苗、枣芽、苏叶、葵瓣、龙须菜、蒜薹、匏瓠、苦瓜、蔍芹、野蘸等。小点心如有稷黍枣豆糕、仓粟小米糕、稗子、高粱、艾汁、杂豆、干糗饵、苜蓿、榆钱、杏仁、蒸炒面、麦粥、荞糁等。这些小菜、小点心，俱各依季节进呈，未曾中断。另据孙承泽的《典礼记》（借月山房汇抄本）记载，明代宫廷喜欢的时新果品肴馔"荐新品物"有：正月，韭菜、生菜、鸡子、鸭子；二月，芥菜、苔菜、蒌蒿、子鹅；三月，茶、笋、鲤鱼；四月，樱桃、杏子、青梅、王瓜、雉鸡；五月，桃子、李子、来禽、茄子、大麦仁、小麦面、嫩鸡；六月，莲蓬、甜瓜、西瓜、冬瓜；七月，枣子、葡萄、鲜菱、芡实、小麦；八月，藕、芋苗、茭白、嫩姜、粳米、粟米、稌米、鳜鱼；九月，橙子、栗子、小红豆、砂糖、鳊鱼；十月，柑子、橘子、山药、兔、蜜；十一月，甘蔗、荞麦面、红豆、鹿、獐、雁、黑砂糖；十二月，菠菜、鲫鱼、白鱼。这些菜品种，蔬菜水果占很大比重。明代御膳之所以注重素食，委实是明帝先祖为了让"子孙知外间辛苦"而设。据说明太祖怕子孙不知民间疾苦，故在御膳中确定了民间粗食，品尝粗茶淡饭成为祖宗定下的饮食规矩。这是明代御膳菜色中，最具有制度性，且未更动的部分。随着饮食奢侈之风在宫中蔓延，此规矩在后来可能流于形式，但明代御膳兼具宫廷与平民家常两种菜色，的确是相当特殊。

北京地处暖温带大陆性季风气候区域，这里春暖夏炎秋凉冬寒，四季区分明显，宫廷讲究按季节气候进食，喜食时新果品肴馔。如正月，"凡遇雪，则暖室赏梅，吃炙羊肉、羊肉包、浑酒、牛乳"；二月，"清明之前，……食河豚，饮芦芽汤，以解其热。[①] ……此时吃鲊名曰桃花鲊也"；三月，"吃烧笋鹅，吃凉饼，糯米面蒸熟，加糖、碎芝麻，即糍巴也。吃雄猪腰子"；四月，"尝樱桃，以为此岁

---

① 李时珍著、马美著校点：《本草纲目》卷四十四《鳞部·河豚》，武汉：崇文书局 2015 年版，第191 页。

诸果新味之始。吃笋鸡，吃白煮猪肉，以为冬不白煮，夏不爊也。又以各样精肥肉，姜蒜剉如豆大，拌饭，以莴苣大叶裹食之，名曰包儿饭。造甜酱豆豉。……吃白酒、冰水酪，取新麦穗煮熟，剁去芒壳，磨成细条食之，名曰稔转，以尝此岁五谷新味之始也"；五月，"初五日午时，饮朱砂、雄黄、菖蒲酒，吃粽子，吃加蒜过水面。……夏至伏日，戴蓖麻子叶，吃长命菜，即马齿苋也"；六月，"吃过水面，嚼银苗菜，即藕之新嫩秧也。……立秋之日，戴楸叶，吃莲蓬、藕"；七月，"吃鲥鱼"；八月，吃西瓜、月饼、蒸蟹；九月，"吃迎霜麻辣兔、饮菊花酒"；十月，"吃羊肉、炮炒羊肚、麻辣兔、虎眼等各样细糖。……吃牛乳、乳饼、奶皮、奶窝、酥糕、鲍螺，直至春二月方止"；十一月，"糟腌猪蹄尾，鹅脆掌、羊肉包、扁食、馄饨，以为阳生之义。冬笋到，则不惜重价买之。是月也，天已寒，每日清晨吃爐汤，吃生炒肉、浑酒，以御寒"；十二月，"吃灌肠，吃油渣卤煮猪头、烩羊头、爆炒羊肚、炸铁脚小雀加鸡子、清蒸牛白、酒糟蚶、糟蟹、炸银鱼等鱼，醋溜鲜鲫鱼鲤鱼"[①]。

皇室每逢佳节都要赐给群臣宫廷糕点。据《燕都游览志》记载："先是，四月八日梵寺食乌饭，朝廷赐群臣食不落夹，盖缘元人语也。嘉靖十四年，始赐百官于午门食麦饼宴。"何为"不落夹"？同书补注中解释道："朝廷每年四月八日赐百官午门外食不落夹，曹御史宏云，是面食也。医官张天民云，即今之粽子。"[②] 每年节令时赐宴群臣的宫廷糕点是："立春日赐春饼，元宵日团子，四月八日不落荚（嘉靖中，改不落荚为麦饼），端午日凉糕粽，重阳日糕，腊八日面，俱设午门外，以官品序坐。"[③]"不落夹"显然不是粽子，而是一种面饼。

明宫廷副食带有平常的味道，主食也同样在向市民靠拢。万历年间黄一正辑注的《事物绀珠》"国朝御膳米面品略"条，记载万历初年御膳中的米面食包括：捻尖馒头、八宝馒头、攒馅馒头、蒸卷、海清卷子、蝴蝶卷子；大蒸饼、椒盐饼、豆饼、澄沙饼、夹糖饼、芝麻烧饼、奶皮烧饼、薄脆饼、梅花烧饼、金花饼、宝妆饼、银锭饼、方胜饼、菊花饼、葵花饼、芙蓉花饼、古老钱饼、石榴花饼、金

---

① ［明］刘若愚：《酌中志》卷二十《饮食好尚纪略》，北京：北京古籍出版社1994年版，第179—183页。

② ［清］于敏中等编纂：《日下旧闻考》（第四册）卷一四七《风俗》，北京：北京古籍出版社2000年版，2355页。

③ ［清］张廷玉等：《明史》（第五册）卷五十三《礼七》，北京：中华书局2003年版，第1360页。

砖饼、灵芝饼、犀角饼、如意饼、荷花饼；红玛瑙茶食、夹银茶食、夹线茶食、金银茶食、白玛瑙茶食、糖钹儿茶食、白钹儿酥茶食、夹糖茶食、透糖茶食、云子茶食、酥子茶食、糖麻叶茶食、白麻叶茶食；枣糕、肥面角儿、白馓子、糖馓子、芝麻象眼减炸。又有剪刀面（面片）、鸡蛋面、白切面。另外还有一道"清风饭"，是用水晶饭、龙眼粉、龙脑末、牛酪浆调和，放入金提缸，再垂下冰池冷透，在大暑天食用的。①《日下旧闻考》卷三十三引《明史·光禄寺志》详细载录了皇室日常供奉的糕点："原奉先殿供养：初一日卷煎，初二日髓饼，初三日沙炉烧饼，初四日蓼花，初五日羊肉肥面角儿，初六日糖沙馅馒头，初七日巴茶，初八日蜜酥饼，初九日肉酥油，初十日糖蒸饼，十一日荡面烧饼，十二日椒盐饼，十三日羊肉小馒饺，十四日细糖，十五日玉荄白，十六日千层蒸饼，十七日酥皮角儿，十八日糖枣糕，十九日酪，二十日麻腻面，二十一日蜂糖糕，二十二日芝麻烧饼，二十三日卷饼，二十四日爊羊蒸饏，二十五日雪糕，二十六日夹糖饼，二十七日两熟鱼，二十八日象眼糕，二十九日酥油烧饼，三十日糖酥饼。"② 这些糕点费用，根据明末清初孙承泽《思陵典礼记·供养物》，"以上一月共享银一千五百九十二两四钱"③。糕点在日常饮食开销中占相当大的比重。

上述主食品种大多在大街小巷都可以买到，所不同的是宫廷面食的制作肯定更为精细。涉及的虽是米和面，但主要是面食。御膳北方化的情况也已相当明显，馒头、花卷、烧饼、饺子、面片、面条等面食占据了主食的地位，南方的米食在当中仅仅是作为陪衬。"清风饭"或许也是偶一食之。大致上，宫膳的主食可以说已经完全北方化了。

4. 宫廷饮食管理与礼仪

明代的宫廷饮食相比前朝，更加丰富精细。每逢岁时节令，帝王还常常赐食百官，并成为一种惯例。④ 明代最为隆重的筵席是大宴，又名大飨，是古代宴礼最高的一级，汉代、唐代和宋代都曾经举行。明代的宴请有大宴、中宴、常宴、小

---

① ［宋］陶谷撰：《清异录》卷下，清乾隆文渊阁四库全书抄浙江巡抚采进本，第67页b。

② ［清］于敏中等编纂：《日下旧闻考》（第一册）卷三十二《宫室》，北京：北京古籍出版社2000年版，第501—502页。

③ ［清］孙承泽：《思陵典礼记》卷三《供养物》，清嘉庆十一至十七年虞山张氏刻借月山房汇抄增修本，第8页b。

④ 董焱：《明代北京城市文化生活述略》，载王岗主编：《北京史学论丛（2015）》，北京：群言出版社2016年版，第71页。

宴4种形式，大宴仪在明代属嘉礼的一种，一般在国家有重大庆典或正旦、冬至等节日时举行。大宴由礼部主办，光禄寺筹备。《明史》对宫廷大宴的礼仪程序有详细载录：

凡大飨，尚宝司设御座于奉天殿，锦衣卫设黄麾于殿外之东西，金吾等卫设护卫官二十四人于殿东西。教坊司设九奏乐歌于殿内，设大乐于殿外，立三舞杂队于殿下。光禄寺设酒亭于御座下西，膳亭于御座下东，珍羞醯醢亭于酒膳亭之东西。设御筵于御座东西，设皇太子座于御座东，西向，诸王以次南，东西相向。群臣四品以上位于殿内，五品以下位于东西庑，司壶、尚酒、尚食各供事。

至期，仪礼司请升座。驾兴，大乐作。升座，乐止。鸣鞭，皇太子亲王上殿。文武官四品以上由东西门入，立殿中，五品以下立丹墀，赞拜如仪。光禄寺进御筵，大乐作。至御前，乐止。内官进花。光禄寺开爵注酒，诣御前，进第一爵。教坊司奏《炎精之曲》。乐作，内外官皆跪，教坊司跪奏进酒。饮毕，乐止。众官俯伏，兴，赞拜如仪。各就位坐，序班诣群臣散花。第二爵奏《皇风之曲》。乐作，光禄寺酌酒御前，序班酌群臣酒。皇帝举酒，群臣亦举酒，乐止。进汤，鼓吹响节前导，至殿外，鼓吹止。殿上乐作，群臣起立，光禄寺官进汤，群臣复坐。序班供群臣汤。皇帝举箸，群臣亦举箸，赞馔成，乐止。武舞入，奏《平定天下之舞》。第三爵奏《眷皇明之曲》。乐作，进酒如初。乐止，奏《抚安四夷之舞》。第四爵奏《天道传之曲》，进酒、进汤如初，奏《车书会同之舞》。第五爵奏《振皇纲之曲》，进酒如初，奏《百戏承应舞》。第六爵奏《金陵之曲》，进酒、进汤如初，奏《八蛮献宝舞》。第七爵奏《长杨之曲》，进酒如初，奏《采莲队子舞》。第八爵奏《芳醴之曲》，进酒、进汤如初，奏《鱼跃于渊舞》。第九爵奏《驾六龙之曲》，进酒如初。光禄寺收御爵，序班收群臣盏。进汤，进大膳，大乐作，群臣起立，进讫复坐，序班供群臣饭食。讫，赞膳成，乐止。撤膳，奏《百花队舞》。赞撤案，光禄寺撤御案，序班撤群臣案。赞宴成，群臣皆出席，北向立。赞拜如仪，群臣分东西立。仪礼司奏礼毕，驾兴，乐止，以次出。其中宴礼如前，但进七爵。常宴如中宴，但一拜三叩头，进酒或三或五而止。①

---

① ［清］张廷玉等：《明史》（第五册）卷五十三《礼七》，北京：中华书局2003年版，第1360—1361页。

这种宫廷宴会，更多的意义在于通过这些礼制，一方面体现皇室至高无上的权威，另外也传达出皇帝与百官同乐的一种象征意义。

经筵宴属于明朝的常宴。举行这样的宴会，目的绝非只在皇上赐予酒食的行为。其政治上的暗喻也贯穿其中。此处酒饭由光禄寺官员负责筹办，极尽丰盛。陆深乃明代文学家、书法家，晚年充经筵讲官。其笔下的《经筵词》中就对经筵宴的丰盛有详细的描绘："绿琉璃殿洞重门，黼扆中陈拥至尊。传与大官供酒饭，两班文武尽承恩。……白玉阑干与案齐，一行肴核尽朝西。珍羞良酝俱名品，指点开囊嘱小奚。……姿容沾醉总仙桃，黄阁三公共六曹。步出顺门俱北面，瞻天拜舞不辞劳。①"可见，这一筵席的规格相当高，讲究饮食环境和品位。

接待国外使节之宴，据沈德符《万历野获编》卷三十《赐四夷②宴》载："本朝赐四夷贡使宴，皆总理戎政勋臣主席，唯朝鲜琉球则以大宗伯主之。盖以两邦俱衣冠礼义，非他蛮貊比也。……所设宴席，俱为庖人侵削，至于腐败不堪入口，亦有黠者作侏儒语怨詈，主者草草毕事，置不问也。窃意绥怀殊俗，宜加意抚恤，本朝既无接伴馆伴之使，仅以主客司一主事，董南北二馆，已为简略，而赐宴又粗粝如此，何以柔远人？然弘治十四年，锦衣千户牟斌。曾上言四夷宴时，宜命光禄寺堂上官主办，其设务从丰厚，再委侍班御史一员巡视，上从之。今日久制湮，不复讲及此矣。"③明朝对朝贡国家使臣的态度，在餐桌上表现得淋漓尽致，尽显明皇朝正统、中心的地位。引文中还透露了这样的信息：到了《万历野获编》的作者沈德符所处的时代时，明孝宗（朱祐樘）在弘治十四年（1501）制定的"赐四夷宴"制度已经被破坏殆尽了。

明宫廷设有掌管饮食的官职，光禄寺是与礼部精膳司相关的机构，掌管祭享、筵宴、宫廷膳馐之事，负责祭拜及一切报捷盟会、重要仪式、接待使臣时有关宴会筵席等事。光禄寺④下设大官、珍馐、良酝、掌醢4个署。大官署掌管供祭品宫

---

① ［明］朱国祯：《涌幢小品》（上）卷二《经筵词》，北京：中华书局1959年版，第27—28页。

② 当时，与明朝有外交联系的国家，明朝一般总称其为"四夷"。

③ ［明］沈德符：《万历野获编》（下）卷三十《赐四夷宴》，北京：中华书局1997年版，第778—779页。

④ 明代光禄寺下设四署、典簿厅、司牲司等部门，其官员设置及品秩情况为：卿一人，（从三品），少卿二人，（正五品），寺丞二人，（从六品）。其属，典簿厅，典簿二人，（从七品），录事一人，（从八品）。大官、珍馐、良酝、掌醢四署，各署正一人，（从六品），署丞四人，（从七品），监事四人，（从八品）。司牲司，大使一人，（从九品），副使一人，（后革）。司牧局，大使一人，（从九品，嘉靖七年革）。银库，大使一人。（清·张廷玉：《明史》（第六册）卷七十四《职官三》，北京：中华书局2003年版，第1798页。）

膳、节令筵席、蕃使宴犒等；珍馐署掌管供宫膳肴核之事；良酝署掌管供酒醴等事；掌醢署掌管供油、酱、盐等。各署食材数量、来源、种类不尽相同。以良酝署、掌醢署为例：

良酝署：凡每岁浙江等处，解纳白熟糯米一万二千石，绿豆五百石，荞麦五十石，收造曲酒，供奉先殿等处祭祀，并进宫及给内外官员、只待四夷筵宴下程、各监局官匠人等用。

掌醢署：凡每岁该直隶等处、常州等府，解纳白熟糯米一千石，白芝麻七百石，芝麻一万三百石，黄豆三百九十石，大麦三百石，大青黄豆二十石，收造饧、糖、香油、酱、醋供用。①

有些宴食的备办也由光禄寺负责。"凡正旦节、立春节、清明节、四月八日佛诞节、端午节（宴食）……俱本寺办进"②；"凡每岁遇有庆成宴，其文武大小应与官员，该用上、中、下桌不等，奉礼部开送职名，照数备办"③；"凡大臣一品，九年考满，特恩赐宴，本寺备办"④。除此之外，还有"卿掌祭享、宴劳、酒醴、膳羞之事，率少卿、寺丞官属，辨其名数，会其出入，量其丰约，以听于礼部。凡祭祀，同太常省牲；天子亲祭，进饮福受胙；荐新，循月令献其品物；丧葬供奠馔。所用牲、果、菜物，取之上林苑；不给，市诸民，视时估十加一，其市直季支天财库。四方贡献果鲜厨料，省纳惟谨。器皿移工部及募工兼作之，岁省其成败。凡筵宴酒食及外使、降人，俱差其等而供给焉。传奉宣索，籍记而覆奏之。监以科道官一员，察其出入，纠禁其奸弊。岁四月至九月，凡御用物及祭祀之品皆用冰。大官供祭品宫膳、节令筵席、蕃使宴犒之事。珍羞供宫膳肴核之事。良酝供酒醴之事。掌醢供饧、油、醯、酱、梅、盐之事。司牲养牲，视其肥瘠而豢涤之。司牧亦如之"⑤。还有，宫中宴饮的器具也由光禄寺配置。所用器皿以工部

---

① ［明］李东阳等修，正德重校本：《明会典》卷一七一《光禄寺·良酝署事例》《光禄寺·掌醢署事例》，第618册，第687页。
② ［明］申时行等修：《明会典》卷二一七《光禄寺》，北京：中华书局1989年版，第1081页。
③ ［明］申时行等修：《明会典》卷二一七《光禄寺》，北京：中华书局1989年版，第1081页。
④ ［明］申时行等修：《明会典》卷二一七《光禄寺》，北京：中华书局1989年版，第1081页。
⑤ ［清］张廷玉等：《明史》（第六册）卷七十四《职官三》，北京：中华书局2003年版，第1798—1799页。

制造为主。"凡宴享合用一切器皿，洪武二十六年定，光禄寺开呈礼部，移咨工部，照数造完，转发光禄寺收用。旧宴享器皿、各岁器皿，厂造一万件，发光禄寺收用。"① 可见光禄寺职能相当齐全，不仅负责供应御膳、餐具，内外各衙门人员饭食，而且承担会估时价、收放钱粮、祭祀省牲和进酒进酢，以及出使采买等任务。

明代外廷饮食机构的核心是光禄寺，内廷饮食机构属宫内机构的一部分，主要负责皇帝御膳的制作。明代内廷机构庞大，其核心为十二监四司八局二十四衙门。"二十四衙门"为皇家事务办理机构，负责宫廷饮食的称"尚食局"。下设司膳、司酝（酱）、司药、司饎四司，司膳四人，正六品，典膳四人，正七品，掌膳四人，正八品。司膳掌切、割、烹、煎之事。典膳、掌膳佐之。司酝二人，正七品，典酝二人，正七品，掌酝二人，正八品，司酝掌宫廷酿酒、制酱、醋及各种调料、饮料。典酝、掌酝佐之。司药二人，正六品，典药二人，正七品，掌药二人，正八品，司药掌药方、药物检查、验方诸事，典药、掌药佐之。司饎二人，正六品，典饎二人，正七品，掌饎二人，正八品。司饎掌宫中廪饩薪炭之事，典饎、掌饎佐之。尚膳监尚食局统领四司，掌宫廷御膳与宫内食用之物及监督光禄寺供奉宫内诸筵宴饮食、果、酒等供应。尚食局设局郎一人，正五品；局丞二人秩从五品。

还有其他负责宫人饮食的一些机构，如内府供用库，"专司皇城内二十四衙门、山陵等处内官食米。每员每月四斗。……厅前悬一木鱼，长可三尺许，以示有余粮之意"；甜食房，"经手造办丝窝虎眼等糖，裁松饼、减炸等样一切甜食。……又七月十五进献波罗蜜，亦所造也"；林衡署、蕃毓署、嘉蔬署、良牧署，"职掌进宫瓜蔬、杂果、菜，栽培树木、鸡黄、鹅黄、鸭蛋、小猪等项"②；御酒房，设"提督太监一员，金书数员，专造竹叶青等酒，并糟瓜茄，惟乾豆豉最佳，外廷不易得也。"③；御茶房，"职司茶酒、瓜果。凡圣驾出朝、经筵讲筵御用茶，

---

① 凡宴享合用一应器皿，洪武二十六年定，光禄寺开呈礼部，移咨工部，照数造完，转发光禄寺收用。旧宴享器皿、各岁器皿，厂造一万件，发光禄寺收用。《大明会典》卷一一六《器皿》，台北：新文丰出版公司1976年版，第1694页。

② ［清］刘若愚：《酌中志》卷十六《内府衙门职掌》，北京：北京古籍出版社1994年版，第112、114、122页。

③ ［明］刘若愚：《酌中志》卷十六《内府衙门职掌》，北京：北京古籍出版社1994年版，第114页。

及官中三时进膳，圣驾比箸，中宫比箸，系其职掌"①。宫廷膳食管理分工相当精细，各"房"分工明确，各司其职。

明代帝后宫廷饮食及其筵宴有3个突出的特点："一是预宴者有严格的等级规定与限制，筵宴的礼仪则十分烦琐，只注重形式，而不注重内容及其实质；二是筵宴的政治气氛浓郁，赐宴者与预宴者并不仅限于满足其生理食俗的需求，而是通过筵宴这种形式实现并达到各种政治目的；三是宫廷的筵宴严格遵守传统礼仪的规范，不厌其烦琐。这是古代礼制在筵宴中的具体体现。②"明代宴乐种类依据宴的大小来划分，具有明显的宴飨仪式的规定性。之所以具有以上特点，与明代统治者的政治理念有直接的关系。明代程朱理学一统天下，明太祖朱元璋笃信理学，明成祖秉承父志，在永乐十二年撰修了《五经大全》《四书大全》《性理大全》，用以统一国人的思想。在对待宴享的态度方面，既受宋明理学的影响，也吸取了历史经验教训，朱元璋在评说元朝兴亡时指出："朕观元世祖在位，躬行俭朴，遂成一统之业。至庚申，帝骄淫奢侈，饫粱肉于犬豕，致怨怒于神人。故逸豫未终败亡。"③朱元璋特别提倡节俭，他多次强调："安生于危，危生于安。安而不虑则能致危，危而克虑则能致安。安危治乱，在于能谨与否耳。"④在他看来，处安而不谨易奢，奢则转危致乱，要想常安不乱，必须克谨防奢。他曾明确指出："朕尝思古之君臣，居安不忘警戒，盈满常惧骄纵，兢兢业业，日慎一日，故能始终相保，不失富贵。"⑤所以明代宫廷宴乐并不是以崇奢恣欲为目的的，而只是为了适应王室政要和表示礼节之需。为此，筵席成为政治礼仪的操作规程，进膳的程序非常复杂。尽管食物极为丰富，也是亦步亦趋，远非纯粹的饱享口福。

明宫廷筵席菜品名称有"三阳开泰""四海上寿""五岳朝天""百鸟朝凤"等，甚至把整个筵席称为"江山万代席""福禄寿喜宴""万寿无疆宴"。每逢年节，重大庆典，这些向皇帝祝颂之词是必不可少的。有的是把食品加以夸张和想象，安上一个华贵的名称，从而提高筵席的级别。明代宫廷，遇到大典礼，有烹龙炮凤之宴。其实是以雄鸡代凤，牡羊代龙。所谓"龙凤呈祥"。也是"挂羊头，

① [明] 刘若愚：《酌中志》卷十六《内府衙门职掌》，北京：北京古籍出版社1994年版，第127—128页。

② 王熹：《中国全史·中国明代习俗史》，北京：人民出版社1994年版，第33—34页。

③ 《明太祖宝训》卷四《戒奢侈》，台北："中央研究院"历史语言研究所1962年版，第247页。

④ 《明太祖宝训》卷四《警戒》，台北："中央研究院"历史语言研究所1962年版，第275—276页。

⑤ 《明太祖实录》卷二十九，台北："中央研究院"历史语言研究所1962年版，第494页。

卖狗肉"，以雄鸡、牡羊代替的。

明代宫廷宴饮，一方面是节日和其他仪式的需要，通过宴饮烘托节日和仪式的气氛，并满足统治者的食欲；另一方面则出于政治的考虑，通过筵宴笼络人心，确立官员们的身份地位。"明代宫廷的筵宴与帝后的年节饮膳，既因宫中政治、经济条件无比优越，皇权的至高无上、皇家的富贵显赫，从而使得这些宫中筵宴华贵、典雅、庄重、等级森严，且礼仪繁缛；更因其政治色彩浓烈，故宫筵参加者们的政治'食欲'，远远大于其生理食欲的需求。"① 宫廷宴饮的政治化以一套完整的礼仪程序呈现出来，体现出一种极度的皇权至上的大一统的思想。

第五节　酿酒业与散茶兴起

随着生产力整体水平的提高，酿酒技艺也更为精湛，出现了一些新原料酿造的酒，增添了酒的品类，酿酒的酒业生产规模明显扩大。京城尽管不产茶，但饮茶的风气愈演愈烈，饮茶方式的改进使得茶艺进入一个崭新的发展阶段。明代京城的商业文化发达，消费人口成为城市居民的主体，这为酒业和茶业的兴盛奠定了基础。

1. 宫廷酿造与民间作坊

说到酿酒，不能不提"内法酒"，这是专指宫廷作坊酿造的御用酒品。《汉语大词典》曾对"内法酒"一词做出了"按宫廷规定的方法酿造的酒"的解释，"法酒"一词，根据目前所掌握的文献材料，最早出现于《史记》。《史记》载："至礼毕，复置法酒。诸侍坐殿上皆伏抑首，以尊卑次起上寿。觞九行，谒者言'罢酒'。"② 司马贞对于此处的"法酒"进行索引，引姚氏之语："进止有礼也。古人饮酒不过三爵，君臣百拜，终日宴不为乱也。"③ 故此处的"法酒"指朝廷专配的酒，也是合乎礼法的。合乎礼法即酒的纯度与数量有一定限制。④

控制法酒的目的在于防止酒乱。《通志》曰："禹始命仪狄作酒，禹饮而美，

---

① 王熹：《中国全史·中国明代习俗史》，北京：人民出版社 1994 年版，第 25 页。

② ［汉］司马迁撰，［宋］裴骃集解，［唐］司马贞索隐，［唐］张守节正义：《史记三家注》（下）卷九十九，扬州：广陵书社 2014 年版，第 1107 页。

③ ［汉］司马迁撰，［宋］裴骃集解，［唐］司马贞索隐，［唐］张守节正义：《史记三家注》（下）卷九十九，扬州：广陵书社 2014 年版，第 1107 页。

④ 唐人颜师古在《汉书》卷四十三对"至礼毕，尽伏，置法酒"作注云："法酒者，犹言礼酌，谓不饮之至醉。"［汉］班固撰、［唐］颜师古注：《汉书》（第七册），北京：中华书局 2011 年版，第 2128 页。

乃疏仪狄，遂绝旨酒，曰：'后世必有以酒亡国者。'"① 《酒诰》曰："天降威，我民用大乱丧德，亦罔非酒惟行。越小、大邦用丧，亦罔非酒惟辜"②，"勿辩乃司民湎于酒"③。此后，历朝官府都很重视酒给社会带来的危害性，对酿酒有严格的规定。"内法酒"之"内"是指"大内"，即"宫廷"的意思，法酒是"用酒造酒"，因此"内法酒"乃是宫廷御用的酒，由光禄寺监造。

"大官羊"④ 为宋明以来御厨制作的美味羊肉饮食的代称，而"光禄酒"则为朝廷御酒的美称。"光禄酒"多用白糯米及绿豆、荞麦制作成曲酒，酒瓶早期由南京光禄寺征收运送至北京，后改为北京光禄寺自造。作为朝廷常用的赏赐物资，酒的供应来源与接收发放也都有固定的来源与执行机构。在明世宗嘉靖十二年（1533）实现过一次重大改革，酒由原先的宛平、大兴二县的行户供应改为由光禄寺直供："故事，钦赏羊、酒取办于宛、大二县。诏：自今俱于光禄寺处办，勿以烦民。"《明会典》也提到"凡大臣考满、差使等项赏劳羊、酒，……俱本寺办送"⑤。明代中后期，由朝廷直接赏赐的酒基本都由光禄寺提供。嘉靖时期，官员温纯曾为考满获赐专门赋诗《西台满考谢赐羊酒钞锭》："朱衣使者降从天，下拜欢承雨露偏。楮币何缘分内帑，纶音似欲赦前愆。委蛇愧乏羔羊节，醉酒深惭饱德篇。不是作霖逢大旱，投醪漫想古人贤。"⑥ 官员任期考核通过可获得御酒的赏赐。

明代宫廷作坊酿造的"内法酒"名扬海内，和端砚、徽墨、蜀锦、定瓷等一起被人们称为"天下第一"。这是一种压榨酒，即黄酒。明成祖朱棣设立"御酒房"，由提督太监负责监酿"竹叶青"、"长春酒"和"内法酒"等酒品，专供应帝王享用。明朝的宫廷御酒房可制作许多种酒，有竹叶青，大内有御酒坊，"专造竹叶青等各样酒"⑦。还有五味汤、真珠红、长春酒及金茎露、太禧白、满殿香

① 郑樵：《通志》第 1 册，上海：商务印书馆 1935 年版，第 39 页。

② ［汉］孔安国传，［唐］孔颖达正义，黄怀信整理：《尚书正义》卷十三《酒诰第十三》，上海：上海古籍出版社 2007 年版，第 549 页。

③ ［汉］孔安国传，［唐］孔颖达正义，黄怀信整理：《尚书正义》卷十三《酒诰第十三》，上海：上海古籍出版社 2007 年版，第 562 页。

④ "大官羊"与"太官羊"两词通用，皆指御厨制作的精美羊肉食品。

⑤ ［明］申时行等修：《明会典》卷二十七《光禄寺》，北京：中华书局 1989 年版，第 1081 页。

⑥ ［明］温纯：《温恭毅集》卷二十二，影印文渊阁四库全书（第 1288 册），台北：台湾商务印书馆 1986 年版，第 21 页。

⑦ ［明］刘若愚、［清］高士奇：《〈明宫史〉〈金鳌退食笔记〉》，北京：北京古籍出版社 1980 年版，第 47 页。

等。"太禧白"色如烧酒，清澈澄莹，浓厚而不腻，被视为艳品。"金茎露"，孝宗初年才有配方，清而不冽，醇而不腻，味厚而不伤人，有人誉之为"才德兼备之君子"①。亡国之君崇祯皇帝很喜欢饮"金茎露""太禧白"，将之命名为"长春露""长春白"，宫中也就不再称金茎、太禧了。天启年间，魏忠贤在宫外造办了很多名酒进奉给天启皇帝，各色品种达六七十种。著名的莲花白酒是明代万历年间的佳酿，已有400多年历史，初期是由宫廷酿制的御酒，清代进一步发展并有文字记载。当时太液池内荷花众多，"孝钦后每令小阉采其蕊，加药料，制成佳酿"。此酒"其味清醇，玉液琼浆，不能过也"。另由"光禄寺"下设"良酝署"每年大约酿造"御用细煮酒"4460瓶和"官用细煮酒"10万瓶，分别供应祭祀和宴会专用。②《明宫词》称："法酒清醇酿得工，尊罍亦自畅皇风。"③说明"御用细煮酒"与民间作坊酿造的酒不同，显露出皇室风范。在明宫酒中，有些名称怪异，而最令人费解的莫过于"头脑酒"。"头脑酒"曾被列入皇帝的赏赐之列，而且不失为是一项德政。余继登《典故纪闻》卷十二曰："故事，自冬至后至春日，殿前将军甲士赐酒肉，名曰头脑酒。"显然，喝此酒的目的在于御寒，但焉何冠以"头脑"二字，莫名其意。

明代"内法酒"沿用前朝方法并结合采用南方酿制黄酒的工艺酿制。据《明会典》记载：在明代中后期"良酝署"所酿制御细煮酒和官细煮酒的用料，除有白糯米、小麦和绿豆等原料及该署槽房自造的少量"细曲"以外，每年还要从南方经由运河输入44万斤"淮曲"作为糖化发酵剂。④酿造"内法酒"的配方乃皇家独有，民间难以企及。明代大学士李东阳（1447—1516）祖籍湖南茶陵，是南方人，久居京城，品味黄酒颇有心得："京师人造酒，类用灰，触鼻蜇舌，千方一味，南人嗤之。张汝弼谓之'燕京琥珀'。惟内法酒脱去此味，风致自别。人得其方者，亦不能似也。予尝譬今之为诗者，一等俗句俗字，类有'燕京琥珀'之味，而不能自脱。安得盛唐内法手为之点化哉？"⑤京师民间酿造的黄酒由于用石灰处理，口味辛辣，南方人喝不惯。唯有御用内酒非凡脱俗、口味醇正。之所以口味

---

① 本社编：《明代笔记小说大观》（第二册），上海：上海古籍出版社2005年版，第1139页。

② ［明］申时行等修：《明会典》卷二一七《光禄寺》，北京：中华书局1989年版，第1083页。

③ ［清］王誉昌：《崇祯宫词一百八十六首》，载［明］朱权等：《明宫词》，北京：北京古籍出版社1987年版，第76页。

④ ［明］申时行等修：《明会典》卷二一七《光禄寺》，北京：中华书局1989年版，第1083页。

⑤ ［明］李东阳：《李东阳集》（第二卷），长沙：岳麓书社1985年版，第542页。

醇正，除了宫廷秘方之外，还有就是按照规定酿造，不至于"口味辛辣"。明代宫廷御酒房，还造各种药酒，尚有御制药酒五味汤、真珠红、长春酒，如当时名噪金殿的"满殿香"就由白术、白檀香、缩砂仁、藿香、甘草、木香、丁香等各种药物，和白面、糯米粉等酿制而成。

除"内法酒"外，明代京城市场的酿酒业也十分发达，作坊和品牌众多。在皇宫北安门东"廊下家"，凡宫内长随、答应，皆于此造酒射利，其酒呈殷红色，都人称之为"廊下内酒"，实为枣酒。刘若愚《明宫史》载，明宫御酒房后墙附近"枣树森郁，其实甘脆异常，众长随各以曲做酒，货卖为生。都人所谓廊下内酒是也"①。明熹宗时，戚臣魏士望善酿，其"酒名曰秋露白，曰荷花落，曰佛手汤，曰桂花落，曰菊花浆，曰芙蓉液，曰兰花饮，曰金盘露，可五十余种，皆极甘冽"②。名产还有玉兰酒、腊白酒、珍珠酒、刁家酒、麻姑双料酒、黄米酒、薏苡酒、桑落酒、烧刀酒等。烧刀则"与隶之纯绵也"，"其性凶憯，不啻无刃之斧斤"③，以高粱为原料酿造，平民百姓最常饮用。南和刁酒"四远有名，而以酪浆为之者贵"，薏苡酒"内外皆知"，"刑部街以江南造白酒法酝酿酒浆，卖青蚨尤数倍，如玉兰腊白之类则京师之常品耳"，易州酒"如江南之三白，泉清味冽，旷代老老春"④。还有一些都是人们自酿自饮，这类酒多为"煮酒"，如正月的椒柏酒、端午的菖蒲酒、中秋桂花酒、重阳的菊花酒，都成为人们常酿的传统节令酒类，其中多数为药酒。明代李时珍在《本草纲目》中记载，酒被分为若干种类，"酒之清者曰酿，浊者曰盎；厚曰醇，薄曰醨；重酿曰酎，一宿曰醴；美曰醑，未榨曰醅；红曰醍，绿曰醽，白曰醝"⑤。每年二月，"各家煮过夏之酒"，至八月，坊民又"始造新酒"⑥。坊间酒槽房的酿造满足了广大市民饮用各种酒的需求。

① ［明］刘若愚：《酌中志》卷十七《大内规制纪略》，北京：北京古籍出版社1994年版，第148页。

② 酒名曰秋露白，曰荷花蕊，曰佛手汤，曰桂花酝，曰菊花浆，曰芙蓉液，曰兰花饮，曰金盘露，可五十余种，皆极甘冽。［清］梁清远：《雕丘杂录》卷十四《西庐漫笔》，清康熙二十一年梁允桓刻本，第10页a。

③ ［明］谢肇淛：《五杂俎》（下）卷十一《物部》，上海：中央书店1935年版，第105页。

④ ［明］史玄、［清］夏仁虎、［清］阙名：《〈旧京遗事〉〈旧京琐记〉〈燕京杂记〉》，载［明］史玄：《旧京遗事》，北京：北京古籍出版社1986年版，第26页。

⑤ ［明］李时珍著、陈贵廷等点校：《本草纲目》卷二十五《酒》，北京：中医古籍出版社1994年版，第661页。

⑥ ［明］刘若愚：《酌中志》卷二十《饮食好尚纪略》，北京：北京古籍出版社1994年版，第179、181页。

2. 饮茶方式的改变

作为明代皇城，北京人口众多，上至皇亲国戚、王公显贵，下至平民百姓、贩夫走卒，饮茶之风盛行，花茶消费量巨大。从明代开始，有茶政之设，正式管理以茶易马的互市，这种机构称为"茶司马"，为官家正式设立管理茶政的大组织，可见茶在当时已占明朝军事与对外贸易的重要地位。

明代京城市井文化相当兴旺，勾栏瓦肆林立，之前却没有专门的民间表演场所。早期戏园子多从茶馆改造过来，因为明代时流行边喝茶边看戏，演员多是席前做场，观众坐在茶桌两侧，不是正对戏台，而是侧对戏台，看戏时需侧身。戏台为正方形，面积很小，演员三面面对观众，演员只能从戏台后面上下场。品茶和看戏同时进行，演艺和茶艺相结合，这是京城茶肆的时代特点。

最早的茶馆出现在唐朝开元年间（713—741），称为"茗铺"。宋代杭州的茶馆称为茶肆。明代出现私家园林，有的设有私家茶寮；茶馆一词也开始出现。张岱所著《陶庵梦忆·露兄》写道："崇祯癸酉，有好事者，开茶馆。"宋时茶馆具有很多特殊的功能，如供人们喝茶聊天、品尝小吃、谈生意、做买卖，进行各种演艺活动、行业聚会等。元明之际，曲艺、平话问世，茶馆便和民间艺人、文人结下了不解之缘。明代的艺人、文人与政府之间保持着一定的距离，表现在茶文化上，就是明代茶文化出世隐逸的强烈个性。

比较明代与宋代茶馆的不同，明代茶馆更加精致典雅，最大的特点是茶事十分讲究，对水、茶、器都有一定要求。在张岱的《陶庵梦录》卷八《露兄》中写道："泉实玉带，茶实兰雪，汤以旋煮，无老汤。器以时涤，无秽器。其火候、汤候亦时有天合之者。"这段文字说的是开设在北京的"露兄"茶馆，泡茶用的是天下第一泉的玉泉水，茶叶是当时的名茶兰雪，表明当时对茶叶质量、泡茶用水、盛茶器具、煮茶火候都很讲究。明代的茶馆还供应各种茶点、茶果，以此吸引顾客，使饮茶者流连忘返。茶点是因季节时令各有不同，有饽饽、火烧、寿桃、蒸角儿、艾窝窝、荷花饼、玫瑰元宵饼、檀香饼等约40种。茶果有柑子、金橙、红菱、荔枝、橄榄、雪藕、雪梨、石榴、李子等。

饮茶方法史上的重大变革发生在京城。明朝初期，贡茶仍然采用福建的团饼，明洪武二十四年（1391）九月十六日，明太祖朱元璋认为，进贡团饼茶太"重劳民力"，决意改制，下令罢造"龙团"，改为散茶。明沈德符撰《万历野获编补遗》卷一"供御茶"载："国初四方供茶，以建宁、阳羡茶品为上，时犹仍宋制。

所进者俱碾而揉之为大小龙团，至洪武二十四年九月，上以重劳民力，罢造龙团。惟采茶芽以进，其品有四，曰：探春、先春、次春、紫笋，置茶户五百，免其徭役。上闻有司遣人督造纳贿，故有是命。"明太祖的诏令，在客观上，对进一步破除团饼茶的传统束缚，促进芽茶和叶茶的蓬勃发展，起到了有力的推动作用。这是饮茶方法上的一次革新，从此改变了我国千古相沿成习的饮茶法。

散茶相对于宋代盛行的末茶（制成细末的茶砖）和饼茶，价格低廉，冲泡简便，太祖自己也很受用这种实用的散叶冲泡法。上有所好，下必趋之。散茶泡饮很快便在下层民众和文人群体中流行开来。这种瀹饮法实际上是在唐宋时就已存在于民间的散茶饮用方法基础上演化而成的。

明前期延续宋元的点茶，且经朱权的发扬一度中兴，但最终还是被泡茶道取代。明代田艺衡《煮泉小品》云："生晒茶瀹之瓯中，则枪旗舒畅，清翠鲜明，方为可爱。"这是关于"撮泡法"的最早记录。[①]由此，中国茶由原始粥茶法、饼茶煮茶法、研膏团茶点茶法，正式演变为散茶冲泡法。[②] 随着饮茶新政的施行，蒸青工艺没落，炒青绿茶大行其道。茶叶加工技术的进步，也催生了红茶、乌龙等其他茶类的兴起。低成本、简单化的制茶方法，促进了全民茶叶的消费。

明代的散茶种类繁多，虎丘、罗岕、天池、松萝、龙井、雁荡、武夷、大盘、日铸等都是当时很有影响的茶类。明代饮用的茶叶，分为芽茶、叶茶两类，其中芽茶是用幼嫩芽叶制成，叶茶用较大芽叶制成。至于细茶，当指质量较好之叶茶，曹琥《请革芽茶疏》[③] 提到江西广信府贡茶"有芽茶之征、有细茶之征"，将细茶与芽茶对举，正可为证。

据说，在南宋时已知道用茉莉花窨制茶叶了，但还不普遍。真正普遍以花窨茶，还是始于元代，至明代大盛。明代，窨制法就是把花放在茶叶中，使之染上花的香味。在钱椿年编、顾元庆删校的《茶谱》（又名《制茶新谱》）"制茶诸法"一节中，有以下详细记载："木樨、茉莉、玫瑰、蔷薇、兰蕙、橘花、栀子、木香、梅花皆可作茶。诸花开时，摘其半含半放、蕊之香气全者，量其茶叶多少，摘花为拌。花多则太香而脱茶韵，花少则不香而不尽美，三停茶叶一停花始称，

① 丁以寿等：《中国茶道》，合肥：安徽教育出版社 2011 年版，第 138 页。

② 秦燕春：《问茶》导言，济南：山东画报出版社 2010 年版，第 7 页。

③ 李传轼：《〈请革芽茶疏〉简介》，载《茶业通报》1988 年第 1 期；郭孟良：《曹琥及其〈请革芽茶疏〉考辨》，载《河南师范大学学报（哲学社会科学版）》2000 年第 4 期。

用瓷罐，一层茶，一层花，相间至满，纸箸扎固，入锅重汤煮之，取出待冷，用纸封裹，置火上焙干收用。"① 意思是窨茶的花不能全开，要趁其刚刚开放时置入茶中，不能太多，也不能太少，以达到"茶引花香，以益茶味"效果。

散茶的流行催促茶具进入另一艺术境界，尤其是紫砂茶具的重新发现。明代散茶的兴起，引起冲泡法的改变，原来唐宋模式的茶具也不再适宜了。茶壶被更广泛地应用于百姓茶饮生活中。茶盏也由黑釉瓷变成了白瓷和青花瓷，目的是为了更好地衬托茶的色彩。除白瓷和青瓷外，明代最为突出的茶具是宜兴的紫砂壶。到了明代真正用来泡茶的茶壶才开始出现，壶的使用弥补了盏茶易凉和落尘的不足，也大大简化了饮茶的程序，受到时人的极力推崇。

约作于嘉靖末至万历初的《皇都积胜图》② 中，街道两旁点缀着酒楼茶肆，其中"茶肆"招牌十分醒目。这大概是茶肆招牌的首次亮相。北京著名的大碗茶也正是在这个时代开始兴起的。这是由大碗盛有煮好的茶加盖上玻璃等待过路口渴的行人。喝茶时 5 人一组，分得一个大茶碗。一般情况下是 2 分钱一碗。明朝末年，在北京的街头出现了大碗茶摊点，卖茶水从此列入了三百六十行中的一个正式行业。大碗茶文化伴随着那个以消费为主导的年代产生，随着时代的发展，这种饮品销售形式渐渐为各种冷饮店所取代。

顺便指出，北京小吃茶汤也始于明朝。明朝初年（永乐十九年，1421），朱棣迁都北京之后，设光禄寺为礼仪祭拜之地，为了祈福江山社稷，光禄寺研制了一个以稷（小米）为基底的粥，命名为茶汤。因用热水冲食，如沏茶一般，故名茶汤。在祭祀拜天之时，赐文武百官各一碗，敬畏上天。茶汤制作更方便，用龙壶冲成，表演性强，明代已在北京流行，有"翰林院文章，太医院药方。光禄寺茶汤，武库司刀枪"之说。茶汤碗底放糜子粉，上覆糖浆与桂花卤，开水须直冲碗底，将糜子粉烫熟，且不能外溢，有一定技巧。

---

① ［清］徐柯：《清稗类钞》有类似记载："梅、兰、桂、菊、莲、茉莉、玫瑰、蔷薇、木樨、橘诸花皆可。诸花开时，摘其半含半放之蕊，其香气全者，量茶叶之多少以加之。花多，则太香而分茶韵；花少，则不香而不尽其美，必三分茶叶一分花而始称也。"［清］徐珂：《清稗类钞》（第 13 册）《饮食类》，北京：中华书局1984年版，第6308页。

② 现藏于国家博物馆，题名的左下角有怡怡堂主人的落款。该图真实形象地反映了明代中后期北京城的繁华盛况。

第八章　清代饮食文化

清朝是由中国满族建立的封建王朝，是中国历史上统一全国的大王朝之一。公元1616年，努尔哈赤征服建州女真各部后建立了后金政权，公开向衰败的明王朝发起挑战。1644年清兵入主中原（1636年改国号为清），开始了大清朝的统治。清朝前后延续了267年，直到1911年的辛亥革命才告终结。清朝开疆拓土，鼎盛时领土达1300多万平方公里。清朝的人口数也是历代封建王朝最高，清末时达到4亿以上。各民族间政治、经济、文化的交流更为频繁，关系更为融洽。

饮食文化的兴盛首要在于饮食资源的充足，而充足的保障显然不能完全依赖漕运。在封建社会各朝代中，清朝北京饮食资源的自产自销是最为突出的。立足本地，面向全国是有清一代基本的饮食资源发展策略。虽然许多北京的居民依靠从中部省份输入的粮食生存，但是城市的经济繁荣还是要依赖周边的农村。北京周边地区种植了吃面食汉族人口的主要作物：小麦、荞麦、小米、高粱和大豆。郊区也生产水果、蔬菜、肉类和家禽。[①] 北京城乡饮食水平的差异和发展的不平衡一直都存在着，但清代还是有些不同。饮食等级的差异也是由食物本身决定的，因为食物就是包含等级的。满族入关前并无专门的饮食典章制度，也无等级之分，入关后，"顺治初元……凡乡饮酒，序长幼，论贤良，别奸顽。年高德劭者上列，纯谨者肩随。差以齿，悖法偭规者毋俾参席，否以违制论"[②]，采纳了明朝旧制关于饮酒等级礼仪的规定。不过，地域的优势或差异在一定程度上也可以弥合饮食的社会等级差距，"近水楼台先得月"成为部分消解饮食等级的为数不多的渠道。"北京从周边的农村获得了食物，有助于建立一个食物等级制度，从粥厂稀粥到美食烹饪。这些食品包括羊肉、牛肉、猪肉、鸭肉、鸡肉、圆白菜、坚果、萝卜、豆角、桃子、梨、杏、西瓜和柿子。当地生产高粱、小米、小麦（首选的主食），

---

① ［美］韩书瑞（Susan Naquin）著，孔祥文译：《北京：公共空间和城市生活（1400—1900）》（上册），北京：中国人民大学出版社2019年版，第494页。

② ［清］赵尔巽：《清史稿》，北京：中华书局1977年版，第2654页。

甚至可能比城墙里可供食用的进贡粮食更为昂贵，也更加新鲜。来自更广大地区的盐、鲜果和干果、麻油、鱼、蟹，以及未加工的烈性蒸馏酒缓解了生活的痛苦。"①靠山吃山，靠水吃水，北京辖区内的郊区农民充分利用当地水土资源，发挥聪明才智，寻求行之有效的饮食生存之道。

清代中前期，北京是一个封闭的政治之城，军事事务统领一切，商业买卖包括饮食消费被视为无足轻重的事情。清中后期，资本主义列强大肆入侵，致使中国的社会性质发生了变化，北京城市生活也步入了现代化进程。同时，城内外的壁垒也被洞穿。西方饮食开始在北京大行其道，大大刺激了当时的饮食消费激情。"海外珍奇费客猜，两洋风味一家开。外朋座上无多少，红顶花翎日日来。"② 六国饭店是当时有名的西式餐馆，上层统治者趋之若鹜。清朝作为中国历史上最后一个封建王朝，将封建社会的饮食文化推向了巅峰，烹饪规模不断扩大，烹调技艺水平不断提高，餐饮业更加繁荣，把中国古代饮食文化，尤其是宫廷饮食文化发展到了登峰造极、叹为观止的境界。

第一节　饮食文化的时代个性

北京古代饮食文化发展到有清一代，进入巅峰时期。北京饮食文化最突出的个性便是兼容并蓄，融南北东西风味为一体，形成了多元风味并存又富有自身特色的文化品格。以酒馆为例，"按京师酒肆有三种，酒品亦最繁。一种为南酒店。所售者女贞、花雕、绍兴、竹叶青之属，肴品则火腿、糟鱼、蟹、松花蛋、蜜糕之属。一种为京酒店。则山左人所设，所售则雪酒、冬酒、涞酒、木瓜、干榨之属，而又各分清浊"③。南酒店和京酒店皆非北京人所开设。当时北京饭馆没有纯粹北京馆，只砂锅居（和顺居）白肉馆和其他卖小烧煮的饭馆勉强可纳入北京馆，此外，大部分都以山东馆为北京馆。山东馆主要由山东登、莱两府人执掌。外来饮食汇集北京，又不断累积、融合、定型，逐渐转化为北京风味，久而久之，北京风味成为中国饮食之集大成者，并将古代饮食传统推向封建社会的巅峰。

① ［美］韩书瑞（Susan Naquin）著，孔祥文译：《北京：公共空间和城市生活（1400—1900）》（下册），北京：中国人民大学出版社2019年版，第719页。
② 吾庐孺：《京华慷慨竹枝词》，载杨米人等著、路工编选：《清代北京竹枝词（十三种）》，北京：北京古籍出版社1982年版，第148页。
③ ［清］震钧：《天咫偶闻》卷四，北京：北京古籍出版社1982年版，第84页。

1. 时代特征的具体显现

清朝北京饮食是北京古代饮食文化的集中体现，代表了整个封建社会时期的最高水平，在中国饮食文化体系中具有不可替代的崇高地位。

第一，民族饮食文化特点和融合得到最为充分的显现。有清一代，满族入关，主政中原，把东北的物产和食俗带到北京，发生了第四次民族饮食文化大交融。汉族佳肴名点满族化、回族化和满、蒙古、回等兄弟民族食品的汉族化，是北京境内各民族饮食交流的一个特点。

在清初和中期，"满人"和"汉人"的区别，大多数认为是八旗制度所造成的差异。因此，对"不问满汉，但问民旗"这句老北京俗语的怀疑态度可能比现实更具有理想色彩。满汉之间的文化差异与这种区别旗人和平民的结构同样重要，而且随着时间的延续仍然愈加重要。① 但是，饮食文化的这种差异远没有政治上那么明显，旗人的饮食很快就吸纳了汉人的习惯，而与宫廷有联系的汉人不得不适应满人的饮食传统。总体而言，从女真食俗转变为满洲食俗的时间并不长，满人并没有完全沿袭东北的饮食传统，也就无须承受传承本民族饮食传统的包袱。于是，满人饮食的汉化自然在所难免。关于这一点，朝鲜使者作为局外人，评价更为客观，认为清制"因明之旧，稍有增减"。何为明朝之旧？回答是"燕赵旧俗，非清人之俗也"，或称"日用常行饮食、衣服、言语之事，真所谓燕赵也"。②

满族风味一直都大行其道，扩散得非常迅速。譬如，满族对畜肉的烹饪有 3 种方式：一是将肉置于不加任何调料的水中煮，③ 煮白肉即是如此；二是在肉汤中将肉熬烂做成肉糜；④ 三是将各种肉类剁得稀烂做成肉酱，⑤ 用于调味。这 3 种烹制肉类的方式都在京师流传开来。当然，这种接受是有选择的。满族将肉放在没有阳光的阴处阴干，做成阴干肉。⑥ 这种储存肉的方式就没有被汉族所接受。

满食的享用者已不分满族和汉族了。譬如，点心铺又名"茶食铺"。自从元、

---

① ［美］韩书瑞（Susan Naquin）：《北京：公共空间和城市生活（1400—1900）》（上册），北京：中国人民大学出版社 2019 年版，第 440 页。

② ［韩］林基中编：《燕行录全集》卷八十一，第 92 页；卷七十九，第 135 页，首尔：东国大学出版部 2001 年版。

③ 《御制五体清文鉴》卷二十八《食物部》，北京：民族出版社 1957 年影印本，第 3879 页。

④ 《御制五体清文鉴》卷二十七《食物部》，北京：民族出版社 1957 年影印本，第 3764 页。

⑤ 康熙朝，《御制清文鉴》卷十八，康熙四十七年（1708）武英殿刻本，第 5 页。

⑥ 康熙朝，《御制清文鉴》卷十八，康熙四十七年（1708）武英殿刻本，第 5 页。

清两朝陆续添了许多种奶油点心，买卖日益发达，且往外路走得很多，北方食品中之有木匣，实始自点心铺。在清朝物力丰厚的时代销项极大，所以北京门面建筑的华丽讲究，实以点心铺为最。如灯市口之"合芳楼"，共 9 间门面，金碧辉煌，极为美观，西洋人初来者必要照一相片携走。① 据《清朝野史大观·嗜面》记载："满人嗜面，不常食米。种类极繁，有炕者、蒸者、炒者或制以糖，或以椒盐，或作龙形、蝴蝶形以及花卉形。"② 这是对满族人爱吃面食的印证。不仅如此，乾隆年间，多有这样的记载："而京师百万户。食麦者多。即市肆日售饼饵。亦取资麦面。自应多运多粜。以平市价。"③ 京城毕竟处于北方，喜食面的人口自然占大多数。

其实，由于漕运的兴废，北京人的主食结构发生了极大变化，"现时北京人口是麦豆杂粮者，约占十分之七，食米者不过十分之三"。④ 这一主食结构恰好迎合了满族人的饮食习惯。满族人喜吃面食，面食中又喜欢吃黏食和甜食。这是因为黏食耐饿，又便于携带。至今黏食也是满族人喜欢吃的主食之一，如黏玉米、黏黍子、黏高粱等做成的各种饽饽。满族人也喜欢吃甜食，如芙蓉糕、绿豆糕、豌豆黄等各种点心。满族人入关以后，其饮食习俗对北京地区产生了重大影响，至今在许多方面还深刻地体现了出来。⑤ 奶皮元宵、奶子粽、奶子月饼、奶皮花糕、蒙古馃子、蒙古肉饼、回疆烤包子、东坡羊肉等是北京汉族食品满族化、蒙古族化、维吾尔族化和回族化的具体表征，反映了满、蒙古、维吾尔、回等兄弟民族为使汉族食品适合本民族的饮食习惯所进行的改进。清宫廷里有内饽饽房、外饽饽房，其品种有萨其马、芙蓉燋、绿豆燋、豆面卷子（俗叫"驴打滚儿"）、豌豆黄、苏叶饼、油炸燋等，其面食的副食品有勒克（小炸食）、蜜饯等，北京直到今天还流行着"满点汉菜"之说法。

还有，满族人最喜欢吃的是白煮肉。在满族学者金启踪所著的《北京郊区的满族》一书中，曾谈到清代营房中满族士兵的饮食生活，说他们"非常喜欢吃猪肉。……特别喜欢吃白煮肉，白煮肉就是把肉洗净用白水煮熟，然后切成薄片，

---

① 齐如山：《北京三百六十行》，北京：中华书局 2015 年版，第 193 页。

② 小横香室主人编：《清朝野史大观·嗜面》（上册），上海：上海科学技术文献出版社 2010 年版，第 138 页。

③ 《大清高宗纯皇帝实录（乾隆）》（二十一）卷一〇五八，台北：华文书局 1969 年版，第 15538 页。

④ 《北京之粮业》，载《中外经济周刊》1926 年 7 月 24 日，第 4 页。

⑤ 张秀荣：《满族的饮食文化对北京地区的影响》，载《北京历史文化研究》2007 年第 1 期，第 81 页。

蘸酱油吃。这种白煮肉多半都是比较肥的，但也有瘦的。切成薄片之后上肥下瘦，摆在盘中一片白色，所以叫白肉"①。用白肉片蘸佐料吃，其味道鲜美，肥而不腻。满族入关后，将此吃法带到北京。当时北京地区，不管是农村，还是城里，不管是老人，还是孩子，都喜欢这种口味。久而久之，人们还把吃白煮肉编成时令歌谣："六月六，阴天下雨煮白肉。"相互传唱。② 满族人有着悠久的饲养猪的历史，《后汉书·东夷传·挹娄》云："挹娄，古肃慎之国也。好养豕，食其肉，衣其皮。"《太平御览·肃慎国》亦载："肃慎氏……猪放山谷中，食其肉，唑其皮，绩猪毛以为布。"正是由于猪是常见的家畜之一，才创制出一种独特的烹饪猪肉的方式。

满族小食萨其马、排叉，回族小吃豌豆黄，清真菜塔斯蜜（今称作"它似蜜"），壮族传统名食荷叶包饭等又发展为清代北京城酒楼、饽饽铺和饮食店的名菜、名点而在民族大家族中广为流传。汉族古老的食品白斩鸡、酿豆腐、馓子麻花、饺子等成为北京回族和东乡族人民的节日佳肴。北京"清真菜系"原料是牛、羊、鸡、鸭、鱼等，但在某些操作及品种、风味方面，则吸收了不少汉族其他菜系的风格。

民族饮食文化的融合也使满族饮食发生了极大的改变，随着全国各地各种风味菜肴传入京城，逐渐影响了旗人的饮食习惯，一些传统食品消失了。有首竹枝词是这样写的："满洲糕点样原繁，踵事增华不可言。惟有桲张遗旧制，几同告朔饩羊存。"③ "桲张"就是饽饽包子，旧时旗礼，一切婚丧大事，皆有"桲张"，后来便渐渐消失了。

第二，宫廷饮食是中国饮食文化中最特殊的一部分，主要指清代皇帝、皇室与宫廷的各种饮膳活动而言。清立朝之初，满族遗风尚存，对饮食的要求并不高。自乾隆时代以后，饮食的奢靡才蔓延开来。清朝的宫廷烹调，是以山东、满族、苏杭3种烹调为基础构成的。其与民间烹调的不同之处是，民间烹调以味为尚，对于调料和材料的配合不十分讲究，宫廷烹调则非常注意这一点。凡是皇帝吃过的菜点，必须将调料和主料等详细地记入膳底档。皇帝无论什么时候吃，呈上的

① 金启孮：《北京郊区的满族》，呼和浩特：内蒙古大学出版社1989年版，第19页。
② 张秀荣：《满族的饮食文化对北京地区的影响》，载《北京历史文化研究》2007年第1期，第84页。
③ 转引自刘小萌：《清代北京旗人社会》，北京：中国社会科学出版社2008年版，第641页。

菜点也不许走味，此乃宫廷饮食制作的则例。① 饮食原本为感性的行为，在清代，则完全理性化了。孔子在《论语·乡党第十》中言："食不厌精，脍不厌细。食饐而餲。鱼馁而肉败不食，色恶不食，臭恶不食，失饪不食，不时不食，割不正不食，不得其酱不食。"美味与养生高度融合，即医食同源，这应该是中国传统烹饪思想的原形和集中体现，将这一思想完全诉诸饮食实践的莫过于清代宫廷。饮食活动纳入统治管理系统当中，不只是满足食欲，而是已然政治化、制度化和规范化了。在这方面，较之明朝，有过之而无不及。宫廷膳房与其他政府机构具有同等的甚至更为重要的政治地位。

有清一代，宫廷饮食演进得更加完备，达到了不可超越的巅峰境界。统治集团欲壑难填的口味追求，以及社会相对安定和各地物产的富庶，为宫廷饮食的辉煌提供了根本性的条件。"到清代中期，宫廷饮食不仅满汉融合日久，而且南北风味渗透更深。特别是乾隆帝多次去曲阜，下江南，大兴豪饮奢华之风，品味美味，眼界大开。除每日以南味食品为食外，还将江南名厨高手召进宫廷，为皇家饮食变换花样。……所以，清代宫廷饮食形成了荟萃南北、融汇东西的特色。"② 清宫廷饮膳重要的文化特征和历史成就，就是"富丽典雅而含蓄凝重，华贵尊荣而精细真实，程仪庄严而气势恢宏，外形美和内在美高度统一的风格"③。

第三，清代官府和贵族饮食支撑起了整个清代饮食文化的大厦。如果说宫廷饮食是清代饮食文化的空中楼阁，那么官府和贵族的家宴，不仅引领着饮食的时代潮流，而且成为市井饮食重要的组成部分。官府菜与官府文化关系密切，其中寄予了官宦家族及历史事件的记忆，承载着一个家族兴衰的发展过程。

中国农业生产基本的生活状态，就是祖祖辈辈定居于一个地方，造就了中国人重历史、重家庭和家传技艺（包括特殊的烹调、酿造等方面的技术）的传统，使这些"祖传"的烹饪手艺得以留传，并世代以自己的实践经验加以补充，精益求精。中国历史上突出的"累世同居"，则提供了厨房经验家族传承的条件，这是中国烹饪发达的又一极重要原因。俗话所谓"三辈学穿，五辈学吃"④ 即说出了这一道理。

① 爱新觉罗·浩著，王仁兴译：《食在宫廷》，北京：生活·读书·新知三联书店2012年版，第41页。
② 苑洪琪：《中国的宫廷饮食》，北京：商务印书馆国际有限公司1997年版，第18—19页。
③ 赵荣光：《满汉全席源流考述》，北京：昆仑出版社2003年版，第359页。
④ 《魏志》文帝诏曰："三世长者知被服，五世长者知饮食。"

官府菜就是累世家传的产物。这是个比较奇特的菜系，大多以"堂"为名。京城"堂"字号大饭庄迅速发展，从乾隆时的 4 家，到清末增加到 33 家。"堂"字号大饭庄都是深宅大院，可举办几十桌、上百桌的大型宴会。有的"堂"字号大饭庄原是亲王府第、京中名园，有戏台和花园，可听戏、观光游览。① 官府菜的食客是上层社会的权贵群体，饮食讲究天时、地利、人和，认为饱享口福与陶冶性情融为一体，才是应有的饮食境界。

清时，北京作为首善之区，官员云集，官府林立，在庭院深深的四合院里，弥漫着独特而诱人的食物芳香。清代北京官府奢华排场，府中多讲求美食，纷纷"家蓄美厨，竞比成风"，并各有千秋，呈现鲜明的家族风格。人称"京师饮食丰美，南边海错，无物不有，亦无时不其，冬月则山珍如山兔、麋、獐、鹿、山狸、野雉之属，在处皆然，惜无活者"②。都中以绵羊为贱品，宴客无有入馔者。康熙年间王渔洋（士禛）《居易录》卷上曰："近京师筵席，多尚异味，予酒次戏占绝句云：'滦鲫黄羊满玉盘，莱鸡紫蟹等闲看。'"康熙年间官府饮食已相当奢靡了。官府饮食水平处于民间与宫廷之间，既没有宫廷饮食的规模与气魄，也远非寻常百姓家可以比拟。官府、大宅门内，都雇有厨师。这些厨师来自全国各地，把中华饮食文化和烹饪技艺充分施展发挥。清朝北京诸多官员喜欢研究各地的美味及饮食风俗，他们还亲自把各地的风味菜品在官府精心汇集、融合，创制出不少的佳肴名点。至今流传的潘鱼、宫保肉丁、李鸿章杂烩、组庵鱼翅、左公鸡、北京白肉等，都出自官府。官府创制了名菜，名菜又使官府扩大了知名度，这是客观事实。

官府菜门派众多，如国务总理段祺瑞家的段家菜、民国初年财政部长王克敏家的王家菜、银行家任国华家的任家菜等，但最终得以发展并流传至今的却是谭家菜。旧京人士，几乎无人不知。

第四，素食风味臻于完美。清代素菜较之以前有了更大的发展，出现了寺院素食、宫廷素食和民间素食的分野。寺院素食又称"释菜"，僧厨则称"香积厨"，取"香积佛及香饭"之义，一般烹调简单，品种不繁，且有就地取材的特点。据《清稗类钞》"饮食类"《寺庙庵观之素馔》载，当时"寺庙庵观素馔之著

---

① 北京市地方志编纂委员会编：《北京志·商业志·饮食服务志》，北京：北京出版社 2008 年版，"概述"第 2 页。

② 李家瑞：《北平风俗类征》，上海：上海文艺出版社 1986 年版，第 198 页。

称于时者，京师为法源寺，镇江为定慧寺，上海为白云观，杭州为烟霞洞"。寺院素菜中最著名者为"罗汉斋"，又名"罗汉菜"，是以金针、木耳、笋等十几样干鲜菜类为原料制成，菜品典自释迦牟尼的弟子十八罗汉之意。乾隆皇帝游江南时，到很多寺院去吃素菜，在常州天宁寺品尝以后说："胜鹿脯、熊掌万万矣。"（《清稗类钞·高宗谓蔬食可口》）在民间传为佳话。这也说明，寺院庵观的僧尼们在烹调素菜方面做出了贡献。清朝皇帝，在吃腻了山珍海味、鸡鸭鱼肉之余，也想吃吃素食。尤其是在斋戒日更需避荤。为此，清宫御膳房专设有素局，据史料载，仅光绪朝，御膳房素局就有御厨 27 人之多。民间素食是指社会上的素菜馆。在清道光年间，北京民间就出现素菜馆，为了满足各类人的口味的需求、招徕生意，民间素馆的厨师们发明了"以素托荤"的烹调技术，即以真素之原料，仿荤菜之做法，力求名同、形似、味似，因而民间素菜馆的素菜品种较宫廷与寺院素食更为丰富多彩。

第五，构建了一批集生产与销售于一体的饮食老字号，极大地优化了饮食行业的内部结构，同时，也使饮食文化的外延更为广博。琉璃厂信远斋、前门大街九龙斋①，始于咸丰初年的西单秋家的酸梅汤；天福斋与天福春记的酱肘；芙蓉斋，还有瑞芳斋、正明斋、聚庆斋的糕点；月盛斋的五香酱羊肉；致美斋的烧饼、春卷、肉角、月饼等，都是自产行销，② 前店后厂是这些老字号的主要结构格局。这种家族作坊式的食品生产和销售链比较牢固，为饮食市场的可持续繁荣打下了坚实的行业基础。

老字号不仅成为北京饮食文化的标识，代表了饮食文化发展的最高水平，而且行业和家族传统嵌入其中，镌刻着代代相传的历史印迹。这种历史印迹展示出来的，就是各种与老字号有联系的文化元素，诸如老字号店铺的门联，盐店："海水煮来知百味，山河引出济万家"；茶馆："壶内香茶堪供乐，圆中雅座可谈心"；酒铺："此即牧童遥指处，何须别觅杏花村"；饭铺："座上客常满，釜中味独佳"

---

① 九龙斋：正宗老北京酸梅汤，传统老字号，并获得过"京都第一"的称誉。九龙斋酸梅汤作为京城传统饮料，其渊源可追溯到乾隆年间。据传，有个小商贩来京城投靠其在御茶房供职的叔叔。他叔叔从御茶房中偷偷传出了一个宫廷饮料秘方，小商贩按照秘方制成桂花酸梅汤出售，受到京城百姓的竞相追捧。于是，商贩请同乡翰林学士起名为"九龙斋"。

② ［清］崇彝：《道咸以来朝野杂记》，北京：北京古籍出版社 1982 年版，第 29—30 页。

等。① 老字号所有的文化展示已然模式化了，成为饮食文化的有机部分，并深邃了饮食文化的内涵和外延。

2. 旗人：独特的饮食消费群体

八旗是军政合一的最高一级单位，因为出征时用正黄、正白、正红、正蓝、镶黄、镶白、镶红、镶蓝 8 种颜色的军旗以示区别，所以称为"八旗"。顺治元年（1644）清朝定鼎北京后，即按照八旗方位来安排满族军民的居址，"以左、右翼为辨"，"分列八旗，拱卫皇居"②。

据记载，到光绪三十四年（1908），北京内外城 70.5 万人口中，专食俸禄的八旗人口仍有 23.68 万，约占总人口的 34%。③ 旗人是一个庞大的混合族群，不只是指称满族人，还包括汉人、蒙古人、回人等。"加入八旗的蒙古族、汉族，以及其他族人，同受八旗制度的束缚，政治地位和经济待遇，与八旗满洲基本一致；在长期征战和生活中，其生活习俗、语言使用，以及心理状态等方面，与八旗满洲也大体相同。"④ 八旗制度不仅是清代的统治管理体系，也构筑了一个具有独特性的饮食消费的社会阶层，富有鲜明的时代饮食个性。

清初，北京旗人以军事为业，旗人的职业，可概括为"上则服官，下则披甲"。满人"不士、不农、不工、不商、不兵、不民，而环聚于京师数百里之内"⑤。清廷严格禁止旗人从事其他职业。其生活所需全部由国家供给，清政府为此相继建立了份地制度和粮饷制度。雍正二年（1724）设立了教养兵，是解决闲散旗人的生计问题的重要举措之一。有上谕讲道："八旗满洲、蒙古、汉军，俱系累世效力旧人。承平既久，满洲户口滋盛，余丁繁多，或有人丁多之佐领。因护军、马甲皆有定额，其不得披甲之闲散满洲，以无钱粮，至有窘迫不能养其妻子者。朕每思及此，恻然动念。将如何施恩俾得生计之处，再四筹度，并无长策。欲增编佐领，恐正项米石不敷。朕若不给与钱粮，俾为养赡，何以聊生？既不能

---

① 史若民、牛白琳：《平、祁、太经济社会史料与研究》，太原：山西古籍出版社 2002 年版，第573—614 页。

② ［清］鄂尔泰等，李洵、赵德贵点校：《八旗通志》卷二，长春：东北师范大学出版社 1989 年版，第 17 页。

③ 北京大学历史系编：《北京史》，北京：北京出版社 1985 年版，第 356 页。

④ 辽宁省编辑委员会：《满族社会历史调查》，沈阳：辽宁人民出版社 1985 年版，第 81 页。

⑤ ［清］沈启元：《拟时务策》，载［清］贺长龄、魏源编：《清经世文编》卷三十五《户政·八旗生计》，北京：中华书局 1992 年版，第 881 页。

养其家口，何由造就以成其材？令将旗下满洲、蒙古、汉军内，共挑四千八百人为教养兵，训练艺业。所挑人等，只给三两钱粮。计四千八百人，一年共需钱粮十七万二千八百两。每一旗，满洲、蒙古、汉军共六百名。内蒙古旗下六十名，汉军旗下八十名。其汉军之八十名，令为步兵，食二两钱粮。就此钱粮数内，通融料理，可以多得四十名兵丁。每一旗，着挑取一百二十名。"[1] 教养兵（后称为养育兵）实质是为了解决旗人中贫困即"何以聊生"问题，救济的意味比较明显。八旗兵饷，"京师前锋、亲军、护军、领催、弓匠长月给饷银四两，骁骑、铜匠、弓匠月给银三两，皆岁支米四十八斛，步军领催月给饷银二两，步军一两五钱，铁匠一两至四两，皆岁支米二十四斛，炮手月给银二两，岁支米三十六斛"[2]。旗人没有土地，所以要由朝廷发放军饷养活。其待遇按批甲、马甲、步甲、养育兵 4 个等级发放。

俸米采用"常令充赢"的基本准则。康熙时，"八旗兵丁，每人所得四十斛之米。人口多者，适足养赡，人口少者，食之不尽，必至售卖"[3]。俸米买卖催生了经营米业的"米铺"，又称"老米碓坊"，也给旗人带来了潜在的隐患。"最初经营米业的为山西人，像祁县人郝良立等 4 人合伙所开粮店，至少在乾隆前期业已存在，当时郝还与同县人郭大另外开了一家粮店……有名叫德胜成的碾房开设于乾隆年间，另一家天复昌碾房则开于道光年间，老板都是祁县人；再有石大所开碾房则为徐沟人。道光二十四年（1844），太原会馆立'粮行公立碑'，应是晋商参与北京粮食贸易的又一明证。"[4] 渐渐地，山东人凭借人多势众，后来居上，基本控制了米业。

将剩余的俸米投放市场，有调节粮价的功效，政府也就听之任之。"查铺户贾人，虽买米积贮，而米仍在京师，且居民俱仰给于仓米，若概不准卖，恐价值反致昂贵，所请应毋庸议。嗣后遇青黄不接之时，米价腾贵，请限定价值，以杜捐勒。至兵丁米石，实有赢余者，听其粜卖，傥不计足食，尽行出粜，令该管官责

---

① ［清］鄂尔泰等修，李洵、赵德贵等点校：《八旗通志》卷二十六，长春：东北师范大学出版社1985 年版，第 494—495 页。

② ［清］高宗敕：《清朝文献通考》卷四十二，国用四，北京：商务印书馆 1936 年版，第 5249 页。

③ 《大清圣祖仁（康熙）皇帝实录》（五）卷二四一，台北：台湾新文丰出版股份有限公司 1978 年版，第 3221 页。

④ 郭松义：《清代北京的山西商人——根据 136 宗个人样本所作的分析》，载《中国经济史研究》2008 年第 1 期。

惩示警"。① 囤积米石，贱买贵卖，旗兵放米时压价收买，米价腾昂时出售赢利，是米铺牟利的基本手段。② 有御史蒋云宽"请禁市侩盘剥八旗兵丁一折"，嘉庆帝批复曰："旗人赊买食物布匹。事所恒有。及关领钱粮之时。安能禁铺户人等不向索取。"③ 由于归结为正常的买卖关系，久而久之，买卖关系转化为赊贷关系。旗人和商人之间形成了一条牢固又不平等的利益链。商人利用这条利益链进入旗人日常生活，并对旗人的饮食生活走向产生了至关重要的影响。

光绪时人夏仁虎记载了一则故事："昔居内城，邻人某满世爵也，起居阔绰如府第制。一日，余家人偶至街头老米铺，俄一少年至，视之，即邻家之所谓某大爷者。见铺掌执礼若子侄，而铺掌叱之俨然尊长，始以骂，继以诘，少年侧立谨受。俟威霁始嗫嚅言：'今日又有不得已之酬应，仍乞老叔拯之。'铺掌骂曰：'吾安有钱填若无底壑？'少年曰：'秋俸不将至乎？'铺掌冷笑曰：'秋俸乎？汝家一侯二佐，领世职俸，养育孤寡，钱粮算尽尚不酬所贳也？'少年窘欲泣，铺掌徐捡松江票四两掷予之曰：'姑持去，知汝需演探母也。'（市井恶骂指逛窑也）少年感谢持去。家人归述之……然则碓房握满人财权说诚可信。"④ 旗人和商人之间演变成债务和债权的不对等的双方，后来旗人的饮食生活几乎受制于商人。

老米须经加工碾出米来才能食用。当时，由山东人开设的米碓坊备有碾碓，承揽老米加工，其加工方法是将稻谷掺上白砂，用脚蹬石磙反复轧磨，磨去稻壳和糙皮，再经扇扬，即成净米。⑤ 据乾隆初年统计，"内外城碓房不下千余所"⑥，文献又载，嘉庆十五年（1810），在"西直门内自新街口起至西直门，共有米铺三十二座。各铺共存之米自千余石至数百石数十石不等。西直门外共有米铺二十座，各铺共存之米自百余石至数十石不等，其余俱系陆续开设之铺"⑦。而碓房"皆山东人，专司碓米，代汉官旗员领碓俸米，兼营放款"⑧。蒸饭时，老米的米

① 《大清世宗宪（雍正）皇帝实录》（一）卷七，台北：华文书局1969年版，第118页。

② 刘小萌：《清代北京的旗民关系——以商铺为中心的考察》，载《清史研究》2011年第1期。

③ 《大清仁宗睿（嘉庆）皇帝实录》（八）卷三六二，台北：华文书局1969年版，第5317页。

④ ［清］夏仁虎：《旧京琐记》卷九《肆市》，北京：北京古籍出版社1986年版。

⑤ 迟子安：《旧北京的粮食业》，载《北京工商史话》（第二辑），北京：中国商业出版社1987年版，第140—141页。

⑥ ［清］弘历撰：《皇朝文献通考》卷三十六《市籴考五》，清乾隆文渊阁四库全书抄本，第7页b。

⑦ 《金吾事例》，故宫珍本丛刊，海口：海南出版社2000年版，第185页。

⑧ 吴廷燮总纂：《北京市志稿·货殖志》卷三《工业一·饮食》，北京：北京燕山出版社1998年版，第474页。

粒膨胀变大且飘溢奇香。因此旗人反倒吃惯了这种老米，应邀到汉人家做客时，还自备少许老米与主人分享皇粮。

旗人松筠原名穆齐贤，原籍山东蓬莱，与山东商户过往甚密。他在日记中记述了自己把俸米送到米店和碓房，以换钱供日用的情况。诸如道光八年四月初五日，在丰昌米号贷俸米37斛，共卖得146250文，由铺写钱票一张付给；十年三月十三日，至丰昌号将俸米14.25斛交予铺，共卖得26420文。俸银则在钱店贷换，如八年二月初一日，到户部领俸银30两，送至"小六合"号，卖得钱146250文，由铺写钱票一张付给；九年二月初一日，到户部领俸银30两，给晋太义钱庄卖得78200文。① 旗人与山东粮商几乎构成了固定的契约关系，脱离了这一关系，旗人的生活便难以为继。

由于旗人"世族俸银米悉抵押于老米碓房，侵渔逼勒久，遂握有全部之财权。因债权故，碓房掌柜之乡亲故旧稍识之无者，率荐入债家为教读，遂握有满族之教权。于是，旗籍人家无一不破产，并其子弟之知识亦无一不破产矣"②。《燕市积弊》一书中也有类似的分析："北京老米碓坊都是山东人所开，相沿已久，原不奉官。据理而断，当初必是不准车骡装载，每逢送米总是用人扛，无论多阔的碓坊也不敢使骡马，假如硬改样，这就许犯私。山东人赋性朴实，原不会奸巧滑坏，惟独这行偏有许多的毛病。内城叫做碓坊，又称为'山东百什户'（当初只准串米不准卖，故名'碓坊'），名为卖米，其实把旗人收拾得可怜，只要一使他的钱，一辈子也逃不出他的手。"③ 旗人在经济上受制于山东人经营的老米碓坊，旗人的经济命脉甚至也被山东人控制了。清之衰败，也可能与这种旗人的饮食现象直接相关。

3. 旗人的饮食生活状况

旗人是地地道道的有闲阶层，无须劳作，以清廷饷银米粮维持生计，因此有充裕的时间来享受饮食生活。旗人的饮食生活"虽然及不上王爷们的显阔，可是不劳而食的生活方式却是一样的。在前清时候，每一个旗人诞生，国家就给他一

---

① ［清］松筠（穆齐贤）著，赵令志、关康译编：《闲窗录梦译编》，北京：中央民族大学出版社2011年版，第33—34页。

② ［明］史玄、［清］夏仁虎、［清］阙名：《〈旧京遗事〉〈旧京琐记〉〈燕京杂记〉》，北京：北京古籍出版社1986年版，第98页。

③ 待馀生：《燕市积弊》卷一，北京：北京古籍出版社1995年版，第31页。

份官俸。所以从出生以后，就不用愁吃，不用愁穿，一世过着逸乐的生活"①。旗人在"吃喝穿戴、规矩排场"生活细节之处非常讲究，形成闲暇雅致的饮食消费艺术。松筠的日记还记录了旗人日常饮食生活状况。诸如道光十年（1830）五月初六，"早，德惟一阿哥来。同行，出正阳门。至'天庆楼'等候祥圃阿哥。祥圃来，食水饺，于'中和园'听'景春和班'唱戏。晚，入宣武门，雇车，至四牌楼下。于'至诚轩'饮茶、食面。定于明日再会"②。不计后果地饮食消费成为旗人普遍的行为方式，刚刚领到饷银的"八旗兵丁不守本分，三五人成群结伙入城外饭馆酒肆食饮，一次耗费银子二三两，每月养家之银一次即挥霍于尽，不顾妻子饥寒者甚众"③。即便清王朝被推翻以后，旗人的社会地位与平民无异，却仍保持着这种奢侈饮食的生活习惯，在饮食行为中延续以往的消费观念。且这种饮食消费状况弥漫于旗人整个群体，形成一道不同于其他社会阶层的饮食景观。

根据《旗族旧俗志》记载，旗族家庭十分重视吃喝。"早晚两餐，普通旗家皆吃煮饭一顿，以所关老米，家有余粮，长期可享用也。每煮饭时，必加酒肉菜蔬，换菜不换饭，菜之佳者，着谓之'可以下饭'，总期能够'顺口儿'为止。其他一顿，或饼或面，调换新鲜。"④漕运的糙米只去壳没去糠皮，存储在仓内，陈米变红，故称"老米"。旗人按季度领取粮米。"季米"主要来自北京朝阳门内的禄米仓，因地气侵蚀，米粒变得深黄，俗称老米。"这种口粮和禄米都是由南方漕运而来，存在仓内、陈陈相因，米色变红，故称'老米'稻谷。"⑤米色好看的皆备宫中之用，这"米色红朽"的老米除了供给旗人之外，还是六品以下官员的官俸。漕运、老米与旗人的生计休戚与共，甚至成为旗人的主要饮食生活依靠。"巨大的仓库中，对皇宫里的居民、满洲贵族以及城郊的全体旗人进行粮食配给，当时在京城任职的官员也是一样。一种特权阶层就这样产生了。向不断增长的人口供应口粮使粮库处于紧张状态，但是在整个清代这条必需的生命线得到了成功

---

① 倪锡英：《北平》，北京：中华书局1936年版，第155页。
② ［清］松筠著，赵令志、关康译编：《闲窗梦录译编》，北京：中央民族大学出版社2011年版，第216页。
③ 中国第一历史档案馆译编：《雍正朝满文朱批奏折全译》，合肥：黄山书社1998年版，第47页。
④ 芃萍：《旗族旧俗志》，载王彬等编：《燕京风土录》（上卷），北京：光明日报出版社2000年版，第13页。
⑤ 迟子安：《旧北京的粮食业》，《北京工商史话》第二辑，北京：中国商业出版社1987年版，第140页。

维持，从而确保北京普通人口和内城特殊人口定期得到廉价的粮食供给。"① 统治者的民族优势通过粮食的定量无偿供给得以充分显现，饮食消费与民族身份等同了起来。如果说以往各朝饮食与民族的关系主要表现于嬗变和风味构成之中的话，清朝则以粮食分配制度形式强化了民族身份。

　　旗人把酸菜（满语称"布缩结"）带进北京，教会北京人在缺少食材的寒冬腌渍蔬菜。食材比较匮乏的时候，北京人家家户户都会准备一个大坛子，坛子中放入各种各样的蔬菜。腌菜还分为爆腌和腌秋菜两种，爆腌就是一年四季都有的菜，比如说香椿、萝卜缨，然后是冬天的白菜心、水萝卜皮或者水萝卜丝。腌秋菜可以是芥菜疙瘩、雪里蕻、大萝卜等，这些咸菜也都是家家户户必不可少的美食。旗人在各个节日节气都有吃饭的讲究，"头伏饺子二伏面，三伏烙饼摊鸡蛋"，"打春的抻面，夏至的凉面，秋天的炸酱，冬天的打卤"是旗营中的面食四季的吃法。1913 年出生的胡秀清女士回忆其父亲对于吃面的要求时说道："吃打卤面还是炸酱面，还是麻酱面，好这一桌子都是配这个面的菜。后来我想起我父亲骂我，不是骂大街的那种骂，说你们这是什么啊这个！吃的这个菜，这叫什么菜啊，吃麻酱面就把麻酱这么一搁，吃，这叫什么啊。"② 打卤面、炸酱面和麻酱面，需配不同的佐料，而且佐料分量要足。吃麻酱面时只是搁一点麻酱的做法在胡父看来是对食物的糟蹋。此外，胡父对于吃馄饨也有自己的一套讲究："馄饨，必须使白水煮。这儿还得有一锅骨头汤，骨头汤叫白汤，回头使笊篱把馄饨捞到碗里头，再浇上那汤，不要那油，就要那汤。搁什么，冬菜、紫菜、虾皮儿、香菜、韭菜、酱油、醋、胡椒面，这几样，少一样都不行，摆得热闹着呢。"③ 打卤面、炸酱面、麻酱面和馄饨只是日常饮食，竟然如此较真儿，倘若遇上大席，讲究程度可以想见。仅举节日饮食而言，农历九月九日是重阳节，旗人要吃花糕，即糙花糕、细花糕和金钱花糕等，用烤炉烤出来的酥饼，中夹果仁、山楂、葡萄、青梅，一双羊图案取谐音"重阳"，上面粘以菊叶，故称菊花糕。冬至吃馄饨，用葱花或青韭肉馅，作料有香油、酱油、老醋、黄花、木耳、紫菜、虾米、香菜、胡椒末等。

---

　　① ［美］韩书瑞（Susan Naquin）：《北京：公共空间和城市生活（1400—1900）》（上册），北京：中国人民大学出版社 2019 年版，第 415 页。

　　② 定宜庄：《老北京人的口述历史》（上），北京：中国社会科学出版社 2009 年版，第 396 页。

　　③ 定宜庄：《老北京人的口述历史》（上），北京：中国社会科学出版社 2009 年版，第 396 页。

馄饨薄皮大馅儿，非常入味，其汤尤美。冬天吃它，浑身暖和，乃抗寒之佳品。①

旗人对美食的享受从清早开始。起床漱口刷牙后，喝茶先湿一下食道，然后吃早点，为的是冲刷浊气，一天都精神，名曰"冲龙沟"。"喝茶基本都是香片，也就是茉莉花茶。有钱人喝的是'小叶茉莉双熏'，是江浙、安徽、福建的茶商将绿茶从京杭大运河输往北京，再经过北京茶局子密封，用茉莉花混在一起蒸熏，高级的选用嫩春芽茶，加茉莉花熏两次而得名。而穷人则只能喝'高末'了，就是各种高级茶叶的碎末按照比例调配好，相当于现今的茶包。"② 早茶和烧饼搭配，伴以大米粥和玉米面粥，优哉游哉地吃着，开启了一天的美食旅程。

既然如此重视吃，那么对饮食环境自然也是十分讲究。对旗人而言，吃更多的是为了聊天和交流，故而很注重饮食环境。北京最繁华的地段都在内城，因为那里住着收入稳定的旗人。随着利润的不断累积，一些店主买下大宅开办中高档酒楼，让旗人享受更加舒适的用餐场所。店堂干净整洁，力求碗盏勤洗、桌面勤擦、地面勤扫，做到窗明几净，清洁有致，用良好的氛围来满足顾客的审美需求。清代中叶，北京的饭庄多了一种标识，正所谓"一切生理，皆有招牌"③。招牌通常由大师题写，金漆装潢。店家重视物质的招牌，当然也不放弃以实货招揽主顾。此外，有些饭庄设桌供奉门神、财神或酒神之类的神祇，满足旗人对神祇的崇拜心理。④ 可以说，餐饮经营者全方位地满足了旗人社会各方面的食欲。

当然，会享受饮食生活是一回事，能享受到饮食生活又是另一回事。八旗人口大量迁入北京后，为了维护他们的统治地位，规定不许从事平民的营生，"因是不劳而食，坐享厚利，如待哺之鸟"⑤。由于享受优厚的生活待遇，八旗子弟的出生率逐渐上升。到清代中期，尤其是鸦片战争爆发后，"内忧外患"接踵而至，大清王朝出现全面的危机，伴随而来的是京旗子弟生活的空前恶化。"户口日繁，待食者众，无余财给之，京师亦无余地处之"⑥，以致"八旗生计"成为必须要解决的民生问题，"聚数百万不士不农不工不商不兵不民之人于京师，而莫为之所，虽

① 参阅爱新觉罗·瀛生：《老北京与满族》，北京：学苑出版社2008年版，第200—212页。
② 清茶：《旗人喝茶与今人喝茶》，载《茶·健康天地》2010年第10期。
③ 王有光：《吴下谚联》卷一，北京：中华书局1997年版，第9页。
④ 孔震：《北京旗人文化研究》，中央民族大学博士学位论文，2013年3月，第26页。
⑤ 萧一山：《清代通史》第2册（中卷），北京：中华书局1986年版，第553页。
⑥ 《清史稿校注》（第十一册）卷三一〇《梁诗正传》，台北：台湾商务印书馆1999年版，第9000页。

竭海内之正贡，不足以赡”①。为了解决这一问题，清朝统治者采取了一系列措施，疏散京师人口就是重要措施之一。② 八旗人口的外迁，直接原因是解决不了他们的温饱问题，可以说，是饮食打破了京城内城和外城的格局，也直接导致了八旗集团的没落。

要获得生活必需的饮食资源，只能实施"出旗为民"的政策。乾隆二十一年（1756），制定八旗另记档案人为民例，规定"现今在京八旗、在外驻防内另记档案及养子开户人等，俱准其出旗为民。其情愿入籍何处，各听其便"③。道光元年（1821），大学士伯麟奏言："八旗汉军人等，原准出旗为民，至今此例犹存。但乾隆六年办理以后，距今八十余载，不知此例者甚多。即知之而年久并未举行，虽有情愿出旗者，不敢呈报，是以此例竟存而不用。"鉴于"今汉军生齿繁多，较倍往昔"，他只好发表了这样的意见："可否重申前例，饬下汉军八旗都统，如有穷苦情愿出旗为民者，准其呈报该旗上司咨部，于旗籍册内登注，任其自谋生理，不准再归旗籍挑差。但该管上司等毋许抑勒使之出旗，仍应各遂所愿。"④ 八旗都统等复奏："其八旗汉军六品官以下，准其出旗为民，久着定例，仍着照旧办理。"⑤

"出旗为民"之后，八旗兵丁的饮食生活并非那么美好。八旗发放的粮食常常质量低劣，难以食用。道光年间，京八旗曾发生"兵丁聚数百人或千数百人恃众入仓"以抗议米不堪食之事。⑥ 同治六年（1867）的一份奏折说："所有粟米仍系廒底，米色霉变，且多土砾，实不堪食用。"⑦ 名义上是按数发粮，实际根本不足数。因此，到了清末，八旗兵丁的生活就更加困苦不堪。"生活的意义在他们看来就是每天要玩耍，玩得细致、考究、入迷，他们一生像做着个细巧的明白而又糊

---

① ［清］魏源著，沈云龙主编：《近代中国史料丛刊》（第11辑），台北：文海出版社1973年版，第1084页。

② 李乔：《八旗生计问题述略》，载《历史档案》1985年第1期。

③ 李洵、赵德贵、周毓方等校点：《钦定八旗通志 第1册》卷三十一，长春：吉林文史出版社2002年版，第545页。

④ 吕小鲜：《道光初筹议八旗生计史料》，载《历史档案》1994年第2期。

⑤ 赵之恒、牛耕、巴图主编：《大清十朝圣训 清宣宗圣训》，北京：北京燕山出版社1998年版，第7871页。

⑥ 一史馆藏：《八旗都统衙门档旗务·财经》，载高中华：《肃顺与咸丰政局》，济南：齐鲁书社2005年版，第167页。

⑦ 一史馆藏：《八旗都统衙门档旗务·财经》，载高中华：《肃顺与咸丰政局》，济南：齐鲁书社2005年版，第167页。

涂的梦。"① 在追求奢侈饮食生活的同时，便更加鄙视、厌恶生产劳动，而对坐食粮饷这种带寄生性质的收入感到自豪。这种寄生性质的饮食生活消磨了旗人的意志，迷失了奋进的目标，从而也加速了清王朝的崩溃。

国民政府成立之后，北京八旗子弟继续得到了粮食补贴，直至 1924 年，北京发放了最后一次旗饷。尽管后来仍有稍许救济性质的资助，但也是杯水车薪。由于所发俸饷极少，根本就不够旗丁家庭维持家用。多数旗人长期没有自己的职业，不拥有某一谋生手段，缺乏最基本的自救能力，以致不少旗人家庭陷入了较晚清更加贫困的境地。当然，"八旗官员尤其是内务府大员即使在清亡之后，有很多人也仍然是百足之虫死而不僵，并没有像普通的八旗官兵那样陷入贫困甚至绝境"②。但由于失去了手中的权力，以往这些钟鸣鼎食之家，经济状况也是每况愈下。

需要指出的是，"旗人"并非单一民族的概念，而是一种政治军事单位。直到清末还是"只有'旗''民'之分，没有'民族'说法"③。八旗虽分满洲、蒙古和汉军，但彼此之间通过联姻，界限越来越模糊。就饮食消费者的角度而言，旗人又的确构成了一个独特的饮食消费群体。

4. "内城"和"外城"的饮食格局

顺治五年（1648）八月，颁布了北京内、外城旗民分住明确规定："除八旗投充汉人不令迁移外。凡汉官及商民人等。尽徙南城居住。其原房或拆去另盖，或贸卖取价，各从其便。"④ 著名汉族文士谈迁在《北游录·纪闻下》中写道：清朝"入燕（北京）之后，以汉人尽归之外城。其汉人投旗者不归也。（旗人）分隶内城"⑤。内城在北，外城在南。在很长一段时间里，外国人称内城为"Tartar city（鞑靼城）"，外城为"Chinese city（汉人城）"。

清朝初年，北京最繁华的地区，并不在达官贵人聚集的内城，而是在正阳、崇文、宣武三门以外。那些富商大贾，拥有成千累万的资本，在外城经营餐饮业。

---

① 老舍：《正红旗下》，北京：人民文学出版社 1980 年版，第 16 页。
② 定宜庄：《清末民初的北京商人与内务府——从"当铺刘"与内务府增家的口述引发的考察》，载《历史教学》2018 年第 5 期，第 10 页。
③ ［美］Pamela Kyle Crossley, *Orphan Warriors: Three Manchu Generations and the End of the Qing World*, Princeton: Princeton University Press, 1991, p.228.
④ 《大清世祖章（顺治）皇帝实录》（一）卷四十，台北：新文丰出版公司 1979 年版，第 465 页。
⑤ ［清］谈迁、汪北平点校：《北游录》，北京：中华书局 1960 年点校本，第 347 页。

到乾隆年代，正阳门外，已经形成了各类餐馆林立的繁华地区。大栅栏是正阳门外有名的餐饮中心。这里"画楼林立望重重，金碧辉煌瑞气浓"①。到康熙末年，外城的餐饮业更加得到发展，饮食市场繁荣，人烟稠密，已经达到"即如京师近地。民舍市座。日以增多。略无空隙"②的程度。杨米人在乾隆六十年（1795）记载："晴云旭日拥城闉，对面交言听不真。谁向正阳门上坐？数清来去几多人。"③嘉庆年间，北京"第宅云连，市廛棋布，为四方会极之区。大小街巷，设立堆拨栅栏"④。最繁华的"正阳门大街两旁，向有负贩人等，列肆贸易"，以致"侵占轨辙"，影响到"车马往来"，"沿街铺户"，"支棚露积，致碍官街"⑤。

不仅在城内，城外的郊区是更为广阔的饮食市场，尤其在城乡接合部，食物的交易相当旺盛。燕郊就是一例："又行二十里至燕郊堡，即场曰也，别无他物，都是猪也。人众喧嚷，挨挤喝道。"⑥燕郊的猪市因靠近京师而成为巨大的销售网点。这类网点称为"草市"。由于资料缺乏，京城周边星罗棋布的食物交易的草市并未得到应有的重视。

由于"旗民分居"政策的实施，一时流行的"满城""汉城"称谓由此产生。"清朝统治者所以要在京师急切推行满汉分居，除沿袭早先聚族而居的习俗，主要是进关以后，面对庞大汉族民众所产生的不安全感所采取的措施。他们把八旗中大部分精锐安置在京师，而京城的居住核心紫禁城是皇帝和家口的住所，然后是皇城，系皇帝私属内务府三旗居地，然后才是外八旗。"⑦正黄、镶黄两旗位于皇城北面，正黄旗位于德胜门内，镶黄旗位于安定门内；正白、镶白两旗位于皇城东面，正白旗位于东直门内，镶白旗位于朝阳门内；正蓝、镶蓝两旗位于皇城南面，正蓝旗位于崇文门内，镶蓝旗位于宣武门内；正红、镶红两旗位于皇城西面，

①　［清］杨静亭：《都门杂咏》，雷梦水等编：《中华竹枝词》（一），北京：北京古籍出版社 1997 年版，第 187 页。

②　《大清圣祖仁（康熙）皇帝实录》（六）卷二五六，台北：新文丰出版股份有限公司 1978 年版，第 3422 页。

③　［清］杨米人：《都门竹枝词》，雷梦水等编；《中华竹枝词》（一），北京：北京古籍出版社 1997 年版，第 101 页。

④　《清实录》卷二四二《仁宗实录》，嘉庆十六年五月壬辰条，北京：中华书局出版 1985 年版，第 256 页。

⑤　《大清仁宗睿（嘉庆）皇帝实录》（六）卷二五六，台北：华文书局 1969 年版，第 3778 页。

⑥　［韩］佚名：《燕辕日录》，《燕行录全集》第 95 册，首尔：东国大学出版部 2001 年版，第 286 页。

⑦　郭松义：《清代社会变动和京师居住格局的演变》，载《清史研究》2012 年第 1 期，第 4 页。

正红旗位于西直门内，镶红旗位于阜城门内。① "内城被满洲八旗整体占据，形成外来人口规模空前的内聚迁移。与此同时，以汉族为主的内城原有居民则被全部迁往外城或者京畿地区，表现为人口数量庞大、所涉地域空间却很狭小的整体性离散迁移，这两方面构成了清代前期北京人口迁移不同于此前各朝的显著特征。"② 这种移民格局导致清前期的饮食风味"内""外"分明，内城的游牧饮食与外城的农耕饮食形成了鲜明的对比。

不过，到康熙年间，即有汉民进入内城从事餐饮行业。康熙五十四年（1715）旗员赖温密奏："九门之内地方，甚为綦重，且外紫禁地方，所关更为綦重，因天下各省之人来者甚多，于外紫禁城内外地方开下榻之店房者皆有。"③ 光绪初年，内城汉民不过3万余人，到宣统年间，内城汉民已增至约21万。④ 乾隆二十一年（1756）统计，内城开设猪、酒等店72处。嘉庆二十一年（1816），御史盛唐奏称，内城"开设铺户，皆系外省之人，即居民亦五方杂处"⑤，可见外来铺户包括餐饮店已为数不少。内城的各色店铺，大概有60类，与饮食关联的有粥铺、素食铺（素饭铺）、粮食店（米铺）、油盐店、煤铺（煤厂）、碓房、酒店、油酒店、干菜铺、茶馆、羊肉铺、菜局、肉铺、山货铺、盐店、粉坊、油盐集货店等。⑥ 光绪三十二年（1906），曾对外城户数进行分类统计，总户数为43767，其中茶叶铺109，粮行321，酒饭店247，油盐醋店411，茶馆246，饽饽铺35，猪羊肉铺351，果铺96。⑦

成书于康熙二十三年（1684）的《金鳌退食笔记》描述称："紫禁城外，尽给居人……凡在昔时严肃禁密之地，担夫贩客皆得徘徊瞻眺于其下。"⑧ 又有人说："康熙三十八年，崇文门内东四牌楼地方，生意最盛。"⑨ 文中指的东四牌楼生意，即是隆福寺庙会。稍晚，有人列举京师庙市，最盛者7处，其中3处在内

① 《八旗通志初集》卷二《旗分志二》，吉林：东北师范大学出版社1985年版，第17页。
② 孙冬虎、吴文涛、高福美：《古都北京人地关系变迁》，北京：中国社会科学出版社2018年版，第203页。
③ 中国第一历史档案馆编：《康熙朝满文朱批奏折全译》，北京：中国社会科学出版社1996年版，第1008页。
④ 韩光辉：《北京历史人口地理》，北京：北京大学出版社1996年版，第125页。
⑤ 吕小鲜：《嘉庆十八年京畿地区编查保甲史料（下）》，载《历史档案》1990年第3期，第48页。
⑥ 刘小萌：《清代北京的旗民关系——以商铺为中心的考察》，载《清史研究》2011年第1期。
⑦ 见《京师外城巡警总厅第一次统计书》户籍调查第十八《外城户数分类细别表》。
⑧ ［清］高士奇：《金鳌退食笔记》卷上，北京：北京古籍出版社1982年版，第117页。
⑨ ［清］汪启淑：《水曹清暇录》，北京：北京古籍出版社1998年版，第46页。

城，即每逢朔望的北药王庙（安定门内西），逢七、逢八西城大护国寺和逢九、逢十之东城大隆福寺市。每逢集市，饮食品消费量剧增，人们可以饱享不同风味的小吃饮品。《闲窗录梦》[①] 是一本用满文写的日记，作者松筠（穆齐贤）系王府包衣，后出旗为民。书中所记店铺超过 150 家。数量最多的是与饮食有关的各色饭铺、茶馆和酒店，不下 50 家。松筠的个人消费，最多的是品茶、喝酒、上饭馆，而且走到哪里吃喝到哪里。这就是所见商铺中以饭铺、茶馆、酒店最多的原因。作者住地是在内城西四和护国寺周围，故而记店铺主要位于西城。

居内城之八旗，包括满洲、蒙古、汉军 3 种及"投充旗下"之人，绝非单一满洲种族。"作为清代北京地区社会二元结构中居于主导地位的一元——旗人社会，其内部成员从来都不是由单一民族组成，八旗体制结构也并非一个可以忽略其构成者民族属性因素影响，浑然一统的民族熔炉。"[②] 故而旗人社会仍缔造了满汉饮食交流的机会，"满族入主中原，北京居民再次大变，内城（北城）成了旗人（满洲八旗和汉军八旗）的天下。饮食上，满族饮食文化与中原汉族饮食文化又产生一次大交融，进入我国封建社会饮食文化发展的鼎盛时期"[③]。随着旗人饮食消费水平下降，北京内城饮食商业也变得不景气起来，外城的前门大街及其两侧的大栅栏、琉璃厂、花市等地成为新饮食资源买卖中心。晚清震钧《天咫偶闻》称："自正月灯市始，夏月瓜果，中秋节物，儿嬉之泥兔爷，中元之荷灯，十二月之印板画、烟火、花爆、紫鹿、黄羊、野猪、山鸡、冰鱼，俗名关东货，亦有果实、蔬菜，旁及日用百物，微及秋虫蟋蟀。苟及其时，则张棚列肆，堆若山积。卖之数日，而尽无余者，足见京师用物之宏。"[④] 饮食商业中心的外移和扩散，极大地推动了有清一代饮食文化向底层社会靠拢。

乾隆十八年（1753）六月谕旨称："八旗满洲官员。向来只许居住内城。间有年老退闲者，尚可于近京之田园祖茔地方。就便居住。"[⑤] 另外，为了解决人口增长，粮食短缺问题，农耕生产不得不延伸至游牧领地。乾隆年间，紧靠皇家苑囿南苑墙内侧一定宽度的环状地带已被开辟成耕地。由狩猎场向农耕良田的转变，

---

① ［清］松筠（穆齐贤）著，赵令志、关庚译：《闲窗录梦译编》（上下），北京：中央民族大学出版社 2011 年版。

② 许辉主编：《北京民族史》，北京：人民出版社 2013 年版，第 342 页。

③ 鲁克才主编：《中华民族饮食风俗大观》，北京：世界知识出版社 1992 年版，第 1 页。

④ ［清］震钧：《天咫偶闻》卷十《琐记》，北京：北京古籍出版社 1982 年版，第 216 页。

⑤ 《大清高宗纯（乾隆）皇帝实录》（九）卷四四一，台北：华文书局 1969 年版，第 6494 页。

是对原有制度与政策的突围。道光年间，查处了"南苑地亩，现有私行开垦"之事。① 咸丰年间，奏请开垦南苑闲地的嵩龄、德奎被相继贬斥。② 同治元年（1862），回绝了醇亲王"招募佃户，开垦南苑抛荒地亩情形"的建议。③ 随着旗人融入汉人生活区，猎场和牧场变成耕地，农耕饮食风味越来越强势起来，流传范围更加广阔，渗透到牧区，逐渐占据了主体地位。

5. 清真饮食遍布京城

伊斯兰教究竟于何时传入北京？目前尚无确切的文字记载。清初，伊斯兰教在清朝政府高压政策的统治下，开始由北京的内城向北京的外城和近郊地区拓展。随着北京穆斯林居住地区的扩展，北京地区的清真寺顿时成倍地增加起来，穆斯林人数大增，所以清代反倒成为伊斯兰教和北京清真饮食文化的发展时期。

北京的清真菜是别具一格的一大菜系。清真饮食主要分清真菜和小吃两部分，清真菜经过元、明、清至近代数百年间的发展，成为中国菜中的主要分支。清真饮食也是北京民间饮食文化重要的组成部分。清代以来，北京穆斯林人口普遍增加，分布广泛，真正体现了"回回遍京城"的实际状况。《冈志》一书记载："饮食则必腆、必洁，虽市肆必不容异教窜入。"④ 说明在康熙年间回民对自己的饮食要求就十分严格。中国清真饮食是指中国穆斯林食用的、符合伊斯兰教法律例食物的统称。13 世纪前期，蒙古灭金，入主中原，建都北京（大都）以后，回族作为色目人的一支，在京经商者和为官者甚多，回族人在元朝的政治地位仅次于蒙古人，清真餐饮也随之在京城兴起。

"清真"一词，最早见于南朝宋刘义庆《世说新语·赏誉》："有清真寡欲，万物不能移也。"原指人的纯净朴实，无尘无染，后来专指人的道德境界。明太祖朱元璋在洪武元年（1368）题金陵礼拜寺《百字赞》中有"教名清真"一语，此后就专指伊斯兰教。"清净无染，独一无尊，清则净，真则不杂，净而不杂"，就是"清真"，反映在财帛和食物上，主张取财于正道，不图不义之财，遵守伊斯兰教对食物的来源、性质、卫生等方面的严格规定。⑤ "清真"是一种生活准则，是

① 《清实录·宣宗实录（六）》第三十八册卷三八三，北京：中华书局 1986 年版，第 905 页。
② 《清实录·文宗实录（一）》第四十册卷二五，北京：中华书局 1986 年版，第 364—365 页。
③ 《大清穆宗亲毅（同治）皇帝实录》（一）卷十五，台北：新文丰出版有限公司 1979 年版，第 362 页。
④ 刘东声：《北京牛街志书——〈冈志〉》，北京：北京出版社 1991 年版，第 5 页。
⑤ 马兴仁：《中国清真饮食文化浅谈》，载《青海民族研究（社会科学版）》1991 年第 4 期，第 69 页。

一种文明，是一种文化，更是一种科学文明的完美而无所不包的生活制度。只不过这一生活制度在清代伊斯兰教的饮食要求方面得到更为集中的展现而已。

清真菜在制作方法和烹调上，借鉴了如粤菜中的卤、爆、烤，川菜中的炝、拌，鲁菜中的煨、炖、烧，淮扬菜中的熘、扒，京菜中的涮、酱等烹调技法。种类上在牛羊肉的基础上又增加了鸡、鸭、鱼、虾等，具有京鲁风格。相传，清道光二十八年（1848），北京东通州的穆斯林季德彩，在什刹海边的"荷花市场"，摆摊卖烤羊肉，打出了"烤肉季"的字号，经过多年积蓄后，买下了一座小楼，这才正式开办了"烤肉季"烤肉馆。在北京，像"烤肉季"这样著名的清真老字号，还有很多。

在满汉全席产生的过程中，清宫御膳还出现了清真全羊宴席。穆斯林在清真饮食上避凶抵恶，猎吉擒祥。羊象征温顺、吉祥、善良、美好，一直是清真烹饪的上等动物性原料。许慎在《说文解字》中释为"羊大则美"。羊大之所以为"美"，则是由于其好吃之故："美，甘也。从羊从大，羊在六畜，主给膳也。"羊之大者肥美，是伊斯兰教选择食物原料经验的一个结晶，也是他们对"美味"认识的出发点。全羊宴席被称为穆斯林的"圣席"。

乾隆年间的诗人袁枚在《随园食单·杂牲单》"全羊"条写道："全羊法有七十二种，每次可吃者不过十八九种而已。此乃屠龙之技，家厨难学，一盘一碗，虽全是羊肉，而味各不同才好。"全羊宴席是用整个羊的不同部位，或烤或涮，或煮或炸，烹制出各种不同口味、不同品名的菜肴。也就是说，从头至脚，每一处都能做出一道菜。

一头羊分羊头类、脏腑类、羊肉类、羊骨类、羊蹄类、羊尾类等，能做出数百种美味佳肴，名品有"扣麒麟顶""芙蓉顺风""烩明珠""云彩羊肝""棉花羊肺""粉丝花肚""竹节肥肠""肉泥鱼翅""红果肉丁""羊肉樱桃""红烧羊背""烹炸蹄花""奶油蹄""蜜汁羊尾""黄袍羊尾""全羊锅子""烤全羊"等。花样繁多，绚丽多彩，以其味鲜而不腻，肉嫩而不腥，深受各族各界人士的欢迎。全羊宴席除了有干、鲜菜肴之外，还有冷热菜。民间席冷热菜为 44 个，官场 66 个，皇帝 72~76 个。

有清的京城，出现了一些著名的清真老字号，代表者当推鸿宾楼。鸿宾楼饭庄创建于清朝咸丰三年（1853），至今已有 150 余年的历史。鸿宾楼饭庄就是北京清真的代表，有"京城清真餐饮第一楼"的美誉。鸿宾楼饭庄 1955 年由天津迁至北京。鸿宾楼迁京后，弥补了当时北京清真餐饮在档次和菜品结构上的不足，成为京城高档次清真餐饮的重要代表。尤其善于烹制河鲜海味和高档清真筵席，如"鸭翅席""燕翅席"，享誉京城的"全羊席"，用羊身的各个部位做出128种品味迥异的菜肴，其技艺巧夺天工，令人叹为观止。① 全羊席是指用整只羊的不同部位，烹制出色、香、味、形各种不同的菜肴。例如羊耳朵可分为上、中、下3段，3段可做出3样不同的菜肴：羊耳尖可做"迎风扇"，羊耳中段可做"双凤翠"，羊耳根可做"龙门角"，等等，品种五花八门，名称各有千秋，而且从头至尾，在所有的菜名中不露一个"羊"字，全部用美丽、生动、形象的别名代之。②

鸿宾楼饭庄的菜肴有数百种之多，烹调方法以扒、熘、烩、焖、炖、爆最为见长，菜肴质地纯正、讲究营养，外形美观。特点为酥、软、脆、嫩，其"鸡茸鱼翅""砂锅鱼翅""荒爆散丹""砂锅羊头""白蹦鱼丁""两吃大虾""红烧蹄筋""红烧牛尾""玉米全烩"等菜肴贵为上品。③ "末代皇叔"溥杰品尝过鸿宾楼的美味后曾即席赋诗赞叹："天安西畔鸿宾楼，每辄停骖快引瓯。牛尾羊筋清真馔，海异山珍不世馐。既餍名庖挥妙腕，更瞻故业焕新猷。肆筵设席鲜虚夕，四座重泽醉五洲。辉煌四化征途上，阔步长驱赖裹糇。"④ 名流荟萃，诗文相贺，见证了一代名楼的辉煌。

壹条龙饭庄创业于清乾隆五十年（1785），是京城经营清真菜肴的著名饭庄之一。饭庄原名"南恒顺羊肉馆"。光绪二十三年（1897）春末一天，南恒顺来了两位顾客，一位20多岁，像个主人，另一位40多岁，像个仆人，吃完涮肉没钱付账。韩掌柜看这两个人不像诓吃的人，便笑着说："没关系，您二位请便吧！什么时候方便给带来就行了。"第二天一个宫里的小太监把钱送来，大家才知道，昨天那个年轻人就是光绪皇帝。韩掌柜立即将昨天皇帝坐过的凳子、用过的火锅，当作"宝物"供奉起来。用黄绸子包好，不许别人再用。于是"壹条龙"（过去把皇帝称作龙）在南恒顺吃饭的事很快在北京传开，人们便将南恒顺称为"壹条龙"。但在那时随便称龙是有罪的，所以直到辛亥革命推翻了清王朝的统治后的1921年8月店铺才正式挂出了"壹条龙羊肉馆"的牌匾，这块牌匾与当年光绪皇

① 侯式亨主编：《北京老字号》，北京：中国对外经济贸易出版社1998年版，第28—29页。
② 佟洵等：《北京宗教文化研究》，北京：宗教文化出版社2007年版，第258页。
③ 佟洵等：《北京宗教文化研究》，北京：宗教文化出版社2007年版，第259页。
④ 《中华老字号——鸿宾楼》，载《时代经贸》2016年第4期，第85页。

帝曾经用过的铜锅现今仍在店内珍存。① 当然，"壹条龙"之所以闻名京城内外，并不仅仅在于其传奇经历，关键在于货真价实的名品。该馆的涮羊肉、绿豆杂面条、芝麻火烧最为人所称道，一直是该馆的特殊佳肴。

据文献资料记载，乾隆四十年（1775）在北京创建的月盛斋，是老字号回族酱肉铺，到嘉庆年间，名声大振。经当时太医院帮助，在酱羊肉中增加丁香、砂仁等重要配料，在保持原有美味之外，还增添药物健身效果，再加上选肉精细、调料适宜、火候得法，极受欢迎，成为京城声誉很高的特产，代代相传。

清宫清真饮食的辉煌，与乾隆的爱宠香妃有直接的关联。在乾隆的 35 位后妃中，只有香妃是回族人。她在宫中被允许穿着本民族的服装，为尊重她的民族习惯，宫内专为她设有回回厨师，为她做回族清真饭菜，如羊肉馄饨等。香妃多次把回回厨师的拿手名菜呈献给皇帝品尝。香妃最爱吃的家乡饭有"谷伦"（抓饭）、"滴非雅则"（洋葱炒的菜）等。据清宫御膳谱载："乾隆四十四年八月十五日，勤政殿进早膳，用折叠膳桌摆油香一品（赏香妃）。"② 油香是伊斯兰教传统食品，香妃是一个穆斯林，喜欢吃，就命御膳房制作，逐成为宫廷御点。

6. 餐饮行业神崇祀的盛兴

行业神崇祀与会馆有关，而会馆又与行业紧密相连。行业神信仰主要体现为行业组织的群体性崇拜。中国的行业组织一般认为产生于隋唐时期，称为"行"，宋元至明初称为"团行"，明中叶至清代以来又称"公所"和"会馆"。③ 由于行业形成规模，便要求成立起自己的组织。正如北京《芝麻油业公会》提出的"欧风东渐，百二十行，非团结团体，不足与言商战也"④。"馆庙合一"是工商会馆的基本结构形态，所祭祀的对象大多为乡神和乡贤，以维系乡土情结。如京城正阳门外西河沿的浙江银号会馆"供奉正乙玄坛老祖"（赵公明），⑤ 故此会馆也称正乙祠。

① 侯式亨主编：《北京老字号》，北京：中国对外经济贸易出版社1998年版，第112—114页。
② 乾隆四十四年八月十五日，'勤政殿'进早膳，用折叠膳桌摆油香一品（赏香妃）。清宫档案乾隆四十四年《驾行热河哨鹿节次膳底档》，转引自吴俊：《清真食品经济》，银川：宁夏人民出版社2006年版，第255页。
③ 邓庆平、王崇锐：《中国的行业神崇拜：民间信仰、行业组织与区域社会》，载《民俗研究》2018年第6期，第126页。
④ 《芝蔴油同业公会成立始末暨购置公廨记》，载李华编：《明清以来北京工商会馆碑刻选编》，北京：文物出版社1980年版，第185页。
⑤ 李华编：《明清以来北京工商会馆碑刻选编·前言》，北京：文物出版社1980年版，第15页。

清代北京会馆的修建与活动，一度达到十分鼎盛时期，所谓"京师为四方士民辐辏之地，凡公车北上与谒选者，类皆建会馆以资憩息；而商贾之业同术设公局以会酬事谊者，亦所在多有"①。商贾之业自然包括餐饮业在内。如糕点商人的糖饼行公所、油盐粮醋商人临襄会馆等。成立会馆是为抵抗牙行欺行霸市，以相互帮协，同舟共济。《山右临襄会馆为油市成立始末缘由专事记载碑记》："油市成立，距今数百余年，履蹈信义，弊端毫无，足征当初定法良善。延至于今，无分畛域，内外市商，皆能联为一体，俾诸后人踵而行之……经会馆同人提议，公推同行代表数人，遇有应行改革之事，即请代表诸公，协同整理，保我市面。"②除了会馆，还有行会，皆以供奉行业神作为维系行业凝聚力的纽带。行业祖师又称为"行业神"，"是从业者供奉的用来保佑自己和本行业利益，并与行业特征有一定关联的神灵"③。

1946年，叶郭立诚撰写完成《行神研究》一书，这是第一部以行业神崇拜作为研究对象的学术专著。书中这样定义行业神："行神者即同业者共同崇奉的神祇，即俗所谓'祖师爷'也。吾国行会，每推一历史上或传说上的名人与神为本行的祖师，斯人或神即为本行业的发明者，利用此崇拜的中心以召集团体，统治会中份子，推进本行业务，行会领袖即为行神的主祭者，每年于行神的诞日例有大祭，斯时会员全体出席，祭后即举行会议，商定本会公共事宜，选举会首，改定官价，处罚犯规者，咸在神前举行，以示其神圣尊严与公平无私，最后共享神胙，更有献戏娱神，即以自娱，藉此联络感情，加强团结焉。"④ 这一定义是比较全面和到位的。

对本行业祖师，过去各行业都很重视，视其为保护神。旧时，饮食领域各行各业都有自己的祖师爷。祖师爷都是些很有名望的人，直接或间接地开创、扶持过本行业。有些人成为祖师爷纯属偶然，有的是后人所产生的联想，有的几个行业共享一个祖师爷，诸如典当业、算命业、香烛业、蚕业、丝织业、糕点业都是以关羽作为祖师爷，有的则是一个行业有好几个祖师爷，诸如盐业就有管仲、蚩

---

① 《新置盂县礶礰行六字号公局碑记》，嘉庆二年十月。载李华主编：《明清以来北京工商会馆碑刻选编》，北京：文物出版社1980年版，第89页。

② 李华：《明清以来北京工商会馆碑刻选编》，北京：文物出版社1980年版，第27页。

③ 李乔：《中国行业神崇拜》，北京：中国华侨出版公司1990年版，第1页。

④ 郭立诚：《行神研究》，台北："国立"编译馆中华丛书编宴委员会1982年版，第3页。

尤、张飞、炎帝、鲁班等。临襄会馆，由山西临汾、襄陵地区旅京的油、盐、粮等多行商人共建，结成多种行业神"香火联盟"。馆内供奉"协天大帝、增福财神、玄坛老爷、火德真君、酒仙尊神、菩萨尊神、马王老爷诸尊神像"①。清光绪十四年（1888）《重修临襄会馆碑》载："京师正阳门外之东晓市，有临襄会馆在焉。内供协天大帝、增福财神、玄坛老爷、火德真君、酒仙尊神、菩萨尊神、马王老爷诸尊神像。"②"协天大帝即关公，是作为信义合作之神供奉的；玄坛老爷即财神赵公明；酒仙尊神，大概是杜康或李白。协天大帝等神都是作为单纯保护神供奉的。供奉酒仙，大概因为有些酱园也兼营酒，如六必居即兼营酒。"③与饮食有关的各行业始祖有：农业神农氏；渔业伏羲、海龙王和姜子牙；商业财神爷包括财神赵公明、文财神比干、武财神关羽、五路财神何五路；盐业葛洪；酒业杜康；醋业帝子。凡行业中人都要绝对尊崇祖师，不能稍有不恭，否则便会遭到责罚。这些行业神的一个基本职责就是帮助本行业的成员驱逐一切灾祸不幸。

北京的米面业行会起源于祭祀行业神的活动。清乾隆年间，京城米面业同行"为共同利害计"，"乃藉祀神名义"，成立马王会。迨至民国，遵照民国政府的法律，将"马王会"改组为新式社会团体。1931年北平米面同业公会成立时，立碑刻录其沿革言：

> 于本会之缘起，实滥觞于马王会。惟时胜清末叶，政体专制，因查验骡票，横被苛吏之纷扰。为共同利害计，势不得不联合同业起谋反抗。奈集会结社，格于成例。事既结束，乃藉祀神名义，举会首十四家，输流司事。……不过岁时报赛，演剧酬神，循例开会，作集众合群，联络感情之举已耳。迨民国纪元之二年，铺捐议起。群感于同业团结之必要，兼喻此会之组织不合法程，遂就前会员为基础，改称为米面商会。设事务所于东珠市口路南，举正副董各二名，以执行会务。是表面上已具有公会之雏形矣。泊民国六年，按照部章改定会长制，庸附属于京师总商会。票选会长、副会长各一名，会董二十名，会场亦迁于西湖营路西，如

---

① 《重修临襄会馆碑》，载李华编：《明清以来北京工商会馆碑刻选编》，北京：文物出版社1980年版，第24页。

② 《重修临襄会馆碑》，载李华编：《明清以来北京工商会馆碑刻选编》，北京：文物出版社1980年版，第24页。

③ 李乔：《行业神崇拜——中国民众造神运动研究》，北京：中国文联出版社2000年版，第308页。

是者有年。至十八年秋，醵资购得内务府梁文璧之煤市街小马神庙门牌十号房屋一所，计十六间半。……近以政府南迁，北平称市，照新商会法之委员制，遵章改组，而各分会亦联带改名为同业公会。①

糕点旧称糖饼、饽饽，糕点业又称糖饼行、烘炉行。京城糖饼行公所始建于清康熙年间。据《北平各行祖师调查纪略·大饽饽铺之祖师》（以下简称《调查纪略》）载，北京的糕点业奉雷祖闻仲为祖师，以关公、赵公明、马王、火神为配神。全行店铺集资组建雷祖圣会，在马神庙大殿行祭拜之礼。

清道光二十八年（1848）六月《糖饼行雷祖圣会碑》记马神庙祭祖缘起及雷祖会云："我江南糖饼行，在京贸易已久，所（有）铺户柜案人等，向于康熙年间，即在沙窝门内道左之马神庙，捐助银两，并置坟地，为供奉香火之费。内敬祀雷祖大帝，每届会期，恭诣庙所拈香，以昭诚恪，而酬灵贶所。"②清道光二十八年《马神庙糖饼行行规碑》又记有糕点商祭祖心理及演戏敬神地点："今者（行规）五载期满，感九天雷祖师之保佑，口人口念，蒙伙伴之信义，万众一心。即于我行有光，亦当神前献惆，雷祖殿前，俾后之人，知我辈匠心之苦也。……演戏祭神，在浙慈会馆。"③雷神源自远古的天象崇拜，道教经典称，黄帝轩辕氏得道升天，位居"九天应元雷声普化天尊"。④糖饼行祀奉九天雷神，并非出于对先祖的崇拜，而是希望借助雷神的神奇威力。故而该行刻立碑文云：祈望"九天雷祖师之保佑"，"公平信义，永昭著于千年，久而益慎，规矩准绳，期相传于百世"⑤。之所以糕点业奉闻仲为祖师，《调查纪略》一书这样解释：糕点铺所供之祖师，则颇为奇特，为俗传纣王时代之闻仲。相传烙制糕点之"皂炉"、烤制糕点之"吊炉、焖炉"等，均为闻仲所发明。闻仲称雷祖，是因姜太公封其为"九天

---

① 《北平米面同业公会成立暨公廨告成始末记碑》，载李华编：《明清以来北京工商会馆碑刻选编》，北京：文物出版社 1980 年版，第 179 页。

② 《糖饼行雷祖圣会碑》，载李华：《明清以来北京工商会馆碑刻选编》，北京：文物出版社 1980 年版，第 132 页。

③ 《马神庙糖饼行行规碑》，载李华：《明清以来北京工商会馆碑刻选编》，北京：文物出版社 1980 年版，第 134 页。

④ 中国道教协会、苏州道教协会：《道教大辞典》，北京：华夏出版社 1994 年版，第 958 页。

⑤ 《马神庙糖饼行行规碑》，载李华：《明清以来北京工商会馆碑刻选编》，北京：文物出版社 1980 年版，第 134 页。

应元雷声普化天尊"而得其名。①

至于何以关公、赵公明、马王、火神为配神，也有相关解释。关公、赵公明为武财神，被多种行业祀奉为祖师，并非糖饼行专祀。落实到糕点业，因烙制糕点的吊炉形如蟠龙，号为"青龙"，而关公所用兵器是青龙刀，故祀关公；因焖炉、皂炉外敷青灰，色似黑虎，而赵公明所骑为黑虎，号"黑虎玄坛"，故祀赵公明。② 祭祀火神的理由就更简单，那是因制作糕点要用火，故祀火神。马王与糖饼业的关系，则是语焉不详。每年大年初四，牛羊肉铺掌柜在这一天要到马神庙烧香，因为羊王、牛王、马王均在马神庙内供奉。《燕京岁时记》说："马王者房星也，凡营伍中及蓄养车马人家均于六月二十三日祭之。"③ 马市、驴市和马行、驴行皆祀马王。磨油、磨面、磨豆腐等店铺作坊使用骡驴畜力，也祀马神。民国时，北平有米面公所，就"滥觞于马王会"。④ 大概制作汤饼主要原料是面粉，同时需要使用畜力磨面、磨油，因而也祭祀马神。朝阳门外的东岳庙，设有马神殿。东岳庙始建于元时，为正一派玄教大宗师张留孙兴建，是国家正祀之所在。"明代，马神作为与国家马政紧密相关的一种国家正祀，受到朝廷官员的奉祀。到了清代，这种象征国家政治的信仰逐渐民间化，不同的信仰群体出于各自的现实利益为其赋予新的意义，使马神信仰从国家政务的象征转变为代表着行业利益诉求的象征。"⑤ 正是马王神上升到国祀，在民间便得到广泛信仰，为不同行业所共祀。

京城餐饮业行会祭祀的祖师神灵，普遍缺乏独尊的神圣地位，充分体现出餐饮业多样性行业的特点，行业神多神的宗教文化意识在餐饮业表现得尤为突出。据《北京碑刻》记录："经营酱园业与粮业的山西临汾、襄陵商人在北京建有临襄会馆，馆中奉祀有关帝、财神、火神、酒仙、菩萨、马王、酱祖、醋姑等神。"⑥ 临襄会馆的会首之一"六必居"，自产自销的酱菜享誉京城。会馆"就连

---

① 刘佳崇璋：《北平各行祖师调查纪略》，载李乔：《行业神崇拜中国民众造神运动研究》，北京：中国文联出版社 2000 年版，第 323 页。

② 《北平各行祖师调查纪略·大饽饽铺之祖师》，载李乔：《中国行业神崇拜》，北京：中国文联出版社 2000 年版，第 323 页。

③ ［清］潘荣陛、［清］富察敦崇：《〈帝京岁时记〉〈燕京岁时记〉》，北京：北京古籍出版社 1981 年版，第 71 页。

④ 李乔：《行业神崇拜：中国民众造神运动研究》，北京：中国文联出版社 2000 年版，第 378 页。

⑤ 祁建：《马年说说马神的由来与京城马神庙》，载《北京档案》2014 年第 1 期，第 46 页。

⑥ 《北京碑刻》，转引自潘江东：《中国餐饮业祖师爷》，广州：南方日报出版社 2002 年版，第 120 页。

酱祖、醋姑、关云长也要请进这三楹及东西配殿之中"①。兼容并蓄是北京餐饮业的一贯作风，从食材、食品、烹饪技艺到行业神崇拜莫不如是。

祖师爷崇拜贯穿餐饮业经营的整个体系当中，除了制作和经营环节之外，食源提供行业也有自己的行业神。叶郭立诚《闲话祖师爷》中指出："从前我在北京曾看到西四牌楼真武庙内有清乾隆四十四年财神圣会碑，有'三圣财神老会定设有年，市人每岁敛余资，称觞演戏，仰答神庥，同行公庆其盛举……'的词句。又有清道光二十九年猪行立议财神圣会碑，也有'各店卖猪一口，积钱六文，所积钱文每年三月十六日公庆财神圣前，献戏一天之用……'的一段记录，可见北京以前的屠宰商和猪贩子，也是供奉真武大帝的，只是除了供奉真武大帝外，还供奉关圣帝君和火神，所以合称'三圣'。"②《燕都》杂志1988年第6期载有郭子升《浅谈行业神》一文，其中谈到旧京卖猪肉的奉三圣财神为祖师，有"三圣老会"，每年三月十六日祭祖师。三圣据说是关公、平天大帝、火神。

第二节　清代饮食繁荣的基础

在扶持农耕生产优惠政策的刺激下，耕地面积不断扩大，京都自身的粮食产量也相应提高，京郊农村集市贸易也明显增多了，物产更为充足。这为饮食文化迈向封建王朝的巅峰奠定了物质基础。有的史学家把康熙和乾隆时期的经济繁荣景象与唐代的"贞观之治"相提并论。

1. 农业生产力有所提高

有清一代，农业得到前所未有的发展，水稻种植面积扩大，粮食产量大幅度提高。雍正五年（1727），怡亲王给雍正帝上奏折，奏报粮食生产的成果。雍正五年据各处陆续呈报，"所营京东滦州、丰润、蓟州、平谷、宝坻、玉田等六州县稻田三百三十五顷；京西庆都、唐县、新安、涞水、房山、涿州、安州、安肃等八州县稻田七百六十顷七十二亩；天津、静海、武清等三州县稻田六百二十三顷八十七亩；京南正定、平山、定州、邢台、沙河、南河、平乡、任县、永年、磁州等十州县稻田一千五百六十七顷七十八亩，以上官营稻田三千二百八十七顷三十七亩。其民间亲见水田利益鼓舞，效法自营己田者，如文安一带多至三千余顷，

①　胡春焕、白鹤群：《北京的会馆》，北京：中国经济出版社1994年版，第200页。
②　转引自潘江东：《中国餐饮业祖师爷》，广州：南方日报出版社2002年版，第125页。

安州、新安、任邱等三州县多至二千余顷。且据各地呈报，新营水田俱系十分丰收，田禾茂密，高可四五尺，颖栗坚好，每亩可收稻谷五、六、七石不等"[1]。尽管统计还不完全，也足见各地引水种稻已形成了相当规模。

有清一代，统治者对农业生产高度重视，帝王通过祭祀神农来达到鼓励耕作的目的。明洪武帝朱元璋在南京建国之后不久，即把祭祀先农之礼列为"大祀"，并建立了专用的祭坛，设籍田亲自扶犁躬耕。清代耕祭先农的活动，更为历代帝王所莫及。清帝不仅极力劝课农桑，而且身体力行亲自躬耕示范。顺治十一年（1654）清帝恢复了对先农的耕祭之后，历代相沿不断。雍正在位期间更是御令全国府州厅县设先农坛，并选择"洁净膏腴之地"作为籍田，在地方实行耕祭先农，把对先农神的祭祀提到了一个新的高度。

经过历朝历代的耕作经营，辖区的土地已变得比较肥沃。康熙十一年（1672），山东道监察御史徐越在其奏折中，表明京畿地区农业发展的潜力十分巨大。他认为"冀州之域，古称燕赵，从来膏沃自给，不尽仰食于东南"，只是"以人事未尽，遂将自然之地利，废置不讲，以致水旱皆灾，岁无常获"。他以京东迁安、密云诸邑为例，称那里"泉从地涌，水与田平。稍施疏决，即归亩畎。今听其漫野而去，故阴雨稍勤，土膏方能润泽，旬日不雨，禾苗遂虑焦枯。此近水而不知水利者也。若于近泉之处，为坡为塘，蓄山泉之水，以备亢旸，则冈瘠之场，灌溉有资，而山硗为沃野矣"[2]。并且他还认为兴修水利、灌溉良田是保证农耕生产丰收的关键。当然，康熙帝深知水利设施建设不能操之过急，必须考虑周全。他对大学士说："水利一兴，田苗不忧旱潦。岁必有秋，其利无穷，但不可太骤耳。今若竟定一例，诸处克期齐举，该部复行催查，则事必致于难行矣。亦惟兴作之后，百姓知其有益，自然鼓劝，各相效法。于是，因地制宜，设法行之。事必有成。"[3] 强调兴修水利，不能急功近利，应顺应民情。

实践证明，有清一代水利建设成效显著。乾隆三十九年（1774）《御制凉水河作》云："凉水出凤泉，玉泉各别路。源出京西南，分流东南注。岁久未疏剔，

① ［清］徐越：《畿辅水利疏》，载魏源：《魏源全集》第 19 册卷 108《工政》，长沙：岳麓书社 2004年版，第 101—102 页。
② 《存庵奏疏》，载《皇朝政典类纂》卷三十八。
③ 《大清圣祖仁（康熙）皇帝实录》（五）卷二一〇，台北：新文丰出版股份有限公司 1978 年版，第2698 页。

率多成沮洳。漫溢阻道途，往来颇致误。王政之一端，未可置弗顾。迩年治水利，次第修斯处。建闸蓄其微，通渠泄其怒。有节复有宣，遂得成川巨。川傍垦稻田，更赖资稼务。南苑红门外，历览欣始遇。或云似江乡，宁饰江乡趣？兴农利旅然，永言识其故。"① 在"漫溢阻道途，往来颇致误"句下，作者自注道："自右安门至永定门，地势洼下，每遇霖潦，辄漫溢阻旅途。岁久未治，积成沮洳。迩年以来，清厘水道，出内帑，简大臣董其事。自凤泉至南苑，进水栅二，濬河三千余丈，又自栅口至马驹桥，濬河五千余丈。修建桥闸凡九，新建闸五，以资节宣。于是凉水河之水乃得安流无患。其濬河之土，则于右安门外培筑甬道一千余丈，以便行人。河两岸旧有稻田数十顷，又新辟稻田九顷余，均资灌溉之利。或云地似江乡风景者，不知予之意期于农旅俱受其益，并非藉此而点缀也。"② 康熙之孙、清代画家弘旿的《京畿水利图》反映了乾隆时期京城水系分布与水利设施、风景地貌等状况。

雍正五年（1727），雍正皇帝谕内阁："朕观四民之业，士之外，农为最贵，凡士工商贾，皆赖食于农，以故农为天下之本务，而工贾皆其末也。今若于器用服玩，争尚华巧，必将多用工匠。市肆中，多一工作之人，则田亩中少一耕稼之人。"③ 嘉庆二十二年（1817）刊行的得硕亭《草珠一串》，是清代描绘河湖环境较多的竹枝词，也不经意透露出农业生产的状况。"右安门外少风尘，人影衣香早稻新。小有余芳井市后，坐看中顶进香人。"④ 诗中的稻田景象，应在今天的中顶村、菜户营、草桥一带，当时水网密布，位于南城的西南城墙外。

清朝时期，人口的大量增加得益于统治者高度重视农业。康熙亲自培育良种，指导农业生产。"生自苑田"的"御稻米"就是康熙亲自发现、培育和命名的。据《授时通考》卷二十《谷种·稻》篇记载：圣祖在"丰泽园中有水田数区，布玉田谷种，岁至九月，始刈获登场。一日，循行阡陌，时方六月下旬，谷穗方颖。忽见一科（棵）高出众稻之上，实已坚好，因收藏其种，待来年验其成熟之早否。

---

① ［清］于敏中等编纂：《日下旧闻考》（第三册）卷九十《郊坰》，北京：北京古籍出版社 2000 年版，第 1523 页。
② ［清］于敏中等编纂：《日下旧闻考》（第三册）卷九十《郊坰》，北京：北京古籍出版社 2000 年版，第 1523 页。
③ 《大清世宗宪（雍正）皇帝实录》（二）卷五十七，台北：华文书局 1969 年版，第 883—884 页。
④ ［清］得硕亭：《草珠一串》，雷梦水等编《中华竹枝词》（第一册），北京：北京古籍出版社 1997 年版，第 154 页。

明岁六月时，此种果先熟。从此生生不已，岁取千百……"经过几年的反复实践，培育出"御稻种"，并在宛平、涿州、房山等县推广，其米"微红、粒长而味腴，四月插秧，六月可熟"，京城人视之为米中珍品。① 另外，宛平县产稻，有糯、粳二种。昌平州出产膳米。房山县产红、白二种稻，县中白玉塘水田所产米，更是"珍贵异常品"。还有西北部六郎庄、北坞、功德寺、青龙桥、海淀镇附近种植的京西稻，受土地面积的影响，京西稻谷的总产量并不高。北京其他地区也有种植水稻的，诸如北七家、立水桥、田村一带，但无论色香味形都不及京西水稻，这都得益于龙脉玉泉山的那股清泉水。

清初为缓和阶级矛盾，实行奖励垦荒、减免捐税的政策，内地和边疆的社会经济都有所发展。一方面粮食生产水平有所提升，农业生产的品种也有所增加，美洲植物玉米、番薯、马铃薯也被推广开来。玉米、番薯、马铃薯等多种农作物从明代就自美洲经南洋输入，成为平民的主食。清时，玉米、番薯、马铃薯作为耐旱、抗涝的作物品种得到广泛种植。番薯成为北京城市居民日常的一种副食，《燕京岁时记》载，乾隆以后，京中无论贫富，都以煮番薯为美食。"玉米和番薯的播种使京畿传统的粮食结构出现一些新变化，人们的饮食也有所改变。这时近畿一带大部分土地还是种黍、粱、麦等，这些粮食作物也因水利的改善比过去增产了许多。"② 对一般百姓而言，杂粮才是主食。杂粮就是粗粮，除玉米外，有小米、荞面、豆面等。可煮粥饭的豆类较多，有青大豆、黄大豆、黑大豆、白大豆、褐豆、虎斑豆、紫豆、绿豆、赤小豆等。③ 据《京兆地理志》载："京兆人民食杂粮者，居十之七八，有秋收稻麦粜之于京师，而购杂粮以为食者。且不但贫民食杂粮，即中等以上小康人家，亦无不食杂粮。"④ 此后在相当长时间里，杂粮一直是北京主食中重要组成部分。

另一方面是蔬菜和果品种类增多，种植量加大。蔬菜有白菜、萝卜、油菜、蒜苗、芹菜、土豆、茄子、黄瓜、韭黄、胡瓜、丝瓜、菠菜、莴苣、冬瓜、山药、扁豆、葱、蒜、豌豆、辣椒等。白菜和萝卜是北京人冬季的当家菜，每到农历九

---

① ［清］周家楣，缪荃孙编纂：《光绪顺天府志》卷四十八《河渠志》，北京：北京古籍出版社1987年版，第1773页。

② 北京大学历史系《北京史》编写组：《北京史》（增订本），北京：北京出版社2012年版，第253页。

③ ［清］周家楣、［清］缪荃孙编纂：《光绪顺天府志》第8册，左笑鸿点校，北京：北京出版社2018年版，第1795页。

④ 吴廷燮等编：《北京市志稿七》《礼俗志》，北京：北京燕山出版社1998年版，第199页。

月，市民都要储存白菜、萝卜、蒜、大葱之类的蔬菜以备越冬。《大清一统志》记载了顺天府出产的鲜果品种，有枣、桃、白樱桃、杏、梨、栗、奈、榛、葡萄、苹果、文官果等，其他特产还有柿子、红果、桑葚、石榴、槟子、秋果、香果等，水鲜有菱角、芡实、荸荠、莲蓬、藕等。干果有核桃、榛子、栗子、花生等。桃又分毛桃、扁桃、金桃、白桃、红桃、阳桃（猕猴桃）等，梨可分鸭梨、秋白梨、悉尼（澳洲雪梨）、红霄梨、沙梨、秋梨、蜜梨、紫梨等，杏有八达杏、四道河杏、香白杏、海棠红杏等，栗有板栗、鹰爪栗、霜前栗、金石栗，枣有酸枣、山枣、无核枣等。瓜以西瓜和香瓜为主。① 这些菜蔬瓜果才真正体现了广大百姓，尤其是郊区农民的饮食本色。输入的食物毕竟不能成为一个地区饮食的本体，"靠山吃山"是一个地区饮食特征的内在显现。

2. 八方饮食汇聚京城

元、明、清三代，特别是清代，各地方风味有明显发展，《清稗类钞》"各省特色之肴馔"一节说："肴馔之有特色者，如京师、山东、四川、广东、福建、江宁、苏州、镇江、扬州、淮安。"在川、鲁、苏、粤四大菜系的基础上，又增加了闽菜、京菜、湘菜、徽菜，成为八大菜系。各方之名品佳肴聚集于京，帝京美食，擅天下以无双。"京肴北炒，仙禄居百味争夸；苏脍南羹，玉山馆三鲜占美。清平居中冷淘面，座列冠裳；太和楼上一窝丝，门填车马。聚兰斋之糖点，糕蒸桂蕊，分自松江；土地庙之香酥，饼泛鹅油，传来浙水。佳醅美酝，中山居雪煮冬涞；极品芽茶，正源号雨前春芥。猪羊分两翼，群归就日街头；米谷积干仓，市在瞻云坊外。孙公园畔，熏豆腐作茶干；陶朱馆中，蒸汤羊为肉面。孙胡子，扁食包细馅；马思远，糯米滚元宵。玉叶馄饨，名重仁和之肆；银丝豆面，品出抄手之街。满洲桌面，高明远馆舍前门；内制楂糕，贾集珍床张西直。蜜饯糖栖桃杏脯，京江和裕行家；香橼佛手橘橙柑，吴下经阳字号。"② 据清人潘荣陛记载，全国各地的饮食佳品都汇聚在京师，即所谓"五味神尽在都门"，京城市场出现了诸多新增食物。"时品在近年新增者，计有洋扁豆、美国长冬瓜、洋龙须菜、张家口外之萝卜、西洋生菜花、菜番芋、西红柿、过泉藕、美国大秦芜，又名登笼芜。近在

---

① 北京地方志编纂委员会：《北京志·民俗方言卷·民俗志》，北京：北京出版社 2012 年版，第 41—42 页。

② ［清］潘荣陛、［清］富察敦崇：《〈帝京岁时纪胜〉〈燕京岁时记〉》，北京：北京古籍出版社 1981 年版，第 41—42 页。

天津静海县种有哈密瓜，其形则细长，皮青肉黄子赤，味极甘美，以其子种于南苑者，其味则减矣。香瓜中之白羊角蜜及小金坠，均味甘，又有抱猴者，香则有余，实不堪食也。"① 较之前代，清代京城的蔬菜和水果的样式大幅度增加，甚至输入了国外的品种，有些是以前闻所未闻的。

乾隆时期的前因居士所著《日下新讴》载："姆头鹿尾关东品，元豹丰貂塞北裘。试向人间论衣食，肥轻端合让皇州。" 文中所列食物皆为关外的珍品，时人也称："每至冬月，关东货物初到，价值甚贵。鲟鳇鱼头每斤四五钱，大者重百余斤，动需五六十金。鹿尾之大者，价亦七八两。至丰貂、元豹，皆王公之服，他处难于销售，是以惟京师有之。凡外省或有需用者，必须来京购买。"② 这些珍品非京城所产，却在京城流通，足见全国政治中心在饮食方面无可比拟的优势，也说明京城在饮食方面的消费能力。嘉庆时期竹枝词言："关东货始到京城，各处全开狍鹿棚。鹿尾鳇鱼风味别，发祥水土想陪京。"③ 人参是关东地区的土产，"人参古玩好生涯，交接无非仕宦家"，平民百姓是消费不起的。这些珍禽异兽用骡马等牲畜从西北地区运抵京城，竹枝词言："骡马牵连入市沽，倩他经纪较锱铢。可怜长尾刀刀剪，指鹿论钱得价无。"④ 牲畜行的肉类交易甚为旺盛。

京城开张了一批经营京外名点的名店名馆，如专营北方京味炒菜的仙禄居最为有名，南味苏帮菜则首推玉山馆，清平居的冷淘面大受文人士大夫的青睐，而太和"一窝丝"汤面则是富商淑女的钟爱，来自松江聚兰斋的糖点和钱塘江畔自号"土地庙"的鹅油香酥饼，在京城名噪一时。此外，陶朱馆的蒸汤羊肉面、重仁和的玉叶馄饨、抄手街的银丝豆面、马思远的糯米元宵、西直门贾集珍的内制山楂糕、和裕行的蜜饯桃杏脯、"孙胡子"的细馅扁食包等，⑤ 也都名扬京城。汇聚四面八方的名点佳肴构建了北京完整的食谱体系。

① 《帝京岁时纪胜笺补》稿本。张次溪纂，尤李注：《老北京岁时风物：〈北平岁时志〉注释》，北京：北京日报出版社 2018 年版，第 232 页。
② ［清］前因居士：《日下新讴》，载邓云乡《燕京乡土记》，石家庄：河北教育出版社 2004 年版，第 487—488 页。
③ ［清］得硕亭：《草珠一串》，雷梦水、潘超等编《中华竹枝词》（一），北京：北京古籍出版社 1997 年版，第 151 页。
④ ［清］佚名：《燕台口号一百首》，雷梦水等编《中华竹枝词》（一），北京：北京古籍出版社 1997 年版，第 122 页。
⑤ ［清］潘荣陛、［清］富察敦崇《〈帝京岁时纪胜〉〈燕京岁时记〉》，北京：北京古籍出版社 1981 年版，第 42 页。

所谓的京菜就是在有清一代确立起来的，具体说是在满人入关之后开始形成的，烤和涮是最突出的特色。烤肉、涮肉中飘溢出游牧民族的彪悍性格，清真烤鸭中的大葱甜酱浸透着率直真诚的齐鲁民风，八宝莲子粥中满含江南人的细腻情调，油炸馓子带着西域风情的余韵；爆羊肉的火爆，酱牛肉的淳厚，面茶的供应快捷，豆腐脑儿的色味俱佳，可谓是各具特色。京菜融合八方风味，因此烹调手法极其丰富，诸如烤涮爆炒、炸烙煎㸆、扒熘烧燎、蒸煮汆烩、煨焖煸熬、塌焖腌熏、卤拌炝泡及烘焙拔丝等。虽然说北京菜以鲁菜为基础，但还是以融合为主，在此基础上凝练出其他菜系所没有的鲜明特点。

在政治上，“北京地区八旗社会一元因其所属的统治、主导地位，彰显出与全国范围视角下不同的重要性，同时也因民人社会一元的存在而表现为一种必须强调一致与团结的整体，八旗社会结构内民族属性差异往往因此而被弱化乃至掩盖”①。然而在饮食文化层面，北京居民民族属性的差异性较之以往任何朝代都更巨大，只不过隐藏在一元政治下面而已。多元民族共存必然造就多元民族饮食的共享的格局。北京作为全国的政治中心，皇室贵族、官僚绅士、大户人家云集，加之北京作为一个五方杂处的大都市，来自全国各地和各个民族的人士聚居于此，他们也将各自的饮食文化带到了北京。

第一，占统治地位的满族饮食风味涌入北京。清宫廷筵宴饮食大多保留满族传统。据清代富察敦崇《燕京岁时记》记载，每到年底仍例关外风俗行“狍鹿赏”：“每至十二月，分赏王大臣等狍鹿。届时由内务府知照，自行领取。三品以下不预也。”② 皇帝向满、蒙、汉八旗军的有功之臣颁赐东北野味。东北是盛产麋鹿地方，所谓关东民谣“棒打狍子瓢舀鱼，野鸡飞到饭锅里”。鹿肉、鲟鳇鱼、野鸡等特产成为旗人喜爱的美味佳肴。那时，北京城内分设关东货场，专门出售东北的狍、鹿、熊掌、驼峰、鲟鳇鱼，使远离家乡故土的八旗士兵和眷属即便身在异地，也能够吃到家乡风味。口味是很难完全改变的，满族人仍保持了一些原有的嗜好。清人得硕亭在其《草珠一串》竹枝词中道：“关东货始到京城，各处全

① 许辉主编：《北京民族史》，北京：人民出版社2013年版，第348页。

② ［清］潘荣陛、［清］富察敦崇：《〈帝京岁时纪胜〉〈燕京岁时记〉》，北京：北京古籍出版社1981年版，第93页。

开狍鹿棚，鹿尾鳇鱼风味别，发祥水土想陪京。"① "发祥水土"指东北，是满洲人的故乡，"陪京"指盛京，当今沈阳。当旗人品尝这些从关外运来的野味时，不由得会遥想起早已变得陌生的祖先生活的地方。② 就主食而言，"满族人喜欢吃面食，尤其是粘面食，又经常把面食做成干粮随身带着，因为远程外出行军或射猎时，这种面食干粮既耐饿又方便，满语 nunehun 既表示'干粮'，又表示'行粮'，即因于此。这种面食干粮后来形状各异，品种繁多，而且制作精巧，统称为'饽饽'。这种饽饽多以粘米面为主要原料，并以豆馅、果仁、蜂蜜、白糖等作为佐料，用炸、烙、蒸等方法制成"，③ 风味独特，深受北京市民的喜爱。

北京饮食受满族影响最为典型的莫过于火锅，在《清稗类钞》中这样记载："京师冬日，酒家沽饮，案辄有一小釜，沃汤其中，炽火于下，盘置鸡鱼羊豕之肉片，俾客自投之，俟熟而食。有杂以菊花瓣者，曰菊花火锅，宜于小酌。以各物皆生切而为丝为片，故曰生火锅。"④ 由此看来，当时北京人吃火锅已比较普遍了。此前的文献并未见有涮锅子的记载。在冬至的这一天，明代的宫中吃的是"炙羊肉、羊肉包、馄饨"，在平日里，明宫内"凡遇雪，则暖室赏梅，吃炙羊肉、羊肉包"⑤，尚不见涮羊肉。

另外，回族在北京居住时间最长，人口最多，对北京饮食文化的发展做出了不可磨灭的贡献。有清一代，北京牛羊肉经营销售行业中人大都是回民。自张家口运送牛羊的几个主要栈均有回民聚居区，延庆的康庄、昌平县关的沙河、海淀的清河和马甸，一直到德胜门外的关厢，形成了一条运输和销售牛羊肉的商道。当时也从河北省易县进羊，因此北京西南也有不少回民聚居区。沿运河回民村也较多，时代更为久远。⑥

需要指出的是，既然进入汉民族地区，满族等民族的饮食文化也必然受到汉族风味熏陶。据从小在王府生活的金寄水回忆，全家一块吃饭，"要时刻注意不让

---

① ［清］得硕亭：《草珠一串》，雷梦水、潘超等编：《中华竹枝词》（一），北京：北京古籍出版社1997年版，第151页。

② 刘小萌：《清代北京旗人社会》，北京：中国社会科学出版社2008年版，第641页。

③ 赵杰：《京味文化中的满族风俗》，载《北京社会科学》1997年第1期，第93页。

④ ［清］徐珂：《清稗类钞》（第13册）《饮食类·小酌之生火锅》，北京：中华书局1984年版，第6296页。

⑤ ［明］刘若愚、［清］高士奇：《〈明宫史〉〈金鳌退食笔记〉》，北京：北京古籍出版社1980年版，第84页。

⑥ 赵书：《北京少数民族人口状况分析》，载《中央民族学院学报》1993年第4期，第20页。

碗筷相碰发出声响，咀嚼食物、喝汤都不许发出声音"①。这些饮食规矩显然是全盘接纳了汉族的饮食礼仪，属于儒家礼俗范畴。

第二，"会馆"汇集了八方风味。从全国各地客居北京的达官贵人也大有人在，为了满足他们在北京活动和聚集的需要，大量的会馆应运而生。北京的会馆在明代就已出现，清朝时较为繁盛。康、雍时期，北京的会馆有了显著的发展，乾、嘉时期达到全盛。"省有省馆，府有郡馆，县有县馆。甚至一地设有数馆。……这种会馆的增多，充分说明了京师政治中心功能的加强，从一个侧面表明了中央与地方的联系日加密切。"② 会馆周边的饭庄一般经营南方风味，有别于以鲁菜为代表的北方菜系。宣武门外南横街及其派生出来的几条著名的胡同，是一个古庙众多、会馆林立的区域。会馆有南海会馆、浏阳会馆、湘乡会馆、济南会馆、绍兴会馆等。广和居饭庄位于这里的北半截胡同，原以经营鲁菜为主，后来许多南方籍的名人成为常客，便转而主打南方风味。店内有一批颇有创新精神的厨子，烹饪"曾鱼"（相传为曾国藩所创）、"潘氏清蒸鱼"（相传为潘祖荫所创）、"吴鱼片"（相传为吴闰生所创），以及"江豆腐"、"五柳鱼"（又称"陶鱼"）、南炒腰花、清蒸干贝、四川辣鱼粉皮等江南风味菜肴，广受食客追捧。③

"清朝初期的满、汉分治和移城令更迫使会馆只能在南城择地，但又避免距离前三门和商业闹市过遥，所以，几百座会馆主要集中在天坛、先农坛以北，前门、崇文门和宣武门外大街两侧的地段内，形成清朝末年北京城人口密度最高，也是最富裕的地区。"④《颜料行会馆碑记》载：当时"京师称天下首善地，货行会馆之多，不啻什百倍于天下各外省；且正阳、崇文、宣武门三门外，货行会馆之多，又不啻什百倍于京师各门外"⑤。刊刻于乾隆戊申年即乾隆五十三年（1788）的《宸垣识略》对在京的各地会馆给予了详细的记载："东城会馆之著者，东河沿曰奉新、浮梁、句容，打磨厂曰粤东、临汾、宁浦，鲜鱼口曰南康，……崇文大街曰山东，广渠门内炉圣庵曰潞安。""西城会馆之著者，西河沿排子胡同曰江夏，三眼井曰婺源，延寿寺街曰潮州、长元，……将军教场头条曰云南、山左，土地

---

① 金寄水、周沙尘：《王府生活实录》，北京：中国青年出版社1998年版，第214页。
② 曹子西主编：《北京通史》（第七卷），北京：中华书局1994年版，第266页。
③ 柯小卫：《当代北京餐饮史话》，北京：当代中国出版社2009年版，第7页。
④ 侯仁之主编：《北京城市历史地理》，北京：北京燕山出版社2000年版，第192页。
⑤ 《颜料行会馆碑记》，载李华编：《明清以来北京工商会馆碑刻选编》，北京：文物出版社1980年版，第7页。

庙斜街曰全浙，……潘家河沿曰齐鲁……"① 此后，刊刻于光绪乙酉年六月的《京师坊巷志》、光绪十二年京都群经堂藏校的《朝市丛载》，以及光绪《顺天府志》中对光绪年间在京的各地会馆都有详略不等的记述。据统计，有清一代，北京外城大小会馆总计 392 处。② 清代刘体仁《异辞录》说："京师为各方人民聚集之所，派别既多，桑梓益视为重，于是设会馆以为公共之处，始而省会，继而府县，各处林立，此等天然之党籍，较之树一义以为标帜者，未知利害奚若。在闭关时代，由座主之关系，或州域之关系，天然成为同志，谋公私利益而共守伦常大义，以辅国家太平、有道之长基。较之罔利营私、漫无限制者，损益相去，不啻倍蓰矣。"③ 关于会馆的数量，当时就有人做了比较精确的统计："在北京的会馆共有 413 个，是社交聚会的地方，除 6 个外，所有会馆都修建于清朝年间的北京南城。不同省籍来京参加科举的士子可以有地方住，至少能遇到同乡。现在科举考试已不复存在，会馆用来招待来京的各路人马。北京数量众多的官僚、学生和临时居住的百姓，造成了风俗、饮食甚至语言非常明显的差异，会馆在城市社交生活中起到不可替代的作用。"④ 全国各地云集北京的会馆直接成就了北京饮食文化的多样性。

商人会馆建有戏台罩棚，在年节喜庆之日，可以举行盛大的宴会，邀请戏班前来演出，"不知有多少买卖，在品茶听戏中做成，又有多少龃龉纠纷，在盛宴杯酒中冰释"⑤。除了传统的年节，许多会馆还有每月初一大聚、十五小聚的惯例。以聚餐形式为多。聚餐是共进家乡风味，与会者轮流做东，由做东者的家厨或会馆中的乡厨掌勺。所以会馆聚餐桌上是纯正的家乡风味。⑥ 会馆中的餐饮保持了各地的饮食风味，成为北京饮食汇聚八方的重要表征。

第三，四方达官贵人的云集，也必然推动饮食商业文化的发达。清杨静亭《道光都门纪略》云："京师最尚繁华，市廛铺户，妆饰富甲天下，如大栅栏、珠宝市、西河沿、琉璃厂之银楼缎号，以及茶叶铺、靴铺，皆雕梁画栋，金碧辉煌，

---

① ［清］吴长元：《宸垣识略》，北京：北京古籍出版社 1981 年版，第 108—181、213—214 页。

② 李华：《明清以来北京工商会馆碑刻选编·前言》，北京：文物出版社 1980 年版，第 20 页。

③ ［清］刘体仁著，张国宁点校：《异辞录》卷三，太原：山西古籍出版社 1996 年版，第 141 页。

④ ［美］甘博：《北京社会调查》，北京：中国书店 2010 年版，第 242 页。

⑤ 曹子西主编：《北京通史》第七卷，北京：中华书局 1994 年版，第 269 页。

⑥ 尹庆民、方彪等编：《皇城下的市井与士文化：商号、茶馆、会馆、书院、学堂》，北京：光明日报出版社 2006 年版，第 214 页。

令人目迷五色，至肉市酒楼饭馆，张灯列烛，猜拳行令，夜夜元宵，非他处所可及也。"① 由此可窥京都饮食商业盛况之一斑。当时流行一首御史巡城的谚语："中城珠玉锦绣，东城布帛菽粟，南城禽鱼花鸟，西城牛羊柴炭，北城衣冠盗贼。"② 说明北京商业文化的基本格局和丰富多彩。商业尤其是饮食业的发达促进了食品的交换和流通，外地饮食风味源源不断进入北京，以满足四方达官贵人的口味需求。富有典型意义的是饽饽铺。当时北京的一些饽饽铺门外的招幌大多是以汉、满、蒙等几种文字书写的。虽然早在明朝的时候，北迁的南方人就在京城开办有不少南果铺，但满汉饽饽铺始终固守着重视奶制品的饮食习俗。清代的饽饽糕点以此为正宗，以此为荣，与中原的、南方的糕点存在着明显的区别。在一座城市中，同样一种食品风味迥异，南北两派各行其道，这在其他城市是罕见的。

不仅地方官员入京，作为首善之区，也吸引了大批各地的文人学子。"京师为士夫渊薮，朝士而外，凡外官谒选及士子就学者，于于鳞萃，故酬应之繁冗甲天下。嘉、道以前，风气犹简静。征逐之繁，始自光绪初叶。"③ "酬应"自然免不了吃吃喝喝，宴饮聚餐是入京官员和士子主要的交际方式。《清末北京志资料》亦载："清国官员重于应酬胜于重本职，甚至为此而耗费一日的大半天时间。并非只官员如此，一般人亦重应酬。"④ 餐桌上的应酬穷奢极欲，据《竹叶亭杂记》记载："近日筵席必用填鸭一，鸭值银一两有余；鱼翅必用镇江肉翅，其上者，斤值二两有余；鲵鱼脆骨白者，斤值二三两。一席之需，竟有倍于何曾日食所费矣。踵事增华，亦可惧也。"⑤ 汪穰卿在笔记中说："闽京官四人为食鱼翅之会，费至数百金。"⑥ 在入京的官员和士子推波助澜之下，吃喝应酬和奢靡的社会风气愈演愈烈，直接促成了清末京师饮食产业的畸形繁荣。

第四，饮食行业多由外地商人经营。明、清以来，北京的饭馆业多山东人，

---

① 李家瑞编：《北平风俗类征》（下），国立中央研究院历史语言研究所专刊 14 辑，上海：商务印书馆民国二十六年（1937）版，第 402 页。

② ［清］陈康祺著，晋石点校：《郎潜纪闻初笔二笔三笔》（上），北京：中华书局 1984 年版，第 131 页。

③ ［清］徐珂：《清稗类钞》（第十三册）《饮食类·京师会宴之恶习》，北京：中华书局 2010 年版，第 6271—6272 页。

④ 张宗平、吕永和译：《清末北京志资料》，北京：北京燕山出版社 1994 年版，第 493—494 页。

⑤ ［清］徐珂：《清稗类钞》（第十三册）《饮食类·京师会宴之恶习》，北京：中华书局 1984 年版，第 6271—6272 页。

⑥ 瞿兑之著，贾运生点校：《杶庐所闻录 古都见闻录》，太原：山西古籍出版社 1995 年版，第 221 页。

其中主要是登、莱二州人；河南馆则有厚德福、蓉园一两家，烧猴头、锅爆蛋等，均脍炙人口。时人有"京师大贾多晋人"之说，山西人经营干鲜水果、酱园、粥行等。具体而言，北京的粮食米面行，多为山西祁县商人经营。据文献记载，清代北京的粮食业最初掌握在山西人手中。但是，随着山东人的插足，山西人逐渐失去了对粮食业的垄断地位。咸丰年间开业的大顺粮店（崇文门外平乐园大街）是最早的山东铺户之一，随后由于同乡亲友互相援引，山东人经营粮业的铺户日渐增多，逐渐取代山西人掌控了粮食业；① 北京的油盐酒店，多为山西襄陵人经营；小米粥摊贩，都是山西翼城人；北京至今仍留有招牌的老字号"都一处""六必居"等均是山西浮山、临汾等地商人经营的企业。北京前门外的草厂胡同、施家胡同、大栅栏、粮食店街一带均为山西商人聚居经营之地，这些地方流行山西饮食风味。总体而言，山西馆所做肴馔以小件见长，价廉，吃的样多，尤善做面食，如炸佛手卷儿、割豆儿、猫耳朵、拨鱼儿、刀削面等，皆可换人口味，二三人便餐，最好不过。

徽商一开始都是以经营小本生意为主，通过吃苦耐劳，积累原始资本，慢慢成为富商大贾，所以胡适先生称徽商为"徽骆驼"②，说的就是徽商敢于吃苦的精神。来自安徽歙县等地的徽州人则主要从事茶叶、粮食等行业。徽州山区盛产名茶，尤其是休宁、歙县所产的松萝茶最好。于是茶叶贸易逐渐成为徽商经营的主要行业之一。在明清时期，徽茶开始成为一种重要的出口货物。徽州至北京的运输线路是这样的：徽州茶商出徽州地界后，经宁国府、句容县，在河口附近渡江到仪征，然后沿漕河北上，途经扬州、高邮、淮安、济宁、临清、静海等地，到达北京。③《治事丛谈》记载："山郡徽州贫瘠，恃此灌输，茶叶兴衰，实为全郡所系。""祁门与屯溪为红绿茶荟萃之区。"④ 据《歙事闲谈》第 11 册《北京歙县义庄》记载，清朝乾隆时，徽州人在北京开设的茶行有 7 家，茶商字号共 166 家，小茶店达数千家。徽州茶商多为婺源人和绩溪人。清末北京的著名茶庄，如"森泰""吴裕泰""张一元"等都是安徽人经营的。

清代，北京城的饮食商业活动中，山东人占据了半壁江山。史载"北京工商

① 刘凤云：《清代北京的铺户及其商人》，载《中国人民大学学报》2007 年第 6 期。
② 绩溪徽学会编：《十年纪念文集——名城遗韵》，内刊本，1999 年 8 月版，第 227 页。
③ ［明］黄汴著、杨正泰校注：《天下水陆路程》，太原：山西人民出版社 1992 年版，第 354 页。
④ 郑佳节、高岭：《魅力徽商》，北京：北京工业大学出版社 2007 年版，第 171 页。

业之实力，昔为山左右人操之，盖汇兑银号、皮货、干果诸铺皆山西人，而绸缎、粮食、饭庄皆山东人"①。《燕市积弊》也对此说提供了佐证：切面买卖"在北京城里开铺子的分两路人：一是山西，一是直隶"。"蒸锅铺的买卖儿发明最早，凡在北京开设的，全是山东人多。"② 清代，山东商人在北京经营粮油业比较著名的是西天顺盐油店。该店创办于清咸丰末年、同治初年，创办人是个在清皇宫当小差使的人，人称"灯笼陈"。"灯笼陈"原籍山东黄县，家中以农耕为生，因家乡发生灾荒，而逃荒到北京，后有所积蓄而创办此店。该店经营的商品有油、盐、酱、醋、花椒、大料、粉丝、粉条、酒、白面、杂粮、咸菜和火柴、烟叶、煤油等。③

山东商人以经营餐饮业的居多。清代北京的著名餐馆，素有"八大楼""八大堂""八大春""八大居"之说。"八大楼"的名气大小依次为东兴楼、泰丰楼、致美楼、萃华楼、鸿兴楼、正阳楼、新丰楼和安福楼，皆属山东菜系。就当时而言，除东兴楼在东安门、安福楼在王府井、萃华楼在八面槽外，其余都位于繁华的前门大栅栏一带。东兴楼原本无楼，故一度又称"东兴居"，名菜有芙蓉鸡片、烩乌鱼蛋、酱爆鸡丁、葱烧海参、炸鸭胗等。有竹枝词云："楼号东兴未有楼，万钱一食傲王侯。如今盛唱平民化，小吃争趋馅饼周。"④ 泰丰楼的名菜有砂锅鱼翅、烩乌鱼蛋、葱烧海参、酱汁鱼、锅烧鸡等，尤以"一品锅"为著名。致美楼原为姑苏菜馆，后改为山东菜系，名菜有四吃活龟、云片熊掌、三丝鱼翅、寿比南山等。萃华楼的名菜有油爆双脆、清汤燕菜、酱爆鸡丁、净扒鱼翅等。鸿兴楼的名菜有鸡茸鱼翅、锅塌鲍鱼、葱烧海参、酒蒸鸭子、醋椒鱼等。正阳楼的名菜有小笼蒸蟹、酱汁鹌鹑、酱香鲜蟹等。除此之外，"又有肉市之正阳楼，以善切羊肉名，片薄如纸，无一不完整。蟹亦有名，蟹自胜芳来，先经正阳楼之挑选始上市，故独佳，然价亦倍常"⑤。新丰楼以白菜烧紫鲍、油爆肚丝及素面、杏仁元宵等著名。安福楼以糟熘鱼片、砂锅鱼唇、盐爆肚丝等为名肴。由于鲁菜具有鲜、

① ［明］史玄、［清］夏仁虎、［清］阙名：《〈旧京遗事〉〈旧京琐记〉〈燕京杂记〉》，北京：北京古籍出版社1986年版，第97页。

② ［清］待徐生：《燕市积弊》，北京：北京古籍出版社1995年版，第82、81页。

③ 王永斌：《北京的关厢乡镇和老字号》，北京：东方出版社2003年版，第430页。

④ 雷梦水辑：《北京风俗杂咏续编》，北京：北京古籍出版社1987年版，第246页。

⑤ ［明］史玄、［清］夏仁虎、［清］阙名：《〈旧京遗事〉〈旧京琐记〉〈燕京杂记〉》，北京：北京古籍出版社1987年版，第99页。

嫩、香、脆的特点，口味偏于咸鲜，符合北京人的普遍口味，因此山东饭馆在北京占据了主流。山东馆，堂、柜、灶全都是山东东三府的籍贯，自幼来京，毕一生精力，也能混个衣食不缺。山东馆以善做鸡鸭鱼菜见长，如炸胗儿、糟鸭头、拌鸭掌、抓炒、软炸等，非山东灶不精。山东灶也各有所长，如泰丰楼的汁水，便是一例。在山东馆子以外，另有济南馆，所做肴馔介于南北之间，别有味道，尤善做大件菜，如燕菜、鱼翅、甜菜等珍细品，非普通馆子所能及，丰泽园、新丰楼便是济南馆。① 山东馆大致分为两帮：济南帮以奶汤燕菜为主，烟台帮以鱼虾海味为主。1926 年有人在报上评论说："京中各种商业，由山东人经营者，十之六七，故菜馆亦不能逃此例。民国以前，大都均系山东馆，间有京中土著经营之菜馆，虽有京菜，亦多山东风味。"②

第五，清代漕运促进了南北饮食消费习俗的交融，京师的市场上多见京城之外的南北饮食物产。南方的珍馐及北方的佳肴，在京城都能寻获，"吴侬只惯忆莼鲈，岂晓甘珍满帝都。入馔辽鱼飞白雪，盈尊羔酒滴红酥"③。北京人好茶，茶叶都是外地输入。据统计，乾隆中期北京城内茶商字号数有一百余家，到乾隆末年城内茶铺多达二三百家。④ 京师人喜食槟榔，随身携带以随时嚼用，清代学秋氏的《续都门竹枝词》有云："槟榔名号聚都门，口袋盛来紧系身。"⑤ 水产在南方颇为富饶，京师也多嗜好，佚名《燕台口号一百首》中有"水果不嫌南产贵，藕丝菱片拌冰盘"⑥ 的语句。藕和菱均产自江南，自然昂贵，普通百姓是消费不起的。

水陆交通的发达，各地饮食资源可以运抵北京，给予北京饮食文化的发展以有力的支撑。以粮食为例，"漕粮岁入四百万石，内兑运三百三十万石，改兑七十万石，除旧例折粮三十六万一百八十八石七升八合，又除上蓟密昌镇天津仓粮四十五万四千九百四十七石三斗，实上京通仓三百一十八万四千八百三石九斗九升

① ［清］崇彝：《道咸以来朝野杂记》，北京：北京古籍出版社 1982 年版，第 7 页。
② 转引自王文治：《旧京饭馆拾零》，载《商业文化》1997 年第 6 期，第 37 页。
③ ［清］王鸿绪：《燕京杂咏》，雷梦水、潘超等编《中华竹枝词》，北京：北京古籍出版社 1997 年版，第 26 页。
④ 歙县会馆编：《重修歙县会馆录》，道光十四年（1834）刻本。
⑤ ［清］学秋氏：《续都门竹枝词》，载（清）杨米人等著、路工编选《清代北京竹枝词（十三种）》，北京：北京古籍出版社 1982 年版，第 63 页。
⑥ 佚名：《燕台口号一百首》，载杨米人等著、路工编选《清代北京竹枝词（十三种）》，北京：北京古籍出版社 1982 年版，第 30 页。

二合"①。足见南粮北运数目之大。清制，"岁漕五等：曰正兑，米入京仓，待八旗三营兵食之用；……曰改兑，米入通州仓，待王公百官俸廪之用；……曰白粮，分入京、通仓，供内府、光禄寺，以待王公百官各国贡使廪饩之用。……曰黐麦，入京仓，供内府之用。……曰黑豆，入京仓，待八旗官军及宾客馆牧马之用"。各种粮食中，大米为主，占总数的百分之九十左右。漕粮出自江苏、浙江、安徽、江西、湖南、湖北、河南和山东等产粮大省，每年额征四百万石。总体而言，清际漕运数量呈递减趋势。但光绪改征折色后，商人采办米石贩运至京师，日渐占据重要地位。② 北方各省区麦豆、杂粮由商贩输入京师，供应北京粮食消费市场。北京与蒙古地区的粮食交易相当频繁，"在海拉尔、小库伦、经棚、八沟、丰镇、河口镇、巴颜浩特等处，形成了一定规模的经贸市场。其中的八沟，是著名的粮食集散地，送往北京的粮食就是由这里批发的"③。东北供应北京的粮食以粟米、小麦、黑豆为主，至嘉庆道光中奉天解运京师粟米最多已达 20 万石，以供平粜；④口外秫米价格低廉，每年输入京师甚多，故"京师亦常赖之"⑤。汇集八方的饮食资源优势显得格外突出。

近代以后，西洋饮食文化也在北京传播发展。这些不同地域、不同流派的饮食文化在北京经过长时间的发展演化，最终形成了别具特色的京味饮食文化。

3. 西方饮食大量涌入

在中国饮食发展史上，19 世纪中叶至 20 世纪 30 年代，可称作"西洋"饮食文化传入时期。鸦片战争后，列强瓜分中国，中国沦为半殖民地半封建社会，帝国主义势力所及的大城市和通商口岸，出现了西餐菜肴和点心，并且有了一定的规模。到了晚清，不仅市场上有西餐馆，甚至西太后举行国宴招待外国使臣有时也用西餐。"土司""沙司""色拉"之类的异国烹饪术语也传入中国。近代七八十年间，包括被称为"西餐"在内的西洋饮食文明，以前所未有的规模渗入中国

---

① ［清］孙承泽：《天府广记》卷十四《漕额》，北京：北京古籍出版社 1982 年版，第 169 页。

② ［清］阮葵生撰，李保民点校：《茶余客话》（上）卷三《岁漕五等》，上海：上海古籍出版社 2012 年版，第 68 页。

③ 曹子西主编：《北京通史》第七卷，北京：中国书店 1994 年版，第 99 页。

④ ［清］托津等修，福克旌额等纂：《钦定户部漕运全书》（七）卷七十五，台北：成文出版社 1969 年版，第 3173 页。

⑤ 《大清圣祖仁（康熙）皇帝实录》（五）卷二四〇，台北：新文丰出版股份有限公司 1978 年版，第 3214 页。

固有的饮食文化之中。

明末清初，真正开了"洋荤"的是贵族阶层，舶来品中"巴斯第里的葡萄红露酒、葡萄黄露酒、白葡萄酒、红葡萄酒和玫瑰露、蔷薇露"等西洋名酒及其特产，当时只能在宫廷、王府和权贵之家的饮宴上才能见到。对中下层社会来说，舶来品只是他们私下聊天的新闻。《红楼梦》第六十回中透露的贾宝玉曾饮西洋红葡萄酒的情节就生动地说明了这一点。书中道："五儿见芳官拿了一个五寸来高的小玻璃瓶来，迎亮照着，里面有半瓶胭脂般的汁子，还当是宝玉吃的西洋葡萄酒"呢。对于文中瓶中之物（实是玫瑰露）"胭脂般的汁子"的描写，一位清代诗人的诗句恰好给予了生动的写照"佳酿遥从外国分，碧玻璃内涌红云。三杯饮饱黄昏后，一榻酣甜梦谢君"①。

随着资本主义商业领域的不断开辟及宗教的传播，西式餐饮习俗越来越多地被带到中国南方沿海一带。清朝政府较为频繁的对外交流活动让更多的中国政府官员开始了解和食用西餐。但西餐真正作为一个名字被加以界定则应推迟到清朝晚期的《清稗类钞》一书，书中如是写道："国人食西式之饭，谓曰之西餐。"②这个界定沿用至今，且认识到"西餐"一词存在的前提是不同文化系统间的对立和融合，即有"中餐"作为参照。

据记载，1622 年来华的德国传教士汤若望曾用"蜜面"和以"鸡卵"制作的"西洋饼"来招待中国官员，食者皆"诧为殊味"。他是第一个用西餐在北京招待中国官员的西方人。老北京人把西餐称为"番菜"，把西餐厅称为"番菜馆"。北京最早的番菜馆开设在西直门外万牲园，也就是现在的动物园里面，名曰"畅观楼"，开业于光绪年间。在"畅观楼"就餐的感受与中餐馆迥然有别。"在畅观楼吃'番菜'的办法是顾客先坐下，伙计给端上二片面包和汤，然后起菜，由伙计依次送上炸鱼、白煮鸡、鸡蛋糕等，最后是水果、咖啡。"③ 早期的番菜馆以"醉琼林""裕珍园"最为著名。1909 年，署名兰陵忧患生的《京华百二竹枝词》对"醉琼林"有描述："菜罗中外酒随心，洋式高楼近百寻；门外电灯明似昼，陕西深巷醉琼林。"醉琼林开设在前门外陕西巷，楼阁连云，酒肴如海，喜中喜外，无

---

① 转引自冯娟：《谈西方饮食文化对我国饮食文化的影响》，载《吉林商业高专学报》1996 年第 3 期，第 6 页。

② ［清］徐珂：《清稗类钞》（第 13 册）《饮食类·西餐》，北京：中华书局 1984 年版，第 6270 页。

③ 陈文良：《北京传统文化便览》，北京：北京燕山出版社 1992 年版，第 826 页。

不随心，门前电灯，耀如白昼，豪富人士，争乐就之。[①] 番菜中称俄式红菜汤为"罗宋汤"，因在清代初年，称俄罗斯为"罗刹"，罗宋是罗刹的音转，后来"罗宋汤"在北京家庭的饭桌上颇为普及。这些舶来品在当时既未摆脱"舶来"的特点，也未对中国饮食界产生广泛的影响。

鸦片战争以后，情况发生了根本性变化，北京饮食文化对西洋饮食从被动地接受转为主动地纳入。开设的西餐馆越来越多。北京的西餐饭店档次很高，像"六国饭店、德昌饭店、长安饭店，皆西式大餐矣"[②]。1900 年，两个法国人创建了北京饭店，专营西餐。后来移至王府井南口盖起高楼，成为当时城内最高建筑，曾售谭家菜，尤以烹制海味著称。1903 年又创建了"得其利面包房"，专制英、法、俄、美式面包。供应各种外国酒水、饮料，如英国名牌威士忌，法国人头马、拿破仑等高级葡萄酒，以及白兰地、啤酒、美国可口可乐、咖啡等，并提供冰激凌、水果、三明治、火腿、沙拉等小吃。其他还有西班牙人创办了三星饭店，德国人开设了宝昌饭店，希腊人开设了正昌饭店等。日本人开的西餐馆称"西洋料理店"，多在东城。[③] 西洋（还有日本料理）菜肴、糕点、罐头及饮料，开初是为供应在华外国人的，后来北京人也逐渐由适应而嗜食。啤酒、汽水发展成为两大食品制造业，销路也由上海扩展到外地。1914 年，侨居俄国的华商张廷阁与捷克人尧西夫嘎拉来到北京，在玉泉山参观"啤酒汽水制造厂"，却发现该厂只生产汽水，并无啤酒。于是，张廷阁出资 20 万元，1915 年在广安门车站旁（此地可引玉泉山泉水）创设了"双合盛啤酒厂"，这是北京最早的啤酒厂，是现在北京啤酒厂的前身。双合盛造酒用的大麦来自河北徐水、宣化等地，酒花则从德国、奥地利等国进口。另外还有上义葡萄酒厂、飞马啤酒厂等。不过那时酒厂的机械化程度不高，产量偏低，价格昂贵，平民百姓是买不起这些好酒的。1906 年上海创立的泰丰罐头食品公司，便是中国人自办的第一家罐头食品厂。

清光绪年间，以营利为目的的"番菜馆"、"咖啡店"和"面包房"等陆续出现在中国的都会商埠中。据清末史料记载，这些番菜馆制售的，皆是西洋风行的名菜，如"炸猪排"是将"精肉切成块，外用面包粉蘸满，入大油锅炸之。食时

---

① ［清］兰陵忧患生：《京华百二竹枝词》，载［清］杨米人等著、路工编选《清代北京竹枝词（十三种）》，北京：北京古籍出版社 1982 年版，第 134 页。

② 胡朴安编：《中华全国风俗志》（下）卷一，石家庄：河北人民出版社 1986 年版，第 2 页。

③ 丁守和、劳允兴主编：《北京文化综览》，北京：北京师范大学出版社 1990 年版，第 329 页。

自用刀叉切成小块，蘸胡椒酱油，各取适口"。"布丁"，"为欧美人食品，以面粉和百果、鸡蛋、油、糖蒸而食之，略如吾国之糕。近颇有以为点心者"。"面包"，为"欧美人普通之食品也，有白、黑二种，易于消化，国人亦能自制，且有终年餐之而不精食者"。关于咖啡，"欧美有咖啡店，略似我国之茶馆。天津、上海亦有之，华人所仿设者也，兼售糖果以佐饮"①。"荷兰水，即汽水，……吾国初称西洋货品多曰荷兰，故沿称荷兰水，实非荷兰人所创，亦非产于荷兰也。今国人能自制之。"② 以上记载均表明西方人日常的一些饮食品种，已然成为北京饮食体系中有机的组成部分，并且受到北京人的普遍欢迎。这对完善北京人的饮食结构和改变自身的一些陈旧的饮食观念起了很大作用。

公元1870—1910年，西餐在中国城市落户，北京出现了西餐馆，"西餐，一曰大餐，一曰番菜，一曰大菜。席具刀、叉、瓢三事，不设箸。光绪朝，都会商埠已有之。至宣统时，尤为盛行。席之陈设，男女主人必坐于席之两端，客坐两旁，以最近女主人之右手者为最上，最近女主人左手者次之，最近男主人右手者又次之，最近男主人左手者又次之，其在两旁之中间者则更次之。若仅有一主人，则最近主人之右手者为首座，最近主人之左手者为二座，自右而出，为三座、五座、七座、九座，自左而出，为四座、六座、八座、十座，其与主人相对居中者为末座。既入席，先进汤。及进酒，主人执杯起立，（西俗先致颂词，而后主客碰杯起饮，我国颇少。）客亦起执杯，相让而饮。于是继进肴，三肴、四肴、五肴、六肴均可，终之以点心或米饭，点心与饭抑或同用。饮食之时，左手按盆，右手取匙。用刀者，须以右手切之，以左手执叉，叉而食之。事毕，匙仰向于盆之右面，刀在右向内放，叉在右，俯向盆右。欲加牛油或糖酱于面包，可以刀取之。一品毕，以瓢或刀或叉置于盘，役人即知其此品食毕，可进他品，即取已用之瓢刀叉而易以洁者。食时，勿使餐具相触作响，勿咀嚼有声，勿剔牙"③。西餐的引入对北京饮食文化产生了深远的影响。近代咖喱粉、西红柿酱、汽水、啤酒、冰激凌、饼干等在北京流传开来，极大地丰富了北京饮食样式。中国传统宴席原本不是冷菜先上桌，但从近代开始，北京中式宴席变为由冷盘开场、配合酒饮的局面。传统饮食以味为重心，但在西餐的感染之下，色和形也受到高度重视。尤其

---

① ［清］徐珂：《清稗类钞》（第13册）《饮食类·饮咖啡》，北京：中华书局1984年版，第6320页。
② ［清］徐珂：《清稗类钞》（第13册）《饮食类·荷兰水》，北京：中华书局1984年版，第6304页。
③ ［清］徐珂：《清稗类钞》（第13册）《饮食类·西餐》，北京：中华书局1984年版，第6270页。

重要的是，北京饮食文化中的营养观念得到了极大强化。

4. 丰盛的四季食谱

《帝京岁时纪胜》记录了全年每个月的时鲜食物，甚详：

食正月时品，除椒盘、柏酒、春饼、元宵之外，则青韭卤馅包、油煎肉三角、开河鱼、看镫鸡、海青螺、雏野鹜、春桔、金豆。

二月，菠薐于风帐下过冬，经春则为鲜。赤口菜老而碧叶尖细，则为火焰赤根，叶同金钩虾米，以面包合，烙而食之，乃仲春之时品也。

三月，采食天坛之龙须菜，味极清美。香椿芽拌面筋，嫩柳叶拌豆腐，黄花鱼，即江南之石首，甚称。小葱炒面条鱼，芦笋脍鲦花，鲫鲞和羹，又不必忆莼鲈矣。

四月，荐新菜果，王瓜、樱桃、瓴丝煎饼、榆钱蒸糕、蚕豆生芽、莴苣出笋，乃佳品也。……青蒿为蔬菜，四月食之，三月则采入药为茵陈，七月小儿取作星灯。谚云："三月茵陈四月蒿，五月六月砍柴烧。"

五月，小麦登场，玉米入市，蒜苗为菜，青草肥羊，麦青作撑转，麦仁煮肉粥。豇豆角、豌豆角、蚕豆角、扁豆角，尽为菜品；腌稍瓜、架冬瓜、绿丝瓜、白芰瓜，亦作羹汤，晚酌相宜。西瓜、甜瓜、云南瓜、白黄瓜、白樱桃、白桑椹；甜瓜之品最多：长大黄皮者为金皮香瓜，皮白瓤青为高丽香瓜，其白皮绿点者为脂（芝）麻粒，色青小尖者为琵琶轴，味极甘美。桃品亦多，五月结实者为麦熟桃，尖红者为鹰嘴桃，纯白者为银桃，纯红者为五节香，绿皮红点者为林檎，叶小而白者为银桃，核小而红绿相兼者为缸儿桃，扁而核可作念珠者为柿饼桃，更有外来色白而浆浓者为肃宁桃，色红而味甘者为深州桃。杏除香李、八达杏之外，有四道河、海棠红等，杏仁亦甘美。李奈则有御黄李、麝香红，又有黄皮红点者为梅杏，又杏质而李核者为胡撕赖蜜林檎。

六月盛暑，食饮最喜清新。京师莲实种二，内河者，嫩而鲜，宜承露，食之益寿；外河坚而实，宜干用。河藕亦种二，御河为果藕，外河者多菜藕。总以白莲为上，不但果菜皆宜，晒粉尤为佳品也。且有鲜菱、芡实、茨菇、桃仁，冰湃下酒，鲜美无比。

七月，禾黍登，秋蟹肥，苹婆果熟，虎赖槟香。都门枣品极多，大而长圆者为缨络枣，尖如橄榄者为马牙枣，质小而松脆者为山枣，极短而圆者为酸枣，又有赛梨枣、无核枣、合儿枣、甜瓜枣、外来之密云枣、安平枣，博野、枣强等处之枣，其羊枣黑色，俗呼为软枣，即丁香柿也。红子石榴之外，有白子石榴者，甘如蜜蔗，种出内苑。梨种亦多，有秋梨、雪梨、波梨、密梨、棠梨、罐梨、红绡梨，外来则有常山贡梨、大名梨、肉绵梨、瀛梨、洺梨，其能消渴解酲者，又莫如西苑之截梨、北山之酸梨也。山楂种二，京产者小而甜，外来者大而酸，可捣糕，可糖食。又有蜜饯榲桲，质似山楂而香美过之，出自辽东。

中秋桂饼之外，则卤馅芽韭烧麦、南炉鸭、烧小猪、挂炉肉，配食糟发面团、桂花东酒。鲜果品类甚繁，而最美者莫过葡萄，圆大而紫色者为玛瑙，长而白者为马乳，大小相兼者为公领孙，又有朱砂红、棣棠黄、乌玉珠等类，味俱甘美，其小而甜者为琐琐葡萄，性极热，能生发花痘；至于街市小儿叫卖小而黑者为酸葡萄，性斯下矣。盖柿出西山，大如碗，甘如蜜，冬月食之，可解炕煤毒气。白露节，苏州生栗初来，用饧沙拌炒，乃都门美品，正阳门王皮胡同杨店者更佳。其余清新果品，如苹婆、槟子、葡萄之类，用巨瓷瓮藏贮冰窖，经冬取出，鲜美依然。

九月，茰囊辟毒，菊叶迎祥，松榛结子，韭菜开花，新黄米包红枣作煎糕，荞麦面和秦椒压饸饹，板鸭清蒸，嫩蟹香糟，草桥荸荠大于杯，卫水银鱼白似玉。

十月，铁角初肥，汤羊正美，白鲞并豚蹄为冻脂麻，灌果馅为糖冬笋，新来黄斋才熟。

十一月，时维长至，贡物咸来，北置则獾狸、麋鹿、野豕、黄羊，风干冰冻；南来则橙柑、桔柚、香圆、佛手、塘栖蜜饯。荐新时品，摘青韭以煮黄芽；祠祭鲜羹，移梅花而烹白雪。

十二月，腊月朔，街前卖粥果者成市，更有卖核桃、柿饼、枣、栗、干菱角米者，肩挑筐贮，叫而卖之；其次则肥野鸡、关东鱼、野猫、野鹜、腌腊肉。……二十八，外则卖糖瓜、糖饼、江米竹节糕、关东糖。糟草炒豆，乃二十三日送灶饷神马之具也。腊月诸物价昂，盖年景丰裕，人工忙促，故有"腊月水土贵三分"之谚。高年人于岁逼时，训饬后辈谨慎出入。又有"二十七、八，平抢平抓"之谚。①

---

① 《帝京岁时纪胜》，载《中国地方志民俗资料汇编·华北卷》，北京：书目文献出版社 1989 年版，第 8—10 页。

总体而言，食玉米为大宗，谷、麦、高粱、菽次之；蔬菜以葱、韭、菠、白菜、萝卜、芥菜为普通，豆腐、鸡蛋次之，肉类又次之，稻米运自南省，间亦购食。冬春昼短，多两餐；余三餐，早粥，午饭或面食，副食，夏挽野菜，冬用倭瓜、白薯、山药。夏日早晚，食水饭（煮成米饭，浇冷水）。每年端午、中秋、年三节暨遇婚丧大事，备酒肉盛馔，家人及工人饱食。近年生活程度增高，稍有铺张。好面（子）者，每遇佳宾，多喜备美菜、糕点、干脯、鲜果、南酒、鸡、鱼、海味等。一饭需二十元者，酱、醋、香油、椒、蒜、姜、茴香、大料、豆豉、酱油、料酒，亦尚讲究。地方出产无多，食品如此讲究，所以一遇凶年，十室九空。历年水、旱、虫、雹、兵燹，失遭流离，然无救其逞富夸阔之虑。①

第三节　宫廷饮食：权力的炫耀

宫廷膳食代表了当朝饮食文化的最高水平。商汤时伊尹所言的"美菜"、"美和"、"美饭"和"美果"，周代的"八珍"，《楚辞·招魂》的楚地食单，隋谢讽《食经》，唐韦巨源《烧尾宴食单》，唐宋的《膳夫经》《膳夫经手录》，宋司膳内人《玉食批》，张俊宴宋高宗的食单，元忽思慧《饮膳正要》，李斗《扬州画舫录》载"满汉席"，故宫博物院的清宫膳单等，都是帝王饮食的典型代表，其中清宫御膳更是达到登峰造极的地步。

古代集权统治有条件将饮食文化推向巅峰。宫廷对饮食的品质要求极高，食材、烹饪技艺及烹饪条件、饮食环境等都要求达到当时的最高水平。清代帝后们食用的大米，既有各地的"贡米"，也有京西玉泉山附近及北京南苑等地产的"御米"。帝后们食用的山珍海味，多由各地进贡而来。东北的熊掌、"飞龙"，镇江的鲥鱼，南方的荔枝等，常常要通过驿站，飞马传送至京城。② 宫廷饮食不仅是满足食欲，而且是彻头彻尾的权力展示。从清政府的立场而言，权力不仅是至高无上的指令、统治的威严，也渗透在日常生活中，即便在饮食当中同样是等级森严。在宫廷里，吃的是权力，已不是单纯的美味了。如此这般，也使得清宫饮食跃上了整个中国饮食文化发展史的顶端。

---

① 《顺义县志》民国二十二年铅印本，转引自：《中国地方志民俗资料汇编·华北卷》，北京：书目文献出版社 1989 年版，第 23—24 页。

② 王茹芹：《京商论》，北京：中国经济出版社 2008 年版，第 50 页。

1. 大兴奢华饮食之风

满族贵族建立起清王朝之后，他们在饮食方面有了更高的追求，一进入汉民族饮食文化的中心，便对汉族传统饮食倾注了极大的兴趣。他们利用手中至高无上的权力，向江南各地征召时鲜贡品。乾隆执政时，出于政治需要和游乐享受的双重目的，经常巡游各地。所到之处，都要寻求天下美味，一时宫廷膳事盛况空前。正如有的学者所指出的："到清代中期，宫廷饮食不仅满汉融合日久，而且南北风味渗透更深。特别是乾隆帝多次去曲阜，下江南，大兴豪饮奢华之风，品尝美味，眼界大开。除每日以南味食品为食外，还将江南名厨高手召进宫廷，为皇家饮食变换花样。……清代皇帝不仅要'食天下'花样翻新，还要占有烹饪技术，才能满足他膨胀的胃口。所以，清代宫廷饮食形成了荟萃南北、融汇东西的特色。"① 清宫饮食是在吸收和融汇了各民族和各种风味的基础上发展起来的，突出了清代皇帝作为少数民族统治天下"王天下，食天下"的大一统思想。

"全素刘"的创始人刘海泉曾在清宫御膳房当差，亲见慈禧每顿饭都有上百道菜。"有一次，素菜厨师做了一道异味枣果，主料是肉果、枣泥、蜂蜜、白糖、桂花等；做法是把精选好的枣去皮去核，用油皮卷好，经过蒸炸，再用蜜渍，上盘后，加青红丝、金糕条，上面再撒上些许白糖，五颜六色非常美观，引起慈禧的注意。"② 一道普通的菜主料、做工都如此繁复，更不用说宴席上的主菜了。

清代宫廷饮食也是在民间饮食的基础上发展起来的。宫廷在充分吸纳民间饮食精华的同时，又将这些民间饮食推向奢华的档次。以应节食品为例，最初只是由民间食俗发展起来的应节食品，一旦被最高统治者看重并纳入宫廷节日食单之后，原料、做法和形式上便渐由质朴变得奢华。受其影响，民间便争相仿效、攀比。譬如立春献春盘，是自晋代就有的风俗。唐代的春盘，还只有春饼、生菜等，取其清新之义。到了南宋时，宫廷春盘就异常奢华了。《武林旧事》中说：南宋皇帝赐给大臣的春盘，"翠缕红丝，金鸡玉燕，备极精巧，每盘直（值）万钱"③。又如前面提到的"腊八粥"，原初所用原料不过是常食之物，凑足八样，和而煮之

① 苑洪琪：《中国的宫廷饮食》，台北：台湾商务印书馆1998年版，第20页。
② 刘文治：《全素刘及其宫廷素菜》，载北京市政协文史资料委员会编：《北京文史资料精选·东城卷》，北京：北京出版社2006年版，第153页。
③ ［宋］周密：《武林旧事》卷二《立春》，北京：中华书局2020年版，第36页。

而已。自元以降，宫廷亦行煮腊八粥，元人孙国敉《燕都游览志》里有"十二月八日赐百官粥，民间亦作腊八粥"的记载。《明宫史》还有"初八日，吃腊八粥"的记述。清代宫廷更加重视腊八粥，光绪《顺天府志》中说："腊八粥，一名'八宝粥'。每岁腊月八日，雍和宫熬粥，定制，派大臣监视，盖供上膳焉。"当时宫廷腊八粥的原料有糯米、粳米、黄米、小米、赤白二豆、黄豆、云豆、三仁（桃仁、榛仁、瓜子仁）、饴糖等，把以上原料混合加水而煮。并适时掺入栗子、莲子、桂圆、百合、蜜枣、青梅、芡实等果料，每年清宫煮粥耗费的银子竟达十二万四千余两。这种靡费，自然会波及民间。晚清以后，一般富裕人家竞相以腊八粥的原料名贵、多样为时尚。

清代宫廷设立了专门管理御膳的机构。在清宫内有两处，一是景运门外的膳房，又叫外膳房、御茶膳房。平日并不为皇帝备膳，只在大宴群臣时制作"满汉全席"，也为值班大臣备膳；另一处是专为皇帝服务的"大内御膳房"，位于养心殿侧。此外圆明园、颐和园等御园内也有"园庭膳房"。皇帝出行时，设有"行在御膳房"。御膳房下设五个局：荤局、素局、挂炉局、点心局、饭局。皇帝出行往往要带一个御膳班子，如慈禧一次巡行奉天，置备一列 16 节的专车，其中有 4 节就充当临时御膳房，车厢内单是灶就备有 50 座，厨师杂役达一二百人。[1]

御茶膳房最初设在中和殿东围房内，在乾隆十三年（1748）以后就改设在了故宫内的箭亭东外库之中，其机构设有内膳房、外膳房、肉房、干肉库，专门负责皇帝的饭菜、糕点和饮品。御膳房逐日将皇帝的早、晚饭开列清单，通称膳单，呈内务府大臣批准，然后按单烹饪。清宫膳食，归内府管辖，具体由总管太监三员、首领太监十名、太监一百名，"专司上用膳馐、各宫馔品、节令宴席，随侍坐更等事"。当时，紫禁城里有大大小小数不清的膳房。[2] 这个伺候皇帝吃喝的御膳房到底有多少人，从无准确统计，只知道"养心殿御膳房"一处就有数百人。清代宫廷档案中，有一份保存了近两亿字的膳事实录——《御茶膳房·膳》[3] 档案。这是研究清代宫廷饮食生活及清代社会文化等不可或缺的一个实录资料库。

---

① 王茹芹：《京商论》，北京：中国经济出版社 2008 年版，第 50 页。

② 苑洪琪：《中国的宫廷饮食》，台北：台湾商务印书馆 1998 年版，第 33—34 页。

③ 《御茶膳房》由记录皇帝每日膳食及相关事务的《膳单》和记录皇太后以下宫中诸位膳食用度、皇帝赏赐筵席及各类膳食用料等的《行文底档》两部分构成。《御茶膳房》档案现存档目 5347 件，整理为 85 册。

（1）"御膳"样式

皇帝吃的饭食叫"御膳"，吃饭称"传膳"或"进膳"。清代皇帝每日两次正餐，早膳在辰时（7—9点），晚膳在未时（1—3点），外加两次点心或酒膳。皇帝吃饭无固定地点，大多在寝宫或办事地点"传膳"。皇帝所食饭菜十分讲究，不仅要色、香、味俱全，还要荤素搭配，咸甜皆有，汤饭并用，营养丰富。以乾隆五十四年正月初二早膳为例：卯正三刻（5—7点），"养性殿进早膳。用填漆花膳桌摆。燕窝红白鸭子挂炉肉野意热锅一品，燕窝口蘑锅烧鸡热锅一品，炒鸡炖冻豆腐热锅一品，肉丝水笋丝热锅一品，额思克森一品，清蒸鸭子烧狍肉攒盘一品，鹿尾羊乌义攒盘一品，竹节卷小馍首一品，匙子饽饽红糕一品，年年糕一品，珐琅葵花盒小菜一品，珐琅碟小菜四品，咸肉一碟，随送鸭子三鲜面进一品，鸡汤膳一品。额食七桌，饽饽十五品一桌，饽饽六品、奶子十二品、青海水兽碗菜三品共一桌，盘肉十盘一桌，羊肉五方三桌，猪肉一方、鹿肉一方共一桌"[①]。这么多的饭菜，皇帝一个人是吃不完的，吃剩之后要用来赏赐妃嫔和大臣。

爱新觉罗·溥仪在《我的前半生》第二章"帝王生活二"中，提供了一份"宣统四年二月糙卷单"（民国元年三月的一份菜单草稿），是一次"早膳"[②] 主要的菜品名称：口蘑肥鸡、三鲜鸭子、五柳鸡丝、炖肉、炖肚肺、肉片炖白菜、黄焖羊肉、羊肉炖菠菜豆腐、樱桃肉山药、炉肉炖白菜、羊肉片川小萝卜、鸭条熘海参、鸭丁熘葛仙米、烧茨菇、肉片焖玉兰片、羊肉丝焖跑跶丝、炸春卷、黄韭菜炒肉、熏肘花小肚、卤煮豆腐、熏干丝、烹掐菜、花椒油炒白菜丝、五香干、祭神肉片汤、白煮塞勒、烹白肉等。

"膳底档"是清宫专门记录皇帝和皇太后每日用膳情况的档案。爱新觉罗·溥仪还从清宫里保存的一份"膳底档"中抄录了乾隆皇帝的一顿正餐：

"乾隆三十年正月十六日，卯初二刻，请驾伺候，冰糖炖燕窝一品，用春寿宝盘金钟盖。

"卯正一刻，养心殿东暖阁进早膳，用填漆花膳桌摆：燕窝红白鸭子南鲜热锅一品，酒炖肉炖豆腐一品（五福珐琅碗），清蒸鸭子糊猪肉鹿尾攒盘一品，竹节卷小馒首一品（黄盘）。舒妃、颖妃、愉妃、豫妃进菜四品，饽饽二品，珐琅葵花盒

---

① 中国第一历史档案馆：《御茶膳房·膳》218 号。
② 宫中只吃两餐，早膳即午饭，早晨或午后有时吃一顿点心。

小菜一品，珐琅银碟小菜四品。随送面一品（系里边伺候），老米水膳一品（汤膳碗五谷丰登珐琅碗金钟盖）。额食四桌：二号黄碗菜四品，羊肉丝一品（五福碗），奶子八品，共十三品一桌；饽饽十五品一桌；盘肉八品一桌；羊肉二方一桌。上进毕，赏舒妃等位祭神糕一品、盒子一品、包子一品、小饽饽一品、热锅一品、攒盒肉一品、菜三品。"

清代档案"御菜膳房"曾记录了咸丰十一年（1861）十月十日，进给皇太后的一桌早膳是：

火锅二品：羊肉炖豆腐、炉鸭炖白菜；大碗菜四品：燕窝"福"字锅烧鸭子、燕窝"寿"字白鸭丝、燕窝"万"字红白鸭子、燕窝"年"字什锦攒丝；中碗菜四品：燕窝肥鸭丝、溜鲜虾、三鲜鸽蛋、烩鸭腰；碟菜六品：燕窝炒熏鸡丝、肉片炒翅子、口蘑炒鸡子、溜野鸭丸子、果子酱、碎溜鸡；片盘二品：挂炉鸭子、挂乳猪；饽饽四品：百寿桃、五福捧寿桃、寿意白糖油糕、寿意苜蓿糕；燕窝鸭条汤；鸡丝面。

在《钦定宫中现行则例》《国朝宫史》中，依据妻妾身份、地位的不同，明确规定了宫廷饮食的等级标准：皇后、皇贵妃、贵妃、妃、嫔、贵人、常在、答应8个等级。金银和瓷器餐具也是等级森严。皇室用水取自玉泉山："玉泉山之水最轻清，向来尚膳、尚茶日取水于此，内管领司其事。"[1] 皇帝、皇太后、皇后享受最高标准的饮食，每次进膳用全份膳48品（包括菜肴、小菜、饽饽、粥、汤及干鲜果品）；每天用盘肉16斤、汤肉10斤、猪肉10斤、羊2只、鸡5只、鸭3只、蔬菜19斤、萝卜（各种）60个、葱6斤、玉泉酒4两、青酱3斤、醋2斤，以及米、面、香油、奶酒、酥油、蜂蜜、白糖、芝麻、核桃仁、黑枣等。皇后以下的皇贵妃、贵妃、妃、嫔等，按照等级相应递减。皇贵妃、贵妃食半份膳（是皇帝的二分之一）24品，妃以下食半半份膳（是皇帝的四分之一）12品。

类似的记载还有：皇后每天用猪肉16斤、羊肉1盘、鸡鸭各1只、新粳米1.8升、黄老米1.35升、高丽江米1.5升、粳米粉1斤8两、白面7斤8两、麦子粉8两、豌豆折3合、白糖1斤、盆糖4两、蜂蜜4两、核桃仁2两、松仁1

---

① ［清］吴振棫撰，童正伦点校：《养吉斋丛录》卷二十四，北京：中华书局2005年版，第302页。

钱、枸杞 2 两、干枣 5 两、猪油 1 斤、香油 1 斤 6 两、鸡蛋 10 合、面筋 12 两、豆腐 1 斤 8 两、粉锅渣 1 斤、甜酱 1 斤 6 两 5 钱、清酱 1 两、醋 2 两 5 钱、鲜菜 15 斤、茄子 20 个、王瓜 20 条、白蜡 5 枝、黄蜡 4 枝、羊油蜡 10 枝、羊油更蜡 1 枝、红箩炭（夏季 10 斤、冬季 20 斤）、黑炭（夏季 30 斤、冬季 60 斤）。① 皇室每天要耗费多少珍贵的饮食资源啊！

皇帝不仅在宫中非常讲究膳食，就是外出巡视狩猎时也不疏忽。1698 年 7 月 29 日，玄烨（康熙）出巡塞北，至 11 月 13 日返回北京，历时三个半月，所备各种膳食用品极为丰富："猪油炒白菜六罐、猪油炒芹菜心六罐、猪油炒菠菜三罐、酱烧茄子六罐、水焯茄子六罐、水焯白菜六罐、猪油炒芹菜三罐、猪油炒胡萝卜六罐、腌韭菜四罐、韭菜腌酱瓜四罐、韭菜腌茄子两罐、腌水焯茄子两罐、腌水焯酱瓜两罐……"② 显然，这些大都是可以保留时间较长的食物，沿途还有新鲜菜品供应，包括各种猎物。

食品份例和品种的数量是如此之多③，宫中每餐的菜点亦极其丰富，常有十几种或几十种。咸丰十一年（1861）农历十二月三十日，刚刚即位、年仅 7 岁的同治皇帝（载淳，1856—1875）的除夕晚膳，即有大碗菜四品：燕窝"万"字金鸡鸭子、燕窝"年"字三鲜肥鸡、燕窝"如"字锅烧鸭子、燕窝"意"字什锦鸡丝；杯碗菜三品：燕窝溜鸭条、攒丝鸽蛋、鸡丝翅子、溜鸭腰；碟菜四品：燕窝炒炉鸭丝、炒野鸡爪、小炒鲤鱼、肉丝炒鸡蛋；片盘二品：挂炉鸭子、挂炉猪；饽饽二品：白糖油糕、如意卷；燕窝八仙汤。④

清宫御膳大菜小点名目繁多，但不外乎三种口味：一是山东口味。明朝都城移至北京时，宫廷里之厨师大部分来自山东，清代沿袭了明代宫廷留下来的山东厨师，山东风味便自宫中、民间普及开来；二是满族风味。满族厨师是清代宫廷饮食中的核心力量，他们大多身怀家传的烹饪绝技。满族生活常用牛、羊、禽等肉类，入主中原以后，清宫内府的厨师利用这些食材的特色加以改良而形成一股独特风味，北京名肴涮羊肉即为传统饮食之一。"全羊"更是清宫大宴时满族的

① ［清］鄂尔泰、张廷玉等编纂《国朝宫史》（下），北京：北京古籍出版社 1994 年版，第 398—399 页。

② 《黑图档》康熙三十七年《京来档》（满文），转引自王佩环：《一个登上龙廷的民族 满族社会与宫廷》，沈阳：辽宁民族出版社 2006 年版，第 108 页。

③ 份例，即宫中每日膳食用料的份额与成例。

④ 李路阳：《中国全史·中国清代习俗史》，北京：人民出版社 1994 年版，第 75 页。

"特牲"。所谓特牲即是用整猪、整羊、整鹅等，用刀割食。满族名菜烤乳猪，即是特牲之猪。其制法：最初是将乳猪（刚生下来不到半个月）宰杀治净后，用稀黄泥涂裹全身，埋于炭火内烧熟，再将黄泥除净，用刀切割，蘸盐面或调料而食。后来制作方式改进为，用白酒、绍酒、蜂蜜水和盐将猪体内外抹匀擦透，再用铁钎插入猪身，担在炭火的盆架上，以炭火烤熟，边烤边抹油。成品色泽红润光亮，外焦内嫩，鲜香异常。① 烤全羊是满族的固有食俗，是与汉族、回族等烹饪技艺融汇一体的产物；三是苏杭饮食。清朝到乾隆时期，政权稳固、社会稳定、经济繁荣、国泰民安，号称"盛世"。乾隆在长治久安后便开始六下江南。乾隆当年很讲口腹享受，特别喜爱吃南方菜。乾隆对南方菜的嗜好，促进了江浙菜系的发展，造就出许多名菜，苏扬名菜名点，差不多都是在此时定型的。尤其是清乾隆年间逐渐流行的满汉全席菜式，以满洲烧烤和南菜中的鱼翅、燕窝、海参、鲍鱼等为主菜；以淮扬、江浙羹汤为佐菜；以满族传统糕点饽饽穿插其间，集京菜之大成。因此，北京菜系如同北京在中国的地位一样，是万流归宗之处，有兼收并蓄之怀。

（2）皇室糕点

清代宫廷糕点制作技艺水平达到了整个封建社会的高峰。每当节日、庆典仪式、祭祀活动都有大量的糕点需求，这在清代历史文献上的记载纷繁，有宴席上食用的、有赏赐给官员的、有作为供品的，花样百出。

《大清会典则例》卷一五四记皇帝生日赐宴所用宫廷糕点："万寿圣节筵，燕用八宝糖、冰糖、大缠榛、栗、柿、晒枣、龙眼、鲜葡萄、核桃、苹果、黄梨、红梨、棠梨、蜜饯、山里红、山葡萄糕、枸杞糕、干梨面、豆粉糕。"同书卷一五四记会试宴席宫廷糕点："文武会试，赐燕（宴）用宝装花大、中、小锭。大、中、小馒头，糖包子，蒸饼，鸡鹅来皮饼，圆酥饼，白花饼，腌鱼，粉汤，均由署备送。"

乾隆十二年（1747）官修的《皇朝文献通考》记录了赏赐外藩君王宫廷糕点："雍正五年，朝贡于常赏外，特赐国王人参四十斤，库缎二十五匹，磁器一百三十件，洋漆器六十六件，纸三百张，墨二十匣，字画绢一百张，及荔枝酒、哈密瓜、松糕、茶糕、芽茶、香饼、灯扇、香囊等物。"② 有些赏赐糕点的名称颇为

---

① 吴正格：《满族食俗与清宫御膳》，沈阳：辽宁科学技术出版社1988年版，第139—140页。
② ［清］刘墉、嵇璜等主持：《皇朝文献通考》卷二九八，文渊阁，第0638册，0714b页。

典雅华丽，尽显宫廷气派。乾隆七年（1742）令内廷大学士鄂尔泰、张廷玉等编纂的《国朝宫史》卷十八就记载了很多别致的宫廷糕点，因为糕点是皇室赐予皇亲国戚的礼品，对糕点的命名就特别讲究："璚粒霏香松子饼一盒，桂粉春融南鲁酥一盒、银荷澄露白莲花酥一盒、锦英香满黄海棠酥一盒、九苞耀彩妆花酥一盒、绛雪流辉红元酥一盒、翠云凝液绿腰酥一盒、素璞凝华白元酥一盒、金蕊含芳葵花酥一盒，（以上填漆菊花式捧盒一九）。""绛雪呈华山查糕一盒、琼琚珍品木瓜糕一盒、紫英绚采酸枣糕一盒、金粟涵芳桂花糕一盒、绀玉流辉玫瑰糕一盒、云粉含春梅苏糕一盒、碧芽凝液茶叶糕一盒、香蒸珠粒松子糕一盒、黛叶清芬薄荷糕一盒……（以上红彩漆几盒一九）。"①"酥"是这类糕点的共性，所使用的食材则各自不同。

清代宫廷祭祀名目繁多，有祭祖、祭各种神灵，还有诸多佛教祭祀。凡祭祀都要以糕点为供品，其中以满族糕点为主。《清史稿》卷八十五《礼志》有下面三段文字："四月八日佛诞，祭祀前期，缭殿悬神幔，选觉罗妻正、副赞祀二人为司祝。祭日，……司俎内监置椵叶饽饽、酿酒、红蜜于盒以从，至则陈香镫，献糕酒，取红蜜暨诸王供蜜各少许，注黄磁浴池。司祝请佛，浴毕，以新棉承座，还奉佛亭，陈椵叶饽饽九盘，酒盏、香碟各三，并诸王所供饽饽、酒。圆殿亦如之。""求福祀神：所称佛立佛多鄂谟锡玛玛者，知为保婴而祀也，亦名换索。……炕上设低案一，陈香碟、醴酒各三，豆糕、煤糕、打糕各九。西炕设求福高案，陈鲤鱼、稗米饭、水端子各二，醴酒、豆糕等皆九数。""满洲俗尚跳神，……前一日，神前供打糕各九盘，以为散献。大祀日，五鼓献糕，主人吉服向西跪，设神幄向东，中设如来、观音神位。女巫舞刀祝曰：'敬献糕饵，以祈康年。'"②各种色彩鲜艳的糕点摆在供桌上，比较显眼，似乎更能表达纳吉祈福之心愿。

2. 精美的饮食器皿

器皿是构成饮食意境美的重要因素之一。烹饪艺术离不开盛器，菜点的美必须与盛器的美协调一致。烹饪艺术之美不是菜肴美加上盛器美那种简单的加法关

---

① ［清］鄂尔泰、张廷玉等编纂：《国朝宫史》（下），北京：北京古籍出版社1994年版，第418页、413页。

② ［清］赵尔巽：《清史稿》（第十册）卷八十五《礼四·吉礼四》，北京：中华书局1977年版，第2556、2563—2564、2570页。

系。这正如同舞剧之美不等于演剧之美简单地加上布景绘画之美一样。舞台效果是剧情与场景的有机组合；烹饪艺术也应当是菜点之美与器皿之美的协调一体。在这方面，清代宫廷饮食也达到了最佳境界。

清代皇帝及其皇室成员在进行筵宴时，不仅精于美食，而且重视美器，通过精美的食品和精巧的食器，来体现政治上的至尊至荣地位，以及“举世无双”的显赫权势。在山东曲阜的孔府前上房的室内，陈列着一套精美豪华的银制满汉全席餐具。此套餐具共计 404 件，全称为“满汉宴·银质点铜锡仿古象形水火餐具”，可以上 196 道菜肴，是国内仅存的一套完整的满汉全席餐具。据孔府档案资料记载，这套餐具是乾隆皇帝为陪嫁其女儿给孔府第 72 代孙孔宪培而赐给孔府的。餐具上镌印着“辛卯年”的年号，为乾隆三十六年（1771）。

在造型上，可分为两大部分：第一部分是仿古造型，主要仿制青铜礼食器的簋、彝、鬲、豆、鼎等，以示古雅别致。第二部分是象生造型，主要取象于鱼、鸭、鹿、桃、瓜、琵琶等形象，其制作逼真生动，为宴席增添了许多生气。器身又多以玉、翡、玛瑙、珊瑚等珠宝嵌镶或蝉、狮头、鱼眼等美丽图形作为装饰，并雕有花卉及其他图案。① 从这套规模庞大的餐具可以看出，宫廷宴饮对餐具的使用具有严格的规范性，要求配套和整齐划一，而银质的色泽更是光彩夺目，光可鉴人。清一色同一质地的餐具，也增强了宴筵的整体感、凸显了宴筵的主旋律。

宫中使用的餐具，有金、银、玉、瓷、珐琅、翡翠，以及玛瑙制作的盘、碗、匙、箸等，都是民间不能有的。瓷器多由江西景德镇的官窑，每年按规定大量烧造。清代康熙、雍正、乾隆三朝瓷器餐具的发展臻于鼎盛，达到历史上的最高水平。清代受少数民族文化影响，借鉴少数民族生活用具和为适应外销需要，新创了笠式碗、橄榄瓶、铃铛杯等，以及西洋、日本风格的器形等。在彩瓷方面除青花和五彩瓷进一步改进提高外，受西方绘画的影响，康熙时期还创造了闻名中外的粉彩、珐琅彩瓷器。在瓷器餐具上可谓是五彩缤纷。特别是在乾隆年间，官窑陶瓷餐具对功能和造型过于讲究技巧、写实，装饰上渲染出极度精致豪华感。清宫御膳一席菜肴的形态有整、丰、腴美者，亦有丁、丝、块、条、片、泥及异形者，菜的色泽有红、黄、棕、绿、白、黑等色，一经与恰如其分的餐具相配，大

① 郭云鹏、王思源、孟继新：《孔府菜配用餐具》，载《齐鲁日报》2019 年 12 月 13 日第 14 版。

小相间，高低错落，色彩缤纷，形质协调，组合得当，美食与美器融合一处，构成一幅蔚为壮观的艺术图案，其意境之美妙难以名状。

御膳房里，除瓷器外，金银器也很多。以道光时期为例，御膳房里有金银器3000多件，其中金器共重 4600 多两（约合 140 公斤），银器重 4 万多两（约合1250 公斤）。皇帝日常进膳用各式盘碗；冬天增加热锅、暖碗。大宴时的御用宴，大都用玉盘碗。乾隆帝还为万寿宴特命制了铜胎镀金掐丝珐琅万寿无疆盘碗。"慈禧六旬时还制办了许多金、银、漆、玉、铜、锡餐具，仅金碗、金盘、银锅、银壶、银叉、银勺、酒鎌、羹匙、金银镶象牙箸等就有七百八十多件。这些餐具或镌刻万寿无疆字样，或雕蝠寿做纹饰，有的以八宝、如意、云头及万字等组花案为底，并作四片开光底，浓重地烘托出'万寿无疆'四个大字的艺术效果。"① 此外，皇后、妃、嫔等还有位分盘碗，即皇后及皇太后用黄釉盘碗，贵妃、妃用黄地绿龙盘碗，嫔用蓝地黄龙盘碗，贵人用绿地紫龙盘碗，常在用五彩红龙盘碗；均为家宴时用。平时吃饭则用其他盘碗。

清代诗人袁枚在《随园食单·器具须知》中说："美食不如美器。"在某种意义上，美器比美食更引人注意。这正说明我国历来对饮食器具的重视。北京饮食器具集中展示了我国餐具工艺的高超技艺，也从一个侧面反映了我国人民伟大的创造力。

3. 名目繁多的宫廷筵宴

清宫中除了日常膳食之外，还有名目繁多的各种筵宴。清代著名的宴会，有定鼎宴、千叟宴、满汉全席、元日宴、冬至宴、大婚宴、凯旋宴、宗室宴、廷臣宴、恩荣宴、恭宴、大蒙古包宴等。炫耀、排场，是这些宴饮的共同特点。其中以喜庆宴最多，如有皇帝登极的会元宴，改元建号的定鼎宴；元旦、冬至、万寿节（皇帝诞辰）的三大节朝贺宴，在筵宴中最受重视，因认为元旦为一岁之首，冬至为一阳之复，万寿为人君之始，所以三大节筵宴被称为"大宴"，礼仪最为隆重。

除了大宴以外，清宫还有数不清的各种名目的筵宴。如皇太后生日的圣寿宴，皇后生日的千秋宴，皇帝大婚时的纳彩宴、大征宴、合卺宴、团圆宴，皇子、皇孙婚礼及公主、郡主下嫁时的纳彩宴、合卺宴、谢恩宴，各种节会中的节日宴、

---

① 苑洪琪：《中国的宫廷饮食》，台北：台湾商务印书馆 1998 年版，第 165 页。

宗亲宴和家宴，以及无特定理由的千叟宴，等等，此外还有用于军事的命将出征宴、凯旋宴，用于外交的外藩宴，皇帝驾临辟雍视学的临雍宴，招待文臣的经筵宴（前文已提及），用于文武会试褒奖考官的出闱宴，赏赐文进士的恩荣宴，赏赐武进士的会武宴，实录、会典等书开始编纂及告成日的筵宴。

王士祯的《池北偶谈》记载了康熙朝的两次赐宴："上（康熙皇帝）优礼儒臣，癸丑赐宴瀛台，翰林官皆与。戊午，（王）士慎同陈、叶二学士内直。时四、五月间，日颁赐樱桃苹果及樱桃浆、奶酪茶、六安茶等物。其茶以黄罗缄封，上有六安州红印。四月二十二日赐天花（蘑），特颁御笔上谕云：'朕召卿等编纂，适五台山贡到天花，鲜馨罕有，可称佳味，特赐卿等，使知名山风土也。'"① 康熙二十一年壬戌正月上元，"赐群臣宴于乾清宫，异数也。凡赐御酒者二，大学士、尚书、侍郎、学士、都御史，皆上手赐；通政使、大理卿以下则十人为一班，分左右列，命近侍赐酒，且谕：醉者令宫监扶掖。独光禄卿马世济以文毅公（雄镇）子，右通政陈汝器以赠兵侍前福建巡海道副使（启泰）子，特召至御座侧赐酒，上之褒忠优厚如此。翌日，上首唱柏梁体《升平嘉宴诗》，群臣继和，汝器句云'励节褒忠感赐觞'，盖纪实云。"②

这些筵宴，除内廷筵宴、宗室筵宴为内务府筹办外，外廷筵宴主要由光禄寺负责筹办，内务府协办。按《大清会典》载，光禄寺掌"燕（宴）劳荐飨之政令，辨其品式，稽其经费"。寺下所属机构主要有：大官署，负责掌祭品宫膳、节令筵席、藩使宴犒；珍馐署，负责供备禽畜及鱼、面、茶等物；良酝署，负责酿酒及供备乳油、羊只及牛奶等；掌醢署，负责供备盐、酱、花椒、榛栗、香油等调料。因重视筵宴，清宫特派满族大臣一员总理寺事。③

千叟宴，亦名千秋宴，为康熙五十二年（1713）创典，设畅春园。邀请对象是全国范围内 65 岁以上的老人，名单由皇帝"钦定"。千叟宴是清朝宫廷大宴之一，始于康熙，盛于乾隆期间，是清宫中范围最广大、与宴者最多的浩大御宴，所谓"恩隆礼洽，为万古未有之举"。康熙五十二年在畅春园第一次进行千人年夜

① ［清］王士祯撰，勒斯仁点校：《池北偶谈》卷二《谈故二》"上赐"条，北京：中华书局 1982 年版，第 33 页。

② ［清］王士祯撰，勒斯仁点校：《池北偶谈》卷三《谈故三》"赐宴褒忠"条，北京：中华书局 1982 年版，第 67 页。

③ 李路阳、畏冬：《中国全史·中国清代习俗史》，北京：人民出版社 1994 年版，第 86—87 页。

宴，玄烨帝席赋《千叟宴》诗一首，固得宴名。① 有清一代，共举办过 4 次，第一次是康熙五十二年康熙帝六十寿辰在畅春园举行，第二次是康熙六十一年（1722）在乾清宫举行。两次大宴参加人数均在 1000 名以上，都是 65 岁以上的老人。乾隆时期宫中又举行过两次千叟宴，一次在乾隆五十年（1785），有 3000 名 60 岁以上的老翁舆宴，地点在乾清宫。另一次是乾隆六十一年，即嘉庆元年（1796），乾隆帝为庆贺"归政大典"告成，在宁寿宫的皇极殿设宴，舆宴者包括年逾花甲的大臣、官吏、军士、民人、匠役等 5000 余人，筵开 800 余桌；并赏赐老人如意、寿杖、文绮、银牌等物。②

元日宴，也称元旦宴、元会宴。清代例行宴会之一。礼部主办，光禄寺供置，精膳司部置。《清史稿·志》载："元日宴，崇德初，定制，设宴崇政殿，王、贝勒、贝子、公等各进筵食牲酒，外藩王、贝勒亦如之。顺治十年，令亲王、世子、郡王暨外藩王、贝勒各进牲酒，不足，光禄寺益之，御筵则尚膳监供备。康熙十三年罢，越数岁复故。二十三年，改燔炙为肴羹，去银器，王以下进肴羹筵席有差。"③ 雍正四年，对元日宴的仪式、陈设、席次、宴会所奏音乐及舞蹈均做了规定。

满族大宴，清朝入关前的一种宴会。规模较大，多以招待一般身份的外部族头人，如朝鲜使臣、明朝的降官降将、公主与额附回阙省亲等。此宴带有喜庆性质，通常由皇帝亲自出席。一般设几桌到几十桌。多以牛羊肉为主，兽肉次之。通常烹煮的肉食，块大、质嫩，用解食刀割食。大宴也设酒，但只是一种礼仪。

乡饮酒礼于每年正月十五与十月初一各举行一次，由各府、州、县正印官主持，在儒学明伦堂举行。参加乡饮酒礼的嘉宾统称乡饮宾，乡饮宾分为乡饮大宾、乡饮僎宾、乡饮介宾、乡饮众宾，诸宾皆本籍致仕官员或年高德劭、望重乡里者充之，乡饮宾之人选由当地学官考察，并出具"宾约"，报知县（或知州、知府）复核。复核通过后还要逐级上报，由藩台转呈巡抚，由抚院咨送吏部，由吏部呈皇帝批准。被皇帝批准为"乡饮宾"的人，朝廷都要赏给顶戴品级，地方政府还

---

① 《清实录（第二十七册）·高宗实录》卷一四九四，北京：中华书局 1986 年版，第 993 页。

② 苑洪琪：《中国的宫廷饮食》，台北：台湾商务印书馆 1998 年版，第 121—125 页。

③ ［清］赵尔巽：《清史稿》（第十册）卷八八《礼七（嘉礼一）》，北京：中华书局 1977 年版，第 2627 页。

要赠送匾额以示祝贺。① 由学校教官充当司正，行礼致辞说："敦崇礼教，举行乡饮，非为饮食，凡我长幼，各相劝勉。为臣尽忠，为子尽孝，长幼有序，兄友弟恭，内睦宗族，外和乡党……"② 照搬了明代"读律令"后的训诫致辞。这些话倒是将乡饮酒礼的作用讲得清清楚楚。

清代称皇帝诞辰为"万寿节"。献完寿礼后，皇帝要宴请群臣。皇家的金龙大宴是格外丰盛的，并具有浓郁的满族特色。"寿宴"共有热菜 20 品，冷菜 20 品，汤菜 4 品，小菜 4 品，鲜果 4 品，瓜果、蜜饯果 28 品，点心、糕、饼等面食 29 品，共计 109 品。菜肴以鸡、鸭、鹅、猪、鹿、羊、野鸡、野猪为主，辅以木耳、燕窝、香蕈、蘑菇等。待皇帝入座后，宴会才开始，分别上热菜、汤菜。进膳后，献奶茶。毕，撤宴桌。接着摆酒膳。寿宴长达 4 个小时，午时摆设，未时举行，申时结束。万寿节宴席上珍馐佳肴十分丰盛，为四等满席规制。据《大清会典事例·光禄寺》载：四等宴席用面 60 斤，席上有红白环徽 3 盘、馓子 4 碗、麻花 4 盘、饼饵 16 盘、干果 12 盘，有荤菜 20 品、果子 20 品，筵宴礼仪十分隆重。

宫廷御膳是由国家膳食机构或以国家名义进行的饮食生活，"皇帝的餐饮是以国家名义进行的，皇宫中聚集天下名厨，选用全国各地进贡的最精美珍奇的上乘原料，使用当时最高级别的炊具和最精美华丽的餐具，集中了各地名菜的精华，汇聚八方美味，历练出精美肴馔"③。这既体现了帝王饮食的富丽典雅而含蓄凝重、华贵尊荣而精细奢华、程仪庄严而气势恢宏，又注入了强烈的政治意蕴，是直接服务于清代的封建统治的，也是清王朝最高统治者致力维护多民族封建国家巩固统一而采用的一个十分奏效的手段与方式。

4. 满汉全席及其产生的原因

"满汉全席"全称叫"满汉燕翅烧烤全席"，是清宫规格最高、菜点品种最多的宴席。它既带有宫廷菜肴的特色，又展示了地方风味之精华，是中华菜系文化的瑰宝，堪称北京饮食文化乃至中国饮食文化之最。满汉全席的记载并不明确，宫廷御厨也没有这方面的实践经验。其实，这是对清宫御膳的一种难以抑制的想

---

① ［清］赵尔巽：《清史稿》（第十册）卷八九《礼八（嘉礼二）》，北京：中华书局 1977 年版，第 2654—2655 页。

② 赵尔巽主编：《清史稿》（第十册）卷八十九《礼八（嘉礼二）》，北京：中华书局 1977 年版，第 2654 页。

③ 王红：《老字号》，北京：北京出版社 2006 年版，第 75 页。

象，唯其想象，反而更加登峰造极，至善至美。不过，从清朝开始，就不断有人要将这一想象演化为现实，于是，满汉全席便逐渐变得实实在在起来，并为此寻求各种支撑的依据。尽管《清史稿》和"清宫膳档"这方面的记载可能不属于"满汉全席"史事，但后世对满汉全席的建构却是非常成功的。即便对《扬州画舫录》《随园食单》等相关著述的误读，也是满汉全席成功建构的必要部分。辩论满汉全席是否真正存在已没有意义，因为中华饮食文化历史悠久，涉及 56 个民族，博大精深，需要凝练出具有标志性的一套宴席，以之作为中华饮食文化的集大成者，就这样，满汉全席应运而生。满汉全席是一个构建的过程，这一过程并没有结束，还会一直延续下去。

它主要由满点和汉菜两部分组成。满点即满洲饽饽；汉菜则指以汉族传统风味为主的宫中菜肴。因席中主、副食兼备，满、汉风味齐全，菜点种类之多超过以往任何宴席，故称"满汉全席"。

（1）满汉全席的菜品呈现

"满汉全席"几乎集中了中国所有的山珍海味。那时宫里承办全席的原料是从全国各地采购来的"二十四珍"，选用的"山八珍"有驼峰、熊掌、猴头、猩唇、豹胎、犀尾、鹿筋、狮乳等；"海八珍"有燕窝、鱼翅、大乌参、鱼肚、鱼骨、鲍鱼、鱼唇、干贝等；"禽八珍"有红燕、"飞龙"、鹌鹑、天鹅、鹧鸪、彩雀、斑鸠、红头鹰等；"草八珍"有猴头菇、银耳、竹笋、驴窝菌、羊肚菌、花菇、黄花菜、云香信等名贵材料，烹饪上由御厨采用满人烧烤与汉人炖、焖、煮、炸等技法，可谓汇满汉南北口味之精粹，自然鲜美绝伦。[①]

清人食谱《调鼎集》中有满席、汉席条。满席记有全羊、全猪、烧小猪、挂炉鸭、白蒸小猪、白蒸鸭、糟蒸小猪、白哈尔巴、烧哈尔巴、挂炉鸡、白煮乌叉等。

满汉全席在雍正时已具雏形，乾隆、嘉庆两朝得到进一步发展。乾隆甲申年间（1746），江苏省仪征县有位叫李斗的人，写了一本《扬州画舫录》，其中记有一份满汉全席食单——这可以说是关于满汉全席最早的记载。说明满汉全席其实并非源于宫廷，而是江南的官场菜。据李斗的《扬州画舫录》卷四说：上买卖街前后寺观，皆为大厨房，以备六司百官食次：

---

① 赵莉：《"仿膳"：中国菜的里程碑》，载北京市政协文史资料委员会编：《北京文史资料精选·西城卷》，北京：北京出版社 2006 年版，第 287 页。

"第一份，头号五簋碗十件——燕窝鸡丝汤、海参烩猪筋、鲜蛏萝卜丝羹、海带猪肚丝羹、鲍鱼烩珍珠菜、淡菜虾子汤、鱼翅螃蟹羹、蘑菇煨鸡、辘轳锤、鱼肚煨火腿、鲨鱼皮鸡汁羹、血粉汤、一品级汤饭碗。

"第二份，二号五簋碗十件——鲫鱼舌烩熊掌、米糟猩唇、猪脑、假豹胎、蒸驼峰、梨片伴蒸果子狸、蒸鹿尾、野鸡片汤、风猪片子、风羊片子、兔脯奶房签、一品级汤饭碗。

"第三份，细白羹碗十件——猪肚假江瑶、鸭舌羹、鸡笋粥、猪脑羹、芙蓉蛋、鹅肫掌羹、糟蒸鲥鱼、假斑鱼肝、西施乳、文思豆腐羹、甲鱼肉片子汤、玺儿羹、一品级汤饭碗。

"第四份，毛血盘二十件——炙哈尔巴小猪子、油炸猪羊肉、挂炉走油鸡、鹅、鸭、鸽脯、猪杂什、羊杂什、燎毛猪羊肉、白煮猪羊肉、白蒸小猪子、小羊子、鸡、鸭、鹅、白面饽饽卷子、什锦火烧、梅花包子。

"第五份，洋碟二十件，热吃劝酒二十味，小菜碟二十件，枯果十彻桌，鲜果十彻桌。所谓满汉席也。"每份菜肴琳琅满目、争奇斗艳；整个宴席，山珍海味，飞禽走兽，无不搜罗毕至。如此豪宴，固然穷奢极欲，耗费惊人，但它确实又集中华饮食文化之大成，把中国古代食俗艺术推向了极致。

"满汉全席"一般分为三个阶段进行，即所谓"三撤席"：第一阶段喝软酒（黄酒），以果品点心为主；第二阶段喝硬酒（白干酒），此时各种主要的"大菜"陆续上席；第三阶段喝汤，以各种面点为主。

另一部记载满、汉席的书，是乾隆朝诗人袁枚著的《随园食单》。其中说道："今官场之菜，名号有'十六碟''八簋''四点心'之称，有'满汉席'之称，有'八小吃'之称，有'十大菜'之称，种种俗名，皆恶厨陋习。只可用之于新亲上门，上司入境，以此敷衍……"① 这段话说明，当时官场餐饮受宫廷影响，追求菜品种类的多样和齐全。饮食讲究排场已成为社会风气。

满汉全席的形成有一过程。"清代最早的御膳食品有两类，满人厨师做的以面食为主的膳，称'饽饽席'；汉人厨师做的以肉食为主的膳，称'鱼肉席'，后糅合为一种丰富多彩的膳食。"② 根据《清史稿》，"满席—汉席"最早在康熙二十三

① ［清］袁枚：《随园食单·戒单》"戒落套"条，北京：中华书局 2010 年版，第 43 页。
② 张宇光主编：《吃到公元前：中国饮食文化溯源》，北京：中国国际广播出版社 2009 年版，第162 页。

年（1684）就开始有正式的记载，此后，食物的品类与用餐形制不断完善。在初期阶段，"满汉全席有宫内和宫外之别，宫内的满汉全席专供天子、皇叔、皇兄、皇太后、妃子、贵人等享用；近亲皇族子嗣、功臣（汉族只限二品以上官员和皇帝心腹）才有资格参加宫内朝廷的满汉全席。宫外满汉全席，常常是由满族一二品官员主持科考和地方会议，以满汉全席招待钦差大臣，入席时要按品次，佩戴朝珠、公服入席"①。这说明满汉全席之初是有等级的，或者说清政府运用满汉全席以巩固等级体制。"帝国内廷和朝廷不同对象举办诸种宴享，明确地注为'满席、汉席、奠筵、诵经贡品'四大类。"② 由此，满席、汉席分列制逐步形成定制，满席跟随清朝统治者进入朝廷筵宴，快速并且直接地成为朝廷宴享中不容忽视的组成部分。宫廷之外，"由衍圣公府承担相当的宴侍任务，皇子之下满族贵戚自然要受最高规格'满席'的宴侍。故两种筵制必在其时有行"③。此时的满席、汉席虽仍分列，但已共同备用。

满席和汉席分列乃清统治者凸显满族饮食文化主体地位的需要，是一种基础性的文化政策。"为了与文化政策保持一致，清朝统治者把满族的传统菜肴视为帝国最重要的菜肴，在处理与其他民族关系时尤其适用。满族菜肴被用于款待前来朝拜的藩属国使团，和为皇帝及宫廷举办的生日、婚礼庆典和其他季节性盛宴……"④ 满食和汉食原本属于不同的民族风味，出于维护统治的目的，却成为文化政治化的重要表征，也正是这种文化政治的图式，使满食和汉食都得到极大限度的强化和发展。这为满食和汉食的合流奠定了坚实的政治基础，因为从文化层面而言，满食和汉食不可能永远是分列的。

满汉全席原是官场中举办宴会时满人和汉人合坐的一种全席。满汉全席上菜一般起码108种，分三天吃完。满汉全席菜式有咸有甜，有荤有素，取材广泛，用料精细，山珍海味无所不包。满汉全席聚天下之精华，用材不分东西南北，飞禽走兽，山珍海味，尽是口中之物。

清代的满汉全席，仅以鱼翅为主料的菜肴就有20余种，诸如蟹肉鱼翅、鲜

---

① 贤之：《历史食味》，北京：中国三峡出版社2006年版，第54页。
② 赵荣光：《满汉全席源流考述》，北京：昆仑出版社2003年版，第209页。
③ 赵荣光：《满汉全席源流考述》，北京：昆仑出版社2003年版，第211页。
④ ［美］罗友枝著、周卫平译：《最后的皇族：清代宫廷社会史》，上海：上海人民出版社2020年版，第12页。

蛏煨鱼翅、煨鱼翅脊、焖清汤翅、白汤鱼翅、猪脊筋煨鱼翅、清汤鱼翅片、蟹腿烧鱼翅、蟹肉煨鱼翅,[1] 以及石坝街石府鱼翅螃蟹面、[2] 鸡蒙鱼翅[3] 白菜炖鱼翅,[4] 等等。"山八珍"和"禽八珍"主要是满族肴馔,其中不乏珍稀的野味,尤以鹿为贵重。据《御制清文鉴》载:把鹿、羊的肝切成片,卷上网油烧着吃,称为卷油烧肝。[5] 除了鹿肝,鹿尾更是得到推崇。"今京师宴席,最重鹿尾,虽猩唇驼峰,未足为比。"[6] 鹿筋也是满汉全席"山八珍"之一。满族传统肴馔的做法是烧、烤、煮、蒸。火锅类、涮锅类和砂锅类菜肴都与满族风味有关。还有传说满汉全席分"上八珍"、"中八珍"和"下八珍"。"上八珍":燕窝、熊掌、象鼻、驼峰、鱼翅、猩唇、哈士蟆、鹿筋;"中八珍":海参、干贝、豹胎、竹荪、鱼肚、鲍鱼、猴头菇、银耳;"下八珍":雪菜炒小豆腐、卤虾豆腐蛋、扒猪手、灼田鸡、小鸡胗蘑粉、年猪烩菜、御府椿鱼、阿玛尊肉。可见,满汉全席具有浓郁的满族传统的饮食特色。

(2) 满汉全席必然出现的社会基因

《清史稿·大宴仪》记录了自清太宗(皇太极)因改元历设建元定鼎宴起,下至历朝增设的大宴成例、创典时间和礼制,却从未见到"满汉席"或"满汉全席"之说。清中叶时期,出现了李斗的《扬州画舫录》,该书讲述道:乾隆到江南,扬州给他预备的菜叫满汉全席,是仿照宫里的,比如菊花锅等,可能有一百多道菜,后人就以此为范本增补,但实际上并没有一个固定的菜谱。据徐珂编著的《清稗类钞·饮食类》:"京官宴会,必假座于饭庄。饭庄者,大酒楼之别称也,以福隆堂、聚宝堂为最著。"酒楼中宴席种类繁多,有烧烤席、燕菜席、鱼翅席、鱼唇席、海参席、蛏干席、三丝席诸名目。亦有以碗碟多少、大小而称呼者如十六碟八大八小、十二碟六大六小、八碟四大四小,等等。其中烧烤席始有了"满汉大席"的称呼。《清稗类钞·饮食类》一书记载:"烧烤席,俗称'满汉大

---

① 佚名编、邢渤涛注释:《调鼎集》,北京:中国商业出版社1986年版,第698—719页。

② 张通之撰、卢海鸣点校:《白门食谱》,南京:南京出版社2009年版,第126页。

③ 鸡濛鱼翅 [清] 平步青:《霞外攟屑》卷十《玉雨淙释彦·鸡濛》,民国六年刻香雪盦丛书本,第51页a。

④ [清] 杨钟羲、刘承干参校:《雪桥诗话》卷五《余集》,北京:北京古籍出版社1989年版,第43页b。

⑤ [清] 康熙朝,《御制清文鉴·卷十八》,康熙四十七年(1708)武英殿刻本,第4页。

⑥ 李家瑞编:《北平风俗类征》(上),北京:北京出版社2010年版,第300页。

席'，筵席中之无上品也。烤，以火干之也。于燕窝、鱼翅诸珍错外，必用烧猪、烧方。猪以全体烧之。酒三巡则进烧猪，膳夫、仆人皆衣礼服而入，膳夫座之专客，专客起箸，筵座者始从而尝之，典至隆也。次者用烧方。方者，豚肉一方，非全体，然较之仅有烧鸭者，犹贵重也。"酒楼业为了商业利润，常常以"全"席为号召，招揽顾客，如全羊席、全鳝席，等等。清前叶名食谱《调鼎集》中有满席、汉席条。满席记有："全羊，全猪烧小猪，挂炉鸭，白蒸小猪，白蒸鸭，扒小猪，糟蒸小猪，白哈尔巴，烧哈尔巴，挂炉鸡，白煮乌叉"等。光绪中叶以后，酒楼饭庄仿制宫廷御膳成风，并以"全席"相号召，"满汉全席"已成为社会上广泛接受的奢华宴席了。①

清代定都北京后，由于满汉杂处，相互间的饮食文化无形中进行了交流。特别是满族的达官显贵，在与汉族官员的相互交往中，吸收了汉族菜肴的制作方法和宴饮程序，并加以改造，逐渐形成了"满汉全席"。清末民初，满汉全席中又汇入了蒙古族、回族、藏族风味的菜点食品，使之又获得了"五族共和宴"和"联盟宴"的称号。满汉全席的产生有其客观的诸多因素，应该是清王朝饮食文化发展的必然结果。

第一，清代宫廷宴会的规模和形制催生了满汉全席。清初以降，宫廷宴会形成了满席和汉席两种饮食格局，这为满族和汉族饮食文化的一并展示和融合提供了饮食制度上的保障。

《大清会典》卷八《光禄寺》："凡燕筵，满席视用面多寡定以六等价直，以是为差。"据乾隆朝《钦定大清会典则例》卷一五三载，满席馔品如下："满席一等制度用面百二十斤，红白包橄支三盘、饼饵二十盘又二碗，干鲜果十有八盘。二等席用面百斤，品数与一等席同。三等席用面八十斤，红白姊镇三盘、糗子四碗、麻花四盘，饼饵十有六盘，干鲜果十有八盘。四等席用面六十斤，红白杯撒三盘，糗子四碗，麻花四盘，饼饵十有六盘，干鲜果十有八盘。五等席用面四十斤，品效与四等席同。六等席用面二十斤，红白钵撒三盘，糗子二碗，麻花二盘，饼饵十有二盘，干鲜果十有八盘。"宫廷及重要场合的汉席则分上席与中席、下席，《大清会典》卷八："文武会试入闱出闱燕，均用汉席。"《钦定大清会典则例》卷七十二载汉席定制如下："一等汉席，肉馔鹅、鱼、鸡、鸭、猪肉等二十三

---

① 潘洪钢:《番薯、满汉全席与清代社会》，载台湾《历史月刊》总第 235 期，2007 年 8 月版，第 114 页。

碗，果食八碗，蒸食二碗，蔬食四碗。二等汉席：肉馔二十碗，不用鹅，果食以下与一等席同。三等汉席：肉馔十五碗，不用鹅鸭，果食以下与二等席同。"此外尚有上席与中席："上席、高桌陈设宝装一座，用面二斤八两，宝装花一攒，肉馔九碗，果食五盘，蒸食七盘，蔬菜四盘；矮桌陈设宝装一座，用面二斤，绢花三朵，肉馔以下与上席高桌同。"清朝统治者虽然声称"不分满汉，一体眷遇"，实际上却是"首崇满洲"。这种民族意识，使得宫廷膳食虽已融合了满汉饮食特点，但直到清末，宫中依然沿用满席、汉席分列的筵式。

满席和汉席规模都极其巨大，场面宏阔，各族各地饮食精华得以集中呈现，为满汉全席的最终产生奠定了基础。

第二，有清年间，京城公款吃喝之风盛行，讲排场、比阔气更成为时尚。这种讲排场、比阔气的突出表现就是满汉餐饮并用。雍正五年（1727）江苏巡抚陈时夏奏报：当年八月间钦差大臣护送苏禄国贡使回国，途经苏州，"有吴县、长洲、元和三县，于公所备满汉席并寻常果点各二桌，邀请贡使，请臣与布政司相陪，贡使因病不来赴席，即将所备之席送去，并未设有看二之席，臣亦无亲请赴筵之事"①。地方官员违背宫廷满汉分食的规定已相当普遍，《随园食单·戒单》"戒落套"云："若家居欢宴，文酒开筵，安可用此恶套哉？必须盘碗参差，整散杂进，方有名贵之气象。余家寿筵婚席，动至五六桌者，传唤外厨，亦不免落套。"当时官场上满汉席并用已成一时之风气，这一风气吹入宫廷，极大地影响到宫廷的宴饮规范，促进了满汉饮食的合流。另外，北京的气候和地理环境，使常年生活在东北的满族人在身体、生活各方面都有不同程度的不适应。常食热量较高的鹿肉、熊掌，容易使体内外的湿热相搏，易患重病。因此乾隆帝对饮食结构进行调整，食单中掺入了诸多汉民族的食料。这也从客观上为满汉饮食的融合提供了条件。

第三，满汉全席产生的直接动力是当时统治阶层在食欲方面的贪婪无度，极端的美味享受和饮食的奢侈挥霍导致饮食文化的畸形发展。清朝中期，因为官场渐渐腐败，人们巧立种种名目大吃大喝，讲究礼仪，讲究排场。从人出生到死都要请客吃饭，从正月里吃到腊月里。

---

① ［清］允禄辑：《雍正朱批谕旨》卷十一下《朱批陈时夏奏折》，清乾隆三年内府活字朱墨套印本，第91页a。

同治、光绪年间，官场宴饮应酬之风更炽，比满席、汉席、满汉席更为奢华的满汉全席便是在此时出现的。"至同治中，发、捻平后，人心乃定，宴会酒席中食品多者至五十余种。盖开筵以二十品侑酒，计：四鲜果、四干果、四蜜饯果（如红果、甘棠、温朴、杏脯之属，预备沃奶点心用者）、八冷荤（或用四大拼盘，每盘二种）。首先以八宝果羹或蒸莲子（皆用大海碗）。次之以燕窠，又加之以鱼翅，中加烧烤者为最上等（即烤整猪、整鸡片上）。或代以蒸鸭、蒸整尾鲜鱼。总之，大件凡五簋，中碗炒菜亦八味（谓之小炒）。中间以点心三道，皆每人一份，谓之各吃。一甜点心、二奶点心（多以厚奶皮实于小碗中，自以蜜果拌之）。三荤点心（如饺子、春卷类）。最末以四大汤菜、四炒菜为殿。冬日尚加以十锦火锅，亦云侈矣。"①《清稗类钞·饮食类》"京师宴会之恶习"条亦载："京师为士夫渊薮，朝士而外，凡外官谒选及士子就学者，于于鳞萃，故酬应之繁甲于天下。"宴会饕餮风气，京师为盛。士大夫饮食尚且如此，皇亲国戚更是有过之而无不及。

第四，民族饮食文化的交融，是满汉全席产生的基础。满族统治者入主中原以后，嗜食汉民族的美味佳肴，这为满汉饮食的一体化开辟了上层通道。据吴正格《满族食俗与清宫御膳》中介绍，康熙时期，康熙进膳所用的原料主要是东北出产的各类兽肉，如羊、鸡、猪肉等；乾隆时期，乾隆所食的佳肴就丰富多彩了，除了东北的山珍野味外，他主要喜食燕窝、鸭子、苏州菜点、锅子菜和素食，也爱品茶和吃水果，但他不爱吃海河产品。清代末年的光绪皇帝，则特别喜欢海味菜，在有关记载中，用鱼翅、海参、海带、海蜇等原料烹制的菜肴每餐必备。而慈禧则喜欢吃鸭子、熏烤菜和带有糖醋味、果味的菜肴，也喜欢吃菌、蘑菇、木耳和新鲜的蔬菜。溥仪喜欢吃素食和西餐，但不喜欢喝酒。

上行下效，在民间社会也形成了满汉口味互融的饮食风气。袁枚在《随园食单》之《本分须知》中有段话道出了乾隆时期民族文化互融，饮食上互相学习与交流的情况："满洲菜多烧煮，汉人菜多羹汤，童而习之，故擅长也。汉请满人，满请汉人，各用所长之菜，转觉人口新鲜，不失邯郸故步。今人忘其本分，而要格外讨好。汉请满人用满菜，满请汉人用汉菜，反致依样葫芦，有名无实，画虎不成反类犬矣。"虽然他对此事并不赞同，但事实上，正是这种"汉请满人用满

---

①　［清］崇彝：《道咸以来朝野杂记》，北京：北京古籍出版社 1982 年版，第 59 页。

菜，满请汉人用汉菜"，促进了满汉饮宴的相互借鉴，同时也为满汉饮馔同台提供了温床，为满汉席并用乃至满汉全席的出现打下了社会与民族的基础。

第五，京城饮食商业的繁荣是满汉全席产生的社会基础。饮食商业带动了烹饪技艺的创新和食品种类的更多追求，"大而全"的餐桌食物的摆放和呈现格局，进而影响到宫廷饮食的变革。

满汉全席之所以历来为人们所津津乐道，成为中国古代饮食的一个神话，还在于其完成了从宫廷到地方的演进过程，超越了宫廷的影响层次。王仁湘指出，"满汉席本出自清宫，亦属御膳。当然，八珍席并不仅限皇上享用，后来各地都出现了独具特点的八珍席"①。由于蔓延到地方，满汉全席逐渐打破了统一的形制和规范，变得更加丰富起来。清末"各地的满汉全席流派纷呈，各具风采。源出于官场的满汉席，进入市肆后得到新的发展，各地的满汉全席虽有相似的格局，却没有通用的菜单"②。满汉全席向地方蔓延，与汉族官员地位的大幅度提高直接相关。"清政府开始出现内轻外重、督抚专权的局面，一些无能的满人督抚被汉族的地方精英所替代，到了太平天国之役，满族人自己实在没有办法，曾左胡李，替满洲人再造中兴，从此封疆大吏，开始大部分转到汉人手里。"③ 如史料记载，"陈退庵《莲花筏》中的记录，余昔在邗上，为水陆往来之冲，宾客过境，则送满汉席"。再有，《海上花列传》中，"倪末两家弟兄搭李实夫叔侄，六个人做东，请于老德来陪客。中饭吃大菜，夜饭满汉全席"④。后世，满汉全席的食单众说纷纭，与其本身的发展变化和多样性有关。

宫廷宴的奢侈是现代人无法想象的，"龙肝凤髓、水陆八珍"均无法概括其奢华。所用饮食物料，从茶叶瓜果到油粮禽肉，无一不是各地精品；厨师也由各地严格挑选而来，每人都有绝招儿；器皿精美，音乐绕梁，自不必说。⑤ 大一统的中国，有什么稀世珍宝都去进贡皇上、贵人。某种东西只要成为贡品，就身价倍增，得到褒扬。当然，也正是这种大一统的集权力量，才能把天南海北最佳最美的特产荟萃到帝王的餐桌上来，否则虽各有各的特色，却难以互相交融、糅和，构成

---

① 王仁湘：《往古的滋味：中国饮食的历史与文化》，济南：山东画报出版社 2006 年版，第 257 页。
② 贤之：《历史食味》，北京：中国三峡出版社 2006 年版，第 141 页。
③ 钱穆：《中国历代政治得失》，北京：生活·读书·新知三联书店 2010 年版，第 140 页。
④ 赵荣光：《满汉全席源流考述》，北京：昆仑出版社 2003 年版，第 279 页。
⑤ 北京市地方志编纂委员会：《北京志·民俗方言卷·民俗志》，北京：北京出版社 2012 年版，第 56 页。

如此丰富多彩的满汉全席。满汉全席的形成，主要得益于这种一统性的政治环境。北京作为全国政治、经济、文化的中心，历时数百年。它吸收国内外饮食文化的营养得天独厚。同时为了满足历代统治阶级奢侈的饮食欲望，集中了全国烹饪技术的精华，代表了那个历史时代饮食烹饪的最高水平。

第四节　民间饮食风尚

清代民间饮食的兴起得益于市场经济的繁荣。道光咸丰以后，满汉分居的制度松弛，城外的商品经济逐渐向城内衍生，内城店铺日益增加，商业街有了雏形，最终形成了"京师百货所聚，惟正阳门街、地安门街、东西安门外、东西四牌楼、东西单牌楼暨外城之菜市、花市"① 的布局。加上庙市和一些专业集市，构成了北京城饮食消费市场的基本空间形态。"市肆，北京正阳门外最盛，鼓楼街次之（原注：在宫城北）……而大抵市楼华饰，亦北京为最。每于市肆，辄悬竖木板，或排张绒帐，揭以佳号。或称某楼，或称某肆某铺。日用饮食、书画器玩，以致百工贱技，无不列肆以售。而以白大布横张于肆前，或悬揭旗幢，大书某货和买，使过去者瞥见即知。而辄以佳名称之，如酒则称兰陵春，茶则称建溪茗之类是也。"② 正阳门外是外城餐饮商业最为兴盛的地段，"正阳门外，崇文门外次之，宣武门外又次之。东不及西，南不及东，北不及西焉"③。内城则以鼓楼大街的饮食市肆最为集中。

1. 民间餐馆饮食

有清一代的宫廷饮食名声显赫，且充满神秘的色彩，而北京民间饮食同样品种繁多，特点突出，是上千年民族饮食文化融合的产物，在中国饮食文化系统中也具有独特魅力和无可替代的地位。

在北京人的传统称谓中，此前只有饭铺、饭庄和酒楼，"餐馆"一词来自现代。北京最早的餐馆，又叫菜馆或炒菜馆，兴起于明代，到清代中叶得到了空前的发展。这些菜馆或炒菜馆的前身，有些是小酒馆，有些是"饸饹铺"。饭庄、饭馆、饭铺都有严格的区别。挂出饭庄招牌者，从规模言，一般要有两三套四合院，

① ［清］震钧：《天咫偶闻》卷十，北京：北京古籍出版社 1982 年版，第 216 页。
② ［朝鲜］李宜显：《庚子燕行杂识》，［韩］林基中编《燕行录全集》第 35 册，首尔·韩国东国大学出版部 2001 年版，第 444 页。
③ ［清］崇彝：《道咸以来朝野杂记》，北京：北京古籍出版社 1982 年版，第 101 页。

几十间房屋，同时能摆开八人一桌五六十桌席面，五百多人同餐。而且还要有戏台，可以演大戏，供四五百人看戏。

清朝初年，前门大街一带有不少门脸不大的小酒馆，门前挑起一根竹竿，挂上一个酒葫芦作为标志。店内桌椅很少，盛酒的大酒缸上放个盖子就可以当作待客的桌子。除了酒之外，小店还有荤素酒菜、烙饼面条供应，使客人可以"酒足饭饱"，人们将此种小酒馆称为"二荤铺"或"大酒缸"。①

清代前期，当时市面上的酒楼饭庄，大多以承办民间宴会酒席为主，但到了清代后期，从光绪五年（1879）以后，官府之间的请客宴会也进入了营业性质的酒楼饭庄。② 西四一带，有羊市、马市、猪市、鸡鸭市等集市，饭馆更是有名，如和顺白肉馆（后改砂锅居）是"缸瓦市中吃白肉，日头才出已云迟"③，可见顾客之多。四牌楼附近的同和居饭庄"以其距口袋诸巷妓院近，故终日车马盈门"④。乾隆时西单米市发达，"米谷积千仓，市在瞻云坊外"⑤。道光、咸丰前后，商业更见起色，尤以饮食娱乐行业兴盛。如金兰斋、天福号所制食品皆有名。什刹海被视为都城"消夏第一胜地"。为接待游人，开了许多酒楼饭庄。著名的有乾隆、嘉庆时的天香楼，道光、咸丰以后的会贤堂、庆云楼、一曲湖楼等。一曲湖楼还被称为"都中酒楼第一家"⑥。饭庄集中之地，便游人如织，饭庄和游人构成了直接的互动关系。

清朝，北京的饭馆多种多样，有大有小，有南有北，有中有西。中餐馆大约分五种：一是切面铺、包子铺、饺子铺、馄饨铺等，单卖面食。二是二荤铺子，夏仁虎的《旧京琐记》卷九"市肆"条云："二荤铺者，率为平民果腹之地。其食品不离豚鸡，无烹鲜者，其中佼佼者，为煤市街之百景楼，价廉而物美，但客座嘈杂尔。"所谓"二荤"，是店家备有各种烹饪作料，此为"一荤"；客人自带鱼肉交灶上加工又为"一荤"，其名曰"炒来菜儿"。这是一种解释。更为通常的

---

① 柯小卫：《当代北京餐饮史话》，北京：当代中国出版社 2009 年版，第 3 页。

② ［清］徐珂：《清稗类钞·饮食类》"宴会之筵席"条："宴客于酒楼，所用肴馔，有整席、零点之别。"参见［清］徐珂：《清稗类钞》，北京：中华书局 2010 年版，第 6265 页。

③ ［清］学秋氏：《续都门竹枝词》，转引自王红《老字号》，北京：北京出版社 2006 年版，第 81 页。

④ ［清］崇彝：《道咸以来朝野杂记》，北京：北京古籍出版社 1982 年版，第 7 页。

⑤ ［清］潘荣陛、［清］富察敦崇：《〈帝京岁时纪胜〉〈燕京岁时记〉》，北京：北京古籍出版社 1981年版，第 42 页。

⑥ ［清］李慈铭：《越缦堂日记》卷二十五，北京：商务印书馆 1920 年版。

说法是只有肉和猪内脏两种荤菜，海鲜及鸡鸭鱼虾全无。提供的都是家常菜，也没有供顾客点菜的菜单。由于菜品有限，菜名都可装在伙计的脑子里。二荤铺也分等级，最普通的是按斤出卖饼和面。饼有大饼、炒饼、烩饼等。烙饼有锅口大，切成一牙一牙秤分量卖，或者是切成丝，秤分量炒了吃。炒饼照例以绿豆芽、菠菜加炒，或荤或素，先炒菜，后下饼，盖锅盖一焖，掀盖翻个即可，菜熟饼软，又焦又香。面都是拉面，或热汤或炸酱均可。一般二荤铺都有饼案子和面案子，不停地烙着饼、抻着面，几乎每条有铺子的街头都有二荤铺。① 三是规模较小的馆子，有特色菜肴者，店名往往称某某轩、某某春，如"三义轩""四海春"等。四是中等馆子，也叫饭庄子，有许多雅座，可以摆十桌、八桌宴席，一般叫某某楼、某某春、某某居等。五是大饭庄子，专门做红白喜事、寿辰、接官等各种大型宴会的生意。常有几个大院子，有大罩棚，有戏台可以唱堂会戏。酒席一摆就是几十桌、上百桌。名字一律叫某某堂，如福寿堂、同兴堂等。② 不论是大餐馆，还是小食店，往往都有手工制作和烹饪的独门技艺，能够向市场提供独一无二的美味。

　　清雪印轩主《燕都小食品杂咏》③ 咏"白水羊头"诗云："十月燕京冷朔风，羊头上市味无穷，盐花撒得如雪飞，薄薄切成如纸同。"用片刀片肉和操作的技艺何其高超。"羊头马"始于清道光年间，迄今已有 160 多年的历史。清末著名记者、教授徐凌霄的《旧都百话》"羊肉锅子"条云："羊肉锅子，为岁寒时最普通之美味，须与羊肉馆食之。此等吃法，乃北方游牧遗风加以研究进化，而成为特别风味。"公元 1854 年，北京前门外正阳楼开业，是汉民馆出售涮羊肉的首创者。其切出的肉，"片薄如纸，无一不完整"，使这一美味更加驰名。清代杨静亭在《都门杂咏》中特立了"食品门"一类，以颂扬致美斋的馄饨、福兴居的鸡面、小有余芳的蟹肉烧卖等，称赞说："包得馄饨味胜常，……咽后方知滋味长。"鸡面是"面白如银细若丝，煮来鸡汁味偏滋"；写烧卖是"玉盘擎出堆如雪，皮薄还应蟹透红"。把这几个品种的味形都写得令人垂涎了。《燕都小食品杂咏·豆汁》中描述豆汁儿："糟粕居然可作粥，老浆风味论稀稠。无分男女齐来坐，适口

---

① 邓云乡：《燕京乡土记》（下），北京：中华书局 2015 年版，第 552 页。

② 鲁克才主编：《中华民族饮食风俗大观》，北京：世界知识出版社 1992 年版，第 2 页。

③ 这是一本清朝时期的小书，歌咏了 30（余）种北京小吃。民国时期由中华书局出版过，据说现在已经失传。

酸盐各一瓯。"并注云："得味在酸咸之外，食者自知，可谓精妙绝伦。"这些技艺或散布于京都民间，或出入于宫廷，五彩缤纷，争奇斗艳，层出不穷，成为中华民族艺术宝库的一朵奇葩。

在清道光年间，北京民间即出现素菜馆。清朝光绪初年，北京前门大街曾有"素真馆"，之后，西四又有"香积园"，西单有"道德林"，宣武门内大街有"真素斋饭庄"，其他还有"功德林""菜根香""全素斋""全素刘""六味斋""鸿宾楼"等。素菜的原料一般包括五谷杂粮、蔬菜、菌类、藻类、水果、干果、坚果等。配料多是鲜蘑菇、笋、玉兰片、金针菜（黄花菜）、木耳等，葱、蒜等"荤"菜也不入菜。油料和调料则用小磨香油、上等酱油、细盐、绵白糖等。"全素斋"主要菜品有素火腿、素肘子、素酱肉、素鱼、素鸡、素鸭等。功德林招牌菜有十八罗汉、金刚火方、天竺素斋、罗汉天斋、如意紫鲍、普度众生、白果芦荟、功德豆腐等。还有一些名荤实素、素料荤味的菜，如红烧牛肉、红烧肘子、四喜丸子、焦熘肉片、鸡骨酥、小松肉、腊肠、火腿等。虽以鸡、鸭、鱼、肉、虾、蟹为名，但实际都是用豆制品、面筋、花生米等原料，配以香菇、木耳、玉兰片、胡萝卜、豌豆等精制而成。[①]

为了满足各类人的口味的需求，招徕生意，民间素菜馆的厨师们发明了"以素托荤"的烹调术，即以真素之原料，仿荤菜之做法，力求名同、形似、味似，原料经过刀法切配，做成形态逼真的各种象形荤菜，做鱼像鱼，做鸡像鸡，做什么像什么，并有荤菜香味。如真素斋饭庄的名品"八宝整鸭"，用18种主料、配料和调料制成，鸭头、鸭腿，用山药制成，并用豌豆装点。鸭腹内的肉则用莲子、香菇、桃仁、豌豆等制成，外用油皮包裹，成为鸭皮，再用造型技术做成鸭形。烹调以后，置于盘内，如同真鸭，真假难辨。[②]

民间素菜馆的素菜品种较宫廷与寺院素食更为丰富多彩。据《清稗类钞》载，当时"寺庙庵观素馔之著称于时者，京师为法源寺，镇江为定慧寺，上海为白云观，杭州为烟霞洞"[③]。寺院素菜中最著名者为"罗汉斋"，又名"罗汉菜"，是以金针菜、木耳、笋等十几样干鲜菜类为原料制成，菜品典自释迦牟尼的弟子十八罗汉之意。乾隆皇帝游江南时，到很多寺院去吃素菜，在常州天宁寺品尝以后说：

---

① 王红：《老字号》，北京：北京出版社2006年版，第127—128页。
② 潘惠楼：《北京的饮食》，北京：北京出版社2018年版，第99页。
③ ［清］徐珂：《清稗类钞》，北京：中华书局2010年版，第6420页。

"胜鹿脯、熊掌万万矣。"① 在民间传为佳话。清朝皇帝，在吃腻了山珍海味、鸡鸭鱼肉之余，也想吃吃素食。尤其是在斋戒日更需避荤。为此，清宫御膳房专设有素局，据史料载，仅光绪朝，御膳房素局就有御厨 27 人之多。这些御厨流落到民间之后，便在素餐馆当厨或自己开素餐馆，大大提升了民间素食馆的水平和档次。

2. 特色鲜明的民间小吃

北京小吃闻名遐迩，这主要得益于清代北京小吃文化的繁荣。清代中央政府对回族的统治政策趋向是从约束利用、宽容缓和到严厉镇压，再到民族同化。由于政治上不得势，回民多转向经营餐饮，于是清代成为北京小吃的鼎盛时期，并由此相传绵延。

清代小吃还得到文学性的叙事和抒发，一些文人雅士对小吃的文学表达是不遗余力的。这些有点历史的精美记录伴随小吃本身一道流传下来，成为京城小吃文化不可分割的部分，同时，也引发后世文人继续在小吃上着墨。可以说，在所有食物品类中，北京小吃最为文人所青睐。这类文字大多很有味道，令人读了就想品尝被描写的小吃。诸如：萨其马，乃满洲饽饽，以冰糖、奶油和白面为之，形如糯米，用不灰木烘炉烤熟，遂成方块，甜腻可食。芙蓉糕与萨其马同，但面有红糖，艳如芙蓉耳。冰糖葫芦，乃用竹签，贯以葡萄、山药豆、海棠果、山里红等物，蘸以冰糖，甜脆而凉，冬夜食之，颇能去煤炭之气。② 这样的语句旨在描述，倘若是竹枝词之类则更让人垂涎欲滴了。

小吃与名点（又称点心）称谓不同，关系却十分密切。一般来说，小吃是指一些店、摊和叫卖的商贩专门经营的零食一类的食品，北京人爱把这类零食称为"茶食""碰头食"。点心是指正餐饭馆经营并在宴会上供应的小吃，有些点心作为零食向顾客零点出售时就称为小吃。小吃大体分为北京风味和外省市风味两大流派。京味小吃则分为宫廷小吃、民间小吃两类，民间小吃又分为汉民小吃、清真小吃两类。

清代北京作为全国的政治中心和文化中心，商业经济极为发达，为北京小吃的全面发展提供了得天独厚的条件。当然，北京小吃兴盛的最直接原因还是宫廷

---

① 《清稗类钞·饮食类》，北京：中华书局1984年版，第6257页。
② 张次溪纂、尤李注：《老北京岁时风物：〈北平岁时志〉注释》，北京：北京日报出版社2018年版，第322页。

的推波助澜。很多民间清真小吃被引入宫中，经过口味调整和烹制再加工，成为宫廷名吃，然后又流行于市，有力地推动了民间地方小吃的发展。

一些小吃成为名点，名点也便成就了老字号。清朝中叶，京城"致美斋"小吃铺"所制之萝卜丝小饼及焖炉小烧饼皆绝佳"，炸春卷和肉角儿也颇具特色："肉角作橄榄形，长二寸许，两端尖，以油和面烤成，其酥无比"，令人垂涎欲滴；所煮馄饨也极其爽口，"包得馄饨味胜常，馅融春韭嚼来香。汤清润吻休嫌淡，咽后方知滋味长"①。其在中秋时节制作的月饼也"与他处不同，既大且厚，其馅丰腴，至有十三种之多。约以四块为一准斤，远近行销，真不让云南省之火腿月饼矣"②。另一家"小有余芳"点心铺制作蟹烧卖，每年秋季开始上市，人们争相前往品尝。当时有诗赞颂云："小有余芳七月中，新添佳味趁秋风。玉盘擎出堆如雪，皮薄还应蟹透红。"③据张江载先生的《燕京民间食货史料》中记载："每晨各大街小巷所叫卖之杏仁茶、豆腐浆、茶汤、切糕、豆腐脑，下午所叫卖之豆渣儿糕、蒸云豆、豆汁粥、老豆腐，夜间叫卖之硬面饽饽、茶鸡子、炒豆腐之类，其制法新奇，亦惟此土所独有耳。"其实，"独有"的美味小吃和菜品名点又何止这些。

清代杨米人著有《都门竹枝词》共 100 首，其中有 20 余首诗写到北京的美食，占全部竹枝词的五分之一，涉及的小吃品种有 60 多种，常见的也有 50 多种。诸如："三大钱儿卖好花，切糕鬼腿闹喳喳。清晨一碗甜浆粥，才吃茶汤又面茶。"④另有清代诗人何耳《燕台竹枝词》写到甜浆粥："豆粉为糜腻似胶，晓添活火细煎熬。蔗香搅入甘香发，润胃无烦下浊醪。"⑤杨米人《都门竹枝词》云："凉果糕炸聒耳多，吊炉烧饼艾窝窝，叉子火烧刚好得，又听硬面叫饽饽。"提及凉果、糕炸、吊炉烧饼、艾窝窝、叉子火烧、饽饽 6 种小吃。《首都杂咏》也写到"艾窝窝"："形似元宵不用摇，豆黄玫瑰馅分包。外皮已熟无须煮，入口甘凉制

① ［清］杨静亭：《都门杂咏》，见［清］杨米人等著，路工编选《清代北京竹枝词（十三种）》，北京：北京古籍出版社 1982 年版，第 80 页。

② ［清］崇彝：《道咸以来朝野杂记》，北京：北京古籍出版社 1982 年版，第 30 页。

③ ［清］杨静亭：《都门杂咏》，见［清］杨米人等著，路工编选《清代北京竹枝词（十三种）》，北京：北京古籍出版社 1982 年版，第 80 页。

④ ［清］杨米人：《都门竹枝词》，［清］杨米人等著、路工编选：《清代北京竹枝词（十三种）》，北京：北京古籍出版社 1982 年版，第 22 页。

⑤ ［清］何耳：《燕台竹枝词》，［清］杨米人等著、路工编选：《清代北京竹枝词（十三种）》，北京：北京古籍出版社 1982 年版，第 88 页。

法高。"① 这首竹枝词也包含了 6 种美食："烧麦馄饨列满盘，新添挂粉好汤圆；爆肚油肝香灌肠，木须黄菜片儿汤。"杨静亭《都门杂咏》对烧卖和馄饨有生动描述："小有余芳七月中，新添佳味趁秋风。玉盘擎出堆如雪，皮薄还应蟹透红。""包得馄饨味胜常，馅融春韭嚼来香。汤清润吻休嫌淡，咽后方知滋味长。"② 竹枝词颂咏的其他北京小吃还有："紫盖银丝炸肉丸，三鲜大面要汤宽。干烧不热锅中爆，小碗烧肠叫兔肝。"③ 银丝、炸肉丸、三鲜面、兔干等后来就不这么流行了。

御稻米是北京特产。这种米煮熟后，呈胭脂红色，所以又称红米。以此熬粥，亦为北京特色小吃。雪印轩主《燕都小食品杂咏》咏北京食物，其中有一首《粳米粥》："粥称粳米趁清晨，烧饼麻花色色新，一碗果然能果腹，争如厂里沫慈仁。"粳米粥为清晨点心之一，将粳米煮得极烂，粥液浓厚，米烂而水甜，火候适宜。从前有专卖早点的粥铺，午夜铺中即生火，熬粥、烙烧饼、炸油果，天刚一亮，即开始售卖，货声是："粥哟——粳米粥——。"④ 北京风味小吃真是丰富多彩。这些小吃都在庙会或沿街集市上叫卖，人们无意中就会碰到，老北京形象地称之为"碰头食"。与点心和正餐不同，"小吃"是不到吃饭时间，用来"垫补"肚子或是吃着玩儿的食物。

清朝北京小吃的种类很多，有二三百种，包括佐餐下酒小菜，如白水羊头、爆肚、白魁烧羊头、芥末墩儿等；宴席上所用面点，如小窝头、肉末烧饼、羊眼儿包子、五福寿桃、麻茸包等；以及做零食或早点、夜宵的多种小食品，如艾窝窝、驴打滚儿等。一些老字号也有各自专营的特色小吃品种，如仿膳饭庄的小窝窝头、肉末烧饼、豌豆黄、芸豆卷，丰泽园饭庄的银丝卷，东来顺饭庄的奶油炸糕，合义斋饭馆的大灌肠，同和居的烤馒头，北京饭庄的麻茸包，大顺斋糕点厂的糖火烧等。

《清稗类钞·食品类》"京都点心"条记载："京都点心之著名者，以面裹榆

① 雷梦水、潘超、孙忠铨、钟山编：《中华竹枝词》，北京：北京古籍出版社 1997 年版，第 409 页。
② ［清］杨静亭：《都门杂咏》，［清］杨米人等著、路工编选：《清代北京竹枝词（十三种）》，北京：北京古籍出版社 1982 年版，第 80 页。
③ ［清］杨米人：《都门竹枝词》，［清］杨米人等著、路工编选：《清代北京竹枝词（十三种）》，北京：北京古籍出版社 1982 年版，第 22 页。
④ 李增高：《北京地区历史上稻作的演变及其诗歌饮食文化》，载农村社会事业发展中心编：《农耕文化与现代农业论坛论文集》，北京：中国农业出版社 2009 年版。

荬，蒸之为糕，和糖而食之。以豌豆研泥，间以枣肉，曰豌豆黄。以黄米粉和小豆、枣肉蒸而切之，曰切糕。以糯米饭夹芝麻糖为凉糕，丸而馅之为窝。窝，即古之不落夹是也。""赊早点"条记载："买物而缓偿其值曰赊。赊早点，京师贫家往往有之。卖者辄晨至付物，而以粉笔记银数于其家之墙，以备遗忘，他日可向索也。"① 丁修甫有诗咏之云："环样油条盘样饼，日送清晨不嫌冷。无钱偿尔聊暂赊，粉画墙阴自记省。国家洋债千万多，九十九年期限拖。华洋文押字签定，饥不择食无如何，四分默诵烧饼歌。"② 由此可知，平民有赊早点的习惯，这种早点价格低廉，经营者多为摊贩。

清代，熟食小吃逐渐涌入城市民间，形成与消遣文化相合的一种不为正餐的零吃食物，北以北京小吃最具特色，南以苏州食吃享有盛名。《中国清代习俗史》一书对清朝民间饮食习俗有详述，兹摘录、增删如下：

（1）杏仁茶。清朝诗人纪晓岚曾作诗称赞京都杏仁茶的好味道。杏仁茶是用甜杏仁精加桂花、大米面、糖做成糊状，然后再放入开水锅里煮熟而制成的一种风味小吃，具有清香爽口、解酒消渴的功能。通常烧饼铺有售，也有挑担串街叫卖的，吆喝："杏仁儿——茶哟！"有买者，则盛碗、加糖。

（2）奶酪。又称醍醐、干酪，唐代就已有记载，它是北方少数民族的饮食习俗，并未广泛为汉族所接受。至清代，它不仅成为皇亲贵族的主要冷饮食品，而且流入市场，为京人所接受，成为京都又一风味小吃。"奶茶有铺独京华，奶酪如冰浸齿牙。名唤喀拉颜色黑，一文钱买一杯茶。"③ 北京最有名的奶酪店，开业于清末。位于现在的东安市场，名叫"丰盛公"。奶酪是用牛奶加白糖煮开、凉凉、过滤、加江米酒、文火加热、发酵、置碗中半凝固等多道程序后制成，有饥者甘食、渴者甘饮，内以养寿、外以养神的神奇功效。当初，清廷曾发给丰盛公"腰牌"，以奶酪贡奉皇宫。吉祥戏院的许多名演员到吉祥茶园、丹桂茶园演出，常来丰盛公吃碗奶酪。文教界人士也长年光顾。清人《都门杂咏》如实地记述了北京居民对奶酪的情趣："闲向街头啖一瓯，琼浆满饮润枯喉。觉来下咽如脂滑，寒沁

---

① ［清］徐珂：《清稗类钞》（第十三册）《饮食类·赊早点》，北京：中华书局1984年版，第6397页。
② ［清］徐珂：《清稗类钞》（第十三册）《饮食类·赊早点》，北京：中华书局1984年版，第6397页。
③ ［清］得硕亭：《草珠一串》，［清］杨米人等著、路工编选《清代北京竹枝词（十三种）》，北京：北京古籍出版社1982年版，第54—55页。

心脾爽似秋。"① 卖奶酪的总在黄昏时候挑着担子售卖。担子一头的大木桶里装着冰块，再把一碗碗奶酪一层层码放在木桶里，一碗上面放一块木板，木板上再放着奶酪，有七八层高，一碗摞一碗，可放百十碗。一头是大筐，是装空碗的。卖奶酪的带着小铜匙，喝时用小铜匙沿碗内边一划，奶酪容易流下来不粘碗。②

（3）小窝头。据传说，慈禧太后在庚子事变后逃往西安的途中，饥肠辘辘时吃了民间百姓的窝窝头，觉得胜过御膳中所有食品，回京后，令御膳房的厨师做。厨师精心制作出小甜窝窝头，随后传至民间，成了人见人爱的小食品。小窝头是用细玉米面、黄豆面、白糖、桂花加温水和面、捏制、蒸熟而成，一般一斤面可捏 100 个小窝头。

（4）艾窝窝。它是用煮烂的江米放凉后，包上豆沙或芝麻馅儿，团成圆球，再粘上一层熟大米面制成，通常是现包现卖，多在春季销售。《燕都小食品杂咏》有诗道："白黏江米入蒸锅，什锦馅儿粉面搓。浑似汤圆不待煮，清真唤作艾窝窝。"并注云："艾窝窝，回人所售食品之一，以蒸透极烂之江米，待冷裹以各式之馅，用面粉团成圆形，大小不一，视价而异，可以冷食。"周作人用李光庭著《乡间解颐》中载刘宽夫《日下七事诗》末章小注云谈及："窝窝以糯米粉为之，状如元宵粉荔，中有糖馅，蒸熟外糁薄粉，上做一凹，故名窝窝。田间所食则用杂粮面为之，大或至斤许，其下一窝如臼而覆。茶馆所制甚小，曰爱窝窝，相传明世中宫有嗜之者，因名御爱窝窝，今但曰爱而已。"③ 艾窝窝一般都是吃凉的，春夏季为销售旺季。在早先小贩大都在旧历年时，身挎一个木盘，摆有切成长条的江米小枣年糕，以及蜂糕（大米面蒸的，加红糖，点红点）、艾窝窝等，下街吆喝："江米年糕，蜂糕，艾窝窝咧！"售卖者多为老年人。

（5）肉末烧饼。传说慈禧太后有一次做梦吃烧饼，偏巧第二天清晨的早点有肉末烧饼，慈禧太后特别高兴，认为这是给她圆了梦，便重赏了厨师。由此，肉末烧饼身价倍增，并传到民间，成了北京又一风味小吃。烧饼圆形、空心，饼底周围有一道凸起的边，好似马蹄一般，正面沾有芝麻，内夹精心炒制的猪肉末。

（6）萨其马。原为满族的一种食品。萨其马一词，最早见于清乾隆三十五年

---

① ［清］杨静亭：《都门杂咏》，雷梦水等辑《中华竹枝词》（一），北京：北京古籍出版社 1997 年版，第 185—186 页。

② 王隐菊等编著：《旧都三百六十行》，北京：北京旅游出版社 1986 年版，第 99 页。

③ 舒芜编、周作人著：《生活的况味·记爱窝窝》，天津：天津教育出版社 2007 年版，第 186 页。

（1770）大学士傅恒等所编的《御制增订清文鉴》一书："萨其马，把白面经芝麻油炸后，于糖稀中掺和。"① 汉译为"糖缠"。萨其马制成后，还要在上面撒上金糕条、青梅条、葡萄干、核桃仁、瓜子仁等果料，看上去，整个糕点色泽金黄，油光发亮，果料五颜六色，煞是漂亮，在满、汉糕点中堪称上品。《老北京岁时风物：〈北平岁时志〉注释》中记载：萨其马为满洲饽饽，以冰糖、奶油和白面为之，形如糯米，用烘炉烤熟后，遂成方块，甜腻可食。② 这种小吃于清代流行于京城，深受人们欢迎。其工艺做法也越来越精细。

（7）炒肝。最早是将猪的肝、肠、心、肺用熬、炒的烹调方法制成。到清同治年间，炒肝的原料除去了心、肺，专用猪肝和肥肠。它的制作方法是将洗净的猪肠切成四分长的小段，把猪肝切成菱形片，将肠、肝放入猪骨头汤中旺火煮，酱油调色，加大料、黄酱、味精、蒜泥、姜末调味，用淀粉勾芡，烩制而成。竹枝词《炒肝》咏道："稠浓汁里煮肥肠，交易公平论块尝。谚语流传猪八戒，一声过市炒肝香。"③ 清道光年间，在京都前门外鲜鱼口有专售炒肝的会仙居和天兴居，生意甚是兴隆。会仙居的炒肝，猪肥肠煮得烂，猪肝也多，勾芡时将猪肝剁成碎末放入淀粉内，蒜末和大料也都经过油炸，味极香醇。该店由早晨一直卖到晚上，顾客不绝。天兴居与会仙居斜对过，但生意总做不过会仙居。

（8）臭豆腐。是京都人爱食的一种腐乳制品，以王致和的臭豆腐最为有名。传说清康熙年间，王致和在前门外延寿街开了个豆腐坊，一次豆腐受热发酵，他撒了些盐，不料过后味道奇香，从此，王致和便与臭豆腐结下了不解之缘。北京的酱豆腐加红曲，色泽鲜艳，都是大酱园子自己做的。小贩用两个罐子装着，吆喝："臭豆腐、酱豆腐！"还有带卖卤虾小菜、柿子椒的。买的时候拿小碟小碗，由小贩用筷子夹几块，再从小瓶里倒出一点臭豆腐汤，顾主拿回去洒上用香油炸的花椒油，其味更佳。④ 由于臭豆腐闻起来臭，吃起来香，而且越吃越香，所以京都人都爱吃臭豆腐。

（9）北京饽饽。饽即为糕点，是北京人对它的俗称。它是用面粉、糖、油等

---

① ［清］高宗弘历敕撰：《御制增订清文鉴》卷二十七《食物部·饽饽类》，第46页。

② 张次溪纂，尤李注：《老北京岁时风物：〈北平岁时志〉注释》，北京：北京日报出版社2018年版，第322页。

③ 李家瑞编：《北平风俗类征》（上），北京：北京出版社2010年版，第341页。

④ 王隐菊等编著：《旧都三百六十行》，北京：北京旅游出版社1986年版，第94页。

原料精制而成，品种甚多，有细馅饽饽、硬面饽饽、寿意饽饽、片儿饽饽，以及大八件、小八件、自来红、自来白等。它原为清宫的祭礼供品，后传入民间。清末，北京城出现了饽饽铺，专卖各种糕点。当年糕点业总称糖饼行。清道光二十八年（1848）所立《马神庙糖饼行行规碑》中规定，满洲饽饽是"国家供享神祇，祭祀宗庙，及内廷殿试，外藩筵宴，又如佛前供素，乃旗民僧道之所必用。喜筵桌张，凡冠婚丧祭而不可无，其用亦大矣"①。凡是逢年过节、婚丧嫁娶、祭祖敬神、亲友往来以及妇女生育、老人祝寿，都离不开饽饽铺。饽饽铺有满、蒙古、汉、回四个民族三种类型：第一种谓之"满洲饽饽铺"，也叫"鞑子饽饽铺"。根据满、蒙古旗人的饮食习惯，经营奶油糕点，如奶卷（奶皮中卷蜜糕及芝麻盐儿）、乌塔（满语，即软奶子饽饽）以及芙蓉奶油萨其马，甚至还代卖鼻烟。第二种谓之"南果铺"②，专营南方风味糕点，如桂香村的梅花蛋糕、方蛋糕、卷蛋糕、桃酥、猪油夹沙蛋糕、蒸蛋糕、杏仁酥、袜底酥、椒盐三角酥、太师饼、云片糕、桃片糕、枣泥麻饼、五香麻糕、椒盐烘糕、定胜糕、油绿豆糕、眉毛肉饺、苏式月饼、鲜花玫瑰饼、龙凤喜饼、重阳花糕、鲜花藤萝饼，以及各种南糖等等。经营者多为江浙等省的南方人。第三种谓之"清真糕点铺"，亦称"伊斯兰糕点铺"。经营者皆为回民，所制与满、汉饽饽铺同名、同型的糕点，均用素油（主要是香油）烤制，亦供应佛、道两教寺庙的供品。③

（10）酸梅汤。《清稗类钞》记载：酸梅汤，夏日所饮，京津有之，以冰为原料，屑梅干于中。其味酸，京师卖酸梅汤者，辄手二铜盏，颠倒簸弄之，声锵锵然，谓之敲冰盏，行道之人辄止而饮之。酸梅汤发源于北京，清以前就有用乌梅煮汤的传统，后经清宫御膳房改进，成为清宫异宝，并流传到民间，最早的店铺是前门外的九龙斋和西单邱家的酸梅汤，后名声最大的是琉璃厂信远斋。④ 除了这些店铺制售的酸梅汤外，一些摊贩和家庭也制作酸梅汤。小贩贩卖酸梅汤时，往

①　《马神庙糖饼行行规碑》，李华编：《明清以来北京工商会馆碑刻选编》，北京：文物出版社1980年版，第133页。

②　据《燕市积弊》："北京点心铺向分两种，内城叫做'满洲饽饽铺'（可以带鼻烟儿），有喜筵桌面，可不讲卖'龙凤喜饼'（如今也能对付着卖），外城叫'南果铺'，可不带奶油。按着老规矩说，许多不一样地方儿，或内城有外城没有，不然就是外城有内城没有，譬如'中饽饽'里头的'南烧饼'以及'茯苓夹饼'，是内城应当没有……"（待徐生：《燕市积弊》卷三"南果铺"条，北京：北京古籍出版社1995年版，第77页。）相较于饽饽铺所贩售的北方糕点，南方糕点最大特点是可不带奶油。

③　常人春：《老北京的民俗行业》，北京：学苑出版社2002年版，第307—308页。

④　李路阳、畏冬：《中国全史·中国清代习俗史》，北京：人民出版社1994年版，第69—70页。

往手持两个铜冰盏，相互叩击，作为标记。因此《燕都小食品杂咏》有咏酸梅汤的诗一首："梅汤冰镇味酸甜，凉沁心脾六月寒。挥汗炙天难得比，一闻铜盏热中宽。"从中可以看出当时卖酸梅汤的小贩，手持两枚冰盏，敲出响声，走街串巷。清末《燕市积弊》也有类似记录："每年一到夏令，北京有种卖酸梅汤的，名为是小买卖儿，可也不得一样。真有摆个酸梅汤摊儿得用一二百两银子的，什么金漆的冰桶咧，成对儿的大海碗咧，冰盘咧，小瓷壶儿咧；白铜大月牙儿擦了个挺亮，相配各样玩意，用铜锁链儿一拴；方盘周围是铜钉儿；字号牌也是铜嵌，大半不是'路遇斋'，就是'遇缘斋'；案子四周围着蓝布，并有'冰振（镇）梅汤'等字，全用白布做成；上罩大布伞，所为阳光不晒；青铜的冰盏儿，要打出各样的花点儿来。"①

在一天当中，北京小吃还有约定俗成的时间上的分配。据张江裁先生的《燕京民间食货史料》中记载："每晨各大街小巷所叫卖之杏仁茶、豆腐浆、茶汤、切糕、豆腐脑，下午所叫卖之豆渣儿糕、蒸芸豆、豆汁粥、老豆腐，夜间叫卖之硬面饽饽、茶鸡子、炒豆腐之类。"这是鲜明的北京人的饮食风俗在小吃方面的表现，也是北京人身体之于食物消化的习惯所致。

北京小吃是指汉民小吃、回民小吃及宫廷小吃，而以清真小吃为主体。清王朝统治时期，回族同胞社会地位相对低下，从事饮食业者，多无固定店铺。一只锅、一袋面，只能制作和经营一些零食之类的食品，弄些油盐作料做点儿小吃糊口。"两把刀、八根绳"成为他们的职业形象。"两把刀"指卖牛羊肉和卖切糕的。因为牛羊肉和切糕要用刀切开来卖，故称"两把刀"。"八根绳"是对挑担行商小贩的泛称。一根扁担，两个筐，前后各以四根绳系起来，俗称"八根绳"。凭借切羊肉和切切糕的两把刀的刀工技艺，以及系箩筐的八根绳，挑着小吃的箩筐，游走大街小巷，吆喝叫卖。为了招揽更多的生意，小吃越做越精美，许多品种独树一帜，而形成品名在前、姓氏在后的小吃称谓，如"羊头马""馅饼周""焦圈王""豆腐脑儿白""年糕钱"等饮食文化现象，从而构成了京腔京味的北京小吃文化。

3. 民间宴饮礼仪

晚清时期，随着社会的稳定和物质生活的丰富，饮食日趋奢华。"近日一筵之费，至十金。"

---

① ［清］待徐生：《燕市积弊》，北京：北京古籍出版社 1995 年版，第 42 页。

在森严的礼仪制度下，清王朝宫廷饮宴进餐过程十分严格有序。就位进茶、音乐起奏、展揭宴幕、举爵进酒、进馔赏赐等，都是在固定的程序中进行的。这些礼仪程序显得十分烦琐。由于受清王朝统治者礼仪风俗政策与制度的制约影响，清人的社会生活中，呈现出明显的等级观念、贵贱有别的风俗习尚，民间饮食习俗同样充斥等级规范。这些等级规范通过各种饮食礼仪得以展示。清代宫廷饮食礼仪发展得极为完备，上行下效，北京民间饮食礼仪演进得臻于成熟。在一些正式场合，民间百姓宴饮同样需要遵守一系列礼仪规程。这一礼仪规程贯穿宴饮的各个环节。

《清稗类钞·宴会之筵席》中谈到明清之交的宴会礼仪，最为翔实："若有多席，则以在左席为首席，以次递推。以一席之坐次言之，即在左之最高一位为首座，相对者为二座，首座之下为三座，二座之下为四座。或两座相向陈设，则左席之东向者，一二位为首座二座。右席之西向者，一二位为首座二座。主人例必坐于其下而向西。"今风俗以南向正中者为首座，其余就不太讲究了。如首座未经事先确定，则常常因互相谦让而耗费很多时间。

大约在清代康熙至乾隆年间，圆桌开始在家筵上出现。这种新型桌子比起长方桌和八仙桌来，更符合一家团圆之意，故备受家庭的欢迎。曹雪芹在《红楼梦》第七十五回中写贾母在凸碧山庄开设中秋赏月家宴时，就特意叫人用圆桌来摆酒："上面居中贾母坐下，左边贾赦、贾珍、贾琏、贾蓉，右边贾政、宝玉、贾环、贾兰……迎春、探春、惜春。"一张圆桌 12 个人，这种长幼男女围坐饮酒的家宴形式，在前代文献中是见不到的。"客人若多，可分坐两桌以上。此时，若等众客人到齐，则有先来客人空费时间，故采用客人人数满一桌时即先进餐的办法。同时去几处赴宴的客人可进餐中途辞去，此时主人均不挽留。由于进餐时众人常共享一菜，故一二人不到或中途退席，对主人亦无格外不便。于是，至宴会即将开始时方退回单帖者亦非罕见之事。招宴当日，客人手持单帖即请帖到规定地点，当面向主人致谢，退回单帖。主人用烟茶招待客人。客人来齐后，另设宴席招待，到主人预定时间时，主人请客人入席，在每人规定之座位放有斟满酒之酒杯，称之为送酒。此时，主客相互致辞。送酒后，众客就座，或不固定座位，请客人随意就座。"① 直到今天，人们在举行家宴时，还是很喜欢用圆桌。

除了排座次外，"尊人立莫坐"也是当时京城百姓普遍遵守的饮食惯例，即首

---

① 张宗平、吕永和译：《清末北京志资料》，北京：北京燕山出版社 1994 年版，第 534 页。

席的尊者没有入座前,其他人是不能入座的;还有"尊人共席饮,不问莫多言",筵席上,长辈不问话,晚辈不能多言。端菜上席,必层层上传,由贴身丫鬟或主人的晚辈把菜放在桌上。《红楼梦》第四十回,"只见一个媳妇端了一个盒子站在当地,一个丫鬟来揭去盒盖,里面盛着两碗菜,李纨端了一碗放在贾母桌上。凤姐儿偏拣了一碗鸽子蛋放在刘姥姥桌上"。这种礼仪也见之于《金瓶梅》。今天重大宴会,必有一名女服务员专司端菜上桌之职,这大概是古代风俗的余绪。

敬酒之礼是所有筵宴上最为常见的礼仪,一般是入座后,主人敬酒,客人起立承之,也有客人回敬之礼。《清稗类钞·饮食类》"宴会之筵席"条有详述:"宴会所设之筵席,自妓院外,无论在公署,在家,在酒楼,在园亭,主人必肃客于门。主客互以长揖为礼。既就座,先以茶点及水旱烟敬客,俟筵席陈设,主人乃肃客一一入席。席之陈设也,式不一。若有多席,则以在左之席为首席,以次递推。以一席之坐次言之,则在左之最高一位为首座,相对者为二座,首座之下为三座,二座之下为四座。或两座相向陈设,则左席之东向者,一二位为首座二座,右席之西向,一二位为首座二座,主人例必坐于其下而向西。将入席,主人必敬酒,或自斟。或由役人代斟,自奉以敬客,导之入座。是时必呼客之称谓而冠以姓氏,如某某先生、某翁之类,是曰定席,又曰按席,亦曰接席。亦有主人于客坐定后,始向客一一斟酒者。惟无论如何,主人敬酒,客必起立承之。"又,主人敬酒于客曰酬,客人回敬曰酢。《淮南子·主术训》:"觞酌俎豆酬酢之礼,所以效善也。"如此往返三次,曰酒过三巡。今宴会风俗,仍以先敬酒于客为敬,且口称:"先干为敬。"今日大宴则往往是主人站立举杯敬酒,客集体起身,共同干杯,乃效西方之风俗。

若宴饮时间较长,主人也可采取变通的方式敬酒。以寿礼为例,长辈逢十办酒席两三天。"因宾客随时前来,主人须终日着礼服等候宾客,而且数百名宾客一日须供数次酒席,故主人不能一一亲自接待,于是事先委托众多接待人,负责宴席,主人只在每次开宴时到宾客面前一一斟酒,施一揖之礼。主人本身绝不参加宴席。如此数日连续不断,当知主人之劳苦,加之寿筵结束后主人尚须到送礼人处一一回礼。故办一次寿筵,主人除花费经费外,还不免耗费不少时间,此习惯易改则难。"[1]

---

[1] 张宗平、吕永和译:《清末北京志资料》,北京:北京燕山出版社1994年版,第491页。

有清一代，中国人日常吃饭并不提倡顿顿喝酒，但是，宴会上酒是万万不可少的。客人落座后，主人要先向客人祝酒，口称"先干为敬"，主客共饮；无论主客，添酒都要添满。席间斟酒上菜，也有一定的规程。现代的标准规程是：斟酒由宾客右侧进行，先主宾，后主人；先女宾，后男宾。酒斟八分，不得过满。如果不能喝酒，要事先声明，以避免出现尴尬或不愉快的场面。

在摆放菜肴上，也有一套礼仪规则。一般带骨的菜放在餐桌的左边，纯肉菜放在餐桌的右边；饭食靠左手放，羹汤、酒、饮料靠右手放；烧烤的肉类放远点，醋、酱、葱、蒜等调料放在近处。上菜先冷后热，热菜应从主宾对面席位的左侧上；上单份菜或配菜席点和小吃先宾后主；上全鸡、全鸭、全鱼等整形菜，不能把头尾朝向正主位。

由于国际交往礼仪的渗入、西方文化的冲击，以及现代社交功利目的的变化，公宴、国宴及各种社交宴会上的礼仪有了很大革新，洋溢着文明、自由及高雅的气氛。我国传统的筵宴礼仪在这些场合，几乎荡然无存。一些西餐礼仪也被引进。如分菜、上汤、进酒等方式也因合理卫生的食法被引入中餐礼仪中。中西餐饮食文化的交流，使得餐饮礼仪更加科学合理。不过，注重排座次仍为重要的礼仪，而其性质有了质的不同，已不再是为了维护上下、尊卑的等级制度，只是出于礼貌，出于下级对上级或晚辈对长辈的尊重。

然而，家宴礼仪经历了一个漫长的历史演化过程之后，清代仍保留了一些周代筵宴礼仪的内容。究其原因是它迎合了传统的家族观念，客观上起到了维护家庭稳定和促进家庭成员团结和睦的作用。在我国传统的大家庭中，因人口众多，成员辈分、关系复杂，祖孙、叔侄、兄弟、姐妹、妯娌等人，平时不在一起进餐，遇有节日或其他原因，家长决定备办丰盛的酒肴，全家老小欢聚一堂饮宴，确是天伦之乐。家宴之上讲究礼仪之举，也在一定程度上培养了人们讲礼貌、谦恭、尊敬长辈的风气。例如敬酒斟酒、晚辈替长辈盛饭、饮酒前浇奠酒的礼仪等，虽说其中含有一些封建迷信的成分，但其积极的作用也是应予正确评价的。又如"毋咤食""毋刺齿"，也符合现代文明的要求，应继承和大力提倡。当然，像男女不同席这类反映封建的男尊女卑、男女授受不亲思想的礼仪，是必须革除的。

4. 老字号饭庄和饭馆

有清一代，又涌现出一批为人称道的饮食老字号。北京的老字号身上，或多或少都沾染着帝都色彩。皇帝坐过的椅子、涮过的火锅、皇帝钦赐的匾额、朝廷特颁允许进宫的腰牌、宰相状元亲笔书写的楹联牌匾等，都成为商家炫耀自身特殊价值或唯一价值的资本；拥有宫廷秘方和前朝宫廷御厨，是商家招揽客户的制胜法宝。①

京城名人较其他城市为多，名人命名和名人题字写匾，是一些老字号得以一夜成名的重要途径。"都一处"烧卖馆的虎头牌匾为乾隆皇帝所题，"六必居"的匾额讹传为明朝宰相严嵩所书，"天源酱园"为清末状元、工部尚书和吏部尚书陆润庠所书，"仿膳""又一顺""月盛斋"匾额是清朝末代皇帝溥仪的弟弟溥杰书写的。而"王致和"和"南酱园"，就分别出自两位科举状元孙家鼐、鲁琪光之手。名人效应在北京饮食老字号的发展过程中起到了不可替代的作用。

这些老字号饭庄的字号都叫"某某堂"。各种宴会，大多由大饭庄承办。至光绪年间，"庖人之精烹调者，各立门户，自出应堂会，各种菜品多新颖出色，有黄厨、贾厨、谦益堂刘厨及张志四家最盛。张氏专应各伶人私寓酒席；刘氏专应京官公谯；黄贾二氏内外城宅第多用之。后皆自开设饭庄，则生意反不振也"②。

饭馆的规模较饭庄小，字号不称堂，而称楼、居、馆、斋等。而饭铺和饭摊则散布京城街巷，既无值得标榜的名号，有的也没有固定的营业点。有学者对内城主要酒楼的分布情况做了详细统计，其中，西区的酒楼分布于什刹海沿岸（2处）、西四（3处）、西单（2处）、地安门外大街（2处），其他酒楼靠近西单。内城东区则分布于隆福寺（2处）、东四（3处）、使馆区（2处）、清政府办公区（1处），其他靠近东单牌楼。外城西区分布在：正阳门外大街以西商业区有31处（其中观音寺7处，煤市街5处，大栅栏3处，粮食店街3处，西河沿3处，李铁拐斜街2处，杨梅竹斜街2处，廊房头条1处，二条1处，抄手胡同1处，灯儿胡同1处，前门大街路西1处，排子胡同1处），前门外北火扇路1处，铁门1处，半截胡同2处，米市胡同1处，菜市口1处，骡马市1处，虎坊桥1处，珠市口2处。外城东区则分布于打磨厂3处、正阳门大街东9处（肉市7处、蒋家胡同1处、鲜鱼口孝顺胡同1处）。③ 这些餐馆大都位于闹市，满足了市民对餐饮的需求。

前门外有三家著名的饽饽铺，即瑞芳、正明、聚庆诸斋。在饽饽铺名列中，又以豪华讲究的饽饽铺"合芳楼"名号最响。崇彝在《道咸以来朝野杂记》一书

---

① 王红：《老字号》，北京：北京出版社2006年版，第44页。
② ［清］崇彝：《道咸以来朝野杂记》，北京：北京古籍出版社1982年版，第59页。
③ 吴承忠、李雪飞：《清代北京酒楼的空间分布特征》，载《邯郸学院学报》2013年第2期。

中有明确的阐述：饽饽铺"当年以东四南大街合芳楼为最佳。此店始于道光中，至光绪庚子后歇业，全部工人及货色皆移于东四北瑞芳斋，东城惟此独胜。北城则桂英斋最佳，在后门外路东，为当年东安门外金兰斋之遗法。金兰斋亦供宫中所需，较诸合芳、瑞芳为精细，淳厚之味稍逊矣。其他有名糕点铺虽不少，但其制法非古矣"①。饽饽铺的产品品种，季节性很强，应时应景，销售不同品点。经营以家族形态为主，前店后厂，特色鲜明。饽饽铺构成了当时北京饮食市场中民族风味十足的消费景观。

老字号饭庄兴起的最大因素即在其制作精湛，口味独特。汤用彬所著《旧都文物略》中有云："北平昔为皇都，豪华素著，一饮一食，莫不精细考究。市贾逢迎，不惜尽力研求，遂使旧京饮食得成经谱。故挟烹调技者，能甲于各地也。"②各老字号均有自己的秘籍，其拿手的招牌菜，味道多不相同。正如《清稗类钞·饮食类》"京师宴会之肴馔"所言："饭庄者，大酒楼之别称也，以福隆堂、聚宝堂为最着，每席之费，为白金六两至八两。若夫小酌，则视客所嗜，各点一肴，如福兴居、义胜居、广和居之葱烧海参、风鱼、肘子、吴鱼片、蒸山药泥，致美斋之红烧鱼头、萝卜丝饼、水饺，便宜坊之烧鸭，某回教馆之羊肉，皆适口之品也。"以菜驰名的有东来顺的涮羊肉、厚德福的熊掌、正阳楼的烩三样与清炖羊肉、便宜坊的烧鸭、月盛斋的酱牛肉等；以点心闻名的有玉壶春的炸春卷、都一处的烧卖、致美斋的萝卜丝饼、信远斋的酸梅汤、稻香村的糕点等，均各具特色。再如东兴楼等家发行的流通席票的菜品，亦价廉物美，老北京人，莫不知之。③

全聚德比便宜坊要晚很多年，是在清同治十二年（1873），在前门外的肉市胡同口开张的。全聚德的开创者叫杨寿山（字全仁），天津蓟县人。家乡闹灾，他跑到北京先给人家放鸭子，学会了填鸭、宰鸭一溜活儿。他是个勤俭的人，又有头脑，攒了点儿钱，在前门大街南侧的通三益干果店边上，摆了个卖鸭子的小摊，进鸭子、宰鸭子、卖鸭子，一个人，一双手，全是他自己忙活。他又攒了点儿钱，在肉市胡同里，开了家小猪肉杠，杠就是铺子，但是，只有卖猪肉的铺子叫杠。除卖猪肉，他外带卖鸭子，还设了个烤炉，卖烤肉和烤鸭子。这便是全聚德的前

①　[清] 崇彝：《道咸以来朝野杂记》，北京：北京古籍出版社1982年版，第85—86页。

②　汤用彬等编：《旧都文物略》第十二"杂事略·生活状况"，北京：书目文献出版社1986年版，第273页。

③　张江珊：《北京老字号饭馆话旧》，载《北京档案》2009年第8期。

身。他的生意不错，尤其是烤的鸭子卖得很有人缘。再挣了钱，他把烤肉的挂炉改造，专门用果木烤鸭子，色香味赶得上便宜坊。同时，他片鸭子的活儿也地道，一只鸭子，能片出 100～120 片，薄如纸片，玲珑剔透。一下子，顾客盈门，他的店铺索性专门卖烤鸭，全聚德的大名在前门一带响亮了起来。一个全，一个聚，一个德，三个字，字字响亮。①

王致和是安徽仙源县举人，清康熙八年（1669）进京会试落第，滞留京城，为谋生计，做起了豆腐生意，一边维持生计，一边刻苦攻读，以备下科。一次，做出的豆腐没卖完，时值盛夏，怕坏，便切成四方小块，配上盐、花椒等作料，放在一口小缸里腌上。由此他也就歇伏停磨，一心攻读，渐渐把此事忘了。乃至秋凉重操旧业，蓦地想起那一小缸豆腐，忙打开一看，臭味扑鼻，豆腐已成青色，弃之可惜，大胆尝之，别具风味，遂送予邻里品尝，无不称奇。王致和屡试不中，遂尽心经营起臭豆腐来，也兼营酱豆腐、豆腐干和酱菜②。清末传入宫廷御膳房，成为慈禧太后的一道日常小菜，慈禧太后赐名"青方"，身价倍增。咸丰九年（1859）状元、授翰林院修撰入值上书房的孙家鼐（1827—1909）为王致和南酱园题写的两副对联："致君美味传千里，和我天机养寸心"，"酱配龙蟠调芍药，园开鸡跖钟芙蓉"，把臭豆腐演绎得富有诗情画意。这两副对联的头一个字合在一起，就是"致和酱园"。

"一杯一杯复一杯，酒从都一处尝来。座中一一糟邱友，指点犹龙土一堆。"③都一处土龙直接堆柜台，传为财龙。"京都一处共传呼，休问名传实有无。细品瓮头春酒味，自堪压倒碎葫芦。"④"碎葫芦"也是当时一家有名的酒馆，以此说明"都一处"品味更佳。这是清末《续都门竹枝词》和《增补都门杂咏》中盛赞"都一处"的竹枝词。"都一处"烧卖馆坐落在繁华的前门大街 36 号，始建于乾隆三年（1738），距今已有 275 年的历史，是北京有名的百年老店之一。到了清同治年间（1862—1874），都一处已然跻身北京名饭馆行列，除了继续经营"佛手露""炸春卷""炸三角"等应时小吃之外，增添了今天已成为其特色的烧卖。在

---

① 肖复兴：《便宜坊与全聚德》，载《解放日报》2017 年 5 月 4 日"朝花版"。

② 丁维峻主编：《北京的老字号》，北京：人民日报出版社 2009 年版，第 130 页。

③ ［清］学秋氏：《续都门竹枝词》，杨米人等《清代北京竹枝词（十三种）》，北京：北京古籍出版社 1982 年版，第 63 页。

④ ［清］李静山：《增补都门杂咏》，［清］杨米人等著，路工编选《清代北京竹枝词（十三种）》，北京：北京古籍出版社 1982 年版，第 102 页。

其全盛期间，还开辟了炒菜业务。该店的"回锅肉"也别具风味，受到欢迎。①

砂锅居始建于清乾隆六年（1741）年，原址在西单缸瓦市义达里清代定王府更房临街之处。清朝旧俗，皇室王府每年的祭神、祭祖典礼，总要以白煮全猪作为祭品，祭罢则上下同吃"祭余"。于是，吃白煮肉，便由祭祀而成为满族的一种食俗。据柴萼（柴小梵）的《梵天庐丛录》（1926 年版）记载："清代新年朝贺，每赐廷臣吃肉。其间不杂他味，煮极烂，切为大脔，臣下拜受，礼至重也。乃满洲皆尚此俗。"王公贵族们每次祭祀后所余"供品"，就赏给看街的更夫们吃。后来，更夫们与御膳房出来的厨师合作，开店经营起砂锅煮白肉。把猪肉、猪内脏等放入盛清水的砂锅里，用文火炖煮，煮的时间越久，则汤味越浓厚，锅里的猪肉和内脏也极为香烂。因店里使用一口直径约 1.3 米的砂锅煮肉，人们习惯称为砂锅居，由此成了北京一家名字号。久而久之，和顺居不为人知，"砂锅居"成为店名了。

砂锅居擅长"烧"、"燎"和"白煮"三种烹饪方式。清道光二十五年（1845）杨静亭在他的《都门纪略》一书中写道："白片肉、会（烩）肝肠、烧下碎、会（烩）下颏，和顺白肉馆在西四牌楼缸瓦市路东。""烧"就是用油炸过的肉再行烹调。如砂锅居的名菜"炸鹿尾"即是。"燎"②是把带皮的猪肉、猪肘、猪头、猪蹄等，直接用炭火将外皮燎煳。"白煮"，就是白煮肉。地处四牌楼的砂锅居，过去是专卖白煮肉和猪内脏的馆子，故有"白肉居"的俗号。夏仁虎《旧京琐记》卷九载："城内缸瓦市有沙锅居者，专市豚肉，肆中桌椅皆白木洗漆，甚洁，旗下人喜食此。"因置一特大砂锅，一次可煮一头整猪。日子久了，人们便以"砂锅居"取代了原店名"和顺居"。

在北京餐饮业老字号商铺的历史上，砂锅居有一段令人费解的"经营一怪"。开业初期，只是少数官员前来品尝，后来人们不断慕名而来，每天一头猪，不到中午就卖完了，并且在卖完后便收幌子关门了，故而至今流传"砂锅居买卖——过午不候"的歇后语。曾有"名震京都三百载，味压华北白肉香"之说。③ 早年砂锅居经营半日摘幌子停业，一却是因为味美而人们蜂拥而至；再就是真正的原

---

① 侯式亨主编：《北京老字号》，北京：中国对外经济贸易出版社 1998 年版，第 65—67 页。
② 燎，是满族进关前祭祖所用的生烧火燎的猪肉，后来成为一个菜品。它的做法是精选五花猪肉，上火生烤，把肉皮烤煳，去净烤煳的外层薄皮，呈金黄色，吃起来香酥可口。
③ 孔令仁、李德征：《中华老字号》第八卷，北京：高等教育出版社 1998 年版，第 83 页。

因，为保证质量得用砂锅把头天晚上宰杀的百十斤重的京东鞭猪，拾掇干净后，连夜煮、燸，次日一早正好熟透，8 时开门，一上午准光。因而"西城缸瓦市有白肉馆，日以一豕飨客，不涉他味，逾午则闭门矣"。砂锅居的半日"经营一怪"直到 1937 年才变了。

北京"天福号"酱肘子是北京有名的熟食。北京酱肘子已经有近 270 年的历史。乾隆三年（1738），一个叫刘德山的山东人同他的儿子在西单牌楼开设了一家熟肉铺，这就是"天福号"。他们刚开张，为了创出声誉，精心烹调各种熟肉。肉要熟烂，必须在前一天晚上就入汤锅里烧，父子俩只得轮流看守汤锅。有一天夜里，儿子看锅，由于太劳累，年轻人顶不住困意睡着了。一觉醒来，他看到锅里的肉已经塌烂，汤也只剩下一点稠汁。起出锅后，肉软烂如泥，只好将其放凉以后摆在盘子里卖。恰巧这天的顾客中，有个刑部官员的家人买回去后，刑部大人吃着酱肘子，无论是皮还是肉，都熟烂香嫩，鲜美无比，他感到非常满意。第二天，他又命家人特地到天福号来买这种酱肘子。刘家父子见有人喜欢这样的肘子，就改变煮法，专烧这种新产品。

天福号酱肘子以"肥而不腻，瘦而不柴，皮不回性，浓香醇厚"享誉京城，成为献给清宫的贡品。据说慈禧太后特爱吃猪肉，有官员为讨她欢心，就向其推荐"天福号"的酱肘子，老佛爷尝过之后大加赞赏，就让"天福号"天天给宫里送肘子，还专门发了进宫的腰牌，这样"天福号"酱肘子就成了贡品。有史料记载，慈禧六十大寿的时候，筵席上各种菜肴丰盛齐备，只因缺了"天福号"酱肘子，御膳房就专门派人快马去取。据说，"天福号"酱肘子在清宫内也备受后妃们的喜爱。光绪帝的瑾妃是个日以素食为膳的人，但对于色、香、味俱全的酱肘子是个例外，她命膳房厨师随时为她准备好一盘酱猪肘，无论早、晚膳，什么时候想吃，就立即端上膳桌，瑾妃吃酱肘子几乎达到一日一食的地步。即便到了辛亥革命以后，向往西方生活的末代皇帝溥仪，也对"天福号"酱肘子情有独钟。他穿西装、吃洋饭，对清宫传统的食品不屑一顾，可是"天福号"酱肘子却是一个例外，"天福号"酱肘子是他西餐桌上必备的一道菜。1959 年，末代皇帝溥仪受特赦后，第二天，就骑自行车来西单"天福号"买酱肘子。[1]

普云斋也是清代著名的酱肉铺，原开设在北京煤市桥南口，专售酱肘子、小

---

① 王茹芹：《京商论》，北京：中国经济出版社 2008 年版，第 51 页。

肚、香肠等熟食。酱肉铺挑挂一只特制的酱肉坛子模型作为幌子，与酒店悬酒葫芦相似，属于借代物幌。

提及酱菜，自然会列举北京的桂馨斋、王致和南酱园、天源酱园，天津的玉川居，山东济宁的玉堂酱园、临清的济美酱园，河北保定的槐茂酱园，河南商丘的大有丰酱园等。北京这几家制酱老字号都产生于有清一代。北京天源酱园，始建于清同治八年（1869），属于京城南味酱园，以微咸而甜鲜为独特风格。据说慈禧太后曾经吃到"天源"的桂花糖熟芥，并对其大加赞赏，消息传来，酱园老板立即把堂内盛放糖熟芥的瓷坛，以红漆木架装饰，并标明"上用糖熟芥"字样，供起来宣传。通过这件事，天源酱园名声大振。北京桂馨斋酱园，最早也是一家南式酱园，创建于清乾隆元年（1736），擅长制作冬菜、梅干菜和佛手疙瘩，被誉为"冬菜老店"。

北京有道名菜"潘鱼"，是一位清代翰林潘祖荫所发明。他用活鲜鲤鱼和上等香菇、虾干等配料，用鸡汤蒸制，却并不加油，味道很鲜美。这位翰林老爷是北京广和居菜馆的常客，遂将鱼的制法传授给广和居的店主和厨师，使此菜成为广和居的名菜之一。据《道咸以来朝野杂记》载："广和居在北半截胡同路东，历史最悠久，盖自道光中即有此馆，专为宣（武门）南士大夫设也。其肴品以南炒腰花、江豆腐、潘氏清蒸鱼、四川辣鱼粉皮、清蒸干贝等，脍炙众口。故其他虽湫隘，屋宇甚低，而食客趋之若鹜焉。"[①] 鸦片战争以来，道光政府的朝官们散了早朝后，习惯借行膳聚会议事，[②] 因而崇彝记其是"专为宣南士大夫设也"。民国夏仁虎在《旧京琐记》卷九"肆市"中亦记云："士大夫好集于半截胡同之广和居，张文襄在京提倡最力。其著名者，为蒸山药，曰'潘鱼'者，出自潘炳年，曰'曾鱼'，创自曾侯（曾国藩），曰'吴鱼片'始自吴闰生（苏州人，阁读，善烹调）。"广和居开业于清朝道光年间，是南城的王公大臣、达官贵人们经常光顾的场所，上至亲王、下至名妓，都是广和居的座上宾。1930 年广和居倒闭，其大厨转至同和居操厨，"潘鱼"又成为同和居名菜。

1903 年，东来顺饭庄的创始人丁德山手推小车、带着木案和几个板凳在东安市场北门摆起了粥摊。1912 年，东安市场失火，木棚被烧。市场重建后，丁德山

---

① ［清］崇彝：《道咸以来朝野杂记》，北京：北京古籍出版社 1982 年版，第 60 页。
② 唐鲁孙：《中国吃》，台北：景象出版社 1978 年版，第 17 页。

在原处建起三间瓦房，改招牌为"东来顺羊肉馆"，开始经营涮肉。他精心研究涮羊肉这一风味，经过细心琢磨，创造了东来顺风味涮羊肉席。东来顺一跃成为京城涮羊肉之冠。"东来顺及西来顺，羊肉专家谁与竞。炉火熊熊生片烧，好酒一壶立饮尽。"①"谁与竞"，说明东来顺、西来顺的羊肉无可媲美。

在竹枝词中，一些字号的牌子就已被馋食的文人墨客写了进去。杨静亭编撰的《都门杂咏》②分风俗门、对联门、翰墨门、古迹门、技艺门、时尚门、服用门、食品门、市尘门、词场门等十类，每诗有题。其中食品门所收诗歌，共20首，专门咏诵北京美食。明确以老字号为描写对象的有4首：《山楂蜜糕》："南楂不与北楂同，妙制金糕数汇丰。色比胭脂甜若蜜，鲜醒消食有兼功。"老字号是"汇丰斋"；《肉市》："闲来肉市醉琼酥，新到莼鲈胜碧厨。买得鸭雏须现炙，酒家还让碎葫芦。"老字号是"碎葫芦"；《蟹肉烧麦》："小有余芳七月中，新添佳味趁秋风。玉盘擎出堆如雪，皮薄还应蟹透红。"老字号是"小有余芳"；《烤牛肉》："严冬烤肉味堪饕，大酒缸前围一遭。火炙最宜生嗜嫩，雪天争得醉烧刀。"老字号是"烧刀（酒品牌）③。其他还有"鸡面"（福兴居）："面白如银细若丝，煮来鸡汁味偏滋。酒家惟趁清晨卖，枵腹人应快朵颐。"④又有"福兴居与便宜居，饭馆取名都太粗；偏合西南人口味，辣椒多着问何如。""烧羊肉"（月盛斋）："喂羊肥嫩数京中，酱用清汤色煮红。日午烧来焦且烂，喜无疆味腻喉咙。"光绪年间苏州人学秋氏游学北京，创作《续都门竹枝词》82首，其中有三首以老字号为题。⑤《时丰斋》："时丰最好是汤圆，雅座新添气象宽。风韵犹存当时话，藏花剧饮足盘桓。"时丰斋最诱人的美食是汤圆，就餐环境也颇俱感染力。《玉铭斋》："玉铭斋中也充阔，馄饨汤似旧时清。醋鱼本是专门菜，雅座于今非席棚。"馄饨、醋鱼为其美味特色。《东兴居》："东兴如意面参差，别味尝鲜各有私。毕

---

① ［清］张元垶：《都门杂咏》（附一首），雷梦水辑：《北京风俗杂咏续编》，北京：北京古籍出版社1987年版，第96页。

② ［清］杨静亭：《都门杂咏》，［清］杨米人等著、路工编选《清代北京竹枝词（十三种）》，北京：北京古籍出版社1982年版，第69—84页。

③ ［清］杨静亭：《都门杂咏》，［清］杨米人等著、路工编选《清代北京竹枝词（十三种）》，北京：北京古籍出版社1982年版，第79—81页。

④ ［清］杨静亭：《都门杂咏》，［清］杨米人等著、路工编选《清代北京竹枝词（十三种）》，北京：北京古籍出版社1982年版，第80页。

⑤ ［清］杨静亭：《都门杂咏》，［清］杨米人等著、路工编选《清代北京竹枝词（十三种）》，北京：北京古籍出版社1982年版，第59页。

竟前门听戏便，预先贴座最相宜。"这家餐馆以听戏方便招揽顾客。独特的饮食品牌与字号融为一体，共同成为老字号的个性符号。

有的老字号主要以待客之道获得顾客认可。隆盛饭铺是山西省一个姓温的商人于清代嘉庆末年（1816—1819）开办的。经营的食品既有炒饼、烩饼、押面，还经营炒伙菜、摊黄菜、炒肉片等。其中烂肉面最受顾客的欢迎。隆盛饭铺在店门外、房檐下放个煮面的炉灶，白天使用，晚上营业结束将炉灶封上。每年冬天严寒季节，有些无家可归的乞丐都到这里避风雪取暖。温掌柜的不仅不让徒弟、伙计哄赶他们，并且叫伙计不要将炉灶封得太严，以便使炉灶多些暖气。天常日久，隆盛饭铺得了个"灶温"的雅号。"不独官衙泯旧痕，酒垆风雅几家存？当年耆旧临餐地，更与何人说灶温。"① 而隆盛本名却少有人知了。

北京饮食老字号林林总总，成为食客们争相追捧的对象，久而久之，成为北京具有标志性的饮食符号，并得到高度概括性的表述。有"八大楼"② "八大春"③ "八大居"④ "北京三居"⑤ "四大兴"⑥ "四大顺"⑦ "清真三轩"⑧ "南宛北季"⑨ "通州三宝"⑩ "六大饭店"⑪ 之说。除了餐馆外，还有其他饮食老字号，诸如茶庄：张一元、吴裕泰、元长厚等；糕点糖果铺：稻香村、桂香村、稻香春、大顺斋、正明斋、信远斋、通三益、公兴顺等；酱菜园：六必居、天源、天义顺、桂馨斋、王致和、大有等；食品店铺：月盛斋、天福号、浦五房、聚宝源、双合盛、庆林春等。⑫ 饮食老字号不仅仅是一个个庄馆、食品店，它们见证着历史的变迁，蕴含着传统文化的无形遗产。故而可以说："看不到北京老字号就等于没有看到老

---

① 郭则沄等：《故都竹枝词》，雷梦水辑：《北京风俗杂咏续编》，北京：北京古籍出版社 1987 年版，第 244 页。

② 均为饭庄。一说为东兴楼、安福楼、鸿兴楼、泰丰楼、萃华楼、致美楼、鸿庆楼、新丰楼；一说为东兴楼、鸿兴楼、安福楼、会元楼、万德楼、富源楼、庆云楼、悦宾楼。

③ 均为饭庄。指庆林春、上林春、淮阳春、大陆春、新陆春、鹿鸣春、春园、同春园。

④ 均为饭庄。指同和居、砂锅居、泰丰居、万福居、福兴居、阳春居、东兴居、广和居。

⑤ 均为饭庄。指柳泉居、三和居、仙露居。

⑥ 均为饭庄。指福兴楼、万兴楼、同兴楼、东兴楼。

⑦ 指东来顺（饭馆）、天义顺（酱园）、永昌顺（粮店）、又一顺（饭馆），皆为 1906 年从摆粥摊起家的东来顺老板丁子青独资开设的。

⑧ 均为饭庄。指同和轩、两益轩、同益轩。

⑨ 均为烤肉店。指宣内大街的烤肉宛、什刹海前街的烤肉季。

⑩ 指大顺斋的糖火烧、万通酱园的酱豆腐、小楼饭馆的烧鲇鱼。

⑪ 指北京、六国、德国、东方、中央、长安饭店。

⑫ 王红：《老字号》，北京：北京出版社 2006 年版，第 28 页。

北京的文化！"老字号以其文化底蕴蕴含着无可取代的独特魅力。

5. 民间市井饮食

有清一代民间市井饮食的发展已经定型，最能体现北京民间市井饮食风格的烹饪技艺和食品花样均已确立，特色名点得到北京人乃至外地人的普遍认同。清时北京的巨大贫富差距，造就了北京市井中完全不同于官府菜、宫廷菜的平民美食。官僚巨商们关起门来穷奢极欲地"食不厌精"，老百姓们也自有利用现有食材"脍不厌细"的法门。

杨静亭《都门杂咏》"食品门"颂扬了诸多清道光年间北京的市井饮食，其中有《烤牛肉》："严冬烤肉味堪饕，大酒缸前围一遭。火炙最宜生嗜嫩，雪天争得醉烧刀。"烧烤是北京市井饮食的大宗，是市民阶层的最爱。在北京饮食文化中，烧烤具有不可或缺的地位。

汪曾祺在《贴秋膘》一文中言："'烤肉宛'原来有齐白石写的一块小匾，写得明白：'清真烤肉宛'，这块匾是写在宣纸上的，嵌在镜框里，字写得很好，后面还加了两行注脚：'诸书无烤字，应人所请自我作古。'我曾写信问过语言文字学家朱德熙，是不是古代没有'烤'字，德熙复信说古代字书上确实没有这个字。看来'烤'字是近代人造出来的字了。"① 其实，"烤"字古已有之，并非"自我作古"。有学者做了专门考证："《诗经》里的'多将熇熇'，只是形容火势的炽烈，不是烘烤食物。'熇'作烘烤食物，首见诸《齐民要术》卷八'八和齑第七十三'引汉《食经·作芥酱法》：'热捣芥子……微火上搅之。少熇，覆瓯瓮上，以灰围瓯边，一宿则成。'少熇，就是稍微烘烤一下。……不过据现在北京华天饮食集团公司的介绍，烤肉宛创建于清康熙二十五年（1686），是北京经营烤肉最老的餐馆，当年推车支摊卖烤肉的店主，是京东大厂的宛姓回民，所以立字号为'烤肉宛'。这样，可以找到 kao 的口语用'烤'字来表达，是在公元 1686 年，《康熙字典》是康熙五十五年（1716）成书，尽管《康熙字典》不收'烤'字，但民间已在流行使用了。"② 显然，北京的烧烤饮食是远远要早于"烤"字出现的时间的。

当时北京人吃烤肉委实有市井的范儿。一个个大酒缸盖上，安放一个炭盆，

---

① 汪曾祺：《贴秋膘》，载《中国美食家》，1993 年试刊号。
② 游修龄：《释"烤"、"秀"、"茉莉"》，载《语言研究集刊》2008 年第 5 辑，第 347—348 页。

盆面用铁丝做成网，盆内燃松枝。一些酒徒围绕酒缸，边烤边吃边喝。当时每逢冬季，酒缸上烤肉和吃烤肉成为一道市井风景。何耳《燕台竹枝词》有《二两居》诗："匕首刲羊烹铁网，豪情转胜腐儒餐。"描绘了此种场景。另有竹枝词："安儿胡同牛肉宛，兄弟一家尽奇才。切肉平均无厚薄，又兼口算数全该。"① 或许是过于市井的缘故，晚清之后，这种移动性烤肉转为专店专营，遂有"烤肉宛""烤肉季"等名号。② 素有吃烤肉到"南宛北季"之说。

在北京清代饮食文化中，民间市井饮食占主体地位。北京名食既有出自宫廷的，也有来自民间市井的，它们都最终回归民间市井。北京饮食原本就是宫廷、市井和士大夫等多层面的复合体。"许多北京小吃都是从'民间'流传到'宫廷'，又从'宫廷'传到'民间'。也就是说，同样是小吃，尊贵的皇族可以在宫廷享受，讲究的士大夫可以在优雅的饭庄里品味，而平民百姓也会有自得其乐的好去处。"③ 这些市井饮食既包括各种各样饭馆、膳庄的精致大菜和名点，又包括街头巷尾小铺食摊的吃食，内容十分丰富。佚名《燕京杂记》："燕地苦寒，寝者俱以火炕，炕必有墙，墙有窗户。贫家无隙地，衾枕之外，即街道矣。妇人眠炕上，听有卖汤饼肴核过者，即于窗户传入。"④ 又，《旧京琐记》卷一"俗尚"亦云："《顺天府志》谓：民家开窗面街，炕在窗下。市食物者以时过，则自窗递入。人家妇女，非特不操中馈，亦往往终日不下炕。今过城中曲巷，此制犹有存者，熟食之叫卖亦如故。"⑤ 因为北京女子不常下厨做饭，于是沿着街巷叫卖的馒头、包子一类熟食，便成了寻常家庭的果腹之物。

老百姓平日主食以小麦和杂粮为主。殷实人家常吃炸酱面。"食杂粮者，居十之七八，……不但贫民食杂粮，即中等以上，小康人家，亦无不食杂粮。杂粮以玉蜀黍为最多，俗名玉米。"⑥ 面食，花样极多。《清高宗实录》说："京师百万

---

① 东余：《首都杂咏》，雷梦水辑《北京风俗杂咏续编》，北京：北京古籍出版社1987年版，第176页。

② 王永斌：《北京的商业街和老字号》，北京：北京燕山出版社1998年版，第27页。

③ 刘勇等主编：《北京历史文化十五讲》，北京：北京大学出版社2009年版，第280页。

④ ［明］史玄、［清］夏仁虎、［清］阙名：《〈旧京遗事〉〈旧京琐记〉〈燕京杂记〉》，北京：北京古籍出版社1986年版，第133页。

⑤ ［明］史玄、［清］夏仁虎、［清］阙名：《〈旧京遗事〉〈旧京琐记〉〈燕京杂记〉》，北京：北京古籍出版社1986年版，第37页。

⑥ 李家瑞编：《北平风俗类征》，"器用"，北京：商务印书馆1937年影印本，第250、253页。

户，食麦者多。即市肆日售饼饵，亦取资麦面。"① 说明了面食在北京饮食结构中的地位，大米是北京人的辅食。北京人日食三餐，以午、晚为主。早饭称早点，或去早点铺购买，或在家吃头天的剩饭。旧时大宅门里的早点多由指定的早点铺子送早点上门，品种也是市面上常见的烧饼、炸糕、粳米粥之类。名点有原为清宫小吃的千层糕（88 层），随着清王朝建都北京而出现的萨其马，"致美斋"的名点萝卜丝饼，谭家菜中的名点麻茸包，"正明斋"的糕点，"月盛斋"的酱牛肉，"天福号"的酱肘子，"六必居"和"天源酱园"的酱菜，"通三益"的秋梨膏，"信远斋"的酸梅汤等。这些食品，虽不是当时每个市民都能吃到，更不会成为人们的日常食品，但它们毕竟在当时北京市场上流行，成为脍炙人口的美谈、美食及市井饮食文化的代表，为北京人的饮食生活增添了光彩。②

清代北京水果品种繁多，种植量极大。"京师之果味以爽胜，故俗有南花北果之谚。如一梨也，有鸭儿梨、金星波梨、红绡梨、白梨、秋梨、鸭广梨、酸梨、杜梨。一苹婆也，有林禽、虎拉宾、酸宾子、沙果、秋果。一葡萄也，有公领孙、兔儿粪、马奶白葡萄、梭子葡萄。一枣也，有戛戛枣、缨络枣、坛子枣、老虎眼酸枣、白枣、黑枣、壶卢枣。一杏也，有巴达杏、白杏、红杏。一桃也，有十里香、大叶白、董四墓、莺嘴桃、扁缸桃、毛桃、桃奴、深州蜜桃。一李也，有朱李、绿李、御黄李。一樱也，有朱樱、蜡樱。一椹也，有白椹、紫椹、赤椹。一瓜也，有竹叶青、羊角蜜、倭瓜欀、黄香瓜、青皮脆。至于萝菔，亦有数种，大者盈尺。有青、红二种，甘美如梨。又有象牙白，亦可生啖，别有入蔬之萝菔。"③ 至今，大兴的西瓜、平谷的大桃、门头沟的京白梨、房山的磨盘柿、怀柔栗子、海淀的香白杏、昌平的苹果、十三陵的大盖柿、小汤山的樱桃等名声远播。

在曹禺先生的话剧《北京人》第二幕中，一位好吃、会吃，到最好的地方吃的北京人江泰有一段长长的台词："正阳楼的涮羊肉，便宜坊的焖炉鸭，同和居的烤馒头，东兴楼的乌鱼蛋，致美斋的烩鸭条。……灶温的烂肉面，穆家寨的炒疙瘩，金家楼的汤爆肚，都一处的炸三角，……月盛斋的酱羊肉，六必居的酱菜，王致和的臭豆腐，信远斋的酸梅汤，二妙堂的合碗酪，恩德元的包子，砂锅居的

---

① 转引自刘宁波：《历史上北京人的饮食文化》，载《北京社会科学》1999 年第 2 期，第 114 页。
② 鲁克才主编：《中华民族饮食风俗大观》，北京：世界知识出版社 1992 年版，第 2 页。
③ ［清］震钧：《天咫偶闻》卷十《琐记》，北京：北京古籍出版社 1982 年版，第 217 页。

白肉，杏花春的花雕。"① 这些北京城中的风味饮食，或正餐，或小吃，或酒水，均出于北京大大小小的各类饭庄店铺，是北京市井饮食的标志性品牌，能够满足北京市民各种嗜欲。

市井饮食还包括民间饮食口头语言，这些饮食语言在市民中流传，极富京味特色。清代北京街头，常有人担着馄饨担子走街串巷，夜间在街头设摊叫卖"馄饨开锅咧——"买卖馄饨多用隐语，如馄饨担为"早桥"，风炉叫作"老相公"，锅为"井圈"，吹火筒为"焰头"，竹梆为"唤客"，碗为"亲嘴"，匙为"卤瓢"，酱油为"墨水"，胡椒为"辣粉"，馄饨皮为"片子"，肉为"天堂地"，粉丝为"白索"，柴为"助火焰头"，水为"三点头"，虾籽为"红粒"等。② 这类饮食口头语言生活气息浓郁，游弋于市井饮食文化的内部，成为北京日常生活言语中富有特色的部分。

6. 庙会与胡同里的叫卖声

"庙会"一词最早出现于对京师隆福寺的描述。清人张培仁在《妙香室丛话·财运》中写道："京师隆福寺，每月九日，百货云集，谓之庙会。"庙会，又称"庙市"。《二刻拍案惊奇》卷三所说："京师有个风俗，每遇初一、十五、二十五日，谓之庙市，凡百般货物俱赶在城隍庙前，直摆到刑部街上来卖。"足见京城庙会影响之大。

有学者统计，北京"每月都有庙会的地点共 7 处，每月无庙会时间仅 7 天；将分散在全年的庙会一弥补，可见北京几乎天天都有庙会举行"③。庙会皆定期举行，"至每月逢三在土地庙，逢四在花儿市，逢七、八在护国寺，逢九、十在隆福寺。……每月逢初一、十五在药王庙，每年正月初三至十五日在火神庙厂甸、曹老公观。五月在都城隍庙。三月初一至十五日，在蟠桃宫，正月十八、九日在白云观。四月初一日在西鼎。五月初一日在南鼎。……春、秋二季掩骼会在忠佑寺。清明、七月半、十月初一日在南城隍庙。正月十五、二十三日，在黄寺、黑寺，曰庙市"④。京城庙会最著名者，为东、西庙会。西庙为护国寺，东庙为隆福寺。

---

① 曹禺：《曹禺戏剧全集》（第三册）《北京人》，北京：人民文学出版社 2013 年版，第 98 页。
② 曲彦斌：《民间秘密语与民族文化》，载《民间文学论坛》1988 年第 5、6 期合刊。
③ 赵世瑜：《狂欢与日常——明清以来的庙会与民间社会》，北京：北京大学出版社 2017 年版，第 170 页。
④ ［清］周家楣、缪荃孙等：《光绪顺天府志》（第二册）《京师志十八·风俗》，北京：北京古籍出版社 1987 年版，第 579 页。

每年"自正月起，每逢七、八日开西庙，九、十日开东庙。开庙之日，百货云集，凡珠玉、绫罗、衣服、饮食、古玩、字画、花鸟、虫鱼以及寻常日用之物，星卜、杂技之流，无所不有。乃都城内之一大市会也"①。随着社会生活的发展，许多庙会逐渐脱离开宗教活动，而转入以商业贸易为主，隆福寺庙会就是如此。到了明末清初，由于受城市建设、灯市迁移、坊市制度的影响，东四商业区逐渐繁荣，隆福寺庙会也就随之演变成为商业性庙会，开始出现了与宗教完全无关的贸易活动。②光绪二十七年（1901）隆福寺失火，庙内头层大殿被焚，从此庙内香火断绝，商贸反而兴旺起来。

隆福寺庙会位于东四牌楼之西，护国寺庙会位于西四牌楼之北，除这东、西两大庙会之外，北京当年典型的庙会还有位于成方街一带的都城隍庙会，位于朝外东大桥的东岳庙庙会和蟠桃宫庙会，位于宣武门外下斜街路西"都土地庙"庙会，位于阜成门内大街路北的白塔寺庙会，位于和平门外琉璃厂一带的厂甸庙会和复兴门外白云路之东的白云观庙会等，③这些庙会时间相对固定，届时四面八方的商贩云集，既有固定的摊商店铺，也有大量的游商。其间，既可品尝传统风味小吃，诸如扒糕、煎焖子、驴打滚、八宝茶汤、炸灌肠、冰糖葫芦等，也可观赏要狮子、踩高跷、小车会、旱船、要中幡、拉洋片、双簧、相声等民俗表演。饮食和民俗娱乐成为所有庙会的两大主题。兜售各类食品的吆喝声此起彼伏，极大地烘托了庙会的热闹气氛，也勾起了游客尤其是孩子们的食欲。

有清一代饮食的叫卖声主要在庙会和胡同里回荡。有一段文字，对当时叫作吃食的庙会小吃做了生动描述："提到吃食，最多的是糖果，用花红柳绿的纸包裹着的糖自然是每摊必有，而花生糖和花生酥糖、芝麻糖以及糯米糖、麦芽糖也是必不可缺的食品。甘草花生米、奶油瓜子、蜜枣、醉枣，也被小贩们炮制得整整齐齐地陈列在摊儿中间。还有煎肠、烹肚儿、干菱角、艾窝窝、热锅底、炸元宵，也不时地被小贩们吆喊着送入人的耳鼓。足可让你对它行个注目礼的是那些大串糖葫芦，四五尺长的竹签上满满地穿着蘸了糖的红果，红得会令人馋涎欲滴。并

① ［清］潘荣陛、［清］富察敦崇：《〈帝京岁时记〉〈燕京岁时记〉》，北京：北京古籍出版社1981年版，第14页。
② 刘宁波：《北京都市民俗文化的复合性》，载《北京社会科学》1993年第1期，第94页。
③ 刘宝明、戴明超：《当代北京商号史话》，北京：当代中国出版社2012年版，第6—7页。

且它还有一个很不算普通的名字，叫做什么霸王鞭呢！"① 庙会上的吃食别有一番风味，那种休闲的吃相也演绎成为庙会上的一景。

"在专制王权的控制下，中国的城市没有市民广场，庙宇提供了适合于不同民族、不同身份的城市市民在专制压抑下接触、聚会、生存的共享空间。"② 一般而言，庙会呈现这样三个特点：一是集市形式，不论营销的商品如何，饮食消费必不可少；二是设在寺庙内或其附近，是一种以寺庙为中心的集市活动；三是在宗教节日或规定日期举行。北京地区宗教信仰兴起较早，在北魏时期，幽州即是"佛教聚兴地区之一。幽州文化中带有较浓厚的佛教色彩"。③ 因庙而成"会"可以追溯到元初纪念道教全真派领袖丘处机诞辰的燕九节，经过 700 年演变，清代北京庙会文化形成了自己的特色。根据《燕京岁时记》记载："开庙之日，百货云集，凡珠玉、绫罗、衣服、饮食、古玩、字画、花鸟、虫鱼以及寻常日用之物，星卜、杂技之流，无所不有。"④ 清朝时期饮食商品经济发展繁荣，其标志之一就是庙会饮食买卖兴旺。

乾嘉年间（1753—1813）《陶庐杂录》描述了京城庙会兴替的景象："京师庙市。向惟慈仁寺、土地庙、药王庙数处。后直郡王建报恩寺，兴市不数年，王禁锢，即止。康熙六十一年敕修故崇国寺成，赐名护国寺，每月逢七、八日亦如慈仁诸市，南城游人终鲜至也，重建隆福寺，每月逢九、十日市集。今称之为东西庙，贸易甚盛。慈仁、土地、药王三市则无人至矣。"⑤ 清代北京庙会形成以隆福寺⑥庙会为代表的，以商业包括餐饮业为主的定期庙会；以蟠桃宫庙会为代表的、烧香敬神并带游览性质的节期庙会、春节庙会和以朝顶进香为主、"香火之盛甲于

① 转引自李鸿斌：《庙会》，北京：北京出版社 2005 年版，第 29—30 页。
② 侯仁之主编：《北京城市历史地理》，北京：北京燕山出版社 2000 年版，第 207 页。
③ 曹子西主编：《北京通史》第一卷，北京：中国书店 1994 年版，第 322 页。
④ ［清］富察敦崇：《燕京岁时记》，北京：北京古籍出版社 1981 年版，第 53 页。
⑤ ［清］法式善：《陶庐杂录》卷一，北京：中华书局 1959 年版，第 16—17 页。
⑥ 《北平风俗类征·市肆》引《妙香室丛话》："京师隆福寺，每月九日，百货云集，谓之庙会。"［李家瑞：《北平风俗类征》（下），北京：北京出版社 2010 年版，第 637 页。］朝鲜使臣洪昌汉曾于乾隆五年（1740）到北京的隆福寺。根据他的描述："隆福寺结构壮丽，而间架不及于东岳庙。入观正堂左右皆立大金佛数十躯，而后面亦安金佛，此他寺所无也。守寺黄衣蒙僧索清心丸，不即开正堂门，余辈排门而入观。蒙僧顿足叫噪渠云，此皇帝愿堂。皇帝若知他国人之入观，则渠辈当死云云矣。须臾出来寺庭多有架蕈屋之器械，以九、十日开场市于此处。而万货充牣人物骈阗，云蕈屋开市时列货云矣。"（洪昌汉：《燕行日记》，收录于《燕行录全集》第 39 册，首尔：东国大学校出版部 2000 年版，第 101—102 页。）当时隆福寺仍旧是皇家寺院，为"皇帝愿堂"，但寺内外的庙会已在九、十日定期举行。

天下"的妙峰山庙会；以消暑为主、周边没有庙的二闸庙会等类型。

通惠河从东便门到通县这一段河道，很早便成为一般市民游览消夏之胜地了。明代万历时蒋一葵著《长安客话》卷之四《郊坰杂记》"大通桥"条就这样记载："出崇文门二里许，有大通桥。水从玉河中出，波流演迤，帆樯往来，直至通州桥下。水飞珠溅玉，若松梢夜声。二三园亭，依涧临水，小船从几案前过，林间桔槔相续，大类山庄。"① 这40多里的河道又以庆丰闸（简称二闸）附近游人最多。岸边的各种饮食和瓜果摊位伙计不断向经过的游船吆喝：卖西瓜的："斗大的西瓜，船儿大的块哎！"以西瓜的外形夸张来招揽顾客，希望把自己的瓜早点儿卖出去；卖雪花酪（土制冰激凌）的："你要喝，我就盛，解暑代凉的冰激凌！"和"冰儿镇的凌嘞雪花酪，让你喝来你就喝，熟水白糖桂花多！"；卖切糕的吆喝"小枣——切糕"；卖瓜子的吆喝"五香——瓜子"；卖糖三角的吆喝"三角——炸焦"；卖驴肉的吆喝"香烂——驴肉"等。

民国北平的孩子都熟悉这样一首儿歌："劳您驾，道您乏，明年请您逛二闸。"二闸庙会至迟在明晚期即已形成，说明长期以来二闸庙会一直相当兴盛。清代至民国间二闸相当热闹。《天咫偶闻》卷八"郊坰"云："都城昆明湖、长河，例禁泛舟，十刹海仅有踏藕船，小不堪泛，二闸遂为游人荟萃之所。自五月朔至七月望，青帘画舫，酒肆歌台，令人疑在秦淮河上……"紧接着引"《二闸泛舟》五绝句云：蓼汀芦溆近秋初，镇日拿舟乐有余。吊古有谁寻鹿苑，游人祇道柳莲居。……"当时二闸一带茶楼酒馆星罗棋布，著名的老字号有"望东楼""望江楼""望海轩""如意馆""大花帐""得月轩"等。大花帐茶馆最有特色。茶馆上方搭着芦苇席天棚，天棚下设置着用砖砌的茶桌茶凳；两边围有秫秸编织的篱笆墙，篱笆上开着姹紫嫣红的喇叭花、扁豆花，如一道鲜花绿蔓组成的花围子。人坐在棚内品呷茉莉花茶，小船自岸边轻轻划过，宛若置身于一幅水墨画中。盛夏更是游人如织，饮食商贩纷纷在此搭盖席棚，开市营业。大的茶馆、酒楼还由城中邀请杂技、曲艺艺人来登台表演，以招徕更多的顾客。由于没有图像广告，店伙计只好用吆喝声来招呼顾客。二闸并非游览胜地，美味和动人的吆喝声是最吸引游人的。

京郊的妙峰山，供奉道、佛、儒、民间俗神等各路尊神，山顶有始建于明朝

---

① ［明］蒋一葵：《长安客话》卷四，北京：北京古籍出版社1982年版，第80页。

的"娘娘庙",供奉碧霞元君,掌管生儿养女,明清以来朝拜的香客络绎不绝。300多年来,每年农历四月初一至十八,都有几百档民间花会汇聚妙峰山,成千上万的香客上山朝圣进香,施粥布茶,形成了华北地区规模最大的朝圣庙会。赶庙会的路上,有专门给进香的人施茶的茶会,不收钱,善男信女们走累了、口渴了,施茶的人会一边大声唱着吉利词儿,一边给他们盛茶水喝,路人喝得越多他就越高兴。除了舍茶还有舍粥,舍馒头,舍盐豆、青豆、黄豆等小吃食的。

北京胡同多,清内城有1300条胡同。清代朱一新《京师坊巷志稿》统计,当时北京城有胡同2000多条。[①] 这些胡同离大街远,早先交通不便,一切消费用品,包括吃的、用的、修配几乎无不取之于串街小贩。"叫卖"就是最经济、最通俗的广告,是老北京最地道的风土人情。清代末年,宣统元年(1909)兰陵忧患生的《京华百二竹枝词》中,有诗句描绘了北京街头巷尾的叫卖声,诸如"听卖街前辣菜声"(《立冬夜作》)、"马乳蒲桃马牙枣,一声听卖上街初"(《里门望雨》)、"漏深车马各还家,通夜沿街卖瓜子"(《年夜》)等。[②]

佚名《燕京杂记》:"燕地苦寒,寝者俱以火炕,炕必有墙,墙必有窗户。贫家无隙地,衾枕之外,即街道矣。妇人眠炕上,听有卖汤饼看核过者,即于窗户传入。"[③]《旧京琐记》亦有具体描述:"《顺天府志》谓:民家开窗面街,炕在窗下。市食物者以时过,则自窗递入。人家妇女,非特不操中馈,亦往往终日不下炕。今过城中曲巷,此制犹有存者,熟食之叫卖亦如故。"[④] 为图方便,不用下厨,竟然可以通过窗户获取叫卖的馒头、包子、汤饼一类熟食。为了能够及时告知那些慵懒者们熟食的信息,沿着胡同的叫卖声便此起彼伏了起来。

卖什么吆喝什么,这是买卖人的行规。北京人大都住在胡同里的四合院,不吆喝人们便不知道卖东西的来了。也许因为这缘由,北京城的叫卖声形成了"一绝":句子简短,重点突出,抑扬顿挫,京腔京味,渐渐地形成了一种独特的饮食吆喝文化。比如,卖酱豆腐的,是这样叫卖:"臭豆腐,酱豆腐,王致和的臭豆腐!"卖的是什么东西?哪一家做的?全都在这叫卖声中体现出来了,给人的印象

---

① 李友唐:《北京历史上对街道的称谓》,载《北京档案》2011年第8期,第57页。
② 张菊玲:《满族和北京话——论三百年来满汉文化交融》,载《文艺争鸣》1994年第1期,第73—74页。
③ 佚名:《燕京杂记》,北京:北京古籍出版社1986年版,第133页。
④ 夏仁虎:《旧京琐记》,北京,北京古籍出版社1986年版,第37页。

深刻。再如，夏天卖西瓜的，叫卖起来是这样："吃来呗，沙瓤的，闹块咧！"人们吃西瓜都想吃沙瓤的，卖瓜的人深谙此理，让人一听就想吃。

北京小贩吆喝起来，多种多样，声调悠扬和美。妙处在于它的季节感非常强烈，听到门外一声叫卖，就有一种直觉，某一季节已来临了。从"桂花哟，元宵"的吆喝声中，人们便预知正月十五上元节就要到来了。由于京城习俗上元节晚上吃元宵，节前几日便有挑担售卖者，挑的前面设锅，随卖随煮。北京人吃菜有讲究：沟葱，海茄，黄瓜——顶花儿带刺儿的，幅地的蒜留，棘呅椒，架冬瓜，架扁豆，面老倭瓜，活秧的老玉米，野鸡脖儿的韭菜，一口气吆喝出来不容易。那时随季节变化，不可能同时出现。开春的时候，街上有卖豌豆黄的："哎，这两大块嘞哎，哎，这两大块嘞，小枣混糖的豌豆嘞哎。哎，两大块嘞，哎这摩登的手绢呀，你们兜也兜不下嘞哎。"吆喝有着很强的时间性和季节性，如早晨卖烧饼、麻花的，中午卖果子干、玫瑰枣的，晚上卖炸豆腐、硬面馍馍的，一天里不同的时间有不同的吆喝声。

再如，一月卖元宵，二月卖活虾，三月卖鲜鸡蛋，四月卖杏，五月卖粽子，六月卖蜜桃，七月卖葡萄和枣，八月卖豆汁儿，九月卖柿子，十月卖蒲帘子，十一月卖水萝卜，十二月卖关东糖，一年的季节有不同的吆喝声。当然，也有一些像剃头、磨刀、磨剪子、收破烂的吆喝声，通年有之。《一岁货声》记载了晚清京城一年四季的食品买卖的吆喝声。除夕，叫卖荸荠果、江米热年糕、杏仁茶、糖葫芦、硬面饽饽等；元旦，卖素包子、艾窝窝、江米果、糖麻花、烫面饺儿、活鲤鱼、糖人等；二月，卖供佛的太阳糕、驴打滚儿、小鸡、小鸭、豆汁儿、果丹皮等；三月，卖干菠菜、桃杏花、新鲜螺蛳、白花藕、嫩香椿等；四月，叫卖杏儿、玫瑰花、粉皮儿、咸黄花鱼等；五月，卖桑葚、樱桃、江米小枣大粽子、大蒜、酸梅汤、烧羊脖子、李子等，"京城五月，辐辏佳蔬名果，随声唱卖，听唱一声而辨其何物品者，何人担市也"；六月，卖西瓜、水蜜桃、鲜菱角、榛子、冰激凌、沙果等；七月，嫩藕、鸭梨、大白梨、苹果、花生、白薯、红果、枣儿等；八月，卖咸核桃、咸栗子、酱菜等；九月，卖辣菜、菊花、玉米花、冰糖葫芦等；十月，卖干枣、柿饼、白薯、白糖梨膏桂花酥糖、面等；冬月，卖年糕、茶汤、冻豆腐、刮骨肉、糕干等；腊月，卖菱角米、关东糖、芝麻秸、香盘等。[①] "凡做小本经计，以吆喝为先，具是分出腔调，有高有低，有音有韵，犹如唱曲唱调一般。"[②] 凡是沿街兜售的食物，都伴随相应的叫卖声。固定的声调恰如食物的名称，一听便知吆喝何物。市声不仅洋溢着市井风情，而且让风味饮食诉诸方言音腔，使之禀赋音乐的美感魅力。

吆喝声与"挑子"是融为一体的，两者都是经营品种的标志。譬如，豆汁儿担子一端是一个下面有着火炉的锅，另一端则当作"饭台"。古色古香的蓝花瓷筒插了二三十双竹筷，中央是一大盘红色辣椒丝拌的咸菜条，也有环状的油炸鬼放在另外一只木匣里，五六只白木小凳则悬置饭台四周以便食客之用。[③] 小吃品性与制作、饮食器具搭配得当，伴随特有的吆喝声，构成了一幅市井饮食风情画面。

北京的胡同，是市民饮食文化生存和展示的主要空间，尤其是一些小吃的买卖都是在胡同中进行的。小贩沿街巷胡同叫卖京城特色小吃，构成了北京市民饮食行为的特殊景观。冰糖葫芦、蜜饯果脯、糖炒栗子、凉粉、豆汁儿等小吃，菱角、鸡头米、莲子、慈姑等河鲜都能在胡同里买到。

炎热的夏季，卖酸梅汤的小贩右手拿两个小铜碗，用大拇指、食指夹住上碗，中指、无名指夹住下碗，抖动手腕使两碗相碰，发出清脆的"叮当叮当"声，称为"打冰盏"，胡同里四合院里的住户们听到那声音就知道是卖酸梅汤的来了，孩子们的心早就飞了。[④] 卖樱桃的，吆喝声节奏较快，很甜美："樱桃喂，大樱桃，多给的大樱桃，赛过李子的大樱桃。"翠绿、喷香的樱桃叶托几个大红樱桃，随着吆喝声送到买主的手中。也有的小商小贩学唱着地方戏的调子，沿街吆喝。这些吆喝声，不仅唤来了买主，还增添了条条胡同的活跃气氛。每天早上，总会传来京味十足的老北京走街串巷的吆喝声："臭豆腐！酱豆腐！王致和的臭豆腐。""哎，您就瞧瞧了啊，左一包右一包，包包里边有瓜条，想吃白的糖豌豆，想吃红的山楂糕，穿红挂绿是小姐，披麻戴孝是瓜条。左一包，右一包，包包里边有瓜

---

① 闲园鞠农：《一岁货声》，载于王文宝《吆喝与招幌》，北京：北京同心出版社 2002 年版，第 172—198 页。

② 汉严卯斋：《贸易》影印本，载于王文宝《吆喝与招幌》，北京：北京同心出版社 2002 年版，第199 页。

③ 果轩：《北平的豆汁儿之类》，载崔国政、王彬主编《燕京风土录》（下），北京：光明日报出版社 2000 年版，第 487 页。

④ 王茹芹：《京商论》，北京：中国经济出版社 2008 年版，第 59 页。

条，十包八包往家捎。这庙不买，您想吃摸不着。"还有早上的豆腐脑儿："好肥卤哎，好热哟，豆腐脑儿热哟。"

第五节　底层社会饮食之艰辛

清代社会等级森严，饮食自然也存在巨大的社会差异。社会地位与饮食状况具有密切关系。底层平民的日常饮食极为简朴。据《燕京杂记》记载：外城东有东小市，西有西小市。东小市之西有穷汉市，破衣烂衫寒士所不堪者重堆叠砌，最便宜者割方靴为鞋，仅30余钱。西小市之西又有穷汉市，穷困小民白天在道上所拾烂布溷纸，五更将尽时来此售卖，天将黎明即散去。这些物品为官乃至寒士所不属，却为穷汉所喜欢。① 可以想见，依赖穷汉市过活的"穷困小民"的饮食生活肯定相当困顿。

1. 苦水与甜水：饮水的等级差异

在饮食当中，水是最重要的。此前所有的章节都没有专门涉及水，是因为水一直没有成为北京人饮食生活中需要讨论的话题。漕运和灌溉农田是北京水资源充沛的表现。当然，洪水灾难另当别论。的确，饮食文化的历史研究"必须从水开始"，没有拒马河水系，就不可能出现北京猿人。北京之所以能够成为首都，与水资源有着直接的关系。"在这几个不同的历史时期，北京（中都、大都）城市用水，包括皇宫在内，苑圃林囿用水，主要依靠泉水支撑，这不仅在中国水利史上，恐怕在世界水利史上，也应是一个奇迹。可见北京地区泉之多，泉之盛。"②

法国年鉴学派的布罗代尔对15—18世纪世界范围的饮食有过专题研究，包括取水困难、给水形式、饮水与健康、水质改良等方面，其中也涉及中国人的饮水观念和习惯。③ 随着北京城市规模的扩大，水必然成为日常饮食生活中的重要问题。其实，北京人饮水、用水原本还是比较方便的。据清末《京师坊巷志稿》一书卷上记载，几乎所有胡同都有井，并标明"井一"或"井二"。诸如"南井儿胡同　井一""二眼井　井一""三眼井　井一""蜡库胡同　井二"，等等。北京的胡

---

① ［明］史玄、（清）夏仁虎、（清）阙名：《〈旧京遗事〉〈旧京琐记〉〈燕京杂记〉》，北京：北京古籍出版社1986年版，第120页。
② 北京市政协文史和学习委员会编：《北京水史》（上册），北京：中国水利水电出版社2013年版，第432页。
③ ［法］费尔南·布罗代尔著，顾良、施康强译，《15至18世纪的物质文明、经济和资本主义》第一卷《日常生活的结构：可能与不可能》，北京：生活·读书·新知三联书店1992年版，第265—270页。

同有许多以井得名，诸如龙头井、甜水井、大甜水井、小甜水井、甘井胡同、苦水井、西苦水井、大井胡同、小井胡同、二眼井、三眼井、四眼井、井儿胡同、南井胡同、北井胡同、王府井、小铜井胡同、金井胡同、沙井胡同、板井胡同、高井胡同、前红井、后红井等。

关于北京城饮水，明代流传下来一个家喻户晓的传说。相传永乐帝命开国大臣刘伯温兴建北京城，惊扰了龙王，龙王一气之下便要把北京城的水源收回去。龙王一家人变幻为卖菜的小贩混入城中，龙王令龙子把城里的苦水收回，令龙女把甜水收回，分装在两个篓子里，装上木轮车，龙王推着车出了西直门。刘伯温听到这个消息万分焦急，北京城一旦没了水，那将如何是好。在这十分紧急时刻，人群中站出一位青年工匠，名叫高亮，他说，我能把水追回来。刘伯温大喜，告诉高亮，龙王的车上左边水篓装的是甜水，右边的是苦水，要先刺破甜水篓。高亮拿起红缨枪，径直追出西直门外，果然见一老头推车赶路，高亮认准那就是龙王。于是冲上前去，用枪猛力一击，可惜急中出错，扎在了苦水篓子上，只见苦水哗哗地冲出来。高亮奋不顾身，又用枪刺向左边水篓，只刺出一小洞，流出一股清泉。这时水流成河，高亮被淹没在滚滚洪流之中。高亮为保住北京城的水源献出了生命，人们为了纪念他，便把这条河叫"高亮河"，河上建一桥，名"高亮桥"，久而久之，又叫高梁河、高梁桥了。[①] 这一传说解释了北京苦水多于甜水的由来。

事实上，在明代以前，苦水就困扰着北京人的饮食生活了。举一事例，元朝政府初建，令各路推荐一名善于管理财政的官吏，王恽被推荐至京师。定居大都，王恽便给自家挖凿了一口井，后写了一篇《新井记》。文中写道："水之滋人至矣，予城居三十年，口众而无井，亦一苦也。盖饮食酒茗之用，日不暇数十斛，率以仆奴远汲取，足诚可悯也。中统四年（1263）夏六月朔，召井工凿井于舍南隙地，告成于是月上旬之戊午。凡用钱布四千五百，役佣三十六，甃甓三千二百，其深四寻有一尺，既汲，果食洌而多泉，味之莫余井若也，且夫汲之为郡一咽会也。吾闻生聚繁伙之地，水率咸苦，井而得美泉者百不一二数，何则？腐秽渗漉

---

① 周文峰编：《高亮赶水》，《刘伯温民间传说集成》，重庆：重庆大学出版社2011年版，第204—211页。

之余故也。"[1] 王恽家作为大家族，可以花 4500 文钱，雇 36 个凿井工凿井。花了整整 10 天，方凿出来。在人口聚集的燕京旧城，地下水被污染，水井大都是苦咸水，一百眼井中甜水井只有一两眼的情况下，实属不易。而对一般平民而言，饮水之艰难可想而知。

（1）水成为饮食生活的突出问题

水本身就是饮食之源，又与饮食业的发达与否休戚相关，水井数量与饮食行业的繁荣是相辅相成的。譬如，前门商业区位于外城中城中，从明代开始就是北京著名的饮食商业区之一，到了清代，前门大街两侧又陆续形成了许多饮食集市，如鲜鱼市、肉市、果子市、猪市、粮食市、瓜子市等。可以说前门大街是北京外城有代表性的一个饮食商业区。该商业区内一共包括了前门大街、西河沿、东河沿、廊坊头条、廊坊二条、廊坊三条、大栅栏、珠宝市、粮食店、打磨厂、鲜鱼口、肉市、布巷子 13 条街道，共计水井 12 口，基本达到了路均 1 口水井的情况。在每条胡同只有 0.27 口水井的外城中城，这个数字已经难能可贵了。[2]

北京地区的降水量有限，水系远离都城，护城河的水又遭严重污染，难以饮用，故而"一切食用之水，胥仰给于土井"，获取饮用水只有依靠凿井。城市建设的加快和自来水管道进入家家户户之后，水井便逐渐废弃了，大多被掩埋。而记录水井数量的资料相对匮乏，复原当时水井分布的状况并非易事。能够依靠的主要是《京师坊巷志稿》一书，[3] 书中共记录了大约 1267 口水井，分布于北京城 2043 条街道。不过，该书成书于光绪十一年（1885），到了光绪二十八年（1902）以后，德宗命"步兵统领衙门，相度情形，于各处街巷多开水井"[4]，光绪三十年（1904）后，随着人口增多，又多开自涌井，水井的总数量便难以统计了。至民国三十四年（1945），"京市市民习用井水，城内计有营业井三百九十余座，私井三千六百多座，官公井五百六十余座，三项合计四千五百余座之多，是以本市自来

① ［元］王恽：《秋涧先生大全文集》（十）卷三十六《新井记》，上海：商务印书馆 1929 年版，第 12—13 页。

② 王翔：《水井分布与清末北京城空间选择初探》，载《北京档案史料》2013 年第 2 期。

③ ［清］朱一新：《京师坊巷志稿》，北京：北京古籍出版社 1982 年版。

④ 邱仲麟：《水窝子——北京的供水业者与民生用水（1368—1937）》，载李孝悌《中国的城市生活》，北京：新星出版社 2006 年版，第 232 页。

水用户之普及率约计全市户口数一成……"① 水井绝大部分为私有，对于甜水井，贫苦人家只能是望梅止渴。

北京很早有"满井"之说，"满井"是一种统称，就是说有很多满井，而且水量丰沛。清代励宗万《京城古迹考·北城》"满井"条云："臣按刘侗《帝京景物略》云：井面五尺，无收有干，干石三尺，井高于地，泉高于井。"蒋一葵《长安客话》云："满井径五尺余，清泉突出，冬夏不竭。好事者凿石栏以束之。水常泛起，散漫四溢，井旁苍藤丰草，掩映小亭。都人诧为奇胜。林尧俞有满井诗。今查井在安定门外五里大街，井口周围约一丈，水与井平，甃以乱石，水从石罅流出，居人掘堑蓄水。北方地脉高厚，或掘井数仞，犹不及泉，今水平不溢，亦足异也。井有合抱大柳三株，根从井生，森然并列。隔里许，又有一井相同。德胜门外亦有二，此特树较异耳。"② 万历二十六年（1598），公安派代表袁宏道收到在京城任职的哥哥袁宗道的信，让他进京。早春二月，他和几个朋友一起游览了京郊的满井，心情愉悦，便写了这篇游记："廿二日，天稍和，偕数友出东直，至满井。高柳夹堤，土膏微润，一望空阔，若脱笼之鹄。于时冰皮始解，波色乍明，鳞浪层层，清澈见底，晶晶然如镜之新开，而冷光之乍出于匣也。山峦为晴雪所洗，娟然如拭，鲜妍明媚，如倩女之靧面，而髻鬟之始掠也。柳条将舒未舒，柔梢披风，麦田浅鬣寸许。游人虽未盛，泉而茗者，罍而歌者，红装而蹇者，亦时时有。风力虽尚劲，然徒步则汗出浃背。凡曝沙之鸟，呷浪之鳞，悠然自得，毛羽鳞鬣之间，皆有喜气。始知郊田之外，未始无春，而城居者未之知也。"③《帝京景物略》记载，"出安定门外，循古壕而东五里"，有口四白石栏杆围着的古井，井水一年四季老冒着，特别之处是水高于井面，所以叫满井。遗憾的是，满井的"多"和"美"都未能留住。清末满洲人震钧在《天咫偶闻》"满井"条中言："康乾以后，无道及之者。今则破甃秋倾，横临官道。白沙夕起，远接荒村。"《旧都文物略》还认真剖析了满井消失的原因："大凡都城附郭，旧时淀泊至多，皆用以潴水，以时宣泄，近年十废七八。农民贪近利，悉垦为田，以

① 北京市档案馆编：《北京自来水公司档案史料》（1908—1949 年），北京：北京燕山出版社 1986 年版，第 204 页。
② ［明］蒋一葵：《长安客话》，北京：北京古籍出版社 1982 年版，第 82 页。所引《长安客话》到"都人诧为奇胜"至，后文非《长安客话》语句也。
③ ［明］袁宏道著、钱伯城笺校：《满井游记》，《袁宏道集笺校》卷十七（中），上海：上海古籍出版社 1981 年版，第 681 页。

至旱潦时至。而城郊内外，向时水系发达，藉以点缀风景者，今亦湮废阻塞。近人华南圭著论，指为文化之灾，有以矣。"①

如此，北京便有"苦海幽州"称谓。历史上北京的水从来都不好喝，苦水碱度高。主要因汲浚不深，所以成为苦水。当然，若遇到酸碱地，即便打了两三丈深，出来的也是苦水。据乾隆时汪启淑《水曹清暇录》记载，那时选择打井地点，也有些土办法的。据云："习俗掘井之法，先去浮面之土尺许，以艾作团，取火炬而灸地，视其土色，黄则水甘，白则水淡，黑则苦，凡见黑，则易其地而掘。"②震钧在《天咫偶闻》中写道："京师井水多苦，而居人率饮之。茗具三日不拭，则满积水碱。井之佳者，内城唯安定门外，外城则姚家井。次之东长安门内井，再次之东厂胡同西口外井，则劣矣。而安定门外尤以极西北之井为最，地名上龙。"③据《燕京杂记》载，"京师之水，最不适口，水有甜苦之分，苦有固不可食，即甜者亦非佳品。卖者又昂其价，且画地为界，流寓者往往苦之"④。贫民家里要吃上甜水，需要付出比较昂贵的价钱。乾隆年间的《宸垣识略》亦称："京城井水多咸苦不可饮，惟詹事府井水最佳，汲者甚众。"⑤清代文献中有关京城苦水的记载颇丰，说明饮水在当时是一个非常严重的社会问题了。

（2）贫苦人家饮用苦水之苦

徐珂《清稗类钞》"京师饮水"云："凡有井之所，谓之水屋子，每日以车载之送人家，曰送甜水，以为所饮。若大内饮料，则专取之玉泉山也。"⑥ 饮水也有上层与底层之分。清初进京的谈迁看到，"京师各巷，有汲者车水相售，不得溷汲，其苦水听之亡论"⑦。"天坛井泉甚甘洌，居人取汲焉。王士祯竹枝词：'京师

---

① 汤用彬、彭一卣、陈声聪编著，钟少华点校：《旧都文物略》，石家庄：河北书目文献出版社1986年版，第202页。

② 邓云乡：《燕京乡土记》（下），北京：中华书局2015年版，第486页。

③ 《清稗类钞·饮食类》"京师饮水"条亦云："京师井水多苦，茗具三日不拭，则满积水碱。然井亦有佳者，安定门外较多，而以在极西北者为最，其地名上龙。又若姚家井及东长安门内井，与东厂胡同西口外井，皆不苦而甜。"[清]徐珂：《清稗类钞》（第13册）《饮食类·京师饮水》，北京：中华书局1982年版，第6302页。

④ [明] 史玄、[清] 夏仁虎、[清] 阙名：《〈旧京遗事〉〈旧京琐记〉〈燕京杂记〉》，北京：北京古籍出版社1986年版，第133页。

⑤ [清] 吴长元辑：《宸垣识略》卷五《内城一》，北京：北京古籍出版社1982年版，第84页。

⑥ [清] 徐珂：《清稗类钞》（第13册）《饮食类·京师饮水》，北京：中华书局1982年版，第6302页。

⑦ [清] 谈迁汪北平点校：《北游录》"纪闻上·甘水"，北京：中华书局1960年版，第312页。

土脉少甘泉，顾渚春芽枉费煎。只有天坛石髓好，清波一勺买千钱'。"① 北京城市有一半以上的胡同有水井，但大都是苦水。要想吃上甜水只能买。这么高的水价，一般市民是根本买不起的。玉泉山的甘泉主要供应宫廷贵族，富贵人家和寺院有自己的水井，这些水井固然是汲淘深的缘故，有泉水口感。当然，甜水井最少。烹茶，当用甜水。用不上甜水井，家道又贫寒的人家，也以"二性子"水代甜水。"二性子"水较苦水稍佳，介于甜、苦之间，井数较苦水井为少。平民之家常备两缸，一蓄苦水，一蓄"二性子"水；中等人家，则另置一小坛，以蓄甜水；有钱人家则断然不用苦水的。

明清时期人口大量增加，饮水成为饮食生活中的突出问题。明人郑明选就曾经指出："京师当天下西北，平沙千里，曼衍无水，其俗多穿井，盖地势然也。然大率地几里而得一井，人民数十百家，拎者，肩者，相轧于旁，轳轳累累，且暮不绝。其远不能力致者，辄赁值载之，甚苦。"② 即便大约方圆一里一井，也让一些无力取水的人家饮食生活十分艰难。水资源从明末开始已经逐渐被从山西而来的水单子（明人对水夫的称号）所把持，"以车水相售，不得涠汲，其苦水听之亡论"③。因此开始出现专门以售水为业的行当。

普通人家无力掘井，则要花钱购买井水。当时如果打出一口甜水井，被视为宝物，北京有一处"蜜罐胡同"就是由于一口甜水井而命名。由于水如此珍贵，所以有些水井就被当时的水霸所垄断，平民百姓挑水要付钱。那些水霸把水井作为敛财的资源，盘剥平民百姓。过去龙须沟附近有一个牟家井，井主"牟二皇上"是个恶棍，直到解放前夕还挨家挨户向居民收敛水钱。

因井水需求量极大，售卖井水成为一个专门行业。事虽简单，从业者甚多，行规也较规范，各有自己经营的街区，不得侵越。清兵入关后，内城驻扎八旗兵丁，当时各旗界内街巷的水井，大都由随营的山东伙夫接管，"那时北京城内各处都有一种特殊的生意，叫作'井水窝子'（'窝'读去声，如'卧'），就是卖甜水的水铺。大的水铺在井口上盖一间小房，井口上有双辘轳不停地在绞水。井口边有很大的石槽，绞上来的水不停地注入石槽中。再由挑水人接入水车，水车装

---

① ［清］吴长元：《宸垣识略》卷九《外城一》，北京：北京古籍出版社1982年版，第180页。
② ［明］郑明选：《郑侯升集》，北京：北京出版社2000年版，第42页。
③ ［清］谈迁汪北平点校：《北游录》"纪闻上·甘水"，北京：中华书局1960年版，第312页。

满，就吱吱呀呀地推走"①。挑水的有专挑某种水的，有兼挑两三种水的，有专挑甜水的，最后者在水夫队伍中堪称翘楚。在光绪年间，每挑甜水不过大个钱一枚，苦水则半枚。水夫每天定期给住户、铺户等送水，饭馆、店铺多为包月，而一般平民之家则通常依吆喝声购买零售水。但平民是断然买不起甜水的，庚子（1900）时《高枬日记》记云："昌（昌平）寓后园枯井出泉，月省水钱二金。"②"二金"就是二两银子，一家吃甜水，每月要用二两银子，约相当于当时二十斤猪肉的价格，平常人家如何承受得了？近人张次溪 1933 年完成的《燕京访古录》，考证了北京市民用水的演进状况：

　　盖当清兵入京定鼎，随驾八旗满蒙汉二十四旗，分驻内外城。随营火夫，皆山东流民，每月各旗拨以口粮，以旗分界，界内街巷各井，以各旗之火夫任之。所以直至清末，水夫不敢居为井之业主，后撤粮给钱，遂为公众之水夫。井为官家之物矣，业此者，在官署递呈，自称某街某巷水夫某，持此为凭据，即以为业。甲租乙售，以相报官，谓之水窝子，所居为水屋子。故老云，担水夫当年肩挑水，口唱入关之得胜歌，凡大街小巷皆官井也。水井向归提署管辖，水夫无禁人汲水之权。当水夫汲水之际，贫人不能使其水具；即自有取水之具，若井口一个，亦不容汲取，恐误工作，势使然也。以为水夫之暴横，岂尽然哉？都中住宅院内之井，或菜园及大小庙宇之井，皆谓之私井。因随房屋，不与官街同例。而万家仰给，水夫之利专矣。迨至光绪二十四年，自来水兴，稍夺其利；至清末，洋井兴，而水井势力益衰。至民国遂改变方针，亦报官纳税凿井，则水夫旧道已失。今则住户迁移，至七八巷之遥，亦追逐送水，而水夫与水夫各施垄断之技以逐利，则水价高矣。七十年前，每担当十钱一文，甜水二文；至清末，尚是一二枚铜子；今已五六枚一担矣。水井前多用方砖筑成二三尺高之小庙一座，庙门置香炉蜡具，中祀龙王木主，朝夕焚香。水车有水窝自出者，有担水夫自行营业者。担水夫之水道，皆为自有权，傍（旁）人不能相犯。或本人回籍，或改营他业，持此水道，得售与其他之担水夫，或订长短租约，盖视为终身之不动产矣。担水夫每当旧历正月之初二日晨，即往各户送水。各住户必须于其将水泄出后，掷铜钱于其桶中。

①　邓云乡：《燕京乡土记》（下），北京：中华书局 2015 年版，第 488 页。
②　邓云乡：《燕京乡土记》（下），北京：中华书局 2015 年版，第 490 页。

钱之多寡无一定，然不可缺，取吉利也。问其从何时兴起，则漫不能答矣。①

饮水对于市民饮食生活是至关重要的，送水、售水成就了一个行业。这一行业的兴衰，在一定程度上是北京市民生活水平高低的一个缩影。明末史玄《旧京遗事》载："京师担水人皆系山西客户，虽诗礼之家，担水人皆得窥其室。是以遇选采宫人，大兴、宛平二县拘水户报名定籍，至今著为令焉。"② 到清朝至民国时期，推车售水的水夫以山东人为主。又据民国时期徐国枢《燕都杂咏·担水夫沿革考》："担水夫在明朝时多为山西人，清兵入京定鼎，随驾八旗分驻内外城，随营伙夫皆山东流民，后担水夫辄为其把持。"③《京城旧俗》更明确指出了供水为山东人的主要原因："业此者百分之百是山东人，考其来历，与满族有直接关系。京旗老前辈皆知，清初满族入关时，随带跟从服役的人有不少是闯关东谋生的山东人。这些山东人与满族相处既久，……为旗人吃水，决定由带来的山东人负责办理。政府规定数条胡同有一口井，井由政府管理，称为官井，挑水的人必须是从关外带来的山东人，这些山东人承包官井，收水费归己。这就形成了北京内城的井窝子。"④ 旗人得硕亭《草珠一串》有云："山东人若无生意，除是京师井尽干。"⑤ 借助满人的势力，山东人从山西人手中接管了这一行业。水夫走街串巷，来来往往，构成京城市井的一道风景。

山东籍水夫，又名"水三"。之所以叫"水三"是因为山东人最忌讳武大郎，大哥与武大郎为同义语，称谓大哥，便是骂对方为武大郎；亦不许呼二哥，因二哥之兄还是大哥，仍有亵渎之嫌。挑水夫彼此皆呼"三哥"，住户人家不肯呼彼为"哥"，便呼为"老三"，私下里便称为"水三"。山东人多地少，闯关东或外出谋生者甚众，出门谋生的人多置妻室于家中，日久便唯恐妻室有外遇，于是最忌人骂为"王八"，武大郎乃"王八"的代名词，所以尤其避讳与武大郎有瓜葛了。

① 张次溪：《担水夫沿革考》，载《燕京访古录》，北京：中华印书局1934年版，第32—34页。
② ［明］史玄、［清］夏仁虎、［清］阙名：《〈旧京遗事〉〈旧京琐记〉〈燕京杂记〉》，北京：北京古籍出版社1986年版，第7页。
③ 忧患生：《京华百二竹枝词》，雷梦水等编《中华竹枝词》（一），北京：北京古籍出版社1997年版，第273页。
④ 爱新觉罗·瀛生、于润琦：《京城旧俗》，北京：北京燕山出版社1998年版，第152页。
⑤ 得硕亭：《草珠一串》，杨米人、路工编选《清代北京竹枝词（十三种）》，北京：北京古籍出版社1982年版，52页。

那时北京有一俗谚是："南城茶叶北城水。"所谓"北城"，盖指安定门外而言。安定门外甜水甚多，当与地脉有关，以"上龙""下龙"两处为最佳。两井相离，不足两百步，"上龙"在北，"下龙"在南。北城多甜水是由北京的地形决定的。北京西北高、东南低，北京西北高山上的山泉和山水大量渗入地下，储存于古河道中，所以北城水位高水质好。北城的水，指的是德胜门迤西大铜井胡同中，元代留存的大铜井里的水。这口井过去曾以黄铜做井沿，井里的水质地纯净，味道甜绵，沏茶别有风味。明清之际，每逢大雨，往玉泉山运水的水车不能出城时，往往从大铜井中汲水，代替玉泉山的水供皇宫饮用。

井窝子一直延续到民国。据侯宝林先生回忆，他小时候为了糊口，也帮人推过水车，在《一户侯说》里就写道：

我还帮人拉过水车，那是下雨天。下雨天要饭没法要，下雨天我上哪儿去要饭呢？那时兴华寺街西口有个水井，一个山东人开了个井窝子，把水打上来，倒在大槽子里，然后雇个人推着水车，挨门挨户往各家送水。一到下雨天，道上坑坑洼洼的，车不好推，推水车的就找个小孩在前边帮着拉一把，给两个大铜板，拉两趟给四个大铜板。我那时个子小，力气也小，拉水车没多大劲儿。但推水车的人没斥责我，只是说：使点儿劲儿！使点儿劲儿！他只要我帮着他把水车拉过路上的水沟，把水平安地送到各家，然后帮着他把水车送到井窝子，就算完事了。有时送回水车，正赶上他们吃饭，那个推水车的大爷还偷偷地掰半拉窝头塞给我，这事儿还不能让开水井掌柜的看见。那时候，穷人和穷人确实心连着心哪！这是一点儿也不假的。[①]

1908年，清政府开始实施自来水工程，成立"京师自来水有限公司"，从1910年3月20日起正式向北京城内供水。这是北京市民历史上第一次用上自来水。在清末，凡非中国土生土长的东西都冠以"洋"字，火柴称"洋火"，机器加工的面粉称"洋面"，机织布称"洋布"，肥皂称"洋胰子"。人们把自来水称"洋水"，从水龙头放出的自来水中有气泡，又称"洋胰子水"。皇宫大内和王公贵族不敢喝自来水，一来是玉泉山的泉水喝惯了，二来是怕"洋胰子水"里被人

---

① 卢文龙：《街角的老北京》，北京：北京联合出版公司2015年版，第44—45页。

下毒。当初，老百姓也被这"洋胰子水"的说法搞得疑虑重重，对自来水不敢问津。① 民国时期，北京自来水工程发展较慢，到1947年，自来水普及率仅有13.5%，而且多集中在东西二城，那里的住户多是富有人家。

2. 只求充饥的饮食现象

需要说明的是，上层饮食世界是清代北京饮食文化发展的主流，但并不代表饮食文化的全部。那些女仆和旗庄农奴并没有享受到饮食文化发展的实惠，依旧过着饥寒交迫的生活。以在辽阳失陷（1621年）被房发作庄农的陈大为例，天聪七年（1633），奴主将其"屯种粮米尽行粜卖买马，因无食用，又连年苦累不堪，是以自辽阳滚边要逃奔南朝（按：明朝），即死亦甘心"②，说明旗下奴仆的生活毫无保障，衣褴褛之衣，食"犬马之食"③。入关以后，诸多汉人也被迫成为奴仆，备受屈辱，难以度日。④ 这同样也是有清之际饮食现象不可分割的部分。饮食作为一种主要的生活方式，总是与具体的人和人群联系在一起的。

一般而言，处于饥寒交迫状态人群的饮食生活是不会被史学家关注的，从官方文献中难以寻觅到这一人群具体的生活状况。但在一些文人的诗文中还是透露出贫苦人群艰苦情形的一些蛛丝马迹。那些失去了生活来源的无业游民，只能入住"鸡毛房"，或者露宿街头。清人曾留下一些诗文，专门描述"鸡毛房"。清蒋士铨《京师乐府词·鸡毛房》写道："冰天雪地风如虎，裸而泣者无栖所。黄昏万语乞三钱，鸡毛房中买一眠。牛宫豕栅略相似，禾杆黍秸谁与致？鸡毛作茵厚铺地，还用鸡毛织成被。纵横枕藉鼾齁满，秽气熏蒸人气暖，安神同梦比闺房，挟纩帷毡过燠馆。腹背生羽不可翱，向风脱落肌粟高；天明出街寒虫号，自恨不如鸡有毛。吁嗟乎！今夜三钱乞不得，明日官来布恩德，柳木棺中长寝息。"⑤ 他们的饮食并不代表时代主流，也不能反映时代的饮食风貌。但只求充饥的饮食现象却是有清一代的客观事实，也是有清一代饮食文化不可或缺的一部分。

① 北京市政协文史和学习委员会编：《北京水史》（上册），北京：中国水利水电出版社2013年版，第420页。
② 国立中央研究院历史语言研究所编：《明清史料·甲编》（第八册），上海：商务印书馆1931年版，第765页。
③ 《朝鲜李朝实录》卷二五五《成宗》，转引自（日）河内良弘：《明代女真史研究》，赵令志、史可非译，沈阳：辽宁民族出版社2015年版，第515页。
④ ［清］马齐等纂修：《清圣祖实录》卷一〇九，康熙二十二年，北京：中华书局1985年版。
⑤ 池北偶选释：《历代讽刺诗选萃》，北京：华夏出版社1994年版，第363页。

杨继盛《上少师徐少湖翁救荒书》中记载了灾荒时期京师之地"城中饿殍死亡满道，人人惊惶，似非太平景象。夫京师之民，各有身役常业，何以顿至于死，而所死者，皆外郡就食之人也"，因为"各处司民牧者无救荒之策之心，而京师有舍米、舍饭、减价卖米之惠，故皆闻风而来，当其事者又不肯尽心，鲜有实惠，故每冻饿以至于死"①。为了将清政府赈济流民、灾民和饥民的善举载入史册，《清实录》等文献记录了诸多赈济流民、灾民和饥民的具体情形，成为了解当时最贫困人群饮食状况的宝贵资料。

粥厂施赈，是清代荒年赈济的一种形式，当时最常见的是平粜，就是政府将常平仓的粮食拿出来，平价卖给老百姓，以平稳粮价，遏制商人囤积居奇；或者贷粮，即把仓粮借贷给百姓，等待有收成后归还，以帮助灾民渡过暂时的难关；或者散米，将粮食无偿发给非常贫困的人户。粥厂，也就是施粥，特别困难户可以到这里领稀饭。煮粥的是炉子和大水壶或锅炉；粥厂购买了一些大米和足够多的中式餐具，仿效农村的方式用盐腌渍根茎和菜去调制稀饭的清淡和滋味。设立一个标志，难民不慌不忙地走进来并站在一起，男人在一边，妇女在另一边。然后他们排成一排通过一个狭窄的通道，每人得到一份稀饭和菜，并被带到一个指定的地方，在那里他们聚在一起，直到盘子空了。当餐具被收好并清洗完毕后，其他穷人按照开始那些人同样的顺序，得到款待。②在所有的主食形态中，粥是耗费粮食最少的一种。粥也就成为赈济的主食，饥民吃不饱，但也饿不死。开始时在玉清观、西城卧佛寺、功德林、普济堂设置粥厂，又根据光绪九年（1883）周家楣设厂的事例，在六门外的孙河、定福庄、采育镇、黄庄、庞各庄、卢沟桥等6处设立粥厂，另外在京畿各镇也开设粥厂，由皇帝拨给京仓米石和内帑银两作为经费。

在南方粮食歉收年间，漕运进京的粮食远远达不到定额，加上各种自然灾害不断，诸如洪灾、旱灾、蝗灾等，京师百姓便陷入生存的困境，满足充饥的需求都得不到保障。譬如，顺治十年（1653）闰六月庚辰，帝谕内三院："兹者淫雨匝月。农事堪忧。都城内外，积水成渠，房舍颓坏，薪桂米珠，小民艰于居食。

①　［明］杨继盛：《杨椒山集·上徐少湖翁师（救荒）》，［明］陈子龙等选辑《明经世文编》（第四册）卷二九二，北京：中华书局1962年版，第3093页。

②　［美］韩书瑞（Susan Naquin）：《北京：公共空间和城市生活（1400—1900）》（下册），北京：中国人民大学出版社2019年版，第742页。

妇子嗷嗷。甚者倾压致死。"① 礼部奏言："淫雨不止，房屋倾塌，田禾淹没。请行顺王府祈晴。"② 戊子，户科给事中周曾发奏：数月以来，"灾祲迭见。前者雷毁先农坛门，警戒甚大。近又淫雨连绵，没民田禾，坏民庐舍，露处哀号，惨伤满目，此实数十年来未有之变也"③。京郊也未能幸免。同年六月，"夏六月淫雨坏城垣、民舍"④。结果出现严重饥荒，"兵民冻馁，流离载道"⑤；是岁，"密云县饥"⑥。康熙二十八年（1689）大江南北发生大旱灾，京畿更是全年缺雨。造成粮食奇缺，大批郊区农民拥入城市。清朝政府"虽倍给（粥厂）银米。宽其期日。（按：北京各粥厂惯例每年十月开赈，次年三月结束），但恐饥民渐集。无以遍赡"⑦。文宗咸丰六年（1856）九月，清朝政府下令："本年近畿各属，因永定河漫溢，间被水灾，农田晚稼，亦有被蝗之处，京师粮价昂贵，贫民度日维艰。所有五城设厂煮饭散放，着先期半月。"⑧ 十月，再次下令：蠲缓包括通州、顺义在内的直隶受水、旱、蝗灾 57 州县村庄额赋。⑨嘉庆七年（1802）五月，御制《辛酉二赈纪事》序文曰："嘉庆六年（1801）辛酉，夏六月，京师大雨数日夜，西北诸山水同时并涨，浩瀚奔腾，汪洋汇注，漫过两岸石堤、土堤，决开数百丈，下游被淹者九十余州县……诚从来未有之大灾患。"⑩ 清嘉庆二十四年（1819），六月十九日，密云古北口地区降大雨，山洪陡发，潮河水涨丈余，密云、滦平二县计冲兵民瓦草房 1738 间，被冲漂没兵民男女大小 221 名。⑪《光绪昌平州志》称，是岁，"昌平州大雨四十余日"；民国《平谷县志》载：同年，"平谷县淫雨连绵四十余日，大水，秋禾不登。"《清史稿·志十五·灾异志一》亦云：嘉庆二年"六月，武清、昌平、涿州、蓟州、平谷、武强、王田、定州、南乐、望都、

---

① 《清实录》（第三册）《世祖章皇帝实录》卷七十六，北京：中华书局1986年版，第604页。

② 《清实录》（第三册）《世祖章皇帝实录》卷七十六，北京：中华书局1986年版，第605页。

③ 《清实录》（第三册）《世祖章皇帝实录》卷七十六，北京：中华书局1986年版，第605页。

④ ［清］吴履福修，缪荃孙、刘治平等纂：《光绪昌平州志》卷六。光绪十二年（1886）刻本；台北成文出版社，民国二十八年（1939）铅印本，第351页。

⑤ 《清实录》（第三册）《清世祖章皇帝实录》卷七十八，北京：中华书局1986年版，第618页。

⑥ 是岁，密云县饥 ［清］丁符九等修：光绪《密云县志》卷二之一下《灾祥》，1882年，第4页a。

⑦ 《大清圣祖仁（康熙）皇帝实录》（三）卷一四四，台北：新文丰出版社1978年版，第1947页。

⑧ 《清实录》（第四十三册）《清文宗实录》卷二〇七，北京：中华书局1987年版，第262页。

⑨ 《清实录》（第四十三册）《文宗显皇帝实录》卷二一〇，北京：中华书局1987年版，第321页。

⑩ 《大清仁宗睿（嘉庆）皇帝》（三）卷九十八，台北：华文书局1969年版，第1370页。

⑪ 《密云县水利志》转引自北京市潮白河管理处编：《潮白河水旱灾害》，北京：中国水利水电出版社2004年版，第50页。

万全、大兴、宛平、香河、密云、大城、永清、东安、抚宁、南宫……大水。滦河溢。永定河溢"。这一年的洪涝灾害非比寻常，波及直隶全省。遇上这种灾难，平民百姓无能为力，流离失所。

面对难以抗拒的自然灾害，尽管清政府采取了赈灾措施。《清史稿·本纪五·世祖本纪二》中云："设粥厂赈京师饥民。"① 清代隆冬煮粥赈灾规定："直省省会地方，照京师五城例冬月煮赈。"② 据《大清会典事例》中记载，"五城"包括：中城饭厂两个，一设正阳门外珠市口给孤寺，副指挥散给，一设永定门内佑圣庵，吏目散给，以上两厂其米及薪银，均由副指挥支领，分给吏目；东城饭厂两个，一设朝阳门外海会寺，副指挥散给，一设崇文门外蒜市口西利市营兴隆庵，吏目散给；南城饭厂两个，一设广渠门外积善寺，副指挥散给，一设三里河安国寺，吏目散给；西城饭厂两个，一设阜成门外万明寺，副指挥散给，一设广宁门内增寿寺，吏目散给；北城饭厂两个，一设德胜门外关帝庙，副指挥散给，一设宣武门外永光寺，吏目散给。东南西北四城饭厂米石薪银，均吏目支领，分给副指挥。③ 顺治九年（1652）题准五城煮粥赈贫，每年自十一月起至次年三月中止，每城日发米两石，柴薪银一两。康熙十四年（1675）定五城每年冬三月煮粥赈贫，每城日发米两石，柴薪银一两。康熙四十七年又（1708）议准，五城饭厂每年煮粥赈贫，至三月二十日止。

但能够获得救济的灾民毕竟占少数，尤其不能解决灾民长期的温饱问题。道光三年（1823）七月，京畿地区入夏之后雨涝成灾，市集粮价增高，贫民无以为生。朝廷在五城分设厂座，"于海运仓拨给粳米三万石、稜米二万石，分给五城平粜。粳米每石着减制钱五百文，以一千八百文出粜。稜米每石着减制钱六百文，以一千二百文出粜。仍照向例无许逾数多买，致启奸胥市侩囤积居奇之弊"，以此接济嗷嗷待哺的贫民。④ 京师五城的粥厂对赈济饥民尤其具有直接效果。这一年，由于出现大量灾民，清朝政府破例提前于七月在卢沟桥、黄村、东坝、清河设立4

① ［清］赵尔巽等：《清史稿》（第二册）卷五《本纪五·世祖本纪二》，北京：中华书局1976年版，第135页。

② 李文海、夏明方主编：《中国荒政全书》第2辑第4卷，北京：北京古籍出版社2004年版，第29页。

③ ［清］昆冈等：《钦定大清会典事例》卷一〇三五，清会典馆，清光绪二十五年（1899），第1页。

④ 赵之恒、牛耕、巴图主编：《大清十朝圣训 清宣宗圣训》，北京：北京燕山出版社1998年版，第8795页。

处饭厂，照每年十月开始的京城五城煮赈之例，调拨京仓米石，赈济灾民。此后，又在距京城较远的采育、庞各庄、榆垡增加 3 处饭厂。①

康熙十九年（1680）六月之前，"上轸念饥民就食京师者众，已命五城粥厂展限两月。至是期满，上念饥民冒暑枵腹，难以回籍，又展限三月。复遣太医院医生三十员，分治五城抱病饥民，以全活之"②。二十八年（1689）畿辅荒歉，四方流民就食京师。到次年二月，五城粥厂虽倍增银米、延长日期，但饥民聚集之势未减，于是"遣部院堂官分为四路察勘，有赈济不实者令即参劾。其五城粥厂。再添设五处。各遣贤能司官亲往散给。每日给米二十石、银十两，并前五城原设粥厂。俱令散至六月终止"③。四十三年（1704）三月，山东、河间的灾民流入京城，"著八旗各于本旗城外，分三处煮粥饲之。八旗诸王亦于八门之外施粥，大为利济"④。对于本地与外地的饥民而言，粥厂成了苟全性命的主要依靠。

清代京畿地区赈恤机构主要有育婴堂、养济院、暖厂、粥厂、普济堂、功德林，以及士绅创办的善堂等。乾隆八年（1743）十一月顺天府府尹奏报："查广宁门外普济堂，每年冬月，堂内收养贫病之人，堂外每日施粥，穷民藉以存活者甚众。本年直属歉收，堂外就食者。比往年更多。所有恩赏钱粮及租息各项恐不敷用，请赏给京仓老米二百石，俾穷民日食有资。"⑤ 广济堂是清代赈济施粥的场所。这个建议得到皇帝允准，乾隆四十四年（1779）十月谕："京城广宁门外普济堂，冬间贫民较多，所有经费米石恐不敷用。著加恩将京仓气头廒底内较好之小米拨给三百石，以资接济。"⑥ 以煮粥救民，成为朝廷的一项制度性事务。道光三年（1823）十二月，"京内五城地面均设厂煮赈，城外普济堂、功德林亦均设有饭厂。近京贫民，可资糊口。所有卢沟桥、东坝、清河三处饭厂，着毋庸复设。其采育、黄村、庞各庄三处距京较远，着仍开厂煮赈。至宛平南乡被水较重，着于榆垡村添设一厂。所有四厂需用米石，现存前次煮赈余米尚不敷用，着再赏拨

① 《清实录》卷九十《圣祖实录》，康熙十九年六月丁丑，北京：中华书局出版 1985 年版，第 1141 页。

② 《清圣祖实录》卷九〇，康熙十九年六月丁丑。

③ 《大清圣祖仁（康熙）皇帝实录》（三）卷一四四，台北：新文丰出版社 1978 年版，第 1947—1948 页。

④ 《大清圣祖仁（康熙）皇帝实录》（三）卷二一五，台北：新文丰出版社 1978 年版，第 2895 页。

⑤ 《大清高宗纯（乾隆）皇帝实录》（五）卷二〇四，台北：华文书局 1969 年版，第 3004 页。

⑥ 《大清高宗纯（乾隆）皇帝实录》（二二）卷一〇九三，台北：华文书局 1969 年版，第 16093 页。

京仓稜米一千石，并备办柴薪运脚经费银五百两，分给该两县赶紧运办。于本月二十日一律开厂，俟来年春融后，应于何日停止，临时察看情形，再行具奏"①。

光绪四年（1878），有 9 个月份出现煮赈活动。② 其中，正月，"通州地方歉收，给退仓粳米二千石"；二月，"普济堂、功德林、安定等六门、礼贤等镇、卢沟桥、鲍家庄、赵村各粥厂，均展限两个月，加给粟米一千八百石"，并"添设永定、左安、右安、广安、广渠门外粥厂五座，安插外来饥民"；三月，"通州张家湾设粥厂"，"五城十五厂，再展限两个月"；五月，"六门，四镇及卢沟桥，赵村，鲍家庄粥厂，展限两个月，赏给粟米一千四百石。五城十五厂、朝阳阁、育婴堂、打磨厂、长椿寺、关帝庙、圆通关、梁家园各粥厂，按月拨给仓米"；八月，"普济堂、功德林赏加小米五百石，卢沟桥粟米四百石，资善堂粟米三百石"；九月，"崇善堂、百善堂暖厂，给小米五百石，教子胡同回民粥厂，南下洼、太清观公善堂暖厂，各三百石"；十月，五城各粥厂，"月给米三百十一石"；十一月，"通州王恕园粥厂，赏给籼米八百石"；十二月，"普济堂、功德林，均加赏小米三百石"。仅通州，几乎每个月都要熬数百石乃至上千石的粥救济流民，足见流民数量之庞大。

这类大量的记录都是在为皇帝歌功颂德，以示皇恩浩荡。事实上，京中粥厂施粥的情形，并没有解决饥民基本的温饱问题。道咸同三朝大学士、管理工部尚书事务的祁寯藻在宣武门外的长椿寺看到许多平民在排队领粥，有感而发，写下《打粥妇》诗。所谓打粥，是指贫民到粥厂领粥。他写的是一个 19 岁的少妇，怀抱奄奄待毙的 6 个月大的婴儿，打粥以延性命的惨状："长椿寺前打粥妇，儿生六月娘十九。官家施粥但计口，有口不论年长幼。儿食娘乳娘食粥，一日两盂免枵腹。朝风餐，夕露宿。儿在双，儿亡独，儿病断乳娘泪续。儿且勿死，为娘今日趁一粥，掩怀拭泪不敢哭。"③ 晚清期间，即便流离失所的平民有漕粮救济，因灾荒所造成人口大量死亡的现象仍普遍存在。

郊区农民依靠所种粮食为生，一旦遇上灾害，庄稼歉收，便陷入饥寒交迫的

① 赵之恒、牛耕、巴图主编：《大清十朝圣训 清宣宗圣训》，北京：北京燕山出版社 1998 年版，第 7493 页。
② 韩光辉、王洪波：《封建王朝上升时期北京人口增长的社会经济机制》，《北京史学论丛》，北京：北京燕山出版社 2013 年版，第 98 页。
③ 祁寯藻：《打粥妇》，《祁寯藻集》第 2 册，太原：三晋出版社 2011 年版，第 1 页。

境地。道光四年（1824）"密云县大饥"①；"平谷县自春至秋，瘟疫大作，又兼去岁荒年无食，死亡甚多，甚至有全家病没，无人殡埋者"②。这是由于蝗虫导致的饥荒。

第六节 节日期间的饮食

节日源于古代历法，节日期间特殊的饮食形成于社会生活习惯和吉祥观念。满族入关后，在继承女真民族的一些传统节日，保留本民族的岁时习俗特色的同时，还大量吸收接受了很多中原汉族的节日，使原本这些中原节日更加缤纷多彩。总体而言，有清一代节日习俗是满族与汉族结合的产物，节日饮食也是满族和汉族特色并呈，而由于节日应节食品多为面食，自然更多属于汉族传统的范畴。

1. 过年饮食

筵席是中国传统的节日仪式不可缺少的内容，除夕、春节、元宵要吃"团圆"饭，端午节吃粽子，中秋节吃月饼，冬节吃汤圆，其他繁多小节，如观音节、灶王节、中元节，等等，也要蒸糕、改膳。节日饮食以过年最为丰盛，美味品种也更为多样。人们用吃来纪念先人，用吃来感谢神灵，用吃来调和人际关系，用吃来敦睦亲友、邻里，并且进而推行教化。长期以来，北京节日饮食及其功能一如既往，并没有多大的改变。

中国节日饮食习俗到了清代完全定型，而北京节日饮食是当时中国的一个缩影。北京作为清代首都，在中国节日饮食发展过程中具有重要地位，一些节日饮食的规范和称谓都是在北京确立的。《帝京岁时纪胜》《燕京岁时记》等专书按时序记述了北京的节日习俗，展示了依附清代前期市民节日生活的生动画面。

从腊月二十三祭灶神开始，北京人便开始"过年"了。清潘荣陛《帝京岁时纪胜·十二月·祀灶》："廿三日更尽时，家家祀灶，院内立杆，悬挂天灯。祭品则羹汤灶饭、糖瓜糖饼，饲神马以香糟炒豆水盂。男子罗拜，祝以遏恶扬善之词。"③京城祭灶颇有特色，《帝京景物略》记载："廿四日……记称灶，老妇之祭，

---

① 道光四年（1824），密云县"大饥"［清］丁符九等修：光绪《密云县志》卷二之一下《灾祥》，1882 年，第 5 页 a。

② 王沛修、王兆元纂：民国《平谷县志》卷三《灾异》，1926 年，第 17 页 b。

③ ［清］潘荣陛、［清］富察敦崇：《〈帝京岁时纪胜〉〈燕京岁时记〉》，北京：北京古籍出版社 1981 年版，第 39—40 页。

今男子祭……祀余糖果……曰唉灶余，则食肥腻时，口圈黑也。"① 有民谣云："二十三，糖瓜粘。"二十三指是农历十二月二十三日，这一天也称作"小年"。灶糖是一种麦芽糖，黏性很大，把它抽为长条形的糖棍称为"关东糖"，拉制成扁圆形就叫作"糖瓜"。冬天把它放在屋外，因为天气严寒，糖瓜凝固得坚实而里边又有些微小的气泡，吃起来脆甜香酥，别有风味。满族王府小年"供品包括关东糖、糖瓜、江米糖、糖饼、桂圆、荔枝、红枣、栗子，以及草料、清水、香蜡、纸马等物，其中最重要的是一只黄羊，平放在一个大木槽里，放在供桌后面，故称之谓'黄羊祭灶'"②。满族吸纳了汉族过小年和祭灶的习俗，也掺入了自己民族的元素。

北京人过年馈赠亲友的礼品——蜜饯杂拌儿最有地方特色，杂拌儿，是几种食品杂凑在一起，加以拌和而成的。清代的杂拌儿种类颇多。最普遍的就是将花生、栗子、榛子、焦枣与糖藕片、金糕条、冬瓜条等掺和在一起而成的，叫干杂拌儿；用榛仁儿、花生仁儿、糖藕片、糖姜片、桃脯、杏脯、冬瓜条、青梅等拌和而成的，是更讲究的干杂拌儿；更高级的则称为蜜饯杂拌儿，是以桃、杏、梨脯及青梅、蜜饯海棠、金丝蜜枣等拌和而成的，色泽五光十色，口味兼具酸甜。春节时用杂拌儿敬神、祭祖、待客都十分方便，也是馈赠亲友的节日礼品。这些干杂拌儿后来演变为京城特产果脯。

饺子是我国北方最通常的应节食品，其名称就是在清代固定下来的。大约到了唐代，饺子已经变得和现在的饺子一模一样，且是捞出来放在盘子里单独吃。宋代称饺子为"角儿"，它是后世"饺子"一词的词源。元朝称饺子为"扁食"。明朝万历年间沈榜的《宛署杂记·卷十七·民风一（土俗）》记载："元旦拜年……作匾食，奉长上为寿。"刘若愚的《酌中志·卷二十·饮食好尚纪略》载："初一日正旦节……吃水果点心，即匾食也。"元明朝"匾食"的"匾"，如今已通作"扁"。清朝时，出现了诸如"饺儿""水点心""煮饽饽"等有关饺子的新的称谓。据说在乾隆的除夕宴上，就有一品"鸭子馅临清饺子"③。潘荣陛《帝京岁时纪胜·十二月·岁暮杂务》："除夕为尊亲师长辞岁归而盥沐，祀祖祀神接灶，早贴春联挂钱，悬门神屏对。……阖家吃荤素细馅水饺儿。"富察敦崇《燕京岁时

---

① ［明］刘侗、于奕正：《帝京景物略》卷二"春场"，北京：北京古籍出版社 1980 年版，第 71—72 页。

② 金寄水、周沙尘：《王府生活实录》，北京：中国青年出版社 1988 年版，第 61 页。

③ 丁璐：《清朝也禁放烟花爆竹（外一篇）》，载《西安晚报》2017 年 1 月 22 日第 10 版"文化纵横"。

记·正月·元旦》："京师谓元旦为大年初一。……是日，无论贫富贵贱，皆以白面作角而食之，谓之煮饽饽，举国皆然，无不同也。富贵之家，暗以金银小锞及宝石等藏之饽饽之中，以卜顺利。家人食得者，则终岁大吉。"①"饺子"称谓从此确立。饺子名称的增多，说明其流传的地域在不断扩大。民间春节吃饺子的习俗在明清时已相当盛行。饺子一般要在年三十晚上 12 点以前包好，待到半夜子时吃，这时正是农历正月初一的伊始，吃饺子取"更岁交子"之意，"子"为"子时"，"交"与"饺"谐音，有"喜庆团圆"和"吉祥如意"的意思。北京人还常爱说："三十晚上吃饺子——没有外人。"用以形容关系密切，不分彼此。北京郊区有"初一饺子，初二面，初三烙饼摊鸡蛋"一说。到了正月十五再吃一回煮元宵，这年就算过完了。

　　清初北京除夕更是异常热闹。"除夕之次，夜子初交，门外宝炬争辉，玉珂竞响。肩舆簇簇，车马辚辚。百官趋朝，贺元旦也。闻爆竹声如击浪轰雷，遍乎朝野，彻夜无停。更间有下庙之拨浪鼓声，卖瓜子解闷声，卖江米白酒击冰盏声，卖桂花头油摇唤娇娘声，卖合菜细粉声，与爆竹之声，相为上下，良可听也。士民之家，新衣冠，肃佩带，祀神祀祖；焚楮帛毕，昧爽阖家团拜，献椒盘，斟柏酒，饫蒸糕，呷粉羹。出门迎喜，参药庙，谒影堂，具柬贺节。路遇亲友，则降舆长揖，而祝之曰新禧纳福。至于酬酢之具，则镂花绘果为茶，十锦火锅供馔。汤点则鹅油方补，猪肉馒首，江米糕，黄黍饦；酒肴则腌鸡腊肉，糟鹜风鱼，野鸡爪，鹿兔脯；果品则松榛莲庆，桃杏瓜仁，栗枣枝圆，楂糕耿饼，青枝葡萄，白子岗榴，秋波梨，苹婆果、狮柑凤橘，橙片杨梅。杂以海错山珍，家肴市点。纵非亲厚，亦必奉节酒三杯。若至戚忘情，何妨烂醉！俗说谓新正拜节，走千家不如坐一家。而车马喧阗，追欢竟日，可谓极一时之胜也矣。"②清代北京除夕场面之宏大、气氛之热烈，在此一览无余。

　　北京人过年流行吃年糕。年糕品种多，有枣年糕、豆年糕、年糕坨等。精细的年糕有白果、什锦、水晶、如意等，烹制方法多为蒸，也有用油炸蘸白糖吃的，均有香甜黏糯的特点。北京的年糕一般为清真回民小吃店供应，除年节大量供应外，平时亦有供应，但数量和品种都比春节时少。年糕是清真回民小吃，也是满族跳神用的祭品。满族名字叫"飞石黑阿峰"。清代沈兆褆有诗一首："糕名飞石

---

①　［清］潘荣陛、［清］富察敦崇：《〈帝京岁时纪胜〉〈燕京岁时记〉》，北京：北京古籍出版社 1981 年版，第 45 页。

②　［清］沈承瑞、沈兆褆著：《香余诗钞 吉林纪事诗》，长春：吉林文史出版社 1988 年版，第 211 页。

黑阿峰,味腻如脂色若琼。香洁定知神受飨,珍同金菊与芙蓉。"① 自注说:"满洲跳神祭品有飞石黑阿峰者,黏谷米糕也。色黄如玉,味腻如脂,糁假油粉,蘸以蜂蜜颇香渚,跳毕,以此偏馈邻里亲族。又金菊、芙蓉,皆糕名。"可见年糕至少在清代就是满族的小吃品种了。

《天咫偶闻》卷十"琐记"记载:"正月元日至五日,俗名破五。旧例食水饺子五日,北方名煮饽饽。今则或食三日二日,或间日一食,然无不食者。自巨室至闾阎皆遍,待客亦如之。十五日食汤团,俗名元宵,则有食与否。又有蜜供,则专以祀神。以油面作荚,砌作浮图式。中空玲珑,高二三尺,五具为一堂。元日神前必用之果实、蔬菜等,亦叠作浮图式,以五为列,此人家所同也。"不同时日有相应的节食,寓意也不尽相同。

和民间一样,除饺子以外,清宫另一过年主要食物也是年糕。年糕是满族传统的年节食品,也是祭祀的供品。民间年糕的主要原料是大黄米或小黄米面和芸豆。因其黏,故称"黏糕";"黏""年"谐音,又称"年糕"。清宫较民间的年糕原料和制作更为精细。据《满洲四礼集》载,其做法是:先将豇豆瓣铺在蒸笼内蒸熟,再将江米面用水拌匀、搓细,待笼内蒸气圆满,分数次将面撒入笼内,故又称"撒糕"。整个糕呈半圆形,高一二尺,吃时用刀切成片状,卷上白糖,故又称"切糕",其"色黄如玉,味腻如脂"②。除夕、元旦,清宫皇帝晚膳均吃年糕。据《膳食档》记载:乾隆四十二年除夕,弘历晚膳有"年年糕一品";乾隆四十九年元旦,弘历晚膳"用三阳开泰珐琅碗盛红糕一品、年年糕一品"③。皇帝吃年糕固然与其饮食爱好有关,但其中抒发了与民间百姓同样的祈求新年更加美好的愿望。

2. 其他应节食品

其他应节食品同样丰富多彩,完全可以满足节日期间人们的口味和心理需求。《帝京岁时纪胜》云:"乡民用灰自门外蜿蜒布入宅厨,旋绕水缸,呼为引龙回。"④ 农历二月二这一天,家内不许扫地,恐伤了龙眼睛。这一仪式似乎与饮食没有关联。然而时人却以龙来称呼各种食物与活动,以此表达对神龙的信仰。如

---

① [清] 沈兆禔:《吉林纪事诗(宣统)》卷四。
② 王宏刚、富育光:《满族风俗志》,北京:中央民族学院出版社 1991 年版,第 32 页。
③ 李路阳、畏冬:《中国全史·中国清代习俗史》,北京:人民出版社 1994 年版,第 51—52 页。
④ [清] 潘荣陛、[清] 富察敦崇:《〈帝京岁时纪胜〉〈燕京岁时记〉》,北京:北京古籍出版社 1981 年版,第 14 页。

吃饼谓之吃"龙皮",吃水饺谓之吃"龙耳",吃面条谓之吃"龙须",吃米饭谓之吃"龙子",吃菜团子谓之食"龙蛋",蒸饼时还要在饼上做出龙鳞,谓之"龙鳞饼",扁食谓之"龙牙",都是以龙体部位命名。

"京师谓端阳为五月节,初五日为五月单五,盖端字之转音也。每届端阳以前,府第朱门皆以粽子相馈贻,并副以樱桃、桑葚、荸荠、桃、杏及五毒饼、玫瑰饼等物。其供佛祀先者,仍以粽子及樱桃、桑葚为正供。亦荐其时食之义。"①清代端午节的饮食和前代差不多,主要也是吃粽子、果品和喝菖蒲酒。"在节前,一些大户人家就开始互相赠送粽子,再配上樱桃、桑葚、荸荠、桃、杏等水果及五毒饼、玫瑰饼等。"②五毒饼,就是在糕点上印上蛇、蝎子、蛤蟆、蜈蚣、壁虎的图案,谓之"五毒饽饽",馈送亲友,称为上品。③成人要喝一点儿雄黄酒,都是为了辟邪。清时人们仍旧认为,五月为"恶月",邪气重,需要辟除毒物。

清代端午节吃粽子在宫中规模也很大。清代也把粽子说成是角黍。端午节这天,宫中用膳主要是粽子,因此有"粽席"之称。皇帝皇后、皇太后及诸嫔妃膳桌上粽子堆成一座座小山,有的用三号银盘装,每盘18个,有的用二号银盘装,每盘装22个,还有的粽子200个算作一"方",每个膳桌上摆两方。据乾隆十八年端午节膳单上记载,乾隆帝膳桌上摆粽子1276个,皇后膳桌上摆400个。皇太后、皇太贵妃各一位,皇贵妃两位,妃三位,嫔五位,贵人两位,常在四位、阿哥七位、公主一位、福晋两位,共摆粽子650个。喝菖蒲酒也是沿袭前代。用膳时,皇帝要喝菖蒲酒,赏众人喝雄黄酒,皇帝使用的是带有"艾叶灵符"纹饰的餐具。膳后用的茶果,是桑葚、樱桃、茯苓等适时的鲜果。家堂祭祀的食品中,除供米粽外,果品则红樱桃、黑桑葚、文官果、八达杏。

中国民间,家家户户千方百计将美味佳肴留至年节,若平常食之,一家独享,则无任何民俗气氛可言,甚或会招人猜测,以为该家喜事临门。而年节期间,食如平素,则又会遭邻里亲戚所耻笑。因此,旧时穷苦人家,即便借债、赊账,也要在年节里一饱口福。年节饮食与平日饮食的区别就在于,年节食品是在同一时

① [清]潘荣陛、[清]富察敦崇:《〈帝京岁时纪胜〉〈燕京岁时记〉》,北京:北京古籍出版社1981年版,第65页。
② 刘勇等:《北京历史文化十五讲》,北京:北京大学出版社2009年版,第272页。
③ [清]潘荣陛、[清]富察敦崇、[清]查慎行、[清]让廉:《〈帝京岁时纪胜〉〈燕京岁时记〉〈人海记〉〈京都风俗志〉》,[清]让廉:《京都风俗志》,北京:北京古籍出版社1981年版,第6页。

间内为大家所同享的。群众性的同食，是年节饮食的一个显著标志。

夏至是有清一代重要的节日。每年夏至，方泽大祀。方泽者，乃地坛也。昔年皇帝祀方泽，祭品为牛、羊、猪、鸡、鹿、兔、盐、米、粱、韭，三献九叩首，太常寺赞礼，读祝，奠酒焚帛。市民家家俱食冷淘面，即俗说过水面是也。乃都门之美品。京师之冷淘面爽口适宜，天下无比。夏至伏日，还戴草麻子叶，吃长命菜，即马齿苋。

七月十五日是中元节，俗称鬼节。富察敦崇说："中元不为节，惟祭扫坟茔而已。"① 但潘荣陛则说："中元祭扫，尤胜清明。"②《清史稿·吉礼三》记载："顺治初，直省府、州、县设坛城北郊，岁以清明日、七月十五日、十月朔日，用羊三、豕三、米饭三石、香烛、酒醴、楮帛祭本境无祀鬼神。"③ 尽管这些都是祭品，但也反映了这一天饮食的特殊状况。

关于月饼，《增补都门杂咏》中《月饼》云："红白翻毛制造精，中秋送礼遍都城。论斤成套多低货，馅少皮干大半生。""红白翻毛"说的是老北京的三种月饼，红指自来红，白指自来白，翻毛指翻毛月饼。还有一种月饼叫"提浆月饼"，特点是有大小号，可以从小到大叠码起来，像一座小塔，可用来供佛。④ 乾隆乙卯，即六十年（1795），杨米人写了首竹枝词："团圆果⑤共枕头瓜，香蜡庭前敬月华。月饼高堆尖宝塔，家家都供兔儿爷。"并收录在《都门竹枝词》中。这里的月饼指的就是"提浆月饼"，可以"高堆尖宝塔"。月饼的馈赠意义鲜明，明清之际已普遍作为交流感情的媒介物。于敏中《日下旧闻考》引明冯应京《月令广义》道："燕都士庶，中秋馈遗月饼西瓜之属，名看月会。"⑥ 月饼的礼品身份一直延续至今。平常，售月饼的柜台少有人问津，而中秋将至，便门庭若市。这就

---

① ［清］潘荣陛、［清］富察敦崇：《〈帝京岁时纪胜〉〈燕京岁时记〉》，北京：北京古籍出版社1981年版，第75页。

② ［清］潘荣陛、［清］富察敦崇：《〈帝京岁时纪胜〉〈燕京岁时记〉》，北京：北京古籍出版社1981年版，第27页。

③ ［清］赵尔巽：《清史稿》卷八十四《志五十九·礼三（吉礼三）》，北京：中华书局1977年版，第2551页。

④ 王颖超：《〈清代北京竹枝词〉中的岁时节日》，载《2013北京文化论坛——节日与市民生活》会议论文集，北京：首都师范大学出版社2014年版，第52页。

⑤ 中秋日为团圆节，此日家人父子，共相庆祝，照例必食苹果，谓之"团圆果"（《燕京风俗志》，稿本）。

⑥ ［清］于敏中等：《日下旧闻考》（第四册）卷一四八"风俗"，北京：北京古籍出版社2000年版，第2359页。

是人们对月饼的节日民俗意义达成了一种共识。

除月饼外，还有卤馅芽韭烧卖、南炉鸭、烧小猪、挂炉肉，配食糟发面团，桂花东酒。鲜果品类甚繁，而最美者莫过葡萄。圆大而紫色者为玛瑙，长而白者为马乳，大小相兼者为公领孙。又有朱砂红、棣棠黄、乌玉朱等类，味俱甘美。其小而甜者为琐琐葡萄，性极热，能生发花痘。至于街市小儿叫卖小而黑者为酸葡萄，品斯下矣。盖柿出西山，大如碗，甘如蜜，冬月食之，可解炕煤毒气。白露节蓟州生栗初来，用饧沙拌炒，乃都门美品。正阳门王皮胡同杨店者更佳。其余清新果品，如苹婆、槟子、葡萄之类，用巨瓷瓮藏贮冰窖，经冬取出，鲜美依然。① 对于市民来说，节日的美食主要来自当地自产。京城郊区丰富的水果来源满足了市民广泛的节日需求。

宫廷里的节日饮食更加讲究，据乾隆朝《节次照常膳底档》记载，乾隆五十三年（1788）的中秋节晚膳就有"烧锅鸭子水笋丝、羊肉炖倭瓜、羊肚片、燕窝拌白菜丝、燕窝烩鸭子、苏造鸭子、苏造肉、小南桃、小立桃、家常饼、镶藕、煮藕、虾米拌海蜇、五香肘子、五香鸡、拌糟鸭丝、糖醋藕豆角、羊肉包子、攒盘月饼、粳米干膳、孙泥额芬白糕、螺蛳包子、豆尔馍首、萝卜汤、果子粥"等馔肴。此日，皇家众人还佩戴"玉兔桂树"等应节荷包。节日的宴会排场比较大，这种宴会有时还具有政治意义。如乾隆三十六年（1771）蒙古厄鲁特部首领渥巴锡等于九月九日重阳节到避暑山庄觐见乾隆皇帝，为加强满蒙关系，弘历在山庄万树园为渥巴锡一行举行了隆重的宴会。弘历欣喜赋诗："重阳宜宴赏，况有远来人。"②沈榜著《宛署杂记》记明万历年间北京馈赠月饼风俗："八月馈月饼"，注"士庶家俱以是月造面饼相遗，大小不等，呼为月饼。市肆至以果为馅，巧名异状，有一饼值数百钱者"③。《燕京岁时记·中秋》对清代北京同样的风俗有详述："每届中秋，府第朱门皆以月饼果品相馈赠。至十五月圆时，陈瓜果于庭以供月，并祀以毛豆、鸡冠花。是时也，皓魄当空，彩云初散，传杯洗盏，儿女喧哗，真所谓佳节也。"关于北京供月饼的风俗在《道咸以来朝野杂记》、《清稗类钞》及

---

① ［清］潘荣陛、［清］富察敦崇：《〈帝京岁时纪胜〉〈燕京岁时记〉》，北京：北京古籍出版社1981年版，第30页。

② 乾隆《御制诗》四集卷五十三，载陈爱平：《古代帝王起居生活》，长沙：岳麓书社1997年版，第100页。

③ ［明］沈榜：《宛署杂记》第十七卷《民风一·土俗》，北京：北京古籍出版社1983年版，第192页。

《清朝野史大观》中都有类似的记载。

清代时候，吃腊八粥更为盛行。据史料记载，清代宫廷里的腊八粥一直由雍和宫的喇嘛熬煮。《光绪顺天府志》载："腊八粥一名八宝粥，雍和宫熬粥，定制派大臣监视，盖供上用焉。"① 明清之际，北京城内外寺庙林立，一到腊月初八便竞相煮粥以敬佛。尤其是雍和宫，更以腊八进粥为一年中之盛事。《燕京岁时记》"雍和宫熬粥"条亦云，雍和宫的喇嘛每年在腊月初八夜里熬粥供佛，清宫还"特派大臣监视，以昭诚敬。其粥锅之大，可容数石米"。雍和宫特供清宫的腊八粥的仪式相当隆重，程序颇为烦琐。"腊月初一日开始领料，初二到初五陆续由皇宫运到雍和宫。初六日过秤分料，每锅粥要用各种米、豆等共十二石，大枣等干果各百余斤，初七日上午淘米、泡干果，下午点火熬粥。"② 整个过程都有严格的程序规范。这里熬好的腊八粥除了供佛之外还要供给皇宫内院及皇帝食用，具体而言，第一锅粥要献佛，第二锅粥才进献皇帝。接着，第三锅粥赏赐大臣，第四锅粥敬奉施主，第五锅粥赈济贫民，第六锅粥才是寺内僧众自食，所以显得格外热闹而隆重。这种风俗传到民间，北京的家家户户，不论贫富"每至腊七日，则剥果涤器，终夜经营，至天明时则粥熟矣"。每值节日，宫廷里皇帝、皇后都要向大臣、宫女赐腊八粥。潘荣陛《帝京岁时纪胜·十二月·腊八》："腊月八日为王侯腊，家家煮果粥。皆于预日拣簸米豆，以百果雕作人物像生花式。三更煮粥成，祀家堂门灶陇亩，阖家聚食，馈送亲邻，为腊八粥。"在民间，腊八粥已成为家家皆食的节日小吃。

当时宫廷腊八粥的原料有糯米、粳米、黄米、小米、赤白二豆、黄豆、芸豆、三仁（桃仁、榛仁、瓜子仁）、饴糖等，把以上原料混合加水而煮。并适时掺入栗子、莲子、桂圆、百合、蜜枣、青梅、芡实等果料，每年清宫煮粥耗费的银子竟达十二万四千余两。"用黄米、白米、江米、小米、菱角米、栗子、红江豆、去皮枣泥等，合水煮粥，外用染红桃仁、杏仁、瓜子、花生、榛穰、松子，及白糖、红糖、琐琐葡萄，以作点染。"③ 这种靡费，自然会波及民间。晚清以后，一般富裕人家竞相以腊八粥的原料名贵、多样为时尚。清以前腊八这一天，民间喝的腊

① 〔清〕周家楣、缪荃孙等：《光绪顺天府志》，北京：北京古籍出版社1987年版。转引自胡玉远主编：《京都胜迹》，北京：北京燕山出版社1996年版，第348页。
② 胡玉远主编：《京都胜迹》，北京：北京燕山出版社1996年版，第348页。
③ 〔清〕富察敦崇：《燕京岁时记·腊八粥》，北京：北京古籍出版社1981年版，第92页。

八粥是"七宝粥""五味粥"，但到了清季，腊八粥已从"五味""七宝"发展到"八宝"，成了人见人爱，听起来吉利，吃起来喷香的"八宝粥"。食"八宝粥"习俗从侧面反映了清代经济、商贸业的发展对人们消费欲望的刺激；从深层文化意义来看，它是民间对吉祥数字"八"最完美的宣泄和最深入的发展。①

中国自有朝代时起，都城便不断变迁。在都城的变迁中，年节食俗也随着都城的挪移而流动。一些年节食品的制作工艺及花样有了更新，同时，其原有寓意亦为新的含义所代替；一些年节食品则被淘汰，或转而成为具有地方食俗特点的食品而丧失了全民性应节食品的地位。例如元宵和月饼，其形制均源于古人对天体物象的模拟，为原始先民天体崇拜的遗存，但随着历史的发展，便逐渐被赋予团圆的新意。清代，北京有"冬至馄饨夏至面"的谚语。京谚中说的虽是馄饨，而实际上北京人吃的却是饺子，名同而物异，这又有别于500年前的临安了。

再有，南宋都城定在临安（今杭州），汴梁与临安，虽一在中原、一在江南，相距甚远，但年节食俗却基本相同。以七月七"乞巧"食俗为例，《东京梦华录》卷八"七夕"云，京城汴梁人家在七月七日晚，多结彩楼于庭院，称为"乞巧楼"，并摆设花瓜、酒炙、针线等，让女郎焚香列拜，叫作"乞巧"。《梦粱录》卷四"七夕"载，南宋临安富贵人家在这天要安排宴会，并在广庭中设香案酒果，令"女郎望月，瞻斗列拜，次乞巧于女、牛"。《清嘉录》则说，七夕前，市上已卖巧果，"以面和糖，油煎令脆食之，名曰'巧果'"②。"全国各地皆然。"北京的七夕巧果全国闻名，就是随着都城的迁移，由汴梁及临安传至北京的。

任何一个年节食俗产生的初期，其主要食品即是按一定的式样模式，用常食的大米及面粉制成的。随着时代发展，人们不可能每年重复食用那些与常食并无多少区别的食物，应节食品在原料、制作工艺及味道等方面都应远远胜过平常食品，而且不断由简朴向精美转化。比如立春设春盘的习俗，据说始于晋代。那时的春盘，只是放些萝卜、芹菜一类的菜蔬，内容比较单调。到了隋唐，由于人们特别重视节气食俗，食用春盘之风盛行，但"盘"中原料仍为素淡。晋代潘岳所撰的《关中记》③ 称："（唐人）于立春日作春饼，以春蒿、黄韭、蓼芽包之。""春盘"演化为"春饼"。随着时间的推移，春盘、春饼、春卷名称的相继更新，

---

① 李路阳、畏冬：《中国全史·中国清代习俗史》，北京：人民出版社1994年版，第1页。

② ［清］顾禄撰、来新夏点校：《清嘉录》卷七"七月"，上海：上海古籍出版社1986年版，第119页。

③ 刘庆柱辑注：《三秦记辑注·关中记辑注》，西安：三秦出版社2006年版，第136页。

其制作也越来越精美了。《武林旧事》卷二"立春"云，南宋朝廷后苑中制作的春盘，"每盘值万钱"。清代时，春饼用白面为外皮，圆薄平匀，内包菜丝，卷成圆筒形，以油炸成黄脆，食之。有甜、咸等不同馅心。《类腋·天部·正月》引孙国敉《燕都游览志》："立春日，于午门赐百官春饼。"李家瑞《北平风俗类征·岁时》说，立春日食春饼，"备酱熏及炉烧盐腌各肉，并各色炒菜，如菠菜、韭菜、豆芽菜、干粉、鸡蛋等，而以面粉烙薄饼卷而食之……"① 显然，清代春饼与今日的春卷完全相同了。不过，今日的春卷已没有了清代春饼那特有的民俗内涵。清潘荣陛《帝京岁时纪胜·正月·春盘》："新春日献辛盘。虽士庶之家，亦必割鸡豚，炊面饼，而杂以生菜、青韭芽、羊角葱，冲和合菜皮，兼生食水红萝卜，名曰咬春。"② 应节食品花样众多，精美耐看，大大增强了节日的喜庆气氛，同时，也使制作这些食品成为民间技艺，其整个的操作程序更为复杂，也更富有民俗意味。

在京城，重阳节的饮食大都具有延年益寿之隐喻。饮菊花酒、吃羊肉面和吃花糕俗称重阳节的"三宝"。此"三宝"共同表达了为老人祝福的美好主题。九九与"久久"谐音，与"酒"也同音，因此派生出"九九要喝菊花酒"这一说法。金秋九月，秋菊傲霜，文人将九月称"菊月"，老百姓把菊花称"九花"，由于菊花斗寒的独特品性，使得菊花成为生命力的象征。在古人那里有着不寻常的文化意义，认为它是"延寿客""不老草"，可使人老而弥坚。吃羊肉面，因"羊"与"阳"谐音，应重阳之典。面要吃白面，"白"是"百"字去掉顶上的"一"，有一百减一为九十九的寓意，以应"九九"之典。京城给九十九岁老人过生日叫"白寿"。

按，《析津志》："九月九日，都人以面为糕，馈遗作重阳节，圜阓笮策芦席棚叫卖，与今同。"③ 又《帝京景物略》："面饼面种枣栗，星星然曰花糕。糕肆标绿旗。父母迎其女来食，曰女儿节。今糕肆无标旗者，亦无迎女来食者。盖风尚之不同也。"④ 花糕的"糕"与"高"同音，又有"步步高升""寿高九九"之含

---

① 李家瑞：《北平风俗类征》（上），北京：北京出版社 2010 年版，第 7 页。

② 〔清〕潘荣陛、〔清〕富察敦崇：《〈帝京岁时纪胜〉〈燕京岁时记〉》，北京：北京古籍出版社 1981 年版，第 8 页。

③ 〔元〕熊梦祥：《析津志辑佚·岁纪》，北京：北京古籍出版社 1983 年版，第 223 页。

④ 〔清〕潘荣陛、〔清〕富察敦崇：《〈帝京岁时纪胜〉〈燕京岁时记〉》，北京：北京古籍出版社 1981 年版，第 81 页。

义，所以"重阳花糕"成了备受欢迎的节日食品。"重九日，人家以花糕为献。其糕以麦面作双饼，中夹果品，上有双羊像，谓之重阳花糕。亦有携榼于城外高阜处御酒食肉者，谓之登高，亦古人之遗俗也。"① 花糕有二种：其一以糖面为之，中夹细果，两层三层不同，乃花糕之美者；其二蒸饼之上星星然缀以枣栗，乃糕之次者也。每届重阳，市肆间预为制造以供用。

凡节都要祭祀，祭品也分三六九等。譬如说永星斋制作的蜜供，就有红白之分，红供是在供果上加红丝，这是用来供神佛的；白供是不加红丝，用来奠祖。蜜供从等级上分可分为高大方、大方、中大方和中小方。从花样上可分为万字供、十字供、银锭供、扇面供、圆供等，其中万字供最精细。②

应节食品花色品种增多了，原料也更为贵重，比如到了晚近，粽子已不再以纯米为原料，米中还掺入了肉、枣、豆及各种果仁等，迎合了各种口味的需要，使人们在节日里可以尽情地饱享口福。对应节食品美味的追求，是中华民族美食文化重要的组成部分。

第七节　酒、茶饮品文化

清代作为我国封建社会最后一个时代，承载着封建制度崩塌和资本主义萌芽的文化内涵，因此，在这个时代下的酒和茶文化受着新旧意识形态交替的影响而独具全国商业中心的特点，饮酒和品茶也明显带有近代化的痕迹，显示出与前代不同的时代性。

1. 酒业与饮酒习俗

满族人从其先世女真人起就是一个喜爱并且擅长饮酒的民族，凡宴会、待客必置酒，并有饮酒时不食，饮后再用饭菜的习惯。这是沿袭了金代以来女真人的传统食俗。入关后，清宫饮酒之风更盛。宫中设酒醋房负责御酒的储备与供应。清代京师酒类品种之多、风格之异，是中国历代无法比拟的。酒的名称也是形形色色，有的是以酒色取名，有的是以产地取名，有的是以人名取名，有的又因酿造方法的特殊，而加以特定的名称，这些都丰富了清宫的酒类。在此基础上，清

① ［清］潘荣陛、［清］富察敦崇、［清］查慎行、［清］让廉：《〈帝京岁时纪胜〉〈燕京岁时记〉〈人海记〉〈京都风俗志〉》，［清］让廉：《京都风俗志》，北京：北京古籍出版社1981年版，第7页。

② 王启穑、马润清：《永星斋饽饽铺》，北京市政协文史资料委员会编：《北京文史资料精选·朝阳卷》，北京：北京出版社2006年版，第81页。

宫酒形成了以重养生为主要特色的传统。

清代《清稗类钞·饮食类》和梁章钜《归田琐记》记述①，玉泉酒是乾隆以后历代皇帝最爱饮用的酒种，也是宫中的主要用酒。玉泉酒因是用北京玉泉山附近的玉泉水酿造而得名。玉泉酒问世以后，成了历代皇帝的常用酒。据清宫档案记载，帝后饮酒数量因其习惯多寡不一。乾隆帝每日晚膳饮玉泉酒1两；嘉庆帝有时多至13~14两；慈禧太后每日内膳所用玉泉酒竟达1斤4两。遇有宴会，所用玉泉酒更需数百斤之多。此外，玉泉酒还用于赏赐、祭祀与和药。宫中御膳房做菜，也常用玉泉酒调料。每年正月祭谷坛、二月祭社稷坛、夏至日祭方泽坛、冬至日祭圜丘坛，岁暮祭太庙，玉泉酒都是作为福酒供祭。因此，其每年用量相当惊人。

酿酒业有了长足的发展，出现了许多闻名遐迩的名酒。北京的酿酒业也很发达，向有"酒品之多，京师为最"的称誉。"京城佳酿素称竹叶飞清、煮东煮雪、梨花湛白、瓮底春浓、窝儿米酿。药酒则推史国公、状元红、黄连液、五加皮、茵陈绿橘、豆青，益寿延龄，保元固本。"② 清代京师造酒业有南酒、北酒、药酒之分，南酒产于良乡"似绍兴酒而味远逊"，北酒有刁酒、薏苡酒、金澜酒、烧酒等名酒。

"烧酒用高粱制成，北京城外亦大量制造。一般兑水后饮用，不兑水原封酒又称白干。有南路酒、东路酒之分，即以其产地位于京南和京东加以区别，一般以南路酒为佳。工人等欲买一醉之欢，在路旁货摊等处买酒一壶（锡制小壶）即是。"③ 除通州的竹叶青、良乡黄酒、玫瑰烧、茵陈烧、梨花白之外，还有外地进京的绍酒、汾酒等。④ 清代皇族传统名酒，原名"香白酒"，与莲花白酒、菊花白酒，俗称"京师三白酒"而闻名于世。溥杰曾为菊花白酒赋诗："香媲莲花白，澄

① ［清］梁章钜《归田琐记》卷七"品泉"条：记在京师恭读纯庙御制玉泉山天下第一泉记云："尝制银斗较之，京师玉泉之水斗重一两，塞上伊逊之水亦斗重一两，济南珍珠泉斗重一两二厘，扬子金山泉斗重一两三厘，则较玉泉重二厘或三厘矣。至惠山、虎跑，则各重玉泉四厘，平山重六厘，清凉山、白沙、虎邱及西山之碧云寺各重玉泉一分。然则更无轻于玉泉者乎？曰，乃雪水也。常收积素而烹之，较玉泉斗轻三厘，雪水不可恒得。则凡出山下而有洌者，诚无过京师之玉泉，故定为天下第一泉。"参见［清］梁章钜《归田琐记》卷七"品泉"条，北京：中华书局1981年版，第147—148页。
② ［清］汪启淑著，杨辉群点校：《水曹清暇录》卷十六《京城名酒》，北京：北京古籍出版社1998年版，第239页。
③ 张宗平、吕永和译：《清末北京志资料》，北京：北京燕山出版社1994年版，第531—532页。
④ 魏开肇、赵蕙蓉：《北京通史》第八卷，北京：中华书局1994年版，第434页。

邻竹叶青。菊英夸寿世,药佐庆延龄。醇肇新风味,方传旧禁廷。长征携作伴,跃进莫须停。"为莲花白酒题诗为:"酿美醇凝露,香幽远益精,秘方传禁苑,寿世归闻名。"经他一赞,"三白"身价陡增。除此之外,尚有桂花陈酒、菖蒲酒等。

除了"三白",尚有"三居黄"。清末明初,北京的黄酒店主要销售南黄酒、内黄酒、京黄酒、仿黄酒、西黄酒和山东黄等。仿黄酒是民国后出现的仿绍兴酒。黄酒以浙江绍兴和山东的为最,即"绍兴黄①和山东黄②"。柳泉居最初就是在京城以经营山东黄酒而出名,因在京城酿酒,遂成"京城黄酒"。它与老北京的"三合居""仙露居"并称北京"三居"。三家黄酒店酿造的黄酒清亮透明,口感绵软舒适,喉润口香,浓郁醇和,颇受京城人的喜爱。清人有诗赞曰:"饮得京黄酒,醉后也清香。"还有"京城三居黄,清香醉神仙"③的美句。黄酒店有桌有凳,下酒菜肴主要有火腿、糟鱼、醉蟹、松花蛋、蜜糕等。柳泉居原在西城护国寺街西口,前边是三间门脸的店堂,后边有个宽阔的院子,院内有一株大柳树,还有一眼水质清澈甘甜的井,故名为"柳泉居"。柳泉居所售的北京黄酒是用本院内甜水井的水酿造的。"三居"的经营方式都是前店后厂,所酿造的黄酒均清亮透明,绵软舒适,甘醇清香,为酒客所青睐。虾米居专卖良乡黄酒,下酒菜是炝青虾、牛肉干。雪香斋店主是绍兴人,专卖绍兴黄酒,下酒菜样数不多,最拿手的是炒鳝鱼丝,秋天也卖蒸活螃蟹,其经营情况就像绍兴的咸亨酒店一样。④除"三居"外,知名的黄酒店还有"四大茂"(和茂、勤茂、同茂、盛乾茂),阜成门外的虾米居,前门外李铁拐斜街的越香斋,西单路北的雪香斋,地安门外大街的"泰源",隆福寺街的"长发",西单的"长生""长春",西长安街的"长泰",宣武门外北柳巷的"长盛""同宝泰"等。⑤

京城不仅酿酒业兴盛,酒的经营也非常繁荣。为了满足顾客不同的需求,不

---

① 即浙江绍兴酒,俗称"绍酒""老黄酒""老酒""浙绍""南酒",产地为浙江绍兴府安定同、全城明、德润征几处。绍兴酒以远年为最珍贵,故有老黄及陈绍之名词,又因原料多寡及重量轻重不同,有"四料"、"单料"及"加重"之分别。(潘惠楼:《北京的饮食》,北京:北京出版社2018年版,第200页。)

② 山东黄酒分甜头、苦头两种。甜头黄酒名曰"甘炸黄",味稍甜一些,酒很纯。苦头黄酒名曰"苦清",与绍酒相似,但价钱远低于绍酒,故很受一般酒客欢迎。(潘惠楼:《北京的饮食》,北京:北京出版社2018年版,第201页。)

③ 许志绮:《北京老字号城西道有柳泉居》,载《北京工商管理》2002年第4期,第45页。

④ 北京市地方志编纂委员会编著:《北京志·商业卷·饮食服务志》,北京:北京出版社2008年版,第195页。

⑤ 潘惠楼:《北京的饮食》,北京:北京出版社2018年版,第202页。

同品类的酒分别由相应的酒店经营。据《天咫偶闻》四卷《北城》和徐珂《清稗类钞·京师之酒铺》记载，当时北京有三种酒店，"一种为南酒店。所售者女贞、花雕、绍兴、竹叶青之属，肴品则火腿、糟鱼、蟹、松花蛋、蜜糕之属。一种为京酒店。则山左人所设，所售则雪酒、冬酒、涞酒、木瓜，干榨之属。……其肴品则煮咸栗肉、干落花生、核桃、榛仁、蜜枣、山楂、鸭蛋、酥鱼、兔脯之属，夏则鲜莲、藕、榛、菱、杏仁、核桃，佐以冰。谓之冰碗。别有一种药酒店，则为烧酒以花蒸成，其名极繁，如玫瑰露、茵陈露、苹果露、山楂露、葡萄露、五加皮、莲花白之属，凡有花果皆可成名露……"[①] 前门外聚宝号为南酒店，销售南方进京的绍兴酒、汾酒等，故名。二是京酒店，如西四北大街柳泉居，好酒众多，诸如雪酒、冬酒、涞酒、木瓜酒、干榨酒等，多为北京自产酒。而本地最小的酒馆，俗称大酒缸。虽供堂饮，只是不设正式座头，也不备足够的下酒菜。酒客如欲小酌，可以利用店里埋在地下的大酒缸盖当桌子用，搬个板凳坐下来小饮。久之，大酒缸就成了合法酒座。三是药酒店，出售的药酒，种类极多，如玫瑰露、茵陈露、苹果露、葡萄露、五加皮、山楂露、莲花白等，其中很多药酒具有"保元固本，益寿延龄"的功效，为当时的文人士子所钟爱。在京城的酒店中，药酒店已经三分其一。对于这一盛况，时人曾作《燕京杂咏》赞颂："长连遥接短连墙，紫禁沧州列两厢，催取四时花酿酒，七层吹过竹风香。"[②] 御酒坊后墙有街曰"长连"，又一街曰"短连"。

　　三种酒店，最流行的或最平民化的酒店是"大酒缸"。柜台外边摆着几个大缸，缸上是朱红油漆的大缸盖，这也就是酒客们的饮酒桌，"大酒缸"也因此而得名。顾客们坐在缸周围的方凳上，一边品酒，一边与酒友天南地北地闲扯，交谈社会新闻、掌故逸事、内幕消息、商业行情，大酒缸也因此成了北京人了解市面新闻的重要场所。[③] 一直延续到20世纪20年代，大酒缸仍遍布北京大街小巷，网点之多，不亚于油盐店，成为市民休息的地方。这种状况也引起了不少文人的关注。清嘉庆二十四年（1819）学秋氏在《续都门竹枝词》中写道："烦襟何处不

　　① ［清］震钧：《天咫偶闻》卷四，北京：北京古籍出版社1982年版，第84页。
　　② ［清］戴璐：《藤阴杂记》卷三，转引自王仁兴《中国饮食谈古》，北京：中国轻工业出版社1985年版，第176—177页。
　　③ 潘惠楼：《北京的民俗》，北京：北京出版社2018年版，第43页。

曾降，下得茶园上酒缸。"① 清道光二十五年（1845）杨静亭在《都门杂咏·食品门·烤牛肉》中描述道："严冬烤肉味堪饕，大酒缸前围一遭。火炙最宜生嗜嫩，雪天争得醉烧刀。"② 当时蒋癯叟《首都杂咏·大酒缸》的竹枝词有着同样生动的写照："早茶吃罢遛弯回，乘兴缸边饮数杯。一碗白干一包豆，铜元破费十多枚。"③ 大酒缸本是山西屋子，由山西人经营，多数是三间两进的房子，门前斜插着一面酒旗，也有用锡盏、木罂缀以流苏或只挂个酒葫芦的。大酒缸卖酒不论斤两，以碗为计量单位。一碗可盛二两酒。喝酒不说几碗，而说几个。如说喝一个酒，就是一碗（二两）酒，半个酒就是半碗（一两）酒。最少也要喝半个酒，要一包豆。打酒要用"酒提子"。酒提子放在酒坛子旁边的红铜盘子里边。这种酒提子是用竹筒子做的，下是盛酒的小竹瓢，旁边有个直上直下的手提把，因而叫"酒提子"。酒提子分 1 两装、2 两装、4 两装、8 两装（当时 16 两为 1 斤）。在铜盘里还有个铜"酒漏子"。从酒坛里往"酒素子"（一种口大、脖细、肚大的小酒瓶）和酒壶里打酒，需用酒漏子。酒素子是用来温酒的。④

夏仁虎《旧京琐记》卷九"市肆"中，关于京酒名店柳泉居有这样的记载："柳泉居者，酒馆而兼存放。盖起于清初，数百年矣。资本厚而信誉坚……"柳泉居与"三合居""仙露居"号称北京"三居"，便是酿造京味黄酒的作坊，均系"前店后厂"。三合居开业于清光绪年间，地址在东华门，因当年是由三人合伙集资开办，故名"三合居"。仙露居也开业于清光绪年间，坐落在崇文门外茶食胡同路北，因喻其酒为"仙人"洒下的露水酿制而成，取名"仙露居"。此"三居"均以酿造京味黄酒而闻名。所酿黄酒酒质清亮透明，口感绵软舒适，酒度适宜，清香浓郁、醇和味甜，颇受饮者喜爱。清人还有诗句赞道："饮得京黄酒，醉后也清香。"还有"京城三居黄，清香醉神仙"的美句。

除了酒店以外，在乡村和道路旁遍布着更多的酒铺。酒铺的幌子是挂一个红葫芦，上插红布小三角旗，"这多指城外关厢、四乡八镇、农村小酒馆和临大道酒

---

① ［清］学秋氏：《续都门竹枝词》，［清］杨米人等著、路工编选《清代北京竹枝词（十三种）》，北京：北京古籍出版社 1982 年版，第 65 页。

② 杨静亭：《都门杂咏》，［清］杨米人等著、路工编选《清代北京竹枝词（十三种）》，北京：北京古籍出版社 1982 年版，第 79 页。

③ 雷梦水辑：《北京风俗杂咏续编》，北京：北京古籍出版社 1987 年版，第 155 页。

④ 北京市地方志编纂委员会编者：《北京志·商业卷·饮食服务志》，北京：北京出版社 2008 年版，第 191 页。

摊。城内的批发酒店不挂"①。

与民间相比，宫廷宴饮可谓豪华至极，构成了一个相对封闭的酒的王国。但凡传统节日，宫廷都要大摆筵席。宫廷在重阳节饮菊花酒延寿这种古老的习俗，在南朝梁时宗懔的《荆楚岁时记》、明代刘若愚的《酌中志》、清代的《清嘉录》《燕台笔录》等都有记载。如明代万历年间的《酌中志》说：北京"九月，御前进安菊花，吃迎霜麻辣兔、菊花酒"。据说，京师之玉泉山之水被乾隆钦定为"天下第一泉"。酿造清宫"御酒"所用之水也必须取之于玉泉山。当时制酒的时间，多在春秋两季，因这两个季节，北京雨水较少，泉中喷出之水，清澈无杂质，所酿之酒剔透甘甜。这种"御酒"与众不同，其中要用糯米、淮曲、花椒、酵母、芝麻等做原料，加以精工制作。② 徐珂《清稗类钞·饮食类》"莲花白"条云："瀛台种荷万柄，青盘翠盖，一望无涯。孝钦后每令小阉采其蕊，加药料，制为佳酿，名莲花白。注于瓷器，上盖黄云缎袱，以赏亲信之臣。其味清醇，玉液琼浆，不能过也。"瀛台是今日的中南海湖中的小岛，文中泛指当时的太液池。慈禧太后用这里所产白莲花的花蕊入酒，改良了传统的莲花白酒，酿成名副其实的"莲花白酒"。桂花陈酒，原名为"桂花东酒"，系清朝皇帝专用御酒。府酿酒，原名"香白酒"，系清代宫廷名酿。它以优质高粱白酒作为基础酒，以佛手为主，并辅以广柑、木瓜、茵陈等鲜果及药材，采用浸渍、蒸馏、陈酿、勾兑等工序而酿成。菖蒲酒，是一种清宫高级滋补饮料酒，早在汉代就已蜚声酒坛，为历代帝王所喜用。到了清代，每年农历端午节，有"君臣痛饮菖蒲酒"之说。

清代，北京人过端午节时，人们为了辟邪、除恶、解毒，有饮菖蒲酒、雄黄酒的习俗。明代刘若愚在《明宫史》中记载："初五日午时，饮朱砂、雄黄、菖蒲酒，吃粽子。"③ 清代顾铁卿在《清嘉录》中也有记载："研雄黄末、菖蒲根，和酒以饮，谓之雄黄酒。"由于雄黄有毒，现在人们不再用雄黄兑制酒饮用了。金代，北京在酿制"百花露名酒"中就酿制有桂花酒。据清代潘荣陛著的《帝京岁时纪胜·十月·时品》云："至于酒品之多，京师为最，煮东煮雪、醅出江元、竹

---

① 金继德、潘治武：《老北京店铺的幌子和招牌》，北京市政协文史资料委员会编《北京文史资料》第54辑，北京：北京出版社1996年版，第283页。

② 贺海：《燕京琐谈》，北京：人民日报出版社1983年版，第100页。

③ ［明］刘若愚、［清］高士奇：《〈明宫史〉〈金鳌退食笔记〉》，北京：北京古籍出版社1980年版，第86—87页。

叶飞清、梨花湛白、窝儿米酿、瓮底春浓。药酒则史国公、状元红、黄连液、莲花白、茵陈绿、橘豆青，保元固本，益寿延龄。外制则乡贩南路烧酒、张家湾之湾酒、来水县之来酒、易州之易酒、沧州之沧酒，更有清河干榨、潞水思源，南来之木瓜惠泉、绍兴苦露，桂酒橘酒、一包四瓶、三白五加皮，虽品味各殊，然皆不及内府之玉泉醴酒，醇且厚也。"① 北京人在八月中秋，饮"桂花东酒"。帝京的酒类既多又有品位，这从酒的名称可见一斑，尽显历史文化底蕴。

因为京城白酒的销量巨大，当时开辟了运输的专用通道。酒车走崇文门，崇文门又名哈德门。城外是酒道，当年的美酒佳酿大多是从河北涿州等地运来，进北京自然要走南路。运酒的车先进了外城的左安门，再到崇文门上税。清朝京城卖酒的招牌上写南路烧酒，意思是说，上过税了，酒不是走私的。清末的杨柳青年画，有一幅叫作《秋江晚渡》。画面上画着酒幌，上面写着"南路""于酒"等字样，反映的就是酒业的经营状况。

由于酒的消费巨大，耗费了大量的粮食，竟然导致粮食价格上涨，影响了正常的饮食生活。康熙三十二年（1693）十一月谕大学士等："今岁畿辅地方歉收，米价腾贵。通仓每月发米万石。比时价减少粜卖。其粜卖时，止许贫民零粜数斗。富贾不得多粜转贩。始于民生大有裨益。又蒸造烧酒。多费米谷。今当米谷减少之时，着户部速移咨该抚，将顺、永、保、河四府属蒸造烧酒严行禁止。"② 为了减少粮食消耗，乾隆二年（1737）五月重申禁止烧锅酿酒："欲使粟米有余，必先去其耗谷之事。耗谷之尤甚者，则莫如烧酒。烧酒之盛行，则莫如河北五省。"尽管由于各地官吏阳奉阴违，不能达到"禁止之后，通计五省所存之谷，已千余万石"的效果，③ 但对于缓解粮食供应的压力应当多少有些作用。这一事实足以说明有清一代酒业之兴盛。

2. 茗品与饮茶习俗

清代是一个有着 260 余年历史的朝代，社会生产和商品经济都得到了发展；茶叶种植进一步扩大，茶品制造技术也得到改进；饮茶的习惯进一步扩展，饮茶

---

① 张次溪纂、尤李注：《老北京岁时风物：〈北平岁时志〉注释》，北京：北京日报出版社 2018 年版，第 319 页。

② 《大清圣祖仁（康熙）皇帝实录》（四）卷一六一，台北：新文丰出版社 1978 年版，第 2170—2171 页。

③ 《大清高宗纯（乾隆）皇帝实录》（二）卷四十二，台北：华文书局 1969 年版，第 971 页。

走入了千家万户；茶叶名品较历代更多。① 清代南北茶商纷纷进京开茶馆，皇城根下茶馆的数量激增。② 据记载，"如九门八条大街之商店，无不栉比鳞次，尤以茶社居多数，所占地势亦宽，如天汇、汇丰、广泰、长义、天全、裕顺、高明远等处，类皆宏伟壮丽，其外堂多用宽敞大院儿，所以接待负贩肩挑"③。茶馆构成了京城休闲文化的核心部分。

（1）茶之种类与名品

京城一直不产茶，茶叶是南来的。是安徽人在京城里做茶叶买卖，以姓吴的和姓方的两家为主。茶叶铺经营的茶叶，细茶有龙井、雀舌、雨前、银针、龙团、凤髓，也有六安、老君眉，湖南省的君山、界亭、赵州茶，云南的普洱茶、感通茶，福建的武夷茶，还有旗枪、闽种、蒙山、珠兰。毛香片也颇流行。香片是用茉莉花儿熏出来的。茶叶和茉莉花，都是南来的，可是南边人不会熏，必得安徽人在京城里熏得了，又发到外省去。④

满族人与其先世女真人一样，一年四季度饮用生水。《宁古塔纪略》载："冬日食油腻及（乃）饮冷水亦然。"不会产生吃坏肚子的后果。满族原本没有饮茶的习惯。入关之后，满族受到汉民族的影响，也逐渐嗜好饮茶，并常以茶待客。⑤ "每宴客，客坐南炕，主人先送烟，次献乳茶，曰奶子茶，次注酒于爵，承以盘。"⑥ "上自朝廷燕享，下至接见宾客，皆先之以茶，品在酒醴之上。"官家燕享，"仍尚苦茗茶、团茶饼，犹存古人煮茗之意"。此外，则用沸汤沏芽茶，"一浸即饮，取其香郁为美，清洌为甘"。京师人，还喜饮用以兰蕙、茉莉、玫瑰熏制成的花茶。⑦

除了满族以外，居住在北京的其他少数民族也都嗜茶。蒙古人"一日三餐。两乳茶，一燔肉"⑧。其用茶"非加水而烹之也，所用为砖茶，辄置于牛肉、牛乳

---

① 施由明：《试析清代文人的饮茶生活》，载《农业考古》2009 年第 5 期，第 25 页。

② 朱耀廷、崔学谙主编：《北京的茶馆会馆 书院学堂》，北京：光明日报出版社 2004 年版，第 26—27 页。

③ 待徐生：《燕市积弊·都市丛谈》，北京：北京古籍出版社 1995 年版，第 175 页。

④ ［清］张廷彦等编著，徐菁菁、陈颖、翟赟校注：《〈北京风土编〉〈北京事情〉〈北京风俗回答〉》，北京：北京大学出版社 2018 年版，第 84 页。

⑤ 杨英杰：《清代满族风俗史》，沈阳：辽宁人民出版社 1991 年版，第 98 页。

⑥ ［清］徐珂：《清稗类钞》（第 13 册）《饮食类·满人之宴会》，北京：中华书局 1984 年版，第 6275 页。

⑦ ［清］福格汪北平点校：《听雨丛谈》卷八（茶），北京：中华书局 1984 年版，第 169—170 页。

⑧ ［清］徐珂：《清稗类钞》（第 13 册）《饮食类·蒙人之饮食》，北京：中华书局 1984 年版，第 6248 页。

中杂煮之。其平日虽偏于肉食，而不患坏血病者，亦以此"①。藏人喜饮酥油茶，"……日必五餐，餐时，老幼男女环坐地上，各以己碗置于前，司厨者以酥油茶轮给之，先饮数碗，然后取糌粑置其中，用手调匀，捏而食之。食毕，再饮酥油茶数碗乃罢"②。酥油茶制作方式大致是这样的："酥油茶者，熬茶一鼎，投白土少许，茶色尽出，以茶置酱桶中，再投盐少许，酥油少许，用木杖打之，经数千下，即酥油茶。此茶为雅州所产大茶，非汉人所饮之春毛红白茶也。"③ 哈萨克族人"尤嗜茶，以其能消化肉食也"。宴客时，"既坐，藉新布于客前，设茶食、醺酪"④。而"内地回教徒之饮食品，与汉人较，不甚异，茶、酒皆饮之"⑤。

清朝历代皇帝喜好茶饮，清廷饮茶颇为盛行。清初，清宫按旗俗以饮奶茶为主，"无论是宫廷各大筵宴、皇帝寿宴、皇太后圣寿庆典宴请蒙古王公、西藏喇嘛、外国使臣，或是宫内各种神祖祭祀、帝后日常饮膳，都离不了奶茶"⑥。具体做法是，在牛奶中加适量奶油和黄茶、青盐，置于火上煎熬而成。《清稗类钞》记载："奶酪者，制牛乳，和以糖，使成浆也，俗呼奶茶，北人恒饮之。蒙人所食之奶酪，曰奶茶，与京师之面茶相类，冲炒米食之，即朝餐矣。平时亦饮之。茶，饮料也，而蒙古人乃以为食。非加水而烹之也，所用为砖茶，辄置于牛肉、牛乳中杂煮之。"⑦ 在清宫中，奶茶还是主要饮料，皇帝用膳毕，茶房都要适时备供。

后期逐渐改为以清饮为主，调饮（饮奶茶）与清饮并用。乾隆常"命制三清茶，以梅花、佛手、松子瀹茶，有诗记之。茶宴日即赐此茶，茶碗亦摹御制诗于上。宴毕，诸臣怀之以归"⑧。三清茶乃乾隆皇帝独创的顶级茶。乾隆《御制诗

---

① ［清］徐珂：《清稗类钞》（第13册）《饮食类·蒙古人食茶》，北京：中华书局1984年版，第6320页。

② ［清］徐珂：《清稗类钞》（第13册）《饮食类·藏人之饮食》，北京：中华书局1984年版，第6250页。

③ ［清］徐珂：《清稗类钞》（第13册）《饮食类·藏人之饮食》，北京：中华书局1984年版，第6250页。

④ ［清］徐珂：《清稗类钞》（第13册）《饮食类·哈萨克人之宴会》，北京：中华书局1984年版，第6276页。

⑤ ［清］徐珂：《清稗类钞》（第13册）《饮食类·回教徒之饮食》，北京：中华书局1984年版，第6249页。

⑥ 苑洪琪：《中国的宫廷饮食》，台北：台湾商务印书馆1998年版，第84页。

⑦ ［清］徐珂：《清稗类钞》（第13册）《饮食类·北人食奶酪》《饮食类·蒙古人食茶》，北京：中华书局1984年版，第6373—6374、6320页。

⑧ ［清］徐珂：《清稗类钞》（第13册）《饮食类·高宗饮龙井新茶》，北京：中华书局1984年版，第6312页。

集·初集》卷三十六即载有《三清茶》一诗，云："梅花色不妖，佛手香且洁。松实味芳腴，三品殊清绝。烹以折脚铛，沃之承筐雪。火候辨鱼蟹，鼎烟迭生灭。越瓯泼仙乳，毡庐适禅悦。五蕴净大半，可悟不可说……软饱趁几余，敲吟兴无竭。"三清茶的制作繁复，乃茶中极品。金景善《燕辕直指》卷三《瀛台冰戏宴记》一篇中有云："正副使亦各馈一卓。馔品皆率略，而又皆冻冷，无一可食。惟三清茶可饮。凡内宴，以松子、梅花、佛手，瀹以雪水，谓之三清茶。非贵臣及外藩，则皆不得赐云。"① 足见三清茶是多么珍贵。制茶和品茶之讲究法以吸收汉族传统技艺为主，自乾隆年间往后，宫廷饮茶习惯也趋于汉化了。

据中国第一历史档案馆藏《宫中进单》② 中的记载，清宫贡茶的主要产区有云南、福建、江苏、浙江、安徽、江西、湖南、湖北及四川等地。著名的品种有：云南——普洱茶、普洱茶团、普洱茶膏、女儿茶；福建——武夷茶、严顶花香茶、功夫花香茶、小种花香茶、莲心尖茶、莲心茶、三味茶、郑宅芽茶、郑宅香片、天柱花香茶、乔松品秩茶、花香茶；江苏——碧螺春茶、阳羡茶；浙江——龙井茶、龙井雨前茶、龙井芽茶、黄茶、日铸茶、桂花茶膏、人参茶膏；安徽——珠兰茶、雀舌茶、银针茶、六安茶、雨前茶、松萝茶、黄山毛峰茶、梅片茶、六安芽茶、涂尖茶；江西——庐山茶、安远茶、永安茶砖、宁邑芥茶、赣邑储茶、安邑九龙茶；湖南——君山银针茶、界亭茶、安化茶；湖北——通山茶、砖茶；四川——仙茶、陪茶、菱角湾茶、琼州茶砖、蒙顶山茶、灌县细茶、观音茶、名山茶、锅焙茶、春茗茶、青城芽茶等。此外，贵州、山东、广东等省也有贡茶岁进。茶产地范围之广、品类之盛可想而知。③ 各地进贡茶的品种、数量及进贡者都有详细载录，如光绪三十二年（1906）四月二十五日，安徽巡抚诚勋进贡银针茶1箱，雀舌茶1箱，雨前茶1箱，梅片茶1箱，珠兰茶1桶，藕粉2箱，樱桃脯2桶，枣脯1桶；五月初一日，湖广总督张之洞进贡通山茶1箱，安化茶1箱，砖茶1箱；五月初四日，云贵总督丁振铎进贡普洱大茶120个，普洱中茶120个，普洱小茶

---

① ［朝鲜］金景善：《燕辕直指》，载弘华文主编《燕行录全编》第3辑第9册，桂林：广西师范大学出版社2013年版，第113页。

② 在中国第一历史档案馆保存的73个全宗、1000余万件的清代历史档案中，宫中进单是隶属于宫中全宗的迄今为止尚未公布且鲜为人知的一个文种。（刘杜英：《浅析清代宫中进单》，载《多维视野下的清宫史研究——第十届清宫史学术研讨会论文集》，北京：现代出版社2013年版，第495页。）

③ 宋歌：《煮雪烹香散清贵——清代的宫廷茶事》，《大匠之门》（9），南宁：广西美术出版社2015年版，第194页。

120 个，普洱女茶 240 个，普洱珠茶 440 个，普洱芽茶 50 瓶，普洱蕊茶 50 瓶，普洱茶膏 50 厘；五月初八日，湖南巡抚端方进贡君山茶（大瓶）2 厘，安化茶（中瓶）2 厘，界亭茶（大瓶）2 匣；五月十八日，护理江西巡抚周浩进贡安远茶 2 箱，庐山茶 2 箱，永新砖茶 1 箱。① 这些是地方、个人对皇帝的进献，"任土作贡"是皇宫获得茶叶资源的主要方式。

清代宫廷对泡茶用水都是十分讲究的，以水的轻、重为标准，列出天下泉水的品第者，为乾隆皇帝。据陆以湉《冷庐杂识》记载，乾隆皇帝一生多次东巡、南巡，塞外江南，无所不至。每次出巡，都带有一个特制的银质小方斗。一到某地，就命侍从取当地的泉水来，然后再以精确度很高的秤称一下 1 方斗水的重量，结果品出北京西郊玉泉山的水质最轻。时人谓："若大内饮料，则专取之玉泉山也。"②《养吉斋丛录》也说："玉泉山之水最轻清，向来尚膳、尚茶日取水于此，内管领司其事。"③ 乾隆皇帝因而封玉泉山的泉水为"天下第一泉"，他还亲自撰写了《玉泉山天下第一泉记》一文，并立碑刻石，碑文云：

> 尝制银斗较之：京师玉泉之水，斗重一两；塞上伊逊之水，亦斗重一两；济南之珍珠泉，斗重一两二厘；扬子江金山泉，斗重一两三厘，则较之玉泉重二厘、三厘矣。至惠山、虎跑，则各重玉泉四厘；平山重六厘；清凉山、白沙、虎丘及西山之碧云寺，各重玉泉一分。然则更无轻于玉泉者乎？曰：有！乃雪水也。尝收积素而烹之，较玉泉斗轻三厘。雪水不可恒得，则凡出山下而有冽者，诚无过京师之玉泉，故定为天下第一泉。④

从此，玉泉水成为清代宫廷的专用水，据《大清会典》记录，皇帝、后妃们每天饮用的玉泉水均有定量。皇帝玉泉水 12 罐，皇后 12 罐，皇贵妃及妃嫔等每日份额递减。饮茶的好坏不仅仅与茶叶的质量有关，而且与水的关系极大。

清代北京人最爱喝的是茉莉香茶，简称"花茶"。最名贵的是以茉莉花窨焙过的蒙山云雾、蒙山仙品。其他品种还有桑顶茶、苦丁茶、玫瑰花茶、桑芽茶、野

① 潘惠楼：《北京的饮食》，北京：北京出版社 2018 年版，第 206 页。
② 徐珂：《清稗类钞》（第 13 册）《饮食类·京师饮水》，北京：中华书局 1984 年版，第 6302 页。
③ ［清］吴振棫撰、童正伦点校：《养吉斋丛录》卷二十四，北京：中华书局 2005 年版，第 302 页。
④ 于晨：《清帝乾隆爱茗寻迹》，载《古今农业》1996 年第 2 期，第 38 页。

蔷薇茶等。北京虽不产茶，但窨制茶叶的手艺却很突出，窨制的茉莉花茶闻名全国。慈禧太后平日饮茶喜欢加入少许金银花调味，清人将这种方式总结为"以花点茶"，《清稗类钞》有详载："以锡瓶置茗，杂花其中，隔水煮之。一沸即起，令干。将此点茶，则皆作花香。梅、兰、桂、菊、莲、茉莉、玫瑰、蔷薇、木樨、橘诸花皆可。诸花开时，摘其半含半放之蕊，其香气全者，量茶叶之多少以加之。花多，则太香而分茶韵；花少，则不香而不尽其美，必三分茶叶一分花而始称也。"① 清代窨焙技艺已十分娴熟，总结出来一套完整的技艺经验。

贡茶始于晋，而盛极于宋，沿袭于元明清。宋人寇宗奭《本草衍义》卷十四云："晋温峤上表，贡茶千斤，茗三百斤。"这是关于贡茶的最早记录。清代贡茶中，洞庭碧螺春茶、西湖龙井、君山毛尖、普洱茶等由皇帝亲自选定。明朝谢肇淛在《滇略》中云："土庶所用，皆普茶也，蒸而成团。"这是普洱茶第一次出现在历史文献中。清代阮福于道光五年（1825）在《普洱茶记》一文中赞叹："普洱茶名遍天下，味最酽，京师尤重之。"② "于二月间采蕊极细而白，谓之毛尖，以作贡，贡后方许民间贩茶。"③ 地方官会根据皇帝的要求精选茶叶，甚至调整茶叶采摘的时间、加工的方法等，如蒙顶茶"名山之茶美于蒙。蒙顶又美之上清峰……其茶，叶细而长。味甘而清。色黄而碧。酌杯中香云蒙覆其上。凝结不散。以其异。谓曰仙茶。每岁采贡三百三十五叶。天子郊天及太庙用之"④。再如郑宅芽茶"闽中兴化府城外郑氏宅，有茶二株，香美甲天下。虽武夷岩茶不及也，所产无几，邻近有茶十八株，味亦美，合二十株。有司先时使人谨伺之，烘焙如法，藉以数以充贡。间有烘焙不入选者，以饷大僚"⑤。通过吸纳各地香茗和制作技艺，北京成为名副其实的茶文化之都。

乾隆皇帝第一次南巡杭州是乾隆十六年（1751），他在龙井茶区观看了采茶和炒茶后，感触颇深作《观采茶作歌》一首，流传下来，歌中道：

---

① 徐珂：《清稗类钞》（第13册）《饮食类·以花点茶》，北京：中华书局1984年版，第6308页。

② 王美津主编，云南民族茶文化研究会、新境普洱茶文化传播机构编：《普洱茶之一经典文选》，昆明：云南美术出版社2005年版，第10页。

③ ［清］陈宗海等：《光绪·普洱府志稿》卷十九《食货志》六。转引自王美津主编，云南民族文化研究会、新境普洱茶文化传播机构编：《普洱茶之一经典文选》，昆明：云南美术出版社2006年版，第11页。

④ ［清］赵懿：《蒙顶茶说》，载《中国茶叶历史资料选辑》，北京：中国农业出版社1981年版，第248—249页。

⑤ ［清］徐昆、［清］张祥河、［清］黄轩祖：《〈遁斋偶笔〉〈关陇舆中偶忆编〉〈遊梁琐记〉》，（清）徐昆：《遁斋偶笔》卷上《郑宅茶》，上海：文明书局1915年版，第14页。

火前嫩，火后老，惟有骑火品最好。

西湖龙井旧擅名，适来试一观其道。

村男接踵下层椒，倾筐雀舌还鹰爪。

地炉文火续续添，干釜柔风旋旋炒。

慢炒细焙有次第，辛苦工夫殊不少。①

一首《观采茶作歌》，寥寥数语，就把采茶的时间、芽叶标准、热闹忙碌的情景，以及龙井茶加工制造的工作条件、方法、特点和过程都做了详尽的描述，细节逼真，形象生动，让人有身临其境之感。从中也令人知晓龙井茶主要依赖手工制作。

碧螺春传为清康熙帝御赐茶名的贡茶。有一则这样的传说：

据说康熙皇帝南巡时，来到太湖，进入一个茶亭。一队身着彩衣的姑娘托着景德镇雕花瓷碗，提着宜兴紫砂茶壶，步履轻盈，鱼贯进入茶亭。苏州知府对康熙说："此茶乃新近采摘的嫩尖叶，是历年所进之贡茶，请圣上品尝。"

康熙皇帝接过茶碗，一股浓烈的芳香扑鼻而来，碗内汤色嫩绿鲜艳，舒展的嫩芽如枪如旗在汤中竖立，或浮或沉，煞是爱人。喝上一口，其滋味香醇甘厚，齿颊留香。便问知府此茶的来历。

知府说："此茶产于湖边的碧螺峰，名叫'吓杀人香'。有一个叫朱正元的人，在江苏吴县太湖东山上，发现碧螺峰的崖壁上长有数株野茶，其香气惊人，采来试作饮料，竟然色味非同一般。后来，有一年的初春，几个农家少女攀上碧螺峰的崖壁上采摘新茶，至红日西沉，满载而归，刚进村时，几个乡人突然叫起来，'吓杀人香，吓杀人香'。此后人们便把碧螺峰茶命名为'吓杀人香'。"

康熙皇帝听完，叫人拿来一把"吓杀人香"的茶叶，仔细一看，茶叶外形条索分明，卷曲成螺，幼嫩碧绿，茸毛遍布。他略一思量说："此茶品质优良，来历不凡，只是名字不雅，它形似碧螺，又是春茶，就叫碧螺春吧！"从此，"吓杀人香"便经康熙皇帝改名为"碧螺春"，名声大噪。②

---

① 叶羽编著：《中国茶诗经典集萃》，北京：中国轻工业出版社 2004 年版，第 310 页。

② 文献出自［清］陈康祺：《郎潜纪闻初笔二笔三笔》卷四"碧螺春"："洞庭东山碧螺峰石壁，岁产野茶数株，土人称曰'吓杀人香'（'吓杀人'三字，吴谚，见《柳南随笔》）。康熙己卯，车驾幸太湖，抚臣宋荦购此茶以进。上以其名不雅驯，题之曰'碧螺春'。自是地方有司，岁必采办进奉矣。"北京：中华书局 1984 年版，第 69 页。

茶叶经营按种类划分，各有侧重。近人徐珂《清稗类钞》"茶肆品茶"条云："茶肆所售之茶，有红茶、绿茶二大别。红者曰乌龙，曰寿眉，曰红梅。绿者曰雨前，曰明前，曰本山。有盛以壶者，有盛以碗者。有坐而饮者，有卧而啜者。"怀献侯尝曰："吾人劳心劳力，终日勤苦，偶于暇日一至茶肆，与二三知己瀹茗深谈，固无不可。乃竟有日夕流连，乐而忘返，不以废时失业为可惜者，诚可慨也！"① 在清代，安徽歙县人在北京经营茶叶生意的很多，其中吴姓算个大户，如当年前门外大栅栏里的吴德泰、崇文门外大街的吴裕裕、北新桥的吴裕泰、宣武门内大街的吴恒瑞、灯市口的吴琦春等都是他们同族人。吴肇祥茶庄即是这些吴姓茶庄中的著名大户。历史上的吴肇祥茶庄是以经营茉莉花茶为主，其工艺主要是自采、自窨、自加工、自销。每年在茶叶上市时，吴肇祥茶庄为了降低成本，突出自己的经营特色，专门派人去南方收货。并在汉口、安徽、杭州和福建派人就地"坐庄"，收购茶叶并用茉莉花窨制茶叶。这样从南方采运回来的茶叶，不仅成本低，质量还好，茶庄在光绪末年时，为清皇宫加工茶叶，每年卖给宫内各种茶叶一千多斤，茶庄因此名声大噪，生意越做越兴隆。吴肇祥窨制花茶时，全部用伏天茉莉花，他先用珠兰打底，然后用茉莉花，至少四窨一提，这样加工的茶叶，泡后颜色淡黄清亮，味道浓。

（2）茶馆及饮茶礼仪

清代是北京古代休闲文化发展的鼎盛时期，茶馆集中而且品级俱全。北京是茶肆最多的城市，只是北京不称茶肆，而称茶馆。茶馆烘托出北京商业区的繁荣，因为茶馆主要分布于繁华地段。"北京茶馆的分布明显有倾向于市场区的特点。以外城西区为例，主要分布于宣武门外大街、菜市口、正阳门外西侧商业区、天桥、香厂，这些都是重要的商业区，有的是全城的中心区，有的是外城西区的中心区。"② 通衢闹市与休闲的茶馆共处同一场域，茶馆这一地处特征说明，有清一代的京城商业行为依旧蕴含传统文化的品位，还没有被资本主义市场经济所熏染。

当时北京卖茶水分为几种：一是茶摊，既为之摊，当然是本小力薄穷人们做的买卖，顾客大抵是行途中为求解渴的下层人士；再者才是茶馆或茶楼，但也上下分等。最一般的是设于"偏僻地方以及各城门脸上的小茶馆，俗称野茶馆"③，

---

① ［清］徐珂：《清稗类钞·饮食类》"茶肆品茶"条。北京：中华书局1984年版，第6317—6318页。
② 吴承忠：《清代北京茶馆的空间分布特征》，载《邯郸学院学报》2011年第3期，第75页。
③ 邓云乡：《增补燕京乡土记》（下），北京：中华书局1998年版，第514页。

且常具有季节性。"每年夏季在山林或近水处搭一天棚卖茶及饮食，称之为野茶馆。专为游玩的人来此纳凉饮茶。棚内用砖筑桌，并有炕，炕上铺苇席，供客人席座，客人坐此，一面享受青草禾稼气息凉风，一面喝茶，或玩纸牌、牙牌，或玩象棋围棋，以其取乐。此茶馆亦卖酒菜及面食，入秋便停业。"① 野茶馆强调的是野趣，以供游客解渴、消暑、纳凉和歇脚。

然后是有固定铺面的大茶馆和清茶馆。"京师茶馆，列长案，茶叶与水之资，须分计之。有提壶以往者，可自备茶叶，出钱买水而已。汉人少涉足，八旗人士虽官至三四品，亦厕身其间，并提鸟笼，曳长裾，就广坐，作茗憩，与圉人走卒杂坐谈话，不以为忤也。然亦绝无权要中人之踪迹。"② 食禄不做事的八旗子弟整天泡在茶馆里面。还有素茶馆，素茶馆同为饭馆经营，据记载，"半为回教所开，如隆福寺之弘极轩，宣武门外大来坊，论局势亦都相等，虽然不卖荤菜，而品类亦极繁多"③。据记载，北京以"辇毂之下"④ 最具繁华，九门八条大街，店铺商肆鳞次栉比，"尤以茶社居多数，所占地势亦宽"（逆旅过客：《都市丛谈·素茶馆》），成"茶寮酒社斗鲜明"（蒋偿：《燕台杂咏》）之势。北京茶馆的分布明显有倾向于市场区的特点。茶馆林立的香厂在清末发展成为一处新兴的休闲型市场娱乐区。

泡茶馆的风气长期盛行于京城旗人中。得硕亭《草珠一串》有竹枝词云："小帽长衫着体新，纷纷街巷步芳尘。闲来三五茶坊坐，半是曾登仕版人。"注云："内城旗员，于差使完后，便易便服，结朋友茶馆闲谈，此风由来久矣。"⑤ 金受申先生在《大茶馆》一文中说："八旗二十四固山，内务府三旗……按月整包关钱粮，按季整车拉俸米。家有余粮、人无菜色，除去虫鱼狗马、鹰鹘骆驼的玩好以外，不上茶馆去哪里消遣？于是大茶馆便发达起来。"⑥ 旗人因定期供给钱粮，清闲无事，故形成泡茶馆的风气，有所谓"早茶、晚酒、饭后烟"的习惯。旗人

---

① 张宗平、吕永和译：《清末北京志资料》，北京：北京燕山出版社 1994 年版，第 540 页。

② ［清］徐珂：《清稗类钞·饮食类》"茶肆品茶"条。北京：中华书局 1984 年版，第 6318 页。

③ 待徐生、逆旅过客著，张荣起校注：《燕市积弊·都市丛谈》，北京：北京古籍出版社 1995 年版，第 175 页。

④ 辇毂之下：辇，辇车；毂，车轮中心的圆木。辇毂为帝、后所乘的车，代指京师，辇毂之下即天子脚下。

⑤ ［朝鲜］李宜显：《庚子燕行杂识》，载（韩）林基中编：《燕行录全集》第 35 册，首尔：东国大学校出版部 2001 年版，第 466 页。

⑥ 金受申：《老北京的生活》，北京：北京出版社 1989 年版，第 157 页。

男女多抽烟，待客之际，与茶并设，所以又称南草（烟）为"烟茶"。① 天汇轩大茶馆在当时最为有名。八旗子弟讲究到茶馆喝早茶、吃早点。天汇轩制作的艾窝窝、蜜麻花、喇叭糕、糖耳朵和焖炉烧饼等小吃点心，不仅甜咸适度，味道好，而且外形美观。各种点心都做成核桃大小，每碟放 6 块。茶客一早就到天汇轩泡碗盖碗茶，要一碟点心，边吃喝边听鸟哨。茶客之间山南海北地聊大天，养鸟的茶客要比谁的鸟哨得好。成善卿在《天汇轩大茶馆》一文中写道："清晨的天汇轩茶馆，既是人的乐土，又是鸟的乐园。茶桌上，屋檐下，窗户前，入眼皆是鸟笼，入耳均为鸟鸣。""种种妙啭之音，此起彼伏，争鸣不已。"② 品茶、玩鸟、神聊，有闲阶级的生活方式只有在茶馆才得以体现。

清季茶馆中享有盛誉、堪称一流的有：大栅栏马思远茶馆，前门外的天全轩、裕顺轩、高明远、东鸿泰，前门里交民巷的东海升，崇文门外的永顺轩，崇文门内的长义轩、五合轩、广泰轩、广汇轩、天宝轩，东安门大街的汇丰轩，北新桥的天寿轩，安定门里的广和轩，地安门外的天汇轩，宣武门外的三义轩，宣武门内的龙海轩、海丰轩、兴隆轩，阜成门内的天福轩、天德轩，西直门内的新泰轩，等等。这些茶馆的建筑"类皆宏伟壮丽"，据晚清人记载："每见城里头的大茶馆儿，动辄都用好几百间房。"③ 通常外堂多用宽敞大院儿，用以接待负贩肩挑之人。这就是所谓的"大茶馆"。这些茶馆不仅厅堂华丽，陈设讲究，且备有饭点、糖果之类。规模较大的茶馆建有戏台，下午和晚上有京剧、评书、大鼓等曲艺演出。嘉道年间崔旭的《茶馆》诗曰："清凉茶肆瀹汤初，座上盲翁讲法如。一自梨园夸弟子，三弦冷落说唐书。"④ 许多演员最初是从茶馆里唱出名气来的。"京中茶馆唱大鼓书，多讲演义。走卒、贩夫无人不知三国。"⑤ 清朝末年，北京的"书茶馆"达 60 多家。

清代施行满汉分城政策，内城禁开戏园，杂耍馆遂成了一种替代的形式，据

---

① ［朝鲜］李宜显：《庚子燕行杂识》，载《燕行录全集》第 35 册第 466 页。

② 成善卿：《天汇轩大茶馆》，载《什刹海的民俗风情》，北京：当代中国出版社 2008 年版，第 201、202 页。

③ 待徐生、逆旅过客著，张荣起校注：《燕市积弊・都市丛谈》，北京：北京古籍出版社 1995 年版，第 72 页。

④ ［清］崔旭：《念堂竹枝词・茶馆》，雷梦水等编《中华竹枝词》（一），北京：北京古籍出版社 1997 年版，第 449 页。

⑤ ［清］何刚德著，张国宁点校：《客座偶谈》卷四，太原：山西古籍出版社 1997 年版，第 174 页。

记载"内城无戏园，但设茶社，名曰杂耍馆。唱清音小曲，打八角鼓十不闲以为笑乐"①。另有记载，"北京从前之戏园向有定额，不准随便开设，如在额定之外，不准称为'戏园'，如'泰华''景泰''天乐园'，皆为'杂耍馆子'"②。到了清末，大茶馆衰败后，在前门等商业繁华地区新建了一些新式茶楼，许多清茶馆加演京韵大鼓、单弦、莲花落、相声等，并逐渐转变为戏园。著名的戏园广和楼在最初只是盐商查氏的一处花园，由于靠近前门地区商肆遂被改为清茶馆，后又逐渐搭设戏台组织演出，终发展为京城中最红火的戏园之一。③

茶馆的幌子是在房檐下悬挂四块小牌（宽约4寸，上下高1尺2寸），下系一块红布条（清真馆系蓝布条），夏季门外如搭苇席凉棚，则将挂钩吊在前方的棚杆上，另设若干长铁挂钩，以备老茶客悬挂鸟笼。其每一块木牌写两种名茶（正反面），如毛尖、雨前、大方、香片、龙井、雀舌、碧螺、普洱等字样。④ 鸟笼成为茶馆的标志，这在别的城市罕见。

客来敬茶是最为常见的礼仪。就各级官僚阶层来看，"凡至官厅及人家，……既通报，客即先至客堂，立候主人。主人出，让客，即送茶及水旱烟"⑤。大吏见客，"除平行者外，既就坐，宾主问答，主若嫌客久坐，可先取茶碗以自送之口，宾亦随之，而仆已连声高呼'送客'二字矣。俗谓'端茶送客'。茶房先捧茶以待，迨主宾就坐，茶即上呈，主人为客送茶，客亦答送主人"⑥。由此看出，由宋代"点茶"逐渐引出的"客辞敬茶"或"端茶送客"习俗，在清代已演变为迎来送往的待客礼仪。

① ［清］雷瑨编：《清人说荟》（二编），"梦华琐簿"，上海：上海文艺出版社1990年版，第6页。
② 待徐生、逆旅过客著，张荣起点校：《燕市积弊·都市丛谈》，北京：北京古籍出版社1995年版，第113页。
③ 刘凤云：《清代的茶馆及其社会化的空间》，载《中国人民大学学报》2002年第2期，第122—123页。
④ 金继德、潘治武：《老北京店铺的幌子和招牌》，载北京市政协文史资料委员会编：《北京文史资料》第54辑，北京：北京出版社1996年版，第283页。
⑤ ［清］徐珂：《清稗类钞》（第5册）《风俗类·谒客》，北京：中华书局1984年版，第2189页。
⑥ ［清］徐珂：《清稗类钞》（第2册）《礼制类·端茶送客》，北京：中华书局1984年版，第490页。

第九章　民国饮食文化

民国是一个动荡的年代。"民国十七年国都南迁，平市日渐凋敝。更以'九·一八'后，外患日逼，人心不安，市况益趋不振。尤以八埠营业，冷落异常。较民国初年，诚有不胜今昔之感。"① 这种时代环境，必然对饮食文化产生重大冲击。饮食给战争让路，在民国饮食文化发展过程中属于常态。《新民报》1938 年12 月 27 日，以"禁粮出境警局严令执行"为题："本市自前月警察局查获庆丰粮栈及各项车贩等，私运各项杂粮出境，经讯明属实，业将私运之玉米及其他杂粮一千四百余石，全数没收充公。"这种不许粮食私运出境的政策，虽然是敌伪对解放区封锁的办法，但是，也是北京粮食极端短缺的结果。不久，油、肉、煤炭业也陷入恐慌之中。因此，从 1940 年至 1944 年，北京大多数饭庄、饭馆、饭铺等生意不振，而且有不少倒闭的店铺。② 当然，历史是复杂的、变化的，战争并非历史与现实的全部。民国期间北京饮食文化并没有停止发展的脚步。

民国时期，旧的经济秩序逐步瓦解，运用先进生产关系的轻工业则得到较快发展，以至于北京的餐饮生意直至 1978 年前，日益兴隆。"每到正月开会，各浮摊皆有一定之规，彼时虽不呈报地面，形式亦无少异。沟西是大棚、忽忽悠、西洋景、广货摊儿、风筝、豆汁儿、仙鹤灯、大糖葫芦儿、琉璃喇叭、噗噗登儿，沟东是耍货、冰糖子儿、灌肠、金鱼、豌豆摊儿。"③ 北京小吃的产生已有很长的历史，但真正的体系化则在民国，这主要得益于餐饮手工业的生产关系发生了变化。还有，民族饮食延续历朝传统，已独树一帜，成为北京最具特色的饮食风味。据 1929 年的文献记载："北京城内的人口中，汉人约占 70% 至 75%，满人占 20%

---

① 马芷庠著，张恨水审定：《老北京旅行指南》（原名《北平旅行指南》），北京：北京燕山出版社1997 年版，第 12 页。

② 王永斌：《北京的商业街和老字号》，北京：北京燕山出版社 1999 年版，第 139 页。

③ 待徐生、逆旅过客：《燕市积弊·都市丛谈》，北京：北京古籍出版社 1995 年版，第 210 页。

至 25%，回人占 3%。"① 尽管少数民族人口逐渐减少，但其饮食在与汉族饮食的交融中保持了自身的游牧民族品性，成为可持续发展的饮食文化遗产。

在民国北京的饮食中，既有"高在官府"的谭家菜，也有平易近人的豆汁儿。民国期间，北京饮食之所以能雅俗共赏，主要得益于其深厚的历史文化积淀，老北京作为几代帝王之都，皇室贵族、官僚绅士、大户人家云集，自然吃得精细，加之北京又是一个五方杂处的大都市，市井百姓、三教九流全都聚居于此，所以北京的饮食逐渐形成了百味杂陈、雅俗兼备的京味饮食文化。平民饮食需求养成了京城富有特色的平民饮食文化。在街头巷尾的饭铺中也出现了闻名遐迩的老字号。"具有代表性的是会仙居炒肝，炒肝原料无非是猪肠、猪肝，每碗只卖两个铜子，由于物美价廉，也美誉京城。此外，还有广福馆的炒疙瘩、沙窝门的焦排叉，等等。"② 谭家菜和豆汁儿构成了民国北京饮食的两端，既雅又俗、雅中透俗、俗中带雅、雅俗共赏。雅俗并存是这一时期北京饮食文化的一大特征。

北京饮食风味的定型，餐饮业老字号的成熟，民间小吃的系列化，市井饮食风情的模式化，首善之区饮食特色的确立，等等，都是在民国期间逐步完成的。改革开放以后出版了大量关于"旧事"和"老北京"的吃或看馔方面的书，谈论的都是民国期间饮食文化，这也说明这一时期的北京饮食是值得大书特书的。

第一节　饮食文化的总体态势

如果说清末以前北京的发展是在不断强化自身的政治地位，民国则步入政治色彩相对淡化的阶段，政治地位逐渐被商业地位所取代。"历史悠久的国都聚集了大批不事生产的人口，人口的职业结构决定了城市的消费性质，旗人的悠闲、官员的富有、士大夫的趣味、商贾的集中，也为北京饮食业发展提供了社会基础。"③ 消费城市地位的巩固为饮食文化的持续旺盛提供了适宜的社会形态。

北京政治上的腐败与饮食业的繁荣形成了极大的反差，"民国以后，北京政权更迭不断，军阀、政客、野心家、冒险家和地主绅商更是互相钻营，应酬往来，

---

① 北京市地方志编纂委员会编：《北京志·民族·宗教卷·民族志》，北京：北京出版社 2006 年版，第 9 页。

② 尹庆民、方彪等：《皇城下的市井与士文化》，北京：光明日报出版社 2006 年版，第 9 页。

③ 王建伟：《民国北京城市文化史的基本线索（1912—1949）》，载王岗主编：《北京史学论丛（2013）》，北京：北京燕山出版社 2013 年版，第 276—294 页。

饭庄、饭馆成为他们理想的结亲纳贵之所。因此清末民初北京的庄馆业曾盛极一时，大饭馆即有一百多家。"① 之所以出现这种情况，根本源于"民国的诞生是中国历史上一个具有划时代意义的事件，因为它结束了长达两千余年的王朝时代。中国不再隶属于任何'天子'或任何王朝，而归属于全体民众"②。另外，饮食成为身份象征，吃什么和怎么吃代表了不同的职业和地位。如果说，此前北京人的饮食消费大多是被动的，即有什么吃什么，那么，这一时期顾客至上的饮食消费观念便流行开来。为了满足各行各业的口味和社交需求，餐饮业向着多元化的方向发展。全国各地有实力的商业巨头纷纷到北京经营餐饮业，使北京的饮食文化呈现不同地域的文化形态和表征。这些异域的饮食文化元素与北京本土饮食相交汇，绘制出一幅色彩斑斓的绚丽画卷。如果说以前各朝的北京饮食的发展走向以不同民族为主导，那么，此期间则是各种地域饮食风味杂糅并呈。北京毕竟是一个消费城市，这一性质不仅没有弱化，反而演绎得更为鲜明，尤其是在饮食消费方面表现得最为突出。民国时期的北京饮食文化之所以值得大书特书，与这种政治和文化生态直接相关。

1. 历史文化背景

从 1912 年至 1949 年为中华民国存在的时间，虽然短暂，但却是中国历史上的一个重要的承上启下时期。中国的经济、政治、社会和思想文化出现了全面的新旧大交替，发生了中华文明五千年来未有的巨大变革。在这样的历史背景下，民国北京饮食风俗同样呈现出强劲的改良和变革的态势。

辛亥革命推翻了延续 260 多年的封建专制的清王朝，建立了资产阶级民主共和制的新型国家——中华民国，同时也结束了长达 2000 余年的封建帝制。1928 年6 月，北伐军进入北京，并宣告北伐终结。国民党南京政府于是改北京为北平，并划为特别市。不久，革命却以袁世凯篡夺政权而失败，中国又陷入黑暗和混乱之中。政治上的倒退、封建势力的复辟、帝国主义的干涉和压迫，又导致了文化上的退步。但是，时代潮流不可逆转，经过民主革命血与火洗礼的新文化运动的一代骁将，以崭新的姿态向封建文化进攻，反对尊孔读经，反对封建礼教，提倡民主与科学；尤其是马克思主义、列宁主义的传入，使新文化运动很快发展成为

---

① 尹庆民、方彪等：《皇城下的市井与士文化》，北京：光明日报出版社 2006 年版，第 60 页。
② ［美］徐中约：《中国近代史：1600—2000，中国的奋斗》，计秋枫、朱庆葆译，北京：世界图书出版社 2013 年版，第 355 页。

空前深刻的反帝反封建的政治运动。

五四运动展开的第三年，中国共产党诞生了，并且实现了第一次国共合作，进行了轰轰烈烈的北伐战争。在此期间，新文化运动中崭露头角的"左翼"和"右翼"知识分子进一步分化，文化战线上的斗争也日益频繁、激烈。在革命斗争中，涌现出了以鲁迅为代表的一批革命文化精英。蒋介石背叛革命后，建立起国民党的反动统治，发动了反共反人民的内战。直至1936年的"西安事变"才迎来了全国抗日战争的新高潮。

1937年爆发了日本帝国主义全面的侵华战争，给中国人民造成了巨大的灾难和损失。抗战期间，全国人民同仇敌忾，战胜生活的困难，服从于民族前途的大局，从而使中国这样一个财力、物力都很困难的国家最终赢得了胜利，把日本侵略者赶出了中国。

然而，人们尚未挥去浑身的战争硝烟，国民党反动派又与人民意愿背道而驰，挑起了内战。中国国内的政局仍然动荡不安。人们的主要精力从民族独立战争投向民族解放战争，直至1949年中华人民共和国成立。

民国是一个世俗化全面张扬的时期。政治核心的紫禁城和信仰标志的寺庙都已变得不再那么神圣，过去人们热衷的政治消费和信仰消费都让位于日常生活消费，而饮食消费成为推动整个都市消费进程的先导。当时有一首衔尾式儿歌这样唱道：

平则门，拉大弓，过去就是朝天宫；

朝天宫，写大字，过去就是白塔寺；

白塔寺，挂红袍，过去就是马市桥；

马市桥，跳三跳，过去就是帝王庙；

帝王庙，摇葫芦，过去就是四牌楼；

四牌楼东，四牌楼西，四牌楼底下卖估衣；

搭个伙，抽袋烟，过去就是毛家湾儿；

毛家湾儿，扎根刺，过去就是护国寺；

护国寺，卖大斗，过去就是新街口儿；

新街口儿，卖大糖，过去就是蒋养房；

蒋养房，安烟袋，过去就是王奶奶；

> 王奶奶，啃西瓜皮，过去就是火药局；
>
> 火药局，卖钢针，过去就是老城根儿；
>
> 老城根儿，两头儿多，过去就是穷人窝。[①]

尽管城市的空间布局没有发生变化，但政治中心的空间壁垒已被洞穿。紫禁城成为失去了皇权意义的几座高墙，"1913 年，首先开辟了天安门前的东西大道，神武门与景山之间也允许市民通过，从而打通了紫禁城南北的东西两条交通干线"。[②] 此后，南池子、南河沿、南长街、灰厂、翠花胡同、宽街、厂桥、五龙亭等处的皇城便门也相继开放。各种买卖消费再也没有了分布上的限制，进入到城市的各个部位和角落。

精英饮食文化被稀释，贵族饮食文化与平民饮食文化拉近了距离，曾经尊贵的皇家品位渗入市井当中，衍生出新的饮食文化形态。一方面，商业包括饮食业不用拘泥于皇权规范的空间禁区和各种规定性，诸如宣武门和崇文门夜间不再关闭，城墙、大门、岗哨和栅栏也不再是商业交易的障碍，可以按饮食本身的行业规律行事；另一方面，帝都日常消费的档次和追求的品位、境界却依旧延续了下来，饮食方面的享乐主义传统还在蔓延，饮食消费的激情有增无减。前者为民国期间饮食文化的发展营造出宽松的政治环境，后者成为推动北京饮食文化发展的精神力量。在这双重因素的作用下，餐饮业兴旺发达，以至于"老北京的饮食吃喝"成为后世人们津津乐道的话题。

就饮食文化的境遇而言，处于动乱之中的北京仍有值得书写的方面。由于北京城里并没有硝烟弥漫，人们的饮食生活持续了下来。即便是 1928 年国都南迁，饮食业受到严重影响，但也并非一蹶不振。"一旦剥离掉'首都'符号，城市发展就失去了重要动力，衰落迹象也愈加明显。在此情况下，北平市政府开始重新考虑城市发展的方向与路径，在国家的政策框架中进行了积极探索，提出了一系列旨在'繁荣北平'的规划，其中重点强调发展旅游业，建设'东方文化游览中心'。"[③] 作为一个大市场，北京城的消费能力之强，放眼近代中国可说是无出其

---

① 转引自董玥：《民国北京城：历史与怀旧》，北京：生活·读书·新知三联书店 2018 年版，第 36 页。

② 习五一、邓亦兵：《北京通史》第九卷，北京：北京燕山出版社 2012 年版，第 149 页。

③ 王建伟：《民国北京城市文化史的基本线索（1912—1949）》，载王岗主编：《北京史学论丛（2013）》，北京：北京燕山出版社 2013 年版，第 276—294 页。

右者。① 一旦政治中心地位旁落，城市建设便全部集中于文化中心，文化建设反而获得了更为广阔的发展空间。在如此这般的政治语境中，饮食传统并没有失去以往旺盛的契机，反而成为刺激旅游业最为强劲的文化元素。

北京作为封建帝都长期以来形成大量寄生阶层，集中了大批地主、官僚、军阀、政客，直接导致无业和消费性人员众多，人口职业结构偏重于商业服务业，城市寄生性突出。② 这既是北京人口构成自身的缺陷，又极大地刺激了消费主义风气的持续旺盛。各种满足消费的行业和店铺不断涌现。据统计，从 1909 年到 1911 年，全城共出现了 40 个行业组织和 4541 家店铺。到 1935 年，日本人做的一项调查共列出了 92 种职业和 12000 家店铺。③ 此时的商业区已取代了行政机构变成了决定城市空间格局的核心要素。

1912—1924 年，北京人口增长率为 15.56‰。1925—1948 年，人口增长率平均达到 18.23‰。比较城区和郊区两个地域单元的人口增长，前者要比后者快得多，23 年间城区人口的年均增长率高达 23.19‰，而郊区人口的年均增长率仅为 6.46‰。④ 民国时期北京市域的人口总量，有的学者估计，1917 年共有 292 万余人，1935 年共有 348 万余人，1948 年共有 411 万人。⑤ 有的估计 1912 年不少于 227 万人，1949 年共有 414 万人。⑥ 尽管有些差异，但都表明人口的增长是相当明显的。民国期间，北京人口的增长主要依靠移民的推动。外地人口的迁入和人口增长都说明饮食生活能够正常进行，饮食资源相对充足，而城区饮食消费水平显然要高于郊区。

2. 饮食生活迈向现代化

辛亥革命以来，随着中国闭关自守的大门被打开，北京作为一个有着深厚饮食文化底蕴的大都市，饮食领域也受到西方饮食观念和方式的强烈冲击。北京饮食文化史上的古代与现代之划分，是以这一时期为标志的。此后，饮食风俗的现

---

① 齐大之：《论近代北京商业的特点》，载《北京社会科学》2006 年第 3 期。
② 郗志群：《简论民国时期北京城市建设和社会变迁》，载《北京联合大学学报（人文社会科学版）》2010 年第 2 期。
③ 习五一、邓亦兵：《北京通史》第九卷，北京：北京燕山出版社 2012 年版，第 195 页。
④ 高寿仙：《北京人口史》，北京：中国人民大学出版社 2014 年版，第 387—388 页。
⑤ 韩光辉：《北京历史人口地理》，北京：北京大学出版社 1996 年版，第 131 页。
⑥ 路遇、滕泽之：《中国分省区历史人口考》（下），济南：山东人民出版社 2006 年版，第 1304、1338 页。

代意味才逐渐变浓，并不断得到强化。

民国时期饮食风俗的现代化，主要表现为三点。一是大量国外饮食时尚的直接植入，如此，出现了民族性习俗与国际化时尚并存的局面，二者的逐步融合恰恰是民国饮食风俗现代化的进程。饮食的品位依旧传统，而饮食的时间制度却悄然发生了变化，以钟表和日历为代表的国际通用时间进入日常饮食世界。"午餐肴酒备多时，不见郎归默默疑。怪道散衙偏较晚，原来明日是星期。"（许正希《回首竹枝词》）平日 12 点下班，下午上班；星期六 13 点下班，下午休息。官方的作息时间与国际并轨，已改变了传统的饮食时间。

民国初年，北京作为当时的首都，需要接待外国使节和客人，时常举行外交宴会。据《京话日报》报道："外交总长陆徵祥等，于二十九日下午八时，特在石大人胡同外交部迎宾馆大楼内，宴请外交团。及王伯棠、曹润田、陆润庠等十余人作陪。"① 招待外国客人自然要用西餐。"如果客人主要是外交团的，总是有西餐和洋酒，如客人全是中国人，则只备中餐。"② 除此之外，东交民巷的外国公使及国际友人也会不定期举办以社交为目的的鸡尾酒会。由于是自助餐，客人可以随意走动。"小小的四合院挤满了人，起居室、餐厅、埃德的书房，到处都有。他们在屋里搬椅就座，谈得很热闹。鸡尾酒和点心上完已经很久了，留到最后的两位客人依依不舍地抬起头，望着那富有浪漫色彩的北京星光，于是，我请他们留下来用正餐。这两位是 C. 沃尔特·杨及其夫人格拉斯迪。沃尔特是写过有关满洲和国际法专著的作者。'这是我有生以来参加的最好的酒会，'C. 沃尔特声明说，'我在这里见到了我很久之前就想认识的人，而且我们还进行了真正的交谈。'"③ 这种鸡尾酒会不仅食品是西方的，饮食方式也是西化的，与传统的团团围坐、共享一席格格不入，洋溢着开放、自由的现代气息。

二是食品工业得到较快发展。食品工业产品主要是面粉、啤酒、汽水和罐头等，啤酒和罐头的产量较大。双合盛啤酒每年出售约 10 万箱，远销中国香港、南洋及海外。"天益"和"精业"是两家知名罐头企业，前者于 1926 年歇业。据

① 《外交宴会》，载《京话日报》1918 年第 2528 期。
② 顾维钧：《顾维钧回忆录（第一分册）》，中国社会科学院近代史研究所译，北京：中华书局 1983 年版，第 129 页。
③ ［美］海伦·斯诺：《我在中国的岁月》，安危、杜夏译，北京：中国新闻出版社 1986 年版，第 87—88 页。

1926 年《中外经济周刊》报道："年来本国各厂所制之罐头食品，在北京销路极佳。除饼干一种，尚有若干舶来品，除如肉果类实等罐头殆全属国货。"① 精业公司生产肉类罐头、果类罐头、蜜饯、果脯、果子酱和饼干等，"除在京售卖外，并可行销宁夏、包头、绥远、平地、泉丰镇、大同、张家口、宣化、太原、长安、洛阳、开封、郑州、新乡、邯郸、彰德、顺德、石家庄、保定等处，近又在兰州添设公司"。② 足见精业公司具有相当大的生产规模。以往的食品加工都是手工作坊，生产销路较低，还不能列入食品工业。机械化批量生产是食品工业形成的标志，也是饮食文化现代化的基础。有了食品工业，才能制定一系列食品的标准，营养成分的搭配、卫生要求、保质期等考量方可进入科学的轨道。

　　三是现代卫生和营养标准首先进入餐饮业并实施规范管理。中国传统饮食以追求味觉为宗旨，感性压倒了理性，历来缺乏卫生和营养方面的具体要求，营养食物的摄入一般完全依赖自然节律。"西洋人饮食上的卫生，多半是从化学中试验出来的，中国人饮食上的卫生呢，是全从数千年来经验中推出来的。"③ 民国一些有识之士则开始否定这种一味地感性和经验至上的饮食习惯，认为"对于各种的食物，最好不管喜欢不喜欢，或者好吃不好吃，先要应该知道食物中所含的营养是什么，在身体上的功用是如何，只要有益于身体，都应当一样地吃"④。长期以来，中国人对食品功用的理性分析和认识不够充分，尽管医食同源的饮食观念使饮食一直诉诸保健的功效，但饮食基本的营养诉求却被忽视了。随着西方食品分析学的引入，有学者开始关注食品之于身体的具体功用。"食品有三种功用，第一，创造细胞机体，我们身体之长大，由细胞之发展，细胞常新陈代谢，我们必须知道什么东西，可以创造新细胞的。第二，供给热力，这二种都是从饮食中来的。第三，使身体各部有正规的发育，食品适当，就能免去疾病。"⑤ 在这一科学认识的基础上，才能进一步解答食品的取舍问题。"糙米中所含的蛋白质内有生命素，是人体中不可缺少的东西，白米中则无此质，人体中若缺少蛋白质，易得脚

① 《国货罐头食品在北京行销之现状》，载《中外经济周刊》1926 年第 174 期，第 46 页。
② 《国货罐头食品在北京行销之现状》，载《中外经济周刊》1926 年第 174 期，第 47 页。
③ 柴立夫：《饮食的卫生》，载《新生活周刊》1935 年第 1 卷第 43 期，第 14 页。
④ 胡惇五：《饮食上的卫生习惯（三）》，载《农民》1931 年第 6 卷第 36 期，第 6 页。
⑤ 黄桂宝：《饮食问题》，载《北京女子高等师范周刊》1923 年第 1 期，第 2 页。

气病——脚痛无力支持行走"①，因此，"吃白米不如吃糙米，吃白面不如吃麸子面"②。这种认识相当前卫，与现在人们的主食观念完全吻合。

作为近代公共卫生行政的重要组成部分，在近代警察机构成立之前，北京的公共饮食卫生一直没有得到政府的专门管理。沿街叫卖的摊担，马路上飞扬的尘土常挟带着病菌飞入锅盆，"小贩们只须用勺子一和，就算他加上作料了。卫生不卫生，他可不管"。③"清末，北京警察机构成立后，开始承担管理北京公共饮食卫生的任务。民国成立后，京师警察厅成为北京管理公共卫生最重要的官方机构。尤其在整个北洋政府时期，其负责饮食营业执照的审批，对饮食物原料卫生的控制，对饮食生产、经营场所卫生的监管和对饮食业卫生的稽查。"④ 当时一些有识之士提倡向西方学习，讲求饮食卫生，呼吁制定符合国情的法律法规，运用行政手段加强饮食卫生管理，减少疾病的发生。这些符合现代饮食卫生的观念无疑对政界起了相应的促进作用，在当时北洋政府的卫生行政机关中设置了负责掌理饮料食品取缔事项与屠宰取缔事项以及负责饮食物、清凉饮料检查及着色品检查事项的部门。1929 年 8 月 25 日，北平特别市卫生局长赵以宽修正颁布了《取缔饮食防疫之法》，明确禁止销售 6 类食品：①非食品类的牲畜肉及已腐败的鸡鱼虾蟹；②过期的西瓜、腐败果品及未成熟的果类；③含有毒质的糖质食品；④隔夜菜蔬瓜茄及腐烂不洁之青菜等；⑤各街巷不洁井水；⑥糖果等零星物品。⑤ 此规定十分翔实，易于操作。1935 年 4 月，北平市卫生局修正了《管理清凉饮食物营业暂行规则》，就冷饮包括汽水、果宝水、苏打水及其他含有碳酸之饮料水，清凉食物包括果制清凉食品、冰激凌、刨冰、冰棍及其他清凉食物的卫生做出细致规定。⑥ 由于饮食物的"种类日益繁滋，究竟质料，是否纯粹于人体健康上有无妨害，自非实行化验不足以重民命"⑦，故而现代科技手段便运用到食物检验当中，以判定饮

---

① 操志：《饮食卫生》，载《农民》1926 年第 2 卷第 18 期，第 196 页。

② 操志：《饮食卫生》，载《农民》1926 年第 2 卷第 18 期，第 196 页。

③ 刖径：《谈谈街上的卫生》，载《晨报》1926 年 6 月 9 日第 6 版。

④ 丁芮：《近代城市饮食卫生管理考察——以北洋政府时期的北京为例》，载《城市史研究》2016 年第 2 期。

⑤ 《卫生局防疫取缔食品》，载《顺天时报》1929 年 8 月 28 日第 7 版。

⑥ 《北平市卫生局转发市政府颁布的〈北平市四郊清查户口暂行简章〉的训令》，北平市档案馆藏，北平市卫生局档，档号 J5 - 1 - 94。

⑦ 北平特别市公安局编：《北平特别市公安局公共卫生事务所第二年暨第三年年报》，1928 年，第 5—6 页。

食物是否有害健康。京师警察厅屡次下令，汽水、洋糖等食物均须送厅化验批准方可出售。此外，关于饮食环境、餐具、餐饮服务等都有相关的管理政策出台。由于卫生局并无执行罚款的权力，为了加强惩罚力度，1930 年 4 月，北平市政府裁撤卫生局，归并公安局设卫生科。1933 年 11 月 1 日，直属北平市政府的卫生处成立，由第三科负责检查饮食店铺、摊担以及检验饮料。① 北京饮食开始有了比较系统的卫生准则，这是饮食生活现代化的标志之一。

西方的生理学、细菌学和家政学也开始进入家庭和日常饮食生活当中，现代饮食知识和观念几乎每天都见诸当时的报纸杂志。生理学涉及根据人体状况配餐和营养吸收。细菌学关注的是食品的卫生以及厨具和餐具消毒等问题。尤其在夏天，"集市摆列的汽水，水忌林、酸梅汤一类的东西，万万喝不得。因为此等零卖小贩，只知赚钱，不管他人死活，各种喝的东西里边，或加上生水，或加上冰块，制造得非常不好。并且碗碟羹匙一类的器具，又非常肮脏，蚊子苍蝇都聚会在上边，更加危险"。② 在烹煮食物的卫生方面，家政学包括了鉴别食材的新鲜度，譬如肉类要注意颜色、弹性、气味、表面清洁等相关细节，买鱼要选眼睛突出、腮色鲜红的，等。③ 营养食谱也开始在上层社会流行开来，蛋白质、热量、维生素等概念逐渐影响到人们的饮食生活。"每周应食二次或三次的猪血或其他动物血，因为动物血既便宜，并且含蛋白质和矿物质。"④ 家政学对女性在家庭饮食生活中提出了更高的要求，"一家的厨房就是一个家庭药铺，主宰这个药铺的主妇，几乎是主宰家族健康的药剂师、医生，我们必须要研究，怎样利用日常食品来保持我们的健康"⑤。尽管民国以前的北京饮食也有科学的因素，诸如医食同源，四季有别，讲究春生、夏长、秋收、冬藏，饮食有度等，但缺乏现代科学理论的指导，带有一定盲目性。

在民国 30 多年的历史中，饮食文化的演进是一个现代化的过程。既然外国侵略者打开中国社会对外封闭的大门，带进资本主义生产和饮食生活方式，带进饮

① 《北平市政府卫生处暂行组织规则》，《北平市政府卫生处业务报告》，北平市政府卫生局编印，1934 年，第 220 页。
② 穀诒：《夏令的饮食卫生》，载《农民》1926 年第 2 卷第 17 期，第 183—184 页。
③ 《鉴别食品》，载《女铎》第 7 卷第 10 期，1916 年 6 月。
④ 食官：《妇女与家庭：营养食谱》，载《万象周刊》第 64 期，1944 年 9 月 23 日。
⑤ 佚名：《主妇家事小讲座：利用日常食品治疗方法》，载《妇女杂志》（北京）第 3 卷第 9 期，1942 年 9 月。

食观念现代化的诸种因素，那么中国饮食风习的演进，朝新的方向转变，就会不以包括外国侵略者和中国统治者在内的任何人的意志为转移。饮食传统的现代化是北京饮食文化发展的必然趋势。"民国时期风俗的现代化，一方面是无情地革除戕害人性的封建陋俗，一方面是大量国外习尚的直接植入，如此，出现了民族性习俗与国际化时尚并存的局面，二者的逐步融合恰恰是民国风俗现代化的进程。"① 譬如，"民国以前胡同都是由当地居民命名的，很多名字十分直白，地标（庙宇、水井、栅栏等），形状（扁担、裤子、羊角、猪尾），名人（王寡妇、宋姑娘、张秃子）以及市场或居民的职业（制花、卖粮食、卖肉、补锅匠、老鸹）等都可以是胡同命名的依据"。② 诸多胡同的名称与饮食有关。民国期间，改变了一部分胡同的名称，目的是要让"土"的成为"雅"的。另一方面，饮食生活原本属于民间的范畴，从此以后，官方行政管理的范围则越来越宽。这也是现代化进程中的必然趋势。

北京在民国时就出现了菜市场，这对于北京人饮食生活是一个重要的转变。北京有四大菜市场，比较有名的是东单菜市、西单菜市、朝内菜市和崇文菜市。其中东单菜市历史最为悠久，属于食品经营场域步入现代化的肇始。东单菜市场建于20世纪20年代前，当时叫"东菜市"。其建筑参照了车站的建筑风格，乍一看，就像一座火车站。何故？袁家方先生解释道："菜市场人员流动量大，加之众多鲜活商品和腊味、酱菜、调料等味道的散发，如何保证空气质量，就是首要问题。此外，还要有明亮的光照。因此，市场在建筑上，使用高的立柱，弧形的顶棚，顶棚下四周环绕着大玻璃窗，顶棚上还开有天窗。所有这些，都造就场内空间高大宽敞，通透豁亮。"③ 市场为法国人管理，名称除了汉字以外，汉字下方尚有英文，就是 East Market。东单离东交民巷、崇文门内的使馆区比较近，所以东市场经营的多属西洋的生活用品、肉食、蔬菜，兼营锅碗瓢勺等厨具和餐具，顾客主要是外国人。这是早期的情况，还没有形成中国人都去的菜市场。1937年卢沟桥事变以后，北京的外国人越来越少了，服务对象转为中国人。于是从30年代末开始，东市场就变成了单一的东单菜市场。到1938年，该菜市场由日本人管理。

---

① 万建中：《民国的风俗变革与变革风俗》，载《西北民族研究》2002 年第 2 期。
② 董玥：《民国北京城：历史与怀旧》，北京：生活·读书·新知三联书店 2018 年版，第 77 页。
③ 袁家方：《商街·拥簇繁华》，北京：北京美术摄影出版社 2019 年版，第 156 页。

1907 年，内城巡警总厅决定采用外国的先进方法，制定了《建造鱼肉菜场及抽捐办法》，指出建立生鲜食品专区的重要性和东安市场建造鱼肉菜场的初步规划："查西人于建造鱼肉菜场办法，不准与有人住宿之屋接通，并不准有人在售卖或存放鱼肉各处食宿，以秽气感触，易滋疾病，重卫生也。今东安市场内铺户鳞次栉比，游人云集，实于建造鱼肉菜场原不相宜。今姑市场内之东北划出区域一大段，拟以高墙划出界线围筑俾免与各店户相连，以为鱼肉菜市之用。其上盖用人字式木架蔽以洋铁，四围离墙纳取空气，檐口须较墙略低，藉蔽风雪，地上用唐山洋灰以备用水冲洗，并应照章筑造阴沟通泄秽水。此大概办法也。"① 在大型市场内开辟出生鲜专卖区，进行专门管理，在通风、排污、清洗等方面按现代卫生防疫要求进行处置。"东安市场的开办过程中，政府直接主导商场的规划、建设和招商等各项工作，其管理作用得到了最大限度的发挥。在后来的市场管理中，不仅借鉴西方的先进经验，重视实践中出现的治安、经营、物价和卫生等问题，还在市场内建立了商民自治会，在一定程度上实现了政府与商民的联合治理。"② 这是一种新型的现代管理机制。北京饮食市场的现代化，既涉及买卖场域，又与其管理运作方式息息相关。

饮食领域的现代化是全方位的，最为明显和快捷的是农牧业生产运用了现代科技以及粮食运输大量使用了现代交通工具。先说前者，引入科学饲养法，一些科技人员积极投入，使饲养奶牛业有了较快发展。开创科学饲养法，从外国引进优良种牛，推广国外的经营方法和饲养技术，在建筑牛舍、通风、光线、温度、牧场方面，和处理挤牛奶的用具、卫生消毒措施等方面，改变了清代以来的粗放经营。③ 后者，以为粮食流通服务的行栈业为例，由于运输工具从人力、畜力车逐渐为火车、汽车所替代，原来为人畜运输服务的客栈粮店从 68 家减少到 19 家，而为火车服务的粮栈，从 1911 年的 1 家发展到 1940 年的 71 家。④ 饮食领域的现代化在菜品、烹饪、滋味甚至是营养等方面并不明显，率先进入现代化的是粮食生产、饮食环境、服务、管理和设备等。在饮食领域，科技与文化的结合主要表

① 中国第一历史档案馆：《光绪三十二年创办东安市场史料》，载《历史档案》2000 年第 1 期。
② 齐大芝：《东安市场：北京近代商业的里程碑》，载王岗主编：《北京史学论丛（2013 年）》，北京：北京燕山出版社 2013 年版，第 258 页。
③ 曹子西主编：《北京通史》第九卷，北京：中国书店 1994 年版，第 235 页。
④ 曹子西主编：《北京通史》第九卷，北京：中国书店 1994 年版，第 203 页。

现于"外部",但同样也是相当深刻的。

饮食文化与服饰及其他生活方式不同,带有极其强烈的传承惯性,革故鼎新并非那么重要,而食品营养和卫生观念的养成、西方饮食的进入的确成为北京饮食文化迈向现代化的强劲动力。饮食生活的现代化与饮食文化传统的传承是并行不悖的,甚至是相辅相成的。现代化并不否定饮食传统,反而促进了饮食传统的传承和弘扬。

3. 主副食品种更加多样

主食和副食品种大幅度增加,极大地拓宽了饮食文化发展的空间。"近代以实物征调为特征的南粮北运的漕粮制度逐渐没落,北京市民的主食结构以漕运大米为主,转变为以北方所产的豆麦杂粮为主。"① 以1946年北京粮食销售情况看,全年售出大米8980万斤,小麦和面粉7740万斤,玉米高粱等杂粮283000万斤。杂粮消费量占全年粮食的62.9%。② 北京自己种植和外地输入的蔬菜品种之多、之全,可以为各省之最。一位久居欧美的人士都感叹:"菜类的齐备,已到了无以复加的程度,……海外所有的菜,京市是并无没有的。"③ 饮食资源的丰富,有助于饮食行业和饮食消费水平的提升。

清代以前北京的粮食供应主要依仗漕运,清末漕运废除。尽管取消了漕运,但国民政府通过火车和公路运输,各地的粮食仍然源源不断地运至北京。粮食市场的运作机制日渐完善,从上海、浙江、湖广贩运的大米,价钱较高。"陆陈行"④ 是专门销售豆麦杂粮的粮行,在保障市民的粮食供应方面发挥了重要作用。因为"北京人口食豆麦杂粮者,约占十分之七,食米者不过十分之三"⑤。"且不但贫民食杂粮,即中等以上,小康人家,亦无不食杂粮。"⑥ "陆陈行""通过京绥

---

① 袁熹:《北京近百年生活变迁(1840—1949)》,北京:同心出版社2007年版,第211页。

② 北平市社会局:《1947年工商业调查情况》,载《北京档案史料》1999年第1期。

③ 《晨报》1939年5月15日。

④ 杂粮店行名"陆陈行",铺中匾额多有"陆陈广聚"四字。余不解其意,恒问该行中人,亦均说不清楚。后见韩君辅臣有手抄粮行情形一书云,原系明朝粮行一位掌柜所作,自己又照现在的情形所更改者。其书颇有价值。首页有《西江月》一词,云:"聪慧蒙童易晓,愚顽皓首难明。世间六陈任纷纷,此事粮之根本。知粮不知其性,如临暗宝昏昏。谩同高手细评论,视彻无容方寸。"下注云:"六陈,六色之粮也。方、芒、角、楞、稻、穗谓之六陈。方者,麻也(谓芝麻);芒者,麦也;角者,豆也;楞者,荞麦也;稻者,粟也;穗者,五谷之总也"云云。所抄虽有错字,但既是老辈所说,总有相当的道理。(齐如山:《北京三百六十行》,北京:中华书局2015年版,第183—184页)

⑤ 《北京之粮业》,载《中外经济周刊》1926年第172号,第4页。

⑥ 李家瑞:《北平风俗类征》(上),上海:上海文艺出版社1986年影印本,第227页。

路往内蒙古、山西、绥远等地，通过京奉路往东北，通过京汉路往山东、河南、河北等地，通过津浦路往安徽等地贩运豆麦杂粮来京，满足了北京日耗一万石左右的粮食需求。"①粮商分为内三行与外三行。内三行除六陈行外，还有米面行、米庄行。米面行有门市带磨坊，前店后场加工零售，多兼营油盐；米庄行从外地采购大米、面粉，批零兼营，以批发为主。在日伪统治时期，米面行与六陈行的加工业务又另成立磨坊业办事处，以便分配日本军粮加工任务。后来配售"混合面"，也是磨坊业办事处分配加工量。外三行是：粮栈行、粮麦行、经济行。粮栈行代客存粮、卖粮，也采购批发，但不零售。粮麦行专到外地采购杂粮、小麦。在市场批发，不事零售。该行以经营西北口粮（口，指张家口）为主。经济行为中介商，介绍业务，从中收取佣金。② 此外，还有一个斗局行，不在内外三行之列。斗局亦称斗店，专为近京各地农民或粮贩来京卖粮者介绍交易，过斗计量，故称斗局，属于经纪人性质。日本侵略者投降后，国民政府整顿改组各行业公会，将粮食业的内三行合并为米面粮业同业公会，外三行合并为粮栈业同业公会，斗局也并入粮栈业。

京郊农村能够为城市提供的商品粮食数量甚微，一般都不到北平粮食消费总量的十分之一。为北平提供商品粮食的县乡有：房山、涿州、青云店、采育、万庄、廊坊、马驹桥、永乐店、牛堡屯、张家湾、马头、通州、高丽营、清河、京坝、海淀、青龙桥、长辛店等处。粮食品种，以小米、玉米、杂粮和豆类居多。③当时郊区生产的主粮比较单一，不过谷、黍、高粱、玉米、荞麦、山药（土豆）而已。稻、麦虽有，但种植不广，产量不大，以供节日期间食用。谷以粟、粱为主，粱是优良谷子的总称。

尽管主粮单一且为粗粮，但制作出来的食品则极为丰富。以远郊延庆为例，以小米做主料的主食有干饭汤和干饭米汤：当米煮八成熟时，捞些放入豆面碗内，以筷拌匀，使豆面沾裹于饭粒上，放入米汤内，加盐、葱、香菜（如果加萝卜丝或山药丝则先放）等作料，烧开锅即成。如果不拌疙瘩汤，则为干饭米汤。夏锄时节，吃着"沙利"的干饭，喝着甜口的米汤，就着辣椒咸菜、小葱拌豆腐、调生菜，爽口舒心。豆干饭：当地出产杂豆，其中小豆最多，用它和小米做成的豆

---

① 袁熹：《近代北京的市民生活》，北京：北京出版社1999年版，第56页。
② 康文辉、许洵：《当代北京米袋子史话》，北京：当代中国出版社2011年版，第19页。
③ 北京市地方志编纂委员会编：《北京志·商业卷·粮油商业志》，北京：北京出版社2004年版，第11页。

干饭，营养丰富，色红味甜，令人开胃。做时，先将小豆（豇豆亦可）煮展，继而下米，待九成熟时捞出，再加火蒸熟。豆杂面、豆糕、豆粥等：小豆磨成面，还可以做饼拌汤，或与其他米、面搭配，做成各色各样的饭食。菜饭：将扁豆、土豆、萝卜洗净，切成丝、条，煮至半熟时下米。将熟时加上食盐、杏仁泥、香菜等作料，达到饭菜合一。吃来苦中有甜，甜中有咸，回味无穷。蒸糕：把米磨成细面，和好发酵，放入适量食碱，搅成粥状，摊在箅子上蒸熟，切成块状食用。食时配上汤、豆粥和猪肉焖粉条等炖菜，味道极美。蒸糕色泽金黄，俗称"蒸黄儿"。煎饼：小米三分之二，黄豆三分之一，经水泡过，用磨拐子磨浆，加上盐、花椒等作料，在无沿锅上摊成薄饼，卷着吃。炒米水饭：小米与少量黄豆混合炒至棕色（分别炒也成），煮熟（一开即可，水要多些）。据传，炒米水饭由东北粳米水饭演变而来，但营养和香味都胜于粳米水饭。稀粥：小米加水煮烂，使之有一定黏度。吃时，配上黑糖和炒熟的核桃仁，最为理想。

　　以黄米即黍为主料的主食有黏馍馍：黄米淘好（去掉污质、米油，润湿）碾轧，黏米面与笨米面（笨米，指黏性不大的米）必须搭配得当，过黏黏箅子，过笨不好吃。用绢罗罗成细面（俗称黄米面），对上适当比例的糜子米面（或小米面），和好发酵（发酵是关键，过头有酸臭味，不足有米性味），包上豆馅蒸食。好黏馍馍皮如黄绸，馅似枣泥，黏、软、甜、香，久吃不厌。出锅后的馍馍除食用外，大部分要放在室外冷冻，然后存贮缸内（腊八节刨冰放入），备冬、春长用，被当地人誉为严寒时的"里皮袄"。油糕：先将发酵的黏面（与黏馍馍面同）蒸熟，然后包上豆馅（或菜馅）捏成大饺子，以麻油煎之。其味香甜，佳配是小米粥。炸糕：炸糕用熟面（省油、易做），面的黏度较黏馍馍面高。包豆馅后做成小月饼状，过油，皮焦里嫩，比油糕高一层次。油旋：以发酵后的生面包豆馅做成饼状，用麻油烙熟，香甜好吃。艾糕：事先将炒熟的黄豆碾成细面，拌上红糖。纯黄米面发酵蒸熟后，铲至盆里，用手将糖豆面掺入面内，摁成盘大薄片，卷成卷儿食用。传统做法以艾水和面，故名艾糕（北京称"驴打滚"）。粽子：先将黄米浸泡四五天，同时将苇叶煮好，马莲泡软。做时淘净黄米，把洗净的枣放入米中，以三四片苇叶包之，捆好呈三角形蒸熟。如果用秫米（黏高粱米）为原料，则要放芸豆、小豆或豇豆。摊黄：用蒸黏馍馍面（稍软）在鏊子上摊成饼状烙熟。还可以放豆馅、菜馅，将饼翻折过来合上，呈半圆形，俗谓"折饼"。

　　高粱有黏、笨两种，黏高粱为秫。以此为主料的主食有饺子：将笨高粱的细面（绢罗罗过的）放在开水锅里搅熟（八成熟），捏成元宝形。其馅多用黄菜（芥菜、萝卜等茎叶发酵制成）、酸白菜、萝卜等粗菜，但须使荤油。饸饹：面与饺子面同。下出半尺来长的剂子，用饸饹床轧成粉条状蒸食。高粱面喜酸，因而多用酸白菜丝做卤，另加炸酱，更添滋味。条子：将熟面擀成薄片，切成长条蒸好。卤汤亦用酸白菜制作，味道同样鲜美。卷子：熟面擀成大片，撒上油、盐、葱花，卷成卷儿，切段，以筷子横压卷子中间，使各层面片连接，两端翘散。蒸好出屉时，油、葱香气扑鼻。饼：做法和味道与卷子近似。烙饼宜加花椒。拿糕：开水搅面，随搅即熟。吃时蘸以开水、油、葱花、蒜泥和醋等泼制的卤汤。馍馍，又叫秫米馍馍：用黏高粱面制成。做法与黄米面馍馍做法相同，味道不如前者。凉粉鱼儿：将泅好的面倒入开水锅内，边搅边加火，熟透后用凉粉鱼舀漏成小鱼状，连续用凉水冷却。吃时，加上盐水、蒜汤、芥末（经过发酵）、香油、醋及黄瓜丝等。此饭光滑凉爽，五味俱全，是消夏佳品。猪血糕（又叫猪血假菜）：杀猪时将血接到盆内，加上盐、花椒、葱、蒜、大油丝等，与高粱面搅成稠粥蒸食。

明清两代的州志皆无玉米作物的记载，种植玉米当在民国。以玉米（当地叫玉蜀黍或棒子）为主料的主食有窝头：起初不发酵，加黄豆糁蒸食。虽有甜味，但因不暄而不可口。后来改为粗面发酵，变得又甜又暄又香。贴饼：发酵加碱或不发酵加小苏打，以温水和面，拍成长圆形饼状，贴在热锅帮上（锅底有少量水），加火，待锅底的水汽化后即熟。贴饼讲究火候，烙出饼子的底部焦黄香脆。棒糁粥：将玉米去皮破成碎糁，加小豆（或豇豆）熬粥，宜温火慢煮，愈烂愈好。掐疙瘩：在小米稀粥开锅后，把和好的玉米面揉成小圆饼子，投入粥内。此为农家冬季的家常饭。火镰片：加部分豆面（或白面）和成，揉成棒状，以刀削成小片，煮吃。浇汤与高粱面饸饹相同。水饸饹：用白玉米细面做成。和面时掺榆皮面使之发黏。压出的饸饹面劲之强、味道之美，简直可以与白面相比。馈馏：用水三分之一，面三分之二（加土豆块更佳）和好。当水沸时将面倾入，蒸一会儿，搅成碎块，要求松散发暄。然后油炒（加葱花、蒜瓣）。冬季配以稀粥，夏季配以炒米水饭，稠稀相济，软硬适宜。① 此外，还有以荞麦、山药（土豆）为主料做

---

① 马维德、李泽英：《妫川饮食》，载北京市政协文史资料委员会编：《北京文史资料精选·延庆卷》，北京：北京出版社2006年版，第289—294页。

成的各种主食，诸如饺子、条子、凉粉、焖饭（或粥）、沓子、挠子、丸子等主食，花样众多，不一而足。就地取材，因地制宜，北京郊区底层民众在饮食方面的聪明才智尽显无遗。粗粮杂粮口感远不如稻米、麦面，通过精妙的搭配、制作，成品同样令人垂涎欲滴，甚至可以吃出与城里人不一样的品味和乐趣。当然，这也与延庆迁入的移民相当一部分是山西人有关，山西人做面食天下无双，能够"化腐朽为神奇"，不足为怪。他们把自己家乡的面食传统带到延庆，改变了延庆的饮食面貌。

北京饮食四季分明，不同季节能够品味到不同的民俗食品。诸多具有标志性的食品既普通又是家喻户晓的名点，民族的融合、漫长历史所积淀下来的制作技艺、口味品性、文化内涵等都凝聚于下文提到的每一种食品当中。这些富有地域特色的食品让北京人一年四季都能够饱享口福，但包含在口里的非但是美味，而是文化趣味，是天人合一的结晶。它们区别于北京人通常吃的大白菜、土豆、豆汁儿、烤鸭等，四季的规定性使北京人的饮食富有时间的节律。经过筛选，每一季节具有代表性的民俗食物大致如下：

春季（农历二月至四月），主要有太阳糕、豌豆黄、苣荬菜、凉粉、蛤蟆骨朵儿、清水杏儿、青菜等；夏季（农历五月至七月），主要有粽子、江米藕、桑葚和樱桃、菖蒲和艾子、酸梅汤、"五月鲜"玉米、甜瓜、豌豆、饸饹（面条的一种）、西瓜、蜜桃、菱角、"河鲜儿"（藕、莲蓬、菱角、老鸡头等）、奶酪、葡萄和枣、灌肠、爆肚、羊肉杂面等；秋季（农历八月至九月），主要有酱豆腐和臭豆腐、豆芽菜、雪里蕻、豆汁儿、柿子、落花生、大白菜等；冬季（农历十月至次年一月），主要有冰糖葫芦、羊头肉、牛头肉、蒲帘子、水萝卜、茶汤、腊八米、关东糖、荸荠、艾窝窝、甑儿糕、元宵等。① 食材大多为平常之物，经过"好吃"的北京人一代代尝试，形成了四季分明的固定吃法，也是北京城富有民俗风情的整年食谱。

为何四季分明成为京城饮食的一个特点，舒乙先生在一篇文章中谈了自己的认识：出了城，直接就能走到农村。出了各城门的关厢，走不了多远便是一派典型的田园风光了。由此，北京的吃食便十分地不同于现代工业化的都市。北京的食物带有强烈的季节性，随着四季的循环而循环。一个以工业食品为主的现代都

---

① 潘惠楼：《京华通览：北京的民俗》，北京：北京出版社 2018 年版，第 119 页。

市中绝少如此起伏变化。城外乡下农民的饮食生活习惯依旧强烈地影响着城里人。①

4. 崇尚西方饮食

引起北京近代饮食发生巨大变化的原因，乃是整个中国近代社会的巨变及其社会转型。处于清王朝统治下的近代中国遭遇了代表近代工业文明的西方列强的坚船利炮的强烈挑战，以 1842 年鸦片战争失败签订城下之盟，被打开国门为标志，即开始由传统社会向近代社会、由农业社会向工业社会、由封建社会向资本主义社会的变迁或"转型"，从而也引发了北京近代饮食民俗的变迁。②

1900 年庚子赔款之后，"都人心理由轻洋仇洋一变而为学洋媚洋"③，时人评论市风是："衣食住之模仿欧风，日用品物之流行洋货，其势若决江河，沛然莫御。"④ 街头巷尾茶食铺中的纸烟、"荷兰水"（机制汽水）、罐头糖果也让人在细微之处感受到生活的种种变化。⑤ 当时，西式舞会、晚会、婚礼、教会节日等成为一种时尚，也直接带旺了西餐业。在王府井大街南口外，建成了"六国饭店"，达官贵人、洋行买办等纷纷到六国饭店去跳舞、吃西餐。当时称西餐为"吃大餐"。民国初年，在崇文门内有一些外国人开设的私家西餐馆，最出名的是在苏州胡同一个小四合院里，专门经营俄式大菜。在北京饮食习俗中，西餐中的一些做法也被吸收到一些餐馆的各种菜系之中，尤其是在大众层面上，西餐也逐渐迎合了老北京人的传统口味，有时名曰西餐，其实在口味上已与地道西餐相距甚远。不中不西、亦土亦洋，成为近代北京饮食习俗中的新景观。在民国的土地上，中餐西餐泾渭分明，各行其道，反倒使民国北京的餐饮文化得到前所未有的发展。

民国时期，中国各地的菜馆，依然是中菜的天下。然而，由于当时与外界接触渐趋频繁，东西方来华人数急剧增多。因而在交通要冲及沿海各大城市，出现了相当多的西菜馆和东洋菜馆。西菜馆亦称番菜馆，出现于清朝后期，是来华洋人不断增加后出现的一种饮食风尚。民国时期，各地开设的西菜馆，数量颇为可观。鲁迅《"公理"的把戏》："据十二月十六日的《北京晚报》说，则有些'名

① 舒乙：《老舍著作和食文化》，载《中国现代文学研究丛刊》1990 年第 3 期。
② 焦润明：《中国近代民俗变迁及其赋予社会转型的符号意义》，载《江苏社会科学》2001 年第 5 期。
③ 夏仁虎：《旧京琐记》，北京：北京古籍出版社 1986 年版，第 85 页。
④ 伧父（杜亚泉）：《论社会变动之趋势与吾人处世之方针》，载《东方杂志》1913 年，第 9 卷第 10 号。
⑤ 孙燕京：《略论晚清北京社会风尚的变化及其特点》，载《北京社会科学》2003 年第 4 期。

流'即于十四日晚六时在那个撷英番菜馆开会。"① 郭沫若《创造十年》十八："梦旦先生下了一通请帖来，在四马路上的一家番菜馆子里请吃晚饭。"② 陈莲痕在《京华春梦录》中记道："年来颇有仿效西夷，设置番菜馆者，除北京、东方诸饭店外，尚有撷英、美益等菜馆及西车站之餐室，其菜品烹制虽异，亦自可口，如布丁、凉冻、奶茶等，偶一食之，芳留齿颊，颇耐人寻味。"③ 《大公报》在1903年8月介绍："北京自庚子之乱后，城外即有玉楼春洋饭店之设，后又有清华楼。近日大纱帽胡同又有海晏楼洋饭馆。"这一时期的报纸经常刊登西餐馆开张的广告，用环境幽雅、侍候周到、各种西餐大菜和零点小吃可口方便招徕顾客，"不供匕箸用刀叉，世界维新到酒家。短窄衣衫呼崽子，咖啡一盏进新茶"。④ 风气所染，"满清贵族群学时髦，相率奔走于六国饭店"，以至"文化未进步，而奢侈则日起有功"⑤。崇洋媚外在饮食领域尤为凸显。

西方人带来的不仅是西餐，也引入了原本蔬菜结构中没有的品种，极大地丰富了中国的菜食文化。马铃薯、洋葱、甘蓝（洋白菜）、菜花等在清末京郊附近就开始有种植的了，初期一般北京人不习惯食用，仅供应外国人或西餐店。随着人们饮食习惯的改变，20世纪20年代末，这些蔬菜已渐为普通市民所接受，销售量大幅度增长，据1929年统计，马铃薯上市101104斤，洋葱头159483斤。⑥ 民国二十五年（1936）出版的《最新北平指南》载道："物质文明之今日，凡近洋化之营业，无不蒸蒸日上。平市范围较大之番菜馆如撷英、森隆等均备有小吃。小吃每份六角，计有二菜一汤、点心、水果等。咖啡馆较大者，如福生食堂、来今雨轩等数家，亦备有大菜。大菜每份则分八角、一元、一元二角、一元五角不等。一元二角为五菜一汤，并备有冰激凌、柠檬水、沙氏水、苏打水、牛乳、牛酪、咖啡茶等。"⑦ 西餐食料逐渐丰富起来，在一定程度上改变了北京传统的饮食结构。

① 鲁迅：《"公理"的把戏》，载《国民新报副刊》1925年第20期。后收入鲁迅：《华盖集》，北京：人民文学出版社1973年版，第129页。
② 郭沫若：《创造十年》，上海：上海现代书局1932年版，第179页。
③ 转引自邱庞同：《中国菜肴史》，青岛：青岛出版社2001年版，第385页。
④ 雷梦水等编：《中华竹枝词》第1册，北京：北京古籍出版社1997年版，第220页。
⑤ 《大公报》，1903年8月10日。
⑥ 娄学熙：《北平市工商业概况》，北平市社会局铅印本，1932年，第303页。
⑦ 转引自北京市地方志编纂委员会编：《北京志·商业卷·饮食服务志》，北京：北京出版社2008年版，第129页。

20 世纪 30 年代以后，北京的番菜馆逐渐多起来。按照马芷庠著的《老北京旅行指南》记载："西餐馆依然如故，而福生食堂，菜汤均简洁，颇合卫生要素。凡各饭馆均向食客代征百分之五筵席捐。咖啡馆生涯颇不寂寞，例如东安市场国强、二妙堂，西单有光堂，西式糕点均佳。"[1] 福生食堂为回民所开，位于东单路北，当时老北京较著名的西餐馆还有东安市场的森隆、东安门大街的华宫食堂、陕西巷的鑫华、船板胡同的韩记肠子铺，位于原金朗大酒店位置上的法国面包房、王府井八面槽的华利经济食堂、前门内司法部街的华美以及西单商场的半亩园西餐馆、东安市场内的"吉士林"、东四牌楼北路西的"森春阳"、西单牌楼长安大戏院右邻的"大地餐厅"、南河沿南口路西的"欧美同学会西餐厅"等。据 1948 年旧北平同业工会统计，当时西餐业有会员 46 家，从业人员 906 人；西点业有会员 48 家，从业人员 367 人。[2]

在这些西餐馆，中国厨师采取"拿来主义"的办法，吸取了西菜的特点，创造出"法式鸭肝""牛肉扒""铁扒牛肉""炸面包盒"等，可以说是中西合璧。[3] 当时通用的西餐菜主要有烤白鸭、烤野鸭、烤对虾、烤牛肉、烧山鸡、烧竹鸡、烧鹌鹑、炸猪排、炸羊排、炸牛排、火腿蛋、童子鸡、烩白鸽、烩鱼、炸鱼、烧鱼、煸鱼、咖喱鸡、番茄烩鸡、红白烩鸡、面条鳜鱼、牛奶布丁、菠萝布丁、提子布丁、蛋糕布丁、猪肉布丁、香蕉布丁、西米布丁、虾仁汤、葱头蘑菇汤、青豆蘑菇汤、鲍鱼汤、鸡丝汤、牛尾汤、番茄汤、细米汤、玫瑰冻、车厘冻、牛奶冻、咖啡多士茶、牛奶多士茶等。[4] 森隆和吉士林都位于东安市场，森隆"以经营淮扬风味菜点为主，兼营四川菜、素菜、西餐和日本风味的'鸡素烧'"[5]。"森隆的西餐，简直就是中菜西吃了。所以东城各王府或贵族等，都是该处西餐部的常客。"素食部则"兰肴玉俎，尤为清绝"，"一到夏天，生意鼎盛，远超中西餐的客人"。[6] 吉士林由周三省于 20 世纪 30 年代初创立，是一家具有中西特色的老式西餐馆。经营的名菜有 50 多种，其中最受欢迎的铁扒杂拌上桌之后，仍然哔哔作响，而清酥鸡面盒、三鲜烤通心粉等，则尽显西餐之特色。社会上层人士，包

① 马芷庠：《老北京旅行指南》，北京：北京燕山出版社 1997 年重排版，第 255 页。
② 孙健主编：《北京经济史资料》，北京：北京燕山出版社 1990 年版，第 471 页。
③ 忻平等编著：《民国社会大观》，福州：福建人民出版社 1991 年版，第 594 页。
④ 潘惠楼：《京华通览：北京的饮食》，北京：北京出版社 2018 年版，第 130 页。
⑤ 陈文良：《北京传统文化便览》，北京：北京燕山出版社 1992 年版，第 826—827 页。
⑥ 唐鲁孙：《老乡亲》，桂林：广西师范大学出版社 2004 年版，第 158 页。

括军政界、知识界和工商企业界名流，特别是附近协和医院的许多名医，如钟惠澜、张孝骞、林巧稚等都是座上常客。同仁堂乐家、古玩商杨宅等大户常常举家光临。①

在北京，人们主要吃面粉制品，偶尔也吃些米饭。北京的面粉制品，花色品种繁多，寻常的就有面条、饺子、馄饨、馒头、包子等多种。除面食外，也有不少人以南瓜、山芋、小米等杂粮作为主食。欧风东渐后，面包上市了，热狗、三明治出现了，于是在传统主食之外，又有了一种西洋式的主食。它对某些人的吸引力，已经远远超过了他们对传统主食的认同。就这样，传统主食一统天下的局面，开始被打破了。故而民国时期的主食，较之前代，品种丰富多了。不过，它与有着几千种不同风味、几万余种花色品种的汉族传统菜肴相比，就显得逊色不少。

当时西化速度比较快，西化程度比较深的首推衣、食、住、行等生活习俗。这是因为一种文化对异质文化的吸收，往往开启于那些可直观的表面的生活习尚层次。在饮食方面，上层社会饮食豪侈，除传统的山珍海味、满汉全席外，请吃西餐大菜已成为买办、商人与洋人、客商交往应酬的手段。在以"洋"为时尚中，具有西方风味的食品渐受中国人的欢迎，如啤酒、香槟酒、奶茶、汽水、棒冰、冰激凌、面包、西点、蛋糕等皆被北京人接受。较早出现的专营西式食品的有得利面包房、祥泰义等。得利面包房建于1902年，店址在崇内大街路东，该店以制造经营英、俄、美、法式各种面包而闻名。祥泰义建于1909年，专营欧美洋酒、罐头、纸烟、糖果等舶来品，他们的销售对象主要是附近的外国使馆、兵营、洋商、大饭店以及各大衙门里的官员和大学里的高级知识分子。② 1915年北京创办了双合盛啤酒厂，年产啤酒最高达10万大箱（约3000吨），足见市民对啤酒之喜爱。③ 西菜、西式糖、烟、酒都大量充斥民国市场，并为很多人所嗜食。在当时还比较守旧俗的北京，"旧式饽饽铺，京钱四吊（合南钱四百文），一口蒲包，今则稻香村谷香村饼干，非洋三四角，不能得一洋铁桶矣；昔日抽烟用木杆白铜锅，抽关东大叶，今则换用纸烟，且非三炮台、政府牌不御矣；昔日喝酒，公推柳泉

---

① 董善元、陈伯康、马祥宇：《话说东安市场》，载北京市政协文史资料委员会编：《北京文史资料精选·东城卷》，北京：北京出版社2006年版，第110页。

② 袁熹：《北京近百年社会变迁（1840—1949）》，北京：同心出版社2007年版，第217—218页。

③ 吴建雍：《北京城市生活史》，北京：开明出版社1997年版，第346页。

居之黄酒，今则非三星白兰地、啤酒不用矣"①。据 20 世纪 30 年代初调查，北京当时有汽水厂十五六处，每年三月初开始生产，每年年销售量在七八千元。② 说明西式饮食已引起了北京饮食习俗的较大变化，丰富了北京人的日常生活。

除了西菜外，民国时舶来的饮食中，还有一种东洋菜。经营这种菜的菜馆，绝大部分由日本人开设，在口味上完全有别于中菜和西菜。这种菜的主要品种，一种叫 Sukiyaki，即用肉类和各种蔬菜豆腐放置火锅内，随煮随吃，颇相类于中国的暖锅；另一种名 Osasmi，即将一种不腥的鱼，就着酱料姜丝生吃。这两种菜的影响，从总体上说，没有西菜来得大。

其实，就中国人的嗜好来说，西餐、东洋菜并不比中餐好吃。中餐注重口味，而西餐倾向于营养，从纽约到旧金山，牛排就是牛排，千篇一律，并没有什么变化。对于吃口味的中国人来说，有一些西餐简直味同嚼蜡。当年在北京的一次民意调查里，有"你爱吃中餐还是西餐呢？"的问题，结果回答吃中餐者占77%（1907 人），回答爱吃西餐或回答"中西餐合而食之""中餐西式""西式的中餐""改良的中餐"者占23%（570 人）。③ 这说明对西餐感兴趣的只是一部分人。他们对西餐有兴趣，其原因并非出于口味上的偏好，而是因为吃西餐这种饮食形式代表了一种新鲜、时髦的风尚，也是崇洋心理在作祟。

在饮食风俗西化的初始阶级，也有"过头"之处，甚至到了"崇洋"的地步。"中国菜甚好，偏爱外国大餐"④。当时称西餐为"吃大餐"，"吃大餐"乃地位和身份的象征。对于大多数北京人而言，吃西餐只是一种显示身价的消费，或者说是一种赶时髦的行为。事实上，饮食风俗的"全盘西化"是不可能的，西方饮食作为新兴的洋化事物，不管有多么好，多么富有现代气息，也不能全面取代北京的饮食传统，何况西方饮食同样也有许多不足之处，更何况北京饮食文化的传承具有其他民族难以匹敌的强烈惯性。对于这一点，时人有比较清醒的认识："其初，通商大埠，西人侨居，遂有西餐馆设焉。华人偶入其间，一尝异味者，无非公署舌人，洋行执事，应外人之招，酬酢往还，不能不从其饮食之习惯。今则往还者非西人，所在者非口岸。亦若非入大餐馆无以示其阔矣。猪排牛尾，生吞

---

① 胡朴安：《中华全国风俗志》下篇卷一"京兆"，上海书店影印版，1986 年，第 3 页。
② 娄学熙：《北平市工商业概况》，北平市社会局铅印本，1932 年，第 351 页。
③ 《北京晨报副刊》，1912 年 8 月 9 日。
④ 白水乐生：《偏爱》，载《申报》1912 年 3 月 11 日。

大嚼，何尝甘其味，不过一餐数十金，以为场面若此，可以为交游光宠也，而奈何妇人女子亦效其习乎？"① 胡适先生亦有相似论述："数量上的严格'全盘西化'是不容易成立的。文化只是人民生活的方式，处处都不能不受人民的经济状况和历史习惯的限制。这就是我从前说起的文化惰性。你尽管相信'西菜较合卫生'，但事实上决不能期望人人都吃西菜，都改用刀叉。况且西洋文化确有不少的历史因袭的成分，我们不但理智上不愿采取，事实上也决不会全盘采取。"② 民国北京饮食民俗"洋化"的倾向始终是局部的，而且多滞留于北京城市中心。不过，这确是民国北京饮食风俗显著的特征之一。

5. 城里饮食两极分化

到了民国，饮食的两极分化越来越明显，时人对此就有强烈的对比："乳鸡乳鸭，北平巨产，鱼虾、蛤蜊、笋、蔗，逐一齐来。土菜之外，外蔬亦到，富者尽可尝之，贫者谈何容易。然而统核全境，窭人正多，即使年事已高，饫闻鲜美，而生计所迫，苦谋啖饭之不暇，又奚暇目击甘旨，一一求详，而强作老饕之幻想耶？充饥画饼，吾觌已多，回思廿年前之熙来攘往于北平市上者，真要羡若天上神仙，而直替无量数人痛哭矣。"③ 富人和穷人饮食反差之巨大，令人感到心酸。

按徐珂的说法："嘉、道以前，风气犹简静。逐之繁，始自光绪初叶。"④ 清末以降，北京城弥漫一股奢侈铺张的饮食风气。民国期间，这一风气在资本主义商品经济的刺激下，愈演愈烈。由于西方资本主义的入侵，商品的日益大量输入，以及适应侵略者的需要，民族资本家在北京兴办了各种经济文化实体。在各大商店里，五光十色、琳琅满目的饮食生活消费品充斥市场，诱惑着人们的感官，刺激着人们的食欲。竞相进出西餐馆成为一种值得炫耀的时髦。"一饭之资费百圆，招花侑客醉当筵。昔人到底寒酸甚，日食区区止万钱。"⑤ 奢风之盛行，又刺激了社会上各类消费性行业的畸形蔓延。北京"国变后，茶社酒馆林立，娱乐场所的

① 缪程淑仪：《家政门：改良宴会之一席话》，载《妇女杂志（上海）》1919 年第 5 卷第 8 期，第 1—2 页。

② 转引自蔡尚思：《中国现代思想史资料简编》第 1 卷，杭州：浙江人民出版社 1982 年版，第 166 页。

③ 张次溪纂、尤李注：《老北京岁时风物：〈北平岁时志〉注释》，北京：北京日报出版社 2018 年版，第 135 页。

④ 胡朴安：《中华全国风俗志》（下），石家庄：河北人民出版社 1988 年影印，第 2 页。

⑤ 《京华百二竹枝词》，《清代北京竹枝词（十三种）》，北京：北京古籍出版社 1982 年版，第 134 页。

增加，都是风俗奢靡的表现"①。在奢靡饮食风气的刺激下，民国北京的茶楼和酒馆像雨后春笋，纷纷开业。在明清的饮食老字号得到进一步发展的同时，又涌现出一批新的餐饮名店。"民国以后，北京政权更迭不断，军阀、政客、野心家、冒险家和地主绅商更是互相钻营，应酬往来，饭庄、饭馆成为他们理想的结亲纳贵之所。因此清末民初北京的庄馆业曾盛极一时，大饭馆即有一百多家。尽管1928年首都南迁，军阀、官僚和政客大多随着迁走，加上连年战争，特别是日本帝国主义占领北京后，百业俱废、经济萧条，使北京餐饮业一落千丈，纷纷歇业，但是一些实力雄厚、经营有方的餐馆仍然得到发展。"②

即便在民间的饮食行为中，也有彰显阔气的"八大碗"之说。老北京"八大碗"实际上是一种既普通又实惠的菜肴，就是把鸡、鸭、鱼、肉通过8种精心烹制之法做成的色香味形俱佳的菜肴，用传统的瓷碗盛放摆上餐桌的美食。"八大碗"即大碗三黄鸡、大碗黄鱼、大碗肘子、大碗丸子、大碗米粉肉、大碗扣肉、大碗松肉、大碗排骨等。老北京"八大碗"虽流行在民间，但也曾是贵官商贾和皇宫里的美味佳肴。清军入关后，带来了满族的"八大碗"，即雪菜炒小豆腐、卤虾豆腐蛋、扒猪手、灼田鸡、小鸡珍蘑粉、年猪烩菜、御府椿鱼和阿玛尊肉。这些菜制作方便，易储存，行军打仗的士兵取胜后常摆八大碗祭祖，然后分而食之。后来这些菜经过改良流进宫廷，又成为清王朝宴席上必不可少的佳肴。清末民初，"八大碗"进入寻常人家。当时，"八大碗"在京城盛行一时，京城各商号对老客人，也常以八大碗相待，甚至军政要员、巨绅富豪，也要求品尝八大碗。③ 通常筵席桌上也有"四干""四冷""四热""八碟""八碗"等。后来，饭馆的菜品逐渐演变成"四冷"或"六冷"，八道热菜、十道热菜、十二道热菜。北京人为了面子，尽显京城人的派头和阔气，便追求菜品数量及规格，凸显饮食挥霍的消费风气。

有钱的人家，吃喝玩乐都讲究"摆谱"。以在戏园子听戏为例，"您别看座位不讲究，听戏的谱儿，可不小，买卖地儿的大掌柜，二掌柜，一旦听一次戏，前面的桌上，一壶好茶，一盒绿盒的炮台烟之外，还放着四碟'鲜货'，瓜果李桃。

① 李清悚编：《首都乡土研究·风尚》，载徐杰舜、周耀明：《汉族风俗文化史纲》，南宁：广西人民出版社2001年版，第459页。

② 袁熹：《北京近百年生活变迁（1840—1949）》，北京：同心出版社2007年版，第221页。

③ 范德海、侯培铎、王云：《说说老北京的"八大碗"》，载《中国食品》2007年第12期。

四盘干果，黑白瓜子，糖豌豆，大酸枣儿。每天到下午三点多钟，小徒弟挑着‘食盒'，给东家掌柜的送点心，肉馒头，或甜咸小包子"①。在戏院里也要饱享口福。大家听的都是同样的曲目，但诉诸口腔的品味却不一样。以食物的高档、精美及殷实来显耀社会上层的地位，成为那时的一种时尚和流行的社会现象。

殷实人家常吃炸酱面，而"食杂粮者居十之七八，……不但贫民食杂粮，即中等以上，小康人家，亦无不食杂粮。杂粮以玉蜀黍为最多，俗名玉米"②。据社会学家陶孟和1926年对手工业者和小学教师做的社会调查，北京普通家庭97%以上的收入都用在了服装、住宅、食品、燃料、照明和水这些日用必需品的开销上，其中70%用于食物，主要是大米和面粉。③ 其实，人们最常吃的是小米面和玉米面。小米面其实是黄豆面与糜子面的混和物，上等的小米面约含糜子面60%、黄豆面40%，次等的小米面含糜子面70%、黄豆面30%，再下等的又掺和玉米面。小米面营养好，价格便宜，所以成为北京广大贫苦市民的主要食品。据粮商和工人们的估计，普通工人吃小米面的数量比吃大米多六倍，比白面多两倍半。④ 玉米面也称杂和面，也为北京贫苦市民的重要食品。这二种杂粮吃的方法很多，如做窝窝头、贴饼子、疙瘩汤、熬粥等等，这基本上就是穷苦市民一年到头的主食。为了改善生活，人们粗粮细做，也做出许多美味食品，如油面卷、豆面糕、豌豆黄、面茶、豆汁儿等。

平民的主食是杂粮，副食蔬菜也不能满足基本需求。有谚语形容工人所吃的菠菜是："菠菜秀了穗，来到东晓市，这里再不要，就往臭沟倒。"工人家庭还爱吃葱、蒜、辣椒等富有刺激性的食品，主要由于贫者无力购食肉类及其他精美食品，以此提味也。据调查，民国十五年（1926），工人家庭一个月食用蔬菜36.4斤，主要有白菜19.1斤、酸菜1斤、咸菜2.7斤、葱0.85斤及豆类食品2.6斤等等。⑤ 平民之家每餐只有一个菜，冬天主要是白菜、萝卜；夏天是茄子、扁豆。饺子和打卤面是节日的饮食，平常吃不上。夏天佐饭的"菜"，往往是盐拌小葱，冬天是腌白菜帮子，放点辣椒油。更为贫苦的，常以酸豆汁儿度日。酸豆汁儿是最

---

① 陈鸿年：《故都风物》，北京：北京出版社2017年版，第132页。
② 李家瑞编：《北平风俗类征》"器用"，上海：商务印书馆1937年影印本，第250、253页。
③ 陶孟和：《北平生活费之分析》，上海：商务印书馆1930年版，第47页。
④ 甘博、孟天培：《二十五年来北京之物价工资及生活程度》，北京：北京大学出版部1926年版，第16、24页。
⑤ 陶孟和：《北平生活费之分析》，上海：商务印书馆1930年版，第47页。

便宜的东西，一两个铜板可以买很多。把所能找到的一点粮或菜叶子掺在里面，熬成稀粥，全家分而食之。① 在郊区一些更贫穷的农家，如黑山扈村被调查的64家中，蔬菜费占一切食品费的6%，平均每家全年8.4元，每月7角，每日仅合2分3厘。约55%的家庭全年蔬菜费不到5元。② 蔬菜费显然不足以满足需求，许多家庭只能靠挖野菜作为补充。

　　民国期间，北京饮食文化呈现极度不平衡的状态，城内达官贵人花天酒地，饱食终日，城外，尤其是边远山区基本上仍处在自给自足、对外封闭、故步自封的境况之中。任何时期的饮食文化在北京地区的表现都有不平衡性，只不过民国饮食的不平衡则更为全面和突出。以猪肉为例。北京居民主要食用猪肉，月收入5元的家庭，平均在这项上的开支全年才有23分；月收入10元的家庭，每消费单位的开支为每年60分；月收入15元的家庭，这项单位开支为每年80分；月收入最高的300元，每消费单位每年这项开支可达14.6元。当时猪肉的价格每斤30.5分。由此看来，最低收入家庭的成年人，每年食用猪肉还不到一斤。③ 外城南部尤为外来贫穷人口所居，与北部商贾、官绅聚集之处形成鲜明对比。民国初人回忆说："昔年官立义家，多在外城以内。施粥厂舍，亦均在南横街、三里河各处，以其为贫民之所麋集也。"④ 后世也有亲历者写道："人们在解放前挨饿是不足为奇的。北京南城穷人最多，挨饿的也最多，不少人都是吃了上顿没下顿。我在严冬亲眼所见，街头巷尾的墙根下、厕所里，一些'卧倒'都是冻饿而死的。不少穷人，就靠讨饭、打粥为生。"⑤ 相对而言，外城南部的贫困者更为集中。

　　正如老舍先生在长篇小说《四世同堂》中指出的那样："北平虽然作了几百年的'帝王之都'，它的四郊却并没有受过多少好处。一出城，都市立刻变成了田野。城外几乎没有什么好的道路，更没有什么工厂，而只有些菜园与不十分肥美的田；田亩中夹着许多没有树木的坟地。在平日，这里的农家，和其他的北方的农家一样，时常受着狂风、干旱、蝗虫的欺侮，而一年倒有半年忍受着饥寒。一到打仗，北平的城门紧闭起来，城外的治安便差不多完全交给农民们维持，而农

---

① 舒乙：《老舍著作和食文化》，载《中国现代文学研究丛刊》1990年第3期。
② 李景汉：《北平郊外之乡村家庭》，北京：商务印书馆1929年版，第119页。
③ 吴建雍：《民国初期北京的社会调查》，载《北京社会科学》2000年第1期。
④ 陈宗蕃：《燕都丛考》，北京：北京古籍出版社1991年版，第471页。
⑤ 崔金生：《北京的吃喝》，载《北京档案》2011年第9期。

民们便把生死存亡都交给命运。他们，虽然有一辈子也不一定能进几次城的，可是在心理上都自居为北平人。他们都很老实，讲礼貌，即使饿着肚子也不敢去为非作歹。他们只受别人的欺侮，而不敢去损害别人。在他们实在没有法子维持生活的时候，才把子弟们送往城里去拉洋车，当巡警，或做小生意，得些工资，补充地亩生产的不足。"① 北京市郊的土地大多并不肥沃，依靠劳动所获得的收成不足以支撑他们过上富裕的饮食生活。

民国期间，民俗明显地处于新旧交替的时期，而且新旧的反差巨大，出现了一种饮食习惯拥有多种不同表现形态的纷繁格局。即便是在城里，也存在明显差异。时人总结其原因：多年军阀盘踞，"重征暴敛，予取予求剥民脂膏，以偿欲壑，贫民负担过重，生计日蹙"，加之连年混战，"兵燹劫余，四民失业，贫困益甚"。② 尤其是1928年国都南迁后，北平的政治地位丧失，诸多政府官员失去了工作，没有了薪水，一般平民更是找不到收入来源，贫民数目激增。甘博《北京的社会调查》引用1914年警察局相关调查数据说：整个北京城，"有96850人，也就是总人口的11.95%，被列为'贫困'和'赤贫'"。③ 这些人家常年吃炉子饭，主食为棒子面窝头，副食冬以白菜、萝卜为主，其他三季以菠菜、萝卜等随季大路菜为主，节日期间可吃到馒头、白面饺子、年糕等。遇到喜事、丧事多简办，主食是小米饭或面条，副食多为粉条猪肉、豆腐之类。若收割大忙，特意吃棒子面、饹子摊鸡蛋等。尚可勉强维持生计，还有朝不保夕的城里人。《北京风俗问答》第10章"一文公司"提到的贫困状况更加严重："北京的人足有十七万户。不能生活的人家足四五万户。"④ 1923年3月6日《北京益世报》载：据警察局调查，城内居民当年"有贫者31416人，赤贫者（系指濒于饥毙者）65434人"。

每逢灾年，政府或民间的赈济机构设法施救。如民国十一年（1922）五六月间，京师公益联合会以"近畿地方惨遭战祸，村庄如洗，鸡犬皆空，溃兵所经，民食荡尽"，"加以天久不雨，旱魃为灾，目下粮食确有恐慌"，曾多次筹集赈粮，分别函请交通部"速备车辆，免费照运"，步军统领衙门、京兆尹公署"准予起

---

① 老舍：《四世同堂》，天津：百花文艺出版社1985年版，第146页。

② 管欧：《北平特别市社会局救济事业小史》，北京：北平市社会局刊印1929年，第4页。

③ ［美］西德尼·D. 甘博：《北京的社会调查》，陈愉秉、袁嘉等译，北京：中国书店2010年版，第289—290页。

④ ［日］加藤镰三郎：《北京风俗问答》，大阪屋号书店，昭和十四年版，第20页。

运赈粮赴灾区"①。1923年3月《市政通告》公布：本月仅6个粥厂的乞食者，即达1120505人次。民国十一年（1922）十二月，据北京贫人救济部之调查，北京共有贫民72580人，散布于各区②，有许多家庭靠粥厂每天施予的那唯一的一勺热粥来熬过冬季。民国十八年（1929）《市政公报》第38期"本市慈善团体十八年冬季粥厂救济状况统计表"载，计有11个单位开办粥厂23处，每日领粥人数43252人，每日施放米粮数为64石。1937年"卢沟桥事变"后，郊区粮食等生活必需品无法进城，居民的粮食消费水平每况愈下。民国三十一年（1942）年底，伪政府对公务人员亦停止供应大米，白面由每人一袋减至半袋，普通居民只供应粗粮、混合面。混合面中的豆饼是榨出了油的豆渣子压成的饼，原是喂骡马、大牲畜的饲料，侵略者却用来给北平百姓当口粮。这种混合面食用之后，消化困难，造成大便秘结、便血。就是这种混合面，因粮源不足，时有时无，供应点、供给期都不固定。③ 1944年1月8日伪《新北京报》上公布了前一天粥厂领粥的人数：男924人，女1826人，幼童701人，壮丁无，共计3451人。共享玉米1000斤。若按此数平均，每个领粥者尚不足3两粮食，不知其家中还有几口老小等着赖以活命。抗战胜利后，1946年3月10日至1949年12月10日，3个月内救济贫民累计2200361人次，用粮603725市斤。④ 1946年12月1日至1947年3月14日，市社会局共设粥厂26处，暖厂7处，粥、暖厂施粥总人数为1971889人次，用粮549377市斤。1947年3月，粥厂、暖厂停办后，本来无衣无食的饥民一下"倒卧"街头30人，比2月份增加12人。据当年年底统计，北平城全年内冻饿而死的饥民达667人。⑤

许多笔记著作里都有描述北京城里贫民的文字："隆冬沍寒，身无寸缕，行乞于市，仅以瓦片及菜叶遮其下体而已，见者无不黯然。"⑥ 除年节外，工人家庭的

① 刘锡廉：《京师公益联合会纪实》（出版地不详），1925年，第221页。

② 《北京益世报》，1923年3月6日。

③ 北京市地方志编纂委员会编：《北京志·综合卷·人民生活志》，北京：北京出版社2007年版，第195页。

④ 《光复后一年之北平》，1946年10月版，法学所图书馆藏。

⑤ 北京市地方志编纂委员会编：《北京志·商业卷·粮油商业志》，北京：北京出版社2004年版，第60页。

⑥ ［明］史玄、［清］夏仁虎、［清］阙名：《〈旧京遗事〉〈旧京琐记〉〈燕京杂记〉》，北京：北京古籍出版社1986年版，第125页。

餐桌上几乎没有荤食。零食更是少之又少，只占1%。① 北京工人饭食长年是窝头、咸菜。新鲜蔬菜极少问津。只有到菜季末，菜老得没人吃的时候，掌柜的才买点给工人吃，工人吃的净是些过了季的菜。改善生活的时候也有，如按瓦木行会规定，每月的初二、十六掌柜的要给工人吃白面和肉，可是实际上是掌柜的、工头、账房先生借机大吃大喝，工人们能喝上汤就不错了。② 况且北京工人工资一直在低水平运行，收入较之其他城市更低。据王子建统计，1926年北京一个手艺工人的年收入才157.5元，1927年普通工人的年收入180.36元。而同期上海工人的年收入达到252元，辽宁工厂工人年收入达453.72元，河北塘沽工人收入达204.77元。③ 1928年首都南迁，北京的经济凋敝，大批人员失业。据统计，1928年6月至1929年6月，全市失业职工3万人，达到职工总数的32.97%。④ 加上物价不断上涨，平民家庭养家糊口都极为艰难。即便是饮食业的从业者，也有陷入贫困惨境的。余煌《卖饽饽》诗曰："卖饽饽，携柳筐，老翁履敝衣无裳。风酸雪虐冻难耐，穷巷局立如蚕僵！卖饽饽，深夜唤，二更人家灯火灿，三更四更睡未浓，梦里黄粱熟又半。数文交易利几何？家有妻母弟与哥。一夜街头卖不得，归去充饥还自吃。张灯忽见朱门开，一声高唤老翁来；中堂杯盘馔狼藉，主人门前正送客。"⑤

妇女救济院是民国时期北京政府开办的规模最大、历时最长的妇女救济机构。妇女救济院规定：院女每日两餐，上午小米粥，下午小米饭，伙食费每人每月二元八角。⑥ 能够保障被救济妇女肚子不饿就不错了。她们只能得到"每天两顿勉强维持生命、苟延残喘的粗饭"，常常有人"因为吃了带糠和沙子的小米饭，就闹泻肚子"⑦。饥寒交迫也是当时北京饮食文化的不可忽视的现状，凸显了上层社会与下层民众饮食水平的巨大差异。

进入民国，北京饮食明显处于一个革故鼎新的转折过渡期。譬如，在没有现代交通工具之前，"没有治安规章强迫他们必须要生活得整洁有序。下等人把街道

---

① 陶孟和：《北平生活费之分析》，北京：商务印书馆1930年版，第90页。
② 吴建雍：《北京城市生活史》，北京：开明出版社1997年版，第321页。
③ 王子建：《中国劳工生活程度》，载《社会科学杂志》第3卷第2期。
④ 林颂河：《统计数字下的北平》，载《社会科学杂志》第2卷第3期。
⑤ 转引自常人春：《老北京的风情》，北京：北京出版社2001年版，第126页。
⑥ 管欧：《北平特别市社会局救济事业小史》，北京：北平市社会局刊印1929年，第49页。
⑦ 乐山：《想起了妇女救济院》，载《民声报》1937年1月14日。

当卧室，他们不习惯，也不需要隐私；店老板要是觉着自己的店面太小，就会把货搬出来占着路边卖；住户乐意把垃圾扔在门口就会把垃圾扔在门口；小贩要是还价还得兴起，可以撂下挑子堵着胡同，几个钟点也雷打不动"①。而"革故鼎新"本身就蕴含了不平衡的因素，亦即是说，新旧风俗交织在一起，不可能是清一色的新，也未必是完完全全的旧。在这种传统生活向现代化转变的艰难进程中，北京城里饮食差异明显，往往呈现出中西混杂、新旧并陈的格局。

6. 农民粮食自给不能自足

在北京城发展历史上，何时出现"乡"已难稽考。明代北京城外的郊区已出现，但未见明确的称谓。至清代，才有了"城属"的叫法。尽管称谓晚近才出现，但"乡"早已存在。元代的北京郊区，有一些村庄是因居住着特殊的专业户而形成的。这些专业户，有的专门种植蔬菜瓜果，为栽种户；有的专门牧养鸡鹅鸭、牛羊猪，为牧养户；有的专门管理南海子②，为海户；等等。

农民所栽种、所牧养、所管理，首先是为了满足北京皇宫饮食的需要③，但他们自己却过着贫穷的饮食生活。以良乡县为例，"食品以小米为主，次则杂粮蔬菜，均系自种者，因时而异，普通多食白菜、韭菜、马铃薯等价值低廉之物，酒肉则非逢年节庆吊，不轻用也"④。饮食水平低下，究其原因，还不在于生产收获需要上贡，而是生产条件和环境实在低劣。京郊耕地少，人口密度大，人均占有耕地相对不足，单位土地上的劳动投入高于一般地区。玉米、高粱和小麦的产量也比较低。麦子最为可口，农民却卖了换钱以购买日用品，只留下价格低廉、营养不高的粗粮自己食用。"一般农家花费最多的自然是在饮食方面。但他们还是尽量把不值钱的农产品留下来自己吃。除农忙和年节外，平常一天只吃两顿。"⑤ 即便是粗粮，也不能完全果腹。

---

① ［英］朱丽叶·布雷登（Juliet Bredon，中文名裴丽珠）：《北京纪胜》（*Peking：A Historical and Intimate Description of Its Chief Places of Interest*），转引自董玥：《民国北京城：历史与怀旧》，北京：生活·读书·新知三联书店2018年版，第42—43页。

② 《帝京景物略》卷三"南海子"云："城南二十里有囿，曰南海子。方一百六十里。海中殿，瓦为之。曰晾鹰台者，猎而晾鹰焉尔，不可以数至而宿处也。殿旁晾鹰台，鹰扑逐以汗，而劳之，犯霜雨露以濡，而煦之也。台临三海子，水泱泱，雨而潦，则旁四淫，筑七十二桥以渡，元旧也。"参见［明］刘侗、于奕正著，孙小力校注：《帝京景物略》，上海：上海古籍出版社2001年版，第195页。

③ 侯仁之主编：《北京城市历史地理》，北京：北京燕山出版社2000年版，第460页。

④ 卞干孙：《河北省良乡县事情》，中华民国新民会中央指导部，民国二十八年（1939），第28页。

⑤ 《清河村镇社区——一个初步调查报告》，燕京大学社会学系《社会学界》第10卷，1938年6月。载李文海主编《民国时期社会调查丛编·乡村社会卷》，福州：福建教育出版社2009年版，第39页。

作为清朝和民国初期的首都,北京同时控制着城墙内的市区以及它周边的农村地区。统治者可以调配辖区内的物资包括饮食资源,农民也同时享受到作为都城人口的政策。到了民国时期,北京从几个县的管辖之下独立出来,开始向现代都市的方向发展,专注于城市的规划和建设,并逐渐与农村分离,然而同时它也产生出了新的调动农业资源的机制。[①] 这种机制大多限定在买与卖的关系及税制的框架当中。从此,北京农村的饮食资源几乎依靠自力更生,城乡差异越来越巨大。

正当北京城内的贵族饮食趋于大餐奢靡消费的同时,北京郊区,尤其是一些山区的饮食仍保持着农耕饮食的状况,丝毫没有大都市的饮食排场。就主副食而言,京郊的农业种植,以玉米、高粱占第一位。据1936年河北省棉产改进会对京郊农作区调查,玉米、高粱种植面积占耕地的58.8%;谷类占23.75%;小麦占9.19%;以下依次为豆类、甘薯、花生分别占耕地面积的4%、1.88%、1.63%。[②] 以杂粮为主,说明郊区农民的饮食水平还相当低下。"玉米为大宗,谷、麦、高粱、菽次之;蔬菜以葱、韭、菠、白菜、萝卜、芥菜为普通,豆腐、鸡蛋次之,肉类又次之;稻米运自南省,间亦购食。冬春昼短,多两餐,麦秋间有四餐,余三餐。"[③] 就四季而言,时有顺口溜"春天落个鲜饱,夏天落个水饱,秋天落个实饱,冬天落个年饱"。就是说清明过后,"二月二龙抬头",北京郊区有吃春饼的习俗。菜园子的菠菜、小葱长起了,餐桌上多出了一些新鲜的青菜,并有了菜饽饽和大馅菜团子,有的农民还挖刚长出来的野菜,用于补充粮食之不足,谓之鲜饱。夏季是农忙季节,主妇要为下田干活的男人多做些干粮和耐饿的主食,如小米过水饭,或过水凉面等,再备些绿豆汤,宜天热食用,加上夏季各种瓜果成熟,西瓜、香瓜、梢瓜、黄瓜都吃了不少,所以农民多说"落个水饱"。北京秋季有贴秋膘一说,有钱的人吃鸡鸭鱼肉,中等人吃猪肉羊肉,没钱的人也要吃顿面。意思是,立秋这天吃点好的,到了立秋以后,身上就要长肉的。[④] 入秋后需要改善伙食,补充营养。秋季也是农作物成熟的季节,要吃烙饼摊鸡蛋或一些荤食,以便下地秋收。这也是一年中吃得最饱的季节,常言道:"家里没有场里

---

① 董玥:《民国北京城:历史与怀旧》,北京:生活·读书·新知三联书店2018年版,第54页。

② 《河北省棉产调查报告书》,载《河北省棉产改进会特刊》第二种,1936年版,第16页。

③ 《顺义县志》,民国二十二年铅印本。转引自丁世良、赵放主编:《中国地方志民俗资料汇编》(华北卷),北京:书目文献出版社1989年版,第23页。

④ [清] 张廷彦等编著,徐菁菁、陈颖、翟赟校注:《〈北京风土编〉〈北京事情〉〈北京风俗问答〉》,北京:北京大学出版社2018年校注版,第262页。

有，场里没有地里有，地里没有山上有，不管哪里总是有。"无论如何都能够达到"秋饱"。进入冬季，除了大白菜，就是咸菜和干菜。一日三餐改为一日两餐。大家盼望过年，年夜饭是一年当中最丰盛的一餐饭，可以图个"年饱"。可见，能够吃饱是当时北京农村饮食的一个最高标准，与城里的饮食水平有着天壤之别。[1]

京郊农民，包括粮农和半粮半菜或半农半工户，每年秋收以后，都要出售一批粮食，以便换钱还债或买棉买布过冬。一般的规律是：越是穷主，越得卖粮，因为他们没有其他进钱门路，等到来年青黄不接时，他们又不得不以高价买粮。钱的来源，一是卖青；二是高利借贷。[2] 除了主粮，还有鲜果。在果品收获季节，在门头沟三家店商业街，龙泉雾的香白杏、东山的京白梨、太子墓的小枣、窑瓦窑的闻香果、北安河的水蜜桃、陇驾庄的盖柿等等，都汇聚于此。农民纷纷用推车或马车将自家种的水果运抵出售，以补贴日常开销。北京城里永定门果子市商人住在这里，购买新上市的鲜果，运往城里出售。

一般贫者半年粗粮吃糠咽菜。所谓吃糠就是在棒子面儿里掺杂碾米簸出的糠皮，或是磨麦子或玉米筛出的麸皮，稍好一点的还可以掺杂豆腐渣或做粉丝剩的渣子——麻豆腐，蒸成饽饽。豆腐渣和麻豆腐也可以不掺入棒子面儿里，单独炒一炒吃。这些掺了糠的饽饽吃起来不仅口感和味道极差，甚至很难下咽。所谓咽菜有两个内容，一个是吃无毒的野菜。每到春季万物萌发，穷苦人家的孩子大人，挎着篮子到野外去挖野菜。不同的月份，不同的地方可以挖到很多种不同的野菜，如苣荬菜、人人菜、小燕菜、麻仁菜、荠菜等，切碎掺入棒子面里蒸菜饽饽。也可以把野菜切碎拌馅儿，包棒子面儿菜团子。另一个是吃春天的榆钱儿、柳芽等。榆钱儿捋下来洗净，掺在棒子面儿里蒸榆钱儿糕。柳芽也可以蒸糕或做菜团子。最低档次的就是沿街乞讨要饭了。[3]

农村秋冬季吃棒子面儿（玉米面）贴饼子、烤红薯、棒子渣儿粥或高粱米、小米粥，杂以红薯干儿、豆皮儿、高粱面、豆腐渣、粉渣、豆饼、棉籽饼，就老咸菜（腌芥菜）、腌芥菜缨、萝卜缨，或酱炒白菜、爆腌萝卜丝等，春夏季则杂以

① 曾晓光：《传统的北京农村食谱》，北京：中国农业科学技术出版社 2010 年版，第 81—83 页。

② 北京市地方志编纂委员会编：《北京志·商业志·粮油商业志》，北京：北京出版社 2004 年版，第 11 页。

③ 王文续：《百姓餐桌》，通州区政协文史和学习委员会：《通州民俗》"上册"。北京：团结出版社 2012 年版，第 180 页。

榆树叶和各种野菜。逢年过节吃高粱面或棒子面加榆皮面饺子、豆馅圈子、棒子面糖精发面糕,吃打糊饼(葱花糊饼、馅糊饼)、轧饸饹(一种面条)、拍尜尜(玉米面小方块下锅煮食)等。① 顺义后沙峪村,村民温饱得不到解决,吃了上顿没下顿,逢灾要靠野菜、树叶、糠皮等充饥。日伪时期,村民只能吃到用稻糠、玉米芯、地瓜秧配成的"混合面",有些人家甚至去乞讨或逃荒。② 像这样村落的现象极为普遍。

粮食的自给也表现在加工方面。民国农村只有少数富户备有碾子、石磨,绝大多数人家是没有的,但是一般村庄都有公用的碾子和磨,用的时候要自备牲口和各种用具。常常是先在碾台或磨台上放一把笤帚,所以有一句俗语"扔下笤帚占上磨",就是源于农村公认的习俗。③

7. 饮食消费层级逐渐形成

清末民初,北京的城市身份由"帝都"向"国都""故都"转换,整个社会的等级体系也经历着瓦解与重构的过程。出版于民国时期的都市地理小书《北平》曾将北京的人口划分为逊清的遗老、满族旗人、民国以后退休的官吏、当代握有重权的官吏、寄居北京的阔人、文人学子以及普通市民七类④,这七类人基本构成了支撑北京饮食消费的主要群体。就饮食消费倾向而言,由前清延续下来的饮食消费习惯仍在遗老、旗人与本土市民等群体中传承着,维持着传统饮食消费的经营,而其他群体则更主要是现代饮食商业方式的追随者,成为促进北京现代饮食行业发展的动力。

北京步入近代城市化的初始阶段,原有的官府和平民两极化的饮食二元消费格局被打破,"北平逐步拉近帝制时代由内、外城的区别所衍生与象征的身份、阶级与消费的尊卑差距"⑤。从饮食的角度而言,尽管基于血缘基础之上的等级制度消失了,但消费层级与特定的消费人群格局基本形成。而这种饮食消费群体的差

---

① 北京市通州区文化委员会、文学艺术界联合会编:《通州文化志》,北京:文化艺术出版社2007年版,第410页。

② 北京市顺义区后沙峪镇、后沙峪村支部委员会编:《后沙峪村志》(内部资料),2011年12月,第112页。

③ 王文续:《百姓餐桌》,通州区政协文史和学习委员会:《通州民俗》"上册",北京:团结出版社2012年版,第1

④ 倪锡英:《北平》,北京:中华书局1936年版,第154—159页。

⑤ 许慧琦:《故都新貌:迁都后到抗战前的北平城市消费(1928—1937)》,台北:台湾学生书局2008年版,第150页。

异又与居住环境密切相连。就城乡而言，边缘地带和城乡接合部多贫困人口，"盖因房价低廉，物价稍贱，生活较易故也"①。陶孟和也指出："北平本无贫民窟，尚不见现代城市贫富区域对峙之显著现象"，"自民国以来，以各方人民移居者多，房屋曾呈缺乏之象，房租增高，稍穷住户，多不得不移住郊外，或城内破烂不堪之房屋"。②

　　在城市内部消费层级分布也十分明显。"外一、外二、外五三区，居北平外城的北中部，恰是商业中心，所以贫民最少。内一、内二两区，居北平内城的南部，南与外一、外二等商业区毗连，可称作上等住宅区，所以贫民次少。内六区在从前的皇城以内，西郊、北郊有著名的风景和学校，贫民尚在百分之十五以下。其他各区的贫民，都在百分之十六以上，外四、内四两区，贫民在百分之二十以上，尤称最多。各区贫民的聚集地点，大都在内外城根附近。城墙的四角，尤其是贫民的特殊地带。北平的贫民，固然有一部分旗人，原来住在这些地方。但大部分贫民却因为地价房租的飞涨，一再为较为富裕的人家所驱逐，只得迁移到交通闭塞、生趣毫无的城根去。"③ 清末满族学者震钧在其所著《天咫偶闻》卷十记曰："京师有谚云：'东富西贵'，盖贵人多住西城，而仓库皆在东城。又云：'东风西雨'，盖逢东庙市日多风，逢西庙市日多雨。而今则皆不尽然，盖富贵人多喜居东城，而风雨亦不复应期矣。"

　　当时的经济状况是"东富西贵"。夏仁虎在《旧京琐记》卷八"城厢"中说得颇为具体："旧日，汉官非大臣有赐第或值枢廷者皆居外城，多在宣武门外，土著富室则多在崇文门，故有'东富西贵'之说。"据《道咸以来朝野杂记》记载："当年京师钱庄，首称四恒号，始于乾、嘉之际，皆浙东商人宁、绍人居多，集股开设者。资本雄厚，市面繁荣萧索与有关系。"④ 在东四南北主干道坐落着金融市场的四大钱庄，即"四大恒"。这四个恒字号钱庄是，恒兴号、恒和号、恒利号和恒源号，它们都在东四牌楼周围。恒和号在牌楼北路西，恒兴号居北隆福寺胡同东口，恒利号在路东，恒源号在牌楼东路北。钱庄应该是富有的有力证据吧。

　　除东西外，还有"南寒北贫"的俗谚。"南寒"指居住在前门商业中心以外

---

① 牛蕭鄂：《北平一千二百贫户之研究》，载《社会学界》第 7 卷，1933 年 6 月。
② 陶孟和：《北平生活费之分析》，北京：商务印书馆 2011 年版，第 24、67 页。
③ 林颂河：《统计数字中的北平》，载《社会科学杂志》第 2 卷第 3 期，1931 年 9 月。
④ ［清］崇彝：《道咸以来朝野杂记》，北京：北京古籍出版社 1982 年版，第 104 页。

的卖苦力为生的人家，"北贫"则是居住在新街口、德胜门一带的旗人，因断了俸饷而变得穷困潦倒。社会地位的悬殊必然在饮食方面有所表现。"至吃贯（灌）肠与牛羊下水的，与在豆浆饭摊成餐吃饭的，以寒苦劳力的人为多。"[①]"不平衡"是从民国饮食文化发展的历程而言，就相对静态和正面的视野考察，则是饮食文化的多样性及丰富性。

石继昌先生曾从多方面，就当时北京城内外的饮食状况进行了比较：

内城旗籍自辛亥革命以来，大都不能保其恒产，自乔木下迁幽谷，但多半还是转徙于附近，属于左翼东四旗的镶黄、正白、镶白、正蓝，仍多居住在东城，属于右翼西四旗的正黄、正红、镶红、镶蓝，也很少远离其故地。久而久之，不但内外城之间的风俗迥别，就连内城的东西两半部在风俗细节上也不尽相同。据说早年东城人见面爱说："您早喝茶啦！"西城人则爱说："您早吃饭啦！"因有"渴不死东城、饿不死西城"的趣谈。

……

有些物品的名称，内外城也不同。如早点里的油鬼，一名油炸鬼，据云宋人恨奸臣秦桧以此咒之，是极普通的食品。外城则呼油鬼为麻花。内城的麻花则另是一物，有蜜麻花、糖麻花、脆麻花之分。有无名氏咏粳米粥诗云："粥称粳米趁清晨，烧饼麻花色色新。一碗果然能裹（果）腹，争如厂里沐慈仁。"诗的作者虽不可考，但从"烧饼麻花"一语观之，当为外城住户无疑。[②]

上述"东富西贵"，到民国初年，"东富西贵"又有所变化。有学者分析民国初年的情况："至于内城，集中指数最高者是东半的中央，即内左二区。整体看来，商业的繁盛，是东城优于西城，南半优于北半。从东城，我们又可见到多少的集中趋势，即由中央往南北两侧递减，而靠南地区又强于靠北地区"。[③] 这是因为辛亥革命之后，那些夺得实权的达官新贵，逐渐向日渐繁华的东城聚集，东四、王府井、景山东街等处是他们的首选居住空间。譬如，段祺瑞的花园坐落在朝内北小街吉兆胡同，徐世昌的宅寓位于东四六条流水巷，外交部长顾维钧的私邸

---

① 王卓然：《北京厂甸春节会调查与研究》，北京：北京高等师范平民教育社1912年版，第20页。
② 石继昌：《春明旧事》，北京：北京出版社1996年版，第125页。
③ 章英华：《二十世纪初北京的内部结构：社会区位的分析》，载《新史学》1999年创刊号。

（孙中山先生来京时也曾居于此处）处在铁狮子胡同，这些住所都修得富丽堂皇，壁垒森严，一时变得十分显赫。"西贵"转而变成了"东贵"。与此同时，一些富商巨贾则移居西城丰盛、辟才胡同等处，使西城的一些街巷出现了"富"相。另外还有所谓"南贱北贫"之说，大体是指南城和北城的居民中贫贱之家较多。①居住环境与人群的消费水平直接从饮食中表现了出来，饮食消费状况与人群布局重合，"东富西贵，南贱北贫"成为认识民国北京饮食消费层级差异的最为流行的话语表达。

随着封建王朝的土崩瓦解，"贵"和"富"就属于饮食消费的顶端。一般而言，占人口绝大多数的平民则是这座城市饮食消费的主体，他们代表了饮食消费的实际水平。20世纪20年代末期，北京大学社会学教授陶孟和调查了北平48户工人家庭的饮食状况：

计有小米、玉米面、小米面、白面、白菜、腌萝卜、菠菜、豆腐、葱、香油、黄酱、盐、醋及羊肉等物，为全体家庭所购食，故亦可认为彼等之标准食品。米面类中消费最多者为玉米面，其次为小米面、荞麦及高粱，大米非北方人常用食品，且售价较昂，故仅偶尔用以煮粥。菜蔬类中，购食最多者为白菜、菠菜、豆腐、腌萝卜及葱。至葱、蒜、辣椒等，富于刺激性之食品，所以购食甚多者，盖由贫者无力购食肉类及其他精美食品，用之以提味也。

北方人民烹调及煎炒食物多用香油。盐、醋两物亦为不可少之调味品。黄面酱之滋味，北平人颇喜食之。表中盐之费用，仅次于香油，殊堪注意。近年政府对盐之制造、运输及售卖，皆课以重税，故食盐已成为贫民家庭之奢侈品，且有因其价高而甘于淡食者。

北平肉价腾贵，贫民家庭不能常食，即偶一食之，其数量亦至有限。表中肉类消费甚少，实属应有之结果。我国人向以喜食猪肉著称于世。今据北平工人家庭食品消费之调查，食羊肉者实较食猪肉者为多。其原因有二：一为北平自口外运入羊群，羊肉售价低廉，一为羊肉味甚鲜美，故食者较多也。②

① 王铭珍：《东富西贵 南贱北贫 南城茶叶 北城水》，载《北京档案》2009年第9期。
② 陶孟和：《北平生活消费之分析》，北京：商务印书馆2011年版，第56页。

　　一般人家粮食有玉米、小米、小麦、高粱等，贫寒人家终年以玉米面、小米面等粗粮为主，大米、白面只在年节食用。平民家庭以求温饱为满足，难以有对美味的追求。他们的饮食状况尽管不能成为同时代饮食文化的代表，但也是其中不可或缺的组成部分。如果说，有清一代以前的北京饮食以民族为特征，强调的是民族之间的差异的话，那么，民国的北京饮食则以层级为分析的切入点，饮食成为社会地位、职业、身份的隐喻，已超越了吃什么和怎么吃的问题了。平民饮食的贫苦反衬上层阶级饮食的奢华，在饮食消费主义的民国社会，这种差异表现得尤为突出。下面一段文字具体叙述了上层与下层不同的饮食状况：

　　北京菜馆做的菜，在国内通都大埠是很出名的，因为菜味清爽适口的缘故。北平人对于吃很讲究，这因为以前是都城的缘故。可是这种精美可口的吃法，只是限于北平的上层社会的人，中下阶级的市民，对于每天的食物，平时是只求清洁可口便足，他们每天只吃两顿饭，早晨十点多钟吃中饭，下午四点多钟吃晚饭，习以为常。食料以米面为大宗，往往中饭吃米，晚饭吃面，或是一天吃米，隔天吃面，饭菜也很简单，只求吃饱肚子就好，此外，不十分讲求精美。①

　　总体而言，随着国都的南迁，北京政治地位的下降，富贵人家渐渐流失，而平民人口不断涌现，饮食消费水平明显下降。对此，当时有人做了如下描述：

　　国都南迁，营业竟一落千丈，按现有饭馆数量，比较十年前，仅有百分之五十五强。川豫闽鲁菜馆亦已减少，其湘鄂赣皖滇等省，迄无发现之希望。山西馆规模均小，惟回教之羊肉馆仍能独树一帜，每至秋冬时，大有座上客常满之概。至小吃馆菜颇别致，因地方狭小，仅可邀二三知友小酌，未便大宴嘉宾。至人群口腹之趋向，肉食者居多，六味斋等素菜馆已无法存在，现仅一功德林，惜房间隘小，且无特殊菜品。广济、广惠两寺住持合办之洛珈园，制法颇为特别，并可中菜西吃，徒以经理不得其人，有如昙花一现。西餐馆依然如故，而福生食堂，菜场均简洁，颇合卫生要素。凡告饭馆均向食客代征百分之五筵席捐。咖啡馆生涯颇不寂寞，他如东安市场国强、大栅栏二妙堂、西单有光堂，西式糕点均佳。

---

　　①　倪锡英：《北平》，民国史料工程都市地理小丛书，南京：南京出版社2011年版，第160页。

茶社在夏令首推中山公园，北海次之，秋冬当以东西两商场为首选。①

　　饮食消费阶层最终不可能以地域划分，在饮食的维度中，社会等级和口味习惯成为构成不同消费群体的基本要素。"东富西贵""南寒北贫"等说法只不过是社会等级差异的另一种表达。

第二节　饮食经营环境

　　民国时期的北京是一座名副其实的消费城市，尤其是饮食消费。如果要问推动北京饮食文化传统发展的核心是什么，回答应该是"享乐主义"。由于经济落后，工业人口仅占城市总人口的 7.8％，商业人口却占 13.6％，这反映出当时的北平是以消费为主的城市，寄生阶级、阶层仍占主要地位。消费主义的形成表面上与经济状况有关，其实更取决于消费人口是否占绝大多数。根据 1908 年民政部的统计报表，北京的人口数字约 70 万。北京的官僚士绅的数量在总人口中的比重最高时竟然达到了 40％。北京城除了大量的政府官员、文人学士及其家属外，有数量惊人的天潢贵胄，也是一个饮食水平相当高的独特群体。这个庞大的，而饮食水平又相对较高的消费群体的存在，注定了北京高档饮食消费市场规模的不同凡响。② 1886 年，一位在北京定居多年的河南书生名为李虹若，他是这样给外地人介绍这座城市的："京师最尚繁华，市廛铺户装饰富甲天下。如大栅栏、珠宝市、西河沿、琉璃厂之银楼缎号，以及茶叶铺、靴铺，皆雕梁画栋，金碧辉煌，令人目迷五色。至肉市、酒楼、饭馆，张灯列烛，猜拳行令，夜夜元宵，非他处所可及也。京师最尚应酬。外省人至，群相邀请、筵宴、听戏、往来馈送，以及挟优饮酒，聚众呼卢，虽有数万金，不足供其挥霍。"③ 民国期间，北京并非一个物质生产为主或者说步入工业化的重要城市，而是以消费作为驱动力的大都市，这一城市定位有利于北京饮食业的蓬勃发展。

　　北京的饮食生活世界的确是满足食欲的乐园，饮食环境极其优越，买卖自由而又方便。餐馆林立，食摊遍布大街小巷，适合不同群体的饮食消费。当时，北京的大街小巷都有油盐店。有些油盐店还兼卖粮食，叫油盐粮店。油盐店卖的东

---

① 马芷庠编著，张恨水审定：《北平旅行指南》，经济新闻社 1937 年版，第 332 页。
② 齐大之：《论近代北京商业的特点》，载《北京社会科学》2006 年第 3 期。
③ ［清］李虹若：《朝市丛载》，北京：北京古籍出版社 1995 年版，第 69 页。

西相当齐全，有干稀黄酱、红糖、白糖和各种酱菜，有黄花菜、木耳、蘑菇、冬菜、紫菜，有吃涮羊肉用的各种作料。有些油盐店还设有"菜床子"，经营各种时鲜蔬菜，极大地方便了日常饮食生活。

这种饮食经营环境更在于饮食行业运作机制的日臻完善。譬如"卖粮食以山东黄县人最多，开肉铺的几乎全是掖县人。他们这几县人可称为大同乡，开饭庄的离不开猪肉和粮食，同乡之间在经济往来中互相照顾，互相提携"①。饮食生产和消费的过程形成了比较牢固的链条，环环相扣。逐渐步入现代化是民国饮食经营环境最鲜明的时代特征。食品加工的机械化批量生产极大地改变了饮食状况和结构。譬如，白酒酿造大多是前店后厂、手工烧锅酿制的小作坊。但已然出现了机械加工和生产的厂房，如宣统二年（1910）由法国人建立的上义洋酒厂、民国四年（1915）旅俄侨商兴建的双合盛啤酒汽水厂和民国三十二年（1943）日本人兴建的北平啤酒厂。此时期，北京五星啤酒问世。民国三十三年（1944）七月，日商投资的北平麦酒株式会社投产，产品名为天坛牌北京麦酒。北平的切面、挂面、面包生产也出现了简单的机械化，生产规模也有所扩大。这是饮食业的基本生存环境，助推饮食文化步入传统与现代化融合的进程。

1. 餐饮商业街

商业街是区域商业和区位环境在城市布局的集中表现，康乾盛世造就了北京商业市场整体格局。1840年后，帝国主义的铁蹄破坏了本已日臻完善的商业网络。1937年，日本帝国主义占领北京后强制实行贸易统治，饮食商业街遭遇严重冲击，餐饮店纷纷倒闭。尽管如此，在私营企业主和广大消费者的共同努力下，北京餐饮商业街的整体格局还是顽强生存了下来。

北京餐饮空间布局意识相当明确，而且延续的态势一直没有中断。这在其他城市并不多见。根据《日下旧闻考》记载，当时大都城内共有各种集市30处，其比较集中的有三处：一是位于城市中心的钟、鼓楼周围及积水潭北岸的斜街一带；二是位于城东旧枢密院的角市；三是位于今西四附近的羊角市。② 明皇城的扩展，使商业区的重心转移到了地安门外大街一带，围绕着皇城又形成了新的商业区。南城的丽正门菜市、文明门猪市和鱼市、顺承门果市和柴炭市更加繁荣起来。清

---

① 袁熹：《近代北京的市民生活》，北京：北京出版社1999年版，第35页。
② ［清］于敏中：《日下旧闻考》第二册卷三十八，北京：北京古籍出版社1981年版，第603页。

道光以后，固定的商业网也不断扩大，形成了正阳门街、地安门街、东西安门外、东西四牌楼、东西单牌楼、庙会市场、城内外的专业集市等商业街区。这些街区的食物销量已成相当规模，以正阳门为例，"肆……正阳门外尤盛"①。《日下旧闻考》载："今正阳门前棚房栉比，百货云集，较前代尤盛。足证皇都景物殷繁，既庶且富云。"② 正阳门外大街两侧有各类固定的饮食市场。肉市位于正阳门外大街东侧，这里是北京主要的饮食商业圈，"高楼一带酒帘挑，笋鸡肥猪须先烧。日下繁华推肉市，果然夜夜是元宵"。③ 饭馆酒肆汇聚于此，推杯换盏每至深夜尚不停歇。珠市位于正阳门大街西侧，"凡金琦珠玉以及食货如山积，酒榭歌栖，欢呼酣饮，恒日暮不休，京师之最繁华处也"。④

从清末洋务运动到民国时期，城市的建设向着近现代城市转变。不论是新型的商业街道还是传统商业区，都向着这一方向转变。因为居民分布的成分格局没有发生根本性变化，以往的繁华商业区大多延续了下来，依政局的变化也出现了新的商业中心。当然，由于政局不稳和战争的影响，商业街区也一度萧条。

据出版于1919年的《实用北京指南》介绍：

外国使署及其商业多在东交民巷及崇文门内一带，楼阁雄壮，街衢整洁。内城繁盛之区，以东四牌楼、西单牌楼、地安门大街为最，商店林立，百货云集，往来游人盘旋如蚁。故都中有"东四西单后门（即地安门）一半边（买卖大街常在大街东半）"之谚。其他如西直门内之新街口，东直门内之北新桥，东安门外之王府井大街，亦为商肆集聚之地，惟较东四西单等处为逊耳。平日游览之所，则有东安、西安各市场，而东安尤盛。茶楼、酒馆、饭店、戏园、电影、球房以及各种技场、商店无不具备，比年蒸蒸日上，几为全城之精华所萃矣。至若护国寺、隆福寺、白塔寺等处，每届庙期，游人麇集，亦几如市场也。夏日消暑，则有什刹海、积水潭，堤柳塘莲，风景清绝，古诗所谓"清风明月无人管，并作南来一

---

① ［清］洪大容：《湛轩书外集》卷九，林基中：《燕行录》第49册，汉城：东国大学校出版部2001年版，第20页。

② ［清］于敏中：《日下旧闻考》卷五十五"城市"，北京：北京古籍出版社1983年版，第887页。

③ ［清］得硕亭：《草珠一串》，《中华竹枝词》，北京：北京古籍出版社1996年版，第145页。

④ "凡金绮珠玉以及食货如山积，酒榭歌栖，欢呼酣饮，恒日暮不休，京师之最繁华处也"。［清］俞蛟：《梦厂杂著》卷二《春明丛说》，清刻深柳读书堂印本，第7页a。

味凉"者是也。①

北京商业街上的店铺,有70%的饮食行业商家采取"前店后厂"方式经营,这是元代以来"前朝后市"规划思想的延续。餐饮店连街经营形成一定规模,推动并繁荣京城饮食商业街的发展。一般而言,饮食行业分为10种,即粮食、糕点、果脯、豆制品、酱菜、牛奶、汽水、酒、茶、冷饮,其中有7种商铺是连厂铺,牛奶、汽水和冷饮则是新兴的饮食品种。民国期间一些商业街的兴起与现代交通的开辟有关。由于铁路的开通,车站附近商旅熙熙攘攘、货运不断,促成前门商业街区和王府井商业街区的形成。其他商业街则主要是区位优势造成的,诸如什刹海地区、东四地区、隆福寺街、北新桥地区、西单地区、西四地区、新街口地区、王府井大街地区、东安市场和东单市场等。

前门—大栅栏商业街区北从前门箭楼起,南至珠市口附近;东从西打磨厂东口、西兴隆街东口、大蒋家(大江)胡同起,西至煤市街。这个地区不仅餐馆众多,门类齐全,而且有不少著名的餐饮老字号店铺。饭庄饭馆有:福寿堂、天福堂、致美斋、泰丰楼、三盛馆、同义楼、同兴居、同兴楼、天兴居、会仙居、万年居、晋阳居、丰泽园、壹条龙、都一处、正阳楼、全聚德、便宜坊、兴升馆、华北楼等。干果海味店有:通三益、景泉涌、东鸿顺、长发祥、同聚成、崇兴号、瑞义祥、义吉成、永生源等。茶叶庄有:森泰、庆林春、正兴、正祥等。在这一区域,即便一条胡同里也可能坐落好些家饮食老字号。譬如门框胡同,位于今北京西城区著名的大栅栏商业区,北起廊坊头条,南至大栅栏。餐饮界形成这样一种共识:在这一带从事饮食经营才对得起祖宗八代,否则不足以光宗耀祖。1949年之前,门框胡同曾以小吃闻名于世,汇聚了京城知名的小吃摊,如复顺斋酱牛肉、年糕钱、豌豆黄宛、油酥火烧刘、馅饼陆、年糕杨、豆腐脑白、爆肚冯、羊头马、奶酪魏等。

这一地段之所以成为饮食文化的中心,有学者如此论述:"20世纪20年代中,因北洋政府参、众两院在宣内象坊桥,几百个议员(所谓'八百罗汉')每日都要征逐酒食;再加总统府的一些官僚,上下班都离西长安街很近;一些官僚的俱乐部如安福俱乐部,在长安街南安福胡同;甘石桥俱乐部,在甘石桥,因而

---

① 徐珂:《增订实用北京指南》,上海:商务印书馆1923年版,第35页。

都做成了西长安街八大春及其他饭庄子的生意。"① 这仅仅是一个方面，更为重要的还在于异常旺盛的商业文化的烘托。除了餐饮业老字号，其他行业的字号也在这里聚集。

自明成祖迁都北京以来，前门大街就是皇帝出皇城去天坛和先农坛祭祀的一条御道。据史料记载，明清两朝先后有22位皇帝共计600多次到天坛祭祀，均途经此路，可见其地理位置之重要与显赫，因此前门大街与一门（永定门）、一轴（中轴路）、一楼（前门箭楼）共同被称为"天街"。② 御道的政治地位带动了这条大街餐饮业的迅猛发展。路东有全聚德烤鸭店、便宜坊烤鸭店、会仙居炒肝店、都一处烧麦馆、正阳楼饭庄、九龙斋鲜果店、通三益干果海味店、正明斋饽饽铺等。路西及西里街有六必居酱菜园、壹条龙肉馆等。

到了清光绪年间，虽然社会经济已开始走向衰败，但是前门大街依然繁荣不衰。其原因是，京奉铁路前门火车站（东站）于光绪二十七年（1901）落成。京汉铁路前门火车站（西站）于光绪三十二年（1906）落成。京张铁路在宣统元年（1909）全线通车，车站设在西直门。民国四年（1915），北京环城铁路竣工，京张线路车站也改到前门东站。至此前门已成为全国的交通枢纽，从而促进这一地区饮食经济的持续发展。③ 北京的政治中心、商业中心、文化中心以及交通要道都在这里交织，饮食文化的持续繁荣实属必然。

民国时期王府井—东单商业圈形成相对较晚。1900年庚子之变以后，东交民巷各国使馆和洋人在王府井、东单的消费，吸引了大批洋货商和百货商在这里开店，形成京城最具殖民化色彩的新式商业街区。众多的外国人住在东交民巷，于是，这里出现了相对集中的西餐馆和西餐文化，同时，也出现了东兴楼、东来顺、稻香村、浦五房、全素斋等饮食老字号。其中以北京饭店为代表。1900年冬天，两个法国人开了个小酒店，这就是北京饭店的前身。1905年，老北京饭店迁到现址。经营川、广、淮、沪、谭家菜、西餐、日餐等不同风味的菜系及酒吧。1917年，中法实业银行对旧楼进行扩建。新建成的北京饭店是红楼法式建筑，共七层，第一层有大厅、舞厅、西餐厅、理发室和厨房等。二至六层是客房，共105间。

---

① 邓云乡：《增补燕京乡土记》，北京：中华书局1998年版，第508页。
② 朱凤荣：《前门大街》，载《北京档案史料》2013年第2期。
③ 王永斌：《古老繁华的前门大街》，北京市政协文史资料委员会编：《北京文史资料精选·崇文卷》，北京：北京出版社2006年版，第21页。

第七层是宴会厅、酒吧间等。此种建筑规模已超过了东交民巷的六国饭店，被称为当时北京最高级的饭店。①"道中宽阔清洁，车马行人，络绎不绝。……车马云集，人声喧阗，为京师最繁华之区也。"② 20 世纪 20 年代之后，有轨电车经过王府井地区，并设立了车站；1928 年，王府井大街修建柏油马路，一派现代化的气象。

光绪二十九年（1903）政府决定："为整修东安门外大街，沿街铺户被迁至王府井大街原神机营操场继续营业，因它距东安门大街较近，故名东安市场。"③东安市场的开辟使北京有了一个每天都开门营业的固定饮食经营场所，一改长期以来设在不同地点的庙会定期择日举办的经营模式，给人们的购物和餐饮带来了极大的便利。东安市场标志着王府井商业大街的真正兴起，是北京近代饮食商业史上一个里程碑。

据光绪二十八年（1902）的官方统计，"自庚子年以来，只东华门外大街甬路迤北往东至丁字街，由金鱼胡同往北至马市，新盖棚摊 21 座、房 21.5 间，业户分别来自大兴、武清、蓟州等处，经营洋货、珠宝首饰、洋药、日用杂货、牛羊肉及开设饭馆。全街整日叫卖声不绝于耳。既有碍观听，又影响禁城内帝后生活和安全"④。民初《京师街巷记》亦记载："其地址广袤宽敞，初为空场，蓬蒿没人，倾圮渣土，凸凹不平，自前清光绪三十年，改建市场，始惟有百般杂技戏场各浮摊商业等，旋经建筑铺面房屋，其内之街市为十字形，两旁商肆相对峙，曾经壬子兵燹所及，市肆墟毁，不数月，从事建筑，规模较前尤巨集阔矣，商肆栉比，货无不备。"⑤ 东安市场的建成是饮食消费的一场革命，极大地推动了北京饮食消费的现代化进程。"东安市场为京师市场之冠，开辟最先，在王府井大街路东，地址宽广，街衢纵横，商肆栉比，百货杂陈。……该场屡经失火，建筑数四，近皆添筑楼房，大加扩充，其中街市共计有四。南北一，东西三。商廛对列，街中羃以货摊，食品用器，莫不具备。四街市外，又有广春园商场、中华商场、同

---

① 王永斌：《北京的商业街和老字号》，北京：北京燕山出版社 1999 年版，第 143 页。

② 崇普：《王府井大街记》，林传甲总纂：《京师街巷记》"内左一区卷三"，北京：琉璃厂武学书馆 1919 年版，第 5—6 页。

③ 马芷庠编著，张恨水审定：《老北京旅行指南》，北京：北京燕山出版社 1997 年版，第 346 页。

④ 朱淑媛：《清末兴办东安市场始末》，载《北京档案史料》1998 年第 4 期。

⑤ 郭海：《东安市场记》，林传甲总纂：《京师街巷记》"内左一区卷三"，北京：琉璃厂武学书馆 1919 年版，第 1—2 页。

义商场、丹桂商场，及东安楼、畅观楼、青莲阁等，其中亦系各种商店、茶楼、饭馆，又各成一小市场矣。场中东部为杂技场，弹唱歌舞，医卜星象，皆在其中。南部为花园，罗列奇花异葩，供人购取。园之南舍，为球房、棋社，幽雅宜人，洵热闹场中之清静处所也。"① 这些商场以上层社会的达官显贵为主要服务对象，官办经营方式，茶楼、饭馆形成集群，规模超越了以往的个体私营，"就是那些水果摊、香烟铺，都带有华丽气派"②。"市面繁华，尤为一时之盛"。正如《京华百二竹枝词》所赞："新开各处市场宽，买物随心不费难。若论繁华首一指，请君城内赴'东安'。"③

北京传统的饮食商业空间一般都是独立的小型餐馆，比较集中的大众化的饮食商业区域通常只有庙会、集市。但这类饮食买卖只是定期展开，无法满足日益增长的饮食消费需求，因而王府井这样的饮食商业街区应运而生。"新开各处市场宽"，不仅仅是饮食经营规模扩大了，更主要是经营方式发生了转型，由家族式向现代管理模式转化，更加符合饮食业市场的发展规律。

西单商业街区专指从西单路口往北的西单北大街和大街西侧的城隍庙共同构成的商业市场区域。西单商业街区形成的原因有两点：一是位于西单西边的城隍庙是清代最著名的京城大庙市场之一。每月初一至初十，开市十天。并从庙会市场沿旧刑部街，自然形成众多摊商群体，即形成最早的西单商业街。二是清末民初，北京兴起"废科举、兴学堂"的办学潮，各类学校大多建在西单地区。④ 西单率先步入"有文化"的饮食区域，知识分子群体成为西单饮食消费的生力军，有效地提升了西单地区饮食经济的水平。

自20世纪20年代至解放前，这里聚集了烤肉宛、东亚春、忠信、新陆春、庆林春、同春园、西来顺、又一顺、鹤年堂（经营药膳）、鸿宾楼、西黔阳、聚仙居、贵阳春等饭馆，还有大陆、滨来春、有光堂等西餐馆，以及天福号猪肉铺，桂香村、和兴成、万春昌等南味食品店，乾义、开泰、吴鼎和、福生等茶庄，天源酱园，同兴魁、信成尚记、南桥王福记等鲜果店和秋家酸梅汤，六合棚铺，西

① 徐珂：《增订实用北京指南》第八编"食宿游览"，上海：商务印书局1923年版，第22—23页。
② 《平市人心渐趋安定，将重觅享乐生活》，载《世界日报》1933年6月2日。
③ ［清］兰陵忧患生：《京华百二竹枝词》，［清］杨米人等著、路工编选：《清代北京竹枝词（十三种）》，北京：北京古籍出版社1982年版，第123页。
④ 王希来：《民国时期北京商业整体布局与三类商业街区》，载《北京财贸职业学院学报》2009年第1期。

单菜市场。按空间分布，西单十字路口的东南角有和兰号糖果店、西黔阳贵州饭馆。西南角有大美番菜馆。从刑部街东口往北，便是门面不大的"中山玉"羊肉麻子，再往前是一个果铺子，冬季有售南方福建的松皮蜜柑。东北转角，是最拥挤的地方，转弯过去路北，是西湖食堂、长安食堂两家菜馆。[①] 东西南北饮食风味汇聚于此，与这一带高校集中、外来人口逐渐增多有直接联系。

有清一代，鼓楼前和地安门大街人气最为旺盛，俗称"后门脸儿"。进入民国，这条大街延续了清时的繁荣。酱菜店有南洪泰、宝瑞兴、谦益号、洪兴号；干果海味铺有乾德号、大顺德、聚盛长、聚顺和、新茂魁；茶庄有同裕号、吴肇祥、荣源号、汇源号、祥泰号、和丰号；烟叶铺有北豫丰、北益丰；饭庄饭馆有庆和堂、合义斋、福兴居；大茶馆有天汇轩；等等。这里的小吃最为有名。小吃摊以早点为主。面茶、杏仁茶、吊炉烧饼、油炸鬼（桧）、盆糕、烤白薯等。豆腐脑摊有猪肉、羊肉卤之分。小吃是过午就收，下午是应季水果和食品摊的天地。水果诸如桑葚、樱桃、心里美萝卜、香瓜等。各种食品摊，秋天的红果蘸、核桃蘸，冬天的糖葫芦、碎蜜供、煮元宵。"不时不食"在后门脸儿的小摊儿上体现得四季分明。[②]

鼓楼商业街区在元代已成规模，其形成有两大因素：一是元大都的城市规划。"朝后市"的鼓楼商业街区，是元建大都城时按照周礼"左祖右社，前朝后市"的规制规划、营造的。"左祖右社"强调的是对皇朝统治的尊崇，"前朝"突出的是首都的政治功能，"后市"则是首都功能的经济支持与保证；二是大运河终点码头的规划。元大都将大运河终点码头规划在鼓楼脚下，漕粮及各种物资云集于此，保障并丰富了元大都的消费。[③] 鼓楼地区餐饮业的集中得益于封建王朝的顶层设计，与其他自然形成的饮食街区迥然有异。

东四地区是继鼓楼、钟楼之后，北京又一著名的商业街区。东四是东四牌楼的简称。东四十字路口按东西南北，称东四北大街、东四南大街、东四西大街和东四东大街。在东四南北主干道——大市街上，就有瑞芳斋、聚庆斋、东天义、东天源、爆肚满、便宜坊鸡鸭铺、晋阳干果海味店、恒和庆大酒缸等老字号。这些老字号各有所长，特色鲜明。譬如聚庆斋所供应的饽饽品种就有江米条、套环、

① 邓云乡：《燕京乡土记》（下），北京：中华书记 2015 年版，第 525 页。
② 袁家方：《商街·拥簇繁华》，北京：北京出版社 2019 年版，第 31—32 页。
③ 袁家方：《北京鼓楼商业街区的京味商文化》，载《北京档案史料·北京文化叙事》2012 年第 3 期。

槽子糕、金钱饼、茯苓饼、俄式排叉、宫样月饼、西洋糕等。细八件、大八件、小八件等成套饽饽也是聚庆斋平日供应的饽饽。细八件的八样饽饽是：状元饼、大师饼、鸡油饼、杏仁饼、白皮饼、囊饼、硬皮桃、蛋黄酥。大八件的八样饽饽是：福、禄、寿、喜、枣花、卷酥、核桃酥、八拉饼。小八件的八样饽饽是：喜、石榴、苹果、桃、杏、枣方子、杏仁酥、桃仁酥。细八件和大八件都是一套八样一斤，小八件为半斤。① 民国期间北京居民极讲究到什么时候吃什么饽饽，聚庆斋就根据市场需要，按季节生产时令饽饽。

西四以西城的 4 座高大的牌楼为标志，4 座牌楼矗立街心，对着 4 条街。西四往东，是西四菜市，是西城仅次于西单的大菜市。在东南转角处，有很大的猪肉杠、鸡鸭店，还有一家很大的鱼铺，经常有活鱼卖。西四各大饭馆晚间大多不营业，黄昏之后铺子一上板，饮食小贩便在其门前摆出夜宵小摊，馄饨、烤馒头、苏造肉、烟熏肉，小酒摊卖大碗酒、卤煮花生、栗子。② 可见，那时就有了饮食一条街的夜市了。

东四西大街在明代称"双碾街"，民国成为猪市一条街。街南街北有猪店 49家，即人和、保李、苏张、高八、李王、邠五、许大、东唐、程大、刘张、唐张、黄王、靳李、何王、兴杨、董八、蒙大、侯三、么王、丁张、辛杨、刘四、刘陈、沈大、兴马、辛李、蒋二、赵店、王张、陆张等。③ 每天上午整条街都摆满了生猪和肉摊，成为当时北京最大的猪市。

早在明代，西四就成为一个商业点，明末清初，演变为商业街。马市、羊市、缸瓦市、猪市等已经成型。马、猪、羊等都是当时市场上的主要货源，采购者甚众。清末民初时，西四地区商业街与饮食有关的店铺有：丰源长、源兴成、仁永顺、永源等米面铺；西广丰油坊，万魁干果海味店；兴隆馆、新顺号、天德馆、万隆号、泰源楼、东顺局、广来号、东永利、马陈号、新泰号、东和泰、南永泰、四泰号、西兴隆、聚兴号等猪店猪肉铺；同和居饭庄，砂锅居白肉馆；开泰号、隆泰号、广大欣、泰昌号等茶叶铺。

从这些字号可以看出，延续了肉食买卖的传统。久负盛名的砂锅居就位于西四缸瓦市路东。白肉馆最多时曾达 20 多家，唯独砂锅居才称得上正宗。因为砂锅

---

① 王永斌：《北京的商业街和老字号》，北京：北京燕山出版社 1999 年版，第 38—39 页。
② 邓云乡：《燕京乡土记》（下），北京：中华书局 2015 年版，第 527—528 页。
③ 王永斌：《北京的商业街和老字号》，北京：北京燕山出版社 1999 年版，第 54 页。

居的白肉有一套独特的烹调方法：选用当年的猪，取通脊和软硬五花肉，刮洗干净，切成大块，用旺火烧开后，再改用微火煮约两小时。脂肪大都融进汤里，肉块清香不腻。切成薄片，可凉拌，也可热氽。根据就食者需要，凉吃时可蘸酱油、蒜泥、腌韭菜花、腐乳汁和辣椒油等。热氽时可配以粉丝，或豆腐、鸡胸脯肉、香菇、虾仁等。砂锅居有一种菜叫"砂锅三白"，用煮熟的白肉、白肠、白肚制成，淡雅素净，具有白、嫩、香、鲜、热的特点，确是隆冬美味。①

清末民初，天桥则借助靠近正阳门的区位优势，逐渐吸引一批摊贩以及各类民间艺人，"天桥南北，地最宏敞，贾人趁墟之货，每日云集"②。据1945年《中华周报》2卷10期记载："天桥东边在每天早晨，真够热闹，有粮食摊，有干果摊，还有蔬菜摊、烟卷摊，简短截说，开门七件事，天桥东边的摊子上，样样都有，只要有钱什么都不愁买不到。""正阳门街衢窄狭，浮摊杂耍场莫能容纳。而南抵天桥，酒楼茶楼林立，又有映日荷花，拂风杨柳，点缀其间。旷然空场，尤为浮摊杂耍适当之地。于是正阳门大街，应有而未能有之浮摊杂耍，遂咸集于此，此天桥初有杂耍之原因。"③作为平民的聚居区，这里的饮食文化也是平民化的，但又充溢着民间艺术的品位，一大批民间艺术家将不登大雅之堂的摊位小吃和点心推向了艺术的殿堂，饮食和民间艺术构成了天桥每天都在重复的双重叙事。

天桥属于平民饮食商业街区，由娱乐场和饮食场组成。娱乐中有饮食，饮食中有娱乐，这是天桥饮食街区的独特之处。"天桥迤西，先农坛以东，近日成为最繁盛之区域，且自电车路兴修以后，天桥之电车站，更为东西两路之汇总，交通便利，游人益繁"，"即现在该处所有戏棚，已有五六处之多，落子馆亦称是，茶肆酒馆尤所在多有"。"由此迤西，沿途均为市肆，茶馆为最多，饭铺次之，杂耍场与售卖货摊亦排列而下，洵为繁多之市廛"。④廉价的表演和廉价的饮食相得益彰，成为底层社会消费的乐园，也构成了与大都市不相称的饮食消费景观。即便在国都南迁之后，北京整体消费水平急剧下降的情况下，天桥借助廉价的优势，饮食消费依旧旺盛。《北平旅行指南》也描述道："艺人如蚁，游人如鲫，虽在此

① 贺富明：《京华老字号》，北京：中国旅游出版社1987年版，第141—142页。
② ［清］震钧：《天咫偶闻》卷六，北京：北京古籍出版社1982年版，第135页。
③ 张次溪编：《天桥一览·齐序》，上海：中华书局1936年版，第3页。
④ 陈宗蕃编著，王灿炽整理：《燕都丛考》第六章，北京：北京古籍出版社1991年版，第641页。

平市百业萧条、市面空虚中，而天桥之荣华反日见繁盛。"① 进入 20 世纪 30 年代之后，天桥的名气越来越大，到这里来消费的已不再只是底层市民，一些上层人士也涉足其间。

2. 发达的餐饮业

国民政府的成立砸碎了套在北京民众头上几千年的封建枷锁，使生产力得到解放，重农抑商思想进一步破除，并随之带来了民众生活的相对好转和市场贸易的迅速发展。清末一度衰落的饮食业，在这时期逐渐得到了恢复。

（1）餐馆数量骤增

据 20 世纪 30 年代初期统计，北京饭庄已入同业公会者，共有 310 余家，店员庖师约有 4000 人。若加入所有小吃馆，其数当在 1000 家以上，雇用人员当在 10000 人以上。此外搭布棚设浮摊于街旁者，更不知凡几，皆为劳动界所取给。又单纯之烧饼、馒首、窝窝头铺，市内约有 1500 户，工伙 8000 人。② 据民国二十四年（1935）统计，北平市内有面包业 14 家，挂面业 8 家，糕点铺业 206 家。1940 年，北平市内有挂面制造业 7 家，面筋业 9 家。1941 年 2 月，北平城内有面包业 3 家，挂面铺 9 家，馒头铺 149 家，烧饼铺 488 家，切面铺 320 家。1943 年 2 月，有面包房 6 家，挂面铺 15 家，馒头铺 165 家，烧饼铺 537 家，切面铺 313 家。③ 在所有的消费服务业中，饮食业的门面数量是最多的。这些店铺分布于北京城的大街小巷，最大限度地满足了人们的饮食需求。

民国初年，是北京饮食业发展的鼎盛时期。旧戚新贵、八旗兵丁、封建士大夫和知识分子、政府官员、新兴工人阶级政权和各种手工业者，云集北京，组成了一个庞大的饮食消费群体。借此商机，北京的庄馆业便特别兴盛起来，可谓盛况空前。民国年间活跃在三四十年代的作家老向曾这样记述当时的饮食状况：

油盐店，猪肉铺，米煤行总是聚在一块儿，分布得那么均匀，仿佛是经官府统制着开设的，无论住在哪一个角落里，置买"开门七件事"，都不会使人感到有

① 马芷庠编著，张恨水审定：《老北京旅行指南》，长春：吉林出版集团有限责任公司 2008 年版，第 238 页。
② 北京市社会局：《北平工商业概况》（内部资料），1939 年，第 376 页。
③ 北京市地方志编纂委员会编：《北京志·商业卷·粮油商业志》，北京：北京出版社 2004 年版，第 211 页。

什么不便。一饭千金的主儿，自然是陆地神仙，从心所欲；就是一个苦力用了十枚或二十枚，也能将就着生活，两枚的作料，油盐酱醋都有了，还可以饶上一棵香菜。然而同是一个玉米面窝窝，像茶碗那么大的，只要两个铜板；像酒杯那么小的要卖一角银洋，物以人贵，那就难以概论了。至于各地的特殊烹饪，各季的应节物品，再加街上的零吃小卖，使人眼花缭乱，不易分明。单就食物的各种幌子，各种唤头，足够一个人终身讲究了。①

其时，"本市饭庄已入同业公会者三百一十余家，然若加入一切之小吃餐馆，其数当在一千以外。其营业方式新旧不同：有以堂名者，兼代办婚丧喜庆事，其大者或兼备戏台，以应顾主需要，凡此皆属于旧式之大饭庄，若同和堂、聚贤饭庄诸家是；有建筑西式楼房者，以番菜馆为名者，若撷英诸家是；有以名庖著称者，若致美斋、东兴楼、丰泽园、春华楼、东西来顺、正阳楼诸家是；有兼用女侍招待顾客者，若前门东西一带之中等饭馆是；有二荤铺，为专卖猪羊肉业，而鱼虾或兼及焉；有兼卖茶者，曰茶饭馆；有卖酒而兼售饭菜者，为酒铺与黄酒馆；有切面铺、饺子铺，凡此率为中下社会之需要；有鸡鸭店而兼应门市者，如六合坊、全聚德之类是；有以馅儿饼出名而兼及酒菜者，如南北馅儿饼周之类是。其资雄厚者，或自津埠采购珍品，选雇庖师；若小本经营，则多数为临时购料，甚至人工开销亦专赖临时收入。近年人家办事相习，多藉（借）饭庄以图省事，故旧式饭庄多能维持。各方来宾多访问京师名庖，以快一啖，故以名庖著称者，营业亦盛。惟镑价增长，舶来各货皆昂，故番菜馆之以廉价著称者，皆相率收业矣"。②

高档的、中档的、低档的，应有尽有，满足了不同层级饮食消费的需求。

大大小小的餐馆具有北京、山东、江苏、广东、四川、河南等 20 多种不同风味。其中，以山东、江苏、广东等地方风味最著名。据马止庠 1935 年编的《北平旅游指南》提供的资料，当时名气比较大的山东馆有 14 家淮扬馆 6 家，贵州馆 2 家，羊肉馆 7 家，河南馆 2 家，广东馆 5 家，闽川及其他馆 5 家，小吃馆 9 家，而这是 1928 年国都南迁后的统计，其总数远不止这些。③ 民国时的北京饭馆没有纯粹北京

① 老向：《难认识的北平》，载陶亢德编：《北平一顾》，上海：宇宙风社 1939 年版，第 13—14 页。
② 吴廷燮等：《北京市志稿》（货殖志），北京：北京燕山出版社 1998 年版，第 605—606 页。
③ 马止庠：《北平旅游指南》，北平：北平经济新闻社 1935 年版，第 239—243 页。

馆，只砂锅居（和顺居）白肉馆和其他卖小烧煮的饭馆，勉强可说是北京馆。此外，大部分是以山东馆为北京馆。山东馆以擅做鸡鸭鱼菜见长，如炸胗儿、糟鸭头、拌鸭掌、抓炒、软炸等，非山东灶不精。北京以烧鸭子出名的全聚德，和已然关闭素称金陵移此的便宜坊，也是由山东人来经营的。在山东馆子以外，另有“济南馆”，所做肴馔，介于南北之间，别有味道，尤擅做大件菜，如燕窝、鱼翅、甜菜等珍细品，非普通馆子所能及。丰泽园、新丰楼便是济南馆。另外，民国期间的“山西馆”“江苏馆”“四川馆”“福建馆”“贵州馆”“广东馆”等都在京城有一定的名望。

当然，民国期间北京餐饮业也有不景气的时候。20 世纪 40 年代以后，北京大多数饭庄、饭馆、饭铺等处于难以为继的境地，濒临倒闭。只有少数饭庄逆势而上，创办于 1940 年的萃华楼就是其中的代表。

（2）食物经营各成体系

北京餐饮业已形成行业规模，这是民国饮食文化成熟的标志之一。据民国十八年（1929）调查，茶商有茶行同业公会，在会者曰一百三十余家，未入会者曰二十家；青果、蜜饯、海味、罐头及各式点心、糖等干果业，干果商店在会者二百四十余家；猪牛羊各商号分属于猪肉食品同业公会二百余家以及羊肉同业公会二百余家；牛肉业五十余家，饭馆业入同业公会者三百一十余家，加上小饭馆在一千家以上。经售洋酒之商店全市共三十余家，劈柴行约有六十家，专卖油为业者有三十余家，兼售盐及酒醋酱等有四百余家。① 在如此规模的餐饮行业中，北京人参与者甚少，这构成了北京饮食活动中的一大特点。

这些外地来京的饮食业主身处异地，自然要抱团成群。在明清行会的基础上，民国行会组织进一步发展，组织制度更为规范。民国二十一年制定的《临襄会馆祭祀条规》记载：“本会馆尊神圣诞大典，率有旧章。按期恭庆，神前敬献三牲、钱粮，务希值年会首自应遵循规章，依期奉行，幸勿延误。每岁阴历年终除夕日，恭祭列位圣神。（正月）初一，值年接神，分班上香；初二日，祭财神，分班上香；初四，阖行开市，团拜；三月十五日，恭祭玄坛圣诞，阖行规定演戏一日；五月十三日，恭祭关帝圣诞，诸位会首，至日上香；六月二十二、二十三、二十四日，恭祭马王圣诞、炎帝圣诞、关帝圣诞，并二十四日祭祀；七月初一日，恭祭酱祖、醋姑；七月二十二日，恭祭财神圣诞，阖行规定演戏一日；八月十八日，

① 李宝臣主编：《北京风俗史》，北京：人民出版社 2008 年版，第 248 页。

恭祭酒仙圣诞；九月十七日，恭祭财神圣诞，连财神庵、同乡公祭；十月一日，交账换班，祭神。"① 异地来京的商人带来了本地的饮食行规，这些传统大多为世代家传，秉承了祖祖辈辈的经营智慧，汇聚京城，为京城饮食业注入了多元而又深远的历史文化内涵。各地的饮食文化借助餐饮业这一平台，在这里交流、融汇，使北京的饮食文化成为民国期间一张最为耀眼的名片。

饮食行业经营体系的构成还在于行业内部行为的相沿成习。以油盐店为例，每个油盐店都备有一个装钱用的竹筒或木柜。竹筒有半人高，一侧用通条烧两个小洞，用铁链穿过小洞锁在柜台上。大一些的油盐店不用竹筒装钱，而是在案子下边放一个木柜，木柜的中部有个方孔，方孔处装一块斜板，所收的铜子往斜板上扔，铜子便自然地滑入柜内。扔钱时总有少数铜子没能扔进钱柜而滚到柜台或瓶瓶罐罐下面，伙计们一般也不捡拾，到晚上串柜时，小徒弟能找多少是多少，找不到的也不再翻箱倒柜，店里把这个取了个吉利的叫法，叫作"让财神爷给存着"。这些铜子到年终时找出来，便作为"厚成"分给伙计们。②

餐饮业兴旺的标志之一是猪肉市场的繁荣。前文提及，在东四西大街，街南街北就有诸多猪店，这些猪店，既做买卖生猪的生意，又为贩猪的商贩提供存放生猪的地方，还有人住的客房。每天上午整条街都摆满了生猪和肉摊。在一条街上，有如此多的猪店，从一个侧面证明了民国初年饮食业恢复之迅速。

与固定的餐馆不同的"口子"，属于游动的餐饮服务，也自成一体。真正能够体现"京味儿"的是"口子"厨艺。口子是在北京历史悠久的一个特殊行业。口子的行规甚严，根据祖师爷的律令，凡是拜入师门的人必须磕头拜祖师爷，读律令：第一条是永不离口子；第二条是坚守行规，永不在菜馆耍手艺，不在宅门府第做厨师；第三条是永不开菜馆。口子由厨师组成，师徒相传，专门承办民间婚丧之事，备办宴席招待宾客。因为口子专门包办红、白事的酒席，所以又称"红白口儿"。"口子厨行"为用户做菜，通常分为"散作"和"包席"两种，散作只

① 北京的《临襄会馆祭祀条》规记载："正月初二日，祭财神。三月十五日，恭祭玄坛圣诞。五月十三日，恭祭关帝圣诞。六月二十二、二十三日，恭祭马王圣诞、火帝圣诞。七月初一日，恭祭酱祖、醋姑。七月二十二日，恭祭财神圣诞。八月十八日，恭祭酒仙圣诞。九月十八日，恭祭财神。十月一日，祭神。每岁阴历年终除夕日，恭祭列位圣神。"［日］仁井田升辑：《北京工商ギルド资料集》（《北京工商业协会资料集》），转引自刘建生、刘成虎等编：《会馆浮沉》，太原：山西教育出版社2014年版，第52—53页。
② 金继德：《城东旧事》，北京市政协文史资料委员会编：《北京文史资料精选·朝阳卷》，北京：北京出版社2006年版，第67—68页。

是大体上有个菜码，办事时视来宾上座情况，决定桌数，厨房做一桌菜，本家付一桌钱。包席是事先说好，大致有多少人，预备多少桌，每桌是什么菜码，连同工钱一共多少。[1]北京人办婚丧事，说"搭棚办事"，一是请棚匠搭棚，二是请口子备席。但至20世纪40年代末期北京人渐渐不搭棚办事了，所以搭棚扎彩行和口子行同时而绝。

20世纪20年代初，有人在东安市场北门内路北开了一家菜馆，字号叫"润明楼"，请来口子厨师掌灶，专做北京味儿菜肴。那时一则是口子禁令渐弛，有口子师傅肯出来耍手艺。此馆一开，人们在大棚外可有地方吃京味儿了，所以润明楼生意兴隆。而当润明楼关闭之后，京味儿就难以寻觅到了。[2]

如果说"口子"是游厨的话，餐馆的伙计走街串巷叫卖就属于游商了。不同食物的兜售有各自一套程序、规范，食物的摆放、销售方式、器具、买卖行为等都有一定的规范性，是食物经营体系化的另一种表现。

白水羊头是著名的风味食品，伙计上街背的柜子是椭圆形的，两边儿有带儿，上边儿有盖儿，是活盖儿，可以当案板使。案板有2尺多长，有人要买羊头肉时，把案板往柜子上一横。刀在柜子里插着；柜子里有放肉的篦儿，分别放着羊头肉，脸子、信子（羊舌头），还有羊脑儿、蹄筋儿、羊蹄儿等。羊头肉是论块卖的。一个羊头分四块，从中间一劈四块，用刀一拉，脸子、信子，大小块都分均了，每份都差不太多。有顾客要买，掀开盖布供顾客挑选，嘴里说着：'您别自己拿，看好了我给您拿。'然后拿出肉放在案板上给顾客切。切的刀口儿很关键，要斜着片，片切得又薄又大。切完了，牛角里边装上椒盐，下边有个眼儿，把椒盐很均匀地撒在肉上，给顾客包上。顾客要是自己吃，就用纸包好；要是去送礼，就用荷叶包好。一块羊头肉脸子切完后，可以用一块九寸盘儿码得满满的。羊头肉脸子、信子价钱差不多；羊蹄儿最便宜，因为已经把羊蹄筋儿抽出去另卖了；还有羊眼儿也便宜。一个柜子里可以装十多个羊头，顾客选什么给拿什么。[3]

① 边建主编：《茶余饭后话北京》，北京：中国档案出版社2007年版，第156页。
② 爱新觉罗·瀛生：《京味儿》，载《京俗溯源》，北京：中国文史出版社2010年版，第57—73页。
③ 李庆堂（白水羊头老字号"南顺号"传人）：《百年老字号李营白水羊头》，载北京市政协文史资料委员会编：《北京文史资料精选·大兴卷》，北京：北京出版社2006年版，第313页。

如果不是亲历者，很难描述得如此细致。买卖程序、招式比较复杂，已完全定型，并得到广大市民的认同。

与餐饮业相辅相成的是干鲜果行。主要有干果行（红枣、柿饼、核桃等）、鲜果行（应时或冷藏的鲜水果）、炒锅行（花生、瓜子、松榛等）、蜜饯行（果脯、桃干、青梅等）、干菜行（黄花菜、木耳、口蘑、笋干等）、南味行（火腿、香肠、松花、腊肉等）、调料行（较高档的陈醋、生抽王、味精等）、粗海味行（虾皮、海带、海白菜等）、细海味行（燕窝、鱼翅、鲍鱼等）、水发行（泡制海参、鱿鱼、蹄筋、玉兰片等）。北京人的饮食水平及餐饮业的运营状况都与干鲜果行的经营直接相关，体现了饮食消费的可能性和品质。老北京的干鲜果行除了正常的售货外，还结合时令出售供品（如端午节的黑桑葚，中元节的桃、李、杏、栗、枣等）及应季的鲜莲蓬、鲜百合等，自制酸梅汤、红果酪、冰糖葫芦等，几乎每家店铺都有自己的拿手绝活儿："聚顺和"的茯苓饼、"万升德"的炒红果、"二妙堂"的合碗酪、"汇丰斋"的山楂蜜糕、"九龙斋"的果子干、"聚生斋"的蜜供等。① 饮食业分类的精细和多元化的发展是饮食文化走向稳定发展的表征，说明北京饮食文化迈向了体系化、模式化的轨道。

（3）构建"以乐侑食"的餐饮场域

光绪三十二年（1906）十二月，在东安市场北面盖起了"吉祥茶园"，这是当时北京内城的第一家戏院，它冲破了清政府一贯执行的严禁内城卖戏的规定，因而一度引起轰动。戏院是社交的场所并且理应被视为更小和更多喝茶场所（茶园、茶馆、茶房、茶舍，可能有娱乐）、酒肆（酒馆、酒庄、酒园、酒铺、酒楼）、餐馆（饭馆、饭庄）和客栈（客店）的一个延续。② 在屋子的一边，有一个供吃饭期间或饭后听戏的台子。街上建起了一些不那么高档的茶馆，里面铺着席子，摆满了桌椅。一个人可以自带茶叶，整天坐在那里吃着点心。那里可能有说书的（特别是在内城）或拉琴的。③ 清张宸《平圃杂记》④（光绪间刻本）："近世士大夫日益贫，而费用日益侈。世祖皇帝时禁筵宴馈遗，当时以为非所急；及禁

① 张宸：《平圃杂记》，谢国桢：《明清笔记谈丛》，上海：上海书店出版社，2004 年版，第 46 页。
② 张次溪编：《清代燕都梨园史料·正续编》卷一，台北：学生书局 1934 年版，第 525 页。
③ ［美］韩书瑞（Susan Naquin）：《北京：公共空间和城市生活（1400—1900）》（上册），北京：中国人民大学出版社 2019 年版，第 735 页。
④ 赵诒琛、王大隆辑：《庚辰丛编·平圃杂记》，台北：世界书局 1976 年版。

弛，而追叹为不可少也。壬寅冬，余奉使出都，相知聚会，止清席用单柬。及癸卯冬还朝，则无席不梨园鼓吹，无招不全柬矣。大老至有纹银一两者。"茶馆、饭馆里有戏台，戏院里摆放的是餐桌，两种活动在同一时空中展开，合而为一。北京人饮食之讲究，既在于饮食本身，即吃什么和怎么吃，还表现在对饮食环境的艺术追求。哪怕喝口茶、吃着点心这样平常、简单的饮食活动，也要努力进入艺术境界。

"以乐侑食"在这一时代有了新的表现，为广大民众耳熟能详的民间说唱和小戏自然是最受欢迎的。广和楼是北京现存最古老的戏楼，颇有代表性。清朝戴璐在《藤阴杂记》（1796 年成书）卷五"中城、南城"中记载："《亚谷丛书》云：京师戏馆，惟太平园、四宜园最久，其次则查家楼、月明楼，此康熙末年酒园也。查楼木榜尚存，改名广和。余皆改名，大约在前门左右，庆乐、中和，似其故址。自乾隆庚子回禄后，旧园重整，又添茶园三处，而秦腔盛行，有魏长生、陈渼碧之流，悉载吴太初《燕兰小谱》。"可见此戏楼原为酒楼，但改为戏楼之后，酒楼的性质并没有完全失去，人们一边喝酒，一边看戏，名酒和名段可以并存，观戏与喝酒两不误。

其实，茶楼演进为戏楼的情况更为普遍。当时以喝茶为主，听戏为辅，就像茶馆似的，一边喝茶，一边听说书的。那时的座位都是长条桌子、长条板凳一排一排纵向排在戏台前，板凳上铺一块蓝棉垫子，观众都对间坐着，一边喝茶，一边听戏，看戏得歪着头。这是古老戏园的独特座位形式。东安市场的吉祥茶园，是一个被别人称作湘王的太监集资开办的。不久，在市场东路的北头，丹桂茶园开张，由名叫于庄的人投资。梅兰芳、王凤卿、孟小冬、谭鑫培、金秀山、杨月楼等许多名角在这两个园子唱过戏，老十三旦侯俊山，也来反串过武小生。市场有了戏园，大大方便了东城、北城听戏的人们，不必再像往年绕道前门去南城听戏了，颇受欢迎。按照广和楼的规矩，听戏不买票，只收茶水钱，只要一坐下，"卖座的"（服务员）就给沏一壶茶，拿来一个茶碗，当面收茶水钱，这里面包括听戏钱。当时的钱叫作铜子，又称大枚，两小枚换一大枚，十个小枚叫一吊钱。只花十六小枚就能听戏。收钱的是个"头儿"，这个"头儿"腰带正面挂一个一尺长半尺宽的蓝布钱袋，当中有一个口子装钱，收了茶水钱就装在这个钱袋里。[①] "清中叶以后，北京的茶园已颇具规模，随着四大徽班进京和京戏的形成与发展，人们不以品茶为主，而是以听戏为主了，茶园也改称戏园子了。"[②] 不过，对于平民来说，最好的去处就是天桥。那里三教九流无奇不有，只要有一技之长，就可以在那里表演。观众觉得好，就将钱掷于地上。如果演出效果好，演出者一天可得五六元，次者只能得一二元。也有条件好一点的茶社，与唱戏的和卖艺的合作，老百姓到茶社花几十枚铜板，既可饮茶，又可听戏。

"胡食"和汉食在诸多方面存在差异，但在"以乐侑食"这一点则是共通的。只不过北方游牧民族以歌舞助兴，重在参与；汉民族的食客仅仅作为观众，听说唱看小戏。这种吃喝与艺术并举的现象各地皆有，但北京特色鲜明。毕竟是皇城，有闲者甚众，他们注重有品质的生活享受，吃喝玩乐也要在文化场域中进行，以显身份和文化涵养。

民国期间，北京饮食市场的"平民"特点尤为突出，以常年开放的鼓楼市场为代表。鼓楼市场有两个"集大成"：一是集北京风味小吃之大成。有扒糕、锅饼、饸饹、芸豆饼、盆儿糕、卤丸子、老豆腐、羊霜肠、吊炉烧饼、豆豉糕、烫面炸糕、脂油葱花饼等，品种多样，味道纯正。一是文艺演出堪称集京师大成。有京剧折子戏、评书、相声、滑稽二黄、京东大鼓、北京琴书、太平歌词、什样杂耍、古彩戏法儿、喝喝腔、蹦蹦戏乃至撂跤等，五花八门，应有尽有。[③] 小吃和民间说唱一并齐全，在同一生活场域，两种集大成并非偶然，在北京人的日常生活世界，饮食和娱乐不是分属两个领域，而是食中有乐、乐中有食。在这里，可以一边品味小吃，一边欣赏表演。乐舞与饮食的结合，当然也是长期处于全国政治中心地位的缘故，政治地位尽管不能提高小吃的品质，却烘托出饮食的档次和品位。饮食的政治属性如何体现出来，对于广大民众而言，不是烤全羊和满汉全席，而是能够体现优雅、闲适和才艺的京腔。政治中心饮食方面的体现，除了宫廷和官府饮食的奢华和排场之外，还在于市民能够在饮食过程中饱享耳福。

---

① 王敷：《漫谈昔日广和楼》，北京市政协文史资料委员会编：《北京文史资料精选·崇文卷》，北京：北京出版社 2006 年版，第 93、96 页。

② 赵鸿明、汪萍：《老北京的风土人情》，北京：当代世界出版社 2006 年版，第 122 页。

③ 袁家方：《北京鼓楼商业街区的京味商文化》，载《北京档案史料·北京文化叙事》2012 年第 3 期。

3. 餐馆的档次与种类

北平的饭馆，分为堂、庄、居、斋几个档次，而以堂最大。既可办宴会，又可唱堂会。全有两三套清洁恬静的宽大的院落，上有油漆整洁的铅铁大罩棚，另外还得有几所跨院，最讲究的还有楼台亭阁、曲径通幽的小花园，能让客人诗酒流连，乐而忘返；用餐的桌椅古香古色，墙上悬挂着装裱考究的名人字画，所用餐具多为官窑古瓷，精美非常。正厅必定还有一座富丽堂皇的戏台，那是专供主顾们唱堂会戏用的，能容纳数百人看戏。其中名气较大的有：东皇城根的隆丰堂、地安门大街的庆和堂、什刹海北岸的会贤堂、报子胡同的聚贤堂、金鱼胡同的福寿堂、五老胡同的万寿堂、钱粮胡同的聚寿堂、前门外肉市的天福堂、西珠市口的天寿堂、观音寺街的惠丰堂、锦什坊街的富庆堂、长巷头条的庆丰堂等。它们以替达官贵人承应婚丧寿诞、包办酒席的买卖为主，一般不招揽散客。宴席期间常邀杨小楼、梅兰芳、马连良等梨园名优登台助兴。以会贤堂为例，"五四前后的文化名人，如梁启超、王国维、鲁迅、胡适、钱玄同等人，都曾先后到过会贤堂赴宴或宴客"。"1930 年 5 月 13 日，国民党改组派和西山会议派的头面人物聚集会贤堂，为商讨联合反对蒋介石在此举行了一次重要的党务会议"①。这是说"堂"。

饭庄有"冷庄子"和"热庄子"之分。"冷庄子"平时不开火，一般也没有固定厨子，只在婚嫁、庆寿、弥月、拜师、开吊等预订酒席的时候才开张备办，所以手艺不精，差强人意。民国期间但凡有钱人家办事，都在家里举行，便要高搭喜棚、丧棚，以招待前来的亲朋好友。越是热闹，在四方邻里面前便越有面子。办事头天有"落座饭"，至近亲友照例应吃油渣的，美其名曰"助威"。夜内有夜宵，名曰"喝汤"。② 备席就要找"口子"，它是由厨师组成的，师徒相传，"口子"并无招牌，没有门脸儿和店堂，没有批发部和门市部，而是一些以此为业的人专应这项生意。口子上的厨子专应红白事，所以又称"红白口儿"。主家与"口子"也不订立合同契约，全凭口头，都是按惯例办事。据传"口子"于明初来自安徽，其烹制技艺属于"淮宁合儿（也可叫宁皖味儿），在明代历时多年，与当地原有的幽燕味儿相融合，形成明代北京味儿；到清代中后期又与辽东味儿

---

①　于永昌、于飞江：《什刹海的老字号和特色店》，北京：当代中国出版社 2006 年版，第 13、14 页。
②　金受申：《老北京的生活》，北京：北京出版社 1989 年版，第 154 页。

相融合，形成了清代中后期的北京味儿"①。应该说"口子"风味是比较地道的京味，这是"冷庄子"颇有市场的原因之一。除清真饭庄（如"元兴堂"）以外，饭庄全都是山东人操控。后来开"冷庄子"的，也有北京白肉馆参与经营，所以勺口便不能太讲究了。"热庄子"则是高档饭庄的典型代表，不仅用料讲究，场面宏大，而且菜肴的色香味形器五美俱全，都有几款拿手好菜。令主人满面光辉，令客人大快朵颐。②"热庄子"门前高挂"午用果酌，随意小吃"的牌子。饭庄肴馔，较饭馆丰盛，而且成桌价廉。大饭庄并有戏台，可以彩唱大戏，串演八角鼓小戏。这都是"热庄子"一度流行的一个原因。这里说的是"庄"。

还有一类饭馆，多以园、馆、楼、居、坊等为名号。这类饭馆中，以晚清同光时期的"八大居"和清末民初的"八大居""八大楼"最为著名。"八大居"指福兴居、东兴居、天兴居、万兴居、砂锅居（和顺居）、同和居、泰丰居、万福居等，是八家著名的风味餐馆。"八大居"只是表明民国期间北京一些带"居"字老字号，至于谁在"八大居"之列，有不同说法。另外还有"四大居"，又称"四大兴"，是四家带有"居"和"兴"字的著名餐饮老字号：万兴居、福兴居、同兴居和东兴居。"八大楼"说法也不一致，一般认为是东兴楼、会元楼、鸿兴楼、万德楼、富源楼、庆云楼、安福楼、悦宾楼等。"八大楼"有一个共同特色——都是山东菜，主厨均出自山东福山与荣城，但各有各的名菜名点。除东兴楼在东华门大街，安福楼在八面槽，其他六家都位于繁华的前门—大栅栏一带。1928年以后，这里的饮食业每况愈下，陷入不景气境地。也有把正阳楼、泰丰楼、新丰楼、致美楼、春华楼列入"八大楼"的。相反，位于长安街上的以"春"字命名的餐馆生意却十分红火，诸如宣南春、万家春、四如春、新南春、新陆春、淮阳春、大陆春、庆林春等，号称"八大春"。其实，当时带"春"的著名餐馆不止八家。"北京长安街上有十二家饭馆，它们的字号中都有一个'春'字：庆林春、方壶春、东亚春、大陆春、新陆春、鹿鸣春、四如春、宣南春、万家春、亚壶春、同春园、淮阳春。它们经营的是淮扬菜、福建菜、四川菜。其中，同春园以江苏南京菜闻名，拿手菜有荷包鲫鱼、松鼠鳜鱼、炒鳝糊，其小笼包和炸春卷等南味小吃也很受欢迎。"③ 又以东长安街的饭店最多，"若东安饭店及大

① 爱新觉罗·瀛生：《老北京与满族》，北京：学苑出版社2008年版，第113页。
② 周家望：《老北京的吃喝》，北京：北京燕山出版社1999年版，第90页。
③ 袁家方：《"草根"老北京的饮食文化》，载《北京观察》2006年第5期。

餐厅，长安饭店，电报饭店，北京饭店，皆系饭店中之著名者"①。不过，"长安食街"的兴旺保持了一二十年，在一些政府机关南迁至南京之后，便也随之萧条了。② 同春园现在还有，淮阳春于1988年恢复营业，其他饭馆基本上销声匿迹了。另外还有"四大顺"，"东来西去又一顺，南来北往只一家"。是说北京城里最著名的"顺"字号清真涮羊肉饭庄，有东来顺、西来顺、南来顺、又一顺及以经营爆肚等清真小吃而闻名京城的南恒顺。

北平的饭馆子以成桌筵席和小酌为主，虽然也承办规模比较大的酒席，顶多不过十桌八桌，至于几十上百桌的便难以承受，就只能放弃了。北平的饭馆子最有名的或名列首位的，应是东兴楼。东兴楼的砂锅熊掌、清蒸小鸡、酱爆鸡丁、炒生鸡片、砂锅鱼翅、红油海参等都是上档次的宫廷菜。胡适日记记载过许多参加饭局的餐馆，胡适也是同鲁迅一样为数不多的在日记中记载饭局的名人。按《胡适的日记》记载：民国十年九月七日："张福运邀到东兴楼吃饭。"十月九日："与擘黄、文伯到东兴楼吃饭。"民国十一年四月一日："午饭在东兴楼。客为知行与王伯衡、张伯苓。"九月四日："到东兴楼，陈达材（彦儒）邀吃饭。彦儒是代表陈炯明来的。"八日："蔡先生邀尔和、梦麟、孟和和我到东兴楼吃饭，谈得很久。"二十四日："夜到东兴楼，与在君、文伯、蔡先生同餐。"十一月七日："到东兴楼吃饭。"③

需要指出的是，同为"园""楼""馆""居"，它们之间的差距也是很大的。譬如，东兴楼店堂装潢精美，有沙发、茶几等时髦摆设，客人用餐时都使用象牙筷子、银羹匙，细瓷的杯盘上也有蟠龙花纹和"万寿无疆"的字样，尽显豪华富贵。店主和顾客都来自上层社会。林语堂先生特别推崇东兴楼，称赞"那里的服务方式令人格外愉快"，他认为，"饭要想吃得优雅称心，服务是十分重要的"。林语堂看到，"这里谦恭机敏的侍者具有一种特殊的才能，他们始终能让顾客感觉自己非同小可。"④而东来顺、全聚德、正阳楼等的发展历程都相当艰辛，掌门人

① 宋世斌：《东长安街记》，林传甲辑录：《京师街巷记 内左一区》卷二，北京：琉璃厂武学书馆1919年发行，第6—7页。
② 曲小月主编：《老北京 民风习俗》，北京：北京燕山出版社2008年版，第164—168页。
③ 参见二毛：《寓居北平识京味》，上海：上海人民出版社2014年版。此文又载《饮食与健康》（下旬刊），2016年第9期。
④ 林语堂：《辉煌的北京》，见《林语堂名著全集》第25卷，长春：东北师范大学出版社1994年版，第223页。

大多白手起家。以走大众路线作为经营的路径。在老字号之间，表现出两种不同的饮食价值取向，一是面向贵族，一是面向平民，品位迥异，但都为北京市井饮食注入了不可替代的文化基因，共促北京饮食文化朝着多元的方向演进。

再一种是专卖小吃，即不办酒席的小饭馆和二荤铺。所谓"二荤"，即只卖猪、羊肉炒菜，主食卖馒头、花卷、烙饼、拉面（抻面）。① 食材都是"家常"的，不要说没有海参、鱼翅等海货，即便鸡鸭鱼虾等也不出现在餐桌上。一般是四五张或六七张便桌，不承办酒席，只供散座。邓云乡在《燕京乡土记》中所说，二荤铺"地方一般不太大，一两间门面，灶头在门口，座位却在里面。卖的都是家常菜……菜名由伙计在客人面前口头报来"②。这些饭铺里没有高档菜肴，一般是炒肉片、炸丸子等以猪肉、蔬菜为主的炒菜，但总计起来数量、种类则相当之多，成为北京饮食文化乡土味道最浓郁之处。当年遍布京城的"二荤铺"所体现的是最基本的北京文化，无论它的环境、店堂的布置，掌柜伙计的和气，都显现出京味儿。

除二荤铺外，还有诸多经营蒸食和点心的铺子，前者，以蒸锅铺最为流行。大多出售软面馒头，为山东人所开设，故以"山东馒首"自居。凡是蒸锅铺都在门前支上一个木案，上边摆一大玻璃罩子，里面码放花样品种不同的蒸食，除约斤馒头、花卷外，还有三角馒头（有红糖、澄沙的两种）、豆包、枣蒸饼等品种，任人选购。大点的蒸锅铺都预备几样点心，无非是什锦糖包之类，卖给那些"老本京派"的主顾。③ 据《北平风俗类征》记载：北平之天桥及什刹海沿大街空地上之饭摊，一边是炉灶，一边就是矮桌矮凳的客座。饭摊主人自为厨师，又兼招待，其所卖者为大饼、豆汁儿、肉包、灌肠、杂面，备各机关人役、小贩、车夫聚餐之需要，香喷喷、热腾腾的荤素大全，长衣短褂连吃带喝之与会淋漓。旧都繁荣，赖有此耳。虽贵人雅流，不屑一顾，然吾人则视此为社会群众的饭店也。④

其实，民国时期的北京饭馆并不属于"北京"，只砂锅居（和顺居）白肉馆勉强可以贴上北京馆的标签。烧燎白煮是白肉的主要烹饪技艺。所谓烧燎就是将猪肘、臀肉、腿肉的一部先用微火略烧（必须用木柴火，绝不可用煤火），不要烧

---

① 鲁克才主编：《中华民族饮食风俗大观》，北京：世界知识出版社1992年版，第2页。
② 邓云乡：《燕京乡土记》"二荤铺"，上海：上海文化出版社1985年版，第344—345页。
③ 常人春：《老北京的民俗行业》，北京：学苑出版社2002年版，第269页。
④ 李家瑞：《北平风俗类征》，上海：上海艺文出版社1937年影印本，第229页。

煳，然后放在水中煮。煮时绝不加任何调料，故称白煮。先经烧燎，然后白煮，即烧燎白煮，这是满族传统煮祭肉的方法。此法是满族先世所传，是女真人自古的主要烹调法。① 砂锅居以白肉胡肘为主菜，以血肠净肚为辅菜，再以烧碟（最多72种）为生色菜。只不过"烧碟"是砂锅居的前辈创制出来的。

虽然各种餐馆类型很多，但以历史久、数量多、规模大而言，应让山东饭馆居首席。烤鸭是北京佳肴的代表，可不论是挂炉烤鸭的全聚德，还是焖炉烤鸭的便宜坊都由山东人经营。山西人在北京开餐馆的也为数不少，他们以面食见长，如炸佛手卷儿、割豆儿、猫耳朵、拨鱼儿、刀削面等，尽显面食文化的独特魅力。久负盛名的"厚德福""蓉园"则是"河南馆"；"江苏馆"由"淮扬馆"和"沪宁馆"组成；其他还有"福建馆""贵州馆""广东馆"等。北京是五方杂处的地方，各种类型的饭馆很多，以烹调技术而言，可以说是各有千秋，难分轩轾。不过山东饭馆菜肴的口味，各省人都可适应，这是它的优点。如四川饭馆的"麻婆豆腐"，北京人就嫌太辣，而山东饭馆的"熘鱼片"，四川人却也能吃。自然，四川人也绝不会认为山东菜比四川菜更合自己的口味，哪省人爱吃哪省菜，这是生活习惯所造成的，是很难改变的。② 民国十七年（1928）以后，是北京商业最不景气的年代，前门外一带异常萧条，饭馆业转而集中于西长安街，如雨后春笋。一时出现了庆林春、方壶春、东亚春、大陆春、新陆春、鹿鸣春、四如春、同春园等，当时有"长安十里遍是春"之语。广和居也由城外迁到西长安街路南，改名广和饭庄，仍以潘鱼、江豆腐相号召，但营业始终不好，不久就关闭了。

清代北京官府很多，府中讲求美食，并各有拿手好菜，总体特点是清淡、精致、用料讲究。清末民初，在社会变动的影响下，逐步形成了一种博采众多地方风味菜系之长的综合菜系——官府菜。前文多次提及的谭家菜是中国官府菜中的一个最突出的典型，是北京文人雅士阶层的菜，是官僚阶层的菜，是南北菜系的结晶，是私家菜的后起之秀，是老北京的遗风。

民国以后，气派豪华的"满汉全席"渐渐衰落。一种新兴营业应时而生，即

---

① 爱新觉罗·瀛生：《老北京与满族》，北京：学苑出版社2008年版，第105页。
② 崔瞻：《漫话解放前的北京饭馆》，《〈纵横〉精品丛书》编委会：《民国社会群像》，北京：中国文史出版社2003年版，第12页。

所谓"家庭菜"。"谭家菜""梁家菜""刘家菜"等颇负盛名。[①] 在 20 世纪二三十年代，老北京最著名的私家菜有三大家，即军界的"段家菜"，银行界的"任家菜"，财政界的"王家菜"。谭家菜所能给予的菜肴，其他私家菜难以提供。筵席"分燕翅席、鸭翅席、鱼唇席、海参席，再低一档次的是全家福，分等定价。凉菜四冷荤或四双拼、四炒菜、四饭菜、二汤、点心、一甜菜，最后是压桌汤和水果。所谓燕翅席即头菜是鱼翅，二汤上清汤燕菜，这样菜已不少，而谭家菜的菜单继头菜鱼翅之后还有扒大乌参、八宝鸭子等厚味"[②]。当时的"私家名厨，胜于饭馆"，但是这些私家菜，后来都随着官府的衰落而未能流传下来。而真正流传下来的倒是这种小官僚家庭产生的谭家菜。旧京人士，几乎无人不知无人不晓谭家菜。

说起饮食业的繁荣，饭庄、饭馆、酒楼和二荤铺只是一个方面，街头巷尾流动的食摊更透露出浓浓的生活气息。20 世纪 30 年代的天桥是这样一番景象："（食摊）一个个地连接着，很少留出空隙，只是中间有一条窄道留着走人的地方，以便游人通行。这吃食摊有的带棚，棚是木板钉的，或用白布支的；有的棚里设有桌子，摆着凳儿，似乎稍具一些规模。有的只用块面板，权且当作桌子，低低的小凳儿，坐着的人如同是蹲着。……"[③] 恰如现在很多城市都有的小吃一条街，是普通市民饱享口福的理想去处。这类饮食更接地气，尽显北京饮食的传统魅力。

需要指出的是，民国毕竟是社会大转型时期，社会处于不断的动荡当中。加上受外来饮食文化的影响，传统餐饮业不可能一直繁荣下去。到了民国后期，一些老字号便逐渐衰落了。譬如，北京酱园中年代最久远者为"六必居"，该号开业于前明。然与六必居同时者，尚有一"寿昌"号，设于西单头条把口，民国元年间关闭，改为"和顺布铺"。"和顺"关闭后，又改为恒丽布店。[④] 即便是前期四处可见的"粥铺"也销声匿迹了。据时人回忆，在 20 世纪 20 年代，尚有"粥铺"营业，每日专做一早的买卖，由午夜铺中即生火工作——熬粥、烙烧饼、炸

① 凌恩岳：《漫谈北京几家风味饭庄》，《北京文史资料》（第 76 辑），北京：北京出版社 2010 年版，第 198—199 页。

② 凌恩岳：《漫谈北京几家风味饭庄》，《北京文史资料》（第 76 辑），北京：北京出版社 2010 年版。

③ 黄宗汉主编：《天桥往事录》，北京：北京出版社 1995 年版，第 86 页。

④ 《酱园》《晨报》1940 年 5 月 25 日。转引自王彬、崔国政辑：《燕京风土录》，北京：光明日报出版社 2000 年版，第 326 页。

油果，天刚一亮，即开始售卖，并由铺中伙计挑担串巷叫卖，货声是："粥哟粳米粥！"彼时北平居民，视为早点唯一佳品，皆因粥液浓厚，米烂而水甜，火候之适宜，非常家庭中所能仿制。附带的食品，虽仅烧饼、炸油果等物，然质良物美，与众不同，所做的烧饼叫"水马蹄"，确由专行手艺人制作。油果必用香油炸，有四股炸焦的，有四股不炸焦的，又有抹上糖炸成四个相连大泡的，如非手艺人，是做不到的。到了 20 世纪 40 年代末，此种粥铺与其说是受物资及价格所限，毋宁说是此辈手艺人相继改行，已难以寻觅了。[①]

第三节　餐饮行业习俗

帝制被颠覆以后，皇宫已不再是无上的权威中心，也失去了控制北京人生活包括饮食的权力，神圣的政治与世俗的饮食生活之间的壁垒已然消解。这便给予了饮食文化自身发展演绎的更大空间，饮食消费在没有政治约束的环境下，成为占主导地位的消费形式。相应地，餐饮行业习俗较之以往朝代表现得更为充分，成为当时北京都市文化中极为醒目的一部分。而庙会集市上的食品交易和消费、饮食方面的市声及餐饮业的幌子构成了民国期间北京饮食的风俗图式，三者合在一起，俨然就是一幅京城特有的饮食风情画卷。

1. 庙会饮食买卖

北京因为是著名国都，有钱有闲的人多一些，他们平日里没有正当的事可做，除了上茶馆便是逛庙会了。据《北京市志稿·礼俗志·庙集》记载："《旧京琐记》：庙会者，陈百货于庙，以待顾客，岁有定时，历年不改，北方通行之俗也。京师之市肆要常集者，东大市、西小市是也。逢三之土地庙，四、五之白塔寺，七、八之护国寺，九、十之隆福寺，谓之四大庙市，皆以期集。"[②] 为适应现代都市的商业节奏，隆福寺、护国寺、白塔寺、土地庙，都有庙会举行。也有五大庙会之说，即隆福寺、护国寺、白塔寺、花市（火神庙）、土地庙，其声势一直延续至民国时期。自 20 世纪 20 年代起，相继改用公历。土地庙每月逢三（初三、十三、二十三）开放，主要经营土特产，包括饮食资源。

根据调查统计，20 世纪 30 年代隆福寺的集市商摊有近千家，护国寺和白塔寺

---

① 张林岚：《回忆粥铺》，载《新民报》1947 年 5 月 13 日。
② 吴廷燮等纂：《北京市志稿·礼俗志》，北京：北京燕山出版社 1998 年版，第 277 页。

的集市商摊也多达七百余家。人们在逛庙会烧香的同时也可以买到各色商品，清季《帝京岁时纪胜》就有这样的描述："都城隍庙在都城之西……唯于五月朔至八日设庙，百货充集，拜香络绎。"[1] 老北京的特色小吃也汇集在庙会中，冰糖葫芦、炸糕、糖画、吹糖人、面茶等都深受人们的喜爱。每到庙会的日子里，总是人山人海，川流不息。庙会上美食云集，各种特色小吃真是应有尽有，无所不备。

庙会又称庙市，开庙日期根据各庙特点或所供奉的神灵的祭祀日期来确定。民国以来，庙会照例是定期举行的。至于香火则因国历与旧历交替，使人们对于宗教祭日之记忆渐趋模糊，宗教信仰亦日益淡化。一些庙会逐渐演变为有固定会期的商业性集市。

民国期间，北京的庙宇中均设定期市集，交易百物。市场大抵在庙宇中的隙地上，而延展于庙旁隙地与庙外附近的商业市街，构成庙会的中心。庙会上的买卖，大多是卖主租赁庙中的房屋、地段，固定设摊进行的。每届会期，货主总是到惯常的地方摆上摊位，做起生意。他们各自的摊位都比较恒定，甚至几十年不更换处所。在会期以旬为时间单位循环的地方，摊主往往在一个庙的会期结束后，再去赶另一个庙会。据记载："旧京庙宇栉比，设市者居其半数"，"每至市期，商贾云集"。"月开数市者，所售多系日用之品"，"年开一市者，所售多系耍货"，"游人每以购归为乐"。同时还"多有香会，如秧歌、少林……"[2]。每逢正月十九为燕九节，人们争先恐后去白云观"会神仙"；正月十五、二十三、三十，又去喇嘛庙争看"打鬼"。"游人蚁聚云屯，又有买卖赶趁。"[3]

庙会上从事买卖的摊主，既不同于坐商，因为他们是随庙会的会期业商的，受到时间限制；又不同于行商，因为他们有固定的地方，不是随遇而安或穿街走巷买卖的。总之，庙会的交易，是一项特殊的买卖。民国时期，中国的近代商业虽然有了一定的发展，然而，由于传统的影响，以及近代商业经营范围的限制，人们对庙会这种特殊的买卖依然表现出了极大的热情。

据1930年的调查统计，北京城区有庙会20处，郊区16处。当时有八大庙会之说，即白塔寺、护国寺、隆福寺、雍和宫、东岳庙、白云观、蟠桃宫、厂甸。解放前还有五大庙会的说法，即土地庙、花市、白塔寺、护国寺、隆福寺。五大

---

① ［清］潘荣陛：《帝京岁时纪胜》《五月·都城隍庙》，北京：北京古籍出版社2000年版，第22页。
② 李家瑞编：《北平风俗类征》，"岁时"，北京：商务印书馆1937年影印本，第39页。
③ 李家瑞编：《北平风俗类征》，"饮食"，北京：商务印书馆1937年影印本，第227页。

庙会中比较大而热闹的，属东城的隆福寺和西城的护国寺，即人们常说的“东庙”“西庙”。庙会有每月定期开放的，按时间先后，如土地庙、花市、白塔寺、护国寺、隆福寺、东岳庙、九天宫、吕祖阁、药王庙、崇元观等；有每逢年节开放的，按时间先后，如财神庙、前门关帝庙、厂甸（火神庙）、白云观、精忠庙、大钟寺、黄寺、黑寺、雍和宫、太阳宫、蟠桃宫、万寿寺、妙峰山碧霞元君庙、铁塔寺、都城隍庙、江南城隍庙、善果寺、灶君庙等。① 土地庙、花市、白塔寺、护国寺、隆福寺庙会摊位数量以服用业最多，食品业次之。食品种类有水果、干果、面食、糖食等。面食商摊，大抵有锅灶与食桌，临时煎炒供客。②

《帝京岁时纪胜》载：“朔望（指农历每月的初一和十五）则东岳庙、北药王庙，逢三则宣武门外之都土地庙，逢四则崇文门外之花市，七、八则西城之大隆善护国寺，九、十则东城之大隆福寺。”③ 民国时期白塔寺、隆福寺又增加一二日。至此，北京城 365 天，天天有庙会。根据调查统计，20 世纪 30 年代，隆福寺的集市商摊有近千家，护国寺和白塔寺的集市商摊也多达 700 余家，每年集市天数为 72～150 天。人们在庙上烧香、购物、娱乐，总要转悠半天，必然又饿又累。看到各种好吃的，不免产生食欲。所以庙会上那种吃食摊子自然也就座无虚席了。

护国寺庙会与隆福寺庙会齐名，即所谓“东西两庙”之西庙。《京都竹枝词》云：“东西两庙货真全，一日能消百万钱，多少贵人闲至此，衣香犹带御炉烟。”④ 清末“百本张”⑤ 所卖子弟书《逛护国寺》唱本说道：逛庙会，“来永和斋先将梅汤喝一碗，顺甬道玉器摊上细留神”⑥。永和斋的摊子当在护国寺山门以里。梅汤就是酸梅汤，是一种清凉解暑饮料，主料是乌梅配以白糖、玫瑰等熬制而成。过去夏天到处都是卖酸梅汤的摊子，摊主手持两冰盏，互相撞击，发出清脆悦耳的声音，以吸引顾客。⑦

---

① 北京市政协文史资料委员会选编：《北京文史资料精华·风俗趣闻》，北京：北京出版社 2000 年版，第 288 页。

② 《北平庙会调查》，北平民国学院于 1937 年 6 月印行。转引自王彬、崔国政辑：《燕京风土录》，北京：光明日报出版社 2000 年版，第 247—248 页。

③ ［清］潘荣陛、［清］富察敦崇：《〈帝京岁时纪胜〉〈燕京岁时记〉》，北京：北京古籍出版社 1983 年版，第 22 页。

④ 引自李家瑞：《北平风俗类征》，上海：上海文艺出版社 1985 年版，第 419 页。

⑤ “百本张”，亦称“百本堂”，创于乾隆五十五年（1790），历时数代，至光绪年间生意仍很旺。

⑥ 赵兴华编著：《老北京庙会》，北京：中国城市出版社 1999 年版，第 34 页。

⑦ 郭子昇：《北京庙会旧俗》，北京：中国华侨出版公司 1989 年版，第 35 页。

庙会上的饮食经营一般都是浮摊，有的支个布棚，亮出字号，里面摆了条案、长凳，小吃摆放案上，或边做边卖。这些摊点星罗棋布，成了可供观赏的庙会一景。民国北京庙会上的饮食现象融制作、买卖和品尝为一体，不仅是为了"吃"，更是北京民间饮食文化的全面而又生动的展示。以豆汁儿摊点为例，"夏天人们不愿在家里熬，就上庙会去进豆汁儿棚子。有专营此项生意的人，在庙会上搭蓝色布棚，大书'豆汁某'（某即自己的姓氏）。有人逛庙之意不在逛庙，而在喝豆汁儿"。① 经营者通常为一二人，不停地向游人喊道："请吧，您哪！热烧饼、热果子，里边有座儿哪！"而兜售豆面糕又名"驴打滚儿"的则一般没有摊点。在庙会上经营此业的多系回民，只用一辆手推车，车上的铜活擦得锃光瓦亮，引人注目，以招徕生意。边走边吆唤道："豆面糕来，要糖钱！""滚糖的驴打滚啦！"即便不是为了饱享口福的香客，也会驻足围观，被这富有浓浓乡土气息的情景所吸引。

庙会上的小吃其实多半是北京日常街头巷尾叫卖的吃食，具有北京地方特色，适合北京人的口味，诸如豆汁儿、爆肚、灌肠、焦圈儿、羊肉串等，各种风味小吃，飘香诱人，庙会成为重要的饮食文化展示场域。北京的庙会为北京小吃提供了优越的市场，如宣武区的厂甸庙会，位于和平门外南新华街。每年的厂甸庙会，从和平门到虎坊桥及南新华街两侧的胡同内，小吃摊贩搭棚供应，摊位一个挨着一个，各种小吃琳琅满目，成为北京春节中的一大景观。

当时，北京的厂甸庙会一直很为繁盛。厂甸和火神庙在和平门外琉璃厂中间路北，"从1918年开始，每年农历正月初一至十五日，以厂甸及附近的海王村公园（现中国书店所在地）为中心，举办大型庙会。庙会期间，琉璃厂东西街口、南北新华街街口及吕祖阁、大小沙土园等处的摊贩连成一片。海王村公园水法地前的广场开辟为茶社，由几家茶社联营，游人可以在这里品茗休息。茶社四周，设有北京风味小吃，有年糕、豆腐脑、元宵、炸糕、小豆粥、豆汁儿、灌肠、面茶、蜂糕、艾窝窝、冰糖葫芦等，生意兴隆"。②庙会俨然就是小吃节，种类齐全，并且实惠。

大糖葫芦是厂甸庙会上有代表性的食品。大糖葫芦有两种，一种是把大小不

---

① 爱新觉罗·瀛生：《北京的小吃》，载《北京文史》2011年第1期。
② 北京市政协文史资料委员会选编：《北京文史资料精华·风俗趣闻》，北京：北京出版社2000年版，第295页。

等的山里红，以大小顺序，下大上小，穿在一根 1 米左右的荆条上，有的外面蘸一层饴糖，多数什么也不蘸，在顶端和中间插上几面用红绿纸糊的小三角旗。一种是挑选大小差不多的山里红，用细席绳穿起来，把绳头结上，很像一挂红色念珠。卖这种大糖葫芦的小贩，大都把它套在脖子上或挎在胳膊上流动叫卖。[①] 大糖葫芦大的有 1 丈多长，小的也有 5 尺左右，顶部插有红、绿纸旗，红果上蘸满了白白的麦芽糖，红白相间，十分喜人；另有一种蘸糖稀的，表面有一层半透明的糖衣，有点像冰糖葫芦，但不如其脆，吃起来有点粘牙。这一串串红红的糖葫芦，给节日的市场增添了不少的喜庆气氛，逛庙会的人都争相抢购。逛完厂甸扛着大糖葫芦回家，也成了当时一道亮丽的风景。

什刹海位于市中心城区西城区，毗邻北京城中轴线。包括前海、后海和西海（又称积水潭）三个水域及邻近地区，与"前三海"相呼应，俗称"后三海"。什刹海也写作"十刹海"，一种说法是因为四周原有十座佛寺，故有此称。每年农历从端午节（五月初五）到中元节（七月十五）有庙会，是北京庙会中会期最长的一个。庙会的地址在前海四周岸边。庙会期间荷花盛开，又称"荷花市场"。有学者十分详细地描述了各小吃摊位点的风味特色，兹录如下：

　　荷花市场上的饮食摊，很多都是年年必到，摆摊位置也不变。而各自都有自己年年必到，甚至天天必到的老主顾。比较著名的饮食摊有年糕王家的黄、白年糕，枣用真正的密云小枣，一个枣润红周围一大片，黏软适度，甜香可口；扒糕年家的扒糕用纯荞麦面，料真工细，豆腐脑王家的豆腐脑，用上好的口蘑熬汤做卤，口味醇正；晁、刘两家的油酥火烧，层薄如纸，擀好的面提起来可以照见对面的景物，馅有多种，宜甜宜咸，咸萝卜丝馅，清爽可口，尤为食者赞赏；增庆斋的八宝莲子粥，敢于树起"天下第一八宝莲子粥"的通天招牌，如果没有独到之处，也不敢这样自吹自擂；赵得顺两兄弟的炸油条与众不同，别名叫"花老虎"；应家的八宝茶汤，有八种精选果料，冲茶汤的大铜壶制作精美，冲茶汤的动作也干净利落高人一筹；豆汁儿于摊上佐餐的咸菜，切得细如发丝；更为引人注意的还得数杨、景两家的藕局子。景家在堤之北头，正对会贤堂大门。杨家在堤之南端，即现在的小石桥附近。这两家专门出售什刹海生产的河鲜以及鲜核桃仁、

---

①　郭子昇：《北京庙会旧俗》，北京：中国华侨出版社 1989 年版，第 78 页。

鲜杏仁等。都是现挖、现摘，现做、现卖，突出一个鲜字。在青花瓷盘中，几片切得飞薄的鲜藕，撒上一层绵白糖，再加上几条鲜红的金糕，红白相映，散发着鲜藕的清香，在烈日当空、骄阳似火的三伏天，一看就给人以清爽之感，谁不想吃一盘消消暑气。至于卖香瓜、西瓜和酸梅汤的摊点更多。①

一边在湖畔纳凉，一边品尝从什刹海中采摘的莲蓬、菱角、鲜藕和鸡头米，甚为惬意。最富清凉美味特色的莫过于"冰碗儿"：小碗儿盛满碎冰，冰上覆盖莲子、菱角、鲜藕片、鲜核桃仁和白糖，沁人心脾，其他地方无此美味。

民国时期，小吃经营网点比较分散，而庙会则将北京城里和周边地区的小吃汇集在一起，"集体亮相"，人们在逛庙会的同时，可以品尝到各种风味的小吃。饱享口福是人们热衷于逛庙会的目的之一。

2. 饮食叫卖的市声

市声亦名货声，即饮食商贩叫卖的吆喝声。吆喝叫卖，属于用声音指称所卖货物的民俗形态。林语堂则在《京华烟云》中对北京的货声大为赞赏，他列举了卖冰镇酸梅汤的一双小铜盘子的敲击声，认为每一种声音都节奏美妙！张恨水对北京的货声称赞不已，"我也走过不少的南北码头，所听到的小贩的吆唤声，没有任何一地能赛过北平的……至于字句多的，那一份优美，就举不胜举，有的简直是一首歌谣"②。具体是这样吆喝的："又解渴来，又败凉，又加玫瑰又加糖，不信您就弄碗儿尝，酸梅汤来，不一味儿。"

蔡绳格先生写于1906年的《燕市货声》开此一领域调研之先河。"所记就北京之吆喝声，饮食类占相当篇幅。"③一种叫卖声，代表着一个行当，每个行当主人，也来自不同地域，大多是解放前后从山东或河北等地逃荒、逃难而流落到北京，用他们的手艺，不辞辛苦走街串巷来维持生计，他们应当属于第一批个体经营者吧。北京之所以成为串胡同儿吃食买卖的天堂，与旗人的生活状态直接相关。这些旗人靠政府发放的饷银和俸米（钱粮）勉强维持生计，街头小贩吆喝着卖吃食，迎合了旗人贪图小吃小喝的需求。旗人凋零后，吆喝买卖不仅没有消歇，进

① 郭子昇：《北京庙会旧俗》，北京：中国华侨出版公司1989年版，第89—90页。
② 见姜德明编：《如梦令：名人笔下的旧京》，北京：北京出版社1997年版，第139页。
③ 《古今饮食业宣传琐谈》，载《中国烹饪》1989年第7期。王文宝：《弘扬祖国民俗文化》，北京：中国戏剧出版社2010年版，第294页。

入民国反而愈演愈烈。

民国时期的小吃大多由行商小贩经营，春夏之交，有小枣切糕、豌豆黄，节令食品有樱桃、桑葚、粽子，平时每天下午必来生、熟豆汁儿车子、烂蚕豆、炒铁蚕豆。秋季里有江米藕、老鸡头、老菱角、肥卤鸡、煎灌肠。冬季有冰糖葫芦、心里美萝卜，蒸、煮、烤白薯。秋冬季晚间有羊霜肠、羊头肉、炸面筋、馄饨挑子、硬面饽饽、半空儿。[①] 他们在走村串户贩卖货物时，仍继承旧时的传统，利用响器声和吆喝声招徕顾客。

早年北京内城旗人家日常街门紧闭，来人在门外叩门环，北京话称此为"叫门"。听见叫门声，问清后才开街门。这是老北京住户的生活习惯。有些卖食品的小贩一年四季串胡同儿，所售食品深受老北京欢迎。人们在家里一听见吆喝声就引起食欲，就主动开街门。人们称这些串胡同的买卖为"叫门的买卖"。清代诗人何耳《燕台竹枝词》写有《硬面饽饽》："硬黄如纸脆还轻，炉火均匀不托成。深夜谁家和面起？冲风唤卖一声声。"[②] "硬面饽饽"由大火蒸成，受热均匀，往往赶在深夜的北京巷口，大声吆喝着去叫卖。这些买卖大多有定时，例如杏仁儿茶，只在清晨下街叫卖，早9点以后就收。烫面饺在下午串街，一直卖到夜里一两点钟。馄饨多在晚上卖，也到夜里一两点钟才收。因此老北京习惯于按时买着吃。有些属于季节性的，例如夏季不卖糖葫芦，冬天没有打冰盏儿的。抓半空儿和卖水萝卜的都在冬天晚上。[③]

民国时期的北京城里的货声颇具特色，小贩的吆喝一般都有简单的曲调，顾客即使听不清他所吆喝的内容，但根据其约定俗成的曲调就能辨别卖的是什么货物，小贩的响器也大都按行业的不同而各具特色，方便顾客辨别。卖小吃的小贩，吆喝花样颇多，常回响在耳旁有卖樱桃的："小红的樱桃，快尝鲜！"卖白薯的喊："栗子味蒸白薯咧！""老豆腐，开锅！""炸丸子，开锅！""热的哆……大油炸鬼，芝麻酱来……烧饼""炸面筋……肉""哎嗨，小枣儿混糖的豌豆黄嘞！"如此等等。冰糖葫芦上市之时，大街上、巷弄里、庙会中，人们时时会听到熟悉的吆喝："葫芦……冰糖的！""冰糖多哎……葫芦来嗷……"声声抑扬顿挫，清脆响亮。

---

①　翟鸿起：《老北京的街头巷尾》，北京：中国书店1998年版，第27页。

②　[清] 杨米人等著，路工编选：《清代北京竹枝词（十三种）》，北京：北京古籍出版社1982年版，第88—89页。

③　北京市政协文史和学习委员会编：《京俗溯源》，北京：中国文史出版社2010年版，第87页。

《燕京岁时记》载："冰糖壶卢，乃用竹签贯以葡萄、山药豆、海棠果、山里红等物，蘸以冰糖，甜脆而凉。"① 下街叫卖的挑着挑子串胡同儿，挑子宽大，上有几排弯曲的宽竹片，片上穿着比筷子稍细的孔，将糖葫芦插在孔中，竖立如林。因糖葫芦种类多，色彩鲜艳，显得五光十色，很是招人。② 还有些小贩，在长期的吆喝叫卖中，其吆喝声已形成一些固定的腔调，且多具有北方高腔的音乐性旋律，如卖蔬菜的，其吆喝声不但旋律高亢、声腔清扬，而且还可以一声吆喝一大串，一口气报出十几种蔬菜的菜名："青韭呀芹菜扁豆葱，嫩泠泠的黄瓜来一根吧！……"吆喝声以两音节者为多，如"小枣——切糕"，"五香——瓜子"；也有的富于音调变化，如前半较缓、后半急促的："江米酒喂——炒面！""硬面儿——饽饽！"相比而言，卖包子、卖豌豆黄儿的吆喝声更是响亮欢快，简直是一曲曲短歌："包子哎，漂白我的面子儿吧，尝尝包子的馅来吧！""哎，这两大块嘞哎，小枣儿混糖儿的豌豆嘞哎！哎两大块嘞，哎这摩登的手绢呀，你们兜也兜不下嘞哎，两大块嘞哎嗨哎，哎这今年不吃呀，过年见了，这虎不拉打盹儿都掉下架儿嘞哎！"③

有些叫卖仅有一句或半句或无旋律而未能形成歌曲结构，谓之叫卖调；把由叫卖调发展而成，音乐结构完整、音阶调式清楚、完全符合作为独立歌曲条件的叫卖称作"叫卖歌"。其中，叙述性强，似说似唱，音域不宽，大都与语言音调紧密结合的为"说唱型"；曲调悠扬动听，多具有小调儿的某些特征的为"歌唱型"。④《四世同堂》中卖水果的小贩的叫卖声则属于典型的歌唱型。中秋前后北平的果贩"精心地把摊子摆好，而后用清脆的嗓音唱出有腔调的果赞：哎——一毛钱来耶，你就一堆我的小白梨儿，皮儿又嫩，水儿又甜，没有一个虫眼儿，我的小白梨儿耶！歌声在香气里颤动，给苹果葡萄的静丽配上音乐，使人们的脚步放慢，听着看着嗅着北平之秋的美丽"⑤。这种歌唱型的吆喝声就不只是告知人们所销售的品种，而是一种情感的表达和抒发，透示出果贩美好的内心世界。

---

① ［清］潘荣陛、［清］富察敦崇：《〈帝京岁时纪胜〉〈燕京岁时记〉》，北京：北京古籍出版社1983年版，第88页。

② 爱新觉罗·瀛生：《串胡同儿叫卖的吃食》，载《北京文史》2011年第3期。

③ 潘惠楼：《北京的民俗》，北京：北京出版集团公司2018年版，第109页。

④ 常富尧：《老通州的叫卖调和叫卖歌》，通州区政协文史和学习委员会：《通州民俗》"下册"，北京：团结出版社2012年版，第439页。

⑤ 转引自倪文豪：《京味小说中的京味语言的审美研究》，载《语文学刊》2010年第1期。

小贩的装扮、食品、手推车或挑子及其他行头与吆喝声构成行商行为的整体，后世表现为挂在墙上的一幅幅风情画。卖生豆汁儿的小贩，手推车上两个大木桶，沿街吆喝："甜酸豆汁儿！"按勺论价，那勺有用槟榔的，也有用瓢的；又如夏天卖冰激凌的："冰儿激的凌来呀，雪花那个酪儿，又甜又凉呀……"清明过后则有担冰商贩上街，"磕蕴晶晶响盏并，清明出卖担头冰"①。及至炎夏，冰块的需求量大增，"炎交三伏气如蒸，喝饮人消水数升。忽听门前铜钱响，家家唤买担头冰"②。城南甜水非常受人欢迎，"驴车转水自城南，买向街头价熟谙"③。盛夏时节，街头还有卖西瓜的小贩，"冰盏丁冬响满街，玫瑰香露浸酸梅。门前又卖烟儿炮，一阵呵呵拍手来……卖酪人来冷透牙，沿街大块叫西瓜。晚凉一盏冰梅水，胜似卢同七碗茶"④。兜售大碗茶的挑着一个担子，担子前头是一个一尺多高、短嘴的绿色釉子的大茶壶，顶上三个小鼻纽穿着绳子，挂在担子上。担子后面是一个大篮子，篮子里一块布下面盖着几个粗瓷碗，有时还放一两个小板凳。一边蹒跚地走着，一边吆喊着："谁喝茶水？"有人喝茶，放下担子，取一个粗碗，从壶中倒一碗酸枣叶子泡的茶水，并拿出小板凳让顾客坐下。⑤

据《清稗类钞》记载："京师崇文门外暨宣武门外，每日晨鸡初唱时，设摊者辄林立，名小市。与江宁之城南二道高井附近所有者同。又名'黑市'。"⑥ 宣武区乐善里胡同，空气中时常飘荡着洪亮的吆喝："辣——菜"，所售的是泡在发酵的白汤里的芥菜片；卖臭豆腐的低声吆喝，像背书一样："臭豆腐、酱豆腐，王致和的臭豆腐。"坛子上贴着印有"王致和"三个字的红纸标签。小贩自酱菜店趸来酱豆腐和臭豆腐，提罐或挎篮，串巷叫卖，价钱低廉而味道鲜美，可以用来佐粥和佐饭。闻听那幽默的吆喝声，人们走出院门买上几块。卖老豆腐的以佐料吸引人，有芝麻酱、辣椒油、韭菜花、臭虾酱、大蒜汁。卖薄荷凉糖的最洋气，

① [清] 佚名：《燕台口号一百首》，雷梦水等：《中华竹枝词》，北京：北京古籍出版社1997年版，第114页。

② [清] 方元鲲：《都门杂咏》，雷梦水等：《中华竹枝词》，北京：北京古籍出版社1997年版，第172页。

③ [清] 褚维垲：《燕京杂咏》，雷梦水等：《中华竹枝词》，北京：北京古籍出版社1997年版，第200页。

④ [清] 杨米人：《都门竹枝词》，[清] 杨米人等著、路工编选：《清代北京竹枝词（十三种）》，北京：北京古籍出版社1982年版，第19页。

⑤ 邓云乡：《燕京乡土记》（下），北京：中华书局2015年版，第564页。

⑥ [清] 徐珂：《清稗类钞》"农商类"，北京：中华书局1984年版，第2292页。

头戴有檐高帽，身穿白色制服，好像马戏团的吹鼓手。吹完洋号，吆喝一声："薄荷凉糖，香蕉糖！"当时北京有一歇后语为"甑儿糕一屉顶一屉"，其含义是：一个挨一个，相继而来。卖甑儿糕者所挑之担子，一头为蒸锅置于木盆中，两旁有木架。一头为盛放原料之小木箱，箱下为水桶。所用果料为青丝、红丝、瓜子仁、葡萄干、芝麻等细碎配料与白糖、红糖。其吆喝声为"甑儿糕……吧"。卖馒头的，挎着篮子或背着椭圆形荆条筐，内覆盖着白布棉垫用以保温，里面装满热气腾腾刚出屉的高桩馒头和带有青红丝的糖三角、豆沙包、枣饼、千层饼、咸花卷等。其吆喝声为："约斤馒头！"其实是论个卖，不约斤，也不带秤。吆喝"约斤馒头"是习惯成自然。有的在山东人开的锅伙里趸来馒头、糖三角，推小车带秤论斤卖，也吆喝："约斤馒头！"这种馒头面硬，有咬劲，年轻人都喜欢吃。[1]"挂拉枣儿，酥又脆。大把抓的呱呱丢儿！"挂拉枣儿是用大枣晒干去核，烘之使焦，酥脆而甜，略有煳味，卖时以线穿之，故曰挂拉枣儿。其去掉之核，上面附有残肉，也不扔掉，卖与贫儿食之，称呱呱丢儿，价极贱，卖时不计分量，用手抓一大把与之，故曰"大把抓的呱呱丢儿"[2]。

一般而言，卖什么吆喝什么，开门见山，直接将商品名称或者收购物品名称叫出来，并加以夸赞。如："好热呀！汤面饺儿来！""筋道嘞滑透嘞，桂花味的什锦馅的元宵啊！""斗大的西瓜，船儿大的块来！""块儿大来，煞口儿的甜，沙泠泠的瓤儿，赛过冰糖。"复杂的如："糖杂面！糖杂面！姑娘吃了我的糖杂面，又会扎花儿，又会纺线儿；小秃儿吃了我的糖杂面，明天长头发，后天梳小辫……"但也有例外，所卖之物并没有直接揭示出来，而是以艺术的方式做了处理，顾左右而言他。"来吃吧，闹块尝呀，块儿又的大来瓤儿又得高，好啦高的瓤儿来，多么大的块来，就卖——一个大钱来！吃来吧，闹块尝呀！"这是卖西瓜的，虽然吆唤了一大套，还没吆唤出"西瓜"两个字。[3] 卖水萝卜的小贩，寒风凛冽中彳亍街头，一声"赛梨咧辣了换"，不言萝卜，而萝卜的妙处已表白无遗。蒋瘦叟先生咏萝卜挑儿诗："隔巷声声唤赛梨，北风深夜一灯低。购来恰值微醺后，薄刃新剖妙莫题。"[4] 水萝卜是廉价之物，但一到吆喝者手中，立即身价提高

① 王隐菊等编著：《旧都三百六十行》，北京：北京旅游出版社 1986 年版，第 68 页。
② 石继昌：《春明旧事》，北京：北京出版社 1996 年版，第 159 页。
③ 崔国政、王彬：《燕京风土录》，北京：光明日报出版社 2000 年版，第 497 页。
④ 石继昌：《春明旧事》，北京：北京出版社 1996 年版，第 165 页。

数倍。这样卖一个萝卜相当于成堆称斤卖七八个萝卜，但是吆喝声点缀冬夜闲情，则是难论之价。

北京一带小贩用于招徕顾客的响器，又称"代声"。响器以制作原料不同可分为几种类型。金属的有铜盖、铜钮、铜锻、铁唤头、惊闺，竹木的有木掷、竹板，膜鼓的有手鼓、拨浪鼓、扁鼓，琴弦的有胡琴、三弦等。不同的响器往往意味着不同的商品，因此，在老北京，根据响器发出的代声往往就能判断小贩所售为何种货物。[1] 常见的有卖油的敲梆子；卖吹糖人的敲一面大锣；卖糖的敲一面小锣；推车卖酱油醋的，多以敲梆为号；锔锅锔碗的，以家什担子上悬挂的铜盆铜碗摇荡撞击的声音为货声；卖乌梅汤的，则以手持"冰盏碗儿"令其撞击出声；乡间货郎则手摇"拨浪鼓"敲击出声；等等。其他的代声器具还有：卖五香豆腐干的以敲锅沿为号，卖糖豆花的以敲瓷碗为号，卖棒冰的以敲棒冰箱为号，等等。以卖油的为例。他们推着车子，往胡同儿里一放，拿出一个和"打更"用的差不多的"梆子"：用一根小木棍儿"邦！邦！邦！"地敲。车子上并不只有油，除了蔬菜，油盐酱醋样样都有。一些主妇专等"梆子"的响声传到家门口，做菜用的调料一块买齐了，既方便，又便宜。街头商贩"随声唱卖，听唱一声而即辨其为何物品，何人担市也"[2]。各种声音此起彼伏，演奏出中国城镇胡同里巷特有的交响曲。

民国时期北京各地城镇流行不辍的货卖声，以其特有的艺术魅力和乡土风采引起文学家、美术家的关注，如著名作家林语堂在《京华烟云》里曾写道：在北京"有街巷小贩各式各样唱歌般动听的叫卖声，串街串巷的理发匠的钢叉震动悦耳的响声，还有串街串巷到家收买旧货的清脆的打敲声，卖冰镇酸梅汤的一双小铜盘子敲击声，每一种声音都节奏美妙……"。民间的货卖声登上了文学艺术的大雅之堂。[3] 张恨水也说，货声的大部分，都是给人一种喜悦的，不然它也就不能吸引人了。例如卖馄饨的，他吆喝的第一句是"馄饨开锅"。声音洪亮，极像大花脸唱倒板，于是市井小孩子们就用纯土音编了一篇戏词来唱："馄饨开锅……自己称面自己和，自己剁馅自己包，虾米香菜又白饶。吆唤了半天，一个子儿没卖着，

---

① 潘惠楼：《北京的民俗》，北京：北京出版集团公司 2018 年版，第 110 页。

② ［清］史玄、［清］夏仁虎、［清］阙名：《〈旧京遗事〉〈旧京琐记〉〈燕京杂记〉》，北京：北京古籍出版社 1986 年版，第 23 页。

③ 余钊：《北京旧事》，北京：学苑出版社 2000 年版，第 243 页。

没留神丢了我两把勺。"① 足见小贩吆喝声在北平人日常生活中影响之广泛了。

梁实秋对北京小吃情有独钟,倍加喜爱,于 1983 年写下了《北平的零食小贩》一文,那是他 1949 年移居台湾后晚年对家乡美食的追忆。文章先从小贩们的叫卖声说起:"北平小贩的吆喝声是很特殊的。我不知道这与平剧有无关系,其抑扬顿挫,变化颇多,有的豪放如唱大花脸,有的沉闷如黑头,又有的清脆如生旦,在白昼给浩浩欲沸的市声平添了不少情趣,在夜晚又给寂静的夜带来一些凄凉。细听小贩的呼声,则有直譬,有隐喻,有时竟像谜语一般耐人寻味。而且他们的吆喝声,数十年如一日,不曾有过改变。我如今闭目沉思,北平零食小贩的呼声俨然在耳,一个个的如在目前。"② 就在此"俨然在耳"的叫卖声中,那诱人的豆汁儿、白薯、面筋、凉粉、驴肉、灌肠、面茶、切糕、粽子、元宵、艾窝窝、酸梅汤、铁蚕豆、豌豆黄、豆渣糕、江米藕、老玉米、水萝卜、糖葫芦、烫面饺、三角馒头、油炸花生仁等仿佛一股脑儿涌入眼前,让客居他乡的老人打着精神牙祭……

除梁实秋外,许多文学家也都曾醉心于这迷人的吆喝。张恨水《市声拾趣》、夏丏尊的《幽默的叫卖声》、周作人抄录的《夜读抄·一岁货声》③、萧乾的《北京城杂忆》等,都曾对市井吆喝做过生动的描写与评价。

郭德纲相声《叫卖图》里面有一段卖药糖的吆喝声,很有韵味。"卖药糖喽,谁还买我的药糖喽,橘子还有香蕉山药仁丹,买的买,捎的捎,卖药糖的要来了,吃了吗的味儿,喝了吗的味儿,橘子薄荷冒凉气儿,吐酸水儿,打饱嗝儿,吃了我的药糖都管事儿,小子儿不卖,大子儿一块。""巷里一天到晚过着许多小贩,从早上的卖烧饼油条的,到深夜的卖糕卖馄饨的,嘈杂的耳边乱叫。'烧饼,油条,油条,烧饼。''糕!糕!'机械地,反复地叫着,真是卖什么吆唤什么。"④ 至今我们也可以想见当时悠扬的吆喝声在小巷幽深处回荡的情景。

臧鸿老人 10 岁开始走街串巷卖臭豆腐,已整理出了他自己的 170 种叫卖声。

---

① 张恨水:《市声拾趣》,姜德明编:《如梦令:名人笔下的旧京》,北京:北京出版社 1997 年版,第 140 页。

② 梁实秋:《北平的零食小贩》,载《中国校园文学》2016 年第 9 期。

③ 周作人在他 50 岁生日前后的一天,曾借得蔡省吾编的《一岁货声》细心抄录成一册,堪为一件别具意义的艺术品。2015 年 10 月北京出版社将此册原色影印出版,受到现代文学爱好者与民俗文化研究者的极大欢迎。

④ 吕方邑:《北平的货声》,载陶亢德编:《北平一顾》,上海:宇宙风社 1939 年版,第 106 页。

1991 年，南来顺饭庄举办了一场风味小吃展卖活动。中午吃饭的时候，臧老爷子被请去吆喝几声小吃的叫卖，老舍的夫人给他封了个"叫卖大王"的称号。[1] 饮食叫卖的"市声"，成为北京饮食文化中最富有情趣和人情味的一部分。这些吆喝声早已渐行渐远，离开了我们的生活，但永远成为北京人的悠远记忆。

需要特别指出的是，在吆喝声中，不仅包含温馨和情趣，也透露出无奈和心酸。这一点，时人感觉颇为强烈，并发出深深的叹息：

江米包来粽叶香，大家准备过端阳，

赚钱哪管人辛苦，小贩街头叫卖忙。

时逢初夏气清和，食品当然要揣摩，

巷尾街头真热闹，推车吆喝枣儿多。（《买粽子》）[2]

白薯经霜用火煨，沿街叫卖小车推，

儿童食品平民化，一块铜钱售几枚。

热腾腾的味甜香，白薯居然烤得黄；

利见蝇头夸得计，始知小贩为穷忙。（《烤红薯》）[3]

对于小商小贩而言，沿街叫卖乃生活所迫，并无意营造市井风情。如果仅仅视之为一种都市文化现象，就不可能理解吆喝声的社会生活内涵。这是对底层社会饮食从业者生存命运的吆喝，是生活的呐喊，也是渴求美好生活的呼唤。

3. 饮食行业的幌子

幌，原指布幔，后被引申为酒旗的别称。唐代文学家陆龟蒙在《和袭美初冬偶作》一诗中，对酒店做过这样的描述："小炉低幌还遮掩，酒滴灰香似去年。"至于后来"望子"之称不传，而幌子之称盛行于市。据清人翟灏在《通俗编·广韵青帝》中解释说："今江以北，凡市贾所悬标帜，悉呼望子，讹其音？乃云幌子。"幌，最初特指酒旗，逐渐扩展为各种行业标记的专称。[4] 有些店铺幌子的挂出与摘下，还传达着营业与闭店的信息。有一首老北京的顺口溜是这样的："早出

---

[1]　格格：《京城奇闻："吆喝"也能卖》，载《学问》2000 年第 2 期。

[2]　马止庠编：《北平旅行指南》，经济新闻社民国二十六年（1937）版，第 7 页。

[3]　马止庠编：《北平旅行指南》，经济新闻社民国二十六年（1937）版，第 10 页。

[4]　[清] 翟灏：《通俗编》，上海：上海古籍出版社 2002 年版，第 538 页。

来，晚归去，由我在天伴鸟飞。请来客人无其数，无人请我喝一杯。"① 这似乎是招幌的自言自语，也是招幌的自画像。

（1）幌子的种类

近代民俗学家虁庐曾说："商人于售卖物品之所，揭橥种种记号，以招徕主顾者曰商标。有即悬其所卖之物者，有绘画图样者，有置奇异物象，或别立名称以惹人注意者。"② 这就是不同种类的幌子。

作为早期商业标记的幌子，可以追溯到战国时期仿效军事所用战旗演进而成的悬帜，《韩非子·外储说右上》云："宋人有酤酒者……为酒甚美，县（悬）帜甚高。"元朝餐饮业的幌子已相当普遍。元大都的酒店，门前多画有战国四君子（孟尝、信陵、平原、春申），两边墙壁，"并画车马、驺从，伞仗俱全"③。门额上，又画有汉钟离、唐吕洞宾等喜欢饮酒的传奇人物。或许是过于复杂，后世酒店的幌子发生了很大变化。

幌子一般分为"常年型"与"季节型"两大类。常年型又可分为三种：形象式、象征式、实物式。所谓形象式，就是以商品的形象化形式来表意。京城饮食店铺一般都挂"罗圈幌"——上面有三根绳，糊白纸毛，上下均有白纸或粉纸剪成的纸花，这是"烧卖"与"花卷"的形象。中间有一道罗圈则代表筛面的竹箩与蒸馒头的笼屉，下面是难以计数的纸条（后多改用塑料），表示下锅煮沸的面条。这种幌子还分"红""蓝"两种，红色表示"大教（汉族）的饭铺"，蓝色则表示专供回族群众用餐。此外，铺前的幌子多寡还提示店铺供应的品种和规格。挂一个"幌"那是饺子馆、包子铺。挂两个"幌"那是卖家常便饭的一般酒家。如果门前有四个"幌"，那是专营名菜酒席的大店、名店了。香油店幌子是挂锡制的葫芦或"亚"字形锡器。

象征式幌子，就不是以商品的具象出现了，而是以他物来暗示。干果食品店，南北货物众多，很难用某一样来代替。民间就采用了"八仙幌"——四块木牌双面彩绘的吕洞宾、何仙姑、铁拐李等"八仙"人物形象，象征店铺经营"四时供品，八味糕饼"。实物式幌子，即卖啥挂啥，做什么，挂什么。把所要卖出的蔬菜摆出来，就是幌子了。所谓季节型幌子，那是应时应景的，如时逢中秋，店门口

① 许志壮：《老北京店铺的标志"招幌"》，载《北京日报》2011年12月27日，第20版。
② 虁庐：《商标考》，载《逸经》半月刊1936年第17期。
③ ［元］熊梦祥：《析津志辑佚》"风俗"，北京：北京古籍出版社1983年版，第202页。

挂起大大的月饼图案、月饼盘子等。重阳节挂起各式糕团干点幌子。①

还有一种游动式幌子。走街串巷卖羊头肉等的小贩，则手提马灯，既为照明又为自己做了广告，老北京人一见到闪烁的灯光就知道卖羊头肉等吃食的小贩进胡同了。当年小商小贩也讲文明，如在夜深人静时大声吆喝，会引来人们不满，故而以灯光吸引顾客。②

民国期间，即便是北平这样的大都市，不识字的民众依旧很多，各商店主要通过幌子的形式告诉顾客经营的食物品种。这些幌子直观明了，顾客一看就明白。同为饮食店，供应面食的小吃店与供应酒席的大店，绝不会相混。当然，也有的用布做个旗子或帘子，上书简单易懂的文字，如酒店前的酒旗上书一个特大的"酒"字。

北京是我国著名古城，商业文化发达。作为商业文化标志的幌子很早就出现在市场当中。《析津志》记载了遍布元大都的形象幌："剃头者，以彩色画牙齿为记。"③"蒸造者，以长杆用大木权撑住，于当街悬挂，花馒头为子。"④ 明《皇都积胜图》，清《乾隆南巡图》《京师生春诗意图》等，都描绘了当时的街市盛况。约成书于清末的《清北京店铺门面》一书，彩绘了一百家店铺，对研究清代北京商业繁荣及招幌的发展特点，具有重要的价值。民国时期北京餐饮业的招幌已完全体系化，涉及所有的经营门类，招幌语汇清晰可辨，指称明确。这从一个侧面反映了北京饮食文化已到了相当成熟的阶段。

清末民初诗人夏仁虎创作的一组竹枝词《旧京秋词》，主要描写北京秋季的风俗人情。其中一首有这样的诗句："卖却卢龙休论价，黄标更写卖良乡。"⑤ "卢龙"，古关塞名，在承德东北部；"良乡"，古县名，今仍用其名，在北京西南部。两处皆是北京郊区著名的板栗之乡。诗人自注："新栗上市，果铺置釜门前，炒熟卖之。以黄之书标曰'出卖良乡'，不言栗而自知也。""出卖良乡"属地域品牌，应该是较早商家招幌的运用。

有些幌子难以归类，颇为独特。酒店之幌子系一黄铜所制之壶，圆形，略似

---

① 陈勤建：《中国民俗》，北京：中国民间文艺出版社 1989 年版，第 8—9 页。
② 潘惠楼：《北京的民俗》，北京：北京出版公司集团 2018 年版，第 106 页。
③ ［元］熊梦祥：《析津志辑佚》，北京：北京古籍出版社 1983 年版，第 206—207 页。
④ ［元］熊梦祥：《析津志辑佚》，北京：北京古籍出版社 1983 年版，第 207 页。
⑤ 顾森等辑：《燕都风土丛书：四种》，其中收有夏仁虎：《旧京秋词》，燕归来簃校印，民国二十八年（1939）刊行，第 62 页。

火锅，下结幌绸并缀以铜"古老钱"一枚。另外尚有一种售酒之幌子，系木制朱漆之葫芦，乃酒缸或茶酒馆所悬。①烧酒幌子多以盛酒的容器充任，属于典型的借代物幌。常见的有各式酒坛、酒葫芦等。烧酒幌子是在酒出售时挂于门前，酒售完以后，便像古代酒望子那样，收了起来。碎葫芦酒店早已不存在了，在民国期间却是一家名店。因其店门前挂个大葫芦做幌子而得名。清代杨静亭《都门杂咏·食品门》"肉市"中有一首《竹枝词》描绘了碎葫芦酒店："闲来肉市醉琼酥，新到莼鲈胜碧厨。买得鸭雏须现炙，酒家还让碎葫芦。"作者在文后自注（碎葫芦）"酒馆名，在肉市路东"。有的酒店在店首置一巨形葫芦模型作为招幌。也有用酒葫芦变形模型为酒饭铺招幌者，两端为黄色，中间红色并题字，如"李白回言此处高"之类，多为外地人至京开办的酒饭铺所悬。清季北京安定门里的"义丰号"老酒店的门首，除置一红色巨形酒葫芦模型坐幌外，上面尚悬一酒坛模型幌，两侧对称地挑着一对缀缨招牌，门额大书字号，店堂内壁镶着联语招牌。这种既悬酒旗又悬酒葫芦模型酒店招幌，意在突出行当特点，加强装饰与招徕效果。②凡在这类幌子上加红绿颜色者，均表示该店不仅有酒供应，且兼营饭菜。清真饭馆的标志比较明显。其幌子属典型的画幌。幌牌上书"清真古教"4字，并绘有茶壶、花瓶等图案，牌的四周绘葫芦形花边。

葫芦形的幌子还有香油店。圆形铜制或锡制，"上为一葫芦形，下连一方座，缀以幌绸。高可一尺五至二尺。入民国后，市当局以其礼重，易生危险，曾下令取缔。至今此种店幌已极罕见，只有五牌楼南路东，北新桥北路东，东四东路北等五七家尚悬于檐下而已"③。这属于隐喻性象征招幌，即以某种隐喻或暗示性的象征构造的招幌。这主要是以数量、形状、颜色喻示产品的性状，比如糕干铺幌子用红、黄、蓝三色表示品种齐全，两端用荷叶莲花做装饰，表示还供应节令糕点。点心铺幌子在门前悬挂不同样式的木块作为幌子，象征各式糕点。

饭馆中之"二荤铺"门首多悬一种布幌子，其形如幡，中间一条宽约八寸，白心蓝边，两旁各有一宽约三寸之窄条，全体长约二尺，白心中书诗4句："太白斗酒诗百篇，长安市上酒家眠，天子呼来不上船，自称臣是酒中仙。"每挂一句，

---

① 侯甲峰：《店幌·酒店》，载《三六九画报》1942 年第 16 卷第 3 期。

② 据《清北京店铺门面》中所绘《义丰号老酒店》。转引自曲彦斌《中国招幌》，沈阳：辽宁古籍出版社 1994 年版，第 49 页。

③ 侯甲峰：《店幌》，载《三六九画报》1942 年第 16 卷第 3 期。

一共四挂，此种店幌或系由酒帘演变而成者。① 关于"酒帘"，清代便有称谓。如清梁绍壬《两般秋雨盦随笔·祥酒帘》载："长自祥药圃，鼎，乾隆丙戌进士，由工部主事累官至布政使，尝作《酒帘》诗云：'送客船停枫叶岸，寻春人指杏花楼。'都下盛传，呼为'祥酒帘'。"与"二荤铺"类似的粗饭铺，相当于现在的小吃店，其幌子是由三个圆木块吊穿在一起，或是绑在一起，再挂一红布条组成。木块通常是黄色的。连挂三块，表示蒸食是经过多道工序制成，或有说为其他寓意。

北京的旗人把糕点称作"饽饽"，水饺称为"煮饽饽"，把烤烙的面墩叫"硬面饽饽""墩饽饽"。北京城的汉民们又称蒙、满饽饽为"鞑子饽饽"。过去的京城老字号饽饽铺必须在门外悬挂用汉、满、蒙三种文字书写的牌匾，以示其正规。饽饽铺日常供应的品种有大、小八件，缸炉槽糕、套环蓼花、龙凤喜饼、核桃酥、杏仁酥、杏仁干粮、焦排叉、中果条（江米条及糖枣、芝麻球组成）等。正因为糕点品种众多，其幌子也五花八门。旧式饽饽铺，门脸前多"彩画鲜明，玲珑透体的雕刻，挂金缕细的花纹，匾额蓝字阳文凸起，地为泥金，漂亮之至"②。最常见的是 4 个一组的"长形木牌，阔约五寸，长可二尺，漆作金黄色，两各刻四字，皆各种点心名称，如'重阳花糕，玫瑰细饼，玉带花糕，八宝缸炉，什绵炸食，大小八件，奶油蛋糕，杏仁干粮'之类"③。也有的写有"桂花蒸糕，八宝南糖，糯米元宵，西洋片糕"等字样悬于铺门两侧。

说起元宵，还有月饼，这些属于季节型幌子，即元宵节和中秋节期间才摆放出来。清代以后北京出售元宵的食品店、点心铺皆于店铺门首高挑起用竹篾制成的元宵模型幌子。元宵幌子的制作为独门手艺。手艺人每年夏间即赴各饽饽铺敛钱开始制作。其骨子系用竹篾扎成，外缠红绿棉纸穗，亦有用铁丝扎成外缠绸布者，求其牢固不易为风雪所毁。且每年只须换缠新布即不用现扎骨子矣。各铺于开始预备元宵之日（普通皆为十月初一）即将此幌张出，用长竿插于屋上两边至正月底元宵停作即行取下。晚近一因元宵制售已不按时，且售之者亦不仅限于饽饽铺。又因一般人对于此种幌子多不认识，故各铺已不再费钱费事作此无用之物，

---

① 侯甲峰：《店幌（三十八）饽饽铺之二》（附照片），载《三六九画报》1942 年第 18 卷第 8 期。

② 棣华：《从前门脸彩画鲜明，旧式饽饽铺：硕果仅存的真没有几家，相沿二百多年今已沦落》，载《三六九画报》1939 年第 1 卷第 7 期。

③ 侯甲峰：《店幌·饽饽铺之二》，载《三六九画报》1942 年第 18 卷第 8 期，第 13 页。

仅于门外立牌写明，以表示元宵上市而已。[1] 出售月饼的幌子是将圆木牌漆成红色，上题"中秋月饼"4字，既是月儿圆的象征，又是卖月饼的标记。一般的节令糕点幌，幌子上分别绘有蝙蝠、艾叶、芭蕉扇、玉石等图案，寓意富贵吉祥。

还有一种"槽糕幌子"。所谓"槽糕"，即一种发面糕点。据载："饽饽铺之槽糕幌子为两挂，每挂大者四块，木制，每块高约八九寸，宽约一尺二三。镂空成云纹，中间刻蝙蝠、香橼、芭蕉扇、磬四形，寓福寿喜之意，亦有将四个一并明刻在上者。花纹两面一样，四大块之间，缀以槽糕之小木块，约二寸见方，亦刻成各种形状，如银锭、梅花盘等，每节普通为三个，横列。民国初年，市政当局因此类幌子悬在檐前颇有危险，曾下令取缔，故此类槽糕幌子今已少见，有许多改用黄铜片制成，上刻花纹，分量较轻，便于悬挂，现在菜市口路南尚有两家饽饽铺仍悬木制槽糕幌子，可算得晨星矣。"[2] 有的糕点铺采用联合形式的招幌。在高高探出店铺房檐的龙头上，两个寿桃模型，一串常见的糕点模型，与4个竖招排列悬挂。招与幌共同起着广告的作用。

旧时北京面铺亦有挂牌幌的，但无绘画，系一精制的王冠形状木牌，实乃斗（量器）的平面模型，四周黄色，中间是蓝色兼镶红边，下缀红色幌绸。挂这种牌幌，是标志该店出售优质的上乘切面。此为量器模型幌。斗无底，寓量之不尽，财源不断之意。此外尚有一种扁形幌子，上为木板宽约尺余高不及尺，下垂纸条（较圆形者细），纸条长约二尺左右。每年岁首，覆上一层，年深日久，逐益加厚。纸条有黄、白二色，白色表示卖切面，黄色表示卖杂面。木板要有刻双桃者，表示售蒸食。[3] 有的切面铺，如清季北京兴发号切面铺，原位于北京鼓楼东大街路西，则于门前悬挂罗圈穗幌和穗牌幌各一对。圈上糊金纸或银纸，圈下垂着红棉纸条，意谓代卖煮面，罗圈指示面锅。回民开的切面铺，垂着蓝色纸条，以示区别。牌子乃一长方形木板，上面彩绘桃子图案，象征长寿。

旧时，北京等地专有一种加工、出售馒头的铺子，叫馒头铺。馒头铺的幌子，是悬挂一个四爪铁锚似的幌架，各端插有一个缀着幌绸的木制白色馒头模型，路人一眼望去便知是家专门的馒头铺。这种招幌形象鲜明，制造简单，标志明确。一如生肉铺悬挂肉，或肉块实物作幌，熟肉铺则往往悬挂几根熟肉串（肉枣、腊

① 侯甲峰:《店幌·饽饽铺之一》，载《三六九画报》1942年第13卷第2期，第23页。
② 侯甲峰:《店幌·饽饽铺之一》，载《三六九画报》1942年第13卷第2期，第23页。
③ 侯甲峰:《店幌·切面铺之二》，载《三六九画报》1943年第19卷第3期。

肠）实物为幌。一般而言，出售生肉是在案架上挂起成片猪肉，而这种只悬挂肉肠的店铺则表示出售熟肉。旧时北京位于煤市桥南口专售酱肘子、小肚、香肠的"普云斋肉铺"，便悬这种实物幌。其肉串多为熏制，不易腐败，故用为幌。① 其中六必居、天源酱园最为著名。有的店铺专售猪下水，所挂之物甚是污秽。如旧日北京猪肉汤锅附近，如东四豆腐巷等处，"皆有售猪的附属品如生熟白油、猪下水、皮、血、皮胙等物者"，便有"猪尿脬一串，高悬檐际，累累如轻气球，售猪尿脬之幌子也"②。灌肠是北京的传统小吃，最早是用面粉调和作料加工而成。切片爆炒或油煎，外焦里嫩，蘸蒜汁而食，别具风味。清代华安居灌肠铺，原址在北京地安门外，店铺门前以灌肠模型为幌。因其为常年型幌子，显然不能以实物悬挂出来。

除了酱肉，还有酱菜。北京酱菜园已有几百年历史，大致有三种类型，即老酱、京酱和南酱。老酱园多为陕西人所开。源于保定酱菜制法，以黄酱为主料，以六必居为代表，还有中鼎和、西鼎和、北鼎和、长顺公等。京酱园多用北京地区技师，以甜面酱为主要酱料，味道比较甜。著名的京酱园有天义顺的前身天义成酱园、天源酱园等。南酱园有苏浙风味特色，口味更甜。原初由南方直接输入，后被京酱园所取代。清末北京城的著名酱园还有天章酱园、地安门大街上俗称"大葫芦"的宝瑞兴京酱园、天义顺、桂馨斋等老字号。酱菜采用传统工艺制作，选料精，加工细，咸甜适口。天源酱园所用之原料，如萝卜、芥菜等物，均系自己园中所产，不足时，始购自京西一带著名之菜园。原料既佳，制造又精，故胜于他味。而各酱园之墙壁上亦书有"上用"等字样，生意之兴隆可知。然若非货色纯正，焉能上达九重宫闱。制好的酱菜装于竹篓，因此，酱园铺用竹篓为幌子。颜料铺门口挂的是一排排彩色的二尺来长的木棍。对这些木棍，老北京人留下了一句歇后语："颜料铺的幌子———一堆棒槌。"

茶馆多以字牌为幌，即悬一书有"毛尖"之类名茶字目的长方字牌，字牌为两块或四块，长八寸、宽两三寸，下缀幌绸，或者于黑色牌上径书红色"茶庄"字样。有些比较讲究的茶叶店，则于门首竖一块过檐高的通天坐地字牌为幌，如原北京地安门外的"吴汇源茶庄"即如此，牌上写着"徽州吴汇源自办名山毛峰

① 曲彦斌：《中国招幌》，沈阳：辽宁古籍出版社1994年版，第54页。

② "皆有售猪的附属品如生熟白油、猪下水、皮、血、皮胙等物者"，便有"猪尿胞一串，高悬檐际，累累如轻气球，售猪尿胞之幌子也。"侯甲峰：《店幌·猪尿胞铺》，载《三六九画报》1943年第20卷第12期，第13页。

雨前雪蕊龙井雀舌普洱等名茶发行"字样，以显示其茶品齐全并且是"自办"的，货真无欺，借以促销。北京的蒙古族居民较多，奶茶原为蒙古族饮用的食品，传入北京后，街市中出现了奶茶铺。其幌子多漆成黄色，上题"奶茶"二字，与汉族传统的茶馆幌子相类似。茶馆幌子是挂两块或四块长八寸、宽两三寸的木牌，上书毛尖、雨前、龙井、大方等字样。

(2)《旧京风俗志》所录幌子

这本书写于 20 世纪 20 年代，北京图书馆收藏有报纸剪贴本。其中"商情门"关于商铺幌子的记载甚详，兹录于下：

"幌子者，即用一物，以标明其营业者也。幌子之种类亦有多种，有以金属物制之者，有以木属物制之者，有以棉布类制之者，亦有不用此类而用他物者。其标出之形式亦有不同，有悬挂者，有平置者，有书大字于壁上等等"：①米粮店："为一铜叶制成倭瓜形狄之物，其直径约尺余"；"亦有以木属物制之者，下系一长余二尺许宽约数寸之红色布条，悬挂于门外"。②油盐店："为一锡制成之扁圆形之饼，直径约一尺，其中心镶一铜制之大钱，下端亦系一二尺长之红色布条，悬挂门外，间亦有除悬挂此物外，尚挂以木制之小长牌二，上书'自磨香油'或'独流米醋'等字。"③猪肉铺："门窗外竖一木制之二足架，上梁处其木甚厚，中有一圆形洞孔，于屋内用一木棍穿出，尚有除此物外，而悬挂数串香肠者。"④羊肉铺："一为铜制之大盘，其径长约二尺余，一为用一木架上置一木盆中贮冷水，水中置有许多之'羊双肠'，肉铺之标帜，不过如此。"⑤饭铺："挂一木牌，上书'家常便饭''内有雅座'等字，亦有书于壁上者，小饭铺则悬许多之纸条，有圆者有扁者，分红蓝二色"，伊斯兰教饭铺除悬纸条幌外尚挂写有"清真"二字之木牌。⑥烧饼铺："门外置一木桌上置烧饼数个油条（俗呼为麻花）数只而已。"⑦蒸锅铺："门外置一木桌，桌面平铺一苇帘，帘上置馒首及糖三角数个，亦有于窗间装一木架，正面镶以玻璃，架内置带花样之馒首数个，上绘五彩颜色，亦有于馒首上穿以江米面制成之八仙人。"⑧切面铺：幌子与小饭铺同，"悬一扁形或圆形之纸条，然其色非红蓝二色，则为黄色也。"⑨糕点铺："为数串铜制之小牌，上书'花糕''翻毛月饼''什锦南糖''大小八件''龙凤喜饼'……此种铜牌，每串大约四五个之谱，头尾互相用铜丝连索，下端系以长约尺余之红色布条。亦有不用此种小牌子者，另用一种木制之大牌，长约二尺有余，宽约尺余，其上书写各种点心名称；伊斯兰教者，则另悬一书有'清真'二字之木牌。"此外尚有一种特殊之元宵幌子，于灯节（正月十五日）前悬之，"为一长约丈余之竹竿，上涂以红漆，其前端装竹片编成之椭圆形物，大小各一，大者在后，小者在前，此物之前，穿插数十长约尺余之竹枝，竹枝上裹以红色带短穗之纸"。⑩酱菜铺：木制长牌，"宽约数寸，长约二尺，上书'五香酱菜''什锦白菜''卤虾小菜''老坛黑酱'等名，此木牌多漆以黑漆，下端系以尺许红布"。⑪笋碱店：笋店"多代卖团粉等物，故其幌子有二，一为其制笋之大锅炉，一为于门外竖一大旗杆，杆端覆置一'柳罐头'"；碱店，在屋内或屋外之"柜上，置一木制之立方体，高约尺余，长约尺余，宽约尺余，表面涂以白漆，上书二字曰'片碱'"。⑫干果铺：旧日于"门外设炒栗子之大灶"。⑬鲜果铺：有两种，一为秋夏摆设之"冰桶"，一为春冬在门外案上摆之"糖葫芦"。⑭茶叶铺：门外悬上书"诸品名茶"等字之木牌或铜牌。⑮黄酒铺：门外悬木制葫芦，"屋内摆许多之空绍兴酒坛亦幌子之作用也"。⑯酒馆：门外悬木制或铜制之葫芦，"下端系一红色小布；亦有用一木制小板下夹一条白布，约五寸许，宽约三寸，上书其字号，下书'南路烧酒'"。⑰茶馆："门外用竹杆悬一小木板，长约四寸，上书'雀舌''雪片''雨前''龙井'等字。"⑱鱼鸭铺：卖鱼者"门外置一大木盆，中贮以清水，水中放置数尾鲤鱼"；卖鸡鸭者，"于门外置一竹片编成之大笼，中贮鸡鸭，上面蒙以绳制之网"。①

该书为遗作，署名旧吾。作者谙熟旧京餐饮业的幌子，方能有如此准确、细致的描述。真可谓是一份词典式的饮食幌子条目集。

第四节 仪式场合的饮食

到了民国期间，仪式场合的饮食骤然增多，同乡宴、送别宴、毕业宴、谢师宴、社团宴等，不一而足。譬如，《清华周报》报道："大一级以毕业在迩，离别母校之期非遥，特定于本月三十日（星期五）晚宴请全校教职员，聊表对诸师长数载栽培教育之谢意。"②此谓谢师宴。20世纪20年代，北京"有一个留美学生

① 《商业宣传习俗资料的新发现》，载《民俗》1996年第4期。王文宝：《弘扬祖国民俗文化》，北京：中国戏剧出版社2010年版，第278—280页。
② 《新闻——各级——大一》"宴会定期"条，载《清华周刊》1924年第316期，第32页。

的团体，每年聚餐三四次。这种聚会是社交活动，每人都可回忆学生时的欢乐"①。有的社团的成立就是为了吃喝。"前年我和一班文友组织了一个聚餐会，定名狼虎。因为大家都需狼吞虎咽，尽力吃喝的。天虚我生（陈蝶仙）父子，钟根，独鹤，常觉，幕琴等都是会员。每星期六举行一次，尽欢而散。"② 餐饮花销一般是大家分摊，采用 AA 制的形式。这些新兴的宴会大多在知识分子群体中流行，带有明显的现代意味。民国期间，仪式在饮食生活世界逐渐日常化了，狂欢属性越来越强烈了起来。

除此之外，各种民间传统仪式程序已演绎得十分完备，仪式场合的应景饮食业相对固定，成为仪式过程中最有吸引力的环节。在传承下来的节日和庆典风俗中，大量充斥着俗信活动，如巫术、禁忌、敬神、祓禊、驱邪及祈求、降赐、吉祥等，几乎每个节日和庆典中都有此类活动，饮食是人们在节日和庆典期间从事这些活动的主要手段和媒介。人们用自己嗜食的美味佳肴供奉神灵，以讨得神灵的欢心，祈愿神灵保佑度过这些不吉利的日子。这样，仪式场合的食俗便相继产生了，并成为节日和庆典习俗的一个重要组成部分。

1. 节日饮食活动

相对于其他大都市，民国期间，北京的节日生活是最丰富的。因为北京聚居的民族众多，每个民族都有自己的传统节日。节日活动的主要形式之一就是饱享美味佳肴。

过年的"吃"，不是一般的大吃大喝，而是吃得有讲究、有说法。无论贫富之家，一到腊月二十几就开始置办年货了。等到年货办齐了，以后就一天一个营生了。老北京有童谣，描述了过年的准备过程："小孩儿小孩儿你别馋，过了腊八就是年；腊八粥，喝几天，哩哩啦啦二十三；二十三，糖瓜粘；二十四，贴福字；二十五，炸豆腐；二十六，炖大肉；二十七，宰公鸡；二十八，把面发；二十九，蒸馒头；三十晚上熬一宿；大年初一扭一扭。"③ 用以祭灶的糖主要是"关东糖"，黏性很强且甜。关东年货煞是抢手，"饮食大路货如猪肉、羊肉、鸡鸭这是最普通的，鹿肉、野鸡、冻鱼等则都是来自山海关之外的关东货。而水磨年糕、糖年糕、

---

① 顾维钧：《顾维钧回忆录（第一分册）》，中国社会科学院近代史研究所译，北京：中华书局1983年版，第136页。

② 《文人的饮食》，载《紫兰花片》1923 年第 7 期，第 26 页。

③ 李建平：《传统节日与北京文化》，载《新视野》2008 年第 4 期，第 76 页。

冬笋、玉兰片之类，则又是江南的东西"。① 根据各家的经济实力购买肉食蔬果，并且在大年三十晚上将"年菜""年饭"做好。一些朱门大户则要大张旗鼓地准备一番，常常还要临时聘请厨师来府上一显身手。一般家庭则也要做一些像样的菜，如红烧肉、炖羊肉、酱牛肉、米粉肉、红焖肘条、元宝肉、腐乳肉、炸丸子、肚丝海带、下水炖锅子、扣肉，等等；素菜有素什锦、五香豆腐干、五香花生豆、开花豆、玫瑰枣，等等。②

"年饭"是用金银米（大米、小米）做成，上面插松柏枝，缀以金钱、枣、栗、龙眼、香枝先作为供品敬神，供后自家食用。祭神的供品还有"蜜供"，由糕点铺制作，是将面切成寸许的细条，外裹以蜜，垒成浮屠状，中空，高约二三尺，大小不等。以五具为一堂，待祭祀后自家食用或馈送亲友，称作"送供尖"。③ 农历腊月三十（小月为二十九日）为除夕，俗称大年三十。三十夜里，子孙们给祖宗和长辈拜过年后，全家聚在一起吃"接神饺子"。有的人家在众多的饺子中只包入一枚硬币，谓吃到硬币者吉祥好运。《燕京岁时记》云："每届除夕，列长案于中庭，供以百分。百分者，乃诸天神圣之全图也。百分之前，陈设蜜供一层，苹果、干果、馒头、素菜、年糕各一层，谓之'全供'。供上签以通草、八仙及石榴、元宝等，谓之'供佛花'。及接神时，将百分焚化，接递烧香，至灯节而止，谓之'天地桌'。"④ 供奉神灵是年节饮食文化不可或缺的部分，人神沟通和对祖先的缅怀主要通过饮食表现出来。

正月十五为元宵节，也称灯节。这一天，家家户户都食元宵。元宵一般由糕点铺买回家。食之取团圆、和睦之意。食完元宵，春节的喜庆活动至此结束。

敬神的祭品也是美味佳肴，都是平日难以享受到的。每年农历腊月十七，门头沟要举行祭窑神的活动。据传说，腊月十七是窑神的生日。这一天，窑神要下驾门头沟（房山是腊月十八），各煤窑都要到窑神庙上供进香。头一天，在神像前摆供，一般是一头整猪（一说供三牲），点上香蜡，俗称"领头"。这头整猪掏去五脏，熄去外毛，但要留下猪颈脊上一撮鬃毛，并梳成小辫，上插红色石榴纸花。

① 邓云乡：《燕京乡土记》（下），北京：中华书局 2015 年版，第 517 页。
② 常人春：《老北京的年节》，北京：中国城市出版社 2000 年版，第 345 页。
③ 李淑兰：《京味文化史》，北京：首都师范大学出版社 2009 年版，第 122 页。
④ ［清］潘荣陛、富察敦崇：《帝京岁时纪胜 燕京岁时记》，北京：北京古籍出版社 1961 年版，第 98—99 页。

腊月十七从五更开始，一直到晚上，各窑轮流摆上熟食，所上熟食供品除了馒头、炸点外，肉食类包括整猪头、四个猪蹄子和一个猪尾巴，以及两盘大块猪肉。①

俗传二月初一为太阳生日，旧京例于是日早晨祭祀太阳真君，其供品必用所谓"太阳糕"。此糕通常是用糯米面加糖制成，上面用红曲水印上昴日星君（金鸡）法像，或在上面用模具压出"金乌圆光"，每五块叠在一起为一碗，顶端还插一只寸余高的面捏小鸡，以象征昴日鸡星。此是取神话月中有玉兔，日中有三足乌（金鸡）的寓意。糕中所印的"金乌"，实为太阳神的象征。②

传说农历二月初二为龙抬头的日子。二月春回大地，正是农事之始，人们祈望龙能镇住百虫，使农业获得丰收。这一天的饮食业多以龙称谓，诸如吃春饼叫"吃龙鳞"，吃面条则曰"扶龙须"，吃米饭名曰"吃龙子"，吃馄饨名曰"吃龙眼"，而吃饺子名曰"吃龙耳"，又名曰"吃龙牙"。③ 还要吃一种发面蒸的"懒龙"，即形状似龙的面食。这一天也是接出嫁的女儿回娘家的日子。女儿被接回娘家后，一般多以"春饼"进行招待。春饼是一种用白面烙成的双层荷叶形的饼，食用时将其揭开，内面涂上酱，再放进熟肉丝和绿豆芽等春令鲜菜，然后卷成筒状。全家人围坐在一起边吃边聊，更显得其乐融融。④ 春饼是一种大众食品，只是在食用时卷入的菜有档次高低之分。农历二月初二，还是中和节，北京居民俗食"摊煎饼"。煎饼系用黍面枣糕、麦米等物油煎制成。摊煎饼可在煎饼铺买到，煎饼铺以圆形或半圆形的木制煎饼模型为标记。

立春有打春和吃春饼的习俗，更以食饼制菜并相互馈赠为乐。据《燕京岁时记》中记载："立春先一日，顺天府官员，在东直门外一里春场迎春。立春日，礼部呈进春山宝座，顺天府呈进《春牛图》，礼毕回署，引春牛而击之，曰'打春'。"⑤ 清人所著的《清嘉录》则指出，立春祀神祭祖的典仪，虽然比不上正月初一的岁朝，但要高于冬至的规模。民国时期北京人都兴吃春饼应景咬春之节俗，至今北京仍传承着，俗话有"打春吃春饼"之语。

咬春之俗还有嚼吃萝卜。《燕京岁时记》中云："是日，富家多食春饼，妇女

① 安久亮：《门头沟十三会和九龙山庙会》，北京市政协文史资料委员会编：《北京文史资料精选》，北京：北京出版社 2006 年版，第 315 页。
② 常人春：《老北京的民俗行业》，北京：学苑出版社 2002 年版，第 269 页。
③ ［清］让廉：《京都风俗志》，北平人文科学研究所钞藏，北京图书馆藏，第 8 页。
④ 曲小月主编：《老北京 民风习俗》，北京：北京燕山出版社 2008 年版，第 87 页。
⑤ ［清］富察敦崇：《燕京岁时记》，北京：北京古籍出版社 1981 年版，第 27 页。

等多买萝卜而食之，曰'咬春'。谓可以却春困也。"① 春饼，即指于农历立春日制作，先把饼烙好，然后准备卷饼用的菜。家庭制作必备的是摊鸡蛋、炒豆芽菜（炒绿豆泡的豆芽菜，用油炸花椒加醋爆炒，加少许盐和酱油）、炒木樨肉、炒菠菜粉丝、炒韭菜；另外买酱肘或酱肉、甜面酱、羊角葱。旧京时以南苑大红门的萝卜最受欢迎，俗有"大红门的萝卜叫京门"之俗语。老北京时卖萝卜的小贩和农民常挑担或推着挑子车串胡同叫卖："水萝卜哎，又脆又甜哟！"

每年旧历四月初八是浴佛节，清早，信仰佛教的人家，必定前一天夜内煮好绿色豆儿一盆，于门前或胡同巷口设一小几，将盛豆器皿陈于桌上，旁置瓷羹匙一把，朱箸一双，主人坐于几旁，赠送行人，每人一二瓷勺，赠时必祝曰："结缘儿！结缘儿！"行人闻声即可趋前伸掌讨要，接受时必还答："有缘儿！有缘儿！"此去彼来顷刻间所煮之青黄数斤即行罄尽，此种舍法名为"阔缘豆"。倘主人坐于台阶石上，置盛缘豆器皿于地上舍送，则名"随地结缘"，不能称为"阔缘豆"。此就是通常所说的"舍缘豆儿"仪式。② 此俗在明代典籍《帝京景物略》就有记载："四月八日舍豆儿日结豆也。"清代沿袭了下来，《燕京岁时记》云："四月八日，都人之好善者，取青黄豆数升，宣佛号而拈之，拈毕，煮熟，散之市人，谓之舍缘豆，预结来世缘也。"③ 民国期间也仍在流行。

农历五月初五是端午节，俗称"五月节"。其由来有纪念楚大夫屈原之说。这一天，家家户户都食用粽子。多以小枣粽子为主，还有枣泥、腊肉、火腿等多种花样。到了端午这一天，街上小贩高喊着："江米小枣，好大的粽子咧！""北京的粽子和其他地方也有不同，一般个头较大，为斜四角形或三角形，多以红枣、豆沙做馅，少数也用果脯为馅。"④ 老北京人讲究吃的是江米小枣粽子。糕点铺里粽子的种类繁多——豆沙馅、火腿馅、肉馅的，老北京人吃不惯咸味的粽子，所以糕点铺里其他馅料的粽子多数是卖给南方人的。

农历八月十五为中秋节，又称团圆节，俗称"八月节"。这一天人们不但食用月饼，在夜里还要进行祭月、拜月、赏月等活动。中秋节正逢各类果品成熟上市，老北京人称它为"果子节"。因为这个时节正逢桃、梨、枣、葡萄、苹果等各种水

① ［清］富察敦崇：《燕京岁时记》，北京：北京古籍出版社1981年版，第27页。
② 王铁筹：《舍缘豆》，载《新民报》1947年5月27日。
③ ［清］富察敦崇：《燕京岁时记》，北京：北京古籍出版社1981年版，第61页。
④ 王勇编著：《京味文化》，北京：时事出版社2007年版，第212页。

果成熟的时候。《京都风俗志》载：中秋节"前三五日，通衢大市搭盖芦棚，内设高案盒筐，满置鲜品瓜瓜，如：桃、榴、梨、枣、葡萄、苹果之类，晚间灯下一望，红绿相间，香气袭人，卖果者高声卖鬻，一路不断"①。尤其是前门外和德胜门内果子市，节前夜市，通宵达旦。果商的吆唤声此起彼伏。立秋过后，天气转凉，要适当地吃一些肉食，用以补充三伏天排汗带来的消耗。老北京人管这种很有针对性的进食方式，叫作"贴秋膘"。②

农历十二月初八也叫腊八。这一天的凌晨，家家户户都开始熬腊八粥。腊八粥的主要原料有：芸豆、豌豆、小豆、绿豆、大米、小米、玉米楂、高粱米及小枣、花生米、栗子等干果。据《旧京风俗志》（稿本）记载："腊八粥之成分，计有粳米、江米、大米、白米、小米、薏仁米、白高粱米、稻米及绿豆、江豆、白扁豆、黑小豆、黄豆、青豆、白芸豆、红芸豆等合成。城中各杂粮店多有出售之者，谓之粥米。又各杂粮店于初七日，将此杂米豆分送与各老主顾。若粥中有掺杂之果类，则取红枣、栗子、菱角米、鸡头米、莲子、核桃仁、松仁、花生仁、榛仁、瓜子仁、白葡萄干、青梅、瓜条、红丝、白果仁、桂圆肉、蜜饯果脯丝、山楂糕等，合于一釜而煮之，以为供佛及馈贴亲友之品。"③ 家庭贫富不一，使用的原料也寡多不等。贫困家庭可少放几样，富裕家庭可多放几样，然后加适量水放入锅内，燃火长时间熬煮成粥。除了熬腊八粥之外，民间还有泡"腊八蒜"的风俗习惯，泡好的腊八蒜是碧绿颜色，就像翡翠一样，再配上醋的颜色，可谓是色味俱佳。从腊月初八封上坛子口，放在较暖的屋子里，和除夕夜大年饺子一起吃。④ 在家宴上食用也能增添欢乐气氛。

时间已进入农历腊月二十三，人们的饮食节奏便加快过年的步伐。民谣中说："二十三，糖瓜粘。二十四，扫房日。二十五，做豆腐。二十六，去割肉。二十七，去宰鸡。二十八，白面发。二十九，满香斗。三十日，黑夜坐一宵。大年初一出来热一热。"二十三指农历十二月二十三，这一天也称作"小年"。二十三日这一天，民间百姓为了避免灶王爷去天宫朝奏时说自家的坏话，便用江米或麦芽做成的糖瓜祭灶，以便用甜蜜的糖瓜粘住灶王爷的嘴，使其上天时多说好话。

① ［清］让廉：《京都风俗志》，光绪二十五年（1899），第18页。
② 张本瀛：《北京风物》，北京：中国社会出版社2009年版，第32页。
③ 张次溪编：《北平岁时志》，北京：北京出版社2018年版，第265页。
④ 曲小月主编：《老北京 民风习俗》，北京：北京燕山出版社2008年版，第56页。

　　刘叶秋先生曾详细回忆了他小时候在北京所经历的祭灶过程以及祭祀的祭品，兹录如下：

　　照我家的老规矩，在祭灶的这一天，还要在院内立起"天地桌"来，即把方桌放在正房的廊檐下，陈设香炉、蜡扦，用长方红纸写"天地神祇之位"，供在中央。每天早晚焚香礼拜，以祀天地之神。从除夕迎神起，正式致祭，到新年的正月十五过了灯节，方才撤去。供品多为干果，如荔枝干、桂圆干、花生、栗子、红枣，等等。也有的人家用蜜供和大月饼。蜜供是一种蜜制的面食品，以许多小长条架空连接，色作金黄，顶尖下方，高矗如塔，大者高达数尺，玲珑剔透，真像一种工艺品。

　　月饼则为自来红，大块小块，一块一块地重叠起来，也很好看。那时北京著名的糕点铺正明斋，可以预订过年用的蜜供和月饼。蜜供要多高的，月饼要多大的，共若干斤，顾客与店方当时说妥，由店方出一单据，顾客持以分期付款，每月交一点钱，到年底取货，叫作"打蜜供"。这样，零星交钱，数目甚小，不成负担，对小市民是一种方便。店方先得货款，也有好处。不过拿蜜供放在院内陈列，风过沾土，不宜久置。干果则从腊月二十三摆到正月十五，去皮冲洗，依然可食。

　　祭灶的时候，爆竹之声盈耳，非常热闹。从此小孩子开始过年，可以不断地燃放鞭炮，而大人们正在忙着"年事"：买年货，做年菜，给小孩子准备新衣鞋帽，等等；把金银箔折叠成纸锭，就是老太太们"忙"的事情之一。到了除夕，就又忙着包饺子，一下子就得包出五天吃的来，由正月初一至初五，每天上午都吃饺子。初一吃素馅饺子，以后四天吃肉馅饺子。这五天的菜饭，也都是预先做好了的。饺子包多了，不好存放，于是有人出主意用薄木板钉成簸箕的形状，装上饺子，一层一层像笼屉一样地叠起来，又有敞口的一边通气，饺子既压不破，也坏不了，这真是为新年存放饺子的一种"创造"。①

　　"冬至饺子夏至面"，在北京任何时节都有相应的应节食物，洋溢着浓郁的古都生活气息。清潘荣陛《帝京岁时纪胜》记北京夏至时说："京师于是日家家俱食冷淘面，即俗说过水面是也。乃都门之美品。向曾询及各省游历友人，咸以京

---

① 刘叶秋：《过年点滴》，《文史资料选编》第30辑，北京：北京出版社1986年版，第262—263页。

师之冷淘面爽口适宜，天下无比。谚云：'冬至馄饨夏至面。'京俗无论生辰节候，婚丧喜祭宴享，早饭俱食过水面。省妥爽便，莫此为甚。"① "过水面"的做法是从煮锅中捞出熟热面条，在凉开水或凉水盆中泡一下再捞至碗中。

在北京，贵族与平民的饮食有着明显的区别，节日饮食也不例外，这主要表现在食物的品质方面。据载涛、恽宝惠回忆，贵族的应节食品要在著名的点心铺采购：

> 贵族的居家饮食，除尚守满洲旧俗，喜食牛奶制品外……其他食品嗜好，与汉族颇多相同。其按节令所食之物，名曰"应节"，如正月之元宵，端午之五毒饼（其制法有模子，与从前点心铺所售之大八件之馉馉同）、粽子，中秋之月饼（分翻毛、酥皮及自来红、自来白数种）、重阳之花糕。又按花期盛开采撷制成之藤萝饼、玫瑰饼。以上食品，当时最著名之点心铺，如前门大街之正明斋、东四牌楼之芙蓉斋、东四北之瑞芳斋、西单北之毓美斋、地安门外之桂英斋，则府第住宅平日所需，或亲友馈送礼物，悉取给于是，谓他店皆不及也。②

除了一年四季的大众节日外，饮食行业也有自己固定的节日。譬如，集柴、米、油、盐、酱、醋、"杂"于一体的油盐店，供奉的行业祖师是关帝。每年旧历六月二十四关帝诞辰日，焚香设拜（有供白煮肉的，有供六月时鲜儿、快红沙果一堂的）。另外，旧历年（春节）时，一定要供上五碗套饼（五个一摞的红月饼）或成堂蜜供，借以渲染节日气氛。后场的酱醋房还要供上"酱祖""醋姑"的神位，也是每逢朔、望、年节焚香致祭。③ 按伊斯兰教规，有"能吃不能卖，能卖不能吃"之祖训。前一句指的是油香，油香作为节日食品，具有一定的宗教象征意义，只能互相赠送，绝不能出售。后一句指的是灌肠，即羊肠子洗好灌上血挂在钩子上出售。回民不吃血，因此买灌肠的都不是回民。④

2. 民间礼仪中的饮食活动

北京民间礼仪众多，诸如诞生礼、洗三礼、满月礼、成年礼、婚礼、寿礼以

---

① ［清］潘荣陛：《帝京岁时纪胜》，北京：北京古籍出版社1981年版，第23页。
② 载涛、恽宝惠：《清末贵族之生活》，载中国人民政治协商会议全国委员会文史资料研究委员会编：《晚清宫廷生活见闻》，北京：文史资料出版社1982年版，第330页。
③ 常人春：《老北京的民俗行业》，北京：学苑出版社2002年版，第291页。
④ 周锦章：《试论近代北京少数民族手工业的民俗文化特征》，载《甘肃社会科学》2008年第2期。

及各种神灵祭祀礼仪等。在这些礼仪场合，人们往往通过饮食行为表达祝福和喜悦的心情。民国时期，北京的礼仪程序已演绎得非常完备，其间的饮食行为和特定的食品大多蕴含有象征意义。

北京城内的洗三仪式中有"添盆"之举，胡朴安《中华全国风俗志·京兆》曰："是日必招收生婆到家，酒食优待。然后由本家将神纸（俗呼娘娘码儿）并床公、床母之像，供于桌上。供品用毛边缸炉（北京点心名）五盘。由收生婆烧香焚神纸，毕，将火煮之槐条水倾入盆内，旁置凉水一碗及两盘，一盘胰子、碱、胭脂、粉、茶叶、白糖、青布尖儿、白布数尺、秤杆、剪子、锁镜等物，一盘盛鸡子（鸡蛋）、花生，栗子、枣、桂圆、荔枝等物，均用红色染过。诸亲友齐集床前，将各样果子，投数枚于盆内，再加冷水两匙，铜圆数十枚，名为添盆。添毕，由收生婆洗小儿。洗罢，将小儿脐带盘于肚上，敷以烧过之明矾末，用棉花捆好。所有食物，全由收生婆携去。"① 人一辈子要经历诸多人生礼仪，这些人生礼仪都伴随着饮食，饮食行为本身就是美好生活愿望的表达和抒发。

《北平风俗类征》"接生婆"条记录了一次洗三仪式的过程，其中往盆里放置的食物都有祝福的寓意。其引《燕市积弊》说，是日，"姥姥一进门儿，就要挑脐籫子、围盆布、缸炉（点心的一种）、小米儿、金银锞子（如没有，可用黄白首饰）、什么花儿、朵儿、升儿、斗儿、锁头、秤砣、镜子、牙刷子、舌刮子、青布尖儿、青茶叶、新梳子、新篦子、胭脂粉、茶盘子、葱、姜、艾球儿、烘笼儿、香烛、钱粮、娘娘码儿、床公、床母、生熟鸡蛋、棒槌等。槐条蒲艾水，是早就熬得啦，余外要清水一碗，喜果儿若干，样样儿预备停妥，这再听她造谣言，先把孩子抱起，请本家儿添盆，所为给来的亲友们，作个领袖，本家儿得子的高兴，自然是多添钱啦，亲友忍着肚子疼，也得随喜，听啵，你往盆里搁什么，他有什么词。你要添清水，他说'长流水，聪明伶俐，早儿立子（枣、栗谐音），连生贵子，桂圆桂圆，连中三元'。等把亲友的钱挤兑干啦，拿棒槌往盆里一和弄，一边和弄着一边说：'一搅二搅连三搅，哥哥领着弟弟跑，七十、八十、歪毛、淘气，稀里呼噜都来啦。'不管多冷天，把孩子这么一洗，孩子难受一哭，名为响盆，必得'先洗头、作王侯，后洗腰、一辈倒比一辈高，洗洗蛋，作知县，洗洗

① 胡朴安：《中华全国风俗志》下篇"京兆"，上海书店影印本1986年版，第30页。

沟，作知州。'等把孩子弄个半死儿，还得灸脑门儿，又什么'三梳子，两拢子，长大了戴红顶子。左描眉，右打鬓，寻个媳妇就四衬，鸡蛋滚脸，脸似鸡蛋皮儿，柳红似白儿的。刷刷牙，漱漱口，跟人说话免丢丑'。把孩子捆好，用葱往身上三打，说'一打聪明，二打伶俐'然后把葱扔到房上，拿起秤砣，说'秤砣儿小，压千斤'。用锁头三比，是头紧、脚紧、手紧。又把孩子托在茶盘儿里，说'左拢金，右拢银，使不了，赏下人'。拿镜子'照照腚，白天拉屎黑下净'。再把花朵儿搁在烘炉里一筛，说'栀子花儿茉莉花，桃杏玫瑰满香玉，花瘢痘疹，稀稀拉拉的'。全部生意完，把所有的东西，敛巴敛巴，兜在一块，剩下这床公床母她没用，把它一烧，说是'床公床母本姓李，孩子大人交给你，多送儿，少送女'。"[1]

至此由老婆婆把娘娘码儿、敬神钱粮连同香根一起请下，送至院中焚化。收生姥姥用铜筷子夹着把"床公、床母"像焚烧，把灰用红纸一包，压在炕席底下，就是叫床公床母永远保佑大人孩子平平安安。这才向本家讨赏要钱，有的将"添盆"的金银锞子、首饰、现大洋、铜子儿、围盆布、小米、鸡蛋、喜果，撒下的供品——桂花缸炉、油糕……全部兜了去。

北京人讲究吃，对于仪式场合的吃就更加讲究。讲究一方面是重视吃，更重要的方面是为了面子。关于面子，前面并没有论及。作为皇城根下的子民，似乎有着好面子的资本，故而也就更加好面子。《正红旗下》详细描绘了一个旗人孩子颇为寒酸的"洗三"典礼，那是一桌"全齐喽"的宴席，面对"腌疙瘩缨儿炒大蚕豆与肉皮炸辣酱"，面对"千杯不醉"的兑水酒，亲友们煞有介事地扮演着各自的角色，那入席的礼让丝毫未打折扣："您请上坐！""那可不敢当！不敢当！""您要不那么坐，别人就没法儿坐了！"最后，须得有一位权威人士喊一声："快坐吧，菜都凉啦！"才恭敬不如从命地坐下。礼节的隆重与茶饭的简单形成巨大的反差。[2] 哪怕是"吃"本身已寒酸到不敢讲究的地步，可是仍然不能忽略北京人经营"吃"道时的礼节。

民国期间，北京小孩成长过程中还要举行认干爹干妈的仪式。通过小孩用干爹干妈赠送的碗筷吃饭，寓意小孩也是干爹干妈家里的成员，并获得干爹干妈的

---

① 李家瑞：《北平风俗类征》，上海：商务印书馆1937年版，第180—181页。
② 武锦华：《对老北京人生形态的揭示与批判》，载《山西大学师范学院学报》1999年第2期。

护佑。在这里，碗筷意味着有饭吃，成为小孩成长有所依靠的象征。

北京人认干爹干妈要选择良辰吉日，举行仪式。孩子父母除了要预备酒席，还要替孩子准备给干爹干妈的礼物。这份礼物最重要的是干爹的帽子，干妈的鞋子、衣料；干爹干妈也要给孩子回送礼物，一般要有不易打碎的碗、筷子和一个长命锁。有钱人家会到首饰店定做银碗、银筷子，普通百姓则到护国寺、白塔寺喇嘛那里买木头碗。此外，干父母还会给义子义女一套小衣服、鞋袜、帽子、围嘴、肚兜，等等。认干亲的仪式简单，只要孩子正式向干爹干妈磕三个头，改口称呼干爹干妈就算结束。如果孩子认干妈时年龄很小，特别娇，还要钻裤裆。认干妈时，干妈要穿上一条特别肥大的红裤子，坐在炕头上，旁人抱着孩子由裤裆里钻出来，意思是和亲生的孩子一样，然后干妈给他戴上长命锁，取个乳名，以后就用干爹干妈所赠的碗筷吃饭，意思是：是他家的孩子，吃他家的饭，就和亲生父母不相干了。从今以后，孩子借着干爹干妈的福气，必然健康长寿。认干爹干妈以后，每年三节二寿，干儿子干女儿家都要送礼，做干爹干妈的也要回礼，所以，认干亲只是殷实人家才做的事。北京人认为认干爹干妈会对干爹妈自己亲生的子女不利，所以不是至亲好友，不好要求比较生疏的人做自己孩子的干爹干妈。

北京地区称"人活六十六，不死掉块肉"，如果是腊月前生日暂不办。等到腊月家中宰了猪、羊或买些猪肉、羊肉，拿到街上散发给过路的穷人，这样就象征着已经"掉"了一块肉，就免除了真的"掉"肉（指遭受意外的天灾或疾病）。给老人办寿，都讲究设个寿堂（礼堂），供案上应有寿桃、寿面。寿桃常为办事本家儿的晚辈花钱到蒸锅铺里去定做，有的则是由前来祝贺拜寿的亲友们赠送。寿桃是由蒸锅铺用发面蒸出来的桃形大馒头，每个为半斤重，每十个（五斤）为一盘（堂），码放在一个以白铁皮焊成（染上红漆）的大托盘里。码在最外边的寿桃尖上还要略施红色，下边的桃叶也要染成绿色。为了渲染喜庆气氛，讲究的寿桃上还要插上一堂"八仙庆寿"的供花儿，配以烫蜡的葡萄叶。[1] 由于"酒"与"久"谐音，人们为取吉利乃将"寿酒"寓意为"寿久"。北京人祝寿常用"烧黄二酒"，谓之"金酒银酒"。在寿宴上的第一杯酒，一定是先敬"寿星老儿"或"寿星婆儿"。为了增强祝愿气氛，往往让穿了一身新衣的小孙子给爷爷或奶奶斟

---

[1]　常人春：《老北京的民俗行业》，北京：学苑出版社 2002 年版，第 265 页。

上一杯酒，故有"新衣试稚子，寿酒劝衰翁"的诗句。[①]

娶媳妇、聘姑娘是件大喜事。男家给女家"放定"时，除了随送给女家的鹅、酒、衣物和金银首饰外，还要送几十斤或上百斤的"龙凤饼"。"龙凤饼"俗称"大饼子"。由于聚庆斋生产的龙凤饼，皮酥、馅好，吃入口中松软、香甜，因此，大多数人家都在聚庆斋定制龙凤饼。妇女生孩子，坐月子，娘家和亲戚在小孩"洗三"时，除了送鸡蛋、小米、红糖外，还要送"缸炉"。这种"缸炉"是聚庆斋做饽饽时，都要开炉"试火"。用作试火的饽饽，称作"缸炉"。[②]

满族有新郎新娘吃子孙饽饽、长寿面的习俗。将近黄昏，女家送来煮饽饽（饺子），叫子孙饽饽，男方预备长寿面。夫妻对坐，由吉祥妈妈（全可人）喂新郎、新娘，边喂边说吉祥语："吉祥如意""白头到老""福寿双全""多子多孙""儿女满堂""百年偕老"，等等。"全可人"喂完煮饽饽，又喂长寿面。室外小孩问道："生不生？"新郎、新娘虽然害羞，也要回答："生，生。"以示将来生男育女、宗支繁衍、瓜瓞绵绵之意。[③]

阴历六月十三是永定河河神的生日，每年这一天要在门头沟三家店龙王庙举行隆重的祭祀活动。庙里供奉着五尊神像，为东海龙王、西海龙王、南海龙王、北海龙王，最左侧的第五尊就是永定河河神。每遇大水之年，还要供上整猪、整羊，祈求龙王、河神保佑风调雨顺一方平安，别发洪水。祭毕，将整猪、整羊扔到永定河里供河神享用。之后大摆宴席，村民们齐聚龙王庙吃寿面、喝寿酒。有关资料记录，1949年农历六月十三祭祀活动各项物品开销有：

"白面二百三十八斤，烧酒二十斤，生黄酱五斤，米醋六斤半，香油六斤七两，酱油四斤七两，海盐十一斤七两，团粉八斤，黑酱四斤七两，白糖一斤十四两，鲜姜十二两，洋火一包。芹菜八斤二两，黄瓜二百条，茎蓝三个，豇豆八斤五两，葱头五斤，大葱三斤半，老蒜三十六头，韭菜三斤半，香菜十六斤，羊肉五斤五两，花椒一两，大料一两，豆豉十一两，芥末十二两，白碱一斤，青丝一两，红丝一两，瓜仁一斤十三两，肉料面粉半斤，桂花十一两，丁香粉合小米十

---

① 常人春、张卫东：《喜庆堂会》，北京：学苑出版社2001年版，第26页。
② 王永斌：《北京的商业街和老字号》，北京：北京燕山出版社1999年版，第39页。
③ 王椿万：《满族婚姻喜事》，北京市政协文史资料委员会编：《北京文史资料精选·朝阳卷》，北京：北京出版社2006年版，第315页。

两，桂皮粉合小米十两，金针十二两，鹿角菜一斤四两，白果（鸡蛋）三十六个，柴火三百五十斤，出赁瓷器五样，厨师酬工十二个。以上四十四宗共出小米九百四十五斤八两。给河神过一次生日，耗费了上千斤小米，还未包括香烛供品之类，规模之大，场面之热闹可想而知。"①

京西龙王庙众多，三家店的香火是最旺盛的。

第五节　独特的饮食风味

"西餐传入中国使北京饮食遇到了前所未有的挑战，其中的顺应潮流者积极地吸取了西菜的长处，在西方烹饪精华的基础上创制出了大量的中国名菜。一些中菜馆菜单上的'西法鸭肝''西法大虾''纸包鸡''华洋里脊''牛肉扒''㸆火腿'等菜"，② 都与北京传统的菜肴不同。但北京饮食独特的魅力并不在此，因为这些所谓的西餐在北京饮食文化体系中只不过是新鲜的东西，而不能代表北京饮食文化。北京风味的独特性仍蕴含于传统饮食之中。

1. 清真饮食得到发展

民国时期，随着民族工商业的发展，北京的清真饮食业形成了成熟的市场，清真菜在北京得到了更大的发展和推广。为了维护清真饮食传统，国民政府提供了必要的经营环境，在政策上要求将牛羊和猪的屠宰场分离开来。

"按本市牛羊两行商人，均系回教，因宗教之习惯，不欲与屠猪场设于一处，而屠宰场之建设必须集结一处，不惟建筑需费较省，且于管理亦便。至建设内容，可分三部：即屠猪、屠牛、屠羊三场。其各场之间，妥予间隔，务使各不相犯，自于宗教习惯无妨。例如本市之猪羊肉铺，多系相对而设，甚且比邻而居，尚能各安其业，未闻有何不便。"③"拟求适当办法，自以分组办理为宜，即于一屠宰场管领下，乃分猪及牛羊二组办理。譬如猪场设于东，牛羊场无妨设于西，猪办

---

① 刘德泉：《永定河水利工程与文化》，"北京永定河文化研究会"提供。转引自北京市政协文史与学习委员会编：《北京水史》（上册），北京：中国水利水电出版社 2013 年版，第 450 页。

② 朱汉国：《民国时期中国社会转型的态势及其特征》，载《史学月刊》2003 年第 11 期。

③ 《北平市政府卫生局为拟具筹设屠宰场计划纲要致市政府呈》（稿）1936 年 10 月 2 日，载《北京档案史料》2014 年第 2 期。

公室设于南，牛羊办公室无妨设于北，各设其场，各屠其畜，各安其业，两不相牟。"①

对伊斯兰教的尊重和维系，使得清真饮食有着相对独立的市场环境和生存空间，清真饮食文化能够可持续发展，与政策上的支持是分不开的。

清真饮食兴旺与否取决于清真餐馆的开设状况。当时先后在前门外开设的羊肉馆有：元兴堂、又一村、两益轩、同和轩、同益轩、西域馆、西圣馆、庆宴楼、萃芳园、畅悦楼、又一顺、同居馆（馅饼周）、东恩元居（穆家寨炒疙瘩）等②。在中山公园的有瑞珍厚，在长安市场的有东来顺。在北京前门一带，有著名的三家清真饭馆，即"同和轩""两益轩""同益轩"，号称"清真三大轩"。当时，京城回族中的知名人士，每逢有公私应酬，必到"三大轩"设宴请客。其中尤以"同和轩"和"两益轩"各具特色，成为京派清真菜系中的代表。1930年，在繁华的西单路口，清真饭庄"西来顺"开张营业，立即轰动了京城。其中原因是出任西来顺饭庄经理的是名冠京城的清真厨师诸祥。诸祥见多识广，思想开明，在清真菜的革新上，大胆吸收了西餐和中国南北菜肴的一些技艺，给清真菜注入了各种不同的饮食风味，创制出"炸羊尾""生扒羊肉""炒甘肃鸡""油爆肚仁"等新的清真菜肴百多种，并首创清真海味菜肴，在同行和食客中享有盛名。其他清真餐馆也都走上了兼容并蓄之路，在制作方法和烹调上，借鉴了如粤菜中的焗、卤、爆、烤，川菜中的炝、拌，鲁菜中的煨、炖、烧，淮扬菜中的熘、扒，京菜中的涮、酱等烹调技法。在种类上除牛羊肉外，又增加了鸡、鸭、鱼、虾等，具有京鲁风格。

清末民初，北京清真餐馆如雨后春笋，不断开业挂牌。烤肉宛、东来顺、元兴堂、两益轩、同聚馆、西来顺、又一顺、正阳楼、瑞珍厚、鸿宾楼、西安饭庄等都是著名的清真餐馆。功德林素菜馆位于前门外南大街路东158号。新中国成立前，该店在前门外铁拐李斜街，专门经营佛家净素菜肴。功德林菜肴的特点是：原料以"三菇""六耳""新鲜果蔬""大豆类深加工制品"为主，一切美味佳肴无论是山珍海味，还是鸡鸭鱼肉，尽管是人工仿造，但都造型逼真，吃到口里味

---

① 《北平猪类汤锅业同业公会为筹办屠宰场提两项建议致北平市卫生局呈》1937年1月25日，载《北京档案史料》2014年第2期。

② 许辉主编：《北京民族史》，北京：人民出版社2013年版，第371页。

道鲜美，所用之料均是豆腐、面筋、山药、蘑菇之类。制作中严格遵守不用"大五荤、小五荤"的规诫（大五荤：鸡、鸭、鱼、肉、蛋；小五荤：葱、姜、蒜、韭、芥子），全凭配料、加工和精湛的烹饪技艺。[①] 常来这里光顾的多是宗教界人士和喜欢素食者，业务很兴旺。

北京清真菜分为"东派"和"西派"两大流派，东派重传统，西派重创新。"东派"以"同和轩""东来顺""通州小楼饭庄"为代表，名品有白魁老号的烧全羊、通县小楼烧鲇鱼和"东来顺羊肉馆"的涮羊肉。其特色是以北方乡土风味为主，炒菜多用重色汁芡，味浓厚重。"西派"以"两益轩""西来顺"为代表。精美、典雅，吸收南方菜系特点，以烧扒白芡淡汁为主，具有都市大菜风格。"两益轩"和"西来顺饭庄"（民国二十年，即1931年开业）善于吸收和移植汉民菜，尤其是南方风味，对清真菜肴进行改革。"如将南方回民风味的煨牛肉、红煨鸡、白煨鸡和东坡羊肉等风味菜移植过来，还学习用牛肉和鸡鸭吊汤，使北京清真菜肴有了很大改进。"[②] 两派菜并驾发展，相互影响，使得清真菜日臻成熟。

按餐馆规模分，有庄子、馆子和铺子。"西来顺""两益轩"，以及"同和轩"，都是名为馆子，实为庄子。"西来顺"以大菜得名，"两益轩"以承应教席出名，各有长短。"东来顺""重阳馆""同居馆"（"馅饼周"）属于清真馆子。前门大街"壹条龙"、崇外大街"域华楼"、粮食店"庆宴楼"，只能疗饥，以之会亲友，这类是第三等的清真教馆。[③]

民国期间，北京的清真菜肴已达五百多个品种，风味小吃更是琳琅满目，口味各异。仅烧饼的花样就有几十种，并以物美价廉受到人们的青睐。许多老字号，如月盛斋的酱牛羊肉、大顺斋的糖火烧、馅饼周的馅饼、豆汁张的豆汁儿、羊头马的白水羊头、爆肚冯的爆肚、年糕王的切糕等。[④] 从富贵排场、调炒烹炸的全羊宴席到简单经济、百吃不腻的锅贴炒饼，乃至于杂碎汤、牛舌饼、焦圈儿、豆汁儿，包罗万象，应有尽有。譬如，壹条龙经营的清真名菜"烧全羊"是将羊的头、尾、蹄、心、肝、肺、肚等15个部位，各取一部分洗净，下锅水焯紧缩捞出，微

①　北京市地方志编纂委员会：《北京志·商业卷·饮食服务志》，北京：北京出版社2008年版，第104—105页。

②　佟洵等：《北京宗教文化研究》，北京：宗教文化出版社2007年版，第257页。

③　金受申：《口福老北京》，北京：北京出版社2014年版，第49—50页。

④　张宝申：《北京的清真饮食》，载《北京档案》2008年第3期。

火酱至入味，最后过油炸成金黄色，顺序码入盘中，撒上花椒盐，外焦里嫩，鲜香酥脆，别有风味。① 一般而言，清真宴上的菜品上桌顺序是：压桌、扣菜、汤菜、炒菜。通常从落座到起座，一起清真宴就只有 20 多分钟，这一拨人吃完，紧接着就要换下一拨人。一起宴席一般要上二三十道菜，主厨要连续做出蒸、炖、炸、扣、炒等菜品，几乎连说话的时间都没有。② 北京清真饮食文化得益于地处京城的地缘优势，它广泛包容了天下九州各地饮食文化的精华，以穆斯林的生活习惯为基调加以提纯，从而形成自己的特色，它照顾到了从王侯将相到贩夫走卒各阶层的所有问顾者，做到了丰俭由人、应对自如。③

北京小吃，绝大多数是清真的。无论《故都食物杂咏》《燕京小食品杂咏》等旧书中描写过的那些名目繁多而令人垂涎的小吃，也无论 21 世纪初在什刹海开张的"九门"小吃城，还是传统的隆福寺的小吃店，或者是原来门框胡同旁边的小吃街，绝大多数都是清真的，而且名号如云，闻名遐迩。如俊王的焦圈儿、馅饼周的馅饼、豆汁张的豆汁儿、豆腐白的豆腐、羊头马的白水羊头、爆肚冯及爆肚满的爆肚、穆家寨的炒疙瘩，盆糕李的年糕、年糕王的切糕等等。④《竹枝词》是这样颂扬"馅饼周"的："鲈绘莼羹江上秋，季鹰香味最风流；宣南夜半高轩过，煤市街东馅饼周。"⑤ 清真文字特有的金字招牌，是必须要张挂出来标示的。即使是解放以前挑着小担子穿街走巷卖小吃的，担子上也都要挂着简单的清真招牌。⑥ 可以说，没有清真饮食，也就没有驰名海内外的北京小吃。

北京小吃以清真风味小吃为主，形成这种格局有它历史的缘由。唐永徽二年（651），以第一个阿拉伯使者到唐都城长安会见唐高宗为标志，伊斯兰教传入中国后，大批商人到中国做生意，经营珠宝药材，还带来了饮食调料中的香料，如豆蔻、胡椒、茴香、肉桂等，极大地丰富了中国烹饪以味为核心的内涵。

回族人聚族而居，致使大批回民在全国形成无数的聚居村镇，当时北京的牛街就是这样的村镇，因而成为回民居住的聚集点，并在这里建立清真礼拜寺。清

---

① 北京市地方志编纂委员会：《北京志·商业卷·饮食服务志》，北京：北京出版社 2008 年版，第 92 页。

② 徐燕：《北京的清真饮食文化》，载《北京档案》2016 年第 11 期。

③ 马万昌：《北京清真饮食文化与北京的清真餐饮业》，载《北京联合大学学报》2002 年第 1 期。

④ 佟洵等：《北京宗教文化研究》，北京：宗教文化出版社 2007 年版，第 259 页。

⑤ 雷梦水辑：《北京风俗杂咏续编》，北京：北京古籍出版社 1982 年版，第 250 页。

⑥ 肖复兴：《北京小吃》，陈赋编：《吃酒！吃酒》，沈阳：辽宁教育出版社 2011 年版，第 44—48 页。

代以来，各地回民因经济及社会各方面的原因，迁居北京者亦为数不少，部分落居牛街，使牛街的回民人数不断增长。北京牛街是一条南北走向的街道，在它的两侧，有大小胡同几十条，居住着 3 万左右的回族居民。到 20 世纪 30 年代，北京已有穆斯林人口 17 万多，约占全市人口的十分之一。1947 年的统计数字显示，牛街总共包含正户 136 户，合计 1672 人，其中信仰佛教的男 121 人，女 57 人，信仰伊斯兰教的男 815 人，女 674 人，仍然是混居的形式。①

《冈志》（成书于清的一本《北京牛街方志》）记载说："今燕都之回民，多自江南、山东等省份分派来者。何也？由燕王之国、护卫军僚多二处人故也。教人哭父曰'我的达'，其亦山东俗也。"② 这里说的牛街居民除元代定居下来的以外，就是明代朱棣即燕王扫北时的护卫军僚在这里定居，而成为牛街居民的来源之一。

牛街人从事饮食业的小贩几乎占当时北京全部小商贩的一半以上，当时卖烧饼、麻花、切糕、茶汤、豆腐脑、白薯食品的绝大多数为回民。这类食品制法别具一格，唯其之所独有，才显示出牛街在中国清真饮食文化中的地位和作用。大部分北京小吃都是在牛街成名的，牛街回民创办的"同和轩""西来顺""元兴堂""两益轩"等饭庄，享誉京城。牛街是北京小吃的一种象征，一块金字招牌。

回族饮食经济的突出特点是以小商贩为主体的经营模式，俗以"两把刀、八根绳"称谓。"两把刀"指卖牛羊肉和卖切糕的，"八根绳"是对挑担行商小贩的泛称，一根扁担，两个筐，前后各以四根绳系起来。回族餐饮业有自己独特的标识——汤瓶牌。关于汤瓶牌的来历，有多种说法，其中之一与朱元璋有关。在元朝末年，朱元璋率兵起义。有一天，在河北沧州地区某一回族村庄附近，起义军和官府兵展开激战。当时起义军的一位军官被敌军砍伤，鲜血直流，生命垂危。这情景正巧被远处一位回族村姑看见，把起义军军官救下来后背到家中，包扎好伤口，护理调养。起义军军官伤愈临行时，对这个家庭千恩万谢，他嘱托说："今后，你们回回家门口挂上汤瓶壶，我们义军就知道了，一定尽力保护。"打这以后，一有战争，村里的回族人就在门口挂上汤瓶。后来，明朝回族大将军、开国元勋常遇春知道了这件事后规定："凡我回回者，都挂汤瓶也！"自此，回族人家挂汤瓶的做法蔚然成风，久而久之，不但回族人家挂，回族人开的饭馆、饮食摊

---

① 《1947 年牛街户口调查表》，北京市档案馆，档案号：181-6-1884。
② 北京市政协文史资料研究委员会、北京市民族古籍整理出版规划小组编：《北京牛街志书——〈冈志〉》，北京：北京出版社 1991 年版，第 33 页。

点及其他回族经营场所也挂起了汤瓶，并由原来的汤瓶改成了画有汤瓶图案的木牌，相沿成习。此传说不足为信，其实，挂汤瓶牌是回民出于对"洁净"信仰的缘故。1940 年 1 月 21 日的《新民报》曾经刊载："汤瓶牌本来是回汉食品商分别的一种不容混淆的表示，回教人因为注重食物的选择，因为真实而彻的注重卫生，所以较外人所作的食品，选购很严，因此一般回教食品商，他们为使本教人易于识别起见，便都挂着一个汤瓶牌，可是有时一般汉教的食品商，他们为多卖回教人几个钱起见，偷偷在门前或摊上，也挂出一个汤瓶牌来，因为汤瓶牌不是什么别人做不了的东西，因此市面上，便生出不少冒牌回教营业，这种人的居心，无异于骗匪，因为他足能使人违背教规而走入迷途，所以这种商人是应当取缔的。"[1]回教人称沐浴的储水壶为"汤瓶"，"汤瓶"乃洁净的同义语。早期的汤瓶牌多为木制，后来还有了搪瓷、轻铁、锡铁、铝铁、塑料等新型材料。汤瓶图案边写"西域""回回""清真"等字样，并配以香炉、花草、禽毛掸子、拂尘等图案衬托，很具有回族特色。一些推车、挑担的回民小商贩因为携带汤瓶壶多有不便，便在一块小木板上写上"清真回回""清真古教""西域回回"等字样，或手绘一个汤瓶壶，"汤瓶牌"逐渐成为清真饮食的统一标识。

北京回族饮食行业另一显著标识是：姓氏与其所经营的餐饮或食材种类混称，并成为堂号或绰号，以牛街为最多。如骆驼刘、年糕张、果子贾、菜王、韭菜杨、小桌王、面马、爆肚满、厨子梁、干果王、鱼胡、葱胡、酪魏、奶茶马等。这既是回民从事饮食行业多样性的展示，也是小本经营的民俗表达。此外，这种以家族职业、行业字号等特征放在姓氏之前加以区别，还包含了另外一层含义，就是回族餐饮手工业要以家族传承的方式传递技术和行业知识，从事餐饮手工行业是一种血缘式的家族生活传统。[2]

1937 年北平沦陷后，清真饮食的发展也曾一度受阻。日寇强行控制牛羊买卖市场，剥夺市民牛羊自由交易的权利，明令禁止在马甸进行牛羊屠宰，致使牛羊店纷纷倒闭。原有 30 多户的牛锅坊，到 1938 年只有十余户。1939 年 7 月牛羊驼商同业公会分会成立时的宣言说："惟我牛羊驼商，为星罗棋布。近两年来被少数分子操纵把持，资多者损失固多，资少者亦无法营业。因之，失业不能生活者，

---

① 《回教食品汤瓶牌》，载《新民报》1940 年 1 月 21 日。
② 许辉主编：《北京民族史》，北京：人民出版社 2013 年版，第 369 页。

不下千百家。"① 当时有人撰文《回教屠宰业漫谈》说："最近春节之后，市内牛肉铺多有'亮案子'（无肉可卖）三四天者，原因是牛只来源不旺，以致牛价上腾。"② 又有文章写到牛羊行业状况时则哀叹："牛肉铺回教商人饱尝压迫矣，卖牛之乡民任其宰割矣。"③ 当时从外地输入的牛羊，每年不过五六万只。著名的月盛斋酱牛肉铺老经理马霖回忆说："我在月盛斋管事是在抗日战争的中期（约1940），这段时期是月盛斋自创办以来最艰苦最难熬的时候，自北平沦陷后，日寇疯狂掠夺中国人民的财富，北平百业凋敝，工商业纷纷倒闭。月盛斋的生意还可勉强维持，并不好卖，没办法，就开始酱制牛肉，这是做酱牛肉的开始……到北平解放前夕，月盛斋已奄奄一息。"④ 牛羊是清真饮食的主要食材，一旦货源短缺，清真餐饮业便难以为继。

2. 著名的小吃品牌

北平为三百年来满人聚居之地，当时一般养尊处优的小贵族整日游手好闲，除了声色犬马之外，唯有靠吃零食来消磨他们的时光，因此北平各胡同里售卖零食的小贩之多，也为国内任何城市所难望其项背。⑤ 这种习气一直延续到民国时期。

北京小吃大都在庙会或沿街集市上叫卖，人们无意中就会碰到，老北京形象地称之为"碰头食"或"菜茶"，突出其"随意"与"少量"的特点，以区别于正餐，并且多为游商下街叫卖之食品。

据考证，北京小吃有二三百种，主要来自三个方面：一是宫廷内食品传入民间，如元代的烧饼、肉饼、莲子粥，明代的龙须面、小火烧，清代的麻酱烧饼、小窝头、豌豆黄、芸豆卷等；二是南方人在北京做官，带来江南小吃，如年糕、元宵、艾窝窝、南味糕点等；三是由于北京是北方各少数民族融合之区，不同的饮食习惯爱好，涌现出品种繁多的小吃群，如馎馎、萨其马等。⑥ 北京小吃融合了

---

① 许辉主编：《北京民族史》，北京：人民出版社 2013 年版，第 373 页。
② 穆民：《回教屠宰漫谈》，载《回教月刊》，第 2 卷第 1 期。
③ 1939 年《回教》月刊，第 1 卷第 6 期。
④ 北京市政协文史资料研究委员会编：《驰名京华的老字号》，北京：文史资料出版社 1986 年版，第 209 页。
⑤ 徐霞村：《北平的巷头小吃》，载陶亢德编：《北平一顾》，上海：宇宙风社 1936 年版，第 89—96 页。
⑥ 段天顺：《竹枝词与北京民俗》，载《北京社会科学》1996 年第 3 期。

汉、回、蒙、满等多民族风味小吃以及明、清宫廷小吃、南方糕点而形成，品种多，风味独特。例如，火烧、油饼、油（炸）馃等原是回族食品，面茶是蒙古族食品，灌肠、豆面糕等是满族食品，等等，北京小吃实际是一些少数民族的风味。只有豆汁儿不是来自少数民族的，是地地道道的北京风味，其产生得到宫廷的推波助澜。[①] 瀛生先生论断："各地皆有风味小吃。北京的小吃当然是北京风味，但细考其源，则会发现一个有趣的现象，原来它们来源极杂，大多是从少数民族的食品演化而来。例如火烧、油饼、油（炸）馃等原是回民食品；面茶是蒙古族食品；灌肠、豆面糕等是满族食品，等等。北京风味实际是一些少数民族风味。"[②]

除了牛街，民国北京饮食市场则集中在大栅栏、天桥地区。天桥地区的饮食业以小吃著称，经营小吃的饭铺有 114 家之多，其余大部分为小摊贩，他们多集中在天桥的各个市场，或散布于天桥的大街小巷，有的固定设摊，有的肩挑、携篮，沿街叫卖，总计有数百个。其小吃品种之多，成为北京之冠。经过长时间经营，天桥一带形成了独具特色的小吃。有些经营好的则出了名。诸如石润经营爆肚，人称"爆肚石"；舒永利经营豆汁儿，人称"豆汁舒"；李万元经营盆儿糕，人称"盆糕李"等。从门框胡同南口至廊房头条摊位林立，有"年糕王""年糕杨""豆腐脑白""爆肉马""爆肚冯""褡裢火烧"等名家在此设摊。

北京小吃有头衔或字号的有：爆肚冯的爆肚；小肠陈的卤煮火烧；天兴居的锦馨的豆汁儿、焦圈儿；白魁老号的白水羊头；曰俭居的东坡肉；不老泉的冰糖葫芦、蒸饺；全聚德的烤鸭；东来顺的涮羊肉；天福号的酱肉；隆福寺的灌肠；南文美斋的满洲饽饽；增和楼的咧子饽饽；玉庆斋的杠子饽饽；天成馆的子儿饽饽；致美斋的福寿饼、奶油槽糕；滋兰斋的玫瑰饼、水晶糕；兰华斋的蜜糕；芙蓉斋的芙蓉糕马、黄白蜂糕；月亮门和聚声斋的蜜供尖；瑞芳斋的莲子缸炉；复兴斋的茯苓饼；大亨轩的鸡油烧饼；天全斋的锅饼；香厂新风楼的芝麻元宵；魁宜斋的艾窝窝；前门外大栅栏都一处的烧卖；前门大街壹条龙的炸三角；前门外煤市街馅饼周的馅饼，恩德元的包子；前门外大李纱帽胡同同福居的锅贴；前门外煤市街耳朵眼的口蘑馅饺子，致美斋的萝卜丝饼、白肉饺、炸春卷，福兴居的粘卷子、锅贴、鸡面；东安门外侯记馄饨；地安门外范记馄饨；宣武门外妈妈馆

① 爱新觉罗·瀛生：《北京的小吃》，载《北京文史》2011 年第 1 期。
② 爱新觉罗·瀛生、于润琦：《京城旧俗》，北京：北京燕山出版社 1998 年版，第 56 页。

的南味馄饨；隆福寺街灶温的烂肉面；前门外王广福斜街穆家寨的牛羊肉炒疙瘩；西长安街聚仙居与地安门外桥头福兴居、华安居的灌肠；前门外鲜鱼口会仙居、天兴居的炒肝；西直门外大街亿禄居的大薄脆；前门外广和楼对面小铺的豆腐脑、白肉炒里脊；前门外普云斋的清酱肉；西长安街天福斋的酱肘子；地安门外大街福泰楼、合成楼的小肚；前门外煤市街普云楼、普香楼的香肠；前门外门框胡同月盛斋的酱牛肉，复顺斋的酱牛肉，德月斋的腌羊肉；德胜门外马甸的蒸羊肉，金家楼的汤爆肚，天盛馆的熏鱼，义盛斋的坛子肉；阜成门外吊桥虾米居的兔脯，和顺白肉馆的烧下水；前门外东珠市口油渣王的蒸羊肉；前门外粮食店六必居、西长安街天源号和地安门外大葫芦宝瑞兴的酱咸菜；前门外延寿街王致和的臭豆腐；西单牌楼九龙斋的冰糖葫芦、果子干；万升德的炒红果；前门外大栅栏聚顺和的茯苓饼、秘制梨膏；汇丰斋的山楂蜜糕；二妙堂的合碗酪等都脍炙人口。[1] 其他还有：豆沙包儿、糖三角儿、蜂糕、茯苓糕、山药饼、艾窝窝、驴打滚儿、豌豆黄儿、江米藕、馅儿年糕、枣儿切糕、千层饼、花卷、烧卖、肉包、蒸饺、肉丁儿、馒头、糖油饼儿、麻花、排叉、炸糕、开口笑、炸卷果、蜜三刀儿、蛤蟆吐蜜、炸回头、炸三角、灌肠儿、焦圈儿、薄脆、油条、油皮饼、炸荷包蛋、炸饹馇盒儿、炸松肉、墩饽饽、蝴蝶卷儿、锅盔儿、酥皮儿饼、芝麻烧饼、螺丝转儿、咸酥火烧、驴蹄、马蹄、褡裢火烧、门丁儿肉饼、大麦米粥、豆浆、八宝莲子粥、小豆粥、茶汤、油茶、奶酪、杏仁茶、卤煮丸子、卤煮火烧、炸豆腐、爆肚儿、白汤杂碎、炒肝儿、豆腐脑儿、面茶、豆汁儿、糖葫芦儿、烤白薯、疙瘩咸菜丝儿、羊眼儿包子、五福寿桃、麻茸包等，真是不胜枚举。[2] 下面详说一二。

恩元居的创办人是河北河间县的马东海兄弟俩，1929 年到京学习炒疙瘩的方法，并有创新和提高，也很快闻名京都。炒疙瘩用上等面粉，加水和匀揉成面团切开，搓成直径为黄豆粗的长圆形后，再用手揪成黄豆般大小的圆疙瘩，倒入沸水中煮熟，开锅后随即捞出，再放入温水中浸泡三五分钟捞出，选用牛羊肉的鲜嫩部位，切成丝用油及作料煸炒，然后将煮熟经温水浸泡后的疙瘩倒入，加香油炒成金黄，根据不同季节配上蒜黄、菠菜、黄瓜丁、芽豆、青豆等同炒，出锅装盘，黄绿相间，香味扑鼻，引人食欲。由于风味独特，又具有主副合一、经济实

① 常人春：《老北京的风情》，北京：北京出版社 2001 年版，第 164—165 页。
② 王勇编著：《京味文化》，北京：时事出版社 2007 年版，第 150—151 页。

惠的特点，问世之后，就成为北京风味小吃中的佳品，得到人们的青睐。

扒糕用荞麦面制成，锅内烧开水，倒入荞麦面，快速搅拌，荞麦面熟透后，盛在盘内拍平凉凉，切成小块，再将小块扒糕削成两头薄中间厚的长条薄片盛在碗内，浇上用麻酱、酱油、好醋搅拌的汁，加上擦的咸红胡萝卜丝及黄瓜丝，浇芥末或辣椒或蒜末均可。[①]《燕都小食品杂咏》"扒糕"条云："色恶于今属扒糕，拖泥带水一团糟。嗜痂有癖浑难解，醋蒜熏人辣欲号。"并注称："热天之扒糕，用荞麦面蒸成饼式，浸凉水中，食者以刀割成小条，拌醋、蒜、酱油等食之。色灰黑，见之欲呕，色恶不食，于扒糕吾云亦然。"

白水羊头是北京小吃中的精品，它是羊头用白水煮熟切片，撒上椒盐的一种吃食。其制作技艺相当考究，需用新宰的鲜羊头，经燎毛、烧毛、刷毛、煮、炆、拆骨、泡、修片等十几道工序。肉用凉水泡，色白洁净，肉片薄而大，脆嫩清鲜，醇香不腻，佐餐下酒皆宜。北京过去卖白水羊头肉的很多，但最出名的是宣武区前门外廊房二条推车摆摊的马玉昆。马玉昆的白水羊头吃到嘴里清脆利口，夏天用冰镇，冬天带冰花，有越凉越好吃的特点。[②]

艾窝窝是把糯米洗净浸泡，而后入笼屉蒸熟，凉凉后揉匀，揪成小剂，摁成圆皮，包上桃仁、芝麻仁、瓜子仁、青梅、金糕、白糖，拌和成馅。清代雪印轩主《燕都小食品杂咏》"艾窝窝"条说："白粉江米入蒸锅，什锦馅儿粉面搓。浑似汤圆不待煮，清真唤作爱窝窝。"还注说："爱窝窝，回人所售食品之一，以蒸透极烂之江米，待冷裹以各式之馅，用面粉团成圆形，大小不一，视价而异，可以冷食。"为何称"艾窝窝"呢？清人李光庭的《乡谚解颐》一书中有说明。因为有一位皇帝爱吃这种窝窝，想吃或要吃时，就吩咐说："御爱窝窝。"后来这种食品传入民间，一般百姓就不能也不敢说"御"字，所以省却了"御"字而称"爱窝窝"。[③]艾窝窝个头不大，但吃艾窝窝要分三口吃完才合讲究。

薄脆，顾名思义，既薄又脆，但薄而不碎，脆而不艮，香酥可口。20世纪三四十年代，在北京吃早点，常向卖炸油饼的要个薄脆。当时有一谚语："西直门外有三贵：火绒、金糕、大薄脆。"其他两项已无可考。1912年出版的《北京琐闻录》记载，清康熙十二年（1673），康熙曾微服游圆明园，路过此地吃了一顿并

① 曹子西主编：《北京史志文化备要》，北京：中国文史出版社2008年版，第632页。
② 张本瀛：《北京风物》，北京：中国社会出版社2009年版，第20—21页。
③ 王勇编著：《京味文化》，北京：时事出版社2007年版，第155页。

大为赞赏，以后，他传旨按期进奉，薄脆成了清宫御膳房的一种野味食品，从此，这家"大薄脆"更加驰名远近。

豆汁儿是北京独有的极为特殊的饮料兼小吃，是粉坊漏粉、制作粉丝过程中的副产品，又名"小浆子"，已有数百年的历史。北京的豆汁儿和天津的锅巴菜一样，是极有代表性的地方小吃。老北京的男女老幼没有不爱喝豆汁儿的。东安市场的"豆汁何"名闻遐迩，"豆汁何"的豆汁儿有固定的粉房供应，他要的是粉房做绿豆粉丝剩下的碎渣。取回家再用砂锅、槟榔勺熬成。所以，"豆汁何"的豆汁既酸又甜，而且营养丰富。喝豆汁儿，不同身份的人有不同的喝法，有社会地位的人，在正餐后上碗豆汁儿喝。据说，京剧大师梅兰芳曾用"豆汁何"的豆汁儿招待宾客。劳动大众在吃窝头、焦圈儿、咸菜时，喝豆汁儿。[1] 豆汁儿作为一种极其"低下"的食物，却受到上层社会的青睐，这在饮食文化领域是十分独特的现象。北京饮食技艺委实蕴含"化腐朽为神奇"的魅力。

《燕都小食品杂咏》中说："糟粕居然可作粥，老浆风味论稀稠。无分男女齐来坐，适口酸盐各一瓯。"并注："得味在酸咸之外，食者自知，可谓精妙绝伦。"[2] 午后的小胡同里时常响起卖"豆汁儿粥"的吆喝声。豆汁儿担子一端是一个下面有着火炉的锅，另一端则当作"饭台"。古色古香的蓝花瓷筒插了二三十双竹筷，中央是一大盘拌红色辣椒丝的咸菜条，也有环状的油炸烩放在另外一只木匣里，五六只小木凳则悬置饭台四周以便食客之用。[3]

爱新觉罗·恒兰在《豆汁儿与御膳房》一文中说：乾隆十八年（1753）夏，民间一专做粉丝、淀粉的作坊，偶然发现用绿豆磨成半成品的粉浆发酵后，尝之酸甜可口，熬热滋味更佳。于是朝臣上殿奏本道："近日新兴豆汁一物，已派伊立布检查，是否清洁可饮。如无不洁之物，着蕴布招募豆汁匠人二三名，派在御膳房当差……"源于民间的豆汁儿就这样进入宫廷，而后又从宫廷流入民间。当时，豆汁儿与羊肉、烤鸭齐名，号称"吃中三绝"。老北京人都欢喜饮用豆汁儿，特别是梨园界的名角儿尤偏嗜此物。北京的"霜晨雪早，得此周身俱暖"的"暖老温贫之具"则是豆汁儿。"棒打薄情郎"改作的京剧也叫《豆汁记》（《鸿鸾禧》

① 王永斌：《北京的商业街和老字号》，北京：北京燕山出版社1999年版，第162页。
② 转引自赵一帆：《豆汁儿与焦圈儿的忘年交》，载《首都食品与医药》2015年第1期。
③ 果轩：《北平的豆汁儿之类》，载陶亢德编：《北平一顾》，上海：宇宙风社1936年版，第96—103页。

《金玉奴》），那个冻饿濒死的秀才就是被金玉奴的热豆汁儿救活的。人们在很寒俭的饮食中也能得到满足。梨园中不仅有脍炙人口的《豆汁记》剧目，许多名角也都是爱喝豆汁儿的主儿，因为喝豆汁儿对嗓子有好处，唱完戏喝碗豆汁儿，感觉特别舒服。京昆名角谭鑫培、马连良、袁世海都是豆汁店的常客。旧时的名门士媛、达官权贵与贩夫走卒同桌共饮是寻常的事情，可见豆汁儿是雅俗共赏、贫富相宜的大众化食品。当年朝阳门内南小街儿开着一家豆汁铺，被老邻居们称呼之"馊半街"，要是没点儿根基的熏也得给熏跑了。

"驴打滚"是用黄米夹馅卷成的长卷，因卷下铺黄豆面，吃时将长卷滚上豆面，样子颇似驴儿打滚，因此得名。"驴打滚"的原料有大黄米面、黄豆面、澄沙、白糖、香油、桂花、青红丝和瓜仁。它的制作分为制坯、和馅、成型三道工序。做好的"驴打滚"外层沾满豆面，呈金黄色，豆香馅甜，入口绵软，别具风味，是老少皆宜的传统风味小吃。吃豆面糕要"三不要"，一是不要深呼吸，二是不要大口吃，三是不要边吃边说话，防止干豆面呛入口鼻。《燕都小食品杂咏》"驴打滚"条就说："红糖水馅巧安排，黄面成团豆里埋。何事群呼'驴打滚'，称名未免近诙谐。"还说："黄豆黏米，蒸熟，裹以红糖水馅，滚于炒豆面中，置盘上售之，取名'驴打滚'真不可思议之称也。"可见"驴打滚"的叫法已约定俗成。

明末宦官刘若愚在《酌中志》"饮食好尚纪略"中两处提到灌肠，一处是在正月"斯时所尚珍味"中，有"猪灌肠"；一处是在十二月，从"初一日起，便家家买猪腌肉。吃灌肠"。这应是最早有关灌肠的记载了。《故都食物百咏》"灌肠"中提到煎灌肠说："猪肠红粉一时煎，辣蒜咸盐说美鲜。已腐油腥同腊味，屠门大嚼亦堪怜。"清末民初经营灌肠的食摊，都是用淀粉加红曲水调成稠糊面团，做成猪肠形状，蒸熟以后，凉切成薄片，在饼铛内用猪油煎焦，取出盛盘，淋盐水蒜汁，趁热食用。有个顺口溜是这么说的：粉灌猪肠要炸焦，铲铛筷碟一肩挑，特殊风味儿童买，穿过斜阳巷几条。当年真正的灌肠不是用团粉做的，而是用猪肥肠洗净，以优质面粉、红曲水、丁香、豆蔻等10多种原料调料配制成糊，灌入肠内，煮熟后切小片块，用猪油煎焦，浇上盐水蒜汁，口味香脆咸辣。"至于市民所食用的灌肠（也就是在庙会、集市上经营的灌肠），便是用淀粉和红曲水等原料加工而成的'粉灌肠'。通常用刀切成菱形块，放在平锅中用汤油煎焦食用，算是非常平民化的小吃。"① 在鼓楼商业街，能够代表满族饮食文化的莫过于"后门桥的灌肠"。爱新觉罗·瀛生先生在《京城旧俗》一书中说："清中期前，北京满族人日常多是吃油炸真鹿尾。""后因关东货来京日见稀少，加以满人生活日艰，真鹿尾吃不起了，所以改吃炸肉末灌肠。""后门桥这两家除在肠内灌肉末外，还加灌血，和以淀粉，在形、色两方面模仿真鹿尾。""后来，北京满人生活条件日益下降，炸猪血肉末灌肠也吃不起了，于是小贩别出心裁，改用淀粉灌在肠衣内，用油炸而售之。但因食客多为内城旗人，看惯了真鹿尾和猪血肉末灌肠的血红色，……聪明的小贩为投食客喜好，略施小计，在淀粉里稍加红颜料。"② 尽管后来人们的饮食生活水平普遍提高了，灌肠里面的主要原料依旧是淀粉。

萨其马是驰名全国的满族糕点，其前身是满族的一种传统糕点——搓条饽饽。"萨其马"一词最早见于清朝乾隆年间傅桓等编的《御制增订清文鉴》，并做解释，"萨其马"为满语"狗奶子糖蘸"之意，其制作是用鸡蛋、油脂和面，细切后油炸，再用饴糖、蜂蜜搅拌浸透，故曰"糖蘸"。③ "狗奶"并非狗奶，本为东北一种野生浆果，以形似狗奶而得名，最初用它作"萨其马"果料。清人入关后，狗奶逐渐被葡萄干、青梅、瓜子仁取代了。

《燕京岁时记》十月"栗子、白薯、中果、南糖"条云："萨其马乃满洲饽饽，以冰糖奶油为之，形如糯米，用不灰木烘炉烤熟，遂成方块，甜腻可食。"据《光绪顺天府志》记载"赛利马为喇嘛点心，今市肆为之，用面杂以果品，和糖及猪油蒸成，味极美。"④ 面带红糖，艳如芙蓉的萨其马，有一个别名——芙蓉糕。⑤ 道光二十八年的《马神庙糖饼行行规碑》也写道"乃旗民僧道所必用。喜筵桌张，凡冠婚丧祭而不可无"⑥。当年北新桥的泰华斋饽饽铺的萨其马奶油味最重，它北邻皇家寺庙雍和宫，那里的喇嘛僧众是泰华斋的第一主顾，作为佛前之

① 王勇编著：《京味文化》，北京：时事出版社2007年版，第153—154页。
② 爱新觉罗·瀛生、于润琦：《京城旧俗》，北京：北京燕山出版社1998年版，第57—58页。
③ ［清］乾隆三十六年御制：《御制增订清文鉴》卷二十七《食物部·饽饽类》，转引自王世襄：《京华忆往》，北京：生活·读书·新知三联书店2010年版，第323页。
④ "赛利马，按为喇嘛点心，今市肆为之，用面杂以果品，和糖及猪油蒸成，味极美。［清］周家楣、缪荃孙编纂：《光绪顺天府志》第6册卷五十《食货志二》"饼饵之属"，左笑鸿点校，北京：北京出版社2018年版，第1833页。
⑤ 王宏刚、富育光：《满族风俗志》，北京：中央民族学院出版社1991年版，第32页。
⑥ 《马神庙糖饼行行规碑》，李华编：《明清以来北京工商会馆碑刻选编》，北京：文物出版社1980年版，第133页。

供，用量很大。

爆肚的诱人魅力，可从梁实秋《爆双脆》一文获得深深领会：

肚儿是羊肚儿，口北的绵羊又肥又大，羊胃有好几部分：散丹、葫芦、肚板儿、肚领儿，以肚领儿为最厚实。馆子里卖的爆肚儿以肚领儿为限，而且是剥了皮的，所以称之为肚仁儿。爆肚仁儿有三种做法：盐爆、油爆、汤爆。盐爆不勾芡粉，只加一些芫荽梗葱花，清清爽爽。油爆要勾大量芡粉，黏黏糊糊。汤爆则是清汤氽煮，完全本味，蘸卤虾油吃。三种吃法各有妙处。记得从前在外国留学时，想吃的家乡菜以爆肚儿为第一。后来回到北平，东车站一下车，时已过午，料想家中午饭已毕，乃把行李寄存车站，步行到煤市街致美斋独自小酌，一口气叫了三个爆肚儿，盐爆、油爆、汤爆，吃得我牙根清酸。然后一个清油饼，一碗烩面鸡丝，酒足饭饱，大摇大摆还家。生平快意之餐，隔五十余年犹不能忘。①

身处外地的梁实秋"想吃的家乡菜以爆肚儿为第一"，足以说明其美味到何种程度。爆肚也有串街卖的，现爆现卖，肚板儿、肚仁儿、肚领儿、肚叶等，分别论价。吆喝则为："爆肚儿，开锅！""爆肚儿开锅，多四两啊！"②

不过，老北京小吃尽管味美诱人，也吸收了长江中下游小吃的风味特色，但仍保留了古燕地粗犷、质朴的内核。其"一个共性就是'杂'或者是'不精致'。因为老北京小吃最初的形成，多少与过去北京人生活拮据、吃不起肉有关。人们因此想到了用各种作料搭配起来的不同吃法，这也是几乎所有的小吃都要蘸料来吃的原因。老北京小吃是真正属于老百姓的食物，从小吃里，我们也品出了北京人苦中作乐的闲逸性格"③。有一位学者对北京小吃也有过类似评价："北京的小吃，不讲究工料，只讲究手艺，很普通，很平常。但却很好吃，很让人留恋。"④京城名点大多由极普通的原料制成，但由于制作技艺精湛，吃法讲究，经一代一代的细细品味，平常的也成为不平常。

---

① 梁实秋：《爆双脆》，载梁实秋：《雅舍谈吃》第一辑"味是故乡浓"，成都：四川人民出版社2017年版，第20页。

② 曹子西主编：《北京史志文化备要》，北京：中国文史出版社2008年版，第634页。

③ 向晚：《老北京小吃京味魂》，载《中国保健营养》2009年第7期。

④ 于润琦编著：《文人笔下的旧京风情》，北京：中国文联出版社2003年版，第176页。

民国期间，小吃的食客群体也有变化。抗战胜利之前，国家公职人员可以吃比较讲究的小吃。烧油条、包子、炒肝、馄饨、豆腐脑儿、面茶、牛骨髓面、茶汤、炸豆腐、老豆腐、杏仁茶、豆腐浆、炸糕、切糕……吃个足也花不了半块钱。处于社会底层的劳苦大众，吃点心是烤白薯、锅盔、炸油饼……既可搪饥，又能省钱。抗战胜利以后，小吃固然没什么变化，而吃主则反转过来。一般公教人员薪水骤减，普通小吃也不敢问津。烧饼油条每套六百元，一碗豆浆或杏仁茶五百元，吃一份不但不搪饥，反把饿勾上来了。若吃三块炸糕，也要一千二百元，在各机关的员工难以承受。而下等卖苦力的尚可放量吃一阵，因为蹬三轮跑几个来回便可收益数千元。①

3. 老字号的品牌效应

北京作为长期的政治中心，又开始向着文化中心迈进。各界上层人士云集，一大批大学、报社、书局等在这一时期发展起来，文教领域已经成为当时北京的重要支柱。这些知识精英具有相对较高的饮食消费能力，其饮食商业构成中高端和追求文化品位类。这一群体对于饮食品牌的追求不仅影响到大众饮食消费者对于饮食品牌的认知，也推动了北京餐饮老字号的崛起和发展。在上层饮食消费主义的影响下，享用著名饮食品牌开始逐渐成为社会身份和地位的象征，这成为几乎所有北京人饮食生活中共同追求的目标。

（1）老字号的名点佳肴

民国期间的老字号都有自己的金牌菜馔，用以撑立门面。统而言之，有数十种之多。诸如红烧鱼翅、清炖燕菜、清汤银耳、锅煸鳜鱼、芙蓉鸡片、五柳鱼、橄榄鱼片、奶汤蒲菜、奶子山药、软炸猪肚、烩南北、水晶肘、蜜腊莲子、爆双脆、葱烧海参、海参蟹粉、八宝烧猪、拔丝山药、鸡蓉菜花、锅烧白菜、油爆肚仁、软炸鸭腰、炸青虾球、软炸鸡、炸胗肝、烩青蛤、火腿片、炒冬菇、炒鱿鱼、软炸里脊、烩鸭条、烩三冬、烩三鲜、烩什锦、烩虾仁、烩爪尖、虾子冬笋、糟熘鱼片、焖鳝段、酱汁鲤鱼、红烧鱼片、红烧鸡、红焖肉饼、菜心红烧肉片、锅烧肥鸭、东洋三片、锅贴金钱鸡、草帽鸽蛋、蘑菇汤、鲍鱼汤、蛋花汤、鸡球汤、

① 松生：《点心》，《新民报》1947年。转引自王彬、崔国政辑《燕京风土录》（上卷），北京：光明日报出版社2000年版，第309页。

糟煨冬笋、口蘑锅巴、面包虾仁等。① 其实，北京的佳肴远不止这些。在所有菜系中，京菜可以推出的名馔是最多的。

具体而言，著名菜馆的名菜可以列举一连串："同和居"的由宫廷菜发展而来的以鸡蛋黄为主制作的"三不粘"（不粘盘子、不粘筷子、不粘牙）；"又一顺"的以羊肉和甜面酱等制作的"它似蜜"；"全聚德"的挂炉烤鸭；"东来顺"的涮羊肉；由官府菜发展而来的清同治十年进士、辛未翰林福建长乐人潘炳年创造的以煮羊肉汤烧制的"潘鱼"；清末榜眼广东人谭宗浚创制的各种"谭家菜"；由庶民菜而来的"烤肉季"的烤羊肉，"烤肉宛"的烤牛肉，"两益轩"的炮羊肉，"白魁老号"的烧羊肉，"砂锅居"的白肉，"西德顺"的爆肚儿、拔丝山药；萃华楼的由山东菜发展而来的以鸡蛋清、鸡肉制作的"芙蓉鸡片"等。② 丰泽园饭庄，位于前门外煤市街南口 67 号，民国十九年（1930）八月十五日开业。北京过去流传着这样一句话："炒菜丰泽园，酱菜六必居，烤鸭全聚德，吃药同仁堂。"

《旧都文物略·杂事略》"生活状况"中有云："北平为皇都，谊华素轿，一饮一食莫不精细考究。市贾逢迎，不惜尽力研求，遂使旧京饮食得成经谱。故挟烹调技者，能甲于各地也。"各老字号均有自己的秘诀，其拿手的招牌菜，味道多不相同。梁实秋在《雅舍谈吃》一书里如数家珍，列举了正阳楼的烤羊肉，致美斋的锅烧鸡、煎馄饨、爆双脆、爆肚，东兴楼的芙蓉鸡片、乌鱼线、韭菜篓，中兴楼的咖喱鸡，忠信堂的油爆虾、盐焗虾，厚德福的铁锅蛋，润明楼的砂锅鱼翅，青华楼的火腿煨冬笋，月盛斋的酱牛肉，玉华台的水晶虾饼，厚德福的熊掌，正阳楼的烩三样与清炖羊肉，便宜坊的烧鸭，壹条龙的炒菜……都是这些老字号的拿手菜，在别处吃不到的正宗味儿。除此之外，还有全聚德烤鸭——中国第一名菜，东来顺的涮羊肉——真叫嫩，砂锅居的买卖——过午不候，六必居的抹布——酸甜苦辣都尝过，等等，展示了这些京城老字号的饮食魅力。③ 以点心闻名的有玉壶春的炸春卷、都一处的烧卖、致美斋的萝卜丝饼、信远斋的酸梅汤、稻香村的糕点等，均各具特色。再如东兴楼等家发行的流通席票的菜品，亦价廉物美，

---

① 北京市地方志编纂委员会：《北京志·商业卷·饮食服务志》，北京：北京出版社 2008 年版，第 26 页。

② 孙爱军主编：《北京传统民俗文化集锦》，北京：世界图书出版公司 2010 年版，第 45—46 页。

③ 王勇编著：《京味文化》，北京：时事出版社 2008 年版，第 126 页。

老北京人，莫不知之。① 月盛斋、烤肉宛、仿膳饭庄等都以各自的品牌特色，名扬京城内外，成为北京饮食文化的标志性成就。

这些食品之所以能够成为老字号的名点，主要在于其选料和做工都有独到之处，大都还是家传的秘方。譬如，白魁羊肉馆只选 3~6 岁的内蒙古黑头白身的羯羊（阉过的公羊）。另外，刚刚运到北京的羊不能马上宰杀。路途消耗，羊不仅上火，而且还会掉膘儿，必须让羊恢复到在原产地时的肥嫩状态才行。对全羊的各部位分别定出不同的清洗加工标准。有的要用冷水一泡、二冲、三灌，去掉污秽；有的则用温水或开水分别进行浸、烫、煮；还有的必须割掉不能食用的东西。烧羊肉有"六道工艺"，即吊汤、紧肉、码肉、煮肉、煨肉和炸肉。用于调味的作料，除了葱、姜、酱、糖外，光是提味去腥的"药料"就有十多种。煮肉特别善用老汤，采用新老汤递加法，既保持了老汤的醇厚，又增添了新汤的鲜味儿。由于每天煮肉老汤都在吸收新加调料和羊肉的精华，所以汤是越煮越醇，羊肉也就越煨越香。② 同理，烤肉季选羊时，以张家口以西的绵羊为最好，即内蒙古集宁地区的小尾巴绵羊，又选其中最好的羯羊。这种羊黑头团尾，烤熟后肉质好，无膻味。羊肉的部位只用"上脑""大三叉""小三叉""磨裆"这几处最精华的部分。如果选牛，则挑选四五岁、300 斤以上的西口乳牛；秋季用的是草牛（用青草喂肥的）；冬春夏三季用的是糟牛（用酒糟喂肥的，又称站牛）。牛肉要用上脑、排骨、里脊，其他地方不用。肉进到店里，便是精挑细选。先把筋膜、碎骨、肉枣等剔选净尽，然后用小算布包好，压冰肉，压 24 小时后再用，其肉更嫩，彼时有"赛豆腐"之称，压好后再切片。切肉片的刀也是特制的，约一尺五寸长，切时肉选横竖丝，切成的薄片比涮肉片稍窄小，薄的程度要求透亮，至少半透明。③

再以号称"通州三宝"之一的大顺斋糖火烧为例，主料面粉是自家磨制的头、二罗精白粉；麻酱、香油是选用筛簸纯净的白芝麻磨制的；红糖必用广西梧州产的"篓赤"或台湾产的"惠盆"；桂花使用江南"张长丰"字号制作的。各种原料均用上品，毫不将就。红糖必须搓碎过筛，去掉杂质；和面要软，坚持把面饧

---

① 张江珊：《北京老字号饭馆话旧》，载《北京档案》2009 年第 8 期。
② 刘秋霖等编著：《老北京的传说》，北京：中国文联出版社 2006 年版，第 91 页。
③ 王宜、飞江：《名扬古今烤肉季》，北京市政协文史资料委员会编：《北京文史资料精选·西城篇》，北京：北京出版社 2006 年版，第 280 页。

透。用三分之一面肥，用三分之二和面，两层面夹一层肥。然后把麻酱、红糖、桂花、香油搅拌均匀为调料备用。再将和好的面，揪剂儿，擀薄，抹上调料，抻长卷起。标准是水面三成，调料七成，再按规格每斤分成 12 个剂儿，团成圆形，用压板压成扁圆，打上食用色的红戳，放在饼铛内以 100℃ 高温抢脸（定型），约两分钟即码盘，再入炉烘烤。① 老字号的品牌效应除了美味佳肴外，也包括其生产的技艺，即制作的过程和手法，精益求精的境界和质量第一的理念。这属于饮食领域的非物质文化遗产。由于每一家老字号都恪守祖训，一代又一代不曾懈怠，敬畏祖业，才使得老字号能够名不虚传，并一直延续了下来。

（2）老字号的文化品格

老字号自然是以与众不同的名点而闻名，字号名称的拟定也是颇有讲究，名实俱佳。"鸿宾楼"取热情好客之义；"全聚德"取以全聚德、财源茂盛之义；等等。这些名称，不仅恰如其分，而且韵味无穷。还有诸如东来顺、西来顺、功德林、同和轩、广和楼、同和居等等，体现了中国文化注重道德、追求和谐的理念以及对平安、幸福、长寿的美好向往。② 一些老字号店名引经据典，或出自诗词歌赋，或来自名人典故。创立于清咸丰三年（1853）、1955 年由天津迁至北京李铁拐斜街的鸿宾楼，其名来自《礼记》："鸿雁来宾。"张一元茶庄，依据来自"一元复始，万象更新"，意为开张红火，买卖兴旺。一元复始，出自《公羊传·隐公元年》："元年者何？君之始年也。春者何？岁之始也。"万象更新，出自清·曹雪芹《红楼梦》："如今正是初春时节，万物更新，正该鼓舞另立起来才好。"位于中山公园东南侧、创建于 1915 年的"来今雨轩"饭庄，则是取自唐代诗人杜甫《秋述》序中的一句话"旧，雨来；今，雨不来"，以寓旧友新朋相识相知相聚一堂。由于制作美味酱菜一定做到六个必须，因而为店铺取名"六必居"。尽管名家店铺名称字号寓意有别、字数多寡，希盼日进斗金，但看不出有丝毫铜臭之气。③

一些餐馆由于得到名人的标榜和青睐而称谓老字号。老字号饭庄中，"便宜坊"由董寿平所书；"东来顺"由陈叔亮题写；"丰泽园"由李琦题写；"烤肉季"

---

① 王再生、高振声：《通州"三宝"》，北京市政协文史资料委员会编：《北京文史资料精选·通州篇》，北京：北京出版社 2006 年版，第 265—266 页。

② 何庄：《北京老字号档案的特点和价值》，载《北京档案》2011 年第 4 期。

③ 马恩慈：《弘扬传承老字号文化，打造北京名片》，北京市政协文史和学习委员会：《北京城区历史文化传承论坛资料汇编》（内部资料），2010 年 10 月。

"同和居"均为溥杰所题;"仿膳"由老舍题写;"砂锅居"由柏涛题写;"柳泉居"由胡絜青题写;"狗不理"由溥任所书;"萃华楼"由张伯英所题;"来今雨轩"最初由徐世昌题写,现牌匾为赵朴初所书;"老正兴饭庄"由萧劳题写;"鸿兴楼"由李苦禅所题;"鸿云楼""同春楼""又一顺"由许德珩题写;"豆花饭庄"由张爱萍所题。食品名店中,"稻香村""浦五房"均为胡厥文所书;"桂香村"为陈叔亮题写;"月盛斋"由清代书法家吴寿曾题写;"功德林"由赵朴初题写;"天源酱园"由董寿平所题;"天福号"由翁同龢所书;"致和酱园"为清朝状元孙家鼐所书;"信远斋"为溥仪的老师朱益藩所题。著名茶庄中,"元长厚"茶庄先后由吴兰弟、萧劳题写;"吴裕泰"茶庄由冯亦吾题写;"永安茶庄"由于右任书写;"张一元"茶庄由清朝冯公度所书,在"文化大革命"期间,此匾遗失,现匾额为董石良所题。[①] 名家题字大大增加了老字号的含金量。

京剧表演艺术家梅兰芳、马连良、谭富英、裘盛戎、马富禄、张君秋等,相声艺术大师侯宝林、郭启儒以及评剧表演艺术家新凤霞等经常光顾石昆生先生开设的爆肚店堂。特别是马连良先生更是这里的老主顾,并且题写了"爆肚石"的匾额悬于店堂内,使之蓬荜增辉。这一特色的清真食品后来一直是南来顺的主营品种之一。[②] 锦芳回民小吃店原名"荣祥成",由山东德州人满乐亭于民国十五年(1926)创建,专营牛羊肉。每到秋季,店里伙计便到德胜门外马甸收购上等活牛羊,并在马甸一带饲养,随宰随卖。荣祥成卖的牛羊肉以质好鲜嫩而出名,生意也非常红火,店面也随之扩大到三间。当时著名京剧演员马连良先生经常光顾此店,人们便以为荣祥成是马连良开的,小店由此声名鹊起。[③] 传说北京"都一处"烧卖是在山西梢梅的基础上发展演变而来的。清朝乾隆年间,一个姓王的山西人,在北京前门外开设了一间小吃铺,专门经营猪肉大葱梢梅。由于本小利微,王老板只好比人家早开门,比人家晚打烊,起早贪黑,含辛茹苦,但还是赚头不多,生意平平。一天夜里,乾隆皇帝微服出游,走了一段时间后,他感到有点儿肚饥,便想吃点儿什么。但当时夜深人静,许多店铺都关门了。当走到王老板这里时,

① 晓然:《京城老字号牌匾及其书法大家》,载《中国工会财会》2011年第9期。

② 张富仁、韩信农:《南来顺饭庄》,北京市政协文史资料委员会编:《北京文史资料精选·宣武卷》,北京:北京出版社2006年版,第201页。

③ 北京市地方志编纂委员会:《北京志·商业卷·饮食服务志》,北京:北京出版社2008年版,第108页。

却见小吃铺红灯高挂，还未打烊，乾隆就踱进去叫了些梢梅吃起来，感觉到这家铺子门面虽小，梢梅的风味倒很独到，乾隆皇帝虽然吃遍天下，但这种风味还是第一次品尝，不由十分满意，就向老板询问铺号，王老板回答尚无雅号，乾隆回宫后，就御笔亲书了"都一处"三个字，意思是全京都就这儿一处，并责令手下制成虎头牌匾送去。经过乾隆帝的这番张扬，都一处的名声顿时响了起来，京城里的达官贵人、文臣武将，以及普通百姓，无不慕名而来，争相品尝。

旧京习俗喜欢用姓氏为服务商标的主体，主要表现在服务餐饮业、工艺美术业和手工业中，特点是将所提供的商品或服务列在前面，后面是姓氏。餐饮业传统大多在家族内部传承，家风家规往往与饮食业经营模式紧密结合在一起，故而传承之惯性极强。因为维系字号和延续祖先的事业就是光宗耀祖，关涉家族的荣誉和地位。名号和招牌就是老字号的生命，餐饮老字号多以人名和地名做字号。用掌柜的人名的，比如王致和、馄饨侯、烤肉宛；用地名的，比如丰泽园（借用古代园林建筑之名）、柳泉居（因柳树和泉眼井）等。此类商标多为口头传诵，也有的制成了牌匾，甚至成为店铺的字号。能将自己的姓氏拿来做商标者，必须是此行的佼佼者，而这些商标不是注册或故意起出来的，而是几十年乃至上百年一代一代传下来，并得到公众认可的，这种商标形式在北京之外的地区并不多见。① 为了维护老字号的名号，其主人可以付出全部的心血。民国年间的一场大火中，"六必居"店里一位老伙计，闯进火海，冒死将"六必居"的牌匾抢了出来，六必居的老板很是感动，将这位老伙计命为"终身伙友"，并终身"高其俸"。可见牌匾在世人心中的分量之重。

老字号自我形象的塑造是全方位的，除了精心维护字号、牌匾之外，空间布局与设计也都是各有千秋，特色尽显。民国期间一些酒楼门口，往往贴着很多对联，对联与酒楼互相辉映，相互增色，让人回味悠长。诸多餐饮业老字号的对联妙笔生花、寓意独到。诸如美味招来云外客，清香引出洞中仙（会仙居）。室雅何须大，花香不在多（烤肉宛）。翁饷我以嘉馔，要我更作谭馔歌；馔志或一纽转，尔雅不熟奈食何（谭家菜）。同仁均好客，和气便生财（同和居饭庄）。香熏一宇，德聚全城（全聚德烤鸭店）。全雪羽之绮筵，玉脍金齑重寰宇；聚德兴于雅座，凤肝鸾脯自天厨（全聚德烤鸭店）。出外居家两便，佐餐下酒咸宜（便宜坊

---

① 潘惠楼：《北京的民俗》，北京：北京出版集团公司2018年版，第104页。

烤鸭店)。涮烤佳肴名远播,烹调美味誉东来(东来顺饭庄)。画楼醉看潎潎水,炙味飘香淡淡烟(烤肉季饭庄)。客旅京华,问到季家何处?香浮什刹,引来银锭桥边(烤肉季饭庄)。鸿渐于陆,宾至如归(鸿宾楼饭庄)。鸿鹄高飞,志在千里;宾朋满座,亲如一家(鸿宾楼饭庄)。北京城中北方馆,北方八家曾称首;东直门内东兴楼,东兴二度又飘香(东兴楼饭庄)。味尊齐鲁宗风,举酌常神游泰岳;宾悦春秋佳日,凭窗正目接丰碑(泰丰楼饭庄)。名震京都三百载,味压华北白肉香(砂锅居)。鱼肴广有百名,风味致美;鸡馔独树一帜,声誉诚高(致美斋)。萃美罗珍,数不尽脆嫩甘肥,色香清雅;华筵盛会,祝一杯富强康乐,歌舞欢欣(萃华楼饭庄)等。老字号之所以生命力旺盛,其得到局内人和局外人的认同是重要的方面,独特的饮食品牌、空间布置、经营理念、文化品位以及历史积淀等都缺一不可。

当然,老字号的持续发展取决于其看家本领和稳定的顾客。老百姓爱说一句话,叫"各有一路主儿"。每个老字号都用自己不同的道儿和顾客产生联系。每个店铺都有自己的特色、绝招儿。你有你的技术,我干不了;我又有我的技术,你学不来。所以,你有你的顾客,我有我的顾客。顾客各有自己喜欢的那一路,多年偏爱光顾这一家,逐渐就成了"熟主儿"。①老字号构成了北京人的饮食生活方式,独特的饮食口味成就了老字号的品牌效应。

第六节　茶馆与饮茶习俗

在饮的"家族"里,除酒外,主要的还有茶。北京人爱喝茶,成为北京人的生活模式。北京有句俗话:"东城渴不死,西城饿不死",意指东城人早起见面多问:"您早喝茶啦?"西城人见面多问:"您早吃饭啦?"一早起来下茶馆喝茶,是一部分北京人长期养成的习惯。又有"早茶晚酒饭后一袋烟"之说。由于八旗制度,北京城形成了一个庞大的有闲群体,这种情形一直延续到民国。这群人本来衣食无缺,又无紧要事可干,晨起有的遛完鸟,有的放完鸽子,就聚集到茶馆来谈天说地。茶水灌满肚,正好到了午饭时间,在家吃完睡会儿午觉,再到茶馆继续品茗,整天洋溢着茶趣。

---

① 刘铁梁主编:《中国民俗文化志·北京·宣武区卷》,北京:中央编译出版社2006年版,第107页。

1. 茶叶与茶行

有钱人家品茗，没钱人家也有自己的茶道。有的茶叶铺里单有茶叶末，也就是好茶叶的下脚料，价格相当便宜，供穷人家购买。细碎的茶末开水冲泡之后，便在茶杯里翻滚，老百姓管这叫"满天星"，喝茶的时候为了防止喝一嘴茶叶末子，还要使劲地吹，所以也管它叫"吹茶"，这倒是也体现了北京人自嘲的特性。① 好茶配好水，北京安定门一带是井水较好的地段之一，而茶叶店则多集中在南城，故有"南茶北水"的说法。

但北京地区产茶叶并不多，怀柔乌叶山的茶叶只是山中人饮用。北京的茶叶基本上从南方采购，在京城开茶叶店的多数是安徽人，大点的茶庄往往在产茶区设"坐庄"或包一片茶山，大量收购茶叶。

北京虽不产茶，但窨制茶叶的手艺却很突出，窨制的茉莉花茶在全国都很出名。京味花茶甲天下，民国北京人延续了有清一代好饮花茶的习惯。当时京城流行一句顺口溜："酒糟鼻子赤红脸儿，光着膀子大裤衩儿。脚下一双趿拉板儿，茉莉花茶来一碗儿。"夸张地叙写了下层民众尚好饮茶的一种情态。民国之际京城人对茉莉花茶情有独钟，特别喜好"小叶双窨"，故茉莉花茶又有京味花茶之称。茶到京后，须窨制者，径运往丰台郭家村一带产花所在地。每日窨焙，先将茶叶过筛窨蒸后，即将应加茉莉花数量按比例加入。窨焙有一定时间，大约为一对时（24小时）。民国京城茶叶分两大流派——安徽帮和福建帮，占据了京城花茶的大部分市场。这些茶以江浙茉莉花茶为主要原料，徽坯苏窨为辅料，用福建茉莉花茶来调外形，通过老师傅们的精心调配、开汤审评，打小样，最后挑选出自己满意的原料开出加工拼配单，送到货房，师傅们就开始加工拼配了。

茶行与厨行、油行称为三行。在办红白事的场面，茶房必须是地道的北京人，说一口流利动听的京腔京语，否则，赞起礼来便不中听。茶房在红白事里说话、行事，都要遵循惯例和规矩。一名合格的茶房应该是"礼仪通"，通晓红白喜事的民俗。人们戏称茶房是红白棚里的"嘴巴架子"。他们有师有徒，师徒授受相传，自成一行。茶行口子无固定形式，南城茶行口子有其固定聚集点，而且分为南礼、北礼两种。北城有名，但无聚处，遇有雇主时，由承头人挨门现找。②

① 卢文龙：《街角的老北京》，北京：北京联合出版公司2015年版，第47页。
② 常人春：《老北京的民俗行业》，北京：学苑出版社2002年版，第239—244页。

经营"茶"的行业也有自己的"组织"——会。火壶茶会专门给办红白喜事人家供应茶水和茶具。凡"会"都有规矩，门厅的内部设计和桌凳的摆放都有一定的规范性，火壶茶会也不例外。据常人春先生记载，火壶茶会的摊子规模不一，大的是以数十张八仙桌拼成一个大长案，小的则以5张、7张、9张八仙桌拼成一个大长案。案前挂着不同颜色图案的缎绣桌围子，上书堂号，如"某某堂敬献清茶圣会"。并插着绣有堂号的三角形镶着"火焰"边儿的会旗，以为标志。长案正面有供神像，有不供神像的，不论有无神像都要摆上画着折枝花卉的八扇屏。案子两旁有大型茶叶罐，有锡壶、铜壶各12把，有成堂配套的瓷质茶壶、茶碗，谓之"净壶净碗"。① 这类茶会大多属于互助公益性质，谓之"善会"，并非主要谋求经济利益。

民国北京的著名茶庄分布于各繁华地段，诸如王府井的庆隆茶庄、东四五条的吴星聚茶庄、大栅栏的吴德泰茶庄、西单的乾义茶庄等。北京茶行，不少茶庄喜欢用店主姓名为店名，如吴裕泰、汪元昌、汪正大、吴元泰、吴永和等等。据时人记载："本市茶商立有茶行同业公会，在会者一百三十余家，未入会者约二十家，以汪正大、吴德泰、张一元、吴鼎玉诸家为最老。向来业茶者多属徽人，近来北京人业此者虽日渐加多，但仍居少数。其能自行南下采办者约十余家，称京徽班，其不能自办者，则或托人代办，或由行批发。其销量约三万余件，（每件百斤或五六十斤不等）。"② 在经营茶叶庄的人中，有"六大茶商"之说，即是6家大茶叶商，这6家姓氏为寇、张、汪、方、吴、孟。寇氏系河北冀州人，孟氏是山东人（瑞蚨祥家族人氏），其他均为安徽人。当时茶行十之九皆为安徽人，其他有名者还有罗家、胡家、程家几姓，而安徽人中尤以歙县为主，所以就连北京的歙县义地都由茶叶吴家负责典守。吴姓茶庄中的最大户是吴肇祥茶庄。道光年间，曾任过清末户部文选司郎中的蒙古族人巴鲁特崇彝，在其笔记《道咸以来朝野杂记》中写道："北京饮茶最重香片，皆南茶之重加茉莉花熏制者……景春（茶庄）茶色极纯洁，而香味不浓，以香味而论，当属齐化门北小街之富春茶庄及鼓楼前之吴肇祥为上……景春、富春皆久已歇业，惟（吴）肇祥独存耳。"③ 吴肇祥创造

---

① 常人春：《火壶茶会》，载边建主编：《茶余饭后话北京》，北京：中国档案出版社2007年版，第269页。

② 吴廷燮等：《北京市志稿》（货殖志），北京：北京燕山出版社1998年版，第598页。

③ ［清］崇彝：《道咸以来朝野杂记》，北京：北京古籍出版社1982年版，第85页。

了闻名北京的小叶茶、茉莉大方、茉莉毛尖、茉莉毛峰等，使几代北京人享受了中国花茶的独特韵味。而外省外县人极难经营茶行，即便有人开茶店，亦需请皖歙人帮忙，如庆隆荣庄即是由皖人相助而由河北安次县人开的。其时，还有山西人在京经营茶店的，以前是海味店代营茶叶，后又改为茶店代营海味，一切采办、尝鲜、主持全是山西人。因安徽为产茶名区，歙县附近尤盛，所以歙人多业茶。北京的大茶店在茶山附近设"坐庄"采办新茶，也有包一角茶山的；小一点的茶庄在天津坐庄，更小一点的便向津方茶行批购。

就茶具而言，有瓷壶、紫砂壶、搪瓷杯、玻璃杯、保温杯等。在茶馆里，一般是在瓷壶里用开水泡茶，闷一会儿，倒入瓷茶碗饮用。街头沏一大绿瓷壶茶，倒大粗瓷碗卖的"大碗儿茶"，主要服务于体力劳动者。最能显示悠然自得的是盖碗。底下是碗托儿，中间是茶杯，上头是杯盖，象征着天、地、人，所以老北京也称这种盖碗为"三才杯"，代表天地人三才合一。有学者总结出大茶馆用盖碗的原因："第一因为品茶的人，以终日清谈为主旨，无须多饮水；第二为冬日茶客有养油葫芦、蟋蟀、咂嘴、蝈蝈，以至蝴蝶、螳螂的，需要暖气嘘拂，尤其是蝴蝶，没有盖碗暖气不能起飞，所以盖碗能盛行一时。"[1] 盖碗拒绝了"牛饮"，自然上升至"品"的层次，尽管并不靡费，却使"品"的过程带有儒雅之气。

民国时期北京的民间礼节当以客来敬茶之礼最有影响。自宋代以后，即有客来敬茶的礼俗。发展到民国时期，一个"茶"字，又衍化出许多新的交际礼仪。当客人来访，献上香茗，宾主例不饮用。若来客三言两语告辞，主人当然欢迎；若其喋喋不休，主人听得厌烦，或有要事亟待处理，没有时间长聊，于是端起茶杯请客用茶，这是表明送客之意。敬茶本是客气，在此场合变成逐客之令，可算是种特殊的功能。

茶叶还参与在北京人一些重大仪式之中，据《顺天府志》载：男女订婚时男方即以茶代币行聘，称之"行小茶礼"。女方收礼称为"接茶"，结婚前还得行备有龙凤喜饼、大发松糕、金钱、龙利等"大茶礼"。

2. 茶棚与茶馆

在清末民初，北京的茶馆遍及街头巷尾。"茶馆扮演了与欧洲咖啡馆和美国酒吧类似的角色"，是"与国家权力对抗的一种社会和政治空间"，是名副其实的公

---

① 金受申：《口福老北京》，北京：北京出版社2014年版，第131页。

共领域。① 在 20 世纪 20 年代，"北京的茶馆酒楼和公园中都贴着'莫谈国事'的红纸贴"②，可见国民政府对北京公共空间的严格控制。这种限制使得茶馆与政治的分离，饮茶者只是饮茶，倾心消费茶文化，而不为国事。这种纯粹性反而促进了北京茶馆文化的繁荣。

《燕市积弊》中说："北京中等以下的人，最讲究上茶馆儿，所以这地方茶馆极多。"③ 既有专卖粗茶水的野茶馆，亦有卖茶又卖点心酒菜的茶酒馆（北京人称之为荤茶馆）；既有说评书唱鼓词的书茶馆，亦有供茶客品茗对弈的棋茶馆；还有供生意人集会牟利、手艺人待雇的清茶馆。真可谓五花八门，应有尽有。大茶馆如前门外的天全轩、裕顺轩、高明远、东鸿泰，前门里东交民巷的东海升，崇文门外的永顺轩，崇文门内的长义轩、五合轩、广泰轩、广汇轩、天宝轩，东安门大街的汇丰轩，北新桥的天寿轩，安定门里的广和轩，地安门外的天汇轩，宣武门外三义轩，宣武门内的龙海轩、海丰轩、兴隆轩，阜成门内的天福轩、天德轩，西直门内的新泰轩。至于茶楼，则最早的是前门外宾宴楼的绿香园。继起的有青云阁的玉壶春，第一楼的碧岩轩、畅怀春，集云楼的雅园，劝业场的蓬莱春、玉楼春，城内东安市场的东安楼、中兴楼、舫兴楼、裕源堂，地安门外的集贤楼。在民国初年，青云阁玉壶春设备最好，点心皆出自福建厨师之手，蒸饺、炒面别具风味，故生意兴隆，门庭若市，每日客满，座无隙地。

信远斋是个老字号，它生产的酸梅汤早已誉满京师，它原在东琉璃厂西口与海王村公园对门。海王村公园开设的茶馆与众不同，在平地上用木板搭一个 1 米高的台子，四周围以栏杆，摆上桌椅，铺上台布，在早春的寒风中一面品茗吃小吃，一面居高临下地观赏海王村公园里形形色色的棚摊和熙熙攘攘的人群，也是一件颇为惬意的事。茶馆兼售面茶、杏仁茶等流食，茶房也可代茶客去购买其他摊贩的食品。茶馆是经常客满。④

20 世纪三四十年代，即北京沦陷⑤前后的二十几年间，清末的大茶馆已经衰

① 王笛：《茶馆：成都的公共生活和微观世界》，北京：社会科学文献出版社 2010 年版，第 5 页。

② 叶灵凤：《北游漫笔》，载姜德明编：《北京乎：现代作家笔下的北京》，北京：生活·读书·新知三联书店 2005 年版，第 170 页。

③ 待徐生：《燕市积弊》卷三"茶馆儿"条，北京：北京古籍出版社 1995 年版，第 71—72 页。

④ 郭子昇：《北京庙会旧俗》，北京：中国华侨出版公司 1989 年版，第 79 页。

⑤ 1937 年 7 月 7 日，日军开始对华北发动全面进攻。1937 年 7 月 28 日，宋哲元等退出北平，日军侵占北平。

落，代之而起的是中小型的各类茶馆，既有环境优雅的高档茶楼、茶馆，也有大众化的以大碗茶为主要特征的街头茶棚。中山公园里的茶座就有六七处，其中以"春明馆"、"长美轩"和"柏斯馨"最为热闹。这三家茶座各具特色，除了茶好外，还有特别出名的点心。春明馆保持古色古香面目，提供的是一碟一碟带着满清气味的茶食，如"山楂红""豌豆黄"之类；长美轩则维新进化了，彰显清末民初的派头，除了"包子""面食"外，碟子有"黄瓜子""黑瓜子"等；柏斯馨则十足洋化，上两家总是喝茶，它则大多数是吃"柠檬水""橘子水""冰激凌""啤酒"，点心也不是"茶食""包子""面"等，而是"咖利饺"、"火腿面包"及"礼拜六"之类的。① 什刹海荷花市场的茶棚更是星罗棋布，沿着什刹海畔搭的席棚一个挨一个，貌似一条席棚商业街。茶棚内茶桌、茶壶、茶碗都擦洗得干干净净。茉莉花茶、龙井、碧螺春、雨前毛尖，样样俱全。茶棚里除了卖茶水外，还卖纸烟。有的茶棚还卖莲子粥。凡是到荷花市场来的游客，别的什么也不买，也不看，也一定要进茶棚里，沏上一壶好茶，一边品茶，一边歇歇脚。

说到茶棚，不能不提及前往妙峰山的香道。由于香路漫长，各条香道上都有大量由香会组织修建的茶棚为香客提供帮助。同时，有些无法到达金顶的年老体弱者就在路旁的茶棚内进香，算为"顺香"。稍大一些的茶棚，还有香会组织的表演。茶棚内设娘娘神案称为驾，守驾最为神圣。路过的香会、香客多要参拜。守驾都管熟知会礼会规，负责接待送迎。对发宏愿的香客迎出茶棚以外，鸣钹号加以礼敬。各路香道上的茶棚也是香客的休息站，这些茶棚除供应茶水外，多数还施送米粥、馒头。其中有的庙会期间长设，有的只开几天，有的还可住宿，名目繁多，各具特色。如"老北道老爷庙馒首粥茶会""磕头岭公议助善施馒首粥茶善会""同兴南庄诚献粥茶子孙圣会""南道水泉绛香粥茶老会""兴隆十八盘献粥茶老会""益善同缘茶棚圣会"等。像这样的茶棚，各路统计有40多个。②

妙峰山进香的茶棚可分为两类，都属于文会。一类是山下的平道茶棚，另一类是距妙峰山顶方圆40里的山道茶棚。4条山道上的茶棚约有30座，而平道的茶棚总计有40多座。茶棚的起始点为永定门、西便门、菜市口和德胜门。据妙峰山灵官殿的石碑上记载，光绪二十一年妙峰山上曾有茶棚65座。茶棚的冠名大多与

① 谢兴尧：《中山公园的茶座》，载陶亢德编：《北平一顾》，上海：宇宙风社1936年版，第118—128页。

② 包世轩：《妙峰山庙会》（上），北京：北京出版集团公司2014年版，第40页。

行业有关，如粥茶老会、盘香老会、缝绽老会、燃灯老会、提灯老会等。^①茶棚成为香道的一景，所开展的相关活动是妙峰山香会信仰的重要组成部分。对于香客，行走香道因为有茶棚的存在，并不显得特别辛苦。饥渴有粥茶相待，憩息有茶棚解困。^②因供应解饥的粥，有的又谓粥棚。有的粥棚还有粥歌，颇为生动有趣，罗列几首如下："有豆儿没枣熬得好，参驾以后这边坐着，各了心愿，皆欢喜，喝碗热的细米粥。""有缘千里来相会，对面无缘不相逢，一路辛苦来朝顶，落座喝粥不用忙。""千山万水来还愿，大家有缘来相见。香钱多少请随便，莫忘回家路上钱。路上没钱没人管，落座喝碗热稀饭。"^③香客与粥棚构成了一种难以割舍的关系。

在城外四郊关厢的三岔路口或靠近大车道的地方，散布着一个个"野茶馆"，"所谓'野'，是郊野的意思，村落中的人家，临街盖上三四间瓦房或草房，夏天在外面搭上简单的芦席凉棚、喝茶的茶座。不论屋内或凉棚下，大多是用砖砌的长方平台，这就是桌子，两边摆上两条长板凳，凉棚的一面围着矮的篱笆墙，还种上一些花草。房檐底下挂着几个鸟笼子"^④。这类"野茶馆"与田野风光融为一体，是民国北京饮食文化极具特色的一部分。

民国北京的茶馆具有多层次、多样性的鲜明特点，可分清茶馆、书茶馆、棋茶馆和为数众多的季节性茶棚。最高档的是清茶馆，早晨供纨绔子弟遛鸟后休憩（棚顶有挂鸟笼的位置），中午供商贩们谈生意。还有书茶馆（有说评书、唱鼓词的艺人演唱助兴），棋茶馆（茶桌上画有棋盘，供顾客对弈），茶酒馆（兼而售酒），等等。

（1）清茶馆

专卖茶水。方桌木凳，十分清洁。小型茶壶、两个茶碗。春夏秋三季，茶馆门口高搭天棚。冬天，顾客多在屋内喝茶聊天。每日晨5时左右即开门营业。清茶馆的特点就是一个"清"字。因为它主要是以清茶待客，不备茶后进餐之饭菜。再是清静，无丝竹说唱之声，无艺人就馆设场。再是茶客多为清贫人士，社会的

---

① 隋少甫、王作楫：《京都香会话春秋》，北京：北京燕山出版社2004年版，第20页。
② 张宪达：《妙峰古道的变迁》，载《民间文化论坛》2015年第4期。
③ 参见李景汉：《妙峰山"朝顶进香"的调查》，载《社会科学杂志》，1925年8月。
④ 傅惠：《老北京城外的野茶馆》，北京市政协文史资料研究委员会编：《北京文史资料》第58辑，北京：北京出版社1998年版，第228页。

底层，附近的居民、小市民、生意人、八旗的遗老遗少，等等。^① 由于清廷财库空虚，八旗银粮只能减半支付（半支），这些原先整日泡大茶馆的旗门大爷们，不得不放下架子，成为清茶馆的常客。更多的则是城市贫民和劳苦大众。中午以后，清茶馆就换了一类顾客。有走街串巷收买旧货的打鼓小贩，一面喝茶，一面在同行间互通信息；有放高利贷的，经过介绍在茶馆里借钱给劳动人民，从中盘剥；还有拉房纤的房屋牙行，以此间作为交换租赁、买卖、典押房屋消息的聚会之处。

（2）书茶馆

上午接待饮茶的客人，下午和晚上则约请说评书、唱鼓词的艺人来说唱。茶客中有失意的官僚、在职的政客、职员以及账房先生、商店经理、纳福老人和劳苦大众等，他们边听书边喝茶，以消磨时间。"从前生活安定，大多数人夜晚无事，都要到茶馆听说书，所以各茶馆都要特请有名的说书人，前来说书。大约是大茶馆就请大名角，小茶馆就请次路角，每日茶馆门口，也都有大广告牌，写明特请某人说某种故事，以广招徕。"^② 来茶馆的大多为老顾客，因为所听之书为长篇，仅喝几次茶是断然听不完的，末了总是有"请听下回分解"。"在承平时代，每晚皆必满座，所说之书，无非《三国演义》《说唐》《说岳》《绿牡丹》《隋唐演义》《明英烈》《彭公案》《施公案》《今古奇观》，等等。"^③ 茶座设备比较考究，有藤制或木制的方桌椅。室内还有小贩到桌前卖五香瓜子、干咸瓜子、白瓜子、五香栗子、焖蚕豆、煮花生米、冰糖葫芦等小食品。茶馆、茶园都请有伙计，称作"茶房"。顾客想吃什么，只需吩咐一声，茶房便会代你买来。茶房收费标准叫作"里一外一"，比如买一盘扒糕一角钱，茶房只给卖扒糕的九分，向要吃扒糕的要一角一分，自己便有两分钱的收入，这是从前的茶馆业的规矩。^④ 堂倌在台下请顾客点唱，手持一把纸折扇，两面书写鼓词曲目。茶客指定某演员唱一曲目，需要另付给演员一些钱。书茶馆后来过渡到戏曲在茶园上演。清代以降，茶客一边品茗，一边观赏戏曲；票价含在"茶资"中，茶客品茶听戏只付"茶资"，而无须买"戏票"。有专家考证，"清中叶以后，北京的茶园已颇具规模，随着四大徽班进京和京戏的形成与发展，人们不以品茶为主，而是以听戏为主了，茶园也

① 董梦如：《你知道北京的清茶馆吗?》，载《北京纪事》2017 年第 10 期。
② 齐如山：《北平怀旧》，沈阳：辽宁教育出版社 2006 年版，第 81 页。
③ 齐如山：《古都三百六十行》，北京：书目文献出版社 1993 年版，第 5 页。
④ 倪群：《老北京的茶馆》，载《农业考古》2003 年第 2 期。

改称戏园子了"①。当年京城里最有名的茶园都在大栅栏附近，其中有太平园、四宜园、查家楼和月明楼；查家楼即广和剧场前身。

（3）棋茶馆

茶馆设备简陋，或用圆木、方木数根半埋地下，或用砖砌成砖垛，然后铺上长条木板，画成十几个粗细不匀的棋盘格，两旁放长板凳。这种长条棋案共设十余张，每日下午聚集的茶客不下数十人。茶客以劳动市民和无业者为多，在此聚精会神地对弈，可以暂时忘却生活的痛苦。茶资外不另付租棋费。

（4）季节性茶棚

除厂甸、蟠桃宫等定期庙会外，以什刹海的茶棚最为著名。自立夏至秋分前后，沿北岸形成一条茶棚长廊。茶棚半在水中，半在岸上。这些茶棚后来日趋发展，由临时转为固定，并迁入游人众多的园林之中。②

除此之外，还有已然消失的"大茶馆"。老舍先生在《茶馆》第一幕幕起中写道："这种大茶馆现在已经不见了。在几十年前，每城都起码有一处。这里卖茶，也卖简单的点心与饭菜。玩鸟的人们，每天在遛够了画眉、黄鸟等之后，要到这里歇歇腿、喝喝茶，并使鸟儿表演歌唱。商议事情的，说媒拉纤的，也到这里来。那年月，时常有打群架的，但是总会有朋友出头给双方调解；三五十口子打手，经调人东说西说，便都喝碗茶，吃碗烂肉面（大茶馆特殊的食品，价钱便宜，做起来快当），就可以化干戈为玉帛了。总之，这是当时非常重要的地方，有事无事都可以来坐半天。"③ 第一幕中"有两位茶客，不知姓名，正眯着眼，摇着头，拍板低唱。有两三位茶客，也不知姓名，正入神地欣赏瓦罐里的蟋蟀"④。这类茶馆其实是公共活动的场域，名为"大"，乃社会功能多的意思。

大茶馆中，尚有一些其他的名目，诸如"红炉馆""窝窝馆""搬壶馆"等。据金受申先生回忆："红炉馆"中备有饽饽铺中的红炉，用以制作满汉各种饽饽，

① 赵鸿明、汪萍：《旧时明月：老北京的风土人情》，北京：当代世界出版社2006年版，第122页。
② 北京市政协文史资料研究委员会：《北京往事谈》，北京：北京出版社1988年版，第13—18页。
③ 老舍：《茶馆》，北京：人民文学出版社2000年版，第6页。
④ 老舍：《茶馆》，北京：人民文学出版社2000年版，第6页。

"大八件"① "小八件"② "大馇馇" "小馇馇" 等。"窝窝馆"专做小吃、点心，由"江米艾窝窝"得名，可知为茶汤、点心之类，有"炸排叉""糖耳朵""蜜麻花""黄白蜂糕""盆糕""喇叭糕"等。"搬壶馆"介于"红炉""窝窝"两馆之间，亦售"焖炉烧饼""炸排叉"两三种。③ 茶和"点"形影不离，故曰"茶点"。

总之，三教九流皆能在茶馆中寻找到符合自己趣味的乐园。骆爽主编《"批判"北京人》一书分析：

茶馆在更深的意义上，已经从凡夫俗子、商贾富人的娱乐场所变成了处于困境、陷于迷惑的人的人生避难所。大多数人，从茶馆中觉的是一种极实际而又精神性的享乐。说它"实际"是因为不耽于幻想，将享乐落到了实处，这实处便是清茶与点心；而说它"精神性"，是因为不溺于现实，将享乐远离大吃大喝，偏重于和谐宁静，自在自得的气度与风范。这里面包含着普通人在物质条件制约中的生活设计以至创造，是有限物质凭借下的有限满足。它是以承认现实条件对于人的制约为前提的对快感的寻求与获得，是一种艺术的生活方式或休闲手段。在这种休闲方式中，北京人也为他们个性的被压抑、个体需求的被漠视，找到了有限的满足。④

茶馆为北京人清谈之风的养成提供了闲适的场所，也为当时人们空虚的心境填充了些许慰藉。

1928年国都南迁以后，有闲阶层急剧萎缩，本小利微的大茶馆经营惨淡，一家一家地关门大吉，剩下的多是一些小茶馆。恰在这时，随着中山公园（1914）

---

① 原是清朝皇室王族婚丧典礼及日常生活中必不可少的礼品和摆设，后来配方由御膳房传到民间。以8块不同品种糕点配搭一组为一斤称大八件，即翻毛饼、大卷酥、大油糕、蝴蝶卷子、蝠儿酥、鸡油饼、状元饼、七星典子。一般用作送礼的礼品。大八件共25个花样，分为头行、酒皮、酥皮三种。"头行"是糕点业的行话，意即排在前头、必须先做的品种，包括桃酥（蝙蝠酥）、桃仁酥、蛋黄酥、方酥、杏仁酥、芝麻酥、白酥、巴拉086、状元饼等。酒皮八件分为大小两类，共7个品种。小酒皮八件每斤18块，大酒皮每斤12块。酥皮八件是京八件的一个品类，共有11个花样，包括青梅合子、黄三色饼（黄泡饼）、薄松饼、五瓣饼、三仙饼、虎皮饼、风云酥、山楂寿桃、银锭酥、事事如意、喜花等。

② 8个品种分16小块为一斤，比大八件小一号，即果馅饼、小卷酥、小桃酥、小鸡油饼、小螺丝酥、咸典子、枣花、坑面子。

③ 金受申：《口福老北京》，北京：北京出版社2014年版，第131—132页。

④ 《茶馆的没落及小吃的兴盛》，载骆爽主编《"批判"北京人》第六章"与消费文化共生的休闲"，北京：中国社会科学出版社1994年版，第169页。

和北海公园（1925）对外开放，公园茶座变得盛行起来。公园既为市民提供了政治表达的空间，也为社会公共饮食生活铺设了一个平台。在这个平台上，市民的饮食生活空间不是彼此隔绝、相互无关的，来自不同地域、有着不同背景的人们寻求共同的政治话语并开始建立起一种新的饮食社会联系。[1] 据当时人回忆："有许多曾经周游过世界的中外朋友对我说，世界上最好的地方，是北平，北平最好的地方是公园，公园中最舒适的是茶座。"[2] 茶座出售的不只是茶，还有柠檬水、橘子水、冰激凌、啤酒等。到了新中国成立前夕，偌大个北京城已经找不出几家大茶馆了。新中国成立以后，特别是1956年以后，硕果仅存的茶馆皆先后合并或转业，销声匿迹了。

① 王建伟：《民国北京城市文化史的基本线索（1912—1949）》，王岗主编：《北京史学论丛（1912—1949）》，北京：北京燕山出版社2013年版，第275页。
② 陶亢德：《北平一顾》，上海：宇宙风出版社1936年版，第119页。

第十章 当代北京饮食文化

1949 年，北平和平解放，中华人民共和国定都北京，于今已 70 余年了。全国解放后，农民拥有自己耕作的土地，近郊开辟了蔬菜生产基地和畜牧业养殖场，饮食资源逐渐丰富起来。北京人的饮食生活也发生了翻天覆地的变化。尤其是十一届三中全会以后，市场经济改变了饮食定量供应的分配制度，20 世纪 70 年代末和 80 年代初，出台了一系列促进经济发展的政策，市场经济逐步繁荣。经过几十年的努力，北京的饮食资源比以往任何一个时期更为充足，饮食环境比以往任何一个朝代更为优越，饮食水平也超越了以往任何一个阶段，极大地满足了广大市民的饮食需求。

当代北京的饮食文化明显分为两个阶段，一是改革开放以前，一是改革开放以后。前一阶段，北京饮食的风味、方式、结构、品位等都是民国期间的延续，只不过平民的饮食水平有所提高而已。之所以如此，在于民族成分的构成并没有发生根本性变化。北京人口中，有汉、回、满、蒙古等民族的人口，他们占北京人口的 99.9%，另外还有其他 52 个民族的人口在北京居住。全国各少数民族人口齐集北京，体现出北京是多民族国家首都和民族大团结的城市。① 后一阶段，由于饮食资源极大丰富，最大限度地满足了不同层次饮食的需求。以往，饮食的差异主要来自民族差异，而现在，职业、年龄段、收入水平、地域等的差异都成为饮食差异的原因。当然，核心的差异还是口味，适口者珍，饮食文化建设就是要极大限度地满足不同口味的需求，北京饮食已经达到或非常接近这一目标了。

当然，总体而言，当代北京饮食文化在北京饮食文化发展史上是一个继往开来的阶段，也是一个不同于任何历史时期发展潮流的历史阶段。这不仅是因为当代北京饮食文化的发展过程中出现了许多新现象和新事物，更因为当代北京饮食文化是当代中国社会发展历程的缩影，我们能够通过当代北京饮食文化将北京和

---

① 曹子西主编：《北京通史》第十卷，北京：中国书店 1994 年版，第 447 页。

全国乃至全世界联系起来，将北京的饮食现象和饮食行为与当代中国不断迈向现代化的步伐结合起来。经过了漫长的北京饮食文化发展的历程，只有到了现阶段，北京饮食文化才真正显示出繁荣与辉煌。改革开放 40 多年，北京的经济建设、政治建设、文化建设、社会建设、生态文明建设成就斐然，这为北京饮食文化进入新时代提供了前所未有的发展环境和机遇，使北京成为名副其实的全国饮食文化中心和国际饮食之都。

北京作为全国政治中心、文化中心、国际交往中心、科技创新中心，在发展饮食文化的过程中，比任何一个城市和地区更有优势。饮食文化是"文化中心"建设的有机组成部分，北京的战略定位为饮食文化的繁荣昌盛构筑了无限广阔的空间。北京饮食文化进入新时代。

第一节　新社会饮食文化的时代风貌

文化是同社会的发展联系在一起的，社会发展程度决定了文化形态的主要面貌。经济不但提供了文化发展的物质基础和动力，而且在某种程度上决定了文化发展的方向，政治上的翻身与社会主义体制的建立，让北京饮食重新具有全国政治中心的文化品位。当代北京饮食文化在首都的政治和文化事业中发挥了重要作用，为中国饮食赢得了世界声誉。如果要确定哪个城市最能代表中国饮食文化，那非北京莫属。全国人民共同塑造了北京饮食的光辉形象。

1. 政策与经济背景

从整体上来说，当代北京饮食文化传承与发展的社会及文化环境应以改革开放前后分为两个阶段。这两个不同的阶段其所具有的经济、政治和文化背景对北京饮食文化的传承与发展的影响是不同的。

尽管广大人民成为国家的主人，但由于生产力落后，以经济建设为中心的政治制度还没有确立，饮食状况并没有得到根本性改变。改革开放以前，整个社会环境总的特点是物资匮乏、社会固化、城乡分割、计划经济和抑制商业。这种社会特点对饮食文化复兴的影响主要表现为食材的匮乏、为食而食。当时最著名的一句口号是"人吃饭是为了活着，但活着不是为了吃饭"。人们尊崇的饮食观是节约、足量，反对铺张浪费。为了厉行节约，一些相关的规定相继出台。1955 年 3 月，中共北京市委在贯彻执行党中央、国务院关于粮食政策的通知中说："粮食统购统销以来，我们在粮食工作中贯彻了中央统购统销的政策，保证了城市的供应。

但在节约粮食反对浪费方面还未引起应有的重视，对粮食爱惜不够、保管不好、浪费粮食的现象仍然相当普遍，如食堂中大量剩饭，食品加工中对粮食的浪费，粮食保管中霉坏、虫吃、鼠咬的损失，某些单位虚报人数多购面粉，以及某些人借用购粮证套购粮食外运等。造成这些现象的原因除了管理工作和供销制度上的缺点外，主要是许多干部和群众在思想上对节约粮食的重要意义认识不足。"[1] "食堂管理部门的职工同志们，应认真改善伙食管理，消灭各种浪费饭菜的现象。必须加强做饭的计划性，馒头、米饭的分量要合适。职工买饭时，应提倡吃多少买多少，以免吃不完剩下。必须加强对炊事人员的教育，改进淘米、煮饭、熬粥、蒸馒头等方法。"[2] 在吃"大锅饭"的时代，食堂的节约显得至关重要。这个时期的节约风气一直延续到今天，演变为全社会的"光盘"行动。

温饱成为人们在饮食方面首要和迫切的愿望。对于饮食的质量、就餐的环境等方面的追求成为资本主义生活方式的象征。在这种社会环境中，饥饿成为许多人对那个年代独特的回忆，特别是在三年困难时期许多人被饿死，更是成为这一阶段饮食史上一个令人痛心的经历。1960 年 11 月，全市 453 万粮食定量人口中，除儿童、学生和一部分定量低的街道居民维持原定量不动外，核减定量的人有 244 万，共压缩定量 823 万斤。加上核实人口、核实工种、取消不合理的补粮，可减少供应 530 万斤。两项合计，实现了全市总平均每月每人压缩口粮 3 斤的要求。[3] 1961 年 4 月，库存肉食比年初下降 74.5%，比上年同期下降 62.9%，对居民所发肉票无货兑现。从 4 月起，有关部门决定用熟肉、鸡、鸭、鱼及其罐头制品等折合猪、牛羊肉供应。1961 年 6 月至 1962 年 2 月，北京市不得不停发居民平日的定量肉票，鸡蛋除供应特需外，也基本上停止了供应。[4] "在最困难的 1961 年，城镇居民家庭人均消费粮食 164.97 公斤，比 1957 年下降 14.3%；植物油 2.37 公斤，下降 48.4%；各种肉类 1.43 公斤，下降 86%；蛋类 0.16 公斤，下降 94.8%。农村居民家庭人均消费粮食只有 167 公斤（原粮，折合商品粮 140 多公斤），消费肉

---

① 康文辉、许洵：《当代北京米袋子史话》，北京：当代中国出版社 2011 年版，第 52—53 页。
② 《市工会联合会关于在全市职工中开展节约粮食运动的号召》1955 年 6 月 11 日，载《北京档案史料》2014 年第 1 期。
③ 康文辉、许洵：《当代北京米袋子史话》，北京：当代中国出版社 2011 年版，第 61—62 页。
④ 北京市地方志编纂委员会：《北京志·综合卷·人民生活志》，北京：北京出版社 2007 年版，第 219 页。

第十章　当代北京饮食文化

类仅为 0.8 公斤。"① 是新中国成立以来京城百姓吃猪肉最少的一年。这期间流行
"瓜菜代"，就是以瓜果、蔬菜代替粮食作为主食。百姓甚至用树皮、树根、野菜、
观音土代替粮食吞进肚里。为了填饱肚皮，树叶、树皮、野菜都成了宝贝，麦麸、
米糠、豆皮更是难得。② 但同时，我们也不能排除许多这一时期所特有的关于饮食
的美好记忆，例如刘绍棠的《榆钱饭》、张洁的《挖荠菜》以及许多知青回忆录
中所叙述的知青下乡改造过程中，一些"偷鸡摸狗"的故事。可以说，正是在这
种食物极度缺乏的社会环境下，人们最大限度地利用了各种能够利用的自然资源
来弥补食物的短缺，从而使某些食材的用途发挥到了最大化，例如对土豆、玉米
和高粱等杂粮的食用。

　　社会的固化产生了两个社会事实，一个是地域分割，一个是城乡分割。地域
分割使得地区之间社会流动十分困难，限制了地区之间饮食文化的传播和交流，
但也形成了各种具有独特地方特色的饮食文化。北京是全国的政治和文化中心，
各地的政治信息和文化展演汇聚北京，但饮食文化则没有形成涌入北京的迹象，
北京饮食文化仍保持着原本的面貌。城乡分割的户籍制度使得城市和乡村成为截
然二分的两个世界。在很长一段时间内，农业生产的主要任务就是支持城市的建
设，上缴公粮不但是一项生产任务，更是一项政治任务，农民延续封建时代的传
统而形象地将之称为"皇粮国税"。而这项任务对农民的生活产生的影响是十分重
大的，它使得农民必须花费更多的时间和精力来从事生产劳动，而有限的耕地资
源和技术条件使得农民必须尽可能地精耕细作，在农田上投入更多的时间和精力，
大量公粮的上缴不但导致了农民自己家庭的粮食不足，而且剥夺了农民种植其他
经济作物的权利。北京本来就是一个超大体量的消费城市，随着新中国的建立，
大量人口从外地迁入北京，极大地扩大了北京城的饮食消费总量。而包括蔬菜、
肉、蛋、奶、果在内的各种生活副食品主要依靠北京近郊来供应。北京作为国家
重点建设的城市，享受到许多农村没有的政策倾斜和福利优惠，饮食文化作为这
方面的标志首先成为农民向往的领域，人们用"吃商品粮的"来形象地表达对城
市居民生活的羡慕。但是，即便如此，当时的北京饮食仍处在单一化的困境之中。
计划经济体制的实行有其特定的历史背景，就其对饮食文化方面的影响来说，主

---

① 　北京市地方志编纂委员会：《北京志·综合卷·人民生活志》，北京：北京出版社 2007 年版，第 190
页。

② 　康文辉、许洵：《当代北京米袋子史话》，北京：当代中国出版社 2011 年版，第 67—68 页。

— 725 —

要表现在导致了人们饮食生活的单一化。这种单一化不但表现在城市，农村地区也是一样。如果说城市地区饮食生活的单一化是因为没有选择，那么农村地区的单一化的饮食生活则是因为集体不允许人们有更多的选择，当然贫困也是这种单一化的重要影响因素。抑制商业限制了人们在鸡鸭、肉蛋、瓜果等方面的买卖，这不但使买者没有更多的食材来改善和调节单一的饮食生活，也使得卖者失去了有限的经济来源，当时将这种打击小商品经济的行为称为"割资本主义尾巴"。但是，毕竟人们的生活是需要这种互通有无的，私下的交易和乡村庙会、集市等场合的买卖仍然在一定范围内存在。可对于北京城的绝大多数消费者而言，是被排斥于这种买卖圈之外的。

统购统销是饮食生活上的一项重要政策，旨在通过平均主义的分配原则来解决城市居民的温饱问题，尤其是给予了一些低收入家庭基本的饮食保障。这一政策一直持续到改革开放。在初始阶段，这一政策的实施产生了新的矛盾，"消费者吃不上新鲜菜，买菜很不方便。过去蔬菜一般是由农民卖到批发市场，小商贩从市场进货，即可直接到消费者手里；现在却要从农业社经过菜站统一分销给联购联销组和国营的分货机构，再由它们分到菜车和国营、公私合营零售点，才能与消费者见面。这样一来，环节增多，时间拖长，使鲜菜变成了陈菜、次菜。……消费者（对）吃不到鲜嫩、整洁的蔬菜很有意见"[1]。政策与市场一旦产生了矛盾，就会给市民的饮食生活带来不便。改革开放以后的市场经济，一方面促进了饮食市场的繁荣，另一方面最大限度地缩短了生产、销售和消费之间的距离。

统购统销导致主食的单一，京城的粮店只供应凭粮票购买的白面（标准粉）、机米（籼米，北京人习惯称机米）、玉米面，人们戏称为"二白一黄"。百姓餐桌上的当家主食是窝头、机米饭，只有在节假日才能吃顿白面馒头。从1979年6月起，市区粮食企业开始开展议价[2]经营业务。到20世纪80年代中期，从全国各地购入各种杂粮、杂豆。山西沁州的黄小米、贵州的黑米、云南的紫糯米，甚至泰国的香米都登上了粮店的柜台，各地的好大米也纷纷而至。粮店销售的议价粮食

① 监察部商业监察局、北京市监察局联合检查组：《关于北京市蔬菜供应工作的检查报告》1956年9月26日，载《北京档案史料》2014年第1期。
② 从1953年粮食统购统销时起，北京一直实行粮食统销价格，即平价。1953—1966年，标准粉每斤0.184元、二号玉米面每斤0.108元、早籼标二米每斤0.148元；1967年微调后，分别为0.185元、0.112元和0.152元，一直保持到1991年。1993年4月30日，北京市政府发布《关于粮食食油价格改革的通知》，决定从5月10日起，放开北京市粮油价格。

满足了百姓的需求。① 可以说，北京人主食的多样化始于议价粮，议价经营也标志着统购统销政策开始成为过去时。

改革开放后，国家改变了原有的经济体制和社会发展模式，确立了社会主义市场经济体制，各方面的能动性得到了极大的提升，物资不断充裕，城乡居民的恩格尔系数②不断下降，人们的生活得到极大的改善，从温饱过渡到小康水平。以经济发展为中心的政策，使得包括商业、服务业在内的第三产业得到极大的发展，众多待业在家的年轻人到北京开办餐馆、酒吧等餐饮企业，纷纷开辟小吃一条街，既解决了就业问题，也使得人们的饮食生活和消费选择更加多样化。以公有制为基础、多种所有制经济共同发展的经济制度的确立，不但为城乡各地的人们敞开了发家致富的门路，也使得接受服务的人们的日常饮食生活更加便利。中关村是全国改革开发的桥头堡，率先建起了大型自由贸易市场，尽管那时还是定量供应，但在贸易市场可以购买额外的粮食和其他的饮食资源。在这种情况下，北京社会流动不断加快，区域之间、城乡之间交流日益活跃，中外交流也逐渐增多，使得原有的社会固化状态得以打破，物资流动更加顺畅，人员往来更加频繁，逐渐形成了全国统一的大市场，现代物流业开始发展起来。各种大型连锁性的餐饮企业落户北京。而户籍制度的松动，使得城乡流动日益频繁，长期形成的城乡二元分化的经济结构被逐渐打破，人们开始共享改革开放的成果。农民进城，在接受某些城市文化所代表的现代饮食文化理念的同时，也将原有的乡村饮食文化观念和习俗带到了城市，形成了一些具有地域色彩的群体亚文化。

20 世纪 90 年代以来，尤其是加入 WTO 以后，中外之间的交流越发频繁，包括饮食、武术、国学在内的传统文化迅速传到了世界各地，北京作为向西方输出饮食文化的中心，北京餐馆在世界各地遍地开花，不但继续受到华人华侨的喜爱，也逐渐获得蓝眼睛白皮肤的西方人的青睐，中华美食得到了全世界的认可③；同时，包括肯德基、麦当劳在内的快餐企业首先入驻北京，一时间，进快餐店成为一种时尚，尤其是年轻人趋之若鹜。西餐和西式饮品迅速在北京城流行开来。北

---

① 康文辉、许洵：《当代北京米袋子史话》，北京：当代中国出版社 2011 年版，第 103—104 页。

② 恩格尔系数是反映人民生活水平的重要指标，意指食品支出占消费性支出的比重。生活越富裕，恩格尔系数就越小。联合国粮农组织提出：恩格尔系数在 59% 以上者为绝对贫困，40%～50% 为小康，30%～40% 为富裕。

③ ［英］罗伯茨（Roberts, J. A. G）：《东食西渐：西方人眼中的中国饮食文化》，杨东平译，北京：当代中国出版社 2008 年版，第 125—186 页。

京已经成为日益开放的国际社会的一分子，由于外国使馆云集北京，会聚了各国友人，西餐在北京颇有市场，同时，也加速了西方饮食中国化的进程。在西方饮食文化中国化和中西饮食融合方面，北京发挥了重要作用。

改革开放以来的40多年，也是包括科学技术、文化思想在内的国家综合实力迅速上升的40多年。科学技术的新发展，使食物的储藏、保鲜和发酵技术得到极大的改进。饮食机械工业的迅猛发展，使过去陈旧的厨房设备迅速实现了现代化；包装保鲜工业的崛起，则使得食品的长时间完好存放成为可能；食品制造业的现代化使食品的生产效率大大提高，食品生产更加卫生、规范、有序。不仅如此，在食料的拓展方面，北京也走在全国的前面，沿海滩涂、远洋捕捞和特种养殖业的产品源源不断地输入北京。海产品的大量进入，从根本上改变了北京饮食的农耕和游牧风味单一性的局面①。近几十年来，水产业、第三代水果、花粉、菇类资源的迅速开发，各类草地资源、生物资源的潜在优势，使得北京饮食产业的发展前景十分广阔。同时，在开拓蛋白质资源、特种食品资源，推广无污染种植，开垦生物工程研究，驯养特种动物，发展大豆制品、人造肉和人造奶油工业，发展膨化、冷藏、包装技术方面，北京仍然有很长的路要走②。包括烹调学、食疗学、食品制造学、酿造学、营养学和饮食学在内的现代饮食学科的发展，则为北京饮食文化的持续发展提供了理论上的支持③。北京饮食领域的学者围绕饮食的学科建设和系统研究，取得了其他城市难以企及的成就。尤其需要指出的是，新中国成立以来，北京有关烹调和食品制造领域出版的专著和报纸杂志数不胜数，一些商业院校还开设了烹饪专业，设立有关饮食文化的课程，饮食烹饪专业出现了专科、本科和硕士研究生教育，成为高等教育的一个重要组成部分。在北京，各类饮食文化研究学会大量出现，关于饮食文化的学术研讨会也屡屡召开。各种美食文化节、啤酒节、葡萄节、西瓜节也成为北京城郊开发旅游、吸引游客的一个重要途径④。

①　林乃燊：《中华文化通志·宗教与民俗典（第9典）饮食志》，上海：上海人民出版社1998年版，第179—227页。

②　林乃燊：《中国饮食文化》，上海：上海人民出版社1989年版，第145—182页。

③　林乃燊：《中华文化通志·宗教与民俗典（第9典）饮食志》，上海：上海人民出版社1998年版，第1—15页。

④　林乃燊：《中国古代饮食文化》，北京：中共中央党校出版社1991年版，第10—11页。

2. 当代北京饮食文化的发展历程

当代北京饮食文化的发展历程可以大致分为三个阶段：第一个阶段是新中国成立初期到 1959 年的 10 年间。这一个阶段，在北京城区，由于物资紧缺，国家实行口粮定量供应制度，人们使用各种票证购买日常饮食生活物资。从 1953 年 11 月开始实行面粉计划供应，规定不同职业的城镇居民，每人每月供应 8 ~ 16 市斤不等。同年 12 月，对大米、粗粮实施"划片定点、凭证购粮"的办法。1954 年 7 月，对食油实行按人定量供应，规定职工每人每月 10 两（16 两为 1 市斤的旧制），街道居民 7 两。1955 年 12 月，城镇居民按劳动强度、年龄大小确定相应口粮标准。全市城镇居民粮食平均定量为每月 14. 21 公斤。[①] 自 1958 年元旦起，鸡蛋凭"北京市居民副食购货证"每月每户供应 1 市斤，超过 10 口人的"大户"每户每月增加 1 市斤；食用糖供应每人每月 2 两；食用油按在京正式户口每人每月发放油票一张，可购豆油或棉籽油 3 两（有时可买到花生油），年节时每人限量购买香油 1 两。此外，食盐、稀黄酱、芝麻酱、粗粉条、粉丝及花椒、大料、木耳、黄花、碱面等副食品也都凭票供应。[②] 普通城市居民家庭粮、菜、肉、油、蛋、奶等日常饮食都十分匮乏，特别是像猪肉、鸡蛋一类价格较为昂贵的消费品都只是在过节或待客时才会见到。

由于商品市场不开放和人们收入普遍较低，饮食还在低水平线上运行，餐桌上的食物比较单调。这种单调的饮食生活不仅由计划经济的国情所决定，同时也与特定时代的饮食观念密切联系在一起。当时，整个社会弥漫着一种"共产主义"的精神氛围，一方面，人们只讲生产，不讲吃喝，讲究吃喝被视为资本主义的生活方式，无产阶级的指导思想中是没有关于吃喝的内容的；另一方面，餐馆经营体现了人民当家做主和劳动光荣的特点。前者表现为私营餐馆纷纷"升级"为"国营"或"集体所有制"，从业人员以转为国营职工为荣；后者表现为店名凸显"劳动"的含义。位于前门外大街的力力餐厅更名"劳动食堂"，后又改为"力力餐厅"，也是"劳动"的同义语。在这种社会环境中，从生产到消费，都是由国家决定的，人们没有任何选择的余地。也就是说，当时北京人吃什么和怎么吃，都是统一安排好的。

---

① 北京市地方志编纂委员会：《北京志·综合卷·人民生活志》，北京：北京出版社 2007 年版，第 190 页。

② 柯小卫：《当代北京餐饮史话》，北京：当代中国出版社 2009 年版，第 47 页。

那时北京郊区蔬菜产量逐年提高。1955 年实际复种面积已达 195721 亩，较 1949 年增加两倍，1956 年计划增加到 231000 亩。由于蔬菜生产发展了，在蔬菜供应数量上也是逐年增加的。1955 年实际供应 56447 万斤，1—8 月份 32264 万斤（场外成交未计入）；1956 年计划供应 67953 万斤，1—8 月份实际供应 42460 万斤，较 1955 年同期增加了 10196 万斤。[①] 但生产的蔬菜品种比较单一，每种蔬菜都是集中上市，所以，人们将其形象地比喻为"季节菜"。4 月份开始吃菠菜，5 月份吃水萝卜、洋白菜、小白菜、小油菜、小茴香和韭菜，6、7、8、9 月吃西红柿、黄瓜、豆角和茄子，10 月份开始吃大白菜。当时有一句顺口溜"春吃菠菜夏吃瓜，冬天白菜来当家"，形象地描绘了人们对这种现象的无奈。

对于没有时鲜菜的季节，尤其是冬季，人们也有一套饮食生活经验来应付。赵全营镇位于顺义区西北部，这期间蔬菜以萝卜、大白菜及扁豆角为主，农村中多为自种自食。腌制咸菜多用芥菜疙瘩，也有人用萝卜、芥菜秧、萝卜秧、扁豆角腌制。黄酱也是用豆类自制。咸菜和黄酱一年四季食用，冬季多食萝卜、白菜、萝卜干、挂晾干的小白菜，也辅以豆腐、鸡蛋等。[②] 由于大白菜价格实惠、便于长期储存，因此，许多居民都会在初冬季节购买几百斤大白菜为整个冬天做好准备。冬天，人们的饭桌成为了白菜的天下，以至于人们将大白菜称为"当家菜"，人们想出了各种各样的大白菜吃法，例如炒白菜、醋熘白菜、酸菜氽白肉、白菜芥末墩、白菜炖豆腐、拌白菜心，用白菜馅包饺子、蒸包子等。[③] 当然，腌大白菜是最传统、最流行的。腌菜的方法，每百斤白菜，用盐 6 斤，花椒 4 两。若是蔓菁或芥子头，每百斤用盐 7 斤，花椒三四两。因做雷震疙瘩，需将芥子晾干，其中再加入炒熟之花椒盐末，复入瓷罐封固。俟至明年 3 月中，闻雷声开罐取食。其味甘而不咸，脆而不疲。虽存至二三年，如不去泥封，越久越佳，芥心能变为琥珀色者，食之滋味更佳，比街上各酱园所卖者大不相同，然非人家自制者不可也。[④]

以往各朝代，饮食资源的生产主要依赖个体经济，而从此以后，国有经济成为饮食业的支柱。以昌平奶牛业为例，按照北京市的规定，"私改"道路有四：一

① 《关于北京市蔬菜供应工作的检查报告》1956 年 9 月 26 日，载《北京档案史料》2014 年第 1 期。

② 《赵全营镇史志文集》编辑委员会：《赵全营镇史志文集》，北京：化学工业出版社 2008 年版，第 78 页。

③ 杨铭华、焦碧兰、孟庆如：《当代北京菜篮子史话》，北京：当代中国出版社 2008 年版，第 11 页。

④ 《帝京岁时纪胜笺补》稿本。见张次溪编：《北平岁时志》，北京：北京出版社 2018 年版，第 229 页。

是合营；二是留在当地农业社；三是组织奶牛业合作社；四是单干。经过协商，98％的私营奶牛户愿意参加公私合营。结果，其中较有规模的私营奶牛场户13家（有牛20头以上），加入公私合营东郊畜牧场，其余中小户均加入公私合营北郊畜牧场。[①] 国营体制为大规模的机械化生产奠定了基础，随着北京人口的增加，唯有生产步入现代化，扩大生产规模，提高生产总量，才能真正解决食品短缺的问题。

在餐饮业中，经过社会主义改造和公私合营，各类餐饮企业的经营体制和管理方式都有所改变。1955年，市主管部门对西城区阜成门外地区和东城区东单地区的饮食业进行了组织合作商店的试点。将阜成门外地区的34个饮食店、摊（共49人）和东单地区的20个饮食摊（54人，其中回民14人）分别组成了合作食堂。东单地区组成了一个"东单大食堂"，于4月1日开业。[②] 阜外地区组织成5个食堂（4个回民的，1个汉民的），均于11月开业。1956年的"公私合营"，管理体制变更，许多老字号餐馆、饭庄被"合并"撤点，有相当一部分关门歇业，剩下的勉强维持，但要隶属新成立的国营"饮食公司"。[③]

这一时期，由于北京市政府采取扶持保护餐饮业的政策，一些著名的"老字号"餐馆成为政府外事接待和社会知名人士会客就餐的场所。同时，政府还从外地引进了一些知名餐馆，使北京的餐馆数量和种类有所增加。由于当时处于中苏友好时期，苏联的饮食方式受到追捧，吃俄式西餐成为年轻人的时尚。国家实行"粮油统购统销"政策，饭馆原料采购受到限制，使得菜品的质量和品种难以提升。另有一些以前的高档饭庄在经过改造之后转而向人们供应馒头、烙饼等主食。"大跃进"时期，饮食服务行业开展"比学赶帮超"运动，许多经营小吃的餐点、饭摊被"撤并"和"统一管理"，使得一些以其经营者姓氏命名的小吃逐渐消失。在农村地区，由于实行"以粮为纲"的政策，副业发展的空间逼仄。人们的饮食方式也非常简单，猪肉之类的高脂肪食物很少出现在人们的餐桌上。人民公社化运动中，许多地方大办集体食堂，养猪、养鸡之类的集体副业并没有大的起色，人们的饮食水平仍然处于温饱线之下。

---

① 郭汉文：《1956—1970年的国营北郊农场》。北京市政协文史资料委员会编：《北京文史资料精选·昌平卷》，北京：北京出版社2006年版，第177页。

② 北京市地方志编纂委员会：《北京志·商业卷·饮食服务志》，北京：北京出版社2008年版，第15页。

③ 才让多吉：《1959—1962年大饥荒期间北京的食品供应》，载《炎黄春秋》2007年第8期。

第二个阶段是 1959 年到改革开放之前。1959 年，全市人口不足 400 万（享用商品粮待遇的"非农业人口"）。把自 1954 年"统购统销"后实行的居民"凭证"供粮改为"凭票"供应。凡是在京有正式户口（所谓"吃商品粮的"）每人按月发放粮票。粮票分为粗粮票、面粉票、大米票等，粮食定量依年龄大小，因人而异，从婴儿降生的 3 斤、少儿 6 斤、儿童 8 斤……至成人 21 斤不等。此外还依身份不同，指标各异，如在校大中学生、机关干部、特殊工种……略有所增加。其中面粉供应占总定量的 20%，大米占 10%，其余供应粗粮——玉米面、白薯干，有时是高粱面、鲜白薯等杂粮。①

"文化大革命"期间，从农村到城市，北京各地普遍掀起了"文化大革命"的浪潮。在此期间，饮食业的发展缓慢。1978 年北京有饭馆 1594 个，从业人员 35940 人，与 1957 年相比，饭馆减少 2997 家，从业人员增加 20810 人。这说明，人员虽有增加，但餐饮网点明显减少，营业点之间的距离扩大，市民不方便就餐等问题日渐突出。

在农村地区，由于青壮年劳力大量参与到各种批斗、开会和政治学习当中，农业生产受到影响，集体公社的养猪等副业生产更加荒废，各种家禽、家畜病的病，死的死，没死的也瘦得没有一点儿膘。据一个平谷人回忆："我们小时候蒸面饽饽、白薯饽饽、玉米面饽饽，一天吃两顿饭，不吃早饭。我上学的时候早上也就从家里拿点儿白薯，根本没有早饭吃。中午晚上都是白薯饽饽，菜就是白萝卜条子什么的。腊肉七毛八一斤，大家买肉都是只要肥的不要瘦的啊。那时候吃不起白面啊，杨树、柳树、榆树上的花儿，和着玉米面炸了做成菜团子吃。"②

在城市地区，各种食物供应十分短缺，排长队已成为一种十分普遍的社会现象，有的甚至为了买到一点儿糖或糕点，半夜带上小板凳到百货商店门前排队。1960 年 7 月 30 日，北京的餐饮业（各类餐馆、饭庄），奉市委的指令实行就餐收粮票制度。"仅保留少数高档饭馆，不收粮票，但价格昂贵，高价菜肴，非普通居民所能享用（计有东安市场内的东来顺、王府井大街路东的萃华楼饭庄、西单北大街的曲园酒楼、王府井大街北口路东华侨大厦内的大同酒家约 18 处）。欲到这些高级饭馆用餐者，须提前一日在饭庄门前预约，领取'号牌'，次日凭'号牌'

---

① 才让多吉：《1959—1962 年大饥荒期间北京的食品供应》，载《炎黄春秋》2007 年第 8 期。
② 刘铁梁主编：《中国民俗文化志·北京·平谷卷》，北京：北京出版集团公司 2015 年版，第 27 页。

入座用餐。每日'号牌'数额有限。"①

在城市居民家里，人们在吃饭前都要先背一段"红宝书"中的内容。在外面吃饭时要与服务员对答，先张口一方说上句，另一方接下句，例如服务员先说："谦虚谨慎"，顾客就要回答"戒骄戒躁"；服务员先说："毫不利己"，顾客就要回答"专门利人"，许多语录都是从"老三篇"中找的。② 这种特殊的就餐行为就是为了显示自己对毛主席的忠诚。

"文化大革命"时期，城内的"老字号"饭馆成为"封建主义、资本主义、修正主义"的象征，许多知名餐馆被迫改名，比如"壹条龙"就同其他老字号店铺一样，受到了严重的冲击。风味食品没有了，礼貌待客的店风不见了，"壹条龙"的牌匾也被摘了下来，换上了"利群饭馆"的招牌。直到 1982 年，"壹条龙"羊肉馆的老牌匾才又挂了出来。"东来顺的牌匾被砸，店堂内陈设的文物字画也遭到了破坏。如作家老舍题写的'老店新风'和老舍夫人画的花卉、孙菊生画的猫等，通通视为'四旧'被扫掉了。1966 年底因楼房翻建，东来顺全部人员暂时迁到新侨饭店营业，这个有 70 多年经营历史的老字号，曾一度被改为民族餐厅。"③ 还有"萃华楼"改名叫"人民大食堂"，后又更名为"首都饭庄"；"全聚德"改为"工农兵烤鸭店"，"六必居"改为"宣武酱菜园"，"天源酱园"改为"田源酱菜园"，"便宜坊"改为"新鲁餐厅"，"惠丰堂饭庄"改为"工农兵食堂""翠微路餐厅"，"丰泽园饭庄"改为"春风饭庄"，"馄饨侯"改为"四新饭馆"，"祥瑞饭馆"改名"红岩"，后又叫"飓风"。餐饮业汇聚的东安市场也改称"东风市场"。吃吃喝喝被视为资产阶级享乐的行为，几乎所有的餐馆都被纳入社会主义改造的行列当中。

许多老字号由红卫兵接管，全聚德也不例外。"顾客进屋后由'红卫兵'接待，先学习一段毛主席语录，然后再点菜。'红卫兵'不懂烤鸭技术，做的菜也不好吃，后来只得让全聚德的业务骨干重新上岗。但'红卫兵'把在门口，谁敢进去吃饭呀！全聚德烤鸭店里几乎没有顾客，全聚德的员工敢怒不敢言。"④ 餐馆的

---

① 才让多吉：《1959—1962 年大饥荒期间北京的食品供应》，载《炎黄春秋》2007 年第 8 期。
② 柯小卫：《当代北京餐饮史话》，北京：当代中国出版社 2009 年版，第 51 页。
③ 马祥宇：《东来顺饭庄》。北京市政协文史资料委员会编：《北京文史资料精选·东城卷》，北京：北京出版社 2006 年版，第 150 页。
④ 刘宝明、戴明超：《当代北京商号史话》，北京：当代中国出版社 2012 年版，第 58 页。

服务方式从以前的服务到桌、饭后结账改为顾客自我服务——顾客自己到窗口取餐，自己算账，甚至自己刷碗。顾客就餐时须背诵毛主席语录，或者与服务员对答"红宝书"中的联句。当时，多数饭馆为了简化服务，采取先结账后上菜的办法。这个时期，西餐作为"资本主义生活方式"和"修正主义"被打倒，除北京展览馆餐厅（莫斯科餐厅）和新侨餐厅，其他西餐馆均停业。

第三个阶段是改革开放至今。饮食生活水平较之以往大幅度提升，甚至发生了质的飞跃。统计数据显示，改革开放前，北京市居民用于吃穿的开支大多占到全部生活支出的 70% 以上。改革开放以后，城镇居民恩格尔系数由 1978 年的 58.7% 下降到 2008 年的 33.8%；农村居民恩格尔系数由 1978 年的 63.2% 下降到 2008 年的 34.3%。[1] 同时，居民食品消费逐渐由谷物为主的"主食型"向营养齐全的"副食型"转变。北京市居民饮食生活走上了不求数量只讲质量的阶段。

改革开放政策的实行，不但使北京的饮食市场打破了原来国营食堂一家独大的局面，而且开辟了多种经济体制经营的渠道，丰富和方便了人们的饮食生活。以粮食购买方式而言，由过去大口袋（25 公斤）往家扛，改成了现吃现买。为了方便群众消费，粮店也由原来只有 25 公斤的袋装和散装面粉，增加了 5 公斤和 2.5 公斤袋装面粉。在粮食供应上打破了国营粮店独家经营的局面，农贸市场、超市、个体经营者在经营粮食的品种上更具有一定的优势。[2] 1985 年 5 月 10 日，北京市政府放开了生猪、鲜蛋和海水鱼等农副产品的价格，结束了固定价格长年不变的历史。

20 世纪 80 年代初期，饮食市场成为最先改革开放的领域之一，最早的个体户大多从事的是饮食行业，对于刚"下海"的个体户而言，饮食业是最保险的，也是能最快见到效益的。另外，饮食业可以小本经营，传统风味是他们招揽食客的最大优势。到了 1985 年，城市经济体制改革全面铺开。北京市商业企业权力下放后出现了"出租柜台"现象，并兴建了大量食品集贸市场和美食街。这意味着餐饮工商户能从非正规的饮食市场（如街边摊点）进入正式的饮食市场。其饮食市场运作的空间显然又大大扩张了。[3]

① 单贺、张来成、路丽：《北京人饮食嬗变》，载《数据》2010 年第 4 期。
② 北京市地方志编纂委员会：《北京志·综合卷·人民生活志》，北京：北京出版社 2007 年版，第 204 页。
③ 项飚：《社区何为——对北京流动人口聚居区的研究》，载《社会学研究》1998 年第 6 期。

农村地区确立了"以家庭承包经营为基础，统分结合的双层经营体制"，原有的以公社为主的集体化生产模式开始在许多地区解体，集体土地被分配到农民家庭，这极大地调动了农民的积极性，农业生产逐年好转。

北京农村物资短缺的局面开始改观，人们的饮食越来越丰富，从以前的以粗粮为主变为以细粮为主，猪肉、鸡蛋等消费品开始频繁地出现在人们的饭桌上。即便在顺义区后沙峪这样的山区农村，进入80年代后，外地小吃品种也明显增多，小吃品种丰富了起来。新增小吃品种主要有油条、煎饼、各式肉包、肉饼、麻团、糖耳朵、元宵、汤圆、炸糕、炸排叉、米粉等，以及羊、牛、鸡、鱼等肉炸、烤制小吃。汤类小吃主要有鸡蛋汤、豆腐脑、馄饨汤、羊杂碎汤等多种。尤其是西方食品骤然增多。1983年10月，在西单建成北京第一家西式快餐厅。同月，引进生产线生产佳乐牌方便面，这是北京引进的第一条方便面生产线。80年代末，食品产品门类增加到25大类，包括糖果、面包、巧克力、冰淇淋、汽水、罐头、饼干、果脯、酵母、膨化食品、婴儿食品等上千个花色品种。[1]到90年代中期，饮食小吃不但成为居民家庭早餐，而且还能调剂饮食或作为外出快餐食品。80年代以前，饮料品种少，饮用人少，大多为青少年。饮料有橘汁汽水。冷饮主要有冰棍，少量为牛奶冰棍。80年代后人们喝饮料、冷饮的频率逐年上升，冰棍销量减少、牛奶雪糕增多。新增饮料有瓶、罐装雪碧和可乐等。到90年代中期，饮料品种丰富，有各种瓶、罐装雪碧、可乐和椰子、杏仁、橘子、苹果、桃等果汁，兴起喝咖啡和矿泉水、纯净水；有由牛奶和水果、咖啡等混合而成的多种形状、口味的雪糕。[2]

而随着经济社会的发展，城市的饮食方式和观念也逐渐渗透到了农村，同时，随着许多城市近郊的乡村旅游的发展，农家乐、自助厨房等面向城市游客的饮食文化也开始普遍起来。除了日常饮食文化，在传统节日、庙会等场合，包括小吃、节日食品在内的传统饮食文化的生存空间扩展。而在城市地区，随着区域之间的流动日益频繁、现代物流业的发展、交通条件的改善和冷藏保鲜技术的发展，人们的饮食选择日益多样化。南方热带地区包括台湾的时鲜水果能够及时运抵北京，

---

① 北京市地方志编纂委员会：《北京志·工业卷·一轻工业志　二轻工业志》，北京：北京出版社2003年版，第109页。

② 北京市顺义区后沙峪镇后沙峪村支部委员会编：《后沙峪村志》（内部资料），2011年12月，第113页。

各种大型超市每天都有各地的各种新鲜的蔬菜、水果供人们选择，社区菜场也十分方便。不但如此，大量国外粮油、食品和水果的进口，使人们的饮食选择具有越来越多的可能性。

这一阶段，人们的饮食观念较过去有了很大变化，最突出的莫过于在除夕夜全家到大饭馆吃"年夜饭"，省去了自己动手的麻烦。"1996 年春节前，京城中百家餐馆摆起了家宴擂台。到了 1997 年，出现了年夜饭预订扎堆，各大餐馆年夜饭或大年初一'一桌难求'；各家餐厅为了年夜饭的新意绞尽脑汁变换花样，同时在菜名上做起了文章，将菜品赋以'富贵花开''百鸟朝凤''一帆风顺'等吉祥词语，迎合人们过年时的喜庆心情。"① 来自欧美的饮食文化在北京许多区县迅速传播，孩子们过生日都喜欢去麦当劳或肯德基等连锁餐厅。汉堡、比萨、可乐等成为人们日常生活中的普通食品和饮料，人们开始热衷于过情人节、平安夜和圣诞节等西方节日，也乐于吃西餐，享受西方美食。另外，除了各种饮食文化节，许多地方也开始努力打造地方美食文化品牌，希望将美食文化作为当地发展的一个独特品牌推向市场。而各级各类烹饪、饮食文化教育的展开，各菜系烹调实践汇集北京，不但传播了许多实际的烹饪技能，培养了许多一流的厨师，而且使饮食文化成为学术研究的对象，从而使北京学界对饮食文化发展的历史、变迁和实际发展中的各种问题获得了进行学理探讨的可能。

而在农村地区，人们的饮食生活则是以城市为标准，向城市地区看齐，虽然传统的饮食方式仍然发挥着很大的作用，但饮食的现代化是北京城乡共同演进的趋势。而在传统节日和庙会等特殊年节的时间维度中，传统饮食仍然具有一定的生存空间和延续的旺盛生机。

3. 人口流动对饮食文化的影响

从金元建都以来，北京就是一个多元文化杂糅并存的文化地理单元，在各种不同文化碰撞与交融的过程中，始终伴随着不同程度的人口流动。就新中国成立以来北京地区的人口流动而言，改革开放前后人口流动的性质是不同的，其对饮食文化的影响也是不同的。

改革开放以前的人口流动基本上是一种政治主导型的人口流动，或者说是由国家运用行政权力来推动的。这个时期的人口流动包括一些零星的个别的人口流

---

① 柯小卫：《当代北京餐饮史话》，北京：当代中国出版社 2009 年版，第 93 页。

动和几次大规模的社会运动式的人口流动。个别性的人口流动主要包括升学、学习交流、参军和工厂、事业单位到农村少量的招工等。作为首都，全国各地的优秀干部进入中央机关；北京是高等院校和科研机构最集中的城市，在校大学生来自祖国四面八方，科研队伍较之其他城市更为庞大。这种"流入"明显地改变了原本的口味结构，而口味的多元化使得全国各地不同地方菜系在北京都有市场。川菜、湘菜、徽菜、粤菜、闽菜、淮扬菜以及沪菜、赣菜、藏菜、东北菜等在北京都有相对固定的享受群体。

在北京，委实可以品味各地的美味佳肴。餐饮业的老字号及饮食服务业不再为山东人和山西人所垄断。老正兴饭庄、义利食品店、美味斋、功德林、西安饭庄（西安食堂）、峨嵋酒家、曲园酒楼等，都是外地引入的著名的饮食商号。老正兴饭庄"迁到北京时与上海大西洋西菜社合并，由上海知名人士徐菊生聘请了几位有几十年经验的烹调师、面点师和服务师，在北京的前门大街隆重开张。老正兴饭庄从此成了北京的一道亮丽风景，不仅居京的上海人争相来品尝，外国宾客和地道的北京人也成了这里的常客"①。

新中国一成立，北京就向全国各地发出邀请信，欢迎外地知名餐饮企业进京。这一时期，包括广州的"大三元"、杭州"奎元馆"、苏州"松鹤楼"在内的外地知名餐馆纷纷进京开设分店，这进一步活跃了北京餐饮市场，促成了饮食品牌的多样性。譬如，文君酒楼的烹饪大师从四川入京，带来成都风味佳肴 300 多种。文君田鸭是该酒楼的招牌菜，其做法和原料都源自成都。曲园酒楼是湖南风味餐馆，新中国成立后由长沙迁到北京。该店的传统名菜"子龙脱袍""霸王别姬""东安子鸡""红烧元鱼""荔枝鱿鱼""怀胎鸭子"等都极富湘菜风味。美味斋诞生于 20 世纪 20 年代的上海，是上海知名餐厅。新中国成立后，为支援首都建设，美味斋被上海市推荐进京，在菜市口开设了北京美味斋，广受食客青睐。热菜中的"响油鳝糊""腌笃鲜""虾黄鱼肚""红烧肉""油爆虾""松鼠鳜鱼"等都是上海菜中的经典。为了让久居北京的西北人能常吃到正宗的牛羊肉泡馍，从西安老孙家、同盛祥和厚德福三家著名老字号中选调出 20 多名职工来北京工作，其中有老孙家店中的好手马世友、同盛祥店中的"吊汤"看锅老把式马子龙、厚德福店中的烹饪能手薛应发。饭馆在北京开业时，因为是由老孙家、同盛祥和厚

---

① 刘宝明、戴明超：《当代北京商号史话》，北京：当代中国出版社 2012 年版，第 40 页。

德福三家老字号的骨干职工组建成的，所以不能取名老孙家，也不能叫同盛祥或厚德福，而命名为"西安食堂"。① 各种地方风味有计划地入驻北京，饮食文化的首都形象正在悄悄地形成雏形，但毕竟饮食资源还相当匮乏，尽管首都饮食文化崭新的结构布局已然展开，但其发展的速度则极其缓慢，甚至在有些方面还退步了。诸如茶馆就显然没有以前红火，大部分改辙易途，经营起其他行当了。

餐饮业的人口流动并不是商业行为，或者说不是由经营扩张产生的，而是政治因素起了主导作用。显然，这与以前的山西人、山东人到北京开餐馆，以及北京茶庄几乎都由安徽歙县人经营不同，那是纯粹的商业行为，以谋求商业利益为目的。在新中国建立初期，这种外地餐饮老字号来到北京开店的方式，是一种特殊社会形态下的特殊商业方式，那时的"迁京"与今天的"连锁"，都不能涵盖它的独特性。因为这些餐饮老字号来到北京以后，原地的老字号、店铺仍保留着，故而称为"迁京"并不准确。同时，这些商号来到北京就由北京政府相关部门管理，成为北京的企业，称其为"连锁"也不恰当。② 这些外地餐饮老字号当年进入北京，目的在于有计划地提升首都餐饮业的服务水平，与20世纪50年代中期的三大社会主义改造③及社会主义计划经济体制的确立紧密相关。

大规模的人口流动主要包括"大跃进"运动期间政府从农村吸纳大量劳动力到城市进行"大炼钢铁"运动④，"文化大革命"期间的学生大串联和六七十年代历时20年之久的知识青年"上山下乡"运动⑤。北京作为新中国的首都，当然要在这些运动中为其他地区做出表率，因此人们更加积极地响应政府的号召参加

---

① 飞江：《别具特色的西安饭庄》。北京市政协文史资料编委会编：《北京文史资料精选·西城卷》，北京：北京出版社2006年版，第282页。

② 刘宝明、戴明超：《当代北京商号史话》，北京：当代中国出版社2012年版，第39页。

③ 是指新中国成立后，中国共产党领导的对农业、手工业和资本主义工商业的社会主义改造。社会主义三大改造的完成，实现了把生产资料私有制转变为社会主义公有制，使中国从新民主主义社会跨入了社会主义社会，我国初步建立起社会主义的基本制度。

④ 1957—1960年，中国城镇人口从9949万人增加到13073万人，其中由农村迁入城镇的约2218万人。从1960年起，政府开始在城市进行大规模裁员，动员在"大跃进"时期从农村新招收的职工以及"盲目"流入城市的农村人口返回农村。不仅如此，国家还动员原本属于城镇的人口下放农村。从1961年到1963年年终，城镇共减少2600万人左右。见陆学艺：《当代中国社会流动》，北京：社会科学文献出版社2004年版，第53页。

⑤ 从1968年到1978年，全国下乡知青总数达到1623万人，1979—1980年还有近80万人下乡，总计下乡人数达到1700万人之多。在城市知青被大批安置到农村就业的同时，还有相当多的城市职工、干部也主动下乡，或被动员下乡。见陆学艺：《当代中国社会流动》，北京：社会科学文献出版社2004年版，第68页。

"大炼钢铁"和知青下乡运动。著名诗人郭路生（食指）写的《这是四点零八分的北京》①就生动地反映了知青下乡启程离乡时作者心灵的震颤和对故乡的依依不舍。知青下乡不但涉及了京郊地区，还扩展到了包括云南、黑龙江等边疆地区在内的全国各地。就其对饮食文化的影响来说，主要表现在流出北京的知识青年原有的饮食文化②同插队落户的地方的饮食文化之间的碰撞和适应中，而不论是"碰撞"还是"适应"都要经历观念和习惯两个层面。"碰撞"就是这些流动人口原有的饮食观念与新的环境中人们的饮食观念之间的冲突，这突出表现在长期生活在城市中的北京知青进入农村初期的种种不适应上。当然，这种不适应不光是由于饮食观念的原因，还包括卫生条件、饮食质量和饮食习惯等诸多方面。但是，当知青在农村生活比较长的时间之后，就会进入"适应"的过程，即放弃原有的各种饮食习惯和观念，接受插队落户地区的饮食文化。同时，知青下乡，也会将他们自身的某些饮食文化带到插队的农村，他们自身的饮食观念也会随同其所特有的"城市人"身份和"知识分子"属性影响当地的农民，特别是当地的年轻人。客观地说，这种政治主导型的大规模人口流动无疑都要经历一个"复归"的过程，即从流入地返回流出地的过程，因为这种人口流动是违背客观的社会规律的。但是它对流动人口自身的饮食观念和习惯的冲击则是潜在的，因为这种改变是深层次的，是与当地传统的饮食行为模式联系在一起的。而在运动过程中所产生的各种与饮食有关的故事、回忆和感受则成为特定时代环境中的饮食文化的重要组成部分。大批知识青年陆续返回北京之后，下乡地的饮食习惯与自己家庭原本的饮食传统必然产生重构的过程，这一过程中注入了一股浓浓的怀旧情结。有些下海经商的从东北返京的"老知青"将自己开的餐馆命名为"老三届"、"北大荒"和"黑土地"等；餐厅内的陈设保留当年知青下乡时的情形，菜肴中不乏知青常吃的粗粮、炖菜等。口味的调整和适应是每个返回北京的知识青年都需要经历的过程。不过，这绝非个体的饮食状况，而是一个时代因人口的回流导致北京饮食需要满足更多口味的需求。

改革开放以后，北京地区的人口流动主要是经济文化主导型的，即这种人口流动主要是自发的，是由经济和文化驱动的。由于北京地区经济和文化的快速发

① 食指：《食指的诗》，北京：人民文学出版社2000年版，第47—48页。
② 主要包括"北京"饮食文化和"城市"饮食文化两个方面，当然也有知识分子阶层所特有的饮食文化以及个人的一些饮食癖好等。

展，越来越多的人从全国和世界各地拥向北京。如果说这是全国范围内人口向东部经济发达地区流动的普遍状况的话，那么相对于其他地区而言，北京地区的人口流动则具有更多的综合性特征。这种综合性主要表现在，除了相当一部分是农民工外，流入北京的人口还有许多以从事商业贸易、文化交流为目的的职场中人。这些外来人口在将他们原有的经济、文化观念带到北京的同时，也将其原有的饮食习俗和观念带到了北京。这些饮食习俗和观念不但深化了北京饮食文化的内涵，也为当代北京饮食文化的发展增加了生机和活力。除了人口流入之外，北京地区人口流动的另一个重要方面就是向外流动，这是由当代北京社会所具有的高度开放性决定的，尽管这种流出的趋势并没有流入的人口那样呈现规模性和高度集中性。如果说北京地区人口流入主要是由其高速发展的经济和文化优势所产生的吸引力引起的话，那么北京人口流出则主要是由两个原因导致的：一个是北京经济和文化的向外扩散①；另一个是城市发展产生的诸多环境问题和生活压力使得许多人被迫流出。这两个方面虽然具有较大的差异，但是却在某种程度上使北京与其他饮食文化圈联系了起来。这种人口的流出就其对饮食文化的影响而言，一方面使北京饮食文化的发展吸纳了全国其他地方的饮食风味；另一方面也将北京饮食文化所具有的国际化、多元化和开放性理念扩展到了其他地方。

这种人口流动对北京饮食文化的影响既表现在外来饮食文化对北京当地饮食文化的重塑，也表现在北京饮食文化向全国和世界其他地方的扩散与传播上。这里的人口流动则主要包括两个方面：一个是全国其他地方和世界其他地区人口向北京的流入；另一个是包括北京本地人在内的北京饮食文化接受者带着他们所秉承的北京饮食文化向外的流动，其中以第一个方面为主。

具体来说，改革开放以来，人口流入引发北京饮食文化的改变主要表现在两个方面：一个是形成了群体性的饮食亚文化；另一个是带来了区域外的饮食文化新元素。就第一个方面而言，流入人口所承载的饮食文化和习俗随着他们的流动进入北京，在他们进入北京的初期，这种来自原生地的饮食观念、习俗和生活习惯成为其抵制新的陌生的、难以兼容的饮食文化的重要依托。外来的农民工同乡聚居，在北京城乡接合部形成诸多城中村。对于在外务工的农民工来说，自身所处的社会地位使他们无法有效地融入身处的城市社会，于是，由老乡和亲戚朋友

---

① 例如全聚德、东来顺等大型北京知名老字号餐饮企业在外地开设分店。

形成的次级群体就成为他们寻找认同和归属的来源，他们以乡言为纽带，建立起了一种地域性的饮食生活共同体。1983 年，"浙江村"最早的 6 户人家来到北京。"浙江村"早期发展的线索，就是他们发展出来的"流动链"。"流动链"就是"呼朋带友"，以同乡关系作为牢固的纽带。① 在这个共同体中，相同的饮食习惯和生活方式使他们能够延续以往的生活，而不至于在他乡孤独无助。而对那些以经营餐饮为业的个体户来说，各种家乡菜成为他们吸引顾客的一块招牌，而老乡则成为他们最主要的顾客来源。同样，各种因工作需要而"北漂"和以批发交易为目的的人们也会时不时光顾具有家乡特色的餐馆，在长期的漂泊生活中，家乡美食成为他们回味家乡生活、思念亲人的重要媒介。正是这些各种各样的地域性饮食文化共同构成了当代北京饮食文化多元化特征，使北京饮食文化更加博大精深、包容万千。如果说，有清一代以前北京饮食文化的多元和丰富主要得益于多民族的入驻，当代北京饮食的风味杂糅则是基于人口的频繁流动。前者表现为民族风味的融合，后者是地方风味在北京城发展的夹缝中强行进入。

就第二个方面而言，人口流入不但输入了外地美食，而且引进了外地美食制作的各种工艺和烹饪技术，从而丰富了北京饮食的门类和制作方式。而世界其他地区的大型餐饮连锁企业的进入，则传递了国际化餐饮理念和管理方式。当这些国际化、标准化和流水线式的餐饮理念进入北京饮食文化中，就改变了北京餐饮业的发展思路和发展模式。但是从另一个角度来说，任何国际化的餐饮企业要赢得中国消费者的青睐，都必须走一条本土化的道路，即要考虑当地消费者所具有的饮食喜好和文化背景，以更好地迎合市场需要。从这个意义上来讲，外来饮食文化进入北京是一个不同文化之间相互交流与互动的过程，而这种互动恰是当代北京饮食文化变迁与发展的一个重要方面。除了大型餐饮企业，越来越多的外国人以个人身份进入北京学习、工作、经商，在他们与北京当地居民共处的过程中，其饮食习惯和爱好也会无形中和当地的饮食环境、习俗与生活方式发生各种各样的摩擦与碰撞，在这种摩擦与碰撞的过程中，就会形成他们与北京当地居民之间的"对望"，这种"对望"不但会影响他们，也会影响当地居民。

虽然人口流出并不像农民工务工那样呈现大规模和集中性，但是作为一个开放性的国际化大都市，北京的人口流出也在时时刻刻发生着。这种流出包括经济

---

① 项飚：《社区何为——对北京流动人口聚居区的研究》，载《社会学研究》1998 年第 6 期。

文化向外扩散，也包括个人到外地寻求更高品质的生活。这种人口流动就其对饮食文化的影响而言，主要是增加了北京美食的知名度和美誉度，传播了京派饮食文化南北中和、杂糅各方的饮食品性。全聚德、东来顺等知名企业的向外拓展，则使得京城老字号企业历史悠久的餐饮文化传播到了全国各地。包括北京人在内的许多中国人到世界各地开设中餐馆，不仅为在外国工作学习和生活的华人华侨提供了享受家乡美食的场所，而且为所在国的居民提供了品尝异域美食的机会，使得中华美食和优秀中国传统饮食文化受到世界人民的喜爱。

4. 当代北京饮食文化的特点

同历史上其他时期的饮食文化相比，当代北京饮食文化自有其特殊性，这种特殊性尤其表现在其鲜明的时代性、多元化和开放性上。

（1）时代特色鲜明

当代北京饮食文化的时代性主要表现在饮食文化的发展状况是同整个社会的发展状况密切联系在一起的。一些饮食现象仅出现于一个时间段里，后来便成为人们难忘的记忆。新中国成立初期，物资紧缺的社会状况决定了政府必须实行口粮和副食品定量供应制度，统购统销的政策不仅决定了农民必须按照政府的安排进行农作物的种植，也决定了城市居民必须按照政府规定的标准进行饮食消费，正是在这种情况下才出现了吃"季节菜"①的现象。

粮票是特定时代的产物，主要使用时间是从1955年到1993年，是粮食物资匮乏时期发行的一种购粮凭证。北京市粮食局发放了粮票，作为一种实际的有价证券，使用达数十年。那个年代，粮票就是人们的"命根子"，没有粮票注定挨饿。20世纪50年代末60年代初，一个烧饼2两粮票、7分钱，一碗大米饭4两粮票、8分钱，一碗素汤面4两粮票、1角4分钱，一个面包4两粮票、1角7分钱。到商店买点心、饼干，统统要粮票。②

在那个年代，北京城最繁忙最热闹的要数粮店了。"15号是开支的日子，25号就要把这个月的定量都买完，所以这两天都要排大队。"那会儿，粮店门前排长队是城市一景。"家中有小孩的，往往打发孩子先去排队，然后，大人再拎着面袋

---

① 冬季蔬菜是"三黄一白"，土豆、倭瓜、葱头称为"三黄"，"白"就是大白菜；4月份开始吃菠菜；5月份吃水萝卜、洋白菜、小白菜、小油菜、小茴香和韭菜；6、7、8、9月吃西红柿、黄瓜、豆角和茄子；10月份又开始吃大白菜（早熟白菜）。年年如此，京城百姓把这种吃菜的固定模式，戏称为"季节菜"。

② 康文辉、许洵：《当代北京米袋子史话》，北京：当代中国出版社2011年版，第76页。

子来替换孩子，买到粮后，再小心翼翼扎紧口袋离去，那时候买完粮食回到家，身上总显得不太干净，买一次粮食，浑身上下都是白的。"在北京粮食部门工作39 年的白少川回忆说。① 粮店与家家户户的饮食生活关系最为密切，每家每个月至少要去一次粮店。作为服务的重要窗口，涌现出一批一直为人们津津乐道的先进典型。从 20 世纪 50 年代起一直保持先进的宫门口粮店，为方便群众，从 80 年代初就发展食品生产经营，光北京风味小吃就达 20 多种；朝阳区二道街粮店，关心群众生活，宣传节约用粮、计划用粮，帮助管界内亏粮户具体安排生活，在他们管理辖区内的 1200 余户居民，90% 都有储备粮；地处深山的昌平县黑山寨粮店，从 1970 年起，为管界内烈士军属送粮，共计行程 2.5 万里，送粮 8 万斤。此外，宣武区广安门外第一粮店、虎坊桥仁记粮店、延寿寺街第二粮店、朝阳区东坝粮店、东城区安德路粮店、下关粮店、普渡寺粮店、西城区月坛北街粮店、海淀区魏公村粮店，丰台区南苑基层粮店等都是各具特色的先进店。②

政府对自由商品经济市场的限制也决定了人们不可能在政府规定的食物定量之外有更多的自由选择的余地。正是"大跃进"和"人民公社化"运动的开展，才形成了特定年代所特有的"大锅饭"现象。而"文化大革命"这样的特殊时期不但形成了"早请示晚汇报"这样的社会现象，也形成了饭前背语录的饮食表征。

改革开放以后，随着生活水平的普遍提高，饮食行为越来越超越了饱享口福的层次，明显向着三个社会维度延伸：一是交际功能的全面释放。以月饼为例。月饼作为礼品赠送时，月饼的质量和华丽的外表等本身的意义变得无足轻重，食品的功能退到次要的地位，赠送的功能上升到首位。如今，极少人有吃月饼的欲望，那种中秋节才能享受口福的时代已经一去不复返了。据调查，凡是 400 元以上一盒的月饼都不是买给自己吃的，都用来送礼，所以月饼的馈赠功能得到了极大的发挥。人们在传递和接受礼品的过程中也表达着深深的情谊，这种情谊正是我们现在缺少和需要的。中秋节期间交换月饼可以强化人与人之间的情感联结，是人与人之间的人情味得到强化的最好的时候。③

---

① 《自从 25 年前"命根子"粮票退出北京家庭，这些也跟着一起消失了》，载《北京晚报》2018 年11 月 13 日。

② 康文辉、许洵：《当代北京米袋子史话》，北京：当代中国出版社 2011 年版，第 84—85 页。

③ 万建中：《月亮崇拜：月饼馈赠功能的赋予与认定》，载程建君编：《中秋习俗的文化阐释》，开封：河南大学出版社 2017 年版，第 3 页。

二是狂欢属性得以充分显现。一提及狂欢，人们便想到节日，想到狂欢节。其实，与过去相比，如今的节日活动发生了变化，已不完全是民众自己的事情，甚至连过节的时间都要由官方来确定。相反，筵席空间自由的空气越来越浓郁，"莫谈国事"之类的警示早已在餐馆销声匿迹。筵席场合尽管自古存在，如今却在急剧膨胀。随着人们生活水平的提高，消费观念的改变，公共场所的饮食越来越普及，进出餐馆的人流越来越粗壮。这就为筵席的狂欢、狂欢的筵席奠定了坚实的基础。① 美味佳肴总是尽量满足全餐桌人的口味，点菜者或烹调主人不厌其烦地征询在座人的意见，希望大家都吃得津津有味。味觉的一致，也是在强调全桌人在文化层面的同一性。共同的味觉欲望暂时消解了社会界限和等级差异。尽管还存在排座次的习惯，尽管有些菜肴的摆放可能有意照顾了"上座"的人，但餐桌中央的食物毕竟是大家共同"消灭"的对象，同样的感官刺激和满足使交流变得容易和轻松起来，随着吃喝的进程，大家的关系瞬时变得更加融洽，因为在座的已获得了一种文化层面的认同。

三是饮食的时代主题越来越突出，饮食的主题消费成为一些特殊人群的精神食粮。诸如前面提及的"知青"主题，在"知青"潮流过去之后，北京还出现过"忆苦思甜大杂院""红色年代""咱爸咱妈""老三届食乐城""黑土地酒家""老插饭馆""毛家饭馆""老兵餐厅""球迷餐厅"等主题餐厅。富有主题特色的餐馆、"大锅菜"就如一条精神纽带，传递着一种难以言喻的特殊感受，将具有同样人生经历和爱好的人群联结在了一起。随着生活水平的提高，消费者将更加注重精神层面体验，对于餐饮消费的需求转向对环境、身份、品位、文化等精神层面的满足与体验，因此餐饮市场更加细化，大批主题餐厅涌现出来。随着市场经济的不断发展，追求精神愉悦和满足逐渐成为餐饮消费市场的主要需求。② 饮食行为由纯粹的味觉享受向着美感情愫转化。

（2）多元的饮食诉求

改革开放后，经济体制由计划经济转向市场经济，形成了统一的全国大市场，不论客观上还是主观上，都使得北京饮食市场成为一个开放的面向全国和世界的利伯维尔场。③ 正是在这样的情况下，北京饮食文化才从新中国成立初期的单一化

---

① 万建中：《筵席与民间口头文学》，载《民族文学研究》2007 年第 3 期。

② 张超：《北京市餐饮业发展趋势研究》，载《东方企业文化》2010 年第 3 期。

③ 利伯维尔场主义：指古典自由主义，表现为对个人经济、思想、政治、信仰自由等的保护。

走向了多元化，人们的饮食选择才变得更加丰富而多样。一个明显的现象是，京郊奶牛的数量逐步增长，到 1988 年末，全市奶牛已达 56236 头，年产奶量 3.6 亿斤。居民中固定订奶户大量增加，奶粉、奶制食品也大量增加，牛奶和奶制品已经成为普通食品。1988 年按人口平均，城市每人占有鲜奶 35 斤以上。① 如今，每家每户早餐都能喝到新鲜牛奶。不论是食还是饮，所能选择的余地都是改革开放以前不可同日而语的。

　　随着经济发展，民众的生活水平提高，很多行当也随之荡然无存了。20 世纪 80 年代中期，粮、面票即将退出城市历史舞台，在农村还有市场，因此，便兴起"粮面票换小米"，塑料制品充斥市场，也可以用粮面票对换。进入 90 年代，城乡居民的食品消费逐渐从主食型过渡到副食型。在城镇居民购买食品支出中，用于购买粮食支出的比重，由 1955 年占 47.55% 和 1978 年占 31.32% 下降到 1997 年的 9.37%。城镇居民家庭人均粮食消费量由 1955 年的 173.66 公斤和 1978 年的 182.7 公斤，下降到 1997 年的 82.95 公斤，下降 50% 以上。粮食消费大幅度下降，副食品消费成倍增长。农村居民的食品消费也发生很大变化，在购买食品支出中，用于购买粮食支出的比重由 1955 年的 61.55% 和 1978 年的 59.73% 下降到 1997 年的 23.32%。② 主食比重大幅度地下降，副食逐渐占据主导地位。主食的种类毕竟有限，而副食品种则有广阔的丰富空间。副食品种不断增多和翻新将饮食引向多元化的发展轨道。

　　多元化包括三个维度，一是由地域决定的，地域的差异导致饮食的不同。南北、东西的区别都颇为明显，而最令人关注的还是城乡之异。与地域有关的还有贫富两大群体饮食的不同。富豪之家是大米、洋面、鸡鸭鱼肉、美酒佳肴，脑满肠肥；平民人家则吃糠咽菜。占多数的中等人家，粗茶淡饭，但求温饱。城乡百姓家常饭的主食，有着明显的区别，概括地说，同是棒子面，城里多吃窝头，农村多吃贴饼子、棒楂儿粥。另外城里人吃的米面，绝大多数是从粮店购买的，而

---

① 曹子西主编：《北京通史》第十卷，北京：中国书店 1994 年版，第 251 页。
② 北京市地方志编纂委员会：《北京志·综合卷·人民生活志》，北京：北京出版社 2007 年版，第 191 页。

农村都是各自用碾子或石磨加工的。① 这种多元带有强烈的持续性。

二是主要指当代北京饮食文化融合了古今中外的各种因素，内涵更加丰富、广博和具有多层次性。如果说包括宫廷饮食文化、官府饮食文化、庶民饮食文化，以及寺院饮食文化、少数民族饮食文化在内的北京传统饮食文化也是多元性的话，那么这种多元化则具有更多的等级色彩和身份属性。一方面，多元的传统在顽强地延续着，上述各种饮食文化在北京饮食文化体系中仍具有不可或缺的地位，尤其突出的是少数民族饮食风味愈加独树一帜。烤肉的吃法就颇为典型，北京烤肉的由来，有称是"源自蒙古"（元代），亦有说"由满族传入北京"（清代）。从今天烤肉季，仍然延续的"武吃"烤肉方式，我们能看到满族、蒙古族人粗犷、豪放、率真的民族性格特点。所以，烤肉季堪称是在北京鼓楼、什刹海还保存着的"满蒙饮食文化"的一面大旗。②

另一方面，多元的性质注入了新的因素。在当代，北京饮食文化的多元性则更多地指向平等、多样和丰富，虽然处于社会结构中不同位置的人们也免不了具有一些社会身份和阶层的差异，但是在饮食上这种差异却更多地与人们的消费观念、经济状况联系在一起，而不是政治地位。在原材料方面，不但种类大大增加，而且人们对材料的质量、特性都有了更高的要求。20世纪80年代，有特供菜一说，简称"特菜"。国外引进的一些新品种蔬菜只供涉外宾馆饭店，菜市场上很少看到，老百姓更没有机会享用。到了90年代，外国引进蔬菜、外地蔬菜得以大面积种植，特菜和本地乡土蔬菜同样在市场上出售，市民可以随意购买和享用这些"特菜"，所谓的特菜已经不再"特"了。北京市场上外国蔬菜品种有各种生菜、番茄、黄瓜、甜椒，以及芹菜、甘蓝、莜麦菜、球茎茴香等100多种。从国内各地引进的有枸杞、草石蚕、四棱豆、魔芋、佛手瓜等20多种。③ 在主食食料多样化的同时，副食更加丰富了起来，几乎所有的家庭都可以依据自己的喜好进行选购。食材的丰富和充足才使得平等、公平的饮食消费成为可能。

---

① 富豪之家是大米、洋面、鸡鸭鱼肉、美酒佳肴，脑满肠肥；贫穷人家则吃糠咽菜、食不果腹、沿街乞讨，甚至饿殍沟壑。占多数的中等人家，粗茶淡饭，但求温饱。城乡百姓家常饭的主食，有着明显的区别，概括地说同是棒子面，城里多吃窝头，农村多吃贴饼子、棒渣儿粥。另外城里人吃的米面，绝大多数是从粮店购买的，而农村都是各自用碾子或石磨加工的。王文续：《百姓餐桌》，通州区政协文史和学习委员会：《通州民俗》"上册"，北京：团结出版社2012年版。

② 袁家方：《北京鼓楼商业街区的京味商文化》，载《北京档案史料·北京文化叙事》2012年第3期。

③ 杨铭华、焦碧兰、孟庆如：《当代北京菜篮子史话》，北京：当代中国出版社2008年版，第19页。

　　三是饮食消费本身的诉求是多元的，除了食品的多元，更加崇尚食品以外的差异性和独特性。上面提到的主题餐厅就是为了满足这种多元诉求应运而生的。20世纪90年代中期以后，餐馆追求个性化和标新立异成为一种时尚。"吃出历史文化"是这类餐馆共同的内涵定位。相继出现了仿制孔府菜的"孔膳堂"，仿制唐朝菜的"仿唐饭庄"，"红楼饭庄"则根据《红楼梦》中饮食描写而创制出"红楼菜"。每一道菜都有一个典故，用美味演绎着历史故事。这些餐馆在空间布置、摆设及服务员的着装方面都力求还原那个古代时期的情境。有的餐馆甚至定位于远古时期，再现原始初民的饮食状况。诸如具有原始文化意味的"半坡火锅啤酒村""燧人氏""汉子屋"等。"半坡火锅啤酒村"呈现为穴居的半地下建筑样式，以原始图腾和古文字作为装饰图案，四处点缀着仿古的石器、陶器、漆器及其他雕刻饰物。置身于这样的饮食环境里，顾客一边品尝美食，一边咀嚼那遥远的祖先生活的岁月，在饮食文化的维度中，进行时空巨大跨越的穿梭。

　　社会的进步和物质条件的改善，使得更多的人可以追求更高层次的饮食需求。相对于传统社会而言，当代社会人们对于饮食的态度也随着各自生活状况的不同而大有不同，既有专注于享受以品尝美食为乐的美食家，也有只为一饱，讲求省时、方便的公司白领。除此之外，还有许多农民工群体、市民群体、儿童、外国人，他们对饮食的喜好都是各不相同的。从民众自身的身体属性出发，老、病、孕、婴对饮食的要求也相差各异。具有不同属性的群体，如宗教人士、少数民族，以及来自不同地域的人们，其对饮食的需求也是各异的。在消费上，人们去餐厅吃饭，有的追求实惠，有的追求面子，而有的人可能追求的是方便。居民家庭自己下厨做饭和下馆子也大不一样。长期生活在北京的老北京和短期居留在北京的外地人其对待饮食的态度也是不尽相同的。这种饮食消费的多元化不但彰显了当代北京社会的高度异质性，也说明了当代北京饮食文化所具有的丰富内涵是与当代北京社会的这种高度异质性紧密联系在一起的。

　　（3）饮食市场的开放态势

　　开放是北京饮食文化内在的品质，这主要基于两种优势：一是作为全国政治和文化中心，在饮食方面也必然展示出首都形象，或者说应该具有与首都相匹配的饮食文化地位。唯有广泛吸收全国各地饮食文化的精华，博采众长，才能无愧于首都形象的称谓；二是北京饮食本身就是多民族融合的结晶，秉承包容和兼顾八方的文化传统。故而北京饮食的开放性既是与生俱来的，也是与时俱进的。

　　在这里，当代北京饮食文化的开放性主要是就改革开放以后的发展情况而言的。如果说改革开放以前的计划经济体制是一种封闭和保守的社会设置的话，那么，市场经济则必然意味着开放，迎合市场的开放就是做大做强餐饮业，使餐饮业集团化，形成新时代的优势品牌。中国北京全聚德集团、北京东安公司（东来顺）、北京华天，北京老家快餐、北京好伦哥、北京吉野家、北京西贝莜面村、北京阳坊胜利涮羊肉、北京九头鸟、北京赛佳味等都是知名的连锁企业。

　　餐饮业的开放不仅包括对国内其他地区的开放，而且包括对国际市场的开放。这种开放政策的实行对北京饮食文化的影响是十分重大的，它使得北京饮食文化迅速国际化，也使人们的饮食方式更加国际化，并且使餐饮企业经营主体的市场化程度提高，行业竞争日益全球化。[1] 1983 年 9 月 26 日，改革开放后中国第一家中外合资的西餐厅，同时也是"中国第一家纯资本主义性质"的西餐厅——马克西姆西餐厅在北京开业了。餐厅装饰原本复制于卢浮宫，其中很大一部分展示了西方女性丰腴的肉体美。为了避免被贴上"资本主义的奢靡之风"的标签导致无法开业，只好让餐厅的工作人员用纱幔将这些壁画遮盖了起来，后来餐厅又请来了美术学院的师生，为画中的女性们"穿"上衣裙，一直保留到今天。之后，随着改革开放进一步深入，一批港澳台同胞及外商投资的餐饮类企业陆续登陆京城，使北京在饮食方面也逐渐成为国际化大都市。

　　在当前人们的饮食生活中，对汉堡、鸡翅、可乐等外国食品和饮品的接受程度是非常高的。遍布京城的糕点铺销售中外合资企业的各式糕点，如"奶油派蛋卷"、"低糖曲奇薄脆"和"鱼香美味汉堡"及可可蛋糕、黄油布丁、鲜奶吐司和各种果料面包等，深受消费者欢迎。[2] 特别是在情人节、圣诞节等西方节日中，人们在接受西方节日观念的同时，更加深刻地接受了西方的饮食文化。这尤其表现在年轻人的饮食选择中。如果说饮食是人们日常生活的一个重要方面的话，那么，西方饮食文化给中国文化带来的冲击就是根本的。而且，更为重要的是，西方饮食文化是以一种现代化的面貌进来的，这就更加使人们失去了理性选择的自由。当然，开放未必就是坏事，西方餐饮文化的进入不仅丰富了北京饮食文化的内涵，而且使得西方餐饮企业规范有序的经营理念传播到了北京和中国其他地区，这在

---

　　① 刘小虹：《北京餐饮业概况和发展趋势》，载《中国食品》2005 年第 24 期。
　　② 北京市地方志编纂委员会：《北京志·综合卷·人民生活志》，北京：北京出版社 2007 年版，第 250 页。

某种程度上推动了北京饮食文化的持续发展。

第二节 推陈出新的餐饮文化

北京是全国的文化中心，饮食文化是北京文化中最富特色的形态之一。餐饮文化是当代北京饮食文化的重要组成部分，这不仅是因为餐饮文化迎合了这一阶段整个社会的饮食潮流，而且因为餐馆是人们在家庭之外就餐的主要场所，是家庭厨房的自然延伸，充分反映了人们饮食观念和方式的演进态势。北京是餐馆数量最多的城市，餐饮的风味也最为多样。根据北京烹饪协会和北商研究院总结发布的《2016年度北京餐饮业大数据》报告，2016年北京市全市餐饮业收入达到918亿元；其中位于北京市的全国百强餐饮企业共计18家，位列全国第二；位于北京市的全国五百强餐饮企业共计164家，位列全国第一。[①] 北京餐饮业代表了全国各大城市餐饮业的水平和发展变化。

1. 持续发展中的中餐

中餐是当代北京饮食文化的主体，包括"老字号"、风味小吃、传统菜肴和京郊乡村饮食在内的各种饮食文化共同形塑着当代北京饮食文化的基本面貌和丰富内涵。由漫长的历史积累下来的饮食传统奠定了北京饮食文化发展的主体基调，也是北京饮食文化现代性的基本显现。而北京饮食传统又是由具有标志性的一些饮食文化表征一并构筑出来的。

毋庸讳言，北京饮食传统必然受到现代化冲击，在北京生活了十余年的美国人迈克尔·麦尔曾目睹这座城市的现代化之路："一条条胡同逐渐被大型购物超市、高层公寓楼和宽阔的道路所取代，那些代表着城市历史，留在老北京们心目中的地标正在逐渐消失。可能不久前你还去吃过的老字号美味餐馆，逛过的热闹露天市场，至是造访过的温馨社区，在短短几周内就能面目全非，夷为平地。"[②] 北京已然成为现代化的国际大都市，但一个无可辩驳的事实摆在眼前："京味儿"依旧在传承，依旧在发扬光大。在北京衣食住行的物质生活世界，唯有饮食传统还在延续。"人们在现实生活中并不愿住回过去的大杂院，却在乡愁情怀的感染之

---

① 连璐、王越、尉方：《北京大栅栏：历史街区餐饮空间适应性研究》，载《北京规划建设》2018年第3期。

② ［美］迈克尔·麦尔：《再会，老北京——一座转型的城，一段正在消逝的老街生活》，何雨珈译，上海：上海译文出版社2013年版，第14页。

下怀念胡同岁月的乡土人情。"① 然而，还是存在实实在在的坚守，豆汁儿、驴打滚、烤鸭、炸酱面等仍在再现过去的真实图景，并不是诱惑消费者的标签。在整个北京历史文化的图式中，"京味儿"没有逸出人们的日常生活世界。

北京作为历史文化名城，其文化认同需要不断得到强化和重构。"一种民族认同的文化塑造过程总是导致部分被用来代表整体"②，"京味儿"便成为最适宜的"部分"。于是，"京味儿"通过再现北京的历史记忆被用以建构国家首都的认同。越是现代化，人们的怀旧情结和认同心理便越是强烈，"京味儿"恰恰能够激发起人们对老北京的想象和建构，在这种现代语境中，"京味儿"便张开其极富张力的外延，京味小说、京味话剧、京味影视等均风行开来，京味儿弥漫整个北京大都市的人文时空，并且永远不会散去。

（1）"老字号"焕发生机

北京"老字号"餐饮企业经历了一个曲折的发展历程。新中国建立初期，由于经济低迷、市场萧条，许多"老字号"餐馆相继歇业，没有停业的也是勉力维持，经营十分困难。面对这种情况，人民政府采取扶持"老字号"餐饮企业持续发展的政策，通过"公私合营"，使原来属于私人所有的饭馆酒楼成为国营企业的一部分。

这些留存下来的"老字号"大多成为政府外事接待、文化艺术界名人聚会宴饮的场所。譬如，丰泽园饭庄就多次承担过国家的国宴和国家召开的各种代表会议的筵席，许多国家的元首及国家的贵宾都在丰泽园饭庄用过餐。1965 年的春天，有一天，郭沫若同夫人于立群去都一处吃饭。饭后，同店中的经理栾寿山和两三个职工攀谈起来，郭老问他们乾隆写匾的事。这时栾寿山对郭老说："这块虎头匾只能挂在店堂里，可是我们店门口还缺匾。"说到这里，栾寿山就不好往下说了。郭老看他吞吞吐吐，已明白了他的意思，就很爽快地说："我给你们写吧，可不如皇帝写得好啊！"栾寿山高兴地说："那可好了，我们有好几次想请您给写一块匾，都不好意思对您说。"过了几天，栾寿山去郭老家，就把郭老写好的"都一处"三个大字取了回来。郭沫若题写的"都一处"三个大字豪放刚健，至今仍挂在前门外都一处的门口。郭老题字后，老舍问：为何不落款？郭老答：乾隆皇上

① 何明敏：《现代性语境下的京味文化》，载《文学与文化》2014 年第 4 期。
② ［英］迈克·费瑟斯通：《消解文化——全球化、后现代主义与认同》，杨渝东译，北京：北京大学出版社 2009 年版，第 156 页。

都不落款，我哪儿敢落款？郭沫若的夫人于立群也为该店手书了高 2 米、宽 3 米的"毛主席诗词"。皇帝传说、名人题字、英才会聚、文人诗词确实为都一处增色不少。

"老字号"之所以能够持续发展，还在于其本身存在的根基仍相当稳固，相对集中的分布格局依旧存在。20 世纪 50 年代初，前门大街一带共有私营商业户 800 余家，其中饮食业占很大比重。"餐饮老字号在中心城区具有显著的集聚性。集聚性最高处位于东西城中部偏南交界处的前门—大栅栏地区，集聚性第二高位则位于西城区的什刹海—新街口一带。餐饮老字号的集聚性由这两个高点向外逐渐递减。"① 前门大街东侧从北往南有庆林春茶叶店、通三益果品海味店、力力餐厅、天成斋饽饽铺、便宜坊烤鸭店、老正兴饭庄等店铺；西侧从北往南有月盛斋酱肉铺、壹条龙羊肉馆、祥聚公饽饽铺等店铺。1979 年以后，在原有老字号商店和传统经营特色基本保留下来的同时，又陆续开设了食品新店。前门的餐饮业之所以一直兴盛不衰，主要还在于其政治地位一脉相承。从御道到神圣的天安门广场，尽管政治性质迥异，但政治地位都是崇高的。

被誉为"京城清真餐饮第一楼"的鸿宾楼饭庄，是北京唯一一家天津风味的清真饭庄，清咸丰三年（1853）创办于天津，1955 年迁到北京李铁拐斜街，1963 年迁到西长安街。郭沫若在一次用餐后，对鸿宾楼赞不绝口，题藏头诗一首："鸿雁来时风送暖，宾朋满座劝加餐。楼台赤帜红于火，好汉从来不畏难。"② 诗的每句首字连起来即"鸿宾楼好"。鸿宾楼的菜肴多达数百种，其中颇具代表性的"鸡茸鱼翅""红烧牛尾""扒驼掌"等一直广受食客喜爱。"文化大革命"期间，这些"老字号"作为"破四旧"和"封资修"的重要对象受到打击，原有的餐馆建筑遭到破坏。民国期间，卖豆汁儿的饭摊，著名的是厂甸的豆汁张，东安市场的豆汁何、豆汁徐，天桥的豆汁王、豆汁舒，花市的豆汁丁等。豆汁张叫张进忠，20 世纪 50 年代初，老张年事已高，由其子小张接替经营。小张将门市搬到虎坊桥大街路南，开了个小吃店，仍以经营豆汁儿为主。1956 年公私合营时，并入新丰园饭馆。豆汁何经营豆汁儿已有三代，1949 年以后，由何德泉经营。数十年间，

---

① 周爱华等：《北京城区餐饮老字号空间格局及其影响因素研究》，载《世界地理研究》2015 年第 1 期。
② 宝玉：《中华老字号》，沈阳：辽宁美术出版社 1999 年版，第 32 页。

由一个不足 2 平方米的豆汁摊发展到了有 4 间门面的豆汁店。① 由"私"转为"公"以后，经济实力更为强劲。尤其有了政府的大力扶持，发展的空间更为广阔。

改革开放后，在政府的大力支持下，许多"老字号"逐渐恢复，并重新振兴。1976 年粉碎"四人帮"后，月盛斋恢复了老字号。店门外"月盛斋"的黑漆金字大匾又挂上了，旧存的说明招牌在店内南墙上也挂起来，上面写着："本斋开自清乾隆年间，世传专做五香酱羊肉、夏令烧羊肉，均称纯香适口，与众不同。前清御用上等礼品，外省行匣，各界主顾无不赞美。天下驰名，只此一家。请君赐顾，请认明马家字号，庶不致误。"经过整顿，月盛斋营业有了很大发展。② 20 世纪 90 年代，北京传统糕点亦有所恢复。如北京市春光食品公司糕点一厂就将历史上享有盛誉的"宝兰斋""致兰斋""桂福斋""聚庆斋"4 家老字号的产品，按传统工艺恢复生产。致兰斋开设于清道光年间，其主要产品有"松仁油糕"和"桂花蜜供"。宝兰斋开设于清咸丰年间，主要产品有"酒皮细小八件"和"萨其马"。桂福斋开设于清宣统年间，主要产品有"奶子镶饼""山楂锅盔""重阳花糕"。聚庆斋开设于清宣统年间，主要产品有"自来红""杏仁酥"。

特别是像"全聚德""东来顺"这样的知名"老字号"餐馆积极应对市场挑战，通过产权重组、强强联合等措施，建立企业集团，从而成为北京饮食服务业大型骨干企业，并取得了不俗的业绩。在城镇，清真饮食业已从 1984 年的 245 家增至 1992 年的 1123 家（包括国营、集体与个体），清真食品（含副食）网点 1992 年已达 1011 家，东来顺、又一顺、西来顺、烤肉宛、同和轩、两益轩、祥聚公、清华斋、大顺斋、月盛斋等清真老字号均已恢复，营业得到发展，新品种不断增加。如清真糕点除传统品种外，又开发了 30 多种中西点心。同时，商业部门还在全市各大商场设立了清真专点专柜 40 余个，其中牛羊肉专柜 215 个，清真鸡专柜 30 多个，糕点专柜 69 个，豆制品专柜 10 多个，熟食专柜 30 个。③ 2006 年，

① 北京市地方志编纂委员会：《北京志·商业卷·饮食服务志》，北京：北京出版社 2008 年版，第 12 页。

② 马霖：《月盛斋马家老铺》，北京市政协文史资料编委会编：《北京文史资料精选·东城卷》，北京：北京出版社 2006 年版，第 230 页。

③ 彭年：《北京回族的经济生活变迁》，载《回族研究》1993 年第 3 期。

商务部实行"振兴老字号"工程，发布《"中华老字号"认定规范（试行）》,①
计划三年内在全国范围内认定1000家"中华老字号"，首批认定的177家"老字
号"中，北京入选67家，其中饮食类占了一半以上。北京餐饮业"老字号"企业
有80余家，在全国城市中是最多的。② 包括食品类的稻香村、来今雨轩、馄饨侯、
六必居、柳泉居、烤肉宛、桂馨斋、天福号、砂锅居、同和居、烤肉季、鸿宾楼、
天字牌（天源酱园）、桂香村、首都玉华台、同春园、华天延吉、又一顺、峨眉
（酒家）、便宜坊、都一处、月盛斋、壹条龙、天兴居、通三益、王致和、全聚德、
义利（食品）、丰泽园、稻香春、听鹂馆、白玉（北京市豆制品二厂）、东来顺，
调味品类的京糖、京晶（盐业）、龙门（醋业）、金狮（酿造厂），茶业酒业类的
中茶、元长厚、张一元、TP（北京茶叶总公司）、中华（北京龙徽酿酒有限公
司）、牛栏山、红星，药品类的白塔寺药店、同仁堂。

　　2008年北京奥运会给许多"老字号"企业带来了商机，北京全聚德集团率先
关注奥运会餐桌。在他们的努力争取下，奥运会开赛时，上万只北京全聚德烤鸭
"飞"进了奥运村，"走"上了奥运餐桌，成为各国运动员最爱的美食之一。当时
在运动员餐厅，各国运动员争相品尝这种外焦里嫩的老北京肉食。这种大受欢迎
的景况，超出了全聚德集团全体员工的意料，他们原来以为外国运动员只是尝尝
鲜，过几天热度就会减弱，没想到几乎整个奥运期间，全聚德烤鸭都热度不减,③
为中国饮食"老字号"赢得了国际声誉。

　　不少商家在经营实践中，也创立了许多新品牌，如"三元"牛奶、"德青源"
蛋品、"燕京"啤酒等，逐渐赢得消费者的信赖。电视剧《水浒传》热播后，"武
大郎炊饼"也成了商家的品牌。当时人们常常可以在大街上看到身着宋装，挑着
两个大纸箱，绶带上写着"武大郎"字样的炊饼推销员，这既是炊饼行商特有的
标志，也是在"创牌子"。④ 馄饨侯初始只是一个摊儿，有一次郭沫若在品尝过馄

---

　　①　"老字号"七项准入条件：1. 拥有商标所有权或使用权；2. 品牌创立于1956年（含）以前；3. 有
传承独特的产品、技艺或服务；4. 有传承中华民族优秀传统的企业文化；5. 具有中华民族特色和鲜明的北
京地区传统文化特征，具有历史价值和文化价值；6. 具有良好信誉，得到广泛的社会认同和赞誉；7. 国内
资本及港澳台地区资本相对控股，经营状况良好，且具有较强的可持续发展能力。
　　②　参见廖雁：《北京投入2000多万扶持老字号》，载《北京晚报》2005年12月18日。
　　③　刘宝明、戴明超：《当代北京商号史话》，北京：当代中国出版社2012年版，第99—100页。
　　④　北京市地方志编纂委员会：《北京志·民俗方言志·民俗志》，北京：北京出版社2012年版，第
121页。

饨后，竖起大拇指连赞其好。郭老看到侯庭杰包馄饨的熟练程度不禁赞道："包得这样快，这么漂亮，可否告知这有个什么讲头儿？"侯庭杰风趣地回答："这可称为'鱼儿蹦'。"此后，不少文艺界的名角常来光顾。"馄饨侯"的名声也就不胫而走了。① 其实，这些新的品牌是传统老字号的延续，秉承了传统老字号的底蕴和内涵，同时又注入了新时代的精神气质，洋溢着旺盛的生命活力。

北京"老字号"餐馆的文化特色主要表现在其悠久的历史和饮食特色上。为了激发顾客的怀旧情愫，一些"老字号"在空间布局上系统呈现富有历史底蕴的文化符号，使顾客宛若置身于过去的北京餐饮语境当中。具体的做法是：第一，在墙面上挂一些当年"老字号"企业的老照片。第二，将其主打菜品的传统烹饪技巧中的亮点做成宣传小册子。第三，桌椅和餐具加入具有"老北京"特色文化的元素。如把包间还原布置成当年清朝时期宫廷的样子。第四，员工穿着具有"老北京"特色的服饰。第五，分时段在大堂内推出一些特色表演，如京韵大鼓等。② 整体还原京城饮食的历史情境是诸多"老字号"共同努力的方向，这些具体举措有益于"老字号"的可持续发展。

可以说，几乎所有的"老字号"餐馆都有上百年的历史，它们不但是中国社会文化变迁的一个重要组成部分，而且其特有的饮食文化传承也是中国优秀传统文化的重要领域。从某种程度上讲，保护"老字号"就是保护中国传统文化，就是镌刻历史的印迹。"老字号"不仅是北京饮食文化的精华所在，而且作为当代北京的一张名片，向世界各地的人们展示着北京文化的博大与精深。这方面比较有代表性的如"全聚德""便宜坊"的烤鸭、"东来顺"的涮羊肉、"庆丰"的包子等，不胜枚举。北京"老字号"的传承主要集中在工商业、手工业、饮食业、民间艺术和文化艺术领域，其百年历史不仅积累了底蕴的厚度，更为重要的是它们身上凝结着中国传统商业文化将经济利益和社会影响结合起来的文化品格。透视"老字号"的传承轨辙，可以看到中华饮食商业文化一脉相承的演进历程，向世界展示了中国传统饮食商业文化的博大精深。而各种关于"老字号"的民间传说和趣闻逸事更增加了"老字号"所独有的文化魅力。从这些历史记忆中，我们不仅可以感受到北京"老字号"文化的亲切与有趣，更可以体味到中国民间传统文化

---

① 张杰客：《回味北京老食光》，北京：中信出版集团 2016 年版，第 15 页。
② 蔡雷、屈婷：《北京老字号餐饮企业品牌战略研究》，载《中国市场》2019 年第 22 期。

的朴实与真挚。

需要特别警醒的是，绝大部分餐饮业"老字号"都已不存在了。过去生意兴隆的"八大堂"已销声匿迹，"八大楼"仅剩下东兴楼和 20 世纪 80 年代恢复的泰丰楼。餐饮业"老字号"原本大都位于繁华地段，因地价飙升，一些"老字号"餐饮企业被迫迁移，异地重建，失去了原有的地缘和人缘关系，优势不再，品牌"贬值"，市场竞争力大大降低。如何让"老字号"可持续发展下去，这是北京饮食文化传统传承过程中必须面对的问题。以清真老字号为例，其大多经营的是牛羊肉、糕点、风味小吃及饭馆，这些行业仍以传统手艺制作为主，费工费时费力，利润空间不大，在市场竞争中处于弱势，又需要应对西方餐饮和现代食品工业的双重挤压。"老字号"是北京饮食文化的标志性文化遗产，也是北京饮食文化特色的集中体现。在"老字号"里品味特色名品，那是在品味北京悠久的历史和独特的文化底蕴。因此，"走进老字号"应该成为所有人尤其是北京年轻人的一种文化自觉。

（2）餐饮业欣欣向荣

1980 年 8 月，在东城翠花胡同里，一家名叫"悦宾"的小餐馆悄然开张了。4 张小桌，八九平方米，墙上贴着横幅，上书"尝尝看"。别看不大，但它可是北京市改革开放后的第一家个体餐馆。在其带动下，许多待业在家的年轻人尤其是返城的知识青年纷纷开始进入餐饮业，甚至第一家个体西餐馆"佳乐中西餐馆"也挂起了招牌。随着国家政策的进一步放开，"全聚德""都一处""丰泽园""泰丰楼""东兴楼""致美楼""致美斋""新丰楼""正阳楼""同春楼""全素斋""丽都餐厅""西来顺""曲园酒楼""淮阳春饭庄""真素斋""厚德福""壹条龙饭庄"等众多"老字号"企业陆续恢复原来的字号。① "老字号"以还原本店的传统名菜为首要。1978 年恢复"惠丰堂"字号。多年来，到惠丰堂吃过饭的人，有国内外著名人士，其中相声大师侯宝林先生在品尝惠丰堂风味小菜"干炸丸子""老虎酱"后赞不绝口，并以此作为素材编入书中。美国国务卿基辛格品尝饭庄的"三丝鱼翅"后称赞为"难忘的菜"。② 其他如丰泽园的"葱烧海参"，同春园的"干烧青鱼""松鼠鳜鱼""荷包鲫鱼""沙锅鲢鱼头"等，曲园酒楼的"玉带鳜

---

① 柯小卫：《当代北京餐饮史话》，北京：当代中国出版社 2009 年版，第 61—66 页。
② 北京市地方志编纂委员会：《北京志·商业卷·饮食服务志》，北京：北京出版社 2008 年版，第46 页。

鱼卷""火腿柴把鸭""汤泡肚尖"等，玉华台饭庄的"炝虎尾""干烧黄鱼"等，厚德福饭庄的"铁锅蛋""司马府鸡"等，东兴楼的"芙蓉鸡片""糟蒸鸭肝""锅塌豆腐""烩乌鱼蛋""酱爆鸡丁""醋椒鱼"等，这些都是按照传统技法制作出来的名馔。传统的烹饪技艺属于非物质文化遗产，北京餐饮业的非物质文化遗产得到比较完整的保护和传承。

20世纪八九十年代以来，北京掀起了一阵又一阵的饮食热潮，原本鲁菜独尊的格局开始有了变化。在保守的北京饮食界，最初掀起的是四川菜热，之后，便是"火锅热"。80年代中期以后，火锅开始走红北京的大街小巷，火辣辣、红彤彤的"川味十八子火锅""豆花庄小吃"率先吊起了北京人的胃口。一些个体餐馆也开始出现，北京的餐饮界出现了竞争的局面，南北的火锅大战和"皆涮"成为那个时代的风景。70年代以港式小火锅"肥牛火锅"最为时尚，90年代中期，"谭鱼头"火锅在京城一举成名，随即重庆火锅和成都火锅隆重登场，以"金山城"和"德庄火锅"为代表。在港澳地区成名的"海底捞""豆捞"也相继成为京城火锅的知名品牌。而以"东来顺"为代表的北派火锅也在持续发展，2002年，内蒙古的"小肥羊"连锁店落户京城，颇受欢迎。川菜热势头未消，粤菜借助"经济特区"的东风，迅猛地刮进北京。"阿静餐馆""明珠海鲜""香港美食城"等不同档次的粤菜馆遍布京城。一段时间内，形成川、鲁、粤三足鼎立的局面。之后又是东北菜热，"大清花""刚记海鲜""渔公渔婆"都是北京人经常光顾的东北餐馆。说起东北菜，从来都是以菜量大见长，所以很多朋友聚会的时候都会选择东北菜，吃的就是个过瘾畅快。东北农家菜特色尤其鲜明，其中小鸡炖蘑菇、猪肉炖粉条、酸菜炖白肉、锅烧肘子、血肠、酱排骨等更为普遍，在许多规模中等以上的东北餐馆中，经常可见人们"大快朵颐"的情形。①"龙虾热"曾一度弥漫京城。曾流行"四大傻"的说法：第一傻，手机戴皮套；第二傻，吃饭点龙虾；第三傻，购物去燕莎；第四傻，饭后去卡拉。"家常菜"的热度一直未减，自1993年"郭林家常菜"餐馆开业之后，"金百万""大鸭梨""天外天""咱们的菜""华天饮食""马兰拉面""九头鸟""小土豆"等一大批主营家常菜的连锁店相继出现，遍地开花，极大地满足了广大工薪阶层的需求，顾客络绎不绝。羊蝎子、酸菜鱼、麻辣小龙虾、麻辣烫、肥牛火锅、炒田螺等先后成为招牌

---

① 柯小卫：《当代北京餐饮史话》，北京：当代中国出版社2009年版，第109页。

菜，也是青年人的首选。

在外地餐馆纷纷进驻北京的同时，包括中国港台、日韩和欧美在内的著名餐饮企业也以北京为落脚点，不断开拓中国内地市场。走平民化路线的港式茶餐厅成为香港文化入驻北京的标志，日本的"吉野家""面爱面"，韩国的"釜山餐厅""汉拿山""萨拉伯尔"，中国台湾的"永和豆浆大王"和美国的"麦当劳""肯德基""必胜客"以及中国人自己的西式快餐"德克士"等国际知名餐饮连锁企业纷纷落户北京。

（3）满汉全席得以复活

在北京饮食界，一直认为满汉全席是烹饪技艺和饮食文化的高峰，以能够制作满汉全席为最高荣耀，故而当今的满汉全席又演绎为不同的版本，其中以仿膳饭庄、听鹂馆饭庄、御膳饭店、北京大三元酒家的满汉全席为代表。下面仅录仿膳饭庄的满汉全席：①

第一度宴席　到奉点心：仿膳饽饽。四干果：核桃粘、怪味杏仁、奶白葡萄、炸龙虾片。四蜜饯：蜜饯白梨、蜜饯银杏、蜜饯桂圆、蜜饯苹果。四冷点：栗子糕、御扇黄豆、金糕、芝麻卷切。冷菜：凤凰展翅、燕窝四字菜、麻辣牛肉、炝玉龙片、油焖鲜蘑、咖喱菜花。热菜一类：龙井竹笋、凤尾群翅、桂花干贝、三鲜瑶柱、金钱吐丝、芙蓉大虾、凤凰趴窝、金鱼鸭掌、鸭丝掐菜、桃仁鸡丁、炸鸡葫芦。热点两道：金丝烧卖、酥卷佛手。热菜二类：糖醋鱼卷、抓炒鱼片、网油鱼卷、龙凤柔情、琉璃珠玑、白扒四宝、鸡沾口蘑、香桃鸽蛋、虎皮兔肉、宫保兔肉。热点两道：熊猫品竹、肉末烧饼。膳粥一道：莲子膳粥。四酱菜：辣萝卜头、酱柿子椒、八宝酱菜、什锦酱菜。水果：根据季节选用。

第二度宴席　到奉点心：核桃酪。四干果：花生粘、苹果软糖、可可核桃、奶白枣宝。四蜜饯：蜜饯金枣、蜜饯樱桃、蜜饯海棠、蜜饯瓜条。四冷点：金糕卷、双色豆糕、豆沙卷、翠玉豆糕。冷菜：二龙戏珠、熊猫蟹肉、檀扇鸭掌、兰花豆干、炝黄瓜衣。热菜一类：太极发财燕、清炸鹌鹑、滑熘鹌鹑、玉掌献寿、炒黄瓜酱、炒榛子酱、凤穿金衣、雪月羊肉、侉炖羊肉、烧烤羊腿、菊花里脊。热点两道一类：如意卷、春卷。热菜二类：鲤跃龙门、萝卜鲤鱼、龙衔海棠、秋菊傲霜、绣球全鱼、雨后春笋、琥珀鸽蛋、如意竹笋、发菜黄花、云河段霄。热点

---

① 转引自潘惠楼：《京华通览：北京的饮食》，北京：北京出版社 2018 年版，第 175—177 页。

两道二类：四喜饺、龙井金鱼。膳粥一道：八宝膳粥。四酱菜：甜酸乳瓜、佛手疙瘩、泡子姜、宝塔菜。水果：根据季节选用。

第三度宴席　到奉点心：冰花雪莲。四干果：糖炒杏仁、双色软糖、蜂蜜花生、香酥核桃。四蜜饯：蜜饯桂圆、蜜饯鲜桃、蜜饯马蹄、蜜饯橘子。四冷点：枣泥糕、莲子糕、小豆糕、豌豆黄。冷菜：松鹤延年、葵花麻鱼、仙鹤鲍鱼、五丝菜卷、姜汁扁豆。热菜一类：凤凰鱼肚、日月生辉、宫廷排翅、海红鱼翅、芙蓉鱼骨、红烧鱼唇、母子相会、明珠豆腐、百子冬瓜、翠柳凤丝、白梨凤脯。热点两道一类：玉兔白菜、荷花酥。热菜二类：参婆千子、金钱鱼肚、佛手广肚、黄袍加身、荷花蟹肉、燕影金蔬、佛手金卷、白银如意、香露苹果、翡翠玉扇。热点两道二类：千层糕、金鱼角。膳粥一道：薏米膳粥。四酱菜：酱萝卜头、甜酱黑菜、甜酱藕、酱花生米。水果：根据季节选用。

第四度宴席　到奉点心：杏仁豆腐。四干果：糖炒花生、菠萝软糖、樱桃软糖、枣泥杏干。四蜜饯：蜜饯菠萝、蜜饯红果、蜜饯葡萄、蜜饯青梅。四冷点：三色糕、双色马蹄糕、二龙戏珠（含两种冷点）。冷菜：喜鹊登枝、麦穗虾卷、怪味鸡片、糖醋荷藕、鹦鹉莴笋。热菜一类：蝴蝶海参、长春羹、口蘑鹿肉、红烧鹿筋、芫爆山鸡、干煸牛肉丝、罗汉大虾、琵琶大虾、燕尾桃花、油攒大虾、抓炒大虾。热点两道一类：百寿桃、鸳鸯酥盒。热菜二类：金屋藏娇、随滑飞龙、金银鸽肉、芫爆鲜贝、芙蓉鹿尾、御龙火锅、三鲜鸭舌、翡翠银耳、鸡油冬菇、芝麻锅炸。热点两道二类：茸鸡待哺、莲花卷。膳粥一道：黑米膳粥。四酱菜：酱腐乳、酱豇豆、酱桃仁、辣菜丝。水果：根据季节选用。

第五度宴席　到奉点心：鸡丝汤面。四干果：五香杏仁、芝麻南糖、枣泥软糖、冰糖核桃。四蜜饯：蜜饯龙眼、蜜饯槟子、蜜饯鸭梨、蜜饯哈密杏。四冷点：豆沙糕、奶油菠萝冻、豆沙凉糕、芸豆金鱼。冷菜：金鸡独立、蝴蝶大虾、拌鱼肚、桂花海蜇、花篮白菜。热菜一类：万年长青、一品官燕、鲍王闹府、凤戏牡丹、红烧鱼骨、金蟾拜月、百鸟还巢、凤凰出世、龙凤双锤、云片鸽蛋、鸳鸯哺乳。热点两道一类：绣球蛋糕、黄金角。热菜二类：玉板翠带、卧龙戏珠、如意乌龙、凤脯珍珠、金狮绣球、珍珠雪耳、凤眼秋波、清炒鳝丝、干烧冬笋、烧瓢菜花。热点两道二类：荷塘莲香、酥页层层。膳粥一道：红豆膳粥。四酱菜：香菜心、甜八宝、酱香菜、酱黄瓜。水果：根据季节选用。

第六度宴席　到奉点心：藕丝羹。四干果：五香花生、柿霜软糖、花生软糖、奶白杏仁。四蜜饯：蜜饯菱角、蜜饯荔枝、蜜饯苹果、蜜饯京梨。四冷点：芙蓉糕、玉盏龙眼、橘子盏、芸豆卷。冷菜：龙凤呈祥、叉烧猪肉、芥末鸭膀、五丝洋粉、拌银耳。热菜一类：梅竹山石、沙舟踏翠、宫保鹌鹑、清蒸鹌鹑、三丝驼峰、雪里藏珍、火炼金身、炒豆酱、胡萝卜酱、香爆螺盏、抓炒里脊。热点两道一类：棠花吐蕊、晶玉海棠。热菜二类：怀胎鳜鱼、鸳鸯鱼枣、芙蓉鱼角、桂花鱼条、翡翠鱼丁、松树猴头、金钱香菇、金镶玉板、象眼鸽蛋、蜜汁山药。热点两道二类：群虾戏荷、蛋挞。膳粥一道：棒菽膳粥。四酱菜：酱丝瓜、小酱萝卜、酱杏仁、大头菜。水果：根据季节选用。

（4）特色饮食区域空间的形成

有学者就北京城区餐馆分布做了密度分析，指出其空间分布格局存在"一主两副多中心"的格局，这个格局和人口分布密度的特征相似。主中心位于朝外街道附近，范围包括朝外街道、呼家楼街道、建外街道交界处；两个副中心分别是金融街道和海淀街道的中关村西区；另外，在四环以外地区存在6个次中心，分别是：望京街道、奥运街道、上地街道、八角街道、丰台街道、三间房地区及其周边。[①] 不同街道的餐饮依据居住人群的特点而有所差异，这种差异主要表现在菜品的价位、风味、环境格调、服务水平、服务对象等方面。

20世纪90年代中期，一条从东直门到北新桥只有1400多米长的大街，是北京最早开设24小时营业的食街，而且许多饭馆扎堆般地形成了规模，买卖都很火爆。由于夜晚生意越来越好，这里被戏称为"鬼街"。后以古雅的"簋"这个同音字代替"鬼"。"簋"是中国古代一种圆口的、有两耳的食物容器。在商、周时代的宴席中，它与鼎相配，是地位和权力的象征（天子为九鼎八簋，以下为七鼎六簋、五鼎四簋、三鼎二簋）。此后"簋街"名声越来越大，而东直门内大街这个正式的名字却被人们遗忘了。[②] 餐饮街内有大小餐馆100多家，以中、小型餐馆为主，同时也有规模较大的东方渔港、金鼎轩酒楼、东兴楼饭庄、东来顺涮肉店、居德林等饭店。"簋街"曾一度成为京城餐饮业的"晴雨表"。风靡京城的"羊蝎子""红焖羊肉""鱼头""小龙虾""麻辣烫""驴肉"等都是在这条街火了以后，才在京城流行起来的。[③] 进入21世纪，餐饮一条街"簋街"掀起了麻辣小龙

---

① 谭欣、黄大全、赵星烁：《北京市主城区餐馆空间分布格局研究》，载《旅游学刊》2016年第2期。
② 祁建：《北京餐饮的变迁》，载《传承》2009年第7期。
③ 常玉敏、李亚明：《京城一条特色餐饮街》，载《北京档案》2001年第10期。

虾的热潮，简称"麻小热"。麻辣小龙虾、河蟹、羊蝎子、红焖羊肉和火锅被称为"簋街"的"五大样"。小龙虾是属于年轻人的。在炎炎夏日的傍晚，他们坐在店外塑料凳子上等着叫号，仿佛在参加饮食礼仪，颇有一种仪式感。同时，小龙虾的肉质口感鲜美，即使吃上三五十个也不会觉得腻，再喝上一大口冰镇啤酒，便进入了饮食的极乐世界。

与"簋街"齐名的是什刹海酒吧一条街。2003 年春末夏初，京城"非典"过后，什刹海湖畔吸引了越来越多的游客。他们喜欢光顾更适于休闲和边饮边聊的酒吧。由于夜夜酒吧爆满，商机敏感的商家在沿湖岸边租购民房，并将其改建为或古色古香或充满异国情调的酒吧。短短的一年多时间里，沿湖路边及附近的胡同内，酒吧从几家、十几家迅速升至 70 余家，并形成了"什刹海酒吧群落"。[①]不过，从 2017 年 7 月份开始，曾经热闹一时的酒吧、餐馆陆续关停。酒吧等腾退后的空间将重点用于引进博物馆、文创类项目。

除此之外，还有牛街民族特色街、方庄餐饮街、万丰路餐饮街、阳坊镇穆斯林餐饮文化特色街、西三环餐饮一条街等餐饮业聚集街区。当代北京的饮食空间布局越来越优化。逐步构建了三大餐饮集聚群：商务餐饮集聚群，以满足商务活动为目标，在中心商务区，建设了若干商务餐饮集聚群；中低餐饮集聚群，以满足家庭节庆消费为目标，在城市流动人口集中区，建设了若干美食一条街；社区餐饮集聚群，以满足家庭日常消费为目标，在居民社区，建设了各具特色、老少皆宜的餐饮门店。[②] 在区域分布上，东华门街道高档餐馆数量最多，三里屯街道中高档餐馆最多，建外街道中档餐馆最多，卢沟桥街道中低档餐馆最多，海淀街道低档餐馆最多。[③] 北京的餐饮服务基本能够做到让顾客各取所需。整个北京市的发展为餐饮商业布局腾出来极其广阔的空间，当代北京是餐饮业主经营和食客消费的天堂。

（5）风味小吃仍受青睐

小吃是北京饮食文化中历史最为悠久的一个系统。从某种程度上讲，小吃是和北京城市发展的历史相伴随的。如果说传统名菜是饮食文化中的大家闺秀，那么，小吃就是饮食文化中的小家碧玉，也是北京市井饮食风味的集中体现。小吃

① 刘孝存：《从簋街到什刹海》，载《北京观察》2006 年第 1 期。
② 张超：《北京市餐饮业发展趋势研究》，载《东方企业文化》2010 年第 3 期。
③ 谭欣、黄大全、赵星烁：《北京市主城区餐馆空间分布格局研究》，载《旅游学刊》2016 年第 2 期。

不仅是诸多饮食门类中最贴近民众生活的一种，而且是内容最为丰富、最能突出地方性特色的一种。对小吃的记忆成为人们追忆儿时欢乐时光、寻找旧日美好生活情趣的常态行为。作家韩少华在《喝豆汁儿》一文中写道："……听我的老岳丈说，清末叶赫那拉氏族中显宦、光绪爷驾前四大军机之一的那桐那老中堂，就常打发人，有时候就是我岳丈，从金鱼胡同宅里，捧着小砂锅儿，去隆福寺打豆汁儿来喝。"[①] 李家瑞在《北平风俗类征》中专门列了"饮食"一章，引用各种古代典籍对山楂糕、烧卖、艾窝窝、灌肠、酸梅汤、豆汁儿等北京风味小吃进行了介绍，内容详尽，使我们可以对传统社会的小吃文化获得更多的了解。[②] 晚近和当代的诸多文人雅士都毫不吝惜笔墨倾述了自己品味小吃的难忘经历。

北京小吃也经历了一个曲折的发展历程。新中国成立后，在社会主义改造的过程中，小吃摊和民间集市被当作"资本主义尾巴"受到打击，包括"老字号"和小吃铺在内的饮食行业成立国营"饮食公司"，统一经营，有的规模太小被撤并。"大跃进"时期，许多小吃摊、小饭馆被集中到护国寺和隆福寺等少数几家国营小吃店，这些小吃传人或经营者成为国营职工，传统特色难以维持，从而使得许多小吃迅速消失。"文化大革命"期间，小吃经营更是被一概取缔，只能存在于年长者的回忆当中。改革开放后，市场的开放才重新使小吃经营发展起来。私营经济的起步、个体工商业的兴起，使得民间小吃获得了发展的"第二次春天"。如今，在钟楼和鼓楼之间，以及后海孝友胡同中，都形成了具有一定规模的小吃市场。特别是孝友胡同的"九门小吃"，集中着爆肚冯、小肠陈、茶汤李、年糕钱、奶酪魏、羊头马、豆腐脑白等许多传统特色小吃品牌。

北京小吃在保持传统风味的同时，也在不断变化。譬如，原来爆肚的小料只有酱油、香菜、葱花等调料，而融入麻酱之后，得到了食客的追捧。爆肚满的第四代传承人满运杰认为，其实越简单的东西越不容易保持质量。每位食客都是美食家，他们在外面接触着不同的菜品与不同的风味，为什么人家能够经常选择光临爆肚满，是因为这里保持着几代人共同呵护的口感。[③]

北京小吃种类繁多，既有回民和满族小吃，又有汉族小吃，制作精良，色香味俱佳，老少皆宜。特别是豆汁儿、炒肝儿等小吃，为北京所专有和喜食，甚至

---

①　韩少华：《喝豆汁儿》，载《知味集》，北京：中外文化出版公司 1990 年版，第 297 页。

②　李家瑞：《北平风俗类征》，上海：商务印书馆 1937 年版，第 189—230 页。

③　京根儿：《北京老字号餐饮的新江湖》，载《北京纪事》2018 年第 1 期。

成为北京的一个符号，受到人们的青睐，以至于有人说："不喝豆汁儿，算不上北京人。"甚至还有人说："拿勺儿喝豆汁儿的，不算北京人。"而在庙会、传统节日等传统文化集中的场合与时段，小吃更是不可或缺的重要角色。人们在逛庙会、品小吃的同时，体验传统文化，感受民族传统的魅力。

牛街，是北京的一个小吃比较集中的聚集区，其小吃以清真小吃为主，用多种不同的烹调方法烹制出多达 200 种各色小吃，并且一年四季流转经营，十分兴旺。相比清真菜肴的考究，北京清真小吃有种类多、口味杂、价格廉的众多优点，能满足更多人的需求。

（6）传统名菜更加知名

传统名菜是指包括鲁菜、川菜、粤菜、上海菜、杭州菜等八大菜系和北京菜在内的传统大菜。传统社会，在北京城的"堂"、"居"和"楼"兴起的年代里，满族的菜肴和鲁菜、川菜、淮扬菜、清真菜在这些饭馆中独领风骚。到了民国，在西长安街一带兴起了一批"春"字号的饭馆。然而，好景不长，随着国都南迁，许多以政府官员、国会议员和文化名人为服务对象的饭馆难以为继，只好关门歇业。

新中国成立后，饮食的政治意义得以延续，只不过政治属性发生了根本变化。作为新中国的首都，北京饮食的政治意义更为凸显。开国第一宴是北京饮食政治意义的首次展露。1949 年 10 月 1 日，白天举行开国大典，当晚北京饭店承办了新中国的第一次国宴。开国大典之夜，中共中央领导人、中国人民解放军高级将领、各民主党派和无党派民主人士、社会各界知名人士、国民党军队的起义将领、少数民族代表，还有工人、农民、解放军代表，共 600 多人出席了新中国第一次国宴，总共 60 多桌，此次宴会后来被称为"开国第一宴"。当时北京饭店只有西餐，便邀请了当时北京有名的淮扬饭庄——玉华台的朱殿荣等 9 位淮扬菜大师前来掌勺，所做的淮扬菜肴让嘉宾们交口称赞。筵席是国家庆典和外交礼仪中不可或缺的环节，故而在新中国成立初期，北京饮食得到国家领导人和人民政府的高度重视，人民政府引进各地知名菜馆，包括"老正兴""曲园酒楼""四川饭店""晋阳饭庄""广东餐厅"在内的大批菜馆纷纷在京开张。同时，北京著名的"谭家菜"在周恩来总理的关照下获得了重生的契机。除老字号外，一些后来颇为知名的新餐馆也纷纷开业，诸如峨眉酒家、力力食堂、康乐餐馆、马凯餐厅、四川饭店等。

改革开放后，人民政府为繁荣北京餐饮市场，再次从外地引进大批著名餐馆，粤菜、杭菜、淮扬菜或者说苏菜、湘菜等纷纷入驻京城。到 20 世纪八九十年代，形成了一拨又一拨的"粤菜热""淮扬菜热""川菜热""湘菜热"。其中"粤菜热"势头最猛，得改革开放风气之先的粤菜，终于进京和川鲁菜系一较高低。不过，还是"川菜热"持续时间最长，前者走高端路线，后者面向大众。20 世纪 80 年代初，进粤菜馆成为身份的象征，菜谱上提供的尽是"高档菜"和"商务菜"，昂贵的菜价令一般工薪阶层望而却步。除了大三元之外，香港美食城、明珠海鲜酒家和顺峰酒楼、人人大酒楼、肥牛海鲜酒楼、潮江春、佳宁娜、潮好味等都是北京最有名的粤菜馆。知名人士、演艺界明星、成功的商人是这些餐馆的常客。"明珠海鲜酒家"、"山釜餐厅"和"顺峰酒楼"被视为"京城三把刀"，足见消费水平之高。粤菜馆是改革开放在餐饮业的标志，是先富起来的那部分人在饮食方面的炫耀。

在 20 世纪 80 年代以前，川菜在北京并不流行，仅有四川饭店、力力餐厅、峨眉酒家等为数不多的几家餐馆。自从 1982 年 5 月颐宾楼饭庄由山东风味改为川菜以后，川菜馆便逐渐遍布北京大街小巷。川菜馆主要经营鱼香肉丝、麻婆豆腐、宫保鸡丁、水煮肉片、夫妻肺片、水煮鱼、毛血旺、回锅肉等大众菜肴，受到广大工薪阶层的广泛青睐。进入 90 年代，出现了两款新创制的川菜，一是"水煮鱼"，一是"酸菜鱼"，至今仍是川菜馆的主打菜肴，持续受到追捧，进一步强化了川菜的平民气质。作为川菜发展趋向的标志，除了酸菜鱼和水煮鱼外，北京的新派川菜呈现出两个特点，其一是对川菜的麻、辣味道稍有减轻，使之适合北京人口味特点，如京城中的精品川菜店俏江南；其二是将麻辣作为菜肴特色，尽量发挥出来，如"麻辣诱惑"。① 当生活节奏加快以后，人们尤其是年轻人需要通过口腔的刺激来缓解工作的压力，变化多样的四川辣味菜正好满足了这一需求。

各地风味的餐馆陆续在北京的街头出现，名气比较大的有颐宾楼饭庄、聚雅酒家、花竹餐厅、人人大酒楼、闽南酒家、吐鲁番餐厅、四川豆花庄饭庄、松鹤酒家、成吉思汗酒家、洞庭湖春、滕王阁大酒楼、仿唐饭庄、珠穆朗玛酒家等。"大三元"号称京城粤菜第一家，推出了粤菜名馔中的大部分品种，诸如红烧大群

---

① 柯小卫：《当代北京餐饮史话》，北京：当代中国出版社 2009 年版，第 99 页。

翅、蛇羹、明炉烤乳猪、龙虎凤大烩、太爷鸡、东江盐焗鸡、麒麟海皇鲍片、凤爪炖果狸等。"知味观"属于正宗杭帮风味，菜品包括西湖醋鱼、生爆鳝片、东坡肉、龙井虾仁、炸响铃等杭帮菜名馔。"松鹤楼"以淮扬菜为主，主要名馔有原汁扒翅、白汁元菜、松鼠鳜鱼、荷叶粉蒸肉、西瓜鸡、巴肺汤和暖锅、叫花童鸡、东坡肉等，各地传统名菜进京，不但丰富了北京饮食文化的内涵，更使得南方菜和北方菜在北京这样一个文化底蕴丰厚、人文历史悠久、才俊明贤众多的都城继续互相借鉴与融合，从而开出了一朵又一朵鲜艳娇美的"美食之花"。

北京菜虽然并不属于"八大菜系"①，但是北京菜既融合了北方菜系料足味重的特征，又有南方菜系所具有的做工精致的优点，因此可以说，北京菜博采众长，海纳百川，自成一体。"谭家菜"是北京菜的代表。1954年，原谭家菜的家厨彭长海（红案）、崔鸣鹤（冷荤）、吴秀全（白案）参加公私合营，"谭家菜"自果子巷迁往西单"恩承居"。1958年，周恩来同志亲自安排"谭家菜"驻北京饭店西七楼。时至今日，谭家菜作为中国官府菜的一个典型，为人们研究清朝官府菜的形成和发展提供了最鲜活的样本。经过100多年的发展，谭家菜至今已经流传了四代，从谭宗浚及其儿子谭篆青首创，到第三代传人陈玉亮、王炳和、刘京生，乃至第四代传人刘忠，谭家菜始终坚持其形成之初的"火候足、下料狠"的特点，因而成为诸多官府菜中传承状况最好的一支。虽然在菜式特点上坚持原汁原味，但是谭家菜也并非止步不前、故步自封，其第三代传人王炳和在掌握谭家菜的烹调技术的基础上不断创新，使谭家菜的菜品由原来的100余种发展到今天的300多种。王炳和的代表作品"清汤燕菜""黄焖鱼翅""罗汉大虾""柴把鸭子"等都是谭家菜在继承传统的基础上不断创新的结果。当代，谭家菜在注重菜品原汁原味的基础上十分重视菜馆装饰风格和服务质量，厅堂装修古朴典雅，长廊通幽，力现清末民初旧北京皇城的文化气质。在菜品的制作上，选料奢侈，做工细致，令人赞不绝口。北京菜不仅有众多烹调高手，更有许多文化名人和美食家参与其中，使得北京菜在京城掀起了一次次的美食高潮。地理与物产、历史与政治、经济与文化、技艺与品种等方面的优势成为北京菜不断推陈出新并发展壮大的重要依凭②。

---

① 也有学者认为京菜为八大菜系之一，即川、鲁、苏、粤、京、湘、徽、闽。

② 朱锡彭、陈连山：《宣南饮食文化》，北京：华龄出版社2006年版，第1—16页。

（7）民族饮食风味依旧

"大分散，小集中"是少数民族在北京的基本人口分布。所谓大分散，意指人口无论按城、近郊区和郊区划分，还是按每个区、县划分，都分布有各民族人口。所谓小聚居，意指在一些区、县的街道、村镇，由于历史的原因，形成了一些规模不大的少数民族聚居点。[①]全市少数民族仍以世居北京的回族和满族人数为最多。截至 2014 年，北京市共有 5 个少数民族乡、123 个少数民族村，分布于 12 个区县、54 个乡镇。其中，满族村 74 个，回族村 45 个，回满、苗回满、壮满瑶、回满朝鲜族等多民族村 4 个。[②] 这种布局与他们的饮食直接相关。譬如，清真饮食的对象和方式与汉族不同，并存在诸多禁忌，促使他们中的一部分人必须从事饮食业为本聚居区的族人服务，以保证他们独有的饮食活动的顺利开展，久而久之便形成了带有商业目的的清真饮食业。

饮食作为一种极富表现力的文化传统，沿至今天，可以释放出更为广泛的思考和阐释的空间。饮食和其归属民族是紧密联系在一起的，每个民族都有其独特的饮食嗜好和品味追求，民族的饮食行为和方式不仅成为最为显耀和最值得传承的文化传统，而且都有一定体系化，构成了其基本的生存环境。譬如，牛街人为了凸显饮食的文化记忆，街巷也以牛、羊、肉、面、糖等食品命名；牛街作为主街曾名为牛肉胡同；今输入胡同曾名熟肉胡同；今牛街四条旧称羊肉胡同，还有干面胡同、糖坊胡同，这一条条街巷的名称成为民族饮食的文化表征。牛街人餐饮职业往往融入家族谱系之中，家族以独特的饮食创造和传承为自身的荣耀，如从事小吃制作的切糕张、馅饼周、烤肉刘、豆腐脑白等；从事厨行的厨子冯家、厨子梁家、厨子金家等；从事果行的果子贾家、干果子王家；从事菜行的菜牙张家、山药马家等都是各行当中的佼佼者，这一家一户都满含着辛酸故事，构成了牛街特有的民族饮食图景。[③]

在 2002 年以前，北京曾有两个"新疆村"：其中一个位于白石桥路的魏公村，该村最多时有 18 家维吾尔族餐馆；另一个位于海淀区甘家口增光路，该村曾有 33

① 张天路：《北京少数民族人口的特点》，载《人口与经济》1985 年第 5 期。

② 《北京市少数民族权益保障条例》第十一条的规定，少数民族人口达到总人口 30% 以上的乡级、村级行政区域，设立并向区、县人民政府申请认定的民族乡、村。

③ 任兆敏：《弘扬宣南清真饮食文化的一点思考》，载北京市政协文史和学习委员会编：《北京城区历史文化传承论坛材料汇编》（内部资料），2010 年，第 130 页。

家维吾尔族餐馆。所开设的拉面馆、馄饨馆、馕铺、烤包子铺、羊肉铺等别具特色，供应的饮食全都是正宗的维吾尔族风味，其种类多达数十种，如拉条子（拉面）、炒面（片）、拌面、抓饭、馕、馄饨、炒烤肉、烤全羊、羊肉串、手抓肉、馕包肉、大盘鸡等，其中，仅馕就有许多种类。魏公村汇集了长盛不衰的云南"金孔雀"傣族餐馆、"满德海"蒙古族餐厅、"老陈家"清真餐厅，还有藏族、彝族、朝鲜族等民族的特色餐馆。

这些民族餐馆成为该民族族人聚会的场所，民族的饮食将他们聚合在一起。这些民族餐馆在经营和生活中，都具有明显的内聚倾向。由于文化上的差异，特别是由于语言上的障碍和宗教信仰的不同，他们很少与当地汉族和其他民族居民交往，他们自成一个小社会。[1] 在魏公村的维吾尔族老板中，由一位威望较高者担任"村长"。他负责协调各维吾尔族餐馆之间的竞争、合作等关系。如他要定出各种饭菜的统一价格，解决维吾尔族人之间的纠纷，代表维吾尔族居民与居委会和派出所等机构协商村里的各项事务，有时也代表居委会向各维吾尔族餐馆转达政府通知和规定。[2]

21 世纪初，随着社会经济的发展，越来越多的西北回族、维吾尔族等穆斯林来到了北京，加入了北京清真饮食的行列中。许多经营规模较小的饭馆常常开在居民较多的住宅区附近，方便、物美价廉成为它们被大众所接受的重要原因。经营规模较大的，如兰州马华拉面、新疆吐鲁番餐厅、西安贾三包子已成为西北清真菜在京城较为典型的代表。[3]

（8）中国菜享誉国际

国际上流行一句俗语："花园楼房，日本老婆，中国菜。"中国饮食在世界上叫响是在中华人民共和国成立之后，而真正成就了中国菜国际名声的是北京的厨艺大师和老字号。老字号集中了中国烹饪的精华，最能代表中国的饮食水平。这主要得益于北京是全国的政治中心。在中国所有的城市中，北京餐饮业的老字号是最多的，也最有条件将中华美食推向全世界。

几乎所有的北京餐饮老字号都接待过国际友人，在这方面，留下了许许多多

---

① 杨圣敏、王汉生：《北京"新疆村"的变迁——北京"新疆村"调查之一》，载《西北民族研究》2008 年第 2 期。

② 南姝：《北京魏公村与维吾尔族的不解之缘》，载《西部时报》2012 年 4 月 13 日第 11 版。

③ 马建龙：《京城里的清真饮食》，载《中国宗教》2006 年第 1 期。

令人难忘的佳话。在这里，仅以 20 世纪 80 年代后期才开张的"厉家菜"为例，说明中国菜是如何博得国际友人青睐的。严格说，厉家菜并非老字号，但厉家的烹饪亦为家传，也有相当长的历史。先祖曾任清宫御膳监管，并整理出二三百道宫廷菜谱，故而厉家菜具有宫廷风味。

最先走进厉家大门的外国人是当时英国驻华大使，他在用餐后对厉老先生说："太好了，你们不用做广告，我在使馆区一宣传，你家就推不开门了。"英国大使馆自此多了一张告示："你们要吃中国菜，就要吃厉家菜。"在这以后，小小的羊房胡同迎来了一批又一批声名显赫的贵宾。这里既有各国的顶级政要，如冰岛总统、英国首相、澳大利亚总理、新加坡总统、美国前国务卿、加拿大前总理、美国财务部长等人物；又有世界著名的银行财团商企大佬，如世界银行、英国渣打银行、美国摩托罗拉、IBM、洛克菲勒、微软、德国大众、韩国三星的成员等。就连拳王阿里和指挥过海湾战争的美国将军也都光顾过厉家菜。在京的各国驻华使节，已经把厉家菜视作领略中国皇家宫廷风味菜的必选之地。据说，有的国家大使离任、新大使的接任交接班都安排在厉家。瑞士大使舒爱文就餐后，万分感慨，挥笔写道："世界上最好吃的菜，衷心感谢！"美国海军作战部长在用餐后，自觉无以为谢，竟摘下自己的将军胸章赠予厉老以示敬意。[1]

北京作为中华人民共和国的首都，国际交往频繁，成为展示中国博大精深饮食文化的最为开阔的窗口。通过这一窗口，外国友人在享受到中华美食的同时，也逐渐理解和认同中国饮食文化。相应地，日益扩大的国际声誉又促使北京餐饮业尤其是老字号以弘扬饮食文化传统为己任，不断增强国际竞争力。

2. 方兴未艾的西餐

从某种程度上讲，北京地区的西餐文化是与中国社会的现代化进程一同起步的。虽然鸦片战争以后，西方饮食文化就开始随着传教士和西方大资本家进入了中国，但是，真正意义上西方饮食文化在中国扩展开来还是辛亥革命以后的事。随着中国同西方资本主义各国的联系越发紧密，崇尚西方文化已经成为一种社会

---

[1] 徐双春：《羊房胡同与厉家菜》，北京市政协文史资料编委会编：《北京文史资料精选·西城卷》，北京：北京出版社 2006 年版，第 182 页。

时尚，人们不仅在服装、发型上追随西方，在饮食方式上也是如此。越来越多的西式餐馆在北京开张，外国人、买办和各类追逐西方文化的人就成为这些餐馆的常客。

20 世纪五六十年代，西餐厅为数不多，俄式风味除"老莫"外，仅有西长安街上的大地餐厅、东华门大街的华宫西餐厅，北京饭店西餐厅、东安市场的吉士林、和平餐厅、新侨饭店则经营英法大菜。尽管如此，人们仍然以进入这些餐馆就餐为荣。改革开放初期，在崇文门十字路口附近，北京第一家纯西餐馆——马克西姆西餐厅开张了。之后，西方的餐饮企业纷纷落户北京。这时，西方饮食理念才全面而深刻地介入北京人的饮食生活。

（1）日韩料理

1972 年 9 月，中日邦交正常化，日本来华人数激增。随着越来越多的日本人进入中国进行商业、文化、科技等方面的交流活动，社会上需要开办一些日式餐厅以迎合这些日本客人的口味。1978 年，第一家日本餐厅在北京饭店开业。1984年，日本京樽株式会社与北京饭店签约，合资经营，将原来的日本餐厅改为高级日本料理，命名为"五人百姓"餐厅。① 后来，随着中日贸易和投资的持续发展，两国人员往来也越来越频繁，更多的日本人来中国投资经商。许多日本料理店开始开张。最初在交道口、华龙街、新源里附近，后来在东三环、建国门、王府井、万寿路、苏州桥和中关村等地外国人集中的地区陆续开办了许多日本餐馆。到 90年代中后期，日本快餐"面爱面""吉野家""君上便当"等大型连锁企业也陆续进入北京，并开办了许多分店。寿司成为许多年轻人十分喜爱的食物。

相对于日本料理，韩国料理进入北京的时间要稍晚一点儿，但是，扩张的势头却异常猛烈。1989 年，北京华远集团和香港得事成有限公司合资开办北京山釜餐厅，这是北京第一家专营正宗韩国料理的高档餐厅。主要经营韩式烧烤和港式四季小火锅。该餐厅服务周到、热情，但消费价格也很高，食客主要是海外来京人士。90 年代初，在东三环路边的亮马河大厦开办了第二家名为"萨拉伯尔"的韩国餐厅，主要经营韩式烧烤和火锅面等韩国美食。之后，又迅速发展起来了"三千里""权金城""汉拿山"等大型韩式餐馆，这些餐馆以顾客自烤自食为主

---

① 柯小卫：《当代北京餐饮史话》，北京：当代中国出版社 2009 年版，第 118—119 页。

要就餐方式，其烤肉的方法分为用箅子和烤盘两种。① 不过这些韩式餐馆的主要投资和经营者都是中国人。韩餐在北京流行数十年，也一直有着相当数量的粉丝群。烤肉、部队锅、炸鸡，都是北京冬季受欢迎的美食，即使是冰凉的冷面，在冬天也依旧魅力不减。21世纪以来，随着《大长今》等韩剧在中国的热播，"韩流"风靡中国大地，北京也不例外，在这种情况下，吃韩国美食成为一种时尚，许多人拥进韩国餐馆感受韩国文化所带来的清新和刺激。

（2）俄罗斯风味

俄罗斯饮食并没有像美国快餐、日本寿司、韩国烤肉那样铺天盖地地席卷北京市场，却给北京的上一辈人留下了难忘记忆，如今也颇受年轻人的青睐。

新中国建立后，北京仅存不多的几家俄式餐馆，1954年10月开业的莫斯科餐厅是20世纪50年代北京档次最高的俄式西餐厅。俄式西餐的流行与"全盘苏化"的政治影响直接相关。当时莫斯科餐厅被戏称"老莫"，足见人们喜爱之程度。其大门上的"1954"提醒客人，这儿有着60多年的悠长历史。

从旋转门进去，踏台阶而上，进入一个宫殿般的世界，大厅金碧辉煌：高达7米的屋顶，华丽镀金的大吊灯，4个青铜大柱子如主心骨一样立于中央，当时是金黄色，如今因氧化而变成深青色。整个餐厅，既华丽贵气，又古朴庄重。2000年，莫斯科餐厅花巨资进行了重新扩建和装修，装修后的莫斯科餐厅在保持原有华贵高雅、气势恢宏建筑风格和保留浓郁的俄罗斯情调的基础上融合了现代时尚，充分体现出高贵、典雅和浪漫的气息。

20世纪70年代，"老莫"的银质刀叉等餐具渐渐被客人顺走，流失严重。到80年代初，"老莫"收起为数已不多的银制餐具，全部代之以普通餐具，银器只在接待贵宾时才拿出使用。身穿黑色"布拉吉"连衣裙、外罩纯白小围裙的服务员站在桌边，桌上铺着浅黄色的桌布，摆放着高脚玻璃杯、暗红色的方形餐巾。特色菜有罐焖牛肉、奶油烤鱼、奶油蘑菇汤、奶油烤杂拌、鹅肝等。

莫斯科餐厅是当年中苏建交后为体现两国友谊而建的，其历史与精湛的厨艺使其扬名至今。或许是为了加强和延续这段记忆，以朝阳区的日坛公园为中心，由公园周边的数条小街（日坛北路、雅宝路、光华路等）串联而成俄式餐厅一条街。到1995年已有6家，即时光倒流餐厅，在日坛北路4号；大笨象西餐厅，在

---

① 柯小卫：《当代北京餐饮史话》，北京：当代中国出版社2009年版，第122页。

日坛北路 17 号；大白熊西餐厅，在日坛北路 15 号；南斯拉夫西餐厅，在日坛北路 16 号；俄罗斯餐厅，在日坛北路 31 号；日坛莫斯科风味饭庄，在光华路与日坛路交界处。北京其他地方大大小小的俄式餐厅也在 20 世纪 90 年代以后红火起来。诸如基辅罗斯餐厅、彼得堡西餐厅、华天大地餐厅、老井西餐厅、小白桦西餐厅等。

有人总结出俄餐的"五大领袖"（面包、牛奶、土豆、奶酪、香肠）、"四大金刚"（圆白菜、葱头、胡萝卜、甜菜）和"三剑客"（黑面包、伏特加、鱼子酱），确实总结得很到位。俄罗斯民族粗犷豪放，朴素实诚，其传统饮食简单粗豪。俄罗斯人早先在饮食上要求不高——量大、油重、热乎就行，黑面包加白菜汤符合这三项标准。但俄罗斯人和北京人一样，在饮食上擅长"为我所用"，不论是中国饺子、德国香肠、英国牛排，还是鞑靼羊肉、乌克兰红菜汤、奥利维耶沙拉……不断吸纳的外国菜点，最后都成了俄菜一族。

（3）港台餐饮

港台文化是一种比较特殊的文化，一方面具有浓厚的中华传统文化的因子，另一方面又受到西方文化的深刻影响，饮食文化也是这样。港台餐饮文化既秉承中国饮食文化传统，又受到明显的西方餐饮文化的塑形。但是，相对于正宗的中华传统美食而言，港台餐饮毫无疑问是可以归入西餐的行列的。

港式餐饮也是从 20 世纪 80 年代起步的，最初是在王府井东华门外开了一家香港美食城，后来建外华侨村、国贸中心、中国大饭店、王府饭店、长城饭店、亮马河饭店等高档宾馆中陆续出现了香港人经营的餐馆。这些餐馆以经营高档海鲜为主，燕窝、鲍鱼、鱼翅俱全，选料精致、烹饪精细、服务殷勤周到，受到顾客的欢迎。1997 年香港回归前夕，香港人曾昭日来到北京，1998 年第一家日昌茶餐厅在东单商业街开业。谢安琪的《我爱茶餐厅》中最深得人心的一句歌词应该是"星洲炒米古法蒸青斑，西冷扒叉鸡饭，斋啡柠水鲜奶滚水蛋，款式相当广泛"，完美地诠释了港式茶餐厅的精髓。21 世纪以来，香港人经营的高档餐厅在北京随处可见。与此同时，许多茶餐厅也陆续开张，这些茶餐厅环境整洁，餐饮品种丰富，上菜速度快，中西合璧、搭配多变，而且价格也比较实惠，营业时间长，因此受到许多人的光顾。这些茶餐厅中的食物多为中西"简餐"，适合现代都市快节奏的生活。茶餐厅中有一种奶茶，是在红茶中加入牛奶制成，香港人称其为"鸳鸯"或"鸳鸯奶茶"。① 港式茶餐厅对北京人的饮食观念有较大的影响，它使人们开始逐渐形成了"饮茶"雅谈的生活方式，人们在茶餐厅聚会和休闲，品尝各种广式点心，享受生活的乐趣。

在京的台湾餐饮企业有姜母鸭、元太祖烤肉、永和豆浆大王、王品牛排、鼎泰丰等。1994 年，"永和豆浆大王"开始在北京的双榆树出现。虽然店中食品价格较高，但是所卖的豆浆、油条、小笼包、面条、馄饨、粽子等中华传统小吃制作精细，口味极佳，因此受到人们的欢迎。不久，永和豆浆大王又陆续开了许多新店。之后，永和豆浆大王通过融资和兼并重组，在国内各大城市迅速发展，成为人们口耳相传的知名快餐品牌。鼎泰丰在北京的第一家店是 2004 年开办的，餐厅环境幽雅、菜品款式味道上乘，来就餐的顾客主要是外国人、富商、白领和追求时尚的年轻人。在北京的店面主要在地坛公园西门的马路对面、米市大街周边和海淀当代商城。拥有 28 年历史、在台菜餐饮界处于领先地位的台湾餐饮集团——"欣叶"于 2005 年 6 月 17 日在北京正式开设旗舰店（中国北京欣叶总店），成为北京第一家经营台湾宴席料理的餐厅。王品牛排在北京的第一家店在秀水街对面的米阳大厦，除了经营"王品牛排"之外，也供应法式西餐。在北京的台资餐饮企业中，王品牛排档次最高、名气最大，价格也不是很高，非常适合约会和商务应酬。

（4）洋快餐

虽然在欧美，快餐业早在 20 世纪 30 年代就已经起步了，至今已经是发展十分成熟的一个行业，但其传播到中国却是 20 世纪八九十年代的事情。这主要是由于中国的工业化进程起步较晚，很长一段时间里人们的观念仍然停留在传统的饮食习惯上。而另一方面，在改革开放前，社会发展节奏没有西方那么快，因此人们也没必要在饮食上节省时间。当然，也还有社会环境和政策的原因在内。而当代社会，洋快餐的迅速发展，不仅是国内饮食市场对外开放的结果，也是北京城快节奏的生活所需要的，而包括饮食文化在内的西方文化的流行，使得洋快餐更加容易地被人们接受。

1987 年 11 月 12 日，著名快餐连锁企业"肯德基"在前门西侧开业。这一天，许多家长带着自己的孩子慕名而至，队伍从店内一直排到马路上，尽管此时

① 柯小卫：《当代北京餐饮史话》，北京：当代中国出版社 2009 年版，第 120—121 页。

还下着雪。由于店堂太小，只能一拨拨地往里放，用餐得排两个小时队。人们在品尝炸鸡、可乐和薯条的同时，也体验到了美国快餐文化所带来的新奇。很快，肯德基以其便捷、高效和高质量的服务以及统一的环境、制作赢得消费者的信任，在北京陆续开办了许多新店。与肯德基同属美国百胜全球餐饮集团的"必胜客"是全世界最大的比萨饼连锁企业。必胜客除了供应意大利式正宗比萨饼、意大利面之外，还售卖各种沙拉、炸薯条和咖啡、红茶、果汁饮料、可乐、冰激凌和甜品。其外观标志为"红屋顶"。1990年，必胜客在北京开张了第一家店。由于必胜客所经营的沙拉、酸黄瓜等西式凉菜最初不合人们的口味，价格也比较高，故而必胜客在初始阶段并不十分成功。后来必胜客打出"欢乐餐厅"的概念，加大宣传力度，全面提升服务质量，逐渐被消费者认可，并迅速在北京以至全国各大城市扩展起来。麦当劳进入中国稍晚于肯德基和必胜客。1992年4月，北京第一家麦当劳餐厅在王府井大街南口路东开业，开业当天，顾客爆满，就餐人次超过万人。到1992年年底，已在北京开了4家连锁店。麦当劳迅速被中国消费者认可，其"顾客为本"的服务理念和周到、殷勤的服务受到人们的普遍赞赏。除了肯德基、必胜客和麦当劳这三大西式快餐连锁企业，北京还有以"西部牛仔"风格闻名的星期五餐厅、乐杰士、巴西烤肉以及加拿大邦尼炸鸡、匈牙利烤鸡、法国大磨坊面包、意大利薄饼、日本吉野家、美国加州牛肉面等快餐厅。

洋快餐进入中国，其最大的意义在于为人们带来了高效率、高质量、连锁化、标准化的国际餐饮经营理念，其科学、有效的管理方式和在招聘、培训、管理员工方面的制度，亲民的品牌形象，丰富多样的促销方式都为北京餐饮企业的发展提供了借鉴。西餐在北京的发展，促使北京餐饮业在经营理念的国际化、管理技术的现代化、生产手段的科学化和人才培养的制度化等方面不断改进，同世界接轨。当代北京餐饮业能够走在全国城市的前列，与受西方餐饮业先进的经营理念的影响是分不开的。对消费者而言，西餐的进入改变了人们的消费观念，人们更加注重品牌意识、就餐的环境和服务质量。也使人们的饮食消费生活方式有了一定的改变，人们开始频繁地光顾西餐厅，在现代化的环境中从事快餐消费，从而省下许多宝贵的时间来做更有意义的事情。①

---

① 陈忠明：《饮食风俗》，北京：中国纺织出版社2008年版，第169页。

3. 茶文化、酒文化和咖啡文化的崛起

同食物的选择一样，当代北京，人们对饮品的选择也是多样化的，既包括从传统社会发展而来并得以创新的饮茶品茗，也包括近年来新兴起的咖啡、可乐、奶茶、果汁等各种西式饮料。而啤酒文化，则或许更多地受到港台和广东等地的影响。但是，相对来说，茶馆、酒吧和咖啡馆成为人们在娱乐、休闲的时候，消费各种饮品的集中场所，因此，茶馆、酒吧和咖啡馆就集中代表了当代北京饮品的发展状况。

（1）茶文化

新中国成立初期，茶馆被视为封建文化的标志，因此茶馆基本上就从京城的大街小巷消失了。直到 1987 年，在前门西侧才开办了第一家名为"老舍茶馆"的茶馆。但是，茶馆开业后，来喝茶的客人却十分稀少，茶馆中舞台上表演着很多优秀经典剧目，当时，传统文化保护、传承的意识已经萌芽，为了加以扶持，媒体进行了专门报道。"老舍茶馆"逐渐有了起色。由于其地处北京市的中心位置，成为外国人了解中国传统文化的重要窗口，茶馆生意日渐兴隆，到 1994 年，在创办人尹盛喜的带领下，"老舍茶馆"又开办了另一家叫"大碗茶酒家"，菜、酒、茶兼营的酒楼，并且免费为人们提供民乐合奏和京剧清唱节目，颇受顾客欢迎。

茶文化在中国具有十分悠久的历史。一方面，当代北京社会的茶文化继承了传统茶文化所具有的以和为贵、敬如上宾、清正廉洁、恬淡宁静的美学精髓，另一方面又在新的社会形势下渗入许多不同以往的内涵。茶一直没有脱离北京人的生活。茶叶还是人们用来待客的佳品或者用来作为馈赠亲朋好友的礼品。不仅如此，茶叶还作为新中国重要的外贸物资为国家做出了不可替代的贡献。1950 年，毛主席访问苏联，苏联贷款 3 亿美元给中国，中国则用包括茶叶在内的物资进行偿还。改革开放以后，茶文化又开始在北京城区兴盛起来，不过这个时候的茶文化更多地代表了一种生活方式和文化潮流，也就是茶文化和相声、评书等民间说唱艺术结合起来，人们在品茶与休闲的同时，欣赏评书、京韵大鼓、相声等传统民间说唱艺术，从而获得了身心的放松。当前，北京最有名的茶馆有老舍茶馆、老舍茶馆——四合茶院（又称为前门四合茶院）、前门大碗茶、德云社茶舍（德云社剧场和德云社三里屯剧场）、张一元天桥茶馆等。除了茶馆之外，当代茶文化发展的另一个潮流就是茶文化主题 Mall 的兴起。2008 年 5 月份，国内首个茶文化主题 Mall——满堂香中国茶文化体验中心，在马连道茶叶特色街落成并对外开放。

茶文化主题 Mall 首次将博物馆、茶艺馆、科普课堂和商场 4 种功能融合在一起，集参观、娱乐、学习、购物等多种功能于一身。同时，在茶文化体验中心还举办茶艺、茶道活动，每周组织茶文化讲座和各类茶事活动——健康大讲堂、绿色健康社区行、茶乡游等活动。另外，20 世纪 90 年代初在台湾兴起的泡沫红茶，在 90 年代中后期进入北京，为北京茶文化吹来了一股新风。许多泡沫红茶坊装修风格明快、简洁、雅致，饮品价格廉价，品种繁多，既有在台湾十分流行的珍珠奶茶，也有各种冰激凌，因此很受年轻人的欢迎。除了这些茶馆、茶文化主题 Mall 和小茶坊，人们还举行各种各样的茶文化节、茶叶博览会，进行茶叶展销、茶艺交流，宣传茶文化。

（2）酒文化

中国是酒的国度，中国人酿酒、饮酒的历史可以追溯到史前时期。北京不产茶，酿酒的历史则颇悠久，且名酒频出。明代时，京师以"烧刀"闻名天下。清代时则以"南路烧酒，张家湾之湾酒"驰名，后又有"二锅头"见世，沿续至今。据康熙五十八年（1719）的《顺义县志》卷二"集镇"载，牛栏山酒肆茶坊等"铺店亦数百家"；其"黄酒、烧酒"为远近闻名之"物产"。1990 年王金秋主编的《中国名酒典故大成》载："公元 1126 年后，金、元、明、清，以至今天，作为京师都城，人才荟萃，贸易日繁，百业争雄。其中首推京畿则是通县、顺义、良乡、大兴等。在所酿造的酒品中，最为著名的有'万酒'、薏苡酒、金澜酒、梨花酒与烧酒，等等。"其中，"万酒"即是以讹传讹的"湾酒"，烧酒应主指东路烧酒、南路烧酒①及马桥的小烧。② 2008 年 11 月北京仁和酒业又恢复"南路烧酒"传统工艺，以纯粮（高粱）发酵，高温蒸馏，在传承传统工艺的基础上又有所创新。

一直以来，中国的酒文化是以白酒为主，啤酒、葡萄酒等酒品基本上是舶来

---

① 这里的"南路烧酒"与前面出现的完全不同，非外制，而是本地所产。主要产地在北京大兴县黄村、礼贤、采育三镇，其名称源于清北京顺天府南路同知。康熙二十七年（1688），在北京近郊分设东、西、南、北四路同知，分管顺天府 24 州县。南路厅驻大兴县黄村镇，设巡检司，俗称"南路飞虎厅"，管辖霸州和固安、永清、东安、文安、大城、保定 6 县。当时，黄村镇内的几家烧锅酿制的烧酒，其味辛而甘，醇香浓郁，尤以位于海子角的裕兴烧锅（今大兴制酒厂）所酿烧酒为佳，运销京师，获利甚丰，声名大振，遂得名为"南路烧酒"。

② 陈学增《烧锅与通州酒史》，通州区政协文史和学习委员会：《通州民俗》"上册"，北京：团结出版社 2012 年版，第 124 页。

的产物。新中国成立初期，国家对酒实行专卖政策，具体的行政管理由中央财政部税务总局负责，酒的生产计划由专卖公司统一制订。零售商也可由经过特许的个体公司承担，需向当地专卖机关登记，申请执照及承销手册。1958 年，随着商业管理体制改革和权力下放，国家只对名酒和部分啤酒仍实行统一计划管理，其他酒的生产都下放到地方，以省为单位实行地产地销，这样就在许多地方无形中取消了酒的专卖。"文化大革命"期间，多数地区酒类专卖机构被撤销，人员被调走或下放到农村或基层，酒的专卖管理工作处于无人过问和无章可循的状态，但是，当时酒的生产和销售仍然处于国家控制之下。在酒的消费方面，除了国营工厂生产的各种酒品，农民自家也用糯米酿造米酒，用来待客，也自己消费。这个时期，除了在餐馆就餐时可以饮酒，没有酒馆或者酒吧一类以饮酒为主的消费场所。改革开放以后，国家对酒的生产和销售不断放开，各种酒吧开始陆续开张。新中国成立以来，北京的酒吧文化主要是受港台地区的影响发展起来的。

解放前，北京的酒吧主要集中在商业文化浓郁的地区，那些追逐现代时尚的青年男女成为这些酒吧的常客。当前，北京酒吧比较集中的地区包括三里屯酒吧街、北大南门、西苑饭店南侧、什刹海、酒仙桥、驼房营和大山子等远离中心城区的地方。① 特别需要介绍的是三里屯酒吧街。作为北京最具"国际范儿"的地区，三里屯一直以来都是潮流文化的聚集地，其辐射人群，也有别于其他区域。1989 年，在南三里屯开张了三里屯地区的第一家酒吧，吧内装修充满欧洲风格，让人感觉如同到了西方国家一般。不久，又有几家酒吧先后开业，并且有一家聘请菲律宾爵士乐队每晚现场演出。商人们瞄准机会，纷纷在三里屯开起酒吧。起初也只是千篇一律，后来逐渐有了乐队，有了鲜咖啡，有了进口啤酒和红酒，有了打牌或蹦迪的不同风格。很快就将原来卖汽车配件、卖服装等不相干的闲杂店铺统统挤走，成了一条酒吧街。三里屯出现了夜生活，外国人无疑成了主力。而中国人出于好奇，或是寻求与外国人接触的机会，也会跑进去花比寻常饭馆高上几倍的价钱，买一种叫作情调的东西，那可能是一杯含酒精的饮料，可能是一杯速溶咖啡，也可能只是一包话梅。

西餐、饮料和音乐成为这条酒吧街招徕顾客的重要方面，晚上热闹的人群、辉煌的霓虹、震耳的音乐、各色的外国人，使这里成为年轻人追逐的时尚之地。

① 祁建：《北京餐饮的变迁》，载《传承》2009 年第 7 期。

在众多的酒吧中有一家叫作"男孩女孩"的店，据说是当今歌坛许多圈内人和明星大腕走上演艺道路之前"梦开始的地方"，因此吸引了许多人前来。由于酒吧街生意越来越好，营业的时间也越来越长，最初主要是在晚上营业，现在，从中午开始一直到次日凌晨的三四点都会听到人群的喧闹和音乐的声音。

（3）咖啡文化

早在20世纪初，北京就有了外国人经营的咖啡馆，二三十年代，东安市场出现中国人经营的咖啡馆。但由于那时咖啡文化的受众有限，因此，这些咖啡馆的影响并不大。凭借丰富的口感和多样化的口味，咖啡饮品越来越受到中国年轻群体的欢迎。随着消费群体的扩大，咖啡文化也应运而生。咖啡文化在北京地区真正发展起来还是20世纪90年代的事情。1999年1月，星巴克在国贸开设了北京地区第一家店面，除了经营各种味道纯正的咖啡外，也有多种口味的英式红茶及茶点售卖。星巴克以其大写英文"STARBUCK"为标志，连锁经营，营造了一种随意、简洁、方便、闲适的休闲氛围，使得在京外国人和公司白领趋之若鹜。此后，星巴克在北京以至全国迅速开设了许多分店，在大型写字楼、购物中心、机场、车站都能看到统一装修风格的星巴克连锁店。① 上岛咖啡是北京餐饮市场一家规模较大的台资咖啡连锁店，其口号是"源于台湾，香闻世界"，主要经营芳香醇正的正宗手工研磨咖啡和饮料，还有各种中西茶饮和多款具有台湾特点的中式商务套餐。上岛的经营理念和星巴克不同，上岛显得严谨、有序、正式、实在。目前，北京的咖啡馆、咖啡厅随处可见，许多咖啡厅不光经营咖啡，也有红茶和其他饮品供应。不仅如此，北京还出现了许多特色咖啡厅，例如位于海淀区成府街的雕刻时光咖啡屋，其店面为蓝白色调的欧式小屋，装修风格彰显了欧洲式的恬淡与优雅，每逢周二、周四有不常见的艺术影片供爱好者欣赏。位于宣武区太平街的卡朋特咖啡屋以军事风格为主题，深受军迷朋友们的欢迎。此外还有位于朝阳区三里屯酒吧街的爵士咖啡屋，每周五有爵士乐队演出，王画咖啡屋以民谣演出为主，朝阳区亮马河大厦一层的强摇滚硬石餐厅 Hard Rock Café 以供应最美味的汉堡，演奏超炫的音乐，许多世界上著名音乐人的获奖唱片、海报、演出服饰及乐器，以及"猫王"和"披头士"等自20世纪60年代摇滚乐问世以来一些珍贵的音乐纪念品而闻名遐迩。什刹海前海北沿的蓝莲花咖啡馆，有地道的老北京

_____
① 柯小卫：《当代北京餐饮史话》，北京：当代中国出版社2009年版，第162—164页。

风格。古铜色的缎面靠背，豆绿色的桌布，青砖砌成的吧台，充满怀旧情趣，墙上挂着老北京和京郊窑屋的土建图片，让人可以在淡黄色的夕阳中追忆逝去的似水流年。当前，随着北京国际大都市地位的确立，越来越多的人开始加入咖啡的消费大军。咖啡成为家庭、办公室和各种社交场合的必备饮品，它不但与时尚、现代联系在一起，还为人们营造了一种轻松、休闲的生活气息，因而受到许多人的青睐。

咖啡馆的文化氛围不同于茶馆和酒吧，它具有明显的西方文化风格，环境整洁，格调雅致，具有浓郁的异文化情调，并且提供无线上网和各种书刊服务，成为人们休闲、放松的理想场所。

第三节　日渐丰富的家常饮食

对于居家过日子的北京普通民众来说，不可能日日去餐馆吃大餐，柴米油盐的日常三餐才是他们饮食生活的主要内容。研究当代北京饮食文化，就必须在关注整个社会的饮食潮流的同时，将视野投入广阔的民间社会，关注普通老百姓在日常生活中对于饮食的安排和喜好。底层社会的饮食状况代表了一个城市饮食生活的主流和基本面貌。虽然家常饮食包括的内容十分丰富，不同特征的社会群体①也有较大的差别，但是，从普通汉族居民的饮食生活来看，还是可以从其整体的饮食结构和饮食习俗两个方面来进行讨论的。就前者而言，自新中国成立以来，北京人经历了粗粮时代、细粮为主时代和以副食为主的时代；至于后者，饮食习俗正在逐渐为饮食时尚所取代，或者说一些传统的饮食习俗已悄然地演化为现代时尚。梁实秋先生引胡金铨的话说："不能喝豆汁儿的人算不得真正的北平人。"那时喝豆汁儿是大多数人的一种日常，如今喝豆汁儿大概是北京人最为时尚的饮食行为了。

1. 饮食结构：由单一到多元

一日三餐是人们饮食生活中最基本的内容。"吃什么"和"怎么吃"的问题不仅与人们的个体习惯、文化素养和知识结构有关，更与家庭的经济收入和社会的发展程度有关。从这个意义上讲，家常饮食不仅与个人有关，更与社会有关。当代北京民众家庭饮食生活的发展历程，从整体上来看，是与社会的发展同步的，是一个从单一到多元，从简单到丰富，从以主食为主到主副食搭配，副食比例不

---

① 例如宗教信徒、少数民族、孕妇等。

断增加的过程。

（1）主食与副食

北京属于北方地区，从饮食文化上来说是属于以面食为主粮的区域，但是由于长期以来形成的区域开放性和持续人口流动，因此简单地断定北京人的饮食生活以面食为主是不太恰当的。如果将当代北京地区的民众分为北京当地居民和外来流动人口的话，那么，应该可以说，北京当地居民饮食生活中面食的比例要高一些，而外来人口究竟以米为主还是以面为主则要根据他们出生地的饮食习惯来定。特别是在当前物资极大丰富的情况下，包括稻米和面粉在内的各种农产品上市迅速，食品种类丰富，各个地区的甚至外国进口的，在各大超市和社区市场都可以十分便利地买到。交通条件的改善和各种货运方式的现代化，以及储藏和保鲜技术的进步，使得各种时令水果和不易长久放置的食品都可以在短时间内运抵北京，因此人们吃到新鲜的水果和蔬菜已经不是难事。

就整个饮食结构中主副食的比例而言，不同时代和不同群体是有差异的。改革开放以前，受制于匮乏的物资供应状况和人们较低的收入水平，人们的家常饮食只能是以米面等主食为主，副食品只能是作为一种调剂品出现。肉、蛋、糖、奶只能是年节期间或婴儿、老人，以及客人所享用的东西。改革开放后，京城的市场供应不但面向京郊各地，而且面向全国各地开放，这就使得各种副食品极易购得，加上人们生活条件的改善和收入水平的提高，使得"吃什么"的问题再也不因为缺乏选择而受到限制。副食品逐渐成为北京人餐桌上的寻常物，人们的饮食习惯也逐渐发生了改变，特别是对奶制品和肉制品的消费，已经成为北京人日常生活中和主食同等重要的组成部分。奶制品不但是婴幼儿和老年人的必需品，在许多中青年人的生活中，早餐喝一杯热牛奶，也已经成为个人的一种饮食习惯，特别是由于蒙牛、伊利、三元等大型奶制品企业的迅速发展，不但大大降低了奶制品的价格，其铺天盖地的广告营销轰炸，也使得纯奶、酸奶、花生奶等各种奶制品成为被整个社会所接受的一种十分普通的饮品。而肉制品也已经从一种稀缺商品成为普通消费品。从营养学上来讲，少年儿童由于年龄的特点可能会偏食和挑食，这样就需要补充较多的主食和一些粗粮、蔬菜，以及含钙量多的食物，而控制对糖果等副食品的食用，这样才会有利于身体的发育。而成年人由于较大的运动量，一般会偏重主食，而忽视副食的营养平衡作用。老年人则需要多补充一些含钙量高的食物，注意粗粮和细粮的均衡，同时控制脂肪和糖等物质的摄入。

除此之外，尽管当代北京农村地区的范围已经大大压缩，但是在密云和怀柔一带，仍然有一些以种植粮食或蔬菜为生计来源的农民，他们的饮食结构也与生活在市区的白领、公务员等群体不同。对于京郊的农民来说，自己生产的农作物成为他们日常饮食消费的重要来源，在他们的饮食结构中粗粮所占的比重也要大得多。他们的家常饮食主要包括以下几个方面：以小麦及各种杂粮为原料的面食，玉米食品，豆类食品，作为粮食补充或者调节的薯类作物，各种蔬菜和水果，以及以芥菜和苏子为原料的京郊特色风味食品。① 另外值得指出的是，京郊农民和市区居民在饮食文化上可能存在着相互影响的情况，农民在消费观念和生活方式上会有意识地模仿城市居民，② 而城市居民为了逃避城市糟糕的环境和日渐增大的生活工作压力或者品尝新鲜的农家菜肴而选择到乡村度假、品尝农家菜，这样就使得城乡地区人们的饮食观念发生互动。

（2）荤菜和素菜

在计划经济时期，荤菜在人们的饮食生活中都是作为一种稀缺品出现的。城里人定量供应肉类，餐桌上平日极少有荤食。自1959年元月起，猪肉凭票供应。凡是在京有正式户口的，每人每月三张票（上、中、下旬各一张），每票供应鲜肉1~3两，依货源状况而定，肉少时供应1两，肉多时不得超过3两。但自同年5月起，把每人每月的三张票削减为两张（上、下半月各一张）。③ 那时购买以肥肉为主，为的是熬出猪油供炒菜或别的用处。

虽然大多数京郊农民家里都会饲养猪、牛或者鸡鸭等，但是，这些家禽家畜主要的功能在于贴补家用而非食用。由于家庭饲养的动物数量很少，缺乏富含营养的饲料、科学的管理，以及通风、宽敞的养殖场所，家庭养殖的规模很小，因此它不但增加家庭收入的作用有限，而且改善生活的功能也十分不足。能够经常吃肉被视作生活富裕的标志，只有在过年过节或招待客人时，普通老百姓家里才会有肉菜出现。生活水平的全面提升是在改革开放后。市场经济确立后，养殖专业户、养猪场、养鸡场等商品化、专业化的养殖基地得以建立，使得农村的养殖业获得飞速的发展，北京的肉产品供应获得了根本性的改善。猪肉、鸡肉等肉类

① 曾晓光：《传统的北京农村食谱》，北京：中国农业技术出版社2010年版，第1—8页。

② 陈映婕、张虎生：《对城镇生活的想象与认同——浙北 C 村的日常消费研究》，载《民俗研究》2011年第3期。

③ 才让多吉：《1959—1962年大饥荒期间北京的食品供应》，载《炎黄春秋》2007年第8期。

产品的价格有了较大幅度的降低，使得一般老百姓都能吃得起猪肉，而各地对北京肉产品市场源源不断的供应，则使得北京人随时都能吃上新鲜、卫生的肉产品。肉制品在传统社会所具有的"肉食者"的身份等级特性①已经消失殆尽，人们再也不能根据是否吃肉来判断一个人属于什么样的社会阶层。

不过，城乡间膳食结构差别仍然较大。1992 年我国营养调查数据表明，全国城乡间膳食结构变化总体趋势一致，但差别仍然较大：全国平均每人每天摄入热能 2328 千卡，城市居民高于农村居民约 100 千卡；平均每人每天消费蛋白质 68克，城市比农村多消费 11 克；城市人口消费的粮食较少，而动物性食物远多于农村人口。北京的情况应该有所不同，城乡之间肉食和素食的比例越来越趋于平衡。

荤素搭配不但出于一种营养均衡的考虑，更是成为一种最基本的饮食习惯，只有那些具有某种宗教信仰的人才会自愿选择在某些时候或者终身吃素。当然，对于那些具有"高血脂、高血压、高血糖"的中老年人群来说，不吃肉是出于身体健康谨遵医嘱的结果。除此之外，随着饮食营养学的普及，还出现了另一种饮食潮流，那就是注重蔬菜的食用，而适当控制对高脂肪肉类的摄入，虽然这看起来似乎又回到了当初少肉多菜的年代，但实际上这却是社会进步、饮食文化不断发展、人们的饮食观念趋向健康的结果。这是一种主动的选择，与过去那种不得已的食素不可同日而语。在贫困的年代人们是由于缺粮少食才被迫选择以各种蔬菜，特别是各种野菜来充饥，然而在当代社会，人们出于健康和营养平衡的考虑，也开始越来越多地选择在日常饮食中加入各种蔬菜和粗粮。蔬菜含有较多的维生素，能够补充人体所需要的大部分营养物质，不论是在物资匮乏的年代还是商品丰富的社会，都成为人们餐桌上不可缺少的一部分。在北京，饮食实际分为两大阵营，具有游牧民族血统的偏重肉食，其余的民族如汉族则倾向素食，这是由各自不同的饮食传统决定的。

（3）一日三餐

为何要专门讨论这一话题，因为北京过去是一日两餐。"在旧式人家，午餐总在八九点，晚餐在三四点，这也是古代残余的风俗。因为古代禁夜行，入夜以后，便无所事事，而不得不早息。至于一切公务，都是在清晨办理的。虽贵为天子，不得不日出视朝。在正式两餐以外，只是零碎在街头巷尾买点零食充饥而已。零

---

① 邱国珍：《中国传统食俗》，南宁：广西民族出版社 2002 年版，第 13—14 页。

食之中，最美的是芝麻酱烧饼。这种烧饼形圆而其中有层，外面敷一点芝麻，里面略略有香油与盐之味，刚一出炉，热香喷鼻，有四五个便抵得一顿饭了。"① 民国期间，一般老百姓家一天只吃两顿饭，清晨只喝茶，上午九十点钟吃午饭，下午四五点钟吃晚饭。两餐制主要是官方时间制度和贫穷导致的，新中国成立以后，早上八九点上班，两餐制便不适宜了。

　　中国家庭一般都是一日三餐，但现今北京人的三餐还是有自己的独特性的。北京交通的拥堵和生活节奏的急促直接影响到三餐的安排。正餐大多为晚餐，请客也一般安排在晚餐。这是由生活方式和工作节奏所决定的。对于生活在北京市区的大部分上班族来说，早、中、晚三餐吃什么是一种将工作、生活和休息结合起来的饮食和生活方式。按照营养学的要求，人们的一日三餐应该遵循"早餐吃好，中餐吃饱，晚餐吃少"的原则，但是绝大部分人不可能做到这一点，因为不论是企业还是公共机构，大多数中午休息时间只有一个多小时，因此不可能有充足的时间回家做饭，只好到快餐店买点儿东西随便对付两口。而早晨由于交通的拥堵使得人们要将很长的时间花在上班路上，因此也不可能有充足的时间做饭吃。那么唯一能够好好吃一顿的时机无疑就只能安排在晚上了。因此，晚餐就成为人们一日当中最重要的一顿饭。只有下班后，人们才有足够的时间从容地买菜做饭、享受饮食的乐趣。不少上班族是下班以后到超市采购食材，回到家展示厨艺。如果说晚餐是以比较丰盛的米饭、菜肴或者面食为主，中餐是以盒饭等快餐为主的话，那么大多数人们的早餐则选择牛奶、粥、豆浆和油条、饼、包子等比较简单的食品。应该说，这种饮食方式是不科学的，也是不健康的，但是却是一种工作和生活的结构安排中的无奈之举。这种饮食方式导致了中青年群体的一系列健康问题，如何在工作安排和合理饮食之间求得平衡，这是值得饮食学家关注并想方设法予以解决的问题。

　　北京作为超大型的国际大都市，社会成员的构成相对复杂，即便是上班的时间也是错开的，作息时间存在差异，如此，三餐的情况也是比较多元的。一些机关和企业有食堂，早餐花样众多，比较丰富。许多上班族早上在食堂就餐，"早上吃好"的要求就能达到。2002 年年初，北京市政府提出推进"早餐工程"，规范早餐市场。推出来马兰拉面快餐连锁公司、千禧鹤集团、湖南成龙华天早餐管理

---

① 铢庵（瞿兑之）：《北游录话》"关于北平的饮食"，载《宇宙风》第 23 期，1936 年 8 月 16 日。

公司、首钢集团饮食服务公司、北京金三元新世纪投资有限公司 5 家早餐经营公司。它们按照各自的区域，为全市的早餐经营网点进行配送。解决了部分上班族的早餐问题。[①] 一日三餐的饮食方式主要是绝大多数中青年上班群体的选择，对于那些退休在家的老人而言，则有更多的时间来从从容容地烹调每一顿饭菜。对于孕妇、婴幼儿和某些老人来说，可能三餐也并不是固定的，他们可能会讲究每餐少吃一点，每天四餐、五餐，甚至六餐。而有的人，尤其是从港台地区来到北京工作和生活的人，由于原来的饮食习惯的影响，可能也习惯在下午五六点钟的晚餐之后，到晚上 10 点左右再吃一顿夜宵。当然，就一日三餐来说，也存在主副食的比例和荤素搭配的问题，如果没有足够的花样来搭配和调节，人们很快就会产生厌食的问题。适当地下馆子改善生活，"打打牙祭"也不失为一种调节生活的方式。

外卖业务成为饮食消费主义盛行的催化剂，快餐食品点和各种点餐网站如雨后春笋般冒了出来，"兰州拉面""李先生牛肉面""庆丰包子""大娘水饺""真功夫""上海城隍庙"等快餐比比皆是。北京的快餐市场已形成三大主力军：一是前面提到的以"肯德基""麦当劳"为代表的洋快餐；二是仿洋快餐发展起来的具有中国特色的快餐，如"香妃烤鸡""荣华鸡"等，这一部分是北京目前发展最快的，在新开张的快餐店几乎占到三分之二；三是传统的中国式快餐，其中具有代表性的是被新闻界称为正规军的"北京市京氏快餐食品公司"。[②] 源源不断的快餐通过外卖送到各大写字楼，很多年轻人三餐都是在办公桌上用完的。

2. 饮食习俗：在时代变迁中不断传承

如果说包括主副食分配、荤素菜搭配和三餐的调和在内的饮食结构主要是一种对家常饮食生活的横向审视的话，那么，包括时令食俗、年节食俗和礼仪食俗在内的饮食习俗则是一种从纵向角度对人们家常饮食的考察，因为，这种特定的习俗的形成是经过一个长时段的过程最终被人们所共同认可的生活方式。在这种考察中，尤其需要关注时代变迁对于饮食文化所产生的深远影响。

（1）岁时节日食俗

在中国人的民俗生活中，饮食始终是一个很重要的方面，尤其是在节日期间。

---

① 康文辉、许洵：《当代北京米袋子史话》，北京：当代中国出版社 2011 年版，第 153 页。
② 游子：《京城中式快餐"热"起来了》，载《经济世界》1994 年第 6 期。

在漫长的传统社会中，人们根据对天时和物候等方面的深入观察制定了一种独特的时间制度，这种时间制度就是历法。传统历法在四季轮换的过程中形成了各种不同的节气，这些节气就成为许多传统节日产生的源头。从这个意义上来说，岁时节日食俗的形成不仅与地理环境有关，更与时间更替、物候改变有关。隐藏在岁时节日食俗当中的，不仅有人们对人类社会自身的认识，更包含着人们对人与世界的关系的认识。岁时节日食俗包括时令食俗和年节食俗两个部分，一般而言，"时令食俗的自然属性更明显，而年节食俗的社会属性更突出"①。时令食俗与农作物的成熟联系在一起，而年节食俗则与季节、节气，以及祭祀联系在一起。虽然这两种食俗具有不同的性质，但是从其节期的举行时间来看有很大的重合之处，而在当代社会，传统时令食俗的传承情况远不如年节食俗，因此，将这两部分内容合在一块儿是比较恰当的。

改革开放前，包括传统节日在内的传统习俗被当作"封建"和"落后"的事物受到人们的摒弃，建立符合时代潮流的新文化成为文化建设的主要目标。尽管如此，不论是时令饮食还是年节饮食都并没有从人们的饮食生活中完全消失，特别是各种时令性的吃食，不但弥补了粮食作物的不足，而且调节和改善了人们单调的饮食生活。年节期间，虽然各种祭祀仪式和相关习俗不再举行，但是有关年节的饮食却仍然在一定范围内持续存在。当时有一首童谣这样唱道："腊月二十三糖瓜粘，腊月二十四扫房子，腊月二十五做豆腐，腊月二十六买猪肉，腊月二十七宰只鸡，腊月二十八把面发，腊月二十九蒸馒头，三十年晚上闹一宿，初一初二拜亲友。"② 平时餐桌上一般都是素食，只有过大年的时候，才能吃上平时吃不到的美味佳肴。

改革开放后，随着社会环境的改变和传统节日的复兴，岁时节日食俗，尤其是年节食俗得到人们的提倡，甚至成为传统年节习俗的标志和代表。当前，"咬春""撑夏""摸秋""蒸冬"等传统食俗③大都已从北京地区人们的饮食生活中消失，但是在春天，人们仍然可以在菜市场买到春笋、香椿、蕨菜、荠菜等初春食物。另外，北京人还在春天的时候吃春饼，不过在传统社会，春饼是用白面擀成圆形的饼，经烙制而成，而现在演变为春饼抹甜面、卷洋角葱后食用。吃春饼

① 邱国珍：《中国传统食俗》，南宁：广西民族出版社2002年版，第133页。
② 杨铭华、焦碧兰、孟庆如：《当代北京菜篮子史话》，北京：当代中国出版社2008年版，第51页。
③ 邱国珍：《中国传统食俗》，南宁：广西民族出版社2002年版，第132—151页。

讲究酱和菜包起来，从头吃到尾，叫"有头有尾"，取吉利的意思。吃春饼的时候，全家围坐一起，把烙好的春饼放在蒸锅里，随吃随拿，图的是吃个热乎劲儿。此外还讲究吃合菜，就是用时令蔬菜的菜心，如韭黄、蒜黄等切成丝做菜，叫炒合菜。春游的时候有的人也愿意和亲朋好友去野外野餐。夏天的时令食物则有蝉蛹、酸梅汤和各种时鲜果蔬。除此之外，北京还有"头伏饺子二伏面，三伏烙饼摊鸡蛋"的说法。还有秋天的莲蓬、菊花茶，以及冬天的萝卜等食物。而年节期间的饮食习俗就更加丰富，除夕人们一家团圆吃年夜饭，只不过现在许多餐馆推出了定制年夜饭，许多人家为省事方便就到饭店里，一边看"春晚"一边吃年夜饭。春节期间自然也少不了饺子，各种素馅、肉馅应有尽有。正月十五元宵节，各种汤圆自然也是免不了的。二月二，许多老人也会做一些"春饼"和"驴打滚"给儿孙们吃，当然，一些小吃摊上也会有卖的。近年来，围绕着"寒食"制作技艺，出现了多种版本的"北京寒食十三绝"，各有依据，没有统一说法。京西"十三绝"总的来说是"五蒸、三烤、五炸"。京西"寒食"特点是家庭可自制的"五蒸"：芸豆卷、豌豆黄、豆面糕、艾窝窝、小窝头。烘烤食品三种：芝麻酱烧饼、螺丝转儿、硬面饽饽。炸货五种：烫面炸糕、姜汁排叉、蜜麻花、馓子、饹馇盒。赵书先生认为"寒食"应该是小吃、能携带、可凉食。以这三条来衡量，最能代表北京"京华寒食十三绝"的是"三蒸、四烤、六炸"："芸豆卷、豆面糕、艾窝窝；烧饼、火烧、螺丝转儿、硬面饽饽；炸糕、炸三角、蜜麻花、姜汁排叉、馓子麻花、卷果"[1]。到五月初五端午节的时候，各大超市都会推出各种各样的白粽子、小枣粽和豆沙粽等，[2] 同样，八月十五中秋节也是商家大力推广月饼的节日，人们不仅购买月饼自己食用，而且送亲戚朋友，许多企事业单位还会发月饼给职工。而到腊八节的时候，许多超市也会推出一些各种豆子掺和而成的腊八米给人们做腊八粥。

值得注意的是，当代社会的年节食俗传承，一方面相对于传统社会的全民参与而言已经大大衰落了，另一方面在社会各界的推动下，传统节日和年节食俗又具有一定程度的复兴，但是这种复兴当中出现了许多新的情况。当代社会的年节食俗已经失去了传统食俗中所具有的信仰色彩和禁忌因素，祭祀和庙会活动大大减少，人们对于年节饮食中所具有的民俗含义已经不太关注，整个社会的民俗心

---

① 赵书：《北京寒食节饮食习俗管窥》，载《时代经贸》2011 年第 4 期（上旬刊）。
② 陈忠明：《饮食风俗》，北京：中国纺织出版社 2008 年，第 21 页。

理已经发生了根本性的改变，不论是各种年节活动还是年节食俗都增加了许多娱乐因子，年轻人的参与就更是一种好奇和尝鲜的心理所致。年节食俗的复兴又是和社会各界推动的保护传统节日运动结合在一起的，许多商家的主动参与，一方面在某种程度上推动了传统食俗的传承，另一方面使得传统食俗的传承过程中商业化色彩更浓郁，甚至可以说，年节文化在某种程度上已经成为商家所营造出来的"粽子节""月饼节"。当代社会的年节食俗成为近年来兴起的"美食大潮"的一部分，许多人出于对美食的热爱，开始关注各种传统小吃、乡村农家菜，这在某种程度上带动了年节食俗的复兴。除此之外，各地以特色美食为名，大办形形色色的美食节，使得"文化搭台，经济唱戏"的路越走越远。最后，年节食俗的传承中出现了一些新食俗，例如我们上面所讲的到饭店吃年夜饭，除夕夜全家看"春晚"，到超市买腊八米，以及年节或时令饮食常年化的问题，等等，这些都是值得我们关注的新现象。

（2）人生礼仪食俗

人生礼仪食俗主要就是人们在出生、满月、百日、成年、婚嫁、丧葬等人生关口的饮食习俗。人生礼仪食俗的发展也经过了改革开放前后两个不同的阶段。改革开放前，由于许多家庭经济条件不好，母亲奶水比较少，又没有太多的钱为孩子买奶粉喝，因此小孩稍微大一点儿就开始给孩子喂稀粥喝。很少有人家举行专门的满月酒为孩子庆生。老年人过寿也基本只是在自己家庭小规模地庆祝一下。结婚时，人们提倡举行革命化的婚礼，请单位领导主持或当证婚人，在家里简单地做几个菜请亲戚朋友和同事庆祝一下就可以了。家里有人去世也只是简单地通知一下亲朋好友，然后就送到火葬场了。改革开放后，各种仪式开始兴盛起来，特别是有的家境比较优越的人家，婚嫁和丧葬的规模就比较盛大。小孩出生后产妇在医院待两三天到一周，孩子就会被家人带回家抚养，现在许多家庭都习惯用奶粉抚养婴儿，但是从营养学上来讲还是母乳喂养对孩子成长好。在传统社会人们会在小孩满月的时候摆满月酒，母亲一方的亲戚会为小孩准备许多衣帽，不过现在许多城市的家庭已经不办满月酒了，就是办也很简单。但是在农村这样的风俗还是较城市隆重一些。

关于婚嫁，现在许多年轻人不喜铺张，有的简单地请几个朋友小聚一下，给同事发发喜糖就算完事。有的则比较讲究，早早在酒店预订好宴席，向亲戚朋友广发邀请函，请专门的婚庆公司主持操办婚礼。而农村里还有一些人家习惯请专门的红白事班子在家里做酒席款待亲朋好友，一般做多少桌酒席视男方和女方家亲戚朋友的多少和家庭经济条件而定。不过一些地方保留了八碟八碗的规矩，据说是受旗人影响而来。八碟是下酒菜，有凉菜、炒菜和炸货。八碗①是佐饭的主菜，以炖为主。最后上一碗汤，多是鸡蛋汤或氽丸子汤等，说是吃饱了为了弥食缝的。上汤后客人要送给厨子钱以谢厨。②

　　至于丧葬就更加简单，现在北京城郊都实行火葬，对于那些在机关单位上班的人来说，死者去世之后，通知相关的亲朋好友某一天在殡仪馆开一个追悼会就算完事。农村的要比城市地区隆重一些，讲究在家停灵两三天时间，接受亲朋好友前来哀悼，酒席的置办跟婚嫁差不多，也是请专门的红白事班子来做，只不过场面多了许多哀伤的气氛。生日跟婚嫁和丧葬的情况不太一样，以前年轻人很少办生日宴，做寿是属于老年人的专利。但是现在许多年轻人，特别是小孩子热衷于过生日，请一大堆同学朋友到家里或者到饭馆或者麦当劳、肯德基等大型连锁店里吃生日蛋糕、唱生日歌。而老年人有的从 50 岁或 60 岁起的每个十年都要过寿，年龄越大，场面越隆重。虽然吃什么没有过多的讲究，但是许多家庭长寿面还是有的，有的也会有生日蛋糕。

　　人生礼仪将个人和周围的社会联系起来，通过举行相关的宴会可以使与自己有关的社会关系网络更加牢固。由于这种场合的食俗更加和个人自身的因素有关，因此在饮食上就具有更大的自由性。对于有的人而言，这是人生的一个重要的时间节点，值得好好庆祝，而对于有的人来说过与不过人生都没有什么太大的改变，个人并不因流俗而从众。

　　（3）饮食礼仪

　　虽然北京的家常饮食不像那些正式的宴会上那么讲究座次，但是一些最基本的规范还是有的。这种规范主要表现在长幼有序、夫妻互让、疼爱子女和以客为上。在很长一段时间内，北京社会的家庭结构是由父母和子女组成的主干家庭，即父母和一个已婚子女或未婚兄弟姐妹生活在一起所组成的家庭模式。这种家庭包括了老、中、幼三代人，虽然生活中不乏各种子女虐待老年父母的现象，但是从整体上来说，基本上还是一种"父慈子孝"式的家庭关系，表现在饮食上，就

---

　　① 八大碗的菜名是：雪菜炒小豆腐、卤虾豆腐蛋、扒猪手、灼田鸡、小鸡榛蘑粉、年猪烩菜、御府椿鱼、阿玛尊肉。

　　② 曾晓光：《传统的北京农村食谱》，北京：中国农业科学技术出版社 2010 年版，第 86 页。

是子女尽力照顾年老父母的饮食需要，日常三餐首先考虑到父母的饮食喜好，及时为父母添置营养品，使他们能够享受一个幸福的晚年。特别是在大年夜等整个大家庭聚会的时候，这种长幼有序、以老为先的家庭关系就表现得尤为明显。20世纪 90 年代以来，随着城市化的不断扩张，原有的家庭结构迅速裂变，老年父母和年轻的儿女单过的趋势越来越明显，三口之家越来越成为一种家庭结构的常态。在这种情况下，就小家庭内部的饮食礼仪来说，就是父母迁就年幼子女的饮食喜好，而夫妻之间则表现为互相体让、相亲相爱。从待客来说，北京人一直都有好客的传统，以客为尊是中华民族的优良传统。家里有客人到来，必定好酒好菜地招待，即使平时有什么舍不得吃的东西也会在这时候拿出来款待客人。另外，值得注意的是，在各种家庭的宴会上和人生礼仪场合，也是民间礼仪表现的大好时机，只不过这种场合的礼仪具有更多的社会属性，有一种"保全面子"的含义在内。

北京通常家庭的饮食礼仪不但是整个社会礼仪文化的基础和重要组成部分，也是北京传统文化在当代不断传承不断积淀的结果。民间社会对于礼仪文化的保存不但成为整个社会礼仪重建的基础，而且也是当代礼仪文化不断发展的生命之源。因此，关注民间对于"礼"的观念和实践，对于我们理解北京文化大传统和小传统之间的关系具有十分重要的意义。

第四节　饮食文化发展的新时代

在某种意义上，饮食现象最直观体现了社会发展的进程，人们的生活态度和幸福指数直接融入饮食行为当中。之所以说北京饮食文化在当代社会的发展是一个全新的阶段，就是因为在这一阶段出现了许多新现象、新事物，关注这些新现象和新事物，不但能够使我们更加全面地把握北京饮食文化发展的历史脉络，也能够使我们对当代社会的发展获得更加深入的理解。

1. 作为研究对象的北京饮食文化

北京地区的饮食文化研究是和作为整体的饮食文化学这一学科紧密联系在一起的。从 1949 年至 1979 年，受制于当时整个时代的特定国情，北京饮食文化研究处于萧条阶段，相关研究并不十分丰富。到了 20 世纪八九十年代和 21 世纪初，涌现出一大批有关北京饮食文化的散文性的随笔和介绍性的科普读物，比较深入的学术著作并不多见。这方面的著作主要有：赵珩所著《老饕漫笔——近五十年饮馔撷忆》（北京生活·读书·新知三联书店 2001 年版），王敦煌著《吃主儿》（北京生活·读书·新知三联书店 2005 年版），李春方、樊国忠著《闾巷话蔬食：老北京民俗饮食大观》（北京燕山出版社 1997 年版）。学术论文只在中国知网中检索到寥寥数篇：张秀荣的《满族的饮食文化对北京地区的影响》（《北京历史文化研究》，2007 年第 1 期），李增高的《北京地区历史上稻作的演变及其诗歌饮食文化》（载农村社会事业发展中心编：《农耕文化与现代农业论坛论文集》，中国农业出版社 2009 年版），万建中的《北京饮食文化的滥觞与定型》[《全面小康：发展与公平——第六届北京市中青年社科理论人才"百人工程"学者论坛（2012）论文集》] 和《北京建都以来饮食文化的时代特征》[1]，就第二篇文章而言，作者将辽金到民国北京饮食文化的时代特征分别概括为：辽金多民族饮食趋同存异、元代游牧饮食风味扩张、明代饮食文化趋于成熟、清代集古代饮食文化之大成、民国民族性习俗与国际化时尚并存。刘宁波的《历史上北京人的饮食文化》[2]，该文从北京人的主食、北京人的副食和北京人的饮料三个方面对历史上北京人的饮食文化情况进行了梳理。马万昌的《北京清真饮食文化与北京的清真餐饮业》[3]，该文从北京清真饮食文化具有鲜明的民族地域特色和深厚的文化内涵底蕴，北京清真餐饮业面临的挑战与困境，恢复传统、发扬优势、深化改革、加速创新振兴北京的清真餐饮业传承北京清真饮食文化三方面对北京清真饮食文化的特点、面临的困境和解决办法进行了简单的探讨。丁芮所的《民国初期北京饮食卫生管理初探》[4] 一文首先回顾了"公共卫生"概念进入中国警察机构的历程，然后从食品卫生、汽水卫生、饮水卫生三个方面对民国初期京师警察厅对饮食卫生的监督和指导、规范和稽查、宣传和教育等管理稽查措施进行了考察。陈学智的《炸酱面与老北京炸酱面史考辨》[5] 通过追溯大豆酱、面条、过水面条的产生时代，进而考证了不同历史阶段面条种类的具体食法，尤其是重点廓清了过水投凉面条——"冷淘"的制作与食法，借此辨析出了冷淘食俗历经千余年传承的核心内容。通过深入分析明、清时期都城北京的城市发展、粮食供给结构、气候条件、市民饮食

---

① 万建中：《北京建都以来饮食文化的时代特征》，载《新视野》2012 年第 5 期。
② 刘宁波：《历史上北京人的饮食文化》，载《北京社会科学》1999 年第 2 期。
③ 马万昌：《北京清真饮食文化与北京的清真餐饮业》，载《北京联合大学学报（自然科学版）》2002 年第 1 期。
④ 丁芮所：《民国初期北京饮食卫生管理初探》，载《兰州学刊》2012 年第 3 期。
⑤ 陈学智：《炸酱面与老北京炸酱面史考辨》，载《扬州大学烹饪学报》2009 年第 4 期。

生活状态等主客观因素，得出了炸酱面、老北京炸酱面为同时代产生的结论。伊永文的《清代北京的饮食与叫卖——商业文化撷拾之四》①通过梳理清人文集和清代的笔记小说对清代北京的各种饮食叫卖和吆喝记录，为我们呈现了清朝的一种市民商业文化。还有丁小平的《北京饮食文化的传承与保护》一文，发表在中国餐饮年鉴社出版的《中国餐饮年鉴（2008—2009）》上。此外，由当代中国出版社出版的《当代北京餐饮史话》《当代北京菜篮子史话》《当代北京米袋子史话》《当代北京商号史话》等也为深入理解新中国成立后北京饮食文化的发展提供了宝贵的资料和精辟的阐述。总体而言，学界对北京区域饮食文化的关注较少，北京饮食文化发展的历时性阶段、时代特征、社会文化背景、演进的轨辙等一些基本问题都无人问津。其他大量的北京饮食文化方面的著述都是对饮食品种和饮食现象的呈现，主要展示北京近现代饮食文化，揭示其丰富性和文化内涵，大多并不具有历史主义的立场和视角。

尽管直面北京饮食文化的著述屈指可数，但相关的研究颇丰且比较系统，尤其是历史文献的整理成果卓著。诸如王灿炽编的《北京史地风物书录》（北京出版社1985年版）、金受申的《老北京的生活》（北京出版社1989年版）、北京市东城区园林局编的《北京庙会史料》（北京燕山出版社1999年版）、赵兴华的《老北京庙会》（中国城市出版社1999年版）、袁熹的《近代北京的市民生活》（北京出版社1999年版）、王永斌的《北京的商业街和老字号》（北京燕山出版社1999年版）、汤用彤等编的《旧都文物略》（北京古籍出版社2000年版）、习五一的《北京的庙会民俗》（北京出版社2000年版）、王彬与崔国政辑的《燕京风土录》（上下卷，光明日报出版社2000年版）、侯仁之主编的《北京城市历史地理》（北京燕山出版社2000年版）、尹钧科的《北京郊区村落发展史》（北京大学出版社2001年版）、侯仁之与邓辉的《北京城的起源与变迁》（中华书局2001年版）、曹子西主编的《北京史志文化备要》（中国文史出版社2008年版），等等，难以枚举。王岗主编、人民出版社出版的《北京专史集成》更是卷帙浩繁，以专门史的形式从方方面面给予北京历史文化整体观照。

在这个方面还需要重点介绍的就是浙江工商大学中国饮食文化研究所所长、城市与旅游管理学院教授、《饮食文化研究》杂志编委会主任赵荣光教授。他在饮

---

① 伊永文：《清代北京的饮食与叫卖——商业文化撷拾之四》，载《商业研究》1990年第8期。

食史、饮食文化内涵研究和食学研究方面都有独到的建树，提出了"饮食文化圈"和"圈层结构"等重要概念，将中国饮食文化的基本特征归纳为四大原则、十美风格和五大特征。① 著有《天下第一家：衍圣公府饮食生活》②《中国饮食史论》③《天下第一家衍圣公府食单》④《赵荣光食文化论集》⑤《满族食文化变迁与满汉全席问题研究》⑥《中国古代庶民饮食生活》⑦《饮食文化概论》⑧《满汉全席源流考述》⑨ 等多部著作，特别是《满汉全席源流考述》一书对满汉全席产生与演变过程，以及诸多相关史料的考证和辨析，为了解北京满汉全席这一满清宫廷盛宴提供了极为丰富和可信的材料。而他所主持的《饮食文化研究》这一杂志，则成为推动中国饮食文化不断深入的一个阵地。

第二个方面就是相关学术会议的召开。1991 年 7 月，经过近一年的筹备在北京召开了"首届中国饮食文化国际研讨会"，这次会议由中国食品工业协会、中国烹饪协会、中国国际经济技术交流中心、北京中国饮食文化研究会和北京市人民政府联合主办，会议共收到各类有关中国饮食文化的研究论文 184 篇，来自国内外的众多学者就中国饮食文化的历史、现状和发展趋势及各自的研究成果进行了广泛的交流。通过这次会议，中国与海外饮食文化界及餐饮企业界加深了联系，为以后各界开展广泛学术交往与经济技术合作打下了基础。研讨会期间还进行了中国美食佳肴展评和烹饪加工技术表演，以食品与餐饮为题材的书刊资料、中国书画、餐饮用具和名特食品展览，中外食品工业知名餐饮企业的经济技术合作与学术文化合作洽谈等活动⑩。会议结束后，中国烹饪协会和北京中国饮食文化研究会编选了《首届中国饮食文化国际研讨会论文集》。这次会议拉开了中国饮食文化研究的新序幕，使全国的饮食文化研究迈上了一个新台阶。在这次会议的带动下，各类有关饮食文化、食品科技的学术研讨会接二连三地在京召开。比如，2008 年

---

① 何宏：《赵荣光食学思想发展探析》，载《楚雄师范学院学报》2013 年第 1 期。
② 赵荣光：《天下第一家：衍圣公府饮食生活》，哈尔滨：黑龙江科学技术出版社 1989 年版。
③ 赵荣光：《中国饮食史论》，哈尔滨：黑龙江科学技术出版社 1990 年版。
④ 赵荣光：《天下第一家衍圣公府食单》，哈尔滨：黑龙江科学技术出版社 1992 年版。
⑤ 赵荣光：《赵荣光食文化论集》，哈尔滨：黑龙江人民出版社 1995 年版。
⑥ 赵荣光：《满族食文化变迁与满汉全席问题研究》，哈尔滨：黑龙江人民出版社 1996 年版。
⑦ 赵荣光：《中国古代庶民饮食生活》，台北：台湾商务印书馆 1998 年版。
⑧ 赵荣光：《饮食文化概论》，北京：中国轻工业出版社 2000 年版。
⑨ 赵荣光：《满汉全席源流考述》，北京：昆仑出版社 2003 年版。
⑩ 彭信：《友谊·合作·发展——首届中国饮食文化国际研讨会在北京举行》，载《中国食品》1991 年第 8 期。

11 月 28 日举行的"第八届毛泽东养生饮食文化研讨会",2009 年 1 月 8 日召开的由中国烹饪协会主办的"中国饮食类非物质文化遗产保护弘扬工作座谈会",2010年 6 月 10 日中国烹饪协会在京举办的"北京小吃工业化生产研讨会",2011 年 3月 15 日由中国烹饪协会清真专委会主办的"北京清真烤鸭研讨会",2011 年 9 月举办的"中国茶文化起源与未来发展研讨会"等。北京食品学会自 2008 年以来共举办了八届"中国北京食品安全高峰论坛"、2009 年以来共举办了六届"食品北京科技论坛",这两大论坛学术水平较高,在国内外颇有影响力,已成为行业内的法规、技术、市场交流平台及信息发布平台,并已成为北京市科协重点论坛之一。

第三个方面就是高等院校的饮食文化课程。当前,高等院校所开设的饮食文化课程主要有三类。第一类是有关餐饮方面的烹饪课程,这一类主要是一些院校设置餐饮或者烹饪类的专业,如北京联合大学旅游学院餐饮管理系、北京吉利大学旅游学院餐饮管理专业和北京民族大学等高校开设的餐饮管理专业课程。第二类是有关饮食文化的课程,这类课程大多开设在高校的管理学院和文学院等院系,如北京师范大学文学院开设的"中国饮食文化的特征"课程,北京语言大学开设的"中国传统的饮食文化及其现代阐释"课程,北京工商大学开设的"中华传统饮食文化"课程,北京联合大学开设的"中国饮食文化概论",北京林业大学开设的"酒类鉴赏与饮食礼仪"。第三类是饮食营养和安全方面的课程,如北京工商大学开设"食品营养与卫生学""食品安全学",北京林业大学开设"饮食与健康""绿色食品与功能食品概论""食品营养"课程。针对这三类课程,各高校也组织编写了不少烹饪学和饮食文化学的教材。

最后,还值得介绍的是经国家有关部门批准成立,在民政部注册登记的中国烹饪协会,该会于 1987 年 4 月在京成立,是由从事餐饮业经营、管理与烹饪技艺、餐厅服务、饮食文化、餐饮教育、烹饪理论、食品营养研究的企事业单位、各级行业组织、社会团体和餐饮经营管理者、专家、学者、厨师、服务人员等自愿组成的餐饮业全国性的跨部门、跨所有制的行业组织。主要开展行业服务、培训服务、技术服务、信息服务和对外交流服务。受政府委托,起草制定了《餐饮业职业经理人评定条件》《餐饮企业连锁经营管理规范》《全国绿色餐饮企业规范条件》《全国餐饮业营养配餐标准》等相关的国家行业标准。与劳动和社会保障部、教育部高等教育自学考试委员会等政府职能部门,清华大学、法国昂热酒店管理学院等国内外著名院校紧密合作,举办各种职业认证和专业培训、全国餐饮业高级工商管理（MBA）培训、法国酒店管理学士学位学习，开设高等教育自学考试餐饮管理专业和中国餐饮业职业经理人资格证书考试。协会还联合有关单位，每5年举办一届"全国烹饪技术比赛"，目前这一大赛已成为我国餐饮与烹饪界最具影响力的重大赛事。另外，该会还组织编写了一系列有关烹饪、餐饮和饮食文化方面的教材和参考书。协会设有快餐、名厨、西餐、专家、清真、美食营养、火锅、高校餐饮、职业经理人和酱卤等专业委员会，设有中国餐饮年鉴社，每年定期出版《中国餐饮年鉴》。除中国烹饪协会外，与饮食有关的全国性民间组织大都成立于北京，诸如中国餐饮产业发展协会、中国美食协会、中国食文化研究会、中国饭店协会、中国食品工业协会等，这些协会为北京饮食文化的发展提供了不可多得的平台，它们的号召力和影响力巩固了北京作为全国饮食文化中心的地位。

2. 饮食与节日活动

饮食之所以能和节日联结起来，在于饮食本身就是仪式的一部分，在中国所有的节日和其他庆典场合，饮食是必不可少的环节和核心的程序。一些食品还是民间节日仪式中不可缺少的道具和象征物，只有这些食物出场，仪式叙事才能进行下去，或者说叙事逻辑才具有合理性。譬如，腊月二十三，又称"小年儿"，在民间祭灶的日子，家家户户都郑重其事地举行祭灶仪式。据民间传说，每年腊月二十三，灶王爷要升天向玉皇大帝禀报这家人一年的善恶，供玉皇据以赏罚。送灶时，人们在灶君像前的桌案上供糖瓜、清水、料豆、秣草。据说后三样是为灶王爷升天的坐骑备料。更讲究的人家，还用黄纸剪成灶王爷升天用的天梯（称"千张"），还要供上纸糊的元宝和从香烛店里买来的红蜡烛；祭灶时，把关东糖用火熔化，涂在灶王爷嘴上。人们相信这样用糖封住灶王爷的嘴，他就不能在玉皇那里讲坏话了。百姓们祈望灶王爷"上天言好事，下界降吉祥"。没有钱供红烛、糖瓜的穷苦人家，祭灶时也要供上清水和草秸，点燃一炷香，恳请灶王爷多多包涵："小的今年没有落儿，明年请吃关东糖。"当然，以美食供品祭祀神灵或祖先只是一个方面，更为主要的祭祀动机还在于祭祀者们自己饱享口福。因为祭祀之后，美味供品便上了餐桌。

故而饮食的仪式化、节日化有着深厚的历史文化积淀，这种传统节日与饮食融为一体的观念和传统为现在各种饮食文化节的举办构筑了坚实的文化土壤。或者可以这样理解，现在的饮食文化节是过去节日仪式的延续。在北京，饮食文化传统何其辉煌，民族又众多，每个民族都有自己的传统节日，节日中的饮食、饮食中的节日，其形态之丰富，根基之牢固是任何一个城市无可匹敌的。这为现代各种新型的饮食节日的举办提供了有力的文化支撑。

近几十年来，各种具有北京地域风情的饮食文化节层出不穷。这类节日以"美食"为招牌，推出各种具有特色的美食和展销活动，使爱好美食的消费者纷至沓来。许多节日在举办期间通过现做现吃、非物质文化遗产展示、传统技能技艺表演、特色产品展销、商务合作洽谈等多项活动吸引了大量北京境内外的美食爱好者、餐饮客商和普通市民的参加。饮食节日立足于北京，以张扬"京味儿"为出发点，面向全国，放眼世界。一些全国乃至国际性的美食文化节在北京举办，吸引了全国、全世界的美食向北京汇集，北京不仅成为全国饮食中心，也正在向国际美食之都迈进。

20 世纪 90 年代，通州曾举办"通州美食小吃节"，吸引本地及周边地区的商家推出风格各异的小吃 1000 余种，具代表性的传统小吃有豌豆糕、甑儿糕、切糕、凉糕、黏豆包儿、豆踏儿糕、蜜麻花、糖酥麻花、开口笑、炸油条、炸素丸子、炸糕、油饼、糖油饼、炸烧饼、炸春卷、三鲜春卷、炸蛋卷、薄脆、萨其马、糖卷馃、蜜三刀、元宝酥、炸荷包蛋、咯炸馅、炸豆腐、担担面、京东杂面、三鲜水饺、小米绿豆粥、腊八粥、八宝粥、小米粥、绿豆粥、豆腐脑、卤煮豆腐、砂锅豆腐、凉粉、杏仁茶、面茶、羊爽爽、羊杂碎汤、炒肝、炖吊子、羊肉杂面、杏仁豆腐、炸酱面、白汤羊杂碎、卤煮火烧、豆沙包、小笼包子、糖包、蒸糕、麻酱花卷、枣蒸饼、小窝头、糖三角、小枣切糕、豆面糕、炸糕、元宵、小枣粽子、椒盐烧饼、馅烧饼、煎饼、葱花饼、墩饽饽、螺丝转儿、锅贴、千层饼、京东肉饼、贴饼子、爆肚、烤羊肉串、涮百叶、炖小鱼、开花豆、卤花生、山楂糕、炸薯条、烤白薯、春饼卷大葱等。① 饮食文化节为区域饮食文化传统的发掘、弘扬提供了专门的平台。如此众多的小吃汇聚在一起，一并展示出来，必然产生强大的文化冲击力。

2010 年 8 月 20 日，"首届北京台湾美食文化节"启动仪式在北京台湾街隆重举行，活动历时一个月，美食节围绕"逛特色街区，购特色商品""进特色街区，品经典美食""游特色街区，赏古都文化"等几大板块展开，打造了北京台湾街

---

① 池源：《都城一绝——通州小吃》，通州区政协文史和学习委员会：《通州民俗》"上册"，北京：团结出版社 2012 年版，第 183 页。

品牌形象，提高了北京台湾街美誉度，促进了台湾特色消费。

2011 年 8 月 7—10 日，由中国烹饪协会和北京市饮食行业协会主办，中国烹饪协会火锅专业委员会承办的中国火锅节暨北京火锅美食文化节在北京天通绿园美食城开幕，火锅节吸引了包括内蒙古小肥羊、四川海底捞和北京友仁居等京内外 24 家火锅类餐饮企业参加，举行了中国健康火锅产业发展大会暨第三届火锅产业高峰论坛，火锅名企现场展卖与特许加盟品牌推介展，火锅产业上下游优秀供应商企业展，中国火锅饮食文化展及食品安全知识科普展，火锅产业新产品、新技术、新理念发布会，行业表彰，火锅盛宴和京城火锅品牌企业百家同庆活动。

2011 年 8 月 31 日至 9 月 7 日，第四届北京清真美食文化节在牛街举办。本届清真美食文化节主题为"宣传党的民族政策，弘扬清真饮食文化，拉动清真餐饮消费，服务京城百姓"。主要有五大主题活动：重点清真企业产品展示售卖，少数民族绝活儿表演，清真美食推广月，清真美食进社区和北京清真品牌月饼推介。活动期间主办方还发起成立了北京清真名厨联谊会。

2012 年 5 月 16 日，2012 "吃在北京"（前门）美食文化节在北京前门步行街拉开帷幕，120 余家京城内外的特色名吃、品牌餐饮和名优食品沿着古韵天街一溜儿排开，吸引众多游客争相品尝购买。此次北京前门美食文化节由市商务委、市旅游委、东城区政府共同主办，为期 5 天。参展企业既有世界五百强中粮集团，也有诸多市民耳熟能详的京城餐饮老字号。驴打滚、艾窝窝、酸梅汤、杏仁豆腐等特色小吃令人目不暇接。节日期间，北京烹饪协会还将进行"吃在北京"京城特色佳肴评选认定活动，由中国烹饪大师、北京特级烹饪大师组成评审小组，认定 50 道特色菜点。另外，还有非物质文化遗产展示、传统技能技艺绝活儿表演、特色产品推介销售、合作洽谈等多项活动。

北京国际酒店用品及餐饮博览会，简称"HOTELEX Beijing"，2016 年首次登陆北京就得到了业内众多著名企业的支持和参与，2018 年在深化咖啡与茶、食品与饮料、烘焙与冰激凌主题展区的基础上，重磅开辟了酒店用品、餐饮设备和烹饪食材三大板块。依托北京咖啡烘焙的蓬勃发展，由上海博华国际展览有限公司、世界中餐业联合会以及北京西餐业协会联合主办，北京市旅游行业协会支持的"2019 北京国际酒店用品及餐饮博览会（HOTELEX Beijing 2019）"于 2019 年 7 月 1—3 日在北京国家会议中心举行，将汇聚酒店用品、餐饮设备、食品与饮料、烘焙与冰激凌、咖啡与茶、烹饪食材、智慧餐饮解决方案、加盟及品牌管理等品类优质展商。同期举办北京国际烘焙与饮料展览会、北京国际咖啡与茶展览会、北京国际咖啡美食文化节。

"2016 北京国际咖啡展览会及北京咖啡文化节"于 2016 年 4 月 14—16 日在北京中国国际展览中心举办。为了促进咖啡产业健康发展，倡导咖啡文化，培育咖啡和加强行业国际交流，组委会重点邀请来自世界各咖啡产区的咖啡商参展，并与国内外知名的咖啡协会合作，通过全国各地的专业杂志、网站进行宣传，邀请大量全球咖啡消费较多的国家和地区的专业客商前来参观采购。现场有不少摊位有制作好的水果茶和水果酒，旁边放着小杯子，可以品尝。文化节有几个区域是比赛区域，有调酒比赛、烘焙比赛、咖啡拉花比赛，等等。北京咖啡消费市场前期培育已经结束，消费者需求已从最初的速溶咖啡上升至对咖啡品牌、风格和咖啡体验的追求，"特色咖啡""精品咖啡"已成为整个咖啡产业的主流。

2019 年 5 月 16—22 日，朝阳大悦城、国贸商城、蓝色港湾、合生汇、五棵松华熙 Live、金源购物中心等六大商圈同步举行"亚洲美食节"活动。此次"亚洲美食节"以"享亚洲美食·赏京城美景·品古都文化"为主题。肉满膏肥的胡椒螃蟹，浇上辛甜的茄汁，香辣鲜美到令人吮指；青木瓜沙拉配上弹爽的鲜虾仁儿，酸辣爽口；青柠蒸鱼细嫩到入口欲化，细品还有米酒腌渍过的清甜；经典炸春卷配上些许鱼露，金黄酥脆到能听见在齿间裂开的声音……在美食节上，可以用舌尖感受亚洲风情。

一些民间自发的节日庆典尽管不是以饮食为主题，但也离不开饮食。譬如，平谷民间一直将民间花会称为"走会"或"打会"。将走会当天清晨化装等一些准备事宜统称为"起会"，一般是大筛档的演员拿着"筛子"① 到村里大街小巷敲打，一方面是告知其他村民今天要走会，另一方面是要通知演员们集合。有的村庄会在村庙旧址放一个"二踢脚"② 作为起会的标志。走会是集体的活动，人不齐就起不了会。在筹备每年走会事宜时，大家在一起吃饭是一件很重要的事情。大华山后北宫村李胜忠会头介绍说："过去我们走会，我要把各行档头目请到我们家去，弄两大桌，大伙喝酒。这个支出就得我自己出。各档的头呢，他再把各行当的演员组织起来。两个头组织一顿饭。这事不好安排，你说现在谁家缺这顿饭。

---

① 平谷方言，指大锣鼓。
② 平谷方言，指一声响的鞭炮。

哪家喝酒要啥酒就有啥酒。吃饭呢，主要是聚会的一个方式。各档头目自己掏钱，演员们吃过饭也说'人家这也不容易，咱们该走走'。这就才把会组织起来。"①在诸多仪式中，饮食是不可或缺的重要环节。一些意义的表达和认定都是在餐桌上完成的。走会之前的这餐酒席，实际上是一种承诺：吃了饭就应该办事，酒足饭饱就应该把事办好。仪式开始之前是这样，仪式结束后也往往还要再聚一次，这次聚餐既是祝贺仪式的成功举办，也是为下一次仪式做铺垫。这种聚餐成为民间变相的合同方式，却比合同更富有人情味。这也是为什么几乎所有的仪式场合都离不开聚餐会饮这一活动的主要原因。

3. 饮食文化新潮流

北京饮食文化发展到当代社会，尤其是近几十年来出现了许多以往所不曾有的饮食新潮流，涌现出以满足商务宴请为主的高档餐厅，以星级饭店为依托的宾馆餐饮，以家常菜为主的大众餐馆，以新老字号闻名的餐馆，以便捷消费为主的中西式快餐，各类张扬个性的主题类餐厅，餐饮娱乐相结合的娱乐类餐厅，以及以规模取胜的餐饮街等。除此之外，早点工程、厨房工程、团体送餐等也层出不穷。②这种潮流的涌动既与人们生活水平的不断提高有关，也与社会发展、中外交流和人们自身文化素质的提高存在内在联系。关注这种饮食文化的新潮流，不但可以使我们更加直接地把握人们在饮食观念方面的变化，也能使我们更加深入地洞察社会的变迁。

第一，饮食市场步入现代化，如同服装商场一样，饮食也真正商品化了，或者说蔬菜、肉类等按照商品的要求，经过包装有了一定品相之后才摆放、陈列了出来。

市场大多是民国期间延续下来的，其中以菜市口为代表。菜市口位居北京最古老的大街之一广安门大街的东部。这条大街远在唐代就是东西向街，即前文重点提到的唐代檀州街。明代时，因城外的菜农聚集此处沿街设摊，菜店众多，故将菜市最集中街口称为"菜市大街"。清乾隆年间，这里已经成为京城主要的蔬菜交易市场，遂改称"菜市口"。光绪末年，官立广安市场开张。民国初年，广安市场的南部临街部分称为前场（原街巷有三条通道，当时，菜行又被称为菜趟子，

---

① 刘铁梁主编：《中国民俗文化志·北京·平谷卷》，北京：北京出版集团公司2015年版，第107—108页。

② 张超：《北京市餐饮业发展趋势研究》，载《东方企业文化》2010年第3期。

所以老住户把东西向的叫横趟子，可以通向菜市的东门；南北向的东边叫东趟子，可以通到南边大街上；西边叫西趟子，与横趟子、东趟子相连），以零售方式经营鲜鱼蔬菜等副食品。位于北部的叫后场，就是当时北京著名的蔬菜批发交易场所——广安菜市。1956年，这个市场又改称菜市口菜市场，经营蔬菜副食零售业务，成为首都南城最大、历史最悠久的菜市场。由于菜市的繁荣，在菜市口地区建起了许多店铺商号。菜市口因蔬菜交易而得名，菜农为了销售生产的蔬菜，逐渐集易为市。因其西邻广安门，南邻右安门，再往南系专供皇宫吃菜的菜户所在地。可以确证广安门、右安门内外一线，是蔬菜生产基地。这种蔬菜生产基地的现状，一直维持到20世纪90年代初期。

东单菜市场、西单菜市场、朝内菜市场、崇文门菜市场是北京的四大菜市场。1902年，东单菜市场建成，当时名为东菜市，前文已提到这是北京城资格最老的菜市场。可以肯定地说，菜市场的出现是北京人消费模式的一次革命，改变了走街串巷的营销方式。20世纪50年代初，与其他非国营商号一样，东单菜市场经过公私合营，变为一家国营菜市场，并由此正式定名为东单菜市场。西单菜市场开办于1919年，最早是在西单北大街路西，舍饭寺东口空地处。1957年，西单菜市场实行统一管理。1964年重修，次年复业。1979年再次投资近百万元改造装修，营业面积达1290平方米。菜市场设19个商品部，主营全国各地名、特、优蔬菜、副食、水产海味、肉食禽畜、熟肉、豆制品、腊味酱菜、糕点食品、烟酒糖茶等。因地处繁华的闹市区，曾创日接待顾客5万人次的纪录。1997年，西单菜市场因西单改建而拆除。朝内菜市场兴建于1953年，朝内菜市场是北京最名副其实的菜市场。朝内菜市场分前后两个货场，进入大门是第一大卖场，柜台分东西两侧，主要经营糖果、糕点、烟酒、水果之类。进入第二大卖场，这是菜市场的核心区，供应活鸡活鸭、猪肉、清真牛羊肉、虾、带鱼，还有各种蔬菜。两个大棚中间过道儿的空地上，卖堆成小山一样的成捆儿的大葱、雪里蕻。1976年3月1日，崇文门菜市场正式开业，在20世纪七八十年代是北京的标志性建筑。1700平方米的面积，成为全北京乃至全中国最大的菜市场和副食品商场。到了20世纪90年代，许多老糕点铺在旧城区销声匿迹了，但崇文门菜市场仍在经营正宗的北京糕点，正明斋的"自来白"、稻香村的绿豆糕、桂香村的太阳饼，应有尽有，包括许多现在年轻人已叫不上名字的品种。只有这里还完整地呈现着舌尖上的"北京记忆"。2002年，崇文门菜市场与物美超市联手，更名为"崇文门菜市场物美综合超市有限公司"。2010 年 5 月 28 日，新崇文门菜市场在广渠门正式开张。重张首日，"崇菜"迎宾 1.86 万人，销售额超过 50 万元。随着北京城市的发展，大型超市、商场陆续出现，许多老北京的菜市场也一度淡出了人们的视线。而东单菜市场、崇文门菜市场等老菜市场的重张开业，人们熟悉的老北京生活似乎又悄悄回来了。

菜市场作为公共场域，传统与现代是两大基本主题，既有传统风味的系统呈现，又能及时表达饮食文化的新气象。饮食文化的传统与现代在这一空间得到深度融合。在现代化的进程中，人们的口味和嗜好总是会将那些具有相当长历史的食物挽留于货架上。

第二，崇尚绿色、有机和无公害食品。有机食品（organic food）是目前国际上对无污染天然食品的统一提法。它来自有机农业生产体系，是一种根据国际有机农业生产要求和相应标准生产加工，并通过独立的有机食品认证机构认证的农副产品。其最主要的特点在于生产和加工过程中不使用任何人工合成的农药、肥料、除草剂、生长激素、防腐剂和添加剂等化学物质，注重生态环境保护和资源的可持续利用，是一种标准化、规模化的农业生产方式。这种生产方式解决了以往农业生产中严重的环境污染和生态破坏问题，对于农业生产方式的改进和人类身体健康具有十分重要的意义。在这种优良的生长环境中生产出来的农产品，没有化肥和农药残留，或者残留量很低，对人们的身体健康十分有利。这种饮食潮流的产生背景是人类的盲目无知与贪欲，形成了对资源的大规模掠夺和对生态环境的严重破坏，导致一系列能源、环境、人口和粮食问题的产生。随着农用化学物质源源不断地向农田中输入，有害化学物质通过食物链进入农作物和畜禽体内，导致食物污染，最终损害人体健康。在这种情况下，人们开始关注环境问题，并逐渐在全球范围内形成了倡导可持续发展的思潮。

进入 21 世纪，食品安全成为全社会高度关注的问题，对食品安全的高度重视，促使人们理智地使用化学合成物质，环境污染对食品安全性的威胁也逐渐为人们所重视，这使得保护环境和提高食品安全成为人民生活中的头等大事。为了保障广大市民吃上放心食品，对食品的生产、流通和消费各环节实施更高效的监管，2013 年 8 月 15 日，北京市食品药品监督管理局正式挂牌成立，负责对本市生产、流通、消费环节食品和药品的安全性、有效性实施统一监督管理，标志着以往分散在各部门对食品的分段式管理走向了集中、统一、高效的食品药品监管。

有机或有机转换食品与绿色食品类包括有机大米及杂粮、有机果蔬、有机食用油及橄榄油、有机生鲜肉类、有机茶叶、有机乳制品、有机菌类、有机葡萄酒、有机饮品果汁、有机咖啡、有机调味品、有机富硒产品、有机森林食品、有机健康食品、生态绿色食品等。1990 年 5 月，中国农业部正式规定了绿色食品的名称、标准及标志。绿色食品在中国是指经国家有关专门机构认证、准许使用绿色食品标志的，按照规定的技术规范生产，产地环境优良，实行全程质量控制，无污染、安全、优质的食用农产品及加工品。绿色食品的标志为绿色正圆形图案，上方为太阳，下方为叶片与蓓蕾，标志的寓意为保护。从北京地区来看，国际可持续农业的兴起及对食品安全的高度重视，对北京食品安全生产起到了启发和促进作用。经过 30 年的持续发展，截止到 2018 年 11 月底，有效期内的绿色食品企业 70 家 324 种产品，产量 120.3 万吨。培育出德清源鸡蛋、二商希杰、三元食品、东升方圆蔬菜和燕京啤酒等 13 家市级和国家级产业化龙头企业。另外，昌平草莓、京白梨、怀柔板栗、房山磨盘柿、大兴西瓜、平谷大桃、北京鸭等北京地理标志农产品也名声遐迩。

截止到 2017 年 7 月，北京无公害蔬菜基地达 657 家，共有蔬菜、食用菌等共 2457 种产品，生产规模 1.7 万余公顷，无公害蔬菜供应量达 90 万吨。基地里多本"日常农事记录本"记录着菜苗从"移栽""间苗""治虫""施有机肥"等一直到"采收""供应"市场的全过程。全程回溯的"日常农事记录本"为每家无公害蔬菜生产基地必备，且面临来自北京市优质农产品产销服务站及当地植保、监测等农业部门的检查。2020 年 1—3 月，北京 93 家蔬菜病虫害全程绿色防控示范基地累计为市场供应蔬菜 3429.5 吨，其中果菜 814.3 吨，叶菜 1398.5 吨，其他蔬菜 1216.7 吨，疫情防控期间，基地在蔬菜安全生产和市场供应保障方面发挥了重要作用。

第三，强调饮食与保健、养生相结合。2010 年有学者就北京市居民饮食及营养状况做了专门调查分析，每天吃早餐的人占 76.3%，经常吃粗粮的人占 83.7%，每天摄入水果或 3 种以上蔬菜的人占 94.3%，经常摄入牛奶或豆制品的占 93.1%，营养知识知晓率为 46.3%，希望建立社区健康管理机构的人占 75.1%，68.3% 的人需要专业的公共营养师。结论：北京市居民有较好饮食习惯，但在营养知识方面需要相关部门进一步指导，需加快社区健康管理机构的建设，完善营养促进制度。① 2017 年，北京市政府新闻办联合市卫计委发布《"健康北京2030"规划纲要》，正式建立健全居民营养监测制度。监测内容包括食物摄入量、能量和营养摄入量以及膳食结构特点，准确评估家庭及不同群体膳食营养状况、制订合理的营养改善计划和有效的营养教育方针，等等。规划纲要提出，北京市要普及健康生活方式，实施国民营养计划，全面普及膳食营养知识。到 2020 年，居民健康素养水平达到 40% 以上，人均每日食盐、食用油摄入量控制在 8.5 克和33 克以内。到 2030 年，居民健康素养水平达到 45% 以上，人均每日食盐、食用油摄入量持续下降。

改革开放以前，北京市居民普遍营养不良，改革开放以后则逐渐变成营养过剩。如今，北京居民膳食消费的种类、数量及其提供的能量、蛋白质已经能够满足北京市民的身体需要。然而食物结构失衡、脂肪供热比超过世界卫生组织（WHO）警戒线，尤其是农村，膳食能量及脂肪供热比与城区不相上下，存在影响健康的隐患。中国人饮食原本以味道为重，并不刻意追求食物的营养成分和营养成分的合理搭配，但随着人们饮食生活水平的提升，饮食保健和营养越来越受到重视，科学膳食、合理膳食成为越来越多市民的共识和共同需要遵循的饮食行为。

在中国传统饮食文化中就有一种"药膳"和"食疗"的说法，但是这种饮食方式更多的是和中医结合在一起，而且其重点在于"疗"，目的也在于"疗"，故推崇这种饮食方式的人数并不太多，以老年人为主。而近几年兴起的饮食保健和饮食养生则是通过有意识地对饮食和生活进行调理，使人们在日常生活中不知不觉就达到了保健和养生的目的。由于这种生活方式简单易行，因此受到社会上许多人的推崇，并因此而形成一种饮食潮流。这种生活方式将饮食、运动和日常作息结合起来，培养一种健康的、有规律的生活习惯。而具体的饮食内容，则根据气候和季节的不同而有所不同。春天天气多变，乍暖还寒，起居上要晚睡早起，注意保暖、适当运动，以吸入自然界的清新空气，使自身气血调和通畅，增强机体的免疫能力。这个季节应多吃清淡易消化食品。日常饮食遵循温补、清淡的原则。夏季酷热多雨，人的腠理开泄，暑湿之邪最易乘虚而入，所以，此时应注意防暑祛湿。夏天因为天气炎热，起居上宜晚卧早起，中午暑热最盛，宜午睡以躲

① 刘浩宇：《北京市居民饮食及营养状况调查分析报告》，载《北京城市学院学报》2010 年第 2 期。

避暑热。在饮食上应注重清热除湿，不宜食用温补燥热的食物，要少吃热性、辛辣的食物，多吃当季盛产的蔬菜与瓜果。秋季暑热未尽，凉风时至，天气变化无常，即使在同一地区也会有"一天有四季，十里不同天"的情况。因此，秋天起居宜早卧早起，保持室内通风，多呼吸新鲜空气。秋燥易伤津液，要及时补充水分，饮食应以滋阴润肺为佳。秋季湿度偏低，总的气候特点是干燥。除适当多服一些维生素及有滋阴润燥作用的食物外，还可服用一些具有保湿、清肺热功用的中药。衣着上做到恰如其分。冬天是进补强身的最佳时机，日常饮食要以温热性食物为主，最宜食用能滋阴潜阳、热量较高的食物。为避免维生素缺乏，还应多食青菜、菇类等绿色蔬菜。另外，姜、辣椒、八角等香料不仅温补，还能帮助血液循环，可多加利用。反之，冷饮或凉性的食物应该少吃，否则极易损伤本已虚衰的阳气。冬季气候严寒，平时可以多吃一些能活血补气的药膳来加速新陈代谢，防御寒冬。

第四，注重粗粮细粮相搭配，保持营养平衡。在古代，五谷没有粗粮、细粮的分别，20世纪50年代起，我国从口粮制度管理出发，将粮食人为地分为粗粮、细粮。粗粮有小米、黄米、大麦、荞麦、玉米、高粱、青稞；黄豆、毛豆、蚕豆、绿豆、红小豆、豌豆、土豆；红薯、山药、栗子、菱角、花生米、芝麻。细粮有稻米、小麦。稻米又分为大米和糯米。"五谷为养"，粗细粮均有丰富的营养，搭配吃才对健康有利。老北京老百姓的主食倒有"粗粮"和"细粮"之别。老北京人中流传一句俗语，即"要饱家常饭，要暖粗布衣，知疼着热儿还是结发妻"。家常饭当然以粗粮为主。细粮有大米、白面，粗粮有玉米面、小米、荞麦面、豆面等。大米用来做饭，有焖饭、蒸饭、捞饭、碗儿蒸饭、炒米饭等做法。用小麦磨成面粉吃法较多，除了蒸馒头之外，还可以烙饼、做面条。玉米磨成面之后可以做成窝头、贴饼子、"球儿汤"、玉米面儿粥等。小米粥、荞麦面条也是北京人常吃的粗粮。北京的小吃种类很多，像炸油饼、芝麻酱烧饼等。辛亥革命之后，随着漕运的废止，北京人的主食从以老米为主改为以面食为主。小麦面成为主食，无论是面条、馒头、饺子、包子都是以面粉做成。面粉是细粮，玉米面、高粱米则是粗粮。玉米面做成的窝头、贴饼子是贫民的主食。

20世纪80年代以来，随着人们生活水平的提高，包括高粱饭、豆饼、窝窝头在内的粗粮食品逐渐从人们的菜单上消失了，人们的饭桌上变成了大米白面一统天下。而近年来随着绿色有机食品的广泛流行，以及健康意识的加强，人们逐渐认识到粗粮作物中也含有大量人体所缺乏的营养物质，粗粮和细粮食品相结合，不但能有效地补充纯细粮食品营养元素的缺乏，增进人体健康，而且能改变某些不良的饮食习惯，特别是对于那些比较挑食的少年儿童来说，粗粮食品更是可以补充他们成长所需要的许多营养物质。除此之外，粗粮食品还可以使人们在吃腻了鸡鸭鱼肉之余换个口味，变换花样，增加饮食的丰富性。而许多野菜不仅具有食疗的功效，可以有效地缓解高血压、高血脂、高血糖等"富贵病"，还能提高人体的免疫力，增强人体的健康状况。还有，野菜也可以增加蔬菜品种的多样性，补充其他日常蔬菜在营养方面的不足。许多用粗粮或野菜做的小吃或传统小食品，不但可以使人们获得享受美食的乐趣，还能使人们更加感性地认识过去老北京人的饮食生活。

第五，饮食文化产业做大做强。随着餐饮业的发展，其市场更加细化，按经营业态可分为休闲餐饮、西式正餐、快餐送餐、酒楼、火锅、综合餐饮、宾馆餐饮和其他餐饮等形式。不论是哪种餐饮业态，都在向着产业链的方向发展。

长期以来，中国餐饮品牌更多停留在地域品牌或者家族品牌这一层面。传统的中餐一般都是自产自销，即市场局限于本地。即便是一些知名的老字号餐饮企业主要也是在北京本地成长起来的地方性品牌，并没有超越地域限制，没有成长为民族品牌或者国际性的大品牌。① 在诸多方面，中国人的传统观念是保守的，但在饮食领域则相当开放，极大限度地追求个性和随意性，充分显示出创造力和想象力。即便同一款菜，不同厨师烹制出来的味道也是不同的。这既是中国烹饪技艺的优势和独特性，但在市场经济的浪潮中，又是需要弥补的短板。国际著名餐饮品牌给中国餐饮业带来了冲击，中国餐饮无论是规模还是标准化上都难以与之相抗衡。随着中国餐饮与国际化接轨的程度越来越高，围绕着中餐难以连锁化、不易标准化的痛点，中国餐饮人从开始的挣扎，到后来的尝试与借鉴，直到现在某种程度上已经超过了一些西方快餐的舶来品。② 一度被认为难以标准化的中式餐饮，正日益深入全球各地的餐饮市场。

当今的饮食文化已超越了食品本身，其外延变得极为辽阔而丰富，经营的环境和方式、餐饮上下游的运作机制与过去不可同日而语。随着中国餐饮市场的发

---

① 张玉凤：《北京"老字号"餐饮企业生存现状分析与成长机制研究》，载《旅游学刊》2009 年第 1 期。
② 《2019"国际美食在北京"活动启动》，载《中外企业文化》2019 年第 7 期。

展，一些餐饮连锁品牌不断推出增值服务平台，同时根据市场需求进行精细化管理。诸如面向社会推广电子菜单，提供不同等级不同价位的系列食品，以满足不同阶层的消费者服务需求。另外，根据不同的消费需求制定不同的经营战略。有的商家主要服务对象是白领，由于白领用餐时间较短，便在"快"上大做文章，力求在最短的时间内把食品送到白领手中。饮食是一种消费，更是一种消费体验，所以不仅要关注食品的质量，还要提高性价比，让消费者感到物超所值。现代大型餐饮企业十分重视成本的控制，有的在进货渠道上展开集团化运作。他们突破传统路径，统一布局同行业内进货渠道，统一批量购买食材，企业各取所需。从进口到出口都由行业自行运营，省略中间商环节，大大降低了食材成本。

第六，"互联网＋"改变餐饮业。利用互联网塑造企业形象和转化经营方式是当今餐饮业共同的发展趋势。从餐饮 O2O[①]演变到今日的"互联网＋餐饮"（互联网餐饮和餐饮互联网），北京餐饮行业俨然是最早被互联网化，也是受互联网渗透最深的行业。从 2010 年团购兴起，餐饮 O2O 就开始逐渐崛起蔓延，发展到外卖O2O、菜谱 O2O、半成品、准成品、食材采购、系统管理，线上线下营销、交易，以及预订、点菜、排队等。在线化、数据化、模式化、品牌化、零售化是北京新餐饮时代的五大特征，其中零售化趋势最为突出，海底捞推出了烧烤，星巴克则联合阿里巴巴开启外卖模式，餐饮巨头们在探索零售化渠道方面充分挖掘互联网的各种可能性。互联网的优势给予餐饮业以往难以想象的改变，助力诸多传统餐饮企业实现转型，实现线上线下的全渠道引流营销，以及完善客户管理体系，最终实现信息化管理，全面提升营业收益。

便宜坊、稻香村、月盛斋等老字号都开设了企业微博，稻香村的新浪微博已有 3 万粉丝，企业可以在微博上发布新品预告、有奖活动、企业动态等，还可以和消费者直接互动。[②] 大众点评等网站的发展促进了居民对于餐饮的多元化选择和交互式反馈，尤其是居民对于餐馆的点评打分、人均价格的推荐等会为其他顾客的消费提供参考。高口碑、高品位的餐馆往往更注重能够为消费者提供的餐饮环境、消费服务和顾客的反馈，因此与互联网用户的情感关系更为密切。[③] 在一定程

---

① O2O 即 Online To Offline（在线离线/线上到线下），是指将线下的商务机会与互联网结合，让互联网成为线下交易的前台。

② 蒋永华：《新时期北京老字号的品牌传播与创新设计》，载《青年记者》2017 年 3 月下。

③ 谭欣、黄大全、赵星烁：《北京市主城区餐馆空间分布格局研究》，载《旅游学刊》2016 年第 2 期。

度上，餐馆的互联网形象等于餐馆形象，着力塑造良好的互联网形象成为几乎所有餐馆共同努力的目标。

在餐饮行业被互联网深度改造的同时，互联网大数据的运用也给很多餐厅带来了更为精准的运营方式，提升了效率。来自互联网的数据具备海量性、实时性，通过顾客的交互式点评，还能够集中反映出其对餐馆的情感信息。后台数据可以告诉研发人员哪些菜品点击量大、顾客的喜好度怎么样，可以很好地引导餐饮业经营者更好地开发菜品。通过大数据，餐饮业实现了从粗放型到更加精细化的管理。所有菜品更加定量，每一个 SKU① 都有详细标准。大数据对于餐饮业升级改造具有直接而又强劲的助推作用。

---

① SKU 是对于大型连锁餐饮物流管理的一个必要的方法。英文全称为 stock keeping unit，简称 SKU，定义为保存库存控制的最小可用单位。

参考书目

一、古籍文献

《周礼译注》，杨天宇译注，上海：上海古籍出版社2004年版。

《礼记正义》，标点本，北京：北京大学出版社1999年版。

《尚书今译今注》，杨任之译注，北京：北京广播学院出版社1993年版。

《战国策》，上海：上海书店出版社1987年版。

《吕氏春秋》，高秀注，上海：上海书店1986年版。

《管子校注》，黎翔凤撰、梁云华整理，北京：中华书局2004年版。

［汉］司马迁：《史记》，北京：中华书局2014年点校本。

［汉］班固：《汉书》，颜师古注，北京：中华书局1962年版。

［汉］桓宽：《盐铁论校注》，王利器校注，北京：中华书局1992年版。

［唐］房玄龄等：《晋书》，北京：中华书局1974年版。

［唐］封演：《封氏见闻记校注》，赵贞信校注，北京：中华书局1958年版。

［唐］李吉甫：《元和郡县图志》，贺次君点校，北京：中华书局1983年版。

［南朝宋］范晔：《后汉书》，北京：中华书局1965年版。

［北魏］贾思勰：《齐民要术校释》，北京：中华书局2009年版。

［北魏］郦道元：《水经注全译》，陈桥驿译注，贵阳：贵州人民出版社1996
年版。

［晋］葛洪：《西京杂记》，北京：中华书局1985年版。

［后晋］刘昫：《旧唐书》，北京：中华书局1975年版。

［宋］欧阳修、宋祁等：《新唐书》，北京：中华书局1975年版。

［梁］沈约：《宋书》，北京：中华书局1974年点校本。

［宋］司马光：《资治通鉴》，北京：中华书局1956年版点校本。

［宋］叶隆礼：《辽志》，北京：北京图书馆出版社2006年版。

〔宋〕叶隆礼：《契丹国志》，贾敬颜、林荣贵点校，上海：上海古籍出版社1985年版。

〔宋〕佚名：《许亢宗行程录》，贾敬颜《五代宋金元人边境行记十三种疏证稿》，北京：中华书局2004年版。

〔宋〕陶毂：《清异录注》，李益民注释，北京：中国商业出版社1985年版。

〔元〕脱脱等：《辽史》，北京：中华书局1974年版。

〔元〕脱脱等：《宋史》，北京：中华书局1977年版。

〔元〕脱脱等：《金史》，北京：中华书局1975年版。

〔元〕熊梦祥：《析津志辑佚》，北京：北京古籍出版社1983年版。

〔元〕佚名《居家必用事类全集》，北京：书目文献出版社（影印明刻本）1988年版。

〔元〕王恽：《秋涧先生大全文集》，四库丛刊本。

《马可·波罗行纪》，冯承钧汉译本，上海：上海书店出版社1999年版。

〔元〕忽思慧：《饮膳正要》，上海：上海古籍出版社1990年版。

〔明〕宋诩：《竹屿山房杂部》残八卷，清内府抄本。

万历《顺天府志》六卷，中国书店1959年影印万历初刊、崇祯增刻本。

〔明〕谢肇淛：《五杂俎》，北京：中华书局1959年版。

〔明〕张爵：《京师五城坊巷胡同集》，北京：北京出版社1962年版。

〔明〕宋濂等：《元史》，北京：中华书局1976年点校本。

〔明〕徐光启：《农政全书》，石声汉校注，上海：上海古籍出版社1979年版。

〔明〕沈榜：《宛署杂记》，北京：北京古籍出版社1980年版。

〔明〕刘侗、于奕正：《帝京景物略》，北京：北京古籍出版社1982年版。

〔明〕陆容：《菽园杂记》，北京：中华书局1985年版。

〔明〕刘若愚：《酌中志》，北京：中华书局1985年版。

〔明〕张瀚：《松窗梦语》，上海：上海古籍出版社1986年版。

〔明〕史玄：《旧京遗事》，北京：北京古籍出版社1986年版。

〔明〕沈德符：《万历野获编》，北京：中华书局1959年版。

〔明〕沈德符：《万历野获编补遗》，北京：中华书局1997年版。

〔明〕蒋一葵：《长安客话》，北京：北京古籍出版社2001年版。

〔明〕刘若愚、〔清〕高士奇：《〈明宫史〉〈金鳌退食笔记〉》，北京：北京古籍出版社 1980 年版。

［清］张廷玉等：《明史》，北京：中华书局 1974 年版。

［清］顾炎武：《〈昌平山水记〉〈京东考古录〉》，北京：北京古籍出版社 1980 年版。

［清］富察敦崇：《燕京岁时记》，北京：北京古籍出版社 1981 年版。

［清］潘荣陛：《帝京岁时纪胜》，北京：北京古籍出版社 1981 年版。

［清］于敏中等：《日下旧闻考》，北京：北京古籍出版社 1981 年版。

［清］吴长元辑：《宸垣识略》，北京：北京古籍出版社 1981 年版。

［清］孙承泽：《天府广记》，北京：北京古籍出版社 1982 年版。

［清］震钧：《天咫偶闻》，北京：北京古籍出版社 1982 年版。

［清］杨静亭：《都门杂咏》，北京：北京古籍出版社 1982 年版。

［清］崇彝：《道咸以来朝野杂记》，北京：北京古籍出版社 1982 年版。

［清］朱一新：《京师坊巷志稿》，北京：北京出版社 1982 年版。

［清］夏仁虎：《旧京琐记》，沈阳：辽宁教育出版社 1989 年版。

［清］让廉：《京都风俗志》，北平人文科学研究所钞藏，北京图书馆藏。

［清］孙承泽：《春明梦余录》，北京：北京古籍出版社 1992 年版。

［清］何刚德：《春明梦录》，北京：北京古籍出版社 1995 年版。

［清］佚名：《北京牛街志书——〈冈志〉》，北京：北京出版社 1990 年标点本。

［清］朱彝尊辑：《日下旧闻》四十二卷，清康熙间原刊本、清坊刻本。

［清］杨静亭编：《都门纪略》，道光二十五年（1845）初刊本。

［清］佚名绘，王克友、王宏印、许海燕译：《北京民间风俗百图》，北京：北京图书馆出版社 2003 年版。

《清实录》，中华书局 1991 年影印本。

［清］徐珂：《清稗类钞》，北京：中华书局 1980 年版。

［清］杨米人等：《清代北京竹枝词（十三种)》，路工编选，北京：北京古籍出版社 1982 年版。

《清末北京竹枝词》，北京：北京古籍出版社 1982 年版。

［日］松崎鹤雄编：《食货志汇编》（全二册），北京：国家图书馆出版社 2008 年版。

［清］袁枚：《随园食单》，北京：中华书局 2010 年版。

［清］阮葵生：《茶余客话》，上海：上海古籍出版社 2012 年版。

二、现当代著作（以出版时间为序）

邱钟麟编：《新北京指南》，北京：北京撷华书局民国三年（1914）排印本。

胡朴安：《中华全国风俗志》，广益书局 1923 年版，北京：上海书店 1986 年影印本。

［日］加藤镰三郎：《北京风俗问答》，东京：大阪屋号发行 1924 年。

瞿宣颖：《北京历史风土丛书》，北京：北京广雅书社 1925 年版。

陈宗蕃：《燕都丛考》（第一编），北京：中华印字馆 1930 年版。

赵尔巽主编：《清史稿》，金梁重印本（关外二次本），1934 年于东北刊行。北京：中华书局 1977 年版。

张次溪：《北京史迹风土丛书》，中华风土学会 1934 年铅印本。

瞿宣颖：《同光间燕都掌故辑略》，上海世界书局 1936 年铅印本。

张江裁：《北平岁时志》，台北：文海出版社 1936 年印行。

张江裁：《北京岁时志》，国立北平研究院史学研究会 1936 年。

张江裁：《北京天桥志》，北京：北平研究院总务处 1936 年版。

李家瑞编：《北平风俗类征》，上海：商务印书馆 1937 年版。

张江裁辑：《京津风土丛书》（十七种），东莞：张氏双肇楼 1938 年。

闲园鞠农（蔡绳格）：《燕市货声》，民国《京津风土丛书》本。

孙殿起辑：《琉璃厂小志》，北京：北京出版社 1962 年版。

李华编：《明清以来北京工商会馆碑刻选编》，北京：文物出版社 1980 年版。

孙殿起辑，雷梦水编：《北京风俗杂咏》，北京：北京古籍出版社 1982 年版。

北京大学历史系《北京史》编写组：《北京史》，北京：北京出版社 1985 年版。

王灿炽编：《北京史地风物书录》，北京：北京出版社 1985 年版。

王隐菊等编著：《旧都三百六十行》，北京：北京旅游出版社 1986 年版。

雷梦水辑：《北京风俗杂咏续编》，北京：北京古籍出版社 1987 年版。

林岩等编：《老北京店铺的招幌》，北京：博文书店 1987 年版。

宋德金：《金代的社会生活》，西安：陕西人民出版社 1988 年版。

金受申：《老北京的生活》，北京：北京出版社 1989 年版。

丁世良、赵放主编：《中国地方志民俗资料汇编·华北卷》，北京：书目文献出版社 1989 年版。

北京市文物研究所：《北京考古四十年》，北京：北京燕山出版社 1990 年版。

《北京市志稿》，北京：北京燕山出版社 1990 年版。

齐如山：《北京土话》，北京：北京燕山出版社 1991 年版。

林乃燊：《中国古代饮食文化》，北京：中共中央党校出版社 1991 年版。

鲁克才主编：《中华民族饮食风俗大观》，北京：世界知识出版社 1992 年版。

杨宽：《中国古代都城制度史研究》，上海：上海古籍出版社 1993 年版。

张宗平、吕永和译：《清末北京志资料》，北京：北京燕山出版社 1994 年版。

胡春焕、白鹤群：《北京的会馆》，北京：中国经济出版社 1994 年版。

那木吉拉：《中国元代习俗史》，北京：人民出版社 1994 年版。

李路阳：《中国清代习俗史》，北京：人民出版社 1994 年版。

曹子西主编：《北京通史》（十卷），北京：中华书局 1994 年版。

待馀生、逆旅过客：《燕市积弊·都市丛谈》，北京：北京古籍出版社 1995 年版。

张京华：《燕赵文化》，沈阳：辽宁教育出版社 1995 年版。

李桂芝：《辽金简史》，福州：福建人民出版社 1996 年版。

孙健主编：《北京古代经济史》，北京：北京燕山出版社 1996 年版。

韩光辉：《北京历史人口地理》，北京：北京大学出版社 1996 年版。

王仁湘：《中国史前饮食史》，青岛：青岛出版社 1997 年版。

黎虎：《汉唐饮食文化史》，北京：北京师范大学出版社 1997 年版。

马芷庠：《老北京旅行指南》，北京：北京燕山出版社 1997 年重排版。

雷梦水等：《中华竹枝词》（全六册），北京：北京古籍出版社 1997 年版。

吴建雍等：《北京城市生活史》，北京：开明出版社 1997 年版。

夏仁虎：《枝巢四述　旧京琐记》，沈阳：辽宁教育出版社 1998 年版。

苑洪琪：《中国的宫廷饮食》，台北：台湾商务印书馆 1998 年版。

爱新觉罗·瀛生等：《京城旧俗》，北京：北京燕山出版社 1998 年版。

吴廷燮等纂：《北京市志稿》（15 卷），北京：北京燕山出版社 1998 年版。

于德源：《北京农业经济史》，北京：京华出版社 1998 年版。

北京市东城区园林局编：《北京庙会史料》，北京：北京燕山出版社1999年版。

赵兴华：《老北京庙会》，北京：中国城市出版社1999年版。

袁熹：《近代北京的市民生活》，北京：北京出版社1999年版。

王永斌：《北京的商业街和老字号》，北京：北京燕山出版社1999年版。

汤用彬等编：《旧都文物略》，北京：北京古籍出版社2000年版。

习五一：《北京的庙会民俗》，北京：北京出版社2000年版。

王彬、崔国政辑：《燕京风土录》（上下卷），北京：光明日报出版社2000年版。

侯仁之主编：《北京城市历史地理》，北京：北京燕山出版社2000年版。

尹钧科：《北京郊区村落发展史》，北京：北京大学出版社2001年版。

侯仁之、邓辉：《北京城的起源与变迁》，北京：中华书局2001年版。

常人春：《老北京的风情》，北京：北京出版社2001年版。

常人春：《老北京的民俗行业》，北京：学苑出版社2002年版。

［美］尤金·N.安德森：《中国食物》，马孆、刘东译，南京：江苏人民出版社2002年版。

赵荣光：《满汉全席源流考述》，北京：昆仑出版社2003年版。

王文宝：《吆喝与招幌》，北京：同心出版社2002年版。

范纬：《老北京的招幌》，北京：文物出版社2004年版。

罗哲文主编：《北京历史文化》，北京：北京大学出版社2004年版。

王培华：《元明北京建都与粮食供应——略论元明人们的认识和实践》，北京：北京出版社2005年版。

尹钧科、吴文涛：《历史上的永定河与北京》，北京：北京燕山出版社2005年版。

爱新觉罗·瀛生：《老北京与满族》，北京：学苑出版社2005年版。

秦进才：《燕赵历史文献研究》，北京：中华书局2005年版。

陈平：《燕文化》，北京：文物出版社2006年版。

李德生：《老北京的三百六十行》，太原：山西古籍出版社2006年版。

王学泰：《中国饮食文化史》，桂林：广西师范大学出版社2006年版。

北京市政协文史资料委员会编：《北京文史资料精选》（十八卷），北京：北京出版社2006年版。

赵洛：《京城六记》，北京：文津出版社 2007 年版。

袁熹：《北京近百年生活变迁（1840—1949）》，北京：同心出版社 2007 年版。

刘小萌：《清代北京旗人社会》，北京：中国社会科学出版社 2008 年版。

曹子西主编：《北京史志文化备要》，北京：中国文史出版社 2008 年版。

钟敬文主编：《中国民俗史》（六卷），北京：人民出版社 2008 年版。

季鸿崑：《食在中国：中国人饮食生活大视野》，济南：山东画报出版社 2008 年版。

王茹芹：《京商论》，北京：中国经济出版社 2008 年版。

李宝臣主编：《北京风俗史》，北京：人民出版社 2008 年版。

杨铭华、焦碧兰、孟庆如：《当代北京菜篮子史话》，北京：当代中国出版社 2008 年版。

柯小卫：《当代北京餐饮史话》，北京：当代中国出版社 2009 年版。

崔岱远：《京味儿》，北京：生活·读书·新知三联书店 2009 年版。

［美］罗友枝：《清代宫廷社会史》，周卫平译，北京：中国人民大学出版社 2009 年版。

韩朴主编：《北京历史文献要籍解题》（上下），北京：中国书店出版社 2009 年版。

［意］利玛窦、［比］金尼阁：《利玛窦中国札记》，北京：中华书局 2010 年版。

［美］步济时：《北京的行会》，赵晓阳译，北京：清华大学出版社 2011 年版。

万建中：《中国饮食文化》，北京：中央编译出版社 2011 年版。

韩光辉：《从幽燕都会到中华国都——北京城市嬗变》，北京：商务印书馆 2011 年版。

康文辉、许洵：《当代北京米袋子史话》，北京：当代中国出版社 2011 年版。

刘宝明、戴明超：《当代北京商号史话》，北京：当代中国出版社 2012 年版。

许辉主编：《北京民族史》，北京：人民出版社 2013 年版。

北京市政协文史与学习委员会编：《北京水史》（上下册），北京：中国水利水电出版社 2013 年版。

高寿仙：《北京人口史》，北京：中国人民大学出版社 2014 年版。

王建伟主编:《北京文化史》,北京:人民出版社 2014 年版。

张艳丽主编:《北京城市生活史》,北京:人民出版社 2016 年版。

诸葛净:《辽金元时期北京城市研究》,南京:东南大学出版社 2016 年版。

张次溪纂、尤李注:《老北京岁时风物:〈北平岁时志〉注释》,北京:北京日报出版社 2018 年版。

孙冬虎、吴文涛、高福美:《古都北京人地关系变迁》,北京:中国社会科学出版社 2018 年版。

潘惠楼:《北京的饮食》,北京:北京出版社 2018 年版。

王利华:《中古华北饮食文化的变迁》,北京:生活·读书·新知三联书店 2018 年版。

［美］韩书瑞:《北京:公共空间和城市生活（1400—1900）》（上下册）,北京:中国人民大学出版社 2019 年版。

［法］阿兰·杜卡斯:《吃,是一种公民行为》,王祎慈译,北京:中国社会科学出版社 2019 年版。

后 记

　　这本书前后花了七八年，笔者既非北京籍人，也不是历史学出身，写作时间拖得长些，有情可原。谈论北京文化，似乎都能道出一二，而且语气铿锵有力，但观点新颖者不多。往往思索越深入，越感到条理难以清晰。北京作为历史悠久的饮食首善之区，竟然没有一部饮食文化史，主要原因大概是书写起来会面临诸多困难。饮食文化史的梳理和建构需要阅读、引用、借鉴相当多的文献、著述，前人的记载、研究为这本书最后成稿奠定了必要的基础。衷心致敬古今相关学者。邓苗博士撰写了最后一章初稿；在修正过程中，杨良志先生审读了书稿的民国部分，提出了宝贵的修改建议；王雅观和俞玲两位博士协助校对了引文，严曼华、蔡晓伟两位博士补齐了诸多注释，出版社的吕克农总编和马群编辑为此书能按时出版付出了大量心血，在此一并表达感谢！

万建中

2022 年 1 月 8 日于北京会议中心